도로교통
사고감정사
한권으로 끝내기

시대에듀

도로교통사고감정사 한권으로 끝내기

Always with you

사람이 길에서 우연하게 만나거나 함께 살아가는 것만이 인연은 아니라고 생각합니다.
책을 펴내는 출판사와 그 책을 읽는 독자의 만남도 소중한 인연입니다.
시대에듀는 항상 독자의 마음을 헤아리기 위해 노력하고 있습니다.
늘 독자와 함께하겠습니다.

보다 깊이 있는 학습을 원하는 수험생들을 위한
시대에듀의 동영상 강의가 준비되어 있습니다.
www.sdedu.co.kr → 회원가입(로그인) → 강의 살펴보기

PREFACE 머리말

선진 교통사고조사 문화를 선도하는 전문인력

도로교통사고감정사란 교통사고에 대한 정부의 관계기관이나 사고당사자 또는 제3자의 의뢰를 받아 조사 및 분석, 사고 상황에 대한 재현 등을 통하여 교통사고의 원인 및 책임 소재를 규명하고, 교통사고 관련자 간 법률적 분쟁을 해결하기 위해 정보를 제공하는 자이다.

미국 등 OECD 가입 선진국의 경우 이미 제도가 정착되어 전문가로서 특별대우를 받고 있는데, 의뢰받은 사건에 대해 수집된 자료 하나가 재판에 결정적인 증거자료로 채택되면 피해자와 가해자를 단숨에 뒤바뀌게 하거나 사고협상 금액의 손해배상 산출에도 직접적 영향력을 갖게 되어 고액의 대행수수료는 물론, 교통사고전문가로서의 명성도 한순간에 획득하는 사례가 많아 자유전문직으로서 인기가 매우 높다.

도로교통사고감정사는 사고당사자가 직접 의뢰한 민·형사상의 종합 조사업무까지 업무영역이 매우 넓어 교통사고 관련 부서인 경찰, 검찰, 법원, 군 헌병 등 공무집행기관에 수백 명의 공인자격자가 특채될 수 있는 문이 열려 있고, 도로관리 국영기업체나 정부 산하기관의 입사 시 가산점이나 채용조건으로 일정한 혜택이 주어지고 있다. 특히 2010년 7월부터 경찰공무원 채용 시 4점, 승진 시 0.3점의 가산점이 인정되어 경찰공무원을 준비하는 이들에게 필수적인 자격증이 되었다.

시대에듀의 '도로교통사고감정사 한권으로 끝내기'는 시험 출제경향에 맞추어 누구나 쉽게 이해할 수 있도록 정리하였고, 최근 개정법령과 최신 이론을 수록하여 한권만으로도 충분히 합격할 수 있도록 집필하였다. 또한, 가장 중요한 1차, 2차 기출문제 및 복원문제를 해설과 같이 수록하였다.

이 책이 독자들에게 합격을 안겨주길 기원한다.

편저자 씀

시험안내

도로교통사고감정사란?
교통사고의 원인을 체계적으로 조사·분석·감정할 인력을 배출하기 위해 도입된 제도로, 교통사고 관련 당사자들의 주장이 상반되어 이를 판단하기 어려운 경우 과학적이고 체계적인 조사·분석을 통해 공정한 사고조사를 위한 공인 자격이다.

직무내용
- 도로상에서 발생하는 교통사고의 조사
- 교통사고의 정확한 원인 규명 및 과학적 해석
- 교통사고에 대한 감정서 작성
- 교통 관련 법규에 대한 이해
- 교통사고의 재현

업무분야
- 교통사고와 관련하여 공무집행을 시행하는 경찰관, 군사 경찰, 검찰 및 법원 관련 공무원 등
- 국영기업체 및 정부 산하기관
- 일반 교통 관련 기업체 또는 단체, 교통용역업체, 사설감정인 등

응시자격
- 만 18세 이상인 자
- 자격이 취소된 후 1년이 경과된 자
- 도로교통사고감정사 자격시험 부정행위자로 3년이 경과된 자

접수방법
- 온라인 접수 : 안전운전통합민원 홈페이지(www.safedriving.or.kr)
  ※ 방문·팩스·우편 접수 불가. 본인명의 휴대전화, 간편인증 등으로 본인확인 후 접수 가능
- 접수기간 : 2025년 7월 28일(월) 09:00 시작, 2020년 8월 7일(목) 18:00 마감
  ※ 접수기간 중에는 별도 시간제한 없이 접수 가능

제출서류(공통사항)
- 응시원서 : 안전운전통합민원 홈페이지를 통한 작성 및 접수
- 컬러사진 : 최근 6개월 이내 촬영한 여권용 사진 1매(3.5 × 4.5cm)

응시수수료
- 일반응시자 및 1차 시험 일부 면제자 : 77,000원(부가세 포함)
- 1차 시험 전부 면제자 : 44,000원(부가세 포함)

목 차

빨리보는 **간**단한 **키**워드

PART 01 교통관련법규
- CHAPTER 01 도로교통법 003
  - 적중예상문제 050
- CHAPTER 02 교통사고처리특례법 및 특정범죄가중처벌 등에 관한 법률 097
  - 적중예상문제 114

PART 02 교통사고조사론
- CHAPTER 01 현장조사 133
  - 적중예상문제 197
- CHAPTER 02 인적조사 252
  - 적중예상문제 272
- CHAPTER 03 차량조사 285
  - 적중예상문제 323

PART 03 교통사고재현론
- CHAPTER 01 탑승자 및 보행자의 거동분석 361
  - 적중예상문제 369
- CHAPTER 02 차량의 속도분석 및 운동특성 378
  - 적중예상문제 386
- CHAPTER 03 교통사고재현을 위한 조사 424
  - 적중예상문제 428

PART 04 차량운동학
- CHAPTER 01 기초물리학 437
  - 적중예상문제 448
- CHAPTER 02 운동역학 470
  - 적중예상문제 486
- CHAPTER 03 마찰계수 및 견인계수 519
  - 적중예상문제 521

부록 I EDR 분석을 통한 교통사고조사
- CHAPTER 01 EDR(Event Data Recorder, 사고기록장치) 543
- CHAPTER 02 EDR 데이터 회수방법 548
- CHAPTER 03 EDR 데이터 회수 552
- CHAPTER 04 EDR 데이터 분석 560
- CHAPTER 05 EDR 데이터 활용 571

부록 II 1차 시험 과년도 + 최근 기출문제 573

부록 III 2차 시험 기출문제 835

시험일정

시험구분	시험접수기간	시험시행일	시험시간		정답가안 발표	합격자 발표
			입실시간	시험시간		
1차	7월 28일(월) 09:00 ~ 8월 7일(목) 18:00 (11일간)	9월 7일(일) (1·2차) ※ 준비물 : 신분증, 공학계산기, 필기구 등	09:00까지	09:30~12:00 (150분)	9월 8일(월) 11:00 (안전운전통합민원 홈페이지 게시)	10월 1일(수) 예정
2차			13:00까지	13:30~16:00 (150분)	발표하지 않음	

※ 시험일정은 변경될 수 있으므로 반드시 안전운전통합민원 홈페이지(www.safedriving.or.kr/license/licIntro.do)에서 공고를 확인하시기 바랍니다.

시험방법 및 합격기준

시험구분	시험문제형태	시험시간	합격기준
1차 시험(객관식)	4지 선다형 100문제 (과목당 25문제)	150분	평균 60점 이상 (과목당 40점 미만 과락)
2차 시험(주관식)	5문제 (3문제 선택 작성)	150분	평균 60점 이상

※ 1·2차 시험은 같은 날 시행하며, 1차 시험에 불합격한 응시자의 2차 시험은 무효 처리

시험 면제과목 및 대상자

면제구분	면제과목	면제대상자
1차 시험 전부 면제	1차 시험 전 과목	전년도 1차 시험 합격 후 2차 시험 불합격자
1차 시험 일부 면제	교통관련법규, 교통사고조사론	• 국내·외의 공공 교통안전전문기관에서 교통사고조사에 관한 교육과정을 연속된 일련의 교육으로 105시간 이상 이수한 자 • 국가행정기관, 공공기관에서 교통사고조사 실무경력 10년 이상인 자 • 1차 시험시간 : 75분, 2차 시험시간 : 150분

시험안내

시험과목 및 출제기준

시험구분	시험과목	출제기준	
		주요항목	세부항목
1차	교통관련법규	도로교통법	• 도로교통법의 이해 • 용어의 정의 • 사고유형별 적용방법
		교통사고처리특례법	• 교통사고처리특례법의 이해 • 특례 예외단서 10개 항의 성격 • 사고유형별 적용방법
		특정범죄가중처벌법	• 특정범죄가중처벌법의 이해 • 특정범죄가중처벌법의 구성요건
	교통사고 조사론	현장조사	• 도로의 구조적 특성 이해 • 사고원인과 관련한 도로의 상황 • 사고흔적의 용어와 특성 • 사고현장의 측정방법 • 사고현장 사진촬영 방법
		인적조사	• 인터뷰조사의 개념 • 인터뷰조사의 방법 • 인체 상해도에 대한 이해
		차량조사	• 차량 관련 용어의 이해 • 차량 내·외부 파손 부위 조사방법 • 충격력의 작용방향 판단 • 차량의 구조적 결함 시 특성 이해 • 차량 사진촬영 방법
	교통사고 재현론	탑승자 및 보행자 거동분석	• 충돌현상에 따른 탑승자 거동의 특성 • 사고유형별 탑승자의 운동 이해 • 탑승자의 상해도 이해 • 충돌 후 보행자의 거동특성 • 사고유형별 보행자의 거동유형 • 보행자의 상해도 이해 • 보행자 충돌속도의 분석 • 충돌속도와 보행자 전도거리 간의 관계

시험구분	시험과목	출제기준	
		주요항목	세부항목
1차	교통사고 재현론	차량의 속도분석 및 운동특성	• 충돌과정 및 방향에 따른 차량 운동특성 • 사고유형별 차량의 속도분석 • 자동차의 일반적 운동특성 • 선회 시의 자동차 운동특성 • 타이어 흔적의 종류 • 추락 및 전복 시 속도분석
		충돌현상의 이해	• 사고흔적과 차량 운동의 이해 • 충돌 시 발생되는 사고흔적의 종류 및 특성 • 사고유형별 충돌현상의 특성
		교통사고재현 프로그램	• 관련 용어의 이해 • 사고재현 프로그램의 기본원리 이해
	차량운동학	기초물리학	• 벡터와 스칼라의 이해 • 속도, 가속도의 이해
		운동역학	• 운동량과 충격량의 이해 • 일과 에너지의 관계 이해
		마찰계수 및 견인계수	• 마찰계수 및 견인계수의 정의 • 사고사례별 견인계수의 산출 및 적용 • 사고유형별 속도분석
2차	교통사고분석 및 재현 실무	교통사고조사 현장 해석 지식	• 현장측정 도면 해석 능력 • 축척 및 위치측정법의 이해 • 교통사고 영향요인에 대한 이해 • 사고결과물 현장측정 및 해석 능력
		교통사고감정의 종합적인 지식	• 사고흔적의 이해와 적용 • 도로교통 관련 법규의 이해 • 디지털 증거자료의 분석 • 종합적인 사고분석 능력
		교통사고의 공학적 해석 능력	• 자동차의 기계적 운동특성 • 교통사고의 역학적 분석 • 디지털 증거자료의 물리적
		교통사고조사 분석사항 작성 능력	• 분석사항의 내용전개

빨리보는 간단한 키워드

빨간키

#합격비법 핵심 요약집 #최다 빈출키워드 #시험장 필수 아이템

■ 도로교통법의 목적(법 제1조)

도로에서 일어나는 교통상의 위험과 장해를 방지하고 제거하여 안전하고 원활한 교통을 확보함을 목적으로 한다.

■ 도로의 정의(도로교통법 제2조 제1호)

- 도로법에 의한 도로 : 고속도로, 일반국도 등
- 유료도로법에 의한 유료도로 : 통행료(돈) 또는 사용료를 받는 도로
- 농어촌도로 정비법에 따른 농어촌도로
- 현실적으로 불특정 다수 차마가 통행할 수 있도록 공개된 장소로 안전하고 원활한 교통을 확보할 필요가 있는 장소
- 일반 교통에 사용되는 곳 : 아파트 단지 내 큰길, 유원지, 공원 등
  ※ 도로가 아닌 곳 : 운전면허시험장, 학교 운동장, 운전학원의 연습장, 건물 내 주차장

■ 용어의 정리(도로교통법 제2조)

- 자동차전용도로 : 자동차만이 다닐 수 있도록 설치된 도로
- 고속도로 : 자동차의 고속 운행에만 사용하기 위하여 지정된 도로
- 보도 : 연석선, 안전표지나 그와 비슷한 인공구조물로 경계를 표시하여 보행자(유모차, 보행보조용 의자차, 노약자용 보행기 등 행정안전부령으로 정하는 기구·장치를 이용하여 통행하는 사람을 포함)가 통행할 수 있도록 한 도로의 부분
- 길가장자리구역 : 보도와 차도가 구분되지 아니한 도로에서 보행자의 안전을 확보하기 위하여 안전표지 등으로 경계를 표시한 도로의 가장자리 부분
- 횡단보도 : 보행자가 도로를 횡단할 수 있도록 안전표지로 표시한 도로의 부분
- 교차로 : '십'자로, 'T'자로나 그 밖에 둘 이상의 도로(보도와 차도가 구분되어 있는 도로에서는 차도)가 교차하는 부분
- 안전지대 : 도로를 횡단하는 보행자나 통행하는 차마의 안전을 위하여 안전표지나 이와 비슷한 인공구조물로 표시한 도로의 부분
- 신호기 : 도로교통에서 문자·기호 또는 등화를 사용하여 진행·정지·방향전환·주의 등의 신호를 표시하기 위하여 사람이나 전기의 힘으로 조작하는 장치
- 안전표지 : 교통안전에 필요한 주의·규제·지시 등을 표시하는 표지판이나 도로의 바닥에 표시하는 기호·문자 또는 선 등

■ 도로의 종류(도로의 구조·시설 기준에 관한 규칙 제3조 제3항)

도로의 기능별 구분	도로의 종류
주간선도로	고속국도, 일반국도, 특별시도·광역시도
보조간선도로	일반국도, 특별시도·광역시도, 지방도, 시도
집산도로	지방도, 시도, 군도, 구도
국지도로	군도, 구도

■ 차의 분류(도로교통법 제2조 제17호 가목)
- 자동차
- 건설기계
- 원동기장치자전거
- 자전거
- 사람 또는 가축의 힘이나 그 밖의 동력으로 도로에서 운전되는 것. 다만, 철길이나 가설된 선에 의하여 운전되는 것, 유모차, 보행보조용 의자차, 노약자용 보행기, 실외 이동로봇 등 행정안전부령으로 정하는 기구·장치는 제외

■ 차로, 차도, 차선의 구분(도로교통법 제2조)
- 차로 : 차마가 한 줄로 도로의 정하여진 부분을 통행하도록 차선으로 구분한 차도의 부분
- 차도 : 연석선, 안전표지 또는 그와 비슷한 인공구조물을 이용하여 경계를 표시하여 모든 차가 통행할 수 있도록 설치된 도로의 부분
- 차선 : 차로와 차로를 구분하기 위하여 그 경계지점을 안전표지로 표시한 선

■ 설계속도의 도로 기능별, 지역별 구분(도로의 구조·시설 기준에 관한 규칙 제8조 제1항)

도로의 기능별 구분		설계속도(km/h)			
		지방지역			도시지역
		평지	구릉지	산지	
주간선도로	고속국도	120	110	100	100
	그 밖의 도로	80	70	60	80
보조간선도로		70	60	50	60
집산도로		60	50	40	50
국지도로		50	40	40	40

■ **차로(도로의 구조·시설 기준에 관한 규칙 제10조 제1·2항)**
- 도로의 차로 수는 도로의 종류, 도로의 기능별 구분, 설계시간교통량, 도로의 계획목표연도의 설계 서비스수준, 지형 상황, 나눠지거나 합해지는 도로의 차로 수 등을 고려하여 정해야 한다.
- 도로의 차로 수는 교통흐름의 형태, 교통량의 시간별·방향별 분포, 그 밖의 교통특성 및 지역여건에 따라 홀수 차로로 할 수 있다.

■ **차로의 설치(도로교통법 제14·15조, 도로교통법 시행규칙 제15조)**
- 차로의 설치 원칙 : 차로를 설치할 때 차로의 너비는 3m 이상으로 하여야 함
- 예외 규정 : 좌회전 전용차로의 설치 등 부득이하다고 인정되는 때에는 275cm 이상으로 할 수 있음
- 차로설치의 주체 : 차로 설치는 시·도경찰청장이 하고, 전용차로의 설치는 시장 등이 시·도경찰청장 또는 경찰서장과 협의하여야 함

■ **차마의 통행(도로교통법 제13조)**
- 차마의 운전자는 도로의 중앙 우측을 통행하는 것이 원칙이다. 그러나 주유소 또는 차고, 주차장 등을 출입할 때에는 보도를 횡단할 수 있으며, 이 경우에는 반드시 보도횡단 직전에 일시정지하여야 함
- 예외규정 : 우측통행이 원칙이나, 도로가 일방통행도로일 때, 우측부분의 폭이 6m 미만인 도로에서 앞지르려는 경우, 도로의 파손, 도로공사나 그 밖의 장애 등으로 도로의 우측통행이 불가능할 때 등에는 도로의 중앙이나 좌측부분으로 통행이 가능함

■ **중앙분리대의 폭(도로의 구조·시설 기준에 관한 규칙 제11조 제2~5항)**

설계속도(km/h)	중앙분리대의 최소 폭(m)		
	지방지역	도시지역	소형차도로
100 이상	3.0	2.0	2.0
100 미만	1.5	1.0	1.0

- 중앙분리대에는 측대를 설치하여야 한다. 이 경우 측대의 폭은 설계속도가 시속 80km 이상인 경우는 0.5m 이상으로 하고, 시속 80km 미만인 경우는 0.25m 이상으로 한다.
- 중앙분리대의 분리대 부분에 노상시설을 설치하는 경우 중앙분리대의 폭은 시설한계가 확보되도록 정하여야 한다.
- 차로를 왕복 방향별로 분리하기 위하여 중앙선을 두 줄로 표시하는 경우 각 중앙선의 중심 사이 간격은 0.5m 이상으로 한다.

■ 차도와 보도를 구분하는 기준(도로의 구조·시설 기준에 관한 규칙 제16조 제2항)
- 차도에 접하여 연석을 설치하는 경우 그 높이는 25cm 이하로 할 것
- 횡단보도에 접한 구간으로서 필요하다고 인정되는 지역에는 이동편의시설을 설치하여야 하며, 자전거도로에 접한 구간은 자전거의 통행에 불편이 없도록 할 것

■ 중앙선(도로교통법 제2조 제5호)
차마의 통행을 방향별로 명확하게 구분하기 위하여 도로에 황색실선이나 황색점선 등의 안전표지로 표시한 선 또는 중앙분리대·울타리 등으로 설치한 시설물

■ 가변차로가 설치된 경우의 중앙선(도로교통법 제2조 제5호 단서)
신호기가 지시하는 진행방향의 가장 왼쪽의 황색점선

■ 교통안전표지(도로교통법 시행규칙 제8조 제1항)
- 주의표지 : 도로상태가 위험하거나 도로 또는 그 부근에 위험물이 있는 경우에 필요한 안전조치를 할 수 있도록 이를 도로사용자에게 알리는 표지
- 규제표지 : 도로교통의 안전을 위하여 각종 제한·금지 등의 규제를 하는 경우에 이를 도로사용자에게 알리는 표지
- 지시표지 : 도로의 통행방법·통행구분 등 도로교통의 안전을 위하여 필요한 지시를 하는 경우에 도로사용자가 이에 따르도록 알리는 표지
- 보조표지 : 주의표지·규제표지 또는 지시표지의 주 기능을 보충하여 도로사용자에게 알리는 표지
- 노면표시 : 도로교통의 안전을 위하여 각종 주의·규제·지시 등의 내용을 노면에 기호·문자 또는 선으로 도로사용자에게 알리는 표지

■ 서행과 일시정지(도로교통법 제2조 제28, 30호)
- 서행 : 운전자가 차 또는 노면전차를 즉시 정지시킬 수 있는 정도의 느린 속도로 진행하는 것
- 일시정지 : 차 또는 노면전차의 운전자가 그 차 또는 노면전차의 바퀴를 일시적으로 완전히 정차시키는 것

긴급자동차(도로교통법 시행령 제2조)
- 수사기관의 자동차 중 범죄수사를 위하여 사용되는 자동차
- 국내외 요인에 대한 경호업무 수행에 공무로 사용되는 자동차
- 전기사업, 가스사업 등 그 밖의 공익사업을 하는 기관에서 위험방지를 위한 응급작업에 사용되는 자동차
- 혈액 공급차량 등

차선의 종류

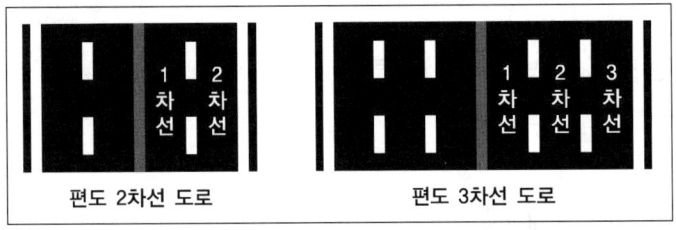

편도 2차선 도로   편도 3차선 도로

고속도로 등에서의 정차 및 주차의 금지 예외사항(도로교통법 제64조)
- 법령의 규정 또는 경찰공무원(자치경찰공무원 제외)의 지시에 따르거나 위험을 방지하기 위하여 일시 정차 또는 주차시키는 경우
- 정차 또는 주차할 수 있도록 안전표지를 설치한 곳이나 정류장에서 정차 또는 주차시키는 경우
- 고장이나 그 밖의 부득이한 사유로 길가장자리구역(갓길 포함)에 정차 또는 주차시키는 경우
- 통행료를 내기 위하여 통행료를 받는 곳에서 정차하는 경우
- 도로의 관리자가 고속도로 등을 보수·유지 또는 순회하기 위하여 정차 또는 주차시키는 경우
- 경찰용 긴급자동차가 고속도로 등에서 범죄수사·교통단속이나 그 밖의 경찰임무를 수행하기 위하여 정차 또는 주차시키는 경우
- 소방차가 고속도로 등에서 화재진압 및 인명 구조·구급 등 소방활동, 소방지원활동 및 생활안전활동을 수행하기 위하여 정차 또는 주차시키는 경우
- 경찰용 긴급자동차 및 소방차를 제외한 긴급자동차가 사용 목적을 달성하기 위하여 정차 또는 주차시키는 경우
- 교통이 밀리거나 그 밖의 부득이한 사유로 움직일 수 없을 때에 고속도로 등의 차로에 일시 정차 또는 주차시키는 경우

- **앞지르기 금지의 시기(도로교통법 제22조 제1항)**
  - 앞차의 좌측에 다른 차가 앞차와 나란히 가고 있는 경우
  - 앞차가 다른 차를 앞지르고 있거나 앞지르려고 하는 경우

- **앞지르기 금지의 장소(도로교통법 제22조 제3항)**
  - 교차로
  - 터널 안
  - 다리 위
  - 도로의 구부러진 곳, 비탈길의 고갯마루 부근 또는 가파른 비탈길의 내리막 등 시·도경찰청장이 도로에서의 위험을 방지하고 교통의 안전과 원활한 소통을 확보하기 위하여 필요하다고 인정하는 곳으로서 안전표지로 지정한 곳

- **서행할 장소(도로교통법 제31조 제1항)**
  - 교통정리를 하고 있지 아니하는 교차로
  - 도로가 구부러진 부근
  - 비탈길의 고갯마루 부근
  - 가파른 비탈길의 내리막
  - 시·도경찰청장이 도로에서의 위험을 방지하고 교통의 안전과 원활한 소통을 확보하기 위하여 필요하다고 인정하여 안전표지로 지정한 곳

- **일시정지하여야 할 장소(도로교통법 제31조 제2항)**
  - 교통정리를 하고 있지 아니하고 좌우를 확인할 수 없거나 교통이 빈번한 교차로
  - 시·도경찰청장이 도로에서의 위험을 방지하고 교통의 안전과 원활한 소통을 확보하기 위하여 필요하다고 인정하여 안전표지로 지정한 곳

- **주차금지의 장소(도로교통법 제33조)**
  - 터널 안 및 다리 위
  - 다음의 곳으로부터 5m 이내인 곳
    - 도로공사를 하고 있는 경우에는 그 공사 구역의 양쪽 가장자리
    - 다중이용업소의 안전관리에 관한 특별법에 따른 다중이용업소의 영업장이 속한 건축물로 소방본부장의 요청에 의하여 시·도경찰청장이 지정한 곳
  - 시·도경찰청장이 도로에서의 위험을 방지하고 교통의 안전과 원활한 소통을 확보하기 위하여 필요하다고 인정하여 지정한 곳

법정 도로 통행속도(도로교통법 시행규칙 제19조, 제20조)

- 일반도로에서의 속도

국토의 계획 및 이용에 관한 법률 제36조 제1항 제1호 가~다목까지의 규정에 따른 주거지역·상업지역 및 공업지역의 일반도로	시·도경찰청장이 원활한 소통을 위하여 특히 필요하다고 인정하여 지정한 노선 또는 구간	60km/h 이내
	그 외의 경우	50km/h 이내
그 외 일반도로	편도 2차로 이상	80km/h 이내
	그 외의 경우	60km/h 이내

- 자동차전용도로에서의 속도

자동차전용도로	최고 90km/h	최저 30km/h

- 고속도로에서의 속도

편도 2차로 이상 고속도로	승용차, 승합차, 화물자동차(적재중량 1.5톤 이하)	최고 100km/h 최저 50km/h
	화물자동차(적재중량 1.5톤 초과), 위험물운반자동차 및 건설기계, 특수자동차	최고 80km/h 최저 50km/h
편도 2차로 이상의 고속도로로서 경찰청장이 특히 필요하다고 인정하여 지정·고시한 노선 또는 구간	승용차, 승합차	최고 120km/h 최저 50km/h
	화물자동차(적재중량 1.5톤 초과), 위험물운반자동차 및 건설기계, 특수자동차	최고 90km/h 최저 50km/h
편도 1차로 고속도로	모든 자동차	최고 80km/h 최저 50km/h

- 견인자동차가 아닌 자동차로 견인 시의 속도(고속도로 제외)

견인의 상태	속도(시속)
총중량 2,000kg 미만인 자동차를 그의 3배 이상의 총중량인 자동차로 견인할 때	30km/h 이내
위의 규정 외 및 이륜자동차가 견인하는 경우	25km/h 이내

※ 대형차가 대형차, 승용차가 승용차 등의 견인 시는 25km/h 이내(2륜차가 2륜차를 견인하지 못함)

- 이상 기후 시의 감속운행 속도

도로의 상태	감속운행 속도
• 비가 내려 노면이 젖어 있는 경우 • 눈이 20mm 미만 쌓인 경우	최고 속도의 100분의 20
• 폭우, 폭설, 안개 등으로 가시거리가 100m 이내인 경우 • 노면이 얼어 붙은 경우 • 눈이 20mm 이상 쌓인 경우	최도 속도의 100분의 50

▌ 속도와 정지거리
- 정지거리 : 공주거리와 제동거리를 합한 것
- 공주거리 : 운전자가 위험을 느끼고 브레이크를 밟아 브레이크가 실제 듣기 시작하기까지 주행한 거리
  ※ 도로의 상태 또는 운전자의 건강상태, 심신 과로, 음주 등에 의해 공주거리가 길어질 수 있다.
- 제동거리 : 브레이크가 듣기 시작하여 차가 정지하기까지의 거리

▌ 정지거리가 길어지는 원인
- 과로 및 음주 시, 차량의 중량이 무겁거나 속도가 빠를수록 정지거리가 길어지게 된다.
- 타이어 마모상태 및 공기압력, 또한 노면의 미끄러운 상태 등에 따라 제동거리가 길어질 수 있다.
- 주행속도가 빠르거나 중량이 무거운 화물을 싣고 주행할 때에는 안전거리를 길게 확보하는 것이 안전하다.
- 뒤차가 너무 가깝게 따라오면 브레이크를 사전에 2~3회 가볍게 밟아 주의를 환기시킨다.
- 앞차가 급제동 시 뒤차가 잘못하면 안전거리 미확보로 뒤차의 잘못이다.

▌ 사람 또는 행렬이 차도의 우측을 통행할 수 있는 경우(도로교통법 시행령 제7조)
- 말, 소 등의 큰 동물을 몰고 가는 사람
- 사다리, 목재, 그 밖에 보행자의 통행에 지장을 줄 우려가 있는 물건을 운반 중인 사람
- 도로에서 청소나 보수 등의 작업을 하고 있는 사람
- 군부대나 그 밖에 이에 준하는 단체의 행렬
- 기 또는 현수막 등을 휴대한 행렬
- 장의 행렬

▌ 도로 횡단 방법(도로교통법 제10조)
- 횡단보도가 있는 도로 : 보행자는 횡단보도가 설치된 도로에서는 그 횡단보도로 횡단하여야 한다.
- 횡단보도가 없는 도로 : 보행자는 횡단보도가 설치되어 있지 아니한 도로에서는 가장 짧은 거리로 횡단하여야 한다.

차로에 따른 통행구분(도로교통법)

- 일반도로(규칙 별표 9)

차로 구분	통행할 수 있는 차종
왼쪽 차로	승용자동차 및 경형·소형·중형 승합자동차
오른쪽 차로	대형 승합자동차, 화물자동차, 특수자동차, 건설기계, 이륜자동차, 원동기장치자전거(개인형 이동장치는 제외)

- 버스전용차로(영 별표 1)

구 분	통행할 수 있는 차량

버스전용차로
(고속도로 제외)
	• 36인승 이상의 대형승합자동차
	• 36인승 미만의 사업용 승합자동차
	• 어린이통학버스
	• 대중교통수단으로 이용하기 위한 자율주행자동차로서 자동차관리법 제27조 제1항 단서에 따라 시험·연구목적으로 운행하기 위하여 국토교통부장관의 임시운행허가를 받은 자율주행자동차
	• 그 외의 차로서 도로에서의 원활한 통행을 위하여 시·도경찰청장이 지정한 다음의 어느 하나에 해당하는 승합자동차
	  - 노선을 지정하여 운행하는 통학·통근용 승합자동차 중 16인승 이상 승합자동차
	  - 국제행사 참가인원 수송 등 특히 필요하다고 인정되는 승합자동차(시·도경찰청장이 정한 기간 이내로 한정)
	  - 관광숙박업자 또는 전세버스운송사업자가 운행하는 25인승 이상의 외국인 관광객 수송용 승합자동차(외국인 관광객이 승차한 경우만 해당)

차마의 통행금지(도로교통법 제13조 제5·6항)

차마의 운전자는 안전표지로 통행이 허용된 장소를 제외하고는 자전거도로 또는 길가장자리구역으로 통행하여서는 아니 되며, 안전지대 등 안전표지에 의하여 진입이 금지된 장소에 들어가서는 아니 된다.

비탈진 좁은 도로에서의 진로 양보의 의무(도로교통법 제20조 제2항)

- 비탈진 좁은 도로에서 자동차가 서로 마주보고 진행하는 경우에는 올라가는 자동차
- 비탈진 좁은 도로 외의 좁은 도로에서 사람을 태웠거나 물건을 실은 자동차와 동승자가 없고 물건을 싣지 아니한 자동차가 서로 마주보고 진행하는 경우에는 동승자가 없고 물건을 싣지 아니한 자동차

철길건널목 통과방법 위반사고의 성립요건

구 분	내 용	예외사항
장소적 요건	철길건널목(1, 2, 3종 불문)	역 구내 건널목의 경우
피해자의 요건	철길건널목 통과방법 위반 사고로 인적 피해를 입은 경우	철길건널목 통과방법 위반 사고로 대물피해만을 입은 경우

운전자적 요건	• 철길건널목 통과방법을 위반한 과실
	  - 건널목전 일시정지 불이행
	  - 안전미확보 통행 중 사고
	  - 고장 시 승객대피, 차량이동조치 불이행
	• 철길건널목 진입금지 경우
	  - 차단기가 내려 있을 때
	  - 차단기가 내려지려고 할 때
	  - 경보기가 울리고 있을 때
		철길건널목 신호기·경보기 등의 고장으로 일어난 사고
		※ 신호기 등이 표시하는 신호에 따르는 때에는 정지하지 아니하고 통과할 수 있다.

승차 또는 적재방법의 제한(도로교통법 제39조 제1항)

모든 차의 운전자는 승차인원, 적재중량 및 적재용량에 관하여 대통령령이 정하는 운행상의 안전기준을 넘어서 승차시키거나 적재하고 운전하여서는 아니 된다. 다만 출발지를 관할하는 경찰서장의 허가를 받은 때에는 그러하지 아니하다.

정차 또는 주차의 방법 및 시간의 제한(도로교통법 제34조)

도로 또는 노상주차장에 정차 또는 주차하고자 하는 차의 운전자는 차를 차도의 우측 가장자리에 정차하는 등 대통령령이 정하는 정차 또는 주차의 방법·시간과 금지사항 등을 지켜야 한다.

교통사고조사의 궁극적인 목적

도로를 운행하는 자동차의 안전하고 원활한 소통확보

인터뷰 조사의 질문방법

- 전체 응답법
- 선택 응답법
- 일문 일답법

▌ 교통사고를 야기한 운전자의 특성
- 고의성이 없다는 이유로 인명을 경시하는 경향이 있음
- 자신의 주장에 대한 합리화에 치중
- 사고발생의 원인을 남의 탓으로만 돌리려는 경향

▌ 교통사고 피해자의 특성
- 경미한 부상에도 무리한 보상을 요구하는 경향이 있음
- 피해보상과 관련된 심리적 작용으로 진술에 비협조적임
- 과실이 있는 경우 과실의 인정보다는 합리화에 노력

▌ 인체의 상해부위로 알 수 있는 내용
- 충격 당시 보행자의 보행방향
- 탑승위치
- 충격 당시 앉아 있었는지, 누워 있었는지 또는 보행 중이었는지 등의 자세

▌ 척 골
팔꿈치에서 팔목까지의 전완을 이루는 2개의 뼈 가운데 안쪽에 있는 뼈

▌ 우측 쇄골 골절
승용차의 조수석 탑승자가 안전벨트를 착용 시 정면충돌사고에서 가장 많이 발생되는 골절상

▌ 자동차 사고의 표준 간이 상해도

상해도 1	상해가 가볍고 그 상해를 위한 특별한 대책이 필요없는 것으로 생명의 위험도가 1~10%인 것(경미)
상해도 2	생명에 지장이 없으나 어느 정도 충분한 치료를 필요로 하는 것으로 생명의 위험도가 11~30%인 것(경도)
상해도 3	생명의 위험은 적지만 상해 자체가 충분한 치료를 필요로 하는 것으로 생명의 위험도가 31~70%인 것(중증도)
상해도 4	상해에 의한 생명이 위험은 있으나 현재 의학적으로 적절한 치료가 이루어지면 구명의 가능성이 있는 것으로 생명의 위험도가 71~90%인 것(고도)
상해도 5	의학적으로 치료의 범위를 넘어서 구명의 가능성이 불확실한 것으로 생명의 위험도가 91~100%인 것(극도)
상해도 9	원인 및 증상을 자세히 알 수 없어서 분류가 불가능한 것(불명)

▌ 신체 상해부위
- 두부 : 눈, 귀, 코, 입, 안면
- 경부 : 목
- 배요부 : 등, 허리
- 흉부 : 가슴
- 상지 : 팔
- 하지 : 다리

▌ 분별적 반응과 반사적 반응
- 분별적 반응 : 인간의 반응시간 중 가장 긴 반응시간
- 반사적 반응 : 인간의 반응시간 중 가장 짧은 반응시간

▌ 현혹(眩惑)
야간에 마주 오는 차량의 불빛을 직접적으로 받으면 한순간에 시력을 잃어버리게 되는 현상

▌ 암순응(暗順應)
밝은 장소에서 갑자기 어두운 장소로 이동하면 잠깐 동안 아무 것도 볼 수 없다가 곧 눈이 순응되면서 조금씩 볼 수 있게 되는 현상

▌ 속 도
- 어떤 단위시간 동안 이동한 거리의 변화량
- 가속도 : 시간에 대한 속도의 변화량
- 중력가속도 : 물체가 운동할 때 중력의 작용으로 생기는 가속도

▌ 벡 터
- 크기와 방향을 가진 물리량
- 3요소 : 작용점, 크기, 방향

▌ 운동량
- 물체의 질량(m)과 속도(v)를 곱한 것이다.
- 벡터량이기 때문에 방향과 크기가 있다.
- 운동량 보존의 법칙은 작용·반작용의 법칙에 따라 성립한다.

▌ 충격량
- 물체가 충돌할 때 가한 충격의 크기
- 물체에 작용한 힘(F)과 힘이 작용한 시간(t)의 곱
- 차량이나 다른 물체의 충돌 시에 운동량의 변화를 야기하는 힘

▌ 임프린트
스커프마크의 일종으로 타이어가 구르면서 무른 노면이나 부드러운 노면에서 타이어자국이 새겨진 자국

▌ 마찰계수
미끄러지는 물체의 표면상에 수직으로 작용하는 힘에 대하여 물체를 이동시키기 위한 접선력(수평)비

▌ 견인계수
중량에 의한 가속이나 감속을 나타내는 계수로서 동일방향으로 감속시키는 데 필요한 수평력과 그 힘이 가해지는 물체의 무게와의 비로 표현

▌ 과편향현상(오버디프렉티드)
트레드의 가운데보다 가장자리의 압력이 더 클 때의 타이어 상태이거나 과적 또는 공기가 적게 주입된 타이어 상태

▌ 오버스티어
고속에서 커브의 안쪽으로 굽어들려고 하중이 쏠리는 자동차의 특성으로 앞바퀴보다 뒷바퀴 쪽에 더 많은 무게가 있거나 후륜타이어의 압력이 너무 작은 자동차는 오버스티어를 하기 쉽다.

▌ 언더스티어
커브의 바깥측으로 벗어나려는 하중을 받는 자동차의 특성을 말한다. 뒷바퀴보다 앞바퀴에 더 많은 중량을 가졌을 때나 앞타이어에 너무 적은 압력을 가질 때 자동차는 고속에서 언더스티어하려는 경향이 생긴다.

▌측 대
운전자의 시선을 유도하고 옆부분의 여유를 확보하기 위하여 중앙분리대 또는 길 어깨에 차도와 동일한 횡단경사와 구조로 차도에 접속하여 설치하는 부분을 말한다.

▌횡단경사
도로의 진행방향에 직각으로 설치하는 경사로서 도로의 배수를 원활하게 하기 위하여 설치하는 경사와 평면곡선부에 설치하는 편경사가 있다.

▌편경사
평면곡선부에서 자동차가 원심력에 저항할 수 있도록 하기 위하여 설치하는 횡단경사를 말한다.

▌종단경사
도로의 진행방향 중심선의 길이에 대한 높이의 변화비율을 말한다.

▌정지시거
운전자가 같은 차로 상에 고장차 등의 장애물을 인지하고 안전하게 정지하기 위하여 필요한 거리로서 차로 중심선상 1m 높이에서 그 차로의 중심선에 있는 높이 15cm 물체의 맨 윗부분을 볼 수 있는 거리를 그 차로의 중심선에 따라 측정한 길이를 말한다.

▌앞지르기시거
2차로 도로에서 저속 자동차를 안전하게 앞지를 수 있는 거리로서 차로의 중심선상 1m의 높이에서 반대쪽 차로의 중심선에 있는 높이 1.2m의 반대쪽 자동차를 인지하고 앞 차를 안전하게 앞지를 수 있는 거리를 도로중심선에 따라 측정한 길이를 말한다.

▌교통섬
자동차의 안전하고 원활한 교통처리나 보행자 도로 횡단의 안전을 확보하기 위하여 교차로 또는 차도의 분기점 등에 설치하는 섬 모양의 시설을 말한다.

■ 작용과 반작용

한 물체가 다른 물체에 힘을 작용하면 상대방 물체도 그 물체에 반대방향으로 힘을 작용한다. '작용과 반작용의 법칙'은 모든 작용에 대해서 항상 이것과 크기는 같고 방향이 반대인 반작용이 작용한다.

■ 종단곡선

원과 포물선이 있으나 일반적으로 포물선이 사용되며 이에는 Convex와 Concane의 2가지가 있다. 종단곡선은 길수록 좋으며 곡선장은 시거의 길이로 결정되며 2개의 다른 종단구배구간을 주행하는 차량의 운동량 변화에 따른 충격의 완화와 시거를 확보할 수 있도록 서로 적당한 변화율로 접속시켜야 하며 도로의 배수를 원활히할 수 있도록 설치한다.

■ 경부손상

경추가 과다하게 뒤로 젖혀지고 앞으로 굴곡되어 손상된다. 경추의 골절탈구 등의 경부손상을 초래하면 때로는 치명적일 수 있다. 경추부는 다른 부위보다 훨씬 손상을 받기 쉬우며 골절 및 탈구에 의한 경수의 손상은 호흡 등 신경다발이 지나가므로 사망의 원인이 될 수 있다.

■ 베이퍼록

연료회로 또는 브레이크장치 유압회로 내에 브레이크액이 온도상승으로 인해 기화되어 압력전달이 원활하게 이루어지지 않아 제동기능이 저하되는 현상이 생기는 것이며 사용액체가 증발되어 압력의 전달작용이 되지 않는 현상이다. 긴 내리막길 주행 등에서 유압브레이크를 과도하게 사용하였을 때 드럼과 슈의 마찰열에 의해 일어나는 일이 많다. 이때는 브레이크 페달을 밟아도 작동이 둔해진다.

■ 페이드

주행 중 계속해서 브레이크를 사용함으로써 온도상승으로 인해 제동마찰재의 기능이 저하되어 마찰력이 약해지는 현상이며 이러한 현상은 시간이 경과하여 온도가 내려가면 정상으로 회복되기 때문에 이러한 요인으로 사고가 일어나도 증명하기가 어렵다.

■ 하이드로플레이닝(수막현상)

자동차가 물에 고인 노면 또는 비가 오는 포장도로를 고속으로 주행할 때 타이어 트레드의 그루브 사이에 있는 물을 완전히 밀어내지 못하게 되어 배수하는 기능이 감소되고 타이어와 노면과의 사이에 직접 접촉부분이 없어져서 물위를 미끄러지듯이 되는 현상이 발생하게 되는 것이다. 대부분 전륜에 많이 발생되고 이때 발생하는 물의 깊이는 타이어의 속도, 마모 정도, 노면의 거칢 등에 따라 다르지만 2.5~10mm 정도에서 보여지고 있으며 보통 5.08~7.62mm 사이가 많이 발생한다.

■ 백화현상

전구의 리크나 균열로 인하여 산소가 내부로 들어갔거나 전구 내부의 오염에 의하여(산소유입) 내부 가스성분 연소로 발생한다. 전구 내부에 미량의 수분이 유입되었을 경우 청화가 발생하나 시간이 경과함에 따라 연소에 의한 백화로 진전될 수 있다.

■ 흑화현상

전구에 산소가 들어 있으면 필라멘트의 텅스텐 분자는 열에 의해 자꾸 초자구 쪽으로 나오려는 상태에서 산소분자와 결합해서 관벽 쪽으로 나오고 WO_2분자가 관벽에 부딪치면 W는 벽에 붙어 남아 있고 산소만 다시 대류현상을 따라 필라멘트 쪽으로 이동되는 현상이 계속적으로 반복되는 현상이다.

■ 청화현상

- 전구 내부에 수분이 존재할 때 할로겐 사이클이 정상적으로 작동하지 못하고 수분 사이클이 일어날 경우에 발생하며 물(수분)의 발광색이다. 필라멘트가 산화하였을 경우 산화막의 산소와 할로겐가스의 수소 성분이 결합하여 물이 생성되어 청화가 발생된다.
- 청색 : 전구 내가 깨끗하나 수분이 유입된 경우
- 백화막을 수반한 청화 : 전구 내부가 오염되었고 수분도 함유하고 있을 경우

■ 칩

최대 접촉 시에 발생한다.

■ 찹

스크레이프보다 깊고 폭이 넓다.

■ 그루브

길고 좁은 홈자국으로 직선일 수도 있고 곡선일 수도 있다. 이것은 구동샤프트나 다른 부품의 돌출한 너트나 못 등의 노면 위를 끌릴 때 생기는데, 최대접촉지점을 벗어난 곳까지도 계속된다.

■ 러브오프

순간적으로 정지된 상태에서 충돌하지 않고 양 차량의 접촉부위가 서로 다른 속도로 움직이고 있다는 것을 나타내 주며 이는 측면 접촉사고 시 발생되는 전형적인 모습이다.

■ 크 룩

충돌 전 급제동 흔적을 발생시키면서 충돌 시에 나타나는 현상이다.

■ 신전손상

차깔림과 같은 거대한 외력이 작용하면 외력이 작용한 부위에서 떨어진 피부가 신전력에 의하여 피부할선을 따라 찢어지는 손상이다. 대개 얕고 짧으며 서로 평행한 표피열창이 무리를 이루어 나타나고 외력이 더욱 거대하면 열창의 형태로 나타난다.

■ 박피손상

사각으로 작용하거나 회전하는 둔력에 의하여 피부와 피하조직이 하방의 근막과 박리되는 것을 말하며 개방성일 때는 박피창, 비개방성일 때는 박피상이라고도 한다.

■ 전도손상

자동차에 충격된 후 지상에 직접 쓰러지거나 떴다가 떨어지면서 지면이나 지상구조물에 의하여 형성되는 손상으로 제3차 충격손상이라고도 한다.

■ 이 개

이개부를 역과하면 이개는 바퀴의 회전력에 의하여 잡아당겨지므로 열창이 형성된다. 후방에서 전방으로 진행할 때는 이개의 전면에, 그 반대방향일 때는 후면에 열창이 일어난다.

■ 주 기

등화가 완전히 한 번 바뀌는 것이나 그 시간 길이를 말한다.

■ 현 시

한 주기 중에서 신호표시가 변하지 않는 일정한 시간 구간을 말한다.

■ 옵 셋

어떤 기준값으로부터 녹색 등화가 켜질 때까지의 시간차를 초 또는 %로 나타낸 값으로 연동 신호 교차로 간의 녹색 등화가 켜지기까지의 시차이다.

■ 소거손실시간

일단의 교통류가 신호등에 의하여 흐름이 중단되고 다른 방향의 교통류가 교차로에 진입할 때 안전을 고려하여 교차로를 정리하는 시간이다.

■ 소요현시율

일정한 시간 동안 실제로 도착한 교통량을 포화교통량으로 나눈 값이다.

■ 충돌스크랩

충돌 시 노면에 미치는 타이어의 압력은 순간적으로 크게 증대하여 차량이 타 물체와 충돌하면서 차륜이 손상될 때 갑자기 생성되고 최대접촉 시의 바퀴위치를 나타내 주는 최고의 증거가 될 수 있다. 충돌 전 아무런 노면 차륜 흔적이 없는 상태에서 충돌 시 갑자기 이 형상이 보인다.

■ 플 립

차량이 측면 방향으로 미끄러지다 어떤 장애물이나 돌출물 또는 연석에 충돌하거나 바퀴가 미끄러지면서 흙속으로 파고들어 더 이상 진행할 수 없을 때 차체가 공중으로 튕겨오르게 되는 것이다.

■ 볼 트

원론적으로 종방향플립이라 할 수 있다. 앞으로 진행하던 차량이 무게중심 아래 부분에 연석 등 고정장애물이 충격할 때 전륜이 이를 타고 넘지 못하고 더 이상 진행이 억제되어 차체 뒷부분이 공중에서 종방향으로 회전착지되는 것이다.

■ 스웨브

충돌을 피하기 위하여 운전자가 핸들을 조작하면서 급브레이크를 밟거나 혹은 도로형태에 따라 회전하려고 할 때 급제동 시 약간 구부러진 스키드마크이다.

■ 스크래치

큰 압력없이 미끄러진 금속물체에 의해 단단한 포장 노면에 가볍게 불규칙적으로 좁게 나타나는 긁힌 자국

스크레이프
넓은 구역에 걸쳐 나타난 줄무늬가 있는 여러 스크래치 자국이다. 스크래치에 비해 폭이 다소 넓고 때로는 최대접촉지점을 파악하는 데 도움을 준다.

소등깨짐
필라멘트는 은빛을 띠고 떨어져 나갔을 경우 남아 있는 끝부분이 선명한 은빛을 띤다.

소등충격
끊어진 부위가 날카롭고 은빛으로 빛나며 여러 조각으로 깨어지는 경우도 있다.

점등깨짐
필라멘트가 외부공기와 직접 노출되어 순간적으로 산화하여 검게 변색한다.

점등충격
필라멘트가 엿가락처럼 변형되어 있거나 전구 내부의 접촉흔이 발견된다.

디스크브레이크와 드럼브레이크의 차이점
드럼브레이크는 브레이크슈가 드럼 내부에 부착되어 있기 때문에 이 열이 대기 중으로 빠져나가는 것이 쉽지 않다. 반면, 디스크브레이크는 디스크와 패드가 모두 대기 중에 노출되어 있기 때문에 주행 중에 냉각되므로 안정된 제동력을 얻을 수 있다.

차로변경 시 필요한 최소 거리

- $dx = \sqrt{4R \cdot d_y - d_y^2}$
- $y = \dfrac{B + B'}{2} + $ 여유 거리(C)

$V = \sqrt{\mu g R}$, $R = \dfrac{V^2}{\mu \times g}$, 옆 방향 g(원심가속도)를 $0.3g$로 가정하여 대입하면

$R = \dfrac{V^2}{0.3 \times 9.8} = \dfrac{V^2}{2.94}$ 이 된다. R을 앞의 식에 대입하면

$= \sqrt{1.36 d_y \times V^2 - d_y^2}$ 으로 요약할 수 있다.

장애물 피양 시 필요한 최소 거리

- $dx = \sqrt{2R \cdot d_y - d_y^2}$
- $V = \sqrt{\mu g R}$ 에서 원심가속도 $0.3g$로 가정하여 대입

  $R = \dfrac{V^2}{0.3 \times 9.8} = \dfrac{V^2}{2.94}$ 이 된다. R을 앞의 식에 대입하면

  $= \sqrt{0.68 d_y \times V^2 - d_y^2}$ 로 요약할 수 있다.

휠리프트 추정공식

- 선회 바깥쪽 힘의 모멘트 : 원심력 $\times g = m_R \dfrac{V^2}{R} h$
- 차체 안쪽 힘의 모멘트 : $\dfrac{T_R}{2} \times m_R g = m_R \dfrac{V^2}{R} h$
- $m_R \dfrac{V^2}{R} h = \dfrac{1}{2} m_R g T_R, \quad V = \sqrt{\dfrac{g T_R R}{2h}}$

  R : 선회곡선반경, T_R : 윤거(m), g : 중력가속도, h : 무게중심 지상고(m)
- 두 식을 등호로 연결하여 구한 속도는 차체가 넘어지기 위한 최소 속도이다.

운동에너지 보존법칙

- 에너지는 일을 할 수 있는 능력이며 형태를 바꾸거나 이동하여도 에너지 총량은 변하지 않는다. 불멸의 법칙이라고도 한다(형태만 바뀔 뿐이지 전체 에너지는 변하지 않는다).
- $\dfrac{1}{2} m V^2 + mgh = \mu mgd, \quad mgh = 0$이면 $\dfrac{1}{2} mv^2 = \mu mgd$

반발계수

- 두 물체의 충돌 전 상대속도와 충돌 후 상대속도의 비
- $e = \dfrac{V_2' - V_1'}{V_1 - V_2} = -\dfrac{V_2' - V_1'}{V_2 - V_1}$

유효충돌속도(충돌전속도 – 공통속도)

차량이 충돌하여 차량 간의 공통속도가 존재할 경우 충돌 전 속도와 공통속도에 대한 상대속도를 말한다.

▌ 같은 방향의 추돌(충돌 전 양 차량의 속도를 모를 때)

- 공통속도 $V_c = \sqrt{\dfrac{2gE_d(W_r + W_f)}{W_r \times W_f}}$

- 충돌한 차의 충돌직전 속도

$$V_c = V_r - V_f, \quad V_r = V_f + V_c, \quad V_r = \sqrt{\dfrac{V_c \times W_f}{W_r + W_f}} + V$$

- 충돌당한 차의 충돌직전 속도 $V_f = V_r - V_c$

▌ 횡구배 요마크 $\sqrt{\dfrac{gR(\mu + G)}{1 - \mu G}}$ (m/s) 유도공식

- 회전원의 바깥쪽이 높을 때 : 정상편경사

  ① 경사면이 수직으로 작용하는 힘 : $\left(mg\cos\theta + m\dfrac{V^2}{R}\sin\theta\right)$

  ② 경사면에 나란히 당기는 힘 : $\left(m\dfrac{V^2}{R}\cos\theta - mg\sin\theta\right)$

  ③ 요마크는 원심력이 횡방향 마찰력보다 커서 발생 : m을 소거, $\dfrac{\sin\theta}{\cos\theta} = \tan\theta$

  ④ $V = \sqrt{\dfrac{gR(\mu + \tan\theta)}{1 - \mu\tan\theta}}$ 에서 $\tan\theta$는 G이므로, $\sqrt{\dfrac{gR(\mu + G)}{1 - \mu G}}$ (m/s)이다.

- 회전원의 바깥쪽이 낮을 때 : 비정상편경사 – 부호반대

  ① 경사면이 수직으로 작용하는 힘 : $\left(mg\cos\theta - m\dfrac{V^2}{R}\sin\theta\right)$

  ② 경사면에 나란히 당기는 힘 : $\left(m\dfrac{V^2}{R}\cos\theta + mg\sin\theta\right)$

  ③ 요마크는 원심력이 횡방향 마찰력보다 커서 발생 : m을 소거, $\dfrac{\sin\theta}{\cos\theta} = \tan\theta$

  ④ $V = \sqrt{\dfrac{gR(\mu - \tan\theta)}{1 + \mu\tan\theta}}$ 에서 $\tan\theta$는 G이므로, $\sqrt{\dfrac{gR(\mu - G)}{1 + \mu G}}$ (m/s)이다.

▌ 롤 링

차량의 무게중심을 지나는 세로 방향의 축을 중심으로 차량이 좌우로 기울어지는 현상으로 롤링 시 급제동이 되면 좌우 스키드마크의 길이가 차이난다.

▎ 피 칭

차량의 무게중심을 지나는 가로 방향의 축을 중심으로 차량이 앞뒤로 기울어지는 현상으로 적재물이 없는 대형차량의 경우 급제동 시 피칭현상으로 인해 스키드마크가 짧게 끊어진 형태로 나타난다.

▎ 요 잉

차량의 무게중심을 지나는 윗방향의 축을 중심으로 차량이 회전하는 현상으로 심할 경우 노면상에 요마크를 생성한다.

▎ 캠 버

차를 앞에서 보았을 때 위쪽이 아래쪽보다 약간 바깥쪽으로 경사지게 한 것이다. 앞바퀴 하중을 받았을 때 아래로 벌어지는 것을 방지한다. 핸들조작을 가볍게 한다.

▎ 토 인

2개의 앞바퀴가 마치 안짱다리처럼 앞쪽이 약간 좁아져 안으로 향하고 있는 것을 말한다. 타이어의 이상마모를 방지하기 위함이다.

▎ 경사 있는 추락 $V = 7.97d\sqrt{\dfrac{1}{dG-h}}$ (km/h) 유도공식

① 수평방향 이동거리 산출식 : $d = V \times t$

② 수직방향 이동거리 산출식 : $h = \dfrac{1}{2} \times g \times t^2$

③ 위 두 식에서 t를 소거하면, $V = \dfrac{d}{0.4517 \times \sqrt{h}}$ (m/s)이며 $V = \dfrac{7.97 \times d}{\sqrt{h}}$ (km/h)가 된다.

- 기울기가 있을 경우의 원식은,

$V = d\sqrt{\dfrac{g}{2\cos\theta(d\sin\theta - h\cos\theta)}}$ 이나, 대부분 사고의 경우 이탈각이 10° 내외로 미미하고 10° 이내 각도에서 $\cos\theta$값은 1에 가깝고, $\tan\theta$의 값은 %로 표시된 기울기 G와 유사하므로 위 식과 같이 근사적으로 구하는 식을 사용할 수 있다.

■ 오토바이뱅킹

이륜차 운전자가 급한 커브길을 돌 때 안쪽으로 기울게 되는데 이는 선회운동으로 인해 발생되는 원심력과 균형을 맞추기 위한 행동으로서 기울림각이다.

선회주행 한계조건은

① $\dfrac{m}{R}V^2 = \mu mg$

② $\dfrac{m}{R}V^2 \times h\cos\theta = mgh\sin\theta$의 조건에서

③ $\tan\theta = \dfrac{V^2}{Rg}$ 또는 $\theta = \tan^{-1}\dfrac{V^2}{Rg}$

■ 플립 $V = d\sqrt{\dfrac{g}{d-h}}\,(\text{m/s})$ 또는 $\dfrac{11.27d}{\sqrt{d-h}}\,(\text{km/h})$ 유도공식

$\dfrac{11.27d}{\sqrt{d-h}}(\text{km/h}) = 11.27d\,\dfrac{1}{\sqrt{d-h}}(\text{km/h})$

$V = d\sqrt{\dfrac{g}{2\cos\theta(d\sin\theta - h\cos\theta)}}$ 이며, 여기서 θ를 측정하기 어렵기 때문에 동일속도에서 가장 멀리 갈 수 있는 45°를 적용하면 위의 식이 성립한다.

■ $f_G = \mu + \dfrac{G}{\sqrt{1+G^2}}$ 에너지보존법칙을 적용하여 증명

① $E_k = \dfrac{1}{2}mV_i^2 = \mu mgd + mgh + \dfrac{1}{2}mV_f^2$

② $V_i^2 - V_f^2 = 2(\mu gd + gh)$, $V_f^2 - V_i^2 = -2gd\left(\mu + \dfrac{h}{d}\right)$

③ $f_G = \mu + \dfrac{h}{d}$, $\sin\theta = \dfrac{h}{d}$, $\dfrac{\sin\theta}{\cos\theta} = \tan\theta = G$

④ $\sin\theta = G\cos\theta$, ∴ $\cos\theta = \dfrac{1}{\sqrt{1+G^2}}$

⑤ $f_G = \mu + \dfrac{h}{d} = \mu + \sin\theta = \mu + \dfrac{G}{\sqrt{1+G^2}}$

기울기의 경사각(구배)이 작은 경우 근사식을 견인계수 $f_G = (\mu + G)$를 사용할 수 있음을 예로 증명

만일 10% 도로의 경우 $\theta = 5.7°$이고, $\cos\theta = 0.995$이므로 1에 근사함을 알 수 있다.

구배값으로 공식에 대입, $\dfrac{1}{\sqrt{1+G^2}} = \dfrac{1}{\sqrt{1+0.01}} = 0.995$

곡선반경유도공식

① $R = \dfrac{C^2}{8M} + \dfrac{M}{2}$, $R^2 = (R-M)^2 + \left(\dfrac{C}{2}\right)^2$, $2RM = M^2 + \dfrac{C^2}{4}$

② $R^2 = (R-Y)^2 + X^2$, $R^2 = R^2 - 2RY + Y^2 + X^2$

∴ R에 대해 정리하면 $R = \dfrac{X^2}{2Y} + \dfrac{Y}{2}$ (m)

좌표법

2개의 기준선을 이용하여 최소 거리를 측정하기 때문에 소요시간과 측정에 의한 소통장애를 최소화할 수 있다.

삼각법

2개의 기준점을 이용하는데 좌표법보다 제약조건이 적어 어느 사고현장에서나 사용할 수 있다(도로 연석선 및 도로 끝점, 신호등 및 각종 표지지주, 우편통, 소화, 전신주, 가로등, 각종 수목, 교량, 건물 모서리).

각도법

차량의 축을 기준으로 시계방향으로 각도를 이용하여 나타낸다. 그래서 '충격힘은 우측에서 직선으로 90°이고 좌측에서 270°를 향한다'라고 표현한다.

시계눈금법

시계의 12시간의 시간 숫자를 이용하여 나타내는 방법이다. 이것은 숫자 앞으로 들어오는 힘을 직선으로 표시한다. 즉, 우측으로 들어오는 직선의 힘은 3시 방향이다.

■ 교통사고 재현 분석에 사용되는 가속도, 속도, 거리, 시간 방정식

1. 가속도(a)	① $a = \dfrac{v_e - v_i}{t}$ ② $a = \dfrac{2 \cdot d - 2 \cdot v_i \cdot t}{t^2}$ ③ $a = \dfrac{v_e^2 - v_i^2}{2 \cdot d}$
2. 최초속도(v_i)	④ $v_i = v_e - a \cdot t$ ⑤ $v_i = \dfrac{d}{t} - \dfrac{a \cdot t}{2}$ ⑥ $v_i = \sqrt{v_e^2 - 2 \cdot a \cdot d}$
3. 최종속도(v_e)	⑦ $v_e = v_i + a \cdot t$ ⑧ $v_e = \sqrt{v_i^2 + 2 \cdot a \cdot d}$
4. 거리(d)	⑨ $d = v_i \cdot t + \dfrac{1}{2} \cdot a \cdot t^2$ ⑩ $d = \dfrac{v_e^2 - v_i^2}{2 \cdot a}$ ⑪ $d = \dfrac{t(v_i + v_e)}{2}$
5. 시간(t)	⑫ $t = \dfrac{v_e - v_i}{a}$

▍ 속도 외 기타 공식

① 스키드마크 : $v = \sqrt{2\mu g d}$

② 요마크 : $v = \sqrt{\mu g R}$

③ 추락 : $v = d\sqrt{\dfrac{g}{2h}}$

④ 공중회전 : $v = d\sqrt{\dfrac{g}{d-h}}$

⑤ 전복 : $v = \sqrt{\dfrac{gTR}{2h}}$

⑥ 운동량 보존법칙 : $m_1 v_1 + m_2 v_2 = m_1' v_1' + m_2' v_2'$ (v값 대입에 따름)

⑦ 에너지 : $KE = \dfrac{1}{2}mv^2$, $v = \sqrt{\dfrac{2KE}{m}}$

⑧ 곡선반경 : $R = \dfrac{C^2}{8M} + \dfrac{M}{2}$

⑨ 이륜차 축간 거리 감소량 : $1.5D + 12$

⑩ 이륜차 전도 시간 : $t = \dfrac{2h}{g}$

⑪ 가속도 : $a = fg$

⑫ 견인계수 : $f = \dfrac{a}{g}$

교육은 우리 자신의 무지를 점차 발견해 가는 과정이다.

– 윌 듀란트 –

PART 1
교통관련법규

CHAPTER 01　도로교통법
CHAPTER 02　교통사고처리특례법 및 특정범죄가중처벌 등에 관한 법률

합격의 공식 *시대에듀* www.sdedu.co.kr

CHAPTER 01 도로교통법

01 도로교통법의 이해

01 목적 및 정의

(1) 목적(법 제1조) 중요!

도로에서 일어나는 교통상의 모든 위험과 장해를 방지하고 제거하여 안전하고 원활한 교통을 확보함을 목적으로 한다.

(2) 용어의 정의(법 제2조, 영 제2조) 중요!

① 도 로
  ㉠ '도로법'에 따른 도로
  ㉡ '유료도로법'에 따른 유료도로
  ㉢ '농어촌도로정비법'에 따른 농어촌도로
  ㉣ 그 밖에 현실적으로 불특정 다수의 사람 또는 차마가 통행할 수 있도록 공개된 장소로서 안전하고 원활한 교통을 확보할 필요가 있는 장소
② **자동차전용도로** : 자동차만 다닐 수 있도록 설치된 도로를 말한다.
③ **고속도로** : 자동차의 고속운행에만 사용하기 위하여 지정된 도로를 말한다.
④ **차도** : 연석선(차도와 보도를 구분하는 돌 등으로 이어진 선), 안전표지 또는 그와 비슷한 인공구조물을 이용하여 경계를 표시하여 모든 차가 통행할 수 있도록 설치된 도로의 부분을 말한다.
⑤ **중앙선** : 차마의 통행 방향을 명확하게 구분하기 위하여 도로에 황색실선이나 황색점선 등의 안전표지로 표시한 선 또는 중앙분리대나 울타리 등으로 설치한 시설물을 말한다. 다만, **가변차로가 설치된 경우에는 신호기가 지시하는 진행방향의 가장 왼쪽에 있는 황색점선**을 말한다.
⑥ **차로** : 차마가 한 줄로 도로의 정하여진 부분을 통행하도록 **차선으로 구분한 차도의 부분**을 말한다.
⑦ **차선** : 차로와 차로를 구분하기 위하여 그 경계지점을 안전표지로 표시한 선을 말한다.
⑧ **노면전차 전용로** : 도로에서 궤도를 설치하고, 안전표지 또는 인공구조물로 경계를 표시하여 설치한 도로 또는 차로를 말한다.
⑨ **자전거도로** : 안전표지, 위험방지용 울타리나 그와 비슷한 인공구조물로 경계를 표시하여 자전거 및 개인형 이동장치가 통행할 수 있도록 설치된 도로를 말한다.
⑩ **자전거횡단도** : 자전거 및 개인형 이동장치가 일반도로를 횡단할 수 있도록 안전표지로 표시한 도로의 부분을 말한다.

⑪ **보도** : 연석선, 안전표지나 그와 비슷한 인공구조물로 경계를 표시하여 보행자(유모차, 보행보조용 의자차, 노약자용 보행기 등 행정안전부령으로 정하는 기구·장치를 이용하여 통행하는 사람 및 실외이동로봇을 포함)가 통행할 수 있도록 한 도로의 부분을 말한다.

⑫ **길가장자리구역** : 보도와 차도가 구분되지 아니한 도로에서 보행자의 안전을 확보하기 위하여 안전표지 등으로 경계를 표시한 도로의 가장자리 부분을 말한다.

⑬ **횡단보도** : 보행자가 도로를 횡단할 수 있도록 안전표지로 표시한 도로의 부분을 말한다.

⑭ **교차로** : '십'자로, 'T'자로나 그 밖에 둘 이상의 도로(보도와 차도가 구분되어 있는 도로에서는 차도)가 교차하는 부분을 말한다.

⑮ **회전교차로** : 교차로 중 차마가 원형의 교통섬(차마의 안전하고 원활한 교통처리나 보행자 도로횡단의 안전을 확보하기 위하여 교차로 또는 차도의 분기점 등에 설치하는 섬 모양의 시설)을 중심으로 반시계방향으로 통행하도록 한 원형의 도로를 말한다.

⑯ **안전지대** : 도로를 횡단하는 보행자나 통행하는 차마의 안전을 위하여 안전표지나 이와 비슷한 인공구조물로 표시한 도로의 부분을 말한다.

⑰ **신호기** : 도로교통에서 문자·기호 또는 등화를 사용하여 진행·정지·방향전환·주의 등의 신호를 표시하기 위하여 사람이나 전기의 힘으로 조작하는 장치를 말한다.

⑱ **안전표지** : 교통안전에 필요한 **주의·규제·지시 등을 표시하는** 표지판이나 도로의 바닥에 표시하는 기호·문자 또는 선 등을 말한다.

⑲ **차마(車馬)** : 다음의 차와 우마를 말한다.
  ㉠ 차 : 다음의 어느 하나에 해당하는 것을 말한다.
    • 자동차
    • 건설기계
    • 원동기장치자전거
    • 자전거
    • 사람 또는 가축의 힘이나 그 밖의 동력으로 도로에서 운전되는 것. 다만, 철길이나 가설된 선을 이용하여 운전되는 것, 유모차, 보행보조용 의자차, 노약자용 보행기, 실외이동로봇 등 행정안전부령으로 정하는 기구·장치는 제외한다.
  ㉡ 우마 : 교통이나 운수에 사용되는 가축을 말한다.

⑳ **노면전차** : 도로에서 궤도를 이용하여 운행되는 차를 말한다.

㉑ **자동차** : 철길이나 가설된 선을 이용하지 아니하고 원동기를 사용하여 운전되는 차(견인되는 자동차도 자동차의 일부로 본다)로서 다음의 차를 말한다.
  ㉠ '자동차관리법' 제3조에 따른 다음의 자동차. 다만, 원동기장치자전거는 제외
    • 승용자동차
    • 승합자동차
    • 화물자동차

- 특수자동차
- 이륜자동차

ⓒ '건설기계관리법' 제26조 제1항 단서에 따른 건설기계

㉒ **자율주행시스템** : '자율주행자동차 상용화 촉진 및 지원에 관한 법률' 제2조 제1항 제2호에 따른 자율주행시스템을 말한다. 이 경우 그 종류는 완전 자율주행시스템, 부분 자율주행시스템 등 행정안전부령으로 정하는 바에 따라 세분할 수 있다.

㉓ **자율주행자동차** : '자동차관리법' 제2조 제1호의3에 따른 자율주행자동차로서 자율주행시스템을 갖추고 있는 자동차를 말한다.

㉔ **원동기장치자전거** : 다음의 어느 하나에 해당하는 차를 말한다.
  ⓐ '자동차관리법' 제3조에 따른 이륜자동차 가운데 배기량 125cc 이하(전기를 동력으로 하는 경우에는 최고정격출력 11kW 이하)의 이륜자동차
  ⓑ 그 밖에 배기량 125cc 이하(전기를 동력으로 하는 경우에는 최고정격출력 11kW 이하)의 원동기를 단 차('자전거 이용 활성화에 관한 법률' 제2조 제1호의2에 따른 전기자전거 및 제21호의3에 따른 실외이동로봇은 제외)

㉕ **개인형 이동장치** : ㉔의 ⓑ에 해당하는 원동기장치자전거 중 시속 25km 이상으로 운행할 경우 전동기가 작동하지 아니하고 차체중량이 30kg 미만인 것으로서 행정안전부령으로 정하는 것을 말한다.

㉖ **자전거** : '자전거 이용 활성화에 관한 법률' 제2조 제1호 및 제1호의2에 따른 자전거 및 전기자전거를 말한다.

㉗ **자동차 등** : 자동차와 원동기장치자전거를 말한다.

㉘ **자전거 등** : 자전거와 개인형 이동장치를 말한다.

㉙ **실외이동로봇** : 지능형 로봇 중 행정안전부령으로 정하는 것을 말한다.

㉚ **긴급자동차** : 다음의 자동차로서 그 본래의 긴급한 용도로 사용되고 있는 자동차를 말한다.
  ⓐ 소방차
  ⓑ 구급차
  ⓒ 혈액공급차량
  ⓓ 그 밖에 대통령령으로 정하는 자동차 : 긴급한 용도로 사용되는 다음의 어느 하나에 해당하는 자동차를 말한다.
    - 경찰용 자동차 중 범죄수사, 교통단속, 그 밖에 긴급한 경찰업무수행에 사용되는 자동차
    - 국군 및 주한 국제연합군용 자동차 중 군 내부의 질서유지나 부대의 질서 있는 이동을 유도하는 데 사용되는 자동차
    - 수사기관의 자동차 중 범죄수사를 위하여 사용되는 자동차
    - 다음의 어느 하나에 해당하는 시설 또는 기관의 자동차 중 도주자의 체포 또는 수용자, 보호관찰 대상자의 호송·경비를 위하여 사용되는 자동차
      - 교도소·소년교도소 또는 구치소

- 소년원 또는 소년분류심사원
- 보호관찰소
- 국내외 요인에 대한 경호업무수행에 공무로 사용되는 자동차
- 전기사업, 가스사업, 그 밖의 공익사업을 하는 기관에서 위험방지를 위한 응급작업에 사용되는 자동차
- 민방위업무를 수행하는 기관에서 긴급예방 또는 복구를 위한 출동에 사용되는 자동차
- 도로관리를 위하여 사용되는 자동차 중 도로상의 위험을 방지하기 위한 응급작업에 사용되거나 운행이 제한되는 자동차를 단속하기 위하여 사용되는 자동차
- 전신·전화의 수리공사 등 응급작업에 사용되는 자동차
- 긴급우편물의 운송에 사용되는 자동차
- 전파감시업무에 사용되는 자동차
- 위에 따른 자동차 외에 다음의 어느 하나에 해당하는 자동차는 긴급자동차로 본다.
  - 경찰용 긴급자동차에 의하여 유도되고 있는 자동차
  - 국군 및 주한 국제연합군용의 긴급자동차에 의하여 유도되고 있는 국군 및 주한 국제연합군의 자동차
  - 생명이 위급한 환자 또는 부상자나 수혈을 위한 혈액을 운송 중인 자동차

㉛ **어린이통학버스** : 다음의 시설 가운데 **어린이(13세 미만의 사람)**를 교육 대상으로 하는 시설에서 어린이의 통학 등에 이용되는 자동차와 '여객자동차 운수사업법'에 따른 여객자동차운송사업의 한정면허를 받아 어린이를 여객대상으로 하여 운행되는 운송사업용 자동차를 말한다.
  ㉠ '유아교육법'에 따른 유치원 및 유아교육진흥원, '초·중등교육법'에 의한 초등학교 및 특수학교, 대안학교 및 외국인학교
  ㉡ '영유아보육법'에 따른 어린이집
  ㉢ '학원의 설립·운영 및 과외교습에 관한 법률'에 따라 설립된 학원 및 교습소
  ㉣ '체육시설의 설치·이용에 관한 법률'에 따라 설립된 체육시설
  ㉤ '아동복지법'에 따른 아동복지시설(아동보호전문기관은 제외)
  ㉥ '청소년활동 진흥법'에 따른 청소년수련시설
  ㉦ '장애인복지법'에 따른 장애인복지시설(장애인 직업재활시설은 제외)
  ㉧ '도서관법'에 따른 공공도서관
  ㉨ '평생교육법'에 따른 시·도평생교육진흥원 및 시·군·구평생학습관
  ㉩ '사회복지사업법'에 따른 사회복지시설 및 사회복지관

㉜ **주차** : 운전자가 승객을 기다리거나 화물을 싣거나 차가 고장 나거나 그 밖의 사유로 차를 계속 정지상태에 두는 것 또는 운전자가 차에서 떠나서 즉시 그 차를 운전할 수 없는 상태에 두는 것을 말한다.

㉝ **정차** : 운전자가 5분을 초과하지 아니하고 차를 정지시키는 것으로서 주차 외의 정지상태를 말한다.

㉞ **운전** : 도로에서 차마 또는 노면전차를 그 본래의 사용방법에 따라 사용하는 것(조종 또는 자율주행시스템을 사용하는 것을 포함)을 말한다.

㉟ **초보운전자** : 처음 운전면허를 받은 날(처음 운전면허를 받은 날부터 2년이 지나기 전에 운전면허의 취소처분을 받은 경우에는 그 후 다시 운전면허를 받은 날을 말한다)부터 2년이 지나지 아니한 사람을 말한다. 이 경우 원동기장치자전거면허만 받은 사람이 원동기장치자전거면허 외의 운전면허를 받은 경우에는 처음 운전면허를 받은 것으로 본다.

㊱ **서행** : 운전자가 차 또는 노면전차를 즉시 정지시킬 수 있는 정도의 느린 속도로 진행하는 것을 말한다.

㊲ **앞지르기** : 차의 운전자가 앞서가는 다른 차의 옆을 지나서 그 차의 앞으로 나가는 것을 말한다.

㊳ **일시정지** : 차 또는 노면전차의 운전자가 그 차 또는 노면전차의 바퀴를 일시적으로 완전히 정지시키는 것을 말한다.

㊴ **보행자전용도로** : 보행자만 다닐 수 있도록 안전표지나 그와 비슷한 인공구조물로 표시한 도로를 말한다.

㊵ **보행자우선도로** : '보행안전 및 편의증진에 관한 법률' 제2조 제3호에 따른 보행자우선도로를 말한다.

㊶ **자동차운전학원** : 자동차 등의 운전에 관한 지식·기능을 교육하는 시설로서 다음의 시설 외의 시설을 말한다.
  ㉠ 교육 관계 법령에 따른 학교에서 소속 학생 및 교직원의 연수를 위하여 설치한 시설
  ㉡ 사업장 등의 시설로서 소속 직원의 연수를 위한 시설
  ㉢ 전산장치에 의한 모의운전 연습시설
  ㉣ 지방자치단체 등이 신체장애인의 운전교육을 위하여 설치하는 시설 가운데 시·도경찰청장이 인정하는 시설
  ㉤ 대가(代價)를 받지 아니하고 운전교육을 하는 시설
  ㉥ 운전면허를 받은 사람을 대상으로 다양한 운전경험을 체험할 수 있도록 하기 위하여 도로가 아닌 장소에서 운전교육을 하는 시설

㊷ **모범운전자** : 무사고운전자 또는 유공운전자의 표시장을 받거나 2년 이상 사업용 자동차 운전에 종사하면서 교통사고를 일으킨 전력이 없는 사람으로서 경찰청장이 정하는 바에 따라 선발되어 교통안전 봉사활동에 종사하는 사람을 말한다.

㊸ **음주운전 방지장치** : 술에 취한 상태에서 자동차 등을 운전하려는 경우 시동이 걸리지 아니하도록 하는 것으로서 행정안전부령으로 정하는 것을 말한다.

02 신호기 및 안전표지

(1) 신호기 등의 설치 및 관리(법 제3조)

① 특별시장·광역시장·제주특별자치도지사 또는 시장·군수(광역시의 군수는 제외한다. 이하 시장 등)는 도로에서의 위험을 방지하고 교통의 안전과 원활한 소통을 확보하기 위하여 필요하다고 인정하는 경우에는 신호기 및 안전표지(이하 교통안전시설)를 설치·관리하여야 한다. 다만, '유료도로법' 제6조에 따른 유료도로에서는 시장 등의 지시에 따라 그 도로관리자가 교통안전시설을 설치·관리하여야 한다.

② 시장 등 및 도로관리자는 ①에 따라 교통안전시설을 설치·관리할 때에는 (2)에 따른 교통안전시설의 설치·관리기준에 적합하도록 하여야 한다.

③ 도는 ①에 따라 시장이나 군수가 교통안전시설을 설치·관리하는 데에 드는 비용의 전부 또는 일부를 시나 군에 보조할 수 있다.

④ 시장 등은 대통령령으로 정하는 사유로 도로에 설치된 교통안전시설을 철거하거나 원상회복이 필요한 경우에는 그 사유를 유발한 사람으로 하여금 해당 공사에 드는 비용의 전부 또는 일부를 부담하게 할 수 있다.

> **이해 더하기**
>
> **교통안전시설 관련 비용 부담의 사유(영 제4조)**
> - 차 또는 노면전차의 운전 등 교통으로 인하여 사람을 사상(死傷)하거나 물건을 손괴하는 사고(이하 교통사고)가 발생한 경우
> - 분할할 수 없는 화물의 수송 등을 위하여 신호기 및 안전표지(이하 교통안전시설)를 이전하거나 철거하는 경우
> - 교통안전시설을 철거·이전하거나 손괴한 경우
> - 도로관리청 등에서 도로공사 등을 위하여 무인(無人) 교통단속용 장비를 이전하거나 철거하는 경우
> - 그 밖에 고의 또는 과실로 무인 교통단속용 장비를 철거·이전하거나 손괴한 경우

⑤ 부담금의 부과기준 및 환급(영 제5조)

㉠ 특별시장·광역시장·제주특별자치도지사 또는 시장·군수(광역시의 군수는 제외한다. 이하 시장 등)는 교통안전시설의 철거나 원상회복을 위한 공사 비용 부담금(이하 부담금)의 금액을 교통안전시설의 파손 정도 및 내구연한 경과 정도 등을 고려하여 산출하고, 그 사유를 유발한 사람이 여러 명인 경우에는 그 유발 정도에 따라 부담금을 분담하게 할 수 있다. 다만, 파손된 정도가 경미하거나 일상 보수작업만으로 수리할 수 있는 경우 또는 부담금 총액이 20만원 미만인 경우에는 부담금 부과를 면제할 수 있고, 2024년 9월 1일부터 2026년 8월 31일까지 발생한 사유로 인한 부담금 총액이 20만원 이상인 경우에는 부담금을 분할하여 납부하게 할 수 있다.

㉡ 시장 등은 ㉠에 따라 부과한 부담금이 교통안전시설의 철거나 원상회복을 위한 공사에 드는 비용을 초과한 경우에는 그 차액을 환급하여야 한다. 이 경우 환급에 필요한 사항은 시장 등이 정한다.

ⓒ 무인 교통단속용 장비의 철거나 원상회복을 위한 부담금의 부과 기준 및 환급에 대해서는 ㉠과 ㉡을 준용한다. 이 경우 "교통안전시설"은 "무인 교통단속용 장비"로, "시장 등"은 "시·도경찰청장, 경찰서장 또는 시장 등"으로 본다.

⑥ 시장 등은 ④에 따라 부담금을 납부하여야 하는 사람이 지정된 기간에 이를 납부하지 아니하면 지방세 체납처분의 예에 따라 징수한다.

(2) 교통안전시설의 종류 및 설치·관리기준 등(법 제4조)

① 신호기의 종류(규칙 별표 1) : 현수식(매닮식), 옆기둥식 세로형, 옆기둥식 가로형, 중앙주식, 문형식

② 신호기가 표시하는 신호의 종류 및 신호의 뜻(규칙 [별표 2])

구 분		신호의 종류	신호의 뜻
차량신호등	원형 등화	녹색의 등화	• 차마는 직진 또는 우회전할 수 있다. • 비보호좌회전표지 또는 비보호좌회전표시가 있는 곳에서는 좌회전할 수 있다.
		황색의 등화	• 차마는 정지선이 있거나 횡단보도가 있을 때에는 그 직전이나 교차로의 직전에 정지하여야 하며, 이미 교차로에 차마의 일부라도 진입한 경우에는 신속히 교차로 밖으로 진행하여야 한다. • 차마는 우회전할 수 있고 우회전하는 경우에는 보행자의 횡단을 방해하지 못한다.
		적색의 등화	• 차마는 정지선, 횡단보도 및 교차로의 직전에서 정지하여야 한다. • 차마는 우회전하려는 경우 정지선, 횡단보도 및 교차로의 직전에서 정지한 후 신호에 따라 진행하는 다른 차마의 교통을 방해하지 않고 우회전할 수 있다. • 위의 내용에도 불구하고 차마는 우회전 삼색등이 적색의 등화인 경우 우회전할 수 없다.
		황색 등화의 점멸	차마는 다른 교통 또는 안전표지의 표시에 주의하면서 진행할 수 있다.
		적색 등화의 점멸	차마는 정지선이나 횡단보도가 있을 때에는 그 직전이나 교차로의 직전에 일시정지한 후 다른 교통에 주의하면서 진행할 수 있다.
	화살표 등화	녹색화살표의 등화	차마는 화살표시 방향으로 진행할 수 있다.
		황색화살표의 등화	화살표시 방향으로 진행하려는 차마는 정지선이 있거나 횡단보도가 있을 때에는 그 직전이나 교차로의 직전에 정지하여야 하며, 이미 교차로에 차마의 일부라도 진입한 경우에는 신속히 교차로 밖으로 진행하여야 한다.
		적색화살표의 등화	화살표시 방향으로 진행하려는 차마는 정지선, 횡단보도 및 교차로의 직전에서 정지하여야 한다.
		황색화살표 등화의 점멸	차마는 다른 교통 또는 안전표지의 표시에 주의하면서 화살표시 방향으로 진행할 수 있다.
		적색화살표 등화의 점멸	차마는 정지선이나 횡단보도가 있을 때에는 그 직전이나 교차로의 직전에 일시정지한 후 다른 교통에 주의하면서 화살표시 방향으로 진행할 수 있다.
	사각형 등화	녹색화살표의 등화(하향)	차마는 화살표로 지정한 차로로 진행할 수 있다.
		적색×표 표시의 등화	차마는 ×표가 있는 차로로 진행할 수 없다.
		적색×표 표시 등화의 점멸	차마는 ×표가 있는 차로로 진입할 수 없고, 이미 차마의 일부라도 진입한 경우에는 신속히 그 차로 밖으로 진로를 변경하여야 한다.

③ 신호등의 종류(규칙 [별표 3])
　㉠ 차량등 : 가로형삼색등, 가로형 화살표 삼색등, 가로형사색등A, 가로형사색등B, 세로형삼색등, 세로형 화살표 삼색등, 세로형사색등, 세로형 우회전 삼색등, 가로형 우회전 삼색등, 가로형이색등, 가변등, 경보형경보등
　㉡ 차량보조등 : 세로형삼색등, 세로형사색등
　㉢ 보행신호등 : 보행이색등
　㉣ 자전거 신호등 : 세로형이색등A, 세로형이색등B, 세로형삼색등A, 세로형삼색등B
　㉤ 버스신호등 : 버스삼색등
　㉥ 노면전차신호등 : 세로형육구등A, 세로형육구등B

④ 신호등의 등화의 배열순서(규칙 [별표 4])

신호등 \ 배열	가로형 신호등	세로형 신호등
적색·황색·녹색화살표·녹색의 사색등화로 표시되는 신호등	• 좌로부터 적색 → 황색 → 녹색화살표 → 녹색의 순서로 한다. • 좌로부터 적색 → 황색 → 녹색의 순서로 하고, 적색등화 아래에 녹색화살표 등화를 배열한다.	위로부터 적색 → 황색 → 녹색화살표 → 녹색의 순서로 한다.
적색·황색 및 녹색(녹색화살표)의 삼색등화로 표시되는 신호등	좌로부터 적색 → 황색 → 녹색(녹색화살표)의 순서로 한다.	위로부터 적색 → 황색 → 녹색(녹색화살표)의 순서로 한다.
적색화살표·황색화살표 및 녹색화살표의 삼색등화로 표시되는 신호등	좌로부터 적색화살표 → 황색화살표 → 녹색화살표의 순서로 한다.	위로부터 적색화살표 → 황색화살표 → 녹색화살표의 순서로 한다.
적색×표 및 녹색하향화살표의 이색등화로 표시되는 신호등	좌로부터 적색×표 → 녹색하향화살표의 순서로 한다.	-
적색 및 녹색의 이색등화로 표시되는 신호등	-	위로부터 적색 → 녹색의 순서로 한다.
황색T자형·백색가로막대형·백색점형·백색세로막대형·백색사선막대형의 등화로 표시되는 신호등	-	위로부터 황색T자형 → 백색가로막대형 → 백색점형 → 백색세로막대형의 순서로 배열하고, 백색사선막대형은 백색세로막대형의 좌우측에 배열한다. 다만, 도로폭이 협소한 등 부득이한 경우에는 백색사선막대형을 백색세로막대형의 좌우측이 아닌 아래에 배열할 수 있으며, 이 경우 위로부터 백색사선막대형(좌측) → 백색사선막대형(우측) 순으로 배열한다.

⑤ 신호등의 신호순서(규칙 [별표 5])

신호등	신호 순서
적색·황색·녹색화살표·녹색의 사색등화로 표시되는 신호등	녹색등화 → 황색등화 → 적색 및 녹색화살표등화 → 적색 및 황색등화 → 적색등화의 순서로 한다.
적색·황색·녹색(녹색화살표)의 삼색등화로 표시되는 신호등	녹색(적색 및 녹색화살표)등화 → 황색등화 → 적색등화의 순서로 한다.

신호등	신호 순서
적색화살표·황색화살표·녹색화살표의 삼색등화로 표시되는 신호등	녹색화살표등화 → 황색화살표등화 → 적색화살표등화의 순서로 한다.
적색 및 녹색의 이색등화로 표시되는 신호등	녹색등화 → 녹색등화의 점멸 → 적색등화의 순서로 한다.
황색T자형·백색가로막대형·백색점형·백색세로막대형의 등화로 표시되는 신호등	백색세로막대형등화 → 백색점형등화 → 백색가로막대형등화 → 백색가로막대형등화 및 황색T자형등화 → 백색가로막대형등화 및 황색T자형등화의 점멸의 순서로 한다.
황색T자형·백색가로막대형·백색점형·백색세로막대형·백색사선막대형의 등화로 표시되는 신호등	백색세로막대형등화 또는 백색사선막대형등화 → 백색점형등화 → 백색가로막대형등화 → 백색가로막대형등화 및 황색T자형등화 → 백색가로막대형등화 및 황색T자형등화의 점멸의 순서로 한다.

※ 교차로와 교통 여건을 고려하여 특별히 필요하다고 인정되는 장소에서는 신호의 순서를 달리하거나 녹색화살표 및 녹색등화를 동시에 표시하거나, 적색 및 녹색화살표등화를 동시에 표시하지 않을 수 있다.

⑥ 신호등의 성능(규칙 제7조 제3항)
  ㉠ 등화의 밝기는 낮에 150m 앞쪽에서 식별할 수 있도록 할 것
  ㉡ 등화의 빛의 발산각도는 사방으로 각각 45° 이상으로 할 것
  ㉢ 태양광선이나 주위의 다른 빛에 의하여 그 표시가 방해받지 아니하도록 할 것

⑦ 안전표지의 종류(규칙 제8조) 중요!
  ㉠ 주의표지 : 도로 상태가 위험하거나 도로 또는 그 부근에 위험물이 있는 경우에 필요한 안전조치를 할 수 있도록 이를 도로 사용자에게 알리는 표지

  ㉡ 규제표지 : 도로교통의 안전을 위하여 각종 제한·금지 등의 규제를 하는 경우에 이를 도로 사용자에게 알리는 표지

  ㉢ 지시표지 : 도로의 통행 방법·통행 구분 등 도로교통의 안전을 위하여 필요한 지시를 하는 경우에 도로 사용자가 이를 따르도록 알리는 표지

ⓔ 보조표지 : 주의표지·규제표지 또는 지시표지의 주기능을 보충하여 도로 사용자에게 알리는 표지

ⓜ 노면표시 : 도로교통의 안전을 위하여 각종 주의·규제·지시 등의 내용을 노면에 기호·문자 또는 선으로 도로 사용자에게 알리는 표지

 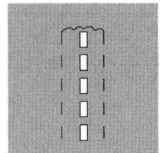  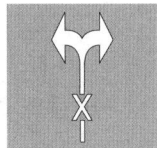

> **Plus Tip**
> 시험에 자주 출제되는 내용이므로 표지의 뜻을 정확히 알고 있어야 한다. 특히, 양보표지, 견인지역표지, 위험표지 등이 중요하다.

(3) 무인 교통단속용 장비의 설치 및 관리(법 제4조의2)
① 시·도경찰청장, 경찰서장 또는 시장 등은 이 법을 위반한 사실을 기록·증명하기 위하여 무인 교통단속용 장비를 설치·관리할 수 있다.
② 무인 교통단속용 장비의 설치·관리 기준, 그 밖에 필요한 사항은 행정안전부령으로 정한다.
③ 무인 교통단속용 장비의 철거 또는 원상회복 등에 관하여는 (1)의 ④부터 ⑥까지의 규정을 준용한다. 이 경우 "교통안전시설"은 "무인 교통단속용 장비"로 본다.

(4) 신호 또는 지시에 따를 의무(법 제5조)
① 도로를 통행하는 보행자, 차마 또는 노면전차의 운전자는 교통안전시설이 표시하는 신호 또는 지시와 교통 정리를 하는 경찰공무원(의무경찰 포함) 및 제주특별자치도의 자치경찰공무원이나 경찰공무원(자치경찰공무원을 포함)을 보조하는 사람으로서 대통령령으로 정하는 사람(이하 경찰보조자)이 하는 신호 또는 지시를 따라야 한다.

> **이해 더하기**
> **경찰공무원을 보조하는 사람의 범위(영 제6조)**
> • 모범운전자
> • 군사훈련 및 작전에 동원되는 부대의 이동을 유도하는 군사경찰
> • 본래의 긴급한 용도로 운행하는 소방차·구급차를 유도하는 소방공무원

② 도로를 통행하는 보행자, 차마 또는 노면전차의 운전자는 ①에 따른 교통안전시설이 표시하는 신호 또는 지시와 교통정리를 하는 경찰공무원 또는 경찰보조자(이하 경찰공무원 등)의 신호 또는 지시가 서로 다른 경우에는 경찰공무원 등의 신호 또는 지시에 따라야 한다.

(5) 통행의 금지 및 제한(법 제6조, 규칙 제10조)
① 시·도경찰청장은 도로에서의 위험을 방지하고 교통의 안전과 원활한 소통을 확보하기 위하여 필요하다고 인정할 때에는 구간을 정하여 보행자, 차마 또는 노면전차의 통행을 금지하거나 제한할 수 있다. 이 경우 시·도경찰청장은 보행자, 차마 또는 노면전차의 통행을 금지하거나 제한한 도로의 관리청에 그 사실을 알려야 한다.
② 경찰서장은 도로에서의 위험을 방지하고 교통의 안전과 원활한 소통을 확보하기 위하여 필요하다고 인정할 때에는 우선 보행자, 차마 또는 노면전차의 통행을 금지하거나 제한한 후 그 도로관리자와 협의하여 금지 또는 제한의 대상과 구간 및 기간을 정하여 도로의 통행을 금지하거나 제한할 수 있다.
③ 시·도경찰청장이나 경찰서장은 ①이나 ②에 따른 금지 또는 제한을 하려는 경우에는 행정안전부령이 정하는 바에 따라 그 사실을 공고하여야 한다.
　㉠ 시·도경찰청장 또는 경찰서장은 ① 또는 ②에 따라 통행을 금지 또는 제한하는 때에는 알림판을 설치하여야 한다.
　㉡ ㉠에 따른 알림판은 통행을 금지 또는 제한하고자 하는 지점 또는 그 지점 바로 앞의 우회로 입구에 설치하여야 한다.
　㉢ 시·도경찰청장 또는 경찰서장이 통행을 금지 또는 제한하고자 하는 경우 우회로 입구가 다른 시·도경찰청 또는 경찰서의 관할에 속하는 때에는 그 시·도경찰청장 또는 경찰서장에게 그 뜻을 통보하여야 하며, 통보를 받은 시·도경찰청장 또는 경찰서장은 지체 없이 ㉠ 및 ㉡에 따른 알림판을 그 우회로 입구에 설치하여야 한다.
　㉣ 시·도경찰청장 또는 경찰서장은 ㉠ 내지 ㉢에 따라 알림판을 설치할 수 없는 때에는 신문·방송 등을 통하여 이를 공고하거나 그 밖의 적당한 방법에 의하여 그 사실을 널리 알려야 한다.
④ 경찰공무원은 도로의 파손, 화재의 발생이나 그 밖의 사정으로 인한 도로에서의 위험을 방지하기 위하여 긴급히 조치할 필요가 있을 때에는 필요한 범위에서 보행자, 차마 또는 노면전차의 통행을 일시 금지하거나 제한할 수 있다.

(6) 교통 혼잡을 완화시키기 위한 조치(법 제7조)
경찰공무원은 보행자, 차마 또는 노면전차의 통행이 밀려서 교통 혼잡이 뚜렷하게 우려될 때에는 혼잡을 덜기 위하여 필요한 조치를 할 수 있다.

02 보행자 및 차마의 통행방법

01 보행자의 통행방법

(1) 보행자의 통행(법 제8조)
① 보행자는 보도와 차도가 구분된 도로에서는 언제나 보도로 통행하여야 한다. 다만, 차도를 횡단하는 경우, 도로공사 등으로 보도의 통행이 금지된 경우나 그 밖의 부득이한 경우에는 그러하지 아니하다.
② 보행자는 보도와 차도가 구분되지 아니한 도로 중 중앙선이 있는 도로(일방통행인 경우에는 차선으로 구분된 도로를 포함)에서는 길가장자리 또는 길가장자리구역으로 통행하여야 한다.
③ 보행자는 다음의 어느 하나에 해당하는 곳에서는 도로의 전 부분으로 통행할 수 있다. 이 경우 보행자는 고의로 차마의 진행을 방해하여서는 아니 된다.
　㉠ 보도와 차도가 구분되지 아니한 도로 중 중앙선이 없는 도로(일방통행인 경우에는 차선으로 구분되지 아니한 도로에 한정)
　㉡ 보행자우선도로
④ 보행자는 보도에서는 우측통행을 원칙으로 한다.

(2) 행렬 등의 통행(법 제9조)
① 학생의 대열과 그 밖에 보행자의 통행에 지장을 줄 우려가 있다고 인정하여 대통령령으로 정하는 사람이나 행렬(이하 행렬 등)은 차도로 통행할 수 있다. 이 경우 행렬 등은 차도의 우측으로 통행하여야 한다.

> **이해 더하기**
> **차도를 통행할 수 있는 사람 또는 행렬(영 제7조)**
> - 말·소 등의 큰 동물을 몰고 가는 사람
> - 사다리, 목재, 그 밖에 보행자의 통행에 지장을 줄 우려가 있는 물건을 운반 중인 사람
> - 도로에서 청소나 보수 등의 작업을 하고 있는 사람
> - 군부대나 그 밖에 이에 준하는 단체의 행렬
> - 기(旗) 또는 현수막 등을 휴대한 행렬
> - 장의(葬儀) 행렬

② 행렬 등은 사회적으로 중요한 행사에 따라 시가를 행진하는 경우에는 도로의 중앙을 통행할 수 있다.
③ 경찰공무원은 도로에서의 위험을 방지하고 교통의 안전과 원활한 소통을 확보하기 위하여 필요하다고 인정할 때에는 행렬 등에 대하여 구간을 정하고 그 구간에서 행렬 등이 도로 또는 차도의 우측(자전거도로가 설치되어 있는 차도에서는 자전거도로를 제외한 부분의 우측)으로 붙어서 통행할 것을 명하는 등 필요한 조치를 할 수 있다.

(3) 도로의 횡단(법 제10조)

① 시·도경찰청장은 도로를 횡단하는 보행자의 안전을 위하여 행정안전부령으로 정하는 기준에 따라 횡단보도를 설치할 수 있다.

> **이해 더하기**
>
> **횡단보도의 설치기준(규칙 제11조)**
> - 횡단보도에는 횡단보도표시와 횡단보도표지판을 설치할 것
> - 횡단보도를 설치하고자 하는 장소에 횡단보행자용 신호기가 설치되어 있는 경우에는 횡단보도표시를 설치할 것
> - 횡단보도를 설치하고자 하는 도로의 표면이 포장이 되지 아니하여 횡단보도표시를 할 수 없는 때에는 횡단보도표지판을 설치할 것. 이 경우 그 횡단보도표지판에 횡단보도의 너비를 표시하는 보조표지를 설치하여야 한다.
> - 횡단보도는 육교·지하도 및 다른 횡단보도로부터 200m(일반도로 중 집산도로(集散道路) 및 국지도로(局地道路) : 100m) 이내에는 설치하지 아니할 것. 다만, 어린이보호구역, 노인보호구역 또는 장애인보호구역으로 지정된 구간인 경우 또는 보행자의 안전이나 통행을 위하여 특히 필요하다고 인정되는 경우에는 그러하지 아니하다.

② 보행자는 ①에 따른 횡단보도, 지하도, 육교나 그 밖의 도로횡단시설이 설치되어 있는 도로에서는 그 곳으로 횡단하여야 한다. 다만, 지하도나 육교 등의 도로횡단시설을 이용할 수 없는 지체장애인의 경우에는 다른 교통에 방해가 되지 아니하는 방법으로 도로횡단시설을 이용하지 아니하고 도로를 횡단할 수 있다.

③ 보행자는 ①에 따른 횡단보도가 설치되어 있지 아니한 도로에서는 가장 짧은 거리로 횡단하여야 한다.

④ 보행자는 차와 노면전차의 바로 앞이나 뒤로 횡단하여서는 아니 된다. 다만, 횡단보도를 횡단하거나 신호기 또는 경찰공무원 등의 신호나 지시에 따라 도로를 횡단하는 경우에는 그러하지 아니하다.

⑤ 보행자는 안전표지 등에 의하여 횡단이 금지되어 있는 도로의 부분에서는 그 도로를 횡단하여서는 아니 된다.

(4) 어린이 등에 대한 보호(법 제11조)

① 어린이의 보호자는 교통이 빈번한 도로에서 어린이를 놀게 하여서는 아니 되며, 영유아(6세 미만인 사람)의 보호자는 교통이 빈번한 도로에서 영유아가 혼자 보행하게 하여서는 아니 된다.

② 앞을 보지 못하는 사람(이에 준하는 사람을 포함)의 보호자는 그 사람이 도로를 보행할 때에는 흰색지팡이를 갖고 다니도록 하거나 앞을 보지 못하는 사람에게 길을 안내하는 개로서 행정안전부령으로 정하는 개(이하 장애인보조견)를 동반하도록 하는 등 필요한 조치를 하여야 한다.

> **이해 더하기**
>
> **앞을 보지 못하는 사람에 준하는 사람의 범위(영 제8조)**
> - 듣지 못하는 사람
> - 신체의 평형기능에 장애가 있는 사람
> - 의족 등을 사용하지 아니하고는 보행을 할 수 없는 사람

③ 어린이의 보호자는 도로에서 어린이가 자전거를 타거나 행정안전부령으로 정하는 위험성이 큰 움직이는 놀이기구를 타는 경우에는 어린이의 안전을 보호하기 위하여 행정안전부령으로 정하는 인명보호 장구를 착용하도록 하여야 한다.
④ 어린이의 보호자는 도로에서 어린이가 개인형 이동장치를 운전하게 하여서는 아니 된다.
⑤ 경찰공무원은 신체에 장애가 있는 사람이 도로를 통행하거나 횡단하기 위하여 도움을 요청하거나 도움이 필요하다고 인정하는 경우에는 그 사람이 안전하게 통행하거나 횡단할 수 있도록 필요한 조치를 하여야 한다.
⑥ 경찰공무원은 다음의 어느 하나에 해당하는 사람을 발견한 경우에는 그들의 안전을 위하여 적절한 조치를 하여야 한다.
  ㉠ 교통이 빈번한 도로에서 놀고 있는 어린이
  ㉡ 보호자 없이 도로를 보행하는 영유아
  ㉢ 앞을 보지 못하는 사람으로서 흰색지팡이를 가지지 아니하거나 장애인보조견을 동반하지 아니하는 등 필요한 조치를 하지 아니하고 다니는 사람
  ㉣ 횡단보도나 교통이 빈번한 도로에서 보행에 어려움을 겪고 있는 노인(65세 이상인 사람)

(5) 어린이보호구역의 지정·해제 및 관리(법 제12조)
① 시장 등은 교통사고의 위험으로부터 어린이를 보호하기 위하여 필요하다고 인정하는 경우에는 다음의 어느 하나에 해당하는 시설이나 장소의 주변도로 가운데 일정 구간을 어린이보호구역으로 지정하여 자동차 등과 노면전차의 통행속도를 시속 30km 이내로 제한할 수 있다.
  ㉠ 유치원, 초등학교 또는 특수학교
  ㉡ 어린이집 가운데 행정안전부령으로 정하는 어린이집
  ㉢ 학원 가운데 행정안전부령으로 정하는 학원
  ㉣ 외국인학교 또는 대안학교, 대안교육기관, 국제학교 및 외국교육기관 중 유치원·초등학교 교과과정이 있는 학교
  ㉤ 그 밖에 어린이가 자주 왕래하는 곳으로서 조례로 정하는 시설 또는 장소
② 어린이보호구역의 지정·해제 절차 및 기준 등에 관하여 필요한 사항은 교육부, 행정안전부 및 국토교통부의 공동부령으로 정한다.
③ 차마 또는 노면전차의 운전자는 어린이보호구역에서 ①에 따른 조치를 준수하고 어린이의 안전에 유의하면서 운행하여야 한다.
④ 시·도경찰청장, 경찰서장 또는 시장 등은 ③을 위반하는 행위 등의 단속을 위하여 어린이보호구역의 도로 중에서 행정안전부령으로 정하는 곳에 우선적으로 무인 교통단속용 장비를 설치하여야 한다.

⑤ 시장 등은 ①에 따라 지정한 어린이보호구역에 어린이의 안전을 위하여 다음에 따른 시설 또는 장비를 우선적으로 설치하거나 관할 도로관리청에 해당 시설 또는 장비의 설치를 요청하여야 한다.
   ㉠ 어린이보호구역으로 지정한 시설의 주 출입문과 가장 가까운 거리에 있는 간선도로상 횡단보도의 신호기
   ㉡ 속도 제한 및 횡단보도, 기점(起點) 및 종점(終點)에 관한 안전표지
   ㉢ 도로의 부속물 중 과속방지시설 및 차마의 미끄럼을 방지하기 위한 시설
   ㉣ 방호울타리
   ㉤ 그 밖에 교육부, 행정안전부 및 국토교통부의 공동부령으로 정하는 시설 또는 장비

(6) 노인 및 장애인보호구역의 지정·해제 및 관리(법 제12조의2)
① 시장 등은 교통사고의 위험으로부터 노인 또는 장애인을 보호하기 위하여 필요하다고 인정하는 경우에는 ㉠부터 ㉣에 따른 시설 또는 장소의 주변도로 가운데 일정 구간을 노인보호구역으로, ㉤에 따른 시설의 주변도로 가운데 일정 구간을 장애인보호구역으로 각각 지정하여 차마와 노면전차의 통행을 제한하거나 금지하는 등 필요한 조치를 할 수 있다.
   ㉠ '노인복지법'에 따른 노인복지시설
   ㉡ '자연공원법'에 따른 자연공원 또는 '도시공원 및 녹지 등에 관한 법률'에 따른 도시공원
   ㉢ '체육시설의 설치·이용에 관한 법률'에 따른 생활체육시설
   ㉣ 그 밖에 노인이 자주 왕래하는 곳으로서 조례로 정하는 시설 또는 장소
   ㉤ '장애인복지법'에 따른 장애인복지시설
② 노인보호구역 또는 장애인보호구역의 지정·해제 절차 및 기준 등에 관하여 필요한 사항은 행정안전부, 보건복지부 및 국토교통부의 공동부령으로 정한다.
③ 차마 또는 노면전차의 운전자는 노인보호구역 또는 장애인보호구역에서 ①에 따른 조치를 준수하고 노인 또는 장애인의 안전에 유의하면서 운행하여야 한다.

02 차마의 통행방법 등

(1) 차마의 통행(법 제13조)
① 차마의 운전자는 보도와 차도가 구분된 도로에서는 차도로 통행하여야 한다. 다만, 도로 외의 곳으로 출입할 때에는 보도를 횡단하여 통행할 수 있다.
② 차마의 운전자는 보도를 횡단하기 직전에 일시정지하여 좌측과 우측 부분 등을 살핀 후 보행자의 통행을 방해하지 아니하도록 횡단하여야 한다.
③ 차마의 운전자는 도로(보도와 차도가 구분된 도로에서는 차도를 말한다)의 중앙(중앙선이 설치되어 있는 경우에는 그 중앙선을 말한다) 우측 부분을 통행하여야 한다.

④ 차마의 운전자는 다음의 어느 하나에 해당하는 경우에는 도로의 중앙이나 좌측 부분을 통행할 수 있다.
  ㉠ 도로가 일방통행인 경우
  ㉡ 도로의 파손, 도로공사나 그 밖의 장애 등으로 도로의 우측 부분을 통행할 수 없는 경우
  ㉢ 도로 우측 부분의 폭이 6m가 되지 아니하는 도로에서 다른 차를 앞지르려는 경우. 다만, 다음의 어느 하나에 해당하는 경우에는 그러하지 아니하다.
    • 도로의 좌측 부분을 확인할 수 없는 경우
    • 반대 방향의 교통을 방해할 우려가 있는 경우
    • 안전표지 등으로 앞지르기를 금지하거나 제한하고 있는 경우
  ㉣ 도로 우측 부분의 폭이 차마의 통행에 충분하지 아니한 경우
  ㉤ 가파른 비탈길의 구부러진 곳에서 교통의 위험을 방지하기 위하여 시·도경찰청장이 필요하다고 인정하여 구간 및 통행방법을 지정하고 있는 경우에 그 지정에 따라 통행하는 경우
⑤ 차마의 운전자는 안전지대 등 안전표지에 의하여 진입이 금지된 장소에 들어가서는 아니 된다.
⑥ 차마(자전거 등은 제외한다)의 운전자는 안전표지로 통행이 허용된 장소를 제외하고는 자전거도로 또는 길가장자리구역으로 통행하여서는 아니 된다. 다만, '자전거 이용 활성화에 관한 법률'에 따른 자전거 우선도로의 경우에는 그러하지 아니하다.

(2) 자전거 등의 통행방법의 특례(법 제13조의2)

① 자전거 등의 운전자는 자전거도로(자전거만이 통행할 수 있도록 설치된 전용차로를 포함한다)가 따로 있는 곳에서는 그 자전거도로로 통행하여야 한다.
② 자전거 등의 운전자는 자전거도로가 설치되지 아니한 곳에서는 도로 우측 가장자리에 붙어서 통행하여야 한다.
③ 자전거 등의 운전자는 길가장자리구역(안전표지로 자전거 등의 통행을 금지한 구간을 제외한다)을 통행할 수 있다. 이 경우 자전거 등의 운전자는 보행자의 통행에 방해가 될 때에는 서행하거나 일시정지하여야 한다.
④ 자전거 등의 운전자는 다음의 어느 하나에 해당하는 경우에는 보도를 통행할 수 있다. 이 경우 자전거 등의 운전자는 보도의 중앙으로부터 차도 쪽 또는 안전표지로 지정된 곳으로 서행하여야 하며, 보행자의 통행에 방해가 될 때에는 일시정지하여야 한다.
  ㉠ 어린이, 노인, 그 밖에 행정안전부령으로 정하는 신체 장애인이 자전거를 운전하는 경우. 다만 전기자전거의 원동기를 끄지 아니하고 운전하는 경우는 제외한다.
  ㉡ 안전표지로 자전거 등의 통행이 허용된 경우
  ㉢ 도로의 파손, 도로공사나 그 밖의 장애 등으로 도로를 통행할 수 없는 경우
⑤ 자전거 등의 운전자는 안전표지로 통행이 허용된 경우를 제외하고는 2대 이상이 나란히 차도를 통행하여서는 아니 된다.

⑥ 자전거 등의 운전자가 횡단보도를 이용하여 도로를 횡단할 때에는 자전거 등에서 내려서 자전거 등을 끌거나 들고 보행하여야 한다.

(3) 차로의 설치 등(법 제14조)

시·도경찰청장은 차마의 교통을 원활하게 하기 위하여 필요한 경우에는 도로에 행정안전부령으로 정하는 차로를 설치할 수 있다. 이 경우 시·도경찰청장은 시간대에 따라 양방향의 통행량이 뚜렷하게 다른 도로에는 교통량이 많은 쪽으로 차로의 수가 확대될 수 있도록 신호기에 의하여 차로의 진행방향을 지시하는 가변차로를 설치할 수 있다.

① **차로의 설치(규칙 제15조)**
  ㉠ 시·도경찰청장은 도로에 차로를 설치하고자 하는 때에는 노면표시로 표시하여야 한다.
  ㉡ 차로의 너비는 3m 이상으로 하여야 한다. 다만, 좌회전전용차로의 설치 등 부득이하다고 인정되는 때에는 275cm 이상으로 할 수 있다.
  ㉢ 차로는 횡단보도·교차로 및 철길건널목에는 설치할 수 없다.
  ㉣ 보도와 차도의 구분이 없는 도로에 차로를 설치하는 때에는 보행자가 안전하게 통행할 수 있도록 그 도로의 양쪽에 길가장자리구역을 설치하여야 한다.

② **차로에 따른 통행 구분(규칙 제16조)** : 차로를 설치한 경우 그 도로의 중앙에서 오른쪽으로 2 이상의 차로(전용차로가 설치되어 운용되고 있는 도로에서는 전용차로 제외)가 설치된 도로 및 일방통행도로에 있어서 그 차로에 따른 통행차의 기준은 다음과 같다.

③ **차로에 따른 통행차의 기준(규칙 관련 [별표 9])**

도 로		차로구분	통행할 수 있는 차종
고속도로 외의 도로		왼쪽 차로	승용자동차 및 경형·소형·중형 승합자동차
		오른쪽 차로	대형승합자동차, 화물자동차, 특수자동차, 건설기계, 이륜자동차, 원동기장치자전거(개인형 이동장치는 제외한다)
고속도로	편도 2차로	1차로	앞지르기를 하려는 모든 자동차. 다만, 차량통행량 증가 등 도로상황으로 인하여 부득이하게 시속 80km 미만으로 통행할 수밖에 없는 경우에는 앞지르기를 하는 경우가 아니라도 통행할 수 있다.
		2차로	모든 자동차
	편도 3차로 이상	1차로	앞지르기를 하려는 승용자동차 및 앞지르기를 하려는 경형·소형·중형 승합자동차. 다만, 차량통행량 증가 등 도로상황으로 인하여 부득이하게 시속 80km 미만으로 통행할 수밖에 없는 경우에는 앞지르기를 하는 경우가 아니라도 통행할 수 있다.
		왼쪽 차로	승용자동차 및 경형·소형·중형 승합자동차
		오른쪽 차로	대형 승합자동차, 화물자동차, 특수자동차, 건설기계

(4) 전용차로의 설치(법 제15조)

① 시장 등은 원활한 교통을 확보하기 위하여 특히 필요한 경우에는 시·도경찰청장이나 경찰서장과 협의하여 도로에 전용차로(차의 종류나 승차 인원에 따라 지정된 차만 통행할 수 있는 차로)를 설치할 수 있다.

② 전용차로의 종류, 전용차로로 통행할 수 있는 차와 그 밖에 전용차로의 운영에 필요한 사항은 대통령령으로 정한다.

③ 전용차로로 통행할 수 있는 차가 아니면 전용차로로 통행하여서는 아니 된다. 다만, 긴급자동차가 그 본래의 긴급한 용도로 운행되고 있는 경우 등 대통령령으로 정하는 경우에는 그러하지 아니하다.

> **이해 더하기**
>
> **전용차로 통행차 외에 전용차로로 통행할 수 있는 경우(영 제10조)**
> - 긴급자동차가 그 본래의 긴급한 용도로 운행되고 있는 경우
> - 전용차로 통행차의 통행에 장해를 주지 아니하는 범위에서 택시가 승객을 태우거나 내려주기 위하여 일시 통행하는 경우. 이 경우 택시운전자는 승객이 타거나 내린 즉시 전용차로를 벗어나야 한다.
> - 도로의 파손, 공사, 그 밖의 부득이한 장애로 인하여 전용차로가 아니면 통행할 수 없는 경우

④ 전용차로의 종류와 전용차로로 통행할 수 있는 차(영 [별표 1])

전용차로의 종류	통행할 수 있는 차	
	고속도로	고속도로 외의 도로

버스 전용차로	9인승 이상 승용자동차 및 승합자동차(승용자동차 또는 12인승 이하의 승합자동차는 6명 이상이 승차한 경우로 한정한다)	1. '자동차관리법' 제3조에 따른 36인승 이상의 대형승합자동차
		2. '여객자동차 운수사업법' 제3조 및 동법 시행령 제3조 제1호에 따른 36인승 미만의 사업용 승합자동차
		3. 법 제52조에 따라 증명서를 발급받아 어린이를 운송할 목적으로 운행 중인 어린이통학버스
		4. 대중교통수단으로 이용하기 위한 자율주행자동차로서 '자동차관리법' 제27조제1항 단서에 따라 시험·연구 목적으로 운행하기 위하여 국토교통부장관의 임시운행허가를 받은 자율주행자동차
		5. 제1호부터 제4호까지에서 규정한 차 외의 차로서 도로에서의 원활한 통행을 위하여 시·도경찰청장이 지정한 다음의 어느 하나에 해당하는 승합자동차
		  가. 노선을 지정하여 운행하는 통학·통근용 승합자동차 중 16인승 이상 승합자동차
		  나. 국제행사 참가인원 수송 등 특히 필요하다고 인정되는 승합자동차(지방경찰청장이 정한 기간 이내로 한정한다)
		  다. '관광진흥법' 제3조 제1항 제2호에 따른 관광숙박업자 또는 '여객자동차 운수사업법 시행령' 제3조 제2호 가목에 따른 전세버스운송사업자가 운행하는 25인승 이상의 외국인 관광객 수송용 승합자동차(외국인 관광객이 승차한 경우만 해당한다)

다인승 전용차로	3명 이상 승차한 승용·승합자동차(다인승전용차로와 버스전용차로가 동시에 설치되는 경우에는 버스전용차로를 통행할 수 있는 차는 제외한다)	
자전거 전용차로	자전거 등	

(5) 자전거횡단도의 설치 등(법 제15조의2)

① 시·도경찰청장은 도로를 횡단하는 자전거운전자의 안전을 위하여 행정안전부령으로 정하는 기준에 따라 자전거횡단도를 설치할 수 있다.

② 자전거 등의 운전자가 자전거 등을 타고 자전거횡단도가 따로 있는 도로를 횡단할 때에는 자전거횡단도를 이용하여야 한다.

③ 차마의 운전자는 자전거 등이 자전거횡단도를 통행하고 있을 때에는 자전거 등의 횡단을 방해하거나 위험하게 하지 아니하도록 그 자전거횡단도 앞(정지선이 설치되어 있는 곳에서는 그 정지선을 말한다)에서 일시정지하여야 한다.

(6) 자동차 등의 속도(법 제17조, 규칙 제19조 제1항)

자동차 등(개인형 이동장치는 제외한다)과 노면전차의 도로 통행속도는 다음과 같다.

① 일반도로(고속도로 및 자동차전용도로 외의 모든 도로)
  ㉠ '국토의 계획 및 이용에 관환 법률'에 따른 주거지역·상업지역 및 공업지역의 일반도로에서는 매시 50km 이내. 다만, 시·도경찰청장이 원활한 소통을 위하여 특히 필요하다고 인정하여 지정한 노선 또는 구간에서는 매시 60km 이내
  ㉡ ㉠ 외의 일반도로에서는 매시 60km 이내. 다만, 편도 2차로 이상의 도로에서는 매시 80km 이내

② 자동차전용도로 : 최고속도는 매시 90km, 최저속도는 매시 30km

③ 고속도로
  ㉠ 편도 1차로 고속도로에서의 최고속도는 매시 80km, 최저속도는 매시 50km
  ㉡ 편도 2차로 이상 고속도로에서의 최고속도는 매시 100km[화물자동차(적재중량 1.5톤을 초과하는 경우에 한함)·특수자동차·위험물운반자동차([별표 9] (주)6에 따른 위험물 등을 운반하는 자동차를 말함) 및 건설기계의 최고속도는 매시 80km], 최저속도는 매시 50km
  ㉢ 편도 2차로 이상의 고속도로로서 경찰청장이 고속도로의 원활한 소통을 위하여 특히 필요하다고 인정하여 지정·고시한 노선 또는 구간의 **최고속도는 매시 120km**(화물자동차·특수자동차·위험물운반자동차 및 건설기계의 최고속도는 매시 90km) 이내, **최저속도는 매시 50km**

④ 비·안개·눈 등으로 인한 거친 날씨에는 다음의 기준에 따라 감속 운행하여야 한다. 다만, 경찰청장 또는 시·도경찰청장이 [별표 6]에 따른 가변형 속도제한표지로 최고속도를 정한 경우에는 이에 따라야 하며, 가변형 속도제한표지로 정한 최고속도와 그 밖의 안전표지로 정한 최고속도가 다를 때에는 가변형 속도제한표지에 따라야 한다.
  ㉠ 최고속도의 100분의 20을 줄인 속도로 운행하여야 하는 경우
    • 비가 내려 노면이 젖어 있는 경우
    • 눈이 20mm 미만 쌓인 경우
  ㉡ 최고속도의 100분의 50을 줄인 속도로 운행하여야 하는 경우
    • 폭우·폭설·안개 등으로 가시거리가 100m 이내인 경우
    • 노면이 얼어붙은 경우
    • 눈이 20mm 이상 쌓인 경우

⑤ 경찰청장 또는 시·도경찰청장이 구역 또는 구간을 지정하여 자동차 등과 노면전차의 속도를 제한하려는 경우에는 '도로의 구조·시설기준에 관한 규칙' 제8조에 따른 설계속도, 실제 주행속도, 교통사고 발생 위험성, 도로 주변 여건 등을 고려하여야 한다.

⑥ 경찰청장이나 시·도경찰청장은 도로에서 일어나는 위험을 방지하고 교통의 안전과 원활한 소통을 확보하기 위하여 필요하다고 인정하는 경우에는 다음의 구분에 따라 구역이나 구간을 지정하여 속도를 제한할 수 있다.
  ㉠ 경찰청장 : 고속도로
  ㉡ 시·도경찰청장 : 고속도로를 제외한 도로
⑦ 자동차 등과 노면전차의 운전자는 최고속도보다 빠르게 운전하거나 최저속도보다 느리게 운전하여서는 아니 된다. 다만, 교통이 밀리거나 그 밖의 부득이한 사유로 최저속도보다 느리게 운전할 수밖에 없는 경우에는 그러하지 아니하다.

(7) 횡단 등의 금지(법 제18조)
① 차마의 운전자는 보행자나 다른 차마의 정상적인 통행을 방해할 우려가 있는 경우에는 차마를 운전하여 도로를 횡단하거나 유턴 또는 후진하여서는 아니 된다.
② 시·도경찰청장은 도로에서의 위험을 방지하고 교통의 안전과 원활한 소통을 확보하기 위하여 특히 필요하다고 인정하는 경우에는 도로의 구간을 지정하여 차마의 횡단이나 유턴 또는 후진을 금지할 수 있다.
③ 차마의 운전자는 길가의 건물이나 주차장 등에서 도로에 들어갈 때에는 일단 정지한 후에 안전한지 확인하면서 서행하여야 한다.

(8) 안전거리 확보 등(법 제19조)
① 모든 차의 운전자는 같은 방향으로 가고 있는 앞차의 뒤를 따르는 경우에는 앞차가 갑자기 정지하게 되는 경우 그 앞차와의 충돌을 피할 수 있는 필요한 거리를 확보하여야 한다.
② 자동차 등의 운전자는 같은 방향으로 가고 있는 자전거 등의 운전자에 주의하여야 하며, 그 옆을 지날 때에는 자전거 등과의 충돌을 피할 수 있는 필요한 거리를 확보하여야 한다.
③ 모든 차의 운전자는 차의 진로를 변경하려는 경우에 그 변경하려는 방향으로 오고 있는 다른 차의 정상적인 통행에 장애를 줄 우려가 있을 때에는 진로를 변경하여서는 아니 된다.
④ 모든 차의 운전자는 위험방지를 위한 경우와 그 밖의 부득이한 경우가 아니면 운전하는 차를 갑자기 정지시키거나 속도를 줄이는 등의 급제동을 하여서는 아니 된다.

(9) 진로 양보의 의무(법 제20조)
① 모든 차(긴급자동차 제외)의 운전자는 뒤에서 따라오는 차보다 느린 속도로 가려는 경우에는 도로의 우측 가장자리로 피하여 진로를 양보하여야 한다. 다만, 통행구분이 설치된 도로의 경우에는 그러하지 아니하다.
② 좁은 도로에서 긴급자동차 외의 자동차가 서로 마주보고 진행할 때에는 다음의 구분에 따른 자동차가 도로의 우측 가장자리로 피하여 진로를 양보하여야 한다.
  ㉠ 비탈진 좁은 도로에서 자동차가 서로 마주보고 진행하는 경우에는 올라가는 자동차

ⓒ 비탈진 좁은 도로 외의 좁은 도로에서 사람을 태웠거나 물건을 실은 자동차와 동승자가 없고, 물건을 싣지 아니한 자동차가 서로 마주보고 진행하는 경우에는 동승자가 없고 물건을 싣지 아니한 자동차

(10) 앞지르기 방법 등(법 제21조)
① 모든 차의 운전자는 다른 차를 앞지르려면 앞차의 좌측으로 통행하여야 한다.
② 자전거 등의 운전자는 서행하거나 정지한 다른 차를 앞지르려면 ①에도 불구하고 앞차의 우측으로 통행할 수 있다. 이 경우 자전거 등의 운전자는 정지한 차에서 승차하거나 하차하는 사람의 안전에 유의하여 서행하거나 필요한 경우 일시정지하여야 한다.
③ ①과 ②의 경우 앞지르려고 하는 모든 차의 운전자는 반대방향의 교통과 앞차 앞쪽의 교통에도 주의를 충분히 기울여야 하며, 앞차의 속도·진로와 그 밖의 도로상황에 따라 방향지시기·등화 또는 경음기를 사용하는 등 안전한 속도와 방법으로 앞지르기를 하여야 한다.
④ 모든 차의 운전자는 ①부터 ③까지 또는 법 제60조 제2항에 따른 방법으로 앞지르기를 하는 차가 있을 때에는 속도를 높여 경쟁하거나 그 차의 앞을 가로막는 등의 방법으로 앞지르기를 방해하여서는 아니 된다.

(11) 앞지르기 금지의 시기 및 장소(법 제22조)
① 모든 차의 운전자는 다음의 어느 하나에 해당하는 경우에는 앞차를 앞지르지 못한다.
  ㉠ 앞차의 좌측에 다른 차가 앞차와 나란히 가고 있는 경우
  ㉡ 앞차가 다른 차를 앞지르고 있거나 앞지르려고 하는 경우
② 모든 차의 운전자는 다음의 어느 하나에 해당하는 다른 차를 앞지르지 못한다.
  ㉠ 이 법이나 이 법에 따른 명령에 따라 정지하거나 서행하고 있는 차
  ㉡ 경찰공무원의 지시에 따라 정지하거나 서행하고 있는 차
  ㉢ 위험을 방지하기 위하여 정지하거나 서행하고 있는 차
③ 모든 차의 운전자는 다음의 어느 하나에 해당하는 곳에서는 다른 차를 앞지르지 못한다.
  ㉠ 교차로
  ㉡ 터널 안
  ㉢ 다리 위
  ㉣ 도로의 구부러진 곳, 비탈길의 고갯마루 부근 또는 가파른 비탈길의 내리막 등 시·도경찰청장이 도로에서의 위험을 방지하고 교통의 안전과 원활한 소통을 확보하기 위하여 필요하다고 인정하는 곳으로써 안전표지로 지정한 곳

(12) 끼어들기의 금지(법 제23조)
모든 차의 운전자는 (11)의 ②에서 어느 하나에 해당하는 다른 차 앞으로 끼어들지 못한다.

(13) 철길 건널목의 통과(법 제24조)

① 모든 차 또는 노면전차의 운전자는 철길 건널목을 통과하려는 경우에는 건널목 앞에서 일시정지하여 안전한 지 확인한 후에 통과하여야 한다. 다만, 신호기 등이 표시하는 신호에 따르는 경우에는 정지하지 아니하고 통과할 수 있다.

② 모든 차 또는 노면전차의 운전자는 건널목의 차단기가 내려져 있거나 내려지려고 하는 경우 또는 건널목의 경보기가 울리고 있는 동안에는 그 건널목으로 들어가서는 아니 된다.

③ 모든 차 또는 노면전차의 운전자는 건널목을 통과하다가 고장 등의 사유로 건널목 안에서 차 또는 노면전차를 운행할 수 없게 된 경우에는 즉시 승객을 대피시키고 비상신호기 등을 사용하거나 그 밖의 방법으로 철도공무원이나 경찰공무원에게 그 사실을 알려야 한다.

(14) 교차로 통행방법(법 제25조)

① 모든 차의 운전자는 교차로에서 우회전을 하려는 경우에는 미리 도로의 우측 가장자리를 서행하면서 우회전하여야 한다. 이 경우 우회전하는 차의 운전자는 신호에 따라 정지하거나 진행하는 보행자 또는 자전거 등에 주의하여야 한다.

② 모든 차의 운전자는 교차로에서 좌회전을 하려는 경우에는 미리 도로의 중앙선을 따라 서행하면서 교차로의 중심 안쪽을 이용하여 좌회전하여야 한다. 다만, 시·도경찰청장이 교차로의 상황에 따라 특히 필요하다고 인정하여 지정한 곳에서는 교차로의 중심 바깥쪽을 통과할 수 있다.

③ ②에도 불구하고 자전거 등의 운전자는 교차로에서 좌회전하려는 경우에는 미리 도로의 우측 가장자리로 붙어 서행하면서 교차로의 가장자리 부분을 이용하여 좌회전하여야 한다.

④ ①부터 ③까지의 규정에 따라 우회전이나 좌회전을 하기 위하여 손이나 방향지시기 또는 등화로써 신호를 하는 차가 있는 경우에 그 뒤차의 운전자는 신호를 한 앞차의 진행을 방해하여서는 아니 된다.

⑤ 모든 차 또는 노면전차의 운전자는 신호기로 교통정리를 하고 있는 교차로에 들어가려는 경우에는 진행하려는 진로의 앞쪽에 있는 차 또는 노면전차의 상황에 따라 교차로(정지선이 설치되어 있는 경우에는 그 정지선을 넘은 부분)에 정지하게 되어 다른 차 또는 노면전차의 통행에 방해가 될 우려가 있는 경우에는 그 교차로에 들어가서는 아니 된다.

⑥ 모든 차의 운전자는 교통정리를 하고 있지 아니하고 일시정지나 양보를 표시하는 안전표지가 설치되어 있는 교차로에 들어가려고 할 때에는 다른 차의 진행을 방해하지 아니하도록 일시정지하거나 양보하여야 한다.

(15) 교통정리가 없는 교차로에서의 양보운전(법 제26조)

① 교통정리를 하고 있지 아니하는 교차로에 들어가려고 하는 차의 운전자는 이미 교차로에 들어가 있는 다른 차가 있을 때에는 그 차에 진로를 양보하여야 한다.

② 교통정리를 하고 있지 아니하는 교차로에 들어가려고 하는 차의 운전자는 그 차가 통행하고 있는 도로의 폭보다 교차하는 도로의 폭이 넓은 경우에는 서행하여야 하며, 폭이 넓은 도로로부터 교차로에 들어가려고 하는 다른 차가 있을 때에는 그 차에 진로를 양보하여야 한다.
③ 교통정리를 하고 있지 아니하는 교차로에 동시에 들어가려고 하는 차의 운전자는 우측도로의 차에 진로를 양보하여야 한다.
④ 교통정리를 하고 있지 아니하는 교차로에서 좌회전하려고 하는 차의 운전자는 그 교차로에서 직진하거나 우회전하려는 다른 차가 있을 때에는 그 차에 진로를 양보하여야 한다.

(16) 보행자의 보호(법 제27조)
① 모든 차 또는 노면전차의 운전자는 보행자(자전거 등에서 내려서 자전거 등을 끌거나 들고 통행하는 자전거 등의 운전자를 포함한다)가 횡단보도를 통행하고 있거나 통행하려고 하는 때에는 보행자의 횡단을 방해하거나 위험을 주지 아니하도록 그 횡단보도 앞(정지선이 설치되어 있는 곳에서는 그 정지선을 말한다)에서 일시정지하여야 한다.
② 모든 차 또는 노면전차의 운전자는 교통정리를 하고 있는 교차로에서 좌회전이나 우회전을 하려는 경우에는 신호기 또는 경찰공무원 등의 신호나 지시에 따라 도로를 횡단하는 보행자의 통행을 방해하여서는 아니 된다.
③ 모든 차의 운전자는 교통정리를 하고 있지 아니하는 교차로 또는 그 부근의 도로를 횡단하는 보행자의 통행을 방해하여서는 아니 된다.
④ 모든 차의 운전자는 도로에 설치된 안전지대에 보행자가 있는 경우와 차로가 설치되지 아니한 좁은 도로에서 보행자의 옆을 지나는 경우에는 안전한 거리를 두고 서행하여야 한다.
⑤ 모든 차 또는 노면전차의 운전자는 보행자가 횡단보도가 설치되어 있지 아니한 도로를 횡단하고 있을 때에는 안전거리를 두고 일시정지하여 보행자가 안전하게 횡단할 수 있도록 하여야 한다.
⑥ 모든 차의 운전자는 다음의 어느 하나에 해당하는 곳에서 보행자의 옆을 지나는 경우에는 안전한 거리를 두고 서행하여야 하며, 보행자의 통행에 방해가 될 때에는 서행하거나 일시정지하여 보행자가 안전하게 통행할 수 있도록 하여야 한다.
　㉠ 보도와 차도가 구분되지 아니한 도로 중 중앙선이 없는 도로
　㉡ 보행자우선도로
　㉢ 도로 외의 곳
⑦ 모든 차 또는 노면전차의 운전자는 제12조 제1항에 따른 어린이보호구역 내에 설치된 횡단보도 중 신호기가 설치되지 아니한 횡단보도 앞(정지선이 설치된 경우에는 그 정지선을 말한다)에서는 보행자의 횡단 여부와 관계없이 일시정지하여야 한다.

(17) 보행자전용도로의 설치(법 제28조)
① 시·도경찰청장이나 경찰서장은 보행자의 통행을 보호하기 위하여 특히 필요한 경우에는 도로에 보행자전용도로를 설치할 수 있다.

② 차마 또는 노면전차의 운전자는 보행자전용도로를 통행하여서는 아니 된다. 다만, 시·도경찰청장이나 경찰서장은 특히 필요하다고 인정하는 경우에는 보행자전용도로에 차마의 통행을 허용할 수 있다.
③ 보행자전용도로의 통행이 허용된 차마의 운전자는 보행자를 위험하게 하거나 보행자의 통행을 방해하지 아니하도록 차마를 보행자의 걸음 속도로 운행하거나 일시정지하여야 한다.

(18) 긴급자동차의 우선 통행(법 제29조)
① 긴급자동차는 긴급하고 부득이한 경우에는 **도로의 중앙이나 좌측부분을 통행**할 수 있다.
② 긴급자동차는 정지하여야 하는 경우에도 불구하고 긴급하고 부득이한 경우에는 정지하지 아니할 수 있다.
③ 긴급자동차의 운전자는 ①이나 ②의 경우에 교통안전에 특히 주의하면서 통행하여야 한다.
④ 교차로나 그 부근에서 긴급자동차가 접근하는 경우에는 차마와 노면전차의 운전자는 교차로를 피하여 일시정지하여야 한다.
⑤ 모든 차와 노면전차의 운전자는 ④에 따른 곳 외의 곳에서 긴급자동차가 접근한 경우에는 긴급자동차가 우선통행할 수 있도록 진로를 양보하여야 한다.
⑥ 제2조 제22호 각 목의 자동차 운전자는 해당 자동차를 그 본래의 긴급한 용도로 운행하지 아니하는 경우에는 '자동차관리법'에 따라 설치된 경광등을 켜거나 사이렌을 작동하여서는 아니 된다. 다만, 대통령령으로 정하는 바에 따라 범죄 및 화재 예방 등을 위한 순찰·훈련 등을 실시하는 경우에는 그러하지 아니하다.

(19) 긴급자동차에 대한 특례(법 제30조)
긴급자동차에 대하여는 다음의 사항을 적용하지 아니한다. 다만, ④~⑫까지의 사항은 긴급자동차 중 소방차, 구급차, 혈액 공급차량과 대통령령으로 정하는 경찰용 자동차(영 제2조)에 대해서만 적용하지 아니한다.
① 자동차 등의 속도 제한(단, 긴급자동차에 대하여 속도를 제한한 경우에는 같은 조의 규정을 적용)
② 앞지르기의 금지
③ 끼어들기의 금지
④ 신호위반
⑤ 보도침범
⑥ 중앙선 침범
⑦ 횡단 등의 금지
⑧ 안전거리 확보 등
⑨ 앞지르기 방법 등
⑩ 정차 및 주차의 금지

⑪ 주차금지
⑫ 고장 등의 조치

(20) 서행 또는 일시정지할 장소(법 제31조) 중요!
① 모든 차 또는 노면전차의 운전자가 서행하여야 할 장소
  ㉠ 교통정리를 하고 있지 아니하는 교차로
  ㉡ 도로가 구부러진 부근
  ㉢ 비탈길의 고갯마루 부근
  ㉣ 가파른 비탈길의 내리막
  ㉤ 시·도경찰청장이 도로에서의 위험을 방지하고 교통의 안전과 원활한 소통을 확보하기 위하여 필요하다고 인정하여 안전표지로 지정한 곳
② 모든 차 또는 노면전차의 운전자가 일시정지하여야 할 장소
  ㉠ 교통정리를 하고 있지 아니하고 좌우를 확인할 수 없거나 교통이 빈번한 교차로
  ㉡ 시·도경찰청장이 도로에서의 위험을 방지하고 교통의 안전과 원활한 소통을 확보하기 위하여 필요하다고 인정하여 안전표지로 지정한 곳

(21) 정차 및 주차의 금지(법 제32조)
모든 차의 운전자는 다음의 어느 하나에 해당하는 곳에서는 차를 정차하거나 주차하여서는 아니 된다. 다만, 이 법이나 이 법에 따른 명령 또는 경찰공무원의 지시를 따르는 경우와 위험방지를 위하여 일시정지하는 경우에는 그러하지 아니하다.
① 교차로·횡단보도·건널목이나 보도와 차도가 구분된 도로의 보도('주차장법'에 따라 차도와 보도에 걸쳐서 설치된 노상주차장은 제외)
② 교차로의 가장자리나 도로의 모퉁이로부터 5m 이내인 곳
③ 안전지대가 설치된 도로에서는 그 안전지대의 사방으로부터 각각 10m 이내인 곳
④ 버스여객자동차의 정류지임을 표시하는 기둥이나 표지판 또는 선이 설치된 곳으로부터 10m 이내인 곳. 다만, 버스여객자동차의 운전자가 그 버스여객자동차의 운행시간 중에 운행노선에 따르는 정류장에서 승객을 태우거나 내리기 위하여 차를 정차하거나 주차하는 경우에는 그러하지 아니하다.
⑤ 건널목의 가장자리 또는 횡단보도로부터 10m 이내인 곳
⑥ 다음의 곳으로부터 5m 이내인 곳
  ㉠ 소방용수시설 또는 비상소화장치가 설치된 곳
  ㉡ 소방시설로서 대통령령으로 정하는 시설이 설치된 곳
⑦ 시·도경찰청장이 도로에서의 위험을 방지하고 교통의 안전과 원활한 소통을 확보하기 위하여 필요하다고 인정하여 지정한 곳
⑧ 시장 등이 지정한 어린이보호구역

(22) 주차금지의 장소(법 제33조)

모든 차의 운전자는 다음의 어느 하나에 해당하는 곳에 차를 주차하여서는 아니 된다.
① 터널 안 및 다리 위
② 다음의 곳으로부터 5m 이내인 곳
  ㉠ 도로공사를 하고 있는 경우에는 그 공사 구역의 양쪽 가장자리
  ㉡ 다중이용업소의 영업장이 속한 건축물로 소방본부장의 요청에 의하여 시·도경찰청장이 지정한 곳
③ 시·도경찰청장이 도로에서의 위험을 방지하고 교통의 안전과 원활한 소통을 확보하기 위하여 필요하다고 인정하여 지정한 곳

(23) 정차 또는 주차의 방법 및 시간의 제한(법 제34조, 영 제11조)

도로 또는 노상주차장에 정차하거나 주차하려고 하는 차의 운전자는 차를 차도의 우측 가장자리에 정차하는 등 대통령령이 정하는 정차 또는 주차의 방법·시간과 금지사항 등을 지켜야 한다.
① 정차 또는 주차의 방법 및 시간
  ㉠ 모든 차의 운전자는 도로에서 정차할 때에는 차도의 오른쪽 가장자리에 정차할 것. 다만, 차도와 보도의 구별이 없는 도로의 경우에는 도로의 오른쪽 가장자리로부터 중앙으로 50cm 이상의 거리를 두어야 한다.
  ㉡ 여객자동차의 운전자는 승객을 태우거나 내려주기 위하여 정류소 또는 이에 준하는 장소에서 정차하였을 때에는 승객이 타거나 내린 즉시 출발하여야 하며 뒤따르는 다른 차의 정차를 방해하지 아니할 것
  ㉢ 모든 차의 운전자는 도로에서 주차할 때에는 시·도경찰청장이 정하는 주차의 장소·시간 및 방법에 따를 것
② 모든 차의 운전자는 ①에 따라 정차하거나 주차할 때에는 다른 교통에 방해가 되지 아니하도록 하여야 한다. 다만, 다음의 어느 하나에 해당하는 경우에는 그러하지 아니하다.
  ㉠ 안전표지 또는 다음의 어느 하나에 해당하는 사람의 지시에 따르는 경우
    • 경찰공무원(의무경찰을 포함)
    • 제주특별자치도의 자치경찰공무원
    • 경찰공무원(자치경찰공무원을 포함한다)을 보조하는 사람(모범운전자, 군사훈련 및 작전에 동원되는 부대의 이동을 유도하는 군사경찰, 본래의 긴급한 용도로 운행하는 소방차·구급차를 유도하는 소방공무원)
  ㉡ 고장으로 인하여 부득이하게 주차하는 경우
③ 자동차의 운전자는 규정에 따라 경사진 곳에 정차하거나 주차(도로 외의 경사진 곳에서 정차하거나 주차하는 경우를 포함)하려는 경우 자동차의 주차제동장치를 작동한 후에 다음의 어느 하나에 해당하는 조치를 취하여야 한다. 다만, 운전자가 운전석을 떠나지 아니하고 직접 제동장치를 작동하고 있는 경우는 제외한다.

㉠ 경사의 내리막 방향으로 바퀴에 고임목, 고임돌, 그 밖에 고무, 플라스틱 등 자동차의 미끄럼 사고를 방지할 수 있는 것을 설치할 것
㉡ 조향장치를 도로의 가장자리(자동차에서 가까운 쪽을 말한다) 방향으로 돌려놓을 것
㉢ 그 밖에 ㉠ 또는 ㉡에 준하는 방법으로 미끄럼 사고의 발생 방지를 위한 조치를 취할 것

(24) 정차 또는 주차를 금지하는 장소의 특례(법 제34조의2)
① 다음의 어느 하나에 해당하는 경우에는 (21)의 ①, ④, ⑤, ⑦, ⑧ 또는 (22)의 ③에도 불구하고 정차하거나 주차할 수 있다.
   ㉠ '자전거 이용 활성화에 관한 법률'에 따른 자전거이용시설 중 전기자전거 충전소 및 자전거주차장치에 자전거를 정차 또는 주차하는 경우
   ㉡ 시장 등의 요청에 따라 시·도경찰청장이 안전표지로 자전거 등의 정차 또는 주차를 허용한 경우
② 시·도경찰청장이 안전표지로 구역·시간·방법 및 차의 종류를 정하여 정차나 주차를 허용한 곳에서는 (21)의 ⑦, ⑧ 또는 (22)의 ③에도 불구하고 정차하거나 주차할 수 있다.

(25) 주차위반에 대한 조치(법 제35조)
① 다음의 어느 하나에 해당하는 사람은 (21)·(22) 또는 (23)을 위반하여 주차하고 있는 차가 교통에 위험을 일으키게 하거나 방해될 우려가 있을 때에는 차의 운전자 또는 관리 책임이 있는 사람에게 주차 방법을 변경하거나 그 곳으로부터 이동할 것을 명할 수 있다.
   ㉠ 경찰공무원
   ㉡ 시장 등(도지사를 포함)이 대통령령으로 정하는 바에 따라 임명하는 공무원
② 경찰서장이나 시장 등은 ①의 경우 차의 운전자나 관리책임이 있는 사람이 현장에 없을 때에는 도로에서 일어나는 위험을 방지하고 교통의 안전과 원활한 소통을 확보하기 위하여 필요한 범위에서 그 차의 주차방법을 직접 변경하거나 변경에 필요한 조치를 할 수 있으며, 부득이한 경우에는 관할 경찰서 경찰서장 또는 시장 등이 지정하는 곳으로 이동하게 할 수 있다.
③ 경찰서장이나 시장 등은 주차위반 차를 관할 경찰서나 경찰서장 또는 시장 등이 지정하는 곳으로 이동시킨 경우에는 선량한 관리자로서의 주의의무를 다하여 보관하여야 하며, 그 사실을 차의 사용자(소유자 또는 소유자로부터 차의 관리에 관한 위탁을 받은 사람)나 운전자에게 신속히 알리는 등 반환에 필요한 조치를 하여야 한다.
④ 차의 사용자나 운전자의 성명·주소를 알 수 없을 때에는 대통령령으로 정하는 방법에 따라 공고하여야 한다.
⑤ 경찰서장이나 시장 등은 차의 반환에 필요한 조치 또는 공고를 하였음에도 불구하고 그 차의 사용자나 운전자가 조치 또는 공고를 한 날부터 1개월 이내에 그 반환을 요구하지 아니할 때에는 대통령령으로 정하는 바에 따라 그 차를 매각하거나 폐차할 수 있다.

⑥ ②부터 ⑤까지의 규정에 따른 주차위반 차의 이동·보관·공고·매각 또는 폐차 등에 들어간 비용은 그 차의 사용자가 부담한다. 이 경우 그 비용의 징수에 관하여는 '행정대집행법' 제5조 및 제6조를 적용한다.

⑦ 차를 매각하거나 폐차한 경우 그 차의 이동·보관·공고·매각 또는 폐차 등에 들어간 비용을 충당하고 남은 금액이 있는 경우에는 그 금액을 그 차의 사용자에게 지급하여야 한다. 다만, 그 차의 사용자에게 지급할 수 없는 경우에는 '공탁법'에 따라 그 금액을 공탁하여야 한다.

(26) 차의 견인 및 보관업무 등의 대행(법 제36조 제1항)

경찰서장이나 시장 등은 견인하도록 한 차의 견인·보관 및 반환 업무의 전부 또는 일부를 그에 필요한 인력·시설·장비 등 자격요건을 갖춘 법인·단체 또는 개인으로 하여금 대행하게 할 수 있다.

(27) 차와 노면전차의 등화(법 제37조, 영 제19조, 제20조)

① 모든 차 또는 노면전차의 운전자는 다음의 어느 하나에 해당하는 경우에는 대통령령으로 정하는 바에 따라 전조등·차폭등·미등과 그 밖의 등화를 켜야 한다.
  ㉠ 밤(해가 진 후부터 해가 뜨기 전까지)에 도로에서 차 또는 노면전차를 운행하거나 고장이나 그 밖의 부득이한 사유로 도로에서 차 또는 노면전차를 정차 또는 주차하는 경우
  ㉡ 안개가 끼거나 비 또는 눈이 올 때에 도로에서 차 또는 노면전차를 운행하거나 고장이나 그 밖의 부득이한 사유로 도로에서 차 또는 노면전차를 정차 또는 주차하는 경우
  ㉢ 터널 안을 운행하거나 고장 또는 그 밖의 부득이한 사유로 터널 안 도로에서 차 또는 노면전차를 정차 또는 주차하는 경우

② 모든 차 또는 노면전차의 운전자는 밤에 차 또는 노면전차가 서로 마주보고 진행하거나 앞차의 바로 뒤를 따라가는 경우에는 대통령령으로 정하는 바에 따라 등화의 밝기를 줄이거나 잠시 등화를 끄는 등의 필요한 조작을 하여야 한다. 모든 차의 운전자는 밤에 운행할 때에는 다음의 방법으로 등화를 조작하여야 한다.
  ㉠ 서로 마주보고 진행할 때에는 전조등의 밝기를 줄이거나 불빛의 방향을 아래로 향하게 하거나 잠시 전조등을 끌 것. 다만, 도로의 상황으로 보아 마주보고 진행하는 차 또는 노면전차의 교통을 방해할 우려가 없는 경우에는 그러하지 아니하다.
  ㉡ 앞의 차 또는 노면전차의 바로 뒤를 따라갈 때에는 전조등 불빛의 방향을 아래로 향하게 하고, 전조등 불빛의 밝기를 함부로 조작하여 앞의 차 또는 노면전차의 운전을 방해하지 아니할 것
  ㉢ 모든 차 또는 노면전차의 운전자는 교통이 빈번한 곳에서 운행할 때에는 전조등 불빛의 방향을 계속 아래로 유지하여야 한다. 다만, 시·도경찰청장이 교통의 안전과 원활한 소통을 확보하기 위하여 필요하다고 인정하여 지정한 지역에서는 그러하지 아니하다.

③ ①에 따라 도로에서 차 또는 노면전차를 운행할 때 켜야 하는 등화
　㉠ 자동차 : 자동차안전기준에서 정하는 전조등, 차폭등, 미등, 번호등과 실내조명등(실내조명등은 승합자동차와 '여객자동차 운수사업법'에 따른 여객자동차운송사업용 승용자동차만 해당한다)
　㉡ 원동기장치자전거 : 전조등 및 미등
　㉢ 견인되는 차 : 미등·차폭등 및 번호등
　㉣ 노면전차 : 전조등, 차폭등, 미등 및 실내조명등
　㉤ ㉠부터 ㉣까지의 규정 외의 차 : 시·도경찰청장이 정하여 고시하는 등화
④ ①에 따라 도로에서 정차하거나 주차할 때 켜야 하는 등화
　㉠ 자동차(이륜자동차 제외) : 자동차안전기준에서 정하는 미등 및 차폭등
　㉡ 이륜자동차 및 원동기장치자전거 : 미등(후부 반사기를 포함)
　㉢ 노면전차 : 차폭등 및 미등
　㉣ ㉠부터 ㉢까지의 규정 외의 차 : 시·도경찰청장이 정하여 고시하는 등화

(28) 차의 신호(법 제38조)

① 모든 차의 운전자는 좌회전·우회전·횡단·유턴·서행·정지 또는 후진을 하거나 같은 방향으로 진행하면서 진로를 바꾸려고 하는 경우와 회전교차로에 진입하거나, 회전교차로에서 진출하는 경우에는 손이나 방향지시기 또는 등화로써 그 행위가 끝날 때까지 신호를 하여야 한다.
② 신호의 시기 및 방법(영 별표 2)

신호를 하는 경우	신호를 하는 시기	신호의 방법
좌회전·횡단·유턴 또는 같은 방향으로 진행하면서 진로를 왼쪽으로 바꾸려는 때	그 행위를 하려는 지점(좌회전할 경우에는 그 교차로의 가장자리)에 이르기 전 30m(고속도로에서는 100m) 이상의 지점에 이르렀을 때	왼팔을 수평으로 펴서 차체의 왼쪽 밖으로 내밀거나 오른팔을 차체의 오른쪽 밖으로 내어 팔꿈치를 굽혀 수직으로 올리거나 왼쪽의 방향지시기 또는 등화를 조작할 것
우회전 또는 같은 방향으로 진행하면서 진로를 오른쪽으로 바꾸려는 때	그 행위를 하려는 지점(우회전할 경우에는 그 교차로의 가장자리)에 이르기 전 30m(고속도로에서는 100m) 이상의 지점에 이르렀을 때	오른팔을 수평으로 펴서 차체의 오른쪽 밖으로 내밀거나 왼팔을 왼쪽 밖으로 내어 팔꿈치를 굽혀 수직으로 올리거나 오른쪽의 방향지시기 또는 등화를 조작할 것
정지할 때	그 행위를 하려는 때	팔을 차체의 밖으로 내어 45° 밑으로 펴거나 자동차안전기준에 따라 장치된 제동등을 켤 것
후진할 때	그 행위를 하려는 때	팔을 차체의 밖으로 내어 45° 밑으로 펴서 손바닥을 뒤로 향하게 하여 그 팔을 앞뒤로 흔들거나 자동차안전기준에 따라 장치된 후진등을 켤 것
뒤차에게 앞지르기를 시키려는 때	그 행위를 시키려는 때	오른팔 또는 왼팔을 차체의 왼쪽 또는 오른쪽 밖으로 수평으로 펴서 손을 앞뒤로 흔들 것
서행할 때	그 행위를 하려는 때	팔을 차체의 밖으로 내어 45° 밑으로 펴서 위아래로 흔들거나 자동차안전기준에 의하여 장치된 제동등을 깜빡일 것

신호를 하는 경우	신호를 하는 시기	신호의 방법
회전교차로에 진입하려는 때	그 행위를 하려는 지점에 이르기 전 30m 이상의 지점에 이르렀을 때	왼팔을 수평으로 펴서 차체의 왼쪽 밖으로 내밀거나 오른팔을 차체의 오른쪽 밖으로 내어 팔꿈치를 굽혀 수직으로 올리거나 왼쪽의 방향지시기 또는 등화를 조작할 것
회전교차로에서 진출하려는 때	그 행위를 하려는 때	오른팔을 수평으로 펴서 차체의 오른쪽 밖으로 내밀거나 왼팔을 차체의 왼쪽 밖으로 내어 팔꿈치를 굽혀 수직으로 올리거나 오른쪽의 방향지시기 또는 등화를 조작할 것

(29) 승차 또는 적재의 방법과 제한(법 제39조)

① 모든 차의 운전자는 승차 인원, 적재중량 및 적재용량에 관하여 대통령령으로 정하는 운행상의 안전기준을 넘어서 승차시키거나 적재한 상태로 운전하여서는 아니 된다. 다만, 출발지를 관할하는 경찰서장의 허가를 받은 경우에는 그러하지 아니하다.

② ①의 단서에 따른 허가를 받으려는 차가 '도로법' 제77조 제1항 단서에 따른 운행허가를 받아야 하는 차에 해당하는 경우에는 제14조 제4항을 준용한다.

③ 모든 차 또는 노면전차의 운전자는 운전 중 타고 있는 사람 또는 타고 내리는 사람이 떨어지지 아니하도록 하기 위하여 문을 정확히 여닫는 등 필요한 조치를 하여야 한다.

④ 모든 차의 운전자는 운전 중 실은 화물이 떨어지지 아니하도록 덮개를 씌우거나 묶는 등 확실하게 고정될 수 있도록 필요한 조치를 하여야 한다.

⑤ 모든 차의 운전자는 영유아나 동물을 안고 운전 장치를 조작하거나 운전석 주위에 물건을 싣는 등 안전에 지장을 줄 우려가 있는 상태로 운전하여서는 아니 된다.

⑥ 시·도경찰청장은 도로에서의 위험을 방지하고 교통의 안전과 원활한 소통을 확보하기 위하여 필요하다고 인정하는 경우에는 차의 운전자에 대하여 승차 인원, 적재중량 또는 적재용량을 제한할 수 있다.

> **이해 더하기**
>
> **운행상의 안전기준(영 제22조)**
> - 자동차의 승차인원은 승차정원 이내일 것
> - 화물자동차의 적재중량은 구조 및 성능에 따르는 적재중량의 110% 이내일 것
> - 자동차(화물자동차, 이륜자동차 및 소형 3륜자동차만 해당한다)의 적재용량은 다음의 구분에 따른 기준을 넘지 아니할 것
>   - 길이 : 자동차 길이에 그 길이의 10분의 1을 더한 길이. 다만, 이륜자동차는 그 승차장치의 길이 또는 적재장치의 길이에 30cm를 더한 길이를 말한다.
>   - 너비 : 자동차의 후사경(後寫鏡)으로 뒤쪽을 확인할 수 있는 범위(후사경의 높이보다 화물을 낮게 적재한 경우에는 그 화물을, 후사경의 높이보다 화물을 높게 적재한 경우에는 뒤쪽을 확인할 수 있는 범위를 말한다)의 너비
>   - 높이 : 화물자동차는 지상으로부터 4m(도로구조의 보전과 통행의 안전에 지장이 없다고 인정하여 고시한 도로노선의 경우에는 4m 20cm), 소형 3륜자동차는 지상으로부터 2m 50cm, 이륜자동차는 지상으로부터 2m의 높이

> **이해 더하기**
>
> 안전기준을 넘는 승차 및 적재의 허가(영 제23조)
> - 경찰서장은 다음의 어느 하나에 해당하는 경우에만 법 제39조 제1항 단서에 따른 허가를 할 수 있다.
>   - 전신·전화·전기공사, 수도공사, 제설작업, 그 밖에 공익을 위한 공사 또는 작업을 위하여 부득이 화물자동차의 승차정원을 넘어서 운행하려는 경우
>   - 분할할 수 없어 영 제22조 제3호 또는 제4호에 따른 기준을 적용할 수 없는 화물을 수송하는 경우
> - 경찰서장은 이에 따른 허가를 할 때에는 안전운행상 필요한 조건을 붙일 수 있다.

(30) 정비불량차의 운전금지(법 제40조)

모든 차의 사용자, 정비책임자 또는 운전자는 '자동차관리법', '건설기계관리법'이나 그 법에 따른 명령에 의한 장치가 정비되어 있지 아니한 차(이하 '정비불량차'라 한다)를 운전하도록 시키거나 운전하여서는 아니 된다.

(31) 정비불량차의 점검(법 제41조)

① 경찰공무원은 정비불량차에 해당한다고 인정하는 차가 운행되고 있는 경우에는 우선 그 차를 정지시킨 후, 운전자에게 그 차의 자동차 등록증 또는 자동차 운전면허증을 제시하도록 요구하고 그 차의 장치를 점검할 수 있다.

② 경찰공무원은 ①에 따라 점검한 결과 정비불량사항이 발견된 경우에는 그 정비불량 상태의 정도에 따라 그 차의 운전자로 하여금 응급조치를 하게 한 후에 운전을 하도록 하거나 도로 또는 교통상황을 고려하여 통행구간, 통행로와 위험방지를 위한 필요한 조건을 정한 후 그에 따라 운전을 계속하게 할 수 있다.

③ 시·도경찰청장은 정비상태가 매우 불량하여 위험발생의 우려가 있는 경우에는 그 차의 자동차 등록증을 보관하고 운전의 일시정지를 명할 수 있다. 이 경우 필요하면 10일의 범위에서 정비기간을 정하여 그 차의 사용을 정지시킬 수 있다.

④ 규정에 따른 장치의 점검 및 사용의 정지에 필요한 사항은 대통령령으로 정한다.

(32) 유사표지의 제한 및 운행금지(법 제42조, 영 제27조)

① 누구든지 자동차 등(개인형 이동장치는 제외한다)에 교통단속용자동차·범죄수사용자동차나 그 밖의 긴급자동차와 유사하거나 혐오감을 주는 도색이나 표지 등을 하거나 그러한 도색이나 표지 등을 한 자동차 등을 운전하여서는 아니 된다.

② 제한되는 도색이나 표지 등의 범위
  ㉠ 긴급자동차로 오인할 수 있는 색칠 또는 표지
  ㉡ 욕설을 표시하거나 음란한 행위를 묘사하는 등 다른 사람에게 혐오감을 주는 그림·기호 또는 문자

03 운전자 및 고용주 등의 의무

01 운전자의 의무

(1) 무면허운전 등의 금지(법 제43조)

누구든지 시·도경찰청장으로부터 운전면허를 받지 아니하거나 운전면허의 효력이 정지된 경우에는 자동차 등을 운전하여서는 아니 된다.

(2) 술에 취한 상태에서의 운전금지(법 제44조)

① 누구든지 술에 취한 상태에서 자동차 등('건설기계관리법'에 따른 건설기계 외의 건설기계 포함), 노면전차 또는 자전거를 운전하여서는 아니 된다.
② 경찰공무원은 교통의 안전과 위험방지를 위하여 필요하다고 인정하거나 ①을 위반하여 술에 취한 상태에서 자동차 등, 노면전차 또는 자전거를 운전하였다고 인정할 만한 상당한 이유가 있는 경우에는 운전자가 술에 취하였는지를 호흡조사로 측정할 수 있다. 이 경우 운전자는 경찰공무원의 측정에 응하여야 한다.
③ ②에 따른 측정 결과에 불복하는 운전자에 대하여는 그 운전자의 동의를 받아 혈액 채취 등의 방법으로 다시 측정할 수 있다.
④ 운전이 금지되는 술에 취한 상태의 기준은 운전자의 혈중 알코올 농도가 0.03% 이상인 경우로 한다.
⑤ 술에 취한 상태에 있다고 인정할 만한 상당한 이유가 있는 사람은 자동차 등, 노면전차 또는 자전거를 운전한 후 ② 또는 ③에 따른 측정을 곤란하게 할 목적으로 추가로 술을 마시거나 혈중알코올농도에 영향을 줄 수 있는 의약품 등 행정안전부령으로 정하는 물품을 사용하는 행위를 하여서는 아니 된다.
⑥ ② 및 ③에 따른 측정의 방법, 절차 등 필요한 사항은 행정안전부령으로 정한다.

(3) 과로한 때 등의 운전금지(법 제45조)

자동차 등(개인형 이동장치는 제외한다) 또는 노면전차의 운전자는 술에 취한 상태 외에 과로, 질병 또는 약물(마약, 대마 및 향정신성의약품과 그 밖에 행정안전부령으로 정하는 것)의 영향과 그 밖의 사유로 정상적으로 운전하지 못할 우려가 있는 상태에서 자동차 등 또는 노면전차를 운전하여서는 아니 된다.

(4) 공동 위험행위의 금지(법 제46조)

① 자동차 등(개인형 이동장치는 제외한다. 이하 이 조에서 같다)의 운전자는 도로에서 2명 이상이 공동으로 2대 이상의 자동차 등을 정당한 사유 없이 앞뒤로 또는 좌우로 줄지어 통행하면서 다른 사람에게 위해를 끼치거나 교통상의 위험을 발생하게 하여서는 아니 된다.

② 자동차 등의 동승자는 ①에 따른 공동 위험행위를 주도하여서는 아니 된다.
③ 교통단속용 장비의 기능방해 금지(제46조의2) : 누구든지 교통단속을 회피할 목적으로 교통단속용 장비의 기능을 방해하는 장치를 제작·수입·판매 또는 장착하여서는 아니 된다.
④ 난폭운전 금지(제46조의3) : 자동차 등(개인형 이동장치는 제외한다)의 운전자는 다음 중 둘 이상의 행위를 연달아 하거나, 하나의 행위를 지속 또는 반복하여 다른 사람에게 위협 또는 위해를 가하거나 교통상의 위험을 발생하게 하여서는 아니 된다.
  ㉠ 신호 또는 지시 위반
  ㉡ 중앙선 침범
  ㉢ 속도의 위반
  ㉣ 횡단·유턴·후진 금지 위반
  ㉤ 안전거리 미확보, 진로변경 금지 위반, 급제동 금지 위반
  ㉥ 앞지르기 방법 또는 앞지르기의 방해금지 위반
  ㉦ 정당한 사유 없는 소음 발생
  ㉧ 고속도로에서의 앞지르기 방법 위반
  ㉨ 고속도로 등에서의 횡단·유턴·후진 금지 위반

(5) 위험방지를 위한 조치(법 제47조)
① 경찰공무원은 자동차 등 또는 노면전차의 운전자가 규정을 위반하여 자동차 등 또는 노면전차를 운전하고 있다고 인정되는 경우에는 자동차 등 또는 노면전차를 일시정지시키고 그 운전자에게 자동차 운전면허증(이하 '운전면허증'이라 한다)을 제시할 것을 요구할 수 있다.
② 경찰공무원은 규정을 위반하여 자동차 등 또는 노면전차를 운전하는 사람이나 자전거 등을 운전하는 사람에 대하여는 정상적으로 운전할 수 있는 상태가 될 때까지 운전의 금지를 명하고 차를 이동시키는 등 필요한 조치를 할 수 있다.
③ ②에 따른 차의 이동조치에 대해서는 제35조 제3항부터 제7항까지 및 제36조의 규정을 준용한다.

(6) 안전운전 및 친환경 경제운전의 의무(법 제48조)
① 모든 차 또는 노면전차의 운전자는 차 또는 노면전차의 조향장치와 제동장치, 그 밖의 장치를 정확하게 조작하여야 하며, 도로의 교통상황과 차 또는 노면전차의 구조 및 성능에 따라 다른 사람에게 위험과 장해를 주는 속도나 방법으로 운전하여서는 아니 된다.
② 모든 차의 운전자는 차를 친환경적이고 경제적인 방법으로 운전하여 연료소모와 탄소배출을 줄이도록 노력하여야 한다.

(7) 모든 운전자의 준수사항 등(법 제49조)
모든 차 또는 노면전차의 운전자는 다음의 사항을 지켜야 한다.

① 물이 고인 곳을 운행할 때에는 고인 물을 튀게 하여 다른 사람에게 피해를 주는 일이 없도록 할 것
② 다음의 어느 하나에 해당하는 경우에는 일시정지할 것
　㉠ 어린이가 보호자 없이 도로를 횡단할 때, 어린이가 도로에서 앉아 있거나 서 있을 때 또는 어린이가 도로에서 놀이를 할 때 등 어린이에 대한 교통사고의 위험이 있는 것을 발견한 경우
　㉡ 앞을 보지 못하는 사람이 흰색 지팡이를 가지거나 장애인보조견을 동반하는 등의 조치를 하고 도로를 횡단하고 있는 경우
　㉢ 지하도나 육교 등 도로횡단시설을 이용할 수 없는 지체장애인이나 노인 등이 도로를 횡단하고 있는 경우
③ 자동차의 앞면 창유리 및 운전석 좌우 옆면 창유리의 가시광선의 투과율이 대통령령으로 정하는 기준보다 낮아 교통안전 등에 지장을 줄 수 있는 차를 운전하지 아니할 것. 다만, 요인 경호용, 구급용 및 장의용(葬儀用) 자동차는 제외한다.

> **이해 더하기**
> **자동차 창유리 가시광선 투과율의 기준(영 제28조)**
> • 앞면 창유리 : 70% 미만
> • 운전석 좌우 옆면 창유리 : 40% 미만

④ 교통단속용 장비의 기능을 방해하는 장치를 한 차나 그 밖에 안전운전에 지장을 줄 수 있는 것으로써 행정안전부령이 정하는 기준에 적합하지 아니한 장치를 한 차를 운전하지 아니할 것
　다만, 자율주행자동차의 신기술 개발을 위한 장치를 장착하는 경우에는 그러하지 아니하다.
⑤ 도로에서 자동차 등(개인형 이동장치는 제외한다. 이하 이 조에서 같다) 또는 노면전차를 세워둔 채 시비·다툼 등의 행위를 하여 다른 차마의 통행을 방해하지 아니할 것
⑥ 운전자가 차 또는 노면전차를 떠나는 경우에는 교통사고를 방지하고 다른 사람이 함부로 운전하지 못하도록 필요한 조치를 할 것
⑦ 운전자는 안전을 확인하지 아니하고 차 또는 노면전차의 문을 열거나 내려서는 아니 되며, 동승자가 교통의 위험을 일으키지 아니하도록 필요한 조치를 할 것
⑧ 운전자는 정당한 사유 없이 다음의 어느 하나에 해당하는 행위를 하여 다른 사람에게 피해를 주는 소음을 발생시키지 아니할 것
　㉠ 자동차 등을 급히 출발시키거나 속도를 급격히 높이는 행위
　㉡ 자동차 등의 원동기 동력을 차의 바퀴에 전달시키지 아니하고 원동기의 회전수를 증가시키는 행위
　㉢ 반복적이거나 연속적으로 경음기를 울리는 행위
⑨ 운전자는 승객이 차 안에서 안전운전에 현저히 장해가 될 정도로 춤을 추는 등 소란행위를 하도록 내버려두고 차를 운행하지 아니할 것
⑩ 운전자는 자동차 등 또는 노면전차의 운전 중에는 휴대용 전화(자동차용 전화 포함)를 사용하지 아니할 것. 다만, 다음의 어느 하나에 해당하는 경우에는 그러하지 아니하다.

㉠ 자동차 등 또는 노면전차가 정지하고 있는 경우
㉡ 긴급자동차를 운전하는 경우
㉢ 각종 범죄 및 재해신고 등 긴급한 필요가 있는 경우
㉣ 안전운전에 장애를 주지 아니하는 장치로서 대통령령이 정하는 장치[손으로 잡지 아니하고도 휴대용 전화(자동차용 전화 포함)를 사용할 수 있도록 해 주는 장치]를 이용하는 경우
⑪ 자동차 등 또는 노면전차의 운전 중에는 방송 등 영상물을 수신하거나 재생하는 장치(운전자가 휴대하는 것을 포함, 이하 영상표시장치)를 통하여 운전자가 운전 중 볼 수 있는 위치에 영상이 표시되지 아니하도록 할 것. 다만, 다음의 어느 하나에 해당하는 경우에는 그러하지 아니하다.
㉠ 자동차 등 또는 노면전차가 정지하고 있는 경우
㉡ 자동차 등 또는 노면전차에 장착하거나 거치하여 놓은 영상표시장치에 다음의 영상이 표시되는 경우
- 지리안내 영상 또는 교통정보안내 영상
- 국가비상사태·재난상황 등 긴급한 상황을 안내하는 영상
- 운전을 할 때 자동차 등 또는 노면전차의 좌우 또는 전후방을 볼 수 있도록 도움을 주는 영상
⑫ 자동차 등 또는 노면전차의 운전 중에는 영상표시장치를 조작하지 아니할 것. 다만, 다음의 어느 하나에 해당하는 경우에는 그러하지 아니하다.
㉠ 자동차 등과 노면전차가 정지하고 있는 경우
㉡ 노면전차 운전자가 운전에 필요한 영상표시장치를 조작하는 경우
⑬ 운전자는 자동차의 화물 적재함에 사람을 태우고 운행하지 아니할 것
⑭ 그 밖에 시·도경찰청장이 교통안전과 교통질서 유지에 필요하다고 인정하여 지정·공고한 사항에 따를 것

04 고속도로 및 자동차전용도로에서의 특례

01 위험방지 등의 조치(법 제58조)

경찰공무원(자치경찰공무원 제외)은 도로의 손괴, 교통사고의 발생이나 그 밖의 사정으로 고속도로 등에서 교통이 위험 또는 혼잡하거나 그러할 우려가 있을 때에는 교통의 위험 또는 혼잡을 방지하고 교통의 안전 및 원활한 소통을 확보하기 위하여 필요한 범위에서 진행 중인 자동차의 통행을 일시 금지 또는 제한하거나 그 자동차의 운전자에게 필요한 조치를 명할 수 있다.

02 교통안전시설의 설치 및 관리(법 제59조)

(1) 고속도로의 관리자는 고속도로에서 일어나는 위험을 방지하고 교통의 안전과 원활한 소통을 확보하기 위하여 교통안전시설을 설치·관리하여야 한다. 이 경우 고속도로의 관리자가 교통안전시설을 설치하려면 경찰청장과 협의하여야 한다.

(2) 경찰청장은 고속도로의 관리자에게 교통안전시설의 관리에 필요한 사항을 지시할 수 있다.

03 갓길 통행금지 등(법 제60조)

(1) 자동차의 운전자는 고속도로 등에서 자동차의 고장 등 부득이한 사정이 있는 경우를 제외하고는 행정안전부령으로 정하는 차로에 따라 통행하여야 하며, 갓길('도로법'에 따른 길어깨를 말함)로 통행하여서는 아니 된다. 다만, 다음 어느 하나에 해당하는 경우에는 그러하지 아니하다.
   ① 긴급자동차와 고속도로 등의 보수·유지 등의 작업을 하는 자동차를 운전하는 경우
   ② 차량정체 시 신호기 또는 경찰공무원 등의 신호나 지시에 따라 갓길에서 자동차를 운전하는 경우

(2) 자동차의 운전자는 고속도로에서 다른 차를 앞지르려면 방향지시기, 등화 또는 경음기를 사용하여 행정안전부령이 정하는 차로로 안전하게 통행하여야 한다.

04 고속도로 전용차로의 설치(법 제61조 제1항)

경찰청장은 고속도로의 원활한 소통을 위하여 특히 필요한 경우에는 고속도로에 전용차로를 설치할 수 있다.

05 횡단 등의 금지(법 제62조)

자동차의 운전자는 그 차를 운전하여 고속도로 등을 횡단하거나 유턴 또는 후진하여서는 아니 된다. 다만, 긴급자동차 또는 도로의 보수·유지 등의 작업을 하는 자동차 가운데 고속도로 등에서의 위험을 방지·제거하거나 교통사고에 대한 응급조치작업을 위한 자동차로서 그 목적을 위하여 반드시 필요한 경우에는 그러하지 아니하다.

06 통행 등의 금지(법 제63조)

자동차(이륜자동차는 긴급자동차만 해당) 외의 차마의 운전자 또는 보행자는 고속도로 등을 통행하거나 횡단하여서는 아니 된다.

07 고속도로 등에서의 정차 및 주차의 금지(법 제64조)

자동차의 운전자는 고속도로 등에서 차를 정차하거나 주차시켜서는 아니 된다. 다만, 다음의 어느 하나에 해당하는 경우에는 그러하지 아니하다.

(1) 법령의 규정 또는 경찰공무원(자치경찰공무원은 제외)의 지시에 따르거나 위험을 방지하기 위하여 일시 정차 또는 주차시키는 경우

(2) 정차 또는 주차할 수 있도록 안전표지를 설치한 곳이나 정류장에서 정차 또는 주차시키는 경우

(3) 고장이나 그 밖의 부득이한 사유로 길가장자리구역(갓길 포함)에 정차 또는 주차시키는 경우

(4) 통행료를 내기 위하여 통행료를 받는 곳에서 정차하는 경우

(5) 도로의 관리자가 고속도로 등을 보수·유지 또는 순회하기 위하여 정차 또는 주차시키는 경우

(6) 경찰용 긴급자동차가 고속도로 등에서 범죄수사, 교통단속이나 그 밖의 경찰임무를 수행하기 위하여 정차 또는 주차시키는 경우

(7) 소방차가 고속도로 등에서 화재진압 및 인명구조·구급 등 소방활동, 소방지원활동 및 생활안전활동을 수행하기 위하여 정차 또는 주차시키는 경우

(8) 경찰용 긴급자동차 및 소방차를 제외한 긴급자동차가 사용 목적을 달성하기 위하여 정차 또는 주차시키는 경우

(9) 교통이 밀리거나 그 밖의 부득이한 사유로 움직일 수 없을 때에 고속도로 등의 차로에 일시 정차 또는 주차시키는 경우

08 고속도로 진입 시의 우선순위(법 제65조)

(1) 자동차(긴급자동차 제외)의 운전자는 고속도로에 들어가려고 하는 경우에는 그 고속도로를 통행하고 있는 다른 자동차의 통행을 방해하여서는 아니 된다.

(2) 긴급자동차 외의 자동차의 운전자는 긴급자동차가 고속도로에 들어가는 경우에는 그 진입을 방해하여서는 아니 된다.

09 고장 등의 조치(법 제66조, 규칙 제40조)

자동차의 운전자는 고장이나 그 밖의 사유로 고속도로 등에서 자동차를 운행할 수 없게 되었을 때에는 행정안전부령으로 정하는 표지(고장자동차의 표지)를 설치하여야 하며, 그 자동차를 고속도로 등이 아닌 다른 곳으로 옮겨놓는 등의 필요한 조치를 하여야 한다.

(1) '자동차관리법 시행령', '자동차 및 자동차부품의 성능과 기준에 관한 규칙'에 따른 안전삼각대(국토교통부령 자동차 및 자동차부품의 성능과 기준에 관한 규칙 일부개정령 부칙 제6조에 따라 국토교통부장관이 정하여 고시하는 기준을 충족하도록 제작된 안전삼각대를 포함한다)를 설치하여야 한다.

(2) 사방 500m 지점에서 식별할 수 있는 적색의 섬광신호·전기제등 또는 불꽃신호. 다만, 밤에 고장이나 그 밖의 사유로 고속도로 등에서 자동차를 운행할 수 없게 되었을 때로 한정한다.

(3) 자동차의 운전자는 (1)에 따른 표지를 설치하는 경우 그 자동차의 후방에서 접근하는 자동차의 운전자가 확인할 수 있는 위치에 설치하여야 한다.

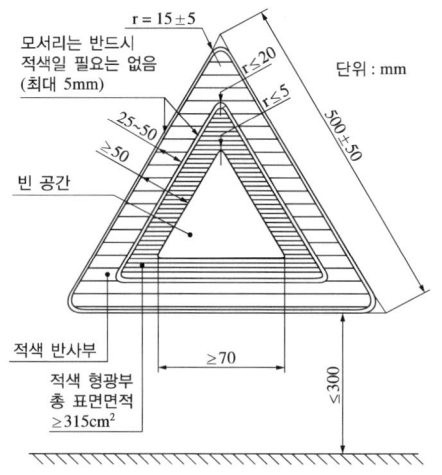

10 운전자의 고속도로 등에서의 준수사항(법 제67조)

고속도로 등을 운행하는 자동차의 운전자는 교통의 안전과 원활한 소통을 확보하기 위하여 고장 자동차의 표지를 항상 비치하며, 고장이나 그 밖의 부득이한 사유로 자동차를 운행할 수 없게 되었을 때에는 자동차를 도로의 우측 가장자리에 정지시키고 행정안전부령으로 정하는 바에 따라 그 표지를 설치하여야 한다.

05 도로의 사용

01 도로에서의 금지행위 등(법 제68조)

(1) 누구든지 함부로 신호기를 조작하거나 교통안전시설을 철거·이전하거나 손괴하여서는 아니 되며, 교통안전시설이나 그와 비슷한 인공구조물을 도로에 설치하여서는 아니 된다.

(2) 누구든지 교통에 방해가 될 만한 물건을 도로에 함부로 내버려두어서는 아니 된다.

(3) 누구든지 다음의 어느 하나에 해당하는 행위를 하여서는 아니 된다.
   ① 술에 취하여 도로에서 갈팡질팡하는 행위
   ② 도로에서 교통에 방해되는 방법으로 눕거나 앉거나 서 있는 행위
   ③ 교통이 빈번한 도로에서 공놀이 또는 썰매타기 등의 놀이를 하는 행위
   ④ 돌·유리병·쇳조각이나 그 밖에 도로에 있는 사람이나 차마를 손상시킬 우려가 있는 물건을 던지거나 발사하는 행위
   ⑤ 도로를 통행하고 있는 차마에서 밖으로 물건을 던지는 행위
   ⑥ 도로를 통행하고 있는 차마에 뛰어 오르거나 매달리거나 차마에서 뛰어내리는 행위
   ⑦ 그 밖에 시·도경찰청장이 교통상의 위험을 방지하기 위하여 필요하다고 인정하여 지정·공고한 행위

02 도로공사의 신고 및 안전조치 등(법 제69조)

(1) 도로관리청 또는 공사시행청의 명령에 따라 도로를 파거나 뚫는 등 공사를 하려는 사람(이하 '공사시행자'라 한다)은 공사시행 3일 전에 그 일시, 공사구간, 공사기간 및 시행방법, 그 밖에 필요한 사항을 관할 경찰서장에게 신고하여야 한다. 다만, 산사태나 수도관 파열 등으로 긴급히 시공할 필요가 있는 경우에는 그에 알맞은 안전조치를 하고 공사를 시작한 후에 지체 없이 신고하여야 한다.

(2) 관할 경찰서장은 공사장 주변의 교통정체가 예상하지 못한 수준까지 현저히 증가하고, 교통의 안전과 원활한 소통에 미치는 영향이 중대하다고 판단하면 해당 도로관리청과 사전 협의하여 공사시행자에 대하여 공사시간의 제한 등 필요한 조치를 할 수 있다.

(3) 공사시행자는 공사기간 중 차마의 통행을 유도하거나 지시 등을 할 필요가 있을 때에는 관할 경찰서장의 지시에 따라 교통안전시설을 설치하여야 한다.

(4) 공사시행자는 공사기간 중 공사의 규모, 주변 교통환경 등을 고려하여 필요한 경우 관할 경찰서장의 지시에 따라 안전요원 또는 안전유도 장비를 배치하여야 한다.

(5) (3)에 따른 교통안전시설 설치 및 (4)에 따른 안전요원 또는 안전유도 장비 배치에 필요한 사항은 행정안전부령으로 정한다.

(6) 공사시행자는 공사로 인하여 교통안전시설을 훼손한 경우에는 행정안전부령으로 정하는 바에 따라 원상회복하고 그 결과를 관할 경찰서장에게 신고하여야 한다.

03 도로의 점용허가 등에 관한 통보 등(법 제70조)

(1) 도로관리청이 도로에서 다음의 어느 하나에 해당하는 행위를 하였을 때에는 고속도로의 경우에는 경찰청장에게 그 내용을 즉시 통보하고, 고속도로 외의 도로의 경우에는 관할 경찰서장에게 그 내용을 즉시 통보하여야 한다.
① '도로법' 제61조에 따른 도로의 점용허가
② '도로법' 제76조에 따른 통행의 금지나 제한 또는 같은 법 제77조에 따른 차량의 운행제한

(2) (1)에 따라 통보를 받은 경찰청장이나 관할 경찰서장은 교통의 안전과 원활한 소통을 확보하기 위하여 필요하다고 인정하면 도로관리청에 필요한 조치를 요구할 수 있다. 이 경우 도로관리청은 정당한 사유가 없으면 그 조치를 하여야 한다.

04 도로의 위법 인공구조물에 대한 조치(법 제71조)

(1) 경찰서장은 다음의 어느 하나에 해당하는 사람에 대하여 위반행위를 시정하도록 하거나 그 위반행위로 인하여 생긴 교통장해를 제거할 것을 명할 수 있다.
① 교통안전시설이나 그 밖에 이와 비슷한 인공구조물을 함부로 설치한 사람

② 규정을 위반하여 물건을 도로에 내버려 둔 사람
③ '도로법' 제61조를 위반하여 교통에 방해가 될 만한 인공구조물 등을 설치하거나 그 공사 등을 한 사람

(2) 경찰서장은 (1)의 어느 하나에 해당하는 사람의 성명·주소를 알지 못하여 조치를 명할 수 없을 때에는 스스로 그 인공구조물 등을 제거하는 등 조치를 한 후 이를 보관하여야 한다. 이 경우 닳아 없어지거나 파괴될 우려가 있거나 보관하는 것이 매우 곤란한 인공구조물 등은 매각하여 그 대금을 보관할 수 있다.

(3) (2)에 따른 인공구조물 등의 보관 및 매각 등에 필요한 사항은 대통령령으로 정한다.

05 도로의 지상 인공구조물 등에 대한 위험방지 조치(법 제72조)

(1) 경찰서장은 도로의 지상 인공구조물이나 그 밖의 시설 또는 물건이 교통에 위험을 일으키게 하거나 교통에 뚜렷이 방해될 우려가 있으면 그 인공구조물 등의 소유자·점유자 또는 관리자에게 그것을 제거하도록 하거나 그 밖에 교통안전에 필요한 조치를 명할 수 있다.

(2) 경찰서장은 인공구조물 등의 소유자·점유자 또는 관리자의 성명·주소를 알지 못하여 (1)에 따른 조치를 명할 수 없을 때에는 스스로 그 인공구조물 등을 제거하는 등 조치를 한 후 보관하여야 한다. 이 경우 닳아 없어지거나 파괴될 우려가 있거나 보관하는 것이 매우 곤란한 인공구조물 등은 매각하여 그 대금을 보관할 수 있다.

(3) (2)에 따른 인공구조물 등의 보관 및 매각 등에 필요한 사항은 대통령령으로 정한다.

06 운전면허 및 그 밖의 개정사항

01 운전면허(법 제80조)

(1) 자동차 등을 운전하려는 사람은 시·도경찰청장으로부터 운전면허를 받아야 한다. 다만, 원동기를 단 차 중 교통약자가 최고속도 시속 20km 이하로만 운행될 수 있는 차를 운전하는 경우에는 그러하지 아니하다.

(2) 시·도경찰청장은 운전을 할 수 있는 차의 종류를 기준으로 다음과 같이 운전면허의 범위를 구분하고 관리하여야 한다. 이 경우 운전면허의 범위에 따라 운전할 수 있는 차의 종류는 행정안전부령으로 정한다.
① **제1종 운전면허** : 대형면허, 보통면허, 소형면허, 특수면허(대형견인차면허, 소형견인차면허, 구난차면허)
② **제2종 운전면허** : 보통면허, 소형면허, 원동기장치자전거면허
③ **연습운전면허** : 제1종 보통연습면허, 제2종 보통연습면허

> **Plus Tip**
> 운전면허는 제1종 운전면허, 제2종 운전면허, 연습면허로 구분된다. 운전면허의 범위 구분은 시험에 자주 출제되므로 정확하게 숙지하도록 한다.

[운전할 수 있는 차의 종류(규칙 별표 18)]

운전면허		운전할 수 있는 차량
종 별	구 분	
제1종	대형면허	• 승용자동차, 승합자동차, 화물자동차 • 건설기계 - 덤프트럭, 아스팔트살포기, 노상안정기 - 콘크리트 믹서트럭, 콘크리트 펌프, 천공기(트럭 적재식) - 콘크리트믹서 트레일러, 아스팔트 콘크리트재생기 - 도로보수트럭, 3톤 미만의 지게차 • 특수자동차[대형견인차, 소형견인차 및 구난차(구난차 등) 제외] • 원동기장치자전거
	보통면허	• 승용자동차 • 승차정원 15명 이하의 승합자동차 • 적재중량 12톤 미만의 화물자동차 • 건설기계(도로를 운행하는 3톤 미만의 지게차로 한정함) • 총중량 10톤 미만의 특수자동차(구난차 등은 제외함) • 원동기장치자전거
	소형면허	• 3륜화물자동차 • 3륜승용자동차 • 원동기장치자전거
	특수면허 — 대형견인차	• 견인형 특수자동차 • 제2종 보통면허로 운전할 수 있는 차량
	특수면허 — 소형견인차	• 총중량 3.5톤 이하의 견인형 특수자동차 • 제2종 보통면허로 운전할 수 있는 차량
	특수면허 — 구난차	• 구난형 특수자동차 • 제2종 보통면허로 운전할 수 있는 차량

운전면허		운전할 수 있는 차량
종 별	구 분	
제2종	보통면허	• 승용자동차 • 승차정원 10명 이하의 승합자동차 • 적재중량 4톤 이하의 화물자동차 • 총중량 3.5톤 이하의 특수자동차(구난차 등은 제외함) • 원동기장치자전거
	소형면허	• 이륜자동차(운반차 포함) • 원동기장치자전거
	원동기장치 자전거면허	원동기장치자전거
연습면허	제1종 보통	• 승용자동차 • 승차정원 15명 이하의 승합자동차 • 적재중량 12톤 미만의 화물자동차
	제2종 보통	• 승용자동차 • 승차정원 10명 이하의 승합자동차 • 적재중량 4톤 이하의 화물자동차

(3) 시·도경찰청장은 운전면허를 받을 사람의 신체상태 또는 운전능력에 따라 행정안전부령으로 정하는 바에 따라 운전할 수 있는 자동차 등의 구조를 한정하는 등 운전면허에 필요한 조건을 붙일 수 있다.

> **이해 더하기**
>
> **운전면허의 조건 등(규칙 제54조 제2항)**
> 한국도로교통공단으로부터 통보를 받은 시·도경찰청장이 운전면허를 받을 사람 또는 적성검사를 받은 사람에게 붙이거나 바꿀 수 있는 조건은 다음과 같이 구분한다.
> • 자동차 등의 구조를 한정하는 조건
>   - 자동변속기장치 자동차만을 운전하도록 하는 조건
>   - 삼륜 이상의 원동기장치자전거(다륜형 원동기장치자전거)만을 운전하도록 하는 조건
>   - 가속페달 또는 브레이크를 손으로 조작하는 장치, 오른쪽 방향지시기 또는 왼쪽 엑셀러레이터를 부착하도록 하는 조건
>   - 신체장애 정도에 적합하게 제작·승인된 자동차 등만을 운전하도록 하는 조건
> • 의수·의족·보청기 등 신체상의 장애를 보완하는 보조수단을 사용하도록 하는 조건
> • 청각장애인이 운전하는 자동차에는 청각장애인표지와 충분한 시야를 확보할 수 있는 볼록거울을 별도로 부착하도록 하는 조건

(4) 시·도경찰청장은 적성검사를 받은 사람의 신체상태 또는 운전능력에 따라 (3)에 따른 조건을 새로 붙이거나 바꿀 수 있다.

02 연습운전면허의 효력(법 제81조)

연습운전면허는 그 면허를 받은 날부터 1년 동안 효력을 가진다. 다만, 연습운전면허를 받은 날부터 1년 이전이라도 연습운전면허를 받은 사람이 제1종 보통면허 또는 제2종 보통면허를 받은 경우 연습운전면허는 그 효력을 잃는다.

03 운전면허의 결격사유(법 제82조)

(1) 다음의 어느 하나에 해당하는 사람은 운전면허를 받을 수 없다.
① 18세 미만(원동기장치자전거의 경우에는 16세 미만)인 사람
② 교통상의 위험과 장해를 일으킬 수 있는 정신질환자 또는 뇌전증 환자로서 대통령령으로 정하는 사람
③ 듣지 못하는 사람(제1종 운전면허 중 대형·특수면허만 해당), 앞을 보지 못하는 사람(한쪽 눈만 보지 못하는 사람의 경우에는 제1종 운전면허 중 대형·특수면허만 해당)이나 그 밖에 대통령령으로 정하는 신체장애인
④ 양쪽 팔의 팔꿈치관절 이상을 잃은 사람이나 양쪽 팔을 전혀 쓸 수 없는 사람. 다만, 본인의 신체장애 정도에 적합하게 제작된 자동차를 이용하여 정상적인 운전을 할 수 있는 경우에는 그러하지 아니하다.
⑤ 교통상의 위험과 장해를 일으킬 수 있는 마약·대마·향정신성의약품 또는 알코올 중독자로서 대통령령으로 정하는 사람
⑥ 제1종 대형면허 또는 제1종 특수면허를 받으려는 경우로서 19세 미만이거나 자동차(이륜자동차는 제외)의 운전경험이 1년 미만인 사람
⑦ 대한민국의 국적을 가지지 아니한 사람 중 '출입국관리법' 제31조에 따라 외국인등록을 하지 아니한 사람(외국인등록이 면제된 사람은 제외)이나 '재외동포의 출입국과 법적 지위에 관한 법률' 제6조 제1항에 따라 국내거소신고를 하지 아니한 사람

04 운전면허의 취소·정지처분 기준 등(시행규칙 제91조)

구 분		단순음주	대물사고	대인사고
1회	0.03~0.08% 미만	벌점 100점	벌점 100점(벌점 110점)	면허 취소(결격기간 2년)
	0.08~0.2% 미만	면허 취소(결격기간 1년)	면허 취소(결격기간 2년)	
	0.2% 이상			
	음주측정 거부			
2회 이상		면허 취소(결격기간 2년)	면허 취소(결격기간 3년)	
음주운전 인사사고 후 도주				면허 취소(결격기간 5년)
사망사고				

05 범칙행위 및 범칙금액(시행령 [별표 8, 10])

범칙행위		승합자동차 등		승용자동차 등		이륜자동차 등		자전거 등 및 손수레 등	
		일반도로	보호구역	일반도로	보호구역	일반도로	보호구역	일반도로	보호구역
속도 위반	20km/h 이하	3만원	6만원	3만원	6만원	2만원	4만원	1만원	-
	20km/h 초과 40km/h 이하	7만원	10만원	6만원	9만원	4만원	6만원	3만원	-
	40km/h 초과 60km/h 이하	10만원	13만원	9만원	12만원	6만원	8만원	-	-
	60km/h 초과	13만원	16만원	12만원	15만원	8만원	10만원	-	-
신호, 지시 위반		7만원	13만원	6만원	12만원	4만원	8만원	3만원	6만원
통행금지, 제한 위반		5만원	9만원	4만원	8만원	3만원	6만원	2만원	4만원
정차, 주차 금지 위반		5만원	13만원 (어린이)	4만원	12만원 (어린이)	3만원	9만원 (어린이)	2만원	6만원 (어린이)
			9만원 (노인·장애인)		8만원 (노인·장애인)		6만원 (노인·장애인)		4만원 (노인·장애인)
보행자 통행 방해 또는 보호 불이행		5만원	9만원	4만원	8만원	3만원	6만원	2만원	4만원
횡단보도 보행자 횡단 방해		7만원	13만원	6만원	12만원	4만원	8만원	3만원	6만원

06 운전면허 벌점(시행규칙 [별표 28])

위반행위	벌 점
• 속도위반(100km/h 초과) • 음주운전(혈중알코올농도 0.03% 이상 0.08% 미만) • 자동차 등을 이용하여 형법상 특수상해 등(보복운전)을 하여 입건된 때	100
• 속도위반(80km/h 초과 100km/h 이하)	80
• 속도위반(60km/h 초과 80km/h 이하)[어린이보호구역 및 노인·장애인보호구역 : 2배]	60
• 정차·주차위반에 대한 조치불응(단체에 소속되거나 다수인에 포함되어 경찰공무원의 3회 이상의 이동명령에 따르지 아니하고 교통을 방해한 경우에 한함) • 공동위험행위, 난폭운전으로 형사입건된 때 • 안전운전의무위반(단체에 소속되거나 다수인에 포함되어 경찰공무원의 3회 이상의 안전운전 지시에 따르지 아니하고 타인에게 위험과 장해를 주는 속도나 방법으로 운전한 경우에 한함) • 승객의 차내 소란행위 방치운전 • 출석기간 또는 범칙금 납부기간 만료일부터 60일이 경과될 때까지 즉결심판을 받지 아니한 때	40
• 통행구분 위반(중앙선 침범에 한함) • 속도위반(40km/h 초과 60km/h 이하)[어린이보호구역 및 노인·장애인보호구역 : 2배] • 철길건널목 통과방법위반 • 회전교차로 통행방법 위반(통행 방향 위반에 한정한다) • 어린이통학버스 특별보호 위반 • 어린이통학버스 운전자의 의무위반(좌석안전띠를 매도록 하지 아니한 운전자 제외) • 고속도로·자동차전용도로 갓길통행 • 고속도로 버스전용차로·다인승전용차로 통행위반 • 운전면허증 등의 제시의무위반 또는 운전자 신원확인을 위한 경찰공무원의 질문에 불응	30

위반행위	벌점
• 신호·지시위반[어린이보호구역 및 노인·장애인보호구역 : 2배] • 속도위반(20km/h 초과 40km/h 이하)[어린이보호구역 및 노인·장애인보호구역 : 2배] • 속도위반(어린이보호구역 안에서 오전 8시부터 오후 8시까지 사이에 제한속도를 20km/h 이내에서 초과한 경우에 한정) • 앞지르기 금지시기·장소위반 • 적재 제한 위반 또는 적재물 추락 방지 위반 • 운전 중 휴대용 전화 사용, 운전자가 볼 수 있는 위치에 영상 표시, 영상표시장치 조작 • 운행기록계 미설치 자동차 운전금지 등의 위반	15
• 통행구분 위반(보도침범, 보도 횡단방법 위반) • 차로통행 준수의무 위반, 지정차로 통행위반(진로변경 금지장소에서의 진로변경 포함) • 일반도로 전용차로 통행위반 • 안전거리 미확보(진로변경 방법위반 포함) • 앞지르기 방법위반 • 보행자 보호 불이행(정지선위반 포함)[어린이보호구역 및 노인·장애인보호구역 : 2배] • 승객 또는 승하차자 추락방지조치위반 • 안전운전 의무 위반 • 노상 시비·다툼 등으로 차마의 통행 방해행위 • 돌·유리병·쇳조각이나 그 밖에 도로에 있는 사람이나 차마를 손상시킬 우려가 있는 물건을 던지거나 발사하는 행위 • 도로를 통행하고 있는 차마에서 밖으로 물건을 던지는 행위	10

※ 벌점 등 초과로 인한 운전면허의 취소·정지
- 벌점 또는 처분벌점 40점 이상 – 면허정지(원칙적으로 1점을 1일로 계산하여 집행)
- 1년간 벌점 또는 누산점수 121점 이상 – 면허취소
- 2년간 벌점 또는 누산점수 201점 이상 – 면허취소
- 3년간 벌점 또는 누산점수 271점 이상 – 면허취소

※ 벌점 감경방법
- 40점 미만의 운전자 : 벌점감경교육 – 20점 감경
- 40점 이상으로 면허가 정지된 운전자 : 법규준수교육(권장) – 면허정지 20일 감경
- 법규준수교육(권장)을 마친 후에 현장참여교육을 마친 면허정지처분 운전자 : 면허정지 30일 추가 감경

07 그 밖의 법령 내용

(1) 도로 외에서의 음주운전은 음주운전으로 처벌한다.
① 도로 이외의 장소에서 음주운전(측정거부 포함)을 하다 적발되면 형사처벌을 받게 된다. 하지만 도로와는 달리 면허정지, 취소 등의 행정 처분은 받지 않는다. 이제까지는 대리운전을 하더라도 아파트 진입로 등에서 대리운전을 보내고 직접 몰고 들어와 주차를 하는 경우가 많았는데 절대 삼가하고 대리기사가 주차까지 하도록 유도해야 한다.

(2) 주차장에서 주차된 차량을 파손시킨 경우 범인을 찾아도 민사로만 해결하던 사안을 앞으로는 형사처벌한다.
　① 주차장은 도로가 아니라서 도로교통법이 적용되지 않아 차량손괴 또는 인사사고 시 민사적으로 처리되던 것이 형사처벌이 가능해졌다. 경찰에서도 CCTV 등의 증거자료가 있으면 적극적으로 대처해 준다. 블랙박스는 무조건 장착하는 것이 좋다.

(3) 밤 그리고 터널 주행 시 의무적으로 헤드라이트를 켜야 한다.
　① 적발 시 20만원 이하의 벌금, 구류 또는 과료된다. 등화를 하지 않은 상태에서 사고가 발생할 경우 안전운행 불이행으로 보험처리에서 불이익을 받거나 벌점이 부과될 수도 있다.

(4) 자동차 전용도로 이용 시 뒷좌석에서도 안전벨트를 미착용하면 과태료가 부과된다.

(5) 대중교통(택시, 고속버스) 이용 시 안전벨트를 미착용하면 운전기사에 의한 탑승거부가 가능해진다.

(6) 차마 간 통행 우선 순위가 폐지되어 자전거의 앞차 앞지르기가 허용된다.

(7) 어린이통학버스에 어린이나 영유아를 태울 때에는 성년인 사람 중 어린이통학버스를 운영하는 자가 지명한 보호자를 함께 태우고 운행하여야 하며, 동승한 보호자는 다음의 필요한 조치를 취해야 한다.
　① 어린이나 영유아가 승차 또는 하차하는 때에는 자동차에서 내려서 어린이나 영유아가 안전하게 승하차하는 것을 확인
　② 운행 중에는 어린이나 영유아가 좌석에 앉아 좌석안전띠를 매고 있도록 하는 등 어린이 보호에 필요한 조치

(8) 차의 운전 등 교통으로 인하여 사람을 사상하거나 물건을 손괴한 경우에는 그 차의 운전자나 그 밖의 승무원은 즉시 정차하여 다음의 조치를 하여야 한다.
　① 사상자를 구호하는 등 필요한 조치
　② 피해자에게 인적 사항(성명·전화번호·주소 등을 말함) 제공

(9) 사고 발생 시 신고해야 할 사항
　① 사고가 일어난 곳
　② 사상자 수 및 부상 정도
　③ 손괴한 물건 및 손괴 정도
　④ 그 밖의 조치사항 등

CHAPTER 01 적중예상문제

01 도로교통법의 목적을 가장 올바르게 설명한 것은?
① 도로교통상의 위험과 장해를 제거하여 안전하고 원활한 교통을 확보함을 목적으로 한다.
② 도로를 관리하고 안전한 통행을 확보하는 데 있다.
③ 교통사고로 인한 신속한 피해복구와 편익을 증진하는 데 있다.
④ 교통법규 위반자 및 사고 야기자를 처벌하고 교육하는 데 있다.

> **해설** 도로교통법은 도로에서 일어나는 교통상의 모든 위험과 장해를 방지하고 제거하여 안전하고 원활한 교통을 확보함을 목적으로 한다(법 제1조).

02 도로교통법상의 용어 정의 중 정차에 대한 설명으로 옳은 것은?
① 5분 이상의 정지상태를 말한다.
② 5분을 초과하지 아니하고 정지하는 것으로 주차 외의 정지상태를 말한다.
③ 운전자가 그 차로부터 떠나서 즉시 운전할 수 없는 상태를 말한다.
④ 차가 일시적으로 그 바퀴를 완전 정지시키는 것을 말한다.

> **해설** '정차'란 운전자가 5분을 초과하지 아니하고 차를 정지시키는 것으로서 주차 외의 정지상태를 말한다(법 제2조 제25호).

03 도로교통법상의 도로의 정의와 다른 것은?
① 도로법에 의한 도로
② 유료도로법에 의한 유료도로
③ 안전하고 원활한 교통을 확보할 필요가 있는 장소
④ 일반 교통에 사용되는 모든 시설

> **해설** 도로란 다음에 해당하는 곳을 말한다(법 제2조 제1호).
> • '도로법'에 따른 도로
> • '유료도로법'에 따른 유료도로
> • '농어촌도로 정비법'에 따른 농어촌도로
> • 그 밖에 현실적으로 불특정 다수의 사람 또는 차마가 통행할 수 있도록 공개된 장소로서 안전하고 원활한 교통을 확보할 필요가 있는 장소

정답 01 ① 02 ② 03 ④

04 다음 중 "중앙선"에 대한 설명으로 옳지 않은 것은?
① 차마의 통행을 방향별로 구분한다.
② 황색 실선이나 점선 등으로 표시한다.
③ 중앙분리대, 울타리 등으로 표시할 수 있다.
④ 교차로에는 중앙선의 개념이 없다.

해설 중앙선의 기본설명(법 제2조 제5호)
- 차마의 통행 방향을 명확하게 구분하기 위하여 도로에 황색실선이나 황색점선 등의 안전표지로 표시한 선 또는 중앙분리대나 울타리 등으로 설치한 시설물
- 가변차로가 설치된 경우에는 신호기가 지시하는 진행방향의 가장 왼쪽에 있는 황색점선을 말한다.
※ 중앙선은 반드시 도로의 중앙에 설치하여야만 되는 것은 아니다.

05 다음 중 도로에서 일어나는 교통상의 모든 위험과 장해를 방지·제거하여 안전하고 원활한 교통을 확보함을 목적으로 제정된 법규는?
① 교통안전법
② 도로법
③ 도시교통정비촉진법
④ 도로교통법

해설 ① 교통안전에 관한 국가 또는 지방자치단체의 의무·추진체계 및 시책 등을 규정하고 이를 종합적·계획적으로 추진함으로써 교통안전 증진에 이바지함을 목적으로 하는 법률이다.
② 도로망의 계획수립, 도로 노선의 지정, 도로공사의 시행과 도로의 시설 기준, 도로의 관리·보전 및 비용 부담 등에 관한 사항을 규정하여 국민이 안전하고 편리하게 이용할 수 있는 도로의 건설과 공공복리의 향상에 이바지함을 목적으로 한다.
③ 교통시설의 정비를 촉진하고 교통수단과 교통체계를 효율적이고 친환경적으로 운영·관리하여 도시교통의 원활한 소통과 교통편의의 증진에 이바지함을 목적으로 한다.

06 보도와 차도의 구분이 없는 도로에 차로를 설치할 때에 그 도로의 양 측면에 설치하여야 하는 것은?
① 서행표시
② 주차금지선
③ 정차·주차금지선
④ 길가장자리 구역

해설 길가장자리 구역이란 보도와 차도가 구분되지 아니한 도로에서 보행자의 안전을 확보하기 위하여 안전표지 등으로 경계를 표시한 도로의 가장자리 부분을 말한다(법 제2조 제11호).

07 신호기의 정의 중 옳은 것은?
① 교차로에서 볼 수 있는 모든 등화
② 주의·규제·지시 등을 표시한 표지판
③ 도로의 바닥에 표시된 기호나 문자, 선 등의 표지
④ 도로교통의 신호를 위하여 사람이나 전기의 힘에 의하여 조작되는 장치

해설 신호기란 도로교통에서 문자·기호 또는 등화를 사용하여 진행·정지·방향 전환·주의 등의 신호를 표시하기 위하여 사람이나 전기의 힘으로 조작하는 장치를 말한다(법 제2조 제15호).

08 도로교통법에서 정의하는 자동차에 해당하지 않는 것은?
① 승용자동차
② 승합자동차
③ 화물자동차
④ 자전거

해설 자동차란 철길이나 가설된 선을 이용하지 아니하고 원동기를 사용하여 운전되는 차(견인되는 자동차도 자동차의 일부로 본다)로서 다음 항목의 차를 말한다(법 제2조 제18호).
- 자동차관리법 제3조에 따른 다음의 자동차. 다만, 원동기장치자전거는 제외한다.
  - 승용자동차
  - 승합자동차
  - 화물자동차
  - 특수자동차
  - 이륜자동차
- '건설기계관리법' 제26조 제1항 단서에 따른 건설기계

09 다음 중 자동차 전용도로에 대한 설명으로 옳은 것은?
① 자동차와 우마차의 교통에 사용하기 위하여 설치된 도로
② 자동차와 원동기장치자전거만 사용하기 위하여 설치된 도로
③ 자동차와 농기계가 다닐 수 있게 설치된 도로
④ 자동차만 다닐 수 있게 설치된 도로

해설 자동차 전용도로란 자동차만 다닐 수 있도록 설치된 도로를 말한다(법 제2조 제2호).

10 다음 중 용어의 설명으로 옳은 것은?
① 자동차전용도로 – 자동차의 고속운행에만 사용하기 위하여 지정된 도로를 말한다.
② 보도 – 보행자가 도로를 횡단할 수 있도록 안전표지로 표시한 도로의 부분을 말한다.
③ 횡단보도 – 도로를 횡단하는 보행자나 통행하는 차마의 안전을 위하여 안전표지나 이와 비슷한 인공구조물로 표시한 도로의 부분을 말한다.
④ 일시정지 – 차의 운전자가 그 차의 바퀴를 일시적으로 완전히 정지시키는 것을 말한다.

> 해설 ① 고속도로
> ② 횡단보도
> ③ 안전지대

11 긴급자동차 운행에 관한 설명 중 맞는 것은?
① 긴급용무로 운행 중임을 표시하여야 우선권과 특례가 적용된다.
② 긴급자동차는 반드시 속도제한을 받는다.
③ 소방차는 언제나 우선권과 특례가 적용된다.
④ 구급자동차는 긴급용무 중임을 표시하지 않아도 된다.

> 해설 긴급자동차의 준수사항(시행령 제3조)
> 긴급자동차는 사이렌을 울리거나 경광등을 켤 것(규정에 따른 우선 통행, 특례 및 그 밖에 법에 규정된 특례를 적용받으려는 경우에만 해당한다)

12 다음 중 정차가 금지되는 곳이 아닌 것은?

① 교차로·횡단보도 또는 건널목
② 소방용 방화물통으로부터 5m 이내의 곳
③ 교차로의 가장자리로부터 5m 이내의 곳
④ 안전지대의 사방으로부터 각각 10m 이내의 곳

해설 정차 및 주차의 금지(법 제32조)
- 교차로·횡단보도·건널목이나 보도와 차도가 구분된 도로의 보도('주차장법'에 따라 차도와 보도에 걸쳐서 설치된 노상주차장은 제외한다)
- 교차로의 가장자리나 도로의 모퉁이로부터 5m 이내인 곳
- 안전지대가 설치된 도로에서는 그 안전지대의 사방으로부터 각각 10m 이내인 곳
- 버스여객자동차의 정류지임을 표시하는 기둥이나 표지판 또는 선이 설치된 곳으로부터 10m 이내인 곳. 다만, 버스여객자동차의 운전자가 그 버스여객자동차의 운행시간 중에 운행노선에 따르는 정류장에서 승객을 태우거나 내리기 위하여 차를 정차하거나 주차하는 경우에는 그러하지 아니하다.
- 건널목의 가장자리 또는 횡단보도로부터 10m 이내인 곳
- 다음의 곳으로부터 5m 이내인 곳
  - 소방용수시설 또는 비상소화장치가 설치된 곳
  - 소방시설로서 대통령령으로 정하는 시설이 설치된 곳
- 시·도경찰청장이 도로에서의 위험을 방지하고 교통의 안전과 원활한 소통을 확보하기 위하여 필요하다고 인정하여 지정한 곳
- 시장 등이 지정한 어린이보호구역

13 고속도로 버스전용차로에서 통행할 수 없는 것은?

① 대형 승합차에 운전자만 승차한 경우
② 긴급 자동차
③ 12인승 승합자동차에 3인이 승차한 경우
④ 9인승 승합자동차에 7인이 승차한 경우

해설 고속도로의 버스 전용차로에 통행할 수 있는 차는 9인승 이상 승용자동차 및 승합자동차로 승용자동차 또는 12인승 이하의 승합자동차는 6명 이상이 승차한 경우로 한정한다(시행령 별표 1).

14 다음의 양보표지는 어디에 해당하는가? ★★★★

① 주의표지
② 규제표지
③ 지시표지
④ 보조표지

해설   양보표지는 통행을 제한하는 것으로 규제표지이다(규칙 별표 6).

15 견인지역의 표지는 어디에 해당하는가? ★★★★

① 주의표지
② 규제표지
③ 지시표지
④ 보조표지

16 위험표지는 어디에 해당하는가? ★★★★

① 주의표지
② 규제표지
③ 지시표지
④ 보조표지

해설   위험표지는 '위험'을 주의하라는 주의표지이다(규칙 별표 6).

17 다음의 일방통행표지는 어디에 해당하는가? ★★★★

① 주의표지
② 규제표지
③ 지시표지
④ 보조표지

해설 일방통행, 비보호좌회전, 버스전용차로, 통행우선, 자동차전용도로, 좌회전 등은 지시표지이다(규칙 별표 6).

18 교통안전표지에 해당되지 않은 것은? ★★★★

① 노면표지
② 주의표지
③ 보조표지
④ 도로표지

해설 교통안전표지의 종류(규칙 제8조 제1항)
지시표지, 주의표지, 규제표지, 보조표지, 노면표지

19 교통안전에 필요한 주의, 규제, 지시 등을 표시하는 표지판 또는 도로의 바닥에 표시하는 기호나 문자 또는 선 등을 무엇이라 하는가?

① 안전표지
② 교통신호
③ 교통안내
④ 교통지시

해설 안전표지란 교통안전에 필요한 주의·규제·지시 등을 표시하는 표지판이나 도로의 바닥에 표시하는 기호·문자 또는 선 등을 말한다(법 제2조 제16호).

20 도로교통법상 노면표시에 대한 설명으로 틀린 것은? ★★★

① 노면표시는 도로표시용 도료나 반사테이프 또는 노면표시병으로 한다.
② 자전거횡단표시를 횡단보도표시와 접하여 설치할 경우에는 접하는 측의 측선을 생략할 수 있다.
③ 중앙선표시, 주차금지표시, 정차·주차금지표시 및 안전지대 중 양방향 교통을 분리하는 표시는 노란색으로 한다.
④ 버스전용차로표시 및 다인승차량 전용차선표시는 빨간색으로 한다.

해설
- 중앙선표시, 주차금지표시, 정차·주차금지표시 및 안전지대 중 양방향 교통을 분리하는 표시 : 노란색
- 전용차로표시 및 노면전차전용로표시 : 파란색
- 영 제10조의3 제2항에 따라 설치하는 소방시설 주변 정차·주차금지표시 및 어린이보호구역 또는 주거지역 안에 설치하는 속도제한표시의 테두리선 : 빨간색
- 노면색깔유도선표시 : 분홍색, 연한녹색 또는 녹색
- 그 밖의 표시 : 흰색
- 노면표시의 색채에 관한 세부기준은 경찰청장이 정한다.

21 다음 설명 중 옳지 않은 것은?

① 적색등화 시 차마는 우회전할 수 없다.
② 황색등화 시 보행자는 횡단을 하여서는 아니 된다.
③ 적색등화의 점멸 시 보행자는 주의하면서 횡단할 수 있다.
④ 녹색등화 시 비보호좌회전 표시가 있는 곳에서 좌회전할 수 있다.

해설 적색의 등화
1. 차마는 정지선, 횡단보도 및 교차로의 직전에서 정지해야 한다.
2. 차마는 우회전하려는 경우 정지선, 횡단보도 및 교차로의 직전에서 정지한 후 신호에 따라 진행하는 다른 차마의 교통을 방해하지 않고 우회전할 수 있다.
3. 2.에도 불구하고 차마는 우회전 삼색등이 적색의 등화인 경우 우회전할 수 없다.

22 신호기가 표시하는 적색등화의 신호의 뜻에 대한 설명으로 옳은 것은?

① 차마는 신호에 따라 진행하는 다른 차마의 교통을 방해하지 아니하는 한 우회전할 수 있다.
② 차마는 직진할 수 없으나 언제나 우회전할 수 있다.
③ 차마는 직진할 수 없으나 필요에 따라 좌회전할 수 있다.
④ 차마는 직진할 수도 없고 우회전할 수도 없다.

해설 적색의 등화
1. 차마는 정지선, 횡단보도 및 교차로의 직전에서 정지해야 한다.
2. 차마는 우회전하려는 경우 정지선, 횡단보도 및 교차로의 직전에서 정지한 후 신호에 따라 진행하는 다른 차마의 교통을 방해하지 않고 우회전할 수 있다.
3. 2.에도 불구하고 차마는 우회전 삼색등이 적색의 등화인 경우 우회전할 수 없다.

23 다음 중 보행등의 설치기준으로 잘못된 것은?

① 차량신호만으로는 보행자에게 언제 통행권이 있는지 분별하기 어려울 경우에 설치한다.
② 차도의 폭이 12m 이상인 교차로 또는 횡단보도에서 차량신호가 변하더라도 보행자가 차도 내에 남을 때가 많을 경우에 설치한다.
③ 번화가의 교차로, 역 앞 등의 횡단보도로서 보행자의 통행이 빈번한 곳에 설치한다.
④ 차량신호기가 설치된 교차로의 횡단보도로서 1일 중 횡단보도의 통행량이 가장 많은 1시간 동안의 횡단보행자가 150명을 넘는 곳에 설치한다.

해설 ② 차도의 폭이 16m 이상인 교차로 또는 횡단보도에서 차량신호가 변하더라도 보행자가 차도 내에 남을 때가 많을 경우에 설치한다(규칙 별표 3).

24 다음 중 차도를 통행할 수 없는 경우는?

① 사다리·목재나 그 밖에 보행자의 통행에 지장을 줄 염려가 있는 물건을 운반 중인 사람
② 도로의 청소 또는 보수 등 도로에서 작업 중인 사람
③ 듣지 못하는 사람
④ 기 또는 현수막 등을 휴대한 행렬 및 장의행렬

해설 ①·②·④ 외에 말, 소 등의 큰 동물을 몰고 가는 사람이나, 군부대 그 밖에 이에 준하는 단체의 행렬이 차도를 통행할 수 있다(법 제9조, 시행령 제7조).

25 차마의 통행방법으로 맞는 것은?

① 비보호 좌회전구역을 제외하고는 좌회전을 할 수 없다.
② 차마는 도로의 중앙 우측 부분을 통행하여야 한다.
③ 편도 2차선 도로에서는 언제나 한산한 차선으로 통행하여야 한다.
④ 차마는 안전지대에서 주차하여야 한다.

해설 차마의 운전자는 도로(보도와 차도가 구분된 도로에서는 차도를 말한다)의 중앙(중앙선이 설치되어 있는 경우에는 그 중앙선을 말한다) 우측부분을 통행하여야 한다(법 제13조 제3항).

26 서울특별시장이 버스의 원활한 소통을 위하여 특히 필요한 때에는 누구와 협의하여 도로에 버스전용 차로를 설치할 수 있는가?

① 시·도경찰청장
② 국토교통부장관
③ 구청장
④ 파출소장

해설 시장 등은 원활한 교통을 확보하기 위하여 특히 필요한 경우에는 시·도경찰청장이나 경찰서장과 협의하여 도로에 전용차로(차의 종류나 승차인원에 따라 지정된 차만 통행할 수 있는 차로를 말한다)를 설치할 수 있다(법 제15조 제1항).

27 다음 설명 중 옳지 않은 것은?

① 차도를 통행하는 학생의 대열은 그 차도의 우측을 통행하여야 한다.
② 사회적으로 중요한 행사에 따른 시가행진인 경우에는 도로의 중앙을 통행할 수 있다.
③ 보행자는 신호 또는 지시에 따라 차의 바로 앞이나 뒤로 횡단하여서는 아니 된다.
④ 횡단보도가 설치되어 있지 아니한 도로에서는 가장 짧은 거리로 횡단하여야 한다.

해설 ③ 보행자는 차와 노면전차의 바로 앞이나 뒤로 횡단하여서는 아니 된다. 다만, 횡단보도를 횡단하거나 신호기 또는 경찰공무원 등의 신호나 지시에 따라 도로를 횡단하는 경우에는 그러하지 아니하다(법 제10조 제4항).

28 횡단보도 설치에 관한 설명 중 맞는 것은?

① 지하도로부터 300m 이내에는 설치할 수 없다.
② 육교로부터 200m 이내에는 설치할 수 없다.
③ 교차로로부터 400m 이내에는 설치할 수 없다.
④ 다른 횡단보도로부터 500m 이내에는 설치할 수 없다.

해설 횡단보도는 육교·지하도 및 다른 횡단보도로부터 200m(일반도로 중 집산도로(集散道路) 및 국지도로(局地道路) : 100m) 이내에는 설치하지 아니할 것. 다만, 어린이보호구역이나 노인보호구역 또는 장애인보호구역으로 지정된 구간인 경우 또는 보행자의 안전이나 통행을 위하여 특히 필요하다고 인정되는 경우에는 그러하지 아니하다(규칙 제11조 제4호).

29 횡단보도의 설치기준이 잘못된 것은?

① 횡단보도에는 횡단보도표시와 횡단보도표지판을 설치한다.
② 횡단보도를 설치하고자 하는 장소에 횡단보행자용 신호기가 설치되어 있는 경우에는 횡단보도표시만 설치한다.
③ 횡단보도를 설치하고자 하는 도로의 표면이 포장이 되지 아니한 경우에는 반드시 횡단보도표시를 하여야 한다.
④ 횡단보도는 육교·지하도 및 다른 횡단보도로부터 200m 이내에 설치하여서는 아니 된다.

> **해설** ③ 횡단보도를 설치하고자 하는 도로의 표면이 포장이 되지 아니하여 횡단보도표시를 할 수 없는 때에는 횡단보도표지판을 설치할 것. 이 경우 그 횡단보도표지판에 횡단보도의 너비를 표시하는 보조표지를 설치하여야 한다(규칙 제11조 제3호).

30 차로의 너비보다 넓은 차가 그 차로를 통행하기 위해서는 누구의 허가를 받아야 하는가?

① 출발지를 관할하는 시·도경찰청장
② 도착지를 관할하는 시·도경찰청장
③ 출발지를 관할하는 경찰서장
④ 도착지를 관할하는 경찰서장

> **해설** ③ 차로가 설치된 도로를 통행하려는 경우로서 차의 너비가 행정안전부령으로 정하는 차로의 너비보다 넓어 교통의 안전이나 원활한 소통에 지장을 줄 우려가 있는 경우 그 차의 운전자는 그 도로를 통행하여서는 아니 된다. 다만, 행정안전부령으로 정하는 바에 따라 그 차의 출발지를 관할하는 경찰서장의 허가를 받은 경우에는 그러하지 아니하다(법 제14조 제3항).

31 도로교통법상 횡단보도를 정확히 설명한 것은?

① 보행자가 안전하게 도로를 횡단하도록 설치된 지하도
② 보행자가 도로를 횡단할 수 있도록 안전표지로 표시한 도로의 부분
③ 자동차가 교차로를 통과하기 전에 정지하여야 할 것을 알리는 차도
④ 보행자가 언제나 안전하게 도로를 횡단하도록 설치된 육교

> **해설** 횡단보도란 보행자가 도로를 횡단할 수 있도록 안전표지로 표시한 도로의 부분을 말한다(법 제2조 제12호).

32 신호기가 설치되어 있는 교차로에서 우회전방법으로 잘못된 것은?
① 교차로 측단에 달하기 전 30m 이상 지점에서부터 우회전 신호이다.
② 신호에 따라 횡단하는 보행자의 통행을 방해하여서는 아니 된다.
③ 미리 도로의 우측 가장자리로 서행한다.
④ 도로의 중앙선을 따라 교차로 중심 안쪽을 서행한다.

해설 ④ 교차로에서 좌회전방법이다.

33 편도 3차로의 일반도로에서 자동차의 운행속도는?
① 60km/h 이내
② 70km/h 이내
③ 80km/h 이내
④ 100km/h 이내

해설 일반도로(고속도로 및 자동차전용도로 외의 모든 도로)에서는 매시 60km 이내. 다만, 편도 2차로 이상의 도로에서는 매시 80km 이내이다(규칙 제19조 제1항 제1호).

34 2종 보통소지자도 운행할 수 있는 차는?
① 15톤 덤프트럭
② 지게차
③ 굴삭기
④ 사업용자동차

정답 32 ④ 33 ③ 34 ④

35 자동차의 운행속도에 대한 규정 중 옳은 것은?
① 자동차전용도로의 최저속도는 매시 30km, 최고속도는 매시 90km
② 일반도로에서는 매시 90km 이내
③ 편도 1차로 고속도로의 최저속도는 매시 30km, 최고속도는 매시 80km
④ 편도 2차로 이상 고속도로의 최저속도는 매시 40km, 최고속도는 매시 90km

해설 자동차 등과 노면전차의 속도(규칙 제19조 제1항)
① 자동차전용도로에서의 최고속도는 매시 90km, 최저속도는 매시 30km이다.
② 일반도로(고속도로 및 자동차전용도로 외의 모든 도로)에서는 매시 60km 이내. 다만, 편도 2차로 이상의 도로에서는 매시 80km 이내이다.
③ 편도 1차로 고속도로의 최저속도는 매시 50km, 최고속도는 매시 80km이다.
④ 편도 2차로 이상 고속도로의 최저속도는 매시 50km, 최고속도는 매시 100km 이내이다.

36 다음 중 최고속도의 100분의 20을 줄인 속도로 운행하여야 하는 경우는?
① 노면이 얼어붙는 때
② 눈이 20mm 이상 쌓인 때
③ 비가 내려 노면이 젖어 있는 경우
④ 폭우·폭설·안개 등으로 가시거리가 100m 이내인 때

해설 ①·②·④ 최고속도의 100분의 50으로 감속하여야 한다(규칙 제19조 제2항 제2호).

37 이상기후 시 최고속도의 100분의 50으로 감속하여 운전하여야 할 경우가 아닌 것은?
① 눈이 30mm 이상 쌓인 때
② 폭우, 폭설, 안개 등으로 가시거리가 100m 이내인 때
③ 노면이 얼어붙는 때
④ 비가 내려 노면에 습기가 있는 때

해설 이상기후 시의 운행속도
비, 바람, 안개, 눈 등으로 인한 거친 날씨에는 지정속도에 불구하고 다음의 기준에 따라 감속 운행해야 한다(규칙 제19조 제2항).

이상기후상태	운행속도
• 비가 내려 노면이 젖어 있는 경우 • 눈이 20mm 미만 쌓인 경우	최고속도의 20/100을 줄인 속도
• 폭우, 폭설, 안개 등으로 가시거리가 100m 이내인 경우 • 노면이 얼어붙은 경우 • 눈이 20mm 이상 쌓인 경우	최고속도의 50/100을 줄인 속도

38 다음 앞지르기 방법 중 틀린 것은?
① 위험을 방지하기 위하여 정지하고 있는 다른 차를 앞지르지 못한다.
② 모든 차는 다른 차를 앞지르고자 하는 때에는 앞차의 좌측을 통행하여야 한다.
③ 뒤차는 앞차가 다른 차를 앞지르고 있거나 앞지르고자 하는 때에는 그 앞차를 앞지르지 못한다.
④ 경찰공무원의 지시에 따르고 있는 다른 차를 앞지르기할 수 있다.

해설 ④ 모든 차의 운전자는 경찰공무원의 지시를 따르거나 위험을 방지하기 위하여 정지하거나 서행하고 있는 다른 차를 앞지르지 못한다(법 제22조 제2항).

39 다음 중 자동차가 앞지르기를 할 수 없는 장소로 틀린 것은?
① 편도 2차로 도로
② 도로의 구부러진 곳
③ 비탈길의 고갯마루 부근 또는 가파른 비탈길의 내리막
④ 교차로, 터널 안 또는 다리 위

해설 앞지르기를 할 수 없는 장소(법 제22조)
• 교차로
• 터널 안
• 다리 위
• 도로의 구부러진 곳, 비탈길의 고갯마루 부근 또는 가파른 비탈길의 내리막 등 시·도경찰청장이 도로에서의 위험을 방지하고 교통의 안전과 원활한 소통을 확보하기 위하여 필요하다고 인정하는 곳으로서 안전표지로 지정한 곳

40 도로교통법상 앞지르기가 금지된 장소를 나열한 것이다. 옳은 것은?
① 횡단보도, 교차로, 터널 안, 다리 위
② 비탈길의 고갯마루 부근, 가파른 비탈길의 내리막
③ 도로의 구부러진 곳, 버스정류장 부근, 학교 앞
④ 가파른 비탈길의 오르막, 안전지대가 설치된 곳

정답 38 ④ 39 ① 40 ②

41 다음 중 모든 차 또는 노면전차가 서행하여야 할 장소로 틀린 것은?

① 교통정리를 아니하는 교차로

② 비탈길의 고갯마루 부근

③ 가파른 비탈길의 내리막

④ 교통정리를 하고 있지 아니하고 좌우를 확인할 수 없는 교차로

> **해설** ④ 교통정리를 하고 있지 아니하고 좌우를 확인할 수 없거나 교통이 빈번한 교차로에서 모든 차는 일시 정지하여야 한다(법 제31조 제2항 제1호).

42 다음 중 서행할 장소로 올바르지 않은 것은?

① 교통정리를 하고 있지 아니하는 교차로

② 도로가 구부러진 부근

③ 비탈길의 고갯마루 부근

④ 가파른 비탈길의 오르막

> **해설** 운전자가 서행하여야 할 장소(법 제31조 제1항)
> - 교통정리를 하고 있지 아니하는 교차로
> - 도로가 구부러진 부근
> - 비탈길의 고갯마루 부근
> - 가파른 비탈길의 내리막
> - 시·도경찰청장이 도로에서의 위험을 방지하고 교통의 안전과 원활한 소통을 확보하기 위하여 필요하다고 인정하여 안전표지로 지정한 곳

43 정차 및 주차금지에 관한 내용 중 틀린 것은?

① 교차로의 가장자리 또는 도로의 모퉁이로부터 5m 이내의 장소에는 정차·주차할 수 없다.

② 안전지대가 설치된 도로에서는 그 안전지대의 사방으로부터 각각 10m 이내의 장소에는 정차·주차할 수 없다.

③ 주차장법에 따라 차도와 보도에 걸쳐 설치된 노상주차장에 정차·주차할 수 없다.

④ 건널목의 가장자리 또는 횡단보도로부터 10m 이내의 장소에는 정차·주차할 수 없다.

> **해설** ③ 교차로·횡단보도·건널목이나 보도와 차도가 구분된 도로의 보도('주차장법'에 따라 차도와 보도에 걸쳐서 설치된 노상주차장은 제외한다)에서는 차를 정차하거나 주차하여서는 아니 된다(법 제32조 제1호).

44 주차금지 장소를 설명한 것으로 틀린 것은?
① 다중이용업소의 영업장이 속한 건축물로 소방본부장의 요청에 의하여 시·도경찰청장이 지정한 곳
② 화재경보기로부터 8m 이내인 곳
③ 터널 안 및 다리 위
④ 도로공사를 하고 있는 경우에는 그 공사구역의 양쪽 가장자리로부터 5m 이내인 곳

> 해설 주차금지의 장소(법 제33조)
> • 터널 안 및 다리 위
> • 다음의 곳으로부터 5m 이내인 곳
>   - 도로공사를 하고 있는 경우에는 그 공사구역의 양쪽 가장자리
>   - 다중이용업소의 영업장이 속한 건축물로 소방본부장의 요청에 의하여 시·도경찰청장이 지정한 곳
> • 시·도경찰청장이 도로에서의 위험을 방지하고 교통의 안전과 원활한 소통을 확보하기 위하여 필요하다고 인정하여 지정한 곳

45 다음 중 고속도로나 자동차전용도로에서 정차 또는 주차가 가능한 경우가 아닌 것은?
① 고장으로 부득이하게 길 가장자리에 정차 또는 주차하는 경우
② 통행료를 지불하기 위하여 통행료를 받는 곳에서 정차하는 경우
③ 도로의 관리자가 그 고속도로 또는 자동차전용도로를 보수·유지하기 위하여 정차 또는 주차하는 경우
④ 경찰용 긴급자동차가 고속도로 또는 자동차전용도로에서 경찰임무수행 외의 일을 위하여 정차 또는 주차하는 경우

> 해설 경찰용 긴급자동차가 고속도로 등에서 범죄수사·교통단속이나 그 밖의 경찰임무를 수행하기 위하여 정차 또는 주차시키는 경우(법 제64조 제6호)

46 자동차의 운전자는 고장이나 그 밖의 사유로 고속도로 또는 자동차전용도로에서 자동차를 운행할 수 없게 되었을 때 사방 몇 m 지점에서 식별할 수 있는 적색의 섬광신호·전기제등 또는 불꽃신호를 설치하여야 하는가?
① 200m
② 300m
③ 400m
④ 500m

> 해설 사방 500m 지점에서 식별할 수 있는 적색의 섬광신호·전기제등 또는 불꽃신호. 다만, 밤에 고장이나 그 밖의 사유로 고속도로 등에서 자동차를 운행할 수 없게 되었을 때로 한정한다(규칙 제40조 제1항 제2호).

정답 44 ② 45 ④ 46 ④

47 차도와 보도의 구별이 없는 도로에서 정차 및 주차 시 우측 가장자리로부터 얼마 이상의 거리를 두어야 하는가? ★★★★
① 30cm 이상
② 50cm 이상
③ 60cm 이상
④ 90cm 이상

해설 ② 모든 차의 운전자는 도로에서 정차할 때에는 차도의 오른쪽 가장자리에 정차할 것. 다만, 차도와 보도의 구별이 없는 도로의 경우에는 도로의 오른쪽 가장자리로부터 중앙으로 50cm 이상의 거리를 두어야 한다(영 제11조 제1항 제1호).

48 주차위반차의 이동ㆍ보관ㆍ공고ㆍ매각 또는 폐차 등에 들어간 비용은 누가 부담하는가?
① 시장 등
② 경찰서장
③ 차의 사용자
④ 차의 운전자

해설 ③ 주차위반차의 이동ㆍ보관ㆍ공고ㆍ매각 또는 폐차 등에 들어간 비용은 그 차의 사용자가 부담한다(법 제35조 제6항).

49 다음 중 견인 대상 차의 사용자에게 통지할 사항이 아닌 것은?
① 견인일시
② 보관장소
③ 위반장소
④ 차의 등록번호ㆍ차종 및 형식

해설 ① 차의 사용자 또는 운전자에게 통지하여야 할 사항은 차의 등록번호ㆍ차종 및 형식, 위반장소, 보관한 일시 및 장소, 통지한 날부터 1월이 지나도 반환을 요구하지 아니하지 아니한 때에는 그 차를 매각 또는 폐차할 수 있다는 내용이다(규칙 제22조 제3항).

50 밤에 도로를 통행할 때 켜야 하는 등화의 연결이 옳지 않은 것은?
① 견인되는 차 – 전조등
② 원동기장치자전거 – 미등
③ 승합자동차 – 실내조명등
④ 자동차 – 차폭등

해설 견인되는 차는 미등·차폭등 및 번호등을 켜야 한다(영 제19조 제1항 제3호).

51 밤에 도로를 통행하는 때에 켜야 하는 등화가 아닌 것은?
① 자동차의 전조등
② 자동차의 차폭등
③ 원동기장치자전거의 미등
④ 견인되는 차의 실내등

해설 모든 차 또는 노면전차의 운전자는 다음의 어느 하나에 해당하는 경우에는 대통령령으로 정하는 바에 따라 전조등·차폭등·미등과 그 밖의 등화를 켜야 한다(법 제37조 제1항).
 • 밤(해가 진 후부터 해가 뜨기 전까지를 말한다)에 도로에서 차 또는 노면전차를 운행하거나 고장이나 그 밖의 부득이한 사유로 도로에서 차 또는 노면전차를 정차 또는 주차하는 경우
 • 안개가 끼거나 비 또는 눈이 올 때에 도로에서 차 또는 노면전차를 운행하거나 고장이나 그 밖의 부득이한 사유로 도로에서 차 또는 노면전차를 정차 또는 주차하는 경우
 • 터널 안을 운행하거나 고장 또는 그 밖의 부득이한 사유로 터널 안 도로에서 차 또는 노면전차를 정차 또는 주차하는 경우

52 차의 등화에 대한 다음 설명 중 틀린 것은?
① 모든 차 또는 노면전차의 운전자가 밤에 서로 마주보고 진행하는 때에는 등화의 밝기를 높여야 한다.
② 모든 차 또는 노면전차의 운전자가 교통이 빈번한 곳에서 운행하는 때에는 전조등의 불빛을 계속 아래로 유지하여야 한다.
③ 안개 등으로 인하여 전방 100m 이내의 도로상의 장해물을 확인할 수 없는 어두운 곳에서는 밤에 준하여 등화를 켜야 한다.
④ 굴 속을 통행하는 때에는 밤에 준하여 등화를 켜야 한다.

해설 ① 모든 차 또는 노면전차의 운전자는 밤에 차 또는 노면전차가 서로 마주보고 진행하거나 앞차의 바로 뒤를 따라가는 경우에는 대통령령으로 정하는 바에 따라 등화의 밝기를 줄이거나, 잠시 등화를 끄는 등의 필요한 조작을 하여야 한다(법 제37조 제2항).

53 삼색등화로 표시되는 신호등에서 등화를 종으로 배열할 경우 순서로 맞는 것은?

① 위로부터 적색, 황색, 녹색의 순서로 한다.
② 위로부터 녹색, 황색, 적색의 순서로 한다.
③ 위로부터 녹색화살표, 황색, 녹색의 순서로 한다.
④ 위로부터 녹색, 적색, 녹색화살표의 순서로 한다.

해설 신호등의 등화의 배열순서(규칙 별표 4)

신호등 \ 배열	가로형 신호등	세로형 신호등
적색·황색·녹색화살표·녹색의 사색등화로 표시되는 신호등	• 좌로부터 적색 → 황색 → 녹색화살표 → 녹색의 순서로 한다. • 좌로부터 적색 → 황색 → 녹색의 순서로 하고, 적색등화 아래에 녹색화살표 등화를 배열한다.	위로부터 적색 → 황색 → 녹색화살표 → 녹색의 순서로 한다.
적색·황색 및 녹색(녹색화살표)의 삼색등화로 표시되는 신호등	좌로부터 적색 → 황색 → 녹색(녹색화살표)의 순서로 한다.	위로부터 적색 → 황색 → 녹색(녹색화살표)의 순서로 한다.
적색화살표·황색화살표 및 녹색화살표의 삼색등화로 표시되는 신호등	좌로부터 적색화살표 → 황색화살표 → 녹색화살표의 순서로 한다.	위로부터 적색화살표 → 황색화살표 → 녹색화살표의 순서로 한다.
적색×표 및 녹색하향화살표의 이색등화로 표시되는 신호등	좌로부터 적색×표 → 녹색하향화살표의 순서로 한다.	–
적색 및 녹색의 이색등화로 표시되는 신호등	–	위로부터 적색 → 녹색의 순서로 한다.
황색T자형·백색가로막대형·백색점형·백색세로막대형·백색사선막대형의 등화로 표시되는 신호등	–	위로부터 황색T자형 → 백색가로막대형 → 백색점형 → 백색세로막대형의 순서로 배열하며, 필요시 백색세로막대형의 좌우측에 백색사선막대형을 배열한다.

54 신호등의 성능에 관한 다음의 설명에서 괄호 안에 들어갈 말이 순서대로 된 것은?

> 등화의 밝기는 낮에 (㉠)m 앞쪽에서 식별할 수 있도록 하여야 하며 등화의 빛의 발산각도는 사방으로 각각 (㉡)(으)로 하여야 한다.

① ㉠ 120, ㉡ 45° 이내
② ㉠ 130, ㉡ 45° 이내
③ ㉠ 140, ㉡ 45° 이상
④ ㉠ 150, ㉡ 45° 이상

해설 신호등의 성능(규칙 제7조 제3항)
• 등화의 밝기는 낮에 150m 앞쪽에서 식별할 수 있도록 할 것
• 등화의 빛의 발산각도는 사방으로 각각 45° 이상으로 할 것
• 태양광선이나 주위의 다른 빛에 의하여 그 표시가 방해받지 아니하도록 할 것

55 고속도로에서 동일방향으로 진행하면서 진로를 왼쪽으로 바꾸고자 할 때 신호의 시기는?

① 진로를 바꾸고자 하는 지점에 이르기 전 30m 이상의 지점에 이르렀을 때
② 진로를 바꾸고자 하는 지점에 이르기 전 60m 이상의 지점에 이르렀을 때
③ 진로를 바꾸고자 하는 지점에 이르기 전 100m 이상의 지점에 이르렀을 때
④ 진로를 바꾸고자 하는 지점에 이르기 전 150m 이상의 지점에 이르렀을 때

해설 동일방향으로 진행하면서 진로를 왼쪽으로 바꾸고자 할 때에는 그 행위를 하고자 하는 지점에 이르기 전 30m(고속도로에서는 100m) 이상의 지점에 이르렀을 때 바꾼다(영 별표 2).

56 팔을 차체의 밖으로 내어 45° 밑으로 펴서 상하로 흔드는 신호는?

① 정지할 때
② 후진할 때
③ 뒷차에게 앞지르기를 시키고자 할 때
④ 서행할 때

해설
① 팔을 차체의 밖으로 내어 45° 밑으로 펴거나 제동등을 켠다.
② 팔을 차체의 밖으로 내어 45° 밑으로 펴서 손바닥을 뒤로 향하게 하여 그 팔을 앞뒤로 흔들거나 후진등을 켠다.
③ 오른팔 또는 왼팔을 차체의 좌측 또는 우측 밖으로 수평으로 펴서 손을 앞뒤로 흔든다.

57 다음 중 운행상의 안전기준이 잘못된 것은?

① 자동차의 승차인원은 승차정원의 110% 이내
② 화물자동차의 적재 길이는 자동차 길이의 10분의 1의 길이를 더한 길이를 넘지 아니할 것
③ 화물자동차의 적재중량은 구조 및 성능에 따르는 적재중량의 110% 이내
④ 화물자동차의 적재높이는 지상으로부터 4m를 넘지 아니할 것

해설 ① 자동차의 승차인원은 승차정원 이내일 것(영 제22조 제1호)

정답 55 ③ 56 ④ 57 ①

58 교통사고의 정의를 올바르게 기술한 것은?
① 차의 교통으로 인하여 물건을 손괴하는 것을 말한다.
② 자동차의 운행으로 인해 사람만을 사상한 것을 말한다.
③ 차의 운전 등 교통으로 인하여 사람을 사상하거나 물건을 손괴하는 것을 말한다.
④ 자전거의 통행으로 인하여 보행자를 다치게 한 행위를 말한다.

> **해설** 차 또는 노면전차의 운전 등 교통으로 인하여 사람을 사상하거나 물건을 손괴한 경우(이하 "교통사고"라 한다)에는 그 차 또는 노면전차의 운전자나 그 밖의 승무원은 즉시 정차하여 사상자를 구호하는 등 필요한 조치와 피해자에게 인적 사항을 제공하여야 한다(법 제54조 제1항).

59 도로교통법상 화물자동차의 적재높이의 기준은 지상으로부터 몇 m를 넘지 못하는가?
① 3m
② 3.5m
③ 4m
④ 4.5m

> **해설** 높이 : 화물자동차는 지상으로부터 4m(도로구조의 보전과 통행의 안전에 지장이 없다고 인정하여 고시한 도로노선의 경우에는 4m 20cm), 소형 3륜자동차는 지상으로부터 2m 50cm, 이륜자동차는 지상으로부터 2m의 높이(영 제22조 제4호 다목).

60 시·도경찰청장이 정비불량차에 대하여 필요한 정비기간을 정하여 사용을 정지시킬 수 있는 기간은?
① 5일
② 10일
③ 20일
④ 30일

> **해설** ② 시·도경찰청장은 정비 상태가 매우 불량하여 위험발생의 우려가 있는 경우에는 그 차의 자동차등록증을 보관하고 운전의 일시정지를 명할 수 있다. 이 경우 필요하면 10일의 범위에서 정비기간을 정하여 그 차의 사용을 정지시킬 수 있다(법 제41조 제3항).

61 다음 중 불법부착장치의 기준이 잘못된 것은?
① 속도측정기기탐지용 장치와 그 밖에 교통단속용 장비의 기능을 방해하는 장치
② 경찰관서에서 사용하는 무전기와 동일한 주파수의 무전기
③ 긴급자동차에 부착된 경광등, 사이렌 또는 비상등
④ 자동차 및 자동차부품의 성능과 기준에 관한 규칙에서 정하지 아니한 것으로서 안전운전에 현저히 장애가 될 정도의 장치

해설 ① 개정 삭제[2008.6.20]
③ 긴급자동차에 부착된 경광등, 사이렌, 비상등은 불법부착물에 해당하지 않는다(규칙 제29조 제3호).

62 모든 운전자의 준수사항으로 틀린 것은?
① 운전자는 안전을 확인하지 아니하고 차의 문을 열거나 내려서는 안된다.
② 운전자는 정당한 사유 없이 다른 사람에게 피해를 주는 소음을 발생시키는 방법으로 자동차 등을 급히 출발시켜서는 안 된다.
③ 도로에서 자동차 등을 세워둔 채로 시비, 다툼 등의 행위를 함으로써 다른 차마의 통행을 방해하여서는 안 된다.
④ 자동차의 운전자는 모든 좌석의 동승자에게도 좌석 안전띠를 매도록 하여야 한다.

해설 ④ 특정 운전자의 준수사항이다(법 제50조 제1항).

63 다음 중 2륜자동차의 운전자가 착용하여야 하는 인명보호장구의 기준이 잘못된 것은?
① 무게가 2kg 이하일 것
② 좌우, 상하로 충분한 시야를 가질 것
③ 충격으로 쉽게 벗어질 것
④ 충격 흡수성이 있고 내관통성이 있을 것

해설 ③ 충격으로 쉽게 벗어지지 아니하도록 고정시킬 수 있을 것(규칙 제32조 제1항 제5호)

64 고속도로 또는 자동차전용도로에서 정차·주차할 수 있는 경우이다. 잘못된 것은?
① 정차 또는 주차할 수 있도록 안전표지를 설치한 곳이나 정류장에서 정차 또는 주차하는 경우
② 고장이나 그 밖의 부득이한 사유로 길 가장자리(갓길을 포함한다)에 정차 또는 주차하는 경우
③ 통행료를 지불하기 위하여 통행료를 받는 곳에서 정차하는 경우
④ 경찰용 긴급자동차가 고속도로에서 휴식 또는 식사를 위해 정차·주차하는 경우

해설 ④ 경찰용 긴급자동차가 고속도로 등에서의 범죄수사·교통단속이나 그 밖의 경찰임무를 수행하기 위하여 정차 또는 주차시키는 경우(법 제64조 제6호)

65 다음 중 제2종 면허에 속하지 않는 것은?
① 특수면허
② 보통면허
③ 소형면허
④ 원동기장치자동차면허

해설 ① 제1종 면허에 속한다(법 제80조 제2항 제1호).

66 연습운전면허가 효력을 갖는 기간은?
① 1년
② 2년
③ 3월
④ 6월

해설 연습운전면허는 그 면허를 받은 날부터 1년의 효력을 가진다. 다만, 연습운전면허를 받는 날부터 1년 이전이라도 연습운전면허를 받은 사람이 제1종 보통면허 또는 제2종 보통면허를 받은 경우 연습운전면허는 그 효력을 잃는다(법 제81조).

67 다음 중 제1종 보통면허로 운전할 수 없는 차량은?

① 대형견인차
② 승차정원 15인 이하 승합자동차
③ 승차정원 12인 이하 긴급자동차
④ 적재중량 12톤 미만의 화물자동차

해설 ① 대형견인차는 특수면허로 운전할 수 있다(규칙 별표 18).

68 다음 중 제2종 보통면허로 운전할 수 있는 차량은?

① 승차정원 10인 이하 승합자동차
② 3륜 화물자동차
③ 긴급자동차
④ 적재중량 12톤 미만의 화물자동차

해설 ② 제1종 소형면허(규칙 별표 18)
④ 제1종 보통면허

69 다음 중 운전면허를 받을 수 있는 경우는?

① 16세 미만인 사람이 면허를 받고자 하는 경우
② 듣지 못하는 사람이 제2종 면허를 받고자 하는 경우
③ 운전경험이 1년 미만인 사람이 제1종 특수면허를 받고자 하는 경우
④ 19세 미만인 사람이 제1종 대형면허를 받고자 하는 경우

해설 운전면허의 결격사유(법 제82조 제1항)
- 18세 미만(원동기장치자전거의 경우에는 16세 미만)인 사람
- 교통상의 위험과 장해를 일으킬 수 있는 정신질환자 또는 뇌전증 환자로서 대통령령으로 정하는 사람
- 듣지 못하는 사람(제1종 운전면허 중 대형면허·특수면허만 해당한다), 앞을 보지 못하는 사람(한쪽 눈만 보지 못하는 사람의 경우에는 제1종 운전면허 중 대형면허·특수면허만 해당한다)이나 그 밖의 대통령령으로 정하는 신체장애인
- 양쪽 팔의 팔꿈치관절 이상을 잃은 사람이나 양쪽 팔을 전혀 쓸 수 없는 사람. 다만, 본인의 신체장애 정도에 적합하게 제작된 자동차를 이용하여 정상적인 운전을 할 수 있는 경우에는 그러하지 아니하다.
- 교통상의 위험과 장해를 일으킬 수 있는 마약·대마·향정신성 의약품 또는 알코올중독자로서 대통령령으로 정하는 사람
- 제1종 대형면허 또는 제1종 특수면허를 받으려는 경우로서 19세 미만이거나 자동차(이륜자동차는 제외한다)의 운전경험이 1년 미만인 사람
- 대한민국의 국적을 가지지 아니한 사람 중 '출입국관리법' 제31조에 따라 외국인등록을 하지 아니한 사람(외국인등록이 면제된 사람은 제외)이나 '재외동포의 출입국과 법적 지위에 관한 법률' 제6조 제1항에 따라 국내거소신고를 하지 아니한 사람

70 운전면허 결격사유에 대한 다음 설명 중 틀린 것은?
① 음주운전으로 2회 이상 교통사고를 일으킨 경우에는 운전면허가 취소된 날부터 3년간 운전면허를 받을 수 없다.
② 운전면허의 효력이 정지된 기간 중 운전으로 인하여 취소된 경우에는 그 취소된 날부터 2년간 운전면허를 받을 수 없다.
③ 운전면허의 효력의 정지처분을 받고 있는 경우에는 4년간 운전면허를 받을 수 없다.
④ 무면허운전으로 사람을 사상한 후 사고발생 후의 조치규정에 위반한 경우에는 5년간 운전면허를 받을 수 없다.

해설 ③ 운전면허의 효력이 정지처분을 받고 있는 경우에는 그 정지기간이 지나지 아니하면 운전면허를 받을 수 없다(법 제82조 제2항 제8호).

71 1년간 누산점수가 몇 점 이상이면 그 면허를 취소하여야 하는가?
① 40점 이상
② 121점 이상
③ 201점 이상
④ 271점 이상

해설 1회의 위반·사고로 인한 벌점 또는 1년간 누산점수가 121점 이상에 도달한 때에는 그 운전면허를 취소한다(규칙 별표 28).

72 운전면허의 행정처분기준에 관한 다음 설명 중 옳지 않은 것은?
① 처분벌점이 40점 미만인 경우에, 최종의 위반일 또는 사고일로부터 위반 및 사고 없이 1년이 경과한 때에는 그 처분벌점은 소멸한다.
② 법규위반 또는 교통사고로 인한 벌점은 행정처분기준을 적용하고자 하는 해당 위반 또는 사고가 있었던 날을 기준으로 하여 과거 3년간의 모든 벌점을 누산하여 관리한다.
③ 운전면허정지처분은 1회의 위반·사고로 인한 벌점 또는 처분벌점이 30점 이상이 된 때부터 결정하여 집행하되, 원칙적으로 1점을 1일로 계산하여 집행한다.
④ 교통사고(인적 피해사고)를 야기하고 도주한 차량을 검거하거나 신고하여 검거하게 한 운전자에 대하여는 40점의 특혜점수를 부여하여 기간에 관계없이 그 운전자가 정지 또는 취소처분을 받게 될 경우, 누산점수에서 이를 공제한다.

해설 ③ 운전면허정지처분은 1회의 위반·사고로 인한 벌점 또는 처분벌점이 40점 이상이 된 때부터 결정하여 집행하되, 원칙적으로 1점을 1일로 계산하여 집행한다(규칙 별표 28).

73 다음 위반사항 중 그 벌점이 30점에 해당되는 것은?
① 단속경찰공무원 등에 대한 폭행으로 형사입건된 때
② 운전면허증 제시의무위반
③ 제한속도위반(20km/h 초과부터)
④ 일반도로 전용차로 통행위반

해설 ① 취소처분(규칙 별표 28), ③ 15점, ④ 10점

74 다음 중 연석선, 안전표지 그 밖의 이와 비슷한 공작물로써 그 경계를 표시하여 모든 차의 교통에 사용하도록 된 도로의 부분을 뜻하는 용어는?
① 도 로
② 차 로
③ 차 도
④ 차 선

해설 ① '도로법'에 따른 도로, '유료도로법'에 따른 유료도로, '농어촌도로정비법'에 따른 농어촌도로, 그 밖에 현실적으로 불특정 다수의 사람 또는 차마가 통행할 수 있도록 공개된 장소로서 안전하고 원활한 교통을 확보할 필요가 있는 장소(법 제2조 제1호)
② 차마가 한 줄로 도로의 정하여진 부분을 통행하도록 차선으로 구분한 차도의 부분(법 제2조 제6호)
④ 차로와 차로를 구분하기 위하여 그 경계지점을 안전표지로 표시한 선(법 제2조 제7호)

75 다음 중 범칙금 납부통고서로 범칙금을 낼 것을 통고할 수 있는 사람은?
① 경찰서장
② 관할 구청장
③ 시·도지사
④ 국토교통부장관

해설 경찰서장이나 제주특별자치도지사는 범칙자로 인정하는 사람에 대하여는 이유를 분명하게 밝힌 범칙금 납부통고서로 범칙금을 낼 것을 통고할 수 있다(법 제163조 제1항).

정답 73 ② 74 ③ 75 ①

76 정차는 몇 분을 초과하지 않아야 하는가?

① 3분
② 5분
③ 10분
④ 20분

해설 정차란 운전자가 5분을 초과하지 아니하고 차를 정지시키는 것으로서 주차 외의 정지상태를 말한다(법 제2조 제25호).

77 긴급자동차의 지정권자는?

① 시·도경찰청장
② 국토교통부장관
③ 행정안전부장관
④ 대통령

해설 긴급자동차의 지정을 받으려는 사람 또는 기관 등은 긴급자동차 지정신청서에 서류를 첨부하여 시·도경찰청장에게 제출하여야 한다(규칙 제3조 제1항).

78 다음 중 긴급자동차의 취소사유가 아닌 것은?

① 고장으로 인하여 긴급자동차로 사용할 수 없게 된 경우
② 자동차의 색칠이 긴급자동차의 구조에 적합하지 아니한 경우
③ 그 차를 긴급한 본래의 목적에 벗어나 사용한 경우
④ 규정속도위반 등 교통법규를 위반한 경우

해설 긴급자동차의 지정취소사유(규칙 제4조 제1항)
- 자동차의 색칠·사이렌 또는 경광등이 자동차안전기준에 규정된 긴급자동차에 관한 구조에 적합하지 아니한 경우
- 그 차를 목적에 벗어나 사용하거나 고장이나 그 밖의 사유로 인하여 긴급자동차로 사용할 수 없게 된 경우

79 유료도로에서 신호기 등을 설치하고 관리하는 사람은?
① 특별시장
② 시·도경찰청장
③ 시장·군수
④ 도로관리자

해설 ④ '유료도로법'에 따른 유료도로에서는 시장 등의 지시에 따라 그 도로관리자가 교통안전시설을 설치·관리하여야 한다(법 제3조 제1항).

80 도로상태가 위험하거나 도로 또는 그 부근에 위험물이 있는 경우에 필요한 안전조치를 할 수 있도록 이를 도로사용자에게 알리는 안전표지는? ★★★★
① 지시표지
② 노면표지
③ 주의표지
④ 규제표지

해설 ① 도로의 통행방법·통행구분 등 도로교통의 안전을 위하여 필요한 지시를 하는 경우에 도로사용자가 이에 따르도록 알리는 표지(규칙 제8조 제1항)
② 도로교통의 안전을 위하여 각종 주의·규제·지시 등의 내용을 노면에 기호·문자 또는 선으로 도로사용자에게 알리는 표지
④ 도로교통의 안전을 위하여 각종 제한·금지 등의 규제를 하는 경우에 이를 도로사용자에게 알리는 표지

81 노면표지 중 중앙선표시는 노폭이 최소 몇 m 이상인 도로에 설치하는가? ★★★
① 10m
② 8m
③ 7m
④ 6m

해설 중앙선 설치기준 및 장소(규칙 별표 6)
• 차도 폭 6m 이상인 도로에 설치하며, 편도 1차로 도로의 경우에는 황색실선 또는 점선으로 표시하거나 황색복선 또는 황색실선과 점선을 복선으로 설치
• 중앙분리대가 없는 편도 2차로 이상인 도로의 중앙에 실선의 황색복선을 설치
• 중앙분리대가 없는 고속도로의 중앙에 실선만을 표시할 때에는 황색복선으로 설치

정답 79 ④ 80 ③ 81 ④

82 다음 괄호 안에 들어갈 내용은?

> 공사시행자는 공사로 인하여 신호기 또는 안전표지를 훼손한 때에는 부득이한 사유가 없는 한 해당 공사가 끝난 날로부터 ( )일 이내에 이를 원상회복하고 그 결과를 관할 경찰서장에게 신고해야 한다.

① 3
② 5
③ 7
④ 10

해설 공사시행자는 공사로 인하여 교통안전시설을 훼손한 때에는 부득이한 사유가 없는 한 해당 공사가 끝난 날부터 3일 이내에 이를 원상회복하고 그 결과를 관할경찰서장에게 신고해야 한다(규칙 제43조).

83 신호등에 대한 다음 설명 중 틀린 것은?
① 등화의 밝기는 낮에 100m 앞쪽에서 식별할 수 있도록 할 것
② 등화의 빛의 발산각도는 사방으로 각각 45° 이상으로 할 것
③ 태양광선이나 주위의 다른 빛에 의하여 그 표시가 방해받지 아니하도록 할 것
④ 신호등의 외함은 폴리카보네이트로 할 것

해설 ① 등화의 밝기는 낮에 150m 앞쪽에서 식별할 수 있도록 할 것(규칙 제7조 제3항 제1호).

84 일자 또는 시간에 따라 교통량의 변동이 많은 간선도로 중 가변차로로 지정된 도로구간의 입구, 중간 및 출구에 설치하는 차량등은?
① 가로형 삼색등
② 경보형 경보등
③ 가로형 이색등
④ 세로형 사색등

해설 가로형 이색등(규칙 별표 3)
일자 또는 시간에 따라 교통량의 변동이 많은 간선도로 중 가변차로로 지정된 도로구간의 입구, 중간 및 출구에 설치한다.

85 전방의 적색 신호등이 정지선 앞에서 점멸하고 있을 때의 운전방법으로 가장 옳은 것은?
① 주의하면서 진행한다.
② 반드시 일시정지한 후 주의하면서 서행한다.
③ 좌회전을 할 수 있다.
④ 직진을 하면 된다.

> 해설 적색 신호등이 점멸하고 있을 때는 그 직전이나 교차로의 직전에 일시정지한 후 다른 교통에 주의하면서 진행할 수 있다(규칙 별표 2).

86 어린이보호구역을 지정하는 차의 통행을 제한할 수 있는 사람은?
① 경찰서장
② 시장 등
③ 시·도경찰청장
④ 교육부장관

> 해설 시장 등은 교통사고의 위험으로부터 어린이를 보호하기 위하여 필요하다고 인정하는 때에는 유치원, 초등학교 또는 특수학교, 행정안전부령으로 정하는 어린이집, 학원의 주변도로 중 일정구간을 어린이보호구역으로 지정하여 자동차 등과 노면전차의 통행속도를 시속 30km 이내로 제한할 수 있다(법 제12조 제1항).

87 다음 설명 중 옳지 않은 것은?
① 차도를 통행하는 학생의 대열은 그 차도의 좌측으로 통행하여야 한다.
② 사회적으로 중요한 행사에 따른 시가행진인 경우에는 도로의 중앙을 통행할 수 있다.
③ 지체장애인의 경우에는 도로횡단시설을 이용하지 아니하고 도로를 횡단할 수 있다.
④ 횡단보도가 설치되어 있지 아니한 도로에서는 가장 짧은 거리로 횡단하여야 한다.

> 해설 ① 학생의 대열과 그 밖에 보행자의 통행에 지장을 줄 우려가 있다고 인정하여 대통령령으로 정하는 사람이나 행렬은 차도로 통행할 수 있다. 이 경우 행렬 등은 차도의 우측으로 통행하여야 한다(법 제9조 제1항).

정답 85 ② 86 ② 87 ①

88 다음 중 도로의 중앙이나 좌측 부분을 통행할 수 있는 경우가 아닌 것은?

① 도로가 일방통행인 경우
② 도로의 파손, 도로공사 그 밖의 장애 등으로 그 도로의 우측 부분을 통행할 수 없는 경우
③ 도로의 우측 부분의 폭이 6m 이상인 도로에서 다른 차를 앞지르고자 하는 경우
④ 도로의 우측 부분의 폭이 그 차마의 통행에 충분하지 아니한 경우

해설 ③ 도로의 우측 부분의 폭이 6m가 되지 아니하는 도로에서 다른 차를 앞지르려는 경우 도로의 좌측이나 중앙을 통행할 수 있다. 다만, 그 도로의 좌측 부분을 확인할 수 있으며, 반대방향의 교통을 방해할 우려가 없고 안전표지 등으로 앞지르기가 금지되거나 제한되지 아니한 경우에 한한다(법 제13조 제4항).

89 차마는 도로의 중앙으로부터 우측 부분을 통행하여야 하는 것이 원칙이다. 하지만 도로의 중앙이나 좌측 부분을 통행할 수 있는 경우가 아닌 것은?

① 도로가 일방통행일 때
② 도로의 파손으로 우측 부분을 통행할 수 없는 때
③ 도로의 좌측 부분의 폭이 통행에 충분하지 아니한 때
④ 도로의 우측 부분의 폭이 6m가 되지 아니한 도로에서 다른 차를 앞지르기하고자 하는 때. 다만, 반대방향의 교통을 방해할 염려가 없고, 앞지르기가 제한되지 아니한 경우

해설 차마의 운전자가 도로의 중앙이나 좌측 부분을 통행할 수 있는 경우(법 제13조 제4항)
- 도로가 일방통행인 경우
- 도로의 파손, 도로공사나 그 밖의 장애 등으로 도로의 우측 부분을 통행할 수 없는 경우
- 도로의 우측 부분의 폭이 6m가 되지 아니하는 도로에서 다른 차를 앞지르고자 하는 경우. 다만, 다음의 어느 하나에 해당하는 경우에는 그러하지 아니하다.
  - 도로의 좌측 부분을 확인할 수 없는 경우
  - 반대방향의 교통을 방해할 우려가 있는 경우
  - 안전표지 등으로 앞지르기를 금지하거나 제한하고 있는 경우
- 도로 우측 부분의 폭이 차마의 통행에 충분하지 아니한 경우
- 가파른 비탈길의 구부러진 곳에서 교통의 위험을 방지하기 위하여 시·도경찰청장이 필요하다고 인정하여 구간 및 통행방법을 지정하고 있는 경우에 그 지정에 따라 통행하는 경우

90 차로의 설치에 관한 설명으로 틀린 것은?
① 시·도경찰청장은 차마의 교통을 원활하게 하기 위하여 필요한 경우에는 도로에 행정안전부령으로 정하는 차로를 설치할 수 있다.
② 차마의 운전자는 차로가 설치되어 있는 도로에서는 이 법이나 이 법에 따른 명령에 특별한 규정이 있는 경우를 제외하고는 그 차로를 따라 통행하여야 한다. 다만, 도로교통공단의 장이 통행방법을 따로 지정한 경우에는 그 방법으로 통행하여야 한다.
③ 차로가 설치된 도로를 통행하려는 경우로서 차의 너비가 행정안전부령으로 정하는 차로의 너비보다 넓어 교통의 안전이나 원활한 소통에 지장을 줄 우려가 있는 경우 그 차의 운전자는 도로를 통행하여서는 아니 된다. 다만, 행정안전부령으로 정하는 바에 따라 그 차의 출발지를 관할하는 경찰서장의 허가를 받은 경우에는 그러하지 아니하다.
④ 차마의 운전자는 안전표지가 설치되어 특별히 진로 변경이 금지된 곳에서는 차마의 진로를 변경하여서는 아니 된다. 다만, 도로의 파손이나 도로공사 등으로 인하여 장애물이 있는 경우에는 그러하지 아니하다.

해설 차마의 운전자는 차로가 설치되어 있는 도로에서는 이 법이나 이 법에 따른 명령에 특별한 규정이 있는 경우를 제외하고는 그 차로를 따라 통행하여야 한다. 다만, 시·도경찰청장이 통행방법을 따로 지정한 경우에는 그 방법으로 통행하여야 한다(법 제14조 제2항).

91 편도 3차로의 고속도로에서 오른쪽차로를 주행할 수 없는 차는?
① 중형 승합자동차
② 화물자동차
③ 특수자동차
④ 건설기계

해설 ① 중형 승합자동차의 주행차로는 편도 3차로의 고속도로에서 왼쪽차로이다(규칙 별표 9).

92 일반도로에서 덤프트럭의 주행차로는?
  ① 1차로
  ② 2차로
  ③ 왼쪽차로
  ④ 오른쪽차로

  해설 일반도로에서 건설기계는 오른쪽차로를 주행하여야 한다(규칙 별표 9).

93 차로의 설치에 대한 다음 설명 중 틀린 것은?
  ① 도로에 차로를 설치하고자 하는 때에는 중앙선 표시를 하여야 한다.
  ② 모든 차로의 너비는 3m 이상으로 하여야 한다.
  ③ 차로는 횡단보도·교차로 및 철길건널목의 부분에는 설치하지 못한다.
  ④ 보도와 차도의 구분이 없는 도로에 차로를 설치하는 때에는 그 도로의 양쪽에 보행자의 통행의 안전을 위하여 길 가장자리구역을 설치하여야 한다.

  해설 ② 좌회전전용차로의 설치 등 부득이하다고 인정되는 때에는 차로의 너비를 275cm 이상으로 할 수 있다(규칙 제15조 제2항).

94 다음 중 전용차로를 통행할 수 없는 경우는?
  ① 긴급자동차가 그 본래의 긴급한 용도로 운행되고 있는 경우
  ② 전용차로 통행차의 통행에 장해를 주지 아니하는 범위 안에서 택시가 승객의 승·하차를 위하여 일시 통행하는 경우
  ③ 도로의 파손·공사 그 밖의 부득이한 장애로 인하여 전용차로가 아니면 통행할 수 없는 경우
  ④ 고속도로에서 9인승 승합차로서 6명 미만이 승차한 경우

  해설 ④ 9인승 이상 승용자동차 및 승합자동차[승용자동차 또는 12인승 이하의 승합자동차는 6명 이상이 승차한 경우로 한정한다](영 별표 1)

95 다음 중 버스전용차로의 설치권자는?

① 시 · 도경찰청장
② 경찰서장
③ 국토교통부장관
④ 시 장

> 해설 시장 등은 원활한 교통을 확보하기 위하여 특히 필요한 경우에는 시 · 도경찰청장이나 경찰서장과 협의하여 도로에 전용차로(차의 종류나 승차인원에 따라 지정된 차만 통행할 수 있는 차로를 말한다)를 설치할 수 있다(법 제15조 제1항).

96 편도 2차로 이상의 고속도로에서의 최저속도는?

① 30km/h
② 40km/h
③ 50km/h
④ 60km/h

> 해설 편도 2차로 이상 고속도로에서의 최고속도는 매시 100km[화물자동차(적재중량 1.5톤을 초과하는 경우에 한한다) · 특수자동차 · 위험물운반자동차 및 건설기계의 최고속도는 매시 80km], 최저속도는 매시 50km(규칙 제19조 제1항 제3호 나목)

97 일반도로에서 견인자동차가 아닌 자동차로 총중량 2,000kg에 미달하는 자동차를 총중량이 2배인 자동차로 견인할 때의 속도의 최대치는?

① 20km/h
② 25km/h
③ 30km/h
④ 35km/h

> 해설 총중량 2,000kg 미만인 자동차를 그의 3배 이상인 자동차로 견인하는 경우에는 30km/h 이내, 그 외의 경우 및 이륜자동차가 견인하는 경우에는 25km/h 이내의 속도로 하여야 한다(규칙 제20조).

98 다음 설명 중 틀린 것은?
① 위험을 방지하기 위하여 정지하고 있는 다른 차를 앞지르지 못한다.
② 앞차의 좌측에 다른 차가 앞차와 나란히 가고 있는 때에는 그 앞차의 우측으로 앞지르기를 한다.
③ 뒤차는 앞차가 다른 차를 앞지르고 있거나 앞지르고자 하는 때에는 그 앞차를 앞지르지 못한다.
④ 경찰공무원의 지시에 따르고 있는 다른 차를 앞지르지 못한다.

해설 ② 모든 차의 운전자는 다른 차를 앞지르려면 앞차의 좌측으로 통행하여야 한다(법 제21조 제1항).

99 교차로 통행방법으로 잘못된 것은?
① 모든 차는 교차로에서 좌회전하려는 때에는 미리 도로의 중앙선을 따라 교차로의 중심안쪽을 서행하여야 한다.
② 좌회전 또는 우회전하기 위하여 손이나 방향지시기 또는 등화로써 신호를 하는 차가 있는 때에는 그 뒤차는 신호를 한 앞차의 진행을 방해하여서는 아니 된다.
③ 교통정리가 행하여지고 있지 않는 교차로에 동시에 들어가고자 하는 차의 운전자는 좌측도로의 차에 진로를 양보하여야 한다.
④ 교통정리가 행하여지고 있지 아니하는 교차로에 들어가려는 모든 차는 그 차가 통행하고 있는 도로의 폭보다 교차하는 도로의 폭이 넓은 경우에는 서행하여야 한다.

해설 ③ 교통정리를 하고 있지 아니하는 교차로에 동시에 들어가려고 하는 차의 운전자는 우측도로의 차에 진로를 양보하여야 한다(법 제26조 제3항).

100 교차로의 신호가 녹색일 때 앞을 보지 못하는 사람이 무단횡단을 하고 있는 경우 취해야 할 방법으로 옳은 것은?
① 경음기를 울리며 빨리 가라고 한다.
② 공회전을 하면서 위협한다.
③ 안전하게 횡단할 때까지 일시정지한다.
④ 신체장애인을 피해서 진행한다.

해설 무단횡단자가 무사히 건너갈 때까지 일시정지한 다음 진행하여야 한다.

101 정차 및 주차금지에 관하여 틀린 것은?
① 교차로의 가장자리 또는 도로의 모퉁이로부터 5m 이내의 장소에는 정차·주차할 수 없다.
② 안전지대가 설치된 도로에서는 그 안전지대의 사방으로부터 각각 10m 이내의 장소에는 정차·주차할 수 없다.
③ 버스여객자동차의 정류지임을 표시하는 기둥이나 표지판 또는 선이 설치된 곳으로부터 10m 이내의 장소에는 언제든 정차·주차할 수 없다.
④ 건널목의 가장자리 또는 횡단보도로부터 10m 이내의 장소에는 정차·주차할 수 없다.

해설 ③ 버스여객자동차의 정류지임을 표시하는 기둥이나 표지판 또는 선이 설치된 곳으로부터 10m 이내인 곳에는 정차·주차할 수 없다. 다만, 버스여객자동차의 운전자가 그 버스여객자동차의 운행시간 중에 운행노선에 따르는 정류장에서 승객을 태우거나 내리기 위하여 차를 정차 또는 주차하는 때에는 그러하지 아니하다(법 제32조 제4항).

102 주차금지에 대한 다음 설명 중 틀린 것은?
① 터널 안 및 다리 위에는 주차할 수 없다.
② 도로공사를 하고 있는 경우에는 그 공사 구역의 왼쪽 가장자리에만 주차할 수 없다.
③ 다중이용업소의 영업장이 속한 건축물로 소방본부장의 요청에 의하여 시·도경찰청장이 지정한 곳에는 주차할 수 없다.
④ 시·도경찰청장이 도로에서의 위험을 방지하고 교통의 안전과 원활한 소통을 확보하기 위하여 필요하다고 인정하여 지정한 곳에는 주차할 수 없다.

해설 ② 도로공사를 하고 있는 경우에는 그 공사 구역의 양쪽 가장자리에는 주차할 수 없다(법 제33조 제2호).

103 주차위반으로 보관 중인 차를 매각 또는 폐차할 수 있는 때는?
① 사용자 또는 운전자의 성명·주소를 알 수 없는 때
② 지정장소로 이동 중 부주의로 파손된 때
③ 견인한 때부터 24시간이 경과하여도 이를 인수하지 아니하는 때
④ 경찰서장 또는 시장 등이 반환에 필요한 조치 또는 공고를 하였음에도 불구하고 1월이 지나도 반환을 요구하지 아니한 때

해설 경찰서장 또는 시장 등이 반환에 필요한 조치 또는 공고를 하였음에도 불구하고 그 차의 사용자 또는 운전자가 통지한 날부터 1월이 지나도 반환을 요구하지 아니한 때에는 그 차를 매각 또는 폐차할 수 있다(규칙 제22조 제3항 제4호).

정답 101 ③ 102 ② 103 ④

104 주차위반차의 견인 및 보관 등의 업무를 대행할 수 있는 대행법인 등의 요건으로 옳지 않은 것은?
① 견인차 1대 이상
② 주차대수 50대 이상의 주차시설 및 부대시설
③ 대행 업무수행에 필요하다고 인정되는 인력
④ 사무소, 차의 보관장소와 견인차 간의 통신장비

해설 견인 등 대행법인 등의 요건(영 제16조)
- 특별시 또는 광역시 지역의 경우에는 주차대수 30대 이상, 그 밖의 시 또는 군(광역시의 군을 포함한다)지역의 경우에는 주차대수 15대 이상을 주차할 수 있는 주차시설 및 부대시설
- 1대 이상의 견인차
- 사무소, 차의 보관장소와 견인차 간에 서로 연락할 수 있는 통신장비
- 대행 업무의 수행에 필요하다고 인정되는 인력
- 그 밖에 행정안전부령이 정하는 차의 보관 및 관리에 필요한 장비

105 밤에 도로를 통행하는 때에 켜야 하는 등화의 구분이 잘못된 것은?
① 승용자동차 – 전조등, 차폭등, 미등, 번호등
② 승합자동차 – 전조등, 차폭등, 미등, 번호등
③ 원동기장치자전거 – 전조등, 미등
④ 견인되는 차 – 미등, 차폭등, 번호등

해설 ② 실내조명등은 승합자동차와 여객자동차운송사업용 승용자동차만 해당한다(영 제19조 제1항 제1호).

106 차와 노면전차의 등화에 대한 다음 설명 중 틀린 것은?
① 자동차가 밤에 도로에서 정차 또는 주차하는 경우에는 미등 및 차폭등을 켜야 한다.
② 모든 차가 교통이 빈번한 곳에서 운행하는 경우에는 전조등의 불빛을 계속 아래로 유지하여야 한다.
③ 안개 등으로 인하여 전방 50m 이내의 도로상의 장해물을 확인할 수 없는 어두운 곳에서는 밤에 준하여 등화를 켜야 한다.
④ 터널 안을 운행하는 경우에는 등화를 켜야 한다.

해설 ③ 밤(해가 진 후부터 해가 뜨기 전까지를 말한다)에 도로에서 차 또는 노면전차를 운행하거나 고장이나 그 밖의 부득이한 사유로 도로에서 차 또는 노면전차를 정차 또는 주차하는 경우, 안개가 끼거나 비 또는 눈이 올 때에 도로에서 차 또는 노면전차를 운행하거나 고장이나 그 밖의 부득이한 사유로 도로에서 차 또는 노면전차를 정차 또는 주차하는 경우, 터널 안을 운행하거나 고장 또는 그 밖의 부득이한 사유로 터널 안 도로에서 차 또는 노면전차를 정차 또는 주차하는 경우 등화를 켜야 한다(법 제37조 제1항).

107 다음 중 운행상의 안전기준이 잘못된 것은?
① 자동차는 고속도로에서는 승차정원을 넘어서 운행하지 아니할 것
② 화물자동차의 적재 길이는 자동차 길이의 10분의 1의 길이를 더한 길이를 넘지 아니할 것
③ 화물자동차의 적재중량은 구조 및 성능에 따르는 적재중량의 110% 이내
④ 화물자동차의 적재높이는 적재장치로부터 3.5m를 넘지 아니할 것

해설 ④ 높이 : 화물자동차는 지상으로부터 4m(도로구조의 보전과 통행의 안전에 지장이 없다고 인정하여 고시한 도로노선의 경우에는 4m 20cm), 소형 3륜자동차는 지상으로부터 2m 50cm, 이륜자동차는 지상으로부터 2m의 높이(영 제22조 제4호 다목)

108 다음 중 어린이통학버스에 관한 설명으로 틀린 것은?
① 어린이통학버스가 어린이 또는 유아를 태우고 있다는 표시를 하고 도로를 통행하는 때에는 모든 차는 어린이통학버스를 앞지르지 못한다.
② 어린이통학버스가 도로에 정차하여 어린이나 유아가 타고 내리는 중임을 표시하는 점멸등 등의 장치를 가동 중인 때에 그 옆차로를 통행하는 차는 재빨리 차로를 비워줘야 한다.
③ 편도 1차로인 도로에서는 반대방향에서 진행하는 차의 운전자도 어린이통학버스에 이르기 전에 일시정지하여 안전을 확인한 후 서행하여야 한다.
④ 어린이통학버스를 운행하고자 하는 자는 미리 관할경찰서장에게 신고하고 신고 필증을 교부받아 이를 어린이통학버스 안에 상시비치하여야 한다.

해설 ② 어린이통학버스가 도로에 정차하여 어린이나 영유아가 타고 내리는 중임을 표시하는 점멸등 등의 장치를 작동 중인 때에는 어린이통학버스가 정차한 차로와 그 차로의 바로 옆차로로 통행하는 차의 운전자는 어린이통학버스에 이르기 전에 일시정지하여 안전을 확인한 후 서행하여야 한다(법 제51조 제1항).

109 다음 중 모든 차의 운전자가 일시정지하여야 하는 곳은?
① 교통정리가 행하여지고 있고 좌우를 확인할 수 없는 교차로
② 교통정리가 행하여지고 있지 아니하고 교통이 빈번한 교차로
③ 비탈길의 고갯마루 부근
④ 도로가 구부러진 부근

해설 모든 차의 운전자는 교통정리를 하고 있지 아니하고 일시정지나 양보를 표시하는 안전표지가 설치되어 있는 교차로에 들어가려고 할 때에는 다른 차의 진행을 방해하지 아니하도록 일시정지하거나 양보하여야 한다(법 제25조 제6항).

정답 107 ④ 108 ② 109 ②

110 다음 중 좌석안전띠를 매어야 하는 경우는?
① 부상, 질병, 장애 또는 임신 등으로 인하여 좌석안전띠의 착용이 적당하지 아니하다고 인정되는 자가 자동차를 운전하거나 승차하는 때
② 국민투표운동·선거운동 및 국민투표·선거관리업무에 사용되는 자동차를 운전하거나 승차하는 때
③ 자동차를 후진시키기 위하여 운전하는 때
④ 긴급자동차를 그 본래의 용도에 의하지 않고 운전하는 때

해설 ④ 긴급자동차가 그 본래의 용도로 운행되고 있는 때를 제외하고는 좌석안전띠를 매어야 한다.
①·②·③ 좌석안전띠를 매지 않을 수 있다(규칙 제31조).

111 다음 설명 중 틀린 것은?
① 고속도로 관리자는 신호기 및 안전표지를 설치하고자 하는 때에는 경찰청장과 협의하여야 한다.
② 모든 자동차는 고속도로에서 갓길을 통행하여서는 아니 된다.
③ 자동차는 고속도로 또는 자동차전용도로를 횡단하거나 유턴 또는 후진하여서는 아니 된다.
④ 경찰청장은 고속도로의 원활한 소통을 위하여 특히 필요한 때에는 고속도로에 전용차로를 설치할 수 있다.

해설 ② 긴급자동차와 고속도로 등의 보수·유지 등의 작업을 하는 자동차를 운전하는 경우에는 그러하지 아니하다(법 제60조 제1항).

112 다음은 도로에서 할 수 없는 행위이다. 옳지 않은 것은?
① 도로에서 술에 취하여 갈팡질팡하는 행위
② 도로에서 교통에 방해되는 방법으로 눕거나 앉거나 또는 서 있는 행위
③ 교통량이 많지 않은 도로에서 공놀이, 썰매타기 등의 놀이를 하는 행위
④ 돌·유리병·쇳조각이나 그 밖의 도로상의 사람이나 차마를 손상시킬 염려가 있는 물건을 던지거나 발사하는 행위

해설 ③ 교통량이 빈번한 도로에서 할 수 없는 행위이다(법 제68조 제3항).

113 도로공사를 하고자 하는 자는 공사시작 며칠 전까지 누구에게 신고하여야 하는가?

① 3일 전까지 시장 등에게
② 3일 전까지 관할 경찰서장에게
③ 15일 전까지 시·도경찰청장에게
④ 20일 전까지 국토교통부장관에게

해설 도로관리청 또는 공사시행청의 명령에 따라 도로를 파거나 뚫는 등 공사를 하려는 사람은 공사시행 3일 전에 그 일시·공사구간·공사기간·시행방법 그 밖에 필요한 사항을 관할 경찰서장에게 신고하여야 한다. 다만, 산사태나 수도관 파열 등으로 긴급히 시공할 필요가 있는 경우에는 그에 알맞은 안전조치를 하고 공사를 시작한 후에 지체 없이 신고하여야 한다(법 제69조 제1항).

114 도로관리청이 도로의 점용허가를 하고자 하는 때 고속도로의 경우에는 누구에게 통보하여야 하는가?

① 시·도지사
② 관할 경찰서장
③ 경찰청장
④ 행정안전부장관

해설 도로관리청이 도로에서 도로점용허가 행위를 한 때에는 고속도로의 경우에는 경찰청장에게 그 내용을 즉시 통보하고 고속도로 외의 도로의 경우에는 관할 경찰서장에게 그 내용을 즉시 통보하여야 한다(법 제70조 제1항).

115 위법 인공구조물의 소유자나 점유자 또는 관리자의 성명을 알지 못하여 경찰서장이 스스로 위험방지 조치를 한 경우에 제거한 공작물은 누가 보관하는가?

① 경찰서장
② 경찰청장
③ 시·도지사
④ 시장·군수

해설 경찰서장은 인공구조물 등의 소유자·점유자 또는 관리자의 성명·주소를 알지 못하여 조치를 명할 수 없을 때에는 스스로 그 인공구조물 등을 제거하는 등 조치를 한 후 보관하여야 한다. 이 경우 닳아 없어지거나 파괴될 우려가 있거나 보관하는 것이 매우 곤란한 인공구조물 등은 매각하여 그 대금을 보관할 수 있다(법 제72조 제2항).

정답 113 ② 114 ③ 115 ①

116 다음 중 제1종 보통면허로 운전할 수 없는 차량은?
① 원동기장치자전거
② 승차정원 15인 이하 승합자동차
③ 승용자동차
④ 적재중량 15톤 미만의 화물자동차

해설 ④ 제1종 보통면허는 화물자동차의 경우 적재중량 12톤 미만에 한하여 운전할 수 있다(규칙 별표 18).

117 다음 중 제1종 특수면허로 운전해야 하는 차량은?
① 아스팔트콘크리트재생기
② 천공기
③ 구난차
④ 콘크리트믹서트럭

해설 ①·②·④ 제1종 대형면허로 운전할 수 있다(규칙 별표 18).

118 다음 중 제2종 보통면허로 운전할 수 있는 차량은?
① 승차정원 10인 이하의 승합자동차
② 3륜 승용자동차
③ 화물자동차
④ 3륜 화물자동차

해설 ②·④ 제1종 소형면허(규칙 별표 18), ③ 제1종 대형면허

119 다음 중 운전면허를 받을 수 있는 경우는?
① 16세 미만인 사람이 원동기장치자전거 면허를 받고자 하는 경우
② 듣지 못하는 사람이 제2종 면허를 받고자 하는 경우
③ 운전경험이 1년 미만인 사람이 제1종 특수면허를 받고자 하는 경우
④ 19세 미만인 사람이 제1종 대형면허를 받고자 하는 경우

해설 ② 듣지 못하는 사람은 제1종 운전면허 중 대형면허·특수면허에 한하여 결격사유에 해당된다(법 제82조 제1항 제3호).

120 임시운전증명서의 유효기간은?
① 20일
② 1월
③ 6월
④ 1년

해설 임시운전증명서의 유효기간은 20일 이내로 하되, 운전면허의 취소 또는 정지처분 대상자의 경우에는 40일 이내로 할 수 있다. 다만, 경찰서장이 필요하다고 인정하는 경우에는 그 유효기간을 1회에 한하여 20일의 범위에서 연장할 수 있다(규칙 제88조 제2항).

121 다음 중 한국도로교통공단의 설립등기사항이 아닌 것은?
① 임원의 성명·주소
② 명 칭
③ 사업에 관한 사항
④ 자산에 관한 사항

해설 ③ 정관의 기재사항이다.
한국도로교통공단의 설립등기사항(영 제73조)
• 목 적
• 명 칭
• 주사무소의 소재지
• 임원의 성명·주소
• 자산에 관한 사항
• 공고의 방법

정답 119 ② 120 ① 121 ③

122 교통안전수칙을 제정하여 이를 보급하여야 하는 사람은?
① 경찰청장
② 국토교통부장관
③ 시·도지사
④ 행정안전부장관

해설 경찰청장은 교통안전수칙을 제정하여 이를 보급하여야 한다(법 제144조 제1항).

123 다음 중 특별시장·광역시장이 구청장 및 군수에 위임하는 사항은?
① 유료도로 관리자에 대한 지시권한
② 어린이보호구역의 지정 및 관리에 관한 사항
③ 주·정차위반 단속담당공무원 임명권
④ 교통안전시설의 설치·관리에 관한 권한

해설 ①·④ 시·도경찰청장 또는 경찰서장에게 위임하는 사항이다(영 제86조 제1항).

124 교통사고 발생 시의 조치를 하지 아니한 사람에 대한 벌칙은?
① 5년 이하의 징역이나 3천만원 이하의 벌금
② 5년 이하의 징역이나 1천 500만원 이하의 벌금
③ 3년 이하의 징역이나 1천만원 이하의 벌금
④ 1년 이하의 징역이나 1천만원 이하의 벌금

해설 교통사고 발생 시의 조치를 하지 아니한 사람(주·정차된 차만 손괴한 것이 분명한 경우 피해자에게 인적 사항을 제공하지 아니한 사람은 제외)은 5년 이하의 징역이나 1천 500만원 이하의 벌금에 처한다(법 제148조).

정답 122 ① 123 ③ 124 ②

125 함부로 신호기를 조작하거나 신호기 또는 안전표지를 철거·이전 혹은 손괴한 사람에 대한 벌칙은?

① 5년 이하의 징역이나 1,000만원 이하의 벌금에 처한다.
② 3년 이하의 징역이나 700만원 이하의 벌금에 처한다.
③ 2년 이하의 징역이나 300만원 이하의 벌금에 처한다.
④ 1년 이하의 징역이나 100만원 이하의 벌금에 처한다.

해설 함부로 신호기를 조작하거나 교통안전시설을 철거·이전하거나 손괴한 사람은 3년 이하의 징역이나 700만원 이하의 벌금에 처한다(법 제149조 제1항).

126 차 또는 노면전차의 운전자가 업무상 필요한 주의를 게을리하거나 중대한 과실로 다른 사람의 건조물이나 그 밖의 재물을 손괴한 경우의 벌칙은?

① 3년 이하의 징역이나 700만원 이하의 벌금에 처한다.
② 2년 이하의 징역이나 500만원 이하의 벌금에 처한다.
③ 2년 이하의 금고나 500만원 이하의 벌금에 처한다.
④ 1년 이하의 금고나 300만원 이하의 벌금에 처한다.

해설 차 또는 노면전차의 운전자가 업무상 필요한 주의를 게을리하거나 중대한 과실로 다른 사람의 건조물이나 그 밖의 재물을 손괴한 경우에는 2년 이하의 금고나 500만원 이하의 벌금에 처한다(법 제151조).

127 경찰공무원의 요구·조치 또는 명령에 따르지 아니하거나 이를 거부 또는 방해한 사람에 대한 벌칙으로 맞는 것은?

① 6개월 이하의 징역이나 200만원 이하의 벌금 또는 구류의 형
② 200만원 이하의 벌금
③ 6개월 이하의 징역이나 200만원 이하의 벌금
④ 1년 이하의 징역이나 300만원 이하의 벌금 또는 구류의 형

해설 경찰공무원의 요구·조치 또는 명령에 따르지 아니하거나 이를 거부 또는 방해한 사람은 6개월 이하의 징역이나 200만원 이하의 벌금 또는 구류에 처한다(법 제153조 제1항 제2호).

128 30만원 이하의 벌금이나 구류에 처하는 경우가 아닌 것은?

① 자동차 등에 도색·표지 등을 하거나 그러한 자동차 등을 운전한 사람
② 과로·질병으로 인하여 정상적으로 운전하지 못할 우려가 있는 상태에서 자동차 등을 운전한 사람
③ 교통사고 발생 시의 조치 또는 신고 행위를 방해한 사람
④ 사고발생 시 조치상황 등의 신고를 하지 아니한 사람

해설 ③의 경우에 해당하는 사람은 6개월 이하의 징역이나 200만원 이하의 벌금 또는 구류에 처한다(법 제153조 제1항 제5호).

129 다음 중 20만원 이하의 과태료를 부과하는 경우가 아닌 것은?

① 동승자에게 좌석안전띠를 매도록 하지 아니한 운전자
② 고속도로 등에서의 준수사항을 위반한 운전자
③ 운전면허증 갱신기간에 운전면허를 갱신하지 아니한 사람
④ 학원이나 전문학원의 휴원 또는 폐원 신고를 하지 아니한 사람

해설 ④의 경우에 해당하는 사람은 500만원 이하의 과태료에 처한다(법 제160조).

130 승용차가 어린이보호구역을 시속 75km/h로 주행 중 단속에 적발되면 처벌내용은?

① 범칙금 6만원 - 벌점 10점
② 범칙금 7만원 - 벌점 20점
③ 범칙금 10만원 - 벌점 30점
④ 범칙금 12만원 - 벌점 60점

해설 어린이보호구역 제한속도는 30km/h이므로 75km/h 주행했으니, 40km/h 이상 초과이므로 범칙금 12만원에 벌점 60점이 부과된다.

정답 129 ④ 130 ④

131 운전자가 혈중알코올농도 0.06%로 운전했다면 다음 중 벌칙내용은?

① 벌금 150만원 − 벌점 50점
② 벌금 300만원 − 벌점 100점
③ 벌금 100만원 − 벌점 120점
④ 벌금 150만원 − 벌점 150점

해설
- 혈중알코올농도가 0.03% 이상 0.08% 미만인 사람은 1년 이하의 징역이나 500만원 이하의 벌금(도로교통법 제148조의2)
- 술에 취한 상태의 기준을 넘어서 운전한 때(혈중알코올농도 0.03% 이상 0.08% 미만)의 경우 벌점 100점을 부과한다(규칙 별표 28).

132 벌점 40점 이상으로 면허가 정지된 운전자가 경찰서 현장교육을 8시간 이수하면 면허정지가 며칠 추가감면되는가?

① 10일
② 20일
③ 30일
④ 40일

133 주차장이나 운동장 등 도로 이외에서 음주운전하다가 적발되면 최고 처벌내용은?

① 1년 이하의 징역이나 5백만원 이하 벌금
② 2년 이하의 징역이나 7백만원 이하 벌금
③ 3년 이하의 징역이나 1천만원 이하 벌금
④ 5년 이하의 징역이나 2천만원 이하 벌금

해설 음주운전의 최고 처벌은 5년 이하의 징역이나 1천만원 이상 2천만원 이하의 벌금이다(법 제148조의2).

131 ② 132 ③ 133 ④ **정답**

CHAPTER 02 교통사고처리특례법 및 특정범죄가중처벌 등에 관한 법률

01 교통사고처리특례법

01 목적(법 제1조)

이 법은 업무상과실 또는 중대한 과실로 교통사고를 일으킨 운전자에 관한 형사처벌 등의 특례를 정함으로써 **교통사고로 인한 피해의 신속한 회복**을 촉진하고 **국민생활의 편익**을 증진함을 목적으로 한다.

교통사고로 인한 피해의 신속한 회복 ✚ 국민생활의 편익증진

02 용어의 정의(법 제2조)

(1) 차

'도로교통법' 제2조 제17호 가목에 따른 차(車)와 '건설기계관리법' 제2조 제1항 제1호에 따른 건설기계를 말한다.

① 도로교통법 제2조 제17호의 규정에 의한 차
  ㉠ 자동차
  ㉡ 건설기계
  ㉢ 원동기장치자전거
  ㉣ 자전거
  ㉤ 사람 또는 가축의 힘이나 그 밖의 동력으로 도로에서 운전되는 것. 다만, 철길이나 가설된 선을 이용하여 운전되는 것, 유모차, 보행보조용 의자차, 노약자용 보행기, 실외 이동로봇 등 행정안전부령으로 정하는 기구·장치는 제외

② 건설기계관리법 제2조 제1호의 규정에 의한 건설기계 : 건설기계란 건설공사에 사용할 수 있는 기계로서 대통령령으로 정하는 것을 말한다.

(2) 교통사고

차의 교통으로 인하여 사람을 사상하거나 물건을 손괴하는 것을 말한다.

03 처벌의 특례(법 제3조)

차의 운전자가 교통사고로 인하여 형법 제268조의 죄(업무상 과실 또는 중대한 과실로 인하여 사람을 사상에 이르게 한 자)를 범한 경우에는 5년 이하의 금고 또는 2천만원 이하의 벌금에 처한다.

04 특례예외단서 12개항(12대 중과실 항목) 중요!

차의 교통으로 업무상 과실치상죄 또는 중과실치상죄와 차의 운전자가 업무상 필요한 주의를 게을리하거나 중대한 과실로 다른 사람의 건조물이나 그 밖의 재물을 손괴한(도로교통법 제151조) 죄를 범한 운전자에 대하여는 피해자의 명시적인 의사에 반하여 공소를 제기할 수 없다. 다만, 차의 운전자가 업무상 과실치상죄 또는 중과실치상죄를 범하고도 피해자를 구호하는 등 필요한 조치를 하지 아니하고 도주하거나 피해자를 사고장소로부터 옮겨 유기하고 도주한 경우, 같은 죄를 범하고 '도로교통법' 제44조 제2항(술에 취한 상태에서의 운전 금지)을 위반하여 음주측정요구에 따르지 아니하거나(운전자가 채혈측정을 요청하거나 동의한 때는 제외한다) 도로교통법 제44조 제5항을 위반하여 음주측정방해행위를 한 경우와 다음의 하나에 해당하는 행위로 인하여 같은 죄를 범한 경우에는 그러하지 아니하다.

(1) 신호 및 지시위반
신호기가 표시하는 신호 또는 교통정리를 하는 경찰공무원 등의 신호를 위반하거나 통행금지 또는 일시정지를 내용으로 하는 안전표지가 표시하는 지시를 위반하여 운전한 경우(도로교통법 제5조)

(2) 중앙선침범 및 고속, 전용도로 횡단, 유턴, 후진 위반
중앙선을 침범(도로교통법 제13조 제3항)하거나 횡단, 유턴 또는 후진한 경우(도로교통법 제62조)

(3) 과속(제한속도 20km 초과 시)
제한속도를 시속 20km 초과하여 운전한 경우(도로교통법 제17조 제1·2항)

(4) 앞지르기방법, 금지위반
앞지르기의 방법·금지시기·금지장소 또는 끼어들기의 금지를 위반하거나 고속도로에서의 앞지르기 방법을 위반하여 운전한 경우(도로교통법 제21조 제1항·제22조·제23조, 제60조 제2항)

(5) 철길건널목 통과방법위반
철길건널목 통과방법을 위반하여 운전한 경우(도로교통법 제24조)

(6) 횡단보도 보행자 보호의무 위반
횡단보도에서의 보행자 보호의무를 위반하여 운전한 경우(도로교통법 제27조 제1항)

(7) 무면허운전
운전면허 또는 건설기계조종사면허를 받지 아니하거나 국제운전면허증을 소지하지 아니하고 운전한 경우(도로교통법 제43조, 건설기계관리법 제26조 또는 도로교통법 제96조). 이 경우 운전면허 또는 건설기계조종사면허의 효력이 정지 중이거나 운전의 금지 중인 때에는 운전면허 또는 건설기계조종사면허를 받지 아니하거나 국제운전면허증을 소지하지 아니한 것으로 본다.

(8) 음주운전
술에 취한 상태에서 운전(도로교통법 제44조 제1항)을 하거나 약물의 영향으로 정상적으로 운전하지 못할 염려가 있는 상태에서 운전한 경우(도로교통법 제45조)

(9) 보도침범, 통행방법위반
보도가 설치된 도로의 보도를 침범(도로교통법 제13조 제1항)하거나 보도 횡단방법을 위반하여 운전한 경우(도로교통법 제13조 제2항)

(10) 승객추락방지의무위반
승객의 추락방지의무를 위반하여 운전한 경우(도로교통법 제39조 제3항)

(11) 어린이보호구역 안전운전 의무위반
어린이보호구역에서 조치를 준수하고 어린이의 안전에 유의하면서 운전하여야 할 의무를 위반하여 어린이의 신체를 상해에 이르게 한 경우(도로교통법 제12조 제3항)

(12) 적재물 고정 위반
자동차의 화물이 떨어지지 아니하도록 필요한 조치를 하지 아니하고 운전한 경우(도로교통법 제39조 제4항)

> **Plus Tip**
> 일반적인 교통사고의 경우에는 당사자 간에 합의되거나 종합보험 또는 공제조합에 가입되어 있으면 형사처벌을 받지 않는데 사망사고, 사고야기 후 도주(뺑소니), 특례예외단서 12개항에 해당이 될 때는 피해자와 합의를 하더라도 형사입건이 되어 처벌된다. 문제에서 '공소권이 있는 것은'이라고 자주 묻고 있는데 공소권이 있다는 것은 소가 제기되어 형사입건된다는 말이다. 특례사항은 아주 중요하므로 반드시 암기하도록 한다.

05 보험 등에 가입된 경우의 특례(법 제4조)

교통사고를 일으킨 차가 보험 또는 공제에 가입된 경우에는 죄를 범한 차의 운전자에 대하여 공소를 제기할 수 없다. 다만, 특례예외단서에 해당하는 경우, 피해자가 신체의 상해로 인하여 생명에 대한 위험이 발생하거나 불구가 되거나 불치 또는 난치의 질병이 생긴 경우, 보험계약 또는 공제계약이 무효로 되거나 해지되거나 계약상의 면책 규정 등으로 인하여 보험회사, 공제조합 또는 공제사업자의 보험금 또는 공제금 지급의무가 없어진 경우에는 그러하지 아니하다.

> **Plus Tip**
> - 2009.2.26 헌법재판소 결정(2005헌마764, 2008헌마118(병합))
>   교통사고처리특례법 제4조 제1항 본문 중 업무상 과실 또는 중대한 과실로 인한 교통사고로 말미암아 피해자로 하여금 중상해에 이르게 한 경우에 공소를 제기할 수 없도록 규정한 부분은 청구인들의 재판절차진술권 및 평등권을 침해하여 헌법에 위반된다.
> - 대검찰청 교통사고처리특례법 위헌 결정에 따른 업무처리 지침
>   - 대검찰청은, 2009. 2. 26. 헌법재판소가 교통사고처리특례법 제4조 제1항 본문 중 '중상해' 발생의 경우에도 자동차종합보험 가입 등을 이유로 공소를 제기할 수 없도록 규정한 부분이 헌법에 위반된다고 선고한 것과 관련
>   - 위 결정의 적용 시점과 관련해서는, 선고 시각인 2009. 2. 26. 14:36 이후 발생한 교통사고로서 중상해에 해당되는 경우에만 공소를 제기할 수 있도록 함
>   - '중상해' 해당 여부에 대하여는 ① 인간의 생명 유지에 불가결한 뇌 또는 주요 장기에 대한 중대한 손상, ② 사지 절단 등 신체 중요부분의 상실·중대변형 또는 시각·청각·언어·생식 기능 등 중요한 신체 기능의 영구적 상실, ③ 사고 후유증으로 인한 중증의 정신장애, 하반신 마비 등 완치 가능성이 없거나 희박한 중대 질병을 초래한 경우를 우선 '중상해'에 해당하는 것으로 보되, 치료 기간, 노동력상실률, 의학전문가의 의견, 사회통념 등을 종합적으로 고려하여 개별 사안에 따라 합리적으로 판단하도록 지시하였음
>   - 치료가 끝나기 전에 중상해 여부를 판단하기 어려운 사건은 원칙적으로 치료 종료 후 공소제기 여부를 결정하고, 다만 치료가 지나치게 장기화되는 경우에는 중상해의 개연성이 낮으면 공소권 없음 처리 후 추후 중상해에 해당하는 것으로 판명될 경우 재기하여 공소제기토록 하고, 중상해의 개연성이 높은 경우는 시한부 기소중지 제도를 적절히 활용토록 하였음

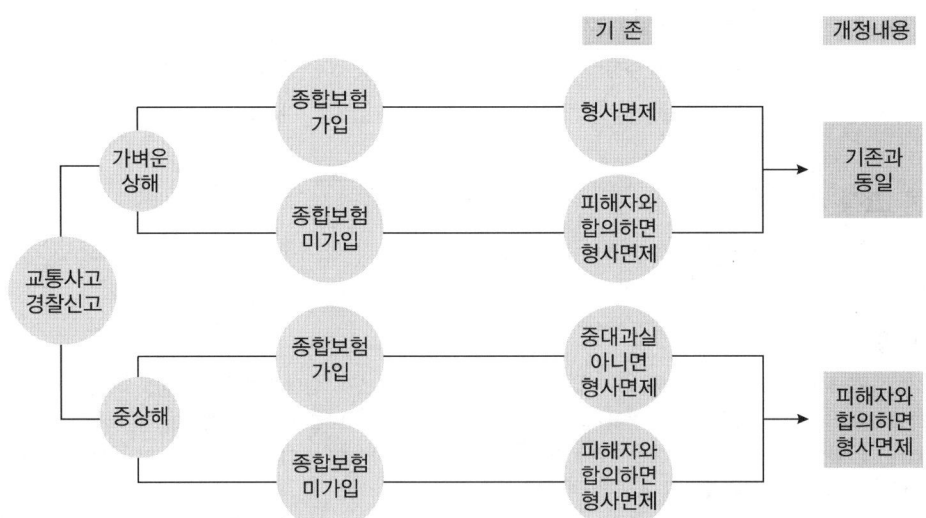

(1) 보험계약의 체결(보험업법 제3조, 보험업법 시행령 제7조)

누구든지 보험회사가 아닌 자와 보험계약을 체결하거나 중개 또는 대리하지 못한다. 다만, 보험회사가 아닌 자와 보험계약을 체결할 수 있는 경우는 다음과 같다.

① 외국보험회사와 생명보험계약·수출적하보험계약·수입적하보험계약·항공보험계약·여행보험계약·선박보험계약·장기상해보험계약 또는 재보험계약을 체결하는 경우
② ① 외의 경우로서 대한민국에서 취급되는 보험종목에 관하여 셋 이상의 보험회사로부터 가입이 거절되어 외국보험회사와 보험계약을 체결하는 경우
③ 대한민국에서 취급되지 아니하는 보험종목에 관하여 외국보험회사와 보험계약을 체결하는 경우
④ 외국에서 보험계약을 체결하고, 보험기간이 지나기 전에 대한민국에서 그 계약을 지속시키는 경우
⑤ 그 외에 보험회사와 보험계약을 체결하기 곤란한 경우로서 금융위원회의 승인을 받은 경우

(2) 공제사업(화물자동차운수사업법 제51조)

① 운수사업자가 설립한 협회의 연합회는 대통령령으로 정하는 바에 따라 국토교통부장관의 허가를 받아 운수사업자의 자동차 사고로 인한 손해배상책임의 보장사업 및 적재물배상 공제사업 등을 할 수 있다.
② ①에 따른 공제사업의 분담금, 운영위원회, 공제사업의 범위, 공제규정, 보고·검사, 개선명령, 공제사업을 관리·운영하는 연합회의 임직원에 대한 제재, 재무건전성의 유지 등에 관하여는 별도의 규정을 준용한다.

06 벌칙(법 제5조)

3년 이하의 징역 또는 1천만원 이하의 벌금	• 보험회사·공제조합 또는 공제사업자의 사무를 처리하는 사람이 서면을 거짓으로 작성한 경우 • 거짓으로 작성된 문서를 그 정황을 알고 행사한 사람
1년 이하의 징역 또는 300만원 이하의 벌금	보험회사·공제조합 또는 공제사업자가 정당한 사유 없이 서면을 발급하지 아니한 경우

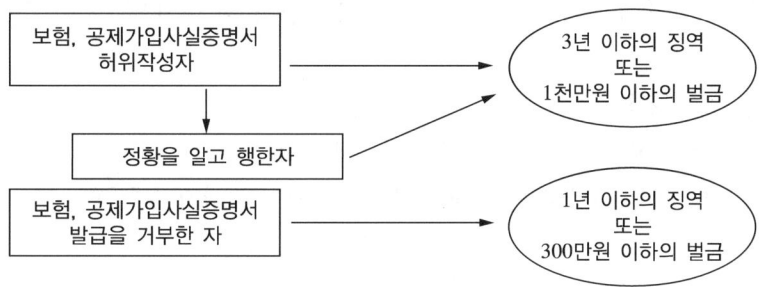

07 양벌규정(법 제6조)

이 법은 법인의 대표자·대리인·사용인 그 밖의 종업원이 그 법인의 업무에 관하여 위반행위를 하면 그 행위자를 벌하는 외에 그 법인에도 해당 조문의 벌금형을 과한다. 다만, 법인이 그 위반행위를 방지하기 위하여 해당 업무에 관하여 상당한 주의와 감독을 게을리하지 아니한 경우에는 그러하지 아니하다.

02 특정범죄가중처벌 등에 관한 법률 중요!

01 목적(법 제1조)

이 법은 형법·관세법·조세범 처벌법·지방세 기본법·산림자원의 조성 및 관리에 관한 법률 및 마약류관리에 관한 법률에 규정된 특정범죄에 대한 가중처벌 등을 규정함으로써 건전한 사회질서의 유지와 국민 경제의 발전에 이바지함을 목적으로 한다.

02 뇌물죄의 가중처벌(법 제2조)

(1) 수뢰, 사전수뢰(형법 제129조)
① 공무원 또는 중재인이 그 직무에 관하여 뇌물을 수수, 요구 또는 약속한 때에는 5년 이하의 징역 또는 10년 이하의 자격정지에 처한다.
② 공무원 또는 중재인이 될 자가 그 담당할 직무에 관하여 청탁을 받고 뇌물을 수수, 요구 또는 약속한 후 공무원 또는 중재인이 된 때에는 3년 이하의 징역 또는 7년 이하의 자격정지에 처한다.

(2) 제3자 뇌물제공(형법 제130조)
공무원 또는 중재인이 그 직무에 관하여 부정한 청탁을 받고 제3자에게 뇌물을 공여하게 하거나 공여를 요구 또는 약속한 때에는 5년 이하의 징역 또는 10년 이하의 자격정지에 처한다.

(3) 알선수뢰(형법 제132조)
공무원이 그 지위를 이용하여 다른 공무원의 직무에 속한 사항의 알선에 관하여 뇌물을 수수, 요구 또는 약속한 때에는 3년 이하의 징역 또는 7년 이하의 자격정지에 처한다.

(4) 가중처벌

① 형법 제129조·제130조 또는 제132조에 규정된 죄를 범한 사람은 그 수수, 요구 또는 약속한 뇌물의 가액에 따라 다음과 같이 가중처벌한다.

수뢰액이 1억원 이상	무기 또는 10년 이상의 징역
수뢰액이 5천만원 이상 1억원 미만	7년 이상의 유기징역
수뢰액이 3천만원 이상 5천만원 미만	5년 이상의 유기징역

② 형법 제129조, 제130조 또는 제132조에 규정된 죄를 범한 사람은 그 죄에 대하여 정한 형(①의 경우를 포함한다)에 수뢰액의 2배 이상 5배 이하의 벌금을 병과(倂科)한다.

03 알선수재(법 제3조)

공무원의 직무에 속한 사항의 알선에 관하여 금품이나 이익을 수수, 요구 또는 약속한 사람은 5년 이하의 징역 또는 1천만원 이하의 벌금에 처한다.

04 도주차량운전자의 가중처벌(법 제5조의3)

(1) 피해자를 구호하는 등의 조치를 취하지 아니하고 도주한 경우

도로교통법 제2조에 규정된 자동차·원동기장치자전거 또는 건설기계관리법 제26조 제1항 단서에 따른 건설기계 외의 건설기계의 교통으로 인하여 업무상과실·중과실치사상(형법 제268조)의 죄를 범한 해당 자동차 등의 운전자(사고운전자라 함)가 피해자를 구호하는 등의 조치를 하지 아니하고 도주한 경우에는 다음의 구분에 따라 가중처벌한다.

피해자를 사망에 이르게 하고 도주하거나, 도주 후에 피해자가 사망한 경우	무기 또는 5년 이상의 징역
피해자를 상해에 이르게 한 경우	1년 이상의 유기징역 또는 500만원 이상 3천만원 이하의 벌금

(2) 피해자를 사고장소로부터 옮겨 유기하고 도주한 경우

사고운전자가 피해자를 사고 장소로부터 옮겨 유기하고 도주한 경우에는 다음의 구분에 따라 가중처벌한다.

피해자를 사망에 이르게 하고 도주하거나, 도주 후에 피해자가 사망한 경우	사형·무기 또는 5년 이상의 징역
피해자를 상해에 이르게 한 경우	3년 이상의 유기징역

05 운행 중인 자동차 운전자에 대한 폭행 등의 가중처벌(법 제5조의10)

(1) 운행 중(여객자동차 운수사업법 제2조 제3호에 따른 여객자동차 운송사업을 위하여 사용되는 자동차를 운행하는 중 운전자가 여객의 승차, 하차 등을 위하여 일시 정차한 경우를 포함한다)인 자동차의 운전자를 폭행하거나 협박한 사람은 5년 이하의 징역 또는 2천만원 이하의 벌금에 처한다.

(2) 운행 중인 자동차의 운전자를 폭행하거나 협박하여 사람을 상해에 이르게 한 경우에는 3년 이상의 유기징역에 처하고, 사망에 이르게 한 경우에는 무기 또는 5년 이상의 징역에 처한다.

06 위험운전치사상(법 제5조의11 제1항)

음주 또는 약물의 영향으로 정상적인 운전이 곤란한 상태에서 자동차 등을 운전하여 사람을 상해에 이르게 한 사람은 1년 이상 15년 이하의 징역 또는 1천만원 이상 3천만원 이하의 벌금에 처하고, 사망에 이르게 한 사람은 무기 또는 3년 이상의 징역에 처한다.

03 교통사고처리 유형별 판례

출처 : 법제처

01 특정범죄가중처벌 등에 관한 법률위반(위험운전치사상) · 도로교통법위반(음주운전)

- 대법원 2008.11.13. 선고, 2008도7143판결

[판시사항]
특정범죄가중처벌 등에 관한 법률상 '위험운전치사상죄'와 도로교통법상 '음주운전죄'의 관계(=실체적 경합)

[판결요지]
음주로 인한 특정범죄가중처벌 등에 관한 법률위반(위험운전치사상)죄와 도로교통법 위반(음주운전)죄는 입법 취지와 보호법익 및 적용영역을 달리하는 별개의 범죄이므로, 양 죄가 모두 성립하는 경우 두 죄는 실체적 경합관계에 있다.

[참조조문]

도로교통법 제44조 제1항, 제4항, 제150조 제1호, 특정범죄가중처벌 등에 관한 법률 제5조의11

02 특정범죄가중처벌 등에 관한 법률위반(도주차량) · 도로교통법 위반

• 대법원 2008.7.10. 선고, 2008도1339판결

[판시사항]

[1] 특정범죄가중처벌 등에 관한 법률 제5조의3의 치상 후 도주죄에서 '구호조치 필요성' 유무의 판단 방법

[2] 교통사고 피해자가 2주간의 치료를 요하는 경추부 염좌 등의 경미한 상해를 입었다는 사정만으로 사고 당시 피해자를 구호할 필요가 없었다고 단정하기는 곤란하다고 보아, 특정범죄가중처벌 등에 관한 법률 제5조의3 '치상 후 도주죄'의 성립을 인정한 사례

[판결요지]

[1] 특정범죄가중처벌 등에 관한 법률 제5조의3 소정의 치상 후 도주의 죄는 자동차 등의 교통으로 인하여 형법 제268조의 죄를 범한 운전자가 피해자를 구호하는 등의 조치를 취하지 아니하고 사고현장을 이탈하여 사고를 낸 자가 누구인지를 확정할 수 없는 상태를 초래함으로써 성립되는 것인바, 피해자를 구호할 필요가 있었는지 여부는 사고의 경위와 내용, 피해자의 나이와 그 상해의 부위 및 정도, 사고 뒤의 정황 등을 종합적으로 고려하여 판단하여야 한다.

[2] 그런데 원심이 인정한 사실에 의하더라도 이 사건 사고로 인하여 피해자들 3명은 모두 각 2주간의 치료를 요하는 경추부 염좌 등의 상해를 입어 물리치료를 받은 후 주사를 맞고 1~3일간 약을 복용하는 등 치료를 받았다는 것이니, 그 피해자들의 부상이 심하지 아니하여 직장에서 일과를 마친 다음에 병원으로 갔다거나 피해자들이 그다지 많은 치료를 받지 아니하였다는 등 원심이 인정한 사정만으로는 이 사건 사고 당시 구호의 필요가 없었다고 단정할 수 없고, 이러한 상황에서 피고인이 차에서 내리지도 않고 피해자들의 상태를 확인하지도 않은 채 인적사항을 알려주는 등의 조치도 취하지 않고 그냥 차량을 운전하여 갔다면 피고인의 행위는 위에서 본 치상 후 도주죄의 구성요건에 해당하는 것으로 보아야 할 것이다.

[참조조문]

[1] 특정범죄가중처벌 등에 관한 법률 제5조의3, 도로교통법 제54조 제1항, 형법 제268조
[2] 특정범죄가중처벌 등에 관한 법률 제5조의3, 도로교통법 제54조 제1항

03 도로교통법위반(무면허운전)

• 대법원 2008.1.31. 선고, 2007도9220판결

[판시사항]

특정범죄 가중처벌 등에 관한 법률 위반(도주차량)으로 운전면허취소처분을 받은 자가 자동차를 운전하였다고 하더라도 그 후 피의사실에 대하여 무혐의 처분을 받고 이를 근거로 행정청이 운전면허 취소처분을 철회하였다면, 위 운전행위는 무면허운전에 해당하지 않는다고 한 사례

[판결요지]

피고인은 1997.8.23. 전라남도 지방경찰청장으로부터 피고인이 특정범죄가중처벌 등에 관한 법률위반(도주차량)의 범행을 저질렀다는 이유로 자동차 운전면허 취소처분(이하 '이 사건 운전면허 취소처분'이라 한다)을 받은 사실, 그 후 창원지방검찰청 진주지청은 1997.11.28. 피고인의 위 특정범죄 가중처벌 등에 관한 법률 위반(도주차량)의 범행에 대하여 무혐의 처분을 한 사실, 전라남도 지방경찰청장은 2007.6.8. 피고인이 위와 같이 무혐의처분을 받았음을 이유로 이 사건 운전면허 취소처분을 철회한 사실 등을 알 수 있는바, 이와 같이 피고인이 특정범죄 가중처벌 등에 관한 법률 위반(도주차량)의 범행을 저지른 사실이 없음을 이유로 전라남도 지방경찰청장이 이 사건 운전면허 취소처분을 철회하였다면, 이 사건 운전면허 취소처분은 행정쟁송절차에 의하여 취소된 경우와 마찬가지로 그 처분 시에 소급하여 효력을 잃게 되고, 피고인은 그 처분에 복종할 의무가 당초부터 없었음이 후에 확정되었다고 봄이 타당하다(대법원 2002.11.8. 2002도4597판결 참조).

[참조조문]

도로교통법 제40조 제1항, 제109조, 행정소송법 제29조, 제30조 제1항

04 특정범죄가중처벌 등에 관한 법률위반(도주차량)

• 인정된 죄명 : 교통사고처리특례법위반
• 대법원 2007.4.12. 선고2007도828판결

[판시사항]

[1] 사고 운전자가 피해자를 구호하는 등 도로교통법 제50조 제1항에 의한 조치를 취할 필요가 있었다고 인정되지 아니하는 경우, 특정범죄가중처벌 등에 관한 법률 제5조의3 제1항 위반죄로 처벌할 수 있는지 여부(소극)

[2] 유죄로 인정한 교통사고처리특례법 위반죄의 범죄사실이, 기소된 특정범죄가중처벌 등에 관한 법률위반(도주차량)의 공소사실에 포함되어 있으며, 교통사고처리특례법위반의 점에 관하여 충분한 심리가 이루어졌다고 보아, 공소장변경 없이 피고인을 교통사고처리특례법 위반죄로 처벌하더라도 피고인의 방어권의 행사에 실질적 불이익을 초래할 염려가 없다고 본 사례

[판결요지]

[1] 특정범죄가중처벌 등에 관한 법률 제5조의3 제1항의 도주차량 운전자의 가중처벌에 관한 규정은 교통의 안전이라는 공공의 이익을 보호함과 아울러 교통사고로 사상을 당한 피해자의 생명·신체의 안전이라는 개인적 법익을 보호하기 위하여 제정된 것이므로, 그 입법 취지와 보호법익에 비추어 볼 때, 사고의 경위와 내용, 피해자의 상해의 부위와 정도, 사고 운전자의 과실 정도, 사고 운전자와 피해자의 나이와 성별, 사고 후의 정황 등을 종합적으로 고려하여 사고 운전자가 실제로 피해자를 구호하는 등 도로교통법 제50조 제1항에 의한 조치를 취할 필요가 있었다고 인정되지 아니하는 경우에는 사고 운전자가 피해자를 구호하는 등 도로교통법 제50조 제1항에 규정된 의무를 이행하기 이전에 사고현장을 이탈하였더라도 특정범죄가중처벌 등에 관한 법률 제5조의3 제1항 위반죄로는 처벌할 수 없다.

[2] 유죄로 인정한 교통사고처리특례법 위반죄의 범죄사실이, 기소된 특정범죄가중처벌 등에 관한 법률위반(도주차량)의 공소사실에 포함되어 있으며, 교통사고처리특례법위반의 점에 관하여 충분한 심리가 이루어졌다고 보아, 공소장변경 없이 피고인을 교통사고처리특례법 위반죄로 처벌하더라도 피고인의 방어권의 행사에 실질적 불이익을 초래할 염려가 없다고 본 사례

[참조조문]

[1] 특정범죄가중처벌 등에 관한 법률 제5조의3 제1항, 도로교통법 제50조 제1항
[2] 형사소송법 제254조, 제298조, 특정범죄 가중처벌 등에 관한 법률 제5조의3 제1항, 교통사고처리특례법 제3조 제1항, 제2항 제10호

05 교통사고처리특례법위반

• 대법원 2007.4.12. 선고, 2006도4322판결

[판시사항]

[1] 이미 범칙금을 납부한 범칙행위와 같은 일시·장소에서 이루어진 별개의 형사범죄행위에 대하여 범칙금의 납부로 인한 불처벌의 효력이 미치는지 여부(소극)

[2] 교통사고처리특례법 제3조 제2항 단서의 각 호에서 규정한 예외사유가 같은 법 제3조 제1항 위반죄의 구성요건 요소인지, 아니면 그 공소제기의 조건에 관한 사유인지 여부(= 공소제기의 조건에 관한 사유)

[3] 신호위반을 이유로 도로교통법에 따라 범칙금을 납부한 자를 교통사고처리특례법에 따라 그 신호위반으로 인한 업무상과실치상죄로 다시 처벌할 수 있는지 여부(적극)

[판결요지]

[1] 도로교통법(2005.5.31. 법률 제7545호로 전문 개정되기 전의 것) 제119조 제3항에 의하면, 범칙금 납부 통고를 받고 범칙금을 납부한 사람은 그 범칙행위에 대하여 다시 벌받지 아니한다고 규정하고 있는바, 범칙금의 통고 및 납부 등에 관한 같은 법의 규정들의 내용과 취지에 비추어 볼 때 범칙자가 경찰서장으로부터 범칙행위를 하였음을 이유로 범칙금 통고를 받고 그 범칙금을 납부한 경우 다시 벌받지 아니하게 되는 행위는 범칙금 통고의 이유에 기재된 당해 범칙행위 자체 및 그 범칙행위와 동일성이 인정되는 범칙행위에 한정된다고 해석함이 상당하므로, 범칙행위와 같은 때, 같은 곳에서 이루어진 행위라 하더라도 범칙행위와 별개의 형사범죄행위에 대하여는 범칙금의 납부로 인한 불처벌의 효력이 미치지 아니한다.

[2] 교통사고로 인하여 업무상 과실치상죄 또는 중과실치상죄를 범한 운전자에 대하여 피해자의 명시한 의사에 반하여 공소를 제기할 수 있도록 하고 있는 교통사고처리특례법 제3조 제2항 단서의 각 호에서 규정한 신호위반 등의 예외사유는 같은 법 제3조 제1항 위반죄의 구성요건 요소가 아니라 그 공소제기의 조건에 관한 사유이다.

[3] 교통사고처리특례법 제3조 제2항 단서 각 호에서 규정한 예외사유에 해당하는 신호위반 등의 범칙행위와 같은 법 제3조 제1항 위반죄는 그 행위의 성격 및 내용이나 죄질, 피해법익 등에 현저한 차이가 있어 동일성이 인정되지 않는 별개의 범죄행위라고 보아야 할 것이므로, 교통사고처리특례법 제3조 제2항 단서 각 호의 예외사유에 해당하는 신호위반 등의 범칙행위로 교통사고를 일으킨 사람이 통고처분을 받아 범칙금을 납부하였다고 하더라도, 업무상 과실치상죄 또는 중과실치상죄에 대하여 같은 법 제3조 제1항 위반죄로 처벌하는 것이 도로교통법 제119조 제3항에서 금지하는 이중처벌에 해당한다고 볼 수 없다.

[참조조문]

[1] 도로교통법(2005.5.31. 법률 제7545호로 전문 개정되기 전의 것) 제119조 제3항(현행 제164조 제3항 참조)

[2] 교통사고처리특례법 제3조 제1항, 제2항 본문, 단서

[3] 교통사고처리특례법 제3조 제1항, 제2항, 도로교통법(2005.5.31. 법률 제7545호로 전문 개정되기 전의 것) 제117조 제2항 제2호(현행 제162조 제2항 제2호 참조), 제119조 제3항(현행 제164조 제3항 참조)

06 교통사고처리특례법위반, 도로교통법위반

• 대법원 2006.5.11. 선고, 2005도798판결

[판시사항]

[1] 미합중국 군대의 군속 중 '통상적으로 대한민국에 거주하는 자'가 '대한민국과 아메리카합중국 간의 상호방위조약 제4조에 의한 시설과 구역 및 대한민국에서의 합중국 군대의 지위에 관한 협정'의 적용대상인지 여부(소극)

[2] 미합중국 국적을 가진 미합중국 군대의 군속인 피고인이 범행 당시 10년 넘게 대한민국에 머물면서 한국인 아내와 결혼하여 가정을 마련하고 직장 생활을 하는 등 생활근거지를 대한민국에 두고 있었던 경우, 피고인은 '대한민국과 아메리카합중국 간의 상호방위조약 제4조에 의한 시설과 구역 및 대한민국에서의 합중국 군대의 지위에 관한 협정'에서 말하는 '통상적으로 대한민국에 거주하는 자'에 해당하므로, 피고인에게는 위 협정에서 정한 미합중국 군대의 군속에 관한 형사재판권 관련 조항이 적용될 수 없다고 한 사례

[3] 한반도의 평시상태에서 대한민국이 미합중국 군대의 군속에 대하여 형사재판권을 바로 행사할 수 있는지 여부(적극)

[판결요지]

[1] 대한민국과 아메리카합중국 간의 상호방위조약 제4조에 의한 시설과 구역 및 대한민국에서의 합중국 군대의 지위에 관한 협정(1967.2.9. 조약 제232호로 발효되고, 2001.3.29. 조약 제553호로 최종 개정된 것) 제1조 (가)항 전문, (나)항 전문, 같은 협정 제22조 제4항에 의하면, 미합중국 군대의 군속 중 통상적으로 대한민국에 거주하고 있는 자는 위 협정이 적용되는 군속의 개념에서 배제되므로, 그에 대하여는 대한민국의 형사재판권 등에 관하여 위 협정에서 정한 조항이 적용될 여지가 없다.

[2] 미합중국 국적을 가진 미합중국 군대의 군속인 피고인이 범행 당시 10년 넘게 대한민국에 머물면서 한국인 아내와 결혼하여 가정을 마련하고 직장 생활을 하는 등 생활근거지를 대한민국에 두고 있었던 경우, 피고인은 대한민국과 아메리카합중국 간의 상호방위조약 제4조에 의한 시설과 구역 및 대한민국에서의 합중국 군대의 지위에 관한 협정(1967.2.9. 조약 제232호로 발효되고, 2001.3.29. 조약 제553호로 최종 개정된 것)에서 말하는 '통상적으로 대한민국에 거주하는 자'에 해당하므로, 피고인에게는 위 협정에서 정한 미합중국 군대의 군속에 관한 형사재판권 관련 조항이 적용될 수 없다고 한 사례

[3] 한반도의 평시상태에서 미합중국 군 당국은 미합중국 군대의 군속에 대하여 형사재판권을 가지지 않으므로, 미합중국 군대의 군속이 범한 범죄에 대하여 대한민국의 형사재판권과 미합중국 군 당국의 형사재판권이 경합하는 문제는 발생할 여지가 없고, 대한민국은 대한민국과 아메리카 합중국 간의 상호방위조약 제4조에 의한 시설과 구역 및 대한민국에서의 합중국 군대의 지위에 관한 협정(1967.2.9. 조약 제232호로 발효되고, 2001.3.29. 조약 제553호로 최종 개정된 것) 제22조 제1항 (나)에 따라 미합중국 군대의 군속이 대한민국 영역 안에서 저지른 범죄로서 대한민국 법령에 의하여 처벌할 수 있는 범죄에 대한 형사재판권을 바로 행사할 수 있다.

[참조조문]

[1] 대한민국과 아메리카합중국 간의 상호방위조약 제4조에 의한 시설과 구역 및 대한민국에서의 합중국 군대의 지위에 관한 협정 제1조 (가)항, (나)항, 제22조 제4항
[2] 대한민국과 아메리카합중국 간의 상호방위조약 제4조에 의한 시설과 구역 및 대한민국에서의 합중국 군대의 지위에 관한 협정 제1조 (가)항, (나)항, 제22조 제4항
[3] 대한민국과 아메리카합중국 간의 상호방위조약 제4조에 의한 시설과 구역 및 대한민국에서의 합중국 군대의 지위에 관한 협정 제22조 제1항 (나)

07 특정범죄가중처벌 등에 관한 법률위반(도주차량)

- 인정된 죄명 : 교통사고처리특례법위반
- 대법원 2006.1.26. 선고, 2005도8264판결

[판시사항]

[1] 특정범죄가중처벌 등에 관한 법률 제5조의3 제1항에서 정한 '피해자를 구호하는 등 도로교통법 제50조 제1항의 규정에 의한 조치를 취하지 아니하고 도주한 때'의 의미
[2] 사고 운전자가 피해자를 병원에 후송하여 치료를 받게 하는 등의 구호조치는 취하였다고 하더라도, 피해자 등이 사고 운전자의 신원을 쉽게 확인할 수 없는 상태에서 피해자 등에게 자신의 신원을 밝히지 아니한 채 병원을 이탈하였다면 '도로교통법 제50조 제1항의 규정에 의한 조치'를 모두 취하였다고 볼 수 없다고 한 사례

[참조조문]

[1], [2] 특정범죄가중처벌 등에 관한 법률 제5조의3 제1항, 도로교통법 제50조 제1항

08 교통사고처리특례법위반

• 대법원 2005.7.28. 선고, 2004도5848판결

[판시사항]

[1] 녹색, 황색, 적색의 삼색등 신호기가 설치되어 있고 비보호좌회전 표시나 유턴표시가 없는 교차로에서 차마의 좌회전 또는 유턴이 허용되는지 여부(소극)
[2] 횡형삼색등 신호기가 설치되어 있고 비보호좌회전 표지가 없는 교차로에서 녹색등화 시 유턴하여 진행하였다면 반대 진행방향 차량뿐만 아니라 같은 진행방향의 후방차량에 대하여도 신호위반의 책임을 진다고 한 원심의 판단을 수긍한 사례

[판결요지]

[1] 도로교통법 제4조, 제5조, 제16조 제1항, 구 도로교통법시행규칙(2003.10.18. 안전행정부령 제208호로 개정되기 전의 것) 제5조 제2항 [별표 3]의 각 규정을 종합하여 보면, 교차로에 녹색, 황색 및 적색의 삼색등화만이 나오는 신호기가 설치되어 있고 달리 비보호좌회전 표시나 유턴을 허용하는 표시가 없는 경우에 차마의 좌회전 또는 유턴은 원칙적으로 허용되지 않는다고 보아야 한다.
[2] 횡형삼색등 신호기가 설치되어 있고 비보호좌회전 표지가 없는 교차로에서 녹색등화 시 유턴하여 진행하였다면 반대 진행방향 차량뿐만 아니라 같은 진행방향의 후방차량에 대하여도 신호위반의 책임을 진다고 한 원심의 판단을 수긍한 사례

[참조조문]

[1] 도로교통법 제4조, 제5조, 제16조 제1항, 구 도로교통법시행규칙(2003.10.18. 안전행정부령 제208호로 개정되기 전의 것) 제5조 제2항 [별표 3]
[2] 도로교통법 제5조, 제113조 제1호

09 교통사고처리특례법위반

• 대법원 2004.11.26. 선고, 2004도4693판결

[판시사항]

교통사고처리특례법위반으로 공소가 제기된 사안에서 위반사실이 없음이 밝혀지는 한편 공소기각의 사유가 존재하는 경우, 법원이 취하여야 할 조치

[판결요지]

피고인이 신호를 위반하여 차량을 운행함으로써 사람을 상해에 이르게 한 교통사고로서 '교통사고처리특례법' 제3조 제1항, 제2항 단서 제1호의 사유가 있다고 하여 공소가 제기된 사안에 대하여, 공판 절차에서의 심리 결과 피고인이 신호를 위반하여 차량을 운행한 사실이 없다는 점이 밝혀지게 되고, 한편 위 교통사고 당시 피고인이 운행하던 차량은 교통사고처리특례법 제4조 제1항 본문 소정의 자동차종합보험에 가입되어 있었으므로, 결국 '교통사고처리특례법' 제4조 제1항 본문에 따라 공소를 제기할 수 없음에도 불구하고 이에 위반하여 공소를 제기한 경우에 해당하고, 따라서 위 공소제기는 '형사소송법' 제327조 제2호 소정의 공소제기 절차가 법률의 규정에 위반하여 무효인 때에 해당하는바, 이러한 경우 법원으로서는 위 교통사고에 대하여 피고인에게 아무런 업무상 주의의무위반이 없다는 점이 증명되었다 하더라도 바로 무죄를 선고할 것이 아니라, '형사소송법' 제327조의 규정에 의하여 소송조건의 흠결을 이유로 공소기각의 판결을 선고하여야 한다.

[참조조문]

교통사고처리특례법 제3조 제1항, 제2항, 제4조 제1항, 형사소송법 제327조 제2호

10 도로교통법위반(음주운전), 도로교통법위반(무면허운전), 교통 사고처리특례법위반

• 대법원 2004.11.11. 선고, 2004도6784판결

[판시사항]

[1] 불이익변경금지원칙의 의미 및 불이익변경 여부의 판단 기준
[2] 벌금형의 약식명령을 고지받아 정식재판을 청구한 사건과 공소가 제기된 사건을 병합·심리한 후 경합범으로 처단하면서 징역형을 선고한 것이 불이익한 변경에 해당한다고 한 사례

[판결요지]
[1] 불이익변경금지의 원칙은 피고인의 상소권 또는 약식명령에 대한 정식재판청구권을 보장하려는 것으로, 피고인만이 또는 피고인을 위하여 상소한 상급심 또는 정식재판청구사건에서 법원은 피고인이 같은 범죄사실에 대하여 이미 선고 또는 고지받은 형보다 중한 형을 선고하지 못한다는 원칙이며, 선고된 형이 피고인에게 불이익하게 변경되었는지에 관한 판단은 형법상 형의 경중을 일응의 기준으로 하되, 병과형이나 부가형, 집행유예, 미결구금일수의 통산, 노역장 유치기간 등 주문 전체를 고려하여 피고인에게 실질적으로 불이익한가의 여부에 의하여 판단하여야 할 것이고, 더 나아가 피고인이 상소 또는 정식재판을 청구한 사건과 다른 사건이 병합·심리된 후 경합범으로 처단되는 경우에는 당해 사건에 대하여 선고 또는 고지받은 형과 병합·심리되어 선고받은 형을 단순 비교할 것이 아니라, 병합된 다른 사건에 대한 법정형, 선고형 등 피고인의 법률상 지위를 결정하는 객관적 사정을 전체적·실질적으로 고찰하여 병합심판된 선고형이 불이익한 변경에 해당하는지를 판단하여야 한다.
[2] 벌금형의 약식명령을 고지받아 정식재판을 청구한 사건과 공소가 제기된 사건을 병합·심리한 후 경합범으로 처단하면서 징역형을 선고한 것이 불이익한 변경에 해당한다고 한 사례

[참조조문]
[1] 형사소송법 제368조, 제399조, 제457조의2
[2] 형사소송법 제457조의2

CHAPTER 02 적중예상문제

01 교통사고처리특례법의 목적은?

① 종합 보험에 가입된 가해자의 법적 특례를 하는 데 목적이 있다.
② 교통사고 피해자에 대한 신속한 보상을 하는 데 목적이 있다.
③ 피해의 신속한 회복을 촉진하고 국민생활의 편익을 증진한다.
④ 가해 운전자의 형사처벌을 면제하는 데 있다.

해설 이 법은 업무상 과실 또는 중대한 과실로 교통사고를 일으킨 운전자에 관한 형사처벌 등의 특례를 정함으로써 교통사고로 인한 피해의 신속한 회복을 촉진하고 국민생활의 편익을 증진함을 목적으로 한다(교통사고처리특례법 제1조).

02 차의 운전자가 교통사고로 인하여 형법 제268조의 죄를 범한 경우의 처벌은?

① 3년 이하의 징역 또는 1천만원 이하의 벌금
② 3년 이하의 금고 또는 1천만원 이하의 벌금
③ 5년 이하의 징역 또는 2천만원 이하의 벌금
④ 5년 이하의 금고 또는 2천만원 이하의 벌금

해설 ④ 차의 운전자가 교통사고로 인하여 형법 제268조의 죄를 범한 경우에는 5년 이하의 금고 또는 2천만원 이하의 벌금에 처한다(교통사고처리특례법 제3조 제1항).

03 교통사고처리특례법에 관한 설명 중 틀린 것은?

① 경상해의 경우 가해 운전자가 종합보험에 가입되어 있으면 피해자와 합의한 것으로 본다.
② 피해자와 합의를 하였더라도 처벌되는 경우도 있다.
③ 물적 피해를 낸 운전자는 피해자와 합의하면 공소를 제기당하지 않는다.
④ 어떤 경우에도 피해자가 원하지 않으면 가해 운전자는 처벌받지 않는다.

해설 ④ 피해자가 원하지 않아도 교통사고처리특례법에 의하여 특례적용 제외자는 처벌받는다.

04 교통사고처리특례법상 우선지급하여야 할 치료비의 통상비용이 아닌 것은?
 ① 진찰료
 ② 손해배상금
 ③ 일반병실의 입원료
 ④ 처치 · 투약 · 수술 등 치료비용

> **해설** 교통사고처리특례법상 우선지급하여야 할 치료비의 통상비용(교통사고처리특례법 시행령 제2조 제1항)
> • 진찰료
> • 일반병실의 입원료. 다만, 진료상 필요로 일반 병실보다 입원료가 비싼 병실에 입원한 경우에는 그 병실의 입원료
> • 처치 · 투약 · 수술 등 치료에 필요한 모든 비용
> • 인공팔다리 · 의치 · 안경 · 보청기 · 보철구 및 그 밖에 치료에 부수하여 필요한 기구 등의 비용
> • 호송, 다른 보호시설로의 이동, 퇴원 및 통원에 필요한 비용
> • 보험약관 또는 공제약관에서 정하는 환자식대 · 간병료 및 기타 비용

05 다음 중 교통사고처리특례법상 우선지급할 통상비용에 해당되는 것은?
 ① 후유장애 위자료
 ② 안경, 의족, 보철구 등의 비용
 ③ 상실수익액의 100분의 50
 ④ 대물배상액의 100분의 50

> **해설** ① · ③ · ④ 우선지급할 치료비 외의 손해배상금(교통사고처리특례법 시행령 제3조)

06 제한속도를 매시 20km를 초과하여 운전 중 5명에게 중상을 입힌 사고를 야기할 경우에는 어떻게 처리되는가? ★★★
 ① 보험에 가입되어 있으면 처벌이 면제된다.
 ② 피해자의 처벌의사에 관계없이 형사입건된다.
 ③ 피해자의 의사에 따라 처리된다.
 ④ 피해자와 합의되면 처벌이 면제된다.

> **해설** ② 제한속도보다 20km 이상 초과해서 운전한 경우는 특례대상의 예외사항으로 피해자의 처벌의사에 관계없이 형사입건된다(교통사고처리특례법 제3조 처벌의 특례).

07 공소권이 있는 12가지 법규위반 항목이 아닌 것은? ★★★
① 신호위반
② 어린이보호구역 안전운전 의무위반
③ 승객의 추락방지의무 위반
④ 제한속도를 시속 10km 초과한 경우

해설 공소권이 있는 12가지 법규위반 항목(교통사고처리특례법 제3조)
- 신호가 표시하는 신호 또는 교통정리를 하는 경찰공무원의 신호를 위반하거나 통행금지 또는 일시정지를 내용으로 하는 안전표지가 표시하는 지시에 위반하여 운전한 경우
- 중앙선을 침범하거나 고속도로 및 자동차전용도로에서 횡단·유턴 또는 후진한 경우
- 제한속도를 시속 20km 초과하여 운전한 경우
- 앞지르기 방법·금지시기·금지장소 또는 끼어들기의 금지를 위반하거나 고속도로 앞지르기 방법을 위반하여 운전한 경우
- 철길건널목 통과방법을 위반하여 운전한 경우
- 횡단보도에서의 보행자 보호의무를 위반하여 운전한 경우
- 무면허로 운전한 경우
- 술에 취한 상태에서 운전을 하거나 약물의 영향으로 정상적으로 운전하지 못할 우려가 있는 상태에서 운전한 경우
- 보도가 설치된 도로의 보도를 침범하거나 보도 횡단방법에 위반하여 운전한 경우
- 승객의 추락 방지의무를 위반하여 운전한 경우
- 어린이보호구역에서 조치를 준수하고 어린이의 안전에 유의하면서 운전하여야 할 의무를 위반하여 어린이의 신체를 상해에 이르게 한 경우
- 자동차의 화물이 떨어지지 아니하도록 필요한 조치를 하지 아니하고 운전한 경우

08 교통사고처리특례법에서 피해자가 명시한 의사에 반하여 공소를 제기할 수 없도록 규정한 경우는?
① 안전운전의무 불이행으로 사람을 다치게 한 경우
② 약물복용 운전으로 사람을 다치게 한 경우
③ 교통사고로 사람을 죽게 한 경우
④ 교통사고 야기 후 도주한 경우

해설 ②·③·④는 중요 위반행위 12개 항목에 해당한다.

09 교통사고처리특례법상 반의사불벌죄가 적용되는 경우는? ★★★
① 보도침범으로 일어난 치상사고
② 일반도로에서 횡단, 회전, 후진 중 일어난 치상사고
③ 앞지르기방법 위반으로 일어난 치상사고
④ 무면허 운전으로 일어난 치상사고

해설 ② 고속도로 또는 자동차전용도로에서의 횡단, 회전, 후진 중 일어난 사고는 반의사불벌죄가 적용되지 않지만 일반도로에서는 적용된다.

10 교통사고처리특례법상 보험에 가입되었어도 공소권이 있는 경우는?
① 교차로 통행방법위반으로 인한 치상사고
② 고속도로 또는 자동차전용도로에서 후진하다가 일어난 치상사고
③ 난폭운전으로 사람을 다치게 한 사고
④ 정비불량차를 운전하다가 재물피해를 야기한 사고

해설 ②는 중요 위반행위 12개 항목에 해당된다.

11 다음 중 보험에 가입했더라도 형사처벌을 받는 12개 항목이 아닌 것은?
① 보도침범
② 시속 20km 초과 운행
③ 난폭운전
④ 신호위반

12 교통사고 야기 후 피해자와 합의하여도 공소권이 있는 것은?
① 다른 사람의 건조물, 재물 등을 손괴한 죄
② 업무상 과실 치상죄
③ 업무상 과실 치사죄
④ 중과실 치상죄

13 교통사고처리특례법상 특례적용을 받지 않는 12개 항목에 해당되는 사고는?
① 주·정차 위반으로 인한 사고
② 어린이보호구역 안전운전 의무위반으로 인한 사고
③ 교차로 통행방법 위반으로 인한 치상사고
④ 난폭운전으로 인한 사고

정답 10 ② 11 ③ 12 ③ 13 ②

14 교통사고처리특례법에 의해 형사처벌을 면제받을 수 있는 경우는? ★★★
① 앞지르기방법 위반으로 인한 치상사고
② 신호를 위반하여 치사사고 발생
③ 중앙선 침범으로 인한 물적 피해사고
④ 무면허 운전으로 인한 치사사고

해설 ③ 중앙선 침범으로 인한 물적 피해사고는 특례의 적용을 받을 수 있다.

15 종합보험에 가입하고 피해자와 합의했다고 하더라도 형사처벌을 받는 경우는?
① 난폭운전으로 인한 사고
② 고속도로에서 유턴하다 발생한 사고
③ 교차로 통행방법 위반으로 인한 사고
④ 제한속도보다 시속 10km 초과하여 발생한 사고

해설 ② 고속도로에서 발생한 사고에 대해서는 형사처벌을 받는다.

16 다음 중 교통사고처리특례법상 중요 법규위반 12개 항목에 해당되는 것은? ★★★
① 정류장 질서문란으로 인한 사고
② 통행 우선순위 위반사고
③ 철길 건널목 통과방법 위반사고
④ 난폭운전사고

해설 ③ 중요 법규위반 12개 항목 중 건널목 통과방법을 위반한 경우에 해당된다.

정답 14 ③ 15 ② 16 ③

17 교통사고처리특례법상 형사입건되는 중앙선 침범사례가 아닌 것은?

① 의도적 U턴, 회전 중 중앙선 침범사고
② 현저한 부주의로 인한 중앙선 침범사고
③ 교차로 좌회전 중 일부 중앙선 침범
④ 커브길 과속으로 중앙선 침범

해설 공소권 없는 사고로 처리하는 중앙선 침범의 경우
- 불가항력적 중앙선 침범
- 만부득이한 중앙선 침범
- 사고피양 급제동으로 인한 중앙선 침범
- 위험회피로 인한 중앙선 침범
- 충격에 의한 중앙선 침범
- 빙판 등 부득이한 중앙선 침범
- 교차로 좌회전 중 일부 중앙선 침범

18 교통사고처리특례법상 과속사고의 성립요건이 아닌 것은? ★★★

① 일반교통이 사용되는 곳이 아닌 곳에서의 사고
② 과속차량(20km/h 초과)에 충돌되어 인적 피해를 입는 경우
③ 제한속도 20km/h를 초과하여 과속운행 중 사고를 야기한 경우
④ 고속도로나 자동차전용도로에서 제한속도 20km/h를 초과한 경우

해설 ① 도로나 기타 일반교통에 사용되는 곳에서의 사고는 과속사고가 성립된다.

19 운전자의 앞지르기 금지위반 행위가 아닌 것은?

① 병진 시 앞지르기
② 앞차의 좌회전 시 앞지르기
③ 좌측 앞지르기
④ 앞지르기 금지장소에서 앞지르기·앞지르기방법 위반행위

해설 앞지르기 금지위반 행위
- 병진 시 앞지르기
- 앞차의 좌회전 시 앞지르기
- 이중 앞지르기
- 앞지르기 금지장소에서 앞지르기·앞지르기 방법 위반행위
- 우측 앞지르기
- 우측 2개 차로 사이로 앞지르기
- 앞지르기 허용지점에서 반대쪽 전방교통 주시태만

정답 17 ③ 18 ① 19 ③

20 철도건널목 통과방법을 위반한 운전자의 과실이 아닌 사항은?
① 건널목 직전 일시정지 불이행
② 안전미확인 통행 중 사고
③ 고장 시 승객대피, 차량이동 조치 불이행
④ 철도건널목 신호기, 경보기 등의 고장으로 일어난 사고

해설 ④ 철도건널목 통과방법 위반사고의 예외사항

21 횡단보도 보행자 보호의무 위반사고의 성립요건 중 운전자의 과실이 아닌 것은?
① 보행자가 횡단보도를 건너던 중 신호가 변경되어 중앙선에 서 있던 중 사고
② 횡단보도를 건너는 보행자를 충돌한 경우
③ 횡단보도 전에 정지한 차량을 추돌, 밀려나가 보행자를 충돌한 경우
④ 보행신호에 횡단보도 진입, 건너던 중 주의신호 또는 정지신호가 되어 마저 건너고 있는 보행자를 충돌한 경우

해설 횡단보도 보행자 보호의무 위반사고의 예외사항
- 보행자가 횡단보도를 정지신호에 건너던 중 사고
- 보행자가 횡단보도를 건너던 중 신호가 변경되어 중앙선에 서 있던 중 사고
- 보행자가 보행신호에 늦게 진입하여 정지신호로 바뀌면서 건너고 있는 보행자를 충격한 경우

22 신호·지시위반사고의 성립요건이 아닌 것은?
① 신호·지시위반 차량에 충돌되어 인적 피해를 입은 경우
② 신호기가 설치되어 있는 교차로나 횡단보도
③ 운전자의 불가항력적 과실
④ 시·도지사가 설치한 신호기나 안전표지

해설 신호·지시위반사고의 성립 요건 중 ①은 피해자적 요건, ②는 장소적 요건, ④는 시설물 설치요건이다.

23 운전자가 교통사고를 일으킬 때에 지게 되는 책임이 아닌 것은?
① 형사상의 책임
② 행정상의 책임
③ 민사상의 책임
④ 도의상의 책임

해설 운전자가 교통사고를 일으킬 때에 행정상, 민사상, 형사상의 책임을 지게 된다.

24 피해자와 합의할 경우 공소를 제기할 수 없는 철길 건널목 사고는?
① 경보기가 울리고 차단기가 내려지려 할 때 통과하다 발생된 사고
② 일시정지를 하지 아니하고 통과하다 발생된 사고
③ 사고차량인 상태에서 승객을 즉시 대피시키지 않아 발생된 사고
④ 신호기의 통과신호에 따라 통과 중 발생된 사고

25 경찰공무원의 신호 또는 지시를 위반하여 사람을 다치게 한 경우의 처벌은?
① 즉결심판 회부
② 통고처분
③ 형사처벌
④ 운전면허 행정처분

해설 ③ 경찰공무원의 지시에 위반하여 사람을 다치게 한 경우는 특례적용에 해당되지 않아 형사처벌을 받는다.

정답 23 ④ 24 ④ 25 ③

26 무단횡단하는 보행자를 발견하지 못하여 중상해를 입힌 경우에 대한 설명으로 옳은 것은?

① 피해자와 합의하면 공소를 제기할 수 없다.
② 종합보험에 가입되어 있으면 공소를 제기할 수 없다.
③ 공제에 가입되어 있으면 공소를 제기할 수 없다.
④ 어떠한 경우에도 공소를 제기할 수 없다.

해설 ① 종합보험이나 공제에 가입된 경우라도 중상해를 입힌 경우에는 피해자와 합의하면 공소를 제기할 수 없지만, 피해자와 합의하지 못하면 공소를 제기할 수 있다.

27 무면허 상태에서 자동차를 운전하는 경우가 아닌 것은? ★★★

① 유효기간이 지난 운전면허증으로 운전하는 경우
② 면허 취소처분을 받은 자가 운전하는 경우
③ 취소사유 상태이나 취소처분(통지) 전 운전하는 경우
④ 면허정지 기간 중에 운전하는 경우

해설 무면허 상태에서 자동차를 운전하는 경우
- 면허를 취득치 않고 운전하는 경우
- 유효기간이 지난 운전면허증으로 운전하는 경우
- 면허 취소처분을 받은 자가 운전하는 경우
- 면허정지기간 중에 운전하는 경우
- 시험합격 후 면허증 교부 전에 운전하는 경우
- 면허종별 외의 차량을 운전하는 경우(오토면허로 스틱차를 운전하는 경우 포함)
- 외국인으로 국제운전면허를 받지 않고 운전하는 경우
- 외국인으로 입국한지 1년이 지난 국제운전면허증을 소지하고 운전하는 경우

28 다음 중 음주운전사고 발생 시 처벌기준에 대한 연결이 잘못된 것은?

① 0.05~0.10% 미만 - 형사입건
② 0.10% 이상 - 형사입건
③ 0.16% 이상 - 불구속입건(경상사고)
④ 0.26% 이상 - 불구속입건(경상사고)

해설 ④ 경상사고일 때 영장청구(구속수사)

29 교통사고처리특례법상 자동차 보험 또는 공제가입 사실을 어떻게 증명하는가?
① 경찰공무원이 보험회사나 공제조합에 조회하여 증명한다.
② 피해자가 보험회사나 공제조합의 전화로 확인한다.
③ 보험회사나 공제조합에 서면으로 요청하여 증명한다.
④ 운전자가 소지한 보험가입증서로 증명한다.

해설 ③ 보험 또는 공제에 가입된 사실은 보험사업자 또는 공제사업자가 취지를 기재한 서면에 의하여 증명되어야 한다.

30 교통사고처리특례법 시행령에 명시하고 있는 우선지급할 치료비 외의 손해배상금 범위에 대한 설명 중 맞는 것은?
① 대물손해 - 대물손해배상액의 100분의 50
② 부상 - 휴업손해액의 2배
③ 후유장애 - 상실수익액의 3배
④ 후유장애 - 위자료의 100분의 70

해설 우선지급할 치료비 외의 손해배상금의 범위(영 제3조)
- 부상의 경우 : 보험약관 또는 공제약관에서 정한 지급기준에 의하여 산출한 위자료의 전액과 휴업손해액의 100분의 50에 해당하는 금액
- 후유장애의 경우 : 보험약관 또는 공제약관에서 정한 지급기준에 의하여 산출한 위자료 전액과 상실수익액의 100분의 50에 해당하는 금액
- 대물손해의 경우 : 보험약관 또는 공제약관에서 정한 지급기준에 의하여 산출한 대물배상액의 100분의 50에 해당하는 금액

31 교통사고로 인하여 운전면허가 취소되거나 일정기간 동안 운전면허효력이 일시정지되는 처벌을 받게 되는 것은 운전자의 무슨 책임 때문인가?
① 형사상의 책임
② 행정상의 책임
③ 민사상의 책임
④ 도의상의 책임

정답 29 ③ 30 ① 31 ②

32 교통사고처리특례법에서의 특례적용 예외에 해당되지 않는 경우는? ★★★
① 피해자를 구호하는 등 조치를 하지 아니하고 도주한 경우
② 피해자를 사고장소로부터 옮겨 유기하고 도주한 경우
③ 제한속도를 시속 10km 초과한 경우
④ 승객의 추락방지의무를 위반하여 운전한 경우

해설 ③ 제한속도를 시속 20km 초과하여 운전한 경우(교통사고처리특례법 제3조 제2항 제3호)

33 대검찰청에서 밝힌 "중상해"의 기준에 어긋나는 내용은?
① 인간의 생명 유지에 불가결한 뇌 또는 주요 장기에 대한 중대한 손상
② 시각·청각·언어·생식 기능 등 중요한 신체 기능의 일시적 상실
③ 사지 절단 등 신체 중요부분의 상실·중대변형
④ 사고 후유증으로 인한 중증의 정신장애

해설 ② 시각·청각·언어·생식 기능 등 중요한 신체 기능의 영구적 상실 여부를 중상해의 기준으로 하고 있다.

34 피해자와 합의하면 처벌되지 않는 경우는?
① 열린 문으로 승객이 떨어져 다친 경우
② 무단횡단한 사람을 치어 사망하게 한 경우
③ 사고 후 조치를 취하지 않고 도주한 경우
④ 견인되던 차의 쇠사슬이 끊어져 전복된 경우

35 종합보험에 가입했거나 피해자와 합의한 경우에도 공소를 제기할 때는?
① 짐을 너무 많이 싣고 가다 사람을 다치게 한 때
② 긴급자동차의 접근을 피하기 위하여 진로변경 중 접촉사고를 일으킨 때
③ 과로한 상태에서 운전하다 사람을 다치게 한 때
④ 경찰공무원의 정지신호를 무시하다 사람을 다치게 한 때

36 피해자의 의사에도 불문하고 공소가 제기되는 사고는?
① 철길 건널목에서 진행신호에 따라 통과 중에 옆 차와 충돌한 사고
② 녹색신호에 따라 진행 중에 횡단보도의 보행자를 다치게 한 사고
③ 종합보험에 가입되어 있지 않았거나 피해자와 합의되지 않은 사고
④ 도로공사로 우측 통행이 불가능하여 부득이 중앙선을 넘다가 발생된 사고

37 교통사고처리특례법에서 특례를 인정하는 보험이나 공제가 아닌 것은?
① 자가용공제조합
② 시내버스공제조합
③ 자동차종합보험
④ 택시공제조합

해설 특례를 인정하는 보험·공제로는 자동차종합보험, 영업용차량 등의 공제조합이 있다. 자가용공제조합은 포함되지 않는다.

정답 35 ④ 36 ③ 37 ①

38 다음 중 도주사고 적용사례로 틀린 내용은?

① 차량과의 충돌사고를 알면서도 그대로 가버린 경우
② 가해자 및 피해자 일행 또는 경찰관이 환자를 후송조치하는 것을 보고 연락처를 주고 가버린 경우
③ 피해자가 사고 즉시 일어나 걸어가는 것을 보고 구호조치 없이 그대로 가버린 경우
④ 사고 후 의식이 회복된 운전자가 피해자에 대한 구호조치를 하지 않았을 경우

해설 도주가 적용되지 않는 경우
- 피해자가 부상 사실이 없거나 극히 경미하여 구호조치가 필요치 않는 경우
- 가해자 및 피해자 일행 또는 경찰관이 환자를 후송조치하는 것을 보고 연락처를 주고 가버린 경우
- 교통사고 가해운전자가 심한 부상을 입어 타인에게 의뢰하여 피해자를 후송조치한 경우
- 교통사고 장소가 혼잡하여 도저히 정지할 수 없어 일부 진행한 후 정지하고 되돌아와 조치한 경우

39 형법 제268조에서 업무상 과실 또는 중대한 과실로 인하여 사람을 사상에 이르게 한 자에 대한 벌칙은?

① 5년 이하의 금고 또는 2천만원 이하의 벌금
② 3년 이하의 금고 또는 1천만원 이하의 벌금
③ 1년 이하의 징역 또는 1천만원 이하의 벌금
④ 5년 이하의 징역 또는 3천만원 이하의 벌금

해설 ① 업무상 과실 또는 중대한 과실로 인하여 사람을 사상에 이르게 한 자는 5년 이하의 금고 또는 2천만원 이하의 벌금에 처한다(교통사고처리특례법 제3조).

40 보험회사 또는 공제조합 또는 공제조합의 사무를 처리하는 자가 서면을 허위로 작성한 때의 벌칙은?

① 3년 이하의 징역 또는 3천만원 이하의 벌금
② 3년 이하의 징역 또는 1천만원 이하의 벌금
③ 2년 이하의 징역 또는 2천만원 이하의 벌금
④ 2년 이하의 징역 또는 1천만원 이하의 벌금

해설 ② 보험회사 또는 공제조합의 사무를 처리하는 자가 서면을 허위로 작성한 경우에는 3년 이하의 징역 또는 1천만원 이하의 벌금에 처한다(교통사고처리특례법 제5조).

41 특정범죄가중처벌 등에 관한 법률상 피해자를 사망에 이르게 하고 도주하거나, 도주 후에 피해자가 사망한 경우의 처벌기준은?

① 5년 이하의 징역 또는 3천만원 이하의 벌금
② 3년 이하의 징역 또는 1천만원 이하의 벌금
③ 5년 이상의 징역 또는 무기징역
④ 5년 이상의 징역 또는 5천만원 이하의 벌금

해설 ③ 피해자를 사망에 이르게 하고 도주하거나, 도주 후에 피해자가 사망한 경우에는 무기 또는 5년 이상의 징역에 처한다(법 제5조의3).

42 특정범죄가중처벌 등에 관한 법률상 피해자를 상해에 이르게 하고, 피해자를 구호하는 등의 조치를 하지 아니하고 도주한 때의 처벌기준은?

① 3년 이상의 유기징역 또는 3천만원 이하의 벌금
② 2년 이상의 유기징역 또는 2천만원 이하의 벌금
③ 1년 이상의 유기징역 또는 3천만원 이상의 벌금
④ 1년 이상의 유기징역 또는 500만원 이상 3천만원 이하의 벌금

해설 ④ 피해자를 치상한 때에는 1년 이상의 유기징역 또는 500만원 이상 3천만원 이하의 벌금에 처한다(법 제5조의3).

43 음주 또는 약물의 영향으로 정상적인 운전이 곤란한 상태에서 자동차를 운전하고 사람을 상해에 이르게 한 자의 처벌기준은?

① 1년 이상 15년 이하의 징역 또는 3천만원 이하의 벌금
② 1년 이상 15년 이하의 징역 또는 1천만원 이상 3천만원 이하의 벌금
③ 5년 이상 20년 이하의 징역 또는 3천만원 이하의 벌금
④ 5년 이상 20년 이하의 징역 또는 1천만원 이상 3천만원 이하의 벌금

해설 ④ 음주 또는 약물의 영향으로 정상적인 운전이 곤란한 상태에서 자동차 등을 운전하여 사람을 상해에 이르게 한 사람은 1년 이상 15년 이하의 징역 또는 1천만원 이상 3천만원 이하의 벌금에 처한다(법 제5조의11).

정답 41 ③ 42 ④ 43 ②

44 특정범죄가중처벌 등에 관한 법률상 운행 중인 자동차의 운전자를 폭행 또는 협박한 사람의 처벌기준은?

① 5년 이하의 징역 또는 3천만원 이하의 벌금
② 5년 이하의 징역 또는 2천만원 이하의 벌금
③ 3년 이하의 징역 또는 2천만원 이하의 벌금
④ 3년 이하의 징역 또는 1천만원 이하의 벌금

해설 ② 운행 중인 자동차의 운전자를 폭행 또는 협박한 사람은 5년 이하의 징역 또는 2천만원 이하의 벌금에 처한다(법 제5조의10).

45 특정범죄가중처벌 등에 관한 법률상 공무원이 그 지위를 이용하여 다른 공무원의 직무에 속한 사항의 알선에 관하여 뇌물을 수수, 요구 또는 약속한 때(형법 제132조)의 처벌기준은?

① 5년 이하의 징역 또는 7년 이하의 자격정지
② 5년 이하의 징역 또는 5년 이하의 자격정지
③ 3년 이하의 징역 또는 5년 이하의 자격정지
④ 3년 이하의 징역 또는 7년 이하의 자격정지

해설 ④ 공무원이 그 지위를 이용하여 다른 공무원의 직무에 속한 사항의 알선에 관하여 뇌물을 수수, 요구 또는 약속한 때에는 3년 이하의 징역 또는 7년 이하의 자격정지에 처한다.

46 특정범죄가중처벌 등에 관한 법률상 공무원 또는 중재인이 그 직무에 관하여 부정한 청탁을 받고 제3자에게 뇌물을 공여하게 하거나 공여를 요구 또는 약속한 때(형법 제130조)의 처벌기준은?

① 5년 이하의 징역 또는 10년 이하의 자격정지
② 5년 이하의 징역 또는 7년 이하의 자격정지
③ 3년 이하의 징역 또는 5년 이하의 자격정지
④ 3년 이하의 징역 또는 3년 이하의 자격정지

해설 ① 공무원 또는 중재인이 그 직무에 관하여 부정한 청탁을 받고 제3자에게 뇌물을 공여하게 하거나 공여를 요구 또는 약속한 때에는 5년 이하의 징역 또는 10년 이하의 자격정지에 처한다.

47 특정범죄가중처벌 등에 관한 법률상 공무원의 직무에 속한 사항의 알선에 관하여 금품이나 이익을 수수·요구 또는 약속한 사람의 처벌기준은?
① 5년 이하의 징역 또는 3천만원 이하의 벌금
② 5년 이하의 징역 또는 1천만원 이하의 벌금
③ 5년 이하의 징역 또는 5년 이하의 자격정지
④ 3년 이하의 징역 또는 3년 이하의 자격정지

해설 ② 공무원의 직무에 속한 사항의 알선에 관하여 금품이나 이익을 수수·요구 또는 약속한 사람은 5년 이하의 징역 또는 1천만원 이하의 벌금에 처한다(법 제3조).

48 특정범죄가중처벌 등에 관한 법률상 가중처벌에 대한 설명 중 틀린 것은?
① 수뢰액이 1억원 이상인 경우에는 무기 또는 10년 이상의 징역
② 수뢰액이 5천만원 이상 1억원 미만인 경우에는 7년 이상의 유기징역
③ 수뢰액이 3천만원 이상 5천만원 미만인 경우에는 5년 이상의 유기징역
④ 수뢰액이 1천만원 이상 3천만원 미만인 경우에는 3년 이상의 유기징역

해설 가중처벌(법 제2조)
형법 제129조, 제130조 또는 제132조에 규정된 죄를 범한 자는 그 수수·요구 또는 약속한 뇌물의 가액에 따라 다음과 같이 가중처벌한다.
• 수뢰액이 1억원 이상인 경우에는 무기 또는 10년 이상의 징역에 처한다.
• 수뢰액이 5천만원 이상 1억원 미만인 경우에는 7년 이상의 유기징역에 처한다.
• 수뢰액이 3천만원 이상 5천만원 미만인 경우에는 5년 이상의 유기징역에 처한다.

49 다음 중 특정범죄가중처벌 등에 관한 법률 위반에 해당되지 않는 경우는?
① 사고 후 다른 사람의 명함을 주고 운행한 경우
② 아파트 내에 주차된 차량을 충격하였으나 피해가 없어 그냥 운행한 경우
③ 사고 직후 약 100m를 진행한 후에 되돌아 온 경우
④ 피해자인 어린이가 괜찮다고 해서 운행한 경우

해설 도주차량 운전자의 가중처벌(법 제5조의3)
운행 중 인적·물적 피해발생 후 도주한 경우는 ①, ③, ④가 해당된다.

정답 47 ② 48 ④ 49 ②

교육이란 사람이 학교에서 배운 것을 잊어버린 후에 남은 것을 말한다.

– 알버트 아인슈타인 –

PART 2
교통사고조사론

CHAPTER 01 현장조사
CHAPTER 02 인적조사
CHAPTER 03 차량조사

합격의 공식 *시대에듀* www.sdedu.co.kr

CHAPTER 01 현장조사

01 교통사고의 조사

(1) 조사의 목적 중요!
 ① 교통사고의 경감과 **교통안전을 확보**하기 위해서는 필요한 교통사고분석을 위한 자료를 갖추어야 한다.
 ② 적절한 도로 또는 교통 공학적 치료 및 예방조치가 취해질 수 있도록 사고에 관련된 인자를 결정한다.

(2) 사고조사 시 유의사항
 ① 사고조사는 사고발생 직후 그 현장에서 실시하는 경우가 많기 때문에 조사에 앞서 사고발생 직후의 상황을 보존하기 위해 필요한 조치, 즉 교통차단, 교통정리, 사고당사자 및 목격자를 확보해야 한다.
 ② 충돌지점, 당사자 및 당사 차량의 정지위치와 상태, 사고조사에 필요한 물건 등의 위치를 명확히 하기 위해 줄자, 필기구, 사진기 등을 사용한다.
 ③ 사고로 인한 부상자의 구호, 조사로 인해 교통지체 및 그로 인한 연쇄적으로 사고가 일어나지 않도록 유의하여야 한다.

(3) 사고조사단계
 ① 1단계 : 대량의 사고자료, 즉 주로 경찰의 통상적인 사고보고에 기초하여 수집한 자료의 분석과 관계된다. 이 자료를 조사함으로써 도로망상의 문제지점이 밝혀질 수 있으며 특정 지점이나 일련의 지점들에 걸쳐 광범위한 특성이 설정될 수 있다.
 ② 2단계 : 보완적 자료, 즉 경찰에 의해서 통상적으로 수집되지 않는 자료의 수집 및 분석과 관련된다. 보완적 자료는 특정유형의 사고, 특정유형의 도로사용자 또는 특정유형의 차량과 관련된 것들을 포함한 특정사고 문제의 보다 나은 이해를 얻는 것을 목적으로 할 수 있다.
 ③ 3단계 : 사고현장과 다방면의 전문가에 의해 수집된 심층자료의 분석을 요구하는 심층 다방면 조사와 관련된다. 그 목적은 충돌 전, 충돌 중 및 충돌 후 상황에 관련된 인자 및 얼개의 이해를 돕는 것이다. 조사팀은 의학, 인간공학, 차량공학, 도로 또는 교통공학, 경찰 등 일련의 전문분야의 전문가들로 구성된다.

(4) 사고조사 자료의 사용목적

① 사고가 많은 지점을 정의하고 이를 파악하기 위함이다.
② 어떤 교통통제대책이 변경되었거나 도로가 개선된 곳에서 사전·사후조사를 하기 위함이다.
③ 교통통제설비를 설치해 달라는 주민들의 요구 타당성을 검토하기 위함이다.
④ 서로 다른 기하설계를 평가하고 그 지역의 상황에 가장 적합한 도로, 교차로, 교통통제설비를 설계하거나 개발하기 위함이다.
⑤ 사고가 많은 지점을 개선하는 순위를 정하고 프로그램 및 스케줄화하기 위함이다.
⑥ 효과적인 사고감소 대책비용의 타당성을 검토한다.
⑦ 교통법규 및 용도지구의 변경을 검토한다.
⑧ 경찰의 교통감시 개선책의 필요성을 판단하기 위함이다.
⑨ 인도나 자전거 도로 건설의 필요성을 판단하기 위함이다.
⑩ 주차제한의 필요성이나 타당성을 검토하기 위함이다.
⑪ 가로조명 개선책의 타당성을 검토하기 위함이다.
⑫ 사고를 유발하는 운전자 및 보행자의 행동 중에서 교육으로 효과를 볼 수 있는 행동이 무엇인지를 파악하기 위함이다.
⑬ 종합적인 교통안전프로그램에 소요되는 기금을 획득하는 데 도움을 주기 위함이다.

(5) 교통사고 조사활동

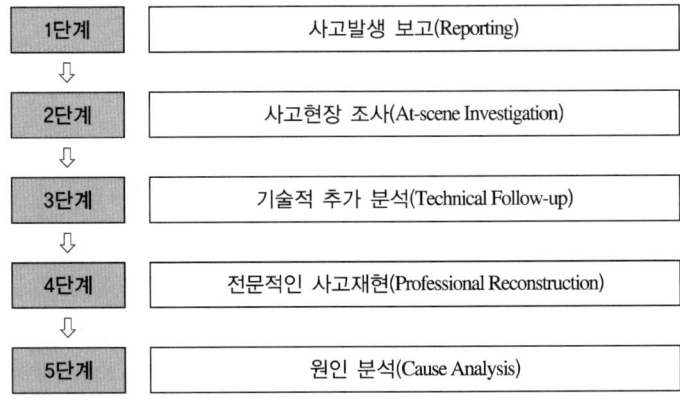

[교통사고 조사활동 5단계]

01 도로의 구조적 특성 이해

01 도로의 개념

(1) 정 의
도로라 함은 '도로법'에 의한 도로, '유료도로법'에 의한 유료도로, 그 밖의 일반교통에 사용되는 모든 곳을 말한다.

(2) 도로의 성립요건
① 형태성 : 차선의 설치, 도장, 노면의 균일성 유지 등 자동차, 기타 운송수단의 통행이 가능한 형태를 구비한 경우
② 이용성 : 사람의 왕복, 화물의 수송, 자동차 운행 등 공중의 교통영역으로 이용되고 있는 경우
③ 공개성 : 공중의 교통에 이용되고 있는 불특정 다수인 및 예상할 수 없을 정도로 바뀌는 숫자의 사람을 위하여 이용이 허용되고 실제 이용되고 있는 경우
④ 교통경찰권 : 공공의 안전과 질서유지를 위하여 교통경찰권이 발동될 수 있는 경우

02 도로의 분류

(1) 법령(도로법)에 의한 분류 중요!
도로란 일반인의 교통에 공용되는 도로로서 '도로법' 제10조에 열거된 도로(고속국도, 일반국도, 특별시도·광역시도, 지방도, 시도, 군도, 구도)를 말한다. 또한, 터널, 교량, 도선장, 도로용 엘리베이터 및 도로와 일체가 되어 그 효용을 다하게 하는 시설 또는 그 공작물을 포함한다.

(2) 도로의 구조·시설 기준에 관한 규칙(이하 '도로구조규칙')에 의한 분류 중요!
① 도로는 기능에 따라 주간선도로, 보조간선도로, 집산도로 및 국지도로로 구분한다.
② 도로는 지역 상황에 따라 지방지역도로와 도시지역도로로 구분한다.

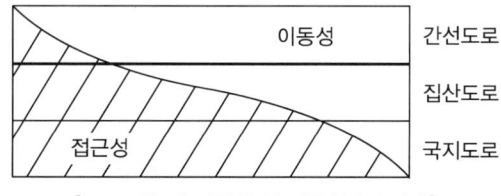

[도로 기능과 이동성 및 접근성과의 관계]

③ ①에 따른 도로의 기능별 구분과 '도로법' 제10조에 따른 도로의 종류의 상응 관계는 다음 표와 같다. 다만, 계획교통량, 지역 상황 등을 고려하여 필요하다고 인정되는 경우에는 도로의 종류를 다음 표에 따른 기능별 구분의 상위 기능의 도로로 할 수 있다.

도로의 기능별 구분	도로의 종류
주간선도로	고속국도, 일반국도, 특별시도·광역시도
보조간선도로	일반국도, 특별시도·광역시도, 지방도, 시도
집산도로	지방도, 시도, 군도, 구도
국지도로	군도, 구도

④ 종 류
  ㉠ 지방지역도로의 구분
   • 고속도로 : 지방지역에 존재하는 자동차전용도로로서, 대량의 교통을 빠른 시간 내에 안전하고 효율적으로 이동시키기 위한 도로
   • 주간선도로 : 전국 도로망의 주골격을 형성하는 주요도로로서, 인구 50,000명 이상의 주요도시를 연결하며 통행의 길이가 비교적 길며 통행밀도가 높은 도로
   • 보조간선도로 : 지역 도로망의 골격을 형성하는 도로로서, 주간선도로를 보완하거나 군 상호 간의 주요지점을 연결하는 도로
   • 집산도로 : 군 내부의 주요지점을 연결하는 도로로서, 군 내부의 주거단위에서 발생하는 교통량을 흡수하여 간선도로에 연결시키는 도로
   • 국지도로 : 군 내부의 주거단위에 접근하기 위한 도로로서, 통행거리가 짧고 기능상 최하위의 도로
  ㉡ 도시지역도로의 구분
   • 도시고속도로 : 도시지역에 존재하는 자동차전용도로
   • 주간선도로 : 도시지역 도로망의 주골격을 형성하는 도로로서, 도시 내 광역수송기능을 담당하고, 지역 간 간선도로의 도시 내 통과를 주기능으로 하는 도로
   • 보조간선도로 : 지구 내 집산도로를 통해 유출입되는 교통을 흡수하여 주간선도로에 연계시키는 도로로서, 접근성보다는 이동성이 상대적으로 높음
   • 집산도로 : 지구 내에서 국지도로를 통해 유출입되는 교통을 간선도로에 연계시키는 기능을 하며 간선도로에 비해 이동성보다 접근성이 높은 도로
   • 국지도로 : 주거단위에 직접 접근하는 도로로서 통과교통을 배제하고 접근성을 주기능으로 하는 도로

(3) 도시·군계획시설의 결정·구조 및 설치기준에 관한 규칙에 의한 도로의 분류(제9조)
  ① 도로의 사용 및 형태에 따른 구분
    ㉠ 일반도로
    ㉡ 자동차전용도로
    ㉢ 보행자전용도로

ⓔ 보행자우선도로
　　　ⓜ 자전거전용도로
　　　ⓑ 고가도로
　　　ⓢ 지하도로
　② 도로의 규모별 구분
　　　㉠ 광로 : 40m 이상
　　　㉡ 대로 : 25m 이상 40m 미만
　　　㉢ 중로 : 12m 이상 25m 미만
　　　㉣ 소로 : 12m 미만
　③ 도로의 기능에 따른 구분
　　　㉠ 주간선도로
　　　㉡ 보조간선도로
　　　㉢ 집산도로
　　　㉣ 국지도로
　　　㉤ 특수도로

(4) 노면재료에 의한 분류
토사도, 자갈도, 쇄석도, 역청 포장도, 시멘트 콘크리트 포장도, 블록 포장도 등

(5) 도로접근 규제에 의한 분류
고속도로, 공원도로, 고속화도로 등

03 도로의 구조 및 시설기준

교통사고의 주원인이 되는 3요소는 사람·차량·도로환경인데, 이 중 도로요소에서 도로환경의 구조적 결함, 도로 기하구조의 불량, 운전자의 인간공학적 측면을 고려하지 않은 구조적 조건 등에 의한 사고도 적지 않다. 도로결함을 최소화하기 위해서는 도로구조와 교통사고를 연관시킬 수 있는 지역, 즉 평면선형의 곡선부, 경사구간, 횡단폭이 좁거나 교통조건에 부합하지 못하는 불합리한 지역, 시거불량 지역의 기하구조와 교통사고 자료를 분석하여 그 상호관계를 규명하는 것이 필요하다.

도로의 기하구조는 직접적으로 운전자에게 영향을 미치는 사항인데, 기하구조의 요소로는 도로의 구배·선형·교차로(평면교차의 입체교차) 등이 있으며, 특히 설계기준자동차의 구분에 따른 도로를 설치하여야 한다.

(1) 설계기준 자동차(도로구조규칙 제5조)

① 도로의 구분에 따른 설계기준 자동차

도로의 기능별 구분	설계기준 자동차
주간선도로	세미트레일러
보조간선도로 및 집산도로	세미트레일러 또는 대형자동차
국지도로	대형자동차 또는 승용자동차

② 우회할 수 있는 도로(해당 도로의 기능이나 그 상위 기능을 갖춘 도로만 해당한다)가 있는 경우에는 도로의 구분에 관계없이 대형자동차나 승용자동차 또는 소형자동차를 설계기준 자동차로 할 수 있다.

> **이해 더하기**
>
> **자동차의 용도 산정**
> - 주로 설계속도에 의하여 교차로의 회전반지름과 하중에 따른 포장구조결정, 도로시설, 교통량 등을 산정하여야 한다.
> - 자동차의 치수, 성능과 도로의 폭, 곡선 부착폭, 동단 경사, 시거 등이 영향을 줄 수 있다.
> - 소형차량은 시거 등 기준이 필요하다.
> - 대형자동차 및 트레일러는 폭원 곡선부의 확보, 종단경사, 교차로 선계 등을 고려하여 결정하여야 한다.

③ 설계기준 자동차의 종류별 제원(단위 : m)

구 분	전 폭	전 고	전 장	축간거리	앞내민길이	뒤내민길이	최소회전반경
승용자동차	1.7	2.0	4.7	2.7	0.8	1.2	6.0
소형자동차	2.0	2.8	6.0	3.7	1.0	1.3	7.0
대형자동차	2.5	4.0	13.0	6.5	2.5	4.0	12.0
세미트레일러	2.5	4.0	16.7	• 앞축간거리 4.2 • 뒤축간거리 9.0	1.3	2.2	12.0

㉠ 축간거리 : 앞바퀴 차축의 중심으로부터 뒷바퀴 차축의 중심까지의 길이
㉡ 앞내민길이 : 자동차의 앞면으로부터 앞바퀴 차축의 중심까지의 길이
㉢ 뒤내민길이 : 자동차의 뒷면으로부터 뒷바퀴 차축의 중심까지의 길이

(2) 설계속도(도로구조규칙 제8조)

① 설계속도는 도로의 기능별 구분 및 지역별 구분(도시지역 및 지방지역의 구분을 말한다)에 따라 다음 표의 속도 이상으로 한다. 다만, 지형 상황 및 경제성 등을 고려하여 필요한 경우에는 다음 표의 속도에서 시속 20km 이내의 속도를 뺀 속도를 설계속도로 할 수 있다.

도로의 기능별 구분		설계속도(km/h)			
		지방지역			도시지역
		평 지	구릉지	산 지	
주간선도로	고속국도	120	110	100	100
	그 밖의 도로	80	70	60	80
보조간선도로		70	60	50	60
집산도로		60	50	40	50
국지도로		50	40	40	40

② ①에도 불구하고 자동차전용도로의 설계속도는 시속 80km 이상으로 한다. 다만, 자동차전용도로가 도시지역에 있거나 소형차도로일 경우에는 시속 60km 이상으로 할 수 있다.

(3) 차로(도로구조규칙 제10조)

① 차로의 폭은 차선의 중심선에서 인접한 차선의 중심선까지로 한다.

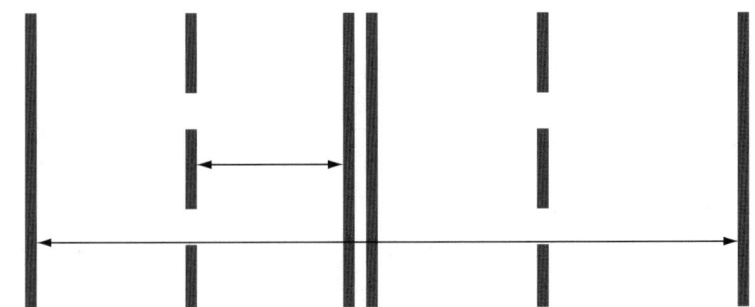

② 도로의 구분, 설계속도 및 지역에 따라 다음 표의 폭 이상으로 한다.

설계속도(km/h)	차로의 최소 폭(m)		
	지방지역	도시지역	소형차도로
100 이상	3.50	3.50	3.25
80 이상	3.50	3.25	3.25
70 이상	3.25	3.25	3.00
60 이상	3.25	3.00	3.00
60 미만	3.00	3.00	3.00

③ 다만, 다음 어느 하나에 해당하는 경우 다음 구분에 따른 차로폭 이상으로 하여야 한다.
　㉠ 설계기준자동차 및 경제성을 고려하여 필요한 경우 : 3m
　㉡ '접경지역 지원 특별법'에 따른 접경지역에서 전차, 장갑차 등 군용차량의 통행에 따른 교통사고의 위험성을 고려하여 필요한 경우 : 3.5m

④ 회전차로의 폭은 3m 이상을 원칙으로 하되, 필요하다고 인정되는 경우에는 2.75m 이상으로 할 수 있다.

⑤ 도로에는 '도로교통법' 제15조에 따라 자동차의 종류 등에 따른 전용차로를 설치할 수 있다.

(4) 차로의 분리(도로구조규칙 제11조)

① 도로에는 차로를 통행의 방향별로 분리하기 위하여 중앙선을 표시하거나 중앙분리대를 설치하여야 한다.
② 4차로 이상의 도로에 중앙분리대를 설치할 경우 그 폭은 설계속도 및 지역에 따라 다음 표의 값 이상으로 한다(자동차전용도로의 경우는 2m 이상). 중요!

설계속도(km/h)	중앙분리대의 최소 폭(m)		
	지방지역	도시지역	소형차도로
100 이상	3.0	2.0	2.0
100 미만	1.5	1.0	1.0

③ 중앙분리대에는 측대를 설치하여야 한다. 이 경우 측대의 폭은 설계속도가 시속 80km 이상인 경우는 0.5m 이상으로, 시속 80km 미만인 경우는 0.25m 이상으로 한다.
④ 중앙분리대의 분리대에 노상시설을 설치하는 경우 중앙분리대의 폭은 제18조에 따른 시설한계가 확보되도록 정하여야 한다.
⑤ 차로를 왕복방향별로 분리하기 위하여 중앙선을 두 줄로 표시를 하는 경우 각 중앙선의 중심 사이의 간격은 0.5m 이상으로 한다.

(5) 길어깨(도로구조규칙 제12조)

① 도로에는 가장 바깥쪽 차로와 접속하여 길어깨를 설치하여야 한다. 다만, 보도 또는 주정차대가 설치되어 있는 경우에는 이를 설치하지 아니할 수 있다.
② 차로의 오른쪽에 설치하는 길어깨의 폭은 설계속도 및 지역에 따라 다음 표의 폭 이상으로 하여야 한다. 다만, 오르막차로 또는 변속차로 등의 차로와 길어깨가 접속되는 구간에서는 0.5m 이상으로 할 수 있다. 중요!

설계속도(km/h)	오른쪽 길어깨의 최소 폭(m)		
	지방지역	도시지역	소형차도로
100 이상	3.00	2.00	2.00
80 이상 100 미만	2.00	1.50	1.00
60 이상 80 미만	1.50	1.00	0.75
60 미만	1.00	0.75	0.75

③ 일방통행도로 등 분리도로의 차로 왼쪽에 설치하는 길어깨의 폭은 설계속도 및 지역에 따라 다음 표의 폭 이상으로 한다.

설계속도(km/h)	차도 왼쪽 길어깨의 최소 폭(m)	
	지방지역 및 도시지역	소형차도로
100 이상	1.00	0.75
80 이상 100 미만	0.75	0.75
80 미만	0.50	0.50

④ ②ㆍ③에도 불구하고 터널, 교량, 고가도로 또는 지하차도에 설치하는 길어깨의 폭은 설계속도가 시속 100km 이상인 경우에는 1m 이상으로, 그 밖의 경우에는 0.5m 이상으로 할 수 있다. 다만, 길이 1,000m 이상의 터널 또는 지하차도에서 오른쪽 길어깨의 폭을 2m 미만으로 하는 경우에는 750m 이내의 간격으로 비상주차대를 설치해야 한다.
⑤ 길어깨에는 측대를 설치하여야 한다. 이 경우 측대의 폭은 설계속도가 시속 80km 이상인 경우에는 0.5m 이상으로, 80km 미만이거나 터널인 경우에는 0.25m 이상으로 한다.
⑥ 길어깨에 접속하여 노상시설을 설치하는 경우 노상시설의 폭은 길어깨의 폭에 포함하지 않는다.
⑦ 길어깨에는 긴급구난차량의 주행 및 활동의 안전성 향상을 위한 시설의 설치를 고려해야 한다.

(6) 보도(도로구조규칙 제16조)
① 보행자의 안전과 자동차 등의 원활한 통행을 위하여 필요하다고 인정되는 경우에는 도로에 보도를 설치하여야 한다. 이 경우 보도는 연석이나 방호울타리 등의 시설물을 이용하여 차도와 물리적으로 분리하여야 하고, 필요하다고 인정되는 지역에는 이동편의시설을 설치하여야 한다.
② 차도와 보도를 구분하는 기준
  ㉠ 차도에 접하여 연석을 설치하는 경우 그 높이는 25cm 이하로 할 것
  ㉡ 횡단보도에 접한 구간으로서 필요하다고 인정되는 지역에는 이동편의시설을 설치하여야 하며, 자전거도로에 접한 구간은 자전거의 통행에 불편이 없도록 할 것
③ 보도의 유효폭은 보행자의 통행량과 주변 토지 이용 상황을 고려하여 결정하되, 최소 2m 이상으로 하여야 한다. 다만, 지방지역의 도로와 도시지역의 국지도로는 지형상 불가능하거나 기존 도로의 증설ㆍ개설 시 불가피하다고 인정되는 경우에는 1.5m 이상으로 할 수 있다.
④ 보도는 보행자의 통행 경로를 따라 연속성과 일관성이 유지되도록 설치하며, 보도에 가로수 등 노상시설을 설치하는 경우 노상시설 설치에 필요한 폭을 추가로 확보하여야 한다.

(7) 평면곡선부 편경사(도로구조규칙 제21조)
① 차도의 평면곡선부에는 도로가 위치하는 지역, 적설 정도, 설계속도, 평면곡선 반지름 및 지형상황 등에 따라 다음 표의 비율 이하의 최대 편경사를 두어야 한다.

구 분		최대 편경사(%)
지방지역	적설ㆍ한랭지역	6
	기타 지역	8
도시지역		6
연결로		8

② 편경사를 두지 아니할 수 있는 경우
  ㉠ 평면곡선 반지름을 고려하여 편경사가 필요없는 경우
  ㉡ 설계속도가 시속 60km 이하인 도시지역의 도로에서 도로 주변과의 접근과 다른 도로와의 접속을 위하여 부득이하다고 인정되는 경우

③ 편경사의 회전축으로부터 편경사가 설치되는 차로 수가 2개 이하인 경우의 편경사의 접속설치길이는 설계속도에 따라 편경사 최대 접속설치율에 의하여 산정된 길이 이상이 되어야 한다.
④ 편경사의 회전축으로부터 편경사가 설치되는 차로 수가 2개를 초과하는 경우의 편경사의 접속설치길이는 ③에 따라 산정된 길이에 보정계수를 곱한 길이 이상이 되어야 하며, 노면의 배수가 충분히 고려되어야 한다.

(8) 완화곡선 및 완화구간
설계속도가 시속 60km 이상인 도로의 평면곡선부에는 완화곡선을 설치하여야 한다.

(9) 종단경사
종단경사란 도로의 진행방향으로 설치하는 경사로서 중심선의 길이에 대한 높이의 변화 비율을 말한다.

(10) 횡단경사(도로구조규칙 제28조)
① 차로의 횡단경사는 배수를 위하여 포장의 종류에 따라 규정의 비율로 하여야 한다. 다만, 편경사가 설치되는 구간은 편경사 설치기준에 의한다.
② 보도 또는 자전거도로의 횡단경사는 2% 이하로 한다. 다만, 지형상황 및 주변 건축물 등으로 인하여 부득이하다고 인정되는 경우에는 4%까지 할 수 있다.
③ 길어깨의 횡단경사와 차로의 횡단경사의 차이는 시공성, 경제성 및 교통안전을 고려하여 8% 이하로 하여야 한다. 다만, 측대를 제외한 길어깨폭이 1.5m 이하인 도로, 교량 및 터널 등의 구조물 구간에서는 그 차이를 두지 않을 수 있다.

04 도로선형

(1) 도로선형의 개요
도로에서 선형이라 함은 도로의 중심선이 입체적으로 그리는 연속된 형상으로서 평면적으로 본 도로중심선의 형성을 평면선형, 종단적으로 본 도로중심선의 형상을 종단선형이라 한다.

(2) 평면선형
평면상에서 어느 정도의 곡선으로 된 도로인가를 나타내는 척도로 지형적인 여건으로 인해 발생하는 것으로 도로가 직선에 가까우면 선형이 좋고, 꼬불꼬불하면 선형이 좋지 못하다. 이는 곡선 반경으로 나타내며 숫자가 크면 선형이 좋다.
① 곡선반경(Radius)
② 편구배(Superelevation)

③ 곡선장(CL ; Curve Length)
④ 완화구간

(3) 종단선형(Vertical Alignment)
도로가 진행방향으로 어느 정도 기울어져 있느냐(즉, 얼마나 오르막이거나 내리막이냐)를 나타내는 척도로 지형상의 여건으로 인해 발생하며, 종단경사의 숫자로 나타내는데 숫자가 크면 종단선형이 좋지 못하고 작으면 종단선형이 좋다.

05 시거(Sight Distance)

(1) 시거의 개념
① 운전자가 자동차 진행 방향의 전방에 있는 장애물 또는 위험요소를 인지하고 제동을 걸어 정지 또는 장애물을 피해서 주행할 수 있는 길이를 말한다.
② 시거는 주행상의 안전이나 쾌적성의 확보에 중요한 요소이며 차로 중심의 연장선을 따라 측정한 길이이다.
③ 시거에는 정지시거, 앞지르기시거가 있으나 우리나라에서는 정지시거가 설계의 기본이 된다(차선 주의).

(2) 정지시거
① 정지시거란 운전자가 같은 차로 위에 있는 고장차 등의 장애물을 인지하고 안전하게 정지하기 위하여 필요한 거리로서 차로 중심선 위의 1m 높이에서 그 차로의 중심선에 있는 높이 15cm 물체의 맨 윗부분을 볼 수 있는 거리를 그 차로의 중심선에 따라 측정한 길이를 말한다.
  ㉠ 도로 중심선상 1m 높이에서 15cm 장애물의 가시거리
  ㉡ 운전자가 앞쪽의 장애물을 인지하고 위험하다고 판단하여 제동장치를 작동시키기까지의 주행거리(반응시간 동안의 주행거리)와 운전자가 브레이크를 밟기 시작하여 자동차가 정지할 때까지의 거리(제동정지거리)를 합산한다.
② 정지시거는 교통사고 조사 시 모든 제동거리 및 속도 추정 시에 참고가 되며, 반응시간, 타이어의 조건, 노면조건, 제동조건, 도로구조, 도로장애물에 따라 크게 영향을 받는다.
③ 도로에는 그 도로의 설계속도에 따라 규정 길이 이상의 정지시거를 확보하여야 한다.

> **Plus Tip**
> 정지시거의 의의, 정지시거의 3요소는 알고 있어야 한다.
> **정지시거의 3요소**
> • 위험요소판단시간
> • 제동장치를 작동시킨 후 자동차가 정지하는 데 걸리는 시간
> • 반응시간

(3) 앞지르기시거

① 앞지르기시거란 2차로 도로에서 저속 자동차를 안전하게 앞지를 수 있는 거리로서 차로의 중심선 상 1m의 높이에서 반대쪽 차로의 중심선에 있는 높이 1.2m의 반대쪽 자동차를 인지하고 앞차를 안전하게 앞지를 수 있는 거리를 도로 중심선에 따라 측정한 길이를 말한다.
② 차마의 운전자가 다른 차마를 앞지르기 시작한 후에 마주오는 차마가 감속하지 않고도 안전하고 용이하게 앞지르기를 완료할 수 있는 최소시거를 말한다.
③ 2차로 도로에서 앞지르기를 허용하는 구간에서는 설계속도에 따라 규정의 길이 이상의 앞지르기 시거를 확보하여야 한다.

02 사고원인과 관련한 도로의 상황

01 도로의 기하구조와 교통안전시설 요인

(1) 도로의 기하구조 요인
① 주행안전을 위한 곡선반경의 적정설치 여부
② 곡선의 길이가 핸들조종에 무리가 없도록 설치되어 있는지의 여부
③ 위험회피 등 안전성을 위한 충분한 시거가 확보되어 있는지의 여부
④ 곡선부의 확폭 및 편경사의 설치가 적정한지의 여부
⑤ 평면선형과 종단선형 또는 그 조합이 운전자에게 착각을 일으킬 수 있는 구조인지의 여부
⑥ 교차로의 교차각 및 종단구배의 설치가 적정한지의 여부
⑦ 기타 도로의 기하구조에 문제점이 있는지의 여부

(2) 도로의 교통안전시설 요인
① 빙판길, 빗길의 미끄럼에 대한 방지요인의 사전인지 가능성 여부 및 미끄럼 제거의 신속성 여부
② 중앙분리대, 가드레일, 콘크리트옹벽 등 방호울타리의 적정설치 여부
③ 갈매기표지, 반사체, 유도봉 등 시선유도시설의 적정설치 여부
④ 미끄럼방지시설, 충격흡수시설, 과속방지시설 등의 적정설치 여부
⑤ 도로안전표지, 노면표시 등의 적정설치 여부
⑥ 기타 교통안전을 위한 도로안전시설의 적정설치 여부

02 교통사고 발생 시 기본적인 조사항목 중요!

조사항목	조사내용	세부조사내용		
위치 파악	사고발생지점 파악	• 도로의 이름과 번호(예 1번 국도)		
		• 도로의 지점 및 지번표기(예 경부고속도로 하행선 60km 지점)		
도로의 특징 파악	도로의 형태	• 도로의 종류	• 합·분류 상황	• 진·출입 위치
	기하구조	• 차로수 • 보도 유무 • 곡선반경 • 횡단구배 • 종단곡선	• 차로폭 • 길가장자리 • 도로확폭 • 완화구간 • 정지시거	• 중앙분리대 • 포장 여부 • 편구배 • 종단구배 • 노변장애물
	포장재질	• 아스팔트포장 상태	• 미끄럼방지포장 여부	• 콘크리트 상태
	교통안전시설 및 도로부대시설	• 교통안전표지 • 표지병 • 가드레일 • 충격완화시설	• 노면표지 • 시설유도봉·도표지 • 장애물 표적표시 • 경보등	• 가로등 • 방호벽 • 도로안내표지 • 가변표지판
	도로구조물	• 교 량 • 지하차도	• 터널 유무	• 고가도로
	교통통제 및 운영상태	• 가변차로제 • 속도제한구역	• 버스전용차로	• 공사구역
사고 당시 조건	기상조건	• 맑 음 • 안 개	• 강 설 • 강 우	• 흐 림
	노면조건	• 모 래 • 습 윤	• 자 갈 • 빙 설	• 흙의 노상산재
	일광조건	• 일출(새벽) • 밤	• 낮	• 일몰(저녁)
	가변성 장애(사진촬영)	• 관 목 • 잡 초 • 노상적재물 • 안내판	• 울타리 • 눈더미 • 주정차	• 작 물 • 건석자재 • 차량임시
	시계, 섬광, 태양 및 기타	–		
도로상의 사고결과	사고차량 및 탑승자의 최종위치	• 이동되지 않은 위치 • 이동된 위치		
	타이어 자국	• 스키드마크 : 미끄러진 타이어 자국 • 스커프마크 : 끌린 타이어 자국 • 임프린트 : 새겨진 타이어 자국 • 요마크 : 바퀴가 돌면서 옆으로 미끄러진 타이어 자국, 금속성 물체에 의한 흔적		
	금속성 물체에 의한 흔적	• 파인 홈 자국(Gouges) • 긁힌 자국(Scratch)		
	충돌 후 잔존물	• 하체 잔존물 • 차량 부품조각	• 차체 패널조각 • 차량 적재물	• 차량용 액체 • 도로재질
	고정물체에 나타난 자국	• 가드레일 • 고정된 시설물	• 가로수	• 전신주
	자동차가 도로를 이탈한 자국	• 추 락	• 전 복	• 전 도

03 사고흔적의 용어와 특성

01 사고현장조사

(1) 노상에서 발견되는 흔적들

① 차량 및 사상자의 최종위치
  ㉠ 사고차량들의 최종정지위치(Final Position)
    - 충돌사고 후 사고차량이 최종적으로 멈춰 선 위치로 양차량이 최종적으로 멈춰선 위치와 방향, 자세각 등을 통해 충돌 후 진행궤적, 충돌 후 속도 등을 역추리할 수 있는 자료로 활용된다.
    - 사고차량의 최종정지위치를 결정할 때에는 이것이 사고 후 운전자 또는 제3자 등에 의해 인위적으로 옮겨진 것인지의 여부를 명확히 해야만 한다.
  ㉡ 보행자 또는 차 내 승차자의 전도위치
    - 충돌 후 튕겨 나간 보행자 또는 충돌 후 앞유리 등을 통해 밖으로 방출된 승차자의 최종 전도위치이다.
    - 보행자의 최종위치는 보행자의 충돌 후 거동(擧動)특성이나 튕겨 나간 속도 등을 추정할 수 있는 자료로 활용될 수 있다.
    - 승차자의 전도위치는 충돌 후 차량의 회전방향 및 운동경로를 해석하는 데 유용한 자료가 된다.

② 타이어 자국(Tire Mark)
  ㉠ 스키드마크(Skid Mark) : 교통사고를 해석하는 데 가장 중요한 자료 중의 하나로 타이어 자국은 보통 노면 위에서 타이어가 잠겨 미끄러질 때 나타난다.
  ㉡ 스커프마크(Scuff Mark) : 타이어가 잠기지 않고 구르면서 옆으로 미끄러지거나 짓눌리면서 끌린 형태로 나타난다.
  ㉢ 프린트마크(Print Mark) : 타이어가 정상적으로 구르면서 타이어 접지면(Tread) 형상이 그대로 나타난다.
  ㉣ 타이어 자국은 길이, 방향, 문양 등을 통해 차량의 속도, 충돌지점, 차량의 운동형태 등을 파악할 수 있다.

③ 금속 자국 : 파인 자국, 긁힌 자국

④ 낙하물
  ㉠ 하체 부착물 : 진흙, 녹, 페인트, 눈, 자갈 등
  ㉡ 차량용 액체 : 냉각수, 연료, 배터리용액 등
  ㉢ 차량의 부속
  ㉣ 차량적재물
  ㉤ 도로재질

⑤ 파손된 고정대상물 : 도로상의 고정물체 파손 정도 등
⑥ 차량의 도로 이탈 흔적 : 추락, 전도, 전복 등

이해 더하기

종 류		내 용
Skid Mark (미끄러진 자국)	Skip.SM	자동차의 바퀴가 구르지 않고 정지한 채 미끄러지며 형성된 타이어 흔적
	Gap.SM	
Scuff Mark (끌린 자국)	Yaw Mark	자동차 바퀴가 구르면서 옆으로 미끄러지며 형성된 흔적
	Flat Tire Mark	바퀴 접지면이 넓어져 노면에 생긴 흔적
	가속 Mark (Acceleration)	바퀴가 제자리에서 구르면서 형성된 흔적
Tire Print		비포장 진흙길이나 눈길, 잔디나 풀로 덮인 노면에 타이어 트레드가 프린트(찍힌) 흔적
Scar Mark	Scratches(긁힌 자국)	차량의 금속부위가 노면과 접하며 생기는 흔적
	Gouge(파인 자국)	

(2) 곡률반경

① 곡률과 곡률반경은 그 개념이 상반된 용어이다.
② 양자 모두 곡선의 굽은 정도를 나타낸다.
③ 곡률이 크다는 것은 커브가 급하다는 말이고, 곡률반경이 크다는 것은 커브가 완만하다는 것을 의미한다.

02 교통사고의 물리적 흔적

교통사고의 현장에는 파손된 사고차량, 보행자 또는 차 안에서 튕겨 나간 승차자, 파손잔존물, 액체잔존물, 타이어 자국과 노면의 패이고, 긁힌 흔적 등의 물리적 흔적이 복잡하게 뒤엉켜 나타나게 되고, 이러한 물리적 흔적들은 사고를 보다 구체적으로 파악하고 종합적으로 재구성(Reconstruction)하는 데 중요한 물적 증거가 된다.

(1) 타이어 흔적 중요!

① 스키드마크(Skid Mark) : 스키드마크는 타이어가 노면 위에서 잠겨(Lock) 미끄러질 때 나타나는 자국으로 운전자의 브레이크 조작(차량의 제동)과 관련된 흔적이다. 스키드마크는 차량의 중량특성, 운전조작특성, 도로의 형상, 타이어의 마모, 공기압 등의 구조적 특성과 외란의 작용 여부, 충돌유형 등에 따라 다양한 형태로 나타나며 주요 발생형태는 다음과 같다.

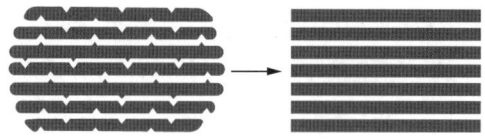

[미끄럼의 활주흔]

사진출처 : 한국도로교통공단 교통사고조사매뉴얼

[스키드마크]

㉠ 스키드마크 일반
- 활주흔으로 바퀴가 고정된 상태에서 미끄러진 경우에 생기는 것이다.
- 바퀴는 구르지 않고 타이어가 미끄러질 때 생성된다.
- 마크의 수는 대체로 4개 또는 3·2·1개이고 좌우타이어는 동일하게 뚜렷하다.
- 앞쪽 타이어가 뚜렷하고 마크의 폭은 직선인 경우 타이어의 폭과 동일하다.
- 스키드마크의 시작은 대체로 급격히 시작되고 끝은 대체로 급격히 끝난다.
- 항상 타이어의 리브(Rib)마크와 같고, 타이어 가장자리 쪽이 가끔 진하다.
- 마크의 길이는 수십cm에서 150m까지이다.

㉡ 스키드마크의 종류 **중요!**

전형적인 스키드마크	자동차가 주행 중에 급제동을 하게 되면 바퀴의 회전이 멈추면서 타이어가 노면에 미끄러져 거의 일직선으로 자국을 남기게 되는 것
스킵(Skip) 스키드마크	• 스키드마크가 진했다 엷어지는 현상 • 차륜제동흔적이 직선(실선)으로 연결되지 않고 흔적의 중간중간이 규칙적으로 끊어져 점선과 같이 보이는 흔적이다. • 연속인 제동흔적으로 파악하여 스키드마크와 같이 흔적 전 길이를 속도산출에 적용한다. • 타이어 흔적은 크게 3가지 요인(제동 중 바운싱, 노면상의 융기물 또는 구멍, 충돌)에 의해 만들어진다.
갭(Gap : 중간이 끊긴) 스키드마크	• 이격거리가 형성된 현상을 가리킨다. • 스키드마크의 중간부분(통상 3m 내외)이 끊어지면서 나타난다. • 운전자가 전방의 위급상황을 발견하고 브레이크를 작동하여 자동차의 바퀴가 회전을 멈춘 상태로 노면에 미끄러지는 과정에서 브레이크를 중간에 풀었다가 다시 제동할 때 발생하는 타이어 자국이다. • 주로 주행하던 차량이 보행자 혹은 자전거와 충돌할 경우 흔히 발생한다.

측면으로 구부러진 스키드마크	• 전형적인 스키드마크는 대체로 직선으로 나타나지만, 간혹 직선으로 나타나던 스키드 마크가 끝날 무렵에 급격하게 방향이 바뀌며 꺾이면서 구부러진 형태로 나타나는 현상이다. • 차량의 한쪽 바퀴에 제동이 더 크게 걸렸을 때도 구부러지며, 한쪽 바퀴는 마찰계수가 크고 한쪽 바퀴는 마찰계수가 작은 경우에도 마찰계수가 높은 노면으로 스키드마크가 심하게 구부러진다.
곡선형태를 이룬 스키드마크	• 차량이 회전하려고 하거나 위험상황이 돌출하여 피하려고 핸들을 과조작하며, 브레이크를 제동하게 되면 주로 발생하게 된다. • 한쪽 바퀴는 포장도로 등 높은 마찰의 노면상에 있고 다른 한쪽 바퀴는 자갈, 잔디, 눈 등 낮은 마찰의 노면상에 있을 경우, 즉 노면마찰력의 차이가 생길 경우 곡선형태를 이룬 스키드마크가 발생한다.
충돌 스키드마크	• 차량에 제동이 걸려 바퀴가 잠길 때 생성되는 것이 아니라 차량이 파손되었을 때 갑작스럽게 생성되는 것으로 이 마크가 선명하게 나타나는 경우는 차량 충돌 시 노면에 미치는 타이어의 압력이 순간적으로 크게 증가하기 때문이다. • 자동차가 심하게 충돌하게 되면 차량의 손괴된 부품이 타이어를 꽉 눌러 그 회전을 방해하고 동시에 충돌에 의해 지면을 향한 큰 힘이 작용한다. 이때, 타이어와 노면 사이에 순간적으로 강한 마찰력이 발생되면서 나타나는 현상으로 최초접촉 지점을 알려주는 최고의 증거이다.
토잉 스키드마크	견인 시 견인되는 차량에 의해 생기는 스키드마크이다.
가열된 타이어마크	젖은 노면에서 생기는 타이어 흔적이다.
임펜딩 스키드마크	시작과 끝이 구별하기 힘들거나 잘 보이지 않는 타이어 흔적이다.

> **이해 더하기**
>
> **사고 직전의 속력 추정과 진행방향**
> • 스키드마크의 속력을 계산하는 근거는 에너지 보존의 법칙과 속도-가속도 이론에 의해서이다. 그러나 스키드마크의 시작점은 사람의 눈으로 식별하기 어려운 흔적을 남기면서 형성되므로 실제 나타난 흔적만을 계산하면 실제 속력보다 적은 수치의 속력이 산출됨을 유의해야 한다.
> • 스키드마크의 방향에 따라 사고차량 진행방향을 추정할 수 있는데 11시, 1시 방향의 경우는 진로변경으로 추정한다.
> • 12시 방향으로 스키드마크가 난 경우는 곧바로 진행한 것으로 추정하고 12시 방향으로 진행하다 좌우로 급변한 경우는 급제동하며 피하던 중 사고가 난 것으로 간주한다.
> • 사고차량의 사고 당시의 속력을 추정하는 방법은 크게 2가지가 있다.
>   - 사고충격으로 인한 차량의 변형상태로 추정속력을 산출하는 것이다.
>   - 최근에 많이 활용되고 있는 방법은 노면에 나타난 스키드마크(Skid Mark)를 이용하는 것이다. 즉, 노면에 나타난 타이어 흔적의 길이가 얼마인가로 사고 당시의 속력을 추정하는 것이다.
> • 스키드마크의 길이를 통해 제동직전의 속도를 추정할 수 있는데 그 공식은 아래와 같다.
> $$(\text{제동직전속도}) \ v = \sqrt{2 \cdot \mu \cdot g \cdot d} \, (\text{m/s})$$
> (μ : 마찰계수, g : 중력가속도, v : 제동직전속도, d : 스키드마크의 길이)

ⓒ 스키드마크의 특성
- 스키드마크는 **직선형태(Straight)**이다. 하지만, 낮은 도로면 쪽으로 기울어질 수 있다.
- 좌우 타이어가 같은 폭과 같은 어둡기(Dark)를 나타낸다.
- 앞바퀴의 스키드마크가 일반적으로 뒷바퀴보다 현저하다.
- 어디에서 시작되었든 간에 스키드마크는 타이어 트레드(Tread) 너비이며, 때때로 타이어 폭보다 조금 넓다. 그러나 결코 좁지는 않다.
- 스키드마크의 끝은 거의 갑작스러우며, 자동차가 정지한 위치나 사고 발생지점을 알 수 있다.
- 두 타이어의 마크가 평행하며, 종종 타이어 자국 사이에 줄(Striations)을 볼 수 있다.
- 타이어 바깥쪽이 타이어의 중간 부분보다 때때로 짙게 나타나지만 대부분 모든 부분이 거의 같게 나타난다.

ⓔ 스키드마크(Skid Mark)의 길이를 다르게 만드는 4가지 요소
- 온도 : 높은 온도의 타이어나 포장도로는 낮은 온도일 때보다 쉽게 미끄러질 수 있다. 짙은 스키드마크(Skid Mark)를 남긴다.
- 무게 : 하중이 많이 작용한 타이어는 짙은 마크를 만들며 또한 마찰열의 발생이 많다. 이것은 표면의 온도를 증가시킨다.
- 타이어의 재질 : 몇몇의 타이어는 부드러운 재질로 되어 있으며 이것은 미끄러질 때 타이어마크를 발생하기 쉽다.
- 타이어 트레드(Tread) 설계 : 같은 하중과 같은 압력하에서 좁은 그루브(Groove)를 가진 타이어는 스노(Snow)타이어보다 도로표면에 많은 면적을 차지하게 된다. 이것은 넓은 트레드(Tread)를 가진 타이어와 같다.

ⓜ 스키드마크의 수명에 영향을 주는 요소 : **흔적의 종류, 도로구조 및 보수, 날씨, 타이어의 특성, 교통량**

ⓗ 스키드마크의 적용방법
- 스키드마크의 색깔이 진했다 엷어질 경우 이는 연속된 스키드마크로 간주한다.
- 스키드마크의 좌우 길이가 각각 다른 경우에는 좌우 길이 중 긴 것으로 적용(편제동 시는 좌우 길이를 더하여 1/2로 적용)한다.
- 스키드마크의 수가 바퀴 수와 다를 때는 가장 긴 스키드마크를 적용(편제동 시는 길이를 전부 더하여 바퀴 수로 나누어 적용)하게 된다.
- 스키드마크가 중간에 끊어진 경우는 차량진동에 의해 생긴 경우와 제동을 풀었다 건 경우에 따라 각각 적용이 달라진다. 전자는 이격거리에 포함하여 적용하고 후자는 이격거리를 빼고 적용하게 된다.
- 스키드마크가 한쪽에만 나거나, 길이가 다른 경우는 보통 다음의 2가지 이유 때문이다.

- 사고차량의 타이어 모두가 갑자기 멈추면서 차체의 무게중심이 한쪽 타이어로 전이되어 한쪽 면의 타이어에 하중이 집중되었을 시 한 개의 타이어 흔적만 발생(이 경우에는 타이어 흔적이 거의 직선에 가깝게 나타나며)하는 경우이다. 그러나 이 경우에도 모든 타이어가 정상적으로 미끄러진 것으로 간주하여 긴 스키드마크로 계산속도를 추정하게 된다.
- 편제동(사고차량의 타이어가 한쪽만 제동된 경우), 즉 제동된 바퀴만 미끄러지고 제동되지 않은 바퀴는 굴러가게 됨으로써 제동된 바퀴 쪽으로 타이어 흔적이 구부러져서 나타나게 되는 것이다. 이 경우 속도의 추정은 스키드마크의 길이를 둘로 나눈 평균값을 통해 얻어진다.

> **이해 더하기**
>
> Tire Over Deflection
> - 브레이크를 작동 시 자동차의 무게는 이동하게 된다. 이러한 무게이동의 결과로 자동차 앞바퀴의 스프링은 압축되고 자동차의 앞쪽 높이가 낮아지게 되며, 뒤의 스프링은 무게 감속의 결과로 팽창되며, 자동차의 높이도 높아지게 된다.
> - Over Deflection의 결과로 트레드의 가장자리가 더욱더 많은 하중을 받게 되며 이러한 이유로 많은 마찰과 열이 가장자리에 발생하게 된다. 만약 타이어마크를 남기게 되면 가장자리가 중앙보다 짙게 나타난다.
> - 가장자리의 마크가 중앙 부분보다 현저하게 나타나 있다면 이것은 스키드마크가 앞 타이어인지 뒤 타이어인지 구별할 수 있는 좋은 표본이다. 일반적으로 뒤 타이어가 Over Deflected 스키드마크를 발생하는데, 이것은 뒤 타이어에 과도한 하중이 작용했거나 타이어의 공기압이 적기 때문이다.

② 스커프마크(Scuff Mark : 차량의 급핸들 조작 시 발생되는 흔적) : 타이어가 잠기지 않고 구르면서 옆으로 미끄러지거나 끌린 형태로 나타나는 타이어 자국으로 요마크(Yaw Mark), 가속타이어 자국(Acceleration Scuff), 플랫타이어 자국(Flat Tire Mark) 등이 이에 속한다.

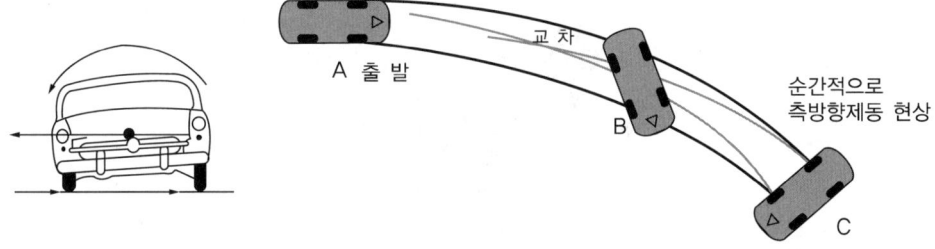

㉠ 요마크(Yaw Mark) 중요!
- 요마크는 바퀴가 구르면서 차체가 원심력의 영향에 의해 바깥쪽으로 미끄러질 때 타이어의 측면이 노면에 마찰되면서 발생되는 자국으로 운전자의 급핸들 조작 또는 무리한 선회주행(고속주행) 등의 원인에 의해 생성된다.
- 요마크는 보통 타이어 자국이 곡선형으로 나타나며, 내부의 줄무늬 문양(사선형, 빗살무늬)에 따라 등속선회, 감속선회, 가속선회 등의 주행특성을 판단할 수 있다.

- 요마크의 곡선반경을 통하여 주행속도를 추정할 수 있으며 그 공식은 다음과 같다.

$$v = \sqrt{\mu' \cdot g \cdot R} \, (\text{m/s})$$

- v : 선회속도(m/s)
- μ' : 횡방향마찰계수
- g : 중력가속도(9.8m/sec²)
- R : 선회반경(m)

사진출처 : 한국도로교통공단 교통사고조사매뉴얼

[요마크]

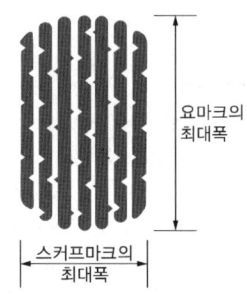

[요마크에 의한 타이어 접지면]

이해 더하기

Yaw(요)

원래 항해술 용어로서, 차량의 3가지 운동에는 피치(Pitch : 액슬축의 가로방향으로 상하운동), 롤(Roll : 액슬의 세로방향으로 측면운동), 요(Yaw : 액슬축의 수직방향으로 좌우운동)가 있다.

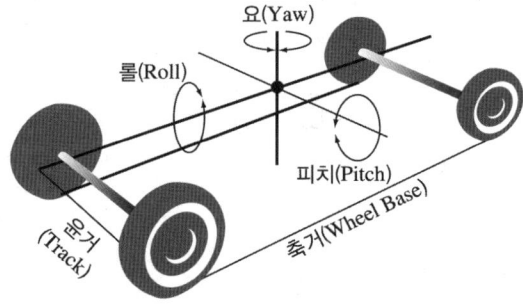

ⓒ 가속스커프[가속타이어 자국(Acceleration Scuff)]
- 휠이 도로표면 위를 최소 한 바퀴 이상 돌거나 회전하는 동안 충분한 힘이 공급되어 만들어지는 스커프마크이다.
- 자동차가 정지된 상태에서 급가속·급출발 시 타이어가 노면에 대하여 슬립(Slip)하면서 헛바퀴를 돌 때 나타나는 타이어 자국으로 주로 교차로에서의 급출발, 자갈길·진흙탕 길에서의 슬립주행 시 생성된다.

- 타이어 자국의 문양은 주로 시작부에서 진한 형태로 나타나다가 끝 지점에서 다소 희미하게 사라진다.

[요마크 형태에 따른 차량상태]

요마크 형태 및 줄모양	설 명
차축 중앙선 / 타이어 / 차 축 / 타이어 / 자연스러운 회전상태 / 요마크 / 요마크의 내부줄무늬	• 차량이 자연스럽게 회전하면서 미끄러지는 상태의 차륜흔적 • 줄무늬 모양은 대부분 진행차량의 차축과 거의 평행 • 차량의 브레이크나 가속페달을 밟지 않은 경우

차축 중앙선 / 타이어 / 차 축 / 타이어 / 감속상태 (브레이크 작동) / 요마크 / 요마크의 내부줄무늬	• 차량이 감속되면서 미끄러지는 상태의 차륜흔적(브레이크 조작)
	• 줄무늬 모양은 차축과 평행하지 않고 상당한 예각을 이루며
	  - 좌커브 경우 : 우측 상향 형태
	  - 우커브 경우 : 좌측 상향 형태

차축 중앙선 / 타이어 / 차 축 / 타이어 / 가속상태 (가속페달 작동) / 요마크 / 요마크의 내부줄무늬	• 차량이 가속되면서 미끄러지는 상태의 차륜흔적(가속페달 조작)
	• 줄무늬 모양은 차축과 평행하지 않고 감속상태와 정반대의 상당한 예각을 가짐
	  - 좌커브 경우 : 좌측 상향 형태
	  - 우커브 경우 : 우측 상향 형태

[바람 빠진 타이어 흔적]

[가속타이어 자국]   [플랫타이어 자국]

사진출처 : 한국도로교통공단 교통사고조사매뉴얼

ⓒ 플랫타이어 자국(Flat Tire Mark)
- 타이어의 공기압이 지나치게 낮거나 상대적으로 적재하중이 커 타이어가 변형되면서 나타나는 타이어 자국이다.
- 일반적으로 타이어의 가장자리부분에서 보다 진하게 나타나고 중앙부분은 다소 희미하게 나타난다.
- 이 흔적은 비교적 길게 이어질 수 있기 때문에 자동차의 주행궤적을 아는 데 유용하며 특히 충돌 전후 타이어의 이상 여부를 확인하는 데도 중요한 자료로 활용된다.

ⓔ 프린트마크(Print Mark)
- 타이어의 접지면 형상이 노면상에 그대로 구르면서 나타나는 자국이다.
- 액체잔존물(오일, 냉각수 등)을 밟고 지나갈 때, 눈길 또는 진흙길을 밟고 지나갈 때 타이어의 트레드(Tread) 모양이 노상에 찍혀 나타나게 된다.

[프린트마크]

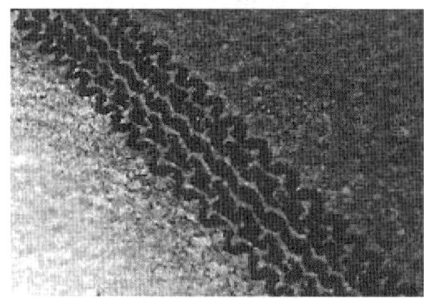 

사진출처 : 한국도로교통공단 교통사고조사매뉴얼

③ 노면에 파인 자국(Gouge Mark) : 파인 자국은 비교적 강성이 크고 단단한 재질의 프레임(Frame), 변속기하우징, 멤버(Member), 타이어 휠(Wheel) 등이 큰 압력으로 노면에 부딪칠 때 생성되며 주로 최대접촉 시 또는 충돌 직후 생성되는 경우가 많다. 파인 흔적의 깊이, 궤적, 형상에 따라 칩(Chip), 찹(Chop), 그루브(Groove)로 구분하기도 한다.

> **이해 더하기**
> **사고현장에 나타나는 노면마찰 흔적**
> 일반적으로 작은 압력에 의해 스치면서 생성되는 긁힌 자국(Scratches)과 상대적으로 큰 압력에 의해 나타나는 파인 자국(Gouge)으로 구분할 수 있다.

㉠ 칩(Chip)
- 마치 호미로 노면을 판 것과 같이 짧고 깊게 파인 가우지마크이다.
- 매우 부드럽고 느슨한 도로를 제외하고는 칩은 차량의 차체 무게로는 발생하지 않고, 차량충돌 시 충돌되는 힘에 의해서 금속부분이 노면과 부딪힐 때 발생하므로 차량 간의 최대접촉 시에 만들어진다.

ⓛ 찹(Chop)
- 마치 도끼로 노면을 깎아낸 것 같이 넓고 얕은 가우지마크로서 프레임이나 타이어 림에 의해 만들어진다.
- 찹은 최대접촉 시에 발생할 가능성이 높으며, 흔적이 발생하는 방향성은 깊고 날카로운 쪽에서 얕고 거친 쪽으로 만들어진다.

ⓒ 그루브(Groove)
- 깊고 좁은 홈자국으로 직선일 수도 있고 곡선일 수도 있다.
- 이것은 구동샤프트나 다른 부품의 돌출한 너트나 못 등이 노면 위를 끌릴 때 생기며 최대접촉지점을 벗어난 곳까지도 계속된다.

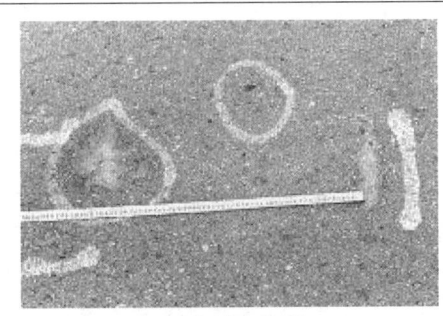

[노면에 파인 흔적]

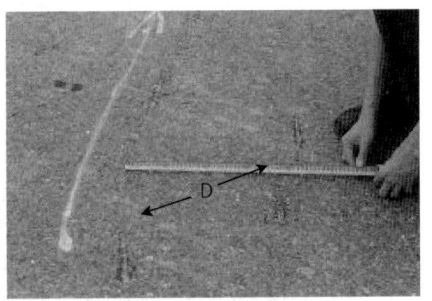

[노면에 파이고 긁힌 흔적]

사진출처 : 한국도로교통공단 교통사고조사매뉴얼

이해 더하기

가우지(Gouge)
큰 중량의 금속성분이 도로상에 이동하면서 나타낸 흔적
- 칩(Chip) : 짧고 깊게 폭이 좁은 상태로 생성된다.
- 찹(Chop) : 스크레이프(Scrape)보다 깊고 폭이 넓다.
- 그루브(Groove) : 폭이 좁고 길게 생성된다.

④ **노면에 긁힌 자국** : 차체의 금속부위가 작은 압력으로 노면에 작용하면서 끌리거나 스쳐지나갈 때 생성되는 흔적으로 차량의 전도지점이나 충돌 후 진행궤적을 확인하는 데 좋은 자료가 된다.

ⓐ 스크래치(Scratch) : 가벼운 금속성 물질이 이동한 흔적
- 큰 압력 없이 미끄러진 금속물체에 의해 단단한 포장노면에 가볍게 불규칙적으로 좁게 나타나는 긁힌 자국이다.
- 충돌 후 차량의 회전방향이나 이동경로를 판단하는 데 유용하다.

ⓒ 스크레이프(Scrape)
- 넓은 구역에 걸쳐 나타난 줄무늬가 있는 여러 스크래치 자국이다.
- 스크래치에 비해 폭이 다소 넓고 때때로 최대충돌지점을 파악하는 데 도움을 준다.

ⓒ 견인 시 긁힌 흔적(Towing Scratch) : 파손된 차량을 견인차량에 매달기 위해 끌고가거나 다른 장소로 끌고갈 때 파손된 금속부분에 의해서 긁힌 자국이다.

이해 더하기

타이어 흔적의 분류와 특성

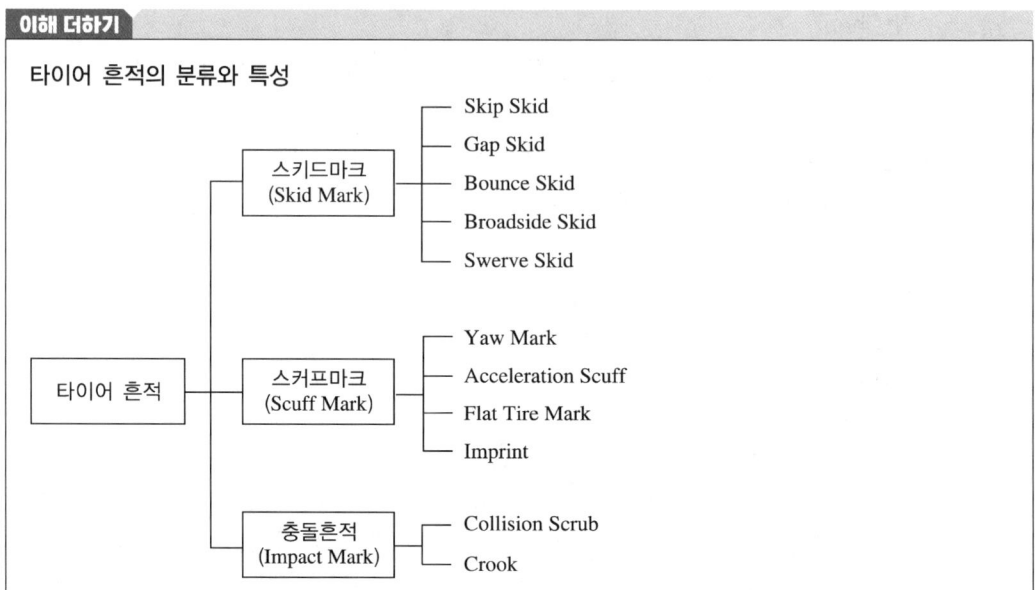

- 타이어 마찰흔적은 고무가 도로 위를 또는 다른 표면 위를 미끄러질 때 만들어진다.
- 스키드마크는 마찰흔적이고 타이어가 구름 없이 도로 위를 또는 다른 표면위를 미끄러질 때 만들어진다. 차량의 미끄러짐은 브레이킹 또는 충돌에 의해 스키드마크와 비슷한 뭉개진 차륜흔적이 발생되고 드물게는 다른 이유에 의해 만들어진다.
- 스커프(Scuff)마크는 끌린 흔적으로서 도로 위를 타이어가 구르면서 끌리거나 미끄러질 때 만들어진다.
- 임프린트(Imprint)는 타이어가 구르는 상태에서 노면에 새겨지면서 만들어진다.

(2) 타이어 흔적의 종류 및 특성

① 갭 스키드마크(Gap Skid Mark)
  ㉠ 차량이 급제동되면서 진행하다가 급브레이크가 중간에 풀렸다가 다시 제동될 때 생성되며 **스키드마크의 중간부분이 끊어지는 경우를 갭 스키드마크**라 하는데 보행자사고와 관련하여 발생하는 경우가 많다.
  ㉡ 차량이 급제동 시에 무게중심이 후륜에서 전륜으로 옮겨져 후륜에는 하중이 적어지는데 보행자를 치면 후륜이 잠시 동안 마찰을 일으키면서 지상을 향해 아래로 강한 힘이 작용하게 된다.
  ㉢ 지상을 향해 아래로 강한 힘이 작용할 때에는 넓고 진한 흔적이 나타나고, 타이어와 스프링이 솟아오를 때에는 흔적이 완전히 희미해진다.
  ㉣ 갭 스키드마크는 보행자 또는 자전거와 충돌할 때 발생하는 경우가 많고 대형차보다 소형차에 의해 발생할 가능성이 높으며, 일반적으로 노면에 스키드가 발생된 전체 길이 중 갭의 길이는 3m 정도이거나 이보다 조금 길다.

사진출처 : 한국도로교통공단 교통사고조사매뉴얼

[갭 스키드마크(Gap Skid Mark)의 형태]

> **이해 더하기**
>
> **갭 스키드마크가 발생되는 경우**
> - 급제동을 하였다가 순간적으로 잠시 브레이크 페달을 뗐다가 다시 페달을 세게 밟아 급제동했을 경우
> - 브레이크를 펌프질 하듯 밟았다 떼었다 하는 더블 브레이크 조작을 했을 경우
> - 운전자의 발이 브레이크 페달에서 미끄러졌다가 다시 브레이크를 강하게 밟는 경우
> - 보행자나 자전거가 앞으로 진행하다가 갑자기 마음을 바꾸어 멈추었다가 다시 앞으로 진행할 때 운전자가 그 상황을 인지하고 같이 브레이크를 조작하는 경우

② 약간 곡선형 스키드마크

㉠ 충돌을 피하기 위하여 운전자가 핸들을 조작하면서 급브레이크를 밟거나 혹은 도로형태에 따라 회전하려고 할 때 급제동 시 약간 구부러진 스키드마크가 발생한다.

㉡ 도로상에 배수 및 도로이탈 방지를 위해 길가장자리에 설치된 측면경사(횡단구배 및 편구배) 때문에 주행하던 차량을 갑자기 급제동시켰을 때 미끄러지면서 차륜흔적이 도로의 가장자리나 연석 쪽으로 약간 휘어진 상태의 스키드마크가 생기며, 이때 차량의 무게중심이 낮은 쪽으로 이동하므로 길가장자리 쪽에 발생된 차륜흔적이 진하게 나타난다.

㉢ 차량의 전면부 기준으로 한쪽 차륜은 포장도로면과 같은 높은 마찰력의 노면상에서 주행하고 있고 다른 한쪽 차륜은 비포장노면에 있을 때 혹은 다른 쪽 차륜이 마찰력이 낮은 노면상에서 운행할 경우 차량을 급제동할 시 마찰력이 높은 쪽으로 약간 구부러진 모양의 스키드마크가 발생한다.

㉣ 곡선반경이 적은 급커브 구간에서는 커브 내측 타이어의 회전수가 커브 외측 타이어의 회전수보다 적어 마찰이 커지므로 커브 내측 타이어만 흔적을 남기거나 커브 외측 타이어보다 더 진한 흔적을 나타내는 경우가 있으나, 도로의 편구배, 곡률반경의 정도, 도로여건, 차량의 상태 등에 따라 다를 수 있다.

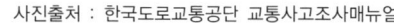
사진출처 : 한국도로교통공단 교통사고조사매뉴얼

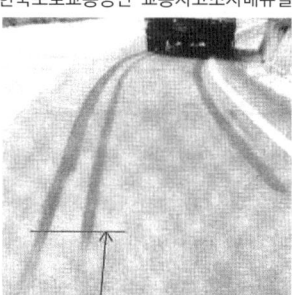

[곡선형 스키드마크]

③ 옅거나 가장자리가 뚜렷한 스키드마크
  ㉠ 과도한 하중을 실었거나 하중을 뒷차륜에 집중시킨 상태에서 달리던 차량이 급제동을 하게 되면 지나치게 차륜이 찌그러짐으로써 차륜의 가장자리에 의한 흔적이 발생된다.
  ㉡ 차량의 적재하중에 비해 타이어 공기압이 낮은 경우, 혹은 장기간 사용한 타이어, 즉 닳은 타이어를 부착한 차량을 급제동할 때 같은 차륜제동거리를 나타내지만 한쪽면에 비해 옅은(희미한) 스키드마크를 나타낼 수 있다.

[가장자리가 뚜렷한 스키드마크] [과도한 하중에 의해 발생된 차륜흔적]

사진출처 : 한국도로교통공단 교통사고조사매뉴얼

④ 기 타
  ㉠ 스킵 스키드마크 : 스키드마크가 실선으로 이어지지 않고 중간중간이 규칙적으로 단절되어서 점선으로 나타나는 경우를 말한다.

원 인	• 제동 중 차량이 상하로 요동치는 경우 • 도로에 융기된 부분이나 구멍이 있는 경우 • 충돌 시
충돌 시	• 상하운동 : 아무것도 싣지 않은 세미트레일러에서 많이 나타난다. 세미트레일러의 경우 제동이 걸리면 순탄하게 미끄러지기보다는 상하로 요동치거나 튀어 오른다. 이러한 현상은 대부분 사고를 피하기 위한 운전회피전술을 실행하는 도중에 나타난다. 미끄러지는 타이어에 작용하는 견인력에 의해 차축이 뒤틀리고 스프링을 압축하여 차체를 밀어 올린다. 차체가 밀어 올려지면 순간적으로 타이어와 도로에 실리는 하중이 증가하고 마찰이 증가하여 진한 자국이 남게 된다. 차체가 위로 상승하면 스프링과 바퀴도 상승하고, 그로 인해 타이어에 실리는 하중이 경감하고 스프링이 늘어나서 차축의 뒤틀림도 풀어지게 되며 마찰이 감소하여 연한 자국이 남게 된다. 그리고 나서 차체는 다시 하강하고 잠긴 바퀴도 노면 위에 과도하게 내려앉고 그 후 위의 과정을 반복하게 된다.

충돌 시	• 도로가 융기된 부분 : 도로가 융기한 부분에도 끊긴 스키드마크가 짧게 나타난다. 이러한 자국들은 일반적으로 사고와는 별 관계가 없다. 차량이 도로 융기부분 위를 지나갈 때와 마찬가지로 도로의 움푹 파인 부분, 짧은 언덕, 기찻길, 배수로 돌출부에서도 타이어가 튕겨져 올라갔다가 내려앉을 수 있다. 차량이 상하로 요동하면 도로 위를 누르는 압력이 변화하고 그 결과 타이어 자국의 진하기도 달라진다. 이러한 끊긴 스키드마크는 주로 소형차에서 많이 나타난다. 또한 주로 한쪽 바퀴에서만 생기고 처음 시작된 융기부분에서 멀어질수록 점차 희미해진다. • 충돌 : 충돌에 의해 끊긴 스키드마크는 사고와 관련해서만 나타난다. 이러한 경우는 드물지만 매우 중요하다. 충돌에 의해 끊긴 스키드마크는 항상은 아니지만 종종 차량이 미끄러지는 도중, 보행자나 자전거를 탄 사람 등의 물체와 충돌하는 경우에 나타난다.

ⓒ 충돌 스키드마크 : 이 마크는 차량에 제동이 걸려 바퀴가 잠길 때 생성되는 것이 아니라 차량이 파손되었을 때 갑작스럽게 생성되는 것으로 이 마크가 선명하게 나타나는 경우는 차량 충돌 시 노면에 미치는 타이어의 압력이 순간적으로 크게 증가하기 때문이다.

충돌 전 스키드마크	• 충돌 전에는 미끄러지지 않은 타이어가 충돌로 인하여 잠겨지면 타이어는 충돌스크럽이나 끊어진 스키드마크와 같은 자국을 남기게 된다. • 충돌 이전에 이미 미끄러져 온 타이어는 충돌 이후에는 아무런 자국을 남기지 않는데 그 이유는 충돌 후에는 운전자가 더 이상 브레이크를 걸지 않기 때문이거나 충돌에 의한 손상으로 타이어와 노면 사이의 접촉이 줄어들거나 끊어지기 때문이다.
충돌 후 스키드마크	• 충돌 후 스키드마크는 대개 휘어진다. • 이유는 충돌이 일어난 후 차량은 일반적으로 회전하기 때문이다.

⑤ 스커프마크

㉠ 스커프마크
  • 의의 : 스커프마크는 바퀴가 고정되지 않으면서 타이어가 미끄러지거나 비벼지면서 타이어 자국을 남기게 되는 것을 말한다.
  • 종류 : 요마크, 플랫 타이어마크, 가속스커프로 구분된다.

요마크(Yaw Mark)	다소 차축과 평행하게 미끄러지면서 타이어가 구를 때 만들어지는 스커프마크(Scuff Mark)
가속스커프 (Acceleration Scuff)	휠이 도로표면 위를 최소 한 바퀴 돌거나 회전하는 동안 충분한 힘이 공급되어 만들어지는 스커프마크
플랫 타이어마크 (Flat Tire Mark)	타이어의 적은 공기압에 의해 타이어가 과편향되어 만들어진 스커프마크

㉡ 요(Yaw)마크
  • 요마크는 임계속도 스커프마크가 구르면서 차축방향으로 미끄러질 때 생성된다.
  • 요마크는 충돌 전의 스키드마크가 제동에 의하여 생기는 것과는 달리 조향에 의하여 생성된다. 일반적으로 차량이 회전할 때 뒷바퀴가 앞바퀴 쪽으로 따라 돌아가지만 차량이 급격히 회전하는 경우에는 차량을 직선으로 움직이게 하는 원심력과 타이어와 노면과의 마찰력보다 크게 되어 차량은 옆으로 미끄러지면서 조향된 방향으로 진행하지 않게 되며 뒷바퀴는 앞바퀴의 안쪽이 아닌 바깥쪽으로 진행하게 되는데 이를 요(Yaw)라 하고, 이때 발생된 타이어 자국을 요마크라 한다.
  • 요마크는 핸들을 돌릴 때 만들어지는 자국이므로 언제나 휘어져 있다.

요마크의 폭을 결정하는 요인	• 일반적으로 요마크의 폭은 차축과 평행하게 미끄러진 타이어와 노면 사이의 접지 부분이 어느 정도인가에 따라 결정된다. • 따라서 요마크는 타이어 트레드 폭보다 훨씬 좁지만 차량 측면으로 요가 발생하면 요마크의 폭은 노면과 닿아 있는 트레드 부분의 너비만큼 된다.
요마크의 측정방법	• 요마크를 측정하는 것은 스키드마크를 측정하는 것보다 훨씬 복잡하다. • 단순히 요마크의 길이만을 측정하는 것으로는 그다지 쓸모가 없다. • 요마크의 측정은 각각의 측정지점들을 선으로 연결하여 요마크의 곡선이 나타나게끔 하여야 한다.

Plus Tip

요마크는 정말 중요하다. 시험에서도 4~5문제가 출제되고 있다. 요마크의 내용에 대해서는 세부적인 내용까지 모두 알고 있어야 한다. 요마크가 발생되는 형태, 속도계산방법, 요마크의 흔적 등에 대한 문제도 많이 풀어보아야 한다.

이해 더하기

요마크의 특징
- **흔적이 발생하기 시작한 부분은 연하고 끝부분으로 갈수록 진하게 된다.** 또한, 시작부분은 거의 직선에 가까운 상태이고 끝으로 갈수록 곡선반경값이 작아지는 특성이 있다.
- 전륜궤적이 후륜궤적 안쪽에서 발생한다. 즉, 차량이 회전하면서 측면으로 미끄러지는 상태를 유지하여 발생된 흔적이므로, 전륜궤적은 선회곡선부 안쪽에서, 후륜궤적은 선회곡선부 바깥쪽에 발생한다.
- 선회곡선부 외측 타이어에 의한 흔적이 가장 진하게 발생한다. 만약 차량이 좌회전 상태의 요마크가 발생하였다면 우측 앞바퀴와 우측 뒷바퀴에 의해 발생되는 흔적이 가장 진하게 발생되는 것을 의미한다.
- 요마크는 발생 시작부분에는 간격이 좁고 끝으로 갈수록 간격이 넓어진다. 이것은 대부분의 요마크는 선회외측 타이어에 의해 2줄만 발생되는 경우가 많다.
- 요마크는 일반적으로 조향에 의해 발생된 흔적이다. 이것은 차량이 진행 중 주행속도에서 선회가능한 상태의 조향한계를 넘어선 경우에 발생한다.
- 차량이 요마크를 발생시키면서 진행하다 보면 중간부분에서는 측면 미끄럼한 타이어 흔적으로 변환되며, 이때에는 두 차량의 축간거리와 같다.
- 차량이 요마크를 발생시키면서 측면 미끄럼으로 약 90° 회전하는 동안에 4줄의 흔적이 발생한 경우에는 반드시 흔적의 교차점을 형성하게 된다.

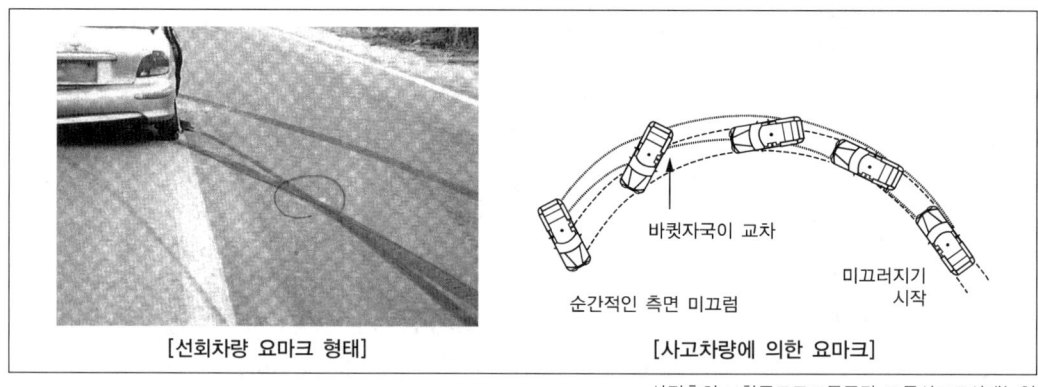

[선회차량 요마크 형태]   [사고차량에 의한 요마크]

사진출처 : 한국도로교통공단 교통사고조사매뉴얼

ⓒ 타이어 프린트
- 타이어 프린트는 바퀴가 구르고 타이어가 미끄러지지 않으면서 생성되는 타이어 자국이다.
- 마크의 수는 대체로 1개 또는 2, 3, 4개이다.
- 좌우 타이어 자국은 일반적으로 동일하고 전후 타이어 자국은 동일하게 뚜렷하다.

(3) 차량파편물(Debris)

① 자동차가 충돌하면 차량은 서로 맞물리면서 최대접촉하게 되고 이때 충격부위의 차량부품들이 파손되면서 충돌지점에 떨어지기도 하고, 차량의 충돌 후 진행상황에 따라 흩어져 떨어지기도 한다.
② 파손잔존물은 한 곳에 집중적으로 낙하되어 떨어질 수도 있고 광범위하게 흩어져 분포되기도 한다.
③ 보통 파손된 잔존물은 상대적으로 운동량(무게 × 속도)이 큰 차량방향으로 튕겨 나가 떨어지는 것이 일반적이며, 무게와 속도가 같고 동형(同形)의 자동차가 각도 없이 정면충돌한 경우 파손물은 충돌지점 부근에 집중적으로 떨어지게 된다.
④ 양차가 충돌 후 분리되어 회전하면서 진행한 경우 파손물은 회전방향으로 흩어지기도 하기 때문에 파손물의 위치만으로 충돌지점을 특정하는 것은 용이하지 않다.
⑤ 파손잔존물은 다른 물리적 흔적(타이어 자국, 노면마찰 흔적 등)의 위치 및 궤적, 형상 등과 상호비교하여 해석하는 것이 효과적이다.

[사고로 인한 차량파편물]

사진출처 : 한국도로교통공단 교통사고조사매뉴얼

(4) 액체잔존물

사고현장에는 파손된 자동차의 각종 용기 내에서 흘러내린 다양한 액체잔존물이 노상에 떨어지기도 한다. 냉각수, 엔진오일, 배터리액, 파워스티어링 오일(Power Steering Oil), 브레이크 오일(Brake Oil), 변속기오일, 와셔액 등이 충돌 시·충돌 후 이동과정에서 떨어지기도 하는데 이와 같은 액체잔존물을 면밀히 관찰하고 위치와 궤적을 파악함으로써 **자동차의 충돌 전후 과정을 이해하는 데 중요한 자료**로 활용할 수 있다. 일반적으로 액체잔존물은 형상에 따라 튀김(Spatter), 방울짐(Dribble), 고임(Puddle), 흘러 내림(Run-off), 흡수(Soak-in), 밟고 지나간 자국(Tracking)으로 구분하기도 한다.

① Spatter(튀김) : 충돌 시 용기가 터지거나 그 안에 있던 액체들이 분출되면서 도로 주변과 차량의 부품에 묻어 발생한다. 예를 들어, 충돌 시 라디에이터 안에 있던 액체가 엄청난 압력에 의해 밖으로 분출되는 경우가 있다. 일반적으로 액체잔존물의 튀김은 검은색의 젖은 얼룩들이 반점 같은 형태로 나타난다.
② Dribble(방울짐) : 손상된 차량의 파열된 용기로부터 액체가 뿜어져 나오는 것이 아니라 흘러내리는 것이다. 만약 차량이 계속 움직이고 있었다면 이 흔적은 충돌지점에서 최종위치 쪽으로 이어져 나타나기도 한다.
③ Puddle(고임) : 흘러내린 액체가 차량 밑바닥에 고이는 것으로 차량의 최종위치지점에 나타난다.
④ Run-off(흘러 내림) : 노면경사 등에 의해 고인 액체가 흘러내린 흔적이다.
⑤ Soak-in(흡수) : 흘러내린 액체가 노면의 균열 등의 틈새로 흡수된 자국이다.
⑥ Tracking(밟고 지나간 자국) : 액체잔존물이 흘러내린 지점을 차량의 타이어가 밟고 지나가면서 남긴 흔적이다. 이 흔적의 문양은 타이어의 트레드(Tread) 형상과 같다.

[노면 위에 분산된 액체잔존물]

사진출처 : 한국도로교통공단 교통사고조사매뉴얼

[타이어에 의한 노면흔적] 중요!

구 분	스키드마크 (Skid Mark)	요마크 (Yaw Mark)	가속 스커프마크 (Acceleration Scuff Mark)	바람 빠진 타이어 자국 (Flat Tire Mark)	타이어 새겨진 자국(Imprint)
바퀴운동	회전하지 않고 미끄러짐	회전하며 옆으로 미끄러짐	회전(헛돌며)하며 미끄러짐	회전하며 미끄러 지지 않음	회전하며 미끄러 지지 않음
조작상태	제 동	핸들조향	속도 증가	없 음	없 음
흔적 발생 수 (4바퀴 차량)	대부분 4개	대부분 2개	대부분 1개, 때론 2개	1개 또는 2개	대부분 1개
좌 · 우 타이어	좌우동일	바깥쪽이 강하게 발생	둘이면 같음	부분적으로 2개 가 같음	보통 같음
전 · 후륜 자동차	전륜이 강하게 나타남	보통 같음	구동바퀴만 나타남	–	정확하게 같음
좌 · 우 바퀴의 발생 폭	곧다면 같음	다양함	타이어 트레드 폭만큼 발생	–	타이어 트레드 폭 만큼 발생
시작부분	갑자기 시작 (순간적)	항상 희미함	강하게 또는 점차적	항상 희미함	항상 진함

구 분	스키드마크 (Skid Mark)	요마크 (Yaw Mark)	가속 스커프마크 (Acceleration Scuff Mark)	바람 빠진 타이어 자국 (Flat Tire Mark)	타이어 새겨진 자국(Imprint)
끝부분	갑자기 끝남	강하게 끝남	아주 점진적	강하게	보통 점진적
줄무늬	줄무늬 흔적과 평행	항상 사선 또는 대각선	흔적과 평행	없 음	있다면 흔적과 평행
세부적으로 볼 때	외측 가장자리가 가끔 진함	옆골 흔적이 보임	외측 가장자리가 가끔 진함	외측 가장자리가 항상 진함	트레드 형상에 따라 다름
길 이	1~100m	3~60m	15cm~15m	15m~18km	18cm~15m

04 충돌현상과 사고흔적

01 사고흔적과 차량운동의 이해

(1) 액체잔존물

① 산포흔과 적하는 충돌이 일어난 지점을 알아내는 데 도움이 된다.
② 적하(Dribble)와 고임(Puddle)은 차량이 최종적으로 정지한 지점의 위치를 알려준다.
③ 튀김(Spatter)은 일반적으로 충돌이 최고조에 달했을 때 발생하며 차량이 정지하면 액체가 한 곳에 떨어지면서 웅덩이를 만들게 된다.
④ 적하형 적선(Dribble Path)의 경우 차량용액이 흘러내린 자국들은 처음 부분보다 끝부분에 더 많다. 그 이유는 차량이 감속하는 동안 액체는 거의 같은 속도로 계속 흘러내리지만 처음에는 차량이 빠른 속도로 이동하므로 액체들은 좀 더 넓은 지역에 뿌려지게 되기 때문이다.

(2) 액체잔존물의 낙하형태

① 튀김(Spatter) 또는 뿌려짐 : 충돌 시 용기가 터지거나 그 안에 있던 액체들이 분출되면서 도로 주변과 자동차의 부품에 묻어 발생한다. 충돌 시 라디에이터 안에 있던 액체가 엄청난 압력에 의해 밖으로 튕겨져 나오는 것이 그 예이다. 이러한 액체잔존물은 충돌지점이 어느 지점에서 발생하였는지를 추측할 수 있는 중요한 근거가 된다.
② 방울져 떨어짐(Dribble) : 손상된 자동차의 파열된 용기로부터 액체가 뿜어져 나오는 것이 아니라 흘러내리는 것이다. 자동차가 계속 움직이고 있었다면 이 자국들은 충돌지점부터 마지막 정지 장소까지의 경로를 설명해 줄 수 있다.
③ 노면에 고임(Puddle) : 자동차가 멈춰선 지점을 명시해 주며, 이 사실은 조사자가 현장에 도착하기 이전에 자동차가 치워졌을 경우 중요한 단서가 된다.
④ 흘러내림(Run-off) : 고임이 경사노면에 형성되었을 때 발생하는 것으로 자동차에서 떨어지는 액체는 가느다란 줄기처럼 경사진 곳으로 흐른다.

⑤ 노면에 흡수(Soak-in) : 액체가 흙이나 균열된 노면 사이로 흐르거나 갓길로 흘러내릴 때 흡수되거나 도로상에서 모습이 사라진 고임형태의 자국이다.
⑥ 밟고 지나간 자국(Tracking) : 차들이 액체가 고인 곳이나 흘러내린 곳, 튀긴 곳을 밟고 지나가면서 남긴 자국이다.

(3) 차량의 최종위치

① 변동되지 않은 최종위치 : 변동되지 않은 최종위치란 충돌이 있은 후 고의가 아닌 그 충격의 힘으로 차량이나 시체가 다른 곳으로 옮겨진 지점을 말한다. 차량이 도로 밖으로 튕겨져 나갔던 그 위치를 잘 측정하고 만일 시체가 차량 밖으로 나와 있으면 이것도 잘 측정해 놓는다. 사람의 경우 인명구호 문제가 연관되어 있으므로 미리 정확한 위치를 표시하도록 해야 한다.
② 변동된 최종위치 : 변동된 최종위치란 충돌 후 차량이나 시체가 의도적으로 옮겨진 상황을 말한다. 예컨대 한 차량이 보행자를 친 후 길가로 차를 몰고 가서 그곳에 주차시켜 놓았다면 사고가 난 후 이 차량이 멈추어 있는 최종장소는 사고 직후 현장에서의 장소보다 사고 경위 파악에 도움이 되지 못할 것이다.

02 충돌 시 발생되는 사고흔적의 종류 및 특성

(1) 찍힌 자국

① 찍힌 자국은 어떤 단단한 물체에 의해 차체가 눌려서 그 물체의 형태가 선명하게 찍혀서 움푹 들어간 곳을 의미한다.
② 헤드램프, 범퍼, 바퀴 등은 각각의 특유한 형태의 찍힌 자국을 남긴다.
③ 문손잡이, 라디에이터 장식품은 구멍이나 작고 깊게 파인 자국을 남긴다.
④ 큰 트럭의 범퍼는 넓고 평평하며 뚜렷하게 찍힌 자국을 남긴다. 그러나 자동차의 범퍼는 그다지 강하지 않기 때문에 불규칙하고 흐릿한 자국이 남게 된다.
⑤ 찍힌 자국은 손상되거나 찌그러진 부분에 생기므로 알아보기가 매우 힘들다.
⑥ 찍힌 자국은 다른 차량에 대한 충돌 당시의 위치를 알려 준다.

(2) 마찰 자국(Rub-off)

① 두 차량 사이에서 접촉이 있었음을 보여준다.
② 주로 페인트이지만 고무, 보행자 옷에서 나온 직물, 보행자의 피부, 머리카락, 혈액, 나무껍질, 도로먼지, 진흙 기타 물질 등인 경우도 있다.
③ 실제로 마찰 자국은 다른 물체에 남겨진 한 물체의 모든 부분을 포함한다.
④ 차량 간의 충돌에서는 유리조각이나 장식품 조각도 해당된다.

⑤ 셋 이상의 차량 사이에서 발생한 충돌을 조사할 때 유용하며 어느 차량이 어디에서 충돌하였는가를 알아내는 데 도움이 된다.

(3) 겹친 충격손상
① 겹친 충격손상은 둘 이상의 충돌이 독립적으로 어느 한 차량의 한 부분에 일어났을 때 나타난다.
② 차량의 한 부분에서 검출된 서로 다른 두 종류의 페인트 마찰 자국은 한 번 이상의 충돌이 발생했음을 나타낸다.
③ 다른 차량과 충돌하여 찌그러진 부분이 다시 노면과 접촉하여 만들어진 선명한 마손 자국도 겹친 충격손상을 나타낸다.

(4) 차량이 보행자를 친 흔적
① **정면충돌** : 헤드램프와 그릴이 파손된 부분을 찾아내고 충돌에 의해 가볍게 움푹 들어가고 긁힌 자국이 생긴 후드 부분을 확인한다.
② **측면접촉** : 보행자의 옷과 단추에서 생긴 긁힌 자국을 찾는다.
③ **후면충돌** : 범퍼, 트렁크, 전등과 번호판 부분에 걸려서 찢긴 옷조각들과 핏자국을 찾는다. 일반적으로 낮은 속도에서 만들어진 희미한 자국이다.
④ **역과** : 핏자국, 옷조각, 차량 아랫부분의 기어, 모터, 프레임, 바퀴에 생긴 강한 충격흔적을 찾는다.

(5) 노면 파인 흔적
① Chip : 줄무늬 없이 짧고 깊게 파인 홈으로 강하고 날카로우며 끝이 뾰족한 금속물체가 큰 압력으로 노면과 접촉할 때 생기는 자국으로 최대접촉 시에 발생한다.
② Chop : 넓고 얇게 파인 홈으로서 차체의 금속과 노면이 접촉할 때 생기는 자국으로 깊게 파인 쪽은 규칙적이고 일정하며 반대편 얇게 파인 쪽은 긁힌 자국이나 줄무늬로 끝난다. 이 자국은 흔히 사고의 최대접촉 시에 발생한다.
③ Groove : 길고 좁게 파인 홈으로서 작고 강한 금속성 부분이 큰 압력으로 포장노면과 얼마간 거리를 접촉할 때 생기는 고랑자국과 같은 형태의 흔적이다.

(6) 노면 긁힌 자국(Scratch)
노면에 긁힌 흔적은 가벼운 금속성 물질이 이동한 자국으로 이를 세분하면 스크래치(Scratch), 스크레이프(Scrape) 및 견인 시 긁힌 흔적(Towing Scratch)으로 나누어 볼 수 있다.
① 스크래치(Scratch) : 큰 압력 없이 미끄러진 금속물체에 의해 단단한 포장노면에 가볍게 불규칙적으로 좁게 나타나는 긁힌 자국이다. 따라서 스크래치는 차량이 도로상 어디에서 전복되었고, 충돌 후 차량의 회전이나 어느 방향으로 진행하였는지 알 수 있는 중요한 흔적이다. 즉, 폭이 좁고 얕게 발생되며 충돌 후 진행궤적을 확인할 수 있다.

② 스크레이프(Scrape) : 넓은 구역에 걸쳐 나타난 줄무늬가 있는 여러 스크래치 자국이다. 따라서 스크레이프는 스크래치(Scratch)에 비해 폭이 다소 넓고 때때로 최대 접촉지점을 파악하는 데 도움을 준다.
③ 견인 시 긁힌 흔적(Towing Scratch) : 파손된 차량을 레커(Wrecker)에 매달고 끌려갈 때 파손된 금속부분에 의해서 긁힌 자국이다. 따라서 사고발생 시 생긴 긁힌 자국과 구분하여야 한다.

[노면 긁힌 자국(Scratch)]

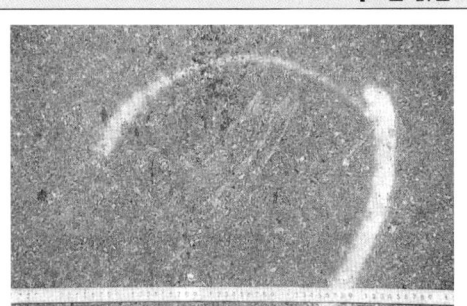
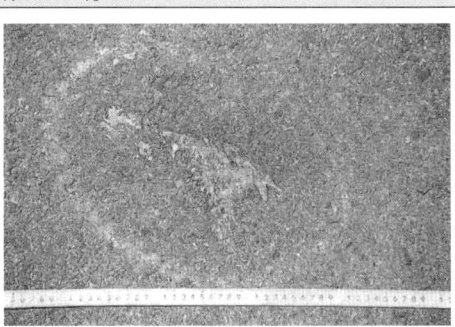

사진출처 : 한국도로교통공단 교통사고조사매뉴얼

05 직접손상과 간접손상

01 직접손상

(1) 개 념

① 차량의 일부분이 다른 차량, 보행자, 고정물체 등의 다른 물체와 직접 접촉, 충돌함으로써 입은 손상이다.
② 보디 패널(Body Panel)의 긁힘, 찢어짐, 찌그러짐과 페인트의 벗겨짐으로 알 수도 있고 타이어 고무, 도로재질, 나무껍질, 심지어 보행자 의복이나 살점이 묻어 있는 것으로도 알 수 있으며 전조등 덮개, 바퀴의 테, 범퍼, 도어 손잡이, 기둥, 다른 고정물체 등 부딪친 물체의 찍힌 흔적에 의해서도 나타난다.
③ 직접손상은 압축되거나 찌그러지거나 금속표면에 선명하고 강하게 나타난 긁힌 자국에 의해서 가장 확실히 알 수 있다.

(2) 종 류 중요!

① 임프린트(Imprint)
  ㉠ 임프린트(Imprint)란 강한 충격력으로 인해 차체가 움푹 들어가서 충돌대상의 형태를 거의 그대로 나타내는 직접손상(Contact Damage) 부위를 의미하며 강타한 자국은 두 접촉부위가 강하게 압박되고 있을 때 발생하여 자국이 만들어지는 양쪽이 모두 순간적으로 정지상태에 이르렀음을 나타내는 것으로서 이것을 완전충돌(Full Impact)이라고 한다.
  ㉡ 고정물체인 전신주나 나무, 신호등 등과 충돌할 때 충돌자국이 보다 선명하게 나타나는 경우가 많고 또한 상대차량의 범퍼, 번호판, 차륜림, 전조등 등의 경우도 많이 나타나고 있다.

[상대차량의 번호판이 임프린트된 상황]

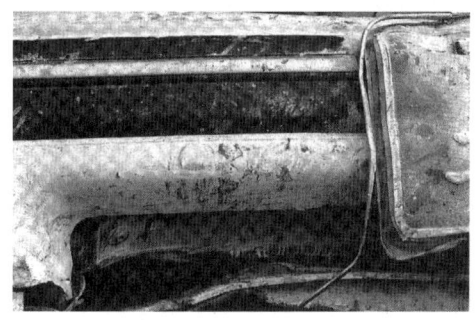 

사진출처 : 한국도로교통공단 교통사고조사매뉴얼

② 러브오프(Rub-off)
  ㉠ 러브오프 흔적은 순간적으로 정지된 상태에서 충돌하지 않고 양 차량의 접촉부위가 서로 다른 속도로 움직이고 있다는 것을 나타내며, 이는 측면 접촉사고 시 발생되는 전형적인 모습이다. 차량 측면이 서로 스치면서 문질러진 자국으로 직접손상 부위에 묻어 있는 상대차량의 페인트가 대부분이나 간혹 타이어 자국, 보행자의 옷조각, 피부조직, 머리카락, 혈흔, 나무껍질, 진흙 및 기타 이물질이 묻어 있는 경우도 발생된다.
  ㉡ 사고차량 패널의 문지른 부위에 대한 페인트 자국, 타이어 자국, 긁힌 자국 등을 세밀하게 조사하면 문지른 흔적이 시작된 부위와 끝난 부위의 위치를 알 수 있고, 속도가 낮은 차량에 속도가 높은 차량의 차체부위가 접촉하여 지나간다면 속도가 낮은 차체의 페인트는 벗겨지지 않고 속도가 높은 차량의 페인트 등이 묻을 것이다.
  ㉢ 차량 차체의 씻긴 흔적은 눈물방울 흔적과 함께 나타나는데 문질러진 끝부분에 나타나는 것이 특징이며, 이는 동일 진행방향으로 2대의 차량이 서로 옆을 문지른 경우 어느 차량의 속도가 빠른가를 알 수 있는데 문질러진 흔적의 방향을 조사하면 상관된 속도를 알 수 있다.
  ㉣ 러브오프(Rub-off)에 관한 자료는 삼중 이상의 충돌사고를 분석하는 데 그 가치가 있다. 이는 자동차 충돌과정을 이해하거나 뺑소니 차량을 추적하는 데 차량의 문질러진 자국(Rub-off)이 중요한 단서가 된다.

[러브오프 흔적형태와 차량상태]

차량상태	흔적형태	차량상태	흔적형태
제동 없이 주행 중		급제동에 의한 정지	
가 속			
제동 중		도중에 제동을 해제	

[올라가는 무늬흔적]

사진출처 : 한국도로교통공단 교통사고조사매뉴얼

③ **전륜과 조향휠 파손** : 사고차량의 조향휠은 정상상태인 데 반하여 전륜이 한쪽방향으로 조향된 상태를 보이는 경우 대부분의 사고차량이 충돌 시 조향링크 부분의 파손으로 인하여 회전된 상태를 보이며, 이때 운전사 신체의 충격으로 조향휠이 고정되어 회전하지 않는 경우 조향휠의 회전각도를 사고차량 충돌 시 조향각도로 보아야 타당하며, 조향장치가 파손되어 조향휠이 자유로운 회전을 하는 경우 조향휠 및 전륜의 조향각도는 신뢰할 수 없게 된다.

[조향링크의 파손으로 전륜이 회전된 상태]

사진출처 : 한국도로교통공단 교통사고조사매뉴얼

④ **충돌 후 이동과정 중 손상**
   ㉠ 차체가 땅으로 끌리면서 발생된 금속상흔과 흙, 수목 등을 찾아보고 각 흔적들을 확인하면 시작 지점에서 마지막 지점까지 차량의 정확한 경로를 밝힐 수 있고, 차량의 측면과 윗면에 긁힌 자국의 방향은 차량이 어떻게 움직였는지를 결정하는 데 큰 도움이 된다.
   ㉡ 지붕이나 창틀, 트렁크 뚜껑이 아래 혹은 옆으로 찌그러진 것은 차의 전복을 나타낸다.

[충돌 후 이동과정에서 발생된 차량손상흔적]

사진출처 : 한국도로교통공단 교통사고조사매뉴얼

⑤ 피해자 의류흔적
  ㉠ 차 대 보행자사고, 자전거사고, 오토바이사고, 역과사고, 뺑소니사고 등에 있어 매우 중요한 단서로 활용되고 있는 피해자 의복 및 신발 관찰이 필수적이다.
  ㉡ 섬유의 신축성과 복원력이 뛰어나 어느 한계치 이하의 충격에서는 충격흔이 잘 검출되지 않으나, 일반적으로 충격 시 생성되는 열변형을 동반한 압착흔, 장력에 의한 섬유올의 끊김 현상 등이 나타난다. 특히, 보행자와의 충돌 시 보행자의 손상부위와 차량의 충격부위를 추정하여 조사하여야 한다.

⑥ **전면유리 손상** : 차 대 보행자, 오토바이, 자전거사고 시 인체와 차량의 전면유리가 직접 충돌되면 방사선(거미줄) 모양으로 갈라지며 안으로 움푹 들어간 모습이 되며, 손상된(금이 간) 중심에는 구멍이 나있는 경우도 있고 실내의 탑승자 신체(머리)가 전면유리에 충돌하게 되면 밖으로 볼록한 형태를 이룬다.

[차 대 보행자 사고 시 발생된 전면유리 손상(밖 → 안)]   [차량 내부의 탑승자에 의해 발생된 전면유리 손상(안 → 밖)]

사진출처 : 한국도로교통공단 교통사고조사매뉴얼

⑦ **차량페인트 긁힌 자국** : 차량의 초벌페인트는 차체에 1차적으로 칠하는 도포제이며 화물차량은 적색계통의 방청페인트로, 승용차량은 회색계통의 퍼티를 도장하며, 그 위에 도로에 다니는 차량의 색으로 도장을 한다.

02 간접손상

(1) 차가 직접접촉 없이 충돌 시의 충격만으로 동일차량의 다른 부위에 유발되는 손상이 간접손상이다.

(2) 디퍼렌셜, 유니버설조인트 같은 것은 다른 차량과의 충돌 시 직접접촉이 없었는데도 파손되는 수가 있는데 그것이 간접손상이다.

(3) 차가 정면충돌 시에는 라디에이터그릴이나 라디에이터, 펜더, 범퍼, 전조등의 손상과 더불어 전면부분이 밀려 찌그러지는데, 그때의 충격의 힘과 압축현상 등으로 인하여 엔진과 변속기가 뒤로 밀리면서 유니버설조인트, 디퍼렌셜이 손상될 수 있다.

(4) 충돌 시 차의 갑작스러운 감속 또는 가속으로 인하여 차 내부의 부품 및 장치와 의자, 전조등이 관성의 법칙에 의해 생겨난 힘으로 그 고정된 위치에서 떨어져 나갈 수 있다. 이때 그것들이 떨어져나가 파손되었다면 간접손상을 입은 것이다.

(5) 충돌 시 부딪힌 일이 없는 전조등의 부품들이 손상을 입는 경우도 있다.

(6) 간접손상의 또 다른 예로서는 교차로에서 오른쪽으로부터 진행해 온 차에 의해 강하게 측면을 충돌당한 차의 우측면과 지붕이 찌그러지고 좌석이 강한 충격을 받아 심하게 압축, 이동되어 좌측문을 파손시켜 열리게 한 것을 들 수 있다.

(7) 보디(Body) 부분의 간접손상은 주로 어긋남이나 접힘, 구부러짐, 주름짐에 의해 나타난다.

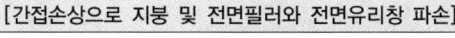

[간접손상으로 지붕 및 전면필러와 전면유리창 파손]

사진출처 : 한국도로교통공단 교통사고조사매뉴얼

06 사고현장의 측정방법

01 사고현장측정의 개요

(1) 사고현장측정의 개념과 요소

① 측량과 측정 : 측량이란 물리적 흔적에 대한 상대적 위치관계를 구하는 것이고, 측정이란 상대적 위치관계를 줄자, 측정기 등의 도구를 이용하여 수치로 나타나는 것을 말한다.

② 사고현장에 대한 측량·측정요소 : 첫째는, 사고현장의 도로선형이나 차선, 차로, 신호기, 횡단보도 등의 도로구조나 상태이고 둘째는, 사고로 인해 발생한 각종 물리적 흔적의 측량과 측정이다.

㉠ 도로의 구조나 상태
- 사고지점 부근이 직선인지 곡선로인지 여부, 곡선로인 경우 곡선의 반경은 어느 정도인지의 여부
- 양차량 진행방향의 시야거리, 평탄한 도로인지 구배(경사)가 있는지 여부
- 단일로 또는 교차로인지 여부, 교차로의 교차각과 교차거리
- 신호교차로인 경우 신호등의 작동순서 및 시간
- 도로안전시설의 설치상태 및 위치, 차로폭, 측대, 보도 등의 간격
- 중앙선, 차선, 길가장자리구역선, 정지선 등 사고지점도로의 상황과 조건을 사실대로 측정하고 기록해야 함

㉡ 물리적 흔적
- 교통사고의 충돌현장에는 사고차량 또는 보행자의 최종정지위치
- 스키드마크, 요마크, 충돌 시 나타나는 문질러진 타이어 자국, 바람 빠진 타이어 자국, 가속타이어 자국 등의 여러 타이어 자국
- 노면의 파인 흔적과 긁힌 흔적, 파손잔존물이나 혈흔
- 오일, 냉각수, 배터리액 등 각종 액체잔존물의 물리적 흔적 등

(2) 사고현장의 측정목적

① 법적 책임소재 규명을 위한 현장스케치의 정확성 여부 : 사고 당시 사상자의 위치, 타이어마크(스키드마크, 요마크 등)의 길이와 위치, 사고차량이 도로에 벗어난 거리, 도로파손부위의 정확한 위치, 차량 또는 보행자의 최종위치, 운전자와 보행자를 최초로 인지할 수 있었던 위치 등이 시비의 대상이 되지 않도록 하는 것이다.

② 차후 불필요한 추정이나 재조사의 필요성 제거 : 이러한 위치 등에 대해서 사고현장에서 정확하게 측정하고 기록해 두면 사고현장에 대한 정확한 상황설명과 증명의 자료가 되고, 사고재현의 기초자료로 활용할 수 있기 때문에 추정의 오류나 재조사를 면할 수 있게 된다.

(3) 약도작성을 위한 측정절차

① 필요한 약도의 종류를 결정하고 작성해야 할 위치를 확인한다.
② 기본적인 도로구조를 그린 다음 필요한 세부사항을 추가한다.
③ 각도측정을 준비하고 구부러진 구간(커브)측정을 준비한다.
④ 필요하다면 수직거리측정을 준비한다.
⑤ 현장스케치 등 기록용지상에 측정이 필요한 사항을 표시한다.
⑥ 측정하고 기록한 다음 측정·기록지를 확인한다.

> **이해 더하기**
>
> **약도작성을 위한 측정**
> 교통사고 결과의 위치를 나타내기 위해서 측정은 사고 후 현장상황 보존이 가능할 때(사고흔적들이 소멸되기 이전) 시행되어야 한다. 현장사고 조사단계에서 수립된 자료는 일단 사용될 경우 사고 후 상황 약도의 형태로 제출되고 이용되는 것이 통례이다.

02 도로측정

(1) 각도 측정

① 도로(교차로, 횡단보도, 단일로, 커브로, 복합도로)에서 각도를 측정하기 위해서는 1개의 꼭짓점을 중심으로 정하고 빗변의 적당한 2개 지점의 기준점을 정하여 2개 지점 간의 거리를 현장에서 실측하면 삼각형이 형성된다. 이것을 축척하면 각도를 측정할 수 있다.

② 실제 측정의 예
 ㉠ 측정하고자 하는 각은 교차로에서 2개의 도로 가장자리선 사이에 끼어 있는 경우가 일반적이며, 이 2개의 가장자리선은 실제로 서로 만난다기보다는 원호형태로 연결되는 경우가 보통이다.
 ㉡ 이러한 원호의 경우 각을 측정하기 위해서는 도로의 가장자리선을 연장하여 2개의 선이 서로 만나는 지점을 확인하고 스프레이 페인트 등으로 표시한다.

③ 각도 측정방법 : 제2코사인 법칙 이용, 축척에 의해 각도기(분도기) 이용, 일반 삼각함수 이용 방법이 있다.
 ㉠ 코사인 법칙 이용

> 공식 1. 제1코사인 법
> $$a = b\cos C + c\cos B$$
> 공식 2. 제2코사인 법칙
> $$a^2 = b^2 + c^2 - 2bc\cos A$$

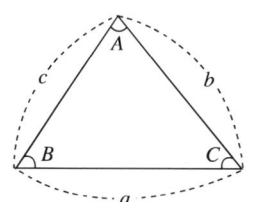

| 사례 | 사고 #1차량은 '가' 도로를 따라 똑바로 진행하였고, #2차량은 '나' 도로를 따라 똑바로 진행 중 교차로 중간에서 충돌하였을 때 '가', '나' 도로의 교차각도 혹은 #1, #2차량의 충돌 각도를 계산하면? 답 56.6° |

- 각도 산출 방법
  - 사고관련 차량들이 차량전면각의 변화 없이 도로를 따라 일정하게 진행하다가 충돌했을 시 두 도로의 교차각도와 차량의 충돌 각도는 일치한다고 가정함
  - '가' 도로의 도로 연석선을 따라 일정거리 지점(9m로 가정) 선정
  - '나' 도로의 임의지점 선택(13m로 가정)
  - 두 지점의 연장거리를 측정함(11m로 가정)

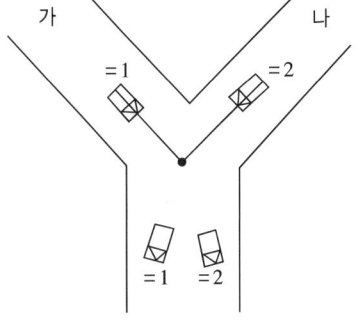

- 계산식

$$a^2 = b^2 + c^2 - 2bc\cos A$$
$$\therefore \cos A = \frac{b^2 + c^2 - a^2}{2bc}$$

$$\cos A = \frac{(9)^2 + (13)^2 - (11)^2}{2 \times 9 \times 13} = 0.551$$

$$A = \cos^{-1}(0.551) = 56.6°$$

ⓒ 일반 삼각함수 이용 : 사고현장에서 측정하고자 하는 각도를 포함한 2개의 빗변거리를 같게 선정할 때 일반 삼각함수법을 이용한다.

공식 : $\sin\alpha = \frac{b}{a}$, $\cos\alpha = \frac{c}{a}$, $\tan\alpha = \frac{b}{c}$

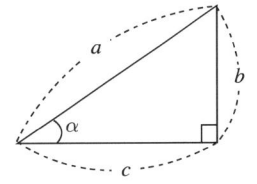

| 사례 | 가', '나' 도로가 예각을 가지고 만나는 3지교차로에서 '가', '나' 도로 간의 각도는? 답 35.8° |

- 각도 산출 방법
  - '가', '나' 도로상의 연석선을 따라 가상 연장선을 그어 만나는 교차점(Apex)을 지정
  - 교차점 x를 기준으로 '가', '나' 도로의 연석선을 따라 일정거리 되는 지점을 선택하여 표시(임의로 13m 선택)

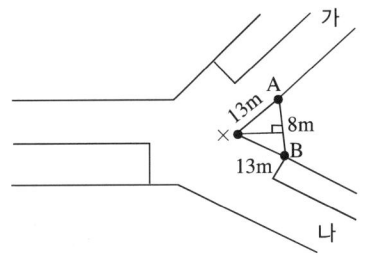

- 표시된 두 지점(A, B) 간의 거리를 측정(8m로 가정함)
- 선택된 삼각형의 두 빗변 거리와 1개의 측정거리를 이용하여 일반 삼각함수 공식을 적용하여 각도 산출
- 계산식

$$\sin\frac{a}{2} = \frac{4}{13}$$

$$\therefore \frac{a}{2} = \sin^{-1}\left(\frac{4}{13}\right) = 17.9°$$

$$a = 35.8°$$

$$\cos\left(90° - \frac{a}{2}\right) = \frac{4}{13}$$

$$\therefore 90° - \frac{a}{2} = \cos^{-1}\left(\frac{4}{13}\right) = 72.1°$$

$$a = 35.8°$$

※ 이등변삼각형의 경우 길이가 같은 두 변이 만나는 꼭짓점에서 맞은편 변에 직각선을 그으면 밑변의 길이가 같은 직각삼각형이 2개 생김

ⓒ 축척에 의해 각도기(분도기) 이용 : 삼각함수 공식을 이용하여 계산하지 않고 측정된 3개의 변 거리를 실내에서 종이(특히 모눈종이)에 축척하여 작은 삼각형으로 도시한 후 측정하고자 하는 각 변 간의 각도는 분도기를 이용하여 직접 측정한다.

> **사례** 노면상에 교통사고로 인하여 차륜흔적이 직선으로 발생하다가 중간에 충격으로 꺾였을 때 그 차륜흔적의 꺾인 각도, 즉 사고차량의 충돌 후 이동각도는? 답 69°

- 각도 산출 방법
  계산에 의한 방법(제2코사인 법칙 이용)

  $$\cos C = \frac{11^2 + 7^2 - 15^2}{2 \times 11 \times 7} = -0.36$$

  $$C = \cos^{-1}(-0.36) ≒ 111°$$

  따라서, 이동각도 $\theta = 180° - 111° = 69°$

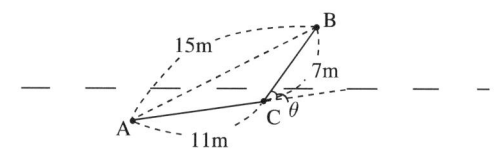

- 축척에 의한 방법
  - 사고현장에서 차량진행 방향으로 차륜 직선길이를 먼저 측정함(AC 간의 거리 : 11m로 가정)
  - 타 차량과의 충돌로 인하여 노면차륜흔적이 약 1시 방면으로 꺾인 흔적의 길이를 추정(BC 간의 거리 : 7m로 가정)
  - 두 끝점 AB 간의 가상연장선상 거리를 측정(15m로 가정)
  - 현장에서 측정한 ABC 3점 간의 거리를 실내에서 1/100~1/200 축척으로 종이에 나타내어 축척된 삼각형 A′B′C′를 도시해야 함
  - 먼저 기준선 AC를 축척에 의하여 표시
  - BC선의 거리만큼 축척률에 의하여 컴퍼스로 축소한 후 C′점을 기준으로 원을 그림
  - AB 간의 거리를 축척에 의하여 컴퍼스로 잰 다음 A′점을 기준으로 원을 그림
  - A′B′간의 원과 B′C′간의 원이 만나는 점을 지정

- A'B' 간의 점을 연장하여 각 BAC(∠BAC)을 측정하면 사고현장에서의 노면 차륜흔적의 시작 각도가 됨
- 마지막으로 분도기를 이용하여 ∠BAC를 직접 측정하면 약 25°임
- 따라서 ∠ACB는 약 111°이며, 차륜흔적의 꺾인 각도는 180°에서 111°를 빼면 약 69°가 됨

(2) 곡선부 측정

교통사고 분석에 있어 곡선부 측정은 매우 중요한 부분으로 요마크 발생 시에는 노면에 나타난 곡선 노면흔적이 반드시 측정되어야 한다. 곡선부 측정에서는 원호 자체의 측정도 중요하지만, 곡선부의 완급을 수치로 나타내는 지수인 곡선반경값(R) 측정이 더욱 중요하다.

교통사고 조사와 관련하여 교차로에서의 가각 곡선부와 도로 자체의 커브로 및 비정규 곡선구간 혹은 차량자체의 회전에 의한 타이어 흔적의 3가지가 있다.

① **교차로 가각 곡선부** : 각도측정에서와 같이 각도 측정 후 2개의 접점에서 수직선을 그어 교차하는 점까지의 거리가 곡선반경이 되는 것이다. 측정방법에는 일반 삼각함수에 의해 곡선반경값을 구하거나 혹은 실측 및 축척에 의하여 값을 구하면 된다.

> **사례** 교차로 가각부에서 두 도로의 직선 연석선 끝점을 기준으로 가상연장선들이 만나는 꼭짓점까지의 거리는 13m로 같으며, 또한 두 경계석 끝점 간의 거리는 8m일 때 그 교차로 가각부의 곡선반경(R) 값은?   답 $R = 4.16$m

㉠ 각도계산 방법에 의하여 먼저 각도 산출

$$\cos\left(90° - \frac{\alpha}{2}\right) = \frac{4}{13}, \ \alpha = 35.8°$$

$$\tan\frac{\alpha}{2} = \frac{R}{13} (\alpha = 35.8°)$$

$$\tan\frac{35.8°}{2} = \frac{R}{13}$$

$$R = 13 \times \tan\frac{\alpha}{13} = 13 \times \tan\frac{35.8°}{2}$$

∴ $13 \times 0.32 = 4.16$m

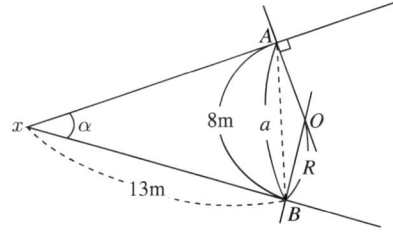

② **단일 커브로의 곡선부** : 도로관리청인 시·도청이나 국도유지관리사무소 및 한국도로공사에서는 관할 도로에 대한 모든 도로제원 및 설계도면을 대부분 가지고 있다. 그러므로 이들 기관과의 상호협조에 의하여 각종 도로제원 및 곡선반경값 등의 정확한 자료를 구할 수 있다.

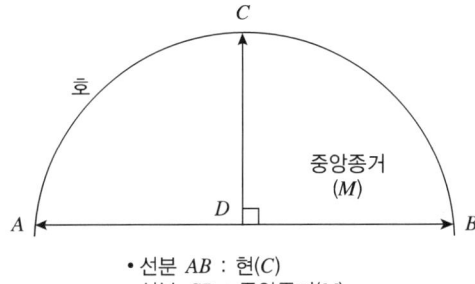

- 선분 AB : 현(C)
- 선분 CD : 중앙종거(M)

일반적으로 간단하게 커브로의 곡선반경이나 정규 요마크를 계산하기 위해서는 현(C)과 원의 중심에서부터 현까지 수직선을 그어 만난 지점에서부터 원호까지 연장선을 그어 만난 지점까지의 거리를 중앙종거(M)라고 하는데 이 현과 중앙종거값을 알면 곡선반경은 피타고라스 정리에 의해 $R = \left(\dfrac{C}{2}\right)^2 + (R-M)^2$에서 유도하여 정리하면 곡선반경값을 구할 수 있다.

이것을 공식으로 나타내면

$R = \dfrac{C^2}{8M} + \dfrac{M}{2}$이다.

커브도로의 형태에 따라 다르나 보통 2종류의 단일 곡선부로 나타내며, 이때 곡선반경값을 구하기 위하여 현거리 적용에 주의를 기하여야 한다.

(3) 거리 측정 : 요마크(Yaw Mark)로부터 곡선반경 구하기

노면에 발생된 요마크를 이용하여 속도를 분석하기 위해서는 우선 요마크의 곡선반경을 측정하여야 하고, 두 번째 요마크 발생 시 노면 마찰계수를 알아야 한다.

① 곡선반경 측정

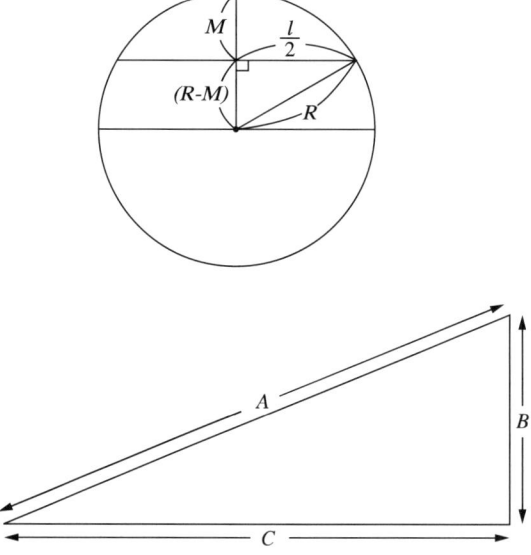

㉠ 요마크의 곡선반경을 측정할 때는 도로의 곡선부를 측정할 때와 같은 방법을 이용하여 반경값을 측정한다. 일반적으로 곡선은 단일 정규곡선과 복합적인 비정규곡선으로 나뉜다. 단일 정규곡선의 곡선반경값을 측정할 때는 곡선부의 현거와 현거의 중앙점에서 종거값을 측정하여 삼각함수의 피타고라스 정리를 이용한 방법이 있다.

㉡ 피타고라스의 정리 : 직각삼각형의 빗변 A의 길이는 $B^2 + C^2$으로 표현되는 것으로, $A^2 = B^2 + C^2$이다.

ⓒ 위의 피타고라스 정리를 이용하면 곡선반경 R은 빗변이 되고 B는 현거의 1/2이며, C는 곡선반경 R에서 중앙종거값을 뺀 나머지 길이로, 곡선반경값 R은 $R^2 = \left(\dfrac{C}{2}\right)^2 + (R-M)^2$ 으로 나타낼 수 있고, 이 식을 다시 풀어쓰면

$$R^2 = \left(\dfrac{C^2}{4}\right) + R^2 - 2MR + M^2$$

$$2MR = \dfrac{C^2}{4} + M^2$$

$$R = \dfrac{C^2}{8M} + \dfrac{M}{2}$$

ⓔ 위와 같이 곡선반경값 R은 $\dfrac{\text{현거}^2}{8 \times \text{종거}} + \dfrac{\text{종거}}{2}$로 나타낼 수 있다. 일반적으로 이 식에서 $\dfrac{\text{종거}}{2}$ 값이 현저하게 작으므로 무시하고 사용하는 경우도 있는데 이런 경우는 곡선반경값은 $R = \dfrac{C^2}{8M}$이다.

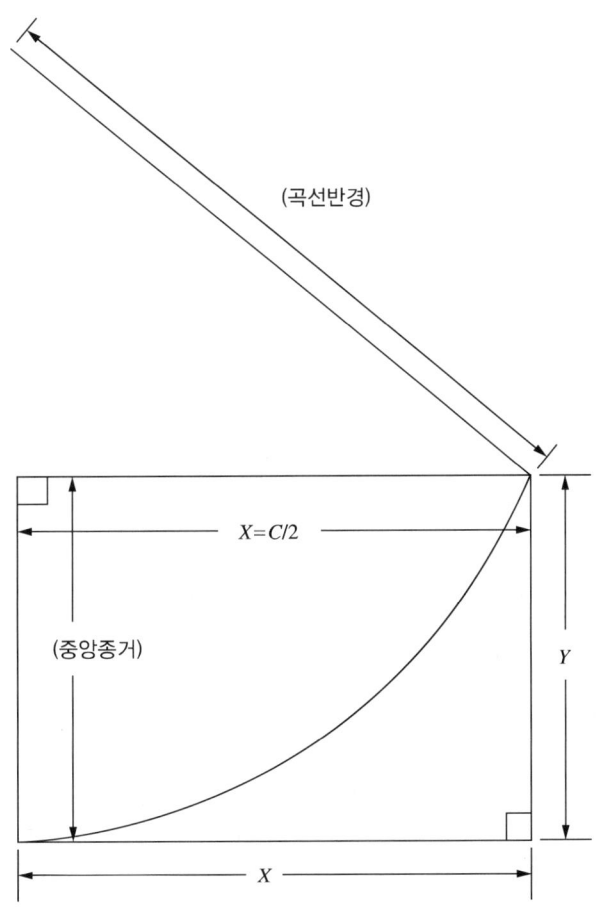

㊁ 또한 위의 식은 측정하고자 하는 곡선부가 정규곡선일 때 정확한 값을 나타내고 있어 요마크나 도로의 곡선부 진입 전 완화곡선구간과 같이 비정규곡선상에서는 전체적인 평균값만을 나타낼 뿐이므로 곡선부 진행단계별로 정확한 반경값을 측정하는 데 한계가 있어 탄젠트 옵셋(Tangent Offset) 값을 이용해서 지점별 곡선반경값을 측정하는 것이 보다 더 정확한 반경값을 측정할 수 있다.

㊂ 정규곡선의 반경값을 측정하는 수식 $R = \dfrac{C^2}{8M} + \dfrac{M}{2}$에서 $2X = C$이고, $M = Y$이므로 다시 쓰면 $R = \dfrac{(2X)^2}{8Y} + \dfrac{Y}{2} = \dfrac{4X^2}{8Y} + \dfrac{Y}{2}$이고, 이것은 $R = \dfrac{X^2}{2Y} + \dfrac{Y}{2}$가 되고, 이 또한 $\dfrac{Y}{2}$가 매우 작은 수치이므로 무시하면 $R = \dfrac{X^2}{2Y}$으로 사용하기도 한다.

㊃ 그러나 탄젠트 옵셋법을 이용할 경우 노면상에 발생된 요마크의 시작점에서 그 원의 접선이 X가 되므로 기준점에서 접선을 찾아야만 현장에서 곧바로 곡선반경값을 계산해낼 수 있고 기준선 X를 찾았을 때에 현장에서 Y의 값을 측정하는 것이 가능하므로 상당한 어려움이 따른다. 즉, 커브 시작점에서의 접선을 찾기가 어려운 문제점을 안고 있다.

도로에서 곡선부 선형을 측정하는 데 있어서는 곡선부 진입 전 직선부의 연장이 곡선부 시작점의 접선이 되므로 크게 문제될 것이 없으나 노면에 차량이 진행 중 요마크를 발생한 경우에는 직선부 궤적이 동시에 발생되지 않은 경우가 대부분이므로 단독으로 발생된 요마크의 시작점에서의 접선을 찾기는 아주 힘들게 된다. 결국 단독으로 발생된 요마크의 곡선반경은 구간을 나누어 여러 번 단일 정규곡선반경을 측정하여 이용하는 것이 최선의 방법이 될 것이다.

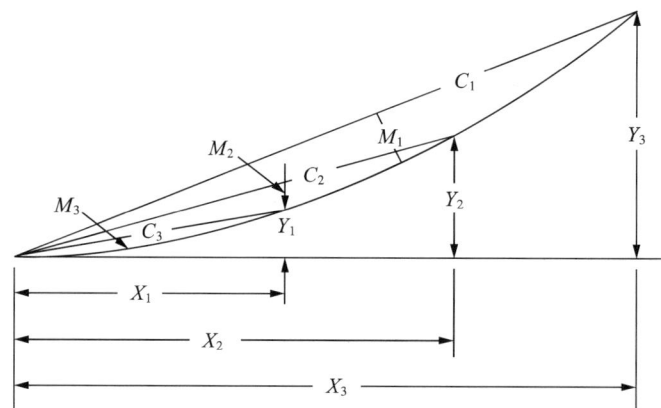

㊄ 2가지 방법으로 요마크의 곡선반경을 측정할 때 주의할 사항은 요마크는 특성상 요마크의 시점보다는 종점으로 갈수록 그 반경값이 작아지므로, 피타고라스 정리를 응용한 곡선반경값이나 탄젠트 옵셋을 이용한 곡선반경값을 구하고자 할 때 차량이 요마크를 발생하기 시작할 때의 속도를 추정코자 한다면 요마크의 시점 부근에서 측정하는 것이 가장 바람직하다는 것이다.

사례 | 다음의 사진에서 보는 바와 같이 사고차량이 도로를 이탈하여 비탈진 언덕 아래 강 낮은 곳에 추락했을 때 언덕끝으로부터 강에 있는 사고차량까지의 거리는? 답 5.2m

- 측정하고자 하는 우후륜 바퀴로부터 직각(90°)을 유지하는 언덕지점을 표시함(사진상의 B지점)
- B지점으로부터 적당한 길이 20m를 줄자로 수평되게 재어 지점 D를 표시(각 지역 여건에 따라 길이를 달리함)
- 선 BD 간의 중간지점, 즉 B지점으로부터 10m 되는 C점을 표시
- 점 D에서 언덕을 따라 직각(90°)을 이루는 선을 설정한 후 그 선상의 적당 지점에서 BD선상의 10m 되는 중간점(C)과 측정지점 A를 연결하는 가상 연장선상의 E지점을 선택
- 점 D에서 E까지의 거리를 측정하니 5.2m임
- 즉, 언덕 끝에서 강에 빠져있는 사고차량 우후륜까지는 5.2m가 됨

(4) 비정규곡선구간 측정

교통사고조사와 관련하여 요마크에 의한 비정규곡선이나 아주 복잡한 비정규곡선도로일 경우의 측정은 좌표법이나 삼각법에 의하여 측정하면 될 것이다(혹은 복합형 이용). 만약, 좌표법을 이용할 경우는 도로의 직선부 연석선 및 도로끝선을 연장하여 짧은 구간(10m 미만)일 때는 약 1m 간격, 중간구간(10~30m)에서는 2~3m 간격, 긴 구간(30m 이상)일 때는 약 5m 간격 등으로 기준선을 여러 점으로 나누어 그 점들을 반드시 표시한 다음 그 기준점들에서 각 수직선을 그어 각 측점까지의 거리를 측정하여 도면을 작성한다.

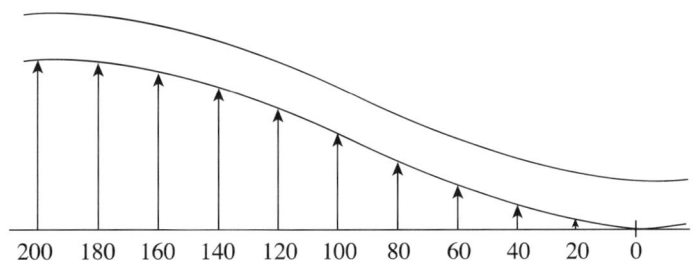

① 비정규곡선구간에서 기초선(Base Line)과 좌표법을 이용하여 커브구간을 측정하는 방법
  ㉠ 사고현장에서 도로형태와 비슷하게 스케치(Free-hand)로 나타냄
  ㉡ 커브의 시작점과 두 도로가 만나는 교차점을 기준점으로 설치
  ㉢ 도로의 형태에 따라 일직선의 가상 기초선(Base-line)을 설정하고 50m 줄자를 가상기초선을 따라 길게 연장시킴
  ㉣ 가상기초선을 일정간격으로 나눈 후 각 누적간격에 따른 비정규 곡선도로까지의 거리(Offset) 값들을 측정함
  ㉤ 도로폭 및 차로폭, 기타 필요사항을 측정함
  이러한 가상기초선인 접선으로부터 커브의 옵셋값을 이용하여 곡선반경을 계산하는 공식은

$y = \dfrac{x^2}{2R}$ 에서 여기서 R : 곡선반경

$\therefore R = \dfrac{x^2}{2y}$ (기본공식) x : 시작점에서 측점까지의 거리

  y : Offset값

※ 곡선반경 유도공식에서 x 대신 $\dfrac{C}{2}$, y 대신 M을 대입하여 정리 및 일부항목 삭제

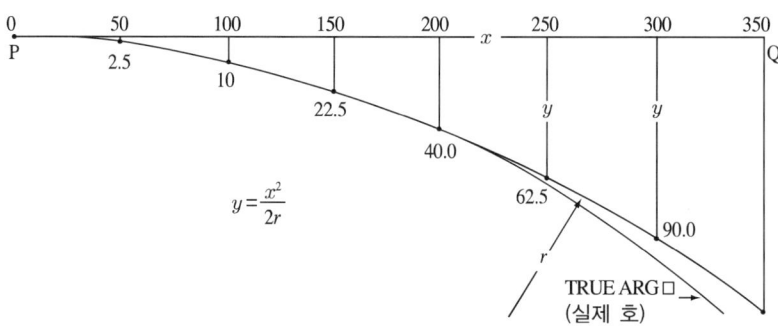

사례 도로 곡선구간의 커브 시작 지점에서 커브 원호에 접선을 그어서 각 일정 측점에서 도로중앙선까지 거리를 측정한바, 아래 그림과 같을 때 그 곡선구간의 곡선반경은? 답 $R = 500m$

• 접선으로부터의 Offset값을 이용한 공식을 이용

$R = \dfrac{x^2}{2y}$ $x = 50, 100, 150, 200 \cdots$

$\therefore R_1 = \dfrac{(50)^2}{2 \times 2.5} = \dfrac{2,500}{5} = 500m$ $y = 2.5, 10.0, 22.5, 40.0 \cdots$ 대입

$R_2 = \dfrac{(100)^2}{2 \times 10} = \dfrac{10,000}{20}1 = 500m$

$R_3 = \dfrac{(150)^2}{2 \times 22.5} = \dfrac{22,500}{45} = 500m$

② 비정규곡선구간에서 기초선(Base Line)과 좌표법을 이용하여 커브구간을 측정하는 요령
㉠ 일직선상의 도로경계석 혹은 그 가상연장선을 따라 일정 간격마다 곡선도로까지의 수직거리를 매 간격마다 측정
㉡ 급커브, 합·분류지점 등은 측정간격을 좁게, 완만한 구간은 넓게 선정하며 도로형태 및 길이에 따라 간격을 1m, 3m, 5m, 10m, 20m 등 중에서 가변적으로 선택

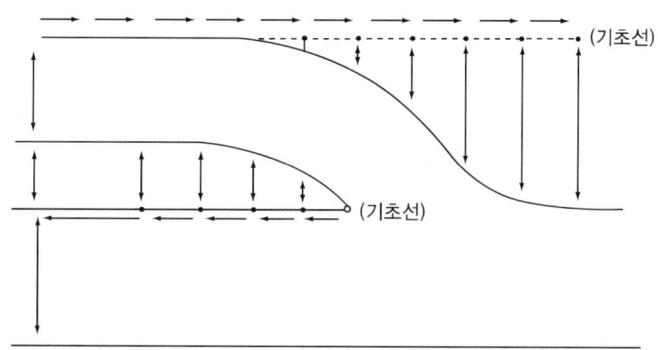

③ 복잡한 비정규곡선구간의 도로측정
㉠ 매우 복잡한 도로형태의 측정에서 3개의 빗변거리에 의한 삼각법을 이용하여 측정하면 편리하고 보다 정확한 축척도면을 확보할 수 있다.
㉡ 즉, 삼각법을 이용하여 복잡한 비정규곡선부를 측정하고자 할 경우는 곡선부의 길이를 감안하여 적당한 간격으로 세분하여 조사하고자 하는 도로에 측점을 설정하여야 한다. 심한 곡선부에서는 측점거리를 짧게, 완만한 곡선부에서는 측정거리를 길게 잡아 각 측점 간의 거리를 측정하면 되나 각 측점 간의 각도는 약 30° 이상 유지되는 삼각형을 갖추도록 함이 좋다.
㉢ 삼각법에 의해 측정된 비정규곡선구간의 도면을 작성할 때는 컴퍼스를 이용해야 한다.

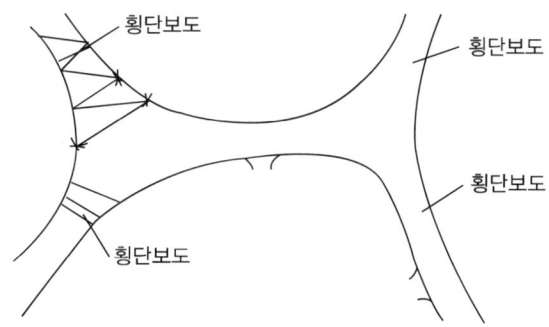

(5) 경사도(구배도) 측정
① 교통사고와 관련한 구배측정에는 횡단구배, 종단구배, 편구배 및 법면 경사도측정 등이 있다.
② 경사(구배)는 가파른 정도를 나타내는 것으로 반드시 백분율(%)로 나타낸다.
③ 경사도는 수평거리분의 수직거리로 계산된다. 단, 각도(° : Degree)로 산출되었다면 다음 각도와 경사도와의 관계를 이용하여 백분율(%)로 나타낸다.

[각도와 그에 따른 구배값]

각(°)	수직/수평비	구배(%)	계산식
1	0.0175	1.75	
2	0.0349	3.49	
3	0.0524	5.24	
4	0.0699	6.99	
5	0.0875	8.75	경사도(%) = $\tan\theta \times 100$
6	0.1051	10.51	
7	0.1228	12.28	
8	0.1405	14.05	
9	0.1584	15.84	
10	0.1763	17.63	
45	1.0000	100.00	

03 사고위치의 측정

(1) 측점수의 설정 중요!

① 1점의 측점을 필요로 하는 대상 : 주로 1m 이하의 작은 증거물의 측정 시
  ㉠ 사상자의 위치 : 허리를 중심으로 한 점 측정
  ㉡ 1m 이하 길이의 파인 자국, 긁힌 자국, 타이어 자국
  ㉢ 1m 이하 직경으로 파인 자국 : 파인 자국을 중심으로 한 점 측정
  ㉣ 도로상 고정물체와 사소한 충돌흔적(가로수 및 수목, 가로등, 승강장 등에 생긴 자국)
  ㉤ 소규모 파편물 및 1m² 이하의 차량 액체 낙하물
  ㉥ 충돌로 인해 차량본체와 분리된 각종 차량 부품

② 2점의 측점을 필요로 하는 대상
  ㉠ 사고차량 : 피해가 적은 동일 측면 2개 모서리를 측점으로 이용하거나 차량이 타이어 자국의 끝에 있을 경우에는 바퀴를 측점으로 한다.
  ㉡ 직선으로 길게 나타난 긴 타이어 자국 : 시작점과 끝점을 측점으로 한다.
  ㉢ 1m 이상 길게 나타난 노면상의 파인 흔적(Groove) : 양끝을 측정점으로 이용
  ㉣ 길게 비벼지거나 파손된 가드레일
  ㉤ 길게 뿌려진 파편 흔적 및 차량용 액체 자국
  ※ 주로 1m 이상의 길게 나타난 자국의 시작점과 끝점에 하나씩 나타내야 하므로 2점이 필요하다.

③ 3점 이상의 측점을 필요로 하는 대상
  ㉠ 곡선으로 나타난 타이어 자국(특히 요마크) : 발생 길이나 굽은 정도에 따라 1m, 3m, 5m 간격으로 측점을 설정하여 자국의 시점, 종점뿐만 아니라 노면표시(중앙선, 차로경계선, 노측선)와 교차하는 점을 측점으로 한다.

ⓛ 직선으로 길게 나타나다가 마지막 부분에 휘어지거나 **변형이 있는 타이어 자국** : 휘어지는 지점이나 갑자기 변하는 지점에 측점을 설정한다.
ⓒ 파편이 집중적으로 떨어진 지역 : 파편을 중심으로 외곽선을 긋고 그 외곽선의 굴절 부분을 측점으로 한다.
ⓔ 낙하물 지역 : 낙하물의 형태에 따라 적정수의 측점을 설정한다.

※ 3점은 대부분 직선에서 휘어지거나 일정 면적을 나타낼 때 주로 사용된다.

(2) 기준점 설정

① 기준점 설정의 개념
ⓠ 측정 대상과 측점 수가 설정되면 물리적 흔적의 위치를 표시하기 위해서 우선적으로 측정의 기준점(RP)이나 기준선(RL)을 설정하여야 한다.
ⓛ 기준점은 일반적으로 변경가능성이 없는 고정대상물로 정하는데, 예를 들면 전신주나 신호등 기둥 등 간단히 움직일 수 없는 것으로 하는 것이 좋다.
ⓒ 기준점을 설정한 후에는 기준점으로부터 각 흔적위치까지의 거리를 측정한다.

② 기준점의 종류
ⓠ 고정기준점(접촉가능기준점)
- 의의 : 기존의 고정도로시설로서 손쉽게 접근(접촉)할 수 있으며, 가장자리가 불규칙하거나 진흙이나 눈 등으로 덮여 노측선이 불분명할 때 주로 삼각측정법에서 기준점으로 많이 활용된다.
- 고정기준점으로 활용할 수 있는 대상 : 가로등, 전신주, 안내표지판 및 각종 표지판 지주, 신호등 지주, 소화전, 건물의 모서리, 교량과 고가도로 및 지하차도의 입·출구에 설치되어 있는 입석 등(수목은 여타 이용할 만한 기준점이 없을 때 사용한다)을 들 수 있다.

ⓛ 반(준)고정기준점(일부 접촉가능기준점)
- 의의 : 차도 가장자리나 연석 또는 보도 위에 표시한 마크를 뜻한다. 즉, 도로 가장자리나 경계 또는 보도 위에 표시하거나 기존의 영구적인 표지물과 관련해서 설정하는 것으로 포장도로상의 교차점과 교차로 사이 구간에서 주로 활용된다.
- 반고정기준점으로 활용할 수 있는 대상 : 각종 지주·교량의 양단·건물모서리·우체함과 바로 마주보는 지점이나, 하수 배출구, 포장면 이음새 등에 크레용, 스프레이페인트, 분필 또는 금속편 등으로 표시하게 된다.

ⓒ 비고정기준점(접촉불가능기준점)
- 의의 : 교차로 등에서와 같이 2개의 차도 가장자리선이 만나는 점(곡선으로 연결되는 부분이 짧은 경우) 등의 차도상에 표시한 기준점을 말한다.
- 대상 : 대부분 교차로의 모서리에서와 같이 2개의 차도 가장자리선을 연장하여 서로 교차하는 점을 선택하여 도로상에 크레용, 분필, 스프레이페인트 등으로 표시한다.

※ 대체로 고정기준점은 삼각측정법에 알맞고 나머지는 평면좌표법에 적절하다.

(3) 특정지점의 확정

사고지점 등 특정지점을 확정하기 위해서는 2점방식(2개소)과 3점방식(3개소)이 있다.

① 2점방식(2개소)

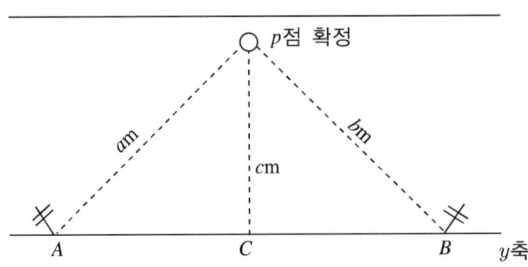

② 3점방식(3개소)

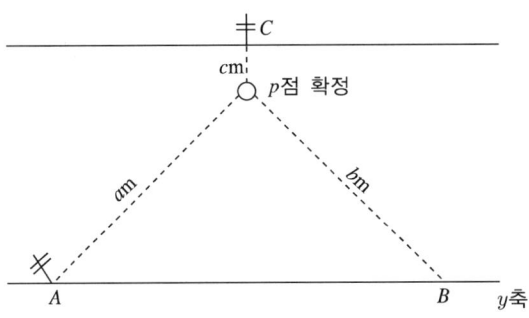

(4) 위치측정법

① 개 념

㉠ 측점들이 설정되었으면 이들의 위치를 나타내는 측정방법을 결정해야 한다.

㉡ 측점이 몇 개가 설정되든 간에 1개의 측점은 반드시 2개의 기준점으로부터 거리가 측정되어 표시되어야 한다.

㉢ 기준점 및 기준선으로부터 조사·분석에 측점까지의 위치측정을 위해서는 반드시 거리측정을 필요로 한다.

㉣ 거리측정에는 좌표법과 삼각법 등 2가지가 있으나, 일반적으로 삼각법은 고정기준점을 이용하고 좌표법은 반고정 및 비고정기준점을 이용한다.

② 평면좌표법 중요!

㉠ 기준선(도로끝선, 연장선 등)으로부터 조사 분석에 필요한 측점까지의 최단거리(직선거리)를 측정한다.

㉡ 특 징

장 점	최단거리를 측정하기 때문에 **소요시간의 단축** 및 측정에 의한 **소통장애를 최소화**하며 간단하게 자 하나만으로 도면을 작성할 수 있다(삼각측정법에서는 컴퍼스를 사용해야만 약도를 제대로 작성할 수 있다).
단 점	기준선과 측점 간의 직각선을 그을 수 없는 경우는 기준선을 연장하여 직각거리를 측정하면 되나 이는 정확성이 떨어진다.

ⓒ 도로의 구조가 직각이 아닌 경우에는 **도로 경계석선 및 도로 끝선의 연장을 기준선으로 이용**하여 측점까지의 직각거리를 측정하면 된다.

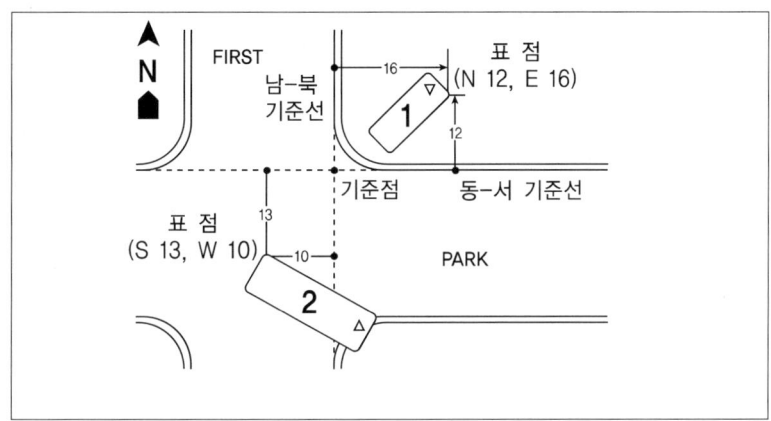

[기준선을 연장하여 직각거리를 측정하는 경우]

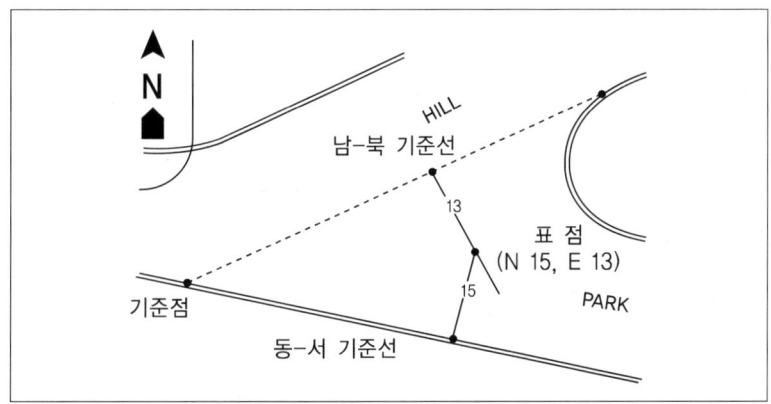

[기준선이 직각이 아닌 경우 도로 끝선을 연장선으로 이용한 경우]

ⓔ 평면좌표법에서는 기준선이 2개가 필요하다. 1개는 차도 가장자리선을 활용하고 나머지 1개는 가상기준선(남북방향)을 설정, 활용할 수도 있다[기준선으로 이용할 만한 실제의 선(차도 가장자리선, 중앙선 등)이 없을 때].

ⓜ 가상기준선을 설정하는 방식은 차도 가장자리선 근처의 적절한 고정대상물(전주, 각종 지주, 배수로입·출구)을 확인하고, 이 대상과 차도 가장자리선이 직각으로 교차되는 지점을 기준점으로 삼고, 이 기준점에서 차도 가장자리선과 직각으로 차도를 가로지르는 선을 가상기준선으로 삼으면 된다.

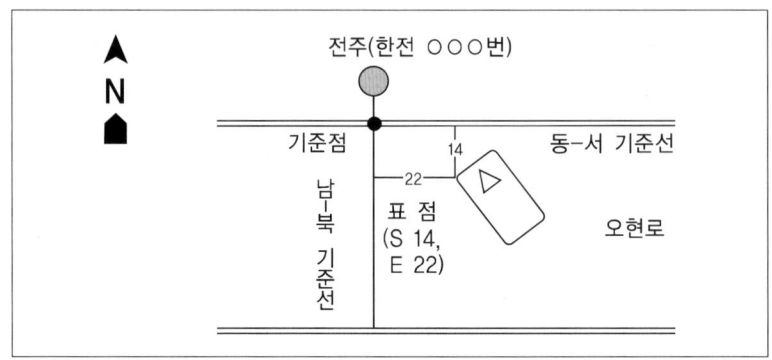

③ 삼각측정법(Tri-angulation)
  ㉠ 삼각측정법의 측정원리는 두 기준점과 각종 측정점이 삼각형을 형성하도록 하고 그 거리를 측정하는 것이다.
  ㉡ 기준점의 위치는 각도가 적은 너무 납작한 형태의 삼각형이 생기지 않도록 해야 정확한 측정을 할 수 있다.
  ㉢ 도면상에 표시할 때는 측정점에서 두 측정점까지의 거리를 각각 측정하고, 이 거리를 축척에 맞추어 자와 컴퍼스를 이용하여 도면에 옮겨 그린다.

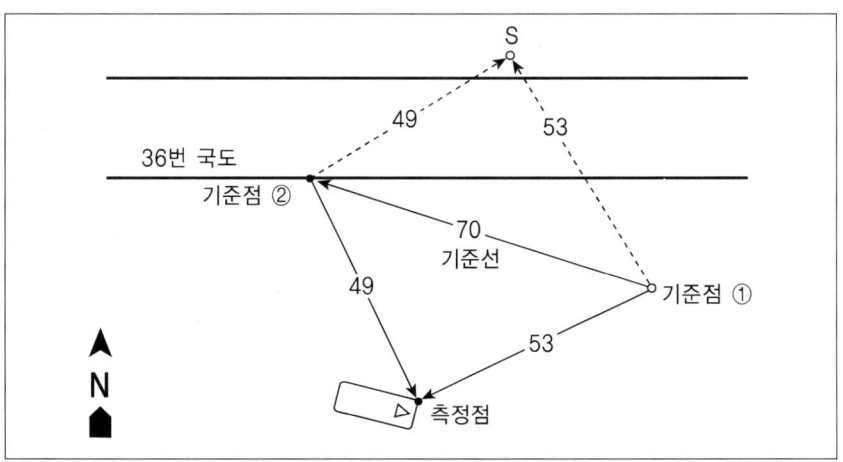

  ㉣ 삼각측정법이 편리한 경우의 예 중요!
    • 도로 경계석선 및 도로 끝선이 명확하지 않은 경우
    • 측점이 기준선 혹은 도로 끝선으로부터 10m 이상 벗어난 경우
    • 로터리형 교차로와 같이 교차로의 기하구조가 불규칙하여 직각선을 긋기 어려울 정도로 불규칙할 때
    • 비포장도로이거나 도로가 눈에 덮여 차도 가장자리선(도로 끝선)이 불분명할 때
    • 측점이 늪지나 숲속에 위치한 경우
  ㉤ 삼각측정법에서는 2개의 기준점을 이용한다. 기준점은 고정시설물을 대상으로 하나 적절한 대상이 없을 경우는 적어도 1개는 고정시설을 이용하고 그 외 기준점은 첫 번째 기준점을 중심으로 설정할 수 있다.

ⓑ 삼각측정법에서 기준점이 되는 물체
- 도로 경계석 및 도로 끝점
- 신호등 및 각종 표지의 지주
- 우체통, 소화전, 전신주, 체신주, 가로등
- 각종 기둥과 모서리
- 교량 또는 건물의 모서리
- 노면시설물인 배수, 맨홀, 측구

04 현장스케치 및 도면 작성요령

(1) 현장스케치

① 현장스케치의 의의
  ㉠ 사고결과의 위치를 나타내는 측정기록이다.
  ㉡ 측정기록은 측정만큼이나 중요하다. 단, 좁은 지면에 너무 복잡하게 측정결과를 기록할 필요는 없으며, 기록해야 할 사항이 많을 때는 번호를 매긴다.

② 현장스케치 요령
  ㉠ 현장스케치 용지상에 손으로 개략적인 도로배치상태를 그린다.
  ㉡ 용지 한쪽 모퉁이에 방향을 나타내기 위해서 화살표 등으로 북쪽을 표시한다.
  ㉢ 관련 차량의 최종위치를 그리고, 각 차량의 전면을 화살표 등으로 나타낸다.
  ㉣ 노상이나 노변의 관련 타이어마크와 기타 흔적을 그린다.
    ※ 타이어 자국이나 노면마찰흔적 등 궤적이 크고 복잡하게 나타난 흔적의 경우에는 상세 스케치를 작성하고 여러 개의 측정점을 선정해 측정함으로써 보다 상세한 곡선이나 각도를 구할 수 있도록 해야 한다.
  ㉤ 현장에 설정한 표점과 스케치상의 표점을 확인한다(개개의 차량에 대해서 2개의 표점, 각 타이어마크에 대해서는 1개의 표점, 분포범위가 넓은 낙하물 지역에 대해서는 3개 이상의 표점 등).
  ㉥ 평면좌표법, 삼각측정법 또는 양자의 병용법(결합법) 중 어느 방법을 이용할 것인지 결정한다.
    ※ 표준적인 차도 및 차도 가장자리선으로부터 10m 이내의 표점에 대해서는 평면좌표법을 이용하고, 불규칙적인 차도 및 차도 가장자리선으로부터 10m 이상 되는 일부 표점에 대해서는 삼각측정법을 이용하는 것이 좋다. 또 평면좌표법 이용 시는 적어도 1개의 기준점, 삼각측정법을 이용할 때는 최소 2개의 기준점을 설정한다.
  ㉦ 개개의 기준점의 특징을 간략하게 기술하고, 주요지점 간에 점검측정을 한다.
  ㉧ 측정한 지점(기준점, 표점)에 대해서 측정·기록하고, 필요시 도로상에 스프레이페인트나 크레용 등으로 측정할 지점을 표시한다.
  ㉨ 관련 차량(예 차량 1 – 승용차 2, 차량 2 – 화물차 등) 및 차도 폭을 측정·기록하고 도로명을 기재한다. 필요시 주변에 있는 기존의 주요 표지물에 대한 방향과 표지물과의 거리를 기록한다.
  ㉩ 기본스케치 이외에 별지에 Gouge, Scrub, Debris 등에 관한 내역을 기록한다.
  ㉪ 스케치상에 사고발생일시, 측정일시 및 측정자의 성명을 기재한다.

> **이해 더하기**
>
> **측정의 구체적 기술**
> 사고형태를 고려하여 측정·기술한다.
> - 중앙선침범사고의 경우에는 중앙선을 기준선으로 정해 각종 물리적 흔적의 위치관계를 측정한다.
> - 진로변경사고의 경우에는 차로경계선을 기준하여 측정하는 것이 필요하다.
> - 선진입 여부를 규명하기 위한 교차로사고의 경우에는 각 진행방향의 정지선으로부터의 진입거리나 위치 관계가 중요하다.

(2) 도면 작성요령

사고현장에 대한 상황을 그대로 측정하여 축척 도면으로 옮기고, 그것을 차량의 손상상태에 따른 충돌 시 자세와 도로상에 나타난 여러 물리적 흔적의 위치, 궤적과 비교·검토하는 작업은 사고조사의 기본과정이다.

① 사고실황도면에 사고현장의 도로구조를 축척에 의해 표기하고 방위표 및 축척비율을 표기한다.
② 각도별 방향 및 지명, 도로 폭, 차로 폭, 길가장자리 폭 및 필요한 도로 제원을 기록하고 도로 주변 여건 및 랜드마크(Land Mark)를 표기한다.
③ 기준선 및 기준점을 정하고 상호 간의 간격을 나타낸다.
④ 사고 관련 차량 및 사람들의 최초 충돌예상위치, 최종정지위치를 표시한다.
⑤ 각 위치 간의 직선거리를 표시하며 차량의 전면부, 오토바이 및 인체의 방향을 표시한다(가능한 한 중앙선, 차로경계선 및 길가장자리 노면표시선 등으로부터 거리를 표기한다).
⑥ 노면상에 발생된 각종 차륜흔적 등을 축척에 의해 정확히 나타낸다.
⑦ 차륜흔적이 사고차량의 차륜흔적과 일치하는지를 먼저 판단한 후 차륜흔적이 제동 시, 충돌 시 및 충돌 후 이동과정에서 발생되는지의 여부 등을 도면에 정확하게 작성한다.
⑧ 중앙선 및 차로경계선과 이격거리, 간격, 길이, 폭 등의 차륜흔적과 비스듬한 각도를 진행한 경우, 진행각도 및 진행방향, 비틀어진 양 등을 정확하게 나타낸다.
⑨ 노면 긁힌 자국 및 파인 자국의 시·종점, 진행방향 및 각도, 간격, 길이, 폭 등을 도면에 표시한다.
⑩ 충돌로 인한 차량 액체잔존물, 파손품 등의 위치, 거리를 표기한다.

(3) 교통사고 조사용 자

① 용 도
  ㉠ 교통사고 현장의 차량
  ㉡ 주차장
  ㉢ 차고 등의 위치 표시
  ㉣ 제동 및 활주거리의 추정
  ㉤ 활주거리에 의한 속도의 계산
  ㉥ 시속과 초속의 환산

ⓐ 도로의 곡선(각도)
ⓑ 경사도 등을 그리거나 측량하는 데 사용

② **축척표시**
㉠ 자의 양쪽 곧은 면은 선을 그릴 때 사용되며, 여기에 표시된 눈금에는 일반자(cm)의 눈금도 갖고 있다.
㉡ 축척은 1/100, 1/150, 1/200, 1/300, 1/400, 1/600으로 그림을 그릴 수 있다. 특히, 1/200, 1/400 축척에 맞는 자동차를 그릴 수 있도록 모형이 뚫려 있다.
㉢ 1/400 축척으로 그릴 경우에는 작은 자동차 모형을 이용하고, 1/200 축척으로 그릴 때에는 큰 자동차 모형을 이용하면 전차륜까지 그릴 수 있다. 만일 보다 정확한 자동차의 그림이 필요한 때에는 그 자동차의 제원표에 의하여 축척에 맞는 크기를 측정하여 그려야 한다.

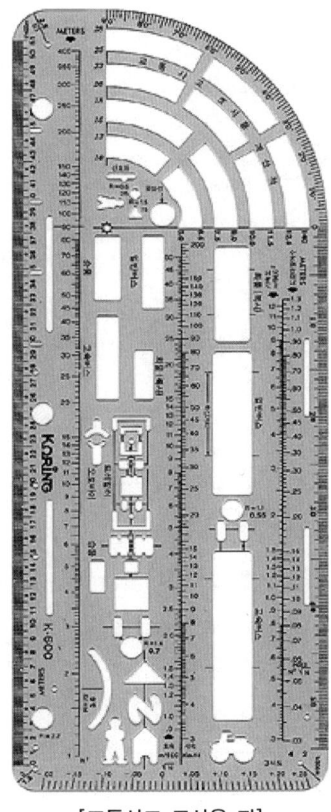

[교통사고 조사용 자]

③ **각도표시**
㉠ 자의 한쪽 모서리에는 90°의 눈금이 표시되어 있어 각도를 표시할 수 있다.
㉡ 도로의 중앙선이나 곡선부분과 자동차와의 각도를 재거나 그리는 데 아주 유용하다.
㉢ 각도를 표시하려면 각도를 이루는 한 변이 될 직선을 긋고, 그 선상에서 각도의 정점 또는 각도기의 중심이 될 지점을 찾아 맞추어 그린다.

④ 원, 호 그리기
　㉠ 교통사고 조사용 자를 이용하면 컴퍼스 없이도 원이나 호를 다 그릴 수 있다. 특히, 호는 입체도를 그리거나 회전 중에 발생한 교통사고를 그리는 데도 매우 편리하다.
　㉡ 자에 있는 여러 가지의 커브형이나, 원형 모형은 각도기에 표시되어 있는 1/200, 1/400 축척을 이용하면 된다.

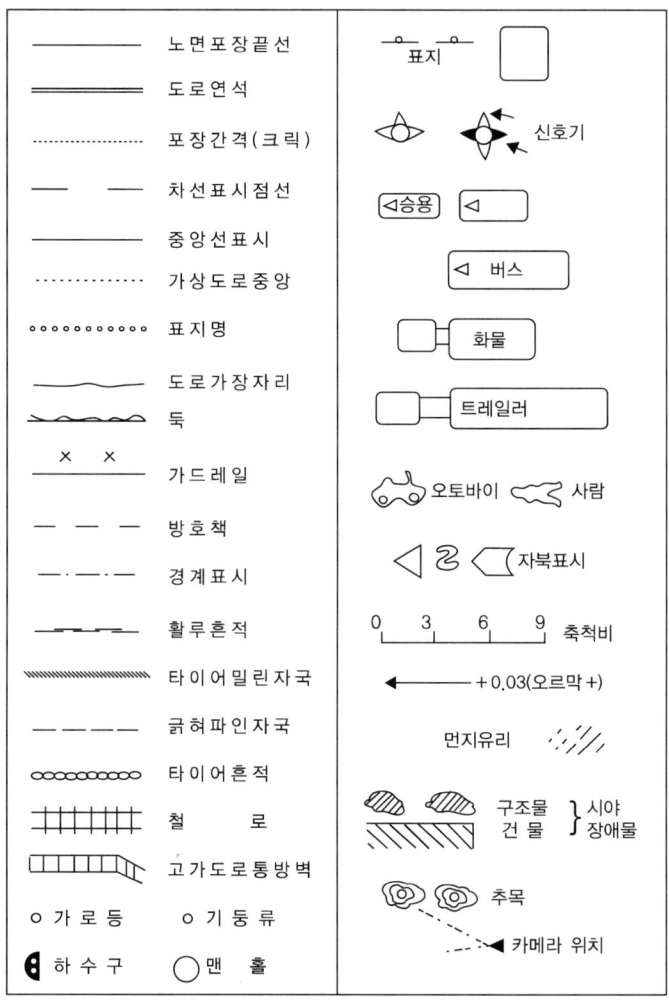

[교통사고 도면에 사용되는 각종 기호]

07 사고현장 사진촬영방법

01 사진촬영의 개요

(1) 사고현장 사진촬영의 필요성 중요!
① 교통사고 분석 시 사고현장기억의 단서가 된다.
② 현장조사분석의 기본 자료로 활용된다.
③ 법적 증거자료이다.
④ 항구적 보관능력과 증거가 불변성이다.
⑤ 가장 용이한 증거보전방법이다.
⑥ 사고상황의 진실성을 증명하는 데 용이하다.
⑦ 사고조사 시 흥분과 혼잡으로 누락된 사항을 기록할 수 있다.
⑧ 자신이 관찰한 사항을 기억하기가 용이하고 타인에게 사고 상황을 쉽게 설명할 때도 좋은 자료로 활용할 수 있다.

(2) 사진촬영의 시기
① 원칙적으로는 사고현장에 아무 변화가 일어나기 전에 촬영하는 것이 바람직하다. 즉, 시간이 경과함에 따라 상황이 변하여 그 사진이 진실을 빠뜨리는 경우가 있으므로 사고현장에 도착한 즉시 촬영을 하여야 한다.
② 기회를 놓치지 않고 사진을 촬영하는 요령
  ㉠ 촬영은 상황 긴급성에 따르고 오래 보존되지 않는 증거를 먼저 촬영한다.
  ㉡ 일단 촬영을 시작했다고 해서 전체 촬영대상을 한번에 계속적으로 촬영할 필요는 없다.
  ㉢ 가급적 사고현장에서 많이 촬영하고 야간사고일 경우, 일부 사진은 다음날 다시 와서 찍는다.
  ㉣ 일부 대상에 대해서는 촬영을 연기할 필요가 있을 수 있고, 그것이 바람직할 때도 있다.
  ㉤ 일기조건 등에 따라서는 맨 나중에 찍는 것이 좋을 수 있다.
  ㉥ 현장사정으로 파손된 차량의 사진촬영을 뒤로 미루는 것이 바람직한 경우도 있다.

> **이해 더하기**
>
> **사진의 한계성** 중요!
> - 사진촬영은 교통사고를 조사하는 데 있어서 보조수단이지 대체수단은 아니므로 제반측정을 대체해서는 안 된다.
> - 사진촬영으로 사고에 대한 조사자의 서면기록을 대체할 수 없다.
> - 사진촬영의 목적은 사고에 대한 조사자의 서면기록을 뒷받침하는 데 있어야 한다.

(3) 사진촬영의 대상 중요!
① 도로상황
  ㉠ 운전자 시야 및 시야 장애물(특히, 시간이 경과함에 따라 변하는 것)
  ㉡ 안개, 매연 등과 같은 시계조건
  ㉢ 사고지점 도로의 기하구조 및 교통제어 시설물의 위치와 상태
  ㉣ 적설, 강우, 비정상적인 노면상태 등과 같은 노면조건
② 노상의 교통사고결과
  ㉠ 타이어 자국(길이, 너비 및 여타 물리적 특성과 도로와의 관련성에 주안점을 두고 촬영)
  ㉡ 노면상의 흔적(파인 자국, 충돌자국, 스키드마크상의 불규칙적인 형태 등)
  ㉢ 파손된 고정대상물, 도로의 낙하물, 이탈된 차량부속품 등
③ 관련 차량의 교통사고결과
  ㉠ 차량의 최종위치, 차량의 자세
  ㉡ 사고차량의 직·간접 파손상태, 마찰흔적
  ㉢ 파손된 등화, 타이어, 차량 내외의 핏자국 등

02 대상별 촬영기법

(1) 도로의 기하구조
① 사고 전 차량이 진행한 방향으로부터 도로 전체의 전경을 촬영한다.
② 사고지점을 향하여 접근하며 촬영한다.
③ 고공에서 촬영하면 사고현장 도로의 기하구조를 한눈에 파악할 수 있다.
④ 원거리 촬영 시 특정지점을 강조하고자 할 경우 막대를 세워 표시한다.
⑤ 도로의 경사는 전주나 건물 등과 비교되어 경사가 확인되도록 촬영한다.

(2) 도로상태 및 도로조건의 촬영
① 사고 당시 운전자의 인지상황을 나타내기 위하여 촬영하는 경우에는 카메라를 운전자의 눈높이에 두고 촬영한다.
② 거울, 수목 등과 같은 시계장애물은 당해 운전자의 위치에서 촬영함으로써 사고 당시 운전자의 시계를 나타낼 수 있다.
③ 야간사고인 경우 촬영대상(예를 들면, 야간사고에 있어서의 보행자)에 대한 대략적인 가시도를 사진으로 나타낼 수 있다.
④ 사고현장에 대해서 항공촬영이 이루어질 수 있으나, 이는 보도용 사진을 제외하고 기록으로서는 전혀 실용성이 없다.

⑤ 도로의 조건들은 가급적 신속하게 촬영하는 것이 바람직하다. 왜냐하면 안개 등은 금세 사라질 수도 있기 때문이다.
⑥ 도로조건과 관련하여 촬영의 대상은 눈이나 얼음덩어리, 파인 구멍이나 기타 포장면상의 이상부위, 도로정비나 도로상의 공사가 시행되는 경우 공사내용, 차단장치, 노면표시 등과 같은 교통제어시설이 있다.

[사고현장 도로 환경 촬영 예]

사진출처 : 한국도로교통공단 교통사고조사매뉴얼

(3) 자동차와 사상자 등의 최종위치
① 상대적인 자동차의 최종위치, 사상자 및 노상의 흔적 등을 나타낼 수 있는 사진을 촬영해야 한다.
② 고속도로 등지에서의 사고인 경우, 낙하물, 사고자동차 등이 150m 이상의 구간에 전개되어 있을 수도 있다. 이러한 경우에는 최소전경을 나타낼 수 있도록 한다.
③ 노상의 모든 흔적에 대해 추가적인 사진을 찍어야 한다. 추가적인 사진에 의해서 차량의 사진 한 장으로 나타낼 수 없는 세부사항을 나타낼 수 있다.
④ 야간사고인 경우, 전체 배경 속의 자동차 위치나 여타 흔적을 촬영하고자 하면 여러 개의 플래시 사용이 필요하며, 이는 전문적인 기법이 요구된다.
⑤ 자동차의 위치를 남-북방향, 연석선과 관련된 사진으로 나타내려고 할 경우에는 카메라의 시선을 연석선과 평행으로 두고 촬영하는 것이 바람직하다.

(4) 운전자 시야 및 차량 자세
① 사고 관련 차량의 운전자 관점에서의 시야 상태를 촬영한다.
② 운전자의 시야 상태 조사 시 운전자가 사고차량 운전석에 탑승한 상태를 생각하며 촬영한다.
③ 운전자의 인지상황을 나타내기 위하여 광각렌즈를 사용하는 경우가 있으며, 그럴 경우에는 반드시 부기해 두도록 한다.

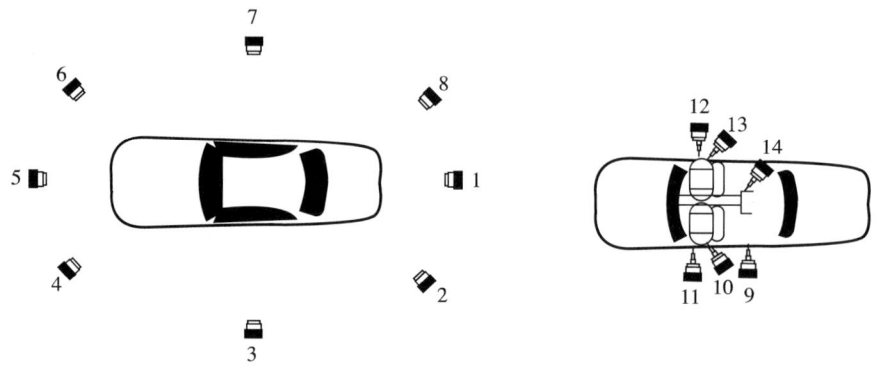

[사고차량 외부 및 내부 촬영방법]

(5) 노면 흔적

① 노면 흔적은 도로의 종 방향, 직각 방향으로 기본 촬영한다.
② 희미한 흔적, 유류흔, 훼손되기 쉬운 파편물 등을 우선 촬영한다.
③ 희미한 타이어 흔적 등은 흔적 발생 방향에서 자세를 낮추고 촬영한다.
④ 거리가 나타나도록 흔적 옆에 줄자를 펴놓고 촬영한다.
⑤ 타이어 자국의 촬영
　　㉠ 한 장의 사진으로 타이어 자국의 전체 길이를 나타낼 수 있도록 한다.
　　㉡ 타이어 자국이 너무 긴 경우에는 고정대상물, 자동차, 낙하물 등에 대한 타이어 자국의 상대적인 위치를 잘 나타내도록 연속사진을 찍어두는 것이 바람직하다.
　　㉢ 많은 경우 타이어마크의 사진 속에 스키드마크의 리브(Rib)형태, 타이어가 미끄러질 때 스며나온 아스팔트 흔적 등을 나타내는 것이 필요하다.
　　㉣ 대체적으로 카메라의 거리는 1~2m이면 적당하다.
　　㉤ 바퀴자국은 진행방향으로 촬영하는 것이 최상이며, 전체 모습을 촬영하도록 한다.
⑥ 파인 흔적, 긁힌 흔적의 촬영 : 상대적인 위치를 쉽사리 판정할 수 있도록 촬영해야 한다. 따라서 고정대상물, 자동차의 최종위치, 분리된 자동차부위 등과 관련해서 흔적의 위치를 나타내는 것이 바람직하다.

(6) 차량 파손상태 중요!

① 차량 파손 유무에 관계없이 사고차량을 사진촬영해 두는 것이 좋다.
② 차량의 정면, 정후면, 정측면 등 4방향에서 촬영한다.
③ 가능한 한 앞·뒤 번호판이 선명하게 촬영한다.
④ 파손 특성이 가장 잘 나타나는 방향에서 프로필 사진을 촬영한다.
⑤ 고공에서 촬영된 차량사진은 파손의 정합성 파악이 용이하고 충격자세를 찾는 데 유용하다.
⑥ 사고로 이탈한 범퍼, 문짝, 전조등 등에 사고 관련 흔적이 있을 경우 원래 위치에 대고 촬영한다.

⑦ 기타 차량이 충돌 후 정지한 장소 및 그 자세, 차량의 파손상태, 도로상의 차량에 의한 낙하물 또는 흔적, 충돌되기 전·후에 차량이 진행한 경로, 운전자가 사고발생지점에 접근하였을 때의 가시거리위치 등을 촬영한다.

※ 주의할 점
- 사고차량을 비스듬히 찍으면 사진을 사고재현에 활용하는 데는 어려움이 따른다.
- 파손된 모서리를 전면으로 찍은 경우, 바퀴나 전조등 등과 같은 차량내부가 차량 직후방으로 얼마나 밀려들어 갔는지, 그리고 좌·우측으로 어느 정도 밀려났는지 판단하기가 어렵다.
- 통상적으로 사고재현을 목표로 한 경우 4장의 차량파손사진이 필요하며 각각의 사진은 차량의 한 면을 다 나타내야 한다.
- 파손이 심한 경우, 면에 직각방향으로 찍을 경우 파손정도가 왜곡되게 나타날 수가 있으므로 차량의 경심축을 잘 잡아야 한다.

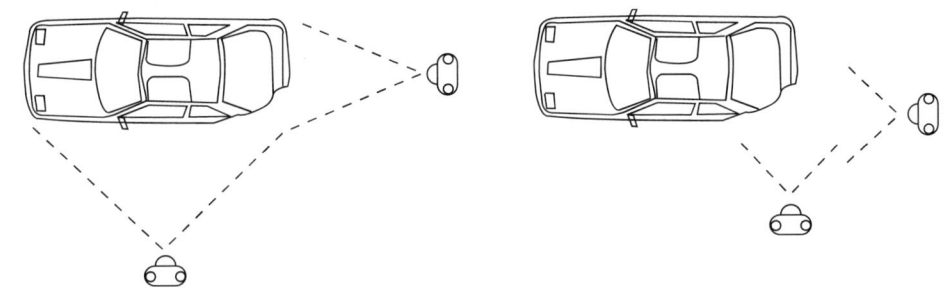

[사고차량 파손면 촬영방법]

(7) 인체의 상해상태

① 사상자의 멍든 형태, 긁힘, 혈액의 유출부위 등 외상을 가해물체의 특징과 형상을 생각하며 조사 촬영한다.
② 차 대 보행자 사고에 있어, 경골의 골절 높이가 차량 진행 상태 규명의 실마리가 될 수 있다.
③ X-ray 사진을 통해 무릎관절과 발목관절로부터 골절부분까지의 거리를 확인하고 부상이 없는 다른 다리에 이 지점을 표시하고 줄자를 옆에 세우고 이를 사진에 담는다.

(8) 기타 사고 관련 사항

① 직접적인 사고와 관련 없이 견인, 구조과정에서 차량 및 노면에 흔적이 발생하는 경우는 그 상황을 촬영해 둔다.
② 구난과정에서 견인차량이 사고차량을 끌고 급격히 선회하는 경우 발생하는 타이어 흔적, 대형 차량을 견인하기 위하여 구동 차축을 분리하며 노면에 기어오일과 그리스가 흐르면서 새로운 액체흔을 만들거나 사고 관련 흔적을 훼손시키는 경우에 이를 입증할 수 있는 자료를 사진으로 촬영해 둔다.
③ 목격자가 있으면 목격자의 위치에서 목격대상을 촬영하여 목격이 가능한지를 증명하고, 사고 전 운전자의 관점에서 안전시설이나 교통신호가 식별 가능한지도 사진촬영을 통하여 확보해 둔다.

(9) 고의사고의 유형과 촬영 주안점 중요!

① 추락사고의 경우 추락지점의 흔적, 추락과정 및 경로를 추정할 수 있는 수목의 눌림이나 경사면상의 흔적, 추락 상태(차량의 방향) 등을 촬영한다.

② 차량 내부에서는 운전석은 얼마나 앞으로 당겨져 있는지, 룸미러나 사이드미러는 운전자의 입장에서 볼 때 조정이 된 상태인지 등 운전자의 탑승 여부를 확인할 수 있는 차량 실내의 증거를 촬영한다.

③ 조향 핸들 및 운전장치 스위치나 기어의 위치상태는 어떠한지, 혈액은 어디에 어떤 형상으로 묻어 있는지 등 사고 전 차량의 운행상태를 추정할 수 있는 실내의 증거를 채집해 촬영한다.

④ 사고 직후 운전자나 탑승자는 어떻게 차량으로부터 빠져 나왔는지, 발자국 등은 차량 주변에 남아 있지 않은지, 차량 주변 정황을 폭넓게 사진에 담는다.

CHAPTER 01 적중예상문제

01 다음 중 도로법상 도로의 종류에 속하지 않는 것은?
① 고속국도
② 일반국도
③ 지방도
④ 도시고속도로

해설 법령(도로법)에 의한 도로의 분류
도로란 일반의 교통에 공용되는 도로로서 도로법 제10조에 열거된 도로(고속국도, 일반국도, 특별시도, 광역시도, 지방도, 시도, 군도, 구도)를 말한다. 또한, 터널, 교량, 도선장, 도로용 엘리베이터 및 도로와 일체가 되어 그 효용을 다하게 하는 시설 또는 그 공작물을 포함한다.

02 사고 조사자가 사고의 원인을 찾아내기 위한 가장 좋은 방법은?
① 목격자 인터뷰
② 사고현장 답사(차량, 당사자 조사)
③ 주변 사고목격자
④ 탑승자

해설 교통사고의 원인을 찾아내는 목적은 사고현장을 답사하여 도로의 각종 타이어자국, 노면의 파인 흔적, 잔존물 등과 두 차량의 접촉된 파손 흔적과 사고 당사자를 조사하기 위한 것이다.

03 도로의 성립요건으로 적당하지 않은 것은?
① 형태성
② 이용성
③ 폐쇄성
④ 교통경찰권

해설 도로의 성립요건
- 형태성 : 차선의 설치, 포장, 노면의 균일성 유지 등 자동차, 기타 운송수단의 통행이 가능한 형태를 구비한 경우
- 이용성 : 사람의 왕복, 화물의 수송, 자동차 운행 등 공중의 교통영역으로 이용되고 있는 경우
- 공개성 : 공중의 교통에 이용되고 있고 불특정 다수인 및 예상할 수 없을 정도로 바뀌는 숫자의 사람을 위하여 이용이 허용되고 실제 이용되고 있는 경우
- 교통경찰권 : 공공의 안전과 질서유지를 위하여 교통경찰권이 발동될 수 있는 경우

정답 01 ④ 02 ② 03 ③

04 교통사고 조사의 공학적인 목적이 아닌 것은?
① 교통사고의 정확한 원인 규명이 필요
② 내용, 도로 및 관리의 교통안전시설 등 사고 시 기초 자료 활용
③ 교통운영 및 관리의 효율화 증대
④ 사고 발생건수를 파악

해설 교통사고 조사의 공학적인 목적
- 과학적 사고분석으로 교통사고 원인분석
- 교통사고의 정확한 원인규명으로 사고 방지 대책 강구
- 사고에 기여하는 요인을 찾아내어 교통안전 대책수립을 위한 기초 자료로 활용
- 차량과 도로설계, 교통관계 및 안전시설 등의 개선을 위한 자료 제공
- 교통사고 많은 지점을 선별해 투자의 우선순위 결정을 위한 기초 자료로 활용

05 다음 중 도로의 구조·시설기준에 관한 규칙상 주간선도로에 속하지 않는 것은?
① 고속도로
② 일반국도
③ 시 도
④ 특별시도

해설 도로의 구조·시설 기준에 관한 규칙에 의한 분류

도로의 기능별 구분	도로의 종류
주간선도로	고속국도, 일반국도, 특별시도·광역시도
보조간선도로	일반국도, 특별시도·광역시도, 지방도, 시도
집산도로	지방도, 시도, 군도, 구도
국지도로	군도, 구도

06 도로의 구조·시설 기준에 관한 규칙상 지방지역도로에 대한 다음 설명 중 틀린 것은?

① 고속도로 – 전국 도로망의 주골격을 형성하는 주요도로서, 인구 50,000명 이상의 주요도시를 연결하며 통행의 길이가 비교적 길며 통행밀도가 높은 도로
② 국지도로 – 군 내부의 주거단위에 접근하기 위한 도로로서, 통행거리가 짧고 기능상 최하위의 도로
③ 보조간선도로 – 지역 도로망의 골격을 형성하는 도로로서, 주간선도로를 보완하거나 군 상호 간의 주요지점을 연결하는 도로
④ 집산도로 – 군 내부의 주요지점을 연결하는 도로로서, 군 내부의 주거단위에서 발생하는 교통량을 흡수하여 간선도로에 연결시키는 도로

해설 ①은 주간선도로에 대한 설명이다.
고속도로
지방지역에 존재하는 자동차전용도로, 대량의 교통을 빠른 시간 내에 안전하고 효율적으로 이동시키기 위한 기능이 있다.

07 다음 중 도로의 구조·시설 기준에 관한 규칙상 도시지역도로를 설명한 것으로 옳지 않은 것은?
★★★★

① 도시고속도로 – 도시지역에 존재하는 자동차전용도로
② 주간선도로 – 도시지역 도로망의 주골격을 형성하는 도로로서 도시 내 광역수송 기능을 담당하고, 지역 간 간선도로의 도시 내 통과를 주기능으로 하는 도로
③ 보조간선도로 – 지구 내 집산도로를 통해 유출입되는 교통을 흡수하여 주간선도로에 연계시키는 도로로서, 접근성보다는 이동성이 상대적으로 높음
④ 집산도로 – 주거단위에 직접 접근하는 도로로서, 통과교통을 배제하고 접근성을 주기능으로 하는 도로

해설 ④는 국지도로에 대한 설명이다.
집산도로
간선도로에 비해 이동성보다 접근성이 높은 도로로 지구 내에서 국지도로를 통해 유출입되는 교통을 간선도로에 연계시키는 기능을 한다.

08 도로의 구분에 따른 설계기준자동차의 연결이 옳지 않은 것은? ★★★

① 주간선도로 – 세미트레일러
② 보조간선도로 – 대형자동차
③ 집산도로 – 소형자동차
④ 국지도로 – 대형자동차

해설 도로의 구분에 따른 설계기준자동차

도로의 구분	설계기준 자동차
주간선도로	세미트레일러
보조간선도로 및 집산도로	세미트레일러 또는 대형자동차
국지도로	대형자동차 또는 승용자동차

09 도로의 구분에 따른 설계기준자동차의 연결이 바르지 않은 것은?

① 주간선도로 – 세미트레일러
② 국지도로 – 대형자동차 또는 승용자동차
③ 보조간선도로 – 세미트레일러 또는 대형자동차
④ 우회전할 수 있는 도로 – 세미트레일러

해설 우회전할 수 있는 도로(해당 도로의 기능 이상의 도로에 한한다)가 있는 경우에는 도로의 구분에 관계없이 대형자동차나 승용자동차 또는 소형자동차를 설계기준자동차로 할 수 있다.

10 다음 용어의 설명 중 바르지 않은 것은? ★★★

① 축간거리 – 자동차의 뒷면으로부터 뒷바퀴 차축의 중심까지의 길이이다.
② 앞내민거리 – 자동차의 앞면으로부터 앞바퀴 차축의 중심까지의 길이이다.
③ 차로의 폭 – 차선의 중심선에서 인접한 차선의 중심선까지로 한다.
④ 설계속도 – 도로설계의 기초가 되는 속도이다.

해설 ①은 뒤내민거리에 대한 설명이다.
축간거리
앞바퀴 차축의 중심으로부터 뒷바퀴 차축의 중심까지의 길이이다.

11 도로의 구조·시설 기준에 관한 규칙상 차로폭에 대한 설명으로 맞지 않는 것은?
① 고속도로의 최소 폭은 3.50m이다.
② 일반도로에서 지방지역의 설계속도(km/h)에서 80 이상일 때는 차로의 최소 폭이 3m이다.
③ 설계기준자동차 및 경제성을 고려하여 필요한 경우에는 차로 폭을 3m 이상으로 할 수 있다.
④ 회전차로의 폭은 3m 이상을 원칙으로 하되, 필요하다고 인정되는 경우에는 2.75m 이상으로 할 수 있다.

해설 도로의 구분, 설계속도 및 지역에 따른 차로의 최소 폭(m)

설계속도(km/h)	차로의 최소 폭(m)		
	지방지역	도시지역	소형차도로
100 이상	3.50	3.50	3.25
80 이상	3.50	3.25	3.25
70 이상	3.25	3.25	3.00
60 이상	3.25	3.00	3.00
60 미만	3.00	3.00	3.00

12 도로의 구조·시설 기준에 관한 규칙상 중앙분리대에 대한 설명으로 옳지 않은 것은?
① 도로에는 차로를 통행의 방향별로 분리하기 위하여 분리대를 설치하거나 노면표시를 하여야 한다.
② 시속 100km 미만 4차로 이상의 도로에 중앙분리대를 설치할 경우 도시지역은 1m 이상이다.
③ 차로를 왕복 방향별로 분리하기 위하여 중앙선을 두 줄로 표시하는 경우 각 중앙선의 중심 사이의 간격은 0.5m 이상으로 한다.
④ 중앙분리대의 측대 폭은 설계속도가 시속 80km 이상인 경우는 0.25m 이상으로 한다.

해설 ④ 중앙분리대에는 측대를 설치하여야 한다. 이 경우 측대의 폭은 설계속도가 시속 80km 이상인 경우는 0.5m 이상으로, 시속 80km 미만인 경우는 0.25m 이상으로 한다.

13 도로의 구조·시설 기준에 관한 규칙상 길어깨(갓길)에 대한 설명으로 옳지 않은 것은?
① 보도 또는 주정차대가 설치되어 있는 경우에도 길어깨를 설치하여야 한다.
② 오르막차로 또는 변속차로 등의 차로와 길어깨가 접속되는 구간에서는 0.5m 이상으로 할 수 있다.
③ 터널, 교량, 고가도로 또는 지하차도의 길어깨의 폭은 설계속도 시속 100km 이상의 경우에는 1m 이상으로 할 수 있다.
④ 일반도로의 경우 길이 1,000m 이상의 터널에서 오른쪽 길어깨의 폭을 2m 미만으로 하는 경우에는 최소 750m의 간격으로 비상 주차대를 설치하여야 한다.

> 해설 ① 도로에는 가장 바깥쪽 차로와 접속하여 길어깨를 설치하여야 한다. 다만, 보도 또는 주정차대가 설치되어 있는 경우에는 이를 설치하지 아니할 수 있다.

14 다음 중 중앙분리대에 대한 설명으로 맞지 않는 것은?
① 자동차 전용도로의 중앙분리대 폭은 2m 이상으로 한다.
② 중앙분리대의 최소 폭은 설계속도 시속 100km 이상의 경우 도시지역은 2m, 지방지역은 2.5m이다.
③ 중앙분리대에 설치하는 측대의 폭은 설계속도가 시속 80km 이상인 경우는 0.5m 이상으로 하여야 한다.
④ 차로를 왕복 방향별로 분리하기 위하여 중앙선을 두 줄로 표시하는 경우 각 중앙선의 중심 사이의 간격은 0.5m 이상으로 한다.

> 해설 ② 중앙분리대의 최소 폭은 설계속도 시속 100km 이상의 경우 도시지역은 2m, 지방지역은 3m이다. 설계속도 시속 100km 미만의 경우 도시지역은 1m, 지방지역은 1.5m이다.

15 도로의 구조·시설 기준에 관한 규칙상 차도와 보도를 구분하는 경우의 기준으로 틀린 것은?
① 차도에 접하여 연석을 설치하는 경우 그 높이는 25cm 이상으로 한다.
② 도로에 보도를 설치할 경우 보도는 연석(緣石)이나 방호울타리 등의 시설물을 이용하여 차도와 물리적으로 분리하여야 한다.
③ 횡단보도에 접한 구간으로서 필요하다고 인정되는 지역에는 이동편의시설을 설치하여야 한다.
④ 자전거도로에 접한 구간은 자전거의 통행에 불편이 없도록 해야 한다.

> 해설 ① 차도에 접하여 연석을 설치하는 경우 그 높이는 25cm 이하로 하여야 한다.

16 지방지역의 도로와 도시지역의 국지도로의 경우 지형상 불가능하거나 기존 도로의 증설·개설 시 불가피하다고 인정하는 경우 보도의 유효폭을 몇 m 이상으로 할 수 있는가?

① 1.0
② 1.2
③ 1.5
④ 2.0

해설 보도의 유효폭은 최소 2m 이상으로 하여야 하나 지방지역의 도로와 도시지역의 국지도로의 경우 지형상 불가능하거나 기존 도로의 증설·개설 시 불가피하다고 인정하는 경우 1.5m 이상으로 할 수 있다.

17 도로의 구조·시설 기준에 관한 규칙상 평면곡선부 편경사 및 확폭에 대한 설명으로 옳지 않은 것은?

① 적설한랭 지역의 최대 편경사는 6%이다.
② 평면곡선반지름을 고려하여 편경사가 필요없는 경우에는 편경사를 두지 아니할 수 있다.
③ 설계속도가 시속 60km 이하인 도시지역의 도로에서 도로 주변과의 접근과 다른 도로와의 접속을 위하여 부득이하다고 인정되는 경우에는 반드시 편경사를 두어야 한다.
④ 차도의 평면곡선부의 차로는 곡선반지름 및 설계기준자동차에 따라 폭을 더 넓게 해 주어야 한다.

해설 ③ 설계속도가 시속 60km 이하인 도시지역의 도로에서 도로 주변과의 접근과 다른 도로와의 접속을 위하여 부득이하다고 인정되는 경우에는 편경사를 두지 아니할 수 있다.

18 다음 설명 중 옳지 않은 것은?

① 완화곡선이란 직선부분과 평면곡선 사이 또는 평면곡선과 평면곡선 사이에서 자동차의 원활한 주행을 위하여 설치하는 곡선으로서 곡선상의 위치에 따라 곡선반경이 변하는 곡선이다.
② 설계속도가 시속 60km 이상인 도로의 평면곡선부에는 완화곡선을 설치하여야 한다.
③ 종단경사란 도로의 진행방향 중심선의 길이에 대한 넓이의 변화 비율을 말한다.
④ 차도의 종단경사가 변경되는 부분에는 종단곡선을 설치하여야 한다.

해설 ③ 종단경사란 도로의 진행방향 중심선의 길이에 대한 높이의 변화 비율을 말한다.

19 도로선형에 관한 다음 설명 중 옳지 않은 것은?
① 도로에서 선형이라 함은 도로의 중심선이 입체적으로 그리는 연속된 형상이다.
② 도로의 종단선형요소에는 직선, 원곡선, 완화곡선 등이 있다.
③ 선형은 자동차의 안전한 주행에 영향을 주고 교통류의 원활한 소통에 기여하며 도로의 건설비에도 많은 영향을 준다.
④ 평면선형이란 평면상에서 어느 정도의 곡선으로 된 도로인가를 나타내는 척도이다.

해설 ② 도로선형을 구성하고 있는 요소로 평면선형은 직선, 원곡선, 완화곡선 등으로 구성되며 종단선형은 직선 및 2차 포물선 등으로 구성된다.

20 다음 중 평면선형에 대한 설명으로 옳지 않은 것은?
① 도로가 직선에 가까우면 선형이 좋고, 꼬불꼬불하면 선형이 좋지 못하다.
② 평면선형은 곡선반경으로 나타내며 숫자가 작으면 선형이 좋다.
③ 자동차의 주행속도는 도로의 곡선반경이나 편구배 및 노면의 마찰계수 등에 좌우된다.
④ 곡선반경은 설계속도 및 노면마찰계수의 값에 따라 지정된다.

해설 ② 평면선형은 곡선반경으로 나타내며 숫자가 크면 선형이 좋다.

21 곡선반경(Radius)에 영향을 미치는 요소가 아닌 것은?
① 편구배
② 원심력
③ 차량의 중량
④ 차량속도

해설 곡선반경(Radius)에 영향을 미치는 요소
원심력, 차량의 중량, 차량속도, 곡선반경, 중력가속도 등이 있다.

22 편구배(Super Elevation) 및 완화구간에 대한 설명으로 옳지 않은 것은?
① 곡선반경 R을 가진 곡선부에서 차량이 횡유동하지 않도록 하기 위하여는 적정 편구배를 설치하여야 한다.
② 편구배는 요마크로부터의 속도 추정 시 사용된다.
③ 편구배는 커브길에서의 요(Yaw)현상과 관련된다.
④ 완화구간은 자동차가 곡선부의 소원부에서 대원부로 안전하게 주행하기 위해서 설치한다.

해설 완화구간은 자동차가 도로의 직선부에서 곡선부로 또는 곡선부의 대원부에서 소원부로 안전하게 주행하기 위해서는 완화구간을 설치할 필요가 있다.

23 다음 중 종단선형(Vertical Alignment)에 관한 설명으로 옳지 않은 것은?
① 도로가 진행방향으로 어느 정도 기울어져 있는가(즉, 얼마나 오르막이거나 내리막인가)를 나타내는 척도이다.
② 종단선형은 종단경사의 숫자로 나타내는데, 숫자가 크면 종단선형이 좋지 못하고 작으면 종단선형이 좋다.
③ 종단곡선에는 원과 포물선이 있으나, 일반적으로 원이 사용된다.
④ 종단곡선은 길수록 좋으며, 곡선장은 시거의 길이로 결정된다.

해설 ③ 종단곡선에는 원과 포물선이 있으나 일반적으로 포물선이 사용되며, 이에는 철형(Convex)곡선과 요형(Concave)곡선 2가지가 있다.

24 시거(Sight Distance)에 대한 설명으로 옳지 않은 것은? ★★★
① 시거란 운전자가 자동차 진행 방향의 전방에 있는 장애물 또는 위험요소를 인지하고 제동을 걸어 정지 또는 장애물을 피해서 주행할 수 있는 길이를 말한다.
② 시거는 주행상의 안전이나 쾌적성의 확보에 중요한 요소이다.
③ 시거는 차로 중심의 연장선을 따라 측정한 길이이다.
④ 우리나라에서는 앞지르기시거가 설계의 기본이 된다.

해설 ④ 시거에는 정지시거·앞지르기시거가 있으나, 우리나라에서는 정지시거가 설계의 기본이 된다.

정답 22 ④ 23 ③ 24 ④

25 다음 정지시거에 대한 설명으로 옳지 않은 것은? ★★★★
① 정지시거란 운전자가 같은 차로상에 고장차 등의 장애물을 인지하고 안전하게 정지하기 위하여 필요한 거리이다.
② 정지시거의 거리는 도로 중심선상 1m 높이에서 15cm 장애물의 가시거리이다.
③ 정지시거의 거리는 차로의 중심선에 따라 측정한 길이를 말한다.
④ 정지시거의 거리는 운전자가 앞쪽의 장애물을 인지하고 위험하다고 판단하여 제동장치를 작동시키기까지의 주행거리(반응시간 동안의 주행거리)이다.

해설 ④ 운전자가 앞쪽의 장애물을 인지하고 위험하다고 판단하여 제동장치를 작동시키기까지의 주행거리(반응시간 동안의 주행거리)와 운전자가 브레이크를 밟기 시작하여 자동차가 정지할 때까지의 거리(제동정지거리)를 합산한다.

26 정지시거의 내용으로 옳지 않은 것은? ★★★
① 시속 100km 주행 시 정지시거 확보는 155m이다.
② 정지시거는 교통사고 조사 시 모든 제동거리 및 속도 추정 시에 참고가 되며, 반응시간, 타이어의 조건, 노면조건, 제동조건, 도로구조, 도로장애물에 따라 크게 영향을 받는다.
③ 시속 80km 주행 시 정지시거 확보는 100m이다.
④ 시속 110km 주행 시 정지시거 확보는 185m이다.

해설 ③ 80km 주행 시 정지시거 확보는 110m이다.
정지시거 확보 거리

설계속도(km/h)	최소 정지시거(m)
120	215
110	185
100	155
90	130
80	110
70	95
60	75
50	55
40	40
30	30
20	20

27 정지시거 계산 시 영향을 주는 요소가 아닌 것은?   ★★★★
   ① 반응시간 동안의 주행거리
   ② 노면 습윤 상태의 종 방향 견인계수
   ③ 제동정지거리
   ④ 앞지르기 주행거리

   해설 정지시거의 계산
   $$D = d_1 + d_2 = \frac{V}{3.6}t + \frac{V^2}{254f} = 0.695V + \frac{V^2}{254f}$$
   - D : 정지시거(m)
   - f : 노면 습윤 상태의 종 방향 견인계수
   - d_1 : 반응시간 동안의 주행거리
   - d_2 : 제동정지거리
   - V : 설계속도(km/h)
   - t : 반응시간(2.5초)

28 앞지르기시거 계산 시 고려할 사항과 거리가 먼 것은?
   ① 마주 오는 차의 여유거리
   ② 앞지르기 주행거리
   ③ 반대차로 진입거리
   ④ 마주 오는 차의 정지거리

   해설 ④ 앞지르기시거를 계산할 때 마주 오는 차의 정지거리는 고려사항이 아니다.

29 앞지르기시거를 산정하는 데 있어 고려할 사항에 해당하지 않는 것은?
   ① 추월차량이 추월을 위해 대향차선으로 진입하기까지의 거리
   ② 추월차량이 대향차선을 주행하여 원래 차선으로 돌아오기까지의 거리
   ③ 추월완료 후 추월차량과 대향차량과의 거리
   ④ 대향차량이 정지해 줄 수 있는 거리

   해설 앞지르기시거 계산 시 고려 요소는 ①·②·③과 전추월시거, 추월을 완료할 때까지 대향차량이 주행한 거리가 있다.

30 앞지르기시거에 대한 설명으로 옳지 않은 것은?
① 앞지르기시거란 2차로 도로에서 저속 자동차를 안전하게 앞지를 수 있는 거리이다.
② 차로의 중심선상 1m의 높이에서 반대쪽 차로의 중심선에 있는 높이 1.2m의 반대쪽 자동차를 인지하고 앞차를 안전하게 앞지를 수 있는 거리를 도로 중심선에 따라 측정한 길이를 말한다.
③ 차마의 운전자가 다른 차마를 앞지르기 시작한 후에 마주 오는 차마가 감속하지 않고도 안전하고 용이하게 앞지르기를 완료할 수 있는 최소시거를 말한다.
④ 2차로 도로에서 80km 주행 시 앞지르기시거는 400m이다.

해설 2차로 도로에서 앞지르기를 허용하는 구간에서는 설계속도에 따라 다음의 길이 이상의 앞지르기시거를 확보하여야 한다.

설계속도(km/h)	최소 앞지르기시거(m)
80	540
70	480
60	400
50	350
40	280
30	200
20	150

31 앞지르기시거의 산정 시 가정사항으로 옳지 않은 것은?
① 앞지르기가 가능하다는 것을 인지한다.
② 앞지르기하는 차량은 앞지르기할 때까지는 앞지르기 당하는 차량과 등속으로 주행한다.
③ 앞지르기 당하는 차량은 설계속도로 주행한다.
④ 앞지르기할 때에는 최대가속도 및 설계속도로 주행한다.

해설 앞지르기 당하는 차량은 등속 주행한다. 또한 대향차량은 설계속도로 주행하는 것으로 하고, 앞지르기가 완료된 경우 대향차량과 앞지르기하는 차량 사이에는 적절한 여유거리가 있으며 서로 엇갈려 지나간다.

32 사고원인과 관련한 도로 환경조사 시 도로의 기하구조 요인에 속하지 않는 것은?
① 도로안전표지, 노면표시 등의 적정설치 여부
② 곡선의 길이가 핸들조종에 무리가 없도록 설치되어 있는지의 여부
③ 위험회피 등 안전성을 위한 충분한 시거가 확보되어 있는지의 여부
④ 주행안전을 위한 곡선반경의 적정설치 여부

해설 ①은 도로의 교통안전시설 요인이다.

33 사고원인과 관련한 도로 환경조사 시 도로의 기하구조 요인으로 틀린 것은?
① 곡선부의 확폭 및 편경사의 설치가 적정한지의 여부
② 평면선형과 종단선형 또는 그 조합이 운전자에게 착각을 일으킬 수 있는 구조인지의 여부
③ 교차로의 교차각 및 횡단구배의 설치가 적정한지의 여부
④ 기타 도로의 기하구조에 문제점이 있는지의 여부

해설 ③ 교차로의 교차각 및 종단구배의 설치가 적정한지의 여부이다.

34 사고원인과 관련한 도로 환경조사 시 도로의 교통안전시설 요인이 아닌 것은?
① 빙판길, 빗길의 미끄럼에 대한 방지요인의 사전인지 가능성 여부 및 미끄럼제거의 신속성 여부
② 중앙분리대, 가드레일, 콘크리트옹벽 등 방호울타리의 적정설치 여부
③ 주행안전을 위한 곡선반경의 적정설치 여부
④ 미끄럼방지시설, 충격흡수시설, 과속방지시설 등의 적정설치 여부

해설 ③은 도로의 기하구조 요인에 속한다.
도로의 교통안전시설 요인
①·②·④와 갈매기표지, 반사체, 유도봉 등 시선유도시설의 적정설치 여부, 도로안전표지, 노면표시 등의 적정설치 여부, 기타 교통안전을 위한 도로안전시설의 적정설치 여부 등이 있다.

35 다음 중 교통사고의 피해에 들지 않는 것은?
① 타인의 신체
② 타인의 생명
③ 자기의 신체
④ 타인의 재산

해설 교통사고의 피해라 함은 타인의 신체·생명·재산에 대한 것을 말한다.

36 다음 중 교통사고의 주체가 아닌 것은?
    ① 원동기장치 자전거
    ② 자동차
    ③ 우 마
    ④ 건설기계

    해설 교통사고의 주체는 도로교통법에서의 차를 말하는데 우마 자체는 가축이므로 교통사고의 주체가 되지 못한다(단, 우마차라고 하면 주체가 될 수 있다).

37 다음 중 교통사고의 주체는 무엇인가?
    ① 차량의 소유자
    ② 사실상 차를 운전한 사람
    ③ 동승자
    ④ 운전보조자

    해설 실제로 차를 운전한 운전자에 의하여 발생한 사고를 의미하므로 동승자나 운전보조자는 해당사항이 없다. 그러므로 운전경험 및 경제적 이익의 도모 여부를 묻지 아니하고 사실상 차를 운전한 사람은 교통사고의 주체가 된다.

38 교통사고에 대한 다음 설명 중 틀린 것은?
    ① 교통사고는 타인의 생명·신체·재산에 대한 피해의 결과가 발생하여야 한다.
    ② 피해가 없는 경우에는 법규위반의 문제가 발생할 뿐이므로 교통사고에 해당하지 않는다.
    ③ 피해는 타인의 신체·생명·재산에 대한 피해를 말하고, 타인 차량 적재화물의 피해는 포함되지 않는다.
    ④ 자기 자신의 피해와 자신의 차량, 물건에 대한 피해는 포함되지 않는다.

    해설 타인 차량 적재화물도 피해에 포함된다.

39 교통사고처리의 목적으로 보기 어려운 것은?
① 부상자의 구호
② 현장 상황의 보존
③ 사고방지 대책상 정확한 원인 규명
④ 사고확대 및 교통정리

해설 **교통사고처리의 목적**
- 향후 교통사고 방지를 위한 정확하고 유익한 자료의 수집
- 사고의 잘잘못 판별(민·형사상의 처리를 위한 법정 증거자료의 수집·제공)
- 부상자의 구호
- 사고확대 방지와 교통정리
- 현장 상황의 보존
- 사고당사자 확인 및 목격자와 참고인의 확보
- 사고방지 대책상 정확한 원인 규명

40 교통사고 조사의 원칙에 속하지 않는 것은?
① 가해자의 형사상 책임과 피해자의 과실상계
② 신뢰의 원칙
③ 원인과 결과의 무관
④ 채증의 원칙

해설 **교통사고 조사의 원칙**
- 가해자의 형사상 책임과 피해자의 과실상계
- 신뢰의 원칙(운전자의 신뢰보호 및 무과실 피해자의 보호)
- 원인과 결과 간의 인과관계
- 상상적 경합과 실체의 경합
- 긴급피난(비접촉사고)
- 경험법칙
- 채증의 원칙
- 최신판례 추세연구

41 교통안전시설 및 도로부대시설의 조사항목에 포함되지 않는 것은?

① 신호등 ② 교통안전표지
③ 가로등 ④ 노면표지

> **해설** 교통안전시설 및 도로부대시설의 조사항목
> - 교통안전표지
> - 노면표지
> - 가로등
> - 표지병
> - 시설유도봉·유도표지
> - 방호벽
> - 가드레일
> - 장애물표적표시
> - 도로안내표지
> - 충격완화시설
> - 경보등
> - 가변표지판

42 교통사고현장 조사에서 도로환경을 조사하는 이유는 무엇인가?

① 원칙적으로 하여야 하기 때문이다.
② 교통사고가 도로에서 일어나기 때문이다.
③ 도로여건이 교통사고에 미치는 영향을 분석하기 위해서이다.
④ 도로가 얼마나 잘 만들어졌는지 확인하기 위해서이다.

> **해설** 도로환경을 조사하여 그 도로여건이 교통사고에 미치는 영향을 분석하기 위해서이다.

43 교통사고현장 조사에 대한 설명으로 옳지 않은 것은?

① 사고차량의 최종정지위치를 결정할 때에는 이것이 사고 후 운전자 또는 제3자 등에 의해 인위적으로 옮겨진 것인지 여부를 명확히 해야만 한다.
② 보행자의 최종위치는 보행자의 충돌 후 거동(擧動)특성이나 튕겨 나간 속도 등을 추정할 수 있는 자료로 활용될 수 있다.
③ 승차자의 전도위치는 충돌 후 차량의 회전방향 및 운동경로를 해석하는 데 유용한 자료가 된다.
④ 곡률과 곡률반경은 그 개념이 같은 용어이다.

> **해설** 곡률반경
> - 곡률과 곡률반경은 그 개념이 상반된 용어이다.
> - 양자 모두 곡선의 굽은 정도를 나타낸다.
> - 곡률이 크다는 것은 커브가 급하다는 말이고, 곡률반경이 크다는 것은 커브가 완만하다는 말이다.

44 다음 중 곡률 및 곡률반경에 대한 설명으로 틀린 것은?
① 곡률과 곡률반경의 개념이 상반된 용어이다.
② 양자의 의미는 곡선의 굽은 정도를 나타낸다.
③ 곡률반경이 크면 커브가 급하다.
④ 곡률이 크면 커브가 급하다.

해설 곡률반경이 크다라는 말은 커브가 완만하다는 것을 의미한다.

45 교통사고현장 조사항목으로 옳지 않은 것은?
① 사고차량 및 탑승자의 최종정지위치
② 컴퓨터 시뮬레이션을 이용한 사고재현
③ 보행자 또는 차내 승차자의 전도위치
④ 도로의 고정시설물 및 물체들의 손상

해설 교통사고현장 조사는 사고차량들의 최종정지위치, 보행자 또는 차내 승차자의 전도위치, 타이어 자국, 금속 자국(파인 자국, 긁힌 자국), 낙하물, 파손된 고정대상물, 차량의 도로이탈 흔적 등을 조사해야 한다. 컴퓨터 시뮬레이션을 이용한 사고재현은 교통사고현장의 조사항목사항이 아니다.

46 다음 중 타이어 자국(Tire Mark)에 대한 설명으로 옳지 않은 것은? ★★★★
① 스키드마크(Skid Mark) - 타이어 자국은 보통 노면 위에서 타이어가 잠겨 미끄러질 때 나타난다.
② 스커프마크(Scuff Mark) - 교통사고를 해석하는 데 가장 중요한 자료이며 타이어가 잠기지 않고 구르면서 옆으로 미끄러지거나 짓눌리면서 끌린 형태로 나타난다.
③ 프린트마크(Print Mark) - 타이어가 정상적으로 구르면서 타이어 접지면(Tread) 형상이 그대로 나타난다.
④ 타이어 자국은 길이, 방향, 문양 등을 통해 차량의 속도, 충돌지점, 차량의 운동 형태 등을 파악할 수 있다.

해설 ② 교통사고를 해석하는 데 가장 중요한 자료는 스키드마크이다.

정답 44 ③ 45 ② 46 ②

47 차체의 앞부분이 상하로 진동하는 운동으로 급제동을 하였을 때 발생하는 현상으로 계속되지 아니하고 곧 없어지는 현상은? ★★★

① 바운싱 ② 피 칭
③ 롤 링 ④ 요 잉

해설 차체진동의 종류
- 바운싱(Bouncing) : 수직축(z축)을 따라 차체가 전체적으로 균일하게 상하 직진하는 진동
- 러칭(Lurching) : 가로축(y축)을 따라 차체 전체가 좌우 직진하는 진동
- 서징(Surging) : 세로축(x축)을 따라 차체 전체가 전후 직진하는 진동
- 피칭(Pitching) : 가로축(y축)을 중심으로 차체가 전후 회전하는 진동
- 롤링(Rolling) : 세로축(x축)을 중심으로 차체가 좌우 회전하는 진동
- 요잉(Yawing) : 수직축(z축)을 중심으로 차체가 좌우 회전하는 진동
- 시밍(Shimming) : 너클핀을 중심으로 앞바퀴(조향륜)가 좌우 회전하는 진동
- 트램핑(Tramping) : 판 스프링에 의해 현가된 일체식 차축이 세로축(x축)에 나란한 회전축을 중심으로 좌우 회전하는 진동

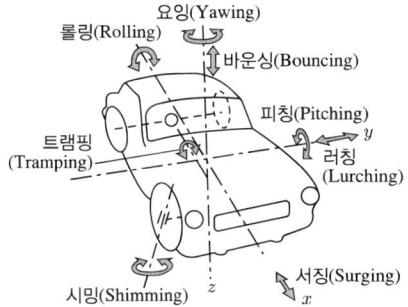

48 차체가 상하 축을 둘레로 흔들리는 것을 무엇이라 하는가? ★★★

① 요 잉
② 피 칭
③ 롤 링
④ 러 칭

49 차체가 좌우로 경사져서 흔들리는 것으로서 동요하는 중심축은 무게중심보다 아래에 있게 되는 현상은? ★★★

① 피 칭
② 요 잉
③ 롤 링
④ 서 징

50 바퀴는 구르지 않고 타이어가 미끄러질 때 생성되는 타이어마크는? ★★★★
① 스키드마크
② 타이어 프린트
③ 스커프마크 중 요마크
④ 스커프마크 중 플랫마크

해설 스키드마크(Skid Mark)
스키드마크는 타이어가 노면 위에서 잠겨(Lock) 미끄러질 때 나타나는 자국으로 운전자의 브레이크 조작(차량의 제동)과 관련된 흔적이다. 스키드마크는 차량의 중량특성, 운전조작특성, 도로의 형상, 타이어의 마모, 공기압 등의 구조적 특성과 외란의 작용 여부, 충돌유형 등에 따라 다양한 형태로 나타난다.

51 사고 당시 노면상에 사고차량에 의해 발생된 차륜제동흔적(Skid Mark)이 평탄한 도로상에서 직선으로 우측 21m, 좌측 19m 발생되었으나, 현장조사 시 사고차량으로 스키드마크 발생실험을 사고지점에서 실시한 결과, 정상적인 스키드마크가 발생되었다. 사고 당시 차량의 제동 전 속도는 얼마인가?(단, 마찰계수값은 0.8이다) ★★★★

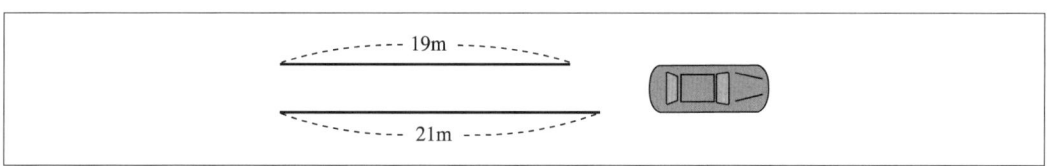

① 65.3km/h
② 66.3km/h
③ 67.6km/h
④ 68.6km/h

해설 $V_2^2 - V_1^2 = 2ad$ $V = \sqrt{2ad}$ $a = f \cdot g$
$a = 0.8 \times 9.8 \text{m/s}^2$
$V = \sqrt{2 \times 0.8 \times 9.8 \times 21} = 18.14 \text{m/s}$
$18.14 \text{m/s} \times 3.6 = 65.32 \text{km/s}$

52 바퀴가 구르고, 무른노면이나 부드러운 노면에서 타이어자국이 생성되는 자국은? ★★★★
① 스커프마크 중 플랫마크
② 임프린트
③ 스커프마크 중 요마크
④ 스키드마크

53 다음 중 바퀴가 구르면서 타이어가 옆으로 미끄러질 때 생성되는 타이어마크는?

① 타이어 프린트
② 스키드마크
③ 스커프마크 중 요마크
④ 스커프마크 중 플랫마크

해설 ③ 요마크는 바퀴가 구르면서 차체가 원심력의 영향에 의해 바깥쪽으로 미끄러질 때 타이어의 측면이 노면에 마찰되면서 발생되는 자국으로 운전자의 급핸들 조작 또는 무리한 선회주행(고속주행) 등의 원인에 의해 생성된다.

54 사고차량은 평탄한 도로상에서 차륜제동흔적(Skid Mark)을 직선으로 좌·우측 모두 11.4m 발생시킨 후 7m를 스키드마크를 발생시키지 않고 그대로 진행하다가 다시 스키드마크를 15m 발생시키고 최종정지하였다. 스키드마크는 갭 스키드마크이다. 사고 당시 차량은 제동 직전에 얼마의 속도로 진행 중이었는가?(단, 마찰계수는 0.8이다) ★★★★

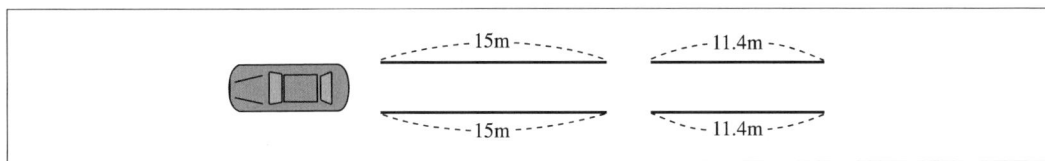

① 70.2km/h
② 73.2km/h
③ 82.3km/h
④ 83.3km/h

해설 $V = \sqrt{254f \cdot d} = \sqrt{254 \times 0.8 \times (15 + 11.4)} = 73.2\text{km/h}$
$f = 0.8$, $d = 26.4\text{m}$(갭 스키드마크의 경우 앞·뒤 스키드마크를 모두 더한 값으로 한다)
또는 $V = \sqrt{2ad} = \sqrt{2fgd} = \sqrt{2 \times 0.8 \times 9.8 \times (15 + 11.4)} = 20.3\text{m/s} = 73.2\text{km/h}$

55 바퀴가 제자리에서 구르면서 타이어가 미끄러질 때 생성되는 타이어마크는?

① 스키드마크
② 가속마크
③ 스커프마크 중 요마크
④ 스커프마크 중 플랫마크

해설 가속스커프[가속타이어 자국(Acceleration Scuff)]
• 휠이 도로표면 위를 최소 한 바퀴 이상 돌거나 회전하는 동안 충분한 힘이 공급되어 만들어지는 스커프마크이다.
• 자동차가 정지된 상태에서 급가속·급출발 시 타이어가 노면에 대하여 슬립(Slip)하면서 헛바퀴 돌 때 나타나는 타이어 자국으로 주로 교차로에서의 급출발, 자갈길·진흙탕 길에서의 슬립주행 시 생성된다.

56 차량이 파손되었을 때 갑작스럽게 생성되는 타이어마크는?

① 가속마크

② 스커프마크 중 요마크

③ 충돌 스키드마크

④ 스커프마크 중 플랫마크

해설 충돌 스키드마크
- 차량에 제동이 걸려 바퀴가 잠길 때 생성되는 것이 아니라 차량이 파손되었을 때 갑작스럽게 생성되는 것으로 이 마크가 선명하게 나타나는 경우는 차량 충돌 시 노면에 미치는 타이어의 압력이 순간적으로 크게 증가하기 때문이다.
- 자동차가 심하게 충돌하게 되면 차량의 손괴된 부품이 타이어를 꽉 눌러 그 회전을 방해하고 동시에 충돌에 의해 지면을 향한 큰 힘이 작용한다. 이때 타이어와 노면 사이에 순간적으로 강한 마찰력이 발생되면서 나타나는 현상으로 최초접촉지점을 알려주는 최고의 증거이다.

57 스키드마크 중간이 단절되어 있는 경우를 무엇이라 하는가? ★★★★

① 측면으로 구부러진 스키드마크

② 갭 스키드마크

③ 스킵 스키드마크

④ 충돌 스키드마크

해설 스키드마크
- 일반적 의미 : 제동 스키드마크
- 종 류
  - 측면으로 구부러진 스키드마크
  - 차량제동 시 중량 전이 : 급제동 시 앞바퀴로 중량 전이
  - 스키드마크가 나타나지 않은 경우 : 바퀴가 미끄러지기 직전에 마찰력이 최대로 발생하는 경우
  - 갭 스키드마크 : 스키드마크 중간이 단절되어 있는 구간
  - 스킵 스키드마크 : 중간 중간이 규칙적으로 단절되어서 점선으로 나타나는 경우
  - 충돌 스키드마크 : 차량이 파손되었을 때 갑작스럽게 생성되는 경우

58 차량이 평탄한 도로에서 4륜이 모두 제동된 일직선의 형태로 약 10m의 스키드 마크가 발생한 후 흔적의 끝 지점에 충돌 없이 그대로 정지한 경우, 차량의 제동 직전 주행속도는?(f = 0.7)

★★★★

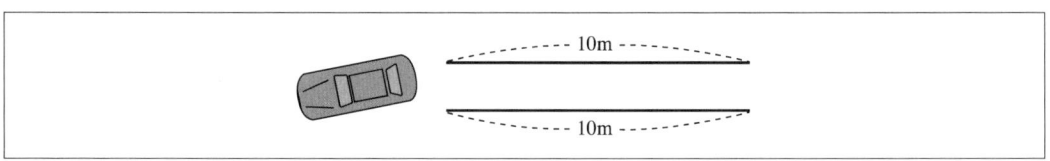

① 약 38km/h ② 약 42km/h
③ 약 48km/h ④ 약 52km/h

해설 $V = \sqrt{254f \cdot d} = \sqrt{254 \times 0.7 \times 10} = 42.1 \text{km/h}$
$f = 0.7, \ d = 10\text{m}$

59 마찰계수 중 타이어가 고정되어 미끄러지고 있을 때의 경우는?
① 세로 미끄럼 마찰계수
② 회전 미끄럼 마찰계수
③ 제동시의 마찰계수
④ 자유구름 마찰계수

해설 마찰계수에 대한 정리
- 세로 미끄럼 마찰계수 : 타이어가 고정되어 미끄러지고 있을 때의 마찰계수(노면의 상태, 노면의 거친 정도, 타이어 상태, 제동속도 등에 의해 차이)
- 가로 미끄럼 마찰계수 : 일반적으로 가로 미끄럼 마찰계수는 세로 미끄럼 마찰계수보다 약간 크다.
- 제동 시의 마찰계수 : 브레이크 작동 시 노면에 대해 미끄러지는 정도
- 자유구름 마찰계수(차량의 속도나 타이어의 공기압에 따라 영향)

60 다음 중 스키드마크에 대한 설명으로 옳지 않은 것은?
① 스키드마크의 시작은 대체로 급격히 시작되고 끝은 완만하게 끝난다.
② 활주흔으로 바퀴가 고정된 상태에서 미끄러진 경우에 생기는 것이다.
③ 바퀴는 구르지 않고 타이어가 미끄러질 때 생성된다.
④ 앞쪽 타이어가 뚜렷하고 마크의 폭은 직선인 경우 타이어의 폭과 동일하다.

해설 스키드마크는 대체로 급격히 시작되고 급격히 끝난다.

61 갭(Gap) 스키드마크에 대한 설명으로 옳지 않은 것은? ★★★★
① 주로 주행하던 차량이 보행자 혹은 자전거와 충돌할 경우 흔히 발생한다.
② 스키드마크의 중간부분(통상 3m 내외)이 끊어지면서 나타난다.
③ 운전자가 전방의 위급상황을 발견하고 브레이크를 작동하여 자동차의 바퀴가 회전을 멈춘 상태로 노면에 미끄러지는 과정에서 브레이크를 중간에 풀었다가 다시 제동할 때 발생하는 타이어 자국이다.
④ 자동차가 주행 중에 급제동을 하게 되면 바퀴의 회전이 멈추면서 타이어가 노면에 미끄러져 거의 일직선으로 자국을 남기게 된다.

해설 ④는 전형적인 스키드마크에 대한 설명이다.

62 직선도로에서 사고차량에 의해 요마크가 발생되었는데 현의 길이는 35m, 중앙종거는 3m였다. 곡선반경은 얼마인가? ★★★★

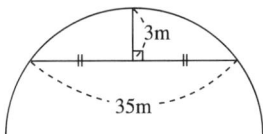

① 52.5m
② 53.5m
③ 54.5m
④ 55.5m

해설 $R = \dfrac{C^2}{8M} + \dfrac{M}{2}$

$= \dfrac{35^2}{8 \times 3} + \dfrac{3}{2}$

$= 52.5\text{m}$ (C : 현의 길이, M : 중앙종거)

63 스킵(Skip) 스키드마크에 대한 설명으로 틀린 것은? ★★★★

① 직선으로 나타나던 스키드마크가 끝날 무렵에 급격하게 방향이 바뀌며 꺾이면서 부러진 형태로 나타나는 현상이다.
② 차륜제동흔적이 직선(실선)으로 연결되지 않고 흔적의 중간중간이 규칙적으로 끊어져 점선과 같이 보이는 흔적이다.
③ 연속적인 제동흔적으로 파악하여 스키드마크와 같이 흔적 전 길이를 속도산출에 적용한다.
④ 스키드마크가 진했다 엷어지는 현상이다.

해설 ①은 측면으로 구부러진 스키드마크의 현상이다.

64 충돌 스키드마크에 대한 설명으로 틀린 것은? ★★★★

① 차량에 제동이 걸려 바퀴가 잠길 때 생성되는 것이 아니라 차량이 파손되었을 때 갑작스럽게 생성되는 것이다.
② 타이어 흔적은 크게 3가지 요인(제동 중 바운싱, 노면상의 융기물 또는 구멍, 충돌)에 의해 만들어진다.
③ 이 마크가 선명하게 나타나는 경우는 차량 충돌 시 노면에 미치는 타이어의 압력이 순간적으로 크게 증가하기 때문이다.
④ 자동차가 심하게 충돌하게 되면 차량의 손괴된 부품이 타이어를 꽉 눌러 그 회전을 방해하고 동시에 충돌에 의해 지면을 향한 큰 힘이 작용한다. 이때 타이어와 노면 사이에 순간적으로 강한 마찰력이 발생되면서 나타나는 현상이다.

해설 ②는 스킵(Skip) 스키드마크에 대한 설명이다.

65 곡선형태를 이룬 스키드마크에 대한 설명으로 옳지 않은 것은?

① 차량이 회전하려고 하거나 위험상황이 돌출하여 피하려고 핸들을 과조작하며, 브레이크를 제동하게 되면 주로 발생하게 된다.
② 한쪽 바퀴는 포장도로 등 높은 마찰력의 노면상에 있고 다른 한쪽의 바퀴는 자갈, 잔디, 눈 등 낮은 마찰력의 노면상에 있을 경우에 발생한다.
③ 노면마찰력의 차이가 생길 경우 곡선형태를 이룬 스키드마크가 발생한다.
④ 시작과 끝이 구별하기 힘들거나 잘 보이지 않는 타이어 흔적이다.

해설 ④는 임펜딩 스키드마크에 대한 설명이다.

66 사고현장에 도착해보니, 평탄한 도로상에 거의 일직선으로 좌우측 바퀴에 의한 스키드마크가 약 15m 발생한 후, 운전자가 다시 급핸들 조작하여 차량 무게중심 경로에 의한 요마크의 현(C)이 20m, 중앙종거(M)가 2m 발생하였다. 마찰계수 0.7을 적용할 경우 사고 차량의 제동직전 주행속도는?(곡선반경 $R = \dfrac{C^2}{8M} + \dfrac{M}{2}$)

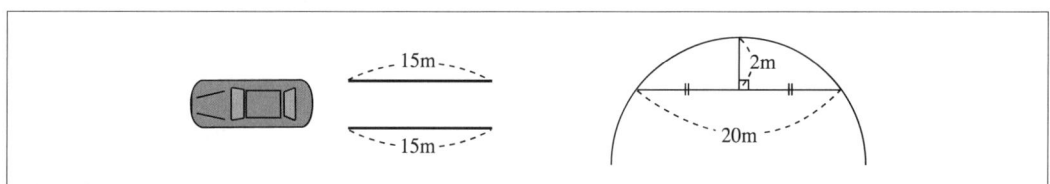

① 약 65.5km/h
② 약 60.6km/h
③ 약 70.5km/h
④ 약 75.0km/h

해설
$V_1 = \sqrt{254f \cdot d} = \sqrt{254 \times 0.7 \times 15} = 51.6\text{km/h}$
$R = \dfrac{C^2}{8M} + \dfrac{M}{2} = \dfrac{20^2}{8 \times 2} + \dfrac{2}{2} = 26\text{m}$ (C : 현의 길이, M : 중앙종거)
$V_2 = \sqrt{127R \cdot f} = \sqrt{127 \times 0.7 \times 26} = 48\text{km/h}$
$V = \sqrt{V_1^2 + V_2^2} = \sqrt{51.6^2 + 48^2} = 70.5\text{km/h}$

67 바람 빠진 타이어에 의해 발생된 마크는 무엇인가?

① 스키드마크(Skid Mark)
② 요마크(Yaw Mark)
③ 플랫 타이어마크(Flat Tire Mark)
④ 가속 스커프마크(Acceleration Scuff Mark)

해설 플랫 타이어마크(Flat Tire Mark)
바람 빠진 타이어에 의해 발생된 타이어 흔적으로 공기압이 적거나 현저하게 바람이 빠진 타이어는 타이어 림의 회전속도와 타이어 고무부분의 회전속도가 달라 차량의 이동속도보다 느린 타이어 고무부분이 노면상에 미끄러지거나 눌려져 발생된 흔적이다.

68 사고 직전의 속력 추정과 진행방향에 대한 설명으로 옳지 않은 것은?

① 스키드마크의 속력을 계산하는 근거는 에너지 보존의 법칙과 가속도 이론에 의해서이다.
② 스키드마크의 시작점은 사람의 눈으로 식별하기 어려운 흔적을 남기면서 형성되므로 실제 나타난 흔적만을 계산하면 실제 속력보다 작은 수치의 속력이 산출됨을 유의해야 한다.
③ 스키드마크의 방향에 따라 사고차량 진행방향을 추정할 수 있는데, 11시와 1시 방향의 경우는 곧바로 진행한 것으로 추정한다.
④ 12시 방향으로 스키드마크가 난 경우는 곧바로 진행한 것으로 추정하고 12시 방향으로 진행하다 좌우로 급변한 경우는 급제동하며 피하는 중 사고가 난 것으로 간주한다.

해설 ③ 스키드마크의 방향에 따라 사고차량 진행방향을 추정할 수 있는데 11시, 1시 방향의 경우는 진로변경으로 추정한다.

69 사고 직전의 속력 추정과 진행방향에 대한 설명으로 옳지 않은 것은?

① 스키드마크의 색깔이 진했다 엷어질 경우 이는 연속된 스키드마크로 간주한다.
② 사고충격으로 인한 차량의 변형상태로 추정속력을 산출할 수 있다.
③ 최근에 많이 활용되고 있는 방법은 스커프마크(Scuff Mark)이다.
④ 스키드마크의 길이를 통해 제동직전의 속도를 추정할 수 있다.

해설 ③ 최근에 많이 활용되고 있는 방법은 노면에 나타난 스키드마크(Skid Mark)를 이용하는 것이다. 즉, 노면에 나타난 타이어 흔적의 길이가 얼마인가로 사고 당시의 속도를 추정하는 것이다.

70 평탄한 도로에서 사고차량운전자가 급핸들 조작하여 사고차량이 횡방향으로 미끄러지며 요마크를 발생시켰는데, 이때 요마크의 현(C)은 62m, 중앙종거(M)는 5.2m였다. 사고차량이 횡방향으로 미끄러지기 전의 속도는 얼마인가?(단, 마찰계수값은 0.8이다) ★★★

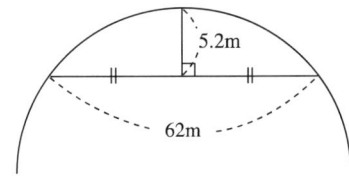

① 98.2km/h
② 110.6km/h
③ 120.6km/h
④ 125.6km/h

해설
$R = \dfrac{C^2}{8M} + \dfrac{M}{2} = \dfrac{62^2}{8 \times 5.2} + \dfrac{5.2}{2} = 95\text{m}$ (C : 현의 길이, M : 중앙종거)
$V = \sqrt{127R \cdot f} = \sqrt{127 \times 95 \times 0.8} = 98.2\text{km/h}$
또는 $V = \sqrt{fgR} = \sqrt{0.8 \times 9.8 \times 95} = 27.29\text{m/s} = 98.2\text{km/h}$

71 다음 중 스키드마크의 특성에 대한 설명으로 옳지 않은 것은? ★★★
① 스키드마크의 끝은 거의 갑작스러우며, 자동차가 정지한 위치나 사고 발생지점을 알 수 있다.
② 좌우 타이어가 같은 폭과 같은 어둡기(Dark)를 가진다.
③ 뒷바퀴의 스키드마크가 일반적으로 앞바퀴보다 현저하다.
④ 어디에 시작되었든 간에 스키드마크는 타이어 트레드(Tread) 너비이며, 때때로 타이어 폭보다 조금 넓다. 그러나 결코 좁지는 않다.

해설 ③ 앞바퀴의 스키드마크가 일반적으로 뒷바퀴보다 현저하다.

72 스키드마크에 의해 추정할 수 있는 사항과 거리가 먼 것은?
① 속도를 추정할 수 있다.
② 운전자와 동승자를 추정할 수 있다.
③ 차량의 충돌 전후 진행상태를 추정할 수 있다.
④ 급제동 시 차량이동과정에 대해 추정할 수 있다.

해설 동승자와 운전자에 대해서는 추정할 수 없다.

73 다음 중 스키드마크의 특성에 대한 설명으로 옳지 않은 것은?

① 스키드마크는 직진상태(Straight), 낮은 도로면 쪽으로 기울어질 수 있다.
② 타이어의 접지면 형상이 노면상에 그대로 구르면서 나타나는 자국이다.
③ 두 타이어의 마크가 평행하며, 종종 타이어 자국 사이에 줄(Striations)을 볼 수 있다.
④ 타이어 바깥쪽이 타이어의 중간 부분보다 때때로 짙게 나타나지만 대부분 모든 부분이 거의 같게 나타난다.

해설 ②는 프린트마크(Print Mark)에 대한 설명이다.

74 스키드마크(Skid Mark)의 길이를 다르게 만드는 4가지 요소가 아닌 것은? ★★★

① 날 씨
② 무 게
③ 타이어 재질
④ 타이어 트레드(Tread) 설계

해설 스키드마크(Skid Mark)의 길이를 다르게 만드는 4가지 요소
- 온도 : 높은 온도의 타이어나 포장도로는 낮은 온도일 때보다 쉽게 미끄러질 수 있다. 짙은 스키드마크(Skid Mark)를 남긴다.
- 무게 : 하중이 많이 작용한 타이어는 짙은 마크를 만들며, 또한 마찰열의 발생이 많다. 이것은 표면의 온도를 증가시킨다.
- 타이어 재질 : 몇몇의 타이어는 부드러운 재질로 되어 있으며 이것은 미끄러질 때 타이어마크를 발생하기 쉽다.
- 타이어 트레드(Tread) 설계 : 같은 하중과 같은 압력하에서 좁은 그루브(Groove)를 가진 타이어는 스노(Snow)타이어보다 도로 표면에 많은 면적을 차지하게 된다. 이것은 넓은 트레드(Tread)를 가진 타이어와 같다.

75 스키드마크의 적용방법에 대한 설명으로 옳지 않은 것은?

① 스키드마크의 좌우 길이가 각각 다른 경우에는 좌우 길이 중 짧은 것을 적용한다.
② 스키드마크의 수가 바퀴수와 다를 때는 가장 긴 스키드마크를 적용(편제동 시는 더하여 바퀴수로 나누어 적용)하게 된다.
③ 스키드마크가 차량진동에 의해 중간에 끊어진 경우는 이격거리에 포함하여 적용한다.
④ 스키드마크가 제동을 풀었다 건 경우에는 이격거리를 빼고 적용하게 된다.

해설 ① 스키드마크의 좌우 길이가 각각 다른 경우에는 좌우 길이 중 긴 것으로 적용(편제동 시는 좌우 길이를 더하여 1/2로 적용)한다.

76 스커프마크(Scuff Mark)에 대한 설명으로 옳지 않은 것은? ★★★

① 차량의 급핸들 조작 시 발생되는 흔적이다.
② 타이어가 잠기지 않고 구르면서 옆으로 미끄러지거나 끌린 형태로 나타나는 타이어 자국이다.
③ 요마크(Yaw Mark), 가속타이어 자국(Acceleration Scuff), 플랫타이어 자국(Flat Tire Mark) 등이 이에 속한다.
④ 타이어 흔적은 크게 3가지 요인(제동 중 바운싱, 노면상의 융기물 또는 구멍, 충돌)에 의해 만들어진다.

해설 ④는 스킵(Skip) 스키드마크에 대한 설명이다.

77 요마크(Yaw Mark)에 대한 다음 설명 중 바르지 않은 것은? ★★★★

① 자동차가 정지된 상태에서 급가속·급출발 시 발생한다.
② 요마크는 바퀴가 구르면서 차체가 원심력의 영향에 의해 바깥쪽으로 미끄러질 때 타이어의 측면이 노면에 마찰되면서 발생되는 자국이다.
③ 요마크는 보통 타이어 자국이 곡선형으로 나타나며, 내부의 줄무늬 문양(사선형, 빗살무늬)에 따라 등속선회, 감속선회, 가속선회 등의 주행특성을 판단할 수 있다.
④ 요마크의 곡선반경을 통하여 주행속도를 추정할 수 있다.

해설 ①은 가속타이어 자국에 관한 설명이며, 요마크는 운전자의 급핸들 조작 또는 무리한 선회주행(고속주행) 등의 원인에 의해 생성된다.

78 다음 중 가속스커프(가속타이어 자국 : Acceleration Scuff)에 대한 설명으로 틀린 것은?

① 주로 교차로에서의 급출발, 자갈길·진흙탕 길에서의 슬립주행 시 생성된다.
② 휠이 도로표면 위를 최소 한 바퀴 이상 돌거나 회전하는 동안 충분한 힘이 공급되어 만들어지는 스커프마크이다.
③ 일반적으로 타이어의 가장자리부분에서 보다 진하게 나타나고 중앙부분은 다소 희미하게 나타난다.
④ 자동차가 정지된 상태에서 급가속·급출발 시 타이어가 노면에 대하여 슬립(Slip)하면서 헛바퀴를 돌 때 나타나는 타이어 자국이다.

해설 ③ 타이어 자국의 문양은 주로 시작부에서 진한 형태로 나타나다가 끝 지점에서 다소 희미하게 사라진다.

79 다음 중 플랫타이어 자국(Flat Tire Mark)에 대한 설명으로 옳지 않은 것은?
① 타이어의 공기압이 지나치게 낮거나 상대적으로 적재하중이 커 타이어가 변형되면서 나타나는 타이어 자국이다.
② 이 흔적은 비교적 길게 이어질 수 있기 때문에 자동차의 주행궤적을 아는 데 유용하다.
③ 액체잔존물(오일, 냉각수 등)을 밟고 지나갈 때, 눈길 또는 진흙길을 밟고 지나갈 때 타이어의 트레드 모양이 노상에 찍혀 나타나게 된다.
④ 일반적으로 타이어의 가장자리부분에서 보다 진하게 나타나고 중앙부분은 다소 희미하게 나타난다.

해설 ③은 프린트마크(Print Mark)에 대한 설명이다.

80 노면에 파인 자국(Gouge Mark)에 대한 설명으로 옳지 않은 것은? ★★★
① 충돌 직후 생성되는 경우가 많다.
② 파인 흔적의 깊이, 궤적, 형상에 따라 Chip, Chop, Groove로 구분하기도 한다.
③ 파인 자국은 비교적 작은 압력에 스치면서 생성된다.
④ 주로 프레임(Frame), 변속기하우징, 멤버(Member), 타이어 휠(Wheel) 등이 큰 압력으로 노면에 부딪칠 때 생성된다.

해설 ③ 사고현장에 나타나는 노면마찰 흔적은 일반적으로 작은 압력에 의해 스치면서 생성되는 긁힌 자국(Scratches)과 상대적으로 큰 압력에 의해 나타나는 파인 자국(Gouge)으로 구분할 수 있다.

81 노면에 파인 자국의 종류에 대한 용어 설명으로 옳지 않은 것은?
① 칩(Chip)은 마치 호미로 노면을 판 것과 같이 짧고 깊게 파인 가우지마크이다.
② 찹(Chop)은 마치 도끼로 노면을 깎아낸 것 같이 넓고 얕은 가우지마크로서 프레임이나 타이어 림에 의해 만들어진다.
③ 찹은 매우 부드럽고 느슨한 도로를 제외하고는 차량 차체의 무게로는 발생하지 않고, 차량 충돌 시 충돌되는 힘에 의해서 금속부분이 노면과 부딪힐 때 발생하므로 차량 간의 최대접촉 시에 만들어진다.
④ 그루브(Groove)는 구동샤프트나 다른 부품의 돌출한 너트나 못 등이 노면 위를 끌릴 때 생긴다.

해설 ③은 칩(Chip)에 대한 설명이다. 찹은 최대 접촉 시에 발생할 가능성이 높으며, 흔적이 발생하는 방향성은 깊고 날카로운 쪽에서 얕고 거친 쪽으로 만들어진다.

82 노면에 긁힌 자국에 대한 다음 설명 중 틀린 것은? ★★★★
① 스크래치는 큰 압력 없이 미끄러진 금속물체에 의해 단단한 포장노면에 가볍게 불규칙적으로 좁게 나타나는 긁힌 자국이다.
② 스크레이프는 충돌 후 차량의 회전방향이나 진행방향에 대해 알 수 있는 흔적이다.
③ 견인 시 긁힌 흔적은 파손된 차량을 견인차량에 매달기 위해 또는 다른 장소로 끌려갈 때 파손된 금속부분에 의해서 긁힌 자국이다.
④ 노면에 긁힌 자국은 차체의 금속부위가 작은 압력으로 노면에 작용하면서 끌리거나 스쳐지나갈 때 생성되는 흔적으로 차량의 전도지점이나 충돌 후 진행궤적을 확인하는 데 좋은 자료가 된다.

해설 ②는 스크래치에 대한 설명이다. 스크레이프는 넓은 구역에 걸쳐 나타난 줄무늬가 있는 여러 스크래치 자국으로 스크래치에 비해 폭이 다소 넓고 때때로 최대접촉지점을 파악하는 데 도움을 준다.

83 다음 중 파편물(Debris)에 대한 설명으로 옳지 않은 것은?
① 무게와 속도가 같고 동형의 자동차가 각도 없이 정면충돌한 경우 파손물은 흩어져 분포한다.
② 파손잔존물은 한 곳에 집중적으로 낙하되어 떨어질 수도 있고 광범위하게 흩어져 분포되기도 한다.
③ 보통 파손된 잔존물은 상대적으로 운동량(무게×속도)이 큰 차량방향으로 튕겨 나가 떨어지는 것이 일반적이다.
④ 파손잔존물은 다른 물리적 흔적(타이어 자국, 노면마찰 흔적 등)의 위치 및 궤적, 형상 등과 상호 비교하여 해석하는 것이 효과적이다.

해설 ① 무게와 속도가 같고 동형의 자동차가 각도 없이 정면충돌한 경우 파손물은 충돌지점 부근에 집중적으로 떨어지게 된다.

84 노면에 나타난 타이어 흔적으로 추정이 불가능한 항목은?
① 차량의 속도추정
② 차량의 충돌위치
③ 차량의 주행상태
④ 차량의 구체적인 종류

해설 노면에 나타난 타이어 흔적 추정이 불가능한 항목은 차량의 구체적인 종류이다. 타이어 흔적의 추정으로 알 수 있는 사항은 당시 속도추정, 충돌위치, 주행방향 상태 등을 알 수 있다.

정답 82 ② 83 ① 84 ④

85 다음 중 액체잔존물에 대한 설명으로 옳지 않은 것은?
① 냉각수, 엔진오일, 배터리액, 파워스티어링 오일(Power Steering Oil), 브레이크 오일(Brake Oil), 변속기오일, 와셔액 등이 충돌 시·충돌 후 이동과정에서 떨어지는 것이다.
② 액체잔존물을 면밀히 관찰하고 위치와 궤적을 파악함으로써 자동차의 충돌 전·후 과정을 이해하는 데 중요한 자료로 활용할 수 있다.
③ 일반적으로 액체잔존물은 형상에 따라 튀김(Spatter), 흐름(Dribble), 고임(Puddle), 흘러내림(Run-off), 흡수(Soak-In), 밟고 지나간 자국(Tracking)으로 구분하기도 한다.
④ 흘러내림이란 흘러내린 액체가 노면의 균열 등의 틈새로 흡수된 자국이다.

해설 ④는 Soak-In(흡수)에 대한 설명이다. Run-off(흘러내림)란 노면경사 등에 의해 고인 액체가 흘러내린 흔적이다.

86 다음 중 액체잔존물의 용어 설명으로 옳지 않은 것은?
① Puddle(고임) - 흘러내린 액체가 차량 밑바닥에 고이는 것으로 차량의 최종위치지점에 나타난다.
② Spatter(튀김) - 충돌 시 용기가 터지거나 그 안에 있던 액체들이 분출되면서 도로 주변과 차량의 부품에 묻어 발생한다.
③ Spatter(튀김) - 검은색의 젖은 얼룩들이 반점같은 형태로 나타난다.
④ Soak-in(흡수) - 손상된 차량의 파열된 용기로부터 액체가 뿜어져 나오는 것이 아니라 흘러내리는 것이다.

해설 ④는 Dribble(흐름)에 대한 설명이다.

87 타이어에 의한 노면흔적 중 바퀴운동에 관하여 옳지 않은 것은?
① 스키드마크(Skid Mark) - 회전하지 않고 미끄러짐
② 요마크(Yaw Mark) - 회전하며 옆으로 미끄러짐
③ 가속스커프(Acceleration Scuff Mark) - 회전하지 않고 미끄러짐
④ 바람 빠진 타이어 자국 - 회전하며 미끄러지지 않음

해설 가속스커프(Acceleration Scuff Mark)는 회전하며(헛돌며) 미끄러지는 것이다.

88 타이어에 의한 노면흔적 중 전·후륜의 자국에 대한 설명으로 틀린 것은?
① 스키드마크(Skid Mark) - 후륜이 강하게 나타난다.
② 요마크(Yaw Mark) - 보통 같다.
③ 가속스커프(Acceleration Mark) - 구동바퀴만 나타난다.
④ 타이어 새겨진 자국(Imprint) - 정확하게 같다.

> 해설 스키드마크(Skid Mark)의 경우 전륜이 강하게 나타난다.

89 타이어에 의한 노면흔적 중 시작부분과 끝부분에 관한 설명으로 가장 옳지 않은 것은?
★★★★
① 스키드마크(Skid Mark) - 시작부분은 갑자기 시작하고 끝부분은 갑자기 끝난다.
② 요마크(Yaw Mark) - 시작부분은 항상 희미하게 시작하고 끝부분은 강하게 끝난다.
③ 가속스커프(Acceleration Mark) - 시작부분은 항상 강하게 시작하고 끝부분은 갑자기 끝난다.
④ 바람 빠진 타이어 자국 - 시작부분은 희미하게 시작하고 끝부분은 강하게 끝난다.

> 해설 ③ 가속스커프(Acceleration Mark)의 경우 시작부분은 강하게 또는 점차적으로 시작하고 끝부분은 아주 천천히 희미해지며 끝난다.

90 사고현장의 측정에 대한 설명으로 옳지 않은 것은?
① 측정이란 물리적 흔적에 대한 상대적 위치관계를 구하는 것이고, 측량이란 상대적 위치관계를 줄자, 측량기 등의 도구를 이용하여 수치로 나타나는 것을 말한다.
② 사고현장에 대한 측량·측정요소는 사고현장의 도로선형이나 차선, 차로, 신호기, 횡단보도 등의 도로구조나 상태이다.
③ 사고현장의 측정목적은 법적 책임소재 규명과 차후에 불필요한 추정이나 재조사의 필요성을 없애는 데 있다.
④ 물리적 흔적도 측정의 대상이다.

> 해설 ① 측량이란 물리적 흔적에 대한 상대적 위치관계를 구하는 것이고, 측정이란 상대적 위치관계를 줄자, 측량기 등의 도구를 이용하여 수치로 나타나는 것을 말한다.

정답 88 ① 89 ③ 90 ①

91 교통사고 발생 시 노면에 관한 측정은 언제가 가장 좋은가?
① 교통사고 발생 후 즉시
② 교통사고 후 사고차량이 모두 정리된 때
③ 교통사고가 발생한 다음날
④ 교통경찰관이 조사를 허락한 뒤 즉시

해설 사고흔적이나 파편물은 사라지기 쉽기 때문에 조사는 빠르면 빠를수록 좋다.

92 다음 중 도로의 측정사항과 관련이 없는 것은?
① 곡선반경, 횡·종단구배, 시야, 가시거리
② 단일로 또는 교차로인지 여부, 교차로의 교차각과 교차거리
③ 사고지점 도로의 상황과 조건, 주변 야산의 높이
④ 도로안전시설의 설치상태 및 위치, 차로폭, 측대, 보도 등의 간격

해설 측정사항은 사고현장의 도로의 구조나 상태, 곡선의 정도 등을 조사한다. 주변 야산의 높이 측정은 도로의 측정사항과 관계가 없다.

93 다음 중 물리적 흔적에 관한 측정사항과 거리가 먼 것은?
① 교통사고 충돌현장의 사고차량 또는 보행자의 최종정지위치
② 스키드마크, 요마크, 충돌 시 나타나는 문질러진 타이어 자국, 바람 빠진 타이어 자국, 가속 타이어 자국 등의 여러 타이어 자국 등
③ 노면의 파인 흔적과 긁힌 흔적, 파손잔존물이나 혈흔 등
④ 양차량 진행방향의 시야거리, 평탄한 도로인지 구배(경사)가 있는지 여부

해설 ④는 도로의 구조나 상태로 물리적 흔적이 아니다.
교통사고 결과의 위치를 나타내기 위해서 측정은 사고 후 현장의 상황보존이 가능할 때(사고흔적들이 소멸되기 이전) 시행되어야 한다. 현장 사고조사 단계에서 수립된 자료는 일단 사용될 경우 사고 후 상황 약도의 형태로 제출되고 이용되는 것이 통례이다.

94 다음 중 도로측정 시 각도측정에 관한 내용으로 옳지 않은 것은?
① 도로(교차로, 횡단보도, 단일로, 커브로, 복합도로)에서 각도를 측정하기 위해서는 1개의 꼭짓점을 중심으로 정해야 한다.
② 1개의 중심점을 정하고 빗변의 적당한 2개 지점의 기준점을 정하여 두 지점 간의 거리를 현장에서 실측하면 삼각형이 형성된다. 이것을 축척하면 각도를 측정할 수 있다.
③ 꼭짓점에서 2개 지점을 선정할 시 되도록 같은 거리의 지점을 선정하는 것이 좋다.
④ 도로의 각도 측정 시 교통사고 조사용 자는 각도를 측정하지 못한다.

해설 ④ 교통사고 조사용 자는 교통사고 현장의 차량, 주차장, 차고 등의 위치 표시, 제동 및 활주거리의 추정, 활주거리에 의한 속도의 계산, 시속과 초속의 환산, 도로의 곡선(각도), 경사도 등을 그리거나 측량하는 데 사용된다.

95 노측선(도로 가장자리선) 사이의 곡선부 측정에 대한 설명으로 옳지 않은 것은?
① 곡선구간에 대해 곡선반경 측정이 필요한 경우, 도로 설계도면이 있으면 참조하여 측정하는 것이 바람직하다.
② 교차로에 있어서 노측선 사이의 곡선부에 대해서는 우선 각도 측정을 먼저 하고 난 다음에, 꼭짓점으로부터 곡선부가 시작되는 점과 끝나는 점을 측정한다.
③ 노측선이 직각으로 만날 때는 각도의 측정이 필요없고, 곡선부의 시작점과 끝나는 점을 확인해야 한다.
④ 시작점과 끝나는 점이 꼭짓점(노측선 연장선이 만나는 점)으로부터 30m 이상 떨어져 있을 경우에는 도로 자체의 곡선부를 측정하는 방식으로 측정하는 것이 바람직하다.

해설 ①은 도로 자체의 곡선구간 측정방법이다.

96 불규칙한 비정형 곡선구간의 측정에 대한 설명으로 옳은 것은?
① 곡선구간이 아주 불규칙할 때는 전체의 구간을 소구간으로 나누어서 측정한다.
② 원호(Arc)의 반경을 계산해 내기 위해서는 원호의 일부에 대해서 측정해야 한다.
③ 노측선의 한 지점을 가로질러 또 다른 지점까지 적당한 길이(통상 30cm 정도)의 현(Chord)을 측정한다.
④ 현의 중앙에서 원호까지의 최단거리(현의 중앙에서 수직으로 측정)를 측정한다. 이를 수직이등분선(Perpendicular at Midpoint)이라 한다.

해설 ②·③·④는 도로 자체의 곡선구간 측정에 대한 설명이다.

97 다음 중 거리측정에 관한 내용으로 옳지 않은 것은?

① 거리측정은 일반적으로 삼각측정법이나 직교좌표법을 주로 사용한다.
② 직교좌표법이란 하나의 흔적위치와 기준점과의 간격을 수평 또는 직각교차된 직선거리로 측정하는 방법이다.
③ 직교좌표법은 강이나 호수 등에 있는 차량의 위치나 어떤 장애로 인하여 어떤 지점의 거리측정이 어려운 경우에 사용된다.
④ 삼각측정법이란 하나의 흔적위치를 2개의 기준점으로부터 각각 삼각형으로 측정하여 표시하는 방법이다.

해설 강이나 호수 등에 있는 차량의 위치나 어떤 장애로 인하여 어떤 지점의 거리측정이 어려운 경우에 삼각형법을 이용하여 거리를 측정한다.

98 경사도(구배도)측정에 대한 설명으로 옳지 않은 것은?

① 경사(구배)는 가파른 정도를 나타내는 것으로 반드시 백분율(%)로 나타낸다.
② 교통사고와 관련 구배측정에는 횡단구배, 종단구배, 편구배 및 법면 경사도측정 등이 있다.
③ 경사도는 수평거리분의 수직거리로 계산된다.
④ 경사도가 각도(° : Degree)로 산출되었다면 백분율(%)로 나타내지 않아도 된다.

해설 ④ 경사도가 각도(° : Degree)로 산출되었다면 각도와 경사도와의 관계표를 이용하여 백분율(%)로 나타내어야 한다.

99 사고위치측정 시 1점의 측점을 필요로 하는 대상과 거리가 먼 것은?

① 허리를 중심으로 한 사상자의 위치
② 1m 이하 길이의 파인 자국, 긁힌 자국, 타이어 자국
③ 1m 이하 직경으로 파인 자국
④ 길게 뿌려진 파편흔적 및 차량용 액체 자국

해설 ④는 2점의 측점을 필요로 하는 대상이다.

100 사고위치측정 시 1점의 측점을 필요로 하는 대상과 거리가 먼 것은?
　① 낙하물 지역
　② 가로수 및 수목, 가로등, 승강장 등에 생긴 자국
　③ 소규모 파편물 및 1m^2 이하의 차량 액체 낙하물
　④ 도로상 고정물체와 사소한 충돌흔적

　해설　①은 3점의 측점을 필요로 하는 대상이다.

101 사고위치측정 시 2점의 측점을 필요로 하는 대상과 거리가 먼 것은?
　① 직선으로 길게 나타난 긴 타이어 자국
　② 1m 이상 길게 나타난 노면상의 파인 흔적(Groove)
　③ 길게 비벼지거나 파손된 가드레일
　④ 파편이 집중적으로 떨어진 지역

　해설　④는 3점의 측점을 필요로 하는 대상이다.
　　　　2점의 측점을 필요로 하는 대상은 주로 1m 이상 길게 나타난 자국의 시작점과 끝점에 하나씩 나타내야 한다.

102 사고위치측정 시 3점의 측점을 필요로 하는 대상과 거리가 먼 것은?
　① 곡선으로 나타난 타이어 자국(특히 요마크)
　② 소규모 파편물 및 1m^2 이하의 차량 액체 낙하물
　③ 직선으로 길게 나타나다가 마지막 부분에 휘어지거나 변형이 있는 타이어 자국
　④ 파편이 집중적으로 떨어진 지역이나 낙하물 지역

　해설　② 주로 1m^2 이하의 작은 증거물 측정 시는 1점의 측점을 필요로 한다. 3점은 대부분 직선에서 휘어지거나 일정 면적을 나타낼 때 주로 사용된다.

103 사고위치측정 시 측점의 설정에 대하여 옳지 않은 것은? ★★★★

① 직선으로 길게 나타난 긴 타이어 자국은 바퀴를 측점으로 한다.
② 요마크는 발생 길이나 굽은 정도에 따라 1m, 3m, 5m 간격으로 측점을 설정하여 자국의 시점, 종점뿐만 아니라 노면표시(중앙선, 차로경계선, 노측선)와 교차하는 점을 측점으로 한다.
③ 직선으로 길게 나타나다가 마지막 부분에 휘어지거나 변형이 있는 타이어 자국은 휘어지는 지점이나 갑자기 변하는 지점에 측점을 설정한다.
④ 파편이 집중적으로 떨어진 지역은 파편을 중심으로 외곽선을 긋고 그 외곽선의 굴절 부분을 측점으로 한다.

해설 ① 직선으로 길게 나타난 긴 타이어 자국은 시작점과 끝점을 측점으로 한다.

104 사고위치측정 시 측점의 설정에 대하여 옳지 않은 것은?

① 낙하물 지역은 낙하물의 형태에 따라 적정수의 측점을 설정한다.
② 사고차량의 피해가 적은 동일 측면 2개 모서리를 측점으로 이용하거나 차량이 타이어 자국의 끝에 있을 경우에는 바퀴를 측점으로 한다.
③ 1m 이상 길게 나타난 노면상의 파인 흔적(Groove)은 중앙을 측정점으로 이용한다.
④ 곡선으로 나타난 타이어 자국은 노면표시와 교차하는 점을 측점으로 한다.

해설 ③ 1m 이상 길게 나타난 노면상의 파인 흔적(Groove)은 양끝을 측정점으로 이용한다.

105 다음 중 기준점 설정에 대한 내용으로 옳지 않은 것은?

① 측정대상과 측점수가 설정되면 물리적 흔적의 위치를 표시하기 위해서는 우선적으로 측정의 기준점(RP)이나 기준선(RL)을 설정하여야 한다.
② 기준점은 일반적으로 변경 가능성이 없는 고정대상물로 정한다. 예를 들면 전신주나 신호등기둥 등 간단히 움직일 수 없는 것으로 하는 것이 좋다.
③ 기준점을 설정한 후에는 기준점으로부터 각 흔적위치까지의 거리를 측정한다.
④ 도로 옆에 세워져 있는 주차 차량의 후륜축을 기준점으로 한다.

106 다음 중 고정기준점(접촉가능기준점)에 대한 설명으로 옳지 않은 것은?
① 기존의 고정도로시설로서 손쉽게 접근(접촉)할 수 있어야 한다.
② 가장자리가 불규칙하거나 진흙이나 눈 등으로 덮여 노측선이 불분명할 때 주로 삼각측정법에서 기준점으로 많이 활용된다.
③ 전주, 각종 표지판 지주, 소화전 등 중심부 또는 중심부에 대한 점으로부터 측정한다.
④ 수목은 기준점으로 이용할 수 없다.

해설 ④ 수목은 양호한 기준점이라고는 볼 수 없으나, 여타 이용할 만한 기준점이 없을 때 사용한다.

107 고정기준점으로 활용할 수 있는 대상과 가장 거리가 먼 것은?
① 가로등, 전신주, 안내표지판 및 각종 표지판 지주
② 신호등 지주, 소화전, 건물의 모서리
③ 교량과 고가도로 및 지하차도의 입·출구에 설치되어 있는 입석
④ 하수 배출구, 포장면 이음새

해설 ④는 반(준)고정기준점에 해당된다.

108 반(준)고정기준점(일부 접촉가능기준점)에 대한 설명으로 가장 거리가 먼 것은?
① 포장도로상의 교차점과 교차로 사이 구간에서 주로 활용된다.
② 교차로 등에서와 같이 2개의 차도 가장자리선이 만나는 점 등의 차도상에 표시한 기준점을 말한다.
③ 기존의 영구적인 표지물과 관련해서 설정한다.
④ 차도 가장자리나 연석 또는 보도 위에 표시한 마크를 뜻한다.

해설 ②는 비고정기준점(접촉불가능기준점)에 대한 설명이다.

109 비고정기준점(접촉불가능기준점)에 대한 설명으로 옳지 않은 것은?

① 측정당사자가 차도상에 표시한 기준점을 의미한다.
② 곡선으로 연결되는 부분이 짧은 경우 등의 차도상에 표시한 기준점을 말한다.
③ 대체로 삼각측정법에 알맞다.
④ 대상은 대부분 교차로의 모서리에서와 같이 2개의 차도 가장자리선을 연장하여 서로 교차하는 점이다.

해설 ③ 대체로 고정기준점은 삼각측정법에 알맞고 나머지는 평면좌표법에 적절하다.

110 사고위치측정에 대한 설명으로 옳지 않은 것은?

① 측점이 여러 개가 설정되었어도 1개의 측점은 반드시 2개의 기준점으로부터 거리가 측정되어 표시되어야 한다.
② 기준점 및 기준선으로부터 조사·분석에 측점까지의 위치측정을 위해서는 반드시 거리측정을 필요로 한다.
③ 거리측정에는 좌표법과 삼각법 등 2가지가 있으나, 일반적으로 삼각법은 반고정 및 비고정기준점을 이용한다.
④ 평면좌표법에서는 기준선이 2개가 필요하다.

해설 일반적으로 거리측정에서 삼각법은 고정기준점을 이용하고 좌표법은 반고정 및 비고정기준점을 이용한다.

111 사고위치측정에서 평면좌표법에 대한 설명으로 맞지 않는 것은?

① 기준선으로부터 조사·분석에 필요한 측점까지의 최단거리를 측정한다.
② 도로의 구조가 직각이 아닌 경우에는 도로 경계석선 및 도로 끝선의 연장을 기준선으로 이용하여 측점까지의 직각거리를 측정할 수 있다.
③ 기준선과 측점 간의 직각선을 그을 수 없는 경우는 기준선을 연장하여 직각거리를 측정해도 정확하다.
④ 최단거리를 측정하기 때문에 소요시간이 단축된다.

해설 ③ 기준선과 측점 간의 직각선을 그을 수 없는 경우는 기준선을 연장하여 직각거리를 측정하면 되나 이는 정확성이 떨어진다.

112 삼각측정법(Triangulation)에 대한 설명이다. 사실과 거리가 먼 것은? ★★★
① 기준선이 2개 필요하다.
② 삼각측정법의 측정원리는 두 기준점과 각종 측정점이 삼각형을 형성하도록 하고 그 거리를 측정하는 것이다.
③ 기준점의 위치는 각도가 적은 너무 납작한 형태의 삼각형이 생기지 않도록 해야 정확한 측정을 할 수 있다.
④ 도면상에 표시할 때는 측정점에서 두 측정점까지의 거리를 각각 측정하고, 이 거리를 축척에 맞추어 자와 컴퍼스를 이용하여 도면에 옮겨 그린다.

> **해설** 평면좌표법에서는 기준선이 2개 필요하나, 삼각측정법에서는 2개의 기준점을 이용한다. 기준점은 고정시설물을 대상으로 하나 적절한 대상이 없을 경우 적어도 1개는 고정시설을 이용하고 그 외 기준점은 첫 번째 기준점을 중심으로 설정할 수 있다.

113 삼각측정법이 이용되는 편리한 경우의 예로 사실과 가장 거리가 먼 것은? ★★★
① 측점이 기준선 혹은 도로 끝선으로부터 10m 이상 벗어난 경우
② 도로 경계석선 및 도로 끝선이 명확하지 않은 경우
③ 차도 가장자리선이 직각으로 교차되는 지점
④ 로터리형 교차로와 같이 교차로의 기하구조가 불규칙하여 직각선을 긋기 어려울 정도로 불규칙할 때

> **해설** ③은 평면좌표법을 이용할 수 있다.

114 다음 중 현장스케치에 대한 설명으로 옳지 않은 것은?
① 현장스케치는 사고결과의 위치를 나타내는 측정기록이다.
② 관련 차량의 최종위치를 그리고, 각 차량의 전면을 화살표 등으로 나타낸다.
③ 삼각측정법 이용 시 적어도 1개의 기준점, 평면좌표법을 이용할 때는 최소 2개의 기준점을 설정한다.
④ 표준적인 차도 및 차도 가장자리선으로부터 10m 이내의 표점에 대해서는 평면좌표법을 이용하고, 불규칙적인 차도 및 차도 가장자리선으로부터 10m 이상되는 일부 표점에 대해서는 삼각측정법을 이용하는 것이 좋다.

> **해설** ③ 평면좌표법 이용 시 적어도 1개의 기준점, 삼각측정법을 이용할 때는 최소 2개의 기준점을 설정한다.

정답 112 ① 113 ③ 114 ③

115 다음 중 현장스케치에 대한 설명으로 옳지 않은 것은?
① 스케치상에 사고발생일시, 측정일시 및 측정자의 성명을 기재한다.
② 기본스케치 이외의 별지에 Gouge, Scrub, Debris 등에 관한 내역을 기록한다.
③ 측정한 지점(기준점, 표점)에 대해서 측정·기록하고, 필요시 도로상에 스프레이페인트나 크레용 등으로 측정할 지점을 표시한다.
④ 개개의 차량에 대해서 1개의 표점, 각 타이어마크에 대해서는 2개의 표점을 설정한다.

해설 ④ 개개의 차량에 대해서 2개의 표점, 각 타이어 마크에 대해서는 1개의 표점, 분포범위가 넓은 낙하물 지역에 대해서는 3개 이상의 표점을 설정한다.

116 다음 중 현장스케치에 대한 설명으로 옳지 않은 것은?
① 측정의 구체적 기술은 사고형태를 고려하여 측정·기술한다.
② 중앙선침범사고의 경우에는 충돌지점을 기준선으로 정해 각종 물리적 흔적의 위치관계를 측정한다.
③ 진로변경사고의 경우에는 차로경계선을 기준하여 측정하는 것이 필요하다.
④ 선진입 여부를 규명하기 위한 교차로사고의 경우에는 각 진행방향의 정지선으로부터의 진입거리나 위치관계가 중요하다.

해설 ② 중앙선침범사고의 경우에는 중앙선을 기준선으로 정해 각종 물리적 흔적의 위치관계를 측정한다.

117 도면 작성요령에 대한 설명으로 옳지 않은 것은?
① 노면상에 발생된 각종 차륜 흔적 등을 축척에 의해 정확히 나타낸다.
② 충돌로 인한 차량 액체잔존물, 파손품 등의 위치, 거리를 표기한다.
③ 각 위치 간의 직선거리를 표시하며 차량의 후면부를 표시한다.
④ 중앙선 및 차로경계선과 이격거리, 간격, 길이, 폭 등의 차륜흔적과 비스듬한 각도를 진행한 경우, 진행각도 및 진행방향, 비틀어진 양 등을 정확하게 나타낸다.

해설 ③ 차량의 전면부를 표시한다.

118 교통사고 조사용 자에 대한 설명으로 거리가 먼 것은?
① 자의 한쪽 모서리에는 90°의 눈금이 표시되어 있어 각도를 표시할 수 있다.
② 축척은 1/100, 1/150, 1/200, 1/300, 1/400, 1/600으로 그림을 그릴 수 있다.
③ 1/400 축척으로 그릴 경우에는 작은 자동차 모형을 이용하고 1/200 축척으로 그릴 때에는 큰 자동차 모형을 이용하면 전차륜까지 그릴 수 있다.
④ 자동차와의 각도를 재거나 그리는 데 아주 유용하나 원이나 호를 다 그릴 수 없다.

해설 ④ 교통사고 조사용 자를 이용하면 컴퍼스 없이도 원이나 호를 다 그릴 수 있다. 특히, 호는 입체도를 그리거나 회전 중에 발생한 교통사고를 그리는 경우에도 매우 편리하다.

119 사고현장 사진촬영의 필요성과 거리가 먼 것은?
① 사고상황의 진실성을 증명하는 데 용이하나, 법적 증거자료는 불충분하다.
② 교통사고 분석 시 사고현장 기억의 단서가 된다.
③ 사고조사 시 흥분과 혼잡으로 누락된 상황을 기록할 수 있다.
④ 현장조사 분석의 기본 자료로 활용된다.

해설 ① 법적 증거자료로 충분하다.

120 사진촬영의 시기에 대한 설명으로 거리가 먼 것은? ★★★★
① 촬영은 상황 긴급성에 따르고 오래 보존되지 않는 증거를 먼저 촬영한다.
② 야간사고일 경우라도 사고현장에 도착한 즉시 촬영을 하여야 한다.
③ 일기조건 등에 따라서는 맨 나중에 찍는 것이 좋을 수 있다.
④ 원칙적으로는 사고현장에 아무 변화가 일어나기 전에 촬영하는 것이 바람직하다.

해설 ② 가급적 사고현장에서 많이 촬영하고, 야간사고일 경우 일부 사진은 다음날 다시 와서 찍는다.

정답 118 ④ 119 ① 120 ②

121 다음 중 사진촬영 방법으로 옳지 않은 것은? ★★★
① 증거의 특징을 명확히 부각시킬 수 있도록 촬영한다.
② 목격자가 있는 경우 목격자 시야위치에서 촬영한다.
③ 사진촬영 시 가급적 촬영하고자 하는 부위보다 높은 곳에서 촬영한다.
④ 사고 전체를 볼 수 있는 구도의 한 장의 사진이 필요하다.

해설 ③ 촬영하고자 하는 흔적발생 시작점에서부터 자세를 낮추어 촬영한다.

122 사진촬영 방법에 대한 다음 설명 중 옳지 않은 것은?
① 흔적발생 끝지점에서부터 자세를 낮추어 촬영한다.
② 운전자의 시야상태 조사 시 운전자가 사고차량 운전석에 탑승한 상태를 생각하며 촬영한다.
③ 노면흔적 등이 희미한 경우 촬영방향과 노출 정도를 달리하여 반복 촬영한다.
④ 액체흔은 흔적의 특성과 비산 방향을 촬영한다.

해설 ① 흔적발생 시작점부터 자세를 낮추어 촬영한다.

123 다음 중 교통사고현장 조사 사진촬영 방법으로 옳지 않은 것은?
① 운전자 시야는 가능한 한 차량에 탑승하여 동일한 높이에서 촬영한다.
② 차량의 진행 궤적을 알 수 있는 수목의 눌림이나 경사면 흔적을 촬영한다.
③ 운전석 시트의 위치와 탑승 여부를 알 수 있는 흔적들을 촬영한다.
④ 사진촬영 시 가급적 촬영하고자 하는 부위보다 높은 곳에서 비스듬히 촬영한다.

해설 ④ 촬영 시 촬영하고자 하는 부위보다 낮은 곳에서 촬영한다.

124 교통사고현장 조사 시 사진촬영의 기본이 아닌 것은?

① 목적의식을 가지고 현장상황에 맞는 적절한 촬영을 한다.
② 증거의 성격에 맞는 촬영기법을 활용한다.
③ 사고 관련 차량의 운전자 관점에서의 시야 상태를 촬영한다.
④ 피해차량만을 중점적으로 촬영한다.

해설 ④ 교통사고의 핵심이 되는 기본적인 사항을 촬영해야 한다.

125 도로의 기하구조에 대한 촬영기법으로 사실과 거리가 먼 것은?

① 사고 전 차량이 진행한 방향으로부터 도로 전체의 전경을 촬영한다.
② 사고지점을 향하여 접근하며 촬영한다.
③ 고공에서 촬영하면 사고현장 도로의 기하구조를 한눈에 파악할 수 있다.
④ 원거리 촬영 시 특정지점을 강조하고자 할 경우에는 경사가 확인되도록 촬영한다.

해설 ④ 원거리 촬영 시 특정지점을 강조하고자 할 경우 막대를 세워 표시한다.

126 도로상태 및 도로조건의 촬영에 대한 설명으로 옳지 않은 것은?

① 사고 당시 운전자의 인지상황을 나타내기 위하여 촬영하는 경우에는 카메라를 피해자의 눈높이에 두고 촬영한다.
② 거울, 수목 등과 같은 시계장애물은 당해 운전자의 위치에서 촬영함으로써 사고 당시 운전자의 시계를 나타낼 수 있다.
③ 사고현장에 대해서 항공촬영이 이루어질 수 있으나, 이는 보도용 사진을 제외하고 기록으로서는 전혀 실용성이 없다.
④ 도로의 조건들은 가급적 신속하게 촬영하는 것이 바람직하다. 왜냐하면 안개 등은 금세 사라질 수도 있기 때문이다.

해설 ① 사고 당시 운전자의 인지상황을 나타내기 위하여 촬영하는 경우에는 카메라를 운전자의 눈높이에 두고 촬영한다.

127 노면흔적에 대한 촬영 시의 설명으로 옳지 않은 것은?
  ① 거리가 나타나도록 흔적 옆에 줄자를 펴놓고 촬영한다.
  ② 희미한 흔적, 유류흔, 훼손되기 쉬운 파편물 등을 우선 촬영한다.
  ③ 노면흔적은 도로의 횡 방향으로 기본 촬영한다.
  ④ 희미한 타이어 흔적 등은 흔적 발생방향에서 자세를 낮추고 촬영한다.

  해설 ③ 노면흔적은 도로의 종 방향, 직각 방향으로 기본 촬영한다.

128 타이어 자국의 촬영 시에 대한 설명으로 옳지 않은 것은? ★★★
  ① 대체적으로 카메라의 거리는 1~2m 정도가 적당하다.
  ② 한 장의 사진으로 타이어 자국의 전체 길이를 나타낼 수 있도록 한다.
  ③ 타이어 자국이 너무 긴 경우에는 고정대상물, 자동차, 낙하물 등에 대한 타이어 자국의 상대적인 위치를 한 장의 사진으로 찍어두는 것이 바람직하다.
  ④ 바퀴자국은 진행방향으로 촬영하는 것이 최상이며, 전체 모습을 촬영하도록 한다.

  해설 ③ 타이어 자국이 너무 긴 경우에는 고정대상물, 자동차, 낙하물 등에 대한 타이어 자국의 상대적인 위치를 잘 나타내도록 연속사진을 찍어두는 것이 바람직하다.

129 다음 중 약도 작성의 측정절차에 해당되지 않는 것은?
  ① 약도를 작성해야 할 위치를 확인한다.
  ② 측정은 현장스케치에 기록할 필요가 없다.
  ③ 기본적인 도로구조를 그린다.
  ④ 구부러진 구간, 수직거리 등 측정을 준비한다.

  해설 약도작성의 위치, 기본적인 도로구조, 각도 측정준비, 커브, 수직거리 측정 등을 준비하여 스케치 등 기록 용지상에 측정에 필요한 사실들을 표시하여 기록하여야 한다.

130 다음 중 기준점, 기준선 설정에 있어 지형지물 표지를 옳게 표현한 것은?

① 기준점(RP), 기준선(RL)
② 기준점(RL), 기준선(RP)
③ 기준점(RP), 기준선(RR)
④ 기준점(RL), 기준선(RL)

해설 기준점, 기준선 표기는 RP(기준점), RL(기준선)으로 표기한다.
- RP : Reference Point
- RL : Reference Line

131 사고의 형태를 확인, 분석할 수 있는 가장 좋은 물적 자료는? ★★★★

① 타이어 자국 및 파손잔존물
② 목격자의 진술내용
③ 차종 및 승차인원
④ 음주 및 무면허 여부

해설 타이어 자국 및 파손잔존물은 사고의 형태를 확인, 분석할 수 있는 가장 좋은 물적 자료이다.

132 다음 설명에 해당하는 물리적 흔적은? ★★★

> 이 자국은 차량의 금속 부위가 노면에 경미하게 스치거나 끌리면서 생성되는데, 특히 오토바이가 충돌 후 전도되어 이동할 때 많이 발생하게 된다. 사고조사에 있어서 이 자국은 차량의 최종전도위치를 아는 데 유용하게 이용된다.

① 노면 파인 흔적
② 노면 긁힌 흔적
③ 고 임
④ 뿌려짐

해설 노면 긁힌 흔적은 비교적 경미한 압력에 의해서 생긴 흔적으로 스크래치와 스크레이프로 나눌 수가 있다.
- 스크래치 : 큰 압력 없이 미끄러진 금속물체에 의해 단단한 포장노면에 가볍게 불규칙적으로 긁힌 흔적을 말한다.
- 스크레이프 : 단단한 노면 위에 넓은 구역에 걸쳐 나타난 줄무늬로 된 여러 개의 스크래치 흔적을 말한다.

정답 130 ① 131 ① 132 ②

133 노면 파인 흔적 중 특히 짧고 깊게 파인 Chip형은 하체부의 날카로운 금속부분이 노면에 강하게 충격을 가하면 발생하는데 흔적은 대부분 충격의 어느 시점에서 발생하는가?
① 최초 접촉시점
② 최대 접촉시점
③ 충돌 직후
④ 충돌 직전

> **해설** Chip은 줄무늬가 없이 짧고 깊게 파인 홈으로서 강하고 날카로우며 끝이 뾰족한 금속물체가 큰 압력으로 포장 노면과 접촉할 때 생기는 자국으로 일반적으로 최대 접촉 시 발생한다.

134 사고현장에 떨어진 차량의 파손잔존물에 관하여 가장 바르게 설명한 것은?
① 동일한 운동량을 가진 차량이 정면충돌하면 파손잔존물은 떨어지지 않는다.
② 충돌지점 또는 충돌지점 부근에 낙하된 자동차의 범퍼, 펜더, 흙받이, 유리조각 등을 말한다.
③ 파손잔존물은 충돌 후 다른 물체 또는 차량에 부딪히지 않는 한 반드시 충돌지점에 낙하된다.
④ 파손잔존물의 낙하위치와 차량의 최종위치를 알면 충돌속도의 추정이 가능하다.

135 다음 물리적 흔적 중 액체잔존물을 모두 고른다면?

| ㉠ 튀 김 | ㉡ 흘러내림 | ㉢ 방울짐 | ㉣ 스크레이프 |

① ㉠, ㉡, ㉢
② ㉠, ㉡, ㉣
③ ㉠, ㉢, ㉣
④ ㉡, ㉢, ㉣

> **해설** 도로상에 떨어진 여러 가지 액체낙하물에는 튀김 또는 뿌려짐, 방울져 떨어짐, 노면에 고임, 흘러내림, 노면에 흡수, 밟고 지나간 자국 등을 들 수 있다.

136 노면에 스며들어 콘크리트 석회와 반응한 지점은 표백한 것과 같이 흰색으로 변하게 되는 액체잔존물은?
① 엔진오일
② 브레이크 오일
③ 전지액
④ 냉각수

137 잔존액체물 중 Puddle(노면에 고임)에 대한 설명으로 옳지 않은 것은?
① 액체잔존물을 흘리고 있는 자동차가 멈춰 서자마자 방울방울 떨어지던 액체는 새고 있는 부분 밑에 고이게 된다.
② 자동차가 멈춰선 지점을 명시해 준다.
③ 조사가가 현장에 도착하기 이전에 자동차가 치워졌을 경우 중요한 단서가 된다.
④ 고임의 가장 중요한 의의 중 하나가 충돌지점을 정확히 확인할 수 있다는 점이다.

해설 ④ 고임은 자동차가 멈춰선 지점을 명시하는 것이지 충돌지점을 확인하는 것은 아니다.

138 직접손상자국으로 볼 수 없는 것은? ★★★
① 보닛의 찌그러짐
② 앞 범퍼의 스친 흔적
③ 앞 펜더의 압축변형
④ 지붕의 간접변형

해설 ④는 간접손상의 예이다. 간접손상의 또 다른 예로서는 교차로에서 오른쪽에서 진행해 온 차에 의해 강하게 측면을 충돌 당한 차의 우측면과 지붕이 찌그러지고 좌석이 강한 충격을 받아 심하게 압축 이동되어 좌측문을 파손시켜 열리게 한 것을 들 수 있다.

139 사고현장에서 나타날 수 있는 여러가지 액체낙하물에 속하지 않는 것은?
① 엔진오일
② 냉각수
③ 배터리액
④ 유리조각 등 파편물

> 해설　사고현장에 나타나는 액체낙하물에는 사고차량의 엔진오일, 변속기 오일, 브레이크 오일, 워셔액, 배터리액, 파워스티어링 오일, 연료 등과 탑승자 또는 보행자의 혈흔 등이 있다.

140 액체잔존물의 형태 중 충돌지점의 발생 확인이 가능한 것은? ★★★
① Spatter
② Dribble
③ Puddle
④ Run-off

> 해설　Spatter(튀김 또는 뿌려짐)는 충돌 시 용기가 터지거나 그 안에 있던 액체들이 분출되면서 도로 주변과 자동차의 부품에 묻어 발생한다. 액체의 잔존물은 자동차가 멀리 움직여 나가기 전에 이미 노면에 튀기 때문에 충돌이 어느 지점에서 발생했는지 추측할 수 있는 중요한 근거가 된다.

141 다음 액체잔존물 중 충돌이 일어난 지점을 알아내는 데 도움이 되는 것을 모두 고른다면? ★★★

| ㉠ Spatter | ㉡ Dribble | ㉢ Run-off | ㉣ Puddle |

① ㉠
② ㉠, ㉡
③ ㉠, ㉡, ㉢
④ ㉠, ㉡, ㉢, ㉣

> 해설　산포흔(Spatter)과 적하(Dribble)는 충돌이 일어난 지점을 알아내는 데 도움이 된다.

139 ④　140 ①　141 ②

142 액체잔존물 중 충돌 이후 차량의 이동경로를 파악할 수 있는 좋은 자료는?
   ① Spatter
   ② Dribble
   ③ Puddle
   ④ Soak-in

   해설 Dribble(방울져 떨어짐)은 손상된 자동차의 파열된 용기로부터 흘러내리는 것이다. 충돌 후 바로 멈췄다면 고임(Puddle)이 발생하지만 충돌 후 자동차가 계속 움직이고 있었다면 이 자국들은 충돌지점부터 마지막 정지 장소까지의 경로를 설명해 줄 수 있다.

143 액체잔존물에 대한 설명으로 옳지 않은 것은?
   ① 산포흔과 적하는 충돌이 일어난 지점을 알아내는 데 도움이 된다.
   ② Dribble과 Spatter는 차량이 최종적으로 정지한 지점의 위치를 알려준다.
   ③ 산포(뿌림)는 일반적으로 충돌이 최고조에 달했을 때 발생하며 차량이 정지하면 액체가 한곳에 떨어지면서 웅덩이를 만들게 된다.
   ④ Dribble Path의 경우 차량용액의 흘러내린 자국들은 처음 부분보다 끝부분에 더 많다. 그 이유는 차량이 감속하는 동안 액체는 거의 같은 속도로 계속 흘러내리지만 처음에는 차량이 빠른 속도로 이동하므로 액체들은 좀 더 넓은 지역에 뿌려지게 되기 때문이다.

   해설 ② Dribble과 Puddle은 차량이 최종적으로 정지한 지점을 알려주며, Spatter는 차량의 정지지점을 알 수 있는 것이 아니라 충돌지점을 파악할 수 있는 근거가 된다.

144 다음 액체잔존물 중 조사자가 현장에 도착하기 이전에 자동차가 치워졌을 경우 중요한 단서가 되는 것은?
   ① Spatter
   ② Puddle
   ③ 스키드마크
   ④ 스커프

   해설 노면에 고임(Puddle)은 자동차가 멈춰선 지점을 명시해 주며, 이 사실은 조사자가 현장에 도착하기 이전에 자동차가 치워졌을 경우 중요한 단서가 된다.

정답 142 ② 143 ② 144 ②

145 다음 액체잔존물의 유형과 그 내용이 옳지 않은 것은?
① 튀김 또는 뿌려짐 - 충돌 시 용기가 터지거나 그 안에 있던 액체들이 분출되면서 도로 주변과 자동차의 부품에 묻어 발생한다. 충돌 시 라디에이터 안에 있던 액체가 엄청난 압력에 의해 밖으로 튕겨져 나오는 것이 그 예이다. 이러한 액체잔존물은 최종정지지점을 추측할 수 있는 중요한 근거가 된다.
② 방울져 떨어짐 - 손상된 자동차의 파열된 용기로부터 액체가 뿜어져 나오는 것이 아니라 흘러내리는 것이다. 자동차가 계속 움직이고 있었다면 이 자국들은 충돌지점부터 마지막 정지 장소까지의 경로를 설명해 줄 수 있다.
③ 노면에 고임 - 이 고임은 자동차가 멈춰선 지점을 명시해 주며, 이 사실은 조사자가 현장에 도착하기 이전에 자동차가 치워졌을 경우 중요한 단서가 된다.
④ 흘러내림 - 고임이 경사노면에 형성되었을 때 발생하는 것으로 자동차에서 떨어지는 액체는 가느다란 줄기처럼 경사진 곳으로 흐른다.

해설 ①의 경우 최종정지지점이 아니라 충돌지점을 확인할 수 있는 근거이다.

146 충돌 시 발생하는 찍힌 자국에 대한 설명으로 옳지 않은 것은?
① 문손잡이, 라디에이터 장식품은 구멍이나 작고 깊게 파인 자국을 남긴다.
② 큰 트럭의 범퍼는 넓고 평평하며 뚜렷한 찍힌 자국을 남긴다. 그러나 자동차의 범퍼는 그다지 강하지 않기 때문에 불규칙하고 흐릿한 자국이 남게 된다.
③ 찍힌 자국은 손상되거나 찌그러진 부분에 생기므로 알아보기가 매우 쉽다.
④ 찍힌 자국은 다른 차량에 대한 충돌 당시의 위치를 알려 준다.

해설 ③의 경우 찍힌 자국은 손상되거나 찌그러진 부분에 생기므로 알아보기가 매우 어렵다.

147 충돌 시 발생되는 사고흔적 중 마찰 자국에 대한 설명으로 옳지 않은 것은?
① 마찰 자국은 주로 페인트이지만 고무, 보행자 옷에서 나온 직물, 보행자의 피부, 머리카락, 혈액, 나무껍질, 도로먼지, 진흙, 기타 물질 등인 경우도 있다.
② 실제로 마찰 자국은 다른 물체에 남겨진 한 물체의 부분은 제외된다.
③ 차량 간의 충돌에서는 유리조각이나 장식품 조각도 해당된다.
④ 마찰 자국은 셋 이상의 차량 사이에서 발생한 충돌을 조사할 때 유용하며 어느 차량이 어디에서 충돌하였는가를 알아내는 데 도움이 된다.

해설 ② 실제로 마찰 자국은 다른 물체에 남겨진 한 물체의 모든 부분을 포함한다.

148 충돌 시 발생하는 사고흔적 중 겹친 충격손상에 대한 설명으로 적절하지 않은 것은?
① 겹친 충격손상은 둘 이상의 충돌이 독립적으로 어느 한 차량의 한 부분에 일어났을 때 나타난다.
② 차량의 한 부분에서 검출된 서로 다른 두 종류의 페인트 마찰 자국은 한 번 이상의 충돌이 발생했음을 나타낸다.
③ 다른 차량과 충돌하여 찌그러진 부분이 다시 노면과 접촉하여 만들어진 선명한 마손 자국도 겹친 충격손상을 나타낸다.
④ 겹친 충격손상은 어떤 단단한 물체에 의해 차체가 눌려서 그 물체의 형태가 선명하게 찍혀서 움푹 들어간 곳을 의미한다.

해설 ④는 찍힌 자국에 대한 내용이다.

149 차량의 보행자를 친 경우 핏자국, 옷조각, 차량 아랫부분의 기어, 모터, 프레임, 바퀴에 생긴 강한 충격흔적을 찾는 사고유형은?
① 정면충돌사고
② 측면충돌사고
③ 후면충돌사고
④ 역과손상사고

해설 **차량이 보행자를 친 흔적**
- 정면충돌 : 헤드램프와 그릴이 파손된 부분을 찾아내고 충돌에 의해 가볍게 움푹 들어가고 긁힌 자국이 생긴 후드 부분을 확인한다.
- 측면접촉 : 보행자의 옷과 단추에서 생긴 긁힌 자국을 찾는다.
- 후면충돌 : 범퍼, 트렁크, 전등과 번호판 부분에 걸려서 찢긴 옷조각들과 핏자국을 찾는다. 일반적으로 낮은 속도에서 만들어진 희미한 자국이다.
- 역과 : 핏자국, 옷조각, 차량 아랫부분의 기어, 모터, 프레임, 바퀴에 생긴 강한 충격흔적을 찾는다.

150 다음은 노면 파인 흔적 중 어떤 것인가? ★★★★

> 길고 좁게 파인 홈으로서 작고 강한 금속성 부분이 큰 압력으로 포장노면과 얼마간 거리를 접촉할 때 생기는 고랑자국과 같은 형태이다.

① Chip
② Chop
③ Groove
④ 스크래치

151 다음 중 노면 파인 흔적에 속하지 않는 것은? ★★★★
① Chip
② Chop
③ Groove
④ Scratch

해설 ④는 노면 긁힌 흔적이다.

152 다음 사고흔적 중 최대접촉 시 생기는 흔적인 것을 모두 고른다면? ★★★

㉠ Chip	㉡ Scratch	㉢ Chop	㉣ Scrape

① ㉠, ㉡
② ㉠, ㉢
③ ㉡, ㉢
④ ㉡, ㉣

해설 노면 파인 흔적으로 Chip, Chop은 최대접촉 시 생기는 흔적이다.

153 다음 중 직접손상의 예가 아닌 것은? ★★★
① 긁 힘
② 찢어짐
③ 페인트의 벗겨짐
④ 구부러짐

해설 ④는 간접손상의 예이다.

154 다음 직접손상에 대한 설명으로 옳지 않은 것은? ★★★
① 차량의 일부분이 다른 차량, 보행자, 고정물체 등의 다른 물체와 직접 접촉충돌하며 입은 손상이다.
② 이것은 보디 패널(Body Panel)의 긁힘, 찢어짐, 찌그러짐과 페인트의 벗겨짐으로 알 수도 있고 타이어 고무, 도로재질, 나무껍질, 심지어 보행자 의복이나 살점이 묻어 있는 것으로도 알 수 있다.
③ 또한 전조등 덮개, 바퀴의 테, 범퍼, 도어 손잡이, 기둥, 다른 고정물체 등 부딪친 물체의 찍힌 흔적에 의해서도 나타난다.
④ 직접손상의 예로서는 교차로에서 오른쪽에서 진행해 온 차에 의해 강하게 측면을 충돌 당한 차의 우측면과 지붕이 찌그러지고 좌석이 강한 충격을 받아 심하게 압축 이동되어 좌측문을 파손시켜 열리게 한 것을 들 수 있다.

해설 ④는 간접손상의 예이다.

155 다음 중 충돌한 도로상에 난 물적 증거와 가장 거리가 먼 것은?
① 냉각수의 누출흔적
② 엔진오일 누출흔적
③ 충돌스크럽 자국
④ 사고장소 및 사고시간

156 사고차량의 최종정지위치에 관한 다음 설명 중 바르지 못한 것은?
① 최종정지위치는 이동시킨 위치와 이동시키지 않은 위치가 있을 수 있다.
② 최종정지위치는 충돌 후 충격의 힘으로 이동된 위치가 중요하다.
③ 최종정지위치는 충돌 후 의도적으로 옮겨진 위치가 중요하다.
④ 이동된 최종위치는 이동하지 않은 최종위치보다 중요성이 떨어진다.

해설 ③ 의도적으로 옮겨진 위치는 최종정지위치의 의미가 없다.

CHAPTER 02 인적조사

01 인터뷰 조사의 개념

01 인터뷰의 의의

교통사고로 인한 인터뷰는 사고의 진정성을 확보하기 위해 사고 당사자 또는 목격자를 상대로 당시의 상황에 대해서 조사를 하는 성격을 띠고 있다.

02 인터뷰 조사 전의 현장 조사

(1) 교통사고 현장 조사 일반항목
① 교통사고 현장의 도로구조 및 도로환경, 노면흔적 등 사고 관련 자료 수집은 **사고원인을 정확히 분석하기 위한 가장 기초적인 단계이다.**
② 일반적인 조사항목
  ㉠ 타이어 흔적의 종류, 길이, 위치, 비틀어진 정도
  ㉡ 사고차량 도로이탈 흔적 및 거리
  ㉢ 차량 및 보행자 등의 최초 충돌위치 및 최종 정지위치
  ㉣ 도로 노면의 파손지점 및 정도, 차량부품 및 유류품 비산위치
  ㉤ 보행자 및 사고차량의 최초 인지 가시거리 및 차량위치
  ㉥ 차량속도, 중앙선 침범 등 도로교통법 위반 사항 여부
  ㉦ 기타 전반적인 특징, 노면조건, 각종 교통안전표지 설치 여부, 사고 당시의 각종 조건 등을 정확하게 파악

(2) 사고현장의 전반적인 조사항목
① **도로형태** : 도로의 종류 및 등급, 교차로 상태, 합·분류상황, 교차수, 토지이용 현황, 주변도로 여건 및 연계성 등
② **포장재질** : 아스팔트, 콘크리트, 미끄럼방지 포장시설 설치 여부, 포장면의 마모성 여부, 포장 여부 등
③ **교통안전시설** : 신호등, 교통안전표지, 노면표시 등

④ 도로부대시설 : 가로등, 표지병, 시선유도봉 및 유도표지, 장애물표시, 방호벽, 가드레일, 도로안내표지, 충격완화시설, 과속방지시설, 경보등, 가변표시판 등
⑤ 도로구조물 : 교량, 고가도로, 지하차도, 터널의 유무 등
⑥ 교통통제 및 운영상태 : 일방통행제, 가변차로제, 버스전용차로제, 좌회전금지구역, 진입금지구역, 주·정차금지구역, 공사구역, 속도제한 등

(3) 사고 당시의 각종 조건
① 기상조건 : 사고 당일의 기상조건, 사고 시간대 운전자의 섬광으로 인한 신호등 및 기타 교통통제시설, 장애물 등의 인지방해 여부
② 노면조건 : 건조, 습윤, 빙설 등
③ 가변성 장애물 : 관목, 울타리, 작물, 잡초, 눈더미, 건설자재, 노상적재물, 주·정차 차량, 임시 안내판 및 돌출간판 높이 등

02 인터뷰 조사의 방법

01 사고 당사자 조사

(1) 교통사고 발생에 대해서 운전자의 과실 정도를 특정하는 요인
① 기상조건, 노면조건, 일광조건, 시계, 가변성 장애물, 섬광(눈부심) 등에 대하여 질문을 해야 한다.
② 사고 당시 시간대에 운전자가 시설물 등의 인지상태, 즉 태양에 의하여 신호등 및 기타 교통통제시설, 장애물 등의 인지에 방해를 받았는지에 대해 질문한다.

(2) 교통사고 당시의 상황 요인
① 사고차량의 속도(감·가속상태)
② 충돌위치
③ 운전자의 위험인지 예상 상태
④ 핸들 조향 여부 등

02 목격자 등에 대한 조사 중요!

(1) 목격자
① 차량 동승자나 제3자인 목격자를 말한다.
② 사고현장에 목격자가 있을 때는 즉석에서 그 주소, 성명, 직업, 전화번호 등을 확인하고 인터뷰 조사에 협조를 의뢰한다.
③ 목격자는 가능한 다수를 확보하여야 한다.

(2) 목격자 조사 내용
① 사고 당시 목격자가 사고차량을 목격한 위치에 대하여 질문한다.
② 사고차량의 충돌 후 최종 정지위치에 대하여 질문한다.
③ 사고차량 및 탑승자의 최종 위치에 대하여 질문한다.
④ 가해차의 상황(진로속도, 경음기 취명, 파괴상황, 충돌상황, 피해자구호상황 등)을 질문한다.
⑤ 피해차의 상황(진로, 자세, 휴대품, 전도지점, 방향, 부상상황 등)에 대해 질문한다.
⑥ 기타 충돌 후 파편물의 낙하위치 등에 대하여 질문한다.

03 교통사고 3단계 조사법

교통사고 발생(진행)과정을 사고 전, 사고 당시, 사고 후의 3단계로 구분해서 조사하여야 사고원인을 밝혀낼 수 있다.

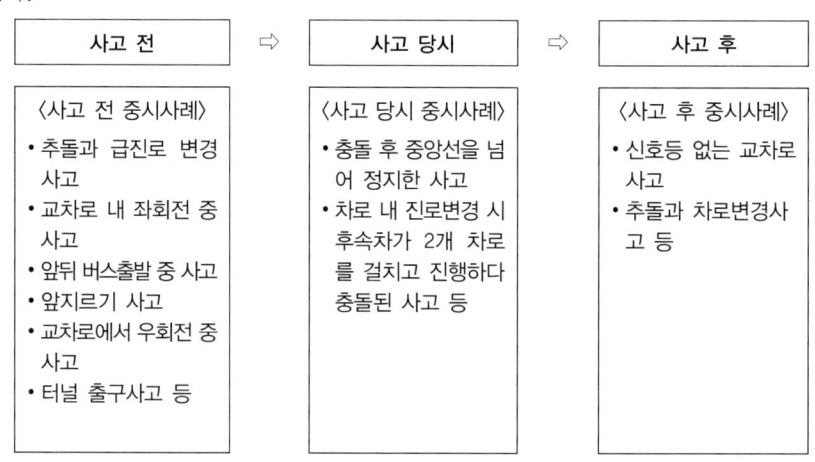

04 사고당사자 및 목격자 사고조사 7대 기본원칙 중요!

(1) 사고에 관해 무엇을 알고 있는지 단계별로 밝힌다.

(2) 선입관(편견) 없이 객관적이어야 한다.

(3) 긍정적인 사고와 질문으로 조사에 임해야 한다.

(4) 정확한 답변을 얻기 위하여 명확하고 특별하게 질문하여야 한다.

(5) 질문에 대한 답변에 관하여 논쟁하지 말아야 한다.

(6) 질문은 요령있게, 이해하기 쉽게, 부드럽게 하여야 한다.

(7) 사고에 적합하고 논리적으로 질문하여야 한다.

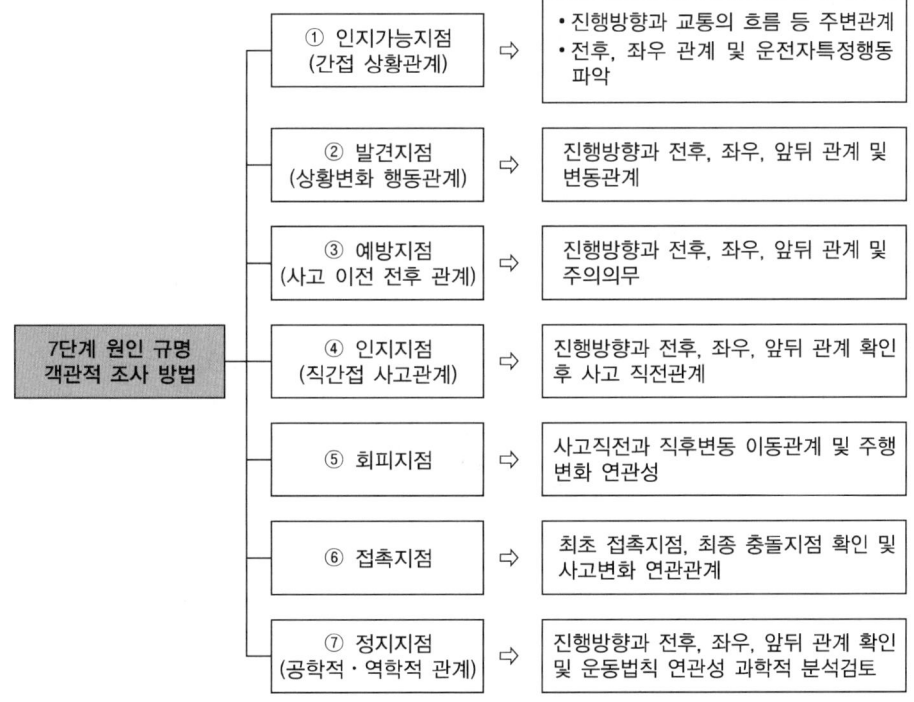

03 인체 상해도에 대한 이해

01 인체 손상 부위

(1) 신체부위 중요!

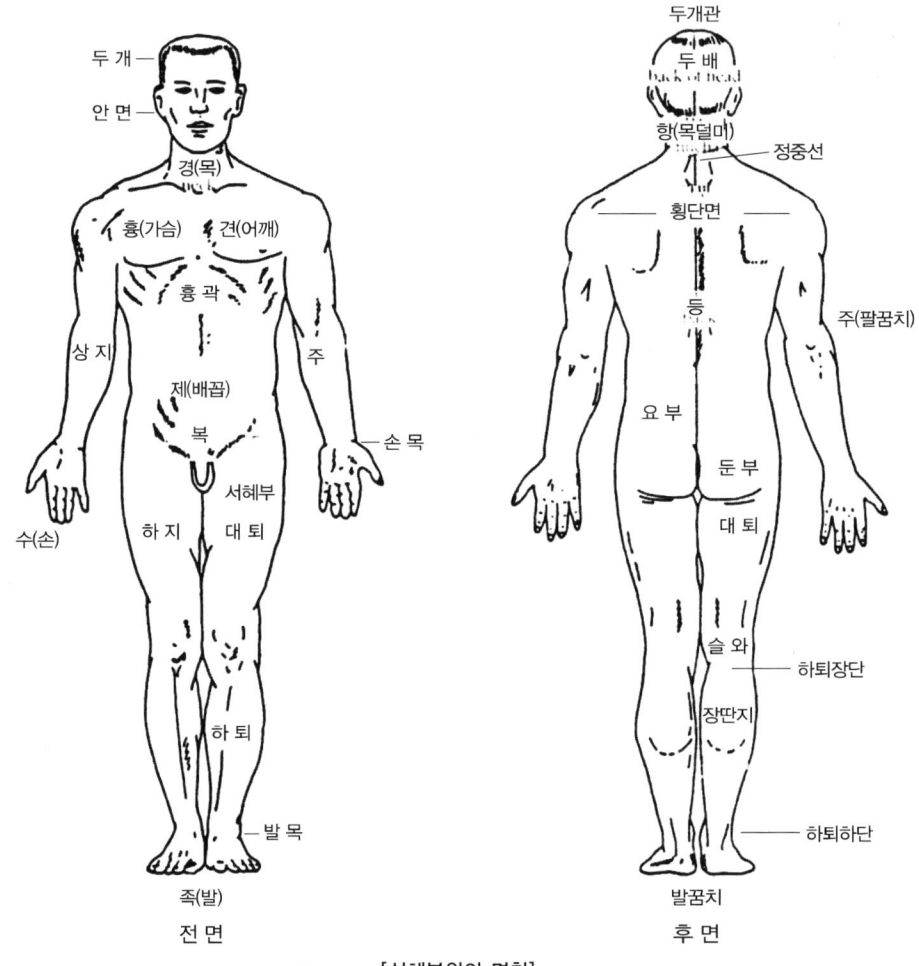

[신체부위의 명칭]

(2) 인체골격 중요!

① 인체가 특유한 형태를 이루고 있는 것은 내부에 다수의 뼈가 연결되어 골격을 형성하기 때문이며, 이 전체를 골격계(Skeletal System)라고 한다.
② 골격은 인체를 지지하고 있으며, 뇌 및 내장 기타의 기관을 보호하고, 수동적인 운동기관으로서 중요하다. 뼈는 어느 정도의 탄력성이 있는 딱딱한 구조물이나 생체에서는 활성이 뛰어나며 조혈기능과 칼슘 및 인산염 등의 대사에 큰 역할을 하는 조직이다.
③ 성인의 골격은 206개의 뼈로 되어 있고, 체간골격에는 척추 26개, 두개 22개, 설골 1개, 늑골 및 흉골 25개 등 74개로 구분되고, 체지골격에는 상지골 64개, 하지골 62개로 총 126개로 구성되고, 마지막으로 이소골에는 6개로 구분되어 있다.

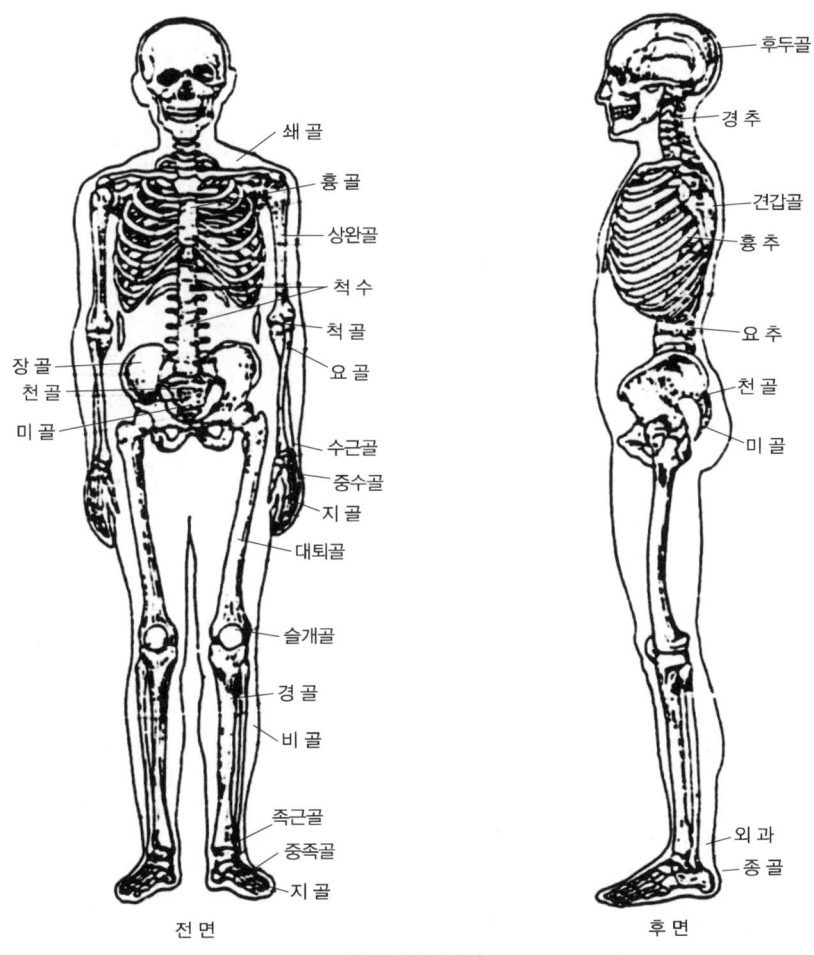

[인체골격 명칭]

02 손상 및 상해

(1) 손상 및 상해의 개념
① 손상 : 외부적인 원인(물리적 또는 화학적)이 인체에 작용하여 형태적 변화 또는 기능적인 장애를 초래한 것을 말한다.
② 상해 : 외부적 원인으로 건강상태를 해치고, 그 생리적 기능에 장애를 준 모든 가해 사실을 말한다.

(2) 손상의 형태학적 분류
① 개방성 손상 : 손상받은 결과로 피부의 연속성이 파괴되어 그 연속성이 단리된 상태의 손상을 말하며, 임상에서는 창이라는 어미를 갖는 손상명으로 표시된다.
② 비개방성 손상 : 피부의 연속성이 단리됨이 없이 피하에 손상받은 상태로, 임상에서는 상이라는 어미를 갖는 손상명으로 표시된다.

(3) 성상물체에 의한 분류
① 둔기에 의한 손상
② 예기에 의한 손상
③ 총기에 의한 손상
④ 폭발물에 의한 손상
⑤ 추락에 의한 손상
⑥ 교통사고에 의한 손상

03 둔기에 의한 손상

(1) 표피박탈
① 개 념
  ㉠ 둔체가 피부를 찰과·마찰·압박 및 타박하여 표피가 박리되고, 진피가 노출된 손상으로 진피까지 달하지 않은 것은 출혈이 없다.
  ㉡ 표피박탈은 반드시 물체가 작용한 면의 크기와 방향에 일치해서 생기는 것이 특징이다.
② 종류 : 작용된 흉기의 종류 및 작용기전에 따라 다음 4종으로 구분한다.
  ㉠ 찰과상(Abrasion)
    • 의의 : 표면이 거친 둔체가 찰과(단 1회)되기 때문에 야기되는 표피박탈로 자전거를 타고 가다 지면에 쓰러질 때 보는 표피박탈은 좋은 예이다.
    • 특징 : 물체가 작용하기 시작한 부위의 표피박탈은 점차 깊어지기 시작한 경사진 연변을 가지고 있으며 물체가 피부에서 떨어진 부위의 표피박탈은 박리된 표피가 판상을 이루고 있다.

ⓒ 마찰성 표피박탈(Friction Excoriation)
　　　　• 의의 : 둔체가 마찰(반복찰과)되기 때문에 야기되는 표피박탈이다.
　　　　• 특징 : 작용한 물체의 면이 거칠고 딱딱할 경우 선상의 표피박탈이 형성되며, 작용한 면이 부드럽고 연한 경우에는 각질층의 표피만이 박리된다. 또한, 강한 압박이 가해지면서 마찰된 경우에는 압박성 표피박탈의 성상을 지닌 표피박탈도 함께 보게 된다.
　　　ⓓ 압박성 표피박탈(Imprint Excoriation)
　　　　• 의의 : 피부가 둔체로 압박되어 야기되는 표피박탈로 교흔이 좋은 예이다.
　　　　• 특징 : 그 형태는 작용한 물체의 면과 일치되는 표피박탈이 형성된다. 예를 들어 역과시에 보는 자동차의 타이어흔을 들 수 있다.
　　　ⓔ 할퀴기(Scratch)
　　　　• 의의 : 첨단이 비교적 예리하고 가벼운 흉기, 예를 들어 손톱 등으로 할퀴어 야기되는 표피박탈을 말한다.
　　　　• 특징 : 손톱에 의하여 반월상의 표피박탈이 형성되며 긴 손톱의 경우는 꼬리가 긴 표피박탈이 형성되는 것이 특징이다.
　　③ 법의학적 의의
　　　ⓐ 표피박탈은 가피가 형성되었다가 7~10일 후에는 자연 탈락되기 때문에 임상적으로는 치료의 대상이 거의 되지 않는 손상이다.
　　　ⓑ 외력의 작용 시발점을 알 수 있다.
　　　ⓒ 외력의 작용 방향을 알 수 있다.
　　　ⓓ 성상물체의 작용면의 형상을 알 수 있다.
　　　ⓔ 사인을 설명해 준다(액사의 경우).
　　　ⓕ 가해자의 습관을 나타낸다(액사 때 왼손잡이의 경우는 이에 해당되는 액흔을 본다).
　　　ⓖ 표피박탈 내의 이물은 작용 흉기를 표시해 준다.

(2) 피하출혈
　① 개 념
　　　ⓐ 둔체가 작용한 경우 피부의 단리됨이 없이 피하에 야기된 출혈을 말하며, 일명 좌상(Contusion) 또는 타박상(Bruise)이라고도 한다.
　　　ⓑ 외상성으로 야기되는 경우가 가장 많으며 개인에 따라, 신체 부위에 따라, 연령(어린이와 노인은 혈관이 약하여 출혈되기 쉽다)에 따라 그 정도의 차가 있다.
　　　ⓒ 병적으로 괴혈병, 자반병 등에 있어서는 외상이 없어도 피하출혈을 본다.
　② 특 징
　　　ⓐ 형태 : 피하출혈은 그 크기에 따라 점상으로 출혈된 것을 점상출혈이라고 하며, 직경 약 1cm까지의 것을 일혈, 그 이상의 것을 일혈반(Ecchymosis)이라고 하며, 출혈량이 많아서 피부면이 융기할 정도의 것을 혈종이라고 한다.

ⓒ 발생 부위
- 피하출혈은 외력이 가해진 부위에 야기되는 것이 대부분의 경우이다.
- 외력이 가해진 양측 부위에 형성되는 경우도 있다. 즉, 일정한 폭을 지니고 중량이 가벼운 물체, 예를 들어 혁대·대나무자 또는 알루미늄관 등이 작용되면 표재성인 모세혈관만이 파열되어 출혈되며 이때 받은 압력 때문에 출혈된 혈액은 가해받은 양측에 밀리게 되어 피하출혈이 형성되는데, 이것을 중선출혈(Double Line Hemorrhage)이라고 한다.
- 때로는 외력이 가해진 부위와는 전혀 관계없는 다른 부위에서 출혈을 보는 경우도 있다. 피하조직이 치밀한 부위에서는 비록 출혈이 야기되어도 그 부위에 고일 수가 없어서 조직간격이 성근 부위로 이동하게 되는데 이러한 현상이 잘 일어나는 부위는 안와부·음낭 등이다.

ⓒ 빛깔의 변화 : 신선한 피하출혈은 암적색 또는 자청색을 나타내다가 시간이 경과됨에 따라 피부의 빛깔도 갈색, 녹색, 황색조를 띠다가 소실된다.

> **이해 더하기**
>
> **박피상(Avulsion), 데콜만(Decollement)**
> 좌상을 일으킬 수 있는 둔기가 사각을 이루거나 회전되면서 인체에 작용될 때 피부가 단열됨이 없이 피부의 피하조직이 박리되는 것을 박피상 또는 '데콜만'이라고 하며 사지가 역과될 때 자주 본다.

③ 법의학적 의의 : 피하출혈이 증명된다는 것은 생활반응이 양성이라는 의미이며 '그 손상은 생전에 이루어졌다'는 법의학적으로 매우 중요한 의의를 지니게 된다.

(3) 좌열창

① 개 념
  ㉠ 좌창과 열창이 혼합되어 있는 손상 또는 좌창과 열창의 명확한 구별이 곤란한 손상을 좌열창이라 한다.
  ㉡ 모든 둔기(돌·망치·삽·각목·주먹 등)가 작용한 부위, 작용각도 및 방향에 따라 이루어진 손상의 형태에는 차가 생긴다.

② 좌 창
  ㉠ 피부를 포함하는 연조직(근육)이 피해자의 골격과 작용한 둔체 사이에서 좌멸되어 야기되는 창을 말한다.
  ㉡ 체표면에 작용된 둔기가 골격의 방향으로 힘이 전도되는 경우, 피부 및 피하의 연조직은 강압 때문에 좌멸되는 것이다. 따라서 복벽과 같이 하층에 골격이 없거나 또는 둔부와 같이 하층에 골격이 있다 해도 근육과 피하조직이 많은 부분에서는 작용된 힘이 흡수되어 좌창이 형성되는 일은 거의 없다.
  ㉢ 좌창은 어느 정도 성상둔기의 형과 관계되며 많은 것은 성상형·분화구형을 보이며 창연 자체는 불규칙하고 분지를 지니는 것이 많으며 창각은 언제나 둔하며 2개 이상인 경우가 많다.

③ 열 창
- ㉠ 창을 야기시키는 성상둔기가 하나이거나 또는 두 개라 할지라도 그중 하나가 되는 인체 골격이 둔기작용 부위보다 먼 거리에 있는 경우 또는 많은 연조직이 있어 작용된 힘이 흡수되거나 작용된 둔체의 방향이 사각을 이루어 그 힘이 골격 방향으로 전달되지 않은 상태에서 피부가 과잉하게 견인되므로 그 탄력성의 한계를 넘으면 단열되는데, 이때 피부의 할선을 따라 단열되는 것을 열창이라 한다.
- ㉡ 열창은 언제나 창연이 피부의 할선과 일치, 즉 평행한 관계를 갖고 형성되는 것이다.

(4) 내장파열
① 신체에 강한 외력이 작용하였을 경우에 두개강 내, 흉강 내 혹은 복강 내의 장기가 손상을 입는 것을 말한다.
② 이때에는 둔력이 작용한 부위에 있는 장기가 파열될 뿐 아니라 때로는 다른 부위에 있는 장기가 파열하는 수도 있다.

(5) 골절(Fracture)
① 외력의 작용이 강하여 뼈가 부분적 또는 완전히 이단된 상태를 말한다.
② 외력이 크고 일시에 가해질 때는 외상성 골절, 만성적인 가압에 의할 때는 지속골절 또는 피로골절, 병적으로 조직이 침해되어 생기는 것은 병적 골절이라 한다. 골절은 장관골, 예를 들면 대퇴골이나 척골 등 외에 편평골, 두개골 등에도 일어난다.

(6) 두내강 내 손상(Intracranial Injury)
① 뇌진탕(Cerebral Concussion)
- ㉠ 뇌진탕은 머리에 비교적 광범위하게 심한 둔력이 작용했을 경우에 야기되는 대뇌의 기능 장애를 말한다.
- ㉡ 의식상실이 주징후이며 구토와 서맥(徐脈)이 따르고, 가장 큰 특징은 충격을 받은 후 즉시 나타나는 의식상실이다.
- ㉢ 중증일 경우 의식이 상실된 채로 회복되지 않고 사망하나 단순한 뇌진탕일 경우에는 대개는 의식상실 상태가 손상을 받은 직후에 야기되었다가 비교적 단시간 내에 회복되는 것이 특징이다.
② 뇌좌상(Cerebral Contusion)
- ㉠ 뇌좌상은 둔적외력에 의하여 두개강 내에서 뇌실질이 손상되는 것으로서 흔히 골절을 수반한다.
- ㉡ 뇌손상의 결과로서 그 부위에 따라 운동마비 또는 장애, 경련, 언어장애, 각 뇌신경장애, 정신작용의 장애 등 소위 대뇌의 탈락 현상을 초래한다.

ⓒ 뇌좌상은 뇌진탕, 뇌압증과 겹쳐서 오는 수가 많기 때문에 손상을 입은 초기에는 이것들의 감별이 곤란하나 시간이 경과함에 따라 용이해지고 뇌국소(腦局所) 증상이 있는 것, 고열이 지속되는 것, 요추천자(腰椎穿刺) 등으로써 감별할 수도 있다.

③ 뇌압증(Cerebral Compression)
ⓐ 머리 손상에 의해서 두개강 내에 이물이 침입되거나 혹은 두개강 내의 혈관이 파열되어 혈액이 두개강 내에 저류될 때, 외상 후 2차적으로 오는 뇌부종으로 뇌압박 증상이 발현된다.
ⓑ 그 증상은 두통, 구토, 유두부종(乳頭浮腫, Papill Edema)의 3대 증상이 오고, 이 외에 한쪽의 동공산대(散大), 의식장애, 호흡수 감소와 국소 증상이 나타난다.

04 예기로 인한 손상

(1) 절창(Incised Wounds)

① 개념
ⓐ 날을 지녔거나 또는 날에 비길 만한 예리한 연변을 지닌 흉기를 장축으로 당기거나 밀면 절창이 야기된다. 수술 시 가하는 절개가 전형적인 절창이다.
ⓑ 면도, 나이프 등은 물론이고 도자기, 유리 등의 파편의 예리한 가장자리, 예리하고 얇은 금속 등이 작용해도 절창이 형성된다.

② 특징 : 창연은 직선상으로 규칙적이며, 창각은 예리하고, 창저는 대체적으로 얕으며, 창면은 평활하고 가교상 조직이 없으며, 창강은 쐐기모양이며 이물이 없는 것이 통례이다.

③ 법의학적 의의
ⓐ 외견상 작은 절창이지만 부위에 따라서는 사인이 되는 경우가 있다.
ⓑ 사인이 되는 것은 절창을 통한 출혈로 인한 실혈, 공기전색, 흡인성 질식(출혈된 혈에 의한) 및 감염이다.
ⓒ 시체의 다른 부위에 절창 또는 자창이 있고 수장부에 절창이 있다면 이것은 방어손상(Defense Injury)으로 간주하여야 한다.
ⓓ 절창 중에서 법의학상 주요한 것은 목 부위의 절창이다. 목 부위의 대혈관이 절단되었을 때에는 실혈사를 일으키고, 목 정맥이 절단되었을 때에는 그 창구에서 공기가 흡인되어 공기전색을 일으켜 사망하는 수가 많다. 또 후두 혹은 기관이 짤리면, 혈액이 흡입되어 질식사하는 수가 있다. 미주신경이 한쪽만 짤리면 사망하는 일은 없으나 양측이 모두 손상을 받으면 성대문 폐색으로 인하여 질식사망한다.

(2) 자창(Stab Wounds)

① 개념 : 끝이 뾰족한 흉기의 장축이 인체 내에 자입되어 형성되는 것으로 그 종류에 따라 유첨무인기(송곳·바늘·못·나뭇가지·양산 끝 등), 유첨편인기(과도·식도 등의 칼 종류), 유첨양인기(양측에 날이 있는 칼 또는 비수 등)에 의하는 경우에는 각각 그 자창의 종류가 달라진다.

② 특징 : 창연의 길이보다 창면의 길이가 긴 것이 특징이며, 때로는 자출구가 있는 경우가 있다. 그러나 대부분은 자출구가 없는 경우가 많다.
  ㉠ 유첨무인기의 경우 : 자기의 단면이 원형인 경우에는 자입구는 방추형을 보이며 그 방추형의 장경은 피부할선과 평행한 방향으로 흐르게 된다. 단면이 3각추의 자기에 의하여 3방사선상, 4각추에 의하여 4방사선, 5각추에 의하여 별모양의 자입구가 형성된다.
  ㉡ 유첨편인기의 경우 : 날이 있는 측의 창각은 예각을 보이는 데 비하여 도배부에 의한 창각은 전자보다 둔한 창각을 이룬다. 또, 편인기에 의한 경우에는 인측의 창각이 두 개 형성되는 것이 통례이다. 그 이유는 자입 때 형성되고 자출 때 또 다른 창각을 형성하게 된다. 즉, 자기를 회전시키는 방향으로 휘두르면서 자입되었던 것을 자출하는 경우에는 인측 창각의 분기가 더욱 떨어져 마치 2회 자입한 것 같은 양상을 보인다.
  ㉢ 유첨양인기의 경우 : 양창각이 예각을 이루는 것이 특징이며 때로는 양창각에 분기된 창각을 지니는 경우가 있는데 이것은 자입, 자출 때 각각 형성되는 것이다.
  ㉣ 자기에 자루가 있는 경우 : 자기에 자루가 달린 경우에는 이에 해당되는 표피박탈을 창연 주위에서 보게 된다.
  ㉤ 실질장기의 자창 : 비록 피부의 자창으로 그 자기의 종류 판정이 곤란한 경우라 할지라도 간·신·연골 등은 피부와 같은 탄력성을 지니지 않았기 때문에 인측과 배측, 편인과 양인의 관계가 비교적 명료하게 감별될 수 있고 성상자기의 단면도 충실히 표현해 준다.
③ 법의학적 의의 : 자창은 외견상 비록 작은 창이나 심부장기조직이 손상되기 때문에 치명상이 되는 경우가 많다. 사인으로는 실혈·공기전색·흡인성 질식·양측 기흉 및 감염 등이다.

(3) 할창(Chop Wounds)
① 개념 : 날을 지녔고 비교적 중량이 있고 자루가 부착된 흉기, 예를 들어 도끼·손도끼·대검 등에 의하여 형성된다.
② 특 징
  ㉠ 절창과 좌열창의 중간성상을 보이는 것으로 창연은 비교적 규칙적이며, 그 주위에서 표피박탈을 보는데, 양창연의 표피박탈 폭을 재는 것은 흉기의 작용방향 및 각도를 결정하는 데 결정적인 근거가 된다.
  ㉡ 만일에 좌우창연 주위의 표피박탈 폭이 같으면 흉기는 창에 대하여 수직으로 작용한 것이며, 폭이 넓을수록 그쪽으로 더욱 더 경사진 것을 의미하는 것이다. 창면에는 가교상 조직이 없으며 대검에 의한 창은 절창과 유사한 성상을 보인다.
  ㉢ 중량 때문에 골절이 동반되는 경우가 많으며 심한 경우, 특히 수지 및 사지에서는 절단되기도 한다.
③ 법의학적 의의 : 두부의 할창이 사인으로 되는 것은 뇌의 손상을 동반하는 경우이며 그 외 부위에서는 실혈·감염 등이 사인으로 작용한다. 할창이 있는 시체는 타살체인 경우가 많다.

[인체 상해 조사표(1인 1매)]

발생일시		년도 월 일 시 분		발생장소			보고서번호	
차 종		상해자				보행자 여부	조사자	
성 명	(남·여)	연 령		신 장	cm	체 중 kg	조사일시	
	차량번호	좌석위치 번째 좌석(좌, 우, 중)				안전벨트		(착용, 미착용)
구 분	상해부위	상해부위의 진단명		너 비	폭	깊 이	추정가해물	

〈인체상해〉

〈골격상해〉

05 자동차보험에서 사용하는 AIS(표준간이 상해도)지표

(1) 표준간이 상해도의 개념
AIS코드는 자동차보험 의료비 통계분석 및 상해에 관한 조사 분석을 위해 1991년 미국 및 일본의 자동차사고 표준간이상해도(AIS코드)를 기초로 우리 실정에 맞게 수정한 것으로 우리나라의 경우 상해 정도를 5단계로 구분하여 두안부, 경부, 배요부, 흉부, 복부, 상지, 하지, 전신, 기타 9단계 상해부위와 좌상, 염좌, 창상, 인대파열, 골절 등 상해의 형태에 따라 구분한다.

(2) 상해도의 분류 중요!
① **상해도 1** : 상해가 가볍고 그 상해를 위한 특별한 대책이 필요 없는 것으로 **생명의 위험도가 1~10%인 것(경미)**
② **상해도 2** : 생명에 지장이 없으나 어느 정도 충분한 치료를 필요로 하는 것으로 **생명의 위험도가 11~30%인 것(경도)**
③ **상해도 3** : 생명의 위험은 적지만 상해 자체가 충분한 치료를 필요로 하는 것으로 **생명의 위험도가 31~70%인 것(중증도)**
④ **상해도 4** : 생명의 위험은 있으나 현재 의학적으로 적절한 치료가 이루어지면 구명의 가능성이 있는 것으로 **생명의 위험도가 71~90%인 것(고도)**
⑤ **상해도 5** : 의학적으로 치료의 범위를 넘어서 구명의 가능성이 불확실한 것으로 **생명의 위험도가 91~100%인 것(극도)**
⑥ **상해도 9** : 원인 및 증상을 자세히 알 수 없어서 분류가 불가능한 것(불명)

[AIS 상해코드]

AIS 기준	상해구분
1	Minor : 경상(輕傷)
2	Moderate : 중상(中傷)
3	Serious : 중상(重傷)
4	Severe : 중태
5	Critical : 빈사
6	• Maximum Injury : 최대부상 • Virtually Unsurvivable : 사실상 생존불능
9	Unknown : 불상(不詳)

06 자동차사고 시 인체손상

(1) 자동차에 의한 인체손상의 해석

① 자동차사고는 그 발생과정으로 보아 차량과 차량의 충돌, 차량과 다른 물체와의 충돌, 그리고 차량과 사람의 충돌 또는 역과 등으로 나눌 수 있으며, 이때 그 방향과 위치에 따라 세분할 수 있다.

② 제일 먼저 차체와 충돌되어 생긴 손상을 제1차 충돌손상(Primary Impact Injury)이라 하고, 제1차 충돌손상 후 신체가 차체에 부딪히거나 또는 땅에 쓰러져 생기는 손상을 제2차 충돌손상(Secondary Impact Injury)이라고 한다.

③ 피해자가 대지에 부딪히거나 차체에 충돌 후 공중에 날렸다가 대지에 떨어지는 손상을 제3차 충돌손상(Tertiary Impact Injury) 또는 전도손상(Overturn Injury)이라고 하며, 차량에 역과되어서 발생되는 손상을 역과손상(Runover Injury)이라고 한다.

(2) 보행자 손상

사륜차는 그 차종을 막론하고 대체적으로 일정한 외부 구조를 지녔으며, 손상 형성에 관여하는 부분인 외부로 돌출된 특정된 부분에 의해서 보행자의 특정한 부위에 국한된다는 것이 특징이라 하겠다. 즉, 차체의 범퍼, 보닛, 펜더, 백미러, 도어, 핸들, 라디오 안테나, 앞창유리에 의해서 충돌손상이 야기된다.

① 제1차 범퍼손상

㉠ 범퍼는 차종을 막론하고 차체의 최전방에 있기 때문에 사람과 충돌 시에는 보행자의 하지에 손상을 주게 된다. 트럭 또는 버스 등과 같은 대형차에 의해서는 대퇴부, 승용차와 보통 소형 화물차에 의해서는 하퇴의 상부에, 그리고 소형 승용차에 의해서는 하퇴의 하부에 각각 피하출혈, 표피박탈, 좌창 등의 손상을 보인다.

㉡ 범퍼손상은 대체로 좌상, 표피박탈, 좌열창, 박피손상, 심부근육내출혈, 심한 경우에는 골절과 연조직의 광범한 파괴 등과 때로는 골절단에 의한 천파상 등의 소견을 보인다.

㉢ 시속 50km 내외의 사륜차와 충돌 시 그 충돌이 피해자의 전방 또는 측방일 때 골절을 동반하지만, 후방으로부터의 충돌일 때는 골절은 거의 야기되지 않는다. 그러나 시속 100km 이상일 때는 후방에서의 충돌이라 할지라도 골절이 야기된다.

㉣ 골절은 주로 비골에서 많이 보는데, 골절은 충격이 가하여진 방향의 반대측으로 이동되며 심한 경우에는 열창이 형성된다. 따라서 범퍼손상 때 열창을 본다면 충격은 그 반대에서 가하여졌다는 것을 알 수 있다.

㉤ 배골절의 특징은 설상(Wedge Shape)을 보이며, 그 형성된 3각의 저면에 해당되는 부위가 충격이 가하여진 부위이며, 즉 저면에서 첨부로 향하는 힘에 의해서 골절이 야기된 것을 의미한다. 이런 골절을 Messerer씨 골절(Messerer's Fracture)이라고 한다.

㉥ 양하퇴의 측면에서 보는 충돌손상은 보행자가 보행 중 야기된 것을 의미한다.

Ⓢ 범퍼의 형상 및 높이는 차량 고유의 것이기 때문에 이것으로 야기되는 손상의 형상 및 족척으로부터의 거리는 차종 추정에 도움이 된다.
ⓞ 1차 충돌이 강한 때는 피해자의 경부가 후방으로 과신전되며, 경추골의 탈구 또는 골절, 즉 척추의 손상으로 사인이 되는 수가 있다.
ⓩ 어린이의 1차 충돌손상은 상반신 때로는 경부에서 보는 경우도 있다.

> **이해 더하기**
> 보닛(Bonnet)·프런트 라이트(Front Light) 및 펜더(Fender)에 의한 제1차 충돌손상의 특징
> - 보닛 및 펜더 전단은 대퇴상부에서 둔부, 요부 또는 하복부 높이에 해당되는데, 이런 부위는 외부는 연조직이 많고, 내부는 골이라는 경조직이 적기 때문에 외력흡수가 좋아 외표손상이 경한 것 같이 관찰되지만, 내부손상은 심하여, 심부근육의 단열, 고도의 출혈, 복강장기의 파열, 골반골 및 요추골의 골절을 보게 된다.
> - 프런트 라이트에 의한 손상은 윤상 또는 반월상의 피하출혈 또는 표피박탈을 보는 것이 특징이다.

② 제2차 충돌손상
  ㉠ 자동차의 제1차 충격부위는 대체로 성인의 무게중심보다 낮다. 따라서 충돌 부위의 고저의 영향을 받기는 하나 시속 40~50km 정도라면 보행자는 보닛 위로 떠올려져 보닛의 상면이나 전면 유리창 및 와이퍼 또는 후사경 등에 의하여 팔꿈치, 어깨와 두부를 비롯하여 흉부, 배부 및 안면부에 손상이 형성된다.
  ㉡ 표피박탈은 국소적인 것부터 광범한 것까지 다양하나 심부조직에는 거의 손상을 주지 않는 표재성인 것이 특징이다.
  ㉢ 차량의 속도가 시속 약 70km 이상 되면 차체의 상방보다는 측방으로 뜬 후 떨어지며 상방으로 뜨더라도 차량의 지붕이나 짐칸(Trunk) 또는 차량 뒤쪽의 지면에 직접 떨어진다. 따라서 제2차 충격손상이 없을 수도 있다. 반면 시속 약 3km 이하의 저속에서는 인체가 뜨기보다는 차량의 전면이나 측면으로 직접 전도되어 제2차 충격손상이 생기지 않는다.
  ㉣ 화물차나 버스와 같은 차종은 전면이 높고 수직이기 때문에 인체는 1차로 충격된 후 차량의 전면이나 측면으로 직접 전도되어 제2차 충격손상이 발생하지 않으며 역과되기 쉽다.
  ㉤ 소형차량에 의한 경우라도 어린이는 무게중심의 상방을 최초로 충격받기 때문에 어른이 화물차에 충격된 것과 같은 기전으로 이해하면 될 것이다. 그러나 강하게 급제동하였을 때는 소아라도 무게중심의 하방을 충격할 수도 있다.

③ 제3차 충돌손상 또는 전도손상
  ㉠ 보행자의 자동차사고에 있어서 전도손상은 반드시 형성된다. 즉, 충돌 후에는 어떤 경과를 취한다 할지라도 최후에는 지상에 전도되기 때문인 것으로 이때 지면과 부딪쳐 야기되는 손상을 제3차 충돌손상 또는 전도손상이라고 한다.
  ㉡ 전도손상이 많이 형성되는 부위는 두부, 안면, 견봉, 후주, 수배, 슬개, 족배 등의 신체의 돌출부 또는 노출부에 손상을 보는데, 이때 손상의 심한 정도는 차속도에 비례해서 심한 결과를 가져온다.

ⓒ 특징적인 것은 손상 내에서 토사 등의 이물을 보는 것이다. 그 후에 충돌차량 자체 또는 뒤에서 오던 차량에 의해 역과되는 경우가 있다.

④ **역과손상** : 지상에 전도된 후 충격을 가한 차량이나 제2, 제3차량에 의하여 역과될 수 있다. 역과손상은 **바퀴와 차량의 하부구조에 의한다.** 바퀴에 의하여 역과되었을 때, 항상 그렇지는 않으나 매우 심각한 손상이 일어난다. 즉, 바퀴와 접촉된 부분에는 바퀴흔을, 그 하방의 골격 또는 실질장기는 차량의 무게에 의한 손상을, 지면에 닿아 있는 반대편 피부에서는 지면과 마찰되어 생긴 손상을 본다. 어린이는 골격의 탄력성이 상당히 크기 때문에 골절이 일어나지 않을 수도 있다.

㉠ 바퀴흔
- 바퀴가 인체를 역과하면 차의 중량이 국소적으로 작용하여 바퀴의 모양이 체표면에 피하출혈 또는 표피박탈로 인상될 때가 있는데 이를 바퀴흔(Tire Mark)이라고 한다.
- 바퀴흔은 차량의 중량이 무거울수록 잘 생기며 가벼울 때에는 안 생기는 경우가 더 많다. 또한 체표면에서는 보지 못하나 의복에 형성될 수 있으므로 이에 대한 검토가 필요하다.
- 바퀴흔은 개시부와 종지부가 가장 심하며 개시부가 종지부보다 더 심하다.
- 바퀴의 모양은 기본적으로 Lug형, Rib형, Block형 및 이상의 혼합형(Rib-Lug형) 등 4형으로 크게 대별된다. 또한 같은 형이라도 사용하는 차량, 제조회사나 제조연도, 사용 정도 등에 따라 그 형태가 각양각색이므로 바퀴흔은 차량을 식별하는 데 큰 도움을 준다.
- 바퀴흔이 있으면 자를 대고 사진을 찍는 것은 물론 투명지를 대고 복사하여 두는 것이 좋다.

㉡ 장기손상(臟器損傷) 및 골절(骨折) : 역과 시는 인체가 차량의 무게를 받는 바퀴와 지면 사이에서 압착되어 두개골 파열 및 두부의 변형이나 평편화, 늑골의 골절 및 흉부장기의 파열, 복부장기의 파열 및 탈출, 사지골절과 같은 심각한 손상이 초래된다.

㉢ 박피손상(剝皮損傷)
- 박피손상(Avulsion)이란 사각(斜角)으로 작용하거나 회전하는 둔력에 의하여 피부와 피하조직이 하방의 근막과 박리되는 것을 말하며 개방성일 때는 박피창, 비개방성일 때는 박피상이라고도 한다.
- 손상은 자동차의 바퀴가 역과할 때 가장 흔히 일어난다. 사지, 특히 대퇴부에 잘 형성되며 두부나 복부 및 요부 등을 역과할 때에도 본다.
- 두부에서는 피부가 모상건막과 더불어 박리된다. 외표에서 바퀴흔을 보는 경우도 있으나 경미하거나 없을 수도 있다. 그러나 역과 외에 자동차에 의한 직접적인 충격이나 추락 시에도 나타나므로 역과의 진단적 소견은 되지 못한다.

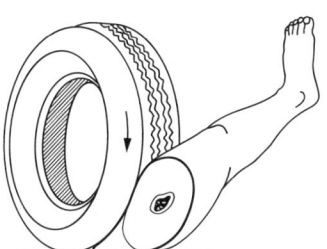
[박피손상의 발생기전(Ponsoid)]

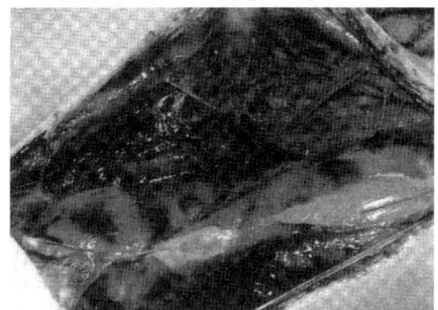
[역과에 의한 하지의 박피손상(절개 후)]

이해 더하기

이개(耳介)
이개부를 역과하면 이개는 바퀴의 회전력에 의하여 잡아당겨지므로 열창이 형성된다. 후방에서 전방으로 진행할 때는 이개의 전면에, 그 반대방향일 때는 후면에 열창이 일어난다.

ⓔ 신전손상(伸展損傷)
- 역과와 같은 거대한 외력이 작용하면 외력이 작용한 부위에서 떨어진 피부가 신전력에 의하여 피부할선을 따라 찢어지는데 이를 신전손상이라 한다.
- 신전손상은 대게 얇고 짧으며 서로 평행한 표피열창이 무리를 이루어 나타나고 외력이 더욱 거대하면 열창의 형태로 나타난다.
- 두부, 안면부 및 흉부를 역과하였을 때는 주로 전경부 및 겨드랑이에, 복부와 대퇴부를 역과하였을 때는 사타구니, 하복부, 드물게는 슬와부에 형성되며 다른 부위에서는 거의 보지 못한다.
- 신전손상은 역과에서 가장 많이 보나 차가 둔부쪽을 강하게 충격하면 반대편의 피부가 과신전되어 하복부 또는 사타구니에 생기는 경우도 드물지 않으며 속력이 더욱 빠르면 열창이 생길 수도 있다. 따라서 충격에 의한 것인지 또는 역과에 의한 것인지는 옷이나 인체에서 바퀴흔의 유무를 관찰하여 판별한다. 차 이외에도 무거운 물체에 압착되던지 또는 추락에서도 볼 수 있다.

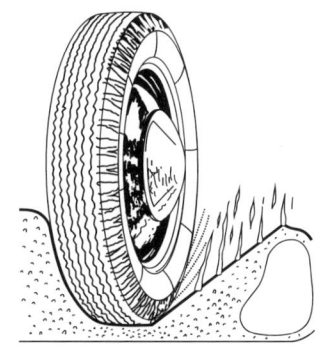
[신전손상의 발생기전]

(3) 탑승자(운전자 및 동승자) 손상

① 자동차 또는 오토바이(Motorcycle) 등의 손상
  ㉠ 이륜차의 사고일 때는 충돌흔이 자체 또는 앞바퀴에 형성되고 피해자에게는 제1차 충돌손상이 흉부(양측흉부) 및 복부에 형성된다.
  ㉡ 전도손상이 두부, 안면부 및 견갑부에 형성되고, 자전거, 이륜차사고 때 옆으로 쓰러져 생기는 손상으로 대퇴골에 골절을 보는 것이 특징이다.

② 삼륜차 또는 사륜차 사고 시는 운전자 손상
  ㉠ 주로 전흉복부 및 하지에 제1차 충돌손상이 형성되는 것이 특징인데, 이때 차의 작용면은 주로 핸들(Streeing Wheel & Column) 및 계기반(Dashboard)에 해당된다.
  ㉡ 제2차 충돌손상은 앞창유리(Windshield)에 의해 두부 및 안면부의 손상이 형성된다.

③ 핸들에 의한 손상
  ㉠ 특징은 전흉부에 윤상의 표피박탈 또는 좌상을 보는데, 겨울철과 같이 옷을 두텁게 입는 경우에는 외표손상이 전혀 없는 수도 있다.
  ㉡ 흉골 또는 늑골의 골절을 보이며 이로 인해서 심장 및 폐, 때로는 간 및 비장에 좌상에서 장기파열에까지 이르는 다양한 손상을 보게 된다.
  ㉢ 이때 보는 장기파열은 특정한 부위에서 자주 보는데, 심장의 경우는 우심방 후벽, 간의 경우에는 좌엽상연, 비장의 경우는 내측상연, 폐의 경우는 상하엽 내면에서 파열창을 많이 본다.

④ 경부의 손상
  ㉠ 차체가 전방 또는 후방에서 충돌될 때 잘 야기된다.
  ㉡ 경부의 지나친 신전 또는 굴곡 때문에 야기되는 것으로 제6 및 7경추골 높이에서 골절, 탈구 또는 출혈 및 연조직의 손상 등을 본다. 또 때로는 환추후두관절에 손상, 특히 탈구를 가져오기도 한다.

⑤ 편타손상(Whiplash Injury)
  ㉠ 체간부와 두부에 심한 전단현상이 일어나면 경부에는 과도한 신전과 굴곡이 전후로 일어나서 **마치 채찍질을 하여 마차가 갑자기 출발할 때처럼 두부가 전후로 과신전 및 굴곡되는데**, 이를 편타손상이라 한다.
  ㉡ 때로는 같은 기전에 의해서 야기되는 경추의 탈구·골절 및 척수손상과 같이 손상이 심한 것은 편타손상이라 하지 않고 단순한 경추의 염좌만을 협의로 편타손상이라고 하는 경우도 있다.

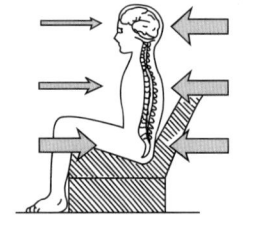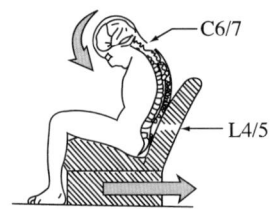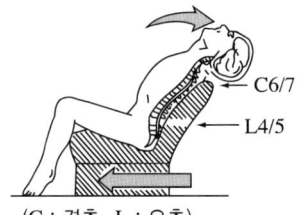

[편타손상의 발생기전]

⑥ 앞유리에 의한 손상
  ㉠ 안면·두부 및 경부에서 보는데, 최근에 와서는 안전유리가 개발되어 손상의 양상이 점차 달라지고 있다.
  ㉡ 안전유리(Safety Tempered Glass)를 사용한 경우에는 그 손상에 주사위 모양(Dicing Pattern)을 보이기 때문에 주사위 손상(Dicing Injury)이라고 한다.
⑦ 계기반에 의한 골절
  ㉠ 주로 대퇴골 하단에 설상의 골절을 보는 것이 특징인데, 이것은 좌위에서 슬개골 대퇴하단과 계기반 사이에서 골절이 야기되기 때문이다.
  ㉡ 그 외에 운전석에 있는 브레이크 또는 클러치 페달 등에 의해서 피해자의 하퇴 및 족관절부에 손상이 야기된다.
⑧ **동승자의 손상** : 동승자, 즉 승객의 손상은 핸들에 의한 손상 이외의 것은 운전자와 대동소이하다.

CHAPTER 02 적중예상문제

01 교통사고 발생에 대해서 운전자의 과실 정도를 특정하는 요인과 거리가 먼 것은?
① 기상조건, 노면조건, 일광조건
② 시계, 가변성 장애물, 섬광(눈부심)
③ 사고 당시 시간대에 운전자의 시설물 등의 인지상태
④ 충돌위치

해설 ④는 교통사고 당시의 상황 요인에 해당된다.
교통사고 당시의 상황 요인
• 사고차량의 속도(감·가속상태)
• 충돌위치
• 운전자의 위험인지 예상상태
• 핸들 조향 여부 등

02 다음 중 목격자 등의 조사에 관한 설명으로 옳지 않은 것은? ★★★
① 피해차의 상황(진로속도, 경음기 취명, 파괴상황, 충돌상황, 피해자구호상황 등)을 질문한다.
② 사고차량 및 탑승자의 최종 위치에 대하여 질문한다.
③ 사고 당시 목격자가 사고차량을 목격한 위치에 대하여 질문한다.
④ 사고차량의 충돌 후 최종 정지위치에 대하여 질문한다.

해설 ①은 가해차의 상황에 대한 질문이며, 피해차의 상황 질문은 진로, 자세, 휴대품, 전도지점, 방향, 부상상황 등이다.

03 교통사고 조사로부터 얻을 수 있는 운전자 및 보행자에 대한 정보가 아닌 것은?
  ① 사고경력이 많은 운전자
  ② 거주지별 운전자 운전형태
  ③ 차량사고와 관련된 인명피해 정도와 피해부위
  ④ 육체적 및 심리검사결과와 사고의 관계

> **해설** 교통사고분석으로부터 얻을 수 있는 정보

운전자 및 보행자	차량조건	도로조건 및 교통조건
• 사고경력이 많은 운전자 • 육체적 및 심리검사결과와 사고의 관계 • 연령별 사고발생률 • 거주지별 운전자 운전행태	• 차량손상의 심각도 • 차량특성과 사고발생의 관계 • 차량사고와 관련된 인명피해 정도, 피해부위	• 도로의 특성과 사고발생 및 심각도와의 관계 • 도로조건 변화의 효과 • 교통안전시설의 효과 • 교통운영방법, 차종구성비와 사고율의 관계

04 다음 중 사고조사자의 태도와 언행에 관련하여 올바른 것은?
  ① 조사자는 침착하고 냉정하고, 자신의 감정을 개입하지 않아야 한다.
  ② 조사자는 난폭하고 화를 내며 조사한다.
  ③ 조사자는 자신의 감정을 개입시켜 조사한다.
  ④ 조사자는 피해 당사자에게 유리한 쪽으로 조사하여 준다.

05 운전자가 위험을 인지하고 브레이크 페달을 밟아 브레이크가 듣기 시작하기까지 걸리는 시간을 무엇이라고 하는가?
  ① 지각반응시간
  ② 제동시간
  ③ 인지시간
  ④ 정지시간

> **해설** 지각반응시간은 운전자가 동작의 필요함을 인지한 시간으로부터 실제 동작에 옮길 때까지 걸리는 시간이다.

06 특정 사고의 사고유발 책임소재를 규명하는 데 사용하는 교통사고 분석방법은?
① 위험도분석
② 사고요인분석
③ 사고원인분석
④ 기본적인 사고통계 비교분석

해설 ③ 사고가 많은 지점 또는 특정한 사고에 대해서 그 원인을 분석하거나 규명하는 것은 미시적 분석방법이다.

07 지각반응시간 동안 주행한 거리를 무엇이라 하는가? ★★★★
① 지각거리
② 제동거리
③ 정지거리
④ 공주거리

08 다음 시각 중 얼굴과 눈을 정면으로 두었을 때 주위를 볼 수 있는 범위는?
① 색 약
② 시 야
③ 현혹회복력
④ 시 력

해설 시각에 대한 정리 - 시각(운전 시 필요한 정보의 80% 이상)
• 시력 - 교통표지판 인식에 어려움
• 야간시력 - 야간주행에 어려움
• 현혹회복력 - 눈부심
• 시야 - 주위를 볼 수 있는 범위
• 색약 - 신호등 파악

09 야간에 대향차의 불빛을 직접 받으면 한 순간에 시력을 잃게 되는데, 이것을 무슨 현상이라고 하는가?
① 증발현상
② 터널현상
③ 현혹현상
④ 자각현상

해설 **현혹현상**
교행차량의 전조 등 불빛에 의한 눈부심으로 교행 직후 거의 시력을 상실하는 현상

10 손상과 상해에 대한 설명으로 옳지 않은 것은?
① 손상이란 외부적인 원인(물리적 또는 화학적)이 인체에 작용하여 형태적 변화 또는 기능적인 장애를 초래한 것이다.
② 손상이란 외부적 원인으로 건강상태를 해치고, 그 생리적 기능에 장애를 준 모든 가해 사실이다.
③ 개방성 손상이란 손상받은 결과로 피부의 연속성이 파괴되어 그 연속성이 단리된 상태의 손상을 말한다.
④ 비개방성 손상이란 피부의 연속성이 단리됨이 없이 피하에 손상받은 상태이다.

해설 ②는 상해에 대한 설명이다.

11 표피박탈, 피하출혈, 좌창, 열창의 손상은 다음 중 어디에 속하는가?
① 둔기에 의한 손상
② 예기에 의한 손상
③ 총상에 의한 손상
④ 교통사고에 의한 손상

해설 표피박탈, 피하출혈, 좌창, 열창 외에 내장파열, 골절, 두내강 내 손상 등 모두 둔기에 의한 손상이다.

12 표피박탈에 대한 설명으로 옳지 않은 것은?
① 표피박탈은 반드시 물체가 작용한 면의 크기와 방향에 일치해서 생기는 것이 특징이다.
② 둔체가 피부를 찰과·마찰·압박 및 타박하여 표피가 박리되고, 진피가 노출된 손상으로 진피까지 달하지 않은 것은 출혈이 없다.
③ 종류는 찰과상, 마찰성 표피박탈, 압박성 표피박탈, 할퀴기의 4종으로 구분한다.
④ 표피박탈은 임상적으로 치료의 대상이 된다.

해설 ④ 표피박탈은 가피가 형성되었다가 7~10일 후에는 자연 탈락되기 때문에 임상적으로는 치료의 대상이 거의 되지 않는 손상이다.

13 피하출혈에 대한 설명으로 옳지 않은 것은?
① 둔체가 작용한 경우 피부의 단리됨이 없이 피하에 야기된 출혈을 말하며, 일명 좌상(Contusion) 또는 타박상(Bruise)이라고도 한다.
② 외상성으로 야기되는 경우가 가장 많으며 개인에 따라, 신체 부위에 따라, 연령(어린이와 노인은 혈관이 약하여 출혈되기 쉽다)에 따라 그 정도의 차가 있다.
③ 병적으로 괴혈병, 자반병 등에 있어서는 외상이 없어도 피하출혈을 본다.
④ 피하출혈은 그 크기에 따라 점상으로 출혈된 것을 점상출혈이라고 하며, 직경 약 1cm까지의 것을 일혈반(Ecchymosis)이라고 한다.

해설 ④ 피하출혈은 그 크기에 따라 점상으로 출혈된 것을 점상출혈이라고 하며, 직경 약 1cm까지의 것을 일혈, 그 이상의 것을 일혈반(Ecchymosis)이라고 하며, 출혈량이 많아서 피부면이 융기할 정도의 것을 혈종이라고 한다.

14 피하출혈에 대한 설명이 아닌 것은?
① 피하출혈이 증명된다는 것은 생활반응이 음성이라는 의미이다.
② 피하출혈은 외력이 가하여진 부위에 야기되는 것이 대부분의 경우이다.
③ 외력이 가하여진 부위와는 전혀 관계없는 다른 부위에서 출혈을 보는 경우도 있다.
④ 신선한 피하출혈은 암적색 또는 자청색을 나타내다가 시간이 경과됨에 따라 피부의 빛깔도 갈색, 녹색, 황색조를 띠다가 소실된다.

해설 ① 피하출혈이 증명된다는 것은 생활반응이 양성이라는 의미이며 그 손상은 생전에 이루어졌다는 법의학적으로 매우 중요한 의의를 지니게 된다.

15 좌열창에 대한 설명으로 옳지 않은 것은?

① 좌창과 열창이 혼합되어 있는 손상 또는 좌창과 열창의 명확한 구별이 곤란한 손상을 좌열창이라 한다.
② 좌창은 피부를 포함하는 연조직(근육)이 피해자의 골격과 작용한 둔체 사이에서 좌멸되어 야기되는 창을 말한다.
③ 좌창은 언제나 창연이 피부의 할선과 일치, 즉 평행한 관계를 갖고 형성된다.
④ 좌창은 어느 정도 성상둔기의 형과 관계되며 많은 것은 성상형·분화구형을 보이며 창연 자체는 불규칙하고 분지를 지니는 것이 많으며 창각은 언제나 둔하며 2개 이상인 경우가 많다.

해설 ③은 열창에 대한 설명이다.

16 두내강 내 손상(Intracranial Injury)에 대한 설명으로 옳지 않은 것은?

① 뇌진탕은 머리에 비교적 광범위하게 심한 둔력이 작용했을 경우에 야기되는 대뇌의 기능장애를 말한다.
② 뇌진탕의 증상은 두통, 구토, 유두부종(Papill Edema)의 3대 증상이 온다.
③ 뇌좌상은 둔적 외력에 의하여 두개강 내에서 뇌실질이 손상되는 것을 말하는 것으로서 흔히 골절을 수반한다.
④ 뇌압증은 머리 손상에 의해서 두개강 내에 이물이 침입되거나 혹은 두개강 내의 혈관이 파열되어 혈액이 두개강 내에 저류될 때, 외상 후 2차적으로 오는 뇌부종으로 뇌압박 증상이 발현된다.

해설 ②는 뇌압증의 증상이다. 이 외에 한쪽의 동공산대(散大), 의식장애, 호흡수 감소와 국소 증상이 나타난다.

17 다음 중 절창(Incised Wounds)에 대한 설명으로 거리가 먼 것은?

① 수술 시에 가하는 절개가 전형적인 절창이다.
② 면도, 나이프 등은 물론이고 도자기, 유리 등의 파편의 예리한 가장자리, 예리하고 얇은 금속 등이 작용해도 절창이 형성된다.
③ 절창 중에서 법의학상 주요한 것은 흉부의 절창이다.
④ 시체의 다른 부위에 절창 또는 자창이 있고 수장부에 절창이 있다면 이것은 방어손상(Defense Injury)으로 간주하여야 한다.

해설 절창 중에서 법의학상 주요한 것은 목 부위의 절창이다. 목 부위의 대혈관이 절단되었을 때에는 실혈사를 일으키고, 목 정맥이 절단되었을 때에는 그 창구에서 공기가 흡인되어 공기 전색을 일으켜 사망하는 수가 많다. 또 후두 혹은 기관이 잘리면, 혈액이 흡입되어 질식사하는 수가 있다. 미주신경이 한 쪽만 잘리면 사망하는 일은 없으나 양측이 모두 손상을 받으면 성대문 폐색으로 인하여 질식사망한다.

18 다음 중 자창(Stab Wounds)에 대한 설명으로 거리가 먼 것은?
① 끝이 뾰족한 흉기의 장축이 인체 내에 자입되어 형성되는 것이다.
② 종류에 따라 유첨무인기(송곳·바늘·못·나뭇가지·양산 끝 등), 유첨편인기(과도·식도 등의 칼 종류), 유첨양인기(양측에 날이 있는 칼 또는 비수 등)로 나뉜다.
③ 창연의 길이보다 창면의 길이가 짧은 것이 특징이며 때로는 자출구가 있는 경우가 있다.
④ 자창은 외견상 비록 작은 창이나 심부장기조직이 손상되기 때문에 치명상이 되는 경우가 많다. 사인으로는 실혈·공기전색·흡인성질식·양측기흉 및 감염 등이다.

해설 ③ 창연의 길이보다 창면의 길이가 긴 것이 특징이며 때로는 자출구가 있는 경우가 있다. 그러나 대부분은 자출구가 없는 경우가 많다.

19 다음 중 할창(Chop Wounds)에 대한 설명으로 거리가 먼 것은?
① 날을 지녔고 비교적 중량이 있으며 자루가 부착된 흉기, 예를 들어 도끼·손도끼·대검 등에 의하여 형성된다.
② 절창과 좌열창의 중간성상을 보이는 것으로 창연은 비교적 규칙적이다.
③ 두부의 할창이 사인으로 되는 것은 심장의 손상을 동반하는 경우이다.
④ 양창연의 표피박탈의 폭을 재는 것은 흉기의 작용방향 및 각도를 결정하는 데 결정적인 근거가 된다.

해설 **법의학적 의의**
두부의 할창이 사인으로 되는 것은 뇌의 손상을 동반하는 경우이며 그 외 부위에서는 실혈·감염 등이 사인으로 작용한다. 할창이 있는 시체는 타살체인 경우가 많다.

20 다음 중 자동차보험에서 사용하는 표준간이 상해도의 설명으로 옳지 않은 것은?
① AIS코드는 자동차보험 의료비 통계분석 및 상해에 관한 조사분석을 위해 1991년 미국 및 일본의 자동차사고 표준간이상해도(AIS코드)를 기초로 우리 실정에 맞게 수정한 것이다.
② 우리나라의 경우 상해 정도를 5단계로 구분하여 두안부, 경부, 배요부, 흉부, 복부, 상지, 하지, 전신, 기타 9단계 상해부위와 좌상, 염좌, 창상, 인대파열, 골절 등 상해형태에 따라 구분한다.
③ 상해도 1은 상해가 가볍고 그 상해를 위한 특별한 대책이 필요 없는 것으로 생명의 위험도가 1~10%인 것이다.
④ 상해도 2는 생명의 위험도가 31~70%인 것이다.

해설 상해도 2는 생명에 지장이 없으나 어느 정도 충분한 치료를 필요로 하는 것으로 생명의 위험도가 11~30%이다(경도).

21 다음 중 AIS의 설명으로 옳지 않은 것은?
① 상해도 3은 생명의 위험은 적지만 상해 자체가 충분한 치료를 필요로 하는 것으로 생명의 위험도가 31~70%인 것이다(중증도).
② 상해도 4는 상해에 의한 생명이 위험은 있으나 현재 의학적으로 적절한 치료가 이루어지면 구명의 가능성이 있는 것으로 생명의 위험도가 71~90%인 것이다(고도).
③ 상해도 5는 의학적으로 치료의 범위를 넘어서 구명의 가능성이 불확실한 것으로 생명의 위험도가 91~100%인 것이다(극도).
④ 상해도 9는 생명의 위험도가 전혀 없는 것이다.

해설 ④ 상해도 9는 원인 및 증상을 자세히 알 수 없어서 분류가 불가능한 것이다(불명).

22 다음 중 자동차에 의한 인체손상의 설명으로 옳지 않은 것은?
① 자동차사고는 그 발생과정으로 보아 차량과 차량의 충돌, 차량과 다른 물체와의 충돌, 그리고 차량과 사람의 충돌 또는 역과 등으로 나눌 수 있다.
② 차체와 충돌하여 생긴 손상을 제2차 충돌손상이라고 한다.
③ 피해자가 대지에 부딪히거나 차체에 충돌 후 공중에 날렸다가 대지에 떨어지는 손상을 제3차 충돌손상 또는 전도손상이라고 한다.
④ 차량에 역과되어서 발생되는 손상을 역과손상(Runover Injury)이라고 한다.

해설 ② 차체와 충돌되어 생긴 손상을 제1차 충돌손상이라 하고, 제1차 충돌손상 후 신체가 차체에 부딪히거나 또는 땅에 쓰러져 생기는 손상을 제2차 충돌손상이라고 한다.

23 다음 보행자 손상 중 제1차 범퍼손상의 설명으로 옳지 않은 것은?
① 범퍼는 사람과 충돌 시에는 보행자의 하지에 손상을 주게 된다.
② 트럭 또는 버스 등과 같은 대형차에 의해서는 하퇴의 상부에 손상을 보인다.
③ 시속 50km 내외의 사륜차와 충돌 시 피해자의 전방 또는 측방에서 충돌했을 때 골절을 동반한다.
④ 시속 50km 내외의 사륜차와 후방으로부터의 충돌일 때는 골절은 거의 야기되지 않는다. 그러나 시속 100km 이상일 때는 후방에서의 충돌이라 할지라도 골절이 야기된다.

해설 ② 트럭 또는 버스 등과 같은 대형차에 의해서는 대퇴부, 또 승용차와 보통 소형 화물차에 의해서는 하퇴의 상부에, 그리고 소형 승용차에 의해서는 하퇴의 하부에 각각 피하출혈, 표피박탈, 좌창 등의 손상을 보인다.

24 자동차에 의한 인체손상 중 제1차 범퍼손상의 설명으로 옳지 않은 것은?

① 골절은 주로 비골에서 많이 보는데, 골절은 충격이 가하여진 방향의 반대측으로 이동되며 심한 경우에는 열창이 형성된다.
② 범퍼손상 때 열창을 본다면 충격은 그 반대에서 가하여졌다는 것을 알 수 있다.
③ 범퍼의 형상 및 높이는 차량 고유의 것이기 때문에 이것으로 야기되는 손상의 형상 및 족척으로부터의 거리는 차종 추정에 도움이 된다.
④ 어린이의 1차 충돌손상은 하반신 때로는 경부가 후방으로 과신전된다.

해설 ④ 어린이의 1차 충돌손상은 상반신 때로는 경부에서 보는 경우도 있다.

25 자동차에 의한 인체손상 중 제2차 충돌손상의 설명으로 옳지 않은 것은?

① 범퍼, 보닛, 프런트 라이트 및 펜더 등은 충돌 후 보행자는 주로 흉부, 배부, 안면부 및 두부가 보닛(Bonnet) 상면 또는 앞창유리 및 와이퍼 등에 의해서 손상받게 되는데, 이것을 제2차 충돌손상이라 한다.
② 특징은 광범한 표피박탈을 보는 것이며 안면부 및 두부에 개방성 손상과 골절이 동반되는 수가 많으며 이것이 치명상이 되는 경우가 많다.
③ 고속으로 주행하던 차에 의한 충돌인 경우에 보행자는 차체의 상방보다 전방 또는 측면으로 던져지기 때문에 전도손상은 물론이고, 역과손상을 야기시킬 가능성이 많다.
④ 프런트 라이트에 의한 손상은 윤상 또는 반월상의 피하출혈 또는 표피박탈을 보는 것이 특징이다.

해설 ④ 프런트 라이트에 의한 제1차 충돌손상의 특징이다.

26 자동차에 의한 인체손상 중 제3차 충돌손상의 설명으로 옳지 않은 것은?

① 보행자의 자동차사고에 있어서 전도손상은 반드시 형성된다.
② 전도손상이 많이 형성되는 부위는 두부, 안면, 견봉, 후주, 수배, 슬개, 족배 등의 신체 돌출부 또는 노출부에 손상을 보는데, 이때 손상의 정도는 차속도에 비례해서 심한 결과를 가져온다.
③ 특징적인 것은 손상 내에서 토사 등의 이물을 보는 것이다. 그 후에 충돌차량 자체 또는 뒤에서 오던 차량에 의해 역과되는 경우가 있다.
④ 충돌 후에는 지상에 전도되기 때문인 것으로 이때 지면과 부딪쳐 야기되는 손상을 역과손상이라 한다.

해설 ④ 충돌 후에는 어떤 경과를 취한다 할지라도 최후에는 지상에 전도되기 때문인 것으로 이때 지면과 부딪쳐 야기되는 손상을 제3차 충돌손상 또는 전도손상이라 한다.

27 자동차에 의한 인체손상 중 역과손상의 설명으로 옳지 않은 것은?
① 보행자가 전도되면 노면에서 신체상을 통과하는 타이어에 의해 타이어문이 형성되는 특유한 역과손상을 보게 된다.
② 이 손상은 역과 개시부와 종지부에서 언제나 심한 것을 본다.
③ 타이어문은 트럭이나 버스에 사용되는 러그형, 승용차 또는 삼륜차에 사용되는 리브형, 승용차 또는 이륜차에 사용되는 블록형 및 이상의 혼합형의 4형으로 대별된다.
④ 신체를 역과할 때 문 중 구상부에 의해서도 표피박탈로 타이어문의 손상이 형성된다.

해설 ④ 신체를 역과할 때 문 중 구상부에 의해서도 피하출혈로 타이어문의 손상이 형성되고, 돌출부에 의해서는 표피박탈로 타이어문의 손상이 형성되며, 타이어 측면에 의해서는 돌출부에 해당되는 표피박탈이 형성된다.

28 다음 중 두부 역과손상의 특징으로 사실과 거리가 먼 것은?
① 두부는 좌우 어느 쪽이 상방을 향한 위치로 역과되는 경우가 많다.
② 속도의 고저를 막론하고 보통 승용차 이상의 차량에 의해서는 두개골의 전형적인 파열골절을 가져온다.
③ 이개부를 역과할 때는 이개가 박리(Avulsion)되는 수가 있는데, 후방에서 전방으로 향하는 차에 의한 것이라면 이개의 후연에서 열창을 보고, 만일 반대방향일 때는 이개의 전연에서 열창을 본다.
④ 역과 때 차륜은 회전작용에 의해서 분쇄하는 작용이 있는데, 특히 브레이크가 경부를 통과할 때 걸린다면 두부절단(Decapitation)을 초래하게 된다.

해설 ① 두부는 좌우 어느 쪽이 하방을 향한 위치로 역과되는 경우가 많다.

29 다음 중 흉부 역과손상의 특징에 대한 설명으로 사실과 거리가 먼 것은?
① 외표에는 노면에 의한 피하출혈·표피박탈 등의 손상이 형성된다.
② 흉곽은 탄력성이 풍부하고 또 착의로 보호되기 때문에 개방성 손상은 그리 많이 보지 못한다.
③ 소형 승용차 이상의 차량에 의한 역과 때는 심경색증과 유사한 임상소견을 보인다.
④ 대형 차량에 의해서는 1개 늑골에 전·측·후의 3개소 골절을 보는 경우가 많고, 이것 때문에 흉곽이 편평화된 것을 본다.

해설 ③ 소형 승용차 이상의 차량에 의한 역과 때는 늑골·흉골의 골절을 보인다.

30 다음 중 복부 역과손상의 특징에 대한 설명으로 사실과 거리가 먼 것은?
① 복부 역시 탄력성이 많은 부위이기 때문에 별다른 손상은 없다.
② 골반과 요추의 골절을 자주 본다.
③ 복벽이 단열되어 장기가 노출되는 경우 단열선은 항상 장골릉과 치골상연을 연결하는 부위에서 보인다.
④ 복부 역과 때 항문 또는 질부를 통하여 장기 또는 장이 탈출된다.

해설 ① 복부 역시 탄력성이 많은 부위이기 때문에 외표손상은 없거나 경함에도 불구하고 내장에는 고도의 손상이 야기되어 장, 간, 비장 등의 파열을 본다.

31 다음 중 사지 역과손상의 특징에 대한 설명으로 사실과 거리가 먼 것은?
① 사지는 근육과 골조직으로 구성되는 비교적 경한 부위이기 때문에 형성된 표피 박탈, 열창 등의 손상도 중증이다.
② 골에 가까운 근육의 좌멸과 출혈이 심한 경우가 많다.
③ 사지에 특유한 손상은 박피손상으로 표면을 타이어가 통과할 때 그 견인력과 마찰력에 의해 피부와 근막과의 결합이 단리되어 피부는 넓게 박리된다. 이때, 피부의 개방 여부에 따라 박피창 또는 박피상이라 불리게 된다.
④ 박피손상의 폭은 타이어의 크기와 일치된다.

해설 ④ 박피손상은 두부와 구간의 역과 때에도 보며, 그 손상의 폭은 타이어의 노면폭과 일치된다.

32 다음 중 신전손상의 특징에 대한 설명으로 사실과 거리가 먼 것은?
① 역과와 같은 거대한 외벽이 작용하면 외벽이 작용한 부위에서 떨어진 피부가 신전력에 의하여 피부할선을 따라 찢어지는데, 이를 신전손상이라 한다.
② 직접 외력이 작용한 부위보다 떨어진 피부가 고도로 신전되어 피부표면에 다수의 특이한 균열군이 형성되거나 또는 커다란 열창이 형성되는데 이것을 신전손상이라 한다.
③ 신전손상은 자동차사고 때 보는 특징적인 손상의 하나로 두껍고 긴 표피열창형태이다.
④ 주로 서혜부, 전경부, 하복부, 유부와 상완의 이행부, 슬와부에 국한해서 형성된다.

해설 신전손상은 피부 할선방향과 일치해서 평행하게 얇고 짧으며 서로 평행한 표피열창형태이다.

33 다음 중 운전자 및 동승자 등의 손상의 특징에 대한 설명으로 사실과 거리가 먼 것은?

① 이륜차의 사고일 때는 충돌흔이 자체 또는 앞바퀴에 형성되고 피해자에게는 제1차 충돌손상이 흉부(특히 양측흉부) 및 복부에 형성된다.
② 이륜차 사고일 때는 전도손상이 두부, 안면부 및 견갑부에 형성된다.
③ 사륜차 사고 시는 주로 전흉복부 및 하지에 제2차 충돌손상이 형성되는 것이 특징이다.
④ 사륜차 사고 시 제2차 충돌손상은 앞창유리에 의해 두부 및 안면부의 손상이 형성된다.

해설 ③ 사륜차 사고 시는 주로 전흉복부 및 하지에 제1차 충돌손상이 형성되는 것이 특징인데, 이때 차의 작용면은 주로 핸들 및 계기반에 해당된다.

34 운전자 및 동승자의 핸들에 의한 손상으로 옳지 않은 것은?

① 특징은 전흉부에 윤상의 표피박탈 또는 좌상을 보인다.
② 겨울철과 같이 옷을 두껍게 입는 경우에는 외표손상이 전혀 없는 수도 있다.
③ 흉골 또는 늑골의 골절을 보이며 이로 인해서 심장 및 폐, 때로는 간 및 비장에 좌상에서 장기파열에까지 이르는 다양한 손상을 보게 된다.
④ 장기파열은 특정한 부위에서 자주 보는데, 심장의 경우는 좌심방 후벽에서 많이 본다.

해설 ④ 장기파열은 특정한 부위에서 자주 보는데, 심장의 경우는 우심방 후벽, 간의 경우에는 좌엽상연, 비장의 경우는 내측 상연, 폐의 경우는 상하엽 내면에서 파열창을 많이 본다.

35 다음 중 편타손상(Whiplash Injury), 앞창유리에 의한 손상에 대한 설명으로 옳지 않은 것은?

★★★★

① 체간부와 두부의 심한 전단현상이 일어나면 경부는 과도한 신전과 굴곡이 전후로 일어나서 마치 채찍질을 하여 마차가 갑자기 출발할 때처럼 두부가 전후로 과신전 및 굴곡되는 것을 편타손상이라 한다.
② 때로는 같은 기전에 의하여서 야기되는 경추의 탈구·골절 및 척수손상과 같이 손상이 심한 것은 광의의 편타손상이라고 한다.
③ 안면·두부 및 경부에서 보는데, 최근에 와서는 안전유리가 개발되어 손상의 양상이 점차 달라지고 있다.
④ 안전유리를 사용한 경우에는 그 손상에 주사위 모양(Dicing Pattern)을 보이기 때문에 주사위 손상이라고 한다.

해설 ② 때로는 같은 기전에 의하여서 야기되는 경추의 탈구·골절 및 척수손상과 같이 손상이 심한 것은 편타손상이라 하지 않고 단순한 경추의 염좌만을 협의로 편타손상이라고 하는 경우도 있다.

36 자동차 충돌사고 시 탑승자의 부상원인에 해당하지 않는 것은?
① 전면유리에 의한 부상
② 안전벨트에 의한 부상
③ 역과부상
④ 편타부상

해설 탑승자의 부상원인으로서 전면유리에 의한 부상, 안전벨트, 편타부상 등이 있다. 역과부상은 운전자 및 탑승자가 노면에서 차량 타이어 바퀴에 깔린 부상을 말한다.

37 다음 중 피해자 의류, 신발의 흔적으로 알 수 있는 것은?
① 역과 사고 시 뺑소니사고에 단서도 활용될 수 있다.
② 충격 시 충격흔이 잘 검출된다.
③ 충격 시 동반한 압착흔, 장력에 의한 섬유올의 끊김 현상이 발생되지 않는다.
④ 보행자 손상부위에 추정할 수가 없다.

해설 피해자 의류, 신발흔적은 역과 사고 시에도 단서로 활용될 수 있다.

CHAPTER 03 차량조사

01 　차량 관련 용어의 이해

01 자동차의 개요

(1) 자동차의 개념

① **도로교통법** : 자동차라 함은 철길이나 가설된 선에 의하지 아니하고 원동기를 사용하여 운전되는 차(견인되는 자동차도 자동차의 일부로 본다)로서 '자동차관리법' 제3조의 규정에 의한 승용자동차, 승합자동차, 화물자동차, 특수자동차, 이륜자동차, '건설기계관리법' 제26조 제1항 단서의 규정에 의한 건설기계를 말한다. 단, 원동기장치자전거를 제외한다.

② **자동차관리법** : 자동차란 원동기에 의하여 육상에서 이동할 목적으로 제작한 용구 또는 이에 견인되어 육상에서 이동할 목적으로 제작한 용구를 말한다. 다만, 대통령령이 정하는 것을 제외한다.

③ **한국공업규격(KS)** : 자동차(Automobile)는 원동기와 조향장치를 구비하고 그것을 승차해서 지상을 주행할 수 있는 차량이라고 설명하고 있다. 따라서 궤도차량은 제외하지만 트롤리버스와 피견인차량인 트레일러는 포함하며, 다만, 2륜 자동차와 오토바이 및 스쿠터는 자동차라고 부르지 않는다.

④ **국제표준화기구(ISO)** : 자동차는 원동기를 갖추고 노상을 주행하는 차량으로서 4개 또는 2개 이상의 차륜을 가지며 궤도를 이용하지 않고 사람이나 화물을 운반, 견인하며 특수용도에 사용하는 차량으로 가선(架線)을 쓰는 트롤리버스와 차량 중량 400kg 이상의 3륜차는 포함된다.

(2) 자동차의 제원

제원(Specification)이란 자동차(또는 기계장치 등)에 관한 전반적인 치수, 무게, 기계적인 구조, 성능 등을 일정한 기준에 의거하여 수치로 나타낸 것을 말하며, 이 제원을 종합하여 기재한 것을 제원표라 한다. 제원은 국제표준규격(ISO), 미국자동차기술자협회규격(SAE) 또는 각국의 공업규격으로 그 기재 방법이 자세히 규정되어 있다.

① 치수의 정의

명 칭	정 의
전장(Overall Length)	부속물(범퍼, 후미등)을 포함한 최대 길이
전폭(Overall Width)	부속물을 포함한 최대 너비
전고(Overall Heigh)	최대 적재상태의 높이, 막대식 안테나는 가장 낮춘 상태
축거(Wheel Base)	앞뒤차축의 중심에서 중심까지의 거리 차축이 2개 이상일 경우는 각각 표시
윤거(Tread)	좌우타이어 접촉면의 중심에서 중심까지 거리로 복륜은 복륜 간격의 중심에서 중심까지의 거리
오버행(Overhang)	앞바퀴의 중심에서 범퍼, 후크 등을 포함한 앞부분까지의 거리를 앞오버행 뒷바퀴의 중심에서 범퍼 등을 포함한 뒷부분까지를 뒤오버행이라 한다. 견인장치, 범퍼 등을 포함한다.
앞오버행 각 (Front Overhang Angle or Approach Angle)	자동차 앞부분의 하단에서 앞바퀴의 타이어의 바깥 둘레에 그은 선과 지면이 이루는 최소각도
뒷오버행 각 (Rear Overhang Angle or Departure Angle)	자동차의 뒷부분 하단에서 뒷바퀴 타이어의 바깥 둘레에 그은 선과 지면이 이루는 최소각도
중심높이(Height of Gravitational Center)	접지면에서 자동차의 중심까지의 높이, 최대 적재 상태일 때는 명시
바닥높이 (Floor Height Loading Height)	접지면에서 바닥면의 특정 장소(버스의 승강구 위치 또는 트럭의 맨 뒷부분)까지의 높이
프레임 높이 (Height of Chassis Above Ground)	축거의 중앙에서 측정한 접지면에서 프레임 윗면까지의 높이, 차축이 3개 이상이면 앞차축과 맨 뒷차축의 중앙에서 측정
최저지상고 (Ground Clearance)	자동차의 중심면에서 수직한 연직면에 투영된 자동차의 윤곽에서 대칭으로 된 좌우 구간 사이에 있는 가장 낮은 부분과 접지면과의 높이. 브레이크 드럼의 아랫부분은 지상고 측정에서 제외
적하대 오프셋 (Rear Body Offset)	뒤차축의 중심과 적하대 바닥면의 중심과의 수평거리. 적하대의 중심이 뒤차축의 앞이면 플러스(+), 뒤면 마이너스(−)
램프각(Ramp Angle)	축거의 중심점을 포함한 차체 중심면과 수직면의 가장 낮은 점에서 앞바퀴와 뒷바퀴 타이어의 바깥 둘레에 그은 선이 이루는 각도로서, 차축이 3개 이상이면 최대 축거중심점에서 측정
조향각(Steering Angle)	자동차가 방향을 바꿀 때 조향 바퀴의 스핀들이 선회 이동하는 각도로 보통 최댓값으로 나타냄
최소회전반경 (Turning Radius)	자동차가 최대 조향각으로 저속회전할 때 바깥쪽 바퀴의 접지면 중심이 그리는 원의 반지름
등판능력	최대적재 상태에서 자동차가 변속 1단에서 올라갈 수 있는 최고의 경사각으로 보통 $\tan\theta$로 표시(%)
배기량	엔진의 크기를 나타내는 말로 실린더 용적(cm^3)을 뜻하며 보통 cc로 표기

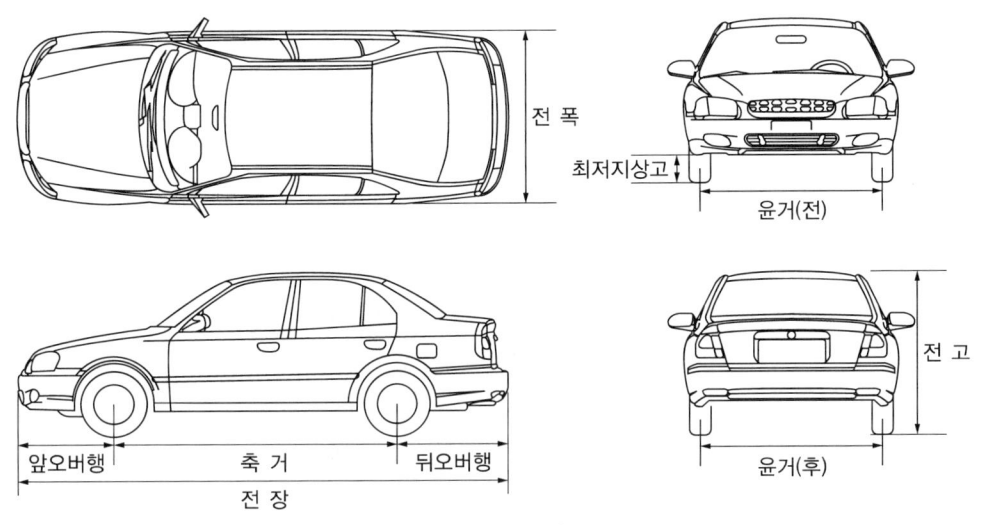

[자동차의 치수]

② 질량, 하중 제원
  ㉠ 공차중량(Complete Vehicle Weight ; CVW/Empty Vehicle Weight) : 자동차에 사람이나 짐을 싣지 않고 연료, 냉각수, 윤활유 등을 만재하고 운행에 필요한 기본장비(예비타이어, 예비부품, 공구 등은 제외)를 갖춘 상태의 차량중량을 말한다.
  ㉡ 최대적재량(Maximum Payload) : 적재를 허용하는 최대 하중으로 하대나 하실의 뒷면에 반드시 표시하여야 한다.
  ㉢ 차량총중량(Gross Vehicle Weight ; GVW) : 승차정원과 최대적재량 적재 시 그 자동차의 전체 중량으로, 예를 들면 차량공차중량 1,100kg, 승차정원 2명, 최대적재량 1,000kg의 트럭 차량 총중량은 '1,100 + (55 × 2) + 1,000 = 2,210kg'이 된다. 국내 안전기준에서 자동차의 총중량은 20톤(1축 10톤, 1륜 5톤)을 초과해서는 안 된다. 단, 화물자동차 및 특수자동차의 총중량은 40톤을 초과해서는 안 된다. 연결 시 중량은 트레일러를 연결한 경우 차량 총중량을 말한다.
  ㉣ 축하중(Axle Weight) : 차륜을 지나는 접지면에서 걸리는 각 차축당 하중으로 도로, 교량 등의 구조와 강도를 고려하여 도로를 주행하는 일반자동차에 정해진 한도를 최대축하중(Maximum Authorized Axle Weight)이라고 한다.
  ㉤ 승차정원(Riding Capacity) : 입석과 좌석을 구분하여 승차할 수 있는 최대인원수로 운전자를 포함한다. 좌석의 크기는 1명당 가로, 세로 400mm 이상이어야 하며 버스의 입석은 실내높이 1,800mm 이상의 장소에 바닥면적 $0.14m^2$에 1명(단, 12세 이하 어린이는 2/3명)으로 하고 정원 1명은 55kg으로 계산한다.

③ 성능 제원
  ㉠ 자동차 성능곡선(Performance Diagram) : 자동차 주행속도에 대한 구동력곡선, 주행저항곡선 및 각 변속에 있어서의 기관회전 속도를 하나의 선도로 표시한 것이다.

ⓛ 공기저항(Air Resistance) : 자동차가 주행하는 경우의 공기에 의한 저항으로 공기저항계수의 식은 다음과 같다.

$$R_a = kAV^2$$

- k : 공기저항계수
- A : 자동차 앞면 투영면적
- V : 공기에 대한 자동차의 상대속도

ⓒ 동력전달효율(Mechanical Efficiency of Power Transmission) : 엔진기관에서 발생한 에너지(동력)가 축출력과 클러치, 변속기, 감속기 등의 모든 동력전달장치를 통하여 구동륜에 전달되어 실사용되는 에너지(동력)의 비율을 말한다.

ⓔ 구동력(Driving Force) : 접지점에 있어서 자동차의 구동에 이용될 수 있는 기관으로부터의 힘을 말한다.

ⓜ 저항력(Resistance Force) : 주행저항에 상당하는 힘으로서 전차륜에 있어 힘의 총합을 말한다.

ⓗ 여유구동력(Excess Force) : 구동력과 저항력의 차로서 이 여유구동력은 가속력, 견인력, 등판력으로 나타난다.

ⓢ 등판능력(Gradability/Hill Climbing Ability) : 차량 총중량(최대적재)상태에서 건조된 포장노면에 정지하여 언덕길을 오를 수 있는 최대 능력으로 $\tan\theta$ 혹은 % 단위로 표시하여 지도상 $A \cdot B$지점 간의 직선거리가 1km이고 $A \cdot B$ 두 지점 간의 고도차가 480m(0.48km)이면 48%가 된다.

ⓞ 가속능력(Accelerating Ability) : 자동차가 평지주행에서 가속할 수 있는 최대 여유력으로서 발진가속능력은 자동차의 정지상태에서 변속 및 급가속으로 일정거리(200m, 400m)를 주행하는 소요시간을 말하며, 추월가속능력(Passing Ability)은 어느 속도에서 변속 없이 가속페달을 급가속하여 어느 속도까지 걸리는 시간을 말한다.

ⓩ 연료소비율(Rate of Fuel Consumption) : 자동차가 1kW(1.36마력)의 힘을 1시간 동안 낼 때 소모되는 연료량(g/kWh)을 말하며, 일정속도로 주행할 때의 정지연비율과 사용상황에 따른 주행모드(예 : 동경 10모드, LA 4모드, CVS75모드)의 시가지연비율로 표시된다. 우리나라의 시가지연비는 CVS75모드로 측정한다.

ⓒ 변속비(Transmission Gear Ratio) : 변속기의 입력축과 출력축의 회전수 비로서 주행상태에 따라 선택할 수 있다.

ⓚ 압축비(Compression Ratio) : 피스톤이 하사점에 있는 경우의 피스톤 상부용적과 피스톤의 상사점에 있는 경우의 피스톤 상부 용적과의 비율을 압축비라고 한다. 일반적으로 압축비가 높을수록 폭발압력이 높아 높은 출력과 큰 토크를 얻을 수 있지만 가솔린 엔진의 경우 지나치게 높아지면 혼합기가 타이밍에 관계없이 자연착화되어 노킹의 원인이 된다.

ⓣ 배기량(Displacement) : 엔진의 크기를 나타내는 가장 일반적인 척도로 엔진이 어느 정도 혼합기를 흡입하고 배출하는가를 용적으로 나타내는 것이다.

$$1기통배기량(cc) = \pi/4 \times (내경)^2 \times 행정$$
$$엔진\ 총배기량 = 1기통\ 배기량 \times 실린더\ 수$$

ⓟ 최대출력(Maximum Power)
- 엔진의 힘을 나타내는 가장 일반적인 척도로 엔진이 행할 수 있는 최대 일의 능률을 말한다. 보통 마력/ps, 즉 '말의 힘'으로 경험적으로 말 한 마리의 힘을 나타내는데 1마력이란 75kg의 물체를 1초 동안에 1m 움직일 수 있는 힘을 말한다.
- 출력은 대부분 회전력(Torque)과 속도(회전수)를 결합한 능률을 나타내는 척도로 회전수를 병기하는 경우가 많다. 예를 들어 120ps/6,000rpm이라면 매분 6,000회전을 할 때 출력이 최고에 달하며 그때 출력이 120ps라는 의미이다.
- rpm은 1분간 몇 회전하는가를 표시하는 단위로 1분간 엔진의 회전수를 말한다. 4행정 엔진의 경우 2번 회전에 1회 팽창하므로 1분 동안 개별 실린더에서 1,500회 팽창이 발생, 피스톤의 왕복운동이 있었다면 이때 rpm은 3,000(1,500×2)이 된다.

ⓗ 토크(Torque/rpm) : 일반적으로 누르고 당기는 힘을 단순히 힘이라고 말하지만 이것에 대해 회전하려고 하는 힘을 토크라고 한다. 단위는 N·m으로 하나의 수평축으로부터 직각 1m 길이의 팔을 수평으로 하여 끝부분에 1N의 힘을 가할 때 축에서 생기는 것이 1N·m이다. 토크는 자동차의 성능 가운데 견인력, 등판력, 경제성을 좌우하는 요소가 된다.

(3) 자동차의 주요구성 중요!

자동차는 복잡한 구조로 되어 있지만 크게 나누면 차체(Body)와 섀시(Chassiss)로 되어 있다.

① 차체(Body) : 차체는 섀시의 프레임 위에 설치되거나 현가장치에 직접 연결되어 사람이나 화물을 적재수용하는 부분이며 프레임과 별도로 된 것과 프레임과 차체가 일체로 된 것이 있다. 우리가 차를 볼 때 보게 되는 차의 모양을 이루는 것을 차체라고 보면 된다.

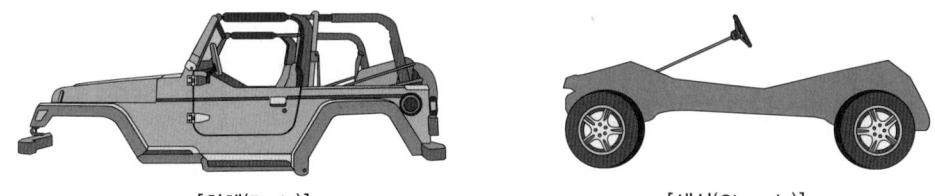

[차체(Body)]　　　　　　　　[섀시(Chassis)]

② 섀시(Chassiss) : 섀시는 자동차에서 차체를 떼어낸 나머지 부분의 총칭이며 대개 다음의 부품과 장치로 되어 있다.

㉠ 프레임(Frame) : 자동차의 뼈대가 되는 부분이며 여기에 기관동력 전달장치 등의 섀시부품과 차체가 설치된다.

ⓒ 엔진(Engine) : 자동차를 구동시키기 위한 동력을 발생시키는 장치이다. 실린더 블록 등 기관 주요부를 비롯하여 밸브장치, 윤활장치, 냉각장치, 연료장치, 점화장치 등의 여러 장치로 구성되어 있다.

ⓒ 동력전달장치(Power Transmission System, Power Train) : 엔진의 동력(출력)을 구동바퀴까지 전달하는 여러 구성부품의 총칭이며 클러치, 변속기, 드라이브라인, 종감속기어, 차종기어장치, 구동차축 및 구동바퀴 등으로 되어 있다.

ⓔ 현가장치(Suspension System) : 차축을 현가스프링으로 연결하는 장치이며 노면에서의 충격을 완충하여 차체나 기관에 직접 전달되는 것을 방지한다. 현가장치는 현가스프링, 쇼크업소버 등의 주요부품으로 구성되어 있으며 차축형식에 따라 일체현가식(Solid Suspension, Convensional Suspension)과 독립현가식(Independent Suspension) 등이 있다.

ⓜ 조향장치(Steering System) : 자동차의 주행방향을 바꾸기 위한 장치이며 조향 휠, 조향 기어 상자, 피트먼 암, 드래그링크, 타이로드, 조향너클 등으로 되어 있다. 조향장치에는 수동식(Manual Steering System)과 동력식(Power Steering System)이 있으며 선회반경이 되도록 작고 고속주행에서 차량의 선회가 안정하게 되어야 하며 또한 조향조작이 가볍게 되고 자유로워야 한다.

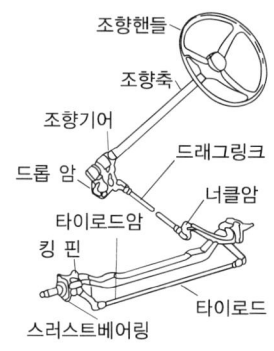

[수동식 조향장치]

ⓗ 제동장치(Brake System) : 주행 중인 자동차의 속도를 낮추고 정차시키거나 정차 중인 차량의 자유이동을 방지하는 장치이다. 풋브레이크(Foot Brake)와 핸드브레이크가 있으며, 핸드 브레이크는 마스터 실린더, 휠 실린더, 브레이크 드럼(또는 디스크), 브레이크 슈, 브레이크 파이프 등으로 되어 있다. 이 밖에 전기장치, 공조장치, 안전장치, 내외장품 등 운전자들의 편의를 위한 장치들이 있다.

(4) 자동차의 조향

① 애커먼 장토 방식(Ackerman-Jean Toud Type) 조향 : 애커먼 장토 방식 조향이론은 영국의 애커먼이 특허를 얻고, 다시 1878년 프랑스의 장토에 의하여 개량된 스티어링 기구의 조향이론이며 애커먼 장토식(Ackerman-Jean Toud Type)은 현재의 모든 자동차에 이용되고 있는 것으로 조향너클의 연장선이 뒤차축의 중심에서 만나게 하면 선회 시 안쪽바퀴의 조향각이 더 크게 되어 뒤차축의 연장선상의 한점에서 모든 바퀴가 동심원을 그리게 되는 원리이다.

② 최소 회전반경
   ㉠ 차량이 정지상태에서 조향핸들을 어느 방향으로 최대한 조향 시 그려지는 바퀴 중 동심원이 가장 멀리 있는 외측바퀴가 그리는 동심원의 반경을 말하며, 조향하여 진행할 때 선회중심점 (후륜축 연장선상에 위치)에서 선회외측 앞바퀴까지의 거리를 말한다.
   ㉡ 차량의 최소회전 반지름은 회전중심점 O에서 선회전측 앞바퀴인 좌측 앞바퀴 중심선까지의 거리이다.

   $$R = \frac{L}{\sin\alpha} + r$$

   - R : 최소회전반경
   - L : 축거(m)
   - α : 외측 차륜의 최대 조향각(S_2)
   - r : 킹핀과 타이어 중심 간의 거리(m)

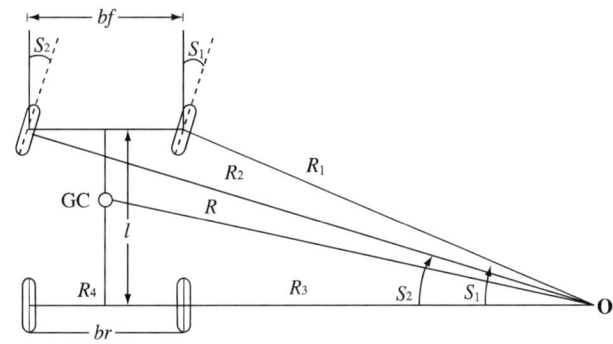

③ 내륜차
   ㉠ 대형차량 관련 사고 중 일부 사고는 차량의 내륜차 특성 때문에 발생되는 사고가 나타나고 있다. 이때, 차량의 선회 시 선회특성을 알게 되면 사고발생을 줄일 수 있을 것이다.
   ㉡ 내륜차 특성은 선회내측 앞바퀴와 뒷바퀴의 진행궤적이 다르게 나타나는 현상으로 선회내측 앞바퀴의 진행궤적보다 뒷바퀴의 진행궤적이 더 선회 안쪽으로 진행하게 되는 특성에서 기인한 것이다. 즉, ②의 최소 회전반경 그림에서 차량의 우측 앞바퀴 R_1과 좌측 뒷바퀴 R_3와의 반경값 차이로 볼 수 있다.

④ 회전 궤적차
   ㉠ 세미트레일러 또는 트랙터-트레일러 차량이 곡선부 또는 램프를 회전할 경우 바깥쪽 트랙터 타이어에 의한 궤적과 안쪽 트레일러 타이어 혹은 안쪽 트랙터 타이어에 의한 궤적차가 많이 발생한다.
   ㉡ 이때, 회전 궤적차는 전륜축 중앙이 회전하는 궤적반경과 후륜축 중앙이 회전하는 궤적반경과의 차이이다.

⑤ **조향각** : 보통 승용차의 내부 조향휠의 회전량은 차종마다 약간 차이가 있지만 보통 좌측 또는 우측으로 각각 540°(신형 스포츠카는 약 450°)에서 약 630°에 이르고 이에 따른 선회 외측 전륜의 조향각은 약 30°조금 넘고 내측 전륜의 조향각은 약 40°에 이르며 대형트럭이나 버스로 갈수록 조향휠의 회전량은 매우 커서 좌로 3회전(1,080°), 우로 3회전(1,080°)된다.

02 엔진장치

(1) 엔진의 작동원리

현재 가솔린 엔진의 대부분은 흡입-압축-폭발-배기의 4행정 방식으로 작동되어 동력을 얻으며, 작동 원리는 운동, 작동, 연료 공급방식과 실린더 수 및 배열에 따라 구분된다.

① 운동방식
  ㉠ 왕복 엔진 : 피스톤을 이용한 일반적인 엔진
  ㉡ 로터리 엔진 : 3각형의 로터가 한 바퀴 도는 사이에 3번 연소가 일어나며, 밸브가 없어서 구조가 간단하고 부품의 수가 적은 이점이 있으나, 연료와 오일 소모에서 레시프로 엔진 수준에는 미치지 못함

② 작동방식
  ㉠ 4행정 사이클 엔진 : 피스톤이 4행정(흡입-압축-폭발-배기)으로 이루어진 엔진, 즉 1사이클에 크랭크축 2회전하는 엔진
  ㉡ 2행정 사이클 엔진 : 흡입-압축-폭발-배기를 크랭크축 1회전하는 동안 이루어진 엔진

③ 연료공급방식
  ㉠ 가솔린 엔진 : 연료와 공기가 혼합된 혼합가스의 폭발력에 의하여 동력을 발생하는 엔진
  ㉡ 디젤 엔진 : 엔진 실린더 내에 공기만을 흡입하여 피스톤으로 고압축하면 흡입된 공기가 고온(500~700℃)이 된 상태에서 경유를 분사하여 자연착화로 폭발하게 하여 동력을 발생시키는 엔진
  ㉢ LPG 엔진 : LPG를 주연료로 가스용기(고압 탱크) → 여과기 → 솔레노이드 밸브 → 가스조정기 → 혼합기 → 실린더 등의 연료공급 순서로 동력을 발생시키는 엔진

④ 실린더 및 배열방식
  ㉠ 실린더수 : 단기통, 다기통
  ㉡ 실린더 배열 : 일반적으로 널리 이용되는 직렬형, 특수용 버스 등에 이용되는 수평 대향형, 그랜저 등 고급차종에 이용되는 V형, 프로펠러 형식의 경비행기에 이용되는 성(星)형 등이 있다.

(2) 엔진의 구조

보통 기본적인 구조로 엔진 본체에는 크게 실린더 헤드, 실린더 블록, 크랭크케이스의 3부분으로 구분된다.

① 실린더 헤드
  ㉠ 흡기, 배기 밸브 및 다기관이 설치되어 있다.
  ㉡ 압축된 혼합기를 연소시키는 연소실, 고압을 방전하는 점화플러그가 있다.
  ㉢ 수랭식 엔진에는 냉각수를 흐르게 하는 물통로가 있고, 공랭식 엔진에는 냉각핀을 설치하고 있다.

② 실린더 블록
　㉠ 실린더 4~6개를 일체로 주조한 블록이다.
　㉡ 블록 위에 실린더 헤드를, 밑에는 엔진오일을 저장하는 오일팬이 설치되며, 피스톤과 크랭크축이 설치된다.
③ 크랭크케이스
　㉠ 상부는 실린더 블록과 일체로 되어 있다.
　㉡ 하부는 강판이나 경금속으로 만든 오일팬이 개스킷을 사이에 두고 설치된다.
　㉢ 한쪽 면을 깊게 하여 엔진이 기울어져도 엔진오일이 충분히 고여있도록 되어 있다.

03 윤활장치

엔진 내부의 각 마찰부에 오일을 공급하여 기계마멸방지 청정, 기밀, 냉각, 방청 및 응력의 분산 등의 역할을 할 수 있게 하여 엔진의 작동을 원활하게 하는 장치이다. 엔진 밑에 설치된 오일팬에 고여있는 엔진오일이 오일펌프에 의해 흡입되어 엔진오일 필터를 지나면서 불순물이 제거된 후 각 윤활계통으로 보내진다.

(1) 윤활장치의 구성
① 오일펌프 : 오일팬 내의 오일을 엔진 각 작동부에 압송시키는 역할
② 유압조정기 : 공급되는 엔진오일을 일정한 압력으로 유지시키는 역할
③ 오일클리너(여과기) : 오일 중의 금속분말이나 이물질을 청정, 여과하여 주는 역할
④ 오일팬 : 엔진 내에 공급되는 엔진오일을 저장하는 곳

(2) 윤활유의 기능
① 냉각작용 : 엔진 각 부의 관계운동과 마찰열에 의해 발생한 열을 흡수하여 다른 곳으로 방열하는 작용을 한다. 냉각작용이 정상적이지 못하면 윤활유가 국부적으로 고온이 되어 녹아 붙게 된다.
② 세척작용 : 엔진 내부에서 생긴 마멸된 금속분말 또는 연소생성물 등의 불순물을 제거하여 엔진 내부를 깨끗하게 세척한다.
③ 충격완화 및 소음방지 : 엔진의 모든 운동부에서의 충격을 흡수하고 마찰 등의 소음을 감소시키는 작용을 한다.
④ 마찰감소와 마멸방지 : 엔진 내부의 각 회전 부분, 미끄럼 운동 부분의 완전윤활을 유지하고 강인한 유막을 형성하여 섭동 부분의 표면마찰을 작게 하여 마멸을 감소시키는 역할을 한다.
⑤ 방청작용 : 엔진 내부의 금속 부분 산화 및 부식 등을 방지하여 금속부를 보존하고 윤활제는 수분이나 부식성 가스가 윤활면에 침투하는 것을 방지한다.

(3) 엔진오일(윤활유)의 점검

① 점검요령
- ㉠ 운행 전 엔진을 정지시키고 평탄한 곳에서 점검한다.
- ㉡ 오일레벨 게이지의 L과 F자 표시문자 사이에서 엔진오일이 F문자 밑까지 표시되면 적당하다. 오일의 색과 양, 점도 등을 점검해야 한다.

② 유압 경고등(오일 워닝램프) : 자동차가 주행 중 또는 엔진 시동 시에 엔진 내의 윤활유가 양호하면 램프는 꺼지게 되며, 불량하면 점등되어 엔진을 보호하게 한다.

③ 오일교환
- ㉠ 최초 처음 교환은 1,000~1,500km 주행 시에, 다음 교환은 3,000~5,000km 주행 시에 교환하도록 한다. 특히, 겨울철에는 점도가 낮은 SAE 10W 오일을, 여름철에는 점도가 높은 SAE 40번 오일을 사용하도록 한다(W ; Winter).
  ※ SAE(Society of Automotive Engineer) : 미국자동차기술학회
- ㉡ 오일여과기도 동시에 교환하도록 한다.

④ 엔진오일량이 부족하면 엔진 내의 크랭크 핀과 저널 등 기계기구 각 부가 마멸되므로 엔진오일을 보충해야 한다.

⑤ 엔진오일에 냉각수가 유입되면, 우윳빛을 띠게 되어 사용할 수 없게 된다. 또한 엔진 밑에서 검은색 오일이 떨어지는 것은 엔진오일 누수현상이다.

04 전자제어 연료분사 장치의 개요

전자제어 연료분사 장치는 기관의 회전속도와 흡입 공기량, 흡입 공기 온도, 냉각수 온도, 대기압, 스로틀 밸브의 개도량 등의 상태를 각종 센서에 의해서 입력되는 신호를 기준으로 하여 인젝터에서 연료를 분사시킨다. 연료의 분사량을 컴퓨터에 의해 제어하기 때문에 기관의 운전 조건에 가장 적합한 혼합기가 공급되는 전자 연료분사 장치는 다음과 같이 크게 3가지 계통으로 구성된다.

즉, 연소실에 공기를 공급하는 흡입계통, 연료를 공급하는 연료계통 그리고 연료 분사량을 제어하는 제어계통으로 나눌 수 있다. 이 방식은 종전 자동차에 사용하던 기화기식에 비해서 다음과 같은 특징을 가지고 있다. 감속 시에 일시적으로 연료의 차단이 가능하기 때문에 희박한 혼합기를 공급하여 배기가스의 유해 성분이 감소되고 연료 소비율이 향상된다. 또한 가속 시에 응답성이 좋고, 냉각수 온도 및 흡입 공기의 악조건에도 성능이 좋고, 베이퍼록, 퍼컬레이션, 아이싱 등의 고장이 없으므로 운전 성능이 향상된다.

(1) 전자제어 연료분사 장치의 특성

① 기화기식 기관에 비하여 고출력을 얻을 수 있다.
② 부하변동에 따른 필요한 연료만을 공급할 수 있어 연료소비량이 적고 각 실린더마다 일정한 연료가 공급된다.

③ 급격한 부하변동에 따른 연료공급이 신속하게 이루어진다.
④ 완전연소에 가까운 혼합비를 구성할 수 있어 연소가스 중의 배기가스를 감소시킨다.
⑤ 한랭 시 엔진이 냉각된 상태에서도 온도에 따른 적절한 연료를 공급할 수 있어 시동 성능이 우수하다.
⑥ 흡입 매니폴드의 공기밀도를 분석하여 분사량을 제어하므로 고지에서도 적당한 혼합비를 형성하고 출력변화가 적다.

(2) 연료장치의 구성

① **연료탱크**
  ㉠ 자동차가 일정주행 시간 동안 주행할 수 있는 연료를 저장하는 곳이며 탱크 본체, 주입구 파이프, 연료게이지 유닛, 연료모터 등으로 구성된다.
  ㉡ 연료의 흔들림을 방지하기 위하여 탱크 내에 격리판이 설치되어 탱크 강도를 증가시키고 있고, 연료탱크의 청소 등을 할 수 있는 드레인플러그가 설치되어 있다.
  ㉢ 탱크캡에 부압이 발생되면 연료공급이 안 되므로, 이를 방지하기 위한 부압밸브가 있고 탱크 속에서 발생한 증기를 차콜캐니스터에 흡수시키는 연료환기파이프가 있다.

② **연료필터**
  ㉠ 연료 중의 수분 및 먼지 등을 제거하여 깨끗한 연료가 공급되도록 하는 역할을 하며, 연료필터는 분해할 수 없도록 되어 있다.
  ㉡ 장기간 사용하면 여과성이 저하되므로 정기적으로 교환한다.

③ **연료펌프** : 연료탱크 내의 연료를 기화기 또는 연료분사 장치로 보내는 장치이며, 엔진의 캠축에 의해 작동되는 기화기방식에 이용되는 기계식과 전기로 작동되는 전기식(연료분사식)이 있다.

④ **연료파이프** : 방청처리된 강파이프가 사용되며, 파이프 내에 베이퍼록이 발생되지 않도록 열을 적게 받는 곳에 배관이 설치되어 있고 진동이 심한 부분에는 나일론제 또는 유연한 고무튜브를 사용한다.

⑤ **공기청정기(에어클리너)**
  ㉠ 기화기 상부에 설치되어 기화기로 흡입되는 공기 중의 먼지·불순물 등을 여과하여 깨끗한 공기가 유입되도록 하고, 기화기로 공기흡입 시에 발생하는 소음을 감소시켜 준다.
  ㉡ 공기청정기 내부에 필터 엘리먼트가 설치되어 있어 공기 중의 불순물을 제거하고, 이것이 막히게 되면 공기유입이 적어 혼합기가 농후하게 되어 엔진 부조화 현상을 초래한다.

  ※ 연료의 점검은 연료탱크 내의 남은 연료량을 표시하는 퓨얼 게이지(연료계)로 확인한다.

05 냉각장치

실린더 안에서 연료가 연소되면서 발생하는 화염의 순간 온도가 1,500~2,000℃ 정도가 된다. 이 열이 실린더와 피스톤, 밸브 등에 전달되면 엔진출력이 떨어지게 된다. 과열된 엔진을 공기(공랭식)나 물(수랭식)로 냉각시켜 적정온도에서 작동하게 하는 장치가 바로 냉각장치이다.

(1) 냉각방식

① 공랭식
  ㉠ 공랭식은 실린더 헤드 및 실린더 블록벽 바깥 둘레에 냉각핀을 설치하여, 주행 중에 받는 바람을 이용하여 냉각시키는 자연냉각식과 냉각팬으로 송풍하여 강제적으로 냉각시키는 강제냉각식이 있다.
  ㉡ 주로 이륜차와 같은 소형엔진에 공랭식 냉각방식이 많이 사용되며 수랭식에 비해 구조가 간단하나 엔진의 온도제어가 어렵고 소음도 큰 것이 흠이다.

② 수랭식 : 현재 대부분의 자동차에 장착되어 있는 방식으로, 실린더 블록과 실린더 헤드에 워터재킷이라고 하는 물 통로를 만들어서 물의 순환에 의해 기관을 냉각시킨다. 라디에이터, 물 펌프, 라디에이터의 통풍을 돕는 냉각팬, 시동 직후 냉각수의 온도를 올리기 위한 온도조절기(서머스탯), 라디에이터 상하 호스, 전동팬, 수온 스위치 등으로 이루어져 있다.
  ㉠ 라디에이터(방열기) : 큰 방열 면적을 갖고 다량의 냉각수를 저장할 수 있는 물탱크라고 불리며, 상부탱크와 하부탱크, 그리고 이를 연결하는 튜브와 핀으로 구성되어 물재킷에 들어온 뜨거운 냉각수를 냉각시키는 역할을 한다.
    ※ 라디에이터 코어가 막히면 냉각수 순환불량으로 엔진과열 현상이 일어난다.
  ㉡ 라디에이터 캡 : 압력밸브(가압식)와 진공밸브(진공식)가 설치되어 있고, 압력밸브는 엔진 작동 중 냉각 계통에 생긴 압력을 유지하고 냉각수가 110~120℃ 정도로 올라 압력이 $0.3kg/cm^2$이 되면 밸브가 열려 오버플로 파이프를 통해 기중으로 압력을 방출하며 진공밸브는 엔진의 온도가 낮아져 라디에이터 내부의 압력이 대기압보다 낮아지면 밸브가 개폐되어 외부의 대기압이 들어와 진공을 제거해준다.
    ※ 라디에이터 캡이 불량하면 증기압의 증가로 라디에이터 파손을 초래한다.
  ㉢ 물 펌프
    • 펌프의 임펠러(Impeller)의 회전에 따라 물을 원심력을 이용해 밖으로 내보내는 작용으로, 엔진 내의 냉각수를 순환시켜주는 역할을 한다.
    • 기계식은 냉각팬이 설치되어 있으나, 최근에는 냉각팬을 전기를 이용한 전동팬으로 구동하기 때문에 냉각팬이 설치되어 있지 않다.
  ㉣ 서머스탯(온도조절기) : 엔진 시동 후 신속하게 냉각수의 온도를 적정 온도(약 70~80℃)로 조절하는데, 이때 밸브를 열어 냉각수를 라디에이터로 보내 냉각시킨다.
    ※ 온도조절기가 없으면 엔진이 과랭, 고장이 나서 작동불능이면 엔진과열을 초래한다.
  ㉤ 냉각액 및 부동액 : 엔진(실린더 헤드)과 라디에이터에 알루미늄 합금이 이용되면서 물에 의한 부식과 스케일이 많아지게 되어 녹방지 방부제와 동결방지제(부동액)를 넣은 것을 사용하고 있다.

(2) 냉각수의 점검

① 냉각수가 부족하거나 누출되면, 냉각수의 부족으로 엔진과열(오버히트) 현상이 난다.
② 산성이나 알칼리성이 없는 깨끗하고 순수한 물을 사용해야 하며 라디에이터에 가득 채워야 한다.

③ 겨울철에는 냉각수에 동결방지제(부동액)를 넣어 사용해야 영하의 온도에서 엔진냉각수가 어는 것을 방지할 수 있다.
④ 시동을 끄고, 평탄한 장소에서 냉각수 점검을 해야 한다.

06 전기장치

기본적인 자동차의 전기장치에는 충전장치인 발전기(제너레이터), 시동장치인 축전지(배터리)와 가동전동기(스타팅 모터), 점화장치인 배전기(디스트리뷰터), 점화코일(이그니션 코일), 점화플러그(스파크 플러그), 그리고 보안·경보장치로 구성되어 있다. 최근에는 무접점식 점화장치가 이용되고 있다.

(1) 발전기(제너레이터, 알터네이터)
① 팬벨트에 의해 회전되어 전기를 발생시키는 장치로 발생된 전기를 각 전장품에 공급하거나 축전지에 충전하게 하며 직류발전기와 교류발전기가 있다.
② 최근에는 교류발전기를 많이 사용하며, 교류발전기는 교류전기를 발생시켜 교류발전기에 있는 실리콘 다이오드로 교류전기를 직류전기로 바꾸어 주는 기능을 한다.

(2) 축전지(Battery)
① 발전기로부터 발생된 전기를 비축하였다가 자동차가 전기를 필요로 할 경우 전류를 각 전기장치에 공급하는 역할을 한다.
② (+)와 (-)의 전극판과 전해액(순도 높은 무색·무취의 묽은 황산이며, 인체에 닿으면 위험하다)으로 구성되어 있으며, 승용차는 보통 12V, 버스와 대형트럭은 보통 24V의 전압이 사용된다. 최근에는 증류수 보충이 필요 없고 관리가 용이한 MF 배터리가 널리 보급되는 추세다.
③ 축전지 단자기둥(터미널포스트) 구별방법은 다음과 같다.
  ㉠ + : 'P'자 부호. 배선을 빨간색으로 표시하거나 단자기둥이 (-)단자보다 크다.
  ㉡ - : 'N'자 부호. 배선을 검정색으로 표시하거나 단자기둥이 (+)단자보다 작다.

(3) 점화장치
① 흡입압축되어 있는 실린더 내의 혼합가스를 점화시키기 위하여 실린더에 설치된 점화 플러그(스파크 플러그)에 고압전류를 공급시키는 장치이다.
② 엔진 점화순서에 따라 전기불꽃을 공급하여, 혼합가스를 폭발시키는 역할을 한다.

(4) 점화코일(이그니션 코일)
저전압(12V, 24V)의 배터리 전기를 고전압(15,000V 이상)으로 만드는 2차 전압을 유도하여, 점화플러그에 보내는 일종의 변압기 역할을 한다.

(5) 배전기(디스트리뷰터)
① 점화코일에서 1차 전류를 단속하여 발생한 2차 전류(고전압)를 점화 순서대로 각 실린더에 설치된 점화 플러그에 보내는 역할을 한다.
② 엔진부하에 따라 점화시기를 조정하는 진공진각장치와 연료의 옥탄가에 따라 점화시기를 조정하는 옥탄셀렉터 등이 있다.
  ※ 배전기 캡에 습기가 있으면 고전압이 누전되어 시동이 안 걸릴 수 있다.
③ 최근에는 배전기 없이 점화코일과 점화플러그가 일체화된 DLI(Distributor Less Ignition) 방식을 많이 사용하고 있다.

(6) 점화플러그
고전압이 중심 전극에 전달되면, 하단에 있는 접지 전극과의 간극에서 불꽃 방전을 일으켜 각 실린더에 불꽃을 튀겨주어 혼합가스를 점화시켜준다.
  ※ 점화 시기 점검은 타이밍 라이트로 점검한다.

07 시동장치

시동스위치를 돌리면 축전지에 비축된 전류가 시동전동기로 흘러 시동전동기가 회전됨과 동시에 피니언 기어가 앞으로 나와 엔진 뒤에 설치되어 있는 링 기어(플라이휠)를 회전시켜 엔진이 시동되게 한다. 이때 앞으로 나온 피니언 기어는 링 기어에서 떨어져 자동적으로 원위치로 돌아간다.

08 동력전달장치

엔진에서 발생되는 동력을 타이어까지 전달시키는 장치로서 클러치 → 변속기(트랜스미션) → 추진축(프로펠러 샤프트) → 차동장치(디퍼렌셜) → 액슬축 → 후차륜의 순서로 동력을 전달한다. 앞엔진 뒷바퀴 구동차 방식의 동력전달장치이다.

(1) 클러치
① 클러치는 엔진과 변속기 사이에 설치되어 있으며 엔진의 회전동력을 변속기에 전달 또는 단속 차단하여 자동차의 주행을 원활하게 하며, 기어변속을 돕고 관성운전을 하는 역할을 한다.
② 기계식과 유압식의 2가지 형태가 있는데, 최근에는 유압식이 널리 이용되고 있다.
③ 페달을 밟아서 클러치가 단속이 시작되기까지 자동차가 천천히 움직이는 동력전달 상태의 간극을 클러치 페달의 유격이라 하는데 클러치 페달의 유격은 약 13~25mm 정도가 좋으며, 그보다 적으면 클러치가 미끄러지고, 많으면 클러치 단속이 좋지 않게 된다.

(2) 변속기(트랜스미션)

① FR방식의 변속기는 클러치와 추진축 사이에 설치되어 자동차의 주행상태에 따라 엔진의 회전력을 증대시키거나 감소시키며 자동차를 후진시키는 역할을 한다.
② 기어변속 레버에 의해 조작되는 수동식과 클러치 페달 없이 가속 페달에 의해 자동으로 변속되는 자동식이 있다. 단, 자동변속기는 운전자가 진행방향(전진, 후진)과 동력전달 여부(중립, 주행, 주차)를 선택해야 한다.

(3) 자동변속기 레버 사용범위

① P(Parking) : 주차 시 또는 엔진 시동 시에 있는 위치이다.
② R(Reverse) : 후진할 때 사용하는 위치이다.
③ N(Neutral) : 변속기어가 중립의 위치, 주행 중 기어가 꺼질 때 재시동이 가능하다.
④ D(Drive) : 보통 일반 전진 주행 시의 위치로 전진 1, 2, 3, 4속으로 변속이 이루어진다.
⑤ 2(2nd) : 2속으로 보통 엔진 브레이크가 필요한 경우에 사용하는 위치이다.
⑥ L(Low) : 1속으로 주로 강한 엔진 브레이크가 필요한 경우에 사용하는 위치이다.

(4) 무단변속기(CVT ; Continuously Variable Transmission)

① 주어진 변속 범위 내에서 기어비를 무한대에 가까운 단계로 제어할 수 있다.
② 무단변속기(연속가변 변속기)는 차량의 속도에 따라 가장 효율적인 RPM으로 엔진을 구동시키기 때문에 경제성이 우수하다.

(5) 바퀴 구동방식에 따른 분류

① FR식(Front engine Rear wheel drive)
  ㉠ 자동차 앞부분에 엔진, 클러치, 변속기 등이 있고, 뒷부분에는 종감속기어, 차동기어 등이 설치되어 있으며, 뒷바퀴에 의해 구동되는 방식이다.
  ㉡ 엔진실에 조향장치와 구동장치가 같이 있지 않아, 여유공간이 있고 무게가 앞뒤로 고르게 배분되어 고급 승용차에 이용되며, 클러치, 변속기 등의 조작 기구가 간단한 장점이 있으나 중간에 추진축이 있기 때문에 실내의 바닥면에 볼록한 돌기가 생기며 축의 중량이 증가하는 단점이 있다.

② FF식(Front engine Front wheel drive)
  ㉠ 엔진이 앞에 있고 앞바퀴에 의해 구동되는 방식으로 주로 중형급 이하의 승용차에 널리 보급되고 있다.
  ㉡ 커브길과 미끄러운길에서 조향성이 양호하고 추진축이 없어 실내공간이 넓다는 장점이 있으나, 조향장치와 구동장치가 같이 있어 구조상으로 복잡하고 바퀴 간에 하중분포가 균일하지 않다는 단점이 있다.

③ RR식(Rear engine Rear wheel drive)
  ㉠ 자동차 뒷부분에 엔진, 클러치, 변속기, 차동장치 등 모든 일체를 장치하며 추진축이 필요하지 않는 형식이다. 운전석과 엔진이 떨어져 있기 때문에 모든 조작기구는 로드나 와이어 케이블에 의해 원격 조작해야 하므로 기구가 복잡하다.
  ㉡ 엔진이 뒤에 있고, 뒷바퀴에 의해 구동되는 방식으로 실내공간 중 바닥면적을 넓게 할 수 있고, 바닥을 낮게 할 수 있어 소형 승용차에 많이 이용된다. 구동력 측면에서 유리하나 트렁크 공간이 작고 하중분포가 뒤쪽으로 쏠리는 단점이 있다.
④ 4WD(4 Wheel Drive)
  ㉠ 4바퀴 모두에 엔진의 동력이 전달되는 방식(Transfer Case)을 갖추고 있다.
  ㉡ 구조는 다른 차량에 비해 복잡하지만 주로 언덕길, 비포장도로, 산간지역을 통행하는 지프형 차와 일부 화물차 및 특수용 차량에 많이 사용하고 있다.

09 조향장치

(1) 조향장치의 개요
  ① 운전석의 핸들에 의해 앞바퀴의 방향을 좌우로 변화시켜 자동차의 진행방향을 바꾸는 장치로 주행할 때는 항상 바른 방향을 유지해야 하고 핸들 조작이나 외부 힘에 의해 주행방향이 잘못되었을 때는 즉시 직진상태로 되돌아가는 성질이 요구된다.
  ② 앞바퀴 정렬이 잘 되어 있어야 주행 중 안전성이 좋고 핸들 조작이 용이하며, 토인, 캠버, 캐스터, 킹핀 등이 있다.
  ③ 정렬된 앞바퀴가 하는 역할
    ㉠ 조향핸들에 복원성을 주며 타이어 마멸을 적게 해준다.
    ㉡ 조향핸들의 조작을 착실하게 하고 안전성을 준다.
    ㉢ 조향핸들을 작은 힘으로 쉽게 조작할 수 있게 해준다.

> **이해 더하기**
>
> **조향장치의 중요기능**
> • 조향핸들을 돌려 원하는 방향으로 조향한다.
> • 핸들조작력이 바퀴를 조작하는 데 필요한 조향력으로 증강한다.
> • 선회 시 좌우 바퀴의 조향각에 차이가 나도록 한다.
> • 노면의 충격이 핸들에 전달되지 않도록 한다.
> • 선회 시 저항이 적고 옆 방향으로 미끄러지지 않도록 한다.

(2) 앞바퀴 정렬

① 토 인
  ㉠ 토인은 앞바퀴를 위에서 보았을 때 양휠의 중심거리가 앞쪽이 뒤쪽보다 좁게 되어 있다. 이 양자의 거리차를 토인이라고 한다.
  ㉡ 타이어의 이상 마모를 방지하기 위해 있고, 바퀴를 원활하게 회전시켜서 핸들의 조작을 용이하게 해주는 역할을 한다(토인이 맞지 않을 경우 심한 타이어 편마모를 일으킴).

② 캠 버
  ㉠ 앞바퀴를 위에서 보았을 때 휠의 중심선과 노면에 대한 수직선이 이루는 각도 휠이 차체의 바깥쪽으로 기울어진 상태를 (+)캠버라 하고, 휠이 차체의 안쪽으로 기울어진 상태를 (−)캠버라고 한다.
  ㉡ 프론트 휠이 하중을 받았을 때 아래로 벌어지는 것을 방지한다.
  ㉢ 주행 중 휠이 탈출하는 것을 방지한다.
  ㉣ 킹핀경사각과 타이어 접지면의 중심과 킹핀의 연장선이 노면과 교차하는 점과의 거리인 옵셋량을 적게 하여 핸들조작을 가볍게 한다.

③ 캐스터
  ㉠ 캐스터는 앞바퀴를 옆에서 보았을 때 킹핀중심선이 수직선에 대하여 경사져 있는데 이 경사각도를 캐스터라 한다.
  ㉡ 차체의 뒤쪽으로 경사져 있는 것을 포지티브 캐스터라 하고 앞쪽으로 기울어져 있는 것을 네거티브 캐스터라 한다.
  ㉢ 앞바퀴에 직진성을 부여하여 차의 롤링을 방지하고 핸들의 복원성을 좋게 하기 위한 것이다.

④ 킹핀경사각
  ㉠ 앞바퀴를 앞에서 보았을 때 노면과의 수직선에 대하여 킹핀의 윗부분은 내측, 아랫부분은 외측으로 경사져 있는데 이를 킹핀경사각이라고 한다.
  ㉡ 핸들에 복원성을 준다.
  ㉢ 스핀들이나 조향기구에 무리한 힘이 작용하지 않도록 한다.

10 현가장치

① 기 능
  ㉠ 적정한 자동차의 높이 유지
  ㉡ 충격효과의 완화
  ㉢ 올바른 휠 얼라인먼트 유지
  ㉣ 차체 무게의 지탱
  ㉤ 타이어의 접지상태 유지

② 구성요소
  ㉠ 스프링(Spring) : 차고를 유지하고 차량의 무게를 지탱하며 차량이 지면으로부터 받는 충격을 완화하는 것이 주 역할이다.
  ㉡ 쇼크업소버(Shock Absorber) : 댐퍼(Damper)라고 부르기도 하는 충격완충장치로서 우리나라에서는 흔히들 줄여서 '쇼바'라고 부르기도 한다. 주 역할은 스프링의 상하 왕복 운동을 조기에 수습하여 타이어가 항상 지면과 밀착하도록 하는 것이다.
  ㉢ 스태빌라이저(Stabilizer) : 좌우 양쪽 쇼바와 차체를 연결하는 일종의 토션바 스프링으로서 좌우 바퀴가 역방향으로 움직일 경우 이를 억제하는 기능을 하여 코너링 능력을 크게 향상시킨다. 롤링을 잡아준다는 의미에서 Anti-roll Bar 또는 Sway Bar라고 부르기도 한다.
  ㉣ 어퍼마운트(Upper Mount) : 쇼바의 윗부분과 차체를 고정시켜주는 부분을 말하며, 특히 스트럿 타입의 경우 스틸로 된 재질을 사용하여 조종성을 극대화하기도 하며 캠버의 조정을 자유롭게 하는 제품도 있다.
  ㉤ 범프스토퍼(Bump Stopper) : 쇼바의 피스톤 로드가 일정 한계 이상은 내려가지 않도록 하는 역할을 하는데 쇼바 장착 시 이를 생략하면 쇼바가 금방 망가지게 되는 경우도 있다.
  ㉥ 각종 암과 롯드류(Arm & Rod) : 이들의 조합 또는 결합 여부에 따라서 서스펜션 시스템 이름이 정해진다. 예를 들면, 더블 위시본이니 트레일링암식이니 하는 것들이 바로 그것이다.
  ㉦ 부싱(Bushing) : 각종 링크 부분에 사용되는 고무 제품으로서 완충 효과가 있어 승차감에 영향을 미친다. 운동성을 극대화하기 위하여 우레탄 재질을 사용하는 경우도 있다.
③ 서스펜션 형식

구 분	차축현가식	독립현가식
의 의	문자 그대로 좌우 양 바퀴를 하나의 차축으로 연결하여 고정시킨 형식이다.	좌우 바퀴가 독립하여 분리 상하운동을 할 수 있도록 된 형식이다.
장 점	• 얼라인먼트 변화가 적고 타이어 마모도 적다. • 강도가 크고 구조가 간단하고 저비용이다. • 공간을 적게 차지하여 차체 바닥(Floor)을 낮게 할 수 있다.	• 스프링 하중량이 가벼워 승차감이 양호하다. • 무게중심이 낮아 안전성이 향상된다. • 옆 방향 진동에 강하고 타이어의 접지성이 양호하다. • 얼라인먼트 자유도가 크고 튜닝 여지가 많다. • 서스펜션 바 등을 이용한 방진방법도 있고 소음방지에도 유리하다.
단 점	• 스프링 하중이 무겁고 좌우바퀴 한쪽만 충격을 받아도 연동되거나 횡진동이 생겨 승차감과 조종안정성이 나쁘다. • 구조가 간단하여 얼라인먼트의 설계 자유도가 적고 조종안정성 튜닝 여지가 적다.	• 부품 수가 많고 정밀도가 요구되어 고비용이다. • 얼라인먼트 변화에 따른 타이어 마모 가능성이 있다. • 큰 공간을 차지한다. • 각 특성에 따른 미묘한 튜닝이 필요하다. • 전후의 강성을 낮게 하기 어렵기 때문에 소음에 불리하다.

11 제동장치

(1) 제동장치의 개요
① 주행하는 자동차를 감속 또는 정지시킴과 동시에 주차상태를 유지하기 위한 장치로 마찰력을 이용, 자동차의 운동에너지를 열에너지로 바꾸고 이것을 대기 중에 냉각시킴으로써 제동 작용을 하는 마찰식 브레이크가 일반적으로 사용된다.
② 제동장치에는 주행 중 주로 사용되는 풋브레이크(Foot Brake)와 주정차시킬 때 사용되는 주차브레이크(Parking Brake)가 있다.

(2) 제동장치의 종류
① 풋브레이크(Foot Brake)
  ㉠ 브레이크 페달을 밟으면 마스터 실린더 내의 피스톤이 작동하여 브레이크액이 압축되고, 압축된 브레이크액은 파이프를 따라 휠 실린더로 전달되어, 휠 실린더의 피스톤에 의해 브레이크 라이닝을 좌우로 밀어주고 타이어와 함께 회전하는 브레이크 드럼 또는 디스크를 고정하여 멈추게 하는 제동장치이다.
  ㉡ 앞바퀴엔 디스크브레이크방식, 뒷바퀴엔 드럼브레이크방식을 사용하고 있으나 고급차 중에는 앞뒤 모두 디스크브레이크방식을 사용하는 경우가 많다.

> **이해 더하기**
>
> **디스크브레이크의 장단점**
> - 방열작용이 좋고 브레이크 효과가 안정하여 페이드 현상(온도가 상승하여 제동력이 저하되는 현상)이 발생되지 않는다.
> - 좌우바퀴의 제동력이 안정되어 편제동이 적으며 온도상승에 의한 각부의 변형이 없다.
> - 열변형에 의한 디스크의 두께가 약간 변화되는 정도이며 브레이크 힘의 저하는 없다.
> - 고속에서 반복사용 시 제동력의 변화가 적고, 패드 마모가 드럼식보다 빠르다.
> - 구조상 가격이 비싸다.
> - 드럼브레이크에서는 슈를 핸드브레이크로 사용하나 디스크브레이크에는 별도 설치가 필요하다.

② 주차브레이크(Parking Brake)
  ㉠ 손으로 조작하며 풋브레이크 고장 시에는 비상용으로, 보통은 주·정차시킬 때 사용하는 브레이크이다. 4바퀴에 제동이 걸리는 풋브레이크와는 달리 레버를 당기면 로드나 와이어에 의해 제동되는 기계식이 주로 이용된다.
  ㉡ 주차 또는 비상브레이크라고도 하며 좌우의 뒷바퀴가 고정된다.
③ 엔진브레이크(Engine Brake)
  ㉠ 가속페달을 밟았다가 놓거나 고단기어에서 저단기어로 바꾸게 되면 엔진브레이크가 작동되어 속도가 떨어지는데, 마치 구동바퀴에 의해 엔진이 역으로 회전하는 것과 같이 되어 그 회전저항으로 제동력이 발생하는 것이다.

ⓒ 보통 내리막길에서 엔진브레이크를 사용하는 것이 풋브레이크만 사용했을 때 라이닝의 마찰력에 의해 제동력이 떨어지는 것을 방지할 수 있다.
　④ ABS(Anti-lock Brake System) : 미끄럼 방지 제동장치로 미끄러운 노면상에서 제동 시 바퀴를 고정시키지 않음으로써 핸들의 조절이 용이하고 가능한 최단거리로 정지시킬 수 있는 첨단 안전장치이다.

(3) 브레이크의 이상 현상, 노즈다이브현상
　① 베이퍼록 현상 : 베이퍼록(Vaper Lock)은 연료회로 또는 브레이크 장치 유압회로 내에 브레이크액이 온도상승으로 인해 기화되어 압력전달이 원활하게 이루어지지 않아 제동기능이 저하되는 현상이다.
　② 페이드 현상 : 주행 중 계속해서 브레이크를 사용함으로써 온도상승으로 인해 제동마찰제의 기능이 저하되어 마찰력이 약해지는 현상이다.
　③ 노즈다이브 현상 : 자동차가 급제동하게 되면 계속 진행하려는 차체의 관성력의 무게중심으로 인해 전방으로 피칭운동하여 전방 서스펜션의 작동길이가 감소하고 후미 서스펜션은 늘어나 차체가 전방으로 쏠리는 현상(간단하게 차량 앞부분은 가라앉고 뒷부분은 올라감)이다.

12 주행장치

엔진에서 발생된 동력이 최종적으로 바퀴에 전달되어 노면 위를 달리게 되는 주행장치에는 휠(Wheel)과 타이어(Tire)가 속한다.

(1) 휠(Wheel)
　① 개념 : 일반적으로 차륜(속칭 : 바퀴)을 칭하며 타이어와 함께 자동차의 중량을 지지하고, 구동력과 제동력을 지면에 전달하는 역할을 한다.
　② 휠(Wheel)의 종류
　　㉠ 강판제 디스크 휠 : 강판을 림이나 디스크로 성형하여 용접한 것으로, 제작이 용이해서 버스, 트럭, 승용차 등에 사용된다.
　　㉡ 경합금제 휠 : 알루미늄이나 마그네슘 등의 경금속을 재료로 이용, 경량화·정밀도·패션성 등을 목적으로 널리 사용되는 휠이다. 림과 디스크를 일체 주조한 알루미늄 휠과 단조에 의한 단조 알루미늄 휠, 그리고 3분할 휠 등이 있다.

> **이해 더하기**
> **차량 주행에 있어서 미치는 저항**
> 저항에는 구름저항, 공기저항, 등판저항(구배저항), 가속저항이 있다. 만약, 문제에서 저항을 1개 이상으로 주었다면 모두 더하면 된다.

(2) 타이어(Tire)

① 타이어의 개요
  ㉠ 자동차의 신발에 해당되는 것으로 천연직물이나 나일론 등의 섬유와 양질의 고무를 천모양으로 하여 이것을 겹쳐서 만든 것이다.
  ㉡ 타이어의 고무층은 브레이커부, 트레드부, 카카스부, 비드부의 4부분으로 구성되어 다음의 역할을 만족시켜주고 있다.
  ㉢ 타이어의 역할
    • 자동차의 차체와 지면 사이에서 차체의 구동력을 전달한다.
    • 지면으로부터 받은 충격을 흡수, 완화시킨다.
    • 차체 및 화물의 무게를 지탱해준다.
    • 자동차의 조정 안정성을 향상시켜준다.
    • 주행 및 회전저항을 감소, 승차감을 좋게 해준다.

② 타이어의 용어 해설
  ㉠ 타이어 총폭 : 타이어를 적용 림에 장착하고 규정의 공기압을 충진한 후 하중을 가하지 않은 상태에서 타이어 측면의 프로텍트 라인 및 문자 등을 포함하는 사이드월 간의 직선거리
  ㉡ 타이어 단면폭 : 타이어 측면의 프로텍트 라인 및 문자 등이 포함되지 않은 폭
  ㉢ 트레드 폭 : 무하중 상태에 있는 접지면의 폭으로서 호 또는 현의 길이로 표시
  ㉣ 타이어 외경 : 타이어를 적용 림에 장착하고 규정의 공기압을 충진하여 하중을 가하지 않은 상태에서의 타이어 직경
  ㉤ 단면 높이 : 타이어의 외경에서 림의 지름을 빼고 1/2로 나눈 것
  ㉥ 림경 : 림플랜지에 접하는 림 베이스 간 직선거리(타이어의 내경과 거의 동일)
  ㉦ 림폭 : 림플랜지 내면의 간격
  ㉧ 림플랜지 높이 : 림플랜지 지름에서 림 지름을 뺀 것의 1/2
  ㉨ 정하중 반경 : 타이어를 적용 림에 장착하고 규정의 공기압을 충진하여 정지한 상태에서 평면에 수직으로 두고 100% 하중을 가했을 때 타이어의 축중심에서 접지면까지의 최단거리

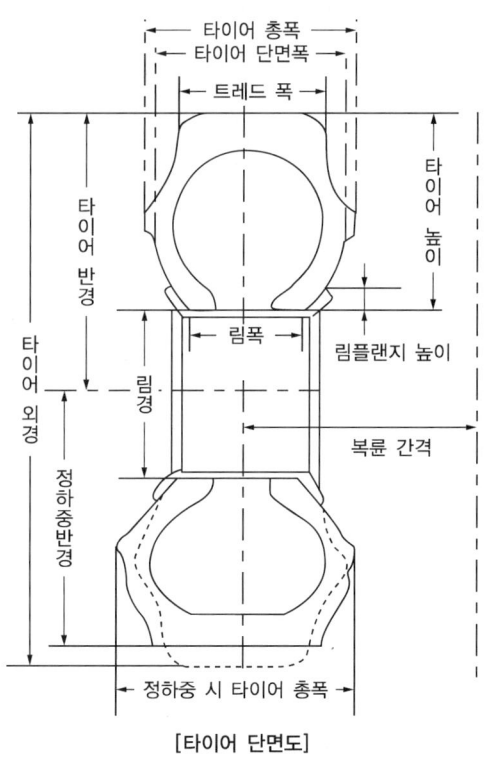

[타이어 단면도]

㉢ 편평비 : 타이어 단면폭에 대한 타이어 단면 높이의 비율
㉣ 복륜 간격 : 복륜 타이어의 타이어 단면 중심에서 단면 중심까지의 간격

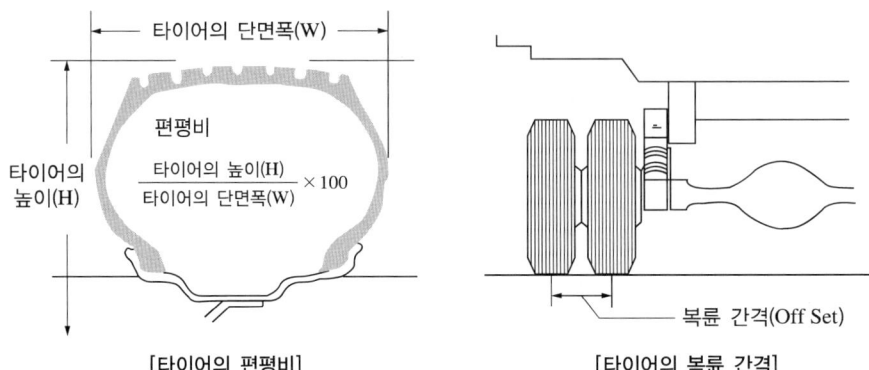

[타이어의 편평비]   [타이어의 복륜 간격]

③ 타이어의 규격 표기법(승용차용 표기법)
  ㉠ P-메트릭 표기법(P-Metric)

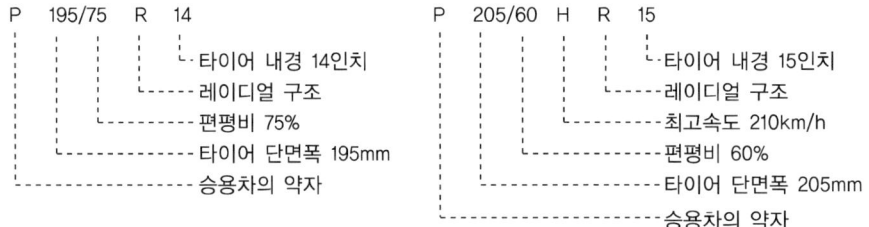

  ㉡ ISO 표기법

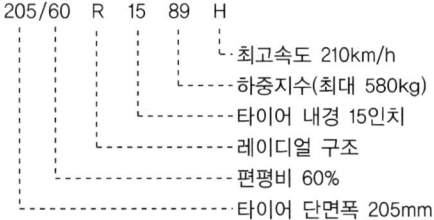

④ **타이어의 외관 표시방법** : 타이어의 측면 표시에 관해서는 한국산업규격(KS) 및 미연방자동차기준(FMVSS) 등에 명기되어 의무사항으로 되어 있다.

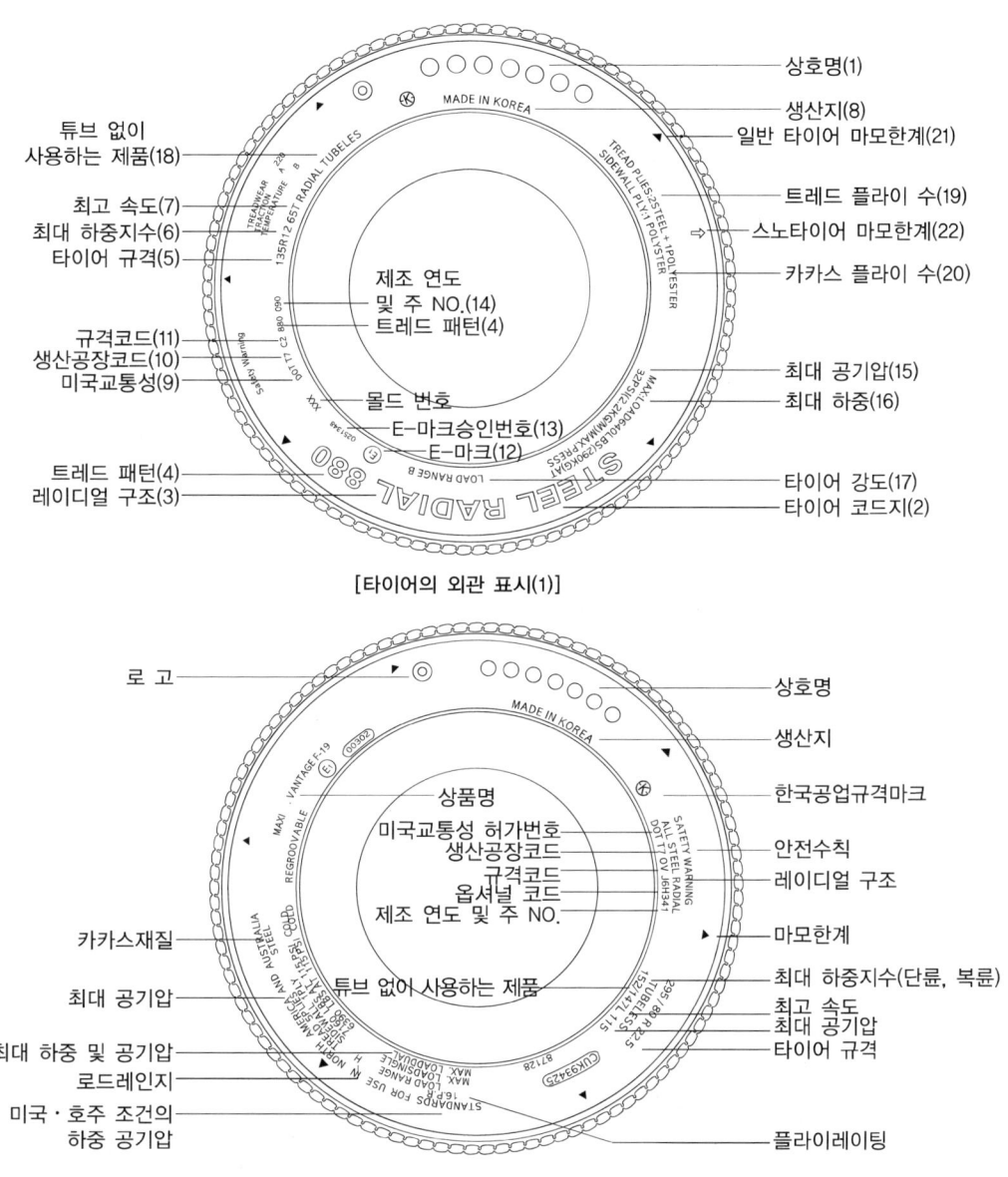

[타이어의 외관 표시(1)]

[타이어의 외관 표시(2)]

⑤ 타이어(Tire)의 종류

[바이어스 타이어]

[레이디얼 타이어]

㉠ 레이디얼 타이어(Radial Tire)
- 고속용으로 개발된 타이어로서, 일반적으로 널리 사용되고 있다.
- 코드가 트레드의 중심선에 대하여 직각방향의 힘만으로는 카카스코드를 지지할 수 없으므로, 이 코드 위에 둘레방향에 대하여 10~20°의 각도를 가진 벨트층을 설치하여 타이어 둘레방향의 힘을 지지하고 있다.
- 벨트의 재료로는 섬유와 스틸이 사용된다.

㉡ 바이어스 타이어(Bias Tire)
- 종래부터 일반적으로 널리 사용되고 있다.
- 카카스를 구성하는 코드가 트레드의 중심선에 대하여 약 45° 경사지게 교차되어 있는 타이어이다.

[바이어스와 레이디얼 타이어]

구 분	바이어스 타이어	레이디얼 타이어
구 조	엇갈린 여러 장의 카카스로 구성(카카스 수 : 4장 이상 짝수)	주행방향에 수직인 카카스(Carcass)와 스틸벨트(Steel Belt)로 구성
내구성	엇갈린 카카스 간섭으로 발열이 많아 쉽게 노화	카카스 간의 간섭이 없어 발열이 적고, 내구성이 향상됨
내마모성	트레드부를 지지해 주지 못하고 유동이 많아 불리함	트레드부를 스틸로 된 벨트가 지지하여 우수함
승차감	유연성과 승차감이 좋음	충격흡수가 불량하여 승차감이 나쁨
경제성	내마모성이 적어 장착, 탈착이 잦고 가격대비 경제성 낮음	바이어스보다 1.5~2배 사용

ⓒ 튜브리스 타이어 : 튜브를 사용하지 않는 대신 타이어 안쪽에 인너라이너라는 공기투과성이 적은 특수고무층(부틸고무)을 붙이고, 또다시 비드부에 공기를 누설하지 않는 재료를 사용하여 림과의 밀착이 확실하게 되도록 베드 부분의 내경을 림의 외경보다 작게 하고 있으며, 림과의 접촉 저항이 생기기 쉽기 때문에 채퍼라는 보강층을 설치하고 공기를 주입하기 위한 스냅인밸브, 클램프인밸브를 림에 직접 장치한 타이어이다.

> **이해 더하기**
>
> **현가의 특성**
> - 스프링 위 무게의 진동
>   - 바운싱(상하진동) : Z축방향으로 평행하게 운동하는 고유진동이다.
>   - 피칭(앞뒤흔들림) : Y축을 중심으로 회전운동을 하는 고유진동이다.
>   - 롤링(가로흔들림) : X축을 중심으로 하여 회전운동을 하는 고유진동이다.
>   - 요잉 : Z축을 중심으로 회전운동을 하는 고유진동이다.
> - 스프링 아래 무게의 진동
>   - 상하진동 = 휠홉 : Z축방향으로 상하 평행운동을 하는 진동이다.
>   - 휠트램프 : X축을 중심으로 하여 회전하는 진동이다.
> - 기타 진동 : X축방향(앞뒤방향)과 Y축방향(좌우방향)의 평행진동이나, Y축을 중심으로 하여 회전운동을 하는 진동(Wind Up) 등이 있다.

02 차량 내·외부 파손주의 조사방법

구 분	내 용	
차량 내부조사	• 충돌 후 탑승자의 운동방향 • 시트 상태 • 앞유리 손상 • 차량 내부의 후부 반사경 • 기어 변속장치 • 콤비네이션 스위치 • 안전벨트	• 조향핸들 • 문짝 내부 패널 손상 • 창문 손상 • 계기판 및 대시보드 패널 • Head Liner와 필러 부분 • 페달 상태
차량 외부조사	• 차량번호 및 제원조사 • 유리파손 부위 • 파손흔적의 진행방향 • 범퍼, 그릴, 라디에이터 • 조향기구	• 차체의 변형 상태 • 타이어 파손 상태 • 램프 상태 • 펜더, 문짝 • 브레이크 라이닝

01 직접손상과 간접손상 중요!

(1) 직접손상(Contact Damage)

① 차량의 일부분이 다른 차량, 보행자, 고정물체 등의 다른 물체와 **직접 접촉충돌함으로써 입은** 손상이다.
② 보디 패널(Body Panel)의 긁힘, 찢어짐, 찌그러짐과 페인트의 벗겨짐으로 알 수도 있고 타이어 고무, 도로재질, 나무껍질, 심지어 보행자 의복이나 살점이 묻어 있는 것으로도 알 수 있다.
③ 전조등 덮개, 바퀴의 테, 범퍼, 도어 손잡이, 기둥, 다른 고정물체 등 부딪친 물체의 찍힌 흔적에 의해서도 나타난다.
④ 직접손상은 압축되거나 찌그러지거나 금속표면에 선명하고 강하게 나타난 긁힌 자국에 의해서 가장 확실히 알 수 있다.

[직접손상부분]

사진출처 : 한국도로교통공단 교통사고조사매뉴얼

(2) 간접손상(Induced Damage)

① 차가 직접 접촉 없이 충돌 시의 **충격만으로 동일차량의 다른 부위에 유발되는 손상**이 간접손상이다.
② 디퍼렌셜, 유니버설조인트 같은 것은 다른 차량과 충돌 시 직접접촉 없이도 파손되는 수가 있는데 그것이 간접손상이다.
③ 차가 정면충돌 시에는 라디에이터그릴이나 라디에이터, 펜더, 범퍼, 전조등의 손상과 더불어 전면 부분이 밀려 찌그러지는데, 그때의 충격의 힘과 압축현상 등으로 인하여 엔진과 변속기가 뒤로 밀리면서 유니버설조인트, 디퍼렌셜이 손상될 수 있다.
④ 충돌 시 차의 갑작스러운 감속 또는 가속으로 인하여 차내부의 부품 및 장치와 의자, 전조등이 관성의 법칙에 의해 생겨난 힘으로 고정된 위치에서 떨어져 나갈 수 있다. 이때에 그것들이 떨어져 나가 파손되었다면 간접손상을 입은 것이다.
⑤ 충돌 시 부딪힌 일이 없는 전조등의 부품들이 손상을 입는 경우도 있다.
⑥ 교차로에서 오른쪽에서 진행해 온 차에 의해 강하게 측면을 충돌당한 차의 우측면과 지붕이 찌그러지고 좌석이 강한 충격을 받아 심하게 압축 이동되어 좌측문을 파손시켜 열리게 한 것을 들 수 있다.
⑦ 보디(Body)부분의 간접손상은 주로 어긋남이나 접힘, 구부러짐, 주름짐에 의해 나타난다.

[간접손상부분]

사진출처 : 한국도로교통공단 교통사고조사매뉴얼

이해 더하기

사고차량 손상을 정밀조사하기 위해 유의하여야 할 사항
- 충격력이 작용된 방향을 파악한다.
- 상대차의 어느 부위와 충돌되었는지 대조한다.
- 타이어, 페인트와 같은 재질이 묻었나를 관찰한다.
- 상대차의 범퍼, 번호판, 전조등 등의 형상(形狀)이 임프린트되었나를 본다.
- 손상형태가 압축되었는지, 끌려서 밖으로 돌출되었는지, 스쳐 지나갔는지를 규명한다.
- 바퀴의 직접손상이 있는 경우 좌우측 축거의 변형차이가 있는지 관찰한다.
- 지붕(Roof)선과 전면필러, 중앙필러의 변형상태를 파악한다.
- 직접손상부위와 간접손상부위를 구분한다.
- 최대힘의 충격방향이 무게중심을 중심으로 좌측 혹은 우측에 작용하였는지를 판단한다.
- 2군데 이상의 손상이 있을 경우 1차충돌에 의한 것인가, 2차충돌에 의한 것인가를 본다.
- 전체적인 손상형태를 파악하기 위하여 하체나 프레임의 변형과 보디(Body)의 변형을 관찰한다.
- 차체가 찌그러져 바퀴를 움직이지 못하게 했는지를 파악한다.
- 차량의 지붕 위에서 파손된 위치 및 파손정도를 판단한다.
- 타이어의 접지면(Tread)이나 옆벽(Sidewall)에 나타난 흔적이 있는가를 본다.
- 차량내부의 의자, 안전띠 변형상태와 차량기기 조작여부를 살펴본다.
- 차체 내부에 탑승자 신체와 충격하였나 혹은 탑승자 위치를 알 수 있는 흔적이 있는가를 본다.

02 차량손상 조사

(1) 탑승자의 충돌 후 운동방향

① 운전자를 포함한 차량탑승자들의 충돌 직후 운동과정을 규명하는 데는 차량내부의 손상을 토대로 한다.

② 충돌로 인해 충돌 전의 상태를 유지하려고 한다. 즉, 충돌 전의 속도대로 계속 움직이려고 하는 것이다. 그러므로 차량탑승자들은 2차로 차량 내부의 장치물과 충돌하게 되어 큰 부상을 입게 되는데, 충돌 후 탑승자의 운동방향은 충격외력이 작용한 방향의 역방향이다.

(2) 사고 당시의 운전자 조사

사고 당시 운전자가 누구였는가(탑승자가 어느 좌석에 앉아있었는가)에 대하여는 탑승자의 충돌 후 운동방향(차량외부의 충돌 부위에 의한 충격외력의 작용방향을 통해 추정), 탑승자들의 신체 상처 부위, 탑승자들의 최종위치, 차량의 최종위치, 탑승자의 신체가 부딪친 차량내부의 손상 등을 종합하여 규명하게 된다.

(3) 사고 당시 안전벨트 착용 여부

① 안전벨트를 착용하였다 하더라도 안전벨트 착용 좌석 쪽에 차체가 심하게 찌그러지면, 하지(下肢) 부상 외에 두부나 안면부에 상처를 입는 수는 있다. 하지만 하지를 심하게 다치지 않았을 경우 두부나 안면부를 심하게 다칠 수는 없다.
② 결과적으로 두부나 안면부를 심하게 다친 사람이 하지나 다른 부위에 상처를 입지 않은 경우는 좌석안전벨트를 매지 않았다고 보아도 무방하다. 따라서 차량내부의 손상을 정밀히 파악할 필요가 있다.
③ 승차자의 부상원인조사를 위해 차량내부에서 부상을 입히는 위험한 주요 구조물은 앞유리 및 옆유리, 핸들, 계기판 및 대시보드, 좌석골조, 천장구조물(특히 전도·전복 시), 창틀, 바닥, 내부 구조물 중 강성(綱性)이 있는 부분으로서 옆창문, 손잡이, 도어손잡이, 거울, 안전벨트를 필러에 고정시키기 위한 볼트 부분 등을 들 수 있다.

(4) 자동차 창유리의 손상 중요!

자동차에 사용되는 창유리는 열처리된 안전유리인데, 앞창유리는 합성유리를 장착하게 되어 있고 옆유리 및 뒷유리는 강화유리로 되어 있다.

① 합성유리
   ㉠ 이중접합유리라고도 불리는 이 유리는 서로 버티어주고 있기 때문에 균열상태에 따라 그 손상이 접촉으로 인한 직접손상인지 아니면 간접적인 손상인지를 파악할 수 있다.
   ㉡ 평행한 모양이나 바둑판 모양으로 갈라진 것은 간접손상에 따른 차체의 뒤틀림에 의해 생겨난 것이다.
   ㉢ 직접손상은 방사선 모양이나 거미줄 모양으로 갈라지며 갈라진(금이 간) 중심에는 구멍이나 있는 경우도 있다.

② 강화유리
   ㉠ 강화유리가 파손되어 흩어진 것만을 보고는 직접손상인지, 간접손상인지 구분하지 못한다.
   ㉡ 뒷창유리에 사용된 강화유리는 박살났을 때 직접손상인지 간접손상인지에 대한 아무런 표시도 나타내 주지 않는다. 그것은 다른 물체와의 접촉에 의한 손상인지 아니면 차체의 뒤틀림에 의한 손상인지의 표시가 없기 때문이다.
   ㉢ 어느 경우든 강화유리는 강한 충격에 의해 수천 개의 팝콘 크기의 조각으로 부서진다.

> **이해 더하기**
>
> **안전유리**
> - 자동차의 창유리는 도로운송차량법 보안기준에 따라 안전유리를 사용하게 되어 있다.
> - 안전유리는 2개의 판유리 중간에 투명한 합성수지필름을 샌드위치 모양으로 끼워 접착시켜 유리가 깨질 경우라도 유리파편이 흩날리지 않도록 하여 파편에 의한 상처를 방지하도록 한 합성유리와 보통의 판유리를 가열한 뒤 급랭시켜 유리의 결정을 치밀하게 하여 잘 깨지지 않게 함과 동시에 깨진 경우라도 보통 유리파편처럼 날카롭거나 뾰족하게 되지 않고 둥글게 되어 파편에 의한 상처를 방지하도록 한 강화유리 등이 있다.
>
> **합성유리**
>
>
>
> 합성유리는 2장의 유리 사이에 투명 플라스틱 막을 넣어 접착한 유리이다.
> - 만일 파손되더라도 파편이 흩어지지 않는다.
> - 파손되어도 투명성이 뛰어나다.
> - 충격물이 관통하기 어렵다.
>
> **강화유리**
>
>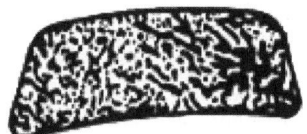
>
> 강화유리는 보통유리를 열처리함으로써 유리에 변형을 가하고, 표면층에 압축력이 작용하는 구조로 만든 것이다.
> - 보통 유리보다 3~5배 충격에 강하다.
> - 깨져도 파편이 팝콘 모양이 되므로 상처가 적다.
> - 온도의 급변에 충분히 견딜 수 있다.
>
> **부분강화유리**
>
>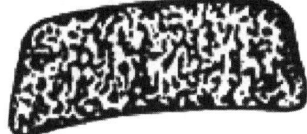
>
> 부분강화유리는 강화유리의 일종으로 파손된 경우라도 운전시야가 확보되도록 가공된 유리이다.
> - 강도는 강화유리와 같다.
> - 만일 파손된 경우라도 운전시야를 확보할 수 있다.

> **Plus Tip**
>
> 안전유리에 대한 출제 빈도율이 높으므로 강화유리와 합성유리의 특징을 반드시 숙지하도록 한다.

(5) 속도계의 조사

① 사고 후 속도계가 차의 실제 속도보다 높은 수치를 가리키는 경우도 있고 0을 가리키는 경우도 있으므로 속도계 침이 가리키고 있는 속도는 참고로 하되 단정해서는 안 된다.

② 자동차를 검증할 때는 다른 때와 마찬가지로 계기판에 붙어 있는 계기를 조사해야 하지만 속도계 바늘이 충돌 당시의 속도를 가리키면서 찌그러져 있는 경우를 제외하고는 계기판을 판독한다는 것이 별로 의미가 되지 못한다.

③ 사실상 이러한 경우는 매우 드물게 일어나므로 속도계 바늘이 어떤 속도로 부딪치는 경우 그 바늘이 받은 어떤 힘이 속도계기를 파손시킬 때 움직이게 되므로 이때에 주의할 점을 속도 계기에 대한 전문가에게 의뢰하여 조사를 받아야 하는 것이다.

④ 속도계는 일반적으로 까다로워 판독이 곤란하다. 그러나 교통사고 조사자들 역시 실제로 속도계를 보고 속도계 바늘이 왜 부딪쳤는지의 이유와 또 어디를 쳤는지를 조사할 수 있는 유능한 계기판 기술자를 찾지 않는 한 계기판에 명시된 속도가 충돌 당시에 자동차 속도를 나타내주는 것이라고 할 수는 없다.

(6) 노면에 흠집을 낸 부위의 손상

① 노면에 파인 홈(Gouge Mark)이나 긁힌 자국(Scratch)이 나타나 있으면 그 홈이나 자국을 만든 차의 부품들을 찾아 주의 깊게 살펴 보아야 하는데 세밀한 조사를 위해서는 차를 들어 올리거나 차를 측면으로 세운 다음 천천히 관찰하여야 한다. 그렇지 않으면 차를 들어 엎드려서 차 아래를 들여다 봐야 한다.

② 흠을 남기게 한 부품들은 대개 심하게 마모되어 있거나 닳아 있고, 만약에 볼트 등이 돌출해 있다면 휘어져 있을 가능성이 크다.

③ 사고 후 짧은 시일 내에 차가 점검된다면 광택 나는 부분을 쉽게 발견할 수 있다. 마찰 시 생긴 열로 갈색이나 푸른색으로 될 수도 있으며 아스팔트 성분이나 노면표시 페인트가 묻어 있을 수도 있다. 이러한 현상은 특히 무더운 여름날일 경우는 쉽게 나타난다.

④ 예를 들어 오토바이사고의 경우 오토바이의 앞바퀴 허브(Hub)가 아스팔트 노면을 긁어파는 경우도 종종 나타나므로 주의 깊게 살펴보아야 한다. 흔히 오토바이가 넘어져서 노면을 긁어파는 부위는 거의 발판(Step)에 의해서만 발생하는 것으로 고정관념을 가지는 수가 있는데 이는 잘못된 생각임을 명심해야 한다.

> **이해 더하기**
>
> **차량손상조사·분석의 원칙 및 착안점**
> - 직접손상부위와 간접손상부위를 구분한다.
> - 충격력이 작용된 방향을 파악한다.
> - 상대차의 재질이 묻었나를 찾아본다.
> - 상대차의 물체의 형상(形狀)이 찍혔나를 본다.
> - 상대차의 어느 부위와 충격하였나를 대조한다.
> - 밀려들어간(압축된) 변형인가, 잡아끌린 변형인가, 스쳐지나갔는가를 본다.
> - 손상부분이 차체의 측단으로 벗어났는가 아닌가를 본다.
> - 밀려 올라갔는가, 눌려 찌그러졌는가를 본다.
> - 간접손상의 범위가 측방의 대각선방향으로 미쳤는가 아닌가를 본다.
> - 2군데 이상의 손상이 있을 경우 1차 충돌에 의한 것인가, 2차 충돌에 의한 것인가를 본다.
> - 전체적인 손상의 모습은 어떠한가, 하체나 프레임의 변형과 보디(Body)의 변형이 다르지 않은가를 본다.
> - 차체가 찌그러져 바퀴를 움직이지 못하게 한 것은 아닌가를 본다.
> - 손상폭이 좁은가, 넓은가를 본다.
> - 타이어의 접지면(Tread)이나 옆벽(Sidewall)에 나타난 흔적이 있는가를 본다.
> - 차체 내부에 탑승자 신체와 충격하였나 탑승자 위치를 알 수 있는 흔적이 있는가를 본다.

(7) 타이어 흔적에 관한 정보

① 충돌 전 타이어가 파손되었는지 또는 충돌로 인하여 파손되었는지에 대하여 충분한 검토가 필요하다.
② 충돌 전 파손된 경우 타이어가 심하게 마모되어 펑크가 발생하거나 또는 고속주행으로 파열되는 경우가 가끔 발생할 수도 있다.
③ 충돌로 인하여 파손되는 경우 타이어 파손 단면은 대부분 충돌로 차체가 변형되어 날카로운 물체에 의해 잘려진 형상을 주로 하고 있다. 또한 충돌 시 접촉흔적은 사고발생 과정의 접촉자세 및 사고발생 과정의 이해에 도움을 준다.
④ 사고차량에 장착한 타이어를 조사한다.

[타이어의 트레드 패턴에 따른 특성]

구 분		패턴특징	기본패턴의 예	주용도
리브형 (Rib)	장 점	• 회전저항이 적고 발열이 낮다. • 옆미끄럼 저항이 크고 조종성, 안정성이 낮다. • 진동이 적고, 승차감이 좋다.		• 포장로, 고속용 • 승용차용, 버스용으로 많이 채용되고 있고 최근에는 일부 소형 트럭용으로도 사용되고 있다.
	단 점	다른 형상에 비해 제동력, 구동력이 떨어진다.		
러그형 (Lug)	장 점	• 구동력, 제동력이 좋다. • 비포장로에 적합하다.		• 일반도로, 포장도로 • 트럭, 버스용, 소형트럭용 타이어에 많이 채용되고 있다. 또한 건설차량용, 산업차량용 타이어는 거의 러그형이다.
	단 점	• 다른 형상에 비해 회전저항이 크다. • 옆미끄럼 저항이 적다. • 소음이 비교적 크다.		
리브 러그형 (Rib Lug)	장 점	• 리브, 러그 타입의 장점을 살린 타이어로 조종성 및 안정성이 우수하다. • 포장, 비포장로를 동시에 주행하는 차량에 적합하다.		• 포장, 비포장로의 양면 도로에 사용 • 트럭, 버스용에 많이 사용되고 있다.
	단 점	• 러그부 끝에서 마모발생이 쉽다. • Rib의 홈부에서 균열이 발생하기 쉽다. • 제동력, 구동력이 러그타입보다 적다.		
볼록형 (Block)	장 점	• 구동력, 제동력이 뛰어나다. • 눈 위, 진흙에서의 제동성, 조종성, 안정성이 좋다.		• 스노타이어 • 샌드서비스 타이어 등에 사용되고 있다.
	단 점	• 리브형, 러그형에 비해 마모가 빠르다. • 회전저항이 크다.		
비대칭형	장 점	• 지면과 접촉하는 힘이 균일하다. • 마모성 및 제동성이 좋다. • 타이어의 위치 교환이 불필요하다.		승용차용 타이어
	단 점	• 현실적으로 활용이 적다. • 규격 간의 호환성이 적다.		

(8) 타이어에 발생하는 이상현상

① 스탠딩웨이브(Standing Wave) 현상

사진출처 : 한국도로교통공단 교통사고조사매뉴얼

㉠ 의의 : 타이어가 회전하면 이에 따라 타이어의 전원주에서는 변형과 복원이 반복된다. 자동차가 고속으로 주행하여 타이어의 회전속도가 빨라지면 접지부에서 받은 타이어의 변형이 다음 접지 시점까지도 복원되지 않고 그림과 같이 접지의 뒤쪽에 진동의 물결이 되어 남는다. 이러한 파도치는 현상을 스탠딩웨이브(Standing Wave)라고 한다.

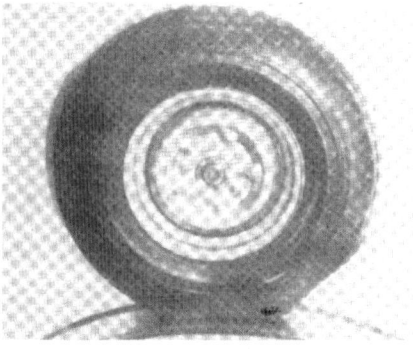

[스탠딩웨이브 현상]

㉡ 발생 : 일반구조의 승용차용 타이어의 경우 대략 150km/h 전후의 주행속도에서 이러한 스탠딩웨이브 현상이 발생한다. 단, 조건이 나쁠 때는 150km/h 이하의 저속력에서도 발생하는 일이 있으므로 주의가 필요하다.

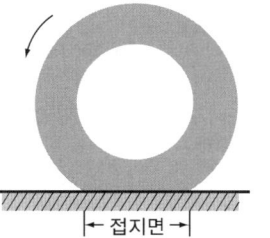

[주행속도(타이어의 회전속도)보다 변형의 회복속도가 빠른 경우]

㉢ 현 상
- 스탠딩웨이브를 일으킨 상태에서 주행을 계속하면 타이어는 강제적으로 진동수가 빠른 변형을 받기 때문에 회전저항이 급격히 증가한다.
- 자동차의 가속성이 저하되어 차량의 속도증가에 문제가 생기고 타이어의 온도는 급격히 상승하여 불과 몇 분 사이에 타이어는 갈기갈기 파괴되어 버린다.

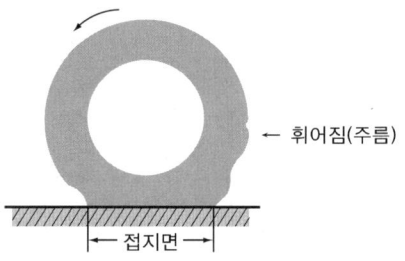

[변형의 회복속도보다 주행속도 (타이어 회전속도)가 빨라진 경우]

㉣ 주의점 : 스탠딩웨이브를 방지하기 위해서는 타이어 설계면에서 구조나 재질, 카카스를 구성하는 플라이 코드의 각도를 변화시키는 등 다양한 배려가 이루어져 있으므로 타이어 사이드부에 있는 속도표시를 유념하여 제한속도 내에서만 고속주행해야 한다. 고속주행의 기회가 많은 경우는 고속주행에 보다 적합한 타이어를 장착하든지 승용차 타이어의 경우 공기압을 $0.2 \sim 0.3 kg/cm^2$ 높게 해야 한다.

② 하이드로플레이닝(Hydroplaning) 현상

㉠ 의의 : 자동차가 물이 고인 노면 또는 비가 오는 포장도로를 고속으로 주행할 때 타이어 트레드의 그루브 사이에 있는 물을 완전히 밀어내지 못하게 되어, 즉 배수하는 기능이 감소되어 타이어와 노면 사이에 직접 접촉 부분이 없어져서 물 위를 미끄러지듯이 되는 현상이다.

㉡ 특징 : 수상스키와 같은 원리에 의한 것으로 그림과 같이 타이어 접지면의 앞쪽에서 물의 수막이 침범하여 그 압력에 의해 타이어가 노면으로부터 떨어지는 현상이며, 이러한 물의 압력은 자동차 속도의 두 배 그리고 유체밀도에 비례한다.

- 타이어가 완전히 떠오를 때의 속도를 수막현상 발생 임계속도라 하고 이 현상이 일어나면 구동력이 전달되지 않은 축의 타이어는 물과의 저항에 의해 회전속도가 감소되고, 구동축은 공회전과 같은 상태가 되기 때문에 자동차는 관성력만으로 활주되는 것이 되어 노면과 타이어의 마찰이 없어져 제동력은 물론 모든 타이어 본래의 운동기능이 소실되어 핸들로 자동차를 통제할 수 없게 된다.
- 수막현상은 대부분 전륜에 많이 발생되고 이때 발생하는 물의 깊이는 타이어의 속도, 마모정도, 노면의 거침 등에 따라 다르지만 2.5~10mm 정도에서 보여지고 있으며 보통 5.08mm에서 7.62mm 사이가 많이 발생한다.

$$\text{Hydroplaning Speed(km/h)} = 63\sqrt{P}$$
- P = 타이어 공기압(kg/cm^2)

사진출처 : 한국도로교통공단 교통사고조사매뉴얼

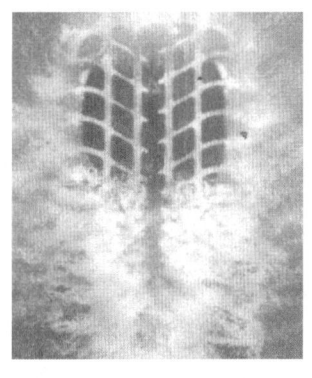
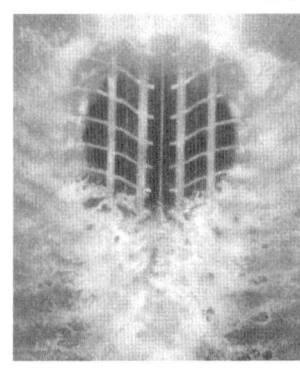
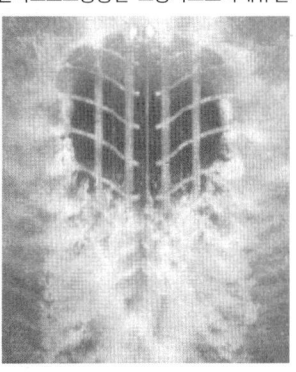

60km/h 주행 시
시속 60km/h까지 주행할 경우 수막현상이 일어나지 않는다.

80km/h 주행 시
시속 80km/h까지 주행 시 타이어의 옆면으로 물이 파고 들기 시작하여 부분적으로 수막현상을 일으킨다.

100km/h 주행 시
시속 100km/h까지 주행할 노면과 타이어가 분리되어 수막현상을 일으킨다.

[하이드로플레이닝 현상]

03 충격력의 작용방향 판단

01 충돌흔적의 확인

(1) 강타한 흔적

① 대체적인 직접손상 흔적만을 파악한 정도로는 충돌한 상대차량의 부위를 관련시켜 차의 자세를 나타내주지 못하는 수가 많으므로 부서진 부위에서 특정표시(자국)를 찾아야 한다.
② 가장 유용한 자국은 강타한 물체의 모습이 찍힌 것이나 표면의 재질이 벗겨진 것이다. 희미한 자국은 발견하지 못하고 그냥 지나치기 쉬우므로 유의해야 한다.
③ 충돌차량끼리의 접촉부위를 나타내주는 손상물질로서는 대개 페인트 흔적과 타이어의 고무조각, 보행자의 옷에서 떨어져 나온 직물 및 피해자의 머리카락, 혈흔 그리고 나무껍질이나 길가의 흙을 비롯한 그밖의 다른 것일 수도 있다. 이것은 때로 유리조각이나 장식일 수도 있다.
④ 접촉하고 있는 동안의 움직임은 종종 모습이 찍힌 것이나 재질의 벗겨짐에 의해 나타난다.
⑤ 강타한 자국은 두 접촉부위가 강하게 압박되고 있을 때 발생하여 자국이 만들어지는 양쪽이 모두 순간적으로 정지상태에 이르렀음을 나타내주는 것으로서 완전충돌(Full Impact)이라고 한다.

(2) 스쳐지나간 자국

① 스쳐지나간 자국은 순간적으로 정지된 상태에 도달하지 않고 접촉부위가 서로 같이 다른 속도로 움직이고 있었다는 것을 나타내준다. 이는 측면접촉 사고로서 옆을 스치고간 충격(Sideswipe)이다.
② 문지른 부위에 대한 페인트를 세밀하게 조사하면 문지른 흔적이 시작된 부위와 끝난 부위의 위치를 알 수 있다.
③ 실증적인 예로서 자동차보다 더 잘 고착된 금속물체에 페인트를 칠하였다고 할 경우 문지른 물체에 의해 약간의 페인트가 벗겨졌을 때 그 모양은 눈물방울처럼 끝이 큰 흔적이 되는데 이것이 문지른 물체의 주행방향을 나타내주는 것이다.

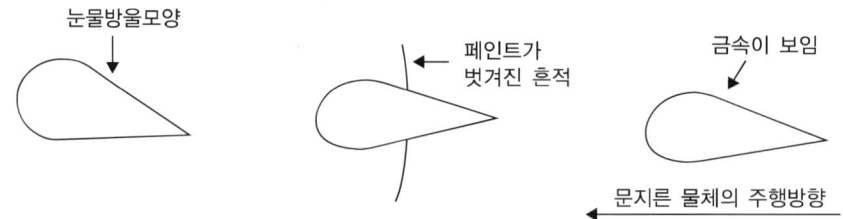

[자동차 Body 페인트에 나타나는 문지른 흔적(Scrape Marks)]

④ 위의 그림과 같이 화살표는 문지른 물체의 주행방향을 나타내며 찢긴 흔적은 눈물방울 흔적과 함께 나타나는데 문지른 끝부분에 나타나는 것이 특징이라 하겠다.

⑤ 만일 2대의 자동차가 같은 방향으로 주행 중 옆을 문지른 경우 어느 자동차가 더 빨리 주행하고 있었는지의 여부를 결정하는 문제가 있는데 문질러진 흔적의 방향을 조사하면 상관된 속도를 알 수 있다.
⑥ 주행속도가 느린 자동차의 문질러진 흔적의 방향은 뒤에서 앞으로 나타나며 반대로 주행속도가 빠른 자동차의 문지른 흔적의 방향은 앞에서 뒤로 나타난다.

(3) 충돌로 인해 타이어에 나타나는 문질러진 흔적

① 충돌로 인해 순간적으로 강한 힘이 작용되어 포장면과 심하게 마찰됨으로써 열이 발생되어 타이어의 접지면이나 옆벽의 고무가 닳으면서 더욱 검게 변한 모습이 나타난다.
② 이를 발견하기 위해서는 타이어를 헛돌려보면서 관찰하고 반드시 사진촬영해 두어야 한다.

(4) 여러 부위의 손상

① 한 사고에 관계된 차량끼리 여러 번의 충돌을 일으키면 각 충돌접촉마다 별도의 손상부위가 있게 된다.
  ㉠ 두 번 이상의 충돌은 간접손상부위와는 전혀 다르다.
  ㉡ 가장 흔한 이중접촉손상은 차의 전면 끝부분이 심하게 충돌된 후 두 대의 차 모두가 각각 시계방향과 시계반대방향으로 회전하여 서로 평행한 자세로 잠시 떨어졌다가 다시 뒤 끝부분이 부딪치게 된다.
  ㉢ 때로는 페인트의 속칠과 겉칠이 혼합되어 다른 물체에서 벗겨진 물질과 혼동될 수도 있는데 그러한 경우에는 각 차량의 속칠과 겉칠을 긁어보거나 조각을 떼어보면 대개 확인을 할 수가 있다.
② 손상물질의 견본을 수거하여 보관하면 나중에 좋은 증거물이 될 수 있다.
  ㉠ 페인트 견본을 수거할 때 마찰흔적보다는 페인트 조각을 구겨진 차체부분에서 발견하여 수집하여야 한다.
  ㉡ 페인트 조각의 측면은 현미경으로 속칠과 겉칠의 페인트층을 알아내는 데 사용된다.
  ㉢ 특히 뺑소니차량의 추적에 사용된다.
  ㉣ 차체의 녹슨 상태는 그 부분이 손상된 후 얼마나 시간이 흘렀는가를 확인할 수 있으며, 그 손상이 사고 이전에 생긴 것인지의 유무를 가르쳐주는 기준이 된다.
  ㉤ 밝은 금속광이 나는 손상부위는 다른 차량이나 고정물에 의해서 최근에 부딪친 것이다.

02 충격력의 작용방향과 충돌 후 차량의 회전방향

(1) 충격력의 작용방향

① 충돌 시 사고차량들이 어떤 자세를 취하고 있었는가, 어떤 방향을 향하고 있었는가, 직진운동을 하고 있었는가, 곡선운동을 하고 있었는가(핸들을 조작하고 있었는가 아닌가), 스핀하고 있었는가를 알기 위하여는 손상부위의 상태나 형상을 주의 깊게 보아야 한다.

② 부서진 상태나 형상을 볼 때 뒤로 압축되었는가, 잡아 끌렸는가 스쳐(훑어)지나갔는가, 차체의 측단을 벗어났는가, 밀려 올라갔는가 눌려 찌그러졌는가, 손상폭이 넓은가 좁은가, 간접손상의 범위가 측방의 대각선 방향으로 미쳤는가 등을 살펴보는 것이 좋다.

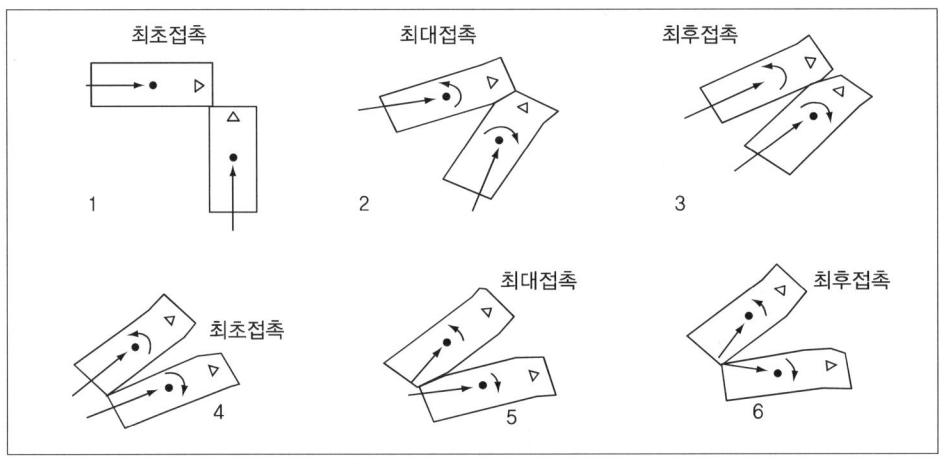

[두 번의 충돌모습]

③ 너무 세밀한 부분에 치중하다가 손상의 전체적인 형상을 놓쳐서는 안 된다.

④ 손상의 전체적인 형상을 통해 충격력의 작용방향(Thrust Direction)을 파악한 다음 충돌 후 차량의 회전방향(Rotation)이나 진행방향을 짐작하게 된다.

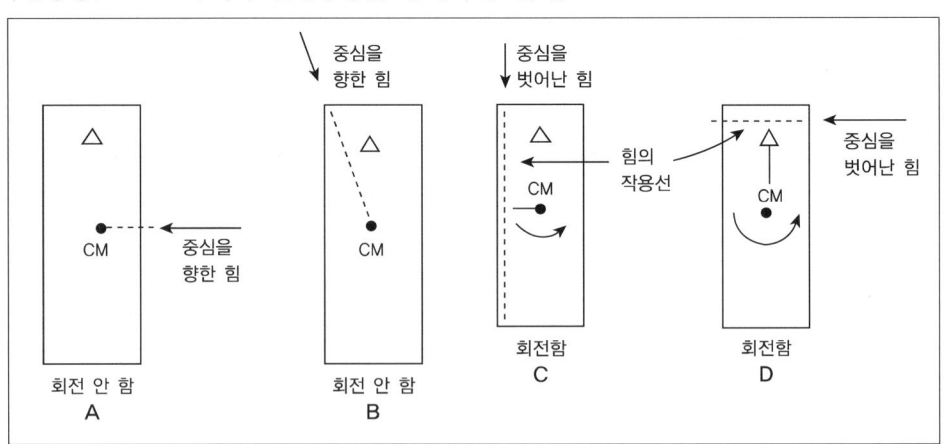

[충격력의 작용방향과 충돌 후 차량의 회전방향]

(2) 충돌 전후 이동과정 중의 손상

① 차량의 빗물받이 또는 지붕선이 땅에서 끌렸던 금속상흔과 흙 등을 찾아보고 각 흔적들을 확인하면 첫 지점에서 마지막 지점까지 차의 정확한 경로를 밝히는 데 도움이 된다.
② 지붕이나 창틀, 트렁크 뚜껑이 아래 혹은 옆으로 찌그러진 것은 차의 전복을 나타낸다. 차가 전복되어 구를 때 차의 측면과 꼭대기가 노면에 긁히게 되는데 특히 모서리 부분이 긁힌다. 뒹굴 때 차가 거꾸로 회전할 수 있다.
③ 차량의 측면과 윗면에 긁힌 자국의 방향은 차가 어떻게 움직였는지를 결정하는 데 큰 도움이 된다.
④ 무게중심이 낮고 폭이 넓은 차들이 옆으로 미끄러지는 동안 도로변의 물체에 부딪힌다면 튀어오르거나 거꾸로 내려앉거나 중간의 지면접촉이 없이 반대쪽 편에 내려앉을 수 있다.
⑤ 차가 가파른 제방을 굴러가고 있지 않은 한 차는 거의 한 번 이상 전복되지 않는다. 그 후에 곧 차는 제모양대로 바로 서게 된다.
⑥ 고정물체와의 손상도 차량의 이동과정을 통해 어떤 물체와 충돌하였는지, 충돌한 후 어느 방향으로 진행하였는지를 알기 위해 조사하여야 한다.
⑦ 도로조사를 통해 차가 몇 번이나 굴렀는지에 대해서 알 수가 있으나 손상부분만으로 이러한 사실을 알아내기란 쉽지가 않다. 목격자나 승객의 진술은 과장이 많으므로 진술 청취 시 언제나 주의해야 한다.

04 차량의 구조적 결함 시 특성 이해

[특정부위 및 부품의 손상]

부 위	발생빈도	조사요령

브레이크	• 정지시간이 길어질 때 브레이크 불량이 되며 이는 교차로 사고, 추돌사고 및 보행자 사고의 원인이 됨
	• 과적한 트럭에 발생하기 쉬움
		• 미끄러진 흔적이 있으면 차륜의 브레이크는 완전하였다는 것이 증명
		• 브레이크 파이프가 충돌로 파손되어 있지 않은 경우
		• 브레이크 오일의 누출이 없는가?
		• 브레이크 페달을 밟았을 때 바닥에 접촉하지 않는가?
		• 트럭이 그 크기에 비해 짐을 너무 많이 싣고 있지 않았는가?
		• 너무 무거운 짐을 운반하려 스프링, 차륜 및 타이어의 수를 늘린 사실은 없는가?
		• 차의 손상이 심하지 않은가?
		  – 급제동 실험(Skid Test)을 해본다.
		  – 차의 손상이 심한 경우 브레이크 불량이 생각될 때 브레이크 드럼과 브레이크 밴드의 마멸상태, 습기, 진흙 또는 그리스 부착 정도를 조사

조향기어 · 차륜 · 스프링	• 파손은 타이어 파열 사고의 원인이 됨 • 현가장치고장, 브레이크 과부하 등의 징후가 있을 수도 있음	• 파손부품, 특히 파손 가장자리의 경미한 녹흔적, 허브, 차륜, 스핀들, 타이로드, 서스펜션 힌지 및 스프링 셔클의 볼트 구멍이 확대되거나 늘어난 부위를 찾는다. • 볼·소켓의 마모와 덜거덕거림을 찾는다. 새 차에는 드물다. • 전륜(前輪)이 파손되어 있지 않으면 차륜의 여유를 조사한다. • 스티어링기어가 단단한가 헐거운가를 조사한다.
타이어	• 펑크, 차량이 그 컨트롤을 잃어 일어난 사고 특히 노외일탈 및 정면충돌의 원인이 됨 • 단독사고인 경우 교차로사고 또는 보행자사고에는 드문 경우	• 타이어 공기가 빠진 채 주행한 형적을 찾을 것 • 튜브가 갈기갈기 찢어진다(타이어 측면의 광범위에 걸친 금이나 갈라진 곳 등). • 얇게 된 트레드에 있는 찢어진 구멍은 펑크의 유력한 증거이다. • 키지점 앞의 노면을 조사하여 공기가 빠진 타이어에 의한 흔적을 찾는다. • 신품 타이어에서는 좀처럼 일어나지 않는다.
앞유리 · 옆유리 · 후사경	• 먼지, 스티커, 진흙, 서리, 습기에 의한 흐림에 의해 시야가 나쁘게 됨 • 춥고 습기가 많거나 안개가 낀 날씨에 유리의 흐림은 뚜렷하게 나타남	사고 전부터 금(균열), 파손 또는 유리가 없었는가를 점검한다.
창닦기 (와이퍼)	• 와이퍼가 작동하지 않은 경우 비 또는 눈속에서 후퇴를 제외한 거의 모든 종류의 사고의 요인이 됨 • 노외일탈, 추돌 및 고정물과의 충돌 형태를 취함 • 야간사고에 많이 관계함	• 브레이드의 유무를 조사한다. • 스위치 또는 컨트롤 노브가 어느 위치로 되어 있는가를 찾는다. • 앞유리 와이퍼의 작동 범위 내에서의 줄흔적, 깨끗하게 된 부분 또는 블레이드 작동의 가장자리 부분의 새로운 퇴적물에 대하여 조사하고, 사고시점에서의 와이퍼 작동상태의 증거를 찾는다.
도어로크	• 이것의 파손은 충돌 시 도어의 어긋남에 의한 부상의 원인이 됨 • 중요사항은 승객이 차에서 튕겨져 나가는 경우임	• 도어 및 테두리기둥의 파손된 고리나 빗장을 점검한다. • 차의 측면을 검사하여 충돌한 쪽의 앞, 뒤부분 또는 반대쪽의 한가운데 부분에 충돌에 의한 늘어남이 있었는가를 조사한다. • 도어가 움푹 들어가 있을 때는 도어를 검사하여 빗장이 걸리지 않을 정도의 변형이 있는가를 조사한다. • 충돌에 의해 차가 심한 스핀을 할 때나, 차가 측방으로 운동하거나 전복이나 도약을 해 노측에 이랑상의 흔적을 만들 때 특히 발생하기 쉽다.

CHAPTER 03 적중예상문제

01 다음 중 자동차의 개념에 대한 설명으로 틀린 것은?
① 도로교통법상 자동차라 함은 철길이나 가설된 선에 의하지 아니하고 원동기를 사용하여 운전되는 차(견인되는 자동차도 자동차의 일부로 본다)로서 원동기장치자전거도 포함된다.
② 자동차관리법상 자동차란 원동기에 의하여 육상에서 이동할 목적으로 제작한 용구 또는 이에 견인되어 육상에서 이동할 목적으로 제작한 용구를 말한다.
③ 한국공업규격(KS)상 자동차는 원동기와 조향장치를 구비하고 그것을 승차해서 지상을 주행할 수 있는 차량이다.
④ 국제표준화기구(ISO)에서 자동차 용어의 의미는 원동기를 갖추고 노상을 주행하는 차량으로서 4개 또는 2개 이상의 차륜을 가지며 궤도를 이용하지 않고 사람이나 화물을 운반, 견인하며 특수용도에 사용하는 차량으로 가선(架線)을 쓰는 트롤리 버스와 차량 중량 400kg 이상의 3륜차가 포함된다.

> **해설** ① 도로교통법상 자동차라 함은 철길이나 가설된 선에 의하지 아니하고 원동기를 사용하여 운전되는 차(견인되는 자동차도 자동차의 일부로 본다)로서 자동차관리법 제3조의 규정에 의한 승용자동차, 승합자동차, 화물자동차, 특수자동차, 이륜자동차, 건설기계관리법 제26조 제1항 단서의 규정에 의한 건설기계를 말한다. 단 원동기장치자전거를 제외한다.

02 다음 중 자동차의 치수 제원에 대한 설명으로 옳지 않은 것은?
① 축간거리란 앞뒤 차축의 중심에서 중심까지의 거리를 말한다.
② 차륜거리란 좌우 차륜의 중심에서 중심까지의 거리와 같다.
③ 최대 안정경사각이란 자동차를 측정대 위에서 오른쪽 및 왼쪽으로 기울였을 경우, 반대쪽의 모든 차륜이 측정대 바닥면에서 떨어질 때 측정대 바닥면과 수평면이 이루는 각도를 말한다.
④ 최저지상고란 접지면과 자동차 중앙부분의 최하부와의 거리로서 타이어, 휠, 브레이크 부분을 제외한다.

> **해설** ② 차륜거리란 좌우 타이어 바닥 노면과 접촉면의 중심 사이의 거리로서 좌우 타이어의 접지부 중심에서 중심까지의 거리와 같다.

03 다음 중 자동차의 제원에 대한 설명으로 옳지 않은 것은?
① 오버행(Over Hang)이란 자동차 바퀴의 중심을 지나는 수직면에서 자동차의 맨 앞 또는 맨 뒤까지(범퍼, 견인고리, 윈치 등을 포함)의 수평거리(Front/Rear Overhang)이다.
② 최소회전반경은 자동차가 최대조향각으로 저속회전할 때 바깥쪽 바퀴의 접지면 중심이 그리는 원의 반지름을 말한다.
③ 공차중량이란 자동차에 사람이나 짐을 싣지 않고 연료, 냉각수, 윤활유 등을 만재하고 운행에 필요한 기본장비(예비타이어, 예비부품, 공구 등은 제외)를 갖춘 상태의 차량중량을 말한다.
④ 축하중이란 적재를 허용하는 최대의 하중으로 하대나 하실의 뒷면에 반드시 표시하여야 한다.

해설 ④는 최대적재량에 대한 설명이다.
축하중(Axle Weight)
차륜을 지나는 접지면에서 걸리는 각 차축당 하중으로 도로, 교량 등의 구조와 강도를 고려하여 도로를 주행하는 일반자동차에 정해진 한도를 최대축하중(Maximum Authorized Axle Weight)이라고 한다.

04 다음 중 자동차의 성능 제원에 대한 설명으로 옳지 않은 것은?
① 구동력이란 주행저항에 상당하는 힘으로서 전차륜에 있어 힘의 총합이다.
② 공기저항이란 자동차가 주행하는 경우의 공기에 의한 저항이다.
③ 동력전달효율이란 엔진 기관에서 발생한 에너지(동력)가 축출력과 클러치, 변속기, 감속기 등의 모든 동력전달 장치를 통하여 구동륜에 전달되어 실사용되는 에너지(동력)의 비율이다.
④ 자동차 성능곡선이란 자동차 주행속도에 대한 구동력곡선, 주행저항곡선 및 각 변속에 있어서의 기관회전 속도를 하나의 선도로 표시한 것이다.

해설 ①은 저항력(Resistance Force)에 대한 설명이다. 구동력(Driving Force)이란 접지점에 있어서 자동차의 구동에 이용될 수 있는 기관으로부터의 힘이다.

05 다음 중 자동차의 성능 제원에 대한 설명으로 옳지 않은 것은?
① 연비는 자동차가 연료의 단위용량당 주행할 수 있는 거리(예 킬로미터/L)를 말한다.
② 등판능력(Gradability/Hill Climbing Ability)이란 차량총중량(최대적재) 상태에서 건조된 포장노면에 정지하여 언덕길을 오를 수 있는 최대능력이다.
③ 압축비란 변속기의 입력축과 출력축의 회전수비로서 주행상태에 따라 선택할 수 있다.
④ 여유력이란 구동력과 저항력의 차로서 이 여유력은 가속력, 견인력, 등판력으로 나타난다.

해설 ③은 변속비에 대한 설명이다.

06 다음 중 자동차 섀시의 구성요소와 거리가 먼 것은?
① 자동차가 움직이는 데 필요한 동력이 나오는 엔진
② 엔진에서 나온 힘을 바퀴에 전달하는 동력전달장치
③ 자동차의 방향을 바꾸는 조향장치
④ 현가장치에 직접 연결되어 사람이나 화물을 적재 수용하는 부분

해설 섀시의 구성요소
프레임, 엔진, 동력전달장치, 현가장치, 조향장치, 제동장치, 전기장치, 공조장치, 안전장치, 내외장품 등 운전자들의 편의를 위한 장치들이 있다.

07 다음 중 시동장치에 포함되지 않는 것은?
① 시동전동기
② 축전지
③ 댐퍼클러치
④ 점화스위치

해설 댐퍼클러치는 토크컨버터에서 슬립률을 감소시킨다.

08 다음의 자동차부품 중 점화회로에 해당하지 않는 것은?
① 시동전동기
② 점화코일의 1차 회로
③ 인젝터
④ 크랭크앵글센서

해설 인젝터는 연료 분사밸브로 점화회로와는 관계가 없다.

09 가솔린기관의 노킹방지와 관계있는 것은?
① 점화시기를 빠르게 한다.
② 저옥탄가 가솔린을 사용한다.
③ 퇴적된 카본을 떼어낸다.
④ 혼합기를 희박하게 한다.

해설 피스톤 헤드나 실린더 헤드에 카본이 퇴적되면 열전달이 불량해지고, 압축비가 증가하므로 노크가 증가한다.

10 자동차의 동력조향장치가 고장났을 때 수동으로 조향할 수 있도록 하는 부품은?
① 시프트레버
② 안전체크밸브
③ 조향기어
④ 동력부

해설 안전체크밸브는 동력조향장치가 고장났을 경우 수동으로 조향이 가능하도록 한다.

11 연료의 소비율 단위로 부적당한 것은?
① Gr/Ps·H
② L/H
③ L/km
④ km/L

해설 ② 시간당 연료소모량을 나타낸다. 기관 운전조건에 따라 연료소모량이 많이 다르기 때문에 비교 단위로 부적당하다.
① 일정 마력으로 1시간 운행 시 소모연료중량의 단위이다.
③ 1km 주행하는 데 소모되는 연료량을 나타낸다.
④ 연료 1L로 주행할 수 있는 거리를 나타낸다.

12 다음은 FF 자동차의 장점이다. 맞지 않는 것은?

① 실내공간이 넓어진다.
② 조종성능이 좋다.
③ 무게가 가벼워 경제성이 있다.
④ 조종장치와 구동장치가 분리되어 구조상 유리하다.

해설 FF 자동차는 조종장치와 구동장치가 한곳에 있어 구조적으로 복잡하다.

13 다음 중 자동차의 주행저항과 관계없는 것은?

① 공기저항
② 가속저항
③ 구배저항
④ 제동저항

해설 자동차의 주행저항
구름저항, 가속저항, 구배저항, 공기저항

14 차동장치의 기능으로 맞지 않는 것은?

① 기관 회전력의 방향전환
② 출력 증대
③ 타이어 마모 감소
④ 원활한 운전

해설 차동장치
추진축의 회전방향을 바꾸어 각 구동 차축에 전달하며 링 기어와 피니언의 잇수비로 감속하고 토크를 증대시킨다. 또한, 좌우 차륜의 회전수 차이에 따른 회전저항을 없애고 원활한 운전이 되도록 한다.

정답 12 ④ 13 ④ 14 ②

15 다음의 설명 중 캐스터각은?
   ① 좌우 타이어의 접촉면 중심선이 조향차륜의 수평지름과 이루는 각도
   ② 킹핀의 중심선의 연직선에 대한 경사각도
   ③ 차륜 중심면과 연직선이 이루는 각도
   ④ 킹핀 중심선의 투상선이 연직선에 대한 경사각도

   해설 ① 토인, ③ 캠버각, ④ 킹핀경사각

16 자동차의 정지 시 발생하는 마찰열은 주로 무엇에 의해 방산되는가?
   ① 브레이크 드럼
   ② 브레이크 패드
   ③ 브레이크 디스크
   ④ 휠 실린더

   해설 자동차의 제동장치는 운동에너지를 드럼 및 디스크와 슈 및 패드의 마찰에 의해서 열에너지로 변환하여 방출함으로써 제동이 이루어진다. 방열에 의한 냉각효과를 높이기 위하여 드럼의 외주에 냉각핀을 설치하기도 한다.

17 전속도 모든 조건에서 공기와 연료비가 일정하게 유지되도록 하는 장치는?
   ① 조속기
   ② 제어래크
   ③ 타이머
   ④ 앵글라이히 장치

   해설 디젤기관의 출력제어는 연료분사량으로 하기 때문에 흡입되는 공기에 비해 농후한 연료분사 또는 희박한 연료분사가 일어날 수 있다. 이를 방지하기 위해 일정한 혼합비를 유지하기 위한 장치가 조속기 내에 설치된 앵글라이히 장치이다.

18 전자제어 엔진에서 Map센서는?
① 매니폴드 절대압력을 측정하는 센서
② 관성항법 시스템의 지도
③ 매니폴드 내의 공기압력 변동 측정
④ 평균 대기압력의 머리글자

해설 Map센서는 매니폴드 내의 공기압력을 감지한다.

19 다음은 기관의 출력이 떨어지는 원인이다. 틀린 것은?
① 흡입효율이 낮을 때
② 기관이 과열되었을 때
③ 기관이 과랭되었을 때
④ 배기파이프가 파손되었을 때

해설 **기관출력 저하의 원인**
- 배기관의 배기저항이 크다.
- 흡입효율이 낮고 연료의 공급이 불충분하다.
- 점화시기가 늦어 연소실 내 최고연소온도와 압력이 낮다.
- 기관이 과열되어 노킹 및 조기점화가 발생한다.
- 기관이 과랭되어 열효율이 낮아지고 연료소비량이 증가한다.

20 다음 중 공랭식기관이 과열되는 원인이 아닌 것은?
① 시라우드의 파손
② 냉각팬의 파손
③ 장시간 정지 시 고속운전
④ 라디에이터의 막힘

해설 공랭식기관은 냉각유체가 공기이므로 냉각수 관련 부속장치가 없다.
공랭식기관의 과열 원인
- 냉각팬의 고장
- 냉각팬의 파손
- 시라우드의 파손
- 장시간 정지상태에서 고속운전

21 다음 중 피스톤 표면에 주석도금을 하는 이유로 옳은 것은?
① 재질을 강하게 하기 위하여
② 연소되어 붙음을 방지하기 위하여
③ 팽창률을 적게 하기 위하여
④ 측압을 적게 하기 위하여

해설 피스톤은 실린더 내에서 고온의 연소열에 의해 고속운동을 하기 때문에 윤활이 불완전할 경우 연소되어 붙음을 일으킬 수 있다. 이를 방지하기 위해 피스톤 표면에 주석(Sn)도금을 한다.

22 다음 중 압축압력이 낮아지는 원인으로 맞지 않는 것은?
① 실린더와 피스톤의 마모 때문이다.
② 흡입공기량이 너무 많기 때문이다.
③ 흡·배기 밸브의 밀착 불량 때문이다.
④ 실린더 누출 및 흡기효율의 저하 때문이다.

해설 압력이 낮아지는 원인
- 실린더와 피스톤의 마모
- 흡·배기 밸브의 밀착 불량
- 실린더 누출 및 흡기효율의 저하

23 엔진의 워밍업 시간을 단축시키기 위한 장치는?
① 엔티퍼 컬레이터
② 스로틀 크래커
③ 에어 블리드
④ 패스트 아이들 기구

해설 ④ 엔진이 워밍업되기 전에 엔진의 공전속도를 높여 짧은 시간 내에 정상온도에 도달하게 하기 위한 기구

24 다음 중 윤활유의 역할과 관계없는 것은?
① 감마작용
② 냉각작용
③ 세척작용
④ 흡수작용

해설 윤활유의 역할
• 밀폐작용(밀봉작용)
• 청정작용(청정작용)
• 냉각작용(열전도작용)
• 완충작용(응력분산작용)
• 방청작용(부식방지작용)
• 방음작용(소음방지작용)
• 감마작용(마찰감소 및 마멸방지작용)

25 디젤기관의 독립식 분사펌프에서 연료가 공급되는 순서가 바르게 나열된 것은?
① 연료탱크 → 공급펌프 → 연료여과기 → 분사노즐 → 분사펌프
② 연료탱크 → 연료여과기 → 분사펌프 → 공급펌프 → 분사노즐
③ 연료탱크 → 분사펌프 → 공급펌프 → 연료여과기 → 분사노즐
④ 연료탱크 → 연료여과기 → 공급펌프 → 연료여과기 → 분사펌프 → 분사노즐

해설 디젤기관의 독립식 분사펌프는 각 실린더마다 개별적으로 분사펌프가 장치된 형식으로, 연료는 연료탱크 → 연료여과기 → 공급펌프 → 연료여과기 → 분사펌프 → 분사노즐의 순서로 공급된다.

26 디젤기관 연소실 중 분사압력이 낮고 연료의 변화에 둔감하며 연료소비율이 크고 디젤노크가 적은 디젤(단실식)연소실은?
① 예연소실식
② 직접분사실식
③ 와류실식
④ 공기실식

해설 ② 분사압력이 가장 높고 열효율이 높으며 연료소비율이 작으나 디젤노크의 발생이 쉽다.
③ 회전속도, 평균 유효압력이 높으며, 연료소비율이 비교적 낮으나 열효율이 낮고 디젤노크의 발생이 쉽다.
④ 연소속도가 완만하여 기동이 조용하며 연소의 폭발압력이 가장 낮다. 연료소비율이 비교적 크고 회전속도의 변화에 대한 적응성이 낮다.

정답 24 ④ 25 ④ 26 ①

27 다음은 크랭크축에 대한 설명이다. 틀린 것은?
　① 각 실린더의 동력행정에서 얻은 피스톤의 왕복운동을 회전운동으로 바꾸어준다.
　② 엔진의 진동을 방지하고자 진동댐퍼를 설치한다.
　③ 크랭크축의 재질은 특수주철로 한다.
　④ 회전 시는 항상 휨·전단·비틀림의 모멘트를 받는다.

> **해설** ③ 휨·전단·비틀림 하중을 받기 때문에 주철을 쓸 수 없다. 주철은 압축강도는 크나 전단·휨·비틀림에 약하다.
> **크랭크축의 재질**
> 고탄소강, 니켈크롬강, 크롬 몰리브덴강

28 다음 중 밸브스틱 현상이 일어나는 원인이 아닌 것은?
　① 밸브가이드 간극의 과소로 인한 유막파괴
　② 오일공급 부족
　③ 오일연소 시 생성된 카본 또는 이물질의 침입
　④ 밸브간극의 과소로 인한 소결

> **해설** **밸브스틱 현상**
> 밸브스템이 밸브가이드에 소결·고착되어 캠의 구동과 스프링 장력의 작용력에도 움직이지 않는 현상으로 가이드 간극이 과소하여 유막이 파괴되거나 오일공급 부족, 오일의 연소 시 생성된 카본 또는 이물질의 침입 등에 의해 발생한다.

29 다음 중 스프링서징 현상이 일어날 수 있는 것은?
　① 원추형 스프링
　② 원판 스프링
　③ 이중 스프링
　④ 부동피치형 스프링

> **해설** 서징방지를 위해 부동피치형 스프링, 이중 스프링, 원추형 스프링을 사용한다.

30 다음 중 유압이 떨어지는 원인은?
① 유압회로의 막힘
② 기관의 과열
③ 유압조절기의 장력이 강함
④ 오일점도가 높음

해설 기관이 과열되면 오일점도가 낮아져 유압이 떨어진다.

31 냉각수의 대류작용을 이용하여 엔진을 냉각시키는 방식은?
① 자연순환식
② 자연통풍식
③ 강제순환식
④ 강제통풍식

해설 ① 증발잠열식이라고도 하며 냉각효과가 적어 자동차용 엔진과 같은 고속엔진에는 부적합한 방식이다.

32 다음 중 연료 여과장치의 설치 위치로 적합하지 않은 곳은?
① 연료탱크의 주입구
② 연료공급펌프의 입구쪽
③ 연료 입구쪽
④ 노즐 홀더

해설 ①·④ 스크린으로 특별히 막히는 경우 등에 청소할 수 있도록 부품의 일부분에 설치한다.
② 자주 교환하고 청소할 수 있도록 설치되어 있으며, 여과기가 독립된 부품으로 설치되어 있다.

정답 30 ② 31 ① 32 ③

33 디젤기관에서 과급을 하는 주된 목적은?
① 기관의 회전수를 일정하게 한다.
② 기관의 윤활유 소비를 줄인다.
③ 기관의 회전수를 빠르게 한다.
④ 기관의 출력을 증가시킨다.

> **해설** 과급을 하는 주된 목적은 한정된 실린더 내에 많은 공기를 강제 유입시키고 다량의 연료를 분사하여 평균 유효압력을 향상시킴으로써 출력을 증가시키기 위해서이다.

34 다음은 가솔린기관과 디젤기관의 차이점에 대한 설명이다. 틀린 것은?
① 디젤기관이나 가솔린기관 모두 연료펌프가 필요하다.
② 디젤기관에 사용하는 축전지는 가솔린기관에 비해 전압이나 용량이 크다.
③ 디젤기관은 가솔린기관에 비하여 폭발압력이 높다.
④ 디젤기관의 예열플러그는 가솔린기관의 점화플러그와 같은 기능을 한다.

> **해설** 예열플러그는 흡입공기를 가열하기 위함이고, 점화플러그는 고온·고압의 전기불꽃을 발생시켜 점화원으로 사용한다.

35 다음 중 디젤기관의 착화지연 기간을 짧게 하는 방법으로 옳은 것은?
① 흡기온도를 낮춘다.
② 세탄가를 높인다.
③ 연료에 황의 함유량을 증가시킨다.
④ 실린더 벽의 온도를 낮추도록 냉각효과를 높인다.

> **해설** **착화지연 기간을 짧게 하는 방법**
> • 압축비를 크게 한다.
> • 흡기온도를 높인다.
> • 실린더 벽의 온도를 높인다.
> • 착화성이 좋은 연료(세탄가가 높은 연료)를 사용한다.
> • 와류를 일어나게 한다.

36 디젤노크의 방지책으로 적당하지 않은 것은?
① 착화지연 기간 중의 연료분사량을 적게 한다.
② 세탄가가 높은 연료를 사용한다.
③ 압축비를 낮게 한다.
④ 압축온도를 높인다.

해설 ③ 압축비를 크게 하고 흡입공기의 온도를 높이며, 실린더 벽의 온도를 높인다.
디젤노크의 방지책
- 세탄가가 높은 연료를 사용한다.
- 와류를 일어나게 한다.
- 압축공기온도를 높인다.
- 연료분사 시기를 정확하게 한다.
- 부하를 적게 한다.
- 착화지연 기간의 연료분사량을 적게 한다.

37 다음 중 LPG 자동차의 연료장치 내 전자식차단밸브의 설명으로 옳은 것은?
① 시동 시 기화된 연료만 혼합기에 공급되도록 한다.
② 기관 정지 시 연료가 대기 중에 누출되는 것을 방지한다.
③ 냉간 시 액체가스를 데워준다.
④ 시동 후 액상의 가스가 베이퍼라이저에 공급되지 못하도록 한다.

해설 ② 고압파이프에 설치, 기관 정지 시 연료를 차단한다.

38 다음 중 노킹과 옥탄가의 관계를 바르게 설명한 것은?
① 일정 범위 내에서는 옥탄가와 노킹은 반비례한다.
② 일정 범위 내에서는 옥탄가와 노킹은 비례한다.
③ 일정 범위 내에서는 옥탄가와 노킹은 기관온도에 비례한다.
④ 일정 범위 내에서는 옥탄가와 노킹은 대기압에 비례하며, 주변 운전조건과 관계가 깊다.

해설 옥탄가는 연료의 내폭성을 수치로 나타낸 것으로 옥탄가가 높을수록 노킹은 감소한다. 운전조건은 노킹에 영향을 주지만 옥탄가에는 영향을 주지 않는다.

39 디젤기관의 압축비가 가솔린기관보다 높은 이유는? ★★★

① 기동전동기의 출력을 크게 하기 위하여
② 디젤연료의 분사압력을 높이기 위하여
③ 공기의 압축열로 자기착화하기 위하여
④ 기관의 소음과 진동을 방지하기 위하여

해설 가솔린기관은 전기적 스파크에 의한 전기점화를 하지만, 디젤기관은 실린더 내에 공기만을 흡입하여 15~20의 높은 압축비로 압축하여 고온·고압의 공기 중에 연료를 고압으로 분사하여 자기착화시키므로 압축비가 가솔린기관보다 높다.

40 충전 중 축전지가 폭발할 위험이 있는 요인은?

① 오존가스
② 산소가스
③ 황산가스
④ 수소가스

해설 충전 중 음극에서 폭발성분의 수소가스가 발생하므로 화기를 가까이 해서는 안 된다.

41 연료탱크 등에서 발생한 증발가스를 흡수·저장하는 배출가스 제어장치는?

① 캐니스터
② 서지탱크
③ 카탈리틱 컨버터
④ 체임버(Chamber)

해설 캐니스터는 연료장치에서 증발된 가스를 포집하였다가 연소실로 순환시킨다.

42 캠버가 과도할 때 타이어의 마멸상태는?
① 트레드의 중심부가 마멸
② 트레드의 한쪽 모서리가 마멸
③ 트레드의 전반에 걸쳐 마멸
④ 트레드의 양쪽 모서리가 마멸

해설 캠버가 과도하면 한쪽 모서리가 마모된다.

43 기동전동기가 회전하지 않는 원인이 아닌 것은?
① 스위치의 접촉 불량
② 축전지 전압이 높음
③ 브러시와 정류자의 밀착 불량
④ 계자코일의 소손

해설 축전지의 전압이 낮을 때 기동전동기가 회전하지 않게 된다.

44 점화플러그가 자기청정온도 이하가 되면 어떤 현상이 일어나는가?
① 역 화
② 실 화
③ 후 화
④ 조기점화

해설 자기청정온도란 점화플러그 전극부분 자체의 온도에 의해 카본의 부착 등에 의한 오손을 스스로 산화·제거하는 온도를 말하며, 400℃ 이하에서는 전극부분의 퇴적 탄소를 산화시켜 제한할 수 없어 실화의 원인이 되고 880℃ 이상의 고온에서는 조기점화의 원인이 된다.

정답 42 ② 43 ② 44 ②

45 유도기전력은 자속의 변화를 방해하는 방향으로 발생한다는 법칙은?

① 줄의 법칙
② 앙페르의 법칙
③ 렌츠의 법칙
④ 플레밍의 왼손 법칙

해설
① 전기도체에 전류가 흐를 때 발생되는 열량은 전류의 제곱과 저항의 곱에 비례한다.
② 전류의 방향을 오른나사가 진행하는 방향으로 하면 발생되는 자기장의 방향은 오른나사의 회전방향이 된다.
④ 전동기의 원리이다.

46 다음 중 축전지의 자기방전 원인은?

① 발전기의 발전량이 많을 때
② 축전지 표면에 전기회로가 생겼을 때
③ 증류수의 양이 많을 때
④ 황산의 양이 적을 때

해설 축전지의 자기방전 원인
- 퇴적물에 의해 양극판이 단락될 때
- 음극판이 황산과의 화학작용으로 황산납이 될 때
- 축전지 윗면의 전해액이나 먼지에 의해 누전이 생길 때
- 전해액에 포함된 불순금속에 의한 국부전지가 형성될 때

47 점화코일의 구조에 관한 설명으로 옳은 것은?

① 1차 코일을 안쪽에 감는 것은 방열이 잘 되도록 하기 위함이다.
② 1차 코일의 감기 시작은 (-)단자에, 감기 끝은 (+)단자에 접속되어 있다.
③ 1차 코일과 2차 코일의 권수비는 100~200으로 되어 있다.
④ 1차 코일은 2차 코일에 비하여 큰 전류가 흐르기 때문에 선의 단면적도 크다.

해설
① 바깥쪽에 감는다.
② 감기 시작은 (+)단자에, 감기 끝은 (-)단자에 접속되어 있다.
③ 권수비는 60~100으로 되어 있다.

48 다음 중 단속기의 캠각이 작을 때 나타나는 현상은?

① 점화코일이 발열한다.
② 고속에서 실화가 일어나기 쉽다.
③ 2차 전압이 높아진다.
④ 단속기 접점이 소손되기 쉽다.

해설 ①·③·④는 캠각이 클 때 나타나는 현상이다.
캠각이 작을 때 나타나는 현상
- 점화시기가 빨라진다.
- 2차 전압이 낮다.
- 접점 간극이 크다.
- 고속에서 실화가 일어나기 쉽다.

49 기관의 점화플러그에 불꽃이 발생하지 않을 때의 판단으로 틀린 것은?

① 축전기의 용량 부족
② 점화플러그의 오손
③ 점화시기 불량
④ 점화코일의 파손

해설 점화플러그에서 불꽃이 발생하지 않을 때의 원인
- 점화스위치의 불량
- 축전기의 용량 부족
- 점화코일의 1차선 단선, 단락
- 배전기 및 고압케이블의 누전
- 배전기 접점의 소손 및 점화코일의 파손
- 점화플러그의 오손 및 각 단자의 접촉 불량

50 다음 중 발전기 고장의 직접적인 원인과 관계가 먼 것은?

① 정류자의 오손에 의한 고장
② 릴레이의 오손과 소손에 의한 고장
③ 발전기 단자의 접촉불량에 의한 고장
④ 브러시의 마멸과 브러시 스프링의 약화에 의한 고장

해설 릴레이는 통과 전압 또는 전류에 의하여 자동적으로 단속되는 접점으로서 연속적인 전기적인 구동으로 소손되는 고장이 많으며, 이는 발전기 고장의 직접적인 원인과 관계없다.

정답 48 ② 49 ③ 50 ②

51 전자제어 연료장치에서 기관이 정지 후 연료압력이 급격히 저하되는 원인에 해당되는 것은?
① 연료필터가 막혔을 때
② 연료펌프의 체크밸브가 불량할 때
③ 연료의 리턴파이프가 막혔을 때
④ 연료펌프의 릴리프밸브가 불량할 때

해설 ② 연료펌프의 체크밸브 접촉이 불량하면 압력이 낮아지게 된다.

52 미끄럼제한 브레이크장치(Anti-lock Brake System 또는 Anti-skid Brake System)에 대한 설명으로 틀린 것은?
① 전륜은 조향바퀴이므로 후륜에만 장착이 가능하다.
② 노면의 상태가 변화해도 최대의 제동효과를 얻기 위한 것이다.
③ 후륜의 조기고착에 의한 옆방향 미끄러짐도 방지한다.
④ 타이어의 미끄러짐이 마찰계수 최고치를 초과하지 않도록 한다.

해설 ① ABS 장치는 전륜·후륜 모두 제어한다.

53 전자제어분사 엔진에서 열간 시 시동이 걸리지 않는 원인이 아닌 것은?
① 연료압력 레귤레이터 불량
② 인젝터 불량
③ 흡기매니폴드 개스킷 불량
④ 산소센서 불량

해설 ④ 산소센서는 배기가스 속의 산소량을 검출하는 역할을 한다.

54 다음 중 배출가스 저감장치로 볼 수 없는 것은?
① 피드백 제어정지장치
② 증발가스제어
③ 삼원촉매장치
④ 블로바이가스 환원장치

해설 배출가스 저감장치
블로바이가스 환원장치(PCV장치), 증발가스 환원장치(캐니스터), 배기가스 재순환장치(EGR장치), 삼원촉매장치(컨버터), 촉매변환기(컨버터) 설치차량은 반드시 무연휘발유를 사용하여야 한다.

55 차량의 급출발 시 전후 진동이 발생된다. 이때 ECU의 급출발 여부를 판단하는 센서는?
① TPS, 차속센서
② 차속센서, 정지 등 스위치
③ 차속센서, 조향휠센서
④ TPS, 조향휠센서

56 클러치가 미끄러지는 원인 중 틀린 것은?
① 마찰면의 경화, 오일 부착
② 페달 자유간극 과대
③ 압력판 및 플라이휠 손상
④ 클러치 압력스프링 쇠약, 절손

해설 ② 페달의 자유간극이 크면 클러치 차단이 불량해지는 원인이 된다.

정답 54 ① 55 ① 56 ②

57 현가장치의 진동에서 차체가 좌우로 흔들리는 고유진동으로 윤거의 영향을 많이 받는 것은?
① 요 잉
② 피 칭
③ 롤 링
④ 바운싱

해설 차체가 상하로 흔들리는 것은 바운싱, 앞뒤로 흔들리는 것은 피칭이라고 한다.

58 다음 중 포지티브 캠버에 대한 설명으로 옳은 것은?
① 앞바퀴의 아래쪽이 위쪽보다 좁은 것을 말한다.
② 앞바퀴의 앞쪽이 뒤쪽보다 좁은 것을 말한다.
③ 앞바퀴의 킹핀이 뒤쪽으로 기울어진 것을 말한다.
④ 앞바퀴의 위쪽이 아래쪽보다 좁은 것을 말한다.

해설 앞바퀴 위쪽이 바깥쪽으로 벌어진 것을 말한다.

59 다음 중 앞 현가장치에서 킹핀의 역할을 하고 있는 것은?
① 새클핀
② 어퍼 볼 조인트와 로어 볼 조인트
③ 코터핀
④ 타이로드 엔드와 볼 조인트

해설 SLA형식에서는 어퍼 볼 조인트와 로어 볼 조인트의 가상선을 킹핀으로 생각한다.

60 주행 중인 차량의 기관에 과열현상이 발생하였다. 이 원인 중 틀린 것은?
① 냉각수가 누수되었다.
② 발전기의 설치 볼트가 풀렸다.
③ 수온조절기가 열려 있었다.
④ 방열기 앞부분에 큰 이물질이 부착되어 있다.

해설 수온조절기는 웜업시간과 관련있다.

61 다음 설명 중 섀시에 대한 정의로 옳은 것은?
① 엔진을 제외한 나머지 보디의 하체부분을 말한다.
② 동력전달 장치 및 현가, 제동, 조향 장치 등을 말한다.
③ 자동차에서 보디를 제외한 나머지 부분을 말한다.
④ 자동차에서 동력전달 장치를 제외한 나머지 부분을 말한다.

해설 ③ 섀시는 보디를 제외한 나머지 부분을 뜻한다.

62 다음은 주행 중 클러치가 미끄러지는 원인이다. 부적당한 것은?
① 페달 유격이 없다.
② 클러치 스프링이 쇠약해졌다.
③ 클러치 디스크의 런아웃이 과다하다.
④ 클러치 디스크에 오일이 부착되었다.

해설 ③ 클러치의 끊어짐이 불량한 원인이다.
클러치의 미끄러짐 원인
• 유격이 없을 때
• 오일부착 및 표면강화
• 스프링의 쇠약 및 손상

63 다음 중 기어가 잘 들어가지 않는 원인으로 옳은 것은?

① 인터록의 마모
② 시프트 포크의 마모
③ 기어의 마모
④ 주축 베어링의 마모

해설 ②·③·④는 주행 중 기어가 빠지는 원인이다.
기어가 잘 들어가지 않는 이유
- 클러치 차단 불량
- 인터록 마모
- 기어오일의 응고

64 클러치 면이 마모되었을 경우 나타나는 현상이다. 옳은 것은?

① 클러치 페달 유격이 커진다.
② 클러치가 슬립한다.
③ 릴리스 레버 높이가 낮아진다.
④ 클러치 스프링이 압력판을 미는 힘이 강해진다.

해설 **클러치 면의 마모 시 나타나는 현상**
- 클러치 페달 유격이 작아진다.
- 릴리스 레버 높이가 높아진다.
- 스프링이 확장하여 압력판을 미는 힘이 약해진다.

65 마스터 실린더의 체크 밸브가 손상되면 나타나는 현상으로 맞지 않는 것은?

① 브레이크의 작동이 지연된다.
② 브레이크 라인 내에 공기가 침입한다.
③ 브레이크력이 감소한다.
④ 휠 실린더로부터 브레이크 오일이 샌다.

해설 **마스터 실린더 체크 밸브의 기능**
- 브레이크 라인 내 공기 침입방지
- 브레이크의 작동 지연방지
- 브레이크의 라인 내 잔압유지
- 휠 실린더로부터의 오일 누출방지

66 다음 중 클러치 스프링의 장력이 작아지면 나타나는 현상으로 맞지 않는 것은?
① 마찰력이 감소한다.
② 클러치 용량이 감소되어 미끄러진다.
③ 전달회전력이 작아진다.
④ 페달의 유격이 작아진다.

해설 클러치 스프링의 장력이 작아지면 마찰력이 감소되며, 전달회전력이 작아지고 클러치의 용량이 감소되어 미끄러짐이 생긴다.

67 다음 중 추진축의 비틀림 댐퍼의 설명으로 맞는 것은?
① 변속기의 기어 변속을 쉽게 하기 위한 것이다.
② 작용이 불량하면 전달 토크가 작게 된다.
③ 추진축의 진동을 방지한다.
④ 댐퍼의 조정 너트는 가볍게 조인다.

해설 ③ 추진축은 기관의 회전력에 의하여 연속적인 비틀림을 받으며 회전한다. 고속회전에 의하여 비틀림 진동과 휠링이라고 하는 굽은 진동을 일으킨다. 이러한 추진축의 진동을 방지하기 위하여 비틀림 댐퍼를 설치한다.

68 조향 장치의 구비조건이다. 맞지 않는 것은? ★★★★
① 조향 조작이 주행 중의 충격에 영향을 받지 않을 것
② 조향 핸들의 회전과 바퀴의 선회 차가 클 것
③ 회전반경이 작을 것
④ 조작하기 쉽고 방향 변환이 원활하게 행해질 것

해설 ② 조향 핸들의 회전과 바퀴의 선회 차가 크면 조향 감각을 익히기 어렵고 조향 조작이 늦어진다.

정답 66 ④ 67 ③ 68 ②

69 다음 중 조향기어비를 너무 크게 한 경우와 관계가 먼 것은? ★★★
① 조향 핸들의 조작이 가볍게 된다.
② 복원성능이 좋지 않게 된다.
③ 좋지 않은 도로에서 조향 핸들을 놓치기 쉽다.
④ 조향 링키지가 마모되기 쉽다.

해설 ③ 조향기어비가 클수록 비가역식이 되어 핸들조작은 가볍고 핸들을 놓칠 우려가 없으나 조향 링키지의 마모가 촉진된다.

70 캠버에 대한 다음 설명 중 옳지 않은 것은?
① 좌우 바퀴의 캠버각이 다르면 조향 핸들이 한 쪽으로 쏠리게 된다.
② 캠버는 앞바퀴의 사이드 슬립과 관계없다.
③ 캠버는 공차상태에서 측정한다.
④ 조향조작을 가볍게 하기 위해서 캠버를 둔다.

해설 ② 캠버는 앞바퀴의 사이드 슬립을 토인과 함께 조정한다.

71 다음 설명 중 캠버와 관계없는 것은?
① 조향 핸들의 조작을 가볍게 하기 위해서 캠버를 둔다.
② 수직방향의 하중에 의한 앞차축의 휨을 방지하기 위해서 캠버를 둔다.
③ SLA형식은 캠버가 부(-)의 방향으로 변화된다.
④ 평행사변 형식은 캠버의 변화가 많다.

해설 ④ 바퀴의 상하운동에 의하여 윤거가 변화하며 캠버의 변화는 없다.

72 다음 중 토인을 측정할 때 먼저 점검해야 할 항목에 해당되지 않는 것은?

① 차량의 수평상태
② 핸들의 유격
③ 차량 무게
④ 현가 스프링의 피로

해설 앞바퀴 얼라인먼트 측정 전 점검사항
- 타이어 공기압
- 차륜의 흔들림
- 허브 베어링
- 핸들의 유격
- 현가 스프링의 피로
- 볼 조인트
- 프레임의 변형
- 차량의 수평상태

73 다음 중 캠버각의 역할이 아닌 것은?

① 작은 힘으로 조향
② 수직하중에 의한 앞차축의 휨 방지
③ 바퀴의 토아웃 방지
④ 주행 중 바퀴가 벗어나려는 것을 방지

해설 ③ 토인의 기능이다.

74 다음 중 좌우 바퀴의 회전반경이 차이가 나는 원인은?

① 피트먼 암의 굽음이 있을 때
② 앞 타이어의 지름이 같지 않을 때
③ 좌·우 섀시 스프링이 같지 않을 때
④ 앞바퀴 베어링의 쫘이 불량할 때

해설 ① 피트먼 암은 조향 핸들의 움직임을 센터링크나 드래그링크에 전달하는 장치로 한쪽 끝은 테이퍼 세레이션이며, 다른 쪽 끝은 볼 조인트로 되어 있어서 피트먼 암이 굽으면 좌·우 바퀴의 회전반경이 차이가 난다.

정답 72 ③ 73 ③ 74 ①

75 다음은 조향 핸들의 조작을 가볍게 하는 방법이다. 틀린 것은? ★★★
① 조향 기어비를 크게 한다.
② 동력 조향장치를 설치한다.
③ 앞바퀴 얼라인먼트를 정확히 조정한다.
④ 저속으로 주행한다.

> **해설** ④ 동일한 조건에서는 저속보다는 고속으로 주행할 때의 핸들조작력이 가볍다.
> **조향 핸들의 조작을 가볍게 하는 방법**
> • 타이어의 공기압을 높인다.
> • 동력 조향장치를 설치한다.
> • 앞바퀴 얼라인먼트를 정확히 조정한다.
> • 조향 기어비를 크게 한다.
> • 조향 링키지의 연결부 이완 및 마모를 수정한다.

76 다음은 앞바퀴 정렬의 조정방법이다. 잘못된 것은?
① 캠버의 조정 - 위 서스펜션 암에 조정심을 증감시켜서 조정한다.
② 캐스터 - 일체차축에서는 스프링과 액슬축 사이에 캐스터 웨지를 넣어서 조정한다.
③ 킹핀경사각 - 너클암에 조정와셔를 증감시켜서 조정한다.
④ 토인 - 타이로드를 회전시켜 길이의 변화로 조정한다.

> **해설** ③ 킹핀경사각은 조정이 불가능하다.

77 다음 중 조향 핸들의 조작이 무거운 원인으로 옳지 않은 것은?
① 조향 링키지 연결부 이완
② 타이어의 높은 공기압
③ 킹핀의 파손
④ 조향 기어 조정 불량

> **해설** **조향 핸들의 조작이 무거운 원인**
> • 타이어 공기압이 낮다.
> • 킹핀이 편마모되거나 파손되었다.
> • 앞바퀴 얼라인먼트의 조정이 불량하다.
> • 조향 기어의 감속비가 작고 조정이 불량하다.
> • 조향 링키지 연결부가 이완되거나 파손되었다.

78 판 스프링의 장점이 아닌 것은?
① 큰 하중에 강하여 큰 충격 흡수가 양호하다.
② 구조가 간단하고 내구성이 있다.
③ 판간 마찰에 의하여 자체 진동을 억제하는 작용을 한다.
④ 판간 마찰이 있기 때문에 작은 진동을 흡수할 수 있다.

해설 ④ 작은 진동 흡수가 불량하여 승차감이 나쁘다.

79 디스크 브레이크의 단점이다. 틀린 것은?
① 패드를 강도가 큰 재료로 만들어야 한다.
② 한 쪽만 브레이크 되는 일이 많다.
③ 자기작동을 하지 않으므로 브레이크 페달을 밟는 힘이 커야 한다.
④ 마찰면적이 적기 때문에 패드를 압착하는 힘을 크게 하여야 한다.

해설 ② 디스크 브레이크는 한 쪽만 제동되는 경우가 적은 것이 장점이다.

80 다음은 브레이크를 밟았을 때 하이드로 백 내의 작동이다. 옳지 않은 것은?
① 공기 밸브는 열린다.
② 진공 밸브는 열린다.
③ 동력피스톤이 하이드롤릭 실린더 쪽으로 움직인다.
④ 동력피스톤 앞쪽은 진공상태이다.

해설 **하이드로 백의 작동**
브레이크 페달을 밟으면 푸시로드가 앞으로 이동하여 밸브를 작동시키며, 이때 밸브는 진공구멍을 닫고 대기구멍을 연다. 대기구멍이 열리면 대기압이 다이어프램에 작용하여 다이어프램을 민다. 이에 따라 푸시로드는 마스터 실린더 피스톤을 강하게 밀어 높은 유압을 발생시켜 휠 실린더로 보낸다.

정답 78 ④ 79 ② 80 ②

81 다음 중 브레이크의 베이퍼록이 생기는 원인이 아닌 것은? ★★★★
① 과도하게 브레이크를 사용하였다.
② 비점이 낮은 브레이크 오일을 사용하였다.
③ 브레이크 슈 라이닝 간극이 크다.
④ 브레이크 슈 리턴 스프링이 절손되었다.

해설 베이퍼록의 원인
• 과도한 브레이크의 사용
• 라이닝 간극이 너무 작을 때
• 낮은 비점의 브레이크 오일 사용
• 슈 리턴 스프링의 절손

82 브레이크 페달의 유격이 커지는 원인으로 부적합한 것은?
① 브레이크 파이프에 공기가 들어 있다.
② 슈 라이닝 드럼이 마모되었다.
③ 피스톤 컵에서 오일이 샌다.
④ 브레이크 페달의 리턴 스프링이 약하다.

해설 브레이크 페달의 유격이 커지는 원인
베이퍼록의 발생, 라인 내의 공기 침입, 오일의 누설과 부족, 슈 라이닝의 과다 마모, 드럼과 슈의 간극 과다 등

83 주행 중 휠 브레이크에서 휠이 끌리는 원인이다. 해당되지 않는 것은?
① 브레이크 슈 리턴 스프링 장력이 약화되었다.
② 브레이크 슈 리턴 스프링이 절손되었다.
③ 마스터 실린더의 리턴포트가 열려 있다.
④ 슈 라이닝과 드럼의 조정불량으로 간격이 너무 작다.

해설 ③ 브레이크 슈 리턴 스프링의 장력이 약하거나 절손되었을 경우 또는 드럼과 슈 라이닝의 간격이 너무 작으면 슈 라이닝과 드럼의 접촉으로 휠이 끌리며 페이드 및 베이퍼록의 주요원인이 된다.

84 페이드 현상을 방지하는 방법이다. 옳지 않은 것은? ★★★★
① 드럼의 방열성을 높일 것
② 열팽창에 의한 변형이 작은 형상으로 할 것
③ 마찰계수가 큰 라이닝을 사용할 것
④ 엔진 브레이크를 가급적 사용하지 않을 것

해설 페이드 현상
브레이크의 과도한 사용으로 발생하기 때문에 과도한 주 제동장치를 사용하지 않고, 엔진 브레이크를 사용하면 페이드 현상을 방지할 수 있다.

85 레이디얼 타이어에 대한 다음 설명 중 틀린 것은? ★★★
① 로드 홀딩이 우수하다.
② 하중에 의한 트레드의 변형이 적다.
③ 스탠딩웨이브 현상이 일어나지 않는다.
④ 충격을 잘 흡수한다.

해설 레이디얼 타이어의 특징
- 접지면적이 크다.
- 횡방향의 변형에 대한 저항이 크다.
- 로드 홀딩이 우수하다.
- 하중에 의한 트레드의 변형이 적다.
- 타이어 단면의 편평률을 크게 할 수 있다.
- 스탠딩웨이브 현상이 일어나지 않는다.
- 충격을 잘 흡수하지 못하고, 승차감이 좋지 않다.

86 유압 브레이크에서 브레이크가 풀리지 않는 원인은 다음 중 어느 것인가?
① 오일점도가 낮기 때문
② 파이프 내의 공기 침입
③ 체크 밸브의 접촉불량
④ 휠 실린더 피스톤 컵의 팽창

해설 브레이크가 풀리지 않는 원인
- 마스터 실린더 리턴 구멍 막힘
- 휠 실린더 피스톤 컵의 팽창
- 슈 리턴 스프링의 장력 부족 및 절손
- 페달 리턴 스프링의 장력 부족 및 절손
- 마스터 실린더 리턴 스프링의 장력 부족 및 절손

정답 84 ④ 85 ④ 86 ④

87 타이어 트레드가 마멸되면 나타나는 현상으로 틀린 것은?
① 열의 방산이 불량하다.
② 구동력이 저하된다.
③ 선회능력이 향상된다.
④ 타이어가 미끄러진다.

해설 ③ 선회성능이 저하된다.

88 사고 자동차 내부 조사사항이 아닌 것은?
① 충돌 후 탑승자의 운동방향
② 기어 변속장치
③ 콤비네이션 스위치
④ 브레이크 라이닝

해설 차량 내·외부 조사사항

구 분	내 용	
차량 내부 조사	• 충돌 후 탑승자의 운동방향 • 시트 상태 • 앞유리 손상 • 차량 내부의 후부 반사경 • 기어 변속장치 • 콤비네이션 스위치 • 안전벨트	• 조향핸들 • 문짝 내부 패널 손상 • 창문 손상 • 계기판 및 대시보드 패널 • 헤드라이너와 필러 부분 • 페달 상태
차량 외부 조사	• 차량번호 및 제원조사 • 유리파손부위 • 파손흔적의 진행방향 • 범퍼, 그릴, 라디에이터 • 조향기구	• 차체 변형 상태 • 타이어 파손 상태 • 램프 상태 • 펜더, 문짝 • 브레이크 라이닝

89 차량의 직접손상에 대한 설명으로 옳지 않은 것은? ★★★★
① 차량의 일부분이 다른 차량, 보행자, 고정물체 등의 다른 물체와 직접 접촉·충돌함으로써 입은 손상이다.
② 차가 직접 접촉 없이 충돌 시의 충격만으로 동일차량의 다른 부위에 유발되는 손상이다.
③ 전조등 덮개, 바퀴의 테, 범퍼, 도어 손잡이, 기둥, 다른 고정물체 등 부딪친 물체의 찍힌 흔적에 의해서도 나타난다.
④ 직접손상은 압축되거나 찌그러지거나 금속표면에 선명하고 강하게 나타난 긁힌 자국에 의해서 가장 확실히 알 수 있다.

해설 ②는 간접손상에 대한 설명이다.

90 자동차 충돌 시에 차량 내부에서 직접충격손상을 일으키는 물체끼리 바르게 묶인 것은?

| ㉠ 보행자 | ㉡ 탑승자 | ㉢ 상대차량 | ㉣ 차량 내의 화물 |

① ㉠, ㉡
② ㉠, ㉢
③ ㉡, ㉢
④ ㉡, ㉣

해설 차량 내부에서 직접충격손상을 일으키는 물체는 차량 내의 탑승자와 화물이다.

91 차량손상 조사에 설명으로 옳지 않은 것은?
① 운전자를 포함한 차량탑승자들의 충돌 직후 운동과정을 규명하는 데는 차량내부의 손상을 토대로 한다.
② 사고당시 운전자가 누구였는가에 대하여는 탑승자의 충돌 후 운동방향, 탑승자들의 신체 상처부위, 탑승자들의 최종위치, 차량의 최종위치, 탑승자의 신체가 부딪친 차량내부의 손상 등을 종합하여 규명하게 된다.
③ 두부나 안면부를 심하게 다친 사람이 하지나 다른 부위에 상처를 입지 않은 경우는 좌석안전벨트를 매었다고 보아야 한다.
④ 충돌로 인해 충돌 전의 상태를 유지하려고 한다. 그러므로 차량탑승자들은 2차로 차량내부의 장치물과 충돌하게 되어 큰 부상을 입게 되는데 충돌 후 탑승자의 운동방향은 충격외력이 작용한 방향의 역방향이다.

해설 ③ 두부나 안면부를 심하게 다친 사람이 하지나 다른 부위에 상처를 입지 않은 경우는 좌석안전벨트를 매지 않았다고 보아도 무방하다. 따라서 차량내부의 손상을 정밀히 파악할 필요가 있다.

92 자동차 창유리의 손상에 대한 설명으로 옳지 않은 것은? ★★★
① 자동차에 사용되는 창유리는 열처리된 안전유리인데 앞창유리는 합성유리를 장착하게 되어 있고 옆유리 및 뒷유리는 강화유리로 되어 있다.
② 이중접합유리라고도 불리는 합성유리는 서로 버티어주고 있기 때문에 균열상태에 따라 그 손상이 접촉으로 인한 직접손상인지 아니면 간접적인 손상인지를 파악할 수 있다.
③ 합성유리는 평행한 모양이나 바둑판 모양으로 갈라진 것은 간접손상에 따른 차체의 뒤틀림에 의해 생겨난 것이다.
④ 강화유리가 파손되어 흩어진 것만을 보고도 직접손상인지, 간접손상인지 구분할 수 있다.

해설 ④ 강화유리가 파손되어 흩어진 것만을 보고는 직접손상인지, 간접손상인지 구분하지 못한다.

93 자동차 창유리의 손상에 대한 설명으로 옳지 않은 것은? ★★★★

① 합성유리의 간접손상은 방사선 모양이나 거미줄 모양으로 갈라지며 갈라진(금이 간) 중심에는 구멍이 나 있는 경우도 있다.
② 뒤 창유리에 사용된 강화유리는 박살났을 때 직접손상인지 간접손상인지에 대한 아무런 표시도 나타내 주지 않는다. 그것은 다른 물체와의 접촉에 의한 손상인지 아니면 차체의 뒤틀림에 의한 손상인지의 표시가 없기 때문이다.
③ 자동차의 창유리는 도로운송차량법 보안기준에 따라 안전유리를 사용하게 되어 있다.
④ 어느 경우든 강화유리는 강한 충격에 의해 수천 개의 팝콘 크기의 조각으로 부서진다.

해설 ①은 합성유리의 직접손상에 대한 설명이다.

94 자동차 속도계기의 조사, 노면에 흠집을 낸 부위의 손상에 대한 설명으로 옳지 않은 것은?

① 사고 후 속도계가 차의 실제 속도보다 높은 수치를 가리키는 경우도 있고 0을 가리키는 경우도 있으나 속도계 침이 가리키고 있는 속도로 단정할 수 있다.
② 노면에 파인 홈이나 긁힌 자국이 나타나 있으면 그 홈이나 자국을 만든 차의 부품들을 찾아 주의깊게 살펴 보아야 하는데 세밀한 조사를 위해서는 차를 들어 올리거나 차를 측면으로 세운 다음 천천히 관찰하여야 한다.
③ 흠을 남기게 한 부품들은 대개 심하게 마모되어 있거나 닳아 있고, 만약에 볼트 등이 돌출해 있다면 휘어져 있어야 한다.
④ 사고 후 짧은 시일 내에 차가 점검된다면 광택나는 부분을 쉽게 발견할 수 있다. 때로 그것들은 마찰 시 생긴 열로 갈색이나 푸른색으로 될 수도 있다.

해설 ① 속도계기는 일반적으로 판독이 까다롭고 곤란하다. 교통사고 조사자들 역시 실제로 속도계를 보고 속도계 바늘이 왜 부딪쳤는지의 이유와 또 어디를 쳤는지를 조사할 수 있는 유능한 계기판 기술자를 찾지 않는 한 계기판에 명시된 속도가 충돌당시에 자동차 속도를 나타내주는 것이라 할 수 없다.

95 충격력의 작용방향 판단에서 강타한 흔적에 대한 설명으로 옳지 않은 것은?

① 접촉하고 있는 동안의 움직임은 종종 모습이 찍힌 것이나 재질의 벗겨짐에 의해 나타난다.
② 가장 유용한 자국은 강타한 물체의 모습이 찍힌 것이나 표면의 재질이 벗겨진 것이다.
③ 충돌차량끼리의 접촉부위를 나타내주는 손상물질로는 대개 페인트 흔적과 타이어의 고무조각 등이 있다.
④ 강타한 자국은 두 접촉부위가 강하게 스쳐 지나간 자국이다.

해설 ④ 강타한 자국은 두 접촉부위가 강하게 압박되고 있을 때 발생하여 자국이 만들어지는 양쪽이 모두 순간적으로 정지상태에 이르렀음을 나타내주는 것으로서 완전충돌(Full Impact)이라고 한다.

96 충격력의 작용방향 판단에서 스쳐 지나간 자국에 대한 설명으로 옳지 않은 것은?
① 스쳐 지나간 자국은 순간적으로 정지된 상태에 도달하지 않고 접촉부위가 서로 같이 다른 속도로 움직이고 있었다는 것을 나타내준다. 이는 측면접촉 사고로서 옆을 스치고 간 충격(Sideswipe)이다.
② 주행속도가 느린 자동차의 문질러진 흔적의 방향은 앞에서 뒤로 나타난다.
③ 찢긴 흔적은 눈물방울 흔적과 함께 나타나는데 문지른 끝부분에 나타나는 것이 특징이다.
④ 문지른 부위에 대한 페인트를 세밀하게 조사하면 문지른 흔적의 시작된 부위와 끝난 부위의 위치를 알 수 있다.

해설 ② 주행속도가 느린 자동차의 문질러진 흔적의 방향은 뒤에서 앞으로 나타나며 반대로 주행속도가 빠른 자동차의 문지른 흔적의 방향은 앞에서 뒤로 나타난다.

97 충돌지점을 확인하는 정보를 제공하는 흔적들로만 나열한 것은?
① Skid Mark, Yaw Mark, Scrape
② Imprint, Scrape, Groove
③ 페인트와 유리파편, Rub-off, Soak-in
④ Debris, Spatter, Scrub-mark

해설 충돌지점의 흔적을 확인할 수 있는 것은 Imprint, Scrape, Groove이다.

98 다음 중 차량과 차량이 정면충돌하면 나타나는 현상으로 옳은 설명은?
① 맞물려 한 덩어리가 되고 있는 파손된 어느 한 차량이 반대방향에서 밀려나가 최종위치에 서게 된다.
② 맞물려 한 덩어리가 되고 있는 파손된 어느 한 차량이 비틀림 현상으로 인하여 바로 전복된다.
③ 맞물려 한 덩어리가 되고 있는 파손된 어느 한 차량이 용트림 현상으로 인하여 똑바로 세워진다.
④ 맞물려 한 덩어리가 되고 있는 파손된 차량의 전면 바닥면 부위가 앞들림 현상으로 인하여 지면으로부터 높이 뜨게 된다.

해설 정면충돌 시 두 차량이 맞물려 한 덩어리가 되면서 파손된 차량과 속도에 비례하여 한 차량이 밀려나가 최종위치에 이동한다.

정답 96 ② 97 ② 98 ①

99 충격력의 작용방향과 충돌 후 차량의 회전방향에 대한 설명으로 옳지 않은 것은?
① 손상의 전체적인 형상을 통해 충격력의 작용방향(Thrust Direction)을 파악한 다음 충돌 후 차량의 회전방향(Rotation)이나 진행방향을 짐작하게 된다.
② 너무 세밀한 부분에 치중하다가 손상의 전체적인 형상을 놓쳐서는 안 된다.
③ 차량의 빗물받이 또는 지붕선이 땅에서 끌렸던 금속상흔과 흙 등을 찾아보고 각 흔적들을 확인하면 첫 지점에서 마지막 지점까지 차의 정확한 경로를 밝히는 데 도움이 된다.
④ 도로조사를 통해 차가 몇 번이나 굴렀는지는 알 수가 없고 손상부분을 조사하여야 알 수 있다.

해설 ④ 도로조사를 통해 차가 몇 번이나 굴렀는지에 대해서 알 수가 있으나 손상부분만으로 이러한 사실을 알아내기란 쉽지가 않다. 목격자나 승객의 진술은 과장이 많으므로 진술 청취 시 언제나 주의해야 한다.

100 충격력의 작용방향과 충돌 후 차량의 회전방향에 대한 설명으로 옳지 않은 것은?
① 차량의 측면과 윗면에 긁힌 자국의 방향은 차가 어떻게 움직였는지를 결정하는 데 큰 도움이 된다.
② 지붕이나 창틀, 트렁크 뚜껑이 아래 혹은 옆으로 찌그러진 것으로 차의 진행방향을 알 수 있다.
③ 차가 가파른 제방을 굴러가고 있지 않은 한 차는 거의 한 번 이상 전복되지 않는다.
④ 무게중심이 낮고 폭이 넓은 차들이 옆으로 미끄러지는 동안 도로변의 물체에 부딪힌다면 튀어오르거나 거꾸로 내려앉거나 중간의 지면접촉이 없이 반대쪽 편에 내려앉을 수 있다.

해설 ② 지붕이나 창틀, 트렁크 뚜껑이 아래 혹은 옆으로 찌그러진 것은 차의 전복을 나타낸다.

101 사고현장의 차량 파손사진촬영 표준기준에 맞는 것은?
① 전면·뒷면·좌측면·우측면
② 전면·뒷면·측면·옆면
③ 전면·뒷면·밑면·우측면
④ 전면·좌측면·대부면·옆면

해설 사고발생 이후 차량 파손사진촬영은 기본적으로 4장을 표준적으로 찍어야 하며(전·후·좌·우), 또한 직접충돌지점 순위부터 판단하여야 한다.

102 현장사진촬영에 대한 설명으로 옳지 않은 것은? ★★★
① 사진촬영은 교통사고를 조사하는 데 있어서 보조수단이지 대체수단은 아니므로 제반 측정을 대체해서는 안 된다.
② 사진촬영으로 사고에 대한 조사자의 서면기록을 대체할 수 있다.
③ 사진촬영은 사고에 대한 조사자의 서면기록을 뒷받침하는 데 있어야 한다.
④ 사고 후 견인과정 및 다른 사고에 대한 흔적의 중복을 고려하여 촬영한다.

해설 ② 사진촬영으로 사고에 대한 조사자의 서면기록을 대체할 수 없다.

103 자동차와 사상자 등의 최종위치에 대한 촬영과 거리가 먼 것은?
① 자동차의 위치를 남북방향, 연석선과 관련된 사진으로 나타내려고 할 경우에는 카메라의 시선을 연석선과 평행으로 두고 촬영하는 것이 바람직하다.
② 노상의 모든 흔적에 대해 추가적인 사진을 찍어야 한다.
③ 상대적인 자동차의 최종위치, 사상자 및 노상의 흔적 등을 나타낼 수 있는 사진을 촬영해야 한다.
④ 고속도로 등지에서의 사고인 경우, 낙하물, 사고자동차 등이 150m 이상의 구간에 전개되어 있을 수도 있다. 이러한 경우에는 최대전경을 나타낼 수 있도록 한다.

해설 ④ 고속도로 등지에서의 사고인 경우, 낙하물, 사고자동차 등이 150m 이상의 구간에 전개되어 있을 수도 있다. 이러한 경우에는 최소전경을 나타낼 수 있도록 한다.

104 차량 파손상태 촬영 시의 설명으로 옳지 않은 것은? ★★★★
① 차량의 정면, 정후면, 정측면 등 4방향에서 촬영한다.
② 가능한 앞·뒤 번호판이 선명하게 촬영한다.
③ 차량 파손부분만 정확히 사진촬영해 두는 것이 좋다.
④ 고공에서 촬영된 차량사진은 파손의 정합성 파악이 용이하고 충격자세를 찾는 데 유용하다.

해설 ③ 차량 파손 유무에 관계없이 사고차량을 사진촬영해 두는 것이 좋다.

105 차량의 전구가 점등된 상태에서 충격으로 전구유리가 깨지면서 필라멘트가 은빛 산화하며 손상되는 현상은?
① Cold Break
② Hot Shock
③ Hot Break
④ Cold Shock

해설 Hot Break 현상은 전구유리가 깨지면서 필라멘트가 은빛 산화된 현상을 가리킨다.

106 다음 중 각종 계기판을 조사하는 목적은?
① 사고 후 각종계기를 통해 사고당시의 실제속도를 알 수 있다.
② 계기판 눈금바늘이 가리키고 있는 수치가 당시 속도가 맞다.
③ 엔진회전수로 판단한다.
④ 계기판의 눈금바늘이 "0"을 가리키는 것은 속도를 의미한다.

해설 당시 속도를 얼마로 운행하였는가를 알아보기 위함이다.

PART 3
교통사고재현론

CHAPTER 01 탑승자 및 보행자의 거동분석
CHAPTER 02 차량의 속도분석 및 운동특성
CHAPTER 03 교통사고재현을 위한 조사

합격의 공식 시대에듀 www.sdedu.co.kr

CHAPTER 01 탑승자 및 보행자의 거동분석

01 교통사고재현의 정의

① 교통사고재현은 사고 상황을 보다 상세히 알기 위해 현장에 남아 있는 도로의 형태, 차량의 위치, 파편문 등을 추정하여 사고 당시의 상황을 재현하는 것이다.
② 즉, 사고재현을 통해 충돌 시 최초 접촉의 순간 또는 짧은 시간에 일련의 시간 간격으로 규명되어야 한다.

02 교통사고재현 방법

① 탑승자 및 보행자의 거동분석
② 차량의 속도분석 및 운동특성
③ 교통사고재현을 위한 조사

01 사고에 따른 탑승자의 특성 및 운동이해

01 충돌현상에 따른 탑승자 거동의 특성

(1) 자동차 충돌 사고 시 탑승자의 움직임을 조사하는 것은 다음과 같은 문제에 해답을 구하기 위해서이다.
① 누가 운전하고 있었는가
② 충돌 전 승객의 위치
③ 안전벨트의 효과

※ 누가 운전하고 있었는가 하는 문제는 민사, 형사사건 모두에 상당한 관심거리이다. 명확하게도 기소된 운전자를 변호하기 위해서는 누군가가 다른 사람이 운전하고 있었다고 주장하는 것이다 (특히 다른 탑승자가 사망했을 경우, 그의 입장에서의 이야기를 들을 수 있는 가능성은 없다). 때때로 운전자 외의 다른 사람이 차안에서 어떤 위치였는가 하는 것도 관심거리가 된다.
예를 들어 차안에서 어떤 위치에서 부상을 당했는가 하는 것이다. 또는 안전벨트가 부상을 방지했는가 아니면 부상 정도를 적게 했는가 등 안전벨트의 효과 등이 있다.

(2) (1)의 문제에 해답을 얻기 위한 일반적인 방법론은 여러 단계가 있다. 그 단계는 다음과 같다. 단, 이런 단계를 완전하게 조사할 수 있어야 함에도 불구하고 어떤 경우에도 자료가 충분하지는 않다.
① **제1단계** : 인체와 차 내부의 어떤 부위와 접촉했는지를 알기 위해 차 내부를 정밀히 검사한다.
② **제2단계** : 처음 접촉한 이후 탑승자의 움직임과 함께 차가 어떻게 움직였나에 대한 확실한 이해를 구한다.
③ **제3단계** : 제2단계에서 확인된 차량의 움직임으로부터 탑승자의 몸이 이동했어야 할 방향과 신체의 어떤 부분이 차 내부의 어떤 부분과 부딪쳤는지를 결정한다. 또한 이 단계에서 탑승자가 차량 밖으로 어떻게 나올 수 있었는지도 조사한다.
④ **제4단계** : 부상에 대한 자료를 연구하고, 부상 정도와 차량 내부의 접촉점이 잘 연결되는가를 결정한다.
⑤ **제5단계** : 제3단계에서 얻은 결론(탑승자가 움직인 방향)과 부상 정도와 차량 내부의 접촉점을 일치시킨 결과를 비교해 본다. 별다른 차이가 없다면, 위의 두 가지 접근법이 같은 결론에 도달하게 된다. 그러나 결론이 다르다면 그 차이를 해결해야 한다.
⑥ **선택적 제6단계** : 만약 안전벨트가 부상 정도를 줄일 수 있었다면 6단계를 더 해야 한다. 이 단계에서는 안전벨트가 부상 정도를 줄일 수 있었는지를 조사한다(3점지지, 무릎만 또는 어깨만 (Three-point, Lap Only or Shoulder Only)).

(3) 충돌사고 시 차량이 어떻게 움직였는가 하는 것은 충돌 직전 차량의 속도와 방향에 따라, 충돌 시 가해진 힘에 따라 다르다. 힘이 가운데 몰려 있으면 차량이 충돌로 인해 회전하지는 않을 것이다. 그러나 그 힘이 중심을 벗어나서 한쪽으로 쏠리면 충돌로 인해 회전하게 된다.

(4) 뉴턴의 제1법칙은 차량 충돌 시 탑승자의 움직임을 이해하는 데 도움이 된다. 예를 들어 몸이 정지되어 있으면 정지한 상태로 유지하려고 하고, 몸이 움직이고 있으면 외부의 힘의 영향을 받을 때까지 같은 속도로 같은 방향으로 움직일 것이다.

(5) 충돌사고 시 외부의 힘으로 인해 차량의 속도가 감소하거나 증가할 수 있으며, 또한 그 중심을 축으로 해서 회전하게 될 것이다. 탑승자가 안전벨트를 하지 않았다면, 움직이던 방향으로 계속 움직이게 되고 차량 내부와 부딪쳐 제지될 때까지 계속 움직인다. 이런 경우 외부의 힘이 확실하게 작용한 것이다.

02 사고유형별 탑승자의 운동 이해

(1) 전면충돌(Front-Impact Collision)
① 차량이 정면으로 정지된 차량이나 물체에 부딪쳤을 때의 상황
② 가운데로 충돌하기 때문에 충돌 후 차량은 회전하지 않는다.
③ 차량 충돌 시 탑승자는 앞으로 직선으로 움직인다.
④ 탑승자는 힘의 방향과 반대방향이나 평행하게 움직이며, 탑승자의 최종위치는 충돌직전의 위치와 보통은 같게 된다.
⑤ 탑승자는 조향 휠에 의해 가슴(멍, 늑골골절 등)과 상복부 좌상 또는 파열, 혹은 양 손목이나 어깨부위에 쇄골 골절을 입기 쉽다.
⑥ 탑승자가 전면유리에 부딪칠 경우, 두개골 골절이나 뇌출혈, 안면부 상해, 경추골절 등의 부상을 입을 수 있다.

(2) 측면충돌(T-Bone or Lateral-Impact Collision)
① 전면충돌과 원칙적으로 비슷하다.
② 충돌 방향에 따라 차량이 움직이면서 입게 되는 손상이다.
③ 측면의 차량 문이 차량 내부로 찌그러지면서 손상된다.
④ 흉벽의 측면 충돌로 늑골이 골절되고, 폐장의 좌상 및 장기의 손상으로 기흉, 혈흉이 유발된다. 운전자는 좌측편의 손상으로 주로 비장 파열이 있고, 조수석은 간의 파열이 있기 쉽다.
⑤ 팔이 가슴과 차량문에 끼이게 된다. 골반과 대퇴골이 다치기 쉬우며 측면 유리에 머리를 다친다.

(3) 후방충돌(Rear-Impact Collision)
① 정지된 차량에서 뒤 차량에 의한 후면충돌 또는 저속주행 중 고속주행하는 뒤 차량에 의한 충돌이다.
② 갑자기 차량이 앞으로 돌진하게 된다. 몸이 갑자기 가속이 되어 머리 받침이 적절히 높지 않을 경우 경부가 갑자기 뒤로 젖혀져 경추의 손상을 입게 된다. 경추의 탈구, 골절 및 경수 손상과 주변 연조직의 손상을 포함한다. 주로 제6번 및 제7번 경추가 손상된다.
③ 의자의 등받이가 파손되거나 뒷좌석 쪽으로 밀려나는 경우 요추가 손상된다.
④ 후면에 충돌 후 가속되다가 다시 앞 장애물에 부딪히거나 운전자가 갑자기 브레이크 페달을 밟을 경우에 정면충돌과 같은 형태가 되며, 다시 경부가 앞으로 뒤로 젖혀져 경추가 손상될 수 있다.

(4) 자동차 전복사고(Rollover Collision)
① 여러 방향에서 충격이 가해지기 때문에 손상이 매우 다양하며 심하다.
② 척추로 힘이 전달되어 척추의 손상 위험이 높아진다.
③ 차량 밖으로 튕겨 나올 때 사망하기 쉽다.

(5) 차량 회전충돌(Rotational Collision)

전방·후방 측면충돌로 차량이 회전할 경우 전방충돌과 측면충돌의 손상이 복합된다.

> **이해 더하기**
>
> **차량 탑승자의 부상원인을 알아내는 방법**
> - 자동차사고가 발생한 후 특히 탑승자가 충돌 이후 차량 바깥에서 발견될 경우에는 운전자가 누구였는가가 하나의 쟁점이 될 수 있다.
> - 충돌이 발생하는 동안 또는 그 이후 최종정지지점까지 차량이 이동하는 동안 각각의 탑승자가 차량 내부와 부딪히면서 어떠한 부상을 입을 것인지를 예상한 후 실제로 탑승자의 부상을 조사한 보고서 내용과 대조해 본다.
> - 차량 각 부분에서 흔적을 찾은 다음 그러한 부상을 입으려면 충돌 전에 탑승자가 어느 위치에 있어야 했는가를 생각한다. 이러한 조사에서는 탑승자의 부상 중 차량 외부에서 입은 것을 파악해두어야 한다. 그 지점에 상처 흔적이 남아 있는지를 살펴보아야 한다.

02 상해도 이해

01 보행자의 상해도 이해

(1) 보행자 손상
① 자동차 우선인 교통문화에서 보행자 사고가 많은 것은 당연한 결과이다.
② 보행자 사고는 사망률이 매우 높으며, 특히 도심지역 5~14세 어린이의 주요 사망원인이 되고 있다.

(2) 차량과의 충돌 내지 접촉
① 차량의 범퍼 충돌이 가장 많다.
② 차량의 구조가 신체표면 또는 옷에 나타난다.
③ 자동차의 페인트, 유리, 기름, 타이어 마크, 각종 파편 등이 피부 또는 옷에 부착되어 손상의 상처 또는 체내에 흉기 조각이 들어갈 수 있다.
④ 피부 상처와 함께 옷도 중요한 단서이다. 옷은 제2의 피부이며, 옷을 보관하는 것은 매우 중요하다. 응급실에서 생명에만 관계되는 치료 때문에 사건 해결의 실마리가 되는 경미한 상처들을 놓치거나 피해자의 옷을 함부로 버리는 경우도 있다. 따라서 응급실에 근무하는 의사는 법의학적 지식이 필요하다.
⑤ 역과 시 타이어 마크, 차량 하부 구조의 먼지, 이물, 기름 등의 부착이 일어나며, 차량에 의해 일정 거리를 끌려갈 때 하부 구조의 오물이 심하게 부착되고 화상이 일어난다.

⑥ 차량에서도 피해자의 의복조각, 피부조각, 모발, 혈흔 등이 범퍼, 보닛(Bonnet), 앞 유리창, 차량 하부 구조에 부착이 일어난다.
⑦ 특히 뺑소니 사고 차량의 추적을 위하여 가능한 모든 증거를 수집하여야 한다.

(3) 보행자 손상의 형태
① 제1차 충격손상(Primary Impact Injury) : 차량의 외부구조(주로 전면부, 범퍼)에 처음으로 충격될 경우에 생긴 손상
  ㉠ 차량의 속도, 범퍼의 형태를 포함하여 차량전면의 구조, 의복 등에 의한 것으로 다양하다.
  ㉡ 5세 이하 어린이 : 두부, 다발성 분쇄손상
  ㉢ 5~14세 어린이 : 두부, 몸통부, 대퇴부 손상
  ㉣ 성인 : 대퇴부, 하퇴부 등 하지와 발목에서 무릎까지 주로 일어난다.
  ㉤ 범퍼손상의 발끝에서의 높이와 양상으로 차량의 종류를 추정하게 된다.
  ㉥ 가속 시에는 상방으로, 감속 시는 하방으로 이동하며 급감속 시는 심지어 발목부를 충격할 수 있다. 보행 중일 때 두 다리의 손상의 높이가 다르다.
  ㉦ 하지의 골절 : 충격 반대편으로 개방성 골절이 일어난다.
  ㉧ 건강한 성인의 경우 : 20km/h 이상 골절, 40km/h 이상 복잡골절이 일어난다.
  ㉨ 나이 많은 사람의 경우 : 느린 속도에서도 다발성 골절이 일어날 수 있다.
  ㉩ 범퍼손상이 없다는 것은 누워있었거나 차량의 측면에 충격되었다는 것을 의미한다.
  ㉪ 차량의 충돌 부위 지점에 대하여 인체의 무게중심에 따라 충돌 후 신체가 비상하는 방향이 다르게 된다.
  ㉫ 차량의 충돌 부위보다 신체의 무게중심이 높을 경우 충격력의 반대방향으로 회전한다.
② 제2차 충격손상(Secondary Impact Injury) : 제1차 충격 후 신체가 차량의 외부구조에 다시 부딪혀 생기는 손상
  ㉠ 성인은 대개 소형자동차의 보닛보다 무게 중심이 높기 때문에 위로 뜨면서 차체에 부딪힌다.
  ㉡ 헤드라이트, 보닛, 앞 유리창, 와이퍼, 차체 지붕, 후사경 등에 충격되고 신체의 돌출부, 즉 팔꿈치, 어깨, 두부, 둔부 등에 손상이 일어난다.
  ㉢ 골반골, 늑골 등의 골절이 일어날 수 있으며, 복부는 탄력성이 좋은 부위이기 때문에 외부 상처가 없을 수 있다. 그러나 내부 장기인 간 파열 등이 흔히 일어나 복강 내 출혈이 심할 수 있다.
  ㉣ 40~50km/h : 범퍼 충격 후 보닛 위로 미끄러지면서 팔꿈치, 어깨, 손 등에 상처를 입어 측방으로 지면에 떨어지면서 머리부분에 충격을 받기 쉽다. 엉덩이 부분이 지면에 떨어지면 골반에 손상을 받는다. 드물게 경추 손상도 받을 수 있다.
  ㉤ 50km/h 이상 : 충격 후 높이 떠 차량의 지붕에 충격 후 차량 뒷편으로 지면에 추락한다. 1차 충격 후 자동차가 브레이크를 밟아 감속할 경우 보닛 위에 신체가 떨어져 차량 앞으로 미끄러져 떨어진다.

ⓑ 차량의 속도가 시속 약 70km 이상 : 차체의 상방보다는 측방으로 뜬 후 떨어지며 상방으로 뜨더라도 차량의 지붕이나 짐칸(Trunk) 또는 차량 뒤쪽의 지면에 직접 떨어지므로 제2차 충격손상이 없을 수도 있다.
ⓢ 시속 약 30km 이하의 저속 : 인체가 뜨기보다는 차량의 전면이나 측면으로 직접 전도되어 제2차 충격손상이 생기지 않는다.
③ **제3차 충격손상(Tertiary Impact Injury), 전도손상(Turnover Injury)** : 제1~2차 충격 후 쓰러지거나 공중에 떴다가 떨어지면서 지면이나 지상구조물에 부딪혀 생기는 손상. 전도손상이라고도 함
㉠ 자동차에 충격된 후 몸이 떴다가 지면에 떨어지면서 일어나는 손상으로 제3차 충격손상이라고도 한다.
㉡ 지면에 떨어지면서 미끄러지기 때문에 지면과 마찰하여 전형적인 넓은 면적의 찰과상이 일어난다.
㉢ 추락에 따른 손상 : 두부에 충격(두개골골절, 두개강 내 출혈, 뇌손상)이 일어나 주요사망 원인이 된다.
④ **역과손상(Runover Injury)** : 차량의 바퀴가 인체 위를 깔고 넘어감으로써 발생한 손상
㉠ 지상에 전도된 후 충격을 가한 차량이나 제2·3차량에 의하여 역과될 수 있다. 역과손상은 바퀴와 차량의 하부구조에 의한다.
㉡ 바퀴흔(Tire Mark)이 생긴다. 차량, 종류, 제조회사, 마모 정도에 따라 다르다.
㉢ 역과 시 타이어 마크, 차량 하부 구조에 먼지, 이물, 기름 등의 부착이 일어난다.
㉣ 역과 시 분쇄 찰과상, 화상이 일어난다.
㉤ 차량 하부에는 혈흔, 피부조각, 모발, 의복조각, 부착이 일어난다.
㉥ 차량에 의해 일정 거리를 끌려갈 때 하부 구조의 오물이 심하게 부착되고, 화상이 일어난다.

02 탑승자의 상해도 이해

(1) **정면충돌(Head-on Collision)**
① **전면유리창에 의한 손상(Windshield Injuries)**
㉠ 충돌 후 갑자기 차가 정지하면서 몸은 주행 속도를 가지고 있기 때문에 앞 유리창에 심한 충돌을 일으킨다.
㉡ 두피와 두개골이 부딪혀 두개골의 골절이 일어나고, 연한 조직인 뇌조직 역시 손상되며 반대편의 뇌조직은 두개골과 분리되면서 혈관이 파탄되어 출혈을 일으킨다.
㉢ 두개강 내 출혈(경막외, 경막하, 지주막하 출혈)이 일어날 수 있다.
㉣ 경부손상 : 경추가 과다하게 뒤로 젖혀지고 앞으로 굴곡되어 손상, 경추의 골절, 탈구 등의 경부손상을 초래하며 때로는 이것이 치명적일 수 있다. 경추부는 다른 부위보다 훨씬 손상을 받기 쉬우며 골절 및 탈구에 의한 경수의 손상은 호흡 등 신경다발이 지나가므로 사망의 원인이 될 수 있다.

② 조향휠(핸들)에 의한 손상(Steering Wheel Injuries)
  ㉠ 조향휠(핸들, Steering Wheel, Steering Column)에 의하여 전흉부 및 복부에 충격이 일어난다.
  ㉡ 조향휠의 일부 형태가 외표에 남는 경우도 극히 드물지만 내부에서는 흉골, 늑골의 골절, 심장, 간, 대동맥, 비장, 신장, 십이지장 손상이 일어날 수 있다.
  ㉢ 흉부손상
  ㉣ 늑골 골절 : 늑골 골절로 부러진 늑골이 폐나 심장을 찔러 기흉, 혈흉 또는 심장 탐포네이드를 형성할 수 있다. 다발성 늑골의 골절은 호흡 장애를 초래한다.
  ㉤ 심장과 대혈관 : 정면으로 부딪히면 흉골이 처음으로 운전륜에 충돌하고, 흉골이 정지되면 흉강 내의 장기 또한 앞으로 운동을 계속하게 된다. 심장, 상행 대동맥, 대동맥궁이 비교적 고정되지 않고, 하행 대동맥은 흉강 내 후벽에 단단히 고정되어 있는데 이 부위에서 대동맥이 절단되는 손상을 입게 된다. 대동맥 내에는 혈압이 매우 높기 때문에 대량의 출혈이 일어난다. 때때로 부분적인 혈관 벽의 손상이 일어날 경우 외상성 동맥류가 생길 수 있다. 동맥류의 파열이 즉시 일어날 수도 있지만, 수분, 수시간, 수일이 지나서 파열되는 수도 있다. 심장은 계속 앞으로 전진하여 흉골에 부딪힌다. 심좌상 또는 심파열이 일어날 수 있다. 앞쪽 흉벽이 갑자기 멈출 때 뒤쪽 흉벽은 계속 운동을 하게 되어 다발성 늑골 골절이 일어난다. 흉골과 척추 사이에 끼여 심장이 압박을 받는다.
  ㉥ 폐 : 폐는 늑골 골절 시 골절단에 의하여 파열될 수 있다. 또한, 둔력에 의하여 폐좌상이나 파열이 일어날 수도 있다. 위험에 처해서 본능적으로 깊은 호흡을 하고 숨을 멈추게 되어 후두개가 닫혀 폐 내에 공기가 닫힌 상태가 되어 갑자기 흉벽에 전면 혹은 측면으로 압박성 충돌이 일어날 경우 폐포가 파열되면서 기흉(흉강 내 공기가 들어가는 상태)이 일어난다.
  ㉦ 복부손상 : 복부에 운전륜에 의한 강한 둔력이 가하여지더라도 복벽은 탄력성이 크므로 외표 손상은 극히 경미하거나 없을 수 있다. 운전륜 압박에 의한 척추손상에 의하여 파열이 일어난다.
  ㉧ 간 : 가장 큰 실질장기이며 탄력성이 별로 없고 해부학적으로 상복부에 위치하기 때문에 손상을 받기 쉽다. 우상복부에 강한 외력이 가해지면 파열이 일어나며 특히 지방간이나 간염과 같은 기존질환이 있으면 쉽게 파열된다. 간은 늑골에 보호되어 있지만 때때로 늑골의 골절이 일어나면서 부러진 늑골로 인해 간에 손상을 입을 수 있다.
  ㉨ 비장 : 좌상복부에 외력이 가하여지면 비교적 쉽게 파열된다. 비장 비대가 있을 경우 쉽게 파열된다.
  ㉩ 췌장 : 췌장은 후복부에 깊숙이 위치하므로 손상이 비교적 드물지만 뒤에 받치고 있는 척추에 직접 압박되어 손상을 받는다. 췌장이 파열되면 출혈과 함께 각종 소화 효소가 빠져 나와 사망할 수도 있다.
  ㉪ 신장 : 신장은 복부의 후벽에 위치하며 뒤쪽으로는 늑골로 보호되기 때문에 비교적 손상을 잘 받지 않는다. 대개 자동차 사고에서 측방에서 가하여진 외력이 신장을 척추로 압박하여 파열된다.
  ㉫ 위장관 : 위장관은 하복부를 주먹 또는 발로 가격하였을 때 파열되기 쉽다. 소장 중에서 공장이 가장 잘 파열되며 회장, 십이지장의 순이다. 대장이 파열되는 경우는 매우 드물다.

③ 계기반에 의한 손상 : 주로 무릎에서 좌상, 표피박탈, 열창 등이 일어나며, 슬개골의 골절이 일어난다.

④ 브레이크 페달에 의한 손상 : 정면충돌 시 운전자의 발이나 발목이 감속페달이나 클러치페달에 꼬여 골절을 동반하는 손상이 일어날 수 있다. 또한, 갑자기 감속페달을 밟으면 힘이 대퇴골 및 골반골에 전달되어 골절이 일어날 수 있다.

⑤ 안전띠에 의한 손상 : 안전띠는 탑승자를 좌석에 고정시켜 치명적인 손상, 특히 가장 큰 사망의 원인이 되는 자동차 밖으로의 이탈을 방지하고, 운전대, 계기반 및 전면유리창 등 차내 구조물에 충돌하는 것을 방지하므로 매우 중요하다. 반면, 드물기는 하지만 안전띠에 의하여 다양한 손상이 일어나며 심지어 치명적인 경우도 있다. 그리고 좌석의 등받이가 완전히 고정되어 있지 않을 경우에는 좌석과 함께 충돌을 하는 경우도 있다. 2점식, 3점식에 의한 손상이 있다.

2점식(Lap Belt)	하복부에 표피박탈 및 좌상을 일으키는 외에도 상체를 효과적으로 고정시키지 못하기 때문에 복부 대동맥과 간, 췌장, 비장, 방광 등의 복부장기가 띠와 척추 사이에 끼어 파열될 수 있다. 또한, 골반 및 요추에 골절을 일으킬 수도 있다. 갑작스런 복압의 증가에 의하여 장관이 파열될 수 있다.
3점식(Diagonal Over the Shoulder Strap)	흉부와 복부를 고정시켜 전방으로 충돌을 방지하여 준다. 그러나 머리 부분은 고정해 주지 못하기 때문에 경추의 골절 탈구, 경수의 손상을 일으킨다.

⑥ 에어백
  ㉠ 에어백은 안면부, 경부, 가슴을 보호하여 손상을 경감시켜 준다. 자동차 사고에서 탑승자를 보호하지만 모든 경우에 안전한 것은 아니다.
  ㉡ 첫 충돌 후 잇따르는 충돌은 보호해 주지 못한다.
  ㉢ 운전자의 키가 너무 큰 경우나 소형 차인 경우 하지, 골반, 복부는 보호하지 못한다.
  ㉣ 최근 측면, 지붕, 하부에 에어백을 장착하는 차량도 있다.

⑦ 동승자의 손상
  ㉠ 차량의 조수석, 즉 앞자리에 탑승한 경우는 운전대에 의한 손상을 제외하고 운전자의 손상과 비슷하다. 운전대에 의한 장애가 없기 때문에 안전띠를 하지 않는 경우 앞 유리창을 깨고 밖으로 이탈하게 된다.
  ㉡ 승용차의 뒷자리에 탑승한 경우는 비교적 경미한 손상에 그치며 대체로 안면부, 두부, 무릎이 앞좌석의 뒷부분, 차량의 옆면이나 천장에 부딪혀 일어난다. 기타 대형차량에 앉아 있거나 서 있는 경우는 매우 다양한 기전에 의한 손상이 일어난다.

⑧ 차 내 기물에 의한 손상 : 기타 차 내에 고정되어 있지 않은 물건, 가방, 식품, 책 또는 다른 탑승자 등에 의해 손상이 일어난다.

> **이해 더하기**
>
> **편타손상(Whiplash Injury) 중요!**
> 신체가 갑작스럽게 가속·감속되면 관성의 법칙에 의해 두부는 과도하게 전후로 움직여 과신전 및 과굴곡 되어 경추의 탈구, 골절, 경수 및 주위 연조직에 손상을 일으킨다. 드물게 뇌간부의 손상으로 사망하기도 한다.

CHAPTER 01 적중예상문제

01 교통사고재현과 관련된 내용으로 옳지 않은 것은?
① 교통사고재현은 사고상황을 보다 상세히 사건재현을 하기 위한 것이다.
② 사고재현에는 충돌 시 최초 접촉의 순간이 규명되어야 한다.
③ 교통사고의 경감과 교통안전을 확보하기 위해서는 필요한 교통사고분석을 위한 자료를 갖추어야 한다.
④ 적절한 도로 또는 교통공학적 치료 위주의 인자를 결정하여야 한다.

> 해설 ④ 교통사고조사의 목적은 적절한 도로 또는 교통공학적 치료 및 예방조치가 취해질 수 있도록 사고에 관련된 인자를 결정한다.

02 교통사고조사 시 유의사항으로 옳지 않은 것은? ★★★★
① 조사에 앞서 사고발생 직후의 상황을 보존하기 위해 조치를 취해야 한다.
② 교통차단 및 교통정리가 필요하다.
③ 사고당사자와 목격자가 협의하여야 한다.
④ 부상자 구호 및 조사로 인해 교통이 지체되지 않도록 한다.

> 해설 조사에 앞서서 교통차단, 교통정리, 사고당사자 및 목격자를 확보하여야 한다. 사고당사자와 목격자는 협의해서는 안 된다.

03 사고조사를 위한 1단계의 내용으로 거리가 먼 것은?
① 대량의 사고자료를 확보한다.
② 주로 경찰의 통상적인 사고보고에 기초하여 수집한 자료의 분석과 관계된다.
③ 도로망상의 문제지점이 밝혀질 수 있다.
④ 보완적 자료이다.

> 해설 **1단계 조사**
> 대량의 사고자료, 즉 주로 경찰의 통상적인 사고보고에 기초하여 수집한 자료의 분석과 관계된다. 이 자료를 조사함으로써 도로망상의 문제지점이 밝혀질 수 있으며 특정지점이나 일련의 지점들에 걸쳐 광범위한 특성이 설정될 수 있다. ④는 2단계 조사내용이다.

정답 01 ④ 02 ③ 03 ④

04 사고조사단계를 1·2·3단계로 구분지을 때 3단계의 내용에 들어가지 않는 것은?

① 특정유형의 사고, 특정유형의 도로사용자 또는 특정유형의 차량과 관련된 것들을 포함하고 특정사고 문제의 보다 나은 이해를 얻는 것을 목적으로 한다.
② 사고현장과 다방면의 전문가에 의해 수집된 심층자료의 분석을 요구하는 심층 다방면 조사와 관련된다.
③ 조사의 목적은 충돌 전, 충돌 중 및 충돌 후 상황에 관련된 인자 및 얼개의 이해를 돕는 것이다.
④ 조사팀은 의학, 인간공학, 차량공학, 도로 또는 교통공학, 경찰 등 일련의 전문 분야로부터의 전문가들로 구성된다.

해설 ①은 2단계의 내용으로 보완적 자료, 즉 경찰에 의해서 통상적으로 수집되지 않는 자료의 수집 및 분석과 관련된다. 보완적 자료는 특정유형의 사고, 특정유형의 도로사용자 또는 특정유형의 차량과 관련된 것들을 포함한 특정사고 문제의 보다 나은 이해를 얻는 것을 목적으로 할 수 있다.

05 사고조사자료의 사용목적으로 옳지 않은 것은?

① 사고가 많은 지점을 정의하고 이를 파악하기 위함이다.
② 어떤 교통통제대책이 변경되었거나 도로가 개선된 곳에서 사전조사를 하기 위함이다.
③ 교통통제설비를 설치해 달라는 주민들 요구의 타당성을 검토하기 위함이다.
④ 서로 다른 기하설계를 평가하고 그 지역의 상황에 가장 적합한 도로, 교차로, 교통통제설비를 설계하거나 개발하기 위함이다.

해설 어떤 교통통제대책이 변경되었거나 도로가 개선된 곳에서 사전·사후조사를 하기 위함이다.

06 다음이 설명하는 사고유형은?

- 늑골이 골절되고 폐장의 좌상 및 장기의 손상으로 기흉, 혈흉을 유발한다.
- 운전자는 좌측편의 손상으로 비장 파열이 흔하며, 조수석은 간의 파열이 있기 쉽다.
- 팔이 가슴과 차량문에 끼이게 된다.
- 골반과 대퇴골이 다치기 쉽다.
- 측면 유리에 머리를 다친다.

① 측면충돌
② 전면충돌
③ 후방충돌
④ 전복사고

07 다음 중 후방충돌의 내용과 거리가 먼 것은?

① 갑자기 차량이 앞으로 돌진하게 된다.
② 몸이 갑자기 가속이 되어 머리 받침이 적절히 높지 않을 경우 경부가 갑자기 뒤로 젖혀진다.
③ 경추의 손상을 입게 된다.
④ 경추의 탈구, 골절 및 경수 손상과 주변 연조직의 손상을 포함한다. 주로 제1번 및 제2번 경추가 손상을 받는다.

해설　④ 후방충돌의 경우 주로 제6번 및 제7번 경추가 손상을 받게 된다.

08 정지된 차량에 대해 뒤 차량에 의한 후면충돌 또는 저속주행 중 고속주행하는 뒤 차량에 의한 충돌은?

① 측면충돌
② 후방충돌
③ 회전충돌
④ 전복사고

해설　**후방충돌(Rear-Impact Collision)**
- 정지된 차량에 대해 뒤 차량에 의한 후면충돌 또는 저속주행 중 고속주행하는 뒤 차량에 의한 충돌이다.
- 갑자기 차량이 앞으로 돌진하게 된다. 몸이 갑자기 가속이 되어 머리 받침이 적절히 높지 않을 경우 경부가 갑자기 뒤로 젖혀지고 경추의 손상을 입게 된다. 경추의 탈구, 골절 및 경수 손상과 주변 연조직의 손상을 포함한다. 주로 제6번 및 제7번 경추가 손상을 받는다.
- 만일 의자의 등받이가 파손되거나 뒷좌석 쪽으로 밀려나는 경우 요추가 손상을 받는다.
- 후면에 충돌 후 가속되다가 다시 앞 장애물에 부딪히거나 운전자가 갑자기 브레이크 페달을 밟을 경우에 정면충돌과 같은 형태가 되며, 다시 경부가 앞뒤로 젖혀져 경추 손상을 입기 아주 쉽다.

09 보행자 손상의 형태가 아닌 것은?

① 제1차 충격손상
② 제2차 충격손상
③ 제3차 충격손상
④ 운전대에 의한 복부손상

해설　④는 탑승자 손상의 내용이다.

10 보행자 손상의 형태 중 제1차 또는 제2차 충격 후 쓰러지거나 또는 공중에 떴다가 떨어지면서 지면이나 지상구조물에 부딪혀 생기는 손상은?
① 역과손상
② 전도손상
③ 제1차 충격손상
④ 제2차 충격손상

해설 전도손상(Turnover Injury) 또는 제3차 충격손상(Tertiary Impact Injury)
제1차 또는 제2차 충격 후 쓰러지거나 또는 공중에 떴다가 떨어지면서 지면이나 지상구조물에 부딪혀 생기는 손상을 말한다.

11 제1차 충격손상에 관한 내용으로 옳지 않은 것은?
① 나이 많은 사람의 경우는 느린 속도에서도 다발성의 골절이 일어날 수 있다.
② 범퍼손상이 없다는 것은 누워있었거나 차량의 측면에 충격을 받았다는 것을 의미한다.
③ 차량의 충돌 부위 지점에 대하여 인체의 무게중심에 따라 충돌 후 신체가 비상하는 방향이 다르게 된다.
④ 차량의 충돌 부위보다 신체의 무게중심이 낮은 경우이다.

해설 ④ 차량의 충돌 부위보다 신체의 무게중심이 높은 경우이다.

12 보행자 손상 중 제2차 충격손상에 대한 내용으로 옳지 않은 것은?
① 성인은 대개 소형자동차의 보닛보다 무게중심이 낮기 때문에 위로 뜨면서 차체에 부딪힌다.
② 헤드라이트, 보닛, 앞 유리창, 와이퍼, 차체 지붕, 후사경 등에 충격되고 신체의 돌출부, 즉 팔꿈치, 어깨, 두부, 둔부 등에 손상이 일어난다.
③ 골반골, 늑골 등의 골절이 일어날 수 있으며, 복부는 탄력성이 좋은 부위이기 때문에 외부 상처가 없을 수 있다. 그러나 내부 장기인 간 파열 등이 흔히 일어나 복강 내 출혈이 심할 수 있다.
④ 40~50km/h의 경우 범퍼 충격 후 보닛 위로 미끄러지면서 팔꿈치, 어깨, 손 등에 상처를 입어 측방으로 지면에 떨어지면서 머리부분에 충격을 받기 쉽다.

해설 ① 성인은 대개 소형자동차의 보닛보다 무게중심이 높기 때문에 위로 뜨면서 차체에 부딪힌다.

13 보행자 손상의 유형 중 지상에 전도된 후 충격을 가한 차량이나 제2·3차량에 의하여 역과될 수 있는 손상은?
① 전도손상
② 제3차 충격손상
③ 역과손상
④ 제1차 충격손상

> **해설** 역과손상
> 지상에 전도된 후 충격을 가한 차량이나 제2·3차량에 의하여 역과될 수 있다. 역과손상은 바퀴와 차량의 하부구조에 의한다.

14 일명 제3차 충격손상이라고 하는 것은?
① 역과손상
② 전도손상
③ 운전대에 의한 손상
④ 계기판에 의한 손상

> **해설** 전도손상
> 자동차에 충격된 후 몸이 떴다가 지면에 떨어지면서 일어나는 손상으로 제3차 충격손상이라고도 한다.

15 다음 중 전도손상에 대한 설명으로 옳지 않은 것은? ★★★
① 자동차에 충격된 후 몸이 떴다가 지면에 떨어지면서 일어나는 손상으로 제3차 충격손상이라고도 한다.
② 지면에 떨어지면서 미끄러지기 때문에 지면과 마찰하여 전형적인 넓은 면적의 찰과상이 일어난다.
③ 두부에 충격(두개골골절, 두개강 내 출혈, 뇌손상)이 일어나 주요 사망원인이 된다.
④ 바퀴흔이 생긴다.

> **해설** 바퀴흔이 생기는 것은 역과손상이다.

16 역과손상에 대한 설명으로 옳지 않은 것은? ★★★
① 역과손상은 바퀴와 차량의 하부구조에 의한다.
② 역과 시 타이어 마크, 차량의 하부구조에 먼지, 이물, 기름 등의 부착이 일어난다.
③ 차량에 의해 일정거리를 끌려갈 때 하부구조의 오물이 심하게 부착되고 화상이 일어난다.
④ 지면에 떨어지면서 미끄러지기 때문에 지면과 마찰하여 전형적인 넓은 면적의 찰과상이 일어난다.

해설 ④는 전도손상에 대한 설명이다.

17 역과손상에 대한 설명으로 옳지 않은 것은?
① 지상에 전도된 후 충격을 가한 차량이나 제2·3차량에 의하여 역과될 수 있다.
② 역과손상은 바퀴와 차량의 하부구조에 의한다.
③ 바퀴흔이 생긴다.
④ 차량의 상부에 혈흔, 피부조작, 모발, 의복조각, 부착이 일어난다.

해설 ④ 차량의 상부가 아니라 하부이다.

18 탑승자 상해도에 대한 설명으로 충돌 후 갑자기 차가 정지하면서 몸은 주행속도를 가지고 있기 때문에 앞 유리창에 심한 충돌을 일으키는 손상은? ★★★
① 전면유리창에 의한 손상
② 운전대에 의한 손상
③ 계기판에 의한 손상
④ 브레이크 페달에 의한 손상

해설 **전면유리창에 의한 손상(Windshield Injuries)**
- 충돌 후 갑자기 차가 정지하면서 몸은 주행속도를 가지고 있기 때문에 앞 유리창에 심한 충돌을 일으킨다.
- 두피와 두개골이 부딪혀 두개골의 골절, 연한 조직인 뇌조직 역시 손상, 반대편의 뇌조직은 두개골과 분리되면서 혈관이 파탄되어 출혈을 일으킨다.
- 두개강 내 출혈(경막외, 경막하, 지주막하 출혈)이 일어날 수 있다.
- 경부손상 : 경추가 과다하게 뒤로 젖혀지고 앞으로 골곡되어 손상, 경추의 골절, 탈구 등의 경부손상을 초래하며 때로는 이것이 치명적일 수 있다. 경추부는 다른 부위보다 훨씬 손상을 받기 쉬우며 골절 및 탈구에 의한 경수의 손상은 호흡 등 신경다발이 지나가므로 사망의 원인이 될 수 있다.

19 다음이 설명하는 안전띠는 무엇인가?

> 흉부와 복부를 고정시켜 전방으로 충돌을 방지하여 준다. 그러나 머리 부분은 고정해 주지 못하기 때문에 경추의 골절 탈구, 경수의 손상을 일으킨다.

① 1점식
② 2점식
③ 3점식
④ 4점식

해설 안전띠(2점식과 3점식)
- 2점식(Lap Belt) : 하복부에 표피박탈 및 좌상을 일으키는 외에도 상체를 효과적으로 고정시키지 못하기 때문에 복부 대동맥과 간, 췌장, 비장, 방광 등의 복부장기가 띠와 척추 사이에 끼어 파열될 수 있다. 또한, 골반 및 요추에 골절을 일으킬 수도 있다. 갑작스런 복압의 증가에 의하여 장관이 파열될 수 있다.
- 3점식(Diagonal Over-the-shoulder Strap) : 흉부와 복부를 고정시켜 전방으로 충돌을 방지하여 준다. 그러나 머리 부분은 고정해 주지 못하기 때문에 경추의 골절 탈구, 경수의 손상을 일으킨다.

20 에어백에 대한 설명으로 틀린 것은?

① 에어백은 안면부, 경부, 가슴 손상을 보호하여 경감시켜 준다.
② 자동차 사고에서 탑승자를 보호하지만 모든 경우에 안전한 것은 아니다.
③ 첫 충돌 후 잇따르는 충돌로부터 보호해 준다.
④ 운전자가 큰 경우나 작은 차인 경우 하지, 골반, 복부는 보호하지 못한다.

해설 첫 충돌 후 잇따르는 충돌로부터 보호해 주지 못한다.

21 다음 중 제1차 손상에 대한 설명으로 옳지 않은 것은?

① 보행자가 차량의 외부구조에 처음으로 충격될 경우 생기는 손상이다.
② 시속 50km 내외로 충격될 때, 인체의 전방과 측방일 때에 골절이 생긴다.
③ 가속 시에는 하방으로, 감속 시에는 상방으로 충격부위가 이동한다.
④ 전조등, 펜더에 의해 제1차 손상을 입을 수 있다.

해설 ③ 가속 시에는 상방, 감속 시에는 하방으로 충격부위가 이동한다.

22 편타손상에 대한 설명으로 옳지 않은 것은?

① 채찍이 흔들리는 것과 같은 모양으로 경부가 흔들려 생기는 손상이라는 뜻이다.
② 경부손상이라고도 한다.
③ 차량의 하부구조에 의하며, 하부구조에 오물이 부착된다.
④ 경추의 탈구, 골절 및 경추손상과 주변 연조직의 손상을 받는다.

해설 ③ 역과손상에 대한 내용이다.

23 추돌 또는 충돌의 원인으로 탑승자의 경부가 과신전 및 과굴곡되면서 나타나는 대표적인 신체손상 유형은?

① 추간반탈출증
② 편타손상
③ 뇌진탕
④ 심근경색

해설 편타손상
- 채찍질을 하여 갑자기 출발할 때처럼 경부가 전후로 과신전 및 과굴곡되어 나타나는 손상을 말한다.
- 경추의 탈구, 골절 및 경추손상과 주변 연조직의 손상을 볼 수 있다.
- 주로 경추는 제6·7번 부위에 손상을 받으며 심할 경우 경추가 단열된다.
- 탑승자에서는 차체가 전방 또는 후방에서 충돌될 때와 같이 급가속 또는 급감속될 경우 발생한다.
- 보행자는 주로 후방에서 제1차 충격과 같은 기전에 의하여 발생한다.

24 다음의 신체손상 중 차의 범퍼에 의해 직접 발생한 손상이라고 보기 어려운 것은?

① 좌 상
② 표피박탈
③ 골절 또는 연조직의 파손
④ 뇌지주막하 출혈

25 보행자가 차량에 역과되었음을 알 수 있는 가장 확실한 사실은? ★★★
① 사고현장에 나타난 제동 스키드마크
② 보행자의 충격부위
③ 보행자의 인체 또는 피복에 나타난 타이어 자국
④ 보행자의 최종전도위치

해설 역과손상이란 보행자가 지면에 전도된 후에 차량이 통과될 때 발생하는 손상을 말하므로 보행자의 인체 또는 피복에 나타난 타이어 자국으로 역과손상임을 알 수 있다.

26 일반적으로 차에 부딪힌 보행자의 충격경로가 바른 것은?
① 앞 범퍼 – 차체외판 – 노면 또는 고정물체
② 역과 – 앞 범퍼 – 차체외판
③ 앞 범퍼 – 노면 또는 고정물체 – 차체외판
④ 차체외판 – 노면 또는 고정물체 – 앞 범퍼

해설 보행자가 일반적으로 앞 범퍼에 부딪히게 되면 보닛 등의 차체외판에 부딪히고 땅에 떨어지면서 충격을 받거나 고정물체에 부딪히게 되고 역과손상을 입게 된다.

27 차와 사람의 사고에 있어서 하퇴부 골절이 발생할 수 있는 한계속도로서 가장 적당한 것은? ★★★
① 10~20km/h
② 30~50km/h
③ 70~80km/h
④ 100~120km/h

해설 속도와 손상
- 시속 30km/h 이하의 저속으로 충격을 받으면 인체가 차량전면이나 측면으로 직접 전도되어 2차 충격손상이 생기지 않는다.
- 시속 40~50km/h 정도로 충격될 경우 보행자는 보닛 위로 올라가면서 팔꿈치 어깨와 두부를 비롯하여 흉부, 배부, 안면부에 손상을 입는다.
- 시속 70km/h 이상이 되면 차체의 상방보다는 측방으로 뜬 후 떨어지며, 상방으로 뜨더라도 차량의 지붕이나 짐칸 또는 차량 뒤쪽의 지면에 떨어진다.

정답 25 ③ 26 ① 27 ②

CHAPTER 02 차량의 속도분석 및 운동특성

01 충돌 및 차량의 특성

01 충돌과정 및 방향에 따른 차량운동특성

(1) 유효충돌속도
① 속도가 V_1인 A차와 속도가 V_2인 B차가 정면충돌 또는 정면추돌하면 양 차량은 서로 운동량을 교환하면서 찌그러짐을 동반하게 된다.
② 이렇게 충돌에 의해 맞물린 양 차량은 도중에 속도가 같아지는 시점에서 일체가 되어 운동량이 큰 차량이 상대적으로 운동량이 작은 차량을 밀고 진행하게 된다.
③ 여기에서 최초 충돌 후 양차의 속도가 같아지는 시점을 공통속도시점이라고 하고 이 공통속도시점에서 양 차량은 서로 운동량의 교환을 완료하기 때문에 차량 변형도 일반적으로 이 시점에서 거의 종료된다.

(2) 유효충돌속도의 물리적 성질
① 유효충돌속도가 클수록 차량의 변형량도 증가한다.
  ㉠ 차체는 충격에 의해 쉽게 찌그러지는 소성변형 특성을 가지기 때문에 일반적으로 유효충돌속도가 클수록 차량의 변형량도 증가한다.
  ㉡ 동일한 유효충돌속도에서 찌그러짐의 정도는 차체의 강성에 의해 좌우되며 승용차의 경우 엔진이 설치된 차체 앞부분보다는 트렁크가 설치된 차체 뒷부분의 강성이 낮아 변형량도 일정 부분까지는 깊게 나타나는 특징이 있다.
② 유효충돌속도가 클수록 승차자에게 가해지는 충격손상도 증가한다.
  ㉠ 인체의 상해 정도는 일반적으로 충격가속도가 클수록 충격지속시간이 길수록 심한 상처를 입게 된다.
  ㉡ 충돌 중의 속도변화량인 유효충돌속도가 클수록 충격가속도가 높아져 차내 승차자에게 가해지는 충격손상도 커지게 된다.
③ 유효충돌속도는 고정장벽 충돌속도로 치환 가능하다.
  ㉠ 현재 속도가 50km/h인 A차가 질량 무한대인 콘크리트 고정장벽을 충돌하였다고 가정할 경우 이때, 충돌 전 A차의 운동에너지는 모두 차체의 변형일로 소모된 후 충돌지점에 정지한다. 따라서 충돌 중의 속도변화량인 유효충돌속도는 50km/h가 된다.

ⓛ 이와 같은 충돌현상은 중량이 동일한 A차와 B차가 50km/h로 정면충돌하는 현상과 동일하다. 즉, 중량과 속도가 동일한 A, B차가 정면충돌하게 되면 운동량의 교환을 완료한 후 양차는 충돌지점에 그대로 정지하기 때문에 A, B차 모두의 유효충돌속도는 50km/h가 된다.
ⓒ 그러므로 고정장벽 충돌실험을 통하여 차체의 소성변형량을 구하고, 소성변형량을 통해 역으로 유효충돌속도를 추정할 수 있다.

④ 유효충돌속도가 클수록 반발계수가 낮아진다.
　㉠ 반발계수란 상대충돌속도에 대한 상대반발속도의 비를 말한다.
　㉡ 예를 들어, 고무공과 같이 충돌속도 그대로 되튕겨나오는 경우 반발계수는 1이다. 반면에 진흙덩어리를 고정벽에 던졌을 때 진흙덩어리는 되튕겨나오지 않고 심하게 찌그러져 달라붙게 되는데 이때 반발계수는 0이 된다. 즉, 반발계수가 작을수록 충돌 시 차체의 소성변형 특성도 증가하게 된다.
　㉢ 대체적으로 유효충돌속도가 5~10km/h인 경우에는 범퍼에서 충격을 흡수한 후 탄성복원되기 때문에 소성변형은 거의 일어나지 않지만, 유효충돌속도가 높을수록 반발계수는 낮아지고 소성변형은 증가하게 된다.
　㉣ 특히, 유효충돌속도가 약 20km/h 인접한 추돌사고에서는 반발계수가 거의 0에 근접하는 것으로 나타나고 있다.

⑤ 유효충돌속도는 상대충돌속도와 양차의 중량에 의해 결정된다.
　㉠ 유효충돌속도는 상대충돌속도와 양차중량의 역비의 곱으로 표시할 수 있으므로 상대충돌속도가 클수록 양차중량의 역비가 클수록 커지게 된다.
　㉡ 유효충돌속도

$$\frac{\text{상대충돌속도} \times \text{양차 중량의 합}}{\text{상대차 중량}}$$

　㉢ 따라서 동일한 조건이라면 중량이 작은 차가 더 큰 유효충돌속도를 받게 되고, 소성변형량도 증가하게 된다.

⑥ 양차 유효충돌속도의 합은 양차 상대충돌속도와 같다.
　㉠ 역학적으로 충돌 시 상대충돌속도의 합은 양차 유효충돌속도의 합과 같다.
　㉡ 예를 들어, 60km/h인 A차와 40km/h인 B차가 정면충돌하였고 이때, 소성변형량을 감안한 A차의 유효충돌속도가 50km/h라면 B차의 유효충돌속도는 50km/h가 된다.
　㉢ 따라서 상대충돌속도가 클수록 양차의 소성변형량도 증가하고 차내 승차자에게 큰 충격을 가하게 됨을 알 수 있다.

> **이해 더하기**
>
> 유효충돌속도와 에어백의 작동조건
> - 일반적으로 정면충돌의 에어백은 정면에서 좌우 30°도 이내의 각도로, 유효충돌속도가 약 20~30km/h 이상일 때 작동된다.
> - 유효충돌속도는 충돌 중의 속도변화이고 이 속도변화량은 충돌의 작용시간과 가속도의 곱으로 나타낼 수 있으므로 에어백의 작동조건을 결정하기 위한 충격감지장치로는 일반적으로 가속도센서가 널리 적용되고 있다.

02 충 돌

(1) 운동의 법칙

① 관성의 법칙
  ㉠ 운동의 제1법칙이라고도 한다.
  ㉡ 뉴턴(Newton)은 갈릴레오(Galileo)의 생각을 정리하여 제1법칙을 만들고 관성법칙이라고 불렀다.
  ㉢ 모든 물체는 관성을 갖는다. 관성은 질량(물체를 구성하는 물질의 양)에 관계된다. 물체의 질량이 크면 클수록 관성도 커진다. 관성을 알려면 물체를 앞뒤로 흔들어 보거나 적당히 움직여서 어느 것이 움직이기 더 힘든지, 즉 운동에 변화를 가져오는데 어느 것이 저항이 더 큰지를 알아볼 수 있다.
  ㉣ 이것은 외부에서 힘이 가해지지 않는 한 모든 물체는 자기의 상태를 그대로 유지하려고 하는 것을 말한다. 즉, 정지한 물체는 영원히 정지한 채로 있으려고 하며 운동하던 물체는 등속직선운동을 계속 하려고 한다. 달리던 버스가 급정거하면 앞으로 넘어지거나 브레이크를 급히 밟아도 차가 앞으로 밀리는 경우, 트럭이 급커브를 돌면 가득 실은 짐들이 도로로 쏟아지는 경우, 컵 아래의 얇은 종이를 갑자기 빠르고 세게 당기면 컵은 그 자리에 가만히 있는 현상이 관성의 법칙의 예이다.

② 가속도의 법칙
  ㉠ 운동의 제2법칙이라고도 한다.
  ㉡ 물체의 운동의 시간적 변화는 물체에 작용하는 힘의 방향으로 일어나며, **힘의 크기에 비례한다**는 법칙이다.
  ㉢ 운동의 변화를 힘과 가속도로 나타내면, $F = ma$가 된다. 즉, 물체에 힘이 작용했을 때 물체는 그 힘에 비례한 가속도를 받는다. 이때 비례상수를 질량이라 하며, 이 식을 운동방정식(뉴턴의 운동방정식)이라 한다.

③ 작용과 반작용의 법칙
  ㉠ 운동의 제3법칙이라고도 한다.

ⓒ 작용과 반작용 법칙은 A물체가 B물체에게 힘을 가하면(작용) B물체 역시 A물체에게 똑같은 크기의 힘을 가한다는 것이다(반작용).
ⓒ 즉, 물체 A가 물체 B에 주는 작용과 물체 B가 물체 A에 주는 반작용은 크기가 같고 방향이 반대이다.
ⓔ 총을 쏘면 총이 뒤로 밀리거나(총과 총알) 지구와 달 사이의 만유인력(지구와 달), 건너편 언덕을 막대기로 밀면 배가 강가에서 멀어지는 경우가 그 예이다.

03 차량운동특성

(1) 발진가속
① 자동차가 정지상태에서 출발하는 경우의 가속능력을 발진가속이라고 한다.
② 발진가속도는 일반적으로 피크 $0.2g$ 전후이다. 다만, 앞에 차가 많이 있을수록 가속시간이 짧아진다.

(2) 브레이크 이상현상
① 베이퍼록(Vapor Lock) : 베이퍼록 연료회로 또는 브레이크장치 유압회로 내에 브레이크액의 온도상승으로 인해 기화되어 압력전달이 원활하게 이루어지지 않아 제동기능이 저하되는 현상이다.
② 페이드현상 : 주행 중 계속해서 브레이크를 사용함으로써 온도상승으로 인해 제동마찰제의 기능이 저하되어 마찰력이 약해지는 현상이다.

(3) 기타 현상 중요!
① 요잉 : 자동차가 커브를 돌 때 일어나는 움직임으로서, 차체에 대하여 수직(Z축)인 둘레에 발생하는 운동으로 때로는 고의로 타이어의 슬립앵글을 늘려 그립을 상실시킴으로써, 요잉을 발생시켜 재빠르게 턴을 행하는 수도 있다. 요잉은 롤링과 마찬가지로 코너를 돌 때 느끼게 된다. 롤링과 비슷한 점이 있지만 요잉은 차량의 진행 방향이 왼쪽, 오른쪽으로 바뀌는 것으로 생각하면 쉽다. 왼쪽으로 진행을 바꾸면 차량 뒷부분은 오른쪽으로 틀게 되고, 앞부분이 오른쪽으로 진행한다면 뒷부분은 왼쪽으로 틀게 된다. 이러한 것이 연속적으로 반복된다고 생각하면 된다.

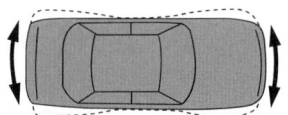

② 롤링 : 자동차의 경우, 노면이 고르지 못해 일어나는 **가로흔들림**이나, 고속에서 경사진 길을 돌 때의 **원심력에 의한 기울기**를 말한다. 롤링이 심하면 조종성이나 승차감에 나쁜 영향을 줄 뿐만 아니라, 때로는 전복될 위험마저 있다. 일반적으로 무게중심이 낮고 차체의 폭에 대해 트레드(좌우바퀴의 간격)가 넓으며 스프링이 단단한 것일수록 롤링이 적어진다. 롤링은 코너를 돌 때 가장 많이 느끼게 된다. 코너를 돌 때 한쪽으로 기울게 되는데, 왼쪽으로 기울게 되면 오른쪽이 올라가고, 오른쪽이 기울게 되면 왼쪽이 올라가게 된다.

③ 피칭 : 일반적으로 **탈것(교통기관)의 흔들림, 즉 전후 방향의 흔들림**이다. 자동차에서는 피칭은 단순히 기분이 나쁠 뿐만 아니라 조종성·접지성에도 나쁜 영향을 미친다. 피칭이 일어났을 경우 스프링에 맞추어 충격흡수제를 사용하도록 한다. 피칭을 줄이기 위해서는 스프링을 단단하게 하거나, 차체를 가볍게 하고 그 무게중심을 낮게 하는 등의 처치가 필요하다. 피칭은 놀이터에서 쉽게 볼 수 있는 시소를 생각하면 된다. 차체가 위아래로 움직이는 것을 피칭이라고 한다면 이해가 쉽다. 앞쪽이 내려가면 뒤쪽이 올라가게 되고, 뒤쪽이 내려가면 앞쪽이 올라간다.

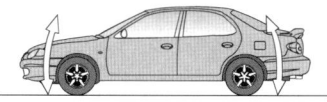

④ 바운싱 : **차체 전체가 상하로 진동하는 것**을 의미한다. 피칭이 앞뒤가 번갈아 상하로 움직이는 것이라면 바운싱은 앞뒤가 동시에 상하로 진동하는 상태를 뜻한다. 즉, 브레이크를 밟았을 때 노즈(차 앞부분)가 앞으로 푹 가라앉았다 위로 들리는 것이 피칭인 반면 둔덕이 있는 줄 모르고 고속으로 달리다 차가 공중에 뜬 뒤 네바퀴가 동시에 착지했다면 바운싱이 된다. 바운싱은 피칭과 비슷하다고 하지만 다르다. 피칭은 앞뒤가 시소를 타듯 움직이는 것이고 바운싱은 앞뒤가 평행하게 위아래로 움직이는 것이다.

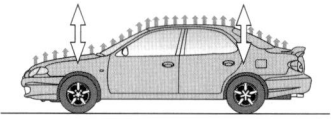

⑤ 노즈다이브현상 : 자동차가 급제동하게 되면 계속 진행하려는 차체의 관성력으로 무게중심이 전방으로 피칭 운동하여 전방 서스펜션의 작동길이가 감소하고 후미 서스펜션은 늘어나 차체가 전방으로 쏠리는 현상이다(간단하게 차량 앞부분은 가라앉고 뒷부분은 올라감).

02 자동차의 성능 및 흔적

01 자동차의 각종 성능

(1) 자동차의 제동성능

① 브레이크
  ㉠ 기계식 브레이크 : 브레이크 페달의 조작력을 와이어를 거쳐 제동기구에 전달하여 제동력을 발생시키는 방식으로 주로 주차브레이크에 사용된다.
  ㉡ 유압식 브레이크 : 유압에 의해 브레이크의 조작력을 전달하는 방식으로 파스칼의 원리를 이용한 것이다. 마스터 실린더에서 발생된 유압이 브레이크 파이프를 거쳐 휠 실린더나 캘리퍼 등에 작용되면 브레이크 패드 등을 압착시켜서 제동을 하는 방식으로 승용차량에 가장 많이 사용된다. 즉, 완전히 밀폐된 액체에 작용하는 힘은 어느 점에서나 어느 방향에서나 항상 일정한 원리를 이용한 것이다.
  ㉢ 배력식 : 압축공기나 엔진의 부압을 이용하여 페달 조작력을 증대시키는 배력장치로 유압 브레이크의 보조장치로 사용된다.
  ㉣ 공기식 : 압축공기를 이용하여 제동하는 장치로 큰 제동력을 얻을 수 있으나 구조가 복잡하고 비용이 많이 드는 단점이 있다.

② 제동동작의 분석 **중요!**
  ㉠ 제동거리 : 자동차가 감속을 시작하면서 완전히 정지할 때까지 주행한 거리로 공주 후에 브레이크가 실제로 작동하여 자동차의 차륜을 정지시켜 노면에 스키드마크를 남기는 거리
  ㉡ 공주거리 : 운전자가 위험을 느끼고 **브레이크를 밟아 브레이크가 실제 듣기 시작하기까지의 사이에 자동차가 주행한 거리**를 말하며, 이러한 공주거리는 운전자가 음주 또는 과로운전 등 운전자의 심신상태가 비정상일 때 길어진다.
  ㉢ 정지거리 : 공주거리와 실제동에 의한 정지거리(제동거리)를 합한 거리이다.

③ 노즈다운(노즈다이브)과 스쿼트
  ㉠ 주행 중 제동조작을 하면 감속도에 따라서 **차체의 앞부분이 가라앉는 현상**으로서, 그 원인은 자동차의 중심위치보다 낮은 타이어 접지면에서 뒤쪽으로 발생하는 제동력에 의해 앞쪽으로 모멘트가 작용하기 때문이다.
  ㉡ 노즈다운(Nose Down)이 발생하면 앞바퀴의 하중은 증가하고, 뒷바퀴의 하중은 그 분량만큼 감소하므로 감속도가 큰 경우는 뒷바퀴가 잠겨서(Lock) 주행불안정을 일으키기 쉽다.
  ㉢ 이러한 현상을 방지하기 위하여 앤티스키드장치나 전자제어현가장치를 쓴다.
  ㉣ 참고적으로 노즈다운을 노즈다이브라고도 하며, 이를 억제하는 것을 안티다이브라고 하고 또 후륜이 뜨는 것을 리프터라고 하고, 이를 억제하는 것을 안티리프터라고 한다. 차량 측면에서 볼 때 차륜 움직임의 순간 중심의 위치가 제어된다.

ⓜ 스쿼트(노즈업)는 노즈다이브의 반대로서 차량이 출발할 때 전륜이 들리고 후륜 측으로 기우는 현상이다. 이를 억제하는 것을 안티스쿼트라고 한다.

(2) 자동차의 조향특성과 선회특성

① 자동차의 조향특성

㉠ 선회주행에 있어 핸들 조향각을 일정하게 하고 서서히 속도를 올리면 자동차가 점점 정상 원의 외측으로 향하는 특성을 언더스티어, 점점 내측으로 향하는 특성을 오버스티어링이라고 하며 정상적인 원을 따라 회전하는 특성을 중립조향특성이라고 한다.

언더스티어링 (Under Steering)	전륜의 조향각에 의한 선회반경보다 실제 선회반경이 커지는 현상을 말한다. 이 경우는 전륜의 횡활각이 후륜의 횡활각보다 크다. 즉, 후륜에서 발생한 선회력(Cornering Force)이 큰 경우이다.
오버스티어링 (Over Steering)	전륜의 조향각에 의한 선회반경보다 실제 선회반경이 작은 경우를 말한다. 이 경우는 후륜의 횡활각이 전륜의 횡활각보다 크다. 즉, 전륜에서 발생하는 선회력(Cornering Force)이 큰 경우이다.

㉡ 고속선회 시 순간중심이 원의 궤적상에 위치할 때는 중립조향 특성(Neutral Steering), 원의 궤적 내에 위치할 때는 오버스티어링(Over Steering) 특성을 나타낸다.

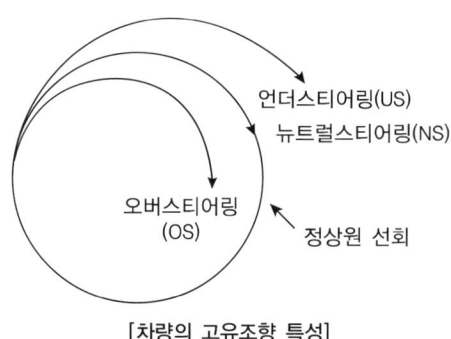

[차량의 고유조향 특성]

03 추락, 공중회전, 도약

01 추락(Fall)

(1) 추락이란 차량이 전방을 향하여 운동량에 의해 그 자신을 지탱하던 지면을 벗어난 후 중력의 영향을 받아 공중에서 전진·하락하는 운동을 의미한다.

(2) 차량은 추락하는 동안 매우 서서히 회전하며 대개 추락한 본래의 자세대로 착지한다.

(3) 차량이 공중에 떠 있던 구간에서는 구르거나 미끄러져 나타나는 흔적 같은 것을 볼 수 없다.

02 공중비행(Flip)

(1) 플립이란 노면의 장애물로 인하여 차량의 수평이동이 무게중심 아래에서 방해를 받아 갑작스럽게 노면을 이탈하여 상승·전진하는 운동을 의미한다.

(2) 추락에서처럼 플립도 이륙한 지점부터 착지한 지점 사이에서는 아무런 흔적이 없다.

(3) 플립은 추락이나 전도보다 자주 일어난다.

(4) 무른 재질의 노면 위에서는 타이어가 옆으로 미끄러지면서 고랑을 만들게 되고 노면 재질이 계속 쌓이면 미끄러지는 타이어가 정지할 때까지 고랑은 깊어진다. 이 경우에서 고랑의 형태가 매우 명확하게 나타나므로 플립이 시작된 지점을 알아내는 것이 매우 용이하다.

03 도약(Flop)

(1) 도약은 차량의 방향으로 일어나는 플립현상으로, 미끄러지거나 회전하던 앞바퀴가 연석과 같은 장애물에 걸려서 정지되는 상태에서만 발생한다.

(2) 이러한 장애물의 높이는 바퀴가 넘지 못한 정도의 높이여야 한다.

(3) 즉, 바퀴 높이의 3/4 이상이어야 하는데 일반적인 연석의 높이는 그 정도로 높지 않다.

(4) 도약이 발생한 차량은 뒤집힌 채 착지하며 경사진 노면이 아닌 경우에는 대부분 착지한 지점에 그대로 정지하여 있다.

CHAPTER 02 적중예상문제

01 다음 중 충돌한 도로상에 난 물적 증거와 가장 거리가 먼 것은?
① 냉각수의 누출흔적
② 엔진오일의 누출흔적
③ 충돌스크럽 자국
④ 사고장소 및 사고시간

02 타이어 자국에 관한 설명 중 틀린 것은?
① 타이어 자국은 자동차의 타이어에 의해 도로나 다른 노면 위에 만들어진 자국이다.
② 자동차의 에너지가 바퀴에 어떻게 작용하고 있는가에 따라 그 자국이 달라진다.
③ 타이어 자국은 자동차가 급제동한 경우에만 나타난다.
④ 사고조사에 있어 매우 중요한 물리적 자료 중의 하나이다.

해설 타이어 자국은 타이어의 움직임에 따라 크게 스키드마크형, 스커프형, 타이어 프린트형으로 분류된다.

03 사고현장에 나타나는 타이어 자국 중 바퀴가 회전하지 않고 미끄러질 때 나타나는 제동 흔적을 무엇이라고 하는가? ★★★
① 충돌스크럽
② 가속스커프
③ 스키드마크
④ 타이어 새겨진 자국

해설 스키드마크 타이어 자국은 자동차가 충돌하기 전에 이미 멈추기 위하여 제동을 건 표시로 차륜이 굴러가는 것을 갑자기 멈추게 할 정도로 브레이크가 작용됨으로써 굴러갈 수 없게 된 타이어에 의해 노면에 남겨진 타이어 자국이다.

01 ④ 02 ③ 03 ③

04 다음 중 유형별 타이어 자국에 대한 설명으로 옳은 것은? ★★★★
① 스키드마크는 바퀴가 회전하면서 나타나는 급회전 자국이다.
② 요마크는 바퀴가 고정되면서 나타나는 급제동 자국이다.
③ 가속타이어 자국은 급가속 시에 나타나는 자국이다.
④ 충돌스크럽은 타이어가 충격한 흔적이다.

해설 ① 스키드마크는 바퀴가 고정되면서 나타나는 제동흔적이다.
② 요마크는 바퀴가 구르면서 옆으로 미끄러질 때 나타나는 선회흔적이다.
④ 충돌스크럽은 문질러진 형태로 나타나는 충돌흔적이다.

05 같은 높이를 가진 자동차끼리 정면충돌하면 자동차의 중심은 충돌부분보다 위쪽에 있으므로 자동차의 뒷부분은 올라가고 앞부분은 노면을 향하여 밑으로 눌리게 된다. 이와 같은 충돌형태에서 나타날 수 있는 타이어 자국에 대해 바르게 설명한 것은?
① 앞바퀴와 뒷바퀴 모두 진한 형태로 나타난다.
② 앞바퀴는 진하고, 뒷바퀴는 엷게 나타난다.
③ 앞바퀴는 엷게, 뒷바퀴는 진하게 나타난다.
④ 앞바퀴와 뒷바퀴 모두 엷게 나타난다.

해설 무게중심이 앞바퀴 쪽으로 이동하게 되므로 앞바퀴에 보다 진한 타이어 자국이 나타난다.

06 앞바퀴와 뒷바퀴의 스키드마크가 각각 다른 길이로 나타난 경우 속도산출을 위한 가장 적절한 제동거리는? ★★★
① 무조건 앞바퀴 타이어 자국을 제동거리로 한다.
② 앞바퀴와 뒷바퀴 중 짧은 길이의 타이어 자국을 제동거리로 한다.
③ 앞바퀴와 뒷바퀴의 타이어 자국을 더한 길이를 제동거리로 한다.
④ 앞바퀴와 뒷바퀴 타이어 자국의 길이차가 크지 않다면 긴 타이어 자국의 길이를 제동거리로 한다.

해설 일반적으로 가장 긴 타이어 자국의 길이를 제동거리로 하고, 앞뒤바퀴 또는 좌우바퀴 타이어 자국의 길이가 현격하게 차이가 나는 경우 보정계수를 사용하게 된다.

07 다음 타이어 자국 중 충돌지점을 확인할 수 있는 가장 중요한 자료는?
① 충돌스크럽
② 임프린트
③ 가속스커프
④ 요마크

해설 **충돌스크럽**
굴러가던 바퀴가 충돌하면서 충돌의 힘에 의해 순간적으로 고정되면 문질러진 형태로 타이어 자국이 나타나는 것을 말한다. 충돌스크럽은 최대 접촉 시의 타이어 위치를 나타낸다. 충돌지점을 나타내 주는 최고의 증거가 바로 이 자국이다. 어떤 경우이든 충돌스크럽은 자동차와 또 다른 자동차나 어떤 물체와 충돌하는 동안 노면 위에서의 타이어 운동을 나타내 준다.

08 충돌스크럽에 대한 설명으로 적당하지 않은 것은?
① 충돌 시 문질러진 타이어 자국이다.
② 가장 선명하게 나타난 요마크 중의 하나이다.
③ 길이가 보통 20~40cm이고, 3m 이내인 경우가 대부분이다.
④ 매우 짧은 시간 동안 충돌의 힘이 순간적으로 큰 압력으로 되어 타이어에 가해지기 때문에 선명하게 나타나는 경향이 있다.

해설 충돌스크럽은 스키드마크의 하나이다. 충돌스크럽은 어느 경우를 막론하고 자동차와 어떤 다른 물체가 충돌하는 동안에는 도로상에서 타이어가 무언가 다르게 움직였다는 것을 말해주는 자료로서 충격으로 인해 노면과 심하게 마찰되었음을 의미하는 것이다. 이 타이어 자국의 또 다른 특징은 충돌 방향에 따라 달라지는 것인데 일반적으로 같은 방향의 추돌에서는 약간 길게 직선형으로, 정면충돌 시에는 짙고 휜 모양이 되는 경우가 많다.

09 자동차가 급가속을 하여 출발하는 경우 차체의 앞부분이 들리는 현상은?
① 노즈다이브
② 노즈업
③ 요 잉
④ 피 칭

해설 **노즈업현상**
노즈다이브현상과 반대로 자동차가 급가속을 하여 출발하는 경우 차체의 앞부분이 들리는 현상을 말한다.

10 추돌사고 시 차량의 진행상태를 구별하는 데 이용할 수 있는 현상은? ★★★
① 요잉현상
② 피칭현상
③ 바운스 운동
④ 노즈다이브

해설 요잉현상은 자동차가 커브를 돌 때 일어나는 움직임이므로 차량의 진행상태를 구별하는 데 이용할 수 있다.

11 차량이 급선회 시에는 선회 내측이 눌려지고 선회 외측 차체는 들려지는 현상은?

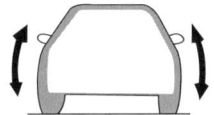

① 피칭현상
② 롤링현상
③ 요잉현상
④ 노즈다이브현상

해설 **롤링현상**
차량의 급선회 조작으로 인해 발생되는 원심력에 의한 것으로, 차량의 속도, 회전반경, 차량 무게중심 높이, 원심가속도, 차량무게 등의 영향을 받는다.

12 차량과 보행자 사고에 있어서 주요 쟁점사항과 거리가 먼 것은?
① 충돌지점
② 차량의 충돌속도
③ 보행자의 보폭
④ 운전자의 회피가능성

해설 보행자의 보폭은 차량과 보행자 사고의 주요 쟁점사항에 포함되지 않는다.

13 작용하려는 힘을 유지하려는 성질로 움직이던 물체가 일정한 속도로 움직이게 되는 운동원리는?
① 가속도의 법칙
② 관성의 법칙
③ 운동량 보존의 법칙
④ 작용–반작용의 법칙

해설 관성의 법칙
물체에 외부에서 힘이 작용하지 않으면 물체의 운동상태는 변하지 않으며, 정지해 있는 물체는 그대로 정지해 있고 움직이던 물체는 일정한 속도로 움직이게 되는 운동원리이다.

14 다음 중 제동된 타이어의 마찰 제동력이 가장 큰 경우는?
① 타이어가 미끄러지기 직전
② 타이어의 미끄러짐이 끝나기 직전
③ 타이어의 미끄러짐이 끝난 직후
④ 스키드마크의 중간지점

15 스키드마크에 대한 설명으로 옳지 않은 것은? ★★★★
① 일반적이면서 선명하게 드러나는 타이어 자국이다.
② 대부분의 스키드마크는 회피조치의 과정이 있었음을 나타낸다.
③ 자동차가 충돌함과 동시에 멈추며 나타나는 자국이다.
④ 브레이크를 밟아 생긴 스키드마크의 형상은 전형적인 모습을 하고 있는 것도 있지만 여러 가지 다른 변형된 형상이 생기기도 한다.

해설 스키드마크는 자동차가 충돌하기 전에 이미 멈추기 위하여 제동을 건 표시로 차륜이 굴러가는 것을 갑자기 멈추게 할 정도로 강하게 브레이크가 작용됨으로써 굴러갈 수 없게 된 타이어에 의해 노면에 남겨진 타이어 자국이다.

16 다음의 내용은 무엇에 대한 설명인가? ★★★

> 자동차가 강하게 충돌하면 파괴된 부분이 자동차의 차륜을 꽉 눌러 그 회전을 방해하게 된다. 동시에 노면에 대해 순간적으로 아래로 향한 힘이 발생하게 되고 이때 자동차가 움직이고 있으면 타이어와 노면 사이에 순간적으로 심하게 문지르는 작용이 발생하게 된다. 일반적으로 최대 접촉 시의 타이어 위치를 나타낸다.

① 충돌스크럽
② 가속스커프형 타이어 자국
③ 요마크
④ 임프린트형 타이어 자국

17 다음의 설명은 무엇에 대한 내용인가?

> 스키드마크의 생성된 길이가 실선으로 이어지지 않고 중간이 규칙적으로 단절되어서 점선과 같이 보이는 경우

① 충돌스크럽
② 스킵 스키드마크
③ 요마크
④ 가속스커프형 타이어 자국

해설 스킵 스키드마크는 차량의 상하운동, 도로에 융기된 부분이나 구멍이 있는 곳, 충돌 시 발생한다.

18 다음이 설명하는 것은 무엇인가? ★★★★

> 타이어가 회전하면서 옆으로 미끄러질 때 나타나는 자국이다. 이 타이어 자국은 자동차가 충돌을 피하려고 급핸들 조작 시 급커브에 대비하지 못한 상태에서 갑자기 나타난 급한 커브로, 무리한 핸들조작을 할 때 생성된다.

① 요마크
② 가속스커프
③ 스키드마크
④ 충돌스크럽

해설 무리하게 급회전하면 타이어와 노면 사이의 마찰력보다 자동차가 진행하는 방향의 원심력이 더 크기 때문에 타이어는 옆 방향으로 미끄러지면서 요마크가 발생하는 것이다.

19 다음의 특징을 나타내는 타이어 자국은? ★★★

> 이 타이어 자국의 특징으로는 일반적으로 시점에서는 진한 형태로 나타나고 자국의 종점에서는 희미하게 끝난다는 것이다.

① 요마크
② 충돌스크럽
③ 가속스커프형 타이어 자국
④ 임프린트형 타이어 자국

해설 가속스커프형 타이어 자국은 보통 교차로에서 대기하고 있던 차량이 급가속, 급출발할 때 나타나는데 이것은 구동바퀴에 강한 힘이 작용하여 노면에서 헛돌면서 생긴 타이어 끌림 자국이다. 또한, 정지된 자동차에 기어가 삽입된 상태에서 엔진이 고속회전하게 되면 순간적으로 가속 흔적을 남기기도 한다.

20 다음이 설명하는 타이어 자국은?

> • 타이어의 공기압이 적거나 심한 하중에 눌려 타이어가 찌그러지면서 만들어지는 스커프형 타이어 자국의 하나이다.
> • 이 타이어 자국은 타이어가 지면에 눌려 나타나기 때문에 가장자리는 진한 형태로 나타나고 중앙부에는 희미한 형태로 나타나는 특징이 있다.

① 임프린트형 타이어 자국
② 플랫형 타이어 자국
③ 가속스커프형 타이어 자국
④ 충돌스크립

21 다음 괄호 안의 A, B에 들어갈 알맞은 용어는?

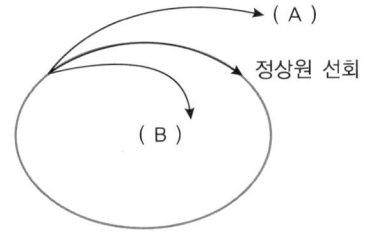

① A : 오버스티어링, B : 언더스티어링
② A : 뉴트럴스티어링, B : 오버스티어링
③ A : 언더스티어링, B : 오버스티어링
④ A : 언더스티어링, B : 뉴트럴스티어링

해설 • 오버스티어링 : 차량이 운전자가 의도한 목표 라인보다 안쪽으로 도는 것
• 언더스티어링 : 차량이 운전자가 의도한 목표 라인보다 바깥쪽으로 벗어나는 경향
• 뉴트럴스티어링 : 오버도 아니고 언더도 아닌, 스티어링 휠을 꺾는 대로 돌아가는 특성

22 스킵 스키드마크에 대한 설명으로 옳지 않은 것은? ★★★
① 자동차의 한쪽 바퀴에만 하중이 집중될 때 잘 나타난다.
② 노면상태가 비교적 좋지 않은 조건에서 잘 나타난다.
③ 하중이 적거나 화물을 적재하지 않은 세미트레일러 또는 대형트럭이 남기는 경우가 많다.
④ 타이어 자국이 반복적으로 끊기면서 나타난 경우를 말한다.

정답 20 ② 21 ③ 22 ①

23 좌우측의 스키드마크가 서로 다른 길이로 나타났다면 속도 추정을 위한 가장 적절한 스키드마크의 길이 선정방법은? ★★★
① 반드시 우측바퀴 타이어 자국의 길이로 한다.
② 좌우측 스키드마크를 더한 길이로 한다.
③ 좌우측의 길이가 현저하게 차이가 없다면 가장 긴 스키드마크로 한다.
④ 좌우측 어느 것으로 해도 무방하다.

24 다음 중 요마크에 대한 설명으로 옳지 않은 것은? ★★★★
① 요마크는 무리하게 급회전할 때 나타난다.
② 회전하는 바깥쪽의 타이어에 더 많은 마찰력을 발생시켜 더 강한 자국을 남긴다.
③ 회전하는 안쪽의 타이어에 더 많은 마찰력을 발생시켜 더 강한 자국을 남긴다.
④ 전형적인 요마크는 항상 휘어져 있고 바깥쪽의 흔적이 안쪽보다 선명하다.

해설 회전하는 바깥쪽의 타이어에 더 많은 마찰력을 발생시켜 더 강한 자국이 남게 된다.

25 요마크의 특징 중 회전하는 바깥쪽 타이어 자국이 더 진하게 나타나는 이유로 옳은 것은? ★★★★
① 선회주행 시 자동차의 무게중심이 전방으로 이동하기 때문이다.
② 선회주행 시 자동차의 무게중심이 선회하는 반대방향으로 이동하기 때문이다.
③ 선회주행 시 안쪽바퀴의 마찰력이 더 커지기 때문이다.
④ 선회주행 시 안쪽과 바깥쪽의 마찰력이 같아지기 때문이다.

해설 요마크는 선회주행 시 무게중심이 바깥쪽으로 쏠리게 되어 바깥쪽 타이어 자국이 더 진하게 나타난다.

26 타이어 자국 중 보통 교차로에서 대기하고 있던 차량이 급가속, 급출발하거나, 정지된 자동차에 기어가 삽입된 상태에서 엔진이 고속 회전하게 되는 경우 생기는 것은?

① 요마크
② 스키드마크
③ 충돌스크럽
④ 가속스커프

해설 가속스커프형 타이어 자국은 급가속, 급출발인 경우에 생기는 타이어 자국이다.

27 사고분석에 있어서 차량의 진행방향을 추정하는 데 매우 유용한 타이어 자국은?

① 플랫형 타이어 자국
② 임프린트형 타이어 자국
③ 가속스커프형 타이어 자국
④ 스킵 스키드마크

해설 임프린트형 타이어 자국
타이어가 미끄러지지 않고 굴러가면서 노면 위나 다른 표면 위에 타이어의 트레드 무늬를 남기는 것으로 이것은 사고분석에 있어 차량의 진행방향을 추정하는 데 매우 유용한 자료가 된다.

28 심하게 찌그러진 타이어에 의해 만들어진 스커프 자국은?

① 스키드마크
② 플랫형 타이어 자국
③ 임프린트 타이어 자국
④ 요마크

해설 플랫형 타이어 자국은 타이어가 심하게 찌그러지거나 과대한 하중을 받았을 때 나타나는 타이어 자국이다.

정답 26 ④ 27 ② 28 ②

29 사고현장에서 발견된 요마크의 곡선반경은 얼마인가?

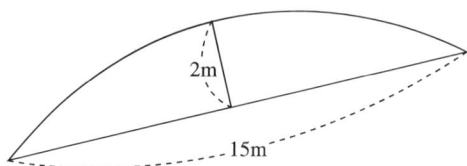

① 약 15m
② 약 7.5m
③ 약 17m
④ 약 25m

해설 곡선반경$(R) = \dfrac{S^2}{8h} + \dfrac{h}{2}$
S : 현의 길이
h : 중앙종거
∴ $R = \dfrac{15^2}{8 \times 2} + \dfrac{2}{2}$
　　$= 15.06$
　　$≒ 15$

30 다음 중 추락(Fall)에 대한 내용으로 옳지 않은 것은?
① 차가 달리고 있는 노면이 갑자기 아래로 기울거나 위로 경사진 곳에서 차의 속도가 지면에 접촉 없이 떨어지는 운동을 말한다.
② 움직이는 차량에서 떨어진 헐거워진 물질의 진로는 지면에 닿을 때까지 공중에서 이동을 계속한다.
③ 추락하는 차의 회전이 많다.
④ 추락속도를 추정하기 위해서는 자동차가 지면을 벗어날 때의 이탈지점으로부터 착지지점까지의 수평·수직거리를 알아야 한다.

해설 추락하는 차는 거의 회전하지 않는다. 즉, 떨어지면서 차가 회전하는 도약 또는 플립과 비교된다.

31 다음 내용 중 틀린 것은?
① 일반적인 제동타이어 자국의 개시점은 불명료하다.
② 흙이나 모래 위에서는 스키드 자국이 나타난다 하더라도 오래 지속되지 않는다.
③ 타이어 자국의 지속성은 타이어 자국의 형상, 도로의 교통량, 날씨 등에 따라 달라진다.
④ 충돌 시 문질러진 자국은 결과적으로 운전자의 브레이크 작용에 의해 만들어진 자국이다.

해설 브레이크의 작용으로 굴러갈 수 없게 된 타이어에 의해 노면에 남겨진 타이어 자국은 스키드마크이고, 굴러가던 바퀴가 충돌하면서 충돌의 힘에 의해 순간적으로 고정되면 문질러진 형태로 타이어 자국이 나타나는 것을 충돌스크럽이라고 한다.

32 공중회전이나 도약에서 가장 낮은 속도로 가장 긴 수평거리를 비행할 수 있는 각도는?
① 30°
② 45°
③ 60°
④ 90°

해설 이륙각도 중 가장 낮은 속도로 가장 긴 수평거리를 비행할 수 있는 각도는 45°이다.

33 다음 중 스커프마크가 아닌 타이어 자국은?
① 요마크
② 플랫 타이어마크
③ 스키드마크
④ 가속타이어 자국

해설 타이어 자국의 분류
• 스키드마크형 : 타이어가 고정되어 미끄러질 때 나타나는 타이어 자국이다.
• 스커프형 : 타이어가 회전되면서 미끄러질 때 나타나는 자국으로 요마크, 가속타이어 자국, 공기 빠진 타이어 자국 등이 이에 포함된다.
• 타이어 프린트 : 타이어가 미끄러지지 않고 회전할 때 나타나는 타이어 무늬 자국이다.

34 스키드마크의 관찰을 통하여 알 수 있는 것이 아닌 것은? ★★★

① 스키드마크의 길이에 의하여 사고차량의 유효충돌속도를 추정할 수 있다.
② 스키드마크의 형태에 의하여 충돌지점을 확인할 수 있다.
③ 스키드마크의 생성궤적에 의하여 충돌 당시의 진행각도를 추정할 수 있다.
④ 스키드마크의 생성궤적에 의하여 충돌 직전 진행방향을 추정할 수 있다.

> **해설** 스키드마크의 길이에 의해 사고차량의 속도를 추정할 수 있으나 유효충돌속도는 스키드마크의 길이로 추정하기 어렵다.

35 단독의 사고차량이 스키드마크와 요마크를 남긴 다음 정지한 경우 가장 적절한 속도추정방법은? ★★★★

① 스키드마크가 먼저 발생하고 뒤이어 요마크가 발생하였다면 스키드마크에 의한 속도만을 고려하여야 한다.
② 요마크가 먼저 발생하고 뒤이어 스키드마크가 발생하였다면 스키드마크와 요마크에 의한 합성속도를 구하여야 한다.
③ 요마크와 스키드마크에 의하여 속도를 산출한 다음 더 큰 하나의 속도만을 고려하여야 한다.
④ 스키드마크가 먼저 발생하고 뒤이어 요마크가 발생하였다면 스키드마크와 요마크에 의한 합성속도를 구하여야 한다.

36 긴 내리막길에서 빈번하게 브레이크를 조작하는 경우 브레이크의 드럼과 라이닝이 과열하여 제동력이 감소하는 현상은 무엇이라고 하는가? ★★★

① 베이퍼록현상
② 모닝이펙트
③ 페이드현상
④ 크리프현상

> **해설** **페이드현상**
> - 긴 내리막길이나 뜨거운 노면 위에서 브레이크 페달을 자주 밟는 경우에 패드와 라이닝이 가열되어 페이드현상을 일으키기 쉽다. 그러므로 긴 내리막길을 내려갈 때에는 가능하면 엔진브레이크를 사용하고, 필요한 경우에만 풋브레이크를 써야 한다.
> - 브레이크 작동 부위의 온도상승을 방지하고, 드럼이나 디스크의 방열을 좋게 하고, 온도상승에 따른 마찰계수의 변화가 작은 라이닝을 선택하면 페이드현상을 방지할 수 있다.

37 충돌에 의해 나타나는 압축손상과 구부러진 손상에 대하여 바르게 설명한 것은?
① 충돌 시 횡방향 마찰력만이 작용하면 압축변형만이 나타난다.
② 횡방향 마찰력이 없는 압축 하중을 받으면 압축변형만을 하게 된다.
③ 구부러진 손상은 마찰력이 작용하지 않았음을 나타낸다.
④ 대부분의 압축변형은 스쳐 지나간 충격에서 발생한다.

38 사고현장에 나타난 타이어 자국이 사고차의 것이라는 주체를 조사하는 요령으로 가장 바르지 못한 방법은?
① 타이어 자국의 문양이 타이어의 트레드 패턴과 일치하는지 조사한다.
② 타이어 자국의 방향이 차량의 최종정지위치와 일치하는지 조사한다.
③ 타이어 자국의 길이가 축간거리와 일치하는지 여부를 조사한다.
④ 평행하는 2줄의 타이어 자국이 차량의 윤간거리와 일치하는지 조사한다.

해설 타이어 자국의 길이는 차량의 속도 등에 따라 달라지는 것이므로 축간거리와의 일치 여부로 분별하기 어렵다.

39 선회주행하는 자동차의 운동특성을 바르게 설명한 것은?
① 안전하게 선회주행하기 위해서는 횡방향 마찰력이 원심력보다 작아야 한다.
② 속도에 관계없이 차량의 중량이 무거울수록 원활하게 선회하기 어렵다.
③ 차량의 선회한계속도는 곡선반경이 클수록 낮아진다.
④ 선회한계속도를 구하기 위한 마찰계수는 가로방향 미끄럼 마찰계수를 적용한다.

정답 37 ② 38 ③ 39 ④

40 공주거리(시간)에 대한 설명으로 옳지 않은 것은?
① 공주시간은 운전자가 위험을 발견하고 실제 제동이 걸리기까지의 시간을 말한다.
② 공주거리는 주행속도에 반비례한다.
③ 공주시간은 구체적인 지각반응시간, 브레이크 페달을 밟기까지의 시간, 브레이크 페달을 밟아 실제 제동이 걸리기까지의 시간으로 분류할 수 있다.
④ 일반적으로 위험을 예견하고 있는 운전자의 공주시간은 위험을 예견하지 못한 운전자의 공주시간보다 짧다.

해설
- 공주거리는 주행속도에 비례
  공주거리 $D = \dfrac{V}{3.6} t$ (V : 속도 km/h, t : 공주시간)
- 제동거리는 주행속도의 제곱에 비례
- 정지거리 = 공주거리 + 제동거리

41 보행자 사고의 일반적 특징이라고 볼 수 없는 것은?
① 충돌물체로서 보행자의 신체는 완전 탄성체이다.
② 충돌 후 보행자가 직전방으로 포물선을 그리며 튕겨 날아갔다면 보행자의 전도거리는 충돌속도가 빠를수록 길어진다.
③ 차량의 충격중심이 보행자의 무게중심보다 높으면 보행자는 역과될 수 있다.
④ 일반적으로 건조한 포장도로에서 인체의 마찰계수는 0.4~0.6 정도가 된다.

해설 ① 완전 탄성체가 될 수 없다.

42 차량의 출발가속도에 대한 설명으로 가장 옳지 않은 것은?
① 보통의 출발가속도의 크기는 약 $0.15 \sim 0.2g$ 이다.
② 일반적으로 출발가속도의 크기는 주행가속도보다 작다.
③ 중량이 큰 대형트럭보다는 중량이 작은 승용차의 출발가속도가 일반적으로 크다.
④ 출발가속도는 기본적으로 운전자의 운전형태에 따라 달라지는데 일반적으로 $0.3g$을 초과하는 경우는 거의 없다.

해설 일반적으로 출발가속도의 크기는 주행가속도보다 크다.

43 자동차가 미끄러지면서 선회할 때 차량의 무게가 이동하는 방향을 가장 바르게 설명한 것은?
① 회전의 반대방향으로 이동한다.
② 회전방향의 안쪽으로 이동한다.
③ 우회전하면 우측 앞바퀴, 좌회전 하면 좌측 앞바퀴 쪽으로 이동한다.
④ 회전하는 안쪽 바퀴 쪽으로 이동한다.

해설 자동차가 미끄러지면서 선회하는 경우 차량의 무게가 이동하는 방향은 회전의 반대방향이다.

44 앞바퀴 정렬에 대한 설명이 바르지 못한 것은?
① 캠버란 바퀴의 중심선과 노면에 대한 수직선이 이루는 각도를 말한다.
② 토인이란 앞바퀴를 위에서 보면 뒤쪽이 앞쪽보다 좁게 되어 있는 것을 말한다.
③ 캐스터란 앞바퀴를 옆에서 볼 때 조향축의 중심선과 노면에 대해 타이어의 수직선이 이루는 각도를 말한다.
④ 킹핀경사각이란 바퀴의 윗볼 조인트와 아랫볼 조인트의 중심을 잇는 직선과 수직선이 이루는 각도를 말한다.

해설 토인은 앞바퀴를 위에서 내려다 보면 앞쪽이 뒤쪽보다 좁게 되어 있는 것을 말한다. 토인은 타이어 트레드 중심선 제일 앞쪽의 거리와 제일 뒤쪽의 거리차로 표시하며 일반적으로 2~8mm로 설정한다.

45 다음의 내용은 무엇에 대한 설명인가?

> 앞바퀴를 앞에서 보면 아래보다 위쪽이 바깥쪽으로 비스듬하게 장착되어 있는데, 이때 바퀴 중심선과 노면에 대한 수직선이 만드는 각도를 말한다. 일반적으로 이것을 두는 이유는 앞바퀴가 하중에 의해 아래로 벌어지는 것을 방지하며, 주행 중에 바퀴가 빠져 나가는 것을 방지하고, 킹핀경사각과 함께 오프셋량을 작게 하여 핸들조작을 쉽게 하기 위한 것이다.

① 캠 버
② 킹핀경사각
③ 토 인
④ 캐스터

정답 43 ① 44 ② 45 ①

46 앞차륜 정렬요소 중 캠버각의 기능이 아닌 것은?

① 앞바퀴가 하중을 받았을 때 아래로 벌어지는 것을 방지한다.
② 핸들을 가볍게 한다.
③ 주행 시 바퀴가 탈출하는 것을 방지한다.
④ 주행 시 앞바퀴에 방향성을 주고 조향했을 때 되돌아오는 복원력을 발생시킨다.

해설 캠버를 두는 목적
- 앞바퀴가 하중에 의해 아래로 벌어지는 것을 방지한다.
- 주행 중에 바퀴가 빠져 나가는 것을 방지한다.
- 킹핀경사각과 함께 오프셋량을 작게 하여 핸들조작을 쉽게 한다.

47 현가장치의 구성부품 중 자동차가 선회할 때 발생하는 롤링현상을 감소시키기 위해 설치하는 것은?

① 스태빌라이저 바
② 고무스프링
③ 타이로드
④ 쇼크업소버

해설 스태빌라이저 바 또는 스태빌라이저 축(Stabilizer Shaft)은 자동차가 커브를 선회할 때 원심력 때문에 기울어지거나 옆으로 흔들리는 경향을 방지하기 위하여 막대축을 앞바퀴 양축에 설치하여 좌우 어느 쪽의 바퀴가 상하로 움직였을 경우, 이 막대축이 받는 탄성에 의하여 반대쪽 바퀴를 같은 방향으로 유도함으로써 옆으로 흔들리는 것을 방지하는 역할을 한다.

48 자동차에서 발생하는 운동에 대한 설명이 틀린 것은? ★★★

① 바운싱 - 차체가 수직축을 따라 균일하게 상하 직진하는 진동을 의미한다.
② 피칭 - 차체가 가로축을 중심으로 전후로 회전하는 진동을 의미한다.
③ 롤링 - 차체가 세로축을 중심으로 좌우로 회전하는 진동을 의미한다.
④ 요잉 - 차체가 수직축을 중심으로 상하로 직진하는 진동을 의미한다.

해설 요잉이란 비행체, 차체, 선체 등의 상하방향을 향한 축회전의 진동이다. 기계의 중심을 지나는 상하축 주위에서 기계의 머리를 왼쪽이나 오른쪽으로 흔드는 운동이며, 이를 통해 왼쪽이나 오른쪽으로 선회할 수 있다. 비행기를 운행할 때 왼쪽으로 기체를 기울이면 왼쪽으로 선회하는 것이 그 예이다.

49 자동차가 급출발 시 또는 급가속 시에는 구동력에 의해 차체의 뒷부분이 낮아지고 차체의 앞부분은 높아지는데 이와 같은 운동현상을 무엇이라고 하는가? ★★★
① 스쿼트
② 노즈다이브
③ 피 칭
④ 롤 링

해설 스쿼트(노즈업)는 노즈다이브(노즈다운)의 반대로서, 차량이 출발할 때 전륜이 후륜측으로 기우는 현상이다.

50 자동차 고유조향특성 중 전륜의 조향각에 의한 선회반경보다 실제의 선회반경이 커지는 현상을 무엇이라고 하는가?
① 언더스티어링
② 오버스티어링
③ 중립스티어링
④ 롤 링

해설 선회주행에 있어서 핸들 조향각을 일정하게 하고 서서히 속도를 올리면 자동차가 점점 정상원의 외측으로 향하는 특성을 언더스티어링, 점점 내측으로 향하는 특성을 오버스티어링이라고 하며, 정상적인 원을 따라 회전하는 특성을 중립조향특성이라고 한다.

51 차량이 선회할 때 안쪽 전륜과 후륜이 선회하는 궤적의 차를 무엇이라고 하는가?
① 외륜차
② 내륜차
③ 선회반경
④ 최초회전반경

해설 내륜차와 외륜차
- 내륜차는 자동차의 방향을 바꾸려면 핸들을 조작해야 하는데, 핸들을 돌릴 때 앞바퀴만이 핸들의 돌림 정도에 따라 방향이 바뀌는 것을 알 수가 있다. 이때, 뒷바퀴는 방향이 바뀌지 않는다. 그러므로 자동차가 회전을 할 때 안쪽 앞바퀴와 안쪽 뒷바퀴의 진행 흔적이 서로 다르게 되는데, 이 안쪽 앞바퀴의 회전반경 차이를 내륜차라고 한다.
- 외륜차는 자동차가 회전을 할 때 바깥쪽 앞바퀴와 바깥쪽 뒷바퀴의 회전반경 차이를 말한다. 특히, 후진을 하면서 회전을 할 때 차량의 앞부분을 보면 외륜차를 분명히 알 수 있다.

52 다음 중 자동차에 응용되는 유압식 브레이크장치의 작동원리를 가장 적절하게 표현한 것은?

① 밀폐된 공간에서 액체에 작용하는 압력은 어느 지점에서나 일정하다.
② 밀폐된 공간에서 액체에 작용하는 힘은 어느 지점에서나 일정하다.
③ 밀폐된 공간에서 액체에 작용하는 압력은 일정하게 증가한다.
④ 밀폐된 공간에서 액체에 작용하는 압력은 일정하게 감소한다.

해설 유압식 브레이크는 완전히 밀폐된 액체에 작용하는 압력은 어느 점에서나 어느 방향에서나 일정하다라는 파스칼의 원리를 응용한 것으로 크게 구조상 드럼식과 디스크식 브레이크로 나눌 수 있다.

53 다음 중 일반적인 자동차의 제동성능에 대한 설명이 바르지 못한 것은?

① 속도가 높을수록 정지하기까지의 거리는 길어진다.
② 보통 건조한 노면에서 발생하는 스키드마크에 의한 감속도는 약 0.7~0.8g 정도이다.
③ 운전자가 전방의 위험을 발견하고 브레이크를 조작하여 실제 제동이 이루어지기까지는 약 1초 정도가 소요된다.
④ 제동거리는 공주거리와 정지거리를 더한 것과 같다.

해설
- 제동거리 : 자동차가 감속을 시작하면서 완전히 정지할 때까지 주행한 거리
- 정지거리 : 공주거리와 실제동에 의한 정지거리(제동거리)를 합한 거리

54 공주거리를 결정하는 가장 중요한 요소끼리 바르게 연결한 것은? ★★★★

① 충돌속도와 운전자의 반응시간
② 주행속도와 운전자의 반응시간
③ 충돌속도와 브레이크의 성능
④ 주행속도와 브레이크의 성능

해설 공주거리는 주행 중 운전자가 전방의 위험상황을 발견하고 브레이크를 밟아 실제 제동이 걸리기 시작할 때까지 자동차가 진행한 거리로 차의 속력과 공주시간(반응시간)의 곱으로 나타나므로 차의 속력이 빠를수록 더 길다.

55 다음 중 자동차의 제동마찰계수에 대한 설명으로 바른 것은?
① 노면과 타이어 사이에 물이나 먼지 등이 존재하면 제동마찰계수는 현저하게 감소한다.
② 제동마찰계수의 값은 습한 노면보다는 건조한 노면에서 더 크다.
③ 마찰제동계수는 제동속도와 관계없이 일정하다.
④ 제동마찰계수가 크면 제동거리는 짧아진다.

해설 마찰계수는 접촉면이 거친 정도를 나타내는 것이기 때문에 운동하고는 상관이 없다.

56 타이어 트레드 패턴 중 주로 포장로에서 사용되며 승용차, 버스, 트럭 등에 사용되는 유형은?
① 리브형
② 러그형
③ 블록형
④ 리그래브형

해설 **리브형** : 원주방향으로 그루브가 있는 패턴
- 장 점
  - 회전저항이 적다.
  - 좌우로 잘 미끄러지지 않아 조종성, 안정성이 좋다.
  - 발열이 낮아 고속용에 적합하다.
  - 소음 발생이 적고 승차감이 우수하다.
- 단 점
  - 빗길의 제동력과 구동력이 약하다.
  - 스트레스에 의한 균열이 생기기 쉽다.
- 용도 : 포장도로용, 트럭, 버스 전륜

57 타이어 트레드 패턴 중 전후 방향과 좌우 방향으로 슬립하는 것을 방지하는 효과가 있는 패턴은?
① 리브형
② 러그형
③ 블록형
④ 리그래브형

해설 블록형은 주로 눈길이나 모래 위 주행 시 노면을 굳히면서 주행하는 것으로 스노타이어나 험난한 산길 주행 시 사용한다.

58 다음 중 자동차의 발진가속도 크기에 영향을 미치는 인자가 아닌 것은?
① 차량중량의 크기
② 구동력 계수
③ 구동륜의 하중
④ 제동력의 크기

해설 발진과 제동은 반대상황이므로 제동력의 크기는 발진가속도의 크기와 관련이 없다.

59 유효충돌속도의 물리적 성질에 대한 설명으로 옳지 않은 것은?
① 유효충돌속도가 클수록 차량의 변형량도 증가한다.
② 유효충돌속도가 클수록 승차자에게 가해지는 충격손상도 증가한다.
③ 유효충돌속도는 고정장벽 충돌속도로 치환 가능하다.
④ 유효충돌속도가 클수록 반발계수가 커진다.

해설 유효충돌속도가 클수록 반발계수가 낮아진다.

60 유효충돌속도의 물리적 성질의 설명으로 옳지 않은 것은?
① 차량 차체는 충격에 의해 쉽게 찌그러지는 소성변형 특성을 가지기 때문에 일반적으로 유효충돌속도가 클수록 차량의 변형량도 증가한다.
② 동일한 유효충돌속도에서 찌그러짐의 정도는 차체의 강성에 의해 좌우되며 승용차의 경우 엔진이 설치된 차체 뒷부분보다는 트렁크가 설치된 차체 앞부분의 강성이 낮아 변형량도 일정부분까지는 깊게 나타나는 특징이 있다.
③ 인체의 상해 정도는 일반적으로 충격가속도가 클수록, 충격지속시간이 길수록 심한 상처를 입게 된다.
④ 충돌 중의 속도변화량인 유효충돌속도가 클수록 충격가속도가 높아져 차내 승차자에게 가해지는 충격손상도 커지게 된다.

해설 동일한 유효충돌속도에서 찌그러짐의 정도는 차체의 강성에 의해 좌우되며 승용차의 경우 엔진이 설치된 차체 앞부분보다는 트렁크가 설치된 차체 뒷부분의 강성이 낮아 변형량도 일정부분까지는 깊게 나타나는 특징이 있다.

61 속도가 50km/h인 A차가 질량 무한대인 콘크리트 고정장벽을 충돌하였다고 가정할 경우 A차의 유효충돌속도는? ★★★
① 0km/h
② 25km/h
③ 50km/h
④ 100km/h

> **해설** 속도가 50km/h인 A차가 질량 무한대인 콘크리트 고정장벽을 충돌하였다고 가정할 경우, 이때 충돌 전 A차의 운동에너지는 모두 차체의 변형일로 소모된 후 충돌지점에 정지한다. 따라서 충돌 중의 속도 변화량인 유효충돌속도는 50km/h가 된다.

62 유효충돌속도가 클수록 반발계수는? ★★★★
① 커진다.
② 작아진다.
③ 변화 없다.
④ 무관하다.

63 다음 중 반발계수로 옳은 것은? ★★★
① 상대반발속도 / 상대충돌속도
② 상대충돌속도 / 상대반발속도
③ 절대반발속도 / 절대충돌속도
④ 절대충돌속도 / 절대반발속도

> **해설** 반발계수
> 상대충돌속도에 대한 상대반발속도의 비를 말한다. 예를 들어, 고무공과 같이 충돌속도 그대로 다시 튕겨 나오는 경우 반발계수는 1이다. 반면에 진흙덩어리를 고정벽에 던졌을 때 진흙덩어리는 다시 튕겨나오지 않고 심하게 찌그러져 달라붙게 되는데 이때의 반발계수는 0이 된다. 즉, 반발계수가 작을수록 충돌 시 차체의 소성변형 특성도 증가하게 된다.

64 고무공과 같이 충돌속도 그대로 다시 튕겨 나오는 경우의 반발계수는?
① 0이다.
② 1이다.
③ 무한이다.
④ 무관하다.

65 진흙덩어리를 고정벽에 던졌을 때 진흙덩어리는 다시 튕겨 나오지 않고 심하게 찌그러져 달라붙게 되는데, 이때의 반발계수는?
① 0
② 1
③ 100
④ 무관하다.

해설 진흙덩어리를 고정벽에 던졌을 때 진흙덩어리는 다시 튕겨 나오지 않고 심하게 찌그러져 달라붙게 되는데 이때 반발계수는 0이 된다.

66 반발계수가 작을수록 어떤 상황이 전개되는가?
① 충돌 시 차체의 소성변형 특성이 증가하게 된다.
② 충돌 시 차체의 소성변형 특성이 작아지게 된다.
③ 충돌 시 차체의 소성변형과 무관하다.
④ 충돌 시 차체의 소성변형을 정지시킨다.

해설 반발계수가 작을수록 충돌 시 차체의 소성변형 특성도 증가하게 된다.

67 유효충돌속도가 높을수록 반발계수와 소성변형은 어떻게 변화하는가?
① 반발계수는 낮아지고 소성변형은 증가한다.
② 반발계수는 높아지고 소성변형은 낮아진다.
③ 반발계수와 소성변형 모두 증가한다.
④ 반발계수와 소성변형 모두 낮아진다.

해설 유효충돌속도가 높을수록 반발계수는 낮아지고 소성변형은 증가하게 된다.

68 유효충돌속도의 결정요소를 모두 고른다면?

㉠ 상대충돌속도	㉡ 운전자의 연령	㉢ 양차의 중량	㉣ 소성변형량

① ㉠, ㉡
② ㉠, ㉢
③ ㉡, ㉢
④ ㉡, ㉣

해설 유효충돌속도는 상대충돌속도와 양차의 중량에 의해 결정된다. 즉, 상대충돌속도와 양차 중량의 역비의 곱으로 표시할 수 있으므로 상대충돌속도가 클수록 양차중량의 역비가 클수록 커지게 된다.

69 동일한 조건이라면 중량이 작은 차의 소성변형량은?
① 증가하게 된다.
② 적게 받는다.
③ 중량과 무관하다.
④ 더 작은 유효충돌속도를 받고 소성변형량도 작아지게 된다.

해설 동일한 조건이라면 중량이 작은 차가 더 큰 유효충돌속도를 받게 되고, 소성변형량도 증가하게 된다.

정답 67 ① 68 ② 69 ①

70 충돌하는 양차의 유효충돌속도의 합은?
① 양차 절대충돌속도와 같다.
② 양차 상대충돌속도와 같다.
③ 양차의 속도의 합과 같다.
④ 양차의 속도차와 같다.

해설   양차의 유효충돌속도의 합은 양차의 상대충돌속도와 같다.

71 다음의 설명은 어느 운동법칙에 대한 내용인가?   ★★★★

> 이것은 외부에서 힘이 가해지지 않는 한 모든 물체는 자기의 상태를 그대로 유지하려고 하는 것을 말한다. 즉, 정지한 물체는 영원히 정지한 채로 있으려고 하며 운동하던 물체는 등속직선운동을 계속하려고 한다. 달리던 버스가 급정거하면 앞으로 넘어지거나 브레이크를 급히 밟아도 차가 앞으로 밀리는 경우, 트럭이 급커브를 돌면 가득 실은 짐들이 도로로 쏟아지는 경우, 컵 아래의 얇은 종이를 갑자기 빠르고 세게 당기면 컵은 그 자리에 가만히 있는 경우를 예로 들 수 있다.

① 관성의 법칙
② 가속도의 법칙
③ 작용과 반작용의 법칙
④ 운동의 제3법칙

해설   관성의 법칙
  • 운동의 제1법칙이라고도 한다.
  • Newton은 Galileo의 생각을 정리하여 제1법칙을 만들고 관성법칙이라고 불렀다.
  • 모든 물체는 관성을 갖는다. 관성은 질량(물체를 구성하는 물질의 양)에 관계된다. 물체의 질량이 크면 클수록 관성도 커진다. 관성을 알려면 물체를 앞뒤로 흔들어 보거나 적당히 움직여서 어느 것이 움직이기 더 힘든지, 즉 운동에 변화를 가져오는 데 어느 쪽 저항이 더 큰지를 알아볼 수 있다.

72 다음 중 관성의 법칙의 예가 아닌 것은?   ★★★★
① 달리던 버스가 급정거하면 앞으로 넘어지거나 브레이크를 급히 밟아도 차가 앞으로 밀리는 경우
② 트럭이 급커브를 돌면 가득 실은 짐들이 도로로 쏟아지는 경우
③ 컵 아래의 얇은 종이를 갑자기 빠르고 세게 당기면 컵은 그 자리에 가만히 있는 현상
④ 건너편 언덕을 막대기로 밀면 배가 강가에서 멀어지는 경우

해설   ④는 작용과 반작용의 법칙의 예이다.

73 가속도의 법칙은 물체에 힘이 작용했을 때 물체는 그 힘에 비례한 가속도를 받는다는 것으로 이때의 비례상수는?
① 질 량
② 비 중
③ 시 간
④ 횟 수

해설 운동의 변화를 힘과 가속도로 나타내면, $F = ma$가 된다. 즉, 물체에 힘이 작용했을 때 물체는 그 힘에 비례한 가속도를 받는다. 이때 비례상수를 질량이라 하며, 이 식을 운동방정식(뉴턴의 운동방정식)이라 한다.

74 다음 중 가속도의 법칙에 대한 내용으로 옳지 않은 것은?
① 운동의 제2법칙이라고도 한다.
② 물체의 운동의 시간적 변화는 물체에 작용하는 힘의 역방향으로 일어난다.
③ 물체의 운동의 시간적 변화는 물체에 작용하는 힘의 크기에 비례한다.
④ 물체에 힘이 작용했을 때 물체는 그 힘에 비례한 가속도를 받는데 이때의 비례상수는 질량이다.

해설 가속도의 법칙은 물체의 운동의 시간적 변화는 물체에 작용하는 힘의 방향으로 일어나며, 힘의 크기에 비례한다는 법칙이다.

75 다음 중 작용과 반작용의 법칙과 관련되는 사례가 아닌 것은?
① 총을 쏘면 총이 뒤로 밀리는 경우(총과 총알)
② 지구와 달 사이의 만유인력(지구와 달)
③ 건너편 언덕을 막대기로 밀면 배가 강가에서 멀어지는 경우
④ 트럭이 급커브를 돌면 가득 실은 짐들이 도로로 쏟아지는 경우

해설 ④는 관성의 법칙의 예이다.

76 제동과 관련한 이상현상이 아닌 것은?

① 베이퍼록현상
② 페이드현상
③ 노즈다이브현상
④ 요잉현상

해설 ④의 경우는 자동차가 커브를 돌 때 일어나는 움직임으로서, 차체에 대하여 수직인(Z축) 둘레에 발생하는 운동으로 때로는 고의로 타이어의 슬립앵글을 늘려 그립을 상실시킴으로써, 요잉을 발생시켜 재빠르게 턴을 행하는 수도 있다.

77 발진가속에 대한 설명으로 옳지 않은 것은?

① 자동차가 정지상태에서 출발하는 경우의 가속능력을 발진가속이라 한다.
② 발진가속도는 일반적으로 피크 $0.2g$ 전후이다.
③ 앞에 차가 많이 있을수록 가속시간이 길어진다.
④ 소형차일수록 발진가속이 커진다.

해설 앞에 차가 많이 있을수록 가속시간이 짧아진다.

78 다음이 설명하는 브레이크 이상현상은?

주행 중 계속해서 브레이크를 사용함으로써 온도상승으로 인해 제동마찰제의 기능이 저하되어 마찰력이 약해지는 현상이다.

① 베이퍼록현상
② 페이드현상
③ 노즈다이브현상
④ 노즈업현상

79 브레이크 작동 시 차량 앞부분은 가라앉고 뒷부분은 올라오는 현상은?
   ① 베이퍼록
   ② 페이드
   ③ 노즈다이브
   ④ 노즈업

   해설 노즈다이브
   자동차가 급제동하게 되면 계속 진행하려는 차체의 관성력으로 무게중심이 전방으로 피칭 운동하여 전방 서스펜션의 작동길이가 감소하고 후미 서스펜션은 늘어나 차체가 전방으로 쏠리는 현상(간단하게 차량 앞부분은 가라앉고 뒷부분은 올라감)

80 브레이크액이 온도상승으로 인해 기화되어 압력전달이 원활하게 이루어지지 않아 제동기능이 저하되는 현상은?
   ① 베이퍼록
   ② 페이드
   ③ 노즈다이브
   ④ 노즈업

   해설 베이퍼록
   연료회로 또는 브레이크장치 유압회로 내에 브레이크 액이 온도상승으로 인해 기화되어 압력전달이 원활하게 이루어지지 않아 제동기능이 저하되는 현상

81 자동차 운동특성 중 다음이 설명하는 현상은?

   > 코너를 돌 때 가장 많이 느끼게 된다. 코너를 돌 때 한쪽으로 기울게 되는데, 왼쪽으로 기울게 되면 오른쪽이 올라가고, 오른쪽이 기울게 되면 왼쪽이 올라가게 된다.

   ① 요잉현상
   ② 롤링현상
   ③ 피칭현상
   ④ 바운싱현상

   해설 자동차의 경우, 노면이 고르지 못해 일어나는 가로흔들림이나, 고속에서 경사진 길을 돌 때의 원심력에 의한 기울기를 말한다. 롤링이 심하면 조종성이나 승차감에 나쁜 영향을 줄 뿐만 아니라, 때로는 전복될 위험마저 있다. 일반적으로 무게중심이 낮고 차체의 폭에 대해 트레드(좌우바퀴의 간격)가 넓으며 스프링이 단단한 것일수록 롤링이 적어진다.

정답 79 ③ 80 ① 81 ②

82 앞뒤가 시소를 타듯 움직이는 것과 같은 자동차 운동현상은?
① 피 칭
② 롤 링
③ 요 잉
④ 바운싱

해설 피칭은 쉽게 놀이터에서 쉽게 볼 수 있는 시소를 생각하면 된다. 차체가 위아래로 움직이는 것으로, 앞쪽이 내려가면 뒤쪽이 올라가게 되고, 뒤쪽이 내려가면 앞쪽이 올라가는 현상이다.

83 자동차의 앞뒤가 평행하게 위아래로 움직이는 현상은?
① 피 칭
② 요 잉
③ 롤 링
④ 바운싱

해설 바운싱은 피칭과 비슷하다고 하지만 다르다. 피칭은 앞뒤가 시소를 타듯 움직이는 것이고, 바운싱은 앞뒤가 평행하게 위아래로 움직이는 것이다.

84 브레이크 페달의 조작력을 와이어를 거쳐 제동기구에 전달하여 제동력을 발생시키는 방식으로 주로 주차브레이크에 사용하는 브레이크는?
① 기계식 브레이크
② 유압식 브레이크
③ 배력식 브레이크
④ 공기식 브레이크

해설 기계식 브레이크는 브레이크 페달의 조작력을 와이어를 거쳐 제동기구에 전달하여 제동력을 발생시키는 방식으로 주로 주차브레이크에 사용된다.

85 승용차량에 가장 많이 사용되며, 파스칼의 원리를 이용한 브레이크는?
① 기계식 브레이크
② 유압식 브레이크
③ 배력식 브레이크
④ 공기식 브레이크

해설 유압식 브레이크는 유압에 의해 브레이크의 조작력을 전달하는 방식으로 파스칼의 원리를 이용한 것이다. 마스터 실린더에서 발생된 유압이 브레이크 파이프를 거쳐 휠 실린더나 캘리퍼 등에 작용되면 브레이크 패드 등을 압착시켜서 제동을 하는 방식으로 승용차량에 가장 많이 사용된다. 즉, 완전히 밀폐된 액체에 작용하는 힘은 어느 점에서나 어느 방향에서나 항상 일정한 원리를 이용한 것이다.

86 유압브레이크의 보조장치로 이용되는 브레이크는?
① 기계식 브레이크
② 별체식 브레이크
③ 배력식 브레이크
④ 공기식 브레이크

해설 배력식 브레이크는 압축공기나 엔진의 부압을 이용하여 페달 조작력을 증대시키는 배력장치로 유압브레이크의 보조장치로 사용된다.

87 공기식 브레이크의 장단점에 대한 설명으로 옳지 않은 것은?
① 주로 주차용으로 사용된다.
② 제동력이 크다.
③ 비용이 많이 든다.
④ 구조가 복잡하다.

해설 공기식 브레이크는 압축공기를 이용하여 제동하는 장치로 큰 제동력을 얻을 수 있으나 구조가 복잡하고 비용이 많이 드는 단점이 있다.

정답 85 ② 86 ③ 87 ①

88 자동차의 운전 중 브레이크를 걸려고 운전자가 판단하고부터 브레이크를 조작하여 자동차가 정지할 때까지의 거리는?

① 공주거리
② 제동거리
③ 활주거리
④ 정지거리

해설 정지거리
자동차의 운전 중 브레이크를 걸려고 운전자가 판단하고부터 브레이크를 조작하여 자동차가 정지할 때까지의 거리를 말한다. 즉, 공주거리와 제동거리를 합한 거리와 같다.

89 운전자가 위험을 느끼고 브레이크를 밟아 브레이크가 실제 작동하기 시작하기까지의 사이에 자동차가 주행한 거리는?

① 제동거리
② 공주거리
③ 활주거리
④ 안전정지거리

90 다음이 설명하는 현상은?

주행 중 제동조작을 하면 감속도에 따라서 차체의 앞부분이 가라앉는 현상으로서, 그 원인은 자동차의 중심위치보다 낮은 타이어 접지면에서 제동력이 뒤로 향하여 앞쪽으로 모멘트가 작용하기 때문이다.

① 페이드현상
② 노즈다이브현상
③ 베이퍼록현상
④ 요잉현상

91 베이퍼록현상에 대한 설명으로 옳지 않은 것은?

① 액체를 사용한 계통에서 열에 의하여 액체가 증기로 되어 어떤 부분이 폐쇄되므로 2계통의 기능을 상실한다.
② 브레이크 오일은 비등하기 어려운 액체를 사용하지만, 브레이크를 많이 사용하여 본체가 과열되면 섭씨 수백℃까지 되는 일도 있다.
③ 열이 전해져 오일도 고온이 되면 오일이 비등하여 기체가 발생하는데, 물이 비등하여 수증기를 내는 것과 같다.
④ 유압경로는 밀폐되어 있으므로 기체는 기포로 된다. 이 기포는 강한 힘을 가하면 쉽게 팽창한다.

해설 ④ 기포는 강한 힘을 가하면 쉽게 수축한다.

92 다음이 설명하는 브레이크 이상현상은?

> 드럼 브레이크에서 브레이크 슈의 표면에 있는 라이닝 등이 일으키는 열 변화를 말한다. 브레이크를 사용하면 드럼과 라이닝이 마찰하여 고열이 발생하는데 그 상태가 계속되면 라이닝이 열 변화를 일으켜 극단적으로 마찰계수가 낮아진다. 즉, 미끌미끌한 상태가 되어 제동능력이 떨어진다. 극단적인 경우에는 제동 불능이 된다.

① 베이퍼록현상
② 페이드현상
③ 요잉현상
④ 노즈다운현상

해설 긴 내리막 길에서 브레이크를 많이 쓰지 않도록 하는 것은 베이퍼록현상뿐 아니라 페이드현상도 무섭기 때문이다. 더구나, 디스크 브레이크에서는 디스크가 노출되어 있으므로 열이 높아지기 어렵지만, 일단 고열이 되면 디스크 브레이크라도 페이드현상이 생긴다.

정답 91 ④ 92 ②

93 자동차 운행과 관련하여 다음이 설명하는 현상은?

> 노면상에 물이 있는 도로를 자동차가 고속으로 달리게 되면 타이어와 노면 사이에 물이 앞으로부터 말려들어 마치 물 위를 떠서 달리는 것과 같은 상태로 되어 핸들이나 브레이크의 기능이 상실되는 상태가 되는 것을 말한다. 이 현상은 노면의 물이 타이어와 노면 사이에서 쐐기모양으로 되어 마치 수상스키를 타는 것과 같이 되며, 통상의 경우 시속 80km 이상의 속도로 주행할 때 이 현상이 일어나고 타이어의 공기압이 낮거나 마모가 심할수록 일어나기 쉬운 것이다.

① 노즈다운현상
② 하이드로플레이닝현상
③ 스탠딩웨이브현상
④ 요잉현상

해설 하이드로플레이닝현상, 즉 수막현상에 대한 설명이다.

94 자동차 운행과 관련하여 다음이 설명하는 현상은?

> 차마가 통행할 때 타이어는 1회전마다 압축이 변형되게 되고, 이 변형으로 인하여 타이어에 열이 발생하며, 그 열의 일부는 타이어 내부로 침투되어 타이어 내부의 온도도 점차 높아지게 되고, 속도가 빠르면 빠를수록 온도도 급격히 상승하면서 타이어의 고속회전으로 접지면에서 받은 변형이 원상회복 되기 전에 다시 접지됨에 따라 타이어에 이상현상이 발생하는 것을 말한다. 타이어의 공기압이 낮을수록 발생하기 쉬우며, 이런 현상이 일어나면 타이어에 펑크가 나거나 파손되기 쉽다.

① 하이드로플레이닝현상
② 수막현상
③ 스탠딩웨이브현상
④ 베이퍼록현상

95 일반적으로 차량 방향 안정성이 좋다고 보는 경우는?

① 언더스티어링
② 오버스티어링
③ 중립스티어링
④ 하중스티어링

해설 일반적으로 언더스티어링이 차량 방향 안정성이 좋고 오버스티어링의 차량 방향 안정성이 불리하다고 생각한다.

96 다음 중 서스펜션의 기능과 거리가 먼 것은?

① 적정한 자동차의 높이 유지
② 충격효과의 완화
③ 타이어 접지상태 유지
④ 주행방향을 일정하게 고정

해설 서스펜션의 기능
• 적정한 자동차의 높이 유지
• 충격효과를 완화
• 올바른 휠 얼라인먼트 유지
• 차체의 무게를 지탱
• 타이어의 접지상태 유지

97 서스펜션의 구성요소 중 다음이 설명하는 것은?

> 좌우 양쪽 쇼버와 차체를 연결하는 일종의 토션바 스프링으로 좌우 바퀴가 역방향으로 움직일 경우 이를 억제하는 기능을 하여 코너링 능력을 크게 향상시킨다.

① 쇼크업소버
② 스태빌라이저
③ 어퍼마운트
④ 범프 스토퍼

해설 스태빌라이저(Stabilizer)는 좌우 양쪽 쇼크업소버와 차체를 연결하는 일종의 토션바 스프링으로 좌우 바퀴가 역방향으로 움직일 경우 이를 억제하는 기능을 하여 코너링 능력을 크게 향상시킨다. 롤링을 잡아준다는 의미에서 Anti-Roll Bar 또는 Sway Bar라고 부르기도 한다.

정답 95 ① 96 ④ 97 ②

98 서스펜션 형식 중 독립현가식의 장점이 아닌 것은?

① 무게중심이 낮아 안전성이 향상된다.
② 옆 방향 진동에 강하고 타이어의 접지성이 양호하다.
③ 휠얼라인먼트 자유도가 크고 튜닝 여지가 많다.
④ 강도가 크고 구조가 간단하고 저비용이다.

해설 ④는 차축현가식의 장점이다.

차축현가식과 독립현가식

구 분	차축현가식	독립현가식
의 의	문자 그대로 좌우 양 바퀴를 하나의 차축으로 연결 고정시킨 형식	좌우 바퀴가 독립하여 분리 상하운동을 할 수 있도록 된 형식
장 점	• 휠얼라인먼트 변화가 적고 타이어 마모도 적다. • 강도가 크고 구조가 간단하고 저비용이다. • 공간을 적게 차지하여 차체 바닥(Floor)을 낮게 할 수 있다.	• 스프링 하중량이 가벼워 승차감이 양호하다. • 무게중심이 낮아 안전성이 향상된다. • 옆 방향 진동에 강하고 타이어의 접지성이 양호하다. • 휠얼라인먼트 자유도가 크고 튜닝 여지가 많다. • 서스펜션 바 등을 이용한 방진방법도 있고 소음 방지에도 유리하다.
단 점	• 스프링 하중이 무겁고 좌우바퀴 한쪽이 충격을 받아도 연동되거나 횡진동이 생겨 승차감과 조종안정성이 나쁘다. • 구조가 간단하여 휠얼라인먼트의 설계 자유도가 적고 조종안정성 튜닝 여지가 적다.	• 부품 수가 많고 정밀도가 요구되어 고비용이다. • 휠얼라인먼트 변화에 따른 타이어 마모 가능성이 있다. • 큰 공간을 차지한다. • 각 특성에 따른 미묘한 튜닝이 필요하다. • 전후의 강성을 낮게 하기 어렵기 때문에 소음에 불리하다.

99 스키드마크에 대한 설명으로 옳지 않은 것은? ★★★★

① 활주흔으로 바퀴가 고정된 상태에서 미끄러진 경우에 생기는 것이다.
② 바퀴는 구르지 않고 타이어가 미끄러질 때 생성된다.
③ 앞쪽 타이어가 뚜렷하고 마크의 폭은 직선인 경우 타이어의 포고가 동일하다.
④ 스키드마크의 시작은 대체로 급격히 시작되고 끝은 대체로 완만하게 끝난다.

해설 스키드마크의 시작은 대체로 급격히 시작되고 끝은 대체로 급격히 끝난다.

100 측면으로 구부러진 스키드마크에 대한 설명으로 적당하지 않은 것은? ★★★

① 자동차는 일단 제동이 걸리면 차량이 미끄러지게 되는데 측면에서 약간 힘을 받게 되면 진행방향이 쉽게 변한다.
② 차량의 한쪽 바퀴에 제동이 더 크게 걸렸을 때도 구부러진다.
③ 한쪽 바퀴는 마찰계수가 크고 한쪽 바퀴는 마찰계수가 작은 경우에도 마찰계수가 높은 노면으로 스키드마크가 심하게 구부러진다.
④ 스키드마크는 제동이 걸렸다가 순간적으로 풀린 후 다시 제동이 걸릴 때 생기는데 보행자 사고와 관련하여 많이 발견된다.

해설 ④는 갭 스키드마크에 대한 설명이다.

101 갭 스키드마크에 대한 설명으로 옳지 않은 것은? ★★★★

① 스키드마크 중간이 단절되어 있는 것도 있는데, 이 단절된 구간을 '갭(Gap)'이라 하고 그 거리는 대략 3m를 조금 넘는 정도이다.
② 갭 스키드마크는 제동이 걸렸다가 순간적으로 풀린 후 다시 제동이 걸릴 때 생기는데 보행자 사고와 관련하여 많이 발견된다.
③ 때때로 스키드마크 중간에 끊어진 빈 공간이 생긴 것을 볼 수 있는데, 이러한 경우 스키드마크는 끊어진 후 다시 이어간다.
④ 스키드마크는 바퀴가 고정되지 않으면서 타이어가 미끄러지거나 비벼지면서 타이어 자국을 남기게 되는 것을 말한다.

해설 ④는 스커프마크에 대한 설명이다.

102 다음 중 갭 스키드마크가 발생하는 경우로 옳은 것으로 묶인 것은? ★★★

> ㉠ 급작스러운 정지와 미끄러질 때 나는 끼익 소리에 대한 운전자의 반사반응
> ㉡ 좀 더 빨리 정지하기 위해 운전자가 브레이크를 반복하여 밟았다 떼었다 하는 경우
> ㉢ 운전자의 발이 브레이크 페달에서 미끄러져 다시 밟은 경우
> ㉣ 외관상 위험상황이 사라졌다가 다시 나타난 경우

① ㉠, ㉡, ㉢
② ㉠, ㉡, ㉣
③ ㉡, ㉢, ㉣
④ ㉠, ㉡, ㉢, ㉣

103 스커프마크의 종류에 들지 않는 것은?

① 요마크
② 플랫타이어마크
③ 가속스커프마크
④ 임프린트형 마크

해설 스커프마크는 바퀴가 고정되지 않으면서 타이어가 미끄러지거나 비벼지면서 타이어 자국을 남기게 되는 것을 말한다. 이의 종류로는 요마크, 플랫타이어마크, 가속스커프마크로 구분된다.

104 요마크에 대한 설명으로 옳지 않은 것은? ★★★★

① 요마크는 임계속도 스커프마크가 구르면서 차축방향으로 미끄러질 때 생성된다.
② 요마크는 충돌 전의 조향에 의하여 생성된다.
③ 급격히 회전하는 경우 주로 형성된다.
④ 자국은 직선 또는 휨의 형태이다.

해설 요마크는 충돌 전의 스키드마크가 제동에 의하여 생기는 것과는 달리 조향에 의하여 생성되며, 일반적으로 차량이 회전할 때 뒷바퀴가 앞바퀴 쪽으로 따라 돌아가지만 차량이 급격히 회전하는 경우에는 차량을 직선으로 움직이게 하는 원심력과 타이어와 노면과의 마찰력보다 크게 되어 차량은 옆으로 미끄러지면서 조향된 방향으로 진행하지 않게 되며 뒷바퀴는 앞바퀴의 안쪽이 아닌 바깥쪽으로 진행하게 되는데 이를 '요'라고 하고 이때 발생된 타이어 자국을 요마크라 한다. 요마크는 핸들을 돌릴 때 만들어지는 자국이므로 언제나 휘어져 있다.

105 좌우측 스키드마크가 서로 다른 길이로 나타난 이유 중 가장 타당하지 못한 것은?

① 한쪽으로 좀 더 무거운 하중이 실렸을 때
② 좌우측으로 바퀴의 노면상태가 다른 경우
③ 좌우측 바퀴의 공기압이 현저하게 차이 날 때
④ 브레이크 페달 압력이 너무 큰 경우

106 사고현장에 나타난 타이어 자국의 유형으로 알 수 있는 사항이 아닌 것은?
① 사고차량의 중량 및 승차인원
② 사고차량의 가속 여부
③ 사고차량 타이어의 파열 여부
④ 사고차량의 제동 및 운동방향

해설 타이어 자국의 유형과 사고차량 및 승차인원은 직접적인 연관이 적다.

107 스키드마크의 적용방법으로 틀린 것은? ★★★
① 스키드마크의 색깔이 진했다 엷어질 경우 이는 연속된 스키드마크로 간주한다.
② 만일 스키드마크의 좌우 길이가 각각 다른 경우에는 좌우 길이 중 긴 것으로 적용(편제동 시는 좌우 길이 더하여 1/2로 적용)한다.
③ 스키드마크의 수가 바퀴 수와 다를 때는 가장 긴 스키드마크를 적용(편제동 시는 더하여 바퀴 수로 나누어 적용)하게 된다.
④ 스키드마크가 중간에 끊어진 경우는 차량진동에 의해 생긴 경우와 제동을 풀었다 건 경우에 따라 각각 적용이 달라진다. 전자는 이격거리에 제외하여 적용하고 후자는 이격거리를 포함하여 적용하게 된다.

해설 스키드마크가 중간에 끊어진 경우는 차량진동에 의해 생긴 경우와 제동을 풀었다 건 경우에 따라 각각 적용이 달라진다. 전자는 이격거리에 포함하여 적용하고 후자는 이격거리를 빼고 적용하게 된다.

108 자동차의 운동현상과 타이어 자국을 가장 바르게 연결한 것은?
① 요잉 – 요마크
② 롤링 – 임프린트
③ 피칭 – 바람 빠진 타이어 자국
④ 바운싱 – 스키드마크

CHAPTER 03 교통사고재현을 위한 조사

01 현장조사

01 자료 분석

(1) 사 람
① 사상자의 최종정지위치 : 충격 당시의 속도 및 충격방향 추정
② 사상자의 옮겨진 위치 : 혈흔이 많거나 노면에서 흐른 곳 파악
③ 유류품의 위치 : 핸드백, 신발 등의 낙하지점을 파악하여 충돌위치나 최종정지위치 파악
④ 사상자의 신체손상부위 파악 : 차량의 충격방향, 보행자의 보행방향, 사고 당시의 운전자 파악 등

(2) 차 량
① 차량의 최종정지위치 : 사고차량의 당시 속도추정, 충격방향 각도 추정
② 차량이 옮겨진 위치 파악 : 액체잔존물 조사
③ 타이어 자국 : 충돌지점, 충돌속도, 충돌상황 등 파악
④ 차량의 손상부위 및 손상 정도
⑤ 차량으로부터의 이탈물 낙하위치
⑥ 사고 이전의 차량 하자
⑦ 차량의 제원과 비교 등

(3) 기 타
① 도로구조물의 손상 여부
② 도로여건의 파악
③ 교통상황 등

02 도로조사

(1) 도로의 위치파악
도로의 이름과 번호, 도로의 지점 및 지번표기

(2) 도로의 특징파악
① **도로의 형태** : 도로의 종류, 합·분류상황, 진·출입 위치
② **도로의 기하구조** : 차로수, 차로폭, 중앙분리대, 보도 유무, 길가장자리, 포장 여부, 곡선반경, 편구배, 횡단구배, 완화구간, 종단구배, 종단곡선, 정지시거, 노변장애물
③ **포장재질** : 아스팔트포장 상태, 미끄럼방지포장, 콘크리트포장
④ **교통안전시설 등** : 교통안전표지, 노면표지, 가로등, 표지병, 시설유도봉, 유도표지, 방호벽, 가드레일, 장애물 표적표시, 도로안내표지, 충격완화시설, 경보등, 가변표지판
⑤ **도로구조물** : 교량, 터널 유무, 고가도로, 지하차도
⑥ **교통통제 및 운영상태** : 가변차로제, 버스전용차로, 공사구역, 속도제한구역

(3) 사고당시의 조건
① 기상조건
② 노면조건
③ 일광조건
④ 가변성 장애물
⑤ 시계, 섬광, 태양 및 기타

(4) 도로상의 사고결과
① **사고차량 및 탑승자의 최종위치** : 이동되기 전후 위치 파악
② **타이어 자국** : 스키드마크, 스커프마크, 임프린트, 요마크 등
③ **금속성 물체에 의한 흔적** : 노면 파인 흔적, 노면 긁힌 흔적
④ **충돌 후의 잔존물** : 차체잔존물, 차체 패널조각, 차량용 액체, 차량 부품조각, 차량 적재물, 도로재질
⑤ 고정물체에 나타난 자국
⑥ 자동차가 도로를 이탈한 자국

02 측정

01 표점

(1) 1개의 표점으로 측정이 가능한 경우
① 사상자의 위치 : 사상자의 허리를 중심으로 1점 측정
② 1m 이하 길이의 파인 자국, 긁힌 자국, 타이어 흔적 등
③ 도로상의 고정물체와 사소한 충돌흔적, 가로수 및 수목 등에 생긴 자국
④ 소규모 파편물 및 $1m^2$ 이하의 차량 액체낙하물
⑤ 충돌로 인해 차량본체와 분리된 각종 차량 부품

(2) 2개의 표점으로 측정이 가능한 경우
① 사고차량 : 피해가 적은 동일 측면 2개 모서리를 측점으로 이용하며, 차량의 타이어 자국 끝에 있을 경우에는 바퀴를 측점으로 한다.
② 직선으로 나타난 긴 타이어 자국 : 시작점과 끝나는 점을 측점으로 한다.
③ 1m 이상 길게 나타난 노면상의 좁고 길게 파인 자국
④ 길게 비벼지거나 파손된 가드레일 등

(3) 3개의 표점으로 측정이 가능한 경우
① 곡선으로 나타난 타이어 자국
② 끝이 휘어지거나 변형이 있는 타이어 마크
③ 낙하물지역

02 기준점

(1) 고정기준점
① 전주, 각종 표지판 지주, 소화전 등 중심부 또는 중심부에 대한 점으로부터 측정한다.
② 수목은 양호한 기준점이라고는 볼 수 없지만 여타 이용할 만한 기준점이 없는 경우 사용한다.
③ 교량이나 건물의 모서리도 가끔 이용된다.

(2) 준고정기준점
① 측정 당사자가 차도 가장자리나 연석 또는 보도 위에 표시한 마크를 의미한다.
② 기존의 영구적인 표지물과 관련하여 설정한다.
③ 포장도로상의 교차점과 교차로 사이 구간에서 주로 활용한다.

(3) 비고정기준점
① 측정 당사자가 차도상에 표시한 기준점을 의미한다.
② 교차로 등에서와 같이 2개의 차고 가장자리선이 만나는 점에 스프레이 등으로 표시한다.

03 사고현장의 측정

(1) 방 법
① **평면좌표법** : 2개의 기준선으로부터 1개의 표점위치를 나타내는 방법이다.
② **삼각측정법** : 개개의 표점을 2개의 기준점으로부터 측정하는 방법으로 여기에서 2개의 기준점과 1개의 표점은 삼각형을 이루기 때문에 삼각측정법으로 불린다.

(2) 교차로의 각도측정
교차로에서 인접하는 양쪽 도로의 교차각도를 측정하고자 할 때에는 두 직선이 만나는 정점을 설정하고 2개의 직선거리를 삼각형으로 연결하여 각 변의 길이를 측정하면 된다.

CHAPTER 03 적중예상문제

01 다음 중 사고현장의 도면에 나타내야 할 표시사항으로 가장 중요성이 떨어지는 것은?

① 사고 양 차량의 최종정지위치
② 차량 밖으로 튕겨 나간 운전자의 전도위치
③ 노면상에 나타난 타이어 자국 및 노면 파인 흔적
④ 도로의 등급

해설 도로의 등급은 사고진상 파악과 관련성이 떨어진다.

02 일반적으로 1개의 표점으로 측정 가능한 대상이 아닌 것은?

① 소규모의 낙하물
② 피해자의 전도위치
③ 비교적 긴 요마크의 궤적
④ 가드레일에 나타난 짧은 손상자국

해설 **1개의 표점으로 측정이 가능한 대상**
- 사상자의 위치 : 사상자의 허리를 중심으로 1점 측정
- 1m 이하 길이의 파인 자국, 긁힌 자국, 타이어 흔적 등
- 도로상의 고정물체와 사소한 충돌흔적, 가로수 및 수목 등에 생긴 자국
- 소규모 파편물 및 1m² 이하의 차량 액체낙하물
- 충돌로 인해 차량본체와 분리된 각종 차량 부품
- 길게 비벼지거나 파손된 가드레일 등

03 다음 중 측정위치를 나타내야 할 표점에 대한 설명으로 옳지 않은 것은?

① 일반적으로 소규모의 낙하물, 파인 자국, 타이어 자국 등은 1개의 표점으로 측정할 수 있다.
② 요마크, 휜 타이어 자국 등은 2개 이상의 표점으로 측정해야만 정확하게 측정이 가능하다.
③ 표점의 설정은 중요도에 따라 측정자가 임의로 설정하여 측정할 수 있다.
④ 표점의 설정은 반드시 정해진 방법에 의하여 설정하여야 한다.

해설 ④ 표점의 설정은 중요도에 따라 측정자가 임의로 설정하여 측정할 수 있다.

04 사고현장에 대한 측정기준점을 설정할 경우 가장 먼저 고려하여야 할 사항으로 옳은 것은?
① 반드시 충돌지점으로 설정해야 한다.
② 중앙선 또는 길가장자리구역선으로 설정해야 한다.
③ 전신주, 소화전, 각종 표지판 등 영구적으로 확인 가능한 대상이어야 한다.
④ 사고지점에서 가급적 먼 거리로 설정해야 한다.

> **해설** 어느 점의 위치를 표시하는 데는 우선 원점과 좌표축을 정하여야 한다. 원점은 움직일 수 없는 고정물, 즉 건물의 모퉁이, 소화전, 우편함 등이고 간단히 철거될 수 있는 것은 가능하면 피하여야 한다. 좌표축은 도로나 건물의 경계, 전신주와 전신주를 잇는 선 등 원점과 같이 고정물을 기준으로 하는 것이 좋다.

05 측정방법 중 평면좌표법에 대한 설명으로 옳지 않은 것은?
① 일반적으로 2개의 기준점을 직선으로 연결하여 하나의 표점을 측정한다.
② 삼각측정법에 비하여 약도상에 사고의 결과를 나타내기 쉽다.
③ 측정상의 오류가 적다.
④ 2개의 기준점과 1개의 표점이 삼각형을 형성하도록 측정한다.

> **해설** ④는 삼각측정법에 대한 내용이다.

06 사고현장을 측정하는 데 기준이 되는 비고정기준점에 대한 설명으로 옳은 것은?
① 측정 당사자가 차도상에 표시한 기준점을 말한다.
② 방호울타리 또는 연석으로 기준점을 설정하는 방법이다.
③ 영구적인 전신주, 소화전 등의 대상물로 설정하는 방법이다.
④ 건물의 모서리를 기준점으로 설정하는 방법이다.

해설	
고정기준점	• 전주, 각종 표지판 지주, 소화전 등 중심부 또는 중심부에 대한 점으로부터 측정한다. • 수목은 양호한 기준점이라고는 볼 수 없지만 여타 이용할 만한 기준점이 없는 경우 사용한다. • 교량이나 건물의 모서리도 가끔 이용된다.
준고정기준점	• 측정 당사자가 차도 가장자리나 연석 또는 보도 위에 표시한 마크를 의미한다. • 기존의 영구적인 표지물과 관련하여 설정한다. • 포장도로상의 교차점과 교차로 사이 구간에서 주로 활용한다.
비고정기준점	• 측정 당사자가 차도상에 표시한 기준점을 의미한다. • 교차로 등에서와 같이 2개의 차고 가장자리선이 만나는 점에 스프레이 등으로 표시한다.

07 도로의 측정사항과 관련이 없는 것은?
① 곡선반경
② 횡단구배와 종단구배
③ 주변 야산의 높이
④ 시야 가시거리

08 사진촬영기법으로 옳지 않은 것은? ★★★
① 흔적 발생 끝지점에서부터 자세를 낮추어 촬영한다.
② 희미한 타이어 흔적은 역광 상태에서 잘 감광되는 경우도 있다.
③ 그림자의 영향을 적게 받는 촬영 일시를 택한다.
④ 액체흔은 흔적의 특성과 비산 방향을 촬영한다.

해설 ① 흔적 발생 시작점부터 자세를 낮추어 촬영한다.

09 교통사고 현장 측정 시 고정기준점으로 옳지 않은 것은?
① 안내표지판
② 전신주
③ 교차로 사이의 링크구간
④ 교량 머릿돌

10 교통사고 발생 시 노면에 관한 조사는 언제가 가장 좋은 것인가?
① 교통사고 발생 후 즉시
② 교통사고 발생 다음날
③ 교통사고 후 사고차량이 모두 정리된 때
④ 교통 경찰관이 조사 허락을 한 뒤

해설 사고 파편물은 사라지기 쉽고 빗길 사고 시에는 흔적이 없거나 흔적이 있어도 희미한 것이 대부분이기 때문에 조사는 빠르면 빠를수록 좋다.

11 삼각법에 대한 설명으로 틀린 것은? ★★★
① 도로경계석선 및 도로끝선이 명확하지 않은 경우에 사용한다.
② 좌표법보다 제약조건이 많아 사용하기에 불편한 점이 많다.
③ 측점이 높거나 숲속에 위치한 경우에 사용한다.
④ 비포장도로이거나 도로가 눈에 덮여 도로끝선이 불분명할 때도 사용 가능하다.

해설 ② 삼각법은 좌표법보다 제약조건이 적어 어느 사고현장에서나 사용할 수 있다.

12 기준점과 기준선에 대한 설명으로 틀린 것은? ★★★★
① 기준선과 기준점은 차후 사고현장에 갔을 때 누구나 확인할 수 있는 것이어야 한다.
② 기준선은 보통 도로경계석으로 한다.
③ 고정기준점은 삼각측정법에서 많이 사용한다.
④ 가로등, 전신주와 같은 것은 비고정기준점이다.

해설 고정기준점으로 활용할 수 있는 대상
• 가로등, 전신주, 안내표지판 및 각종 표지판 지주, 신호등 지주, 소화전 등
• 건물의 모서리, 교량과 고가도로 및 지하차도의 출입구에 설치되어 있는 입석

정답 10 ① 11 ② 12 ④

13 다음 각도측정에 관한 내용 중 틀린 것은?
① 각도는 도(°)로 표시해야 한다.
② 꼭지점에서 2개 지점을 선정할 때는 가능하면 같은 거리의 지점을 선정하는 것이 좋다.
③ 꼭지점 2개 지점 선정방법은 도로의 교차로 가각, 중앙분리대 부근, 좁은 커브길 등에서 많이 측정한다.
④ 각도기(분도기)를 사용해서는 측정이 불가능하다.

14 사진촬영방법으로 옳지 않은 것은? ★★★
① 사진촬영 시 가급적 촬영하고자 하는 부위보다 높은 곳에서 비스듬히 촬영한다.
② 어두운 곳에서 촬영할 경우 삼각대를 이용하여 흔들림이 없게 한다.
③ 차량의 지붕이나 옥상에 올라가 어느 정도 높이를 확보하여 촬영하는 방법이 좋다.
④ 플래시 불빛이 반사되지 않도록 주의한다.

해설 촬영 시 촬영하고자 하는 부위보다 낮은 곳에서 촬영한다.

15 교통사고 상황도면 작성 시 유의사항으로 옳지 않은 것은?
① 도면에 작성자와 축척, 방위표를 기록한다.
② 도로폭, 차로폭, 길가장자리폭 및 도로 제원을 기록한다.
③ 노면 파인 흔적은 위치만 표시한다.
④ 기준선과 기준점을 정하고 상호 간격을 나타낸다.

해설 사고현장에서 수집한 각종 사고 결과물, 흔적 및 차량 최종정차위치 등을 표시한 교통사고 도면을 작성해야 한다.

13 ④ 14 ① 15 ③

16 교통사고 현장 조사 시 사진촬영의 기본이 아닌 것은? ★★★
① 현장상황에 맞는 적절한 촬영을 한다.
② 증거의 성격에 맞는 촬영기법을 활용한다.
③ 목적의식을 가지고 촬영한다.
④ 피해차량만을 중점적으로 촬영한다.

해설   교통사고 현장 촬영은 쟁점이 될 만한 사항, 사고의 핵심이 되는 기본적인 사항을 촬영해야 한다.

17 교통사고 현장측정에서 각도를 측정할 수 있는 방법이 아닌 것은?
① 직각 교차로 두 변의 길이를 측정하여 삼각함수를 이용한다.
② 삼각측정법으로 변의 길이를 측정하여 제2코사인 법칙을 이용한다.
③ 삼각측정법으로 변의 길이를 측정하여 축척을 이용한 각도기로 측정한다.
④ 다각형법으로 측정하여 삼각함수를 이용한다.

우리 인생의 가장 큰 영광은 결코 넘어지지 않는 데 있는 것이 아니라
넘어질 때마다 일어서는 데 있다.

– 넬슨 만델라 –

PART 4

차량운동학

CHAPTER 01 기초물리학
CHAPTER 02 운동역학
CHAPTER 03 마찰계수 및 견인계수

합격의 공식 *시대에듀* www.sdedu.co.kr

CHAPTER 01 기초물리학

(1) 시간의 기준
① 회기년 : 지구가 춘분점을 출발하여 다시 춘분점으로 되돌아 오는 시간(1년)
② 태양일 : 태양이 남중했다가 다시 남중하는 사이의 시간(하루)
③ 평균태양일 : 태양일은 장소와 계절에 따라 달라지기 때문에 적도에서의 하루의 길이를 1년에 걸쳐 평균한 값
④ 원자시 : 1초를 세슘 원자에서 복사되는 복사선의 진동주기의 9,192,631,770배로 정의한다.

(2) 시간의 측정
① 짧은 시간의 측정
  ㉠ 스트로보스코프 : 원판에 일정한 간격으로 좁은 슬릿을 만들어 회전할 수 있도록 만든 장치를 스트로보스코프라 한다. 진동체나 회전체가 정지한 것처럼 보이는 스트로보스코프의 최대회전수를 측정하면 진동체나 회전체의 주기를 구할 수 있다. 일반적으로 슬릿수가 N이고, t초 사이에 최대 n회전시킬 때 회전체가 정지한 것처럼 보였다면 주기 T는 다음과 같다.

$$T = \frac{t}{nN}$$

  ㉡ 시간기록계 : 전기진동을 이용하여 일정한 시간 간격으로 종이 테이프에 점을 찍도록 한 장치이다. 시간기록계의 진동수가 60Hz인 경우는 1/60초 간격으로 타점을 찍게 되므로 타점의 간격과 개수를 이용하면 짧은 시간 동안의 운동변화를 조사할 수 있다.
  ㉢ 다중섬광사진법 : 빠른 속도로 운동하는 물체를 짧은 시간 간격을 두고 섬광조명하여 촬영하는 방법으로 빠른 것은 매초당 4,000장의 사진을 찍을 수 있다. 이 사진으로 약 2.4×10^{-4}초 사이에 일어나는 변화를 분석하여 $10^{-4} \sim 10^{-5}$초까지의 짧은 시간을 측정할 수 있다.
② 긴 시간의 측정 : 긴 시간 동안에 변하는 자연현상을 이용하여 측정한다.
  ㉠ 나무의 나이테
  ㉡ 고생물 화석의 변화
  ㉢ 방사성 원소의 반감기
  ㉣ 천체에서의 핵변환

③ **지수표기법** : 물리학에서는 번거로움과 착오를 피하기 위하여 숫자를 표시할 때 지수표기법을 이용한다. 지수표기법을 이용하면 수의 곱셈과 나눗셈을 하는 데도 편리하다.

예 빛이 창유리를 한 장 통과하는 데 걸리는 시간이 10^{-11}초라 하면 창유리 1만 장을 통과하는 시간 t는 다음과 같다.

$$t = 10^{-11} \times 10^4 = 10^{(-11+4)} \text{ 초} = 10^{-7} \text{ 초}$$

(3) 물리학에서 대상으로 하는 공간의 범위
물리학에서 대상으로 하는 공간의 길이는 $10^{-11} \sim 10^{25}$m까지 다양하다.

(4) 길이의 단위
① 우리나라, 유럽 : 미터 등
② 미국 : 인치, 피트, 마일 등
③ 미터원기 : 적도에서 북극까지 거리의 1,000만분의 1을 1미터로 정한 것
④ 원자에서 방출되는 빛의 파장을 이용하여 1m 정의 : $^{86}_{36}\text{Kr}$이 방출하는 주황색광 파장의 1,650,763.73배
⑤ 빛의 진행거리를 기준으로 1m 정의 : 빛이 진공 내에서 $\dfrac{1}{299,792,458}$초 동안에 진행하는 거리

(5) 기본단위와 단위계
① 단위 : 물리량의 측정을 올바르게 하기 위해서는 그 물리량과 같은 물리량의 일정량을 기준으로 정하고 측정하려는 양을 기준량의 배수로 나타내야 한다. 이 기준량을 해당 물리량의 단위라 한다.
  ㉠ 기본단위 : 기본이 되는 물리량의 단위
  ㉡ 유도단위 : 기본단위로부터 유도되는 단위
② 단위계 : 기본단위 + 유도단위
  ㉠ 절대단위계 : 단위계 중에서 선정된 기본단위의 불변성이 엄밀하게 보장되는 단위계
  ㉡ 실용단위계 : 실용상에서 사용되는 단위계

> **이해 더하기**
> **단위에 사용되는 기본물리량**
> 역학에서는 길이, 시간, 질량이며, 열역학에서는 온도이다.

01 벡터와 스칼라의 이해

01 벡터의 개념

(1) 벡터와 스칼라의 개념
① 정의 : 크기만을 갖는 양을 스칼라(Scalar)라 하고, 크기와 방향을 가진 물리량을 벡터(Vector)라 한다.
  ㉠ 벡터(Vector) : 크기와 방향을 가지는 양이다. 예 힘, 속도, 가속도 등
  ㉡ 스칼라(Scalar) : 크기만을 갖는 양으로 하나의 실수이다. 예 길이, 속력, 넓이, 온도 등
② 배경 및 의의
  ㉠ 크기와 방향을 함께 가지는 양으로서 벡터의 개념이 도입되기 시작한 것은 17세기경이지만, 20세기에 들어와서 독일의 수학자 베일(Weyl, H)이 벡터의 개념을 명확하게 정의하여 체계화하고 응용범위를 넓혔다.
  ㉡ 벡터는 물리학뿐만 아니라 공학, 의학, 경제학 등에도 널리 응용된다.
  ㉢ 교류회로 각 부분의 전압 및 전류의 진폭·위상 사이의 관계가 벡터로 표시되며, 심전도 측정에도 이용된다.
  ㉣ 벡터를 이용하면 기하학이나 물리학에서 중요한 성질들을 간결하고 명확하게 나타낼 수 있다. 특히, 공간에서의 벡터는 점의 좌표를 사용하여 나타낼 수 있고, 이를 이용하여 공간에서 벡터로 나타낸 직선이나 평면의 방정식을 좌표를 이용한 x, y, z의 방정식으로 간결하게 바꾸어 나타낼 수 있다.

(2) 벡터의 표시
① 벡터의 기본요건은 **크기**와 **방향**이다.
② 벡터의 3요소는 작용점, 크기, 방향이다.
③ 벡터는 유향선분으로 나타낸다. 즉, 화살표의 방향이 벡터의 방향이며, 화살표의 크기가 벡터의 크기를 나타낸다.

> **이해 더하기**
>
> **유향선분(Oriented Segment)**
> 방향을 갖는 선분. 벡터는 유향선분으로 표시하고 화살표는 벡터의 방향을, 선분의 길이는 벡터의 크기를 나타낸다.

④ 벡터는 굵은 소문자의 영문 알파벳(a, x 등)으로 표현되며, 굵은 대문자(A, X 등) 또는 화살표를 상부에 동반하는 일반문자($\vec{a}$, $\vec{x}$ 등)로 표현되기도 한다.
⑤ $\vec{AB}$: 점 A를 벡터의 시점(Initial Point), 점 B를 벡터의 종점(Terminal Point)이라 한다.

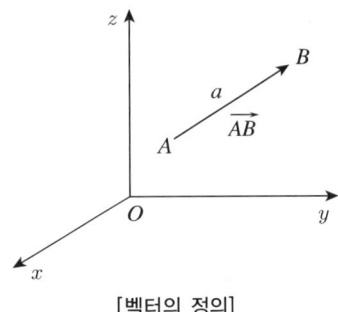

[벡터의 정의]

(3) 벡터의 크기

벡터의 크기는 그 벡터에 절댓값 기호를 써서 나타낸다. 즉, 벡터 $\overrightarrow{AB}$의 크기는 $\overline{AB}$의 길이를 말하며 기호로 $|\overrightarrow{AB}|$, $|\vec{a}|$로 표시한다.

02 벡터의 덧셈, 뺄셈

(1) 벡터의 덧셈

① **삼각형 법칙** : 두 벡터 $\vec{a}$, $\vec{b}$가 있을 때, $\vec{a}$와 같게 $\overrightarrow{AB}$를 잡고, B를 시점으로 하여 $\vec{b}$와 같게 $\overrightarrow{BC}$를 잡는다. 이때 $\overrightarrow{AC}(=\vec{c})$를 $\vec{a}$와 $\vec{b}$의 합이라 하고, $\vec{a}+\vec{b}=\vec{c}$로 나타낸다.

$$\vec{a}+\vec{b}=\vec{c} \leftrightarrow \overrightarrow{AB}+\overrightarrow{BC}=\overrightarrow{AC}$$

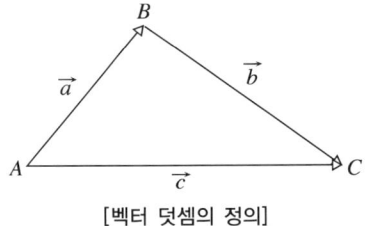

[벡터 덧셈의 정의]

② **평행사변형 법칙** : 두 벡터 $\vec{a}$, $\vec{b}$가 있을 때, O를 시점으로 하여 $\vec{a}$, $\vec{b}$와 같게 각각 $\overrightarrow{OA}$, $\overrightarrow{OB}$를 잡는다. 이때 선분 OA, OB를 두 변으로 하는 평행사변형 $OABC$를 만들 때, $\overrightarrow{OC}(=\vec{c})$는 $\vec{a}$와 $\vec{b}$의 합을 나타낸다.

$$\vec{a}+\vec{b}=\vec{c} \leftrightarrow \overrightarrow{OA}+\overrightarrow{OB}=\overrightarrow{OC}$$

③ 성 질
  ㉠ 교환법칙 : $\vec{a} + \vec{b} = \vec{b} + \vec{a}$

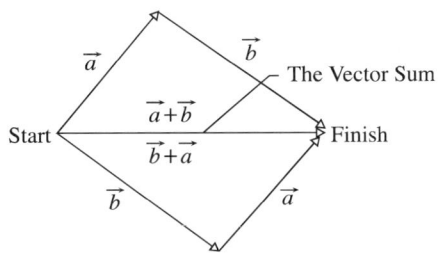

[벡터 덧셈의 교환법칙]

  ㉡ 결합법칙 : $(\vec{a} + \vec{b}) + \vec{c} = \vec{a} + (\vec{b} + \vec{c})$

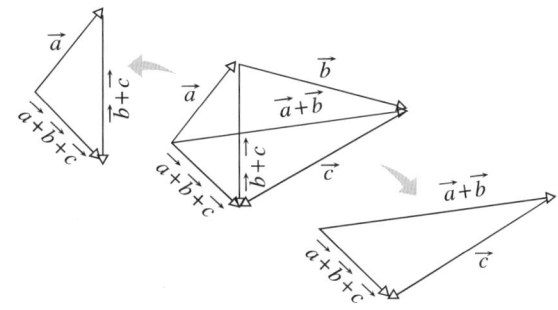

[벡터 덧셈의 결합법칙]

  ㉢ 영벡터의 성질 : $\vec{a} + (-\vec{a}) = (-\vec{a}) + \vec{a} = \vec{0}$, $\vec{a} + \vec{0} = \vec{0} + \vec{a} = \vec{a}$

(2) 벡터의 뺄셈

① 벡터 $\vec{b}$ 의 반대벡터(음의 벡터) $-\vec{b}$ 의 정의

$$\vec{b} + (-\vec{b}) = 0$$

② 벡터 뺄셈의 정의

$$\vec{d} = \vec{a} - \vec{b} = \vec{a} + (-\vec{b})$$

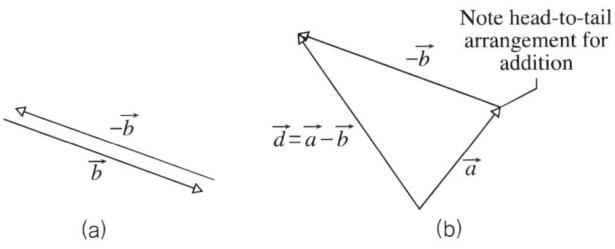

[벡터 뺄셈의 정의]

> **이해 더하기**
>
> 벡터와 물리법칙
> 좌표계를 바꾸면 벡터의 성분은 바뀌지만 물리법칙을 나타내는 벡터방정식의 모양은 바뀌지 않는다.

02 속도, 가속도의 이해

01 속 도 중요!

(1) 속력

① 정의 : 속력은 단위시간 동안의 이동거리이며, 물체가 이동한 거리를 이동하는 데 걸린 시간으로 나눈 값이다.

$$속력(v) = \frac{거리(s)}{시간(t)}$$

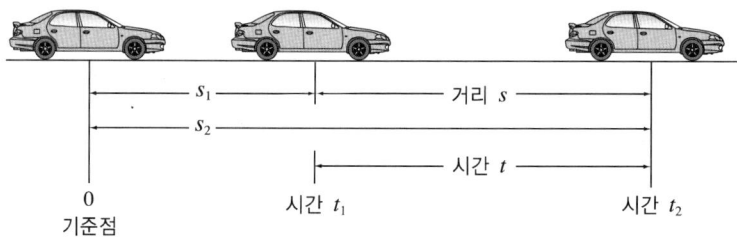

[자동차의 이동거리와 걸린 시간]

> **이해 더하기**
>
> 운 동
> 물체의 위치가 시간에 따라 변하는 현상을 운동이라 하며, 이 운동을 기술하기 위해서는 위치와 시간을 동시에 기록해야 한다.

② 속력의 단위 : m/s(자동차나 기차와 같은 교통수단의 단위로는 km/h 사용)
③ 평균속력 : 이동한 거리를 걸린 시간으로 나눈 값

$$평균속력 = \frac{s_2 - s_1}{t_2 - t_1}$$

- $s_2 - s_1$: 이동한 거리
- $t_2 - t_1$: 걸린 시간

④ **순간속력** : 순간순간의 빠르기를 말하며, 짧은 시간 동안에 이동한 거리를 걸린 시간으로 나누어 구한다.

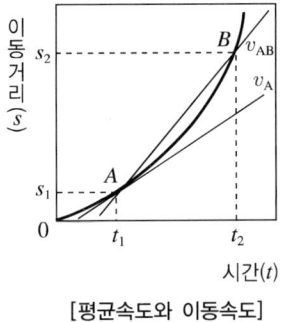

[평균속도와 이동속도]

(2) 속도의 개념

물체의 운동을 기술하는 데는 속력만으로는 부족하다. 같은 속력으로 동쪽으로 달리는 자동차와 서쪽으로 달리는 자동차는 서로 반대방향으로 운동하므로 얼마 후 두 자동차의 위치는 서로 달라진다. 움직이는 물체의 속력과 방향을 함께 생각하는 물리량을 속도라고 하며, 속도의 단위는 m/s, km/h로 속력의 단위와 같다.

$$속도 = \frac{변위}{걸린\ 시간(시간간격)}, \quad V = \frac{d}{t}(m/s)$$

① **변위** : 물체가 이동한 직선거리를 변위라 한다. 이동거리는 경로에 상관없이 물체가 운동한 거리를 나타내는 스칼라량이지만, 그 물체가 존재하고 있는 좌표를 나타내는 위치와 운동하고 있는 물체의 위치변화를 나타내는 변위는 벡터량이다.

② **평균속도** : 주어진 시간 동안 이동한 전체거리를 시간으로 나눈 값이다. 물체가 일직선상에서 운동할 때 시각 t_1일 때의 위치를 x_1, 시각 t_2일 때의 위치를 x_2라 하면 $t_2 - t_1$ 시간 동안의 이동거리, 즉 변위는 $x_2 - x_1$이다. 단위시간에 일어난 변위를 평균속도라 한다.

$$평균속도 = \frac{x_2 - x_1}{t_2 - t_1}$$

• 평균속도는 단위시간당의 변위이다.

(3) 등속직선운동

① 정의 : 물체의 속력과 운동방향이 일정한 운동을 등속직선운동이라 하며, 운동하는 물체의 속도가 시간에 따라 변하지 않는 운동을 말한다.

$$v = \frac{x}{t} = 일정$$

- v : 속도
- t : 시간
- x : 거리

② 등속직선운동의 그래프

㉠ 변위-시간 그래프 : 속도 v, 시간 t, 변위 x 사이에는 $v = \frac{x}{t}$의 관계가 있으므로 변위는 $x = vt$가 된다. 즉, 변위와 시간 사이에는 비례관계가 성립한다. 그래프는 원점을 지나는 직선이 되며 직선의 기울기는 속도 v의 크기가 된다. 이 직선의 기울기의 각을 θ라 하면 $v = \frac{x}{t} = \tan\theta$(물체의 속도)가 된다.

㉡ 속도-시간 그래프 : 등속직선운동에서는 속도 v가 시간 t에 관계없이 일정하므로 그래프는 시간 t축에 평행한 직선이 된다. 이 직선과 t축 사이의 면적은 이동거리, 즉 변위의 크기 $x = vt$가 된다.

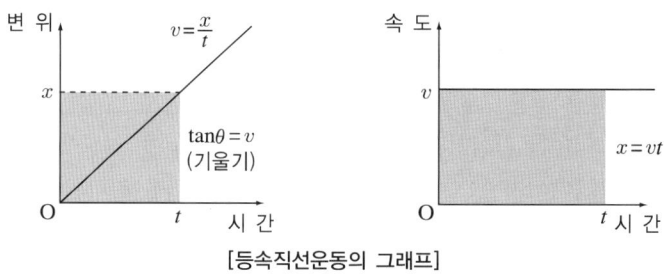

[등속직선운동의 그래프]

(4) 순간속도

① 시간에 따른 거리의 변화를 나타내는 $x-t$그래프에서 $t_2 - t_1 = \Delta t$가 매우 작을 때의 속도 $v = \lim\limits_{\Delta t \to 0} \frac{\Delta x}{\Delta t}$를 시간 t_1에서의 순간속도라 한다.

② 순간속도는 $x-t$그래프에서 시각 t_1에 대응하는 점 P에서의 접선의 기울기가 된다.

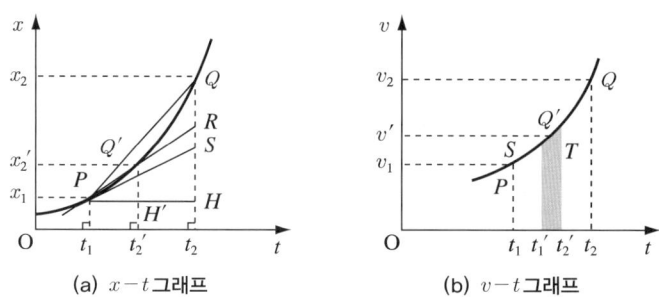

(a) $x-t$그래프   (b) $v-t$그래프

(5) 상대속도

① 운동하고 있는 물체에서 본 다른 물체의 속도를 상대속도라 한다.

> 상대속도 = 상대방의 속도 − 관측자의 속도

② 일반적으로 v_A의 속도로 운동하는 관측자 A가 v_B의 속도로 운동하는 물체 B를 보았을 때의 상대속도 v_{AB}는 다음과 같다.

$$v_{AB} = v_B - v_A$$

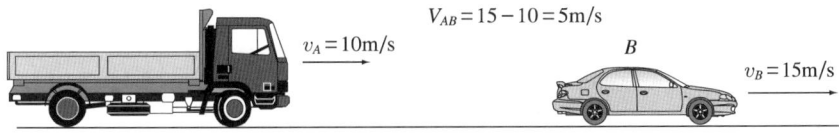

[같은 방향으로 달리는 화물차와 승용차]

02 가속도

(1) 가속도운동

운동하는 물체가 시간에 따라 그 속도가 변하는 운동을 가속도운동이라 한다.

예 자유낙하하는 공이나 빗면을 굴러 떨어지는 공은 그 속도가 점점 커지며, 자동차가 정지상태에서 출발하거나 운동상태에서 정지할 때에는 그 속도가 변하게 된다.

(2) 평균가속도

① 가속도란 물체의 속력이나 운동방향이 변하거나, 또는 함께 변할 때 나타난다. 즉, 단위시간당 속도의 변화를 가속도라 하며, 단위시간당 속도의 변화율로 정의할 수 있다.

$$가속도(a) = \frac{속도의\ 변화량(\Delta v)}{걸린\ 시간(\Delta t)}\ (m/s^2)$$

② 일반적으로 직선상의 운동에서 시각 t_1에서의 속도를 v_1, 시각 t_2에서의 속도를 v_2라 하면, 경과시간 $t_2 - t_1$ 사이의 속도변화는 $v_2 - v_1$이 되며, 이 경과시간 사이의 속도의 변화율, 즉 단위시간 동안의 속도변화량을 시각 t_1과 t_2 사이의 평균가속도라 한다.

$$a = \frac{v_2 - v_1}{t_2 - t_1} = \frac{\Delta v}{\Delta t}$$

(3) 순간가속도

① 시간 간격 Δt를 매우 짧게 하였을 때의 단위시간에 **속도의 변화량**을 그 시각에서의 순간가속도라고 한다. 즉, 순간가속도란 극히 짧은 시간 동안의 평균가속도를 말한다.

② 일반적으로 시간차 $\Delta t = t_2 - t_1$를 극히 짧게 잡았을 때 그 사이의 속도 변화량 $\Delta v = v_2 - v_1$과 Δt와의 비 a를 시각 t_1에서의 순간가속도라 한다.

$$a = \lim_{\Delta t \to 0} \frac{\Delta v}{\Delta t}$$

(4) 등가속도운동

한 방향으로 일정하게 속도가 변하는 운동을 등가속도운동이라고 한다.

① **속도와 가속도** : 직선 위를 일정한 가속도로 운동하고 있는 물체의 시각 $t = 0$에서의 위치와 속도를 각각 x_0, v_0라 하고, 시각 t에서의 위치와 속도를 각각 x, v라 하면, $v_1 = v_0$, $v_2 = v$, $t_1 = 0$, $t_2 = t$가 되므로 속도와 가속도는 다음과 같다.

- 가속도 $a = \dfrac{v_2 - v_1}{t_2 - t_1} = \dfrac{v - v_0}{t}$
- 속도 $v = v_0 + at$

이 식으로 $v - t$그래프를 그리면 가속도는 이 직선의 기울기가 된다.

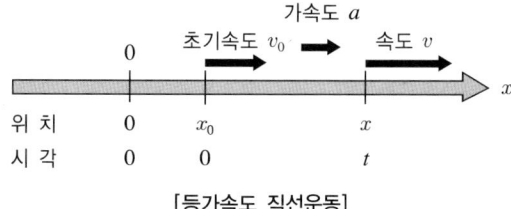

[등가속도 직선운동]

② **운동거리(변위)** : t초 동안의 운동거리$(x - x_0)$는 다음과 같다.

$$(x - x_0) = \frac{1}{2}(v_0 + v)t = \frac{1}{2}\{v_0 + (v_0 + at)\}t = v_0 t + \frac{1}{2}at^2$$

$$\therefore\ x - x_0 = v_0 t + \frac{1}{2}at^2 \ \text{또는}\ x = x_0 + v_0 t + \frac{1}{2}at^2$$

이 식은 등가속도운동을 하는 물체의 변위, 즉 운동거리를 나타내는 식이다.

③ **속도와 가속도, 변위 사이의 관계** : 속도 변위 관계식에서 시간 t를 소거하면 다음과 같다.

$$2a(x - x_0) = v^2 - v_0^2$$

㉠ 초기속도 $v_0 = 0$, $x_0 = 0$일 때

$$v = at, \quad x = \frac{1}{2}at^2 = \frac{1}{2}vt$$
$$v^2 = 2ax$$

㉡ a와 v_0가 같은 방향일 때

$$v = v_0 + at, \quad x = v_0 t + \frac{1}{2}at^2$$
$$v^2 = v_0^2 + 2ax$$

㉢ a와 v_0가 반대 방향일 때

$$v = v_0 - at, \quad x = v_0 t - \frac{1}{2}at^2$$
$$v^2 = v_0^2 - 2ax$$

④ 등가속도운동의 그래프
  ㉠ 가속도-시간 그래프 : 색칠한 부분의 면적은 속도의 증가량을 의미한다.
  ㉡ 속도-시간 그래프 : 색칠한 부분의 면적은 물체의 이동거리를 의미하고, 직선의 기울기는 가속도를 의미한다.
  ㉢ 위치-시간 그래프 : 어떤 시각에서 접선의 기울기는 그 점에서의 순간속도를 나타낸다.

[등가속도운동의 그래프]

구 분	속도가 증가할 때($a>0$)	속도가 감소할 때($a<0$)
$a-t$그래프 (a = 일정) 시간 축에 나란한 직선	넓이=at (속도 증가량)	속도 감속량
$v-t$그래프 ($v=v_0+at$) 기울기 = 가속도 넓이 = 이동 거리	$v = v_0 + at$, $\frac{1}{2}at^2$, at, $v_0 t$	v_0에서 0으로 감소
$s-t$그래프 ($s=v_0 t + \frac{1}{2}at^2$) 포물선	$s = v_0 t + \frac{1}{2}at^2$	s (증가하다 완만해지는 곡선)

CHAPTER 01 적중예상문제

01 에너지에 대한 설명과 관련이 없는 것은? ★★★★
① 벡터량이다.
② 일과 관련이 있다.
③ 질량과 비례한다.
④ 속도의 제곱에 비례한다.

해설 에너지는 역학, 빛, 소리, 열 등의 양만을 가지는 물리량으로, 질량, 속도의 제곱에 비례한다.

02 다음 물리량 중 스칼라에 속하는 것은?
① 속력
② 속도
③ 가속도
④ 운동량

해설
- 벡터 : 변위, 속도, 가속도, 무게, 운동량, 모멘트, 전기장, 자기장 등
- 스칼라 : 속력, 길이, 시간, 일, 온도, 에너지 등

03 벡터에 대한 설명으로 틀린 것은? ★★★★
① 크기와 방향성을 가진다.
② 교환법칙이 성립한다.
③ 결합법칙이 성립한다.
④ $\vec{a} \cdot \vec{b} = -\vec{b} \cdot \vec{a}$ 이다.

해설 스칼라 곱에서는 교환법칙 $\vec{a} \cdot \vec{b} = \vec{b} \cdot \vec{a}$ 이 성립한다.
$\vec{a} \times \vec{b} = -\vec{b} \times \vec{a}$ 인 벡터곱일 경우 교환법칙이 성립하지 않는다.

정답 01 ① 02 ① 03 ②

04 움직임 때문에 물체가 지니고 있는 에너지를 무엇이라고 하는가? ★★★★
① 잠재적 에너지(Potential Energy)
② 운동에너지(Kinetic Energy)
③ 정지에너지(Rest Energy)
④ 운동량(Momentum)

해설 운동에너지는 물체의 움직임(속력)에 의하여 발생되는 에너지이다.

05 차량이 처음에 35m/s의 속도로 달리다가 2.3s 동안 6m/s²의 감속도로 감속하였다면 그동안 주행한 거리는 얼마인가?
① 64.2m
② 64.3m
③ 64.5m
④ 64.6m

해설
$$d = v_i t + \frac{1}{2}at^2$$
$$= (35) \times (2.3) + \frac{1}{2} \times (-6) \times (2.3)^2 = 80.5 - 15.9 = 64.6\text{m}$$

06 보행자가 1.4m/s의 속도로 계속해서 15m의 거리를 걸었다. 보행자가 걸은 시간은 얼마인가?
① 8.7초
② 10.7초
③ 11.7초
④ 12.0초

해설 속도 = $\frac{\text{이동거리}}{\text{시간}}$ → 시간 = $\frac{\text{이동거리}}{\text{속도}}$

∴ 시간 = $\frac{15}{1.4}$ = 10.7초

정답 04 ② 05 ④ 06 ②

※ 다음 그림과 같은 둘레가 200m인 운동장에서 명수와 재석이 달리기 시합을 하였다. 재석이는 완주를 하였고, 명수는 반밖에 돌지 못하였다(7~8).

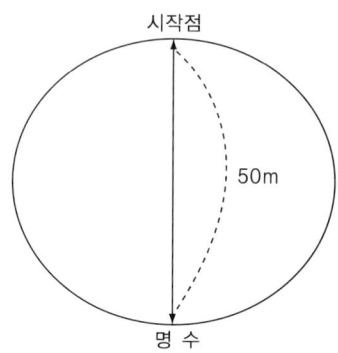

07 두 사람 모두 20초 동안에 한 일이라면 각각의 속도는 어떻게 되는가?

① 명수 – 2m/s, 재석 – 2m/s
② 명수 – 2.5m/s, 재석 – 2m/s
③ 명수 – 2m/s, 재석 – 0m/s
④ 명수 – 2.5m/s, 재석 – 0m/s

해설 속도 = $\dfrac{위치의\ 변화량}{시간}$

명수의 위치의 변화량 = 50m, 속도 = $\dfrac{50}{20}$ = 2.5m/s

재석의 위치변화량 = 0(시작점과 끝점이 같다), 속도 = $\dfrac{0}{20}$ = 0m/s

08 두 사람 모두 20초 동안에 한 일이라면 각각의 속력은 어떻게 되는가?

① 명수 – 4m/s, 재석 – 8m/s
② 명수 – 5m/s, 재석 – 10m/s
③ 명수 – 3m/s, 재석 – 6m/s
④ 명수 – 6m/s, 재석 – 12m/s

해설 속력 = $\dfrac{이동거리}{시간}$

명수의 이동거리 = $\dfrac{200}{2}$ = 100m, 속력 = $\dfrac{100}{20}$ = 5m/s

재석의 이동거리 = 200m, 속력 = $\dfrac{200}{20}$ = 10m/s

09 한 점에 크기가 f인 두 벡터가 90°의 각을 이루고 작용할 때 두 벡터의 차는 얼마인가?

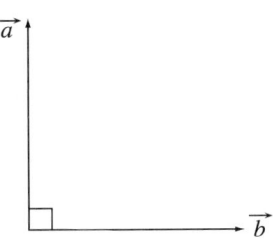

① f
② $-f$
③ $\sqrt{2}\,f$
④ $2f$

해설
$$\vec{a}+(-\vec{b})=\sqrt{|\vec{a}|^2+|\vec{b}|^2}$$
$$=\sqrt{f^2+f^2}$$
$$=\sqrt{2}\,f$$

10 직선도로 위의 점 O에서 출발한 사람이 5분 동안 900m 걸어서 A점까지 갔다가 다시 출발점을 향하여 5분 동안 600m 걸어서 B점에 도달하였다. 10분 동안의 속도를 구하면?

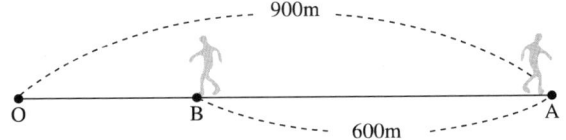

① 0.5m/s
② 1.0m/s
③ 1.5m/s
④ 2.5m/s

해설 속도 = 위치변화량(변위)/경과시간 = $\dfrac{900-600}{10\times 60}=\dfrac{300}{600}=0.5$m/s

정답 09 ③ 10 ①

11 평균시속 60km/h로 가야 할 거리의 반을 40km/h로 달렸다. 처음 계획한 시간에 목적지에 도달하려면, 나머지 반의 거리를 얼마의 속력(km/h)으로 가야 하는가?

① 80km/h
② 100km/h
③ 120km/h
④ 160km/h

해설 전체거리를 l이라 하면,

평균속력 = $\dfrac{거리}{시간}$

$60 = \dfrac{l}{\dfrac{l/2}{40}+\dfrac{l/2}{x}} = \dfrac{1}{\dfrac{1}{80}+\dfrac{1}{2x}} = \dfrac{160x}{2x+80}$

∴ $x = 120$km/h

12 직선도로 위에서 자동차 A, B가 같은 방향으로 각각 10m/s, 25m/s의 속도로 달리고 있다. 자동차 A에서 본 자동차 B의 상대속도는 얼마인가? ★★★

① 10m/s
② 15m/s
③ 20m/s
④ 25m/s

해설 A에서 본 B의 상대속도 = $V_B - V_A$
$V_{AB} = V_B - V_A = 25 - 10 = 15$m/s
자동차 A에서 본 자동차 B의 속도 = 15m/s

13 직선도로 위에서 15m/s로 운동하던 트럭이 5초 동안에 20m/s로 속력이 증가하였고, 정지해 있던 승용차가 5초 동안에 10m/s로 속력이 증가하였다. 트럭과 승용차의 가속도는 각각 얼마인가?

★★★

① 트럭 − $1m/s^2$, 승용차 − $1m/s^2$
② 트럭 − $1m/s^2$, 승용차 − $2m/s^2$
③ 트럭 − $2m/s^2$, 승용차 − $2m/s^2$
④ 트럭 − $1m/s^2$, 승용차 − $3m/s^2$

해설
- 트럭 : $a = \dfrac{v-v_0}{t} = \dfrac{20-15}{5} = 1m/s^2$
- 승용차 : $a = \dfrac{v-v_0}{t} = \dfrac{10-0}{5} = 2m/s^2$

14 차량이 처음에 30m/s의 속도로 달리다가 $6m/s^2$의 감속도로 감속하여 40m의 거리를 이동하였다면 최종속도는 얼마인가?

① 20.3m/s
② 20.5m/s
③ 22.5m/s
④ 23.4m/s

해설 $v_e = \sqrt{v_i^2 + 2ad} = \sqrt{30^2 + 2(-6)(40)} = \sqrt{420}$
$= 20.5m/s$

※ 다음 그림은 처음에 정지해 있던 어떤 물체의 가속도와 시간의 관계그래프이다. 물음에 답하시오 (15~16).

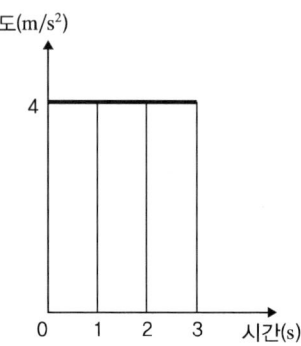

15 2초일 때 속도는 몇 m/s인가?

① 2m/s
② 4m/s
③ 6m/s
④ 8m/s

해설 가속도 4m/s^2로 2초 동안 속도가 증가하였으므로,
$v = v_0 + at = 0 + 4 \times 2 = 8\text{m/s}$

16 이 물체가 3초 동안 이동한 거리는 몇 m인가?

① 9m
② 12m
③ 18m
④ 20m

해설 $s = v_0 t + \dfrac{1}{2}at^2 = 0 \times 3 + \dfrac{1}{2} \times 4 \times 3^2 = 18\text{m}$

※ 직선상에서 등가속도 직선운동을 하는 물체가 있다. 시각 $t=0$에서 속도는 10m/s이고, 가속도는 -2m/s^2일 때 물음에 답하시오(17~18).

17 속도가 0이 되는 것은 몇 초 후인가?

① 2초
② 3초
③ 5초
④ 6초

해설 $v = v_0 + at$에서
$0 = 10 + (-2)t$
$\therefore t = 5$

18 물체의 5초 후 위치는 시각 $t=0$일 때의 위치에서 얼마나 떨어져 있는가?

① 20m
② 25m
③ 30m
④ 35m

해설 $s = v_0 t + \frac{1}{2} at^2$에서
$= 10 \times 5 + \frac{1}{2} \times (-2) \times 5^2 = 25\text{m}$

정답 17 ③ 18 ②

19 속력이 62m/s이면 이륙할 수 있는 비행기가 있다. 이 비행기는 항공모함의 활주로에서 31m/s²의 일정한 가속도로 속력을 증가시킬 수 있다. 비행기를 이륙시키기 위하여 필요한 최소한의 활주로 길이는 몇 m인가?

① 32m
② 60m
③ 62m
④ 122m

해설 t를 구하기 위하여
$V = V_0 + at$
$62\text{m/s} = 0 + 31\text{m/s}^2 \times t$
$\therefore t = 2\text{s}$
$s = v_0 t + \frac{1}{2}at^2$에서
$= 0 + \frac{1}{2} \times 31 \times 2^2 = 62\text{m}$

20 영수는 2초 동안 동쪽으로 10m를 이동한 후에 3초 동안 남쪽으로 10m를 이동하였다. 5초 동안 영수의 속력과 속도의 크기는 각각 몇 m/s인가?

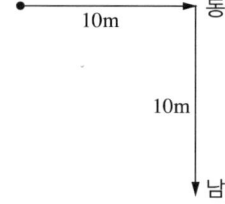

① 속력 = 4m/s, 속도 = 2.82m/s
② 속력 = 2.82m/s, 속도 = 4m/s
③ 속력 = 4m/s, 속도 = 2m/s
④ 속력 = 2m/s, 속도 = 4m/s

해설 속력 $= \frac{(10+10)}{5} = 4\text{m/s}$, 속도 $= \frac{\sqrt{10^2+10^2}}{5} = 2.82\text{m/s}$

※ 그림은 직선으로 운동하는 물체의 위치를 0.1초 간격으로 표시한 것이다. 다음 물음에 답하시오 (21~22).

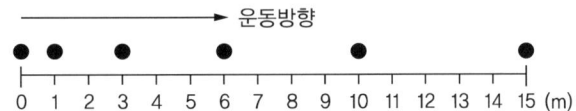

21 0.5초 동안의 속력은 몇 m/s인가?

① 10m/s

② 20m/s

③ 30m/s

④ 40m/s

해설 $v = \dfrac{s}{t} = \dfrac{15}{0.5} = 30\text{m/s}$

22 가속도는 몇 m/s²인가? ★★★

① 70m/s²

② 80m/s²

③ 90m/s²

④ 100m/s²

해설 0.1초마다 속력이 10m/s씩 증가하고 있으므로, $a = 100\text{m/s}^2$

23 자동차가 2.5초 동안 60m/s에서 65m/s로, 반면에 자전거는 정지상태에서 5m/s로 달렸다. 이때 자동차와 자전거의 가속도는? ★★★

① 2, 4

② 4, 2

③ 4, 4

④ 2, 2

해설 가속도 = $\dfrac{\text{속도의 변화량}}{\text{시간}}$

- 자동차의 가속도 = $\dfrac{65-60}{2.5} = 2\text{m/s}^2$
- 자전거의 가속도 = $\dfrac{5}{2.5} = 2\text{m/s}^2$

정답 21 ③ 22 ④ 23 ④

24 20m/s의 일정한 속도로 달리고 있는 자동차 A가 정지해 있던 자동차 B를 지나는 순간 자동차 B는 5m/s²의 가속도로 뒤쫓기 시작하였다. 두 자동차가 만날 때까지 자동차 B가 이동한 거리는 몇 m인가?

① 100m
② 1,200m
③ 150m
④ 160m

해설 시간 t 동안 자동차 A가 이동한 거리는 $20t$이고, 자동차 B가 이동한 거리는 $\frac{1}{2} \times 5 \times t^2$이다.

두 자동차가 시간 t 후에 만났다면 $20t = \frac{1}{2} \times 5 \times t^2$

$t = 8$이 되므로,
자동차 B가 이동한 거리는,
$s = \frac{1}{2}at^2 = \frac{1}{2} \times 5 \times 8^2 = 160\text{m}$

25 물체의 속도가 변화 없이 동일한 운동에서는 가속도는 얼마이겠는가? ★★★

① -1
② 0
③ 1
④ 알 수 없다.

해설 가속도는 $\frac{\Delta v}{\Delta t}$에서 속도의 변화가 없을 시 $\Delta v = 0$이기 때문에 가속도는 0이 된다.

26 다음 중 가속도를 나타내는 단위는? ★★★★

① m/s
② km/h
③ m/s²
④ km

해설 가속도 = $\frac{\text{속도의 변화량}}{\text{시간}}$, 단위 : $\frac{\text{m/s}}{\text{s}} = \text{m/s}^2$

※ 직선상에서 처음 속력이 10m/s이고, 4m/s²의 등가속도로 운동하는 물체가 있다. 다음 물음에 답하시오 (27~28).

27 5초일 때 속력은 몇 m/s인가?
① 10m/s
② 15m/s
③ 30m/s
④ 40m/s

해설 $v = v_0 + at = 10 + (4 \times 5) = 30\text{m/s}$

28 처음부터 5초 때까지 이동하는 거리는 몇 m인가?
① 100m
② 150m
③ 180m
④ 200m

해설 $s = v_0 t + \frac{1}{2} at^2 = (10 \times 5) + \left(\frac{1}{2} \times 4 \times 5^2\right) = 100\text{m}$

29 차량이 1.2m/s²의 가속도로 5초 동안 가속하여 속도가 10m/s가 되었다면 처음 속도는 몇 km/h인가? ★★★
① 12.2km/h
② 13.3km/h
③ 14.4km/h
④ 15.5km/h

해설 $v_i = v_e - at = 10 - (1.2)(5) = 4\text{m/s} \times 3.6 = 14.4\text{km/h}$

정답 27 ③ 28 ① 29 ③

30 다음 중 의미하는 바가 다른 것은? ★★★

① 속도 × 시간

② 속도 – 시간 그래프에서 면적

③ $v_0 t + \frac{1}{2}at^2$

④ 속도 – 시간 그래프에서 기울기

해설 ①·②·③은 모두 이동거리를 뜻하나 ④는 가속도를 뜻한다.

※ 질량이 5kg의 물체가 직선상에서 다음 그래프와 같은 운동을 하였다. 다음 물음에 답하시오(31~32).

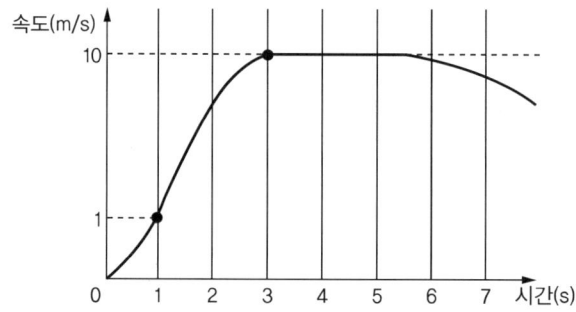

31 출발 후 1초에서 3초 때까지 평균가속도는 몇 m/s²인가?

① 3m/s²   ② 4.5m/s²
③ 9m/s²   ④ 10m/s²

해설 $a = \dfrac{v_2 - v_1}{t_2 - t_1} = \dfrac{10-1}{3-1} = 4.5 \text{m/s}^2$

32 출발 후 3초에서 5초 때까지 물체가 받는 합력은 얼마인가?

① 0   ② 1
③ 2   ④ 3

해설 합력(F) = ma
등속도운동을 하므로 a가 0이 된다. ∴ $F = 0$

33 정지하고 있던 고속버스가 일정하게 속력이 증가하여 10분 후에 120km/h가 되었다. 이 버스가 10분 동안 이동한 거리는? ★★★

① 120km
② 40km
③ 20km
④ 10km

해설 $v = v_0 + at$ 에서

$v = 120\text{km/h} = 120,000\text{m}/3,600\text{s} = \frac{100}{3}\text{m/s}$

$\frac{100}{3} = 0 + a \times (60 \times 10)$, $a = \frac{1}{18}\text{m/s}^2$

$s = v_0 t + \frac{1}{2}at^2 = 0 + \frac{1}{2} \times \frac{1}{18} \times 600^2 = 10,000\text{m}(=10\text{km})$

34 다음 그림은 물체의 위치와 시간과의 관계를 나타낸 것이다. 물체의 가속도가 0보다 큰 경우는?

①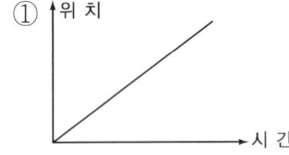
②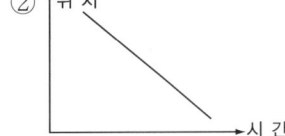
③
④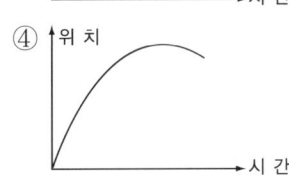

해설 $a > 0$이면 위치-시간 그래프에서 기울기인 속력이 증가해야 한다.

35 A 자동차가 북쪽으로 100km/h로 주행하고 있는 반면, B 자동차는 남쪽으로 100km/h 주행한다. 두 자동차의 속력과 속도를 올바르게 나타낸 것은?

① 속력과 속도는 같다.
② 속력은 같으나 속도는 다르다.
③ 속력은 다르나 속도는 같다.
④ 알 수 없다.

해설
- 속력 : 속력은 이동거리를 나타낸다. A, B 자동차 모두 100km/h로 주행한다고 했으므로 속력은 같다.
- 속도 : 속도는 위치의 변화량을 나타낸다. A 자동차는 북쪽, B 자동차는 남쪽으로 주행하여 위치의 변화량이 다르므로 속도는 다르다.

36 다음 그래프에서 $t=3$일 때의 속력은 얼마인가?

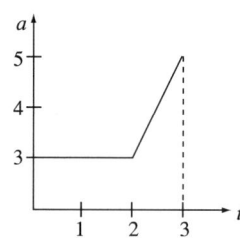

① 7m/s
② 8m/s
③ 9m/s
④ 10m/s

해설 가속도-시간 그래프에서 속력은 면적이다. $V=2\times 3+(3+5)\times 1\times \frac{1}{2}=10\text{m/s}$

또는 $V=3\times 3+\frac{1}{2}\times 1\times 2=10\text{m/s}$

37 차량이 처음엔 3m/s의 속도로 달리다가 2m/s²의 가속도로 2초 동안 가속하면 최종속도는 얼마인가?

① 5m/s
② 6m/s
③ 7m/s
④ 8m/s

해설 $v_e=v_i+at=3+(2)\times(2)=7\text{m/s}$

38 가속도의 운동 중 속도의 크기와 방향이 모두 변하는 운동은?
① 자유낙하운동
② 등속원운동
③ 단진자운동
④ 등가속도운동

39 다음 두 벡터 A, B의 합 $\vec{A}+\vec{B}$의 크기인 R값을 삼각법을 이용하여 구하시오.

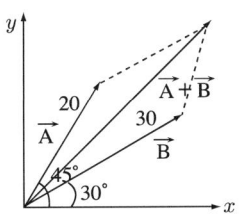

① 48.6
② 49.6
③ 50.6
④ 51.6

해설
- 벡터 A : $x = 20\cos 45° = 20 \times 0.707 = 14.14$
  $y = 20\sin 45° = 20 \times 0.707 = 14.14$
- 벡터 B : $x = 30\cos 30° = 30 \times 0.866 = 25.98$
  $y = 30\sin 30° = 30 \times 0.5 = 15$

$R_x = 14.14 + 25.98 = 40.12$
$R_y = 14.14 + 15 = 29.14$
$R = \sqrt{R_x^2 + R_y^2} = 49.6$

40 물체에 힘이 작용할 때 힘의 크기는 같아도 방향이 다르면 물체의 운동상태가 달라지는데 다음 중 크기와 방향을 갖고 있는 물리량은? ★★★★

① 거 리
② 속 력
③ 에너지
④ 속 도

해설 속도 = $\dfrac{\text{위치의 변화량}}{\text{시간}}$

위치의 변화량이란 물체의 이동거리뿐만이 아닌 방향까지 포함한 벡터량이다.

41 다음 그림 중 $\vec{A} + \vec{B}$를 나타내는 그림은 어느 것인가? ★★★

①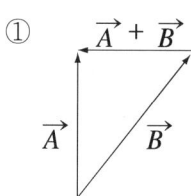

②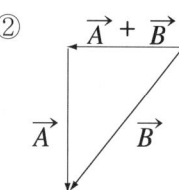

③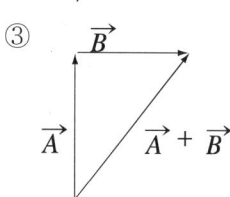

④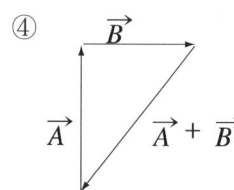

해설 삼각형법은 하나의 벡터를 기준으로 잡고 다른 벡터들을 기준벡터의 앞부분에 차례로 꼬리를 물고 그린 다음 시작점과 끝점을 연결한다.

42 자동차가 동쪽으로 40m/s의 속도로 20초 동안 달린 후 서쪽으로 20m/s의 속도로 10초 동안 달렸다면 이 자동차의 평균속도는 몇 m/s인가? ★★★

① 20m/s
② 30m/s
③ 40m/s
④ 60m/s

해설 평균속도 $= \dfrac{\Delta s}{\Delta t} = \dfrac{(40 \times 20) - (20 \times 10)}{30} = 20 \text{m/s}$

43 차량이 벼랑에서 떨어지고 있다. 처음의 속도가 0이었다가 2초 후에 속도가 19.6m/s가 되었다. 그동안 떨어진 거리는 얼마인가? ★★★

① 19.6m
② 22.3m
③ 20.0m
④ 25.7m

해설 $d = \dfrac{t(v_i + v_e)}{2} = \dfrac{(2)(0 + 19.6)}{2} = 19.6 \text{m}$

44 어느 비행기의 활주거리가 400m이다. 이 비행기가 정지상태로부터 일정한 가속도로 활주하여 20초 후에 이륙했다면 이륙속도(m/s)는?(단, 지면과의 마찰 및 공기저항은 무시한다)

① 30m/s
② 40m/s
③ 80m/s
④ 100m/s

해설 $s = v_0 t + \frac{1}{2}at^2$, $400 = 0 + \frac{1}{2}a \times 20^2$
$a = 2\text{m/s}^2$
$v = v_0 + at = 0 + 2 \times 20 = 40\text{m/s}$

45 어떤 물체가 100m의 거리를 10m/s의 속력으로 운동한 다음, 계속해서 200m의 거리를 40m/s의 속력으로 운동하였다. 이 물체가 300m를 운동한 평균속력은? ★★★

① 15m/s
② 20m/s
③ 25m/s
④ 30m/s

해설 $t = \frac{s}{v}$ 에서
$t_1 = \frac{100}{10} = 10$, $t_2 = \frac{200}{40} = 5$
평균속력 $= \frac{300}{10+5} = 20\text{m/s}$

46 $x-y$ 평면상에 있는 벡터 $\vec{V}$를 x, y성분으로 나누었을 때 값이 $V_x = \sqrt{2}$, $V_y = 1$이었다. 이때 벡터 $\vec{V}$가 x축을 기준으로 이루는 각 θ를 구하면?

① 25°
② 35°
③ 45°
④ 55°

해설 $\tan\theta = \frac{v_y}{v_x} = \frac{1}{\sqrt{2}}$
$\therefore \theta = \tan^{-1}\left(\frac{1}{\sqrt{2}}\right) = 35°$

정답 44 ② 45 ② 46 ②

47 속도 및 속력에 관한 다음의 설명 중 옳지 않은 것은?
① 순간속도는 0이지만 가속도는 0이 아닐 수 있다.
② 평균속력이 0이지만 평균속도는 0이 아닐 수 있다.
③ 1차원 운동에서 가속도가 음이지만 속력이 증가할 수 있다.
④ 평균속도의 크기가 평균속력과 같을 수 있다.

해설 평균속력이 0이면 이동거리가 반드시 0이기 때문에 변위가 0이고 평균속도는 반드시 0이다.

48 다음 그림은 운동 중인 물체의 속력-시간 관계그래프이다. 물체가 출발한 후 10초 동안의 평균속력은?

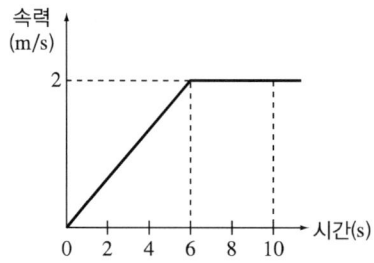

① 1.1m/s
② 1.2m/s
③ 1.4m/s
④ 1.5m/s

해설 평균속력 $= \dfrac{면적}{시간} = \dfrac{(6+8)}{10} = 1.4\text{m/s}$

49 A는 동쪽에서 서쪽으로 3m/s의 속력으로, B는 남쪽에서 북쪽으로 4m/s의 속력으로 움직이고 있다. A에 대한 B의 상대속도는?

① 5m/s, 북서쪽
② 7m/s, 북동쪽
③ 5m/s, 북동쪽
④ 7m/s, 북서쪽

해설 $\overrightarrow{v_{AB}} = \overrightarrow{v_B} - \overrightarrow{v_A} = \overrightarrow{v_B} + (-\overrightarrow{v_A}) = \sqrt{4^2 + 3^2} = 5\text{m/s}$, 북동쪽

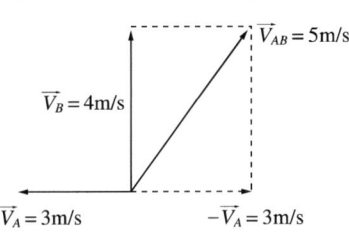

50 다음 그래프는 속력(v)과 시간(t)과의 관계그래프이다. 기울기가 의미하는 물리량은?

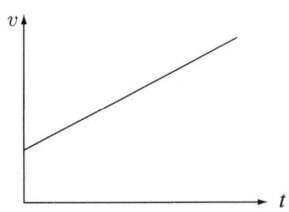

① 이동거리
② 속 도
③ 가속도
④ 속 력

해설 $v-t$ 그래프에서 기울기는 가속도이다.

정답 49 ③ 50 ③

51 운동하는 물체의 가속도가 0이라는 의미는?
   ① 속도가 점점 줄어든다.
   ② 움직이던 물체가 정지한다.
   ③ 일정한 속도로 달린다.
   ④ 속도가 점점 빨라진다.

   해설 가속도는 $a = \dfrac{\Delta v}{\Delta t}$ 에서 운동하는 물체의 가속도가 0이라는 것은 시간은 0이 될 수 없으므로 Δv가 0이라는 말이다. Δv는 (나중속도 – 처음속도)로 속도의 변화량이기 때문에 Δv가 0이라는 것은, 즉 속도의 변화가 없이 일정하다라는 것이다.

52 다음 가속도의 설명 중 옳은 것은?
   ① 가속도의 크기가 0이면 항상 속도가 0이다.
   ② 가속도의 크기가 일정하면 속도는 0이다.
   ③ 가속도의 크기가 일정하면 속도도 일정하다.
   ④ 가속도의 크기가 0이면 속도는 일정하거나 0이다.

   해설 가속도 $a = \dfrac{dv}{dt}$ 에서 $a = 0$이면 $dv = 0$, V = 일정
   a가 일정하면, $v = v_0 + at$
   $a = 0$이고 처음속력 v_0가 0이면 결국 나중속력 $v = 0$이 된다.

53 정지해 있던 물체가 등가속도운동을 시작한 후 5초와 6초 사이에 33m 이동하였다. 이 물체의 가속도는 몇 m/s²인가? ★★★
   ① 6m/s²
   ② 7m/s²
   ③ 8m/s²
   ④ 10m/s²

   해설 $33 = s_6 - s_5 = \left(0 + \dfrac{1}{2}a \times 6^2\right) - \left(0 + \dfrac{1}{2}a \times 5^2\right) = \dfrac{1}{2}a \times (36 - 25)$
   $a = 6\,\text{m/s}^2$

54 보행자가 1.3m/s의 속도로 계속해서 10m의 거리를 걸었다면 그동안 걸린 시간은 얼마인가?

★★★

① 7.0초
② 7.3초
③ 7.7초
④ 7.9초

해설 $t = \dfrac{d}{v} = \dfrac{10\text{m}}{1.3\text{m/s}} = 7.7초$

55 초속 10m/s로 달리던 자동차가 브레이크를 밟아 5초 후에 정지하였다. 브레이크를 밟기 시작한 후 정지하기까지 이동한 거리는?

① 25m
② 20m
③ 10m
④ 50m

해설 $v = v_0 + at$, $0 = 10 + a \times 5$, $a = -2$
$v^2 - v_0^2 = 2as$, $0^2 - 10^2 = 2 \times (-2) \times s$
∴ $s = 25\text{m}$

정답 54 ③ 55 ①

CHAPTER 02 운동역학

01 힘과 운동의 법칙

01 힘의 성질

(1) 힘의 요소
① 정의 : 힘은 물체를 서로 밀고 당기는 작용으로 크기와 방향을 가지고 있는 벡터이다. 힘을 나타내는 데는 보통 벡터의 기호 $\vec{F}$ 를 사용하며 힘이 작용하는 방향으로 그어진 직선 위에 힘의 크기에 해당하는 선분을 취하고 이 선분 위에 힘이 작용하는 쪽으로 화살표를 붙여 나타낸다. 이때 힘이 작용하는 방향으로 그어진 직선을 힘의 작용선이라 한다.
② 힘의 3요소 : 힘의 크기, 방향, 작용점

(2) 힘의 종류
① 중 력
　㉠ 지구가 물체를 당기는 힘인 중력은 물체의 운동상태에 관계없이 연직하방으로 작용하며, 그 크기는 동일 장소에서는 물체의 질량에 비례한다.
　㉡ 힘의 중력단위 : **질량 1kg의 물체에 작용하는 중력의 크기를 1kg중**이라 한다.
② 탄성력
　㉠ 탄성 : 물체에 힘을 가했을 때 모양이 변하지만 힘을 제거하면 원래의 모양으로 되돌아가는 성질
　㉡ 탄성력(또는 복원력) : 탄성을 가진 물체에 힘이 작용하면, 물체는 변형되고 변형된 물체에는 원래의 상태로 되돌아 가려고 하는 힘이 생긴다.
　㉢ 훅의 법칙 : 용수철의 늘어난(또는 줄어든) 변형의 크기를 x 라 할 때, 이 변형에 의한 탄성력의 크기를 F 라 하면

$$F = -kx$$

　　• k : 용수철 상수 또는 탄성계수(kg중/m)
　　• $-$ 부호의 의미 : 변위 x의 반대 방향, 즉 원래상태로 되돌아가려는 성질

③ 항력 : 면이 물체를 떠받치는 힘을 면의 항력이라 한다.

④ 장력 : 실에 추를 달았을 때 추에는 중력 W가 작용한다. 추는 실을 아래쪽으로 중력 W와 같은 힘으로 당기게 되고, 이때 실은 추를 위쪽으로 W와 같은 크기의 힘 T로 당긴다.

$$W = T\,(T를\ 실의\ 장력이라\ 함)$$

(3) 작용·반작용의 법칙(운동의 제3법칙)

① A가 B에 힘을 작용할 때에는 반드시 B도 A에 방향이 반대이고 크기가 같은 힘이 작용한다. A가 B에 작용하는 힘 F_A를 작용으로 할 때 B가 A에 작용하는 힘 F_B를 반작용이라 한다.
② 작용과 반작용은 일직선 위에 있고 그 방향은 서로 반대이며 크기가 같다.

$$\vec{F_B} = -\vec{F_A}$$

(4) 힘의 합성과 분해

① 힘의 합성 : 합력 $\vec{F}$는 평행사변형의 법칙에 의해 구할 수 있다.

$$\vec{F} = \vec{F_1} + \vec{F_2}$$

② 힘의 분해
　㉠ 물체에 작용하는 하나의 힘 $\vec{F}$와 작용하는 두 개의 힘 $\vec{F_1}$, $\vec{F_2}$를 구하는 것을 힘의 분해라 하며, 두 힘 $\vec{F_1}$, $\vec{F_2}$를 힘 $\vec{F}$의 성분력이라 한다.
　㉡ 힘 $\vec{F}$의 크기를 F, x축과 이루는 각을 θ, x성분을 F_x, y성분을 F_y라 하면

$$F_x = F\cos\theta,\ F_y = F\sin\theta$$
$$\tan\theta = \frac{F_y}{F_x}$$

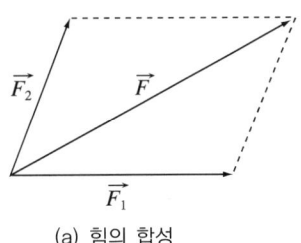

(a) 힘의 합성　　(b) 힘의 분해

[힘의 합성과 분해]

(5) 힘의 평형

① 두 힘의 평형

㉠ 물체의 한 점에 방향이 반대이고 크기가 같은 두 힘 $\vec{F_1}$, $\vec{F_2}$가 작용할 때 그 합력이 0이면 물체에 대한 힘의 효과는 물체에 힘이 작용하지 않는 것과 같다(평형).

$$\vec{F_1} + \vec{F_2} = 0$$

㉡ 두 힘의 작용점을 작용선 위에서 아무 곳에나 이동시켜도 평형상태는 그대로 유지된다.

(6) 마찰력

① 정지마찰력

㉠ 최대정지마찰력 : 책상면 위에 놓인 나무토막을 용수철 저울로 끌어보면 용수철 저울이 일정한 눈금을 가리킬 때까지 물체는 움직이지 않는다. 이것은 나무토막과 면 사이에 마찰력이 작용하기 때문이다. 끄는 힘이 이 마찰력보다 커지면 나무토막은 움직이기 시작한다. 나무토막이 움직이기 직전의 마찰력을 최대정지마찰력이라 한다.

㉡ 정지마찰계수 : 면의 수직항력을 N, 최대정지마찰력을 F_0라 하면, 정지마찰계수는 접촉면의 성질에 따라 결정되는 상수이며, 접촉면의 크기에는 거의 관계하지 않는다.

$$F_0 = \mu_x N$$

μ_x : 정지마찰계수

② 운동마찰력

㉠ 물체가 미끄러지면서 운동하는 경우 작용하는 마찰력으로 최대정지마찰력보다 작다.

㉡ 운동마찰계수를 μ_k라 할 때 운동마찰력 F_k와 면의 항력 N 사이에는 다음 관계식이 성립한다.

$$F_k = \mu_k N$$

02 뉴턴의 운동법칙 중요!

(1) 운동 제1법칙(관성의 법칙)

① 의의 : 물체의 외부에서 힘이 작용하지 않거나 또는 작용하고 있는 모든 힘의 합력이 '0'이 되면 정지하고 있던 물체는 계속해서 정지하고 운동하고 있는 물체는 언제까지나 등속운동을 하는 것을 말한다.

② 사 례
  ㉠ 버스가 갑자기 출발하거나 정지할 때 탑승자가 넘어지는 경우
  ㉡ 차 대 차 또는 차와 장애물이 정면충돌 시 운전자가 앞 유리에 충돌하는 경우
  ㉢ 충돌에 의한 차량의 파편이 앞으로 날아가는 경우
  ㉣ 오토바이와 차량의 충돌 시 오토바이 운전자가 앞으로 날아가는 경우

> **이해 더하기**
>
> **차량 탑승자의 운동**
> - 차량을 운전하는 운전자가 전면유리 또는 핸들에 충격하는 경우 차량의 안전벨트는 차량 충격 시 관성을 억제해준다.
>
>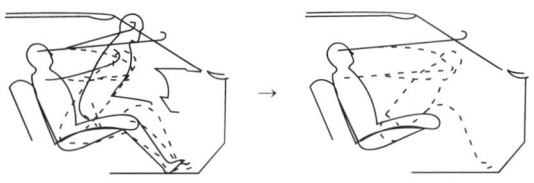
>
> [정면충돌 시 탑승자운동(안전벨트 착용 시와 미착용 시)]
>
> - 차량이 충돌 후 급격하게 속도가 감속되면서 선회운동을 할 때, 운전자(안전벨트를 미착용한 경우)는 관성에 의해 차량이 충돌 전 운동하던 방향으로 계속해서 운동을 하려고 한다. 따라서 차량은 선회과정에서 충돌 전 진행방향과 다른 방향으로 진행하고, 운전자의 머리는 관성에 의해 차량이 진행했던 방향으로 전면유리에 충돌하는 현상이 발생한다.
>
>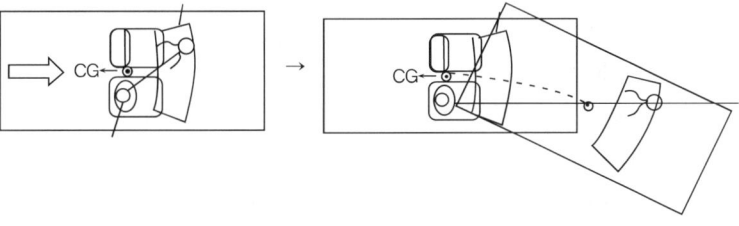
>
> [차량 선회 시 탑승자운동]
>
> ※ 관성의 법칙은 사고조사 시 운전자 식별 및 차량의 속도, 사고위치 파악에 중요한 역할을 하는 물리적인 법칙이다.

(2) 운동 제2법칙(운동량의 법칙 또는 가속도의 법칙)

물체의 속도를 변화시키려면 힘이 필요하다.

① 가속도, 힘, 질량의 관계 : 가속도 a는 힘 F에 비례하고 질량의 역수 $\frac{1}{m}$에도 비례한다.

$$a \propto \frac{F}{m} \text{ 또는 } ma \propto F$$

② 운동방정식
  ㉠ 벡터 표시

$$\vec{a} = k\frac{\vec{F}}{m} \text{ 또는 } \vec{ma} = k\vec{F}$$

  ㉡ 운동의 제2법칙(운동법칙) : 물체에 힘이 작용할 때 물체에는 힘의 방향으로 가속도가 생기며, 그 가속도의 크기 a는 힘의 크기 F에 비례하고 질량 m에 반비례한다.

③ 힘의 단위
  ㉠ 1뉴턴(N) : 질량 1kg의 물체에 $1m/s^2$의 가속도를 생기게 하는 힘(MKS단위)
  ㉡ 1다인(dyn) : 1g의 물체에 작용하여 $1cm/s^2$의 가속도를 생기게 하는 힘(CGS단위)

$$1N = 1kg \times 1m/s^2 = 10^3 g \times 10^2 cm/s^2 = 10^5 dyn$$

  • N, dyn : 힘의 절대단위

  ㉢ $k = 1$이 되므로 운동방정식은,

$$a = \frac{F}{m} \text{ 또는 } F = ma$$

(3) 운동 제3법칙(작용·반작용의 법칙)

① 두 물체 사이에서 작용-반작용의 관계에 있는 두 힘은 동일 작용선상에서 크기가 같고, 방향이 반대이며, 작용점이 일치하지 않는다.
  ㉠ 두 힘의 상호 작용 : 힘은 항상 쌍으로 작용하며, 단독으로는 작용할 수 없다.
  ㉡ 힘의 동일 작용선상에서 성립한다.
  ㉢ 작용과 반작용 관계에 있는 두 힘의 크기는 서로 같다.
  ㉣ 작용과 반작용 관계에 있는 두 힘의 방향은 반대 방향이다.
  ㉤ 두 힘은 서로 다른 물체에 작용하므로, 작용점은 일치하지 않는다.
  ㉥ 두 힘은 서로 접촉할 수도 있고, 비접촉력(중력, 전기력, 자기력)에서도 성립한다.
  ㉦ 모든 실제 힘에 성립한다. 단, 원심력이 같은 가상력이나, 줄의 양단 장력끼리는 성립하지 않는다.

② 우리가 일상생활에서 땅을 디디면서 걸어가는 것(발은 땅에 작용하고 땅은 발에 반작용을 한다)이나 로켓, 총알을 발사할 때 로켓 또는 총알이 날아가는 것도 작용·반작용의 단적인 예이다. 사고에서는 두 차량이 충돌·접촉하거나 또는 무한질량의 장벽에 충돌할 때 자동차의 파손부위가 발생하는 이유가 바로 두 차량 사이에 작용·반작용의 법칙이 성립하기 때문이다.

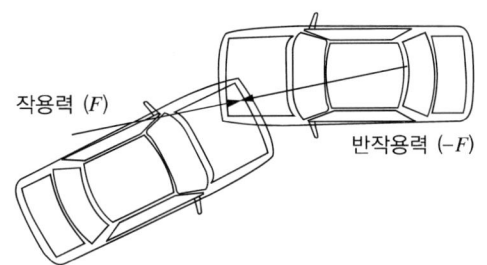

[자동차 충돌에서 작용·반작용의 예]

질량 m_1인 A차량과 질량 m_2인 B차량이 충돌했을 때 A차량에 생기는 가속도를 a_1, B차량에 생기는 가속도를 a_2, A차량에 작용하는 충격력을 F_1, B차량에 작용하는 충격력을 F_2라 하면 제2법칙에 의하여 다음의 식이 성립한다.

$$F_1 = m_1 a_1, \ F_2 = m_2 a_2$$

또한 운동 제3법칙에 의해서 $F_1 = F_2$이므로 $m_1 a_1 = m_2 a_2$, $\dfrac{a_1}{a_2} = \dfrac{m_2}{m_1}$가 성립한다.

즉, 자동차 충돌에 의해 양 차량에 생기는 충격가속도의 크기는 질량의 역비례 관계에서 결정된다. 예로 A차량의 무게가 B차량의 1.5배라면($m_1 = 1.5 m_2$) B차량에는 A차량에 생기는 충격가속도보다 1.5배의 충격가속도가 발생한다. 따라서 차량 무게 차이 외에 거의 유사한 조건의 차량끼리 충돌한 경우, 내부 탑승자의 상해와 차량의 파손은 무게가 작은 차량 쪽이 더 큰 손상을 입게 된다.

02 운동량과 충격량의 이해

01 운동량과 충격량

(1) 운동량 중요!

① 질량 m인 물체가 속도 v로 운동할 때 그 물체의 운동량 p는 **물체의 질량과 속도를 곱하여** 다음과 같이 나타낸다.

$$p = mv (\text{kg} \cdot \text{m/s})$$

- m : 질량(mass)
- V : 속도

② 운동량의 방향은 그 물체가 운동하는 방향, 즉 속도의 방향과 같다.
③ 운동량의 단위는 kg·m/s 또는 N·s이다.

(2) 충격량

① 충돌에 의해 물체에 순간적으로 작용하는 힘을 충격력(F)이라 하고, 이 힘에 작용한 시간 Δt를 곱한 $F\Delta t$를 충격량이라 한다.

$$F\Delta t = mv - mv_0 = \Delta mv = \Delta p$$

② 충격량의 방향은 물체에 작용하는 힘의 방향과 같으며, 단위는 운동량의 단위와 같은 N·s이다.

(3) 운동량의 변화와 충격량

질량 m이고 초속도가 v_1인 물체에 시간 t동안 일정한 힘 F를 주어 나중 속도가 v_2가 되었다고 하면,

$$\text{가속도 } a = \frac{F}{m}, \quad a = \frac{v_2 - v_1}{t}$$

$$\frac{F}{m} = \frac{v_2 - v_1}{t}$$

식을 정리하면,

$$Ft = mv_2 - mv_1$$

즉, 물체에 가해준 충격량은 물체의 운동량 변화와 같다.

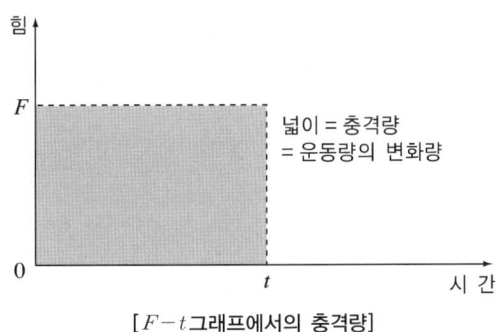

[$F-t$그래프에서의 충격량]

02 운동량의 보존

(1) 운동량 보존의 법칙 중요!

① 일반적으로 물체들 사이에 서로 힘이 작용하여 속도가 변하더라도 외력이 작용하지 않으면 힘의 작용 전후에 운동량의 총합은 일정하게 보존되는데 이것을 운동량의 보존법칙이라 한다.

> 처음 운동량의 총합 = 나중 운동량의 총합

② 그림에서 공을 공중에 던지면 공이 나는 동안 공에 작용하는 외부력은 중력에 의한 힘뿐이다. 이러한 경우 수직방향의 운동량($m \cdot v_y$)은 변하지만 수평방향 외부력이 없음으로 수평방향의 운동량($m \cdot v_x$)은 보존된다.

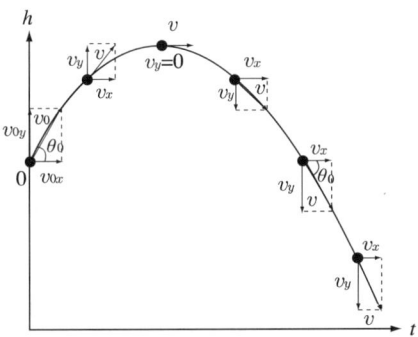

[물체의 수직 및 수평방향 운동]

③ 교통사고 재현에 있어서 두 물체는 차량을 뜻하고, 뉴턴의 제2법칙과 제3법칙으로부터 운동량 보존의 법칙을 유도할 수 있다.

$$w_1 v_1 + w_2 v_2 = w_1 v_1' + w_2 v_2'$$

w_1, w_2 : #1, #2 차량의 무게
v_1, v_2 : #1, #2 차량의 충돌 전 속도
v_1', v_2' : #1, #2 차량의 충돌 후 속도

④ 충돌 후 두 물체의 속도 v_1', v_2'가 같은 속도 v'로 움직이면 $w_1 \cdot v_1' + w_2 \cdot v_2' = (w_1 + w_2) \cdot v'$로 표시된다.

⑤ 무게가 같은 두 자동차($w_1 = w_2$)가 같은 속도($v_1 = v_2$)로 정면충돌할 경우 $w_1 \cdot v_1$과 $w_2 \cdot v_2$는 크기가 같고 방향이 서로 반대이기 때문에 두 차량의 반발계수가 '0'이라고 가정하면 운동량의 합은 0이 되어 충돌지점에서 정지하게 된다.

⑥ 정면충돌이나 추돌사고인 경우 어느 한 차량이 다른 차량보다 무게가 무겁거나 속도가 빨라 운동량이 다르면 충돌 후 두 자동차는 운동량이 큰 쪽으로 어떤 속도(v)로 이동하게 되고 정면충돌이 아닌 직각 충돌사고인 경우 두 자동차는 운동량의 벡터 합에 의해 운동하게 된다.

(2) 운동량 보존이 성립하는 경우

① 외부로부터 다른 힘이 작용하지 않고 작용, 반작용만 있는 충돌, 분열, 융합, 관통 등

② 분열 : 정지해 있던 물체의 분열 후의 속도 V'와 v' 사이에는 $V' = \dfrac{-m}{M-m} v'$의 관계가 있으며, V'와 v'는 반대 방향이 된다.

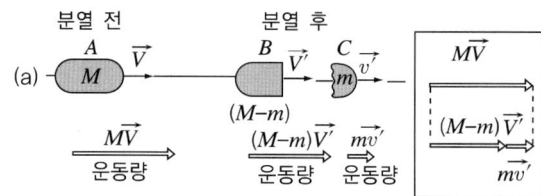

(a) 운동 상태에서의 분열

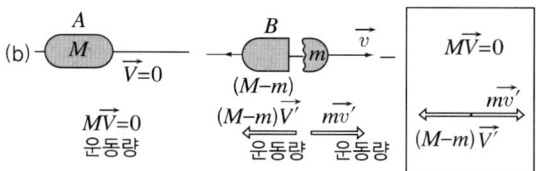

(b) 정지 상태에서의 분열

[분열할 때의 운동량 보존]

03 충돌과 반발계수

(1) 반발계수의 정의

충돌 전과 충돌 후 두 물체의 상대 속도의 크기의 비를 반발계수라 한다. 이 값은 두 물체의 충돌 전 속도차나 질량과는 관계가 없고 물체의 재료에 의해 정해진다.

$$반발계수 \ e = \frac{멀어지는 \ 속력}{가까워지는 \ 속력}$$

$$\overrightarrow{V_2'} - \overrightarrow{V_1'} = e(\overrightarrow{V_1} - \overrightarrow{V_2})$$

$$e = \frac{\overrightarrow{V_2'} - \overrightarrow{V_1'}}{\overrightarrow{V_1} - \overrightarrow{V_2}} = -\frac{\overrightarrow{V_1'} - \overrightarrow{V_2'}}{\overrightarrow{V_1} - \overrightarrow{V_2}}$$

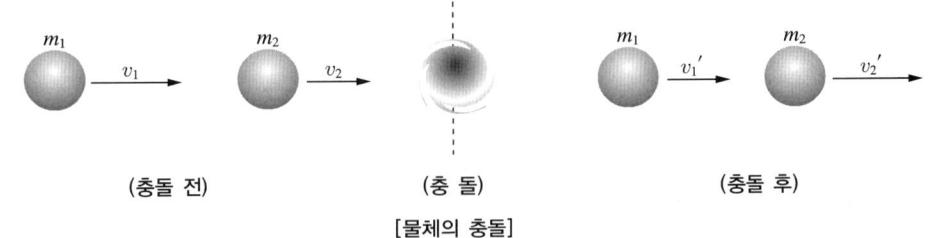

(충돌 전)　　(충 돌)　　(충돌 후)

[물체의 충돌]

① 벽과의 충돌

$$e = -\frac{v'}{v}$$

② 바닥과의 충돌

$$e = -\frac{v'}{v} = \sqrt{\frac{h'}{h}}, \ h' = e^2 h$$

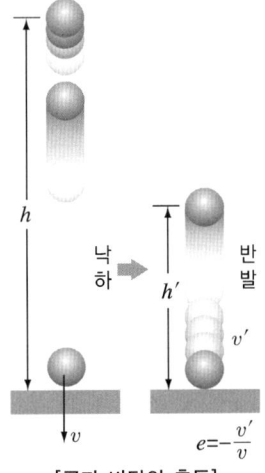

[공과 바닥의 충돌]

(2) 탄성충돌과 비탄성충돌 중요!

① 탄성충돌

㉠ 운동에너지가 보존되는 충돌을 탄성충돌이라고 한다.

㉡ 완전탄성충돌은 $e = 1$

$$v_1 - v_2 = v'_2 - v'_1 \text{ (운동에너지 보존, 운동량 보존)}$$

㉢ 예를 들어, 당구공의 충돌, 기체분자의 충돌 등이 있다.

② 비탄성충돌

㉠ 운동에너지가 보존되지 않는 대부분의 충돌을 비탄성충돌이라 한다.

㉡ $0 < e < 1$ 이며, $v_1 - v_2 > v'_2 - v'_1$ (운동에너지 감소, 운동량 보존)

㉢ $e = 0$ 이면 완전비탄성충돌이라 하며, $v'_1 = v'_2$ 가 되어 두 물체는 한 덩어리가 되어 운동한다.

㉣ 자동차 충돌, 화살이 과녁에 맞고 한 물체로 되는 경우 등이 있다.

[탄성충돌과 비탄성충돌]

구 분	탄성충돌	비탄성충돌	완전비탄성충돌
반발계수	$e = 1$	$0 < e < 1$	$e = 0$
충돌 전후의 운동량	보 존	보 존	보 존
충돌 전후의 운동에너지	보 존	$E_{전} > E_{후}$	$E_{전} > E_{후}$

 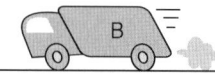

[비탄성충돌]

03 일과 에너지의 관계 이해

01 일과 일률

(1) 일

① 일의 정의
　㉠ 힘의 방향과 물체이동 방향이 같을 때 : 물체에 일정한 힘 F가 작용하여 물체가 힘의 방향으로 s만큼 이동할 때 힘 F가 물체에 한 일 W는 다음과 같다.

$$W = F \cdot s$$

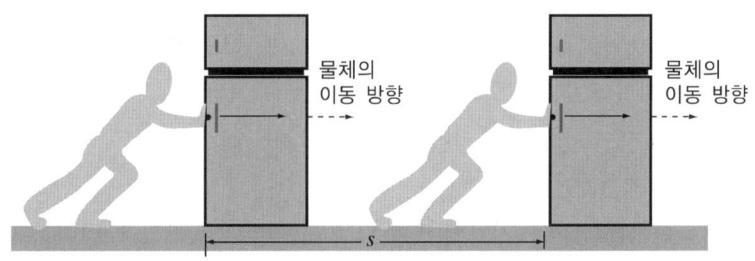

[힘의 방향과 물체의 이동 방향이 같을 때의 일]

　㉡ 힘의 방향과 물체이동 방향이 다를 때 : 물체가 힘 F와 θ의 각을 이루며 거리 s만큼 이동하였을 경우 힘 F를 물체가 이동하는 방향의 성분 $F\cos\theta$, $F\sin\theta$로 분해할 수 있다.

$$W = F \cdot s \cos\theta$$

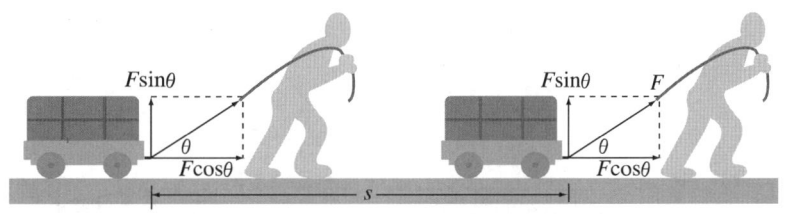

[힘의 방향과 물체의 이동 방향이 다를 때의 일]

② 일의 단위
　㉠ 줄(J) : 1J은 1N의 힘을 가하여 힘의 방향으로 물체를 1m이동시켰을 때 한 일의 양이다.
　㉡ 중력단위 : 1kg중 · m = 9.8N · m = 9.8J

③ 여러 개의 힘이 작용할 때의 일 : 두 힘 F_1, F_2이 물체에 작용하여 x축 방향으로 s만큼 이동하였을 때 $F_1 = F_{1x} \cdot s$, $F_2 = F_{2x} \cdot s$, $F_x = F_{1x} + F_{2x}$이므로 다음과 같다.

$$W = F_x \cdot s = (F_{1x} + F_{2x}) \cdot s$$
$$W = W_1 + W_2$$

즉, 한 물체에 여러 개의 힘이 작용할 때 각 성분력이 한 일의 합은 합력이 한 일과 같다.

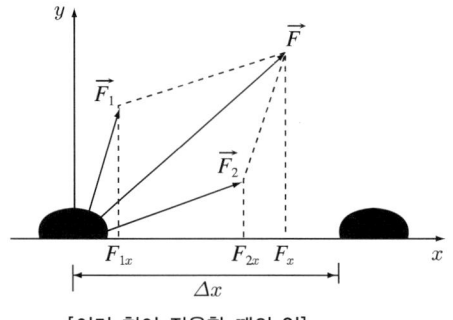

[여러 힘이 작용할 때의 일]

④ 힘과 거리의 관계그래프
  ㉠ 물체에 작용하는 힘의 크기가 일정할 때 힘과 거리의 관계그래프에서 직사각형의 넓이는 힘과 거리의 곱이 되어 물체가 이동하는 거리 s만큼 한 일 W를 나타낸다.
  ㉡ 물체에 작용하는 힘의 크기가 변하는 경우 거리를 짧은 구간 Δs로 나누면 그 구간에서는 일정한 힘이 작용한다. 이를 적분으로 나타내면,

$$W = \lim_{\Delta s \to 0} \sum_i F_i \Delta s = \int_0^s F(s) ds$$

즉, 힘과 거리의 그래프에서 작은 직사각형들의 넓이를 합친 전체의 높이는 힘이 한 일의 양을 나타낸다.

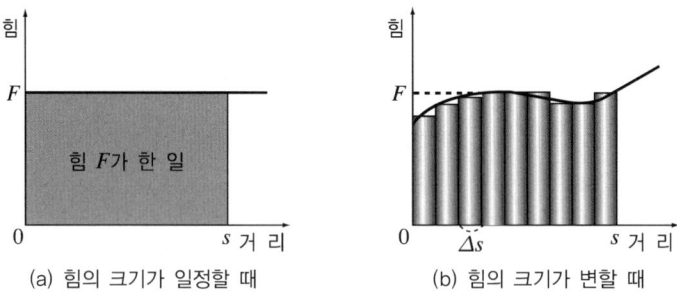

(a) 힘의 크기가 일정할 때   (b) 힘의 크기가 변할 때

[힘과 거리의 관계그래프]

(2) 일률

① **정의** : 일을 하는 효율을 나타낼 때 단위시간 동안 한 일의 양을 사용한다. 어떤 물체에 의해 t초 동안 한 일의 양이 W라면 물체의 일률 P는,

$$P = \frac{W}{t}$$
$$W = Pt$$

② **일률의 단위** : 와트(W)
1W는 1초 동안 1J의 일을 할 때의 일률이다.

③ **이동하는 물체의 일률** : 물체에 힘 F가 작용하여 물체가 t초 동안 힘의 방향으로 s만큼 이동하였을 때의 일률은 다음과 같다.

$$P = \frac{W}{t} = \frac{Fs}{t} = Fv$$

02 운동에너지와 위치에너지

(1) 운동에너지

① **에너지** : 물체가 가지고 있는 일을 할 수 있는 능력으로 에너지의 단위는 일의 단위와 같은 줄(J)이다.

② **운동에너지** : 운동하고 있는 물체는 운동에 의해서 일을 할 수 있는데, 이와 같이 운동하는 물체가 가지고 있는 에너지를 운동에너지라 한다.
$Fs = \frac{1}{2}mv^2$에서 좌변 Fs는 일의 양이고, 우변 $\frac{1}{2}mv^2$는 운동에너지이다. 즉, 질량 m인 물체가 속도 v로 움직일 때 이 물체의 운동에너지 E_K는

$$E_K = \frac{1}{2}mv^2$$

③ **일-에너지 정리** : 질량 m인 물체가 속도 v_0로 운동하다가 물체의 운동방향으로 일정한 힘 F를 계속 받으면서 s만큼 이동하였을 때 물체의 속도가 v로 증가한 경우 이 물체는 가속도 $a = \frac{F}{m}$로 등가속도운동을 하며, $v^2 - v_0^2 = 2as$에 대입하면

$$v^2 - v_0^2 = 2\left(\frac{F}{m}\right)s$$

이를 정리하면,

$$W = Fs = \frac{1}{2}mv^2 - \frac{1}{2}mv_0^2 = \Delta E_K$$

즉, 물체에 해준 일은 물체의 운동에너지 변화량 ΔE_K와 같다. 물체에 작용한 힘의 방향이 물체의 운동방향과 같을 때 물체의 운동에너지는 증가하고, 공기의 저항력과 같이 물체의 운동방향과 반대일 때 물체의 운동에너지는 감소한다.

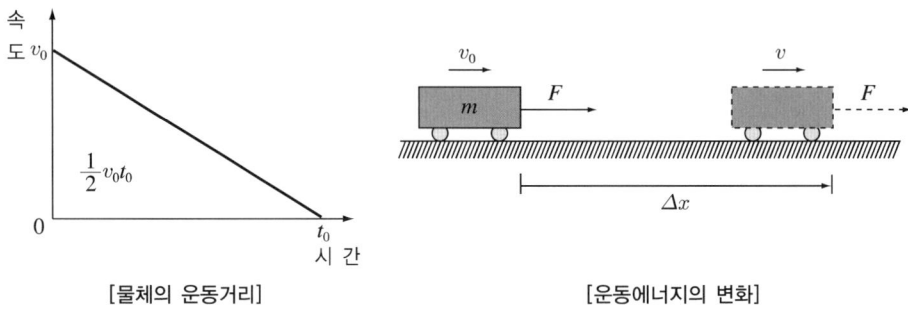

[물체의 운동거리]   [운동에너지의 변화]

(2) 위치에너지

① **정의** : 중력이나 탄성력이 작용하는 공간에서 어떤 기준에 대한 물체의 상대적인 위치에 의해 에너지를 저장할 수 있는데, 이러한 에너지를 위치에너지라 한다.

② **중력에 의한 위치에너지** : 높이 h에 정지해 있던 물체가 낙하하면 중력은 물체에 대하여 mgh의 일을 하며, 낙하한 물체의 운동에너지는 물체가 받은 일의 양 mgh가 된다.

$$E_K = \frac{1}{2}mv^2 = mgh$$

즉, 물체가 낙하하면서 얻은 운동에너지는 중력이 물체에 한 일 mgh와 같으며, 물체는 떨어지면서 그만큼의 일을 다른 물체에 할 수 있다. 이와 같이 중력이 작용하는 공간에서 기준면으로부터 상대적인 높이에 놓여 있는 물체는 일을 할 수 있는 능력을 갖고 있는데 이러한 에너지를 중력에 의한 위치에너지라고 한다. 일반적으로 기준면으로부터 높이 h인 위치에 있는 질량 m인 물체의 중력에 의한 위치에너지 E_p는 다음과 같다.

$$E_p = mgh$$

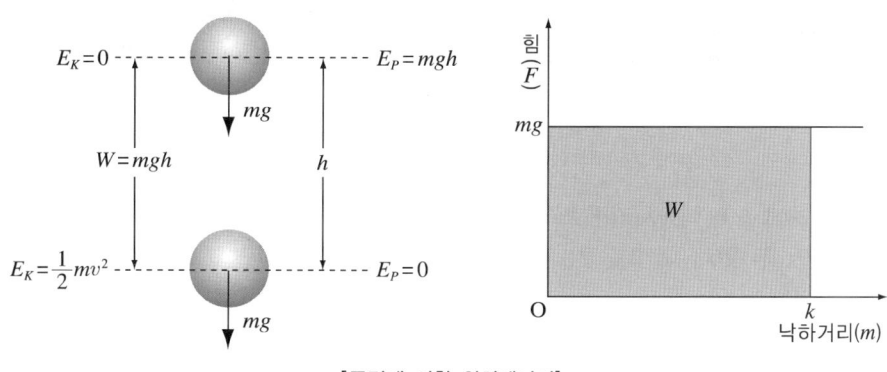

[중력에 의한 위치에너지]

03 역학적 에너지의 보존

(1) 역학적 에너지의 개념
① 물체의 운동에너지와 위치에너지의 합을 역학적 에너지라고 한다.
② 위로 던져 올린 공은 올라가는 동안 운동에너지는 감소하지만 위치에너지는 증가한다. 반면에 내려올 때는 위치에너지는 감소하고 운동에너지는 증가한다.
③ 용수철에 매달려 진동하는 물체의 운동에너지와 위치에너지는 시간에 따라 주기적으로 그 값이 변한다.

(2) 탄성충돌에 의한 역학적 에너지의 보존
두 물체가 일직선 위에서 운동하고 있는 경우 충돌 전후의 운동에너지 변화는 다음과 같다.

$$\Delta E_K = E'_K - E_K = \frac{1}{2}(m_1 v'^2_1 + m_2 v'^2_2) - \frac{1}{2}(m_1 v_1^2 + m_2 v_2^2)$$

$$\Delta E_K = \frac{1}{2}(e^2 - 1)\frac{m_1 m_2}{m_1 + m_2}(v_1 - v_2)^2$$

① 완전탄성충돌 : $e = 1$이 되므로 $\Delta E_K = 0$, 즉 충돌 전후에서 역학적 에너지는 보존된다.
② 비탄성충돌 : $0 \leq e \leq 1$이 되므로 $\Delta E_K < 0$, 즉 운동에너지는 감소되고 역학적 에너지는 보존되지 않는다. 이때 역학적 에너지의 손실은 주로 열로 전환된다.

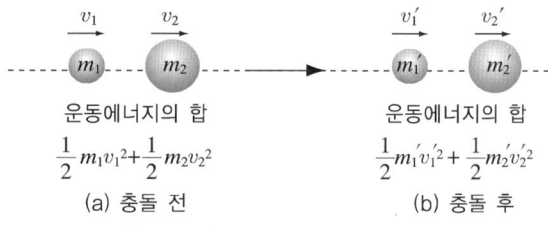

[물체의 충돌과 운동에너지의 변화]

CHAPTER 02 적중예상문제

01 20N의 힘을 물체 A에 작용시키면 2m/s²의 가속도가 생기고, 물체 B에 작용시키면 5m/s²의 가속도가 생긴다. 이 두 물체 A, B를 하나로 묶어서 같은 힘을 가하면 가속도는 얼마나 되겠는가?

① $\frac{10}{7}$ m/s²

② $\frac{7}{10}$ m/s²

③ $\frac{8}{7}$ m/s²

④ $\frac{7}{8}$ m/s²

해설 뉴턴의 운동 제2법칙 $F = ma$에서
$20 = m_A \times 2$ ∴ $m_A = 10$kg
$20 = m_B \times 5$ ∴ $m_B = 4$kg
$20 = (10+4) \times a$ ∴ $a = \frac{10}{7}$ m/s²

02 정지해 있던 질량 5kg의 물체에 10N의 힘이 일정하게 10초 동안 작용하였다. 10초 동안 물체의 이동거리는?

① 20m

② 60m

③ 80m

④ 100m

해설 $a = \frac{F}{m} = \frac{10}{5} = 2$m/s²
$s = v_0 t + \frac{1}{2}at^2 = 0 + \frac{1}{2} \times 2 \times 10^2 = 100$m

03 질량이 m_1, m_2인 두 상자가 그림과 같이 마찰이 없는 수평면에 나란히 놓여 있고, m_1에 일정한 힘 F가 작용한다. 두 물체의 가속도 관계로 옳은 것은?

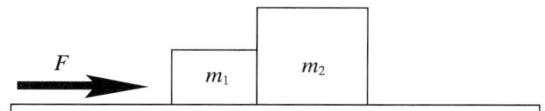

① $a_1 > a_2$
② $a_1 < a_2$
③ $a_1 = a_2$
④ $a_1 \neq a_2$

해설 힘 F에 의하여 질량($m_1 + m_2$)을 가속시키고 있으므로 가속도는 $\dfrac{F}{m_1 + m_2}$로, 두 물체의 가속도는 같다.

04 용수철에 200g인 추를 매달았더니 원래 길이보다 10cm 더 늘어난 상태에서 정지하였다. 용수철이 추를 당기는 탄성력은 몇 N인가?(단, 중력가속도는 9.8m/s²임) ★★★

① 0.96N
② 0.98N
③ 1.96N
④ 1.98N

해설 용수철이 추를 당기는 탄성력은 지구가 200g인 추를 당기는 중력과 같다.
$F = kx = mg = 0.2 \times 9.8 = 1.96N$

05 빗방울이 떨어질 때 지상에 가까워지면 왜 일정한 속도가 되는가?
① 빗방울에 작용하는 중력을 무시하기 때문이다.
② 각 빗방울에 작용하는 중력이 같기 때문이다.
③ 빗방울이 모두 같은 높이에서 떨어지기 때문이다.
④ 공기에 의한 저항력과 중력이 같아지기 때문이다.

해설 빗방울이 떨어질 때는 빗방울 운동방향의 반대방향으로 작용하는 공기의 저항력이 증가하게 된다. 지상에 가까워지면 빗방울에 작용하는 중력과 저항력이 같아져 속도가 일정해진다.

06 다음 그래프는 수평면 위에 있는 물체에 가하는 힘과 질량 2kg인 물체에 작용하는 마찰력의 관계를 나타낸 것이다. 정지해 있던 이 물체를 30N의 외력으로 당길 때 가속도를 구하면?

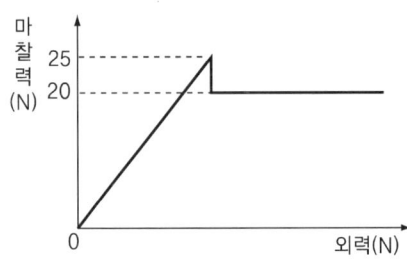

① $2m/s^2$
② $3m/s^2$
③ $5m/s^2$
④ $6m/s^2$

해설 물체가 움직이기 시작하면 운동마찰력이 작용하는데, 운동마찰력은 20N이므로, $F=ma$에서
$(30-20)=2\times a$ ∴ $a=5m/s^2$

07 반발계수의 값 중 올바른 것은?

① $e = \dfrac{(v_2' - v_1')}{(v_1 - v_2)} = -\dfrac{(v_1' - v_2')}{(v_1 - v_2)}$
② $e = \dfrac{(v_2' - v_1')}{(v_1 + v_2)} = -\dfrac{(v_1' - v_2')}{(v_1 + v_2)}$
③ $e = \dfrac{(v_2' - v_1')}{(v_1 - v_2)} = -\dfrac{(v_1' - v_2')}{(v_1 + v_2)}$
④ $e = \dfrac{(v_2' - v_1')}{(v_1 - v_2)} = -\dfrac{(v_1' + v_2')}{(v_1 + v_2)}$

해설 두 물체가 속력 $\vec{v_1}$, $\vec{v_2}$로 운동하다가 충돌한 뒤 속력 $\vec{v_1'}$, $\vec{v_2'}$로 되었다고 할 때
반발계수 $e = \dfrac{(v_2' - v_1')}{(v_1 - v_2)} = -\dfrac{(v_1' - v_2')}{(v_1 - v_2)}$ 가 된다.

08 타이어와 노면 사이의 정지 마찰 계수가 0.2일 경우, 반지름이 50m인 길모퉁이를 자동차가 미끄러지지 않고 돌 수 있는 최대속력은 몇 m/s인가? ★★★

① 3.9m/s
② 5.9m/s
③ 7.9m/s
④ 9.9m/s

해설 마찰력이 구심력 역할을 하므로
$F = \mu mg = \dfrac{mv^2}{r}$, $v = \sqrt{\mu gr} = \sqrt{0.2 \times 9.8 \times 50} ≒ 9.9m/s$

09 수평한 마루 위에 질량 10kg인 물체가 있다. 이 물체에 수평 방향으로 힘을 가할 때, 이 물체를 움직이기 위한 최소한의 힘의 크기는 얼마인가?(단, 최대 정지마찰계수는 0.5이다) ★★★

① 49N
② 54N
③ 98N
④ 110N

해설 $F = \mu mg = 0.5 \times 10 \times 9.8 = 49\text{N}$

10 수평면 위에서 용수철에 물체를 연결하여 놓았다. 평형 위치에서 x만큼 당겼다가 놓으면 물체는 평형점으로 힘을 받는다. 물체가 평형점에 도착할 때까지 속도와 가속도는 각각 어떻게 변하겠는가?

① 속도는 증가하고 가속도도 증가한다.
② 속도는 감소하고 가속도도 감소한다.
③ 속도는 증가하고 가속도는 감소한다.
④ 속도는 증가하고 가속도는 변화없다.

해설 평형점으로 가까워질수록 물체에 작용하는 힘이 작아지므로 가속도는 작아지지만, 물체의 운동 방향으로 계속 힘이 작용하고 있으므로 물체의 속도는 증가한다.

11 달리고 있던 트럭이 정지하기 위해 브레이크를 밟았다. 만약 트럭에 짐을 더 실어 전체 질량이 2배가 되었다면 정지하는 거리는 몇 배가 될까? ★★★

① 0.5배
② 1배
③ 1.5배
④ 2.0배

해설 마찰력이 트럭을 멈추는 힘이 된다.
$ma = \mu mg \quad \therefore \ a = \mu g$
가속도는 질량과 관계없으므로 트럭에 짐을 실어도 정지하는 거리가 같다.

정답 09 ① 10 ③ 11 ②

12 마찰이 없는 수평면에서 질량이 10kg인 물체에 50N의 힘을 오른쪽 방향으로 작용하고, 왼쪽으로 F의 힘을 작용했을 때 오른쪽으로 3m/s²의 가속도가 생겼다. 힘 F의 크기는 얼마인가?

① 10N
② 20N
③ 30N
④ 50N

해설 $F = 50N - F_{왼쪽} = 10kg \times 3m/s^2$
∴ $F_{왼쪽} = 20N$

13 자유낙하하는 물체의 순간속도가 19.6m/s이었다. 공기의 저항을 무시하고, 중력가속도 $g = 9.8m/s^2$이라고 할 때 낙하한 시간과 거리는 얼마인가?

① 4.9m, 1초
② 19.6m, 1초
③ 9.8m, 2초
④ 19.6m, 2초

해설 $g = 9.8m/s^2$은 1초에 9.8m/s씩 증가한다는 의미로 2초 후에는 19.6m/s 가 된다.
$v = v_0 + at$
→ $19.6 = 0 + 9.8 \times t$ ∴ $t = 2$
자유낙하에서 낙하거리
$y = \frac{1}{2}gt^2 = \frac{1}{2} \times 9.8 \times 2^2 = 19.6m$

14 철수는 5m 높이의 구조물에서 공을 수평거리 20m까지 던지려 한다. 수평방향으로 몇 m/s로 던져야 하는가?(단, 중력가속도 $g = 10m/s^2$으로 한다)

① 10m/s
② 20m/s
③ 30m/s
④ 40m/s

해설 자유낙하하는 데 걸리는 시간 $y = \frac{1}{2}gt^2$에서
$5 = \frac{1}{2} \times 10 \times t^2$ ∴ $t = 1$
수평방향으로는 등속도운동을 하므로 $x = v_0 t$에서
$20 = v_0 \times 1$ ∴ $v_0 = 20m/s$

※ 다음 그림과 같이 높이 29.4m인 절벽 위에서 수평면과 위 방향으로 30°의 각도를 이루며 공을 19.6m/s 의 속도로 던졌다. 중력 가속도 $g = 9.8\text{m/s}^2$일 때 다음 물음에 답하여라(15~16).

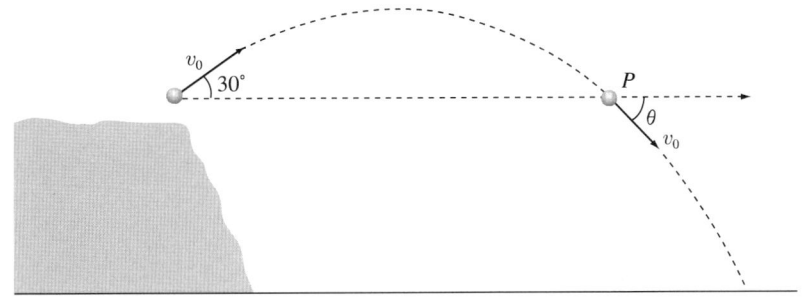

15 공이 최고점에 도달하는 데 걸리는 시간은?

① 1초 ② 1.5초
③ 2초 ④ 2.5초

해설 $t_1 = \dfrac{v_0 \sin\theta}{g} = \dfrac{(19.6\text{m/s} \times \sin30°)}{9.8\text{m/s}^2} = 1\text{s}$

16 공이 최고점에 도달했을 때 공의 수면으로부터의 높이는?

① 29.4m ② 34.3m
③ 36.2m ④ 68.6m

해설 최고점까지의 수면으로부터의 높이
= 절벽의 높이 + 기준점에서의 최고점 높이(H)

$H = \dfrac{v_0^2 \sin^2\theta}{2g} = \dfrac{19.6^2 \times (\sin30°)^2}{2 \times 9.8} = 4.9\text{m}$

∴ $29.4\text{m} + 4.9\text{m} = 34.3\text{m}$

17 연직 아래로 9.8m/s의 속력으로 던진 물체의 1초 후 속도를 구하면?

① 9.8m/s ② −9.8m/s
③ 19.6m/s ④ −19.8m/s

해설 $v = v_0 + gt = 9.8 + (9.8 \times 1) = 19.6\text{m/s}$

정답 15 ① 16 ② 17 ③

18 무게가 1,200kg(w)인 차량이 시속 약 30km/h로 주행하고 있다. 운동에너지는 얼마인가?(근사치)

★★★★

① 5,000
② 36,000
③ 18,000
④ 4,250

해설 $E_k = \dfrac{1}{2}mv^2 = \dfrac{1}{2} \times 1,200 \times \dfrac{1}{9.8} \times \left(\dfrac{30}{3.6}\right)^2 \fallingdotseq 4,250$

19 다음의 조건일 때 충돌 전 속도 v_1, v_2의 값은?

$w_1 = 1,200\text{kg}$, $v_1' = 15\text{m/s}$, $\theta_1 = 0°$, $\theta_1' = 350°$
$w_2 = 1,800\text{kg}$, $v_2' = 17\text{m/s}$, $\theta_2 = 50°$, $\theta_2' = 300°$

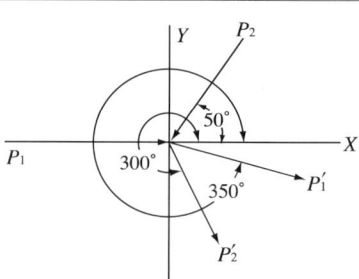

① $v_1 = 45.3\text{m/s}$, $v_2 = 17.5\text{m/s}$
② $v_1 = 46.3\text{m/s}$, $v_2 = 18.5\text{m/s}$
③ $v_1 = 47.3\text{m/s}$, $v_2 = 20.5\text{m/s}$
④ $v_1 = 48.3\text{m/s}$, $v_2 = 21.5\text{m/s}$

해설
$v_2 = \dfrac{w_1 v_1' \sin\theta_1' + w_2 v_2' \sin\theta_2' - w_1 v_1 \sin\theta_1}{w_2 \sin\theta_2}$

$= \dfrac{1,200 \times 15 \times \sin 350° + 1,800 \times 17 \times \sin 300° - 1,200 \times v_1 \times \sin 0°}{1,800 \times \sin 230°}$

$= 21.5\text{m/s}$

$v_1 = \dfrac{w_1 v_1' \cos\theta_1' + w_2 v_2' \cos\theta_2' - w_2 v_2 \cos\theta_2}{w_1 \cos\theta_1}$

$= \dfrac{1,200 \times 15 \times \cos 350° + 1,800 \times 17 \times \cos 300° - 1,800 \times 21.5 \times \cos 230°}{1,200 \times \cos 0°}$

$= 48.3\text{m/s}$

※ 수평방향으로 30m/s로 던진 물체가 4초 만에 바닥에 충돌하였다. 중력가속도가 g = 10m/s² 일 때 다음 물음에 답하시오(20~21).

20 바닥에 충돌할 때의 속력은 몇 m/s인가? ★★★

① 30m/s
② 40m/s
③ 50m/s
④ 60m/s

해설 4초 후 속도의 연직성분
$v_y = gt = 10 \times 4 = 40\text{m/s}$
$v_x = v_0 = 30\text{m/s}$ 이므로
충돌할 때의 속력 $v = \sqrt{v_x^2 + v_y^2} = \sqrt{30^2 + 40^2} = 50\text{m/s}$

21 물체를 던진 곳은 바닥으로부터 몇 m 높이에 있는가?

① 60m
② 70m
③ 80m
④ 100m

해설 물체를 던진 곳은 4초 동안 자유낙하한 거리와 같으므로
$h = \dfrac{1}{2}gt^2 = \dfrac{1}{2} \times 10 \times 4^2 = 80\text{m}$

정답 20 ③ 21 ③

22 다음의 조건일 때 충돌 전 속도 v_1, v_2의 값은?

$w_1 = 2{,}500\text{kg}, \ v_1' = 15\text{m/s}, \ \theta_1 = 0°, \ \theta_1' = 40°$
$w_2 = 2{,}000\text{kg}, \ v_2' = 10\text{m/s}, \ \theta_2 = 90°, \ \theta_2' = 30°$

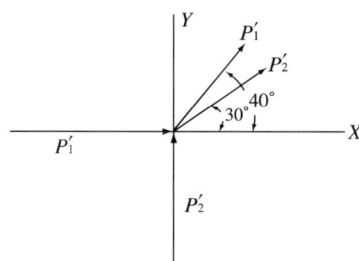

① $v_1 = 16.4\text{m/s}, \ v_2 = 17.4\text{m/s}$
② $v_1 = 15.4\text{m/s}, \ v_2 = 18.4\text{m/s}$
③ $v_1 = 18.4\text{m/s}, \ v_2 = 17\text{m/s}$
④ $v_1 = 19\text{m/s}, \ v_2 = 17.4\text{m/s}$

해설
$$v_2 = \frac{w_1 v_1' \sin\theta_1' + w_2 v_2' \sin\theta_2' - w_1 v_1 \sin\theta_1}{w_2 \sin\theta_2}$$
$$= \frac{2{,}500 \times 15 \times \sin 40° + 2{,}000 \times 10 \times \sin 30° - 2{,}500 \times v_1 \times \sin 0°}{2{,}000 \times \sin 90°}$$
$$= 17\text{m/s}$$

$$v_1 = \frac{w_1 v_1' \cos\theta_1' + w_2 v_2' \cos\theta_2' - w_1 v_1 \cos\theta_2}{w_1 \cos\theta_1}$$
$$= \frac{2{,}500 \times 15 \times \cos 40° + 2{,}000 \times 10 \times \cos 30° - 2{,}500 \times 17 \times \cos 90°}{2{,}500 \times \cos 0°}$$
$$= 18.4\text{m/s}$$

※ 수평면에 대해 30°의 각으로 40m/s로 비스듬히 던진 물체가 있다. 공기저항을 무시하고, 중력가속도가 $g = 10\text{m/s}^2$일 때 다음 물음에 답하시오(23~26).

23 최고점에 도달하는 데 걸리는 시간은?
① 1초 ② 2초
③ 3초 ④ 5초

해설 $v_y = v_0 \sin 30° - gt = 40 \times \dfrac{1}{2} - 10 \times t = 0$에서 $t = 2\text{s}$

24 최고점에서의 속력은 몇 m/s인가?
① 20m/s ② $20\sqrt{3}$ m/s
③ 30m/s ④ $30\sqrt{3}$ m/s

해설 최고점에서 물체의 속력 $v_y = 0\text{m/s}$이므로
$v_x = v_0 \cos 30° = 40 \times \dfrac{\sqrt{3}}{2} = 20\sqrt{3}\,\text{m/s}$

25 물체가 올라가는 최고점의 높이는 몇 m인가?
① 10m ② 20m
③ 30m ④ 60m

해설 $H = \dfrac{v^2 - (v_0 \sin\theta)^2}{2g} = \dfrac{v_0^2 \sin^2 30°}{2g} = \dfrac{40^2 \times \left(\dfrac{1}{2}\right)^2}{2 \times 10} = 20\text{m}$

26 물체가 수평방향으로 이동하는 거리는 몇 m인가?
① $30\sqrt{3}$ m/s ② $40\sqrt{3}$ m/s
③ $60\sqrt{3}$ m/s ④ $80\sqrt{3}$ m/s

해설 $R = v_0 \cos 30° \times 2t = 40 \times \dfrac{\sqrt{3}}{2} \times 4 = 80\sqrt{3}\,\text{m}$

정답 23 ② 24 ② 25 ② 26 ④

※ 반지름이 0.5m인 원궤도를 일정한 속도로 돌고 있는 장난감 기차가 있다. 기차의 회전주기가 3초일 때 다음 물음에 답하시오(27~28).

27 기차의 속력을 구하면?

① π m/s

② $\dfrac{\pi}{2}$ m/s

③ $\dfrac{\pi}{3}$ m/s

④ $\dfrac{\pi}{4}$ m/s

해설 $v = \dfrac{2\pi r}{T} = \dfrac{2\pi \times 0.5}{3} = \dfrac{\pi}{3}$ m/s

28 기차의 각속도를 구하면?

① $\dfrac{\pi}{2}$ rad/s

② $\dfrac{\pi}{3}$ rad/s

③ $\dfrac{2\pi}{3}$ rad/s

④ $\dfrac{3\pi}{4}$ rad/s

해설 각속도 $w = \dfrac{2\pi}{T} = \dfrac{2\pi}{3}$ rad/s

29 주어진 자료가 다음과 같을 때 운동량 보존의 법칙을 이용하여 두 차량의 충돌 전 속도 v_1, v_2를 구하라. ★★★

$$w_1 = 1{,}500\text{kg}, \ v_1' = 6\text{m/s}, \ \theta_1 = 180°, \ \theta_1' = 100°$$
$$w_2 = 1{,}800\text{kg}, \ v_2' = 8\text{m/s}, \ \theta_2 = 50°, \ \theta_2' = 120°$$

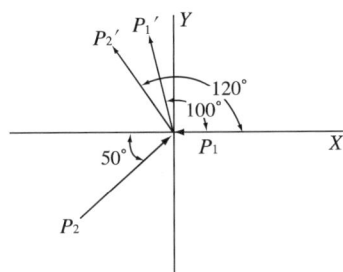

① $v_1 = 16\text{m/s}, \ v_2 = 15\text{m/s}$
② $v_1 = 17.8\text{m/s}, \ v_2 = 15.5\text{m/s}$
③ $v_1 = 18.7\text{m/s}, \ v_2 = 16.5\text{m/s}$
④ $v_1 = 20.1\text{m/s}, \ v_2 = 18.4\text{m/s}$

해설
$$v_2 = \frac{w_1 v_1' \sin\theta_1' + w_2 v_2' \sin\theta_2' - w_1 v_1 \sin\theta_1}{w_2 \sin\theta_2}$$
$$= \frac{1{,}500 \times 6 \times \sin 100° + 1{,}800 \times 8 \times \sin 120° - 1{,}500 \times V_1 \times \sin 180°}{1{,}800 \times \sin 50°}$$
$$= 15.5\text{m/s}$$

$$v_1 = \frac{w_1 v_1' \cos\theta_1' + w_2 v_2' \cos\theta_2' - w_2 v_2 \cos\theta_2}{w_1 \cos\theta_1}$$
$$= \frac{1{,}500 \times 6 \times \cos 100° + 1{,}800 \times 8 \times \cos 120° - 1{,}800 \times 15.5 \times \cos 50°}{1{,}500 \times \cos 180°}$$
$$= 17.8\text{m/s}$$

정답 29 ②

※ 반지름 10m의 원궤도를 20m/s의 속력으로 돌고 있는 회전그네 안에 질량 60kg인 사람이 타고 있다. 다음 물음에 답하시오(30~31).

30 회전그네의 각속도는 얼마인가?

① 2rad/s
② 3rad/s
③ 4rad/s
④ 5rad/s

해설 주기 $T = \dfrac{2\pi r}{v} = \dfrac{2\pi \times 10}{20} = \pi \text{s}$

각속도 $\omega = \dfrac{2\pi}{T} = \dfrac{2\pi}{\pi} = 2\text{rad/s}$

31 사람에게 작용하는 구심력의 크기는 몇 N인가?

① 1,000N
② 1,200N
③ 1,800N
④ 2,400N

해설 구심력 $F = m\dfrac{v^2}{r} = 60 \times \dfrac{20^2}{10} = 2,400\text{N}$

32 커브길에서 왼쪽으로 등속원운동하는 자동차가 있다. 지면으로부터 더 큰 힘을 받는 바퀴는 어느 것인가?
① 앞쪽 두 바퀴
② 뒤쪽 두 바퀴
③ 안쪽 두 바퀴
④ 바깥쪽 두 바퀴

해설 자동차가 커브길을 돌 때 구심력 역할을 하는 것은 바퀴에 작용하는 마찰력으로 바깥쪽에 가장 큰 힘을 받는다.

33 일정한 궤도에서 원운동하는 물체의 속력이 점점 빨라지는 경우 다음 물리량 중 크기가 감소하는 것은?
① 구심력
② 가속도
③ 각속도
④ 회전주기

34 반지름 5m의 커브길을 돌고 있는 버스의 천장에 매달린 손잡이가 바깥쪽으로 45° 기울어져 있다. 이 버스의 속력은 얼마인가?
① 3m/s
② 5m/s
③ 7m/s
④ 9m/s

해설 손잡이 무게와 손잡이를 천장이 당기는 힘의 합력과 손잡이에 작용하는 원심력의 합력이 0이 되어야 한다.
$$mg\tan\theta - \frac{mv^2}{r} = 0$$
$$v = \sqrt{gr\tan\theta} = \sqrt{9.8 \times 5 \times \tan 45°} = 7\text{m/s}$$

※ 반지름이 4m인 원둘레 위를 10m/s로 등속원운동하는 질량 3kg의 물체가 있다. 다음 물음에 답하시오 (35~37).

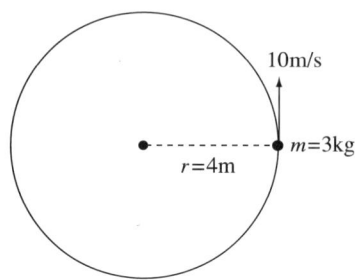

35 물체의 각속도는 몇 rad/s인가?
① 2.5rad/s
② 3.6rad/s
③ 4.5rad/s
④ 5.5rad/s

해설 각속도 $\omega = \dfrac{v}{r} = \dfrac{10}{4} = 2.5 \text{rad/s}$

36 물체에 작용하는 구심력은 몇 N인가?
① 60N
② 75N
③ 80N
④ 90N

해설 구심력 $F = m\dfrac{v^2}{r} = 3 \times \dfrac{10^2}{4} = 75\text{N}$

37 물체의 회전주기는?
① $\pi \text{m/s}$
② $\dfrac{2\pi}{3} \text{m/s}$
③ $\dfrac{3\pi}{4} \text{m/s}$
④ $\dfrac{4\pi}{5} \text{m/s}$

해설 주기 $T = \dfrac{2\pi}{\omega} = \dfrac{2\pi}{2.5} = \dfrac{4\pi}{5} \text{m/s}$

38 무게가 20N인 물체를 수직으로 걸려 있는 용수철에 매달았더니 20cm 늘어났다. 질량이 1kg인 물체를 정지상태에서 당겼다가 놓으면, 이 용수철 진자의 주기는 몇 초가 되겠는가?

① 0.326s

② 0.628s

③ 0.719s

④ 0.865s

해설 $F = kx - mg = 0$

$k = \dfrac{mg}{x} = \dfrac{20}{0.2} = 100\text{N/m}$

$\therefore\ T = 2\pi\sqrt{\dfrac{m}{k}} = 2\pi\sqrt{\dfrac{1}{100}} = 0.628\text{s}$

39 물이 들어 있는 캔을 이용해 반지름이 0.8m인 원주 위를 수직으로 원운동시킬 때, 최고 높이에서 물이 쏟아지지 않을 최소 속력은 몇 m/s인가?

① 1.5m/s

② 2.2m/s

③ 3.3m/s

④ 2.8m/s

해설 최고 높이에서 중력이 구심력 역할을 할 때가 최소 속력이 된다.

$F = ma = \dfrac{mv^2}{r} = mg$

$\therefore\ v = \sqrt{gr} = \sqrt{9.8 \times 0.8} = 2.8\text{m/s}$

※ 회전 반지름 25m인 원형 트랙을 10m/s의 속력으로 달리고 있는 단거리 선수가 있다. 다음 물음에 답하시오(40~41).

40 가속도의 크기는 어떻게 되는가? ★★★

① 2m/s^2
② 3m/s^2
③ 4m/s^2
④ 5m/s^2

해설 $a = \dfrac{v^2}{r} = \dfrac{10^2}{25} = 4\text{m/s}^2$

41 이 속력으로 트랙을 한 바퀴 도는 데 걸리는 시간과 각속도는 각각 얼마인가?($\pi = 3.14$로 계산한다)

① $T = 15.7\text{s}$, $\omega = 0.4\text{rad/s}$
② $T = 1.57\text{s}$, $\omega = 4\text{rad/s}$
③ $T = 15.7\text{s}$, $\omega = 4\text{rad/s}$
④ $T = 1.57\text{s}$, $\omega = 0.4\text{rad/s}$

해설 $T = \dfrac{2\pi r}{v} = \dfrac{2 \times 3.14 \times 25}{10} = 15.7\text{s}$
$\omega = \dfrac{v}{r} = \dfrac{10}{25} = 0.4\text{rad/s}$

42 용수철 상수가 같은 용수철 2개를 병렬로 연결하고 추를 매달면 진자의 주기는 몇 배가 되는가?

① 1.5배
② 2배
③ $\dfrac{1}{\sqrt{2}}$배
④ $\dfrac{1}{\sqrt{3}}$배

해설 $T \propto \sqrt{\dfrac{m}{k}}$에서 같은 용수철 2개를 병렬 연결하면 k값이 2배가 되므로 주기가 $\dfrac{1}{\sqrt{2}}$배가 된다.

43 길이가 1m인 단진자의 주기는 약 몇 초인가?(π = 3.14로 계산한다)

① 1s

② 2s

③ 3s

④ 4s

해설 $T = 2\pi\sqrt{\dfrac{l}{g}} = 2\pi \times \sqrt{\dfrac{1}{9.8}} ≒ 2\text{s}$

※ 한끝이 벽에 고정되어 있고 길이가 50cm인 용수철에 질량 2kg의 물체를 연결하여 20cm만큼 잡아당겼다가 가만히 놓았다. 단, 용수철 상수는 5,000N/m이고, 용수철의 질량과 마찰은 무시한다. 다음 물음에 답하시오(44~45).

44 물체의 최대 속력은 몇 m/s인가?

① 6m/s

② 10m/s

③ 12m/s

④ 14m/s

해설 $E_k = \dfrac{1}{2}mv^2 = \dfrac{1}{2}kx^2$에서

$v = x\sqrt{\dfrac{k}{m}} = 0.2 \times \sqrt{\dfrac{5,000}{2}} = 10\text{m/s}$

45 이 용수철 진자의 주기는 몇 초인가?

① $\dfrac{\pi}{2}$s

② $\dfrac{\pi}{4}$s

③ $\dfrac{\pi}{20}$s

④ $\dfrac{\pi}{25}$s

해설 $T = 2\pi\sqrt{\dfrac{m}{k}} = 2\pi \times \sqrt{\dfrac{2}{5,000}} = \dfrac{\pi}{25}\text{s}$

정답 43 ② 44 ② 45 ④

46 물체가 19.6m만큼 자유낙하하는 동안에 걸리는 시간은 얼마인가?

① 2초
② 3초
③ 4초
④ 6초

해설
$mgh = \frac{1}{2}mv^2$
$v^2 = 2gh = (gt)^2$
$t = \sqrt{\frac{2h}{g}}$
$\therefore t = \sqrt{\frac{2 \times 19.6}{9.8}} = 2$

47 질량 0.5kg의 공을 자유낙하시켰다. 중력가속도가 9.8m/s²이면 이 공이 19.6m 낙하했을 때 운동량의 크기와 낙하하는 동안 받은 충격량의 크기는 각각 얼마인가?

① 운동량 - 4.9kg·m/s, 충격량 - 4.9N·s
② 운동량 - 9.8kg·m/s, 충격량 - 9.8N·s
③ 운동량 - 19.6kg·m/s, 충격량 - 19.6N·s
④ 운동량 - 4.9kg·m/s, 충격량 - 9.8N·s

해설 19.6m 낙하했을 때의 속도는 19.6m/s이다.
$2as = v^2 - v_0^2$
$2 \times 9.8 \times 19.6 = v^2$ ∴ $v = 19.6$m/s
- 운동량 : $p = mv = 0.5 \times 19.6 = 9.8$kg·m/s
- 충격량 : $I = F \cdot t = mv_2 - mv_1 = 0.5 \times 19.6 - 0 = 9.8$N·s

48 마찰이 없는 수평면 위에 정지해 있는 질량 2kg의 물체에 그림과 같이 시간에 따라 크기가 변하는 힘이 작용하였다. 8초 때의 속력은 얼마인가?

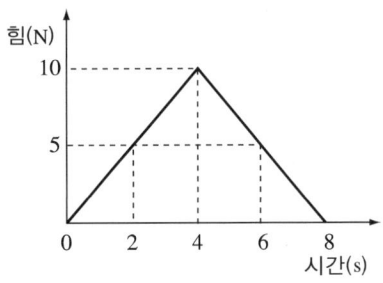

① 10m/s
② 20m/s
③ 30m/s
④ 40m/s

해설 먼저 충격량은 그래프에서 넓이로 구할 수 있다.
$I = 40 = mv_2 - mv_1$
$40 = 2 \times v_2 - 0$ ∴ $v_2 = 20\text{m/s}$

49 5m/s로 운동하던 질량 20kg인 물체 A가 같은 방향으로 4m/s로 운동하던 질량 15kg인 물체 B와 충돌하였다. 충돌 후 물체 B는 처음 운동방향으로 6m/s로 운동한다면 물체 A의 속력은 몇 m/s인가?

① 2.5m/s
② 3.5m/s
③ 4.5m/s
④ 5.5m/s

해설 $m_A v_A + m_B v_B = m_A v_A' + m_B v_B'$
$20 \times 5 + 15 \times 4 = 20 \times v_A' + 15 \times 6$
$v_A' = 3.5\text{m/s}$

정답 48 ② 49 ②

50 롤러스케이트를 탄 질량 60kg인 어른이 오른쪽으로 속도 6m/s로 달려 오다가 정지해 있던 질량 20kg인 어린이를 안고 운동하게 되었다. 어른과 아이의 속도는 얼마나 되는가?

① 1.5m/s

② 2.5m/s

③ 4.5m/s

④ 6.5m/s

해설 운동량 보존법칙으로 속도를 구할 수 있다.
$60 \times 6 + 0 = (60+20)v$ ∴ $v = 4.5\text{m/s}$

51 높이 h인 곳에서 바닥으로 뛰어내릴 때 발이 바닥에 닿는 순간부터 무릎을 구부리면 충격을 완화할 수 있다. 발이 땅에 닿는 순간부터 완전히 정지할 때까지 걸리는 시간을 t, 바닥에 내리면서 몸이 받는 평균 힘을 F라고 하면 F와 t 사이의 관계를 올바르게 나타낸 것은?

① $F \propto \dfrac{1}{t^2}$

② $F \propto \dfrac{1}{t}$

③ $F \propto t$

④ $F \propto t^2$

해설 충격량은 운동량의 변화량과 같다.
$F \cdot t = mv_2 - mv_1$
여기서, $mv_2 - mv_1$는 일정하므로 F와 t는 서로 반비례한다.

52 질량이 800kg인 승용차가 72km/h의 속도로 달리고 있다. 질량이 3,000kg인 트럭이 이 승용차와 같은 운동량을 가지고 있다면 트럭의 속도는 몇 km/h인가?

① 16.5km/h

② 17.9km/h

③ 19.2km/h

④ 22.1km/h

해설 $800 \times 72 = 3,000 \times v$
∴ $v = 19.2\text{km/h}$

50 ③ 51 ② 52 ③ **정답**

53 질량이 0.2kg인 야구공이 속력 30m/s로 날아오는 것을 방망이로 쳐서 반대방향으로 30m/s로 날아가게 했을 때 공이 받는 충격량의 크기는 얼마인가?

① 6kg·m/s
② 8kg·m/s
③ 9kg·m/s
④ 12kg·m/s

해설 충격량은 운동량의 변화량과 같다.
$I = mv_2 - mv_1$
$I = 0.2 \times 30 - (-0.2 \times 30) = 12 \text{kg} \cdot \text{m/s}$

54 직선상에서 오른쪽으로 8.0m/s로 운동하는 질량 0.2kg인 물체 A와 같은 직선상에서 왼쪽으로 4.0m/s로 운동하는 질량 4.0kg인 물체 B가 정면 충돌하였다. 충돌 후 물체 A가 왼쪽으로 4.0m/s로 운동한다면 물체 B의 속도는 어떻게 되겠는가?

① 3.4m/s(오른쪽 방향)
② 3.4m/s(왼쪽 방향)
③ 4.3m/s(오른쪽 방향)
④ 4.3m/s(왼쪽 방향)

해설 운동량 보존법칙에서
$m_1 v_1 + m_2 v_2 = m_1 v_1' + m_2 v_2'$
$0.2 \times 8 - 4 \times 4 = -0.2 \times 4 + 4 v_2'$
$\therefore v_2' = -3.4 \text{m/s}$
(−)부호는 왼쪽 방향을 의미한다.

55 높이 1.50m인 곳에서 공을 떨어뜨렸더니 0.96m까지 튀어올랐다. 바닥과 공 사이의 반발계수는 얼마인가? ★★★

① 0.6
② 0.7
③ 0.8
④ 0.9

해설 $e = \sqrt{\dfrac{h'}{h}} = \sqrt{\dfrac{0.96}{1.50}} = 0.8$

정답 53 ④ 54 ② 55 ③

※ 직선상에서 10m/s로 운동하는 질량 2kg의 물체가 같은 방향으로 1m/s로 운동하는 질량 10kg의 물체와 충돌한 후 반대방향으로 2m/s의 속도가 되었다. 다음 물음에 답하시오(56~58).

56 충돌후 질량 10kg 물체의 속력은 몇 m/s인가? ★★★
   ① 2.4m/s
   ② 3.4m/s
   ③ 4.6m/s
   ④ 5.5m/s

   해설 $m_1 v_1 + m_2 v_2 = m_1 v_1' + m_2 v_2'$
   $2 \times 10 + 10 \times 1 = 2 \times (-2) + 10 \times v_2'$
   $v_2' = 3.4 \text{m/s}$

57 두 물체의 반발계수는 얼마인가?
   ① 0.6
   ② 0.7
   ③ 0.8
   ④ 0.9

   해설 $e = -\dfrac{v_1' - v_2'}{v_1 - v_2} = -\dfrac{-2 - 3.4}{10 - 1} = 0.6$

58 충돌에 의해 손실된 운동에너지는 몇 J인가?
   ① 43.2J
   ② 61.8J
   ③ 105J
   ④ 110J

   해설 • 충돌 전의 운동에너지
   $$E = \frac{1}{2}mv^2, \quad \frac{1}{2} \times 2 \times 10^2 + \frac{1}{2} \times 10 \times 1^2 = 105\text{J}$$
   • 충돌 후의 운동에너지
   $$\frac{1}{2} \times 2 \times (-2)^2 + \frac{1}{2} \times 10 \times 3.4^2 = 61.8\text{J}$$
   ∴ 손실된 운동에너지 $= 105\text{J} - 61.8\text{J} = 43.2\text{J}$

59 정지해 있는 질량 10kg의 물체가 폭발하여 각각 2kg, 3kg, 5kg의 세 조각으로 분열되어 평면상에서 그림과 같이 운동하였다. 분열 후 질량 5kg 물체의 속력은 몇 m/s인가?

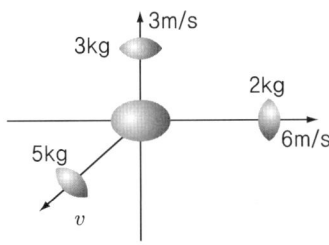

① 2m/s

② 3m/s

③ 4m/s

④ 5m/s

해설
- x성분 : $2\times 6+5\times v_x=0$
  $v_x=-2.4\text{m/s}$
- y성분 : $3\times 3+5\times v_y=0$
  $v_y=-1.8\text{m/s}$
∴ $v=\sqrt{v_x^2+v_y^2}=\sqrt{(-2.4)^2+(-1.8)^2}=3\text{m/s}$

60 수평면에 놓인 질량 2.0kg의 물체에 그림과 같은 방향으로 60N의 힘을 작용시켜 5m 이동시켰다. 물체에 한 일은 몇 J인가?

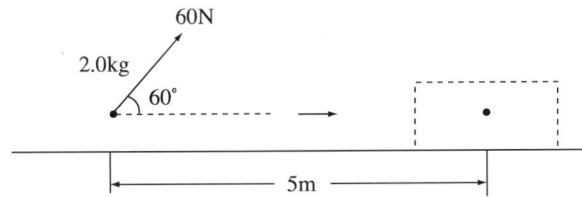

① 100J

② 120J

③ 130J

④ 150J

해설 $W=F\cdot S\cos\theta=60\times 5\times \cos 60°=150\text{J}$

61 질량 1kg인 물체가 수평면에서 10m 미끄러지다가 마찰에 의하여 정지하였다. 마찰력이 물체에 한 일은 몇 J인가?(단, 물체와 수평면 사이의 운동 마찰계수는 0.4이고, 중력가속도는 10m/s²이다)

① −120J
② 120J
③ −40J
④ 40J

해설 $W = F \cdot S \cos\theta = \mu mg \times 10 \times \cos 180°$
$= 0.4 \times 1.0 \times 10 \times 10 \times (-1) = -40J$
여기서, (−) 부호는 마찰력이 물체의 운동을 방해하는 방향으로 일을 했다는 것을 의미한다.

62 어떤 자동차가 수평한 길을 달릴 때에는 1,000N의 힘이 필요하고 언덕길을 올라갈 때에는 3,000N의 힘이 필요하다고 한다. 일률이 6×10⁴W인 자동차가 수평한 길과 언덕길을 갈 때 자동차가 낼 수 있는 최대속력은 각각 몇 km/h인가?(단, 마찰은 무시한다)

① 수평길 − 216km/h, 언덕길 − 72km/h
② 수평길 − 72km/h, 언덕길 − 216km/h
③ 수평길 − 72km/h, 언덕길 − 72km/h
④ 수평길 − 216km/h, 언덕길 − 216km/h

해설 $P = F \times v$
- 수평길 : $6 \times 10^4 = 1,000 \times v$ ∴ $v = 60\text{m/s} = 216\text{km/h}$
- 언덕길 : $6 \times 10^4 = 3,000 \times v$ ∴ $v = 20\text{m/s} = 72\text{km/h}$

63 체중이 60kg인 사람이 높이 300m인 산을 1시간 동안에 올라갔다면 이 사람이 중력에 대하여 한 일률은 몇 W인가?

① 49W
② 98W
③ 196W
④ 256W

해설 $P = \dfrac{W}{t}$
$W = F \cdot s = mgh = 60 \times 9.8 \times 300 = 176,400J$
∴ $P = \dfrac{176,400}{3,600} = 49W$

64 질량 10kg인 물체를 2m/s의 속도로 연직 위로 끌어올리고 있는 기중기가 있다. 이 기중기의 일률은 몇 W인가?

① 49W
② 98W
③ 196W
④ 256W

해설 $P = F \times v = 10 \times 9.8 \times 2 = 196\text{W}$

※ 질량 6kg인 물체가 2m/s의 속도로 운동하고 있다. 이 물체가 3m를 이동하는 동안 운동방향과 같은 방향으로 12N의 일정한 힘이 계속 작용하였다. 다음 물음에 답하시오(65~66).

65 일과 운동에너지의 관계를 이용하여 나중 속력을 구하시오.

① 1m/s
② 2m/s
③ 3m/s
④ 4m/s

해설 $Fs = \frac{1}{2}mv^2 - \frac{1}{2}mv_0^2$
$12 \times 3 = \frac{1}{2} \times 6 \times v^2 - \frac{1}{2} \times 6 \times 2^2$
$\therefore v = 4\text{m/s}$

66 뉴턴의 운동 제2법칙과 등가속도 운동의 식을 이용하여 나중 속력을 구하시오.

① 1m/s
② 2m/s
③ 3m/s
④ 4m/s

해설 $F = ma$와 $2as = v^2 - v_0^2$을 이용하면
$v^2 = 2as + v_0^2 = 2 \times \frac{F}{m}s + v_0^2 = 2 \times \frac{12}{6} \times 3 + 2^2$
$\therefore v = 4\text{m/s}$

정답 64 ③ 65 ④ 66 ④

67 마찰이 없는 수평면 위에 놓여 있는 질량 10kg인 물체에 수평방향으로 25N의 힘을 5m 움직이는 동안 작용하였다. 힘을 가한 후 물체의 운동에너지는 얼마인가?
① 100J
② 125J
③ 120J
④ 150J

해설 $Fs = \frac{1}{2}mv^2 - \frac{1}{2}mv_0^2$

$25 \times 5 = \frac{1}{2} \times 10 \times v^2 \quad \therefore v = 5\text{m/s}$

$\therefore \frac{1}{2}mv^2 = \frac{1}{2} \times 10 \times 5^2 = 125\text{J}$

68 속도 4m/s로 운동하던 질량 5kg인 물체가 10m를 가는 동안 일정한 힘을 작용하여 속도를 8m/s가 되게 하였다. 이 동안에 작용한 힘의 크기는 몇 N인가?
① 9N
② 10N
③ 12N
④ 15N

해설 $Fs = \frac{1}{2}mv^2 - \frac{1}{2}mv_0^2$ 에서

$F \times 10 = \frac{1}{2} \times 5 \times 8^2 - \frac{1}{2} \times 5 \times 4^2$

$\therefore F = 12\text{N}$

69 지면으로부터 높이 5m인 곳에 질량 1kg인 물체가 있다. 지면을 기준으로 할 때 이 물체의 위치에너지는 몇 J인가?
① 4.9J
② 49J
③ 9.8J
④ 98J

해설 $E_p = mgh = 1 \times 9.8 \times 5 = 49\text{J}$

70 질량 5kg인 물체를 지상 10m인 곳에서 15m인 곳으로 옮겼다. 지상 10m인 곳을 기준점으로 할 때 위치에너지의 증가량은 몇 J인가?

① 49J
② 98J
③ 196J
④ 245J

해설 $mg(h_2-h_1)=5\times 9.8\times 5=245\text{J}$

71 어떤 용수철을 20N의 힘으로 당겼더니 5cm 늘어났다. 용수철에 저장된 탄성력에 의한 위치에너지는 몇 J인가?

① 0.5J
② 1.2J
③ 1.5J
④ 2.0J

해설 $F=kx$에서
$k=\dfrac{F}{x}=\dfrac{20}{0.05}=400\text{N/m}$
$E_p=\dfrac{1}{2}kx^2=\dfrac{1}{2}\times 400\times 0.05^2=0.5\text{J}$

72 역도선수가 질량 100kg인 역기를 수직으로 2m 들어 올렸다. 이 선수가 역기에 한 일은?

① 100J
② 1,000J
③ 196J
④ 1,960J

해설 $W=mgh=100\times 9.8\times 2=1,960\text{J}$

73 질량 5kg의 물체가 10m/s의 속도로 운동한다. 이 물체가 정지할 때까지 몇 J의 일을 할 수 있는가?

① 50J
② 125J
③ 150J
④ 250J

해설 물체가 가진 운동에너지만큼 일을 할 수 있으므로
$$W = \frac{1}{2}mv^2 = \frac{1}{2} \times 5 \times 10^2 = 250J$$

74 수면으로부터 높이 10m인 폭포에서 질량 100kg의 물이 수면으로 떨어지고 있다. 이 물이 수면에 닿기 직전의 운동에너지는 얼마인가?(단, 중력가속도는 10m/s²임)

① 1,000J
② 10,000J
③ 100,000J
④ 1,000,000J

해설 10m 높이에서의 위치에너지 = 수면에 닿기 직전의 운동에너지
$$0 + mgh = \frac{1}{2}mv^2 + 0$$
운동에너지 $= 100 \times 10 \times 10 = 10,000J$

75 A 차량이 커브도로에서 우회전하다가 수평으로 15m, 수직으로 6m 지점 아래로 추락했다. 추락지점의 경사는 +5%였다. 이 경우 차가 지면에서 이탈한 시점의 속도는?

① 46km/h
② 48km/h
③ 50km/h
④ 52km/h

해설 $S = \dfrac{7.97D}{\sqrt{H \pm De}}$
(S : 이탈순간속도, D : 수평거리, H : 수직거리, e : 추락지점의 경사)
※ 추락지점의 경사가 (+)인 경우에는 더하고, (-)인 경우에는 뺀다.
$$S = \frac{7.97 \times 15}{\sqrt{6 + (15 \times 0.05)}} = \frac{119.55}{\sqrt{6.75}} = \frac{119.55}{2.598} = 46 km/h$$

76 B 차량이 시속 90km로 운행하던 중 차량의 위험을 느끼고 반응한 시간이 0.75초일 때, 반응 시간 동안 움직인 거리는?

① 약 17m
② 약 19m
③ 약 20m
④ 약 22m

해설 거리 = 속도 × 시간
$= \dfrac{90}{3.6} \times 0.75 = 18.75 \text{m}$

77 탄성계수가 100N/m인 용수철에 4kg인 물체가 2m/s의 속력으로 날아와서 정면충돌하였다. 역학적 에너지가 보존된다면 용수철이 최대로 압축된 길이는 몇 m인가?

① 0.2m
② 0.4m
③ 0.6m
④ 0.8m

해설 $\dfrac{1}{2}mv^2 = \dfrac{1}{2}kx^2$ 에서
$\dfrac{1}{2} \times 4 \times 2^2 = \dfrac{1}{2} \times 100 \times x^2$
∴ $x = 0.4\text{m}$

※ 체중 400N인 어린이가 높이가 6m이고 기울기가 불규칙한 곡선 미끄럼틀을 타고 있다. 어린이는 꼭대기에서 정지상태로 출발한다. 중력가속도가 10m/s²일 때 다음 물음에 답하시오(78~79).

78 마찰이 없다고 가정할 때 미끄럼틀 아래 끝에서 어린이의 속력을 구하면?

① 7m/s
② 9m/s
③ 10m/s
④ 11m/s

해설 역학적 에너지보존법칙에 의해서
$mgh = \frac{1}{2}mv^2$, $v = \sqrt{2gh} = \sqrt{2 \times 10 \times 6} ≒ 11\text{m/s}$

79 미끄럼틀 아래 끝에서 실제 어린이의 속력이 8m/s일 때 역학적 에너지는 얼마나 감소하였는가?

① 1,000J
② 1,120J
③ 1,320J
④ 1,520J

해설 $\Delta E = mgh - \frac{1}{2}mv^2 = 40 \times 10 \times 6 - \frac{1}{2} \times 40 \times 8^2 = 1,120\text{J}$

80 높이 2km에 있던 1kg의 얼음 덩어리가 중력에 의하여 낙하하기 시작하여 지면에 충돌 직전에는 10m/s의 속도로 떨어졌다. 중력가속도는 9.8m/s²으로 일정하며, 얼음의 질량은 변하지 않았다면 감소한 역학적 에너지는 몇 J인가?

① 11,550J
② 12,550J
③ 13,550J
④ 19,550J

해설 $\Delta E = mgh - \frac{1}{2}mv^2 = 1 \times 9.8 \times 2,000 - \frac{1}{2} \times 1 \times 10^2 = 19,550\text{J}$

81 질량 0.8kg인 물체가 20m/s의 속도로 날아와 탄성계수가 100N/m인 용수철과 충돌하였다. 마찰력에 의한 역학적 에너지의 손실이 88J이라면 용수철이 최대로 압축되는 길이는 몇 m인가?

① 1.0m
② 1.2m
③ 1.5m
④ 2.0m

해설 탄성력에 의한 위치에너지 $E_P = \frac{1}{2}kx^2$ (k : 탄성계수, x : 용수철의 압축 길이)

$$E = \frac{1}{2}mv^2 - 88 = \frac{1}{2}kx^2$$
$$\frac{1}{2} \times 0.8 \times 20^2 - 88 = \frac{1}{2} \times 100 \times x^2$$
$$x^2 = \frac{72}{50}$$
$$\therefore x = 1.2m$$

82 지상 150m의 높이에서 질량 2kg인 물체를 떨어뜨렸다. 이 물체의 운동에너지가 위치에너지의 2배가 되는 곳의 높이를 구하면? ★★★

① 10m
② 20m
③ 50m
④ 100m

해설 역학적 에너지 보존법칙에서
$mgh + E_k = mg \times 150$, $E_k = 2mgh$
$mgh + 2mgh = mg \times 150$
$h(mg + 2mg) = mg \times 150$
$\therefore h = 50m$

83 질량 1kg의 물체가 속력 10m/s로 운동하다가 탄성계수 1,000N/m인 용수철에 부딪혔다. 이 용수철이 압축될 수 있는 최대의 길이는 몇 m인가?(단, 용수철의 길이는 충분히 길며, 마찰은 무시함)

① 0.2m
② 0.3m
③ 0.5m
④ 0.70m

해설 물체의 운동에너지가 모두 용수철의 탄성력에 의한 위치에너지로 전환될 때 압축된 길이는 최대이다.
즉, $\frac{1}{2}mv^2 = \frac{1}{2}kx^2$ 에서
$$x = \sqrt{\frac{m}{k}}\,v = \sqrt{\frac{1}{1,000}} \times 10 = 0.3m$$

84 그림과 같이 높이가 8m인 곳에 정지해 있던 질량 1kg인 물체가 경사면을 따라 바닥으로 미끄러져 내려왔을 때 속력이 5m/s이었다. 물체가 경사면을 따라 미끄러지는 동안 마찰로 인해 감소한 역학적 에너지는 몇 J인가?(단, 중력가속도는 9.8m/s²임)

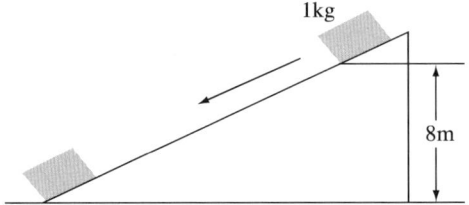

① 12.5J
② 65.9J
③ 78.4J
④ 105.5J

해설 물체의 처음 역학적 에너지는
$mgh + 0 = 1 \times 9.8 \times 8 = 78.4J$
바닥으로 내려왔을 때의 역학적 에너지는
$0 + \frac{1}{2}mv^2 = \frac{1}{2} \times 1 \times 5^2 = 12.5J$
∴ $78.4J - 12.5J = 65.9J$

85 질량 6kg의 물체가 10m 높이의 정지상태에서 낙하하여 바닥에 충돌하였다. 이 과정에서 발생한 열량은 몇 kcal인가?(단, 물체의 위치에너지는 모두 열로 전환되었다고 가정함, 중력가속도 g = 9.8m/s²임)

① 0.12kcal
② 0.13kcal
③ 0.14kcal
④ 0.15kcal

해설 $Q = mgh = 6 \times 9.8 \times 10 = 588J$
4,200J = 1kcal 이므로
$\frac{588J}{4,200J} = 0.14kcal$

CHAPTER 03 마찰계수 및 견인계수

01 　 마찰계수 및 견인계수의 정의

01 　 마찰계수(Coefficient of Friction)

(1) 개 념 중요!

마찰계수는 접촉하고 있는 두 표면의 미끄러짐에 대한 저항을 나타내는 수치이다. 즉, 표면에서 미끄러지는 물체를 계속 움직이게 하는 데 필요한 수평력을 그 표면에 작용하는 힘으로 나눈 값으로, 일반적으로 그리스 문자 μ(mu)로 표시한다.

마찰계수 μ는 마찰력의 크기 F(정지마찰의 경우는 최대정지마찰력)와 P(수직항력 크기)와의 비로, $\mu = \dfrac{F}{P}$ 로 나타낸다.

(2) 마찰계수의 종류

마찰계수는 크게 물체가 정지하고 있을 때의 정지마찰계수(정적 마찰)와 운동하고 있을 때의 운동마찰계수(동적 마찰)로 나눌 수 있는데, 운동마찰계수는 정지마찰계수보다 작다. 운동마찰계수는 물체가 미끄럼운동을 할 때의 미끄럼마찰계수와 구르는 운동을 할 때의 굴림마찰계수로 나눌 수 있다. 굴림마찰계수는 물체가 외부에서 힘이 작용하여 막 구르려고 할 때의 정지굴림마찰계수와 한참 굴러가고 있을 때의 운동굴림마찰계수로 구별하기도 한다.

02 견인계수

(1) 개 념 중요!

중량에 의한 가속이나 감속을 나타내는 계수로서 동일방향으로 감속시키는 데 필요한 수평력과 그 힘이 가해지는 물체의 무게와의 비로, 다음과 같이 나타낸다.

$$f = \mu \pm G$$

- f : 마찰계수
- G : 구배(경사도, + 오르막, − 내리막)

(2) 마찰계수와 견인계수

견인계수는 다음 두 가지 상황과 일치할 때 마찰계수와 동일값을 갖는다.
① 표면이 수평일 때
② 차량의 모든 타이어가 잠김(Lock)상태로 스키드되었을 때

CHAPTER 03 적중예상문제

01 각 차량의 속도가 동일하지 않을 때 시간평균속도와 공간평균속도의 관계를 나타낸 것 중 옳은 것은?

① 시간평균속도 < 공간평균속도
② 시간평균속도 > 공간평균속도
③ 시간평균속도 = 공간평균속도
④ 상황에 따라 변한다.

해설 각 차량의 속도가 동일하지 않은 한 시간평균속도가 공간평균속도보다 높은 것이 보통이다.

02 에너지 보존의 법칙을 이용하여 스키드마크 공식을 유도한 것으로 괄호 안에 알맞은 것은?
★★★★

$$\frac{1}{2}mv^2 = (\quad)$$

① $\mu g d$
② mgd
③ $m\mu g d$
④ $m\mu d$

해설 운동에너지가 감속되어 정지하기까지 제동력 F로 제동거리 d만큼의 일을 해주어야 한다. 또한, F는 마찰저항력 μmg와 같으므로 일 $F \cdot d = \mu mg \cdot d = \frac{1}{2}mv^2$ 이다.

정답 1 ② 2 ③

03 통행속도에 대한 설명으로 잘못된 것은? ★★★★
① 어느 특정 도로구간을 통행한 평균속도
② 각 차량의 속도를 산술평균한 값
③ 통행분포와 교통배분의 매개변수
④ 연속류에서는 주행속도와 같다.

해설 ② 통행속도는 각 차량의 속도를 조화평균한 값이다.

04 통행시간과 주행시간에 대한 설명으로 틀린 것은?
① 통행시간은 어떤 도로구간을 통과하는 데 걸리는 총시간이다.
② 주행시간은 어떤 도로구간을 주행하는 데 걸리는 총시간이다.
③ 주행시간에는 정지시간이 포함되지 않는다.
④ 평균통행시간은 항상 평균주행시간보다 크다.

해설 ④ 도로통과구간에 정지지체시간이 없다면 같게 된다.

05 차량의 견인계수가 0.8일 때 50m의 거리를 감속하여 정지하였다. 처음속도는 얼마인가?
★★★
① 26m/s
② 27m/s
③ 28m/s
④ 29m/s

해설 $a = fg = -0.8(9.8\text{m/s}^2) = -7.84\text{m/s}^2$
$v_0 = \sqrt{v^2 - 2ad} = \sqrt{0^2 - 2(-7.84)(50)} = \sqrt{784} = 28\text{m/s}$

06 두 차량의 주행거리는 60m이고, 걸린 총시간이 3초라면 두 차량의 공간평균속도는 얼마인가? ★★★

① 20m/s
② 25m/s
③ 30m/s
④ 40m/s

해설 공간평균속도 $= \dfrac{60}{3} = 20\text{m/s}$

07 2km 길이의 도로구간을 통과하는 데 걸리는 평균시간이 3분이고 이 중 1분이 정지지체시간일 때의 평균통행속도와 평균주행속도는 각각 얼마인가?

① 30km/h, 60km/h
② 40km/h, 50km/h
③ 40km/h, 60km/h
④ 50km/h, 60km/h

해설
- 평균통행속도 $= \dfrac{2\text{km}}{3} \times 60 = 40\text{km/h}$
- 평균주행속도 $= \dfrac{2\text{km}}{3-1} \times 60 = 60\text{km/h}$

08 속도에 영향을 주는 요소와 관계가 먼 것은? ★★★

① 도로조건
② 교통조건
③ 주행조건
④ 환경조건

09 차량이 처음에 90km/h의 속도로 달리다가 견인계수 0.5로 감속하여 결국 정지하였다면 그동안 주행한 거리는 얼마인가?

① 60.1m
② 61.3m
③ 62.4m
④ 63.8m

해설 $v_i = 90/3.6 = 25\text{m/s}\,(v_i : 처음속도,\ v_e : 나중속도)$
$a = fg = -0.5(9.8\text{m/s}^2) = -4.9\text{m/s}^2$
$d = \dfrac{v_e^2 - v_i^2}{2a} = \dfrac{0^2 - 25^2}{2(-4.9)} = 63.8\text{m}$

10 교통밀도가 150이고, 속도가 60km/h일 때 교통량은?

① 6,000대/h
② 7,000대/h
③ 9,000대/h
④ 10,000대/h

해설 교통량 = 밀도 × 속력
= 150 × 60 = 9,000대/h

11 체중 65kg인 운전자에 대하여 사고 발생 2시간 후에 혈중알코올농도를 측정하였더니 0.05%가 나왔다. 사고 당시의 혈중알코올농도는 얼마로 추정되는가?(단, 체중 65kg인 사람의 1시간당 혈중알코올농도 감소량은 0.025%이다)

① 0.05%
② 0.025%
③ 0.10%
④ 0.15%

해설 운전자의 사고당시 BAL(Blood Alcohol Level : 혈중알코올농도)
= 0.05 + (0.025) × 2 = 0.10%

12 운전자의 PIEV 과정으로 옳은 것은?
① 지각 → 식별 → 행동판단 → 행동
② 식별 → 지각 → 행동판단 → 행동
③ 식별 → 지각 → 행동 → 행동판단
④ 지각 → 식별 → 행동 → 행동판단

해설 ① 지각(Perception) → 식별(Identification) → 행동판단(Emotion) → 행동(Volition)

13 운전자의 PIEV 과정에서 반사시간에 포함되지 않는 것은?
① 지 각
② 식 별
③ 행동판단
④ 행 동

해설 ①·②·③ 과정을 반사시간 또는 순반응시간이라 한다.

14 AASHTO(미국도로교통공무원협회)에서는 안전정지시거를 계산하는 데 PIEV 시간을 얼마로 권장하고 있는가?
① 0.5초
② 1.5초
③ 2.5초
④ 3.5초

해설 ③ 안전정지시거를 계산할 때는 2.5초, 신호교차로 1.0초, 신호 없는 교차로 시거를 계산할 때는 2.0초로 권장하고 있다.

15 차량의 가속능력에 대한 설명으로 틀린 것은?
① 최대가속능력은 운전자가 왕복 2차선 도로에서 추월할 때 발휘된다.
② 가속능력은 추진력에 비례하고 차량의 무게에 반비례한다.
③ 차량의 무게는 모든 저항력의 크기에 영향을 준다.
④ 승용차의 가속능력은 트럭이나 버스보다 크다.

해설 차량의 무게는 공기저항을 제외한 모든 저항력의 크기에 영향을 주며, 속도는 경사저항을 제외한 모든 저항에 영향을 준다.

16 차량을 움직이는 데 발생되는 저항 중 노면과 타이어의 마찰로 나타나는 저항은?
① 회전저항
② 공기저항
③ 곡률저항
④ 경사저항

해설 ① 노면과 타이어의 마찰과 엔진 압축력에 따른 내부저항 또는 에너지 손실

17 다음 중 노면 및 타이어 상태에 따른 미끄럼 마찰계수가 가장 큰 것은?
① 건조한 콘크리트
② 양호한 타이어
③ 건조한 노면
④ 마모된 타이어

해설 양호한 타이어 > 건조한 노면 > 건조한 콘크리트 > 마모된 타이어

정답 15 ③ 16 ① 17 ②

18 마찰계수와 견인계수가 동일한 경우는? ★★★★
① 노면이 상향경사일 때
② 노면이 하향경사일 때
③ 노면에 경사가 없을 때
④ 바퀴 일부가 로크(Lock)되지 않았을 때

해설 견인계수 $f = \mu \pm G$이다. 여기서 견인계수 f와 마찰계수 μ가 같기 위해서는 경사도 $G=0$, 즉 경사가 없을 때이다.

19 신호등 황색시간을 결정하기 위해서 사용되는 임계마찰계수의 값은?
① 6.0
② 5.0
③ 0.60
④ 0.50

해설 임계마찰계수는 60km/h에서 건조한 노면과 조금 마모된 타이어와의 미끄럼 마찰 직전의 마찰계수를 적용시키며 그 값은 0.50이다.

20 전면투영면적이 1.8m²의 차량이 시속 50km로 주행하고 있을 때 공기저항은?(단, 공기저항계수 = 0.006)
① 22kg
② 24kg
③ 27kg
④ 29kg

해설 $R_a = 0.006 A v^2 = 0.006 \times 1.8 \times 50^2 = 27$kg

정답 18 ③ 19 ④ 20 ③

21 차량의 원심력을 나타내는 계산식은?(단, g = 중력가속도)

① 원심력 = $\dfrac{\text{차량중량} \times (\text{속도})^2}{g \times \text{선회반경}}$

② 원심력 = $\dfrac{\text{선회반경} \times (\text{속도})^2}{g \times \text{차량중량}}$

③ 원심력 = $\dfrac{(\text{속도})^2}{g \times \text{차량중량} \times \text{선회반경}}$

④ 원심력 = $\dfrac{\text{차량중량} \times \text{선회반경}}{g \times (\text{속도})^2}$

22 차량의 속도가 2배로 되었다면 원심력은 어떻게 되는가?
① 동일하다.
② 2배 커진다.
③ 4배 커진다.
④ 6배 커진다.

해설 ③ 원심력은 속도의 제곱에 비례하므로 4배 커진다.

23 누적속도분포에 대한 설명으로 틀린 것은?
① % 속도로 나타낸다.
② 50% 속도는 중앙값이다.
③ 15% 속도는 합리적인 속도의 최댓값이다.
④ 85% 속도는 도로설계의 기준이 된다.

해설 ③ 교통류 내에서 합리적인 속도의 최댓값은 85% 속도로 나타난다.

24 정지시거에 대한 설명 중 틀린 것은? ★★★★
① 정지시거는 공주거리와 제동거리로 이루어진다.
② 공주거리는 물체를 본 시간부터 브레이크를 밟아 브레이크가 작동하기까지 달린 거리이다.
③ 제동거리는 브레이크가 작동되고부터 정지할 때까지의 미끄러진 거리이다.
④ 반사시간은 통상 2.5초를 설계목적으로 사용한다.

해설 공주거리는 PIEV시간 동안 달린 거리로서 통상 2.5초를 사용하며 그 중 1.5초는 반사시간이고, 1.0초는 근육반응 및 브레이크 반응시간이다.

25 운전자가 진행로상에 산재해 있는 예측하지 못한 위험요소를 발견하고, 그 위험 가능성을 판단하며 적절한 속도와 진행방향을 선택하여 필요한 안전조치를 효과적으로 취하는 데 필요한 거리는? ★★★

① 정지시거
② 추월시거
③ 피주시거
④ 안전시거

해설 ③ 운전자의 판단착오를 시정할 여유를 주고 정지하는 대신 동일한 속도로 또는 감속하면서 안전한 행동을 취할 수 있기 때문에 정지시거보다 훨씬 큰 값을 갖는다.

26 설계속도가 60km/h이고 최대편구배가 0.06, 최대허용 마찰계수가 0.15일 때 최소곡선반경(R)은? ★★★

① 125m
② 130m
③ 135m
④ 140m

해설 $R = \dfrac{v^2}{127(e+f)}$
$= \dfrac{60^2}{127(0.06+0.15)} ≒ 135\text{m}$

정답 24 ④ 25 ③ 26 ③

27 반경이 250m인 곡선부가 있다. 설계속도가 60km/h이고 마찰계수가 0.02일 때 편구배는?

① 0.06
② 0.07
③ 0.08
④ 0.09

해설 $e+f=\dfrac{v^2}{127R}$

$e=\dfrac{60^2}{127\times 250}-0.02 ≒ 0.09$

28 교통사고를 좌우하는 요소가 아닌 것은? ★★★

① 도로 및 교통조건
② 교통통제조건
③ 차량을 운전하는 운전자
④ 차량의 이용자

해설 교통사고는 차량을 운전하는 운전자와 도로 및 교통조건, 교통통제조건에 따라 크게 좌우된다. 따라서 이들 세 가지 요인들이 교통사고와 관련된 특성을 분석하면 사고방지대책을 수립하는 데 도움이 된다.

29 전체 차량 간 사고에 가장 많은 비중을 차지하는 사고유형은?

① 차량단독사고
② 추돌사고
③ 정면충돌사고
④ 측면충돌사고

해설 ② 차량 간의 사고는 전체 교통사고의 49%를 차지하며, 이 중에서도 추돌사고가 가장 많아 전체 차량사고의 36%를 차지한다. 그다음으로는 전측면충돌사고로서 차량 간 사고의 7%를 차지한다. 차량단독사고는 전체사고의 4%를 차지한다.

30 다음 중 도로교통법에 의한 교통사고로 취급되지 않는 것은?
① 자동차 상호 간의 사고
② 자동차와 보행자 간의 사고
③ 열차 상호 간의 사고
④ 자동차와 자전거 간의 사고

> 해설 도로교통법에서 교통사고란 '차량이 교통으로 인하여 사람을 사상하였거나 물건을 손괴한' 교통사고를 말한다. 따라서 보행자 상호 간의 사고 또는 열차 상호 간의 사고는 도로교통법에 의한 교통사고로 취급되지 않는다.

31 교차로 내에서 가장 많은 사고유형은?
① 정면충돌사고
② 직각충돌사고
③ 추돌사고
④ 차량단독사고

> 해설 ② 교차로 내에서는 주로 충돌사고(직각충돌사고)가 발생한다.

32 커브지점에 주로 발생하는 사고유형은?
① 정면충돌사고
② 직각충돌사고
③ 추돌사고
④ 차량전복사고

> 해설 ① 커브지점에서의 사고는 주로 정면충돌사고가 많으며, 이는 커브지점에서 왼쪽으로 회전하는 차량이 커브지점의 중앙선을 침범함으로써 일어나는 사고가 대부분이다.

정답 30 ③ 31 ② 32 ①

33 다음 중 사고율이 가장 높은 노면은?

① 건조노면
② 습윤노면
③ 눈덮인 노면
④ 결빙노면

해설 노면의 사고율
결빙노면 > 눈덮인 노면 > 습윤노면 > 건조노면

34 교차로의 사고특성에 대한 다음 설명 중 틀린 것은?

① 교통량이 많을수록 사고율이 높다.
② 3지교차로가 4지교차로보다 사고율이 낮다.
③ 사고율은 주도로의 교통량보다 부도로의 교통량에 의해 더 크게 영향을 받는다.
④ 좌회전 교통량이 적을 때보다 많을 때가 오히려 사고율이 낮다.

해설 ① 교차로를 통과하는 차량의 속도가 교통량이 많을수록 낮기 때문에 사고율이 낮다.

35 다른 방향으로 움직이는 차량 간의 충돌로서 주로 직각충돌인 것은?

① 측면충돌
② 각도충돌
③ 정면충돌
④ 추 돌

해설 ① 같은 방향 또는 반대 방향에서 움직이는 차량 간에 측면을 스치는 사고
③ 반대 방향에서 움직이는 차량 간의 충돌
④ 같은 방향으로 움직이는 차량 간의 충돌

36 다음 중 사고 당시의 속도추정에 가장 중요한 자료는?
① 편주 흔적
② 차량의 최종위치
③ 미끄럼 흔적
④ 가속 흔적

해설 ③ 미끄럼 흔적의 모양이나 길이는 교통사고 재현에서 가장 중요한 요소이다. 특히 미끄럼 흔적의 길이는 사고 당시의 속도를 추정하는 데 없어서는 안 될 자료이다.

37 차량의 미끄럼 거리 추정에 대한 다음 설명 중 틀린 것은?
① 양 후륜의 미끄럼 흔적들 모두가 전륜의 미끄럼 흔적을 벗어나지 않으면 직선 미끄럼으로 간주된다.
② 차량의 미끄럼 거리는 그 차량의 모든 바퀴들의 미끄럼 흔적 중 가장 긴 미끄럼 흔적의 길이로 한다.
③ 양 후륜의 미끄럼 흔적들이 전륜의 미끄럼 흔적의 어느 한쪽을 벗어나면 각 바퀴의 미끄럼 길이를 측정하고, 그 합을 바퀴의 수로 나눈 평균 미끄럼 거리를 그 차량의 미끄럼 길이로 한다.
④ 하나의 미끄럼 흔적이 중간에 끊겨 다시 시작되는 경우에는 두번째 미끄럼 흔적의 길이를 그 차량의 미끄럼 길이로 한다.

해설 ④ 첫번째 미끄럼 흔적의 끝에서의 속도와 두번째 미끄럼 흔적의 시작부분에서의 속도는 같다고 보아도 무방하므로 두 미끄럼 흔적의 길이를 합해서 그 차량의 미끄럼 길이로 한다.

38 운전자가 차량을 안전하게 통제할 수 있는 원심가속도의 범위는?
① $0.3g$ 이내
② $0.5g$ 이내
③ $1.0g$ 이내
④ $2.5g$ 이내

해설 ① 운전자가 차량을 안전하게 통제할 수 있는 능력은 원심가속도(u^2/R)가 $0.3g$ 이내일 때이다.

정답 36 ③ 37 ④ 38 ①

39 곡선부 일탈사고에 대한 설명으로 틀린 것은?
① 차량이 옆으로 미끄러져 생기는 미끄럼 흔적은 나선형을 이룬다.
② 뒤 바퀴자국이 앞 바퀴자국의 바깥쪽에 위치한다.
③ 미끄럼 흔적의 끝부분의 곡선반경이 사고 조사에 중요한 요소이다.
④ 앞바퀴와 뒷바퀴의 궤적이 달라지는 지점이 미끄럼 흔적의 시작점으로 볼 수 있다.

해설 ③ 미끄럼 흔적 끝부분의 곡선반경은 속도가 줄어든 상태의 것이므로 별로 중요하지 않다.

※ 경사가 없고 건조한 PC 콘크리트 노면을 주행 중인 차량이 급정거할 때 생긴 활주흔의 길이가 30m였다. 타이어 마찰계수가 0.6일 때 다음 질문에 답하시오(40~41).

40 최대감속도를 구하면?
① -5.88m/s^2
② -6.58m/s^2
③ -8.76m/s^2
④ -9.8m/s^2

해설 평균최대감속도 $a = f \cdot g = 0.6 \times (-9.8) = -5.88\text{m/s}^2$

41 급제동 직전의 초기속도를 구하면?
① 56.8km/h
② 67.6km/h
③ 76.9km/h
④ 88.6km/h

해설 최종속도 $v_2 = 0$이므로
$v_1 = \sqrt{254fs} = \sqrt{254 \times 0.6 \times 30} = 67.6\text{km/h}$

42 +7% 경사구간에서 30m의 활주흔이 생겼다면 타이어 마찰계수가 0.6일 때 평균최대감속도와 급제동 직전의 초기속도를 구하면? ★★★

① $a = -5.67\text{m/s}^2$, $v_1 = 60.5\text{km/h}$

② $a = -6.57\text{m/s}^2$, $v_1 = 67.5\text{km/h}$

③ $a = -6.57\text{m/s}^2$, $v_1 = 71.5\text{km/h}$

④ $a = -7.58\text{m/s}^2$, $v_1 = 77.5\text{km/h}$

해설 $a = (f+G) \cdot g = (0.6+0.07) \times (-9.8) = 6.57\text{m/s}^2$
$v_1 = \sqrt{254(f+G)s} = \sqrt{254 \times (0.6+0.07) \times 30} = 71.5\text{km/h}$

43 어느 평탄한 도로를 주행하다가 급정거한 차량의 활주흔을 조사한 결과 20m가 나타난 다음 2m를 지나서 다시 10m가 계속되었다. 이 차량의 제동 전 초기속도를 구하시오(단, 타이어-노면 마찰계수는 0.7이며, 평탄한 구간임).

① $v_1 = 63\text{km/h}$

② $v_1 = 73\text{km/h}$

③ $v_1 = 83\text{km/h}$

④ $v_1 = 93\text{km/h}$

해설 $v_1 = \sqrt{254 \times (f \pm G)S}$, ($G$ = 경사도, 평탄한 도로 = 0)
$= \sqrt{254 \times 0.7 \times (20+10)} = 73\text{km/h}$

44 급정거한 차량의 활주흔을 조사한 결과, 아스팔트 포장면에 35m, 갓길에 15m씩 걸쳐져 있었다. 급제동 직전의 초기속도를 구하면?(단, 시험차량으로 시험한 마찰계수는 아스팔트 포장면에서 0.5, 토사노면의 갓길에서 0.6이었으며 경사는 없었음)

① $v_1 = 65\text{km/h}$

② $v_1 = 72\text{km/h}$

③ $v_1 = 82\text{km/h}$

④ $v_1 = 90\text{km/h}$

해설 갓길 활주 시작점의 속도 $= \sqrt{254 \times 0.6 \times 15} = 47.8\text{km/h}$
급제동 시작점의 초기속도
$v_1^2 - (47.8)^2 = 254 \times 0.5 \times 35$
$v_1 = \sqrt{(254 \times 0.5 \times 35) + 47.8^2} = 82\text{km/h}$

45 한 차량이 50m 거리를 미끄러져 주차한 차량과 충돌하였으며 충돌 후 두 차량이 함께 15m를 미끄러져 정지하였다. 두 차량의 무게가 동일할 때 주행차량의 초기속도를 계산하면 얼마인가?(단, 마찰계수는 0.5로 가정한다)

① 115km/h
② 118km/h
③ 124km/h
④ 135km/h

해설 $s_1 = 50\text{m}$, $s_2 = 15\text{m}$, $f = 0.5$이고
$w_A = w_B$ 또는 $\dfrac{w_A + w_B}{w_A} = 2$이므로

$$v_1 = \sqrt{254f\left[s_2\left(\dfrac{w_A+w_B}{w_A}\right)^2 + s_1\right]}$$
$$= \sqrt{254 \times 0.5 \times (15 \times 2^2 + 50)} = 118\text{km/h}$$

※ 각각 서쪽과 남쪽으로 직각으로 접근하는 두 차량 A와 B가 충돌하여 차량 A는 서쪽으로부터 50° 북쪽으로, 차량 B는 북쪽으로부터 60° 동쪽으로 미끄러졌다. 차량 A, B의 충돌 전 초기 미끄럼 거리는 각각 38m과 20m이며, 충돌 후의 미끄럼 거리는 각각 15m와 36m이다. 차량 B와 A의 중량비가 1.5일 때 두 차량의 속도를 계산하시오(단, $f = 0.5$로 가정)(46~48).

46 충돌직후 두 차량의 속도는? ★★★

① $v_{A3} = 43.6\text{km/h}$, $v_{B3} = 67.6\text{km/h}$
② $v_{A3} = 59.4\text{km/h}$, $v_{B3} = 55.7\text{km/h}$
③ $v_{A3} = 43.3\text{km/h}$, $v_{B3} = 55.7\text{km/h}$
④ $v_{A3} = 59.4\text{km/h}$, $v_{B3} = 67.1\text{km/h}$

해설 각 $A = 50°$, 각 $B = 60°$
$s_{A1} = 38\text{m}$, $s_{B1} = 20\text{m}$
$s_{A2} = 15\text{m}$, $s_{B2} = 36\text{m}$
$\dfrac{w_B}{w_A} = 1.5$

충돌직후 두 차량의 속도는
$v_{A3} = \sqrt{254fs_{A2}} = \sqrt{254 \times 0.5 \times 15} = 43.6\text{km/h}$
$v_{B3} = \sqrt{254fs_{B2}} = \sqrt{254 \times 0.5 \times 36} = 67.6\text{km/h}$

47 충돌 직전의 두 차량의 속도는?

① $v_{A2} = 55.7$km/h, $v_{B2} = 59.4$km/h

② $v_{A2} = 59.8$kph, $v_{B2} = 56.0$km/h

③ $v_{A2} = 43.3$km/h, $v_{B2} = 67.1$km/h

④ $v_{A2} = 91.4$kph, $v_{B2} = 74.8$km/h

해설
$$v_{A2} = \frac{w_B}{w_A} v_{B3} \sin B - v_{A3} \cos A$$
$$= 1.5 \times 67.6 \times \sin 60° - 43.6 \times \cos 50°$$
$$= 87.8 - 28.0 = 59.8 \text{km/h}$$
$$v_{B2} = \frac{w_A}{w_B} v_{A3} \sin A + v_{B3} \cos B$$
$$= \frac{1}{1.5} \times 43.6 \times \sin 50° + 67.6 \times \cos 60°$$
$$= 22.2 + 33.8 = 56 \text{km/h}$$

48 브레이크를 작동하기 전 차량의 초기속도를 계산하면? ★★★

① $v_{A1} = 74.8$km/h, $v_{B1} = 91.0$km/h

② $v_{A1} = 59.4$km/h, $v_{B1} = 74.8$km/h

③ $v_{A1} = 91.3$km/h, $v_{B1} = 67.1$km/h

④ $v_{A1} = 91.6$km/h, $v_{B1} = 75.3$km/h

해설
$$v_{A1} = \sqrt{254 f s_{A1} + v_{A2}^2}$$
$$= \sqrt{254 \times 0.5 \times 38 + 59.8^2} = 91.6 \text{km/h}$$
$$v_{B1} = \sqrt{254 f s_{B1} + v_{B2}^2}$$
$$= \sqrt{254 \times 0.5 \times 20 + 56^2} = 75.3 \text{km/h}$$

정답 47 ② 48 ④

49 한 차량이 단속적으로 15m에 이어 30m의 바퀴자국을 남기고 정지하였을 경우 이 차량의 초기속도(최저추정속도)를 계산하시오(단, $f = 0.5$로 가정).

① 60.5km/h
② 65.5km/h
③ 70.5km/h
④ 75.5km/h

해설 $v_1 = \sqrt{254fs_1} = \sqrt{254 \times 0.5 \times 15} = 43.6 \text{km/h}$
$v_2 = \sqrt{254fs_2} = \sqrt{254 \times 0.5 \times 30} = 61.7 \text{km/h}$
$v = \sqrt{{v_1}^2 + {v_2}^2} = \sqrt{43.6^2 + 61.7^2} = 75.5 \text{km/h}$

50 한 차량이 노면 계수 0.7에서 15.2m 미끄러졌을 때 그 미끄러진 거리에 의한 미끄러짐-정지속도는 52km/h이다. 이 차량이 미끄러짐의 끝에서 정지하기보다는 속도 56km/h로 도로를 벗어나 언덕 아래로 추락하였다고 하면 미끄러짐의 초기속도는 얼마인가?

① 72km/h
② 74km/h
③ 76km/h
④ 85km/h

해설 $v = \sqrt{{v_1}^2 + {v_2}^2} = \sqrt{52^2 + 56^2} = 76 \text{km/h}$

51 주행 중인 차량이 도로변의 가로수와 충돌하여 진행방향에서 왼쪽으로 60°의 각도로 20m 미끄러져 정지하였다. 충돌 전의 초기속도를 구하시오(단, 마찰계수는 0.5이다).

① 82km/h 이상
② 94km/h 이상
③ 98km/h 이상
④ 101km/h 이상

해설 $v_1 = \sqrt{254f(s_2/\cos^2 A + s_1)}$
$s_1 = 0$이므로
$v_1 = \sqrt{254 \times 0.5(20/\cos^2 60° + 0)} = \sqrt{254 \times 0.5 \times 80} = 101 \text{km/h}$

※ 곡선반경 200m인 도로구간에서 편주현상이 일어나 차량이 전복되는 사고가 발생하였다. 편주흔 시작점의 곡선반경이 300m이고, 편구배 2%, 횡방향 마찰계수가 0.3일 때 다음 물음에 답하시오(52~53).

52 편주가 시작되는 점에서 이 차량의 주행속도는 얼마인가?
① 90km/h
② 100km/h
③ 110km/h
④ 120km/h

해설 $e+f=\dfrac{u^2}{127R}$
$u=\sqrt{127R(e+f)}=\sqrt{127\times300\times(0.3+0.02)}=110\text{km/h}$

53 교통사고에서 편주흔의 곡선반경을 측정할 수 없었다면, 이 차량의 최소속도는 얼마인가?
① 90km/h
② 100km/h
③ 110km/h
④ 120km/h

해설 $u'=\sqrt{127R(e+f)}=\sqrt{127\times200\times(0.3+0.02)}=90\text{km/h}$

※ A차량이 20m 거리를 미끄러진 후 10m 높이의 언덕에서 추락하였다. 추락지점의 수직선 아래 지점으로부터 추락지점까지의 수평거리는 30m일 때 다음 물음에 답하시오(54~55).

54 초기속도는 얼마인가?(단, 마찰계수는 0.5임)

① 91km/h
② 95km/h
③ 99km/h
④ 110km/h

해설
$$u_1^2 = u_2^2 + 2as_1$$
$$= \frac{63.5s_2^2}{h} + 254fs_1$$
$$u_1 = \sqrt{\frac{63.5s_2^2}{h} + 254fs_1}$$
$$= \sqrt{\frac{63.5 \times 30^2}{10} + (254 \times 0.5 \times 20)} = 91\text{km/h}$$

55 만약 미끄러짐 없이 추락하였다면 초기속도는? ★★★

① 65.9km/h
② 75.6km/h
③ 91.5km/h
④ 111.2km/h

해설
$$u_1 = \sqrt{\frac{63.5s_2^2}{h}}$$
$$= \sqrt{\frac{63.5 \times 30^2}{10}} = 75.6\text{km/h}$$

56 비탈길에서의 기울기에 따른 속도추정 공식으로 올바른 것은?

① 오르막길 경우 : $V_2 = \sqrt{2Gx(u\cos q + \sin q) + V_1^2}$
  내리막길 경우 : $V_2 = \sqrt{2Gx(u\cos q - \sin q) + V_1^2}$

② 오르막길 경우 : $V_2 = \sqrt{2Gx(u\cos\theta - \sin\theta) - V_1^2}$
  내리막길 경우 : $V_2 = \sqrt{2Gx(u\cos\theta - \sin\theta) + V_1^2}$

③ 오르막길 경우 : $V_2 = \sqrt{2Gx(u\cos\theta + \sin\theta) - V_1^2}$
  내리막길 경우 : $V_2 = \sqrt{2Gx(u\cos\theta - \sin\theta) + V_1^2}$

④ 오르막길 경우 : $V_2 = \sqrt{2Gx(u\cos\theta)} - V_1^2$
  내리막길 경우 : $V_2 = \sqrt{2Gx(\sin\theta)} + V_1^2$

해설 비탈길에서는 기울기에 따라 제동거리가 달라짐으로써 오르막, 내리막의 경우의 식은 ①이 된다.

부록 I

EDR 분석을 통한 교통사고조사

CHAPTER 01　EDR(Event Data Recorder, 사고기록장치)

CHAPTER 02　EDR 데이터 회수방법

CHAPTER 03　EDR 데이터 회수(Data Retrieval)

CHAPTER 04　EDR 데이터 분석

CHAPTER 05　EDR 데이터 활용

합격의 공식 *시대에듀* www.sdedu.co.kr

CHAPTER 01 EDR(Event Data Recorder, 사고기록장치)

01 EDR의 정의

EDR은 사고기록장치(Event Data Recorder)로서, 자동차의 에어백이나 엔진 ECU(Electronic Control Unit)에 내장된 일종의 데이터 기록용 블랙박스(Black Box, 저장장치)이다. 즉, 차량의 시스템 정보, 충돌 전 운행정보, 충돌정보, 에어백의 전개정보(Airbag Deployment Data) 등과 같은 각종 사고 및 충돌 정보를 기록하는 장치이며, 자동차의 충돌 데이터를 수집 및 저장하는 기능이 에어백이 장착된 대부분의 신형 차량에 내장되어 있다. 차량의 충돌 또는 충돌에 준하는 상태에서 차량의 방향과 속도가 급격하게 변화하는 경우 차량의 상태를 기록한다.

대부분의 EDR은 에어백에 내장되어 있고, 이 에어백 모듈에는 ACU(Airbag Control Unit) 또는 ACM(Airbag Control Module)이라는 두뇌장치가 내장되어 있으므로, 각 센서로부터 추돌 및 충돌 신호·정보를 수신(감지)하여 에어백이나 안전벨트 프리텐셔너(구속장치)의 전개 여부를 결정한다.

02 EDR 데이터의 기록 내용

EDR은 차량이 충돌하는 등의 사고가 발생하면, 사고 발생시점을 기준으로 충돌 이전 데이터와 충돌시점 데이터 및 충돌 후의 데이터를 저장하며, 주요 저장내용은 표와 같다.

[충돌 전후에 기록되는 EDR 데이터]

충돌 전	충돌 시점	충돌 후
• 차량 속도 • 가속페달 상태 • 브레이크 작동 • 엔진 회전수	• 안전벨트 착용 • 에어백 경고등	• 가속도 • 속도변화 • 에어백 전개 여부 • 차량 진단 데이터 • 다중 충돌 순서

03 에어백 컨트롤 모듈(ACM) 장치

(1) 에어백 컨트롤 모듈(ACM ; Airbag Control Module) 장치는 구속장치(에어백, 안전벨트)를 전개하기 위한 모듈로서 에어백 및 또 다른 안전장치의 작동 여부와 작동 시점을 결정하기 위하여 센서로부터 정보를 수신한다.

(2) EDR 기능은 ACM에 내장되어 있다.

[ACM 장치]

04 EDR의 작동조건

(1) 비가역적 안전장치가 전개된 경우
① 에어백이 작동되어 전개된 경우
② 안전벨트의 구속장치(Pre-tensioner)가 작동된 경우

(2) 충돌사고가 발생한 경우
① 0.15초 이내에 차량의 진행방향의 속도변화 누계(ΔV)가 8km/h 이상인 경우
② 0.15초 이내에 차량의 측면방향의 속도변화 누계(ΔV)가 8km/h 이상인 경우

05 EDR 관련 법규

(1) 국내 법규
① 자동차관리법 제29조의3(사고기록장치의 장착 및 정보제공)
  ㉠ 자동차제작·판매자 등이 EDR을 장착할 경우에는 국토교통부령으로 정하는 바에 따라 장착해야 한다.
  ㉡ 자동차제작·판매자 등이 ㉠에 따라 EDR이 장착된 자동차를 판매하는 경우에는 EDR이 장착되어 있음을 구매자에게 알려야 한다.
  ㉢ ㉠에 따라 EDR을 장착한 자동차제작·판매자 등은 자동차 소유자 등 국토교통부령으로 정하는 자가 기록내용을 요구할 경우 해당 자동차의 EDR에 기록된 내용 및 이 법 또는 관계 법령에 따라 기록 내용을 분석한 경우 그 결과보고서를 제공하여야 한다.
  ㉣ ㉠부터 ㉢까지의 규정에 따른 EDR의 장착기준, 장착사실의 통지, 기록정보 및 결과보고서의 작성기준 및 제공방법, 사고기록추출장비의 유통·판매 등 필요한 사항은 국토교통부령으로 정한다.

② **자동차관리법 시행규칙 제30조의3(사고기록장치 장착 안내 및 정보제공 등)**
   ㉠ ①의 ㉡에 따라 자동차를 제작·조립 또는 수입하는 자(이들로부터 자동차의 판매위탁을 받은 자를 포함하며, 이하 "자동차제작·판매자 등"이라 한다)는 사고기록장치가 장착된 자동차를 판매하는 경우에는 [별표 4의4]의 EDR 안내문을 구매자에게 교부하여야 한다.
   ※ 자동차 사용자 매뉴얼에 게재된다.

   [사고기록장치 세부 안내문〈별표 4의4〉]

   > 이 자동차에는 사고기록장치가 장착되어 있습니다.
   > 사고기록장치는 자동차의 충돌 등 사고 전후 일정시간 동안 자동차의 운행정보(주행속도, 제동페달, 가속페달 등의 작동 여부)를 저장하고, 저장된 정보를 확인할 수 있는 기능을 하는 장치를
   > 사고기록정보는 사고 상황을 좀 더 잘 이해하는 데 도움이 됩니다.

   ㉡ ①의 ㉢에서 "국토교통부령으로 정하는 자"란 다음의 어느 하나에 해당하는 자를 말한다.
   1. 자동차 소유자
   2. 자동차 소유자의 배우자·직계존속 또는 직계비속
   3. 사고 자동차의 운전자
   4. 사고 자동차의 운전자의 배우자·직계존속 또는 직계비속
   5. 국토교통부장관
   6. 성능시험대행자
   ㉢ 자동차제작·판매자 등은 ㉡의 어느 하나에 해당하는 자로부터 사고기록장치 기록내용을 요구받으면 그 날부터 15일 이내에 다음의 정보를 직접 교부하거나 우편으로 송달하여야 한다.
   1. 해당 자동차의 사고기록장치에 기록된 내용
   2. 이 법 또는 관계 법령에 따라 1.의 내용을 분석한 경우 그 결과보고서

③ **자동차 및 자동차부품의 성능과 기준에 관한 규칙 제56조의2(사고기록장치)**
   ㉠ 법 제2조 제10호에서 "자동차의 충돌 등 국토교통부령으로 정하는 사고"란 다음의 어느 하나에 해당하는 상황이 발생한 경우를 말한다.
   1. 0.15초 이내에 진행방향의 속도 변화 누계가 시속 8km 이상에 도달하는 경우(측면방향의 속도 변화가 기록되는 자동차의 경우에는 측면방향 속도 변화 누계가 0.15초 이내에 시속 8km 이상에 도달하는 경우를 포함한다)
   2. 에어백 또는 좌석안전띠 프리로딩 장치 등 비가역안전장치가 전개되는 경우
   3. 보행자 또는 자전거운전자 등과 충돌 시 보행자 등의 상해를 완화하기 위하여 차실 외부에 설치된 안전장치가 전개되는 경우
   ㉡ 자동차관리법 제29조의3 제1항에 따라 승용자동차와 차량 총중량 3.85톤 이하의 승합자동차·화물자동차에 EDR을 장착할 경우에는 [별표 5의25]에 따른 EDR 장착기준에 적합하게 장착하여야 한다.

(2) 미국 법규

미국에서는 이미 2006년 8월에 EDR 데이터의 수집·저장·데이터 표준 등과 관련된 규정(NHTSA,

49CFR-Part563)을 제정하여 2012년 9월부터 단계적으로 시행하고 있으며, 자동차 제조회사는 인증기관으로부터 확인된 EDR 또는 EDR에 저장된 데이터를 기록 및 저장하고 추출할 수 있도록 하였다.

06 사고기록장치(EDR)의 기록 항목

(1) 의무 기록 항목(자동차 및 자동차부품의 성능과 기준에 관한 규칙 [별표 5의25]

순 번	기록항목	기록 간격·시간	초당 기록횟수
1	진행방향 속도변화 누계	다음 중 짧은 시간 가. 0초부터 0.25초까지 나. 0초부터 사고 종료시점 +0.03초까지	100
2	진행방향 최대 속도변화값	다음 중 짧은 시간 가. 0초부터 0.3초까지 나. 0초부터 사고 종료시점 +0.03초까지	해당 없음
3	최대 속도변화값 시간		해당 없음
4	자동차 속도	-5초부터 0초까지	2
5	엔진 스로틀밸브 열림량 또는 가속페달 변위량	-5초부터 0초까지	2
6	제동페달 작동 여부	-5초부터 0초까지	2
7	시동장치의 원동기 작동위치 누적횟수	-1초 시점	해당 없음
8	정보추출 시 시동장치의 원동기 작동위치 누적횟수	정보 추출 시점	해당 없음
9	운전석 좌석안전띠 착용 여부	-1초 시점	해당 없음
10	정면 에어백 경고등 점등 여부	-1초 시점	해당 없음
11	운전석 정면 에어백 전개 시간(다단 에어백은 1단계 전개 시간)	0초부터 전개 시점까지	해당 없음
12	조수석 정면 에어백 전개 시간(다단 에어백은 1단계 전개 시간)	0초부터 전개 시점까지	해당 없음
13	다중사고 횟수	다중사고 종료 시점	해당 없음
14	다중사고 간격	시간 간격	해당 없음
15	1부터 14까지 항목의 정상 기록완료 여부	예 또는 아니오	해당 없음

주) 1) "0초"란 사고기록 시 기록간격이나 시간간격에 대한 기준시점으로서 다음 중 먼저 발생된 시점을 말한다.
   가. 에어백제어장치의 "켜짐(Wake-up)" 기능을 가진 경우에는 에어백 제어 프로그램이 작동되는 경우
   나. 에어백제어장치의 연속작동 제어 프로그램을 가진 경우에는 0.02초 이내에 진행방향 속도 누계가 시속 0.8km 초과 도달하는 경우(측면 방향 속도변화가 기록되는 자동차는 0.005초 이내에 측면방향 속도변화 누계가 시속 0.8km 초과 도달하는 경우를 포함한다)
   다. 에어백 또는 좌석안전띠 프리로딩 장치 등 비가역안전장치가 전개되는 경우
2) "사고종료 시점"이란 사고기록을 종료하는 기준시점으로 다음 중 먼저 발생된 경우의 시점을 말한다.
   가. 0.02초 이내에 진행방향 속도 변화 누계가 시속 0.8km 이하일 경우. 다만, 측면방향 속도 변화가 기록되는 자동차는 0.02초 이내에 진행방향과 측면방향의 합성속도 변화 누계가 시속 0.8km 이하일 경우를 말한다.
   나. 에어백제어장치의 에어백 등 비가역안전장치 제어 프로그램이 재설정되는 경우
3) "제동페달"에는 발조작식 외에 다른 형태의 조작방식을 포함한다.
4) "시동장치의 원동기 작동위치 누적횟수"란 사고시점까지 시동장치의 원동기 작동위치 누적횟수를 말한다.
5) "정보 추출 시 시동장치의 원동기 작동위치 누적횟수"란 정보 추출시점까지 시동장치의 원동기 작동위치 누적횟수를 말한다.
6) "다중사고 횟수"란 교차로 사고 등 5초 이내에 발생한 연속 사고의 횟수를 말한다.
7) "다중사고 간격"이란 첫 번째 사고의 0초부터 두 번째 사고의 0초까지의 시간 간격을 말한다.

(2) 추가 기록 항목(의무 사항은 아님)

순 번	기록항목	기록 간격·시간	초당 기록횟수
1	측면방향 속도변화 누계	다음 중 짧은 시간 가. 0초부터 0.25초까지 나. 0초부터 사고종료 시점 +0.03초까지	100
2	측면방향속도 최대 변화값	다음 중 짧은 시간 가. 0초부터 0.30초까지 나. 0초부터 사고종료 시점 +0.03초까지	해당 없음
3	측면방향속도 최대 변화값 시간		
4	합성속도 최대 변화값 시간		
5	자동차 전복경사각도	−1초부터 1초 이상까지	10
6	엔진 회전수(RPM)	−5초부터 0초까지	2
7	바퀴잠김 방지식 제동장치(ABS) 작동 여부		
8	자동차 안정성 제어장치(ESC) 작동 여부		
9	조향핸들 각도		
10	조수석 좌석안전띠 착용 여부	−1초 시점	해당 없음
11	조수석 정면에어백 작동상태(켜짐, 꺼짐, 자동)	−1초 시점	해당 없음
12	운전석 정면 다단 에어백의 2단계부터 단계별 전개 시간	0초부터 전개 시점까지	해당 없음
13	조수석 정면 다단 에어백의 2단계부터 단계별 전개 시간		
14	운전석 정면 다단 에어백의 2단계부터 단계별 추진체 강제처리여부		
15	조수석 정면 다단 에어백의 2단계부터 단계별 추진체 강제처리 여부	0초부터 전개 시점까지	해당 없음
16	운전석 측면 에어백 전개 시간	0초부터 전개 시점까지	해당 없음
17	조수석 측면 에어백 전개 시간		
18	운전석 커튼 에어백 전개 시간		
19	조수석 커튼 에어백 전개 시간		
20	운전석 좌석안전띠 프리로딩 장치 전개 시간		
21	조수석 좌석안전띠 프리로딩 장치 전개 시간		
22	운전석좌석 최전방 위치이동스위치 작동 여부	−1초 시점	해당 없음
23	조수석좌석 최전방 위치이동스위치 작동 여부		
24	운전석 승객 크기 유형		
25	조수석 승객 크기 유형		
26	운전자 정위치 착석 여부		
27	조수석 정위치 착석 여부		
28	측면방향 가속도	해당 없음	해당 없음
29	진행방향 가속도		
30	수직방향 가속도		

주) 1) "합성속도 최대 변화값 시간"이란 진행방향과 측면방향의 합성속도변화 최댓값에 대한 시간을 말한다.
    2) "에어백의 단계별 추진체 강제처리 여부"란 에어백 추진체의 처리 목적이 승객 보호인지 강제처리인지 여부를 구분하여 표시하는 것을 말한다.
    3) 12부터 15까지는 1단계를 제외한 남은 단계의 수만큼 항목을 추가하여 기록하여야 한다.
    4) "승객 크기 유형"이란 승객의 몸무게 또는 신체 크기 등을 구분하는 것을 말한다.

CHAPTER 02 EDR 데이터 회수방법

01 EDR 데이터 회수 가능 장비 및 장착 위치

EDR에 기록되어 있는 사고 정보는 CDR(Crash Data Retrieval)과 VCI(Vehicle Communication Interface)라는 장비를 활용하여 데이터를 회수할 수 있다.

CDR 장비는 한국 GM에서 2009년 이후 생산된 차량을 비롯해 북미에 수출되는 대다수의 차량에 적용하였고, VCI는 현대·기아자동차 전용으로 개발되었다. 2015년 이후에는 북미에서 판매되고 있는 차량의 99%에 EDR이 장착되었으며, 대부분 CDR 장비로 EDR 데이터의 회수가 가능하고, 현대·기아자동차, 스바루(SUBARU) 등과 같은 제작사는 별도의 장비를 활용하고 있다.

(1) CDR과 VCI 장비

데이터 회수장비 본체(CDR, VCI)는 PC와 차량의 OBD 단자 중간에 연결하는 커넥터로 구성된다.

[EDR 데이터 회수장비 본체]

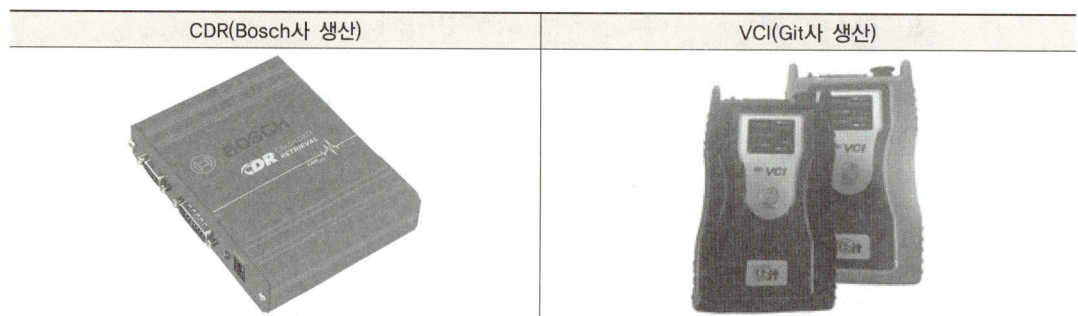

| CDR(Bosch사 생산) | VCI(Git사 생산) |

(2) EDR 데이터 회수 커넥터인 OBD 단자 형상 및 차량 장착 위치

대부분의 차량은 계기판 하단, 즉 운전석 대시 패널 하부, 페달류(브레이크, 엑셀러레이터) 상부에 장착되어 있고 콘솔박스 내부에 장착되어 있는 차종도 있다.

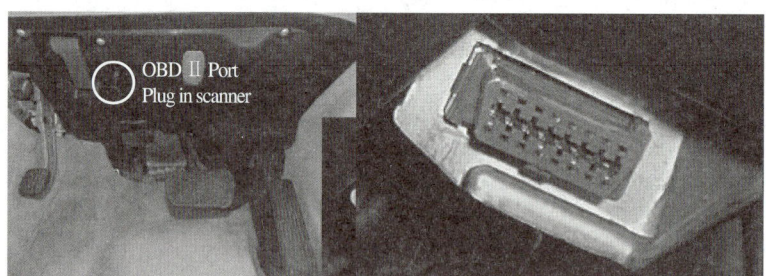

[차량 장착 위치 및 OBD 단자 형상]

02 EDR 데이터 회수 가능 차종

EDR 데이터를 회수하기 위해서는 각 제작사 및 차종별로 특수한 장비가 필요하다. 이들 장비는 서로 호환성이 없으므로 자동차 제작사에 따라 별도의 장비를 이용하여 데이터를 회수해야 한다. 또한 차종에 따라서 데이터 회수 가능 차량이 연도별로 구분되어 있기 때문에 그 연식 이전에 생산된 차량은 사용할 수가 없다.

(1) 자동차 제작사별 데이터 회수장비
① VCI 장비 : 현대·기아자동차
② CDR 장비 : 한국GM, 토요타자동차 등

(2) 각 자동차 제작사별 데이터 회수 가능 차량의 종류
① 현대, 기아자동차 : 2013년 이후 생산한 승용차량 및 SUV 차량에 적용
② 한국GM : 2009년 이후 생산한 승용차량 및 SUV 차량에 적용
③ 토요타자동차 : 2005년 이후 생산한 승용차량 및 SUV 차량에 적용
④ 포드, 크라이슬러 등 북미 판매 차량 대부분의 차종에 적용

03 전원 정상차량의 EDR 데이터 회수방법

심하게 충돌되지 않은 사고는 배선이 차체에 접촉되거나, +/- 양 배선이 서로 엉키는 등의 전기적인 손상은 발생하지 않는데, 이런 사고차량은 배터리의 상태가 정상이고 차량의 전원 상태가 정상임이 확인되면 OBD 단자를 통해 간단하게 EDR 데이터를 회수할 수 있다.

(1) CDR 장비의 하드웨어 연결

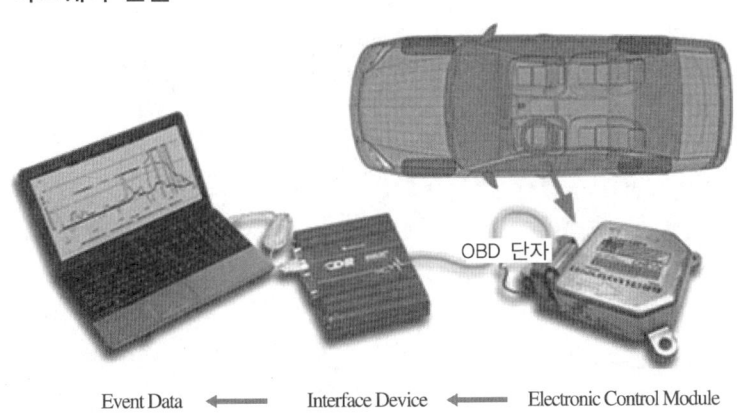

[차량 OBD 단자로부터 직접 연결된 개략도(CDR)]

① EDR 데이터 회수를 위한 하드웨어 연결 순서
　㉠ EDR에 저장되어 있는 데이터를 회수하기 위해서는 먼저 EDR 데이터를 읽을 수 있는 CDR(충돌데이터 회수장치)과 차량 간에 데이터 통신이 가능한 상태로 만들어 준다.
　㉡ OBD 단자 또는 DLC(Diagnostic Link Connector) 단자는 차량 진단 단자를 통해 통신이 가능하므로, 차량 전원에 문제가 없는지 확인한 후 OBD 연결 케이블을 사용하여 CDR과 OBD 단자를 연결한다.
　㉢ 노트북의 시리얼포트로 CDR 장비를 연결한다.
　㉣ 차량 키를 On하면 CDR 장비는 녹색불이 점등된다.
　㉤ 노트북을 켜서 **CDR**(CDR 소프트웨어) 실행한다.

(2) VCI 장비의 하드웨어 연결

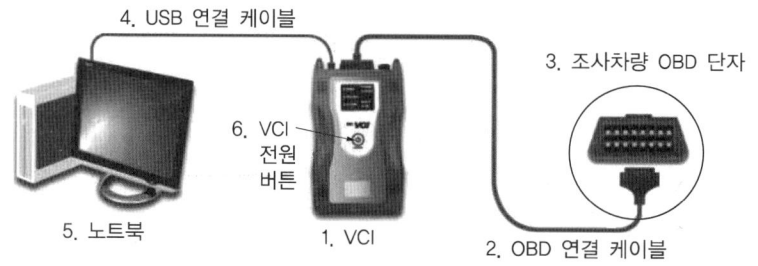

[차량 OBD 단자의 직접 연결된 계략도(VCI)]

① VCI 장비의 하드웨어 연결 순서
　㉠ EDR에 저장되어 있는 데이터를 회수하기 위해서는 먼저 EDR 데이터를 읽어 들일 수 있는 VCI(현대・기아자동차 적용)를 데이터 통신이 가능한 상태로 만들어 준다.
　㉡ 차량 전원에 문제가 없는 것을 확인하고 OBD 연결케이블을 VCI 상부 중앙 단자와 연결한 후, USB 연결케이블과 노트북을 연결한다.
　㉢ 차량 키를 On하고 VCI의 전원 버튼을 눌러 VCI 전원을 On한다.
　㉣ 노트북을 켜고 VCI 구동 소프트웨어(　현대자동차용,　기아자동차용)를 실행한다.

04 EDR 데이터를 에어백 모듈에서 직접 회수방법

사고 당시의 충격으로 차량 내의 배선이 심하게 손상되어 배선을 통해 OBD 단자에 전원공급이 곤란할 경우, 즉 OBD 단자를 활용하여 EDR 데이터를 회수하기 어려운 경우에 EDR 데이터를 회수하는 방법이다.

이러한 경우 EDR이 설치되어 있는 에어백 모듈을 사고차량에서 탈거하여 직접 CDR이나 VCI 장비를 연결하여 데이터를 회수할 수 있다.

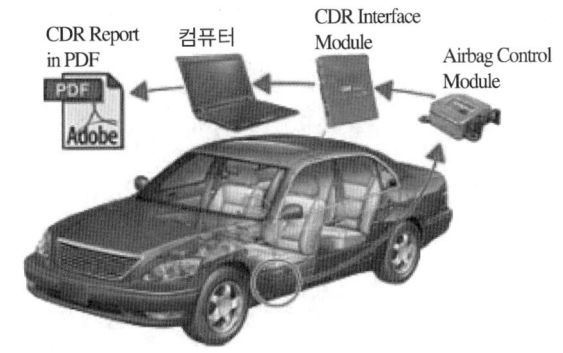

[에어백 모듈에 직접 연결된 계략도(CDR)]

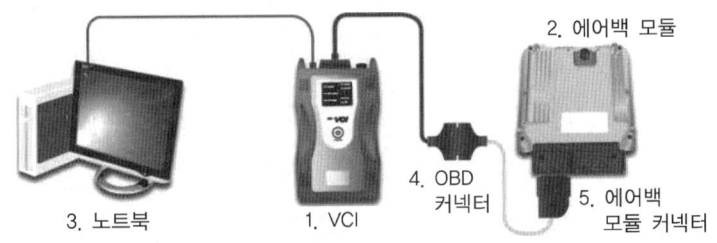

[에어백 모듈에 직접 연결된 계략도(VCI)]

(1) 에어백 모듈에 EDR 데이터 회수장비를 직접 연결할 경우의 문제점

① EDR 데이터 회수장비(CDR)와 에어백 모듈(ACU)을 직접 연결하는 젠더 케이블이 제작사나 모델별로 각기 다른 형상의 젠더를 사용하고 있으므로 모든 차종에 대응하기에는 현실적으로 불가능하다(CDR 장비의 경우 젠더 케이블 구매 부담이 크게 발생한다).

② 에어백 모듈(ACU)에 전원을 인가(Back Powering)해야만 EDR 데이터 회수장비(CDR)가 작동하므로 CDR과 ACU 사이에 별도 전원을 공급해야 한다.

03 EDR 데이터 회수(Data Retrieval)

01 CDR 장비로 회수

(1) CDR 장비와 에어백 모듈 간 통신이 정상적으로 이루어져 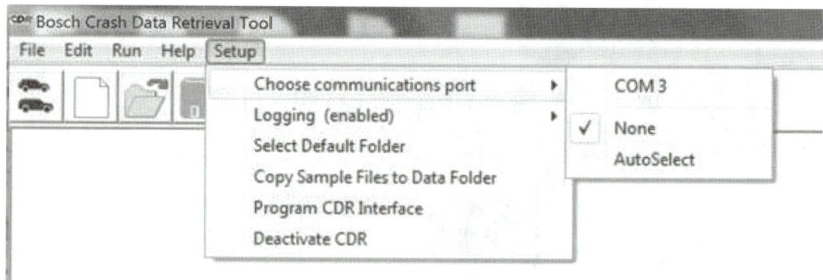 프로그램을 실행

(2) CDR 연결 포트 선택
① CDR 인터페이스에 차량과 전원이 인가되면 메뉴 바의 셋업 툴 바 버튼을 클릭하여 해당 통신 포트를 선택한다.
② 소프트웨어는 인터페이스를 찾아 적당한 통신포트를 선택한다. 이때 PC에 블루투스가 켜져 있으면 작동이 안 될 수도 있다.

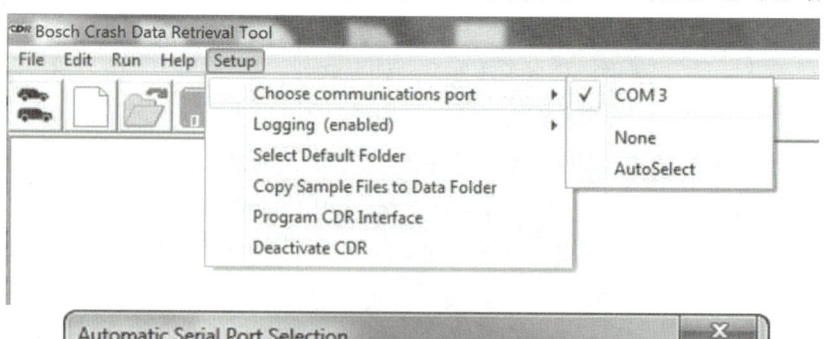

③ 자동으로 시리얼 포트를 인식하여 통신에 성공하면 OK 버튼을 클릭한다.

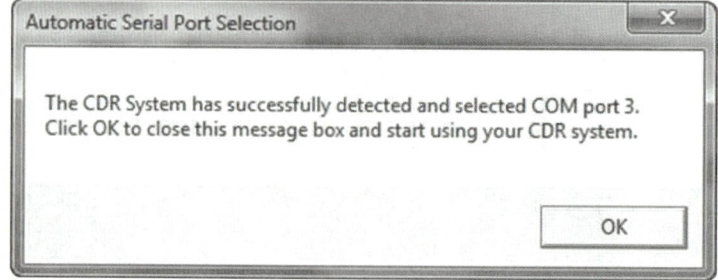

④ CDR 장비 연결 상태 확인

CDR 장비와 컴퓨터 간 통신상태 확인은 풀다운 메뉴에서 확인이 가능하다.

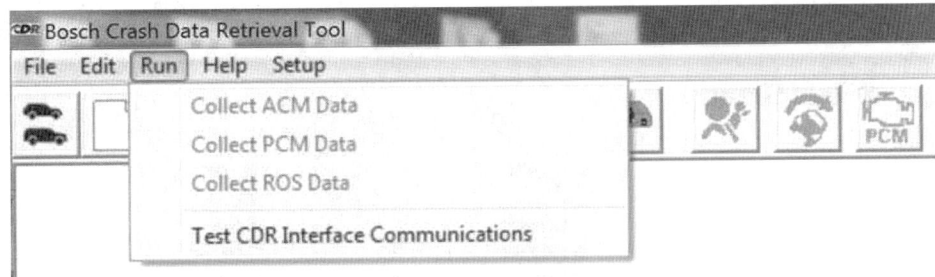

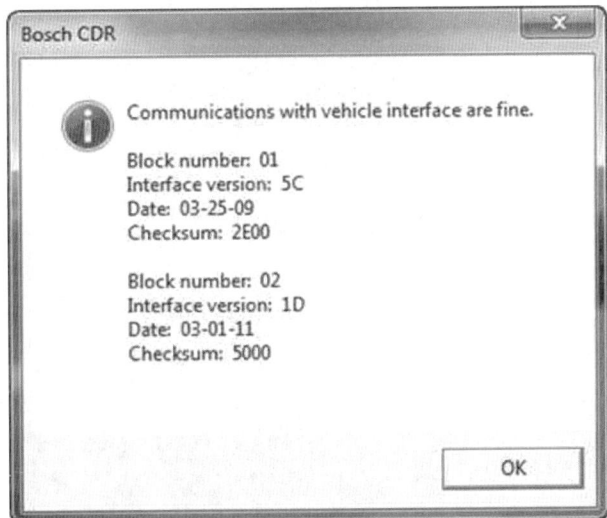

(3) CDR 장비의 EDR 데이터 회수 절차

① CDR 소프트웨어를 실행하여 'New' 아이콘 클릭

② 조사 대상 자동차 제작사를 선택하여 클릭

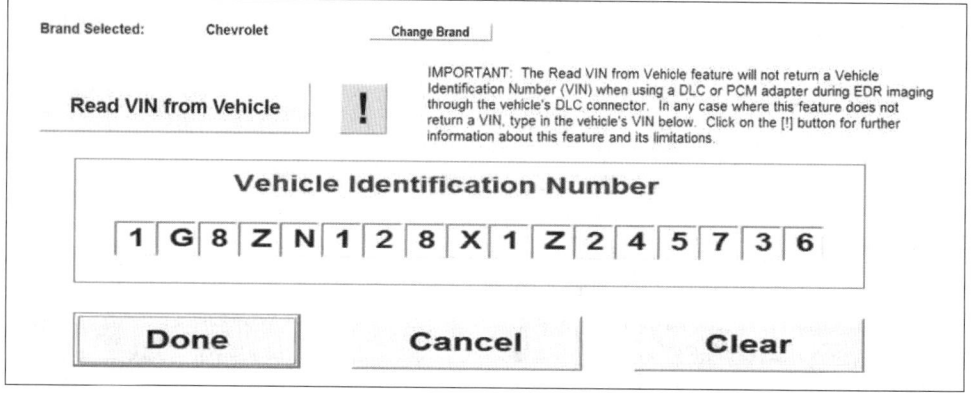

③ 차대번호(Vehicle Identification Number) 기입 후 'Done' 클릭

④ 사고 관련 정보 기록 후 'Done' 클릭

⑤ 차대번호가 입력되면 각 제작사에 따른 데이터 회수 아이콘이 활성화된 후 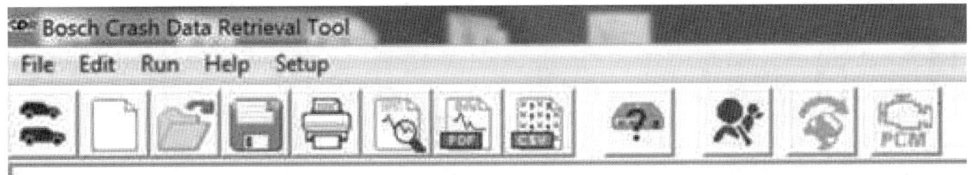 클릭
  ㉠ GM, BMW, 피아트, 벤츠, 미니, 닛산, 스즈키, 홀덴, 마쯔다, 토요타, 볼보, 마세라티의 아이콘 메뉴

  ㉡ GM 차량 중 전복센서 적용 차량

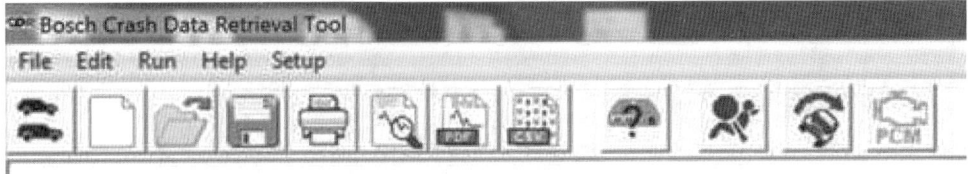

  ㉢ 포드 차량 중 RCM, PCM 또는 모두 적용된 경우

  ㉣ 크라이슬러 차량 중 ACM 또는 ACM과 PPM이 모두 장착된 경우

⑥ CDR 데이터 저장파일 형식
  ㉠ EDR 데이터가 CDR 장비에 의해 회수되면 파일명은 차대번호에 확장자가 .CDRX 형식으로 저장된다.
  ㉡ (VIN)_ACM.CDRX
  ㉢ PDF 파일로 변환시키면 CDR 소프트웨어가 없는 PC에서는 EDR 기록지의 내용을 확인할 수 있다.

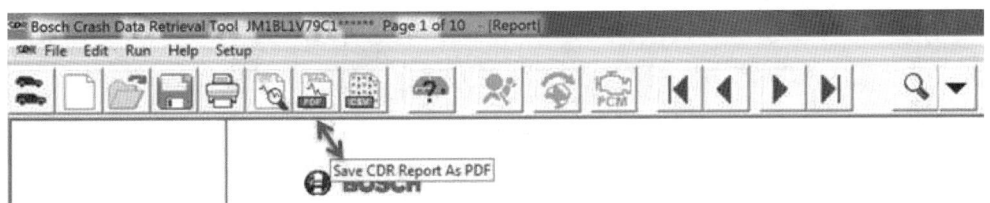

02 VCI 장비로 회수

(1) VCI용 소프트웨어(현대자동차용, 기아자동차용)를 실행

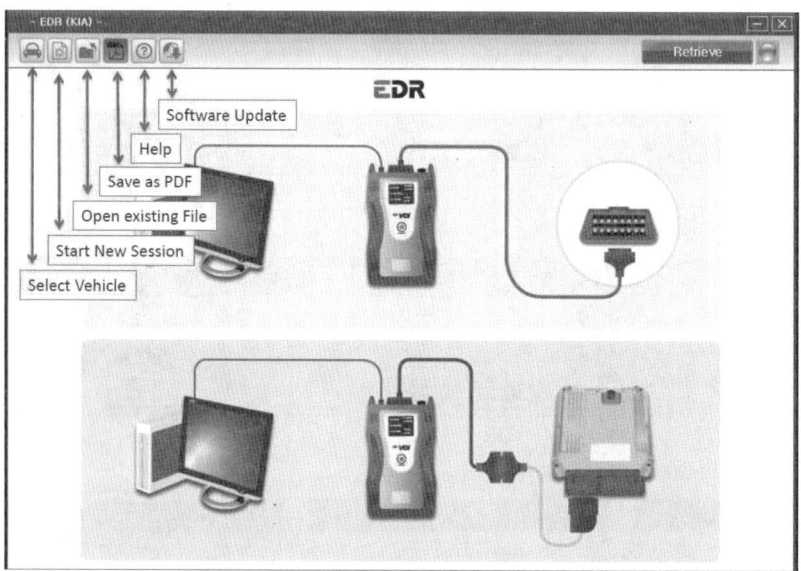

(2) 1단계 : 차량 선택(Select Vehicle 아이콘 클릭)
   ① 조사 차량 모델을 선택(현대자동차인 경우)

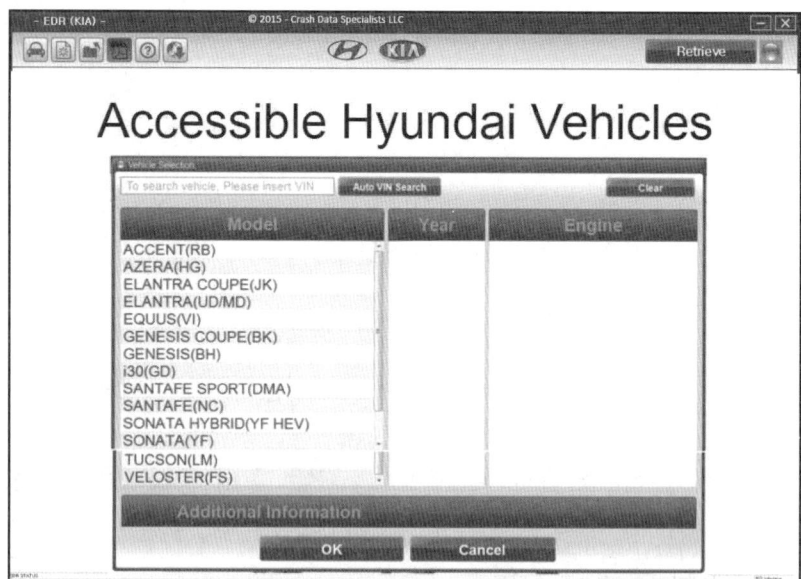

※ 북미 수출명으로 표시

② 조사 차량 모델을 선택(기아자동차인 경우)

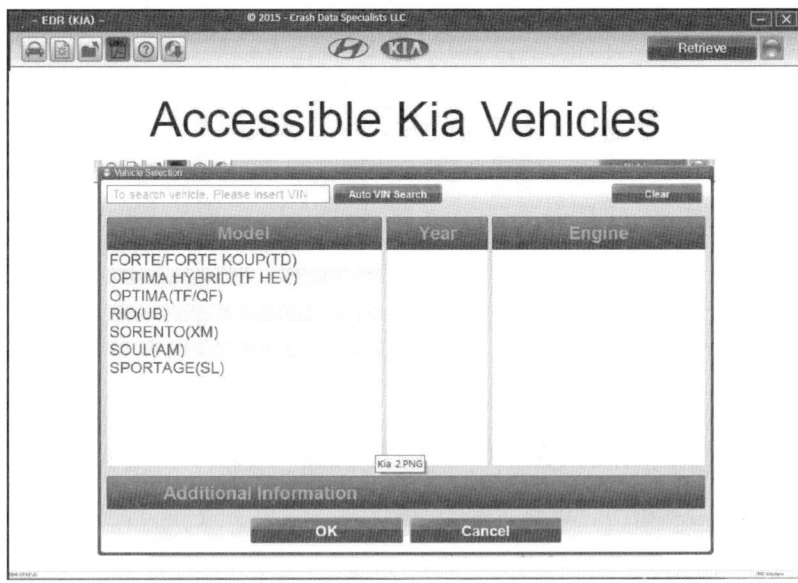

※ 북미 수출명으로 표시

(3) 2단계 : 차대 번호 입력(필수 사항은 아님) 후 'OK' 클릭

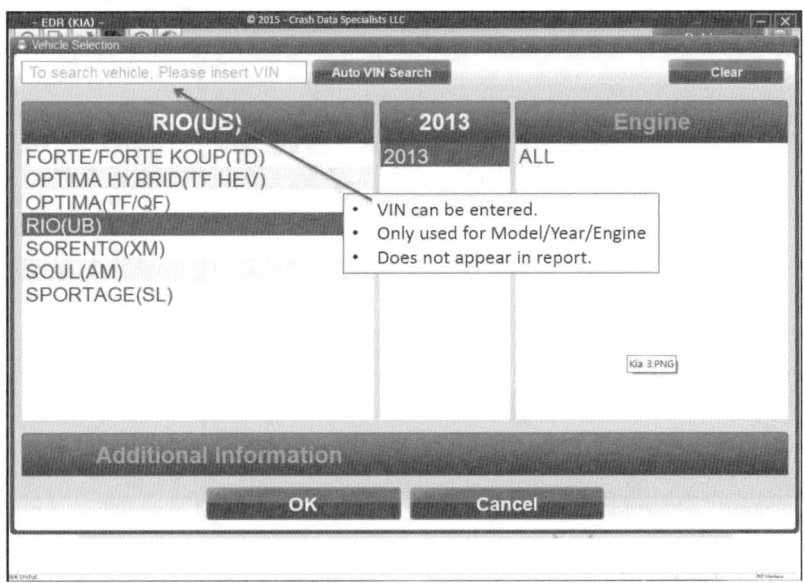

(4) 3단계 : 연식, 엔진 선택 후 'OK' 클릭

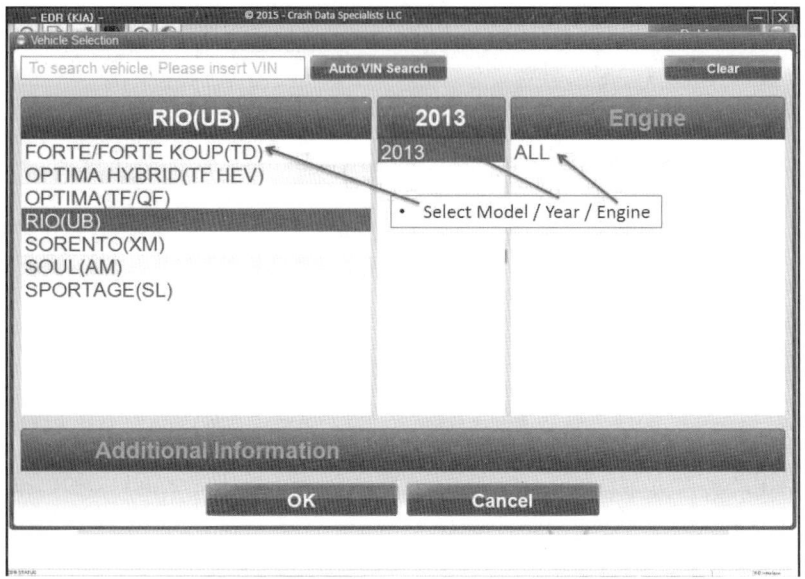

(5) 4단계 : 조사 정보 입력
① 추가 정보를 입력하고 'OK' 클릭

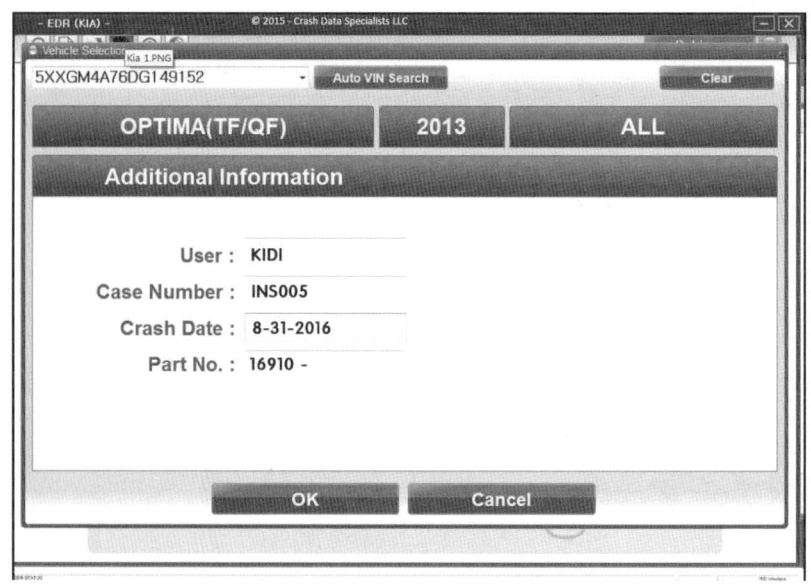

(6) 5단계 : 데이터 회수 명령
   ① 추가 정보를 입력하고 'OK' 클릭

   ② 사고차량의 EDR 데이터의 회수 확인

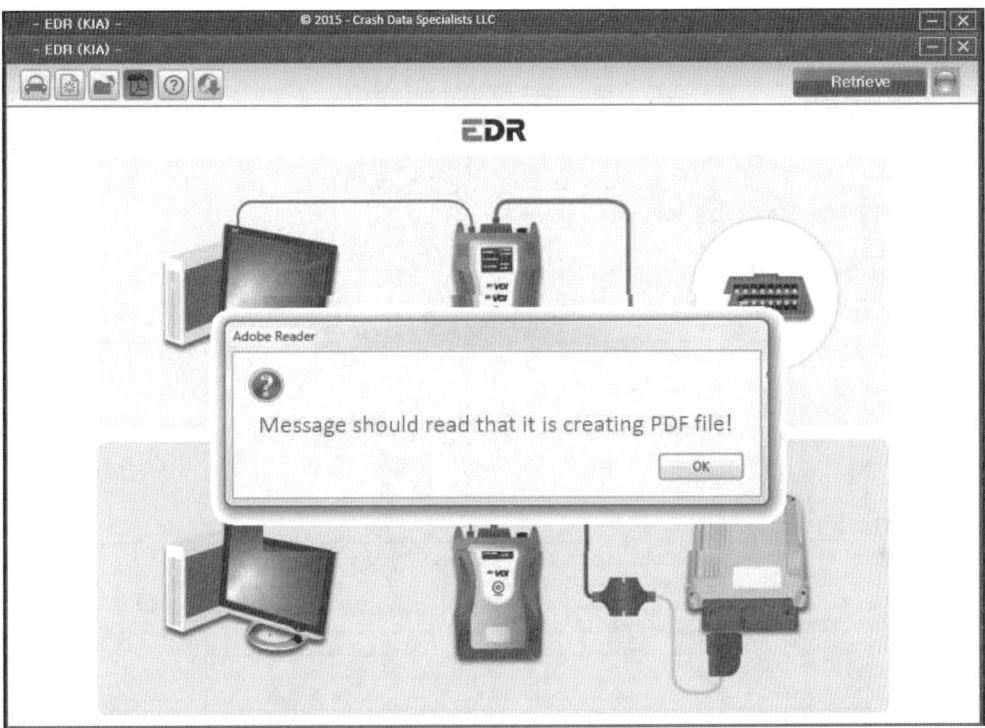

   ③ 회수된 EDR 데이터를 PDF 파일로 저장

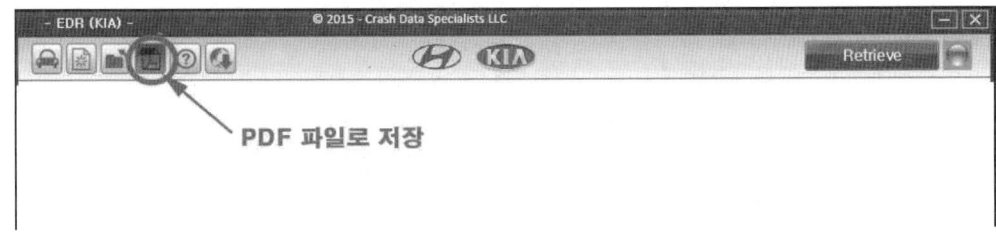

CHAPTER 04 EDR 데이터 분석

04 추출된 EDR 데이터

(1) 차량에 관한 데이터

입력된 차대번호(VIN)와 차량에 관한 기본적인 데이터에 대한 내용이 출력된다.

CDR File Information

User Entered VIN	KLYMA481DCC691111
User	KSI
Case Number	0001
EDR Data Imaging Date	04-28-2018
Crash Date	04-28-2018
Filename	
Saved on	Saturday, April 28 2018 at 14:16:23
Imaged with CDR version	Crash Data Retrieval Tool 17.7.1
Imaged with Software Licensed to (Company Name)	Doowon Technical University
Reported with CDR version	Crash Data Retrieval Tool 17.7.1
Reported with Software Licensed to (Company Name)	Doowon Technical University
EDR Device Type	Airbag Control Module
Event(s) recovered	Non-Deployment, Deployment

(2) 이벤트 데이터(일반)

출고 후 조사시점까지의 시동 횟수(Ignition Cycles at Investigation) 2,382회

Event Data (General)

Ignition Cycles At Investigation	2382
ESS # 1 Traceability Data	AU2341T7F8KGIUGN
ESS # 2 Traceability Data	AT2341TNF9FSAUGN
ESS # 3 Traceability Data	AD2340T81WPNIEGL
ESS # 4 Traceability Data	000000T000000000
ESS # 5 Traceability Data	000000T000000000
ESS # 6 Traceability Data	000000T000000000
ESS # 7 Traceability Data	000000T000000000
ESS # 8 Traceability Data	000000T000000000
Dynamic Deployment Event Counter	1
Dynamic Algorithm Enable Counter	2
Dynamic OnStar Notification Event Counter	1
Vehicle Identification Number	KLYMA481DCC691111
System Type	N/A
Manufacturing Traceability Data	AS3458T121721600
Software Module Identifier 1	00CF4460
Software Module Identifier 2	05AD227F
Software Module Identifier 3	00CE01A1
End Model Part Number	00CF4462

(3) 이벤트 데이터(첫번째 기록)

① ACU로부터 추출된 데이터

Event Data (Event Record 1)

Event Recording Complete	Yes
Event Record Type	Non-Deployment
Crash Record Locked	Yes
OnStar Deployment Status Data Sent	Yes
OnStar SDM Recorded Vehicle Velocity Change Data Sent	No
Deployment Event Counter	0
Algorithm Enable Counter	1
OnStar Notification Event Counter	0
Algorithm Active: Rear	Yes
Algorithm Active: Rollover	No
Algorithm Active: Side	Yes
Algorithm Active: Frontal	Yes
Ignition Cycles At Event	775
Time Between Events (sec)	Data Not Available
Concurrent Event Flag Set	No
Event Severity Status: Rollover	No
Event Severity Status: Rear	No
Event Severity Status: Right Side	No
Event Severity Status: Left Side	No
Event Severity Status: Frontal Stage 2	No
Event Severity Status: Frontal Stage 1	No
Event Severity Status: Frontal Pretensioner	No
Driver 1st Stage Deployment Loop Commanded	No
Passenger 1st Stage Deployment Loop Commanded	No
Driver 2nd Stage Deployment Loop Commanded	No
Passenger 2nd Stage Deployment Loop Commanded	No
Driver Pretensioner Deployment Loop #1 Commanded	No
Passenger Pretensioner Deployment Loop #1 Commanded	No
Driver Pretensioner Deployment Loop #2 Commanded (If Equipped)	No
Passenger Pretensioner Deployment Loop #2 Commanded (If Equipped)	No
Driver Thorax Loop Commanded (If Equipped)	No
Passenger Thorax Loop Commanded (If Equipped)	No
Left Row 2 Thorax Loop Commanded (If Equipped)	No
Right Row 2 Thorax Loop Commanded (If Equipped)	No
Left Row 1 Roof Rail/Head Curtain Loop Commanded (If Equipped)	No
Right Row 1 Roof Rail/Head Curtain Loop Commanded (If Equipped)	No
Left Row 2 Roof Rail/Head Curtain Loop Commanded (If Equipped)	No
Right Row 2 Roof Rail/Head Curtain Loop Commanded (If Equipped)	No
Left Row 3 Roof Rail/Head Curtain Loop Commanded (If Equipped)	No
Right Row 3 Roof Rail/Head Curtain Loop Commanded (If Equipped)	No
Driver Knee Deployment Loop Commanded (If Equipped)	No
Passenger Knee Deployment Loop Commanded (If Equipped)	No
Left Row 2 Pretensioner Deployment Loop Commanded (If Equipped)	No
Right Row 2 Pretensioner Deployment Loop Commanded (If Equipped)	No
Center Row 2 Pretensioner Deployment Loop Commanded (If Equipped)	No
Battery Cutoff Loop Commanded (If Equipped)	No
Driver Roll Bar Loop Commanded (If Equipped)	No
Passenger Roll Bar Loop Commanded (If Equipped)	No
Steering Column Energy Absorbing Loop Commanded (If Equipped)	No
Driver Head Rest Loop Commanded (If Equipped)	No
Passenger Head Rest Loop Commanded (If Equipped)	No
Left Row 2 Head Rest Loop Commanded (If Equipped)	No
Right Row 2 Head Rest Loop Commanded (If Equipped)	No
Center Row 2 Head Rest Loop Commanded (If Equipped)	No
Driver Belt Switch Circuit Status (If Equipped)	Buckled
Passenger Belt Switch Circuit Status (If Equipped)	Data Invalid
Driver Seat Position Status (If Equipped)	Data Invalid
Passenger Seat Position Status (If Equipped)	Data Invalid
Passenger SIR Suppression Switch Circuit Status (If Equipped)	Data Not Available
SIR Warning Lamp Status	Off
SIR Warning Lamp ON/OFF Time Continuously (seconds)	655330
Number of Ignition Cycles SIR Warning Lamp was ON/OFF Continuously	0
Ignition Cycles Since DTCs Were Last Cleared at Event Enable	7
Time From Algorithm Enable to Maximum SDM Recorded Vehicle Velocity Change (msec)	60

Longitudinal SDM Recorded Vehicle Velocity Change at time of Maximum SDM Recorded Vehicle Velocity Change MPH [km/h]	6 [10]
Lateral SDM Recorded Vehicle Velocity Change at time of Maximum SDM Recorded Vehicle Velocity Change MPH [km/h]	0 [0]
Driver 1st Stage Time From Algorithm Enable to Deployment Command Criteria Met (msec)	Data Not Available
Driver 2nd Stage Time From Algorithm Enable to Deployment Command Criteria Met (msec)	Data Not Available
Passenger 1st Stage Time From Algorithm Enable to Deployment Command Criteria Met (msec)	Data Not Available
Passenger 2nd Stage Time From Algorithm Enable to Deployment Command Criteria Met (msec)	Data Not Available
Driver Thorax/Curtain Time From Algorithm Enable to Deployment Command Criteria Met (msec)	Data Not Available
Passenger Thorax/Curtain Time From Algorithm Enable to Deployment Command Criteria Met (msec)	Data Not Available
Driver Pretensioner Time From Algorithm Enable to Deployment Loop #1 or Loop #2 Command Criteria Met (msec)	Data Not Available
Passenger Pretensioner Time From Algorithm Enable to Deployment Loop #1 or Loop #2 Command Criteria Met (msec)	Data Not Available

※ SDM(Signal Diagnostic Module) : 에어백 감지시스템
SIR(Single Instance Repository) : 데이터 중복 제거(De-Duplication) 솔루션

② DTCs(Diagnostic Trouble Codes) Present at Time of Event(Event Record 1)
  ㉠ 충돌 전 -5.0초부터 -0.5초까지의 각종 데이터의 예(1)

Pre-Crash Data -5.0 to -0.5 sec (Event Record 3)

Times (sec)	Accelerator Pedal, % Full (Accelerator Pedal Position)	Service Brake (Brake Switch Circuit State)	Engine RPM (Engine Speed)	Engine Throttle, % Full (Throttle Position)	Speed, Vehicle Indicated (Vehicle Speed) (MPH [km/h])
-5.0	99	Off	6720	99	66 [107]
-4.5	99	Off	6400	99	62 [100]
-4.0	99	Off	4800	99	45 [73]
-3.5	99	Off	5120	99	80 [128]
-3.0	0	Off	5760	92	92 [148]
-2.5	0	On	2496	26	37 [60]
-2.0	0	On	1536	20	31 [50]
-1.5	0	On	1344	17	25 [40]
-1.0	0	On	1152	17	24 [38]
-0.5	0	On	1088	17	21 [33]

  ㉡ 충돌 전 -2.5초부터 -0.5초까지의 차량속도 데이터의 예(2)

Pre-Crash Data -2.5 to -.5 sec (Event Record 1)

Times (sec)	Vehicle Speed (MPH [km/h])
-2.5	75 [120]
-2.0	72 [116]
-1.5	70 [112]
-1.0	65 [104]
-0.5	57 [92]

ⓒ 충돌(0ms) 후 300ms(0.3초)까지의 차량 진행방향의 속도변화(-값은 속도감소)

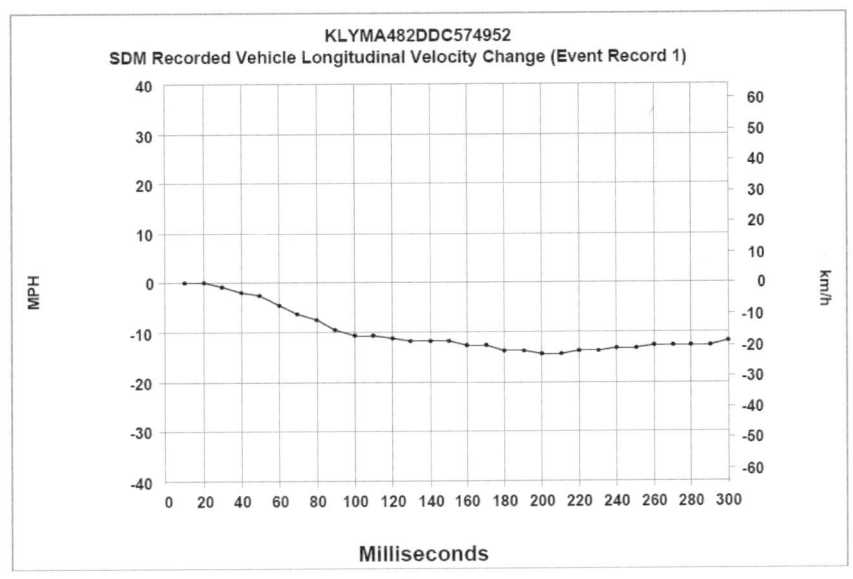

Time (msec)	Delta-V, longitudinal (MPH)	Delta-V, longitudinal (km/h)
10	0.0	0.0
20	0.0	0.0
30	-0.6	-1.0
40	-1.9	-3.0
50	-2.5	-4.0
60	-4.3	-7.0
70	-6.2	-10.0
80	-7.5	-12.0
90	-9.3	-15.0
100	-10.6	-17.0
110	-10.6	-17.0
120	-11.2	-18.0
130	-11.8	-19.0
140	-11.8	-19.0
150	-11.8	-19.0
160	-12.4	-20.0
170	-12.4	-20.0
180	-13.7	-22.0
190	-13.7	-22.0
200	-14.3	-23.0
210	-14.3	-23.0
220	-13.7	-22.0
230	-13.7	-22.0
240	-13.0	-21.0
250	-13.0	-21.0
260	-12.4	-20.0
270	-12.4	-20.0
280	-12.4	-20.0
290	-12.4	-20.0
300	-11.8	-19.0

ㄹ 충돌(0ms) 후 300ms까지의 차량 측면방향의 속도변화(-값은 차량의 좌측방향)

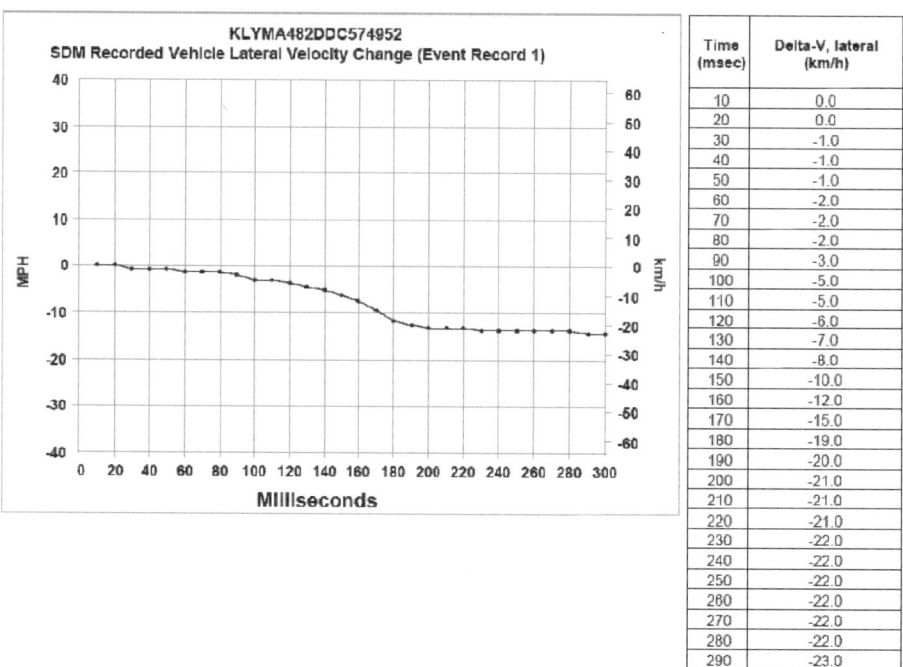

③ 원래의 이미지 Data는 16진수

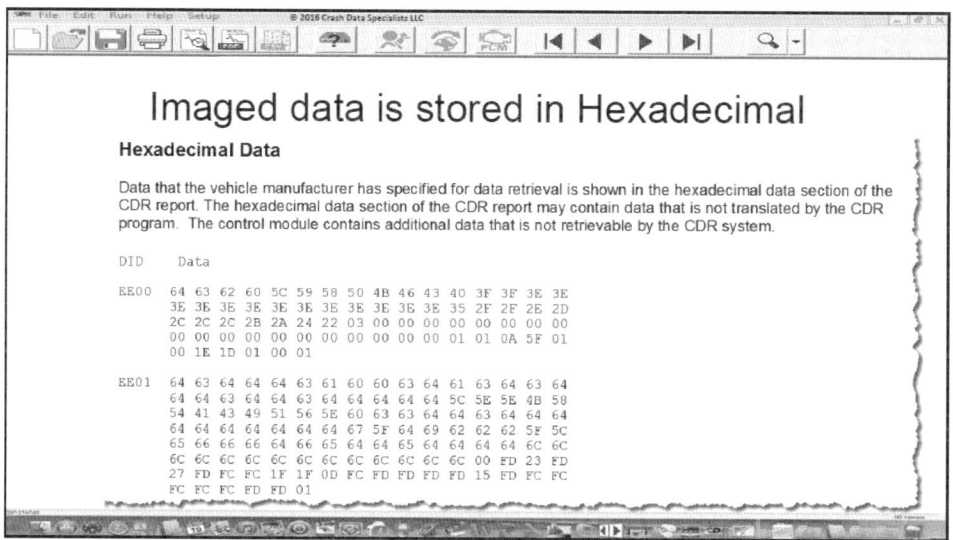

02 추출된 EDR 데이터 분석

(1) EDR 데이터에서의 (+), (−)방향의 의미

[충돌 전·후에 기록되는 EDR 데이터]

EDR Data	+ 방향의 의미(−는 반대방향)
길이방향 속도변화(Longitudinal Delta-V)	차량 진행방향(Forward Direction)[+가속, −감속]
측면방향 속도변화(Lateral Delta-V)	좌측에서 우측방향(Left to Right Direction)
길이방향 가속도(Longitudinal Acceleration)	차량 진행방향(Forward Direction)
측면방향 가속도(Lateral Acceleration)	좌측에서 우측방향(Left to Right Direction)
수직방향 가속도(Normal Acceleration)	위에서 아래로(Downward Direction)
전복각도(Vehicle Roll Angle)	시계방향(Clockwise Rotation)
조향핸들각도(Steering Input)	반시계방향(Counter Clockwise Rotation)

[EDR 데이터에서 의미하는 방향]

(2) 차량에 관한 데이터

Event Data (Event Record 1)

Event Recording Complete	Yes
Event Record Type	Non-Deployment
Crash Record Locked	Yes

Event Record Type
에어백 작동 여부 ✕

Event Data (Event Record 1)

Event Recording Complete	Yes
Event Record Type	Non-Deployment
Crash Record Locked	Yes
OnStar Deployment Status Data Sent	Yes
OnStar SDM Recorded Vehicle Velocity Change Data Sent	No
Deployment Event Counter	0
Algorithm Enable Counter	1
OnStar Notification Event Counter	0
Algorithm Active: Rear	Yes
Algorithm Active: Rollover	No
Algorithm Active: Side	Yes
Algorithm Active: Frontal	Yes
Ignition Cycles At Event	775
Time Between Events (sec)	Data Not Available
Concurrent Event Flag Set	No
Event Severity Status: Rollover	No

Algorithm Enable Counter
사고 횟수 1번째

Ignition Cycles At Event
출고 후 사고 전까지
걸렸던 시동 횟수 775

(3) 탑승자에 관한 데이터

Center Row 2 Head Rest Loop Commanded (If Equipped)	No
Driver Belt Switch Circuit Status (If Equipped)	Buckled
Passenger Belt Switch Circuit Status (If Equipped)	Data Invalid
Driver Seat Position Status (If Equipped)	Data Invalid
Passenger Seat Position Status (If Equipped)	Data Invalid

Driver Belt Switch Circuit Status (If Equipped)
: 운전자 안전벨트 착용 O

Passenger Belt Switch Circuit Status(If Equipped)
: 조수석 탑승자 없음

(4) Event 2의 데이터

Event Data (Event Record 2)

Event Recording Complete	Yes
Event Record Type	Deployment
Crash Record Locked	Yes

Event Record Type
에어백 작동 여부 O

Event Data (Event Record 2)

Event Recording Complete	Yes
Event Record Type	Deployment
Crash Record Locked	Yes
OnStar Deployment Status Data Sent	Yes
OnStar SDM Recorded Vehicle Velocity Change Data Sent	Yes
Deployment Event Counter	1
Algorithm Enable Counter	2
OnStar Notification Event Counter	1
Algorithm Active: Rear	Yes
Algorithm Active: Rollover	No
Algorithm Active: Side	Yes
Algorithm Active: Frontal	Yes
Ignition Cycles At Event	2337
Time Between Events (sec)	Data Not Available
Concurrent Event Flag Set	No

Algorithm Enable Counter
사고 횟수 2번째

Ignition Cycles At Event
출고 후 사고 전까지
걸렸던 시동 횟수 2337

Pre-Crash Data -2.5 to -.5 sec (Event Record 2)

Times (sec)	Vehicle Speed (MPH [km/h])
-2.5	29 [47]
-2.0	30 [48]
-1.5	30 [48]
-1.0	30 [48]
-0.5	31 [50]

사고발생 0.5초 전까지의 속력 약 50km/h
운전자가 전방 주시를 제대로 하지 않은 상황에서 앞에 급정거나 신호등(빨간불) 등으로 멈춰 있는 차량을 추돌한 사고로 예상

전체적인 속도 변화 미비

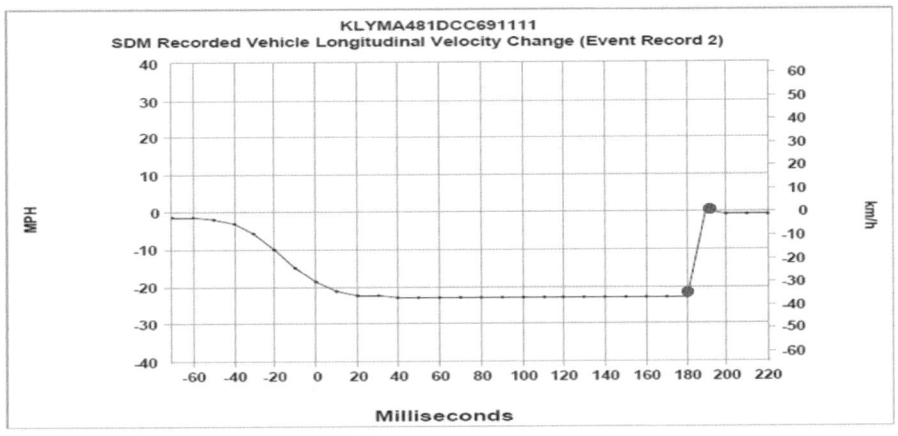

- 0.05초 전에 가속페달에서 발을 때고 브레이크를 밟기 시작한 것으로 유추
- 사고 발생 직전에 급브레이크로 속력을 줄인 것으로 보이며, 사고 직후에 차량 속도가 감속하다가 멈춘 것으로 보임

03 실제 사고 차량으로부터 추출된 EDR 데이터의 예

(1) Volvo CDR Reports

CDR File Information

User Entered VIN	YV4952B49DK******
User	
Case Number	
EDR Data Imaging Date	12/12/2012
Crash Date	
Filename	SAMPLE_VOLVO.CDRX
Saved on	Wednesday, December 12 2012 at 17:06:48
Collected with CDR version	Crash Data Retrieval Tool 10.0
Reported with CDR version	Crash Data Retrieval Tool 10.0
EDR Device Type	Airbag Control Module
Event(s) recovered	Event record 1 (Deployment), Event record 2 (Deployment)

① Polarity Table

Data Element Sign Convention:
The following table provides an explanation of the sign notation for data elements that may be included in this CDR report.

Data Element Name	Positive Sign Notation Indicates
Longitudinal Acceleration	Forward
Delta-V, Longitudinal	Forward
Maximum Delta-V, Longitudinal	Forward
Lateral Acceleration	Leftwards
Delta-V, Lateral	Leftwards
Maximum Delta-V, Lateral	Leftwards
Normal Acceleration	Upwards
Vehicle Roll Angle	Rolling rightwards

② System Status

System Status at Retrieval

Vehicle Identification Number	VY1FS248397*****
On-line Diagnostic Database Reference Number	31360455 AA
Number of Deployments	5
Ignition Cycle, Download	512
Lifetime Operating Timer (sec)	100,157

③ System Status At Event

System Status at Event (Event Record 1)

Deployment Status, Event Record 1	Data Not Received
Data Area Status, Event Record 1	Locked, Data Stored
Complete File Recorded (Yes/No)	Yes
Multi-Event, Number of Events (1,2)	Event Number 1
Time From Event 1 to 2 (sec)	0
Maximum Delta-V, Longitudinal (MPH [km/h])	-39.1 [-63.0]
Time, Maximum Delta-V, Longitudinal (msec)	105

System Status at Event (Event Record 1)

Deployment Status, Event Record 1	No Close Deployment stored
Data Area Status, Event Record 1	Locked, Data Stored
Complete File Recorded (Yes/No)	Yes
Multi-Event, Number of Events (1,2)	Event Number 1
Time From Event 1 to 2 (sec)	0
Maximum Delta-V, Longitudinal (MPH [km/h])	-3.7 [-6.0]
Time, Maximum Delta-V, Longitudinal (msec)	28

④ Deployment Command Data

Deployment Command Data (Event Record 1)

Frontal Airbag Deployment, Time to Deploy, First Stage, Driver (msec)	5
Frontal Airbag Deployment, Time to Deploy, First Stage, Front Passenger (msec)	5
Frontal Airbag Deployment, Time to Deploy Stage 2, Passenger (msec)	15
Frontal Airbag Deployment, Time to Deploy Stage 3, Passenger (msec)	25
Frontal Airbag Deployment, Time to Deploy Stage 2, Driver (msec)	10
Frontal Airbag Deployment, Time to Deploy Stage 3, Driver (msec)	Not Equipped
Left Side Airbag, Time to Deploy (msec)	Not Commanded
Right Side Airbag, Time to Deploy (msec)	Not Commanded
Left Side Curtain, Time to Deploy (msec)	Not Commanded
Right Side Curtain, Time to Deploy (msec)	Not Commanded
Driver Shoulder Belt Pretensioner, Time to Deploy (msec)	3
Passenger Shoulder Belt Pretensioner, Time to Deploy (msec)	3
Adaptive Steering Column, Time to Deploy (msec)	5
Driver Lap Belt Pretensioner, Time to Deploy (msec)	11
Passenger Lap Belt Pretensioner, Time to Deploy (msec)	11
Driver Belt Load Limiter, Time to Deploy (msec)	46
Passenger Belt Load Limiter, Time to Deploy (msec)	18
2nd Row Right Belt Pretensioner, Time to Deploy (msec)	Not Commanded
2nd Row Middle Belt Pretensioner, Time to Deploy (msec)	3
2nd Row Left Belt Pretensioner, Time to Deploy (msec)	3
3rd Row Right Belt Pretensioner, Time to Deploy (msec)	Not Equipped
3rd Row Left Belt Pretensioner, Time to Deploy (msec)	Not Equipped

⑤ Pre-Crash : Seatbelt/Occupant Data

Pre-Crash Data -1 Sec (Event Record 1)

Ignition Cycle, Crash	182
Safety Belt Status, Driver	On, Belted
Safety Belt Status, Passenger	On, Belted
Frontal Airbag Warning Lamp	Off
Frontal Airbag Suppression Switch Status, Front Passenger	Not Equipped
Seat Track Position Switch, Foremost, Status, Driver	Off, Unbelted
Seat Track Position Switch, Foremost, Status, Front Passenger	On, Belted
Occupant Size Right Front Passenger Child	No

⑥ Pre-Crash Data

Pre-Crash -5 to 0 sec (Event Record 1)

Time (sec)	Speed, Vehicle Indicated (MPH [km/h])	Engine Throttle, Percent Full (%)	Service Brake (On, Off)
-5.0	33.6 [54.0]	0.0	Off
-4.5	33.6 [54.0]	0.0	Off
-4.0	34.2 [55.0]	0.0	Off
-3.5	34.8 [56.0]		
-3.0	34.8 [56.0]		
-2.5	34.8 [56.0]		
-2.0	34.8 [56.0]		
-1.5	34.8 [56.0]		
-1.0	34.8 [56.0]		
-0.5	34.8 [56.0]	0.0	Off
0.0	0.0 [0.0]	0.0	Off

ACCELEROMETER DATA

Accelerometer Locations:	Left Rear Crossmember
Cal. Procedure/Interval:	Drop Test / 6 months
Integration Algorithm:	NHTSA Standard
Impact Velocity (km/h):	56.53
Velocity Change (km/h):	64.4
Time of Separation (msec):	69.9

⑦ Longitudinal Delta-V / Acceleration

Longitudinal Crash Pulse (Event Record 1)

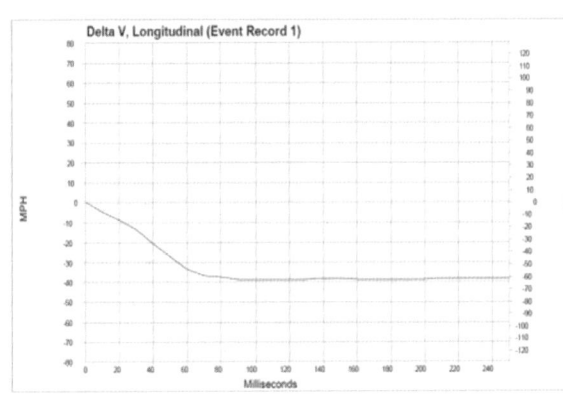

Time (msec)	Delta-V, Longitudinal (MPH [km/h])	Longitudinal Acceleration (g)
0	0.0 [0.0]	-10.0
10	-5.0 [-8.0]	-41.5
20	-8.7 [-14.0]	-9.5
30	-13.7 [-22.0]	-30.0
40	-20.5 [-33.0]	-16.5
50	-27.3 [-44.0]	-30.0
60	-33.6 [-54.0]	-28.5
70	-36.7 [-59.0]	-6.0
80	-37.3 [-60.0]	-2.0
90	-38.5 [-62.0]	-1.5
100	-38.5 [-62.0]	-0.5
110	-38.5 [-62.0]	-0.5
120	-38.5 [-62.0]	-0.5
130	-38.5 [-62.0]	1.5
140	-37.9 [-61.0]	2.0
150	-37.9 [-61.0]	-1.5
160	-38.5 [-62.0]	0.0
170	-38.5 [-62.0]	-0.5
180	-38.5 [-62.0]	0.0
190	-38.5 [-62.0]	0.5
200	-38.5 [-62.0]	-0.5
210	-37.9 [-61.0]	0.5
220	-37.9 [-61.0]	0.0
230	-37.9 [-61.0]	-0.5
240	-37.9 [-61.0]	0.0
250	-37.9 [-61.0]	0.0

⑧ Lateral and Vertical Acceleration

Lateral Crash Pulse (Event Record 1)

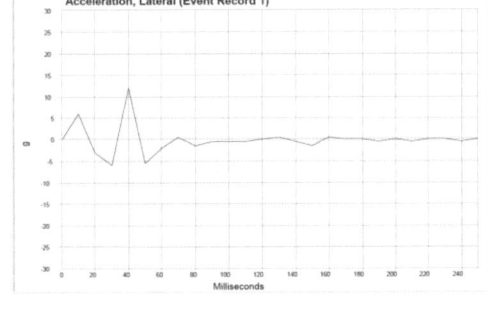

Vertical Crash Pulse (Event Record 1)

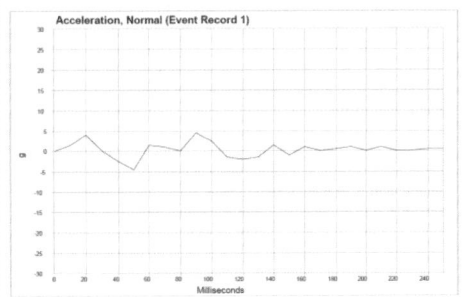

⑨ Roll Angle Data
Vertical Crash Pulse (Event Record 1)

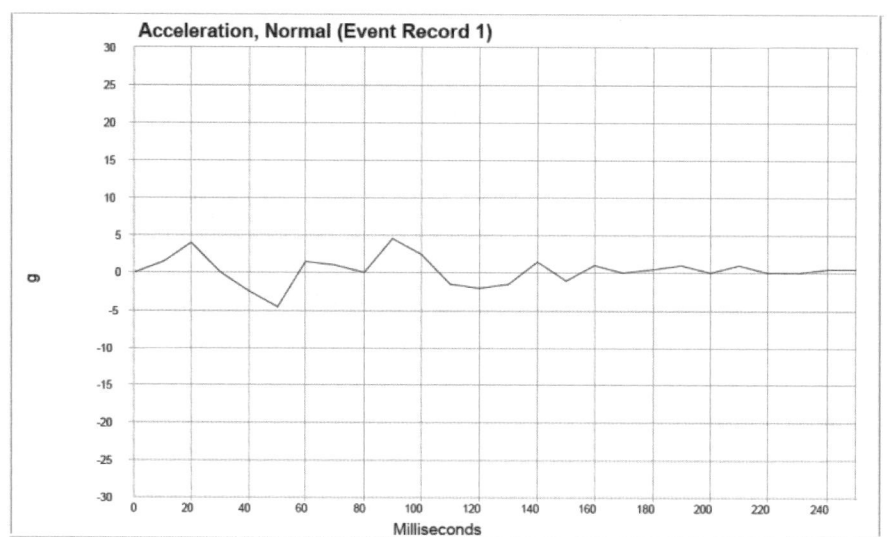

CHAPTER 05 EDR 데이터 활용

01 EDR 데이터 회수 요청 시 주의 사항

(1) EDR이 장착되어 있다고 안내문을 교부한 차량(2015.12.19. 이후 생산 차량 중)의 차주나 운전자 등 사고 당사자는 EDR의 기록내용 제공을 자동차제작·판매자 등에게 요청할 수 있다.

(2) 또한 EDR 회수장비를 구비하고 있다면 사고 당사자의 동의를 받아 EDR 데이터의 회수가 가능하다(CDR 장비는 Bosch사에서 공급하고 있다).

(3) 사고차량이 보험사기와 같은 범죄 등으로 수사가 진행되고 있거나 명확한 교통사고 조사를 위해 경찰이 요청할 경우 수색영장 등을 통해 EDR 데이터의 회수가 가능하다.

02 EDR 데이터를 활용한 보상업무 응용 분야

(1) 운전자가 탑승하지 않은 고의 사고 적발
   브레이크, 가속페달, 운전대 회전 상태 분석에 의한 사고 당시 운전자 탑승 여부

(2) 안전벨트 착용 여부 및 탑승자 체구 확인을 통한 운전자 바꿔치기 여부 확인

(3) 다중 충돌사고 분석을 통한 가해·피해차량의 판단

(4) 사고 당시 충돌거동을 기반으로 한 수리비 적정성의 검토 등
   ① 충돌속도에 따른 속도변화량 분석을 통한 손상범위
   ② 전후방향, 횡방향 충돌 상태 분석 등

03 EDR 활용 시의 문제점

EDR의 활용에 대해 다음 표와 같이 미국의 경우는 어느 정도 법적인 제도가 마련되어 있으나, 국내의 경우는 민감한 부분에 대한 제도적인 장치를 좀 더 보완할 필요가 있다.

[각 사례별 미국과 국내의 상황 비교]

구 분	미 국	한 국	비 고
경찰교통 사고조사 규정	법규는 우리나라와 유사하지만 실제 사고 발생 현장에서 경찰이 직접 데이터 수집 • 운전자가 불응할 경우 법원 판결에 따라 차량 압수 후 데이터 수집이 100% 가능하므로 불응할 필요없음 • 사고차량에서 부품을 분해하는 것이 아니라 에어백 유닛에 저장된 데이터만 복사 • 운전자의 재산권 침해 없음	규칙 없음	EDR은 사고 조사 시 차량 파손, 타이어 흔적과 같은 사고 조사를 위한 기본 항목의 데이터가 디지털로 수치화된 것
보험사 사고조사 규정	사고조사 시 기본 데이터로 활용 • EDR 데이터를 기반으로 한 보험사기 방지 • 치료비 과다 청구 방지 • 차량 결함 조사에까지 활용	규칙 없음	
EDR 데이터에 대한 개인정보법 여부	개인정보법 침해 없음 • 차량 충격(Event) 시점 전후 약 5~6초간의 차량 속도와 운동에너지를 중심으로 한 데이터만 저장. 운전자의 개인정보는 일체 담겨 있지 않음	규칙 없음	GPS위치, 사고시간, 운전자정보가 일체 포함되어 있지 않으므로 개인정보법 대상이 아님
차량 데이터 공개 여부	차대번호(VIN)의 일부만 공개 허용 • 외부에 EDR 데이터 공개 시 VIN의 숫자 중 차량생산번호인 마지막 6자리만 지우고 공개 • 6자리만 지울 경우 차량의 종류, 생산연도, 엔진형식 등의 차량 관련 정보는 수집이 가능하지만 누구의 차량인지는 알아낼 방법이 없음	규칙 없음	수집된 데이터의 변별력을 위하여 차대번호 수집은 반드시 필요

부록 II

1차 시험 과년도 + 최근 기출문제

2015년 1차   과년도 기출문제
2016년 1차   과년도 기출문제
2017년 1차   과년도 기출문제
2018년 1차   과년도 기출문제
2019년 1차   과년도 기출문제
2020년 1차   과년도 기출문제
2021년 1차   과년도 기출문제
2022년 1차   과년도 기출문제
2023년 1차   과년도 기출문제
2024년 1차   최근 기출문제

합격의 공식 시대에듀 www.sdedu.co.kr

01 과년도 기출문제

2015년 11월 8일 시행

제1과목 교통관련법규

01 교통사고처리 특례법상 피해자의 처벌불원 의사와 관계없이 공소를 제기할 수 있는 경우는?
① 진로변경 시 후방을 살피지 아니하여 일어난 경상사고
② 어린이보호구역 내 제한속도 30km/h 도로에서 55km/h 속도로 주행 중 발생한 20세 보행자 경상사고
③ 신호위반으로 발생한 물적피해 교통사고
④ 안전운전불이행으로 인한 중상해 교통사고

해설
② 어린이보호구역 내 제한속도 30km/h 도로에서 50km/h 속도로 주행 중 발생한 20세 보행자 경상사고 : 어린이보호구역(일명, 스쿨존)의 위반이 속도위반(20km/h)으로 인한 사고로 특례에 해당한다. 도로교통법 제12조의 어린이보호구역 내의 속도는 시속 30km 이내로 제한, 상기 지문의 경우 55km 속도는 20km 초과의 속도위반이므로 속도위반으로 인한 특례사고이다.
③ 신호위반으로 발생한 물적피해 교통사고 : 단순 물적피해 사고의 경우에는 해당이 없고 인사사고가 경합이 되어야 특례에 해당한다.
④ 안전운전불이행으로 인한 중상해 교통사고 : '중상해'라는 개념의 정리에 따라 정답이 될 수도 있는 문제로 현행 교통사고처리 특례법의 경우에는 사고로 인하여 피해자가 신체의 장해로 인하여 생명에 대한 위험이 발생하거나 불구, 불치 또는 난치의 질병에 이르는 경우로 규정하고 있는 바, 실무에서는 이런 내용을 중상해로 규정하고 있으며, 대부분의 보험사들의 운전자보험 상품에서도 이런 내용을 묶어 '중상해'에 대한 특약으로 보험상품을 판매하고 있는 상태이다.

02 자전거 관련 법규내용 중 맞는 것은?
① 음주운전으로 처벌할 수 있다.
② 앞지르기 시 앞차의 좌측 혹은 우측으로 앞지르기를 할 수 있다.
③ 중앙선침범 시 처벌할 수 없다.
④ 신호위반 시 처벌할 수 없다.

해설 ※ 법 개정으로 보기 ①의 내용도 맞는 내용(도로교통법 제44조), ①, ② 복수정답임

03 도로교통법상 운전면허의 종류가 아닌 것은?
① 제1종 운전면허
② 제2종 운전면허
③ 연습운전면허
④ 제3종 운전면허

정답 1 ② 2 ①, ② 3 ④

04 야간주행 시 등화의 조작으로 잘못된 것은?
① 승합자동차 – 전조등, 차폭등, 미등, 번호등, 실내조명등
② 승용자동차 – 전조등, 차폭등, 번호등
③ 원동기장치자전거 – 전조등, 미등
④ 견인되는 차 – 차폭등, 미등, 번호등

해설 밤에 도로에서 차를 운행하는 경우 등의 등화(도로교통법 시행령 제19조)
- 자동차 : 자동차안전기준에서 정하는 전조등, 차폭등, 미등, 번호등과 실내조명등(승합자동차, 여객자동차운송사업용 승용자동차만 해당)
- 원동기장치자전거 : 전조등 및 미등
- 견인되는 차 : 미등, 차폭등 및 번호등

05 〈보기〉에서 말하는 도로교통법상 정의로 맞는 것은?

| 보기 |
| 자동차만 다닐 수 있도록 설치된 도로 |

① 국 도
② 지방도
③ 시 도
④ 자동차전용도로

06 도로교통법상 주·정차에 대한 설명으로 맞는 것은?
① 터널 안 및 다리 위 주차금지, 정차금지
② 화재경보기로부터 3m 이내인 곳 주차금지, 정차금지
③ 소방용 방화물통으로부터 5m 이내인 곳 주차금지, 정차가능
④ 건널목의 가장자리 또는 횡단보도로부터 10m 이내인 곳 주차금지, 정차가능

해설 정차 및 주차의 금지(도로교통법 제32조, 제33조)
① 터널 안 및 다리 위 주차금지(정차가능)
② 화재경보기로부터 3m 이내인 곳 주차금지(해당 내용 법 개정으로 삭제)
④ 건널목의 가장자리 또는 횡단보도로부터 10m 이내인 곳 주·정차금지
※ 법 개정으로 보기 ③ 내용 삭제

07 자동차 등의 운전 중 교통사고를 일으킨 때 적용되는 사고결과에 따른 벌점으로 틀린 것은?
① 사고발생 시부터 72시간 이내 사망 1명당 90점
② 3주 이상의 치료를 요하는 의사의 진단이 있는 중상 1명당 15점
③ 3주 미만 5일 이상의 치료를 요하는 의사의 진단이 있는 경상 1명당 5점
④ 5일 미만의 치료를 요하는 의사의 진단이 있는 부상신고 1명당 5점

해설 부상신고의 경우로 1명당 2점(도로교통법 시행규칙 별표 28)

08 일반도로 전용차로와 고속도로 전용차로 설치권자에 대한 설명으로 맞는 것은?

① 일반도로 - 시장 등, 고속도로 - 시장 등
② 일반도로 - 시장 등, 고속도로 - 지방경찰청장
③ 일반도로 - 경찰서장, 고속도로 - 지방경찰청장
④ 일반도로 - 시장 등, 고속도로 - 경찰청장

해설 차로의 설치(도로교통법 제14조 제1항 전단)
시·도경찰청장은 차마의 교통을 원활하게 하기 위하여 필요한 경우에는 도로에 행정안전부령으로 정하는 차로를 설치할 수 있다.
전용차로의 설치(도로교통법 제15조 제1항)
시장 등은 원활한 교통을 확보하기 위하여 특히 필요한 경우에는 시·도경찰청장이나 경찰서장과 협의하여 도로에 전용차로(차의 종류나 승차 인원에 따라 지정된 차만 통행할 수 있는 차로)를 설치할 수 있다.
고속도로 전용차로의 설치(도로교통법 제61조 제1항)
경찰청장은 고속도로의 원활한 소통을 위하여 특히 필요한 경우에는 고속도로에 전용차로를 설치할 수 있다.
※ 법령 개정으로 인하여 정답 없음
※ 2021. 1. 1.부터 "지방경찰청장"을 "시·도경찰청장"으로 개정

09 가변차로가 설치된 도로에서 신호기가 지시하는 진행방향의 가장 왼쪽 황색점선을 좌측으로 넘어 운전하다 맞은편 대형차량과 충돌한 경우 사고책임의 유형은?

① 신호위반사고
② 지시위반사고
③ 중앙선침범사고
④ 앞지르기금지위반사고

10 자동차 운전자 A가 안전운전의무 불이행을 원인으로 교통사고를 발생시켜 본인 경상, 본인차량 탑승자 중상 1명, 피해차량 운전자 경상, 피해차량 탑승자 중상 1명의 사고결과를 야기하였을 경우 A에 대한 벌점은 얼마인가?

① 25점
② 45점
③ 30점
④ 50점

해설 안전운전의무위반에 대한 교통법규위반 벌점 10점, 중상 2명 30점, 경상 1명 5점 합산 45점(본인은 제외, 도로교통법 시행규칙 별표 28)

11 도로교통법상 일반도로에서 자동차 등의 속도 규정권자는?

① 경찰청장
② 지방경찰청장
③ 경찰서장
④ 시장 등

해설 자동차 등과 노면전차의 속도(도로교통법 제17조)
• 자동차 등(개인형 이동장치 제외)과 노면전차의 도로통행속도 제한 : 행정안전부령
• 도로 위 위험방지와 안전, 원활한 소통을 확보하기 위해 필요하다고 인정한 다음의 구분에 따라 구역이나 구간을 지정하여 정한 속도 제한
 - 고속도로 : 경찰청장
 - 고속도로를 제외한 도로 : 시·도경찰청장
※ 2021. 1. 1.부터 "지방경찰청장"을 "시·도경찰청장"으로 개정

정답 8 정답없음 9 ③ 10 ② 11 ②

12 자동차 등을 운전한 경우 다음 위반행위 중 벌점이 가장 적은 것은?

① 속도위반(60km/h 초과)
② 승객의 차내 소란행위 방치운전
③ 신호·지시위반
④ 어린이통학버스 특별보호 위반

> **해설**
> ③ 신호·지시위반 : 15점
> ① 속도위반(60km/h 초과) : 60점
> ② 승객의 차내 소란행위 방치운전 : 40점
> ④ 어린이통학버스 특별보호 위반 : 10점 → 30점(법령 개정)
> ※ 법 개정으로 답 ④ → ③

13 도로교통법상 자전거가 일반도로를 횡단할 수 있도록 표지로써 표시한 도로의 부분은?

① 횡단보도
② 자전거횡단도
③ 자전거도로
④ 자전거전용도로

14 도로교통법상 자동차 등이 아닌 것은?

① 자전거
② 원동기장치자전거
③ 승용차
④ 덤프트럭

> **해설** 자전거는 도로교통법상의 '차'에는 해당이 되지만 '자동차 등'에는 속하지 않는다(도로교통법 제2조 제21호, 제21호의2).

15 도로교통법상 운전자가 좌석안전띠를 반드시 착용해야 하는 경우는?

① 부상·질병·장애 등으로 좌석 안전띠 착용이 적당하지 않은 사람이 운전할 때
② 자동차를 후진시키기 위하여 운전할 때
③ 중요한 계약을 위해 급히 운전할 때
④ 우편물 집배, 폐기물의 수집 그 밖의 빈번히 승강하는 업무를 위하여 운전할 때

16 교통사고처리 특례법 위반의 법정형으로 맞는 것은?

① 3년 이하의 징역 또는 1,500만원 이하의 벌금
② 5년 이하의 징역 또는 2,000만원 이하의 벌금
③ 3년 이하의 금고 또는 1,500만원 이하의 벌금
④ 5년 이하의 금고 또는 2,000만원 이하의 벌금

17 다륜형 원동기장치자전거(ATV)로 운전면허시험에 합격한 사람의 운전면허 기재방법으로 맞는 것은?

① J   ② A
③ B   ④ Z

정답 12 ③ 13 ② 14 ① 15 ③ 16 ④ 17 ①

18 자동차 등의 운전 시 교통사고처리 특례법 제3조 제2항 단서 각호에서 규정한 사고에 해당하지 않는 것은?

① 중앙선침범 운전
② 속도위반(30km/h 초과)
③ 혈중알코올농도 0.099% 운전
④ 교차로통행방법위반 운전

19 황색점선의 길 가장자리 노면표시의 뜻으로 맞는 것은?

① 주차금지, 정차가능
② 주차금지, 정차금지
③ 주차가능, 정차금지
④ 주차가능, 정차가능

20 다음 중 고속도로 통행이 허용되지 않는 것은?

① 이륜자동차(긴급자동차 제외)
② 승용자동차
③ 승합자동차
④ 화물자동차

21 도로교통법상 자동차의 창유리 가시광선 투과율기준으로 맞는 것은?

① 앞면 창유리 – 40% 미만
② 운전석 좌우 옆면 창유리 – 30% 미만
③ 뒷좌석 좌우 옆면 창유리 – 규정 없음
④ 후면 창유리 – 70% 미만

해설 도로교통법 시행령 제28조 참조
① 앞면 창유리 : 70% 미만
② 운전석 좌우 옆면 창유리 : 40% 미만
③ 뒷좌석 좌우 창유리, 후면 창유리 : 규정 없음

22 도로교통법상 보기의 (ㄱ), (ㄴ)에 알맞은 것은?

┤보기├
영유아 : (ㄱ)세 미만인 사람
어린이 : (ㄴ)세 미만인 사람

① (ㄱ) : 6, (ㄴ) : 13
② (ㄱ) : 8, (ㄴ) : 13
③ (ㄱ) : 6, (ㄴ) : 15
④ (ㄱ) : 8, (ㄴ) : 15

23 다음 중 사용하는 사람 또는 기관의 신청에 의해 지방경찰청장이 지정하는 긴급자동차인 것은?

① 수사기관의 자동차 중 범죄수사를 위하여 사용되는 자동차
② 전신·전화의 수리공사 등 응급작업에 사용되는 자동차
③ 보호관찰소 자동차 중 도주자의 체포를 위하여 사용되는 자동차
④ 국내의 요인에 대한 경호업무수행에 공무로 사용되는 자동차

해설 ※ 2021. 1. 1.부터 문제의 "지방경찰청장"은 "시·도경찰청장"으로 개정됨(도로교통법 시행령 제2조)

정답 18 ④ 19 ① 20 ① 21 ③ 22 ① 23 ②

24 종합보험에 가입된 자동차를 혈중알코올농도 0.049% 상태로 도로 아닌 지하주차장에서 후진하여 피해자에게 중상해를 발생시키는 교통사고를 일으킨 경우 운전자에 대한 교통사고처리로 맞는 것은?

① 피해자의 의사에 따라 공소제기여부가 결정된다.
② 도로가 아닌 곳의 교통사고이므로 공소제기를 하지 못한다.
③ 음주운전에 해당하므로 공소를 제기하여야 한다.
④ 종합보험에 가입되어 있으므로 공소제기를 하지 못한다.

해설 ※ 2019. 6. 25. 도로교통법 제44조 개정으로 혈중알코올농도가 0.03% 이상인 경우부터 음주운전으로 봄에 따라 정답 없음

25 도로교통법상 규정된 교통안전표지의 종류로 맞는 것은?

① 지시표지, 규제표지, 안전표지, 경고표지, 노면표시
② 주의표지, 규제표지, 지시표지, 안전표지, 노면표시
③ 주의표지, 규제표지, 보조표지, 경고표지, 노면표시
④ 주의표지, 규제표지, 지시표지, 보조표지, 노면표시

제2과목 교통사고조사론

26 용어에 대한 설명이 바르지 못한 것은?

① 페이드(Fade) 현상 – 브레이크라이닝이 끊어진 경우 발생하며 마찰계수가 저하되는 현상
② ABS장치 – 바퀴가 잠기지 않도록 브레이크를 작동시키는 장치
③ 워터 페이드(Water Fade) – 브레이크 마찰면이 물에 젖어 마찰계수가 감소하여 나타나는 현상
④ 잭 나이프(Jack Knife) – 트랙터·트레일러 차량이 제동 시 안전성을 잃고 트랙터와 트레일러가 접혀지는 현상

해설 브레이크 페이드 현상
자동차가 내리막을 내려올 때 또는 빠른 속도로 달릴 때 풋브레이크를 지나치게 사용하면 브레이크가 흡수하는 마찰에너지가 열에너지로 바뀌어 브레이크라이닝과 드럼 또는 디스크의 온도가 상승한다. 이렇게 되면 마찰계수가 극히 작아져서 자동차가 미끄러지고 브레이크가 작동되지 않게 되는 현상을 말한다.

27 급제동할 때 볼 수 있는 현상이 아닌 것은?

① 노즈 다운(Nose Down) 현상이 나타난다.
② 전륜의 스키드마크(Skid Mark)만 남는 경우가 빈번하다.
③ 전륜의 타이어가 과중한 압력을 받아 찢어질 경우 타이어의 옆면(Side Wall)이 찢어지는 경우가 빈번하다.
④ 스키드마크는 고속일 때보다 저속일 때 잘 나타난다.

해설 스키드마크의 길이는 속도의 제곱에 비례한다.

28 사고 차량의 손상된 금속물체가 큰 압력 없이 노면에 미끄러지면서 나타나거나, 금속물체가 단단한 포장노면에 가볍게 불규칙적으로 스치는 경우 좁게 나타나는 자국은?

① 가우지(Gouge)
② 스크래치(Scratch)
③ 견인 시 긁힌 흔적(Towing Scratch)
④ 크룩(Crook)

29 다음 관계식에서 가속도(a)를 계산하는 식과 거리가 먼 것은?(a : 가속도, d : 거리, i : 시간, V_t : 최고속도, V_e : 최종속도)

① $a = -\dfrac{V_e - V_t}{t}$
② $a = t \cdot \dfrac{V_e - V_t}{2}$
③ $a = \dfrac{2d - 2V_t t}{t^2}$
④ $a = \dfrac{V_e^2 - V_t^2}{2d}$

해설 ① 가속도의 기본식이다.
③ $d = V_i t + \dfrac{1}{2}at^2$에서 파생된 식이다.
④ $V_e^2 - V_i^2 = 2ad$에서 파생된 식이다.

30 속도 60km/h로 주행하던 차량이 제동하여 25m 미끄러진 뒤 정지하였을 때 이 도로의 노면 마찰력수는?(소수점 셋째 자리에서 반올림)

① 0.45 ② 0.57
③ 0.69 ④ 0.81

해설 $V_e^2 - V_i^2 = 2ad$와 $a = fg$에서
$f = \dfrac{V_e^2 - V_i^2}{2dg} = \dfrac{0^2 - (16.7\text{m/s})^2}{2 \times 25\text{m} \times (-9.8\text{m/s}^2)}$
$= 0.569$

31 경사도(구배) 측정에 대한 설명 중 틀린 것은?

① 교통사고와 관련된 경사도 측정에는 횡단경사, 경사, 편경사, 측정 등이 있다.
② 경사도는 가파른 정도를 나타내는 것으로 백분율로 나타낸다.
③ 수평거리와 수직거리의 합으로 계산된다.
④ 클라이노메타(Clinometer)로 측정할 수 있다.

해설 경사도는 수직거리/수평거리로 나타낸다. 클라이노메타(Clinometer)는 일반적으로 어느 기준면에 대한 경사를 측정하거나 측량하는 계기의 총칭이다.

32 사고현장 도면 작성 시 나타내야 할 표시 사항으로 가장 중요성이 적은 것은?

① 도로의 등급
② 사고차량의 최종 정지위치
③ 차량 밖으로 튕겨 나간 운전자의 최종위치
④ 노면에 나타난 타이어 흔적 및 노면 파인 흔적

33 노면에 나타나는 타이어 흔적에 관한 사항 중 틀린 것은?
① 타이어와 노면의 마찰로 발생한다.
② 충돌지점에서 차량의 급속한 선회로 발생한다.
③ 바퀴가 잠기지 않아도 발생할 수 있다.
④ 제동 중에는 반드시 발생한다.

34 평면곡선부에서 자동차가 원심력에 저항할 수 있도록 하기 위하여 노면의 횡단면에 경사를 둔다. 이것을 무엇이라 하는가?
① 완화곡선 구간
② 편경사
③ 곡선장
④ 종단경사

35 교통사고조사자가 사고당사자의 진술을 청취할 때의 요령을 나열한 것이다. 이 가운데 가장 옳은 것은?
① 당사자에게 요점만 말하도록 한다.
② 당사자가 두서 없이 말할 경우, 제지하고 문제의 핵심을 말하도록 유도한다.
③ 당사자가 가능한 한 많은 진술을 하도록 편안하게 해준다.
④ 피해자 측 입장에서 주로 듣고, 청취 도중에 긍정과 지지를 표한다.

해설 ① 당사자에게 하고자 하는 말을 충분히 하도록 한다.
② 당사자가 두서없이 말할 경우라도 제지하지 않고 충분히 잘 청취하여 준다.
④ 가해자나 피해자의 입장에서 들어서는 안 되며, 강압적인 분위기로 청취해서는 안 된다.

36 운전자를 규명할 때 직접적인 판단기준이 되지 않는 것은?
① 상대차량의 축간 거리
② 오토바이 안장 및 커버류에 나타난 쓸린 흔적
③ 신발에 나타난 쓸린 흔적
④ 운전자 및 탑승자의 충돌 후 거동

해설 상대차량의 정보는 운전자 규명과 관계없다.

37 평탄한 도로에서 어느 차량이 요마크(Yaw Mark)를 발생시키면서 진행방향 도로우측으로 이탈하였다. 차량의 무게중심 궤적의 곡선반경이 200m라고 한다면 이 차량의 요마크 발생 직전 속도는?(횡방향 마찰계수는 0.8)
① 약 123km/h
② 약 133km/h
③ 약 143km/h
④ 약 153km/h

해설 요마크 속도 공식 $V = \sqrt{\mu g R}$ 에서,
$V = \sqrt{0.8 \times 9.8 \times 200}$
$\fallingdotseq 39.59 m/s \fallingdotseq 143 km/h$

정답 33 ④ 34 ② 35 ③ 36 ① 37 ③

38 대형차량이 교차로 모퉁이에서 우회전 중 우측 후륜으로 갓길에 서 있던 보행자의 발을 역과하였다면 차량의 어떤 특성 때문에 발생한 사고인가?
① 최소회전반경
② 외륜차
③ 내륜차
④ 롤링(Rolling)

39 대형차량의 급제동 시 마찰계수는 일반적으로 건조한 노면에서 승용차량 마찰계수의 얼마 정도를 적용하는가?
① 약 45~55%
② 약 75~85%
③ 약 100%
④ 약 110~120%

40 요마크(Yaw Mark)의 특성이 아닌 것은?
① 주로 노면에 빗살무늬 형태로 발생된다.
② 일반적으로 차량의 바퀴가 잠긴 상태(Lock)에서 발생된다.
③ 속도산출 시 차량 무게중심 궤적의 곡선 반경값을 적용한다.
④ 주로 운전자의 급핸들 조향에 의해서 발생된다.

해설 ②는 스키드마크의 해설이다.

41 전륜의 조향각에 의한 선회반경보다 실제 선회반경이 커지는 현상은?
① 바운싱(Bouncing)
② 언더 스티어링(Under Steering)
③ 오버 스티어링(Over Steering)
④ 중립 스티어링(Neutral Steering)

42 차 대 보행자 사고의 현장조사 방법에 대해 가장 바르지 않게 기술한 것은?
① 최초 낙하지점, 최종 정지위치를 모두 조사한다.
② 사고차량의 속도에 관한 자료를 수집한다.
③ 보행자의 소지품 낙하위치 및 종류는 조사해야 한다.
④ 사고차량의 연비를 조사한다.

43 앞바퀴를 앞에서 보았을 때, 휠의 중심선과 노면에 대한 수직선이 이루는 각도를 무엇이라 하는가?
① 캠버(Camber)
② 캐스터(Caster)
③ 토인(Toe-in)
④ 킹핀 경사각(Kingpin Inclination)

정답 38 ③ 39 ② 40 ② 41 ② 42 ④ 43 ①

44 사고 당시 차량의 전구 등화상태를 판별하려 한다. 다음 중 가장 옳지 않은 판단은?

① 전구가 깨졌음에도 불구하고 필라멘트가 밝은 은빛을 띠고 있다면 전구는 점등되지 않았을 것이다.
② 필라멘트가 엉키거나 휘어졌다면 전구가 깨어지지 않았어도 점등되어 있었을 것이다.
③ 필라멘트의 끊어진 부위가 날카롭고 밝은 은빛을 띠고 있다면 전구는 점등되어 있었을 것이다.
④ 전구가 깨어졌고 필라멘트가 산화되어 텅스텐 가루만 남아 있다면 전구는 점등되어 있었을 것이다.

해설 전구가 점등되어 있었으면, Hot Shock(필라멘트에 전기를 통하면 필라멘트의 온도가 올라가서 필라멘트의 연전성이 커져서 아주 부드럽게 된다. 이때 충격을 가하면 필라멘트가 엉키거나 휘어지게 된다)으로 인하여 ②번의 상태가 되며, ③번과 같이 끊어진 부위가 날카롭고 밝은 은빛을 띠면, Cold Shock(필라멘트가 냉각된 상태에서 강한 충격에 의하여 필라멘트가 끊어지는 현상)에 의하여 끊어진 상태이다.

45 주로 토(Toe)의 불량으로 나타나는 타이어의 마모형태로 리브(Rib)의 한쪽이 다른 쪽보다 많이 마모되는 것은?

① 숄더마모
② 궤도마모
③ 믹싱마모
④ 다각형마모

46 다음의 인체부위 구분 중 틀린 것은?

① 외피 – 전신의 표피
② 척추 – 척추, 골반골
③ 경부 – 경부, 인후두
④ 흉부 – 흉부장기, 흉곽(늑골)

해설 골반골은 척추에 포함되지 않는다.

47 다음 중 수막현상에 대하여 올바르게 설명한 것은?

① 노면과 타이어의 마찰력이 커진다.
② 타이어와 노면의 직접 접촉 부분이 많아진다.
③ 수막현상은 배수기능이 증가되어 발생한다.
④ 타이어의 트레드 마모가 심할수록 수막현상이 빈번하게 일어난다.

해설 수막현상(하이드로플레이닝 현상)을 방지하려면 타이어 트레드 마모를 점검해야 하며, 속도를 줄이고 적정 타이어 공기압을 유지해야 한다.

48 충돌 흔적에 대한 설명으로 가장 옳지 않은 것은?

① 충돌 스크럽(Collision Scrub)은 타 물체와의 충돌 등으로 인해 타이어와 노면 사이에 강한 마찰력이 발생하면서 나타나는 현상으로 최대접합 시 바퀴의 위치를 나타낸다.
② 충돌 스크럽은 동일방향의 충돌(추돌사고)에서는 약간 길게 직선으로 발생할 수 있다.
③ 그루브(Groove)는 제동 중에 발생하는 흔적으로, 외력에 의해 차량의 운동방향이 급격히 변화하여 발생한다.
④ 크룩(Crook)은 오토바이, 자전거, 보행자와의 충돌에 의해서도 발생가능하다.

49 교통사고 현장에서 자동차가 충돌과정 중 최대전향 시 강한 충격력으로 인해 자동차의 무거운 물체가 노면에 떨어지면서 짧고 깊게 파인 홈으로, 마치 호미로 노면을 판 것과 같이 파인 흔적은?

① 칩(Chip)
② 그루브(Groove)
③ 스크래치(Scratch)
④ 토잉 스크래치(Towing Scratch)

50 다음의 현가장치 중 자동차가 선회할 때 롤링(Rolling)을 감소시키고 차체의 평형성을 유지하는 기능을 하는 것은 무엇인가?

① 스프링(Spring)
② 쇼크 업소버(Shock Absorber)
③ 베이퍼 록(Vaper Lock)
④ 스태빌라이저(Stabilizer)

제3과목 교통사고재현론

51 72km/h의 속도로 움직이던 질량 400kg인 오토바이가 브레이크에 의해 10초 동안 감속하여 57.6km/h로 감속되었다. 이때 오토바이의 운동량 변화의 크기는?(단, 브레이크에 의한 힘을 제외한 다른 힘은 없음)

① 1,000kg · m/sec
② 1,200kg · m/sec
③ 1,400kg · m/sec
④ 1,600kg · m/sec

해설 운동량 mv 변화량
$$m_1v_1 - m_2v_2 = m(v_1 - v_2)$$
$$= 400\text{kg} \times \left(\frac{72}{3.6} - \frac{57.6}{3.6}\right)\text{m/s}$$
$$= 1,600\text{kg} \cdot \text{m/s}$$

52 평탄한 노면을 주행하던 차량이 높이 7m의 낭떠러지에서 추락하였다. 추락지점에서 착지지점까지 수평거리를 측정한 결과가 15m였다면 추락 시 차량의 속도는?

① 약 35km/h ② 약 40km/h
③ 약 45km/h ④ 약 50km/h

해설 $v = \dfrac{7.97 \times d}{\sqrt{H}} = \dfrac{7.97 \times 15}{\sqrt{7}} \fallingdotseq 45\text{km/h}$

53 평탄한 도로에서 사고가 발생하였다. 사고현장에서 사고차량의 스키드마크(Skid Mark)가 최종위치까지 18m 발생하였다면 사고차량의 제동직전 주행속도는?(단, 타이어와 노면의 마찰계수는 0.8, 스키드마크 이외 감속 요인은 없음)

① 약 50km/h ② 약 60km/h
③ 약 70km/h ④ 약 80km/h

해설 $v = \sqrt{2\mu g d} = \sqrt{2 \times 0.8 \times 9.8 \times 18}$
$= 16.8\text{m/s} (60.5\text{km/h})$

54 유효충돌속도가 높을수록 반발계수와 소성변형에 대한 설명 중 알맞은 것은?

① 반발계수와 소성변형은 모두 증가한다.
② 반발계수와 소성변형은 모두 낮아진다.
③ 반발계수는 낮아지고 소성변형은 증가한다.
④ 반발계수는 높아지고 소성변형은 낮아진다.

해설 유효충돌속도가 클수록 반발계수가 낮아지고, 차량의 변형량은 증가한다. 즉, 강한 충돌을 할수록 소성변형 부분이 증가한다.

55 충돌 후 자동차의 움직임에 가장 영향이 적은 요소는?

① 충돌직전 노면상태
② 충돌직전 속도
③ 충돌직전 방향
④ 충돌하는 과정에 가해지는 충격힘

해설 충돌직전의 노면상태는 충돌 시의 차량속도에 간접적으로 영향을 미친다.

56 충돌 시 탑승자의 움직임을 이해하기 위한 기본 원리는?

① 뉴턴의 제3법칙(작용·반작용의 법칙)
② 뉴턴의 제2법칙(가속도의 법칙)
③ 뉴턴의 제1법칙(관성의 법칙)
④ 에너지 보존의 법칙

해설 충돌 순간 탑승자는 앞쪽으로 튀어 나가게 되는데 이는 관성에 의한 것이다.

57 차량이 100km/h의 속도로 달리다가 견인계수 0.7로 등감속하여 속도가 50km/h가 되었다면 그동안 걸린 시간은 얼마인가?

① 약 0.53sec
② 약 1.03sec
③ 약 1.53sec
④ 약 2.02sec

해설 $v = v_0 + at\,(a = \mu g)$
$\dfrac{50}{3.6} = \dfrac{100}{3.6} + 0.7 \times (-9.8) \times t$
$\therefore\ t = 2.025$초

정답 52 ③ 53 ② 54 ③ 55 ① 56 ③ 57 ④

58 차량의 견인계수가 0.7일 때, 3초 동안 감속하며 50m거리를 이동하였다. 이 차량의 최초 감속 시 속도는 얼마인가?

① 약 92km/h
② 약 97km/h
③ 약 100km/h
④ 약 103km/h

해설
$d = v_0 t + \frac{1}{2}at^2$

$50 = v_0 \times 3 + \frac{1}{2} \times 0.7 \times (-9.8) \times 3^2$

$\therefore v_0 = 27 \text{m/s} (97 \text{km/h})$

59 더운 날 내리막길에서 풋 브레이크를 계속 사용하여 내려가면 브레이크의 드럼과 라이닝이 가열되고, 휠실린더 등의 브레이크 오일이 가열되어 기포가 생기게 된다. 그 결과 기포가 스폰지와 같은 역할을 하여 브레이크 페달을 밟아도 유압이 전달되지 않아 브레이크가 잘 작동되지 않는 현상이 발생한다. 이러한 현상을 무엇이라 하는가?

① 크리프(Creep)
② 베이퍼 록(Vaper Lock)
③ 페이드(Fade)
④ 스탠딩 웨이브(Standing Wave)

해설
① 크리프 : 오토매틱 차는 엔진이 걸려 있을 때 R, D, 2, 1레인지에 셀렉터 레버를 넣으면 조금씩 미끄러지기 시작하는 현상이다.
③ 페이드 : 빠른 속도로 달릴 때 풋 브레이크를 지나치게 사용하면 브레이크가 흡수하는 마찰에너지는 매우 크다. 이 에너지가 모두 열이 되어 브레이크라이닝과 드럼 또는 디스크의 온도가 상승하게 되면 마찰계수가 극히 작아져서 자동차가 미끄러지고 브레이크가 작동되지 않게 되는 현상이다.
④ 스탠딩 웨이브 : 타이어 공기압이 낮은 상태에서 자동차가 고속으로 달릴 때 일정속도 이상이 되면 타이어 접지부의 바로 뒷부분이 부풀어 물결처럼 주름이 접히는 현상이다.

60 오토바이의 무게중심이 지면으로부터 40cm 높이에 있다가 외력의 작용 없이 기울어지기 시작하여 노면에 넘어지는 시점까지 소요된 시간은?

① 약 0.29sec
② 약 0.35sec
③ 약 0.45sec
④ 약 0.56sec

해설 $t = \sqrt{\dfrac{2h}{g}} = \sqrt{\dfrac{2 \times 0.4}{9.8}} = 0.286$초

61 다음 설명 중 요마크(Yaw Mark)의 생성원리와 가장 관계가 깊은 것은?

① 자유낙하운동
② 원심력과 구심력
③ 에너지보존의 법칙
④ 질량보존의 법칙

해설 요마크(Yaw Mark)식 : $v = \sqrt{\mu g R}$
즉, 곡률반경 R과 관계가 있으며, 곡률반경은 회전 시 원심력과 구심력에 관계한다.

정답 58 ② 59 ② 60 ① 61 ②

62 차 대 오토바이(이륜차) 사고에서 사고의 재구성에 필요한 사항 중 가장 거리가 먼 것은?

① 사고당시 양 차량의 속도
② 도로상에서 양 차량의 충돌지점과 물체 간의 충돌위치와 방향
③ 충돌 전·후 양 차량의 운동
④ 오토바이 제조회사

해설 오토바이 제조회사와는 아무런 상관이 없다.

63 다음 차 대 보행자 사고의 증거자료에 대한 설명 중 맞는 것은?

① 보행자 충돌사고에서는 보행자 충격지점을 발견하는 것이 중요하나, 차량파편 또는 보행자 유류품의 비산 위치는 중요하지 않다.
② 보행자가 차량에 정면충돌된 경우 보행자 상해에 비해 차량손상은 경미한 편이며, 전면의 범퍼나 전조등, 후드, 전면유리 등에서 대부분의 차량손상이 발견된다.
③ 라디오 안테나, 차량루프 등은 보행자가 접촉할 수 없는 부분이므로 조사하지 않아도 무방하다.
④ 차량에 의해 발생한 노면의 흔적은 보행자 조사만을 통해 얻을 수 있는 정보에 속한다.

해설 보행자 충돌사고에서는 보행자 충격지점을 발견하는 것도 중요하고, 차량파편 또는 보행자 유류품의 비산 위치도 중요하다. 또한 보행자가 차량에 정면충돌된 경우 보행자 상해에 비해 차량손상은 경미한 편이며, 전면의 범퍼나 전조등, 후드, 전면유리 등에서 대부분의 차량손상이 발견된다.

64 차 대 보행자 사고에서 정면충돌 시 보행자에 의해 발생되기 어려운 손상은 무엇인가?

① 전면범퍼 손상
② 전면 유리창 손상
③ 계기판 손상
④ 전조등 손상

해설 계기판은 탑승자에 의해 손상된다.

65 다음 중 윈도우 기반을 활용할 수 있는 충돌 환경 변수로 EES(Equivalent Energy Speed)를 기본으로 하는 3D 방식이며 고정장벽 충돌시험, 보행자 및 추락·전도사고, 오토바이사고 등의 사고재현이 가능한 교통사고재현 프로그램은?

① PC-CRASH
② 3D-MAX
③ AUTOCAD
④ PC-RECT

해설
② 3D-MAX : 다양한 디자인 분야에서 사용되는 프로그램
③ AUTOCAD : 사고현장을 도면으로 그리는 데 사용되는 소프트웨어
④ PC-RECT : 사고현장 사진을 공중에서 촬영한 것처럼 실제거리가 계산된 평면사진으로 바꾸어 사고장소의 측량이나 모의실험에 활용되는 프로그램

66 보행자가 승용차 후드(보닛) 위에서 거의 수평방향으로 날아간 경우, 보행자 충돌속도를 계산할 수 있는 다음의 물리식이 있다. 이에 대한 설명으로 옳지 않은 것은?

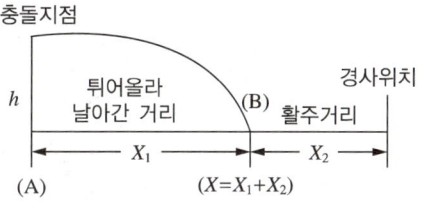

관계식 : $V = \sqrt{2g} \times \mu \times \left(\sqrt{h + \dfrac{X}{\mu}} - \sqrt{h}\right)$

① X_1 구간에서 보행자의 수평방향으로의 운동은 등속도운동이며, 수직방향의 운동은 자유낙하운동이다.
② 충돌지점(A) 속도가 노면 낙하지점(B) 속도보다 크다.
③ 활주거리 X_2는 충돌속도와 보행자-노면 간의 마찰계수에 의해 결정된다.
④ 튀어올라 날아간 거리 X_1이 증가할수록 활주거리 X_2도 증가한다.

해설 보행자의 경우 충돌 순간의 속도는 정지 혹은 아주 느리다.

67 속도 5m/sec인 차량이 3m/sec²의 가속도로 달릴 때, 5초 후의 속도는 얼마인가?
① 64km/h
② 66km/h
③ 72km/h
④ 76km/h

해설 $v = v_0 + at$
    $= 5 + 3 \times 5 = 20\text{m/s}(72\text{km/h})$

68 충돌 시 대상물 사이에 최대 충격력이 작용하는 시점은?
① 최초 접촉시점
② 충돌 후 최종 정지시점
③ 최대 접합시점
④ 분리 완료시점

해설 최대 접합 시 최대 충격력이 작용한다.

69 스키드마크(Skid Mark)에 대한 특징으로 가장 관련이 없는 것은?
① 타이어가 회전을 멈춘 상태에서 미끄러진 흔적이다.
② 타이어가 회전하며 앞으로 미끄러진 흔적이다.
③ 전륜에 의하여 생성된 타이어 흔적이 일반적으로 더 진하다.
④ 보통은 2개만 발생하지만, 4개 혹은 1, 2, 3개로 다양하게 발생하기도 한다.

해설 스키드마크는 급브레이크나 스핀에 의해, 바퀴가 회전을 멈춘 채 노면 위를 미끄러지면서 생긴다.

정답 66 ② 67 ③ 68 ③ 69 ②

70 신호체계의 종류 중 유사한 교통형태를 갖는 교차로들을 다로축 또는 지역별로 교차로군을 편성하여 각 차로의 군별, 시간대별로 발생이 예상되는 교통형태에 따라 신호주기, 현시분할, 오프셋을 작성하여 운영해 당시간에 계획된 신호시간 데이터를 지정하여 하는 방식은?

① 점주기 방식(Fixed Time Mode)
② 시간제어 방식(TOD Mode)
③ 교통대응 방식(Auto Mode)
④ 교통감응 방식(Actuated Mode)

해설 TOD ; Time Of Day

71 운동량(Momentum)과 충격량(Impulse)의 관계를 바르게 설명한 것은?

① 충격량은 운동량보다 항상 크다.
② 운동량은 충격량의 제곱이다.
③ 운동량에 충격량을 더하면 충돌속도가 된다.
④ 운동량의 변화는 곧 충격량이다.

해설 운동량은 $P=mv$ 이고 충격량은 운동량의 변화를 시간으로 나눈 것이다.
즉, $\Delta P/\Delta t$ 로 운동량의 변화가 충격량이다.

72 충격량에 대한 다음 설명으로 가장 옳지 않은 것은?

① 양 차량 간의 충격력 작용지점은 동일하다.
② 충돌 시 양 차량 간에 작용하는 충격력의 크기는 서로 다르다.
③ 충돌 시 양 차량 간에 작용하는 충격력의 방향은 서로 반대방향이다.
④ 충격력은 양 차량의 파손형태, 파손량 등을 통하여 판단된다.

해설 두 물체가 충돌할 때, 운동량이 보존되므로 두 물체의 운동량의 변화량은 크기가 같고 방향이 반대이다. 따라서 두 물체가 받는 충격량 역시 크기가 같고 방향이 반대이다. 충돌시간이 같으므로 충격력 또한 크기는 같고 방향이 반대이다.

73 내리막 도로에서 노면에 20m의 스키드마크(Skid Mark)가 발생한 후 정지하였다. 제동 시 차량의 속도는?(단, 마찰계수 0.6, 내리막 종단경사 5%)

① 약 47km/h
② 약 50km/h
③ 약 53km/h
④ 약 56km/h

해설 $v = \sqrt{2\mu gd} = \sqrt{2\times(0.6-0.05)\times 9.8\times 20}$
$= 14.68 \text{m/s} (52.8 \text{km/h})$

70 ② 71 ④ 72 ② 73 ③

74 타이어가 발생시킨 자국의 용어와 관계없는 것은?
① 요마크(Yaw Mark)
② 플랫타이어 자국(Flat-tire Mark)
③ 임프린트 자국(Imprint Mark)
④ 노즈 다이브(Nose Dive)

해설 노즈 다이브는 급정거 시 차체 앞부분이 앞으로 숙여지는 현상을 말함

75 차량의 최소 회전반경 분석을 통해 얻을 수 없는 사항은?
① 한 바퀴의 진행궤적에 따른 다른 바퀴의 진행궤적 추적
② 최대조향각
③ 충돌 후 이동궤적
④ 내륜차

해설 최소회전반경 식은
$R = a(킹핀거리) + \dfrac{L(축거)}{\sin\theta(외측바퀴회전각도)}$
충돌 후의 이동궤적과 최소 회전반경과는 아무런 상관관계가 없다.

제4과목 차량운동학

76 제동 시 승용차의 견인계수가 0.7이고, 전륜차의 마찰계수가 0.8이라면, 후륜의 마찰계수는 얼마인가?(단, 제동 시 무게배분은 전륜 75%, 후륜 25%)
① 약 0.6   ② 약 0.5
③ 약 0.4   ④ 약 0.3

해설
$0.8 : x = 75 : 25$
$75x = 20$
$x = 0.27$
$0.27 \div 0.7 = 0.39$
∴ 약 0.4

77 어떤 자동차의 최대 브레이크 성능은 -5m/sec^2이다. 자동차가 20m/sec로 주행 중, 브레이크가 작동을 시작하여 완전히 멈출 때까지 이동한 최소거리(d)와 최소시간(t)은?
① $d = 40\text{m}$, $t = 4\text{sec}$
② $d = 40\text{m}$, $t = 8\text{sec}$
③ $d = 80\text{m}$, $t = 4\text{sec}$
④ $d = 80\text{m}$, $t = 8\text{sec}$

해설 $v_0 = 20\text{m/s}$, $v = 0$, $a = -5\text{m/s}^2$
$v = v_0 + at$
$0 = 20 - 5t$
∴ $t = 4\text{s}$
$d = x_0 + v_0 t + \dfrac{1}{2}at^2$
$= 0 + 20 \times 4 + \dfrac{1}{2}(-5)4^2 = 80 - 40$
$= 40$

정답 74 ④ 75 ③ 76 ③ 77 ①

78 동일한 물체의 속도가 2배가 되면 운동에너지는 몇 배가 되는가?

① 0.5배 ② 2배
③ 4배   ④ 8배

해설
$E = \frac{1}{2}mv'^2 = \frac{1}{2}m(2v)^2 = \left(\frac{1}{2}mv^2\right)4$
$= 4배$

79 다음 중 오버스티어링 조향특성을 나타내는 차량은?

① 짐이 가득 실려 있는 대형트럭
② 소형승용차
③ 짐을 싣지 않은 소형트럭
④ 경형승용차

해설 전륜구동보다 후륜구동차량이 오버스티어링 경향이 크므로 짐이 가득 실려 있는 대형트럭의 오버스티어링 특성이 강하다.

80 평탄한 노면에 정지해 있는 질량 800kg인 자동차에 수평으로 5,000N의 힘을 주었더니 움직이기 시작하였다. 자동차 타이어와 지면의 최대 정지마찰계수는?

① 약 0.64 ② 약 0.68
③ 약 0.70 ④ 약 0.80

해설
$F = am$
$5,000 = 800a$
$a = \frac{5,000}{800} = 6.25$
$a = fg = 9.8f$
$6.25 = 9.8f$
$f = 0.64$

81 승용차량이 보행자를 보고 급제동하여 61m를 미끄러지고 정지되었다. 조사결과 견인계수는 0.8이었다. 사고차량이 제동된 이후 처음 1초 동안 미끄러진 거리는 몇 m인가?

① 약 13m ② 약 25m
③ 약 27m ④ 약 36m

해설
$d = 61m, \ \mu = 0.8, \ v = 0$
$a = \mu g = 0.8 \times 9.8 = 7.84$
$v_0 = \sqrt{2\mu g d} = \sqrt{2 \times 0.8 \times 9.8 \times 61} = 30.93 \text{m/s}$
$d = v_0 t + \frac{1}{2}at^2$
$= 30.93 \times 1 + \frac{1}{2}(-7.84) \times 1^2$
$= 27.01 \text{m}$

82 운전자 H씨는 보행자를 발견하고 바로 급제동하여 27m를 미끄러지다 보행자를 54km/h의 속도로 충돌하였다. 사고차량의 운전자가 보행자를 발견한 지점은 충돌지점으로부터 후방 몇 m 지점인가?(단, 인지반응시간은 1초, 견인계수는 0.85, 제동 전 등속운동)

① 약 36m ② 약 44m
③ 약 53m ④ 약 90m

해설
$v = 54\text{km/h}, \ v_0 = ?, \ d = 27, \ \mu = 0.85$
$V^2 - V_0^2 = 2ad$
$54\text{km/h} = 15\text{m/s}$
$15^2 - V_0^2 = 2 \times (-0.85) \times 9.8 \times 27$
$-V_0^2 = -449.82 - 225$
$V_0^2 = 449.82 + 225 = 674.82$
$V_0 = 25.98 \text{m/s}$
운전자가 보행자 발견 후 제동시작까지의 거리는
$d = V_0 \times t = 25.98 \times 1 = 25.98\text{m}$
따라서 보행자 발견 후 충돌할 때까지의 거리는
$25.98 + 27 = 52.98 ≒ 53\text{m}$

83 질량 1,500kg인 차량이 6m/sec로 주행하고 있다. 운동량은 얼마인가?

① 250kg · m/sec
② 900kg · m/sec
③ 2,500kg · m/sec
④ 9,000kg · m/sec

해설 $P = mv$
$= 1,500 \times 6 = 9,000 \text{kg} \cdot \text{m/s}$

84 4,500kg인 #1차량과 3,000kg인 #2차량이 수평 노면 위에서 충돌한 후 한 덩어리가 되어 충돌 전 #1차량이 진행한 방향과 동일한 방향으로 20m를 이동하여 정지하였다. 충돌할 때 #2차량은 정지하고 있었고 충돌 후 이동할 때 견인계수가 0.5이었다면, #1차량이 #2차량을 충돌한 속도는 얼마인가?(단, 1차원상의 충돌임)

① 약 23.3km/h
② 약 50.4km/h
③ 약 72.0km/h
④ 약 84.0km/h

해설 $m_1 = 4,500 \text{kg}, \ v_1 = ?, \ d = 20\text{m}, \ \mu = 0.5$
$m_2 = 3,000 \text{kg}, \ v_2 = 0$
$m_1 v_1 + m_2 v_2 = (m_1 + m_2) v'$
$v' = \sqrt{2 \mu g d}$
$v' = 14 \text{m/s}$
$4,500 v_1 + 3,000 \times 0 = (4,500 + 3,000) \times 14$
$4,500 v_1 = 105,000$
$v_1 = 23.33 \text{m/s} = 84 \text{km/h}$

85 자동차가 우측으로 선회할 때, 선회중심에서 먼 곳을 지나가는 바퀴는 어느 바퀴인가?

① 좌측 앞바퀴
② 우측 앞바퀴
③ 좌측 뒷바퀴
④ 우측 뒷바퀴

해설 좌측 앞바퀴가 선회중심에서 가장 멀리 지나감

86 관성(Inetia)에 관한 설명 중 틀린 것은?

① 관성은 뉴턴의 운동 제1법칙과 관련 있다.
② 관성력의 방향은 가속도방향과 반대방향이다.
③ 관성력의 크기는 물체의 질량과 속도의 곱과 같다.
④ 관성은 물체가 현재의 운동 상태를 계속 유지하는 성질이다.

해설 관성은 뉴턴의 운동 제1법칙으로 물체가 현재의 운동 상태를 계속 유지하는 성질이다. 관성력의 방향은 물체에 가속도를 가할 경우 물체의 방향은 가속도 진행방향과 반대방향이다. 관성력의 크기 F는 물체의 질량과 가속도의 곱과 같다($F = ma$).

87 질량 800kg인 자동차와 1,600kg인 자동차를 차량정비소에서 각각 2.5m 높이만큼 들어 올린다. 1,600kg 자동차를 들어 올릴 때 필요한 일의 양은 800kg 자동차를 들어 올릴 때 필요한 일의 양의 몇 배인가?

① 1배
② 0.5배
③ 2배
④ 1.5배

해설 위치에너지 $= mgh$
1,600kg 자동차 $= 1,600 \times 9.8 \times 2.5 = 39,200$
800kg 자동차 $= 800 \times 9.8 \times 2.5 = 19,600$
∴ 2배

정답 83 ④ 84 ④ 85 ① 86 ③ 87 ③

88 차동기어가 장착되어 있지 않은 사륜 오토바이나 차량이 작은 곡선반경인 지점을 지날 때, 발생되는 현상은?

① 피칭(Pitching)
② 바운싱(Bouncing)
③ 타이트 코너 브레이킹(Tight Corner Braking)
④ 요마크(Yaw Mark)

해설 ③ 타이트 코너(곡률반경이 작은 커브)를 선회할 때 앞바퀴와 뒷바퀴의 회전 반지름이 달라서 브레이크가 걸린 듯이 뻑뻑해지는 현상을 타이트 코너 브레이킹(Tight Corner Braking)이라고 함
① 피칭(Pitching) : 차체가 전후방향으로 흔들리는 현상
② 바운싱(Bouncing) : 차체가 상하방향으로 흔들리는 현상
④ 요마크(Yaw Mark) : 차체가 선회 시 미끄러지면서 노면에 남기는 타이어 자국

90 차량이 곡선의 주행차로를 선회하기 위한 조건은?

① 횡방향마찰력(mfg) < 원심력$\left(m\dfrac{v^2}{r}\right)$
② 횡방향마찰력(mfg) < 원심력$\left(m\dfrac{v}{r}\right)$
③ 횡방향마찰력(mfg) ≥ 원심력$\left(m\dfrac{v}{r}\right)$
④ 횡방향마찰력(mfg) ≥ 원심력$\left(m\dfrac{v^2}{r}\right)$

해설 횡방향마찰력(mfg)이 원심력$\left(m\dfrac{v^2}{r}\right)$보다 커야만 미끄러지지 않는다.

89 질량이 800kg인 자동차가 수평인 지면 위에 정지되어 있다. 지면과 타이어의 마찰계수가 0.6이라면, 수평으로 4,000N의 힘을 가할 때 생기는 마찰력은?

① 1,000N ② 2,000N
③ 3,000N ④ 4,000N

해설 정지마찰력의 크기는 작용한 힘의 크기와 같으므로 4,000N이다. 그러나 최대정지마찰력은 정지한 자동차가 움직이기 직전에 작용하는 마찰력이므로 자동차와 지면과의 수직력은 $mg = 800 \times 9.8 = 7,840N$
최대마찰력 $F_{fr} = \mu mg = 0.6 \times 7,840 = 4,704N$

91 질량이 1,900kg인 차량이 45m/sec의 속도로 주행하고 있다. 이 차량을 멈추는 데 소모되는 에너지의 양은 얼마인가?

① 89,690kgf·m
② 196,301kgf·m
③ 67,343kgf·m
④ 96,550kgf·m

해설 운동에너지 $= \dfrac{1}{2}mv^2 = \dfrac{1}{2} \times 193.88 \times 45^2$
$= 196,303.5$ kgf·m
∵ $1,900 \div 9.8 = 193.88$

92 10m/sec의 속도로 움직이고 있는 중량 5톤의 화물차에 동일방향으로 15m/sec의 속도로 중량 3톤의 화물차가 추돌하여 같이 붙어 있는 상태로 이동을 하였다. 추돌직후 속도는?

① 약 3.13m/sec
② 약 6.26m/sec
③ 약 11.88m/sec
④ 약 8.26m/sec

해설
$m_1v_1 + m_2v_2 = (m_1+m_2)v'$
$5,000 \times 10 + 3,000 \times 15 = (5,000+3,000)v'$
$50,000 + 45,000 = 8,000v'$
$v' = 11.88\text{m/sec}$

93 스칼라량에 속하는 것은?

① 힘
② 속 도
③ 운동량
④ 에너지

해설 스칼라량은 힘의 크기만 있고 방향에는 관계없는 것으로 에너지는 방향과 무관하다. 힘, 속도, 운동량은 방향성을 가지고 있으므로 벡터이다.

94 질량이 1,000kg인 자동차가 30m/sec로 주행하던 중 40m/sec로 주행하던 자동차(질량 1,500kg)와 직각으로 충돌한 후 두 자동차가 붙어서 35m/sec로 이동하였다. 이 때 충돌로 인해 손실된 에너지는 얼마인가?

① 1,250J
② 118,750J
③ 125,000J
④ 237,500J

해설
$\frac{1}{2}m_1v_1^2 + \frac{1}{2}m_2v_2^2 = x + \frac{1}{2}(m_1+m_2)V'^2$
$m_1 = 1,000\text{kg},\ v_1 = 30\text{m/s},\ m_2 = 1,500\text{kg},$
$v_2 = 40\text{m/s},\ V' = 35\text{m/s}$
$\frac{1}{2} \times 1,000 \times 30^2 + \frac{1}{2} \times 40^2 \times 1,500$
$= x + \frac{1}{2}(1,000+1,500) \times 35^2$
$450,000 + 1,200,000 = x + 1,531,250$
손실된 에너지는 118,750J

95 다음 중 맞는 설명은?

① 속도는 물체의 빠르기와 진행방향을 나타낸다.
② 가속도의 크기는 작용한 힘의 크기에 반비례하고, 물체의 질량에 비례한다.
③ 속도는 물체의 빠르기만 나타내는 물리량이다.
④ 속력은 크기와 방향을 가지고 있는 물리량이다.

해설 속도는 물체의 빠르기와 진행방향을 나타내는 벡터이고, 속력은 크기만을 가지고 있는 물리량이다. 가속도의 크기는 작용한 힘의 크기에 비례하고, 물체의 질량에 반비례한다.

96 마찰을 설명한 것 중 틀린 것은?
① 정지마찰은 수평 노면상에서 물체가 막 미끄러지기 시작할 때의 마찰이다.
② 동적마찰은 물체가 미끄러지기 시작한 후에 적용된다.
③ 구름마찰은 차량이 제동하지 않고 바퀴가 구르고 있을 때 발생하는 저항력이다.
④ 동적마찰은 정지마찰보다 크다.

해설 정지마찰은 동적마찰보다 크다.

97 경사도 5%의 오르막길에서 마찰계수값이 0.6이라면, 견인계수값은 얼마인가?
① 0.65 ② 0.55
③ 0.50 ④ 0.70

해설 $f = \mu \pm G$
$= 0.6 + 0.05 = 0.65$

98 횡단보도 사고현장에서 차량이 급정거하여 스키드마크(Skid Mark)의 길이가 32m였다. 같은 종류의 차량으로 45km/h의 속도에서 급정거한 후 생긴 스키드마크의 길이는 14m였다. 사고차량의 속도는 얼마인가?
① 약 52km/h ② 약 63km/h
③ 약 68km/h ④ 약 72km/h

해설 $45\text{km/h} = 12.5\text{m/s}$
$12.5^2 = 2\mu gd$
$156.25 = 274.4\mu$
$\mu = 0.57$
$v = \sqrt{2 \times 0.57 \times 9.8 \times 32}$
$= 18.91\text{m/s} = 68.07\text{km/h}$

99 100m 수직 상공에서 5kg의 돌을 자유낙하시키면 떨어지기 시작한 후 2초에서 3초 사이의 1초 동안 이동한 거리는?
① 약 9.5m   ② 약 15.2m
③ 약 24.5m ④ 약 29.4m

해설 $d = \frac{1}{2}gt^2$
$d_2 = \frac{1}{2} \times 9.8 \times 2^2 = 19.6\text{m}$
$d_3 = \frac{1}{2} \times 9.8 \times 3^2 = 44.1\text{m}$
$44.1 - 19.6 = 24.5$

100 에너지에 대한 설명 중 틀린 것은?
① 운동에너지는 운동량에 반비례한다.
② 일의 양은 물체의 운동에너지 변화량과 같다.
③ 운동에너지는 질량에 비례하고, 속도의 제곱에 비례한다.
④ 에너지의 단위는 일과 같은 단위를 사용한다.

해설 운동에너지 $= \frac{1}{2}mv^2 = \frac{p^2}{2m}$

96 ④ 97 ① 98 ③ 99 ③ 100 ①

02 과년도 기출문제

2016년 10월 23일 시행

제1과목 교통관련법규

01 교통사고 위험으로부터 어린이를 보호하기 위하여 보육시설 주변도로를 어린이보호구역으로 지정할 수 있는데, 도로교통법상 정원이 몇 명 이상인 보육시설을 어린이보호구역으로 지정할 수 있는가?

① 정원 100인 이상
② 정원 120인 이상
③ 정원 140인 이상
④ 정원 160인 이상

해설 ① 정원 100명 이상(도로교통법 제12조, 동 시행규칙 제14조)

02 도로교통법에 규정된 통행의 금지 및 제한에 관한 설명으로 틀린 것은?

① 특별시장·광역시장 등은 도로에서의 위험을 방지하고 교통의 안전과 원활한 소통을 확보하기 위하여 필요하다고 인정하는 때에는 우선 보행자, 차마 또는 노면전차의 통행을 금지하거나 제한한 후 그 도로관리자와 협의하여 금지 또는 제한의 대상과 구간 및 기간을 정하여 도로의 통행을 금지하거나 제한할 수 있다.
② 지방경찰청장은 도로에서의 위험을 방지하고 교통의 안전과 원활한 소통을 확보하기 위하여 필요하다고 인정하는 때에는 구간을 정하여 보행자, 차마 또는 노면전차의 통행을 금지하거나 제한할 수 있다.
③ 국가경찰공무원 및 자치경찰공무원은 도로의 파손, 화재의 발생이나 그 밖의 사정으로 인한 도로에서의 위험을 방지하기 위하여 긴급히 조치할 필요가 있을 때에는 필요한 범위에서 보행자, 차마 또는 노면전차의 통행을 일시금지하거나 제한할 수 있다.
④ 지방경찰청장이 교통의 안전과 원활한 소통을 확보하기 위하여 구간을 정하여 보행자, 차마 또는 노면전차의 통행을 금지하거나 제한을 한 때에는 그 도로의 관리청에 그 사실을 알려야 한다.

해설 ① 특별시장·광역시장 등 → 경찰서장(도로교통법 제6조)
※ 2021. 1. 1.부터 "지방경찰청장"을 "시·도경찰청장"으로 개정, "국가경찰공무원 및 자치경찰공무원"을 "경찰공무원"으로 개정함에 따라 정답없음

정답 1 ① 2 정답없음

03 어린이보호구역 내에서 지방경찰청장 또는 경찰서장이 할 수 있는 조치로 틀린 것은?

① 이면도로를 일방통행로로 지정, 운영하는 것
② 자동차의 정차나 주차를 금지하는 것
③ 자동차의 운행속도를 40km/h 이내로 제한하는 것
④ 자동차의 통행을 금지하거나 제한하는 것

해설 ③ 시장 등, 40km → 30km(도로교통법 제12조)
※ 2021. 1. 1.부터 문제의 "지방경찰청장"은 "시·도경찰청장"으로 개정됨

04 연습운전면허는 그 면허를 받은 날로부터 얼마동안 유효한가?

① 6개월
② 1년
③ 1종은 1년, 2종은 6개월
④ 2년

해설 연습운전면허의 효력 : 1년(도로교통법 제81조)

05 도로교통법의 내용에 대한 설명으로 맞는 것은?

① 신용카드, 직불카드 등으로 과태료를 납부할 수 없다.
② 국제운전면허 소지자에 대해서는 범칙금 통고처분을 할 수 없다.
③ 자동차 등의 운전자가 아닌 동승자는 공동위험행위로 처벌되지 않는다.
④ 모든 차의 운전자는 교차로의 가장자리 5미터 이내인 곳에 주차를 하여서는 아니 된다.

해설 ④ 도로교통법 제32조
① 200만원 이하의 경우 신용카드, 직불카드로 과태료 납부가 가능하다(도로교통법 제161조의 2, 시행령 제89조).
③ 자동차 등의 동승자는 공동 위험행위를 주도하여서는 아니 된다(도로교통법 제46조).

06 A는 운전면허 취소 후 특수면허인 소형견인차 면허만을 취득하였다. 다음 중 A가 운전했을 때 무면허로 처벌되는 경우는?

① 적재중량 2.5톤의 화물자동차
② 원동기장치자전거
③ 12인승 승합자동차
④ 총중량 3톤의 견인형 특수자동차

해설 ③ 12인승 승합자동차는 제1종 보통면허로 운전이 가능한 차량이다.
제1종 특수면허인 소형견인차 면허로 운전이 가능한 차량(도로교통법 시행규칙 별표 18)
• 총중량 3.5톤 이하의 견인형 특수자동차
• 제2종 보통면허로 운전할 수 있는 차량

07 교통사고처리 특례법의 목적은?
① 도로상에서 발생하는 교통상의 위험과 장해를 방지하여 안전하고 원활한 교통을 확보하기 위하여
② 중대한 과실사고로 인한 인명과 재산의 손실을 방지하기 위하여
③ 교통사고를 낸 가해자의 처벌을 강화하기 위하여
④ 교통사고 피해의 신속한 회복을 촉진하고 국민생활의 편익을 증진하기 위하여

08 신호위반사고에 대한 설명 중 맞는 것은?
① 비보호좌회전 표시가 있는 곳에서 녹색신호에 좌회전하다가 사고가 났다면 신호위반 책임을 진다.
② 지선도로에서 나오는 차의 진행방향에 신호기가 설치되어 있지 않은 교차로에서 좌회전하다가 사고가 난 경우 신호위반이 적용되지 않는다.
③ 교차로 전방 차량신호가 적색등화일 때 우회전을 하다가 사고가 나면 항상 신호위반 책임을 진다.
④ 교차로 진입 전에 황색신호로 변경되었지만 진입, 주행하다 사고를 야기한 경우에는 신호위반에 해당하지 않는다.

09 다음 중 도로교통법상 '운전자의 의무'로 규정되어 있는 것은 몇 가지인가?

ⓐ 무면허운전의 금지
ⓑ 주취운전의 금지
ⓒ 과로한 때 운전 금지
ⓓ 공동위험행위의 금지
ⓔ 난폭운전 금지

① 없 음 ② 3개
③ 4개 ④ 5개

10 교통사고처리 특례법 제3조 제2항 단서 9호의 보도침범사고에 관한 설명으로 틀린 것은?
① 차도에서 보도상에 설치된 통행로를 통해 주유소, 주차장 등으로 출입을 하는 과정에서 발생한 보행자사고를 의미한다.
② 긴급자동차가 긴급한 용도를 위하여 보도를 주행 중 보행자를 충격한 사고는 보도침범사고에 해당하지 않는다.
③ 연석이 없고 보도블럭이 깔려 있지 않으며, 객관적으로 보아 보도와 차도가 구분되어 있지 않으면 보도침범사고로 볼 수 없다.
④ 보도 횡단 후 건물 앞 공터로 진행하던 중 보행자를 충돌한 경우, 사고장소가 보도에서 벗어났다면 보도침범사고에 해당하지 않는다.

정답 7 ④ 8 ② 9 ④ 10 ②

11 A차량의 무리한 끼어들기에 화가 난 B차량 운전자가 A차량을 앞지르기 한 다음 A차량 앞에서 급제동을 하고 진로를 방해하여 형법 제284조의 특수협박죄(보복운전)로 입건되었다. B차량 운전자 처벌은?

① 5년 이하의 징역 또는 3천만원 이하의 벌금
② 7년 이하의 징역 또는 1천만원 이하의 벌금
③ 5년 이하의 징역 또는 1천만원 이하의 벌금
④ 7년 이하의 징역 또는 3천만원 이하의 벌금

해설 형법상 특수협박죄(형법 제284조) : 7년 이하의 징역, 1천만원 이하의 벌금

12 도로교통법상 신호등의 설치기준에 대한 설명으로 맞는 것은?

① 교통사고가 연간 3회 이상 발생한 장소로 신호등의 설치로 사고를 방지할 수 있을 경우
② 1일 중 교통이 집중되는 8시간 동안의 주도로 통행량 300대/시 이상, 부도로 200대/시 이상인 교차로
③ 학교 앞 300m 이내에 신호등이 없고, 통학시간의 자동차 통행시간 간격이 3분 이내인 경우
④ 어린이보호구역 내 초등학교 또는 유치원의 주출입문과 가장 가까운 거리에 위치한 횡단보도

해설 신호등의 설치기준(시행규칙 별표 3)
① 연간 5회
② 주도로 : 600대/시 이상(양방향 합계)
③ 1분 이내

13 교통사고처리 특례법에서 규정하고 있는 우선 지급할 치료비에 관한 통상비용의 범위에 해당하지 않는 것은?

① 보험약관 또는 공제약관에서 정하는 환자식대, 간병료 및 기타 비용
② 의치, 안경, 보청기 기타 치료에 부수하여 필요한 기구 등의 비용
③ 진료상 필요하지는 않지만 일반 병실보다 비싼 병실에 입원한 경우의 그 병실의 입원료
④ 퇴원 및 통원에 필요한 비용

해설 ③ 진료상 필요한 경우에 한하여 상급병실의 입원료 인정(교통사고처리 특례법 시행령 제2조)

14 자동차 전용도로에서 불법 유턴하던 중 인적피해 교통사고를 야기한 경우의 처리는?

① 보험에 가입된 경우에는 처벌할 수 없다.
② 피해자의 의사와 관계없이 공소를 제기한다.
③ 피해자와 합의 또는 보험에 가입되었으면 형사입건할 수 없다.
④ 피해자와 합의된 경우에 한하여 공소를 제기할 수 없다.

11 ② 12 ④ 13 ③ 14 ②

15 운전면허 소지자들에게 안전운전을 유도하기 위하여 자동차 운전면허 행정처분 벌점제도를 시행하고 있다. 이에 관한 설명으로 틀린 것은?

① 벌점은 행정처분 기준을 적용하고자 하는 당해 위반 또는 사고가 있었던 날을 기준으로 과거 5년간 누산 관리한다.
② 처분벌점이 40점 미만인 경우 최종 위반일 또는 사고일로부터 위반 및 사고 없이 1년이 경과한 때에는 그 처분벌점은 소멸한다.
③ 인피야기 도주차량을 검거하거나 신고하여 검거하게 한 운전자(교통사고의 피해자가 아닌 경우에 한 함)에 대하여 40점의 특혜점수를 부여한다.
④ 1회의 위반이나 사고로 인한 벌점 또는 연간 누산 점수가 1년간 121점, 2년간 201점, 3년간 271점 이상인 경우 운전면허를 취소한다.

해설 ① 과거 3년간 누산 관리(시행규칙 별표 28)

16 어린이의 보호자는 도로에서 어린이가 위험성이 큰 움직이는 놀이기구를 탈 때 어린이의 안전을 보호하기 위하여 인명보호 장구를 착용하도록 하여야 한다. 다음 중 인명보호 장구를 착용하여야만 하는 것으로 도로교통법에 명시적으로 규정된 것이 아닌 것은?

① 유아용 세발자전거
② 인라인스케이트
③ 킥보드
④ 롤러스케이트

해설 위험성이 큰 놀이기구(시행규칙 제13조)
- 킥보드
- 롤러스케이트
- 인라인스케이트
- 스케이트보드
- 그 밖에 위의 놀이기구와 비슷한 놀이기구

17 다음은 1회의 법규위반으로 운전면허 정지처분을 받는 경우이다. 정지처분일자가 다른 것은?

① 공동위험행위로 형사입건된 때
② 승객의 차 내 소란행위를 방치하고 운전한 때
③ 보복운전으로 형사입건된 때
④ 난폭운전으로 형사입건된 때

해설 운전면허 취소·정지처분 기준(시행규칙 별표 28)
③ 보복운전으로 형사입건 시 벌점 100점
①, ②, ④ 벌점 40점

18 다음의 교통사고를 처리하는 과정에서 A에 대한 조치로 맞는 것은?

> 운전자 A는 도로상에서 피해자 B를 충격한 후 B를 의료기관에 후송은 하였으나 차량번호, 운전자 인적사항 등을 의료기관이나 B에게 알리지 아니하고 경찰서에도 신고하지 않은 채 도주하였다가, 경찰관 C가 수사하여 A를 검거하였다.

① 의료기관에 후송하였으므로 일반 교통사고로 보아 합의 또는 종합보험에 가입되었다면 공소권 없음 의견으로 송치
② 도로교통법상 신고지연으로 처리
③ 도로교통법상 신고불이행으로 형사입건
④ 특정범죄 가중처벌 등에 관한 법률 제5조의 3을 적용하여 처벌

19 도로교통법상 운전자의 보행자 보호에 대한 설명으로 틀린 것은?

① 운전자는 보행자가 횡단보도를 통행하고 있는 때에는 정지선에서 일시정지하여야 한다.
② 운전자는 교차로에서 좌회전 또는 우회전을 하고자 하는 경우에 신호기에 따라 도로를 횡단하는 보행자의 통행을 방해하여서는 아니 된다.
③ 운전자는 보행자가 횡단보도가 설치되어 있지 아니한 도로를 가장 짧은 거리로 횡단하고 있는 때에 안전거리를 두고 서행하여야 한다.
④ 운전자는 교통정리가 행하여지고 있지 아니하는 교차로 또는 그 부근의 도로를 횡단하는 보행자의 통행을 방해하여서는 아니 된다.

20 A차량 운전자는 교차로에서 신호위반으로 인적피해 없이 물적피해만 발생한 교통사고를 냈다. A차량 운전자에 대한 경찰의 조치로 틀린 것은?

① 피해액에 관계없이 합의되거나 종합보험 또는 공제에 가입되어 있으면 형사입건을 하지 않는다.
② 피해액이 20만원 이상인 경우 합의되지 않거나 종합보험 또는 공제에 가입되어 있지 않으면 형사입건, 기소의견으로 검찰에 송치한다.
③ 피해액이 20만원 미만인 경우 합의되지 않고, 종합보험 또는 공제에 가입되어 있지 않으면 즉결심판을 청구한다.
④ 중요법규 위반행위인 신호위반을 하였으므로 피해자와 합의하여도 교통사고처리 특례법에 따라 기소의견으로 검찰에 송치한다.

21 고속도로에서 자동차 고장으로 운행할 수 없을 때 고장자동차 표지를 설치하고 야간에는 적색섬광신호나 불꽃신호를 설치하도록 하고 있다. 도로교통법상 고장자동차 표지 및 불꽃신호의 적정한 설치 거리는?

① 자동차로부터 고장자동차 표지와 불꽃신호는 100m 이상 뒤쪽
② 자동차로부터 고장자동차 표지와 불꽃신호는 200m 이상 뒤쪽
③ 사방 500미터 지점에서 식별할 수 있는 적색의 섬광신호·전기제등 또는 불꽃신호. 다만, 밤에 고장이나 그 밖의 사유로 고속도로 등에서 자동차를 운행할 수 없게 되었을 때로 한정
④ 자동차로부터 고장자동차 표지는 200m 이상 뒤쪽, 불꽃신호는 400m 이상 뒤쪽

22 도로교통법상 보행자의 횡단방법 등에 대한 설명으로 맞는 것은?

① 보행자는 안전표지 등에 의해 횡단이 금지되어 있는 도로라도 보행자 우선이므로 횡단해도 된다.
② 지하도·육교 등 도로횡단 시설을 이용할 수 없는 지체장애인은 보조원이 있어야만 도로를 횡단할 수 있다.
③ 보행자가 도로를 횡단할 때에는 차와 노면전차의 바로 앞이나 뒤로 신속하게 하여야 한다.
④ 횡단보도가 설치되어 있지 아니한 도로에서는 가장 짧은 거리로 횡단하여야 한다.

23 도로교통법상 버스전용차로가 없는 고속도로 편도 4차로에서 통행차의 기준으로 틀린 것은?

① 1차로 : 2차로가 주행차로인 자동차의 앞지르기차로
② 2차로 : 승용자동차, 중·소형 승합자동차의 주행차로
③ 3차로 : 대형승합자동차 및 1.5톤을 초과하는 화물자동차의 주행차로
④ 4차로 : 특수자동차 및 건설기계의 주행차로

해설 차로에 따른 통행차의 기준(시행규칙 별표 9)
고속도로 편도 3차로 이상
• 1차로 : 앞지르기를 하려는 승용자동차 및 앞지르기를 하려는 경·소·중형 승합자동차. 다만, 차량통행량 증가 등 도로상황으로 인하여 부득이하게 시속 80km 미만으로 통행할 수밖에 없는 경우에는 앞지르기를 하는 경우가 아니라도 통행할 수 있다.
• 왼쪽 차로 : 승용자동차 및 경·소·중형 승합자동차
• 오른쪽 차로 : 대형 승합자동차, 화물자동차, 특수자동차, 건설기계

24 교통사고처리 특례법 제4조 제1항 본문에 '규정에 따른 보험 또는 공제에 가입한 경우 특례'를 정하고 있다. 여기서 말하는 '특례'에 대한 해석으로 맞는 것은?

① 중과실 11개항의 사고에 대해서는 처벌을 해달라는 명시적 의사가 있는 것으로 간주한다.
② 피해자의 의사와 상관없이 민사상 보상에 관하여 합의한 것으로 간주한다.
③ 피해자가 처벌을 원하지 않는 것으로 일단 간주하고, 피해자가 처벌을 명시적으로 원할 경우 처벌한다.
④ 피해자의 의사와 상관없이 공소를 제기할 수 없다.

25 청소년들이 오토바이를 타고 무리지어 다니면서 굉음, 과속, 난폭 운전을 하던 중에 도로를 횡단 중인 보행자와 충돌하는 교통사고를 야기하고 도주하였지만 결국은 검거되었다. 가해 청소년들은 깊이 반성하고, 피해자의 피해도 경미할 뿐 아니라 처벌을 원하지 않았다. 그래서 검찰에서는 기소유예처분을 하였지만, 지방경찰청장은 이들의 운전면허를 취소하였다. 이들이 자동차 운전면허를 다시 취득하고자 할 때의 결격기간은?

① 취소된 날로부터 5년
② 취소된 날로부터 4년
③ 취소된 날로부터 2년
④ 취소된 날로부터 1년

해설 운전면허의 결격사유(법 제82조)
- 5년 : 무면허, 음주, 과로운전, 약물복용, 공동위험행위 중 사상사고 야기 후 필요조치 없이 도주의 경우
- 4년 : 5년 제한 이외의 사유로 사상사고 야기 후 필요조치 없이 도주의 경우
- 3년 : 음주운전을 하다가 2회 이상 교통사고를 야기, 자동차 이용 범죄 또는 자동차 강·절취한 자가 무면허로 운전한 경우
- 2년 : 3회 이상 무면허운전 외
※ 2021. 1. 1.부터 문제의 "지방경찰청장"은 "시·도경찰청장"으로 개정됨(도로교통법 제6조)

제2과목 교통사고조사론

26 도로의 기하구조 중 곡선반경(R)을 구하는 공식으로 맞는 것은?(단, C : 현의 길이, M : 중앙 종거)

① $R = \dfrac{C^2}{8M} + \dfrac{C}{2}$

② $R = \dfrac{C}{8M} + \dfrac{M}{2}$

③ $R = \dfrac{C^2}{8M} + \dfrac{M}{2}$

④ $R = \dfrac{M^2}{8C} + \dfrac{C}{2}$

27 차량손상은 직접손상과 간접손상으로 구분된다. 다음 중 직접손상에 해당되지 않는 것은?

① 전면범퍼에 각인된 상대차량의 번호판 형상
② 펜더패널에 발생된 상대차량의 타이어 흔적
③ 전륜의 후방 밀림으로 인한 도어패널의 어긋남
④ 보행자 충돌 시 차량 전면유리에 발생한 방사형 파손

28 요마크(Yaw Mark)를 조사하는 요령으로 적절하지 않은 것은?

① 요마크가 3줄이 발생되었으면 3줄 모두 측정해야 한다.
② 타이어 흔적의 빗살무늬 각도 및 방향을 조사해야 한다.
③ 차량 무게중심 이동궤적을 재현해 낼 수 있게 측정해야 한다.
④ 시작 위치만 정확하게 측정하면 된다.

해설 요마크는 도로의 곡선반경도 측정해야 한다.
한계선회속도 $V = \sqrt{\mu g R}$

29 타이어의 회전방향을 따라 접지면에 여러 개의 홈을 파 놓은 것으로 옆으로 잘 미끄러지지 않고 조종성 및 안정성이 우수하여 고속주행에 적합한 타이어 트레드 패턴(Tread Pattern)은?

① 러그형(Lug Type)
② 블록형(Block Type)
③ 리브형(Rib Type)
④ 스노 패턴(Snow Pattern)

해설
• 러그형 : 일반도로 및 비포장도로용으로 건설차량 및 산업차량용으로 많이 사용된다.
• 블록형 : 스노 및 샌드서비스용으로 많이 사용된다.

30 차량 내 안전장치 중 편타손상(Whiplash Injury)을 줄이기 위한 것은?

① 전면 에어백(Front Airbag)
② 측면 에어백(Side Airbag)
③ 안전띠(Seat Belt)
④ 머리받침(Headrest)

해설 편타손상(Whiplash Injury)이란 교통사고가 일어날 때 우리 몸에 작용되는 갑작스러운 가속이나 감속으로 발생하는 힘에 의해 우리 목에 있는 근육이나 힘줄 혹은 인대의 손상(찢김이나 파열)을 일으키는 것을 말한다.

31 차량 내의 스티어링휠(핸들)에 의해 상해를 입을 가능성이 가장 낮은 것은?

① 인체의 두부에서 좌상이나 표피박탈이 나타난다.
② 인체의 흉부에서 피하출혈이 나타난다.
③ 인체의 무릎에서 좌상이나 표피박탈이 나타난다.
④ 인체의 안면부에서 좌상이나 표피박탈이 나타난다.

32 다음은 무엇에 대한 설명인가?

평면곡선부를 주행하는 차량은 원심력을 받기 때문에 원심력의 영향을 적게 하기 위하여 곡선부의 횡단면에는 곡선의 안쪽으로 하향경사를 둔다.

① 평면곡선반경
② 편경사
③ 완화곡선
④ 평면곡선부의 확폭

33 다음 그림에서 차량의 축간거리는?

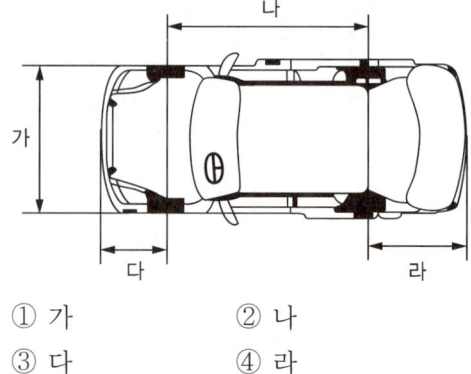

① 가 ② 나
③ 다 ④ 라

해설 축간거리란 앞차축과 뒤차축 사이의 거리를 말한다.

34 사고차량 제동등을 조사한 결과 전구의 필라멘트가 끊어지지는 않고 길게 늘어져 있었다. 이것으로 유추할 수 있는 것은?

① 사고 당시 제동등이 점등되어 있었을 것이다.
② 사고 당시 제동등이 소등되어 있었을 것이다.
③ 필라멘트의 수명이 다해서 길게 늘어졌을 것이다.
④ 사고 당시 제동등의 점등 여부를 알 수 없다.

해설
- 소등충격(Cold Shock) : 미점등상태에서 충돌 시 전구는 파손되지 않고 필라멘트만 파손된 경우로 끊어진 부위가 날카롭고 은빛으로 빛난다.
- 소등깨짐(Cold Break) : 소등상태에서 충돌 시 필라멘트가 파손될 수도, 그대로 남아 있는 경우도 있다. 필라멘트가 떨어져 나갔을 경우 끊어진 부위가 은빛으로 빛난다.
- 점등충격(Hot Shock) : 사고 충격으로 전구유리가 파손되지 않더라도 점등된 필라멘트는 열에 의해 약해진 상태이므로 차량속도의 관성에 의해 코일부분이 늘어나거나 퍼진 상태가 된다.

35 차량의 뒤쪽을 들어 올려 무게중심 위치를 파악 하고자 한다. 이때 필요 없는 사항은?

① 전륜타이어의 반경
② 수평상태에서 전륜에만 실리는 중량
③ 뒷면을 올린 상태에서 후륜축의 높이
④ 전륜 좌우 바퀴 사이의 간격

36 차량 충돌 시 용기가 터지거나 넘쳐서 안에 있는 액체가 흐르는 게 아니라 큰 압력으로 분출되어 쏟아지면서 발생된 흔적으로 충돌 지점을 나타내는 것은?

① 튀김(Spatter)
② 방울짐(Dribble)
③ 흘러내림(Run-off)
④ 고임(Puddle)

해설
① 튀김 또는 뿌려짐(Spatter) : 충돌 시 용기파손 등에 의해 액체들이 분출되는 것
② 방울짐(Dribble) : 충돌 시 파손된 용기에서 액체가 흘러내리는 것
③ 흘러내림(Run-off) : 고임이 경사면에 형성되었을 때 발생. 액체는 가느다란 줄기처럼 경사진 곳으로 흐르는 것
④ 고임(Puddle) : 차량이 멈춰 서자마자 방울방울 떨어지던 액체가 새는 부분에 고이는 것

37 차량이 견인계수 0.6인 도로에서 25m의 스키드마크를 남기고 정지하였다면 이 차량의 제동 전 속도는?

① 55.1km/h ② 57.3km/h
③ 59.5km/h ④ 61.7km/h

해설
$V_1^2 - V_0^2 = 2ad = 2\mu gd$
$V_0 = \sqrt{V_1^2 - 2\mu gd} = \sqrt{0^2 - 2 \times 0.6 \times (-9.8) \times 25}$
$= 17.15 \text{m/s} = 61.73 \text{km/h}$

38 교통사고 관련 사진촬영의 필요성에 대한 설명으로 틀린 것은?
① 교통사고 분석 시 사고현장 기억의 단서가 된다.
② 법적 증거자료는 되지 않는다.
③ 항구적 보관능력과 증거불변성이 있다.
④ 교통사고 분석의 기본 자료로 활용된다.

39 자동차가 급제동하게 되면 관성력으로 인해 피칭운동하여, 차체가 전방으로 쏠리면서 발생하는 현상은?
① 베이퍼록 현상
② 노즈다이브 현상
③ 페이드 현상
④ 바운싱 현상

해설
② 노즈다이브(Nose Dive) 현상 : 운전 중 긴급한 상황이나 돌발 상황에 처하여 브레이크를 강하게 밟으면 차체의 무게중심은 이 서스펜션보다 높은 위치에 있으므로 달리던 관성에 따라 차체 앞부분이 고꾸라지는 듯한 운동을 말한다. 이와 반대로 급출발 시에는 노즈업이 일어난다.
① 베이퍼록(Vapor Lock) 현상 : 파이프나 호스 속을 흐르는 액체가 파이프 속에서 가열되면 액체 내부에 녹아있던 공기가 기화되어 기포를 발생시킨다. 이 기포가 모여서 큰 공기덩어리가 되어 액체의 흐름이나 운동력 전달을 저해하는 현상을 말한다.
③ 페이드(Fade) 현상 : 내리막길을 내려갈 때 풋브레이크를 지나치게 사용하면 브레이크가 흡수하는 마찰에너지는 매우 크다. 이 에너지가 모두 열이 되어 브레이크라이닝과 드럼 또는 디스크의 온도가 상승한다. 이렇게 되면 마찰계수가 극히 작아져서 자동차가 미끄러지고 브레이크가 작동되지 않게 되는 현상을 말한다.

40 자동차 운전 중 어두운 터널에 진입하면서 갑자기 앞이 잘 보이지 않아 사고가 발생하였다. 어떠한 현상에 의한 것인가?
① 증발현상 ② 현혹현상
③ 명순응   ④ 암순응

41 위치측정법 중 각도와 거리를 이용하여 측정하는 방법은?
① 삼각법(Triangulation)
② 좌표법(Coordinate Method)
③ 코드법(Cord Method)
④ 폴라법(Polar Method)

해설
① 삼각법 : 자와 컴파스를 이용하여 측정한다.
② 좌표법 : 좌표를 이용하여 최소거리를 측정하므로 자만으로 도면 작성이 가능하다.

42 차량의 주행특성 중 전륜의 조향각에 의한 선회반경보다 실제 선회반경이 커지는 현상을 지칭하는 용어는?
① 오버스티어링 ② 캠 버
③ 토 인   ④ 언더스티어링

43 차량의 앞바퀴를 위에서 보았을 때, 앞쪽이 뒤쪽보다 좁게 되어 있는 것은?
① 캐스터 ② 토 인
③ 캠 버   ④ 오프셋

44 위치측정 방법 중 삼각법과 좌표법 비교 시 삼각법의 설명으로 틀린 것은?

① 도로경계석과 그 연장선을 기준선으로 활용한다.
② 2개의 거리측정은 각각 서로 직각으로 할 필요가 없다.
③ 기준선(Reference Line)이 불필요하다.
④ 측점의 방향을 지정할 필요가 없다.

45 차량이 60km/h로 주행하다 급정지하여 미끄러진 거리가 20m일 때 이 차량의 감속도는?

① $4.7m/s^2$　② $5.8m/s^2$
③ $6.9m/s^2$　④ $8.0m/s^2$

해설
$V_0 = 60km/h = 16.67m/s$
$V_1 = 0m/s$
$d = 20m$
$V_1^2 - V_0^2 = 2ad$
$a = \dfrac{V_1^2 - V_0^2}{2d} = \dfrac{0^2 - 16.67^2}{2 \times 20} = -6.9m/s^2$

46 다음은 무엇에 대한 설명인가?

> 차량이 저속으로 우회전할 때, 우측 전륜에 비해 우측 후륜의 선회반경이 작아진다.

① 내륜차
② 최소회전반경
③ 외륜차
④ 조향기어비차

47 용어의 설명으로 틀린 것은?

① 앞내민거리 – 차량의 전단부로부터 앞바퀴 차축의 중심까지 거리
② 축간거리 – 뒷바퀴 차축의 중심으로부터 차량의 후단부까지의 거리
③ 도로횡단면의 구성 – 차도, 중앙분리대, 길어깨, 주정차대, 자전거도로, 보도
④ 차로의 폭 – 차선의 중심선에서 인접한 차선의 중심선까지 거리

48 '슬립률 0%'가 의미하는 것은?

① 바퀴가 잠겨 전혀 회전하지 않는 상태
② 바퀴가 노면에 미끄럼 없이 회전하는 상태
③ 출발 시 차량의 앞부분이 들릴 확률이 0%인 경우
④ 교통사고 발생확률이 0%인 경우

49 다음 중 스커프마크(Scuff Mark)에 해당하지 않는 것은?

① 요마크(Yaw Mark)
② 스킵 스키드마크(Skip Skid Mark)
③ 플랫 타이어마크(Flat Tire Mark)
④ 임프린트(Imprint)

정답 44 ①　45 ③　46 ①　47 ②　48 ②　49 ②

50 둔한 날을 가진 기물에 의하여 생기며, 그 작용이 피부의 탄력정도를 넘었을 때 생기는 신체상해는?

① 절창(Cut Wound)
② 염좌(Sprain)
③ 열창(Lacerated Wound)
④ 자창(Stab Wound)

52 교통사고 도면 작성 시, 충돌위치를 파악하기 위한 일반적인 기준점에 해당하지 않는 것은?

① 노변 적하물
② 건물 후퇴선
③ 신호등 지주
④ 길가장자리구역선이 만나는 점

해설 노변 적하물은 주변 환경에 의해 언제든지 움직이므로 기준점이 될 수 없다.

제3과목 교통사고재현론

51 차량 충돌의 종류에 대한 설명으로 틀린 것은?

① 차량이 충돌하는 동안 서로 운동에너지를 교환하면서 충분한 충돌이 이루어지는 경우를 완전충돌이라 한다.
② 정면충돌, 추돌과 같이 무게중심을 향한 충격력에 의해 운동량을 교환하는 충돌을 완전충돌이라 한다.
③ 충돌하는 동안 양 차량 간에 서로 공통속도에 도달하지 못하는 충돌을 부분충돌이라 한다.
④ 공통속도에 도달하는 충돌을 부분충돌이라 하며, 파손된 표면이 완전하게 맞물린다.

해설 충돌하는 동안 양 차량의 속도가 같아지는 것을 공통속도에 도달한다고 하며, 충분한 충돌이 일어나고 충돌부위가 접촉된 상태로 운동을 멈춘 경우를 완전충돌 형태라고 한다. 이런 유형에서는 충돌부위의 면적이 넓고 충돌 후 회전현상이 발생하지 않으며 충돌 후에는 양 차량이 정지하게 된다.

53 빈칸 안에 가장 적당한 것끼리 짝지어진 것은?

- 차량 충돌에서 탑승자의 운동을 이해하는데 뉴턴의 (㉠)인 (㉡)의 이해가 필요하다.
- 충돌사고에서 탑승자의 부상을 방지하기 위해 탑승자를 차량에 구속시키려는 목적으로 (㉢)이(가) 개발된 것이다.

① ㉠ : 제1법칙, ㉡ : 가속도의 법칙,
   ㉢ : 에어백
② ㉠ : 제1법칙, ㉡ : 관성의 법칙,
   ㉢ : 안전띠
③ ㉠ : 제2법칙, ㉡ : 가속도의 법칙,
   ㉢ : 안전띠
④ ㉠ : 제3법칙, ㉡ : 작용·반작용의 법칙,
   ㉢ : 에어백

해설
- 뉴턴 제1법칙 : 관성의 법칙
- 뉴턴 제2법칙 : 가속도의 법칙
- 뉴턴 제3법칙 : 작용·반작용의 법칙

54. 인체 상해에 관한 용어 설명이다. 맞는 단어끼리 짝지어진 것은?

> ㉠ 창상(創傷) 중에서 가장 경한 것으로 피부의 표피부위만 벗겨지는 상해를 말한다.
> ㉡ 칼, 바늘, 못 등의 예리한 것에 찔려 발생한 상해를 말한다.
> ㉢ 골(骨) 부착부 근처의 섬유조직이 파열된 상해를 말한다.

① ㉠ 찰과상, ㉡ 절창, ㉢ 타박상
② ㉠ 찰과상, ㉡ 좌창, ㉢ 자창
③ ㉠ 찰과상, ㉡ 결손창, ㉢ 타박상
④ ㉠ 찰과상, ㉡ 자창, ㉢ 염좌

해설
㉠ 찰과상은 쓸려서 생긴 상처로 자전거 등을 타다가 미끄러지며 넘어지면 생기는 형태의 상처이다.
㉡ 자창은 칼, 송곳, 못 등의 날카로운 것에 찔린 상처를 말한다.
㉢ 염좌(삠)란 인대(관절에 있는 2개 이상의 뼈를 연결하는 조직)가 늘어나거나 찢어지는 현상을 말한다.

55. 교통사고 재현에서 사용되는 PDOF(Principal Direction Of Force)의 개념에 대한 설명을 모두 고른 것은?

> ㉠ 충돌 시 양 차량 간의 충격력 크기는 서로 같다.
> ㉡ 양 차량 간의 충격력 작용점은 항상 2개 지점이다.
> ㉢ 충격력의 크기는 차량의 무게와는 상관이 없다.
> ㉣ 충돌 시 무거운 차량의 충격력이 반드시 크다.
> ㉤ 충돌부위를 접합한 상태에서 충돌 시 양 차량 간의 힘의 방향을 표시하면 반드시 일직선으로 작용한다.
> ㉥ 충돌 시 양 차량에 작용한 충격력의 방향은 서로 같은 방향이다.
> ㉦ PDOF는 충돌차량의 파손형태와 모습, 파손량 등을 통하여 추정한다.

① ㉠, ㉡, ㉢
② ㉢, ㉣, ㉦
③ ㉠, ㉤, ㉦
④ ㉣, ㉥, ㉦

해설
충격력의 방향(PDOF)은 최대 충돌 시 힘의 방향을 의미하며, 차체의 회전 및 이동방향, 충돌 전, 후의 진입각도와 이탈각도 등에 의한 속도추정 분석과 사고재현 컴퓨터 시뮬레이션 입력 항목 시 기본 자료가 된다.
- 충돌자세를 결합시킨 상태에서 충돌 시 양 차량의 충격힘의 방향을 도시하면 반드시 일직선으로 작용하며, 일직선으로 도시되지 않을 때는 PDOF의 방향을 잘못 판단한 것이 된다.
- 충돌 시 양 차량 간에 작용하는 충격력의 크기는 같다.
- 양 차량 간의 충격력 작용점은 동일한 1개의 지점이다.
- PDOF의 방향 최대 접합 시 작용하는 충격력의 방향이며, 최초 충돌 시의 충격힘의 방향과 다르다.
- PDOF는 사고 차량들의 파손형태와 모습, 파손량 등을 통하여 판단된다.

56 차량과 보행자 정면충돌 시 보행자가 튕겨지는 속도와 가장 유사한 것은?

① 차량의 평균주행속도
② 차량의 공간평균속도
③ 차량의 충돌속도
④ 차량의 제한속도

해설 차량과 보행자가 정면충돌 시 보행자가 튕겨지는 속도는 차량의 충돌속도와 관계있다.

57 가속도 3m/s²이 의미하는 것은?

① 속도변화가 없이 일정하다.
② 속도가 감소함을 의미한다.
③ 속도가 증가하였다가 후에 감소하는 것을 의미한다.
④ 속도가 증가함을 의미한다.

해설 가속도 = 속도변화량/시간변화량으로 계속 속도가 증가함을 의미한다.

58 건조한 아스팔트 노면에서 대형버스의 마찰계수값은 일반 승용차 마찰계수값의 얼마를 적용하는 것이 가장 적절한가?

① 약 35~55%
② 약 55~75%
③ 약 75~85%
④ 약 85~100%

해설 대형버스의 마찰계수는 그 중량 때문에 승용차 마찰계수의 약 75~85%를 적용한다.

59 차량이 길이 15m의 스키드마크를 발생시키고 정지하였다. 제동구간에서 평균감속도가 6.86m/s²로 측정되었고, 차량 진행방향으로 3% 오르막 경사가 있었다. 이에 대한 설명으로 틀린 것은?

① 제동구간에서 타이어와 노면 간 견인계수값은 0.7이다.
② 경사도 3%를 각도로 환산하면 약 1.72°이다.
③ 스키드마크 발생 직전 속도는 61.6km/h 정도이다.
④ 감속도는 (견인계수)×(중력가속도)로 표현된다.

해설 ③ $V_1^2 - V_0^2 = 2ad$
$V_0 = \sqrt{0 - 2 \times (-6.86) \times 15}$
$= 14.35 \text{m/s} = 51.64 \text{km/h}$
①, ④ $a = \mu g$에서 $-6.86 = \mu \times (-9.8)$ ∴ $\mu = 0.7$
② $\tan^{-1}\left(\dfrac{3}{100}\right) = 1.72°$

60 차량이 25m/s의 속도로 주행하다 0.5g로 감속하여 32m의 거리를 이동하였을 때 속도는?(단, 중력가속도는 9.8m/s²)

① 약 57.5km/h
② 약 60.5km/h
③ 약 63.5km/h
④ 약 66.5km/h

해설 $V_0 = 25 \text{m/s}$
$a = 0.5g = 0.5 \times (-9.8) = (-4.9 \text{m/s}^2)$
$d = 32 \text{m}$
$V_1^2 = V_0^2 + 2ad$
$V = \sqrt{25^2 + 2 \times (-4.9) \times 32}$
$= 17.65 \text{m/s} = 63.53 \text{km/h}$

정답 56 ③ 57 ④ 58 ③ 59 ③ 60 ③

61 승용차가 중앙선을 넘어가 반대편에 주차된 차량을 비스듬히 충돌하였다. 사고현장에는 주차차량을 충돌하기 전 승용차의 스키드마크 33m가 중앙선을 가로질러 나타나 있었고, 승용차의 운전석 에어백은 터져 있는 상태였다. 이에 대한 설명으로 틀린 것은?

> ㉠ 도로경사는 없었고, 노면마찰계수는 0.8로 확인되었다.
> ㉡ 승용차 운전석 에어백은 유효충돌속도 25km/h 이상에서 작동되도록 설계되었다.

① 승용차가 주차차량을 충돌하는 과정에서 발생한 속도변화량이 운전석 에어백 작동 여부와 밀접한 관련이 있다.
② 승용차의 주차차량 충돌속도는 최소 25km/h 이상이었다.
③ 스키드마크 발생 길이만을 적용하여 계산된 승용차의 속도는 약 81.9km/h이다.
④ 승용차의 스키드마크 발생 전 속도는 스키드마크로 계산된 81.9km/h와 에어백 작동속도 25km/h를 더하여 106.9km/h 이상이다.

해설 스키드마크에 의한 승용차의 속도는
$V_1^2 - V_0^2 = 2\mu gd$
$V_0 = \sqrt{0 - 2 \times (0.8) \times (-9.8) \times 33}$
  $= 22.75 m/s = 81.9 km/h$
에어백은 25km/h 이상에서 작동되므로 81.9km/h에서도 터진다.

62 불규칙한 도로노면에서 주행하는 차량이나, 적재물이 없는 화물차가 제동할 때 자주 발생하는 흔적은?
① 갭 스키드마크(Gap Skid Mark)
② 스킵 스키드마크(Skip Skid Mark)
③ 가속 스커프(Acceleration Scuff)
④ 임프린트(Imprint)

63 부분충돌에 대하여 맞게 설명한 것은?
① 충돌하는 과정에서 충돌차량과의 상대속도가 0이 되지 않고 충돌하는 차량이 계속적으로 움직이는 충돌을 말한다.
② 충돌하는 과정에서 충돌하는 차량이 충돌차량과의 상대속도가 0이 되는 충돌을 말한다.
③ 두 물체간의 속도가 동일해지는 시점에서 운동이 순간적으로 멈춰지는 충돌을 말한다.
④ 최초 접촉위치와 최대 접촉위치가 일치하는 충돌을 말한다.

64. 충돌 시 차량 회전에 가장 크게 영향을 주는 3가지 요인은 무엇인가?
   ① 충격력 크기, 충격력 작용방향, 차체형태
   ② 충격력 크기, 충격력 작용방향, 충격력 작용지점
   ③ 충격력 작용시간, 충격력 작용지점, 차체형태
   ④ 충격력 작용시간, 충격력 작용지점, 충격력 작용방향

65. 편도 3차로 직선구간에서 ABS를 장착하지 않은 차량이 외부의 충격 없이 급제동하여 좌·우측 앞바퀴 스키드마크가 동일한 지점에서 시작되어 점차 도로 우측으로 완만하게 휘어 발생하였다. 이와 같은 타이어 흔적의 변형을 초래한 원인으로 가장 타당한 것은?
   ① 스키드마크 발생과정에서 운전자의 회피조향
   ② 도로의 횡단(측면)경사
   ③ 타이어 트레드의 이상 마모
   ④ 브레이크의 이상

66. 주행하는 A차량이 주차된 B차량을 충격하여 다음의 그림과 같이 충격력이 작용하였다. 충돌 후 차량의 움직임에 대한 설명으로 맞는 것은?

   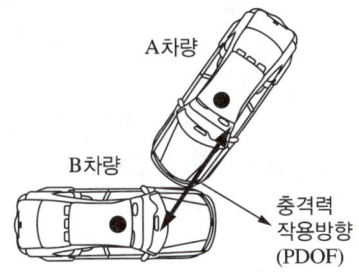

   ① A차량에는 충격력이 편심으로 작용하여 충돌 후 A차량은 시계방향으로 회전한다.
   ② 충격력이 양 차량의 무게 중심부를 향해서 작용되므로 충돌 후 양 차량 모두 회전하지 않는다.
   ③ 양 차량 모두 편심된 충격력을 받지만, 충돌 후 A차량은 회전하지 않고 A차량에 충격된 B차량만 반시계방향으로 회전한다.
   ④ 양 차량 모두 편심된 충격력을 받기 때문에 충돌 후 A차량은 반시계방향으로 회전하고 B차량은 시계방향으로 회전한다.

67. 운동에너지에 대한 설명으로 틀린 것은?
   ① 크기만을 가지는 스칼라양이다.
   ② 그 운동방향과는 무관하고 오직 질량과 그 속력에만 의존한다.
   ③ 크기뿐만 아니라 방향을 동시에 갖는다.
   ④ 단위는 $kg \cdot m^2/s^2$이다.

   해설
   • 운동에너지 = $\frac{1}{2}mv^2$
   • 단위 : $kg \cdot (m/s)^2 = kg \cdot m^2 s^2 = N \cdot m = J$

68 차량 간의 충돌 특성에 대한 설명으로 틀린 것은?

① 충돌과정에서 운동에너지의 일부를 소성변형 에너지로 소모한다.
② 충돌 시 작용하는 힘은 충격력과 마찰력의 합력이다.
③ 충돌은 운동량을 서로 교환하는 현상이다.
④ 충돌 시 반발현상을 수반하지 않고 접합력만 수반한다.

69 보행자 사고 중 골절에 관한 설명으로 틀린 것은?

① 뼈가 부러진 경우나 깨어진 경우이다.
② 골절은 근육의 손상을 전혀 수반하지 않는다.
③ 폐쇄성 골절은 부러짐과 멍, 부종이 발생하기도 한다.
④ 피부의 외상을 동반하기도 한다.

70 물체의 충돌 현상에 대한 설명 가운데 틀린 것은?

① 충돌 후 운동량의 총합은 반드시 충돌 전 운동량의 총합과 같다.
② 충돌물체에 생기는 속도변화를 유효충돌속도라 한다.
③ 반발계수는 충돌 전 상대속도나 질량에 관계없이 두 물체를 구성하는 물질에 따라 결정된다.
④ 반발계수가 클수록 충돌 후 유효충돌속도가 작아진다.

> **해설** 반발계수 $e = \dfrac{\text{충돌 후 상대속도}}{\text{충돌 전 상대속도}}$
> $= \dfrac{v_2' - v_1'}{v_1 - v_2} \, (0 \leq e \leq 1)$

71 타이어 공기압이 부족한 상태에서 급제동 시 발생되는 타이어 흔적의 특징은?

① 스키드마크 잔영(Skid Mark Shadow)이 발생하지 않는다.
② 타이어 트레드(Tread) 골이 선명하게 발생하고 타이어 트레드 폭과 노면에 발생된 스키드마크의 폭이 동일하다.
③ 타이어 트레드 중앙부분에 의한 흔적은 희미하거나 발생하지 않는다.
④ 타이어 트레드 중앙부분에 의한 흔적이 짙게 발생된다.

정답 68 ④ 69 ② 70 ④ 71 ③

72 사고차량이 스키드마크를 최초 발생시킨 지점의 속도는?

> 사고차량은 길이 20m의 스키드마크를 발생시킨 후 스키드마크 끝지점에서 보행자를 충돌하고 10m를 더 진행한 후 정지하였다. 단, 차량이 미끄러지는 동안의 견인계수는 0.8, 보행자를 충격한 후 정지하기까지 견인계수는 0.4이다. 또한 차량은 보행자 충돌로 인해 감속되지 않는다고 가정한다.

① 71.3km/h ② 78.1km/h
③ 55.2km/h ④ 63.7km/h

해설 정지속도 $V_2 = 0\text{m/s}$
견인계수 0.8 구간에서의 거리(d_1) = 20m
견인계수 0.8 구간에서의 가속도(a_1)
$= 0.8 \times (-9.8) = (-7.84\text{m/s}^2)$
견인계수 0.4 구간에서의 거리(d_2) = 10m
견인계수 0.4 구간에서의 가속도(a_2)
$= 0.4 \times (-9.8) = (-3.92\text{m/s}^2)$
충돌속도(V_1)을 구하면
$V_2^2 - V_1^2 = 2a_2 d_2$
$V_1 = \sqrt{V_2^2 - 2a_2 d_2}$
$= \sqrt{0^2 - 2 \times (-3.92) \times 10} = 8.85\text{m/s}$
처음속도(V_0)를 구하면
$V_1^2 - V_0^2 = 2a_1 d_1$
$V_0 = \sqrt{8.85^2 - 2 \times (-7.84) \times 20}$
$= 19.8\text{m/s} = 71.28\text{km/h}$

73 오토바이 운전자가 충돌로 인해 전방으로 튕겨져 노면에 떨어진 후 미끄러져 정지하는 운동을 근거로 오토바이 충돌속도를 산출할 때 필요하지 않은 것은?

① 관성의 법칙
② 반발계수
③ 포물선 운동
④ 에너지보존의 법칙

해설 반발계수는 두 물체가 충돌하였을 때 사용된다.

74 교통사고 분석 시 심리적 오류에 해당하지 않는 것은?

① 사실과 의견을 명확히 분리시키지 않은 것
② 비약하여 결론을 짓는 것
③ 사고의 발생요인을 명확하게 구별하지 않은 것
④ 실증이나 사실을 누락시키지 않은 것

75 인적 요인을 제외했을 때, 평지에서 차량의 제동특성에 대한 일반적인 설명으로 맞는 것은?

① 모든 차량의 제동거리는 동일하다.
② 도로면의 마찰력이 클수록 제동거리는 늘어난다.
③ 속도가 2배이면, 제동거리도 2배로 늘어난다.
④ 차량의 중량이 무거울수록 제동거리는 늘어난다.

해설 $\frac{1}{2}mv^2 = F \times d = ma \times d$
속도가 2배이면 제동거리는 4배로 늘어난다.

정답 72 ① 73 ② 74 ④ 75 ④

제4과목 차량운동학

76 고가도로 위에서 운전자의 실수로 질량 800kg인 차량이 5m 아래 수직으로 튕김 없이 떨어졌다. 차량이 받은 충격량은?(단, 중력가속도 10m/s²)

① 4,000kg·m/s ② 6,000kg·m/s
③ 8,000kg·m/s ④ 10,000kg·m/s

해설
$\frac{1}{2}mv^2 = mgh$
$v = \sqrt{2gh} = \sqrt{2 \times 10 \times 5} = 10\text{m/s}$
$F = mv = 800 \times 10 = 8,000\text{kg}\cdot\text{m/s}$

77 차량이 제동을 시작하여 아스팔트 도로를 30m 미끄러진 후 콘크리트 도로를 15m 미끄러지고 정지하였다. 차량이 제동되기 전 속도는?(단, 제동 이전 감속은 무시, 아스팔트 도로의 견인계수 0.8, 콘크리트 도로의 견인계수 0.4, 중력가속도 9.8m/s²)

① 87.3km/h ② 78.1km/h
③ 84.3km/h ④ 85.5km/h

해설 정지속도 $V_2 = 0\text{m/s}$
견인계수 0.8 구간에서의 거리(d_1) = 30m
견인계수 0.8 구간에서의 가속도(a_1)
$= 0.8 \times (-9.8) = (-7.84\text{m/s}^2)$
견인계수 0.4 구간에서의 거리(d_2) = 15m
견인계수 0.4 구간에서의 가속도(a_2)
$= 0.4 \times (-9.8) = (-3.92\text{m/s}^2)$
충돌속도(V_1)를 구하면
$V_2^2 - V_1^2 = 2a_2 d_2$
$V_1 = \sqrt{V_2^2 - 2a_2 d_2}$
$= \sqrt{0^2 - 2 \times (-3.92) \times 15}$
$= 10.84\text{m/s}$
처음속도(V_0)를 구하면
$V_1^2 - V_0^2 = 2a_1 d_1$
$V_0 = \sqrt{10.84^2 - 2 \times (-7.84) \times 30}$
$= 24.25\text{m/s} = 87.29\text{km/h}$

78 외력이 작용하지 않는 한 운동하고 있는 물체는 언제까지나 등속으로 운동하고 정지한 물체는 계속 정지하려고 하는 운동법칙은?

① 관성의 법칙
② 가속도의 법칙
③ 작용·반작용의 법칙
④ 운동량 보존의 법칙

79 중량 2,000kg인 차량이 급제동하여 미끄러질 때 축하중을 측정한 결과 앞바퀴에는 각각 600kg, 뒷바퀴에는 각각 400kg의 하중이 작용하였다. 앞축바퀴견인계수는 각각 0.8, 뒤축바퀴견인계수는 각각 0.01인 경우 급제동 구간에서의 합성견인계수는?

① 0.88 ② 0.80
③ 0.48 ④ 0.40

해설 합성견인계수 = $\frac{\text{앞바퀴하중} \times \text{앞바퀴견인계수}}{\text{중량}}$
$+ \frac{\text{뒷바퀴하중} \times \text{뒷바퀴견인계수}}{\text{중량}}$
$= \frac{2 \times 600 \times 0.8 + 2 \times 400 \times 0.01}{2,000}$
$= 0.48$

76 ③ 77 ① 78 ① 79 ③

80 수평면 위에 질량 1,000kg인 자동차가 정지해 있고, 이 자동차에 수평으로 일정한 크기의 힘을 5초 동안 준 결과 자동차의 속도가 10m/s가 되었다. 힘이 한 일은?(단, 중력가속도는 10m/s²이고, 수평면과 물체 사이의 마찰계수는 0.5이다)

① 150kJ　② 175kJ
③ 200kJ　④ 250kJ

해설
$a = \dfrac{V_1 - V_0}{t} = \dfrac{10-0}{5} = 2\text{m/s}^2$

$d = V_0 t + \dfrac{1}{2}at^2 = 0 \times 5 + \dfrac{1}{2} \times 2 \times 5^2 = 25\text{m}$

이동 시작 시 에너지
= 이동 중의 운동에너지 + 마찰에너지
$= \dfrac{1}{2}mv_1^2 + \mu mgd$
$= \dfrac{1}{2} \times 1,000 \times 10^2 + 0.5 \times 1,000 \times 10 \times 25$
$= 50,000 + 125,000$
$= 175,000\text{kg} \cdot (\text{m/s})^2 = 175,000\text{N} \cdot \text{m}$
$= 175,000\text{J} = 175\text{kJ}$

---

81 두 차량이 충돌하면서 A차량 앞유리가 충돌 지점에서 12m 날아갔다. A차량 앞유리의 높이가 0.6m일 때 충돌 시 추정속도는?(단, 앞유리가 이탈되어 B차량이나 주변 구조물과의 접촉은 없었고, 공기저항은 무시, 중력가속도는 9.8m/s²)

① 152.4km/h
② 111.7km/h
③ 123.5km/h
④ 102.6km/h

해설 유리파편의 방출속도(V)는 산란된 유리파편의 중심점 낙하거리(d)와 지상고(h)에서

$V = d\sqrt{\dfrac{g}{2h}} = 12\sqrt{\dfrac{9.8}{2 \times 0.6}} = 34.29\text{m/s}$
$= 123.45\text{km/h}$

---

82 질량이 2,000kg인 A차량이 견인계수가 0.75인 노면에서 20m를 미끄러지며 정지하고 있던 질량 1,200kg인 B차량을 추돌하였다. 추돌 후 두 차량이 한 덩어리로 견인계수 0.6인 노면을 10m 미끄러지며 정지하였다. 손상된 차체를 장벽충돌 환산속도로 평가하면 A차량 전면손상은 7m/s, B차량 후미손상은 8m/s였다. 사고 전 A차량이 미끄러지기 시작할 때의 속도는?(단, 중력가속도는 9.8m/s²)

① 39.2km/h
② 78.4km/h
③ 85.9km/h
④ 99.3km/h

해설 사고 전 A차량의 에너지 = 두 차량의 손상에너지 + 미끄러질 때 소모된 에너지
A차량의 질량(m_1) = 2,000kg
A차량의 속도(v_1) = 7m/s
B차량의 질량(m_2) = 1,200kg
A차량의 속도(v_2) = 8m/s
E_1(A차량의 손상에너지)
$= \dfrac{1}{2}m_1 v_1^2 = \dfrac{1}{2} \times 2,000 \times 7^2 = 49,000\text{J}$
E_2(B차량의 손상에너지)
$= \dfrac{1}{2}m_2 v_2^2 = \dfrac{1}{2} \times 1,200 \times 8^2 = 38,400\text{J}$
E_3(두 차량의 소모에너지) $= (m_1 + m_2)\mu gd$
$= (2,000 + 1,200) \times 0.6 \times 9.8 \times 10 = 188,160\text{J}$
$E = E_1 + E_2 + E_3 = 275,560\text{J}$
$E = \dfrac{1}{2}mv^2$ 에서
$v = \sqrt{\dfrac{2E}{m}} = \sqrt{\dfrac{2 \times 275,560}{2,000}} = 16.6\text{m/s}$

A차량의 제동직전속도 $V_1^2 - V_0^2 = 2ad$ 에서
$V_0 = \sqrt{16.6^2 - 2 \times 0.75 \times (-9.8) \times 20}$
$= 23.87\text{m/s} = 85.92\text{km/h}$

83 급제동 시 승용차 전륜 견인계수가 0.8이고, 후륜 견인계수가 0.5이면 전체 견인계수는?(단, 급제동 시 무게배분은 전륜 70%, 후륜 30%를 적용)

① 0.76 ② 0.71
③ 0.66 ④ 0.61

해설 전체견인계수 = $\dfrac{\text{전륜무게} \times \text{전륜견인계수}}{100}$

$+ \dfrac{\text{후륜무게} \times \text{후륜견인계수}}{100}$

$= \dfrac{70 \times 0.8 + 30 \times 0.5}{100} = 0.71$

84 80km/h로 진행하던 차량이 급제동하여 31.49m를 미끄러지고 정지하였다. 이 차량의 견인계수는?(단, 중력가속도는 9.8m/s²)

① 0.6 ② 0.7
③ 0.8 ④ 0.9

해설 80km/h = 22.22m/s

$v_1^2 - v_0^2 = 2\mu gd$

$\mu = \dfrac{v_1^2 - v_0^2}{2gd} = \dfrac{0 - 22.22^2}{2 \times (-9.8) \times 31.49} = 0.8$

85 대형트럭 기어가 9단에 물린 채 충돌하는 사고가 발생했다. 변속기 기어비가 1.57이고, 종감속 기어비가 2.83이었다. 타이어 반경이 0.58m이고, 엔진의 RPM이 900~2,000 사이에 있다고 하면, 충돌 시 대형트럭의 최소, 최대속도범위는?

① 약 55~70km/h
② 약 35~89km/h
③ 약 45~99km/h
④ 약 65~79km/h

해설 속도 $V = \dfrac{2 \times \text{타이어반경} \times \pi \times \text{RPM}}{\text{종감속기어비} \times \text{변속기어비} \times 60}$

최저속도 $V_1 = \dfrac{2 \times 0.58 \times 3.14 \times 900}{2.83 \times 1.57 \times 60}$

$= 12.3\text{m/s} = 44.28\text{km/h}$

최대속도 $V_2 = \dfrac{2 \times 0.58 \times 3.14 \times 2{,}000}{2.83 \times 1.57 \times 60}$

$= 27.33\text{m/s} = 98.39\text{km/h}$

∴ 약 45~99km/h

86 질량이 2,000kg인 차량이 45,000kg·m²/s²의 운동에너지를 가지고 운동할 때 속도는?

① 14.3km/h
② 16.8km/h
③ 20.5km/h
④ 24.1km/h

해설 $\dfrac{1}{2}mv^2 = 45{,}000\text{J}$

$v = \sqrt{\dfrac{45{,}000 \times 2}{m}} = \sqrt{\dfrac{45{,}000 \times 2}{2{,}000}}$

$= 6.708\text{m/s} = 24.15\text{km/h}$

87 차량이 평탄한 도로에서 바퀴가 모두 잠긴 상태로 10m 제동흔적을 발생하고 정지한 때, 제동 직전 속도는?(단, 마찰계수 0.7, 중력가속도 9.8m/s²)

① 11.7km/h ② 25.6km/h
③ 36.9km/h ④ 42.2km/h

해설
$V_1^2 - V_0^2 = 2ad$
$V_0 = \sqrt{V_1^2 - 2\mu g d}$
$= \sqrt{0^2 - 2 \times 0.7 \times (-9.8) \times 10}$
$= 11.71 m/s = 42.17 km/h$

88 자동차가 임의의 기준점에서 북쪽으로 100km 진행하고, 그 다음에 동쪽으로 200km 진행했다. 자동차가 그 기준점에서 진행한 변위의 크기는?

① 약 100km ② 약 150km
③ 약 224km ④ 약 300km

해설 $\sqrt{100^2 + 200^2} = 223.61 km$

89 운동량에 대한 설명으로 맞는 것은?

① 물체의 질량과 속도를 곱한 양
② 물체의 질량과 속도를 나눈 양
③ 물체의 질량과 속도를 뺀 양
④ 물체의 질량과 속도에 질량을 다시 곱한 값

해설 운동량 $P = mv$

90 반발계수의 값으로 맞는 것은?(v_1 : #1차량 충돌 전 속도, v_1' : #1차량 충돌 후 속도, v_2 : #2차량 충돌 전 속도, v_2' : #2차량 충돌 후 속도)

① $e = \dfrac{v_2 - v_1}{v_1 - v_2} = \dfrac{v_1' + v_2'}{v_1 + v_2}$

② $e = \dfrac{v_2 - v_1}{v_1' - v_2'} = -\dfrac{v_2' - v_1'}{v_1' + v_2'}$

③ $e = \dfrac{v_2 - v_1}{v_1 + v_2} = \dfrac{v_1' - v_2'}{v_1' + v_2'}$

④ $e = \dfrac{v_2' - v_1'}{v_1 - v_2} = -\dfrac{v_1' - v_2'}{v_1 - v_2}$

해설 반발계수 $= \dfrac{\text{충돌 후 상대속도}}{\text{충돌 전 상대속도}} = \dfrac{v_2' - v_1'}{v_1 - v_2}$

91 축간거리가 4m이고 선회 외측전륜의 최대 조향각을 30°로 하여 서행한 경우 이 승용차의 최소 회전반경은?(단, 킹핀 중심선과 타이어 중심선 간의 거리는 무시)

① 5m ② 8m
③ 12m ④ 16m

해설 최소회전반경 $R = \dfrac{\text{축간거리}}{\sin(\text{최대조향각})}$
$= \dfrac{4}{\sin 30°} = 8m$

정답 87 ④ 88 ③ 89 ① 90 ④ 91 ②

92 오토바이가 외력을 받지 않은 상태에서 균형을 잃고 전도될 때 소요된 시간은?(단, 오토바이의 무게중심 높이는 0.5m, 중력가속도 9.8m/s²)

① 0.32s ② 0.38s
③ 0.65s ④ 0.52s

해설
$h = \frac{1}{2}gt^2$
$t = \sqrt{\frac{2h}{g}} = \sqrt{\frac{2 \times 0.5}{9.8}} = 0.32s$

93 회전운동을 하고 있는 차량에 작용하는 원심력 F의 크기를 맞게 나타낸 식은?(m : 차량의 질량, v : 차량의 속도, r : 회전반경)

① $F = m\frac{v^2}{r^2}$ ② $F = m\frac{v}{r^2}$
③ $F = m\frac{v^2}{r}$ ④ $F = m\frac{v}{r}$

94 질량 1,000kg인 자동차가 언덕에서 20m/s의 속도로 아래로 떨어져 지면에 충돌한 후 3m/s의 속도로 튀어 올랐다. 자동차의 충격량은?

① 17,000kg·m/s
② 23,000kg·m/s
③ 47,000kg·m/s
④ 60,000kg·m/s

해설 충격량 $= F \times \Delta t = \Delta P = m\Delta v$
$\Delta P = m\Delta v = m(v_{나중} - v_{처음})$
$= 1,000((3-(-20)) = 23,000kg \cdot m/s$

95 질량 1,200kg인 차량이 100km/h의 속도로 평지를 주행하고 있다. 이 차량을 멈추는 데 필요한 에너지의 양은?

① 232kJ ② 463kJ
③ 926kJ ④ 568kJ

해설
$\frac{1}{2}mv^2 = \frac{1}{2} \times 1,200 \times (100 \div 3.6)^2$
$= 462,962.96J ≒ 463kJ$

96 질량이 1,000kg인 자동차가 동쪽으로 10m/s의 속도로 진행하다가 서쪽으로 15m/s의 속도로 진행하는 질량 2,000kg인 자동차와 정면으로 충돌하였다. 충돌 직후 두 자동차의 방향과 운동량의 합은?(단, 충돌로 인한 에너지 감소량은 없고 1차원상의 충돌이다)

① 동쪽으로, 20,000kg·m/s
② 서쪽으로, 20,000kg·m/s
③ 동쪽으로, 30,000kg·m/s
④ 서쪽으로, 30,000kg·m/s

해설 $m_1v_1 + m_2v_2 = 1,000 \times 10 + 2,000 \times (-15)$
$= -20,000kg \cdot m/s$
음수이므로 서쪽으로 20,000kg·m/s

97 A차량이 60km/h로 급제동한 결과 스키드마크 길이가 30m 발생하였다. 같은 곳에서 스키드마크 길이가 40m 발생한 경우 제동 직전 속도는?(단, 중력가속도는 9.8m/s²)

① 63.7km/h
② 65.7km/h
③ 69.2km/h
④ 76.4km/h

해설 60km/h = 16.67m/s
$v_1^2 - v_0^2 = 2ad$
$v_0 = \sqrt{2\mu gd}$
$\mu = \dfrac{v_0^2}{2gd} = \dfrac{16.67^2}{2 \times 9.8 \times 30} = 0.47$
$v_{40} = \sqrt{2 \times 0.47 \times 9.8 \times 40} = 19.2\text{m/s} = 69.1\text{km/h}$

98 차량이 1.5m/s²의 가속도로 6초 동안 가속하여 속도가 15m/s가 되었다면 처음 속도는 몇 km/h인가?

① 21.6km/h
② 23.6km/h
③ 25.6km/h
④ 27.6km/h

해설 $V_1 = V_0 + at$
$V_0 = V_1 - at = 15 - 1.5 \times 6 = 6\text{m/s} = 21.6\text{km/h}$

99 질량을 무시할 수 있는 도르래의 한 쪽에는 질량 4kg, 다른 쪽에는 질량 6kg이 연결되어 있다. 6kg의 물체가 정지상태로 출발하여 8m 아래의 지면에 닿는 순간의 가속도는?(단, 중력가속도는 10m/s²)

① 8m/s²
② 6m/s²
③ 4m/s²
④ 2m/s²

해설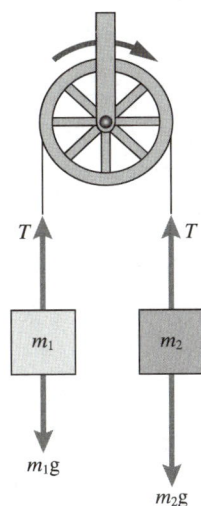

줄의 장력을 T라 하고 질량을 m_1, m_2라 하면
$F_2 = m_2g - T = m_2a$, $F_1 = T - m_1g = m_1a$
$T = m_2g - m_2a$ 그리고 $T = m_1g + m_1a$
여기서 $a = \dfrac{m_2 - m_1}{m_2 + m_1}g$, $a = \dfrac{6-4}{6+4} \times 10 = 2\text{m/s}^2$

또는

가속도 $= \dfrac{A의\ 잡아당기는\ 힘 + B의\ 잡아당기는\ 힘}{A의\ 질량 + B의\ 질량}$
$= \dfrac{4 \times (-10) + 6 \times 10}{4 + 6} = 2\text{m/s}^2$

100 18km/h로 진행하던 자동차가 0.5m/s²으로 감속하여 정지하였다면, 감속을 시작하여 정지하기까지 주행한 거리는?

① 10m
② 15m
③ 20m
④ 25m

해설 $d = \dfrac{V_1^2 - V_0^2}{2a} = \dfrac{0^2 - 5^2}{2 \times (-0.5)} = 25\text{m}$

정답 97 ③   98 ①   99 ④   100 ④

2017년 9월 24일 시행

03 과년도 기출문제

제1과목 | 교통관련법규

01 도로교통법상 어린이통학버스 운전자의 의무가 아닌 것은?

① 어린이나 영유아가 타고 내리는 경우에만 어린이와 영유아가 타고 내리는 중임을 표시하는 점멸등 등의 장치를 작동하여야 한다.
② 승차한 모든 어린이와 영유아가 좌석안전띠를 매도록 한 후에 출발하여야 한다.
③ 어린이통학버스에 어린이나 영유아를 태운 때에는 보호자를 함께 태우고 운행하여야 한다.
④ 어린이통학버스 운행을 마친 후 어린이나 영유아가 모두 하차하였는지를 확인하여야 한다.

해설 ※ 2020. 11. 27. 도로교통법 제53조 개정으로 어린이통학버스에 어린이나 영유아를 태울 때에는 성년인 사람 중 어린이통학버스를 운영하는 자가 지명한 보호자를 함께 태우고 운행하여야 하게 됨에 따라 정답 없음

02 교통사고처리특례법 제3조 제2항 단서에서 규정한 11개 항목에 해당되지 않는 것은? (단, 피해자 상해발생)

① 특수자동차 운전자가 술을 마신 다음날 새벽 혈중알코올 농도 0.06% 상태로 운전하다 앞차를 추돌한 사고
② 배기량 125cc 원동기장치자전거의 운전자가 주유소로부터 나오면서 보도의 보행자를 충격한 사고
③ 승용자동차 운전자가 일시정지를 내용으로 하는 안전표지가 표시하는 지시를 위반하여 운행하다 충돌한 사고
④ 승합자동차 운전자가 2차로에서 3차로로 진로변경 중 정상 주행 자동차와 충돌하여 중상해 피해자가 발생한 사고

해설 중상해가 아닌 피해자가 신체의 상해로 인하여 '생명에 대한 위험이 발생하거나 불구(不具)가 되거나 불치(不治) 또는 난치(難治)의 질병이 생긴 경우'로 명시되어 있다.
※ 문제의 11개 항목은 2017. 12. 3.부터 화물의 적재조치 위반 사항 추가로 12개항이 되었다(교통사고처리특례법 제3조 제2항 단서).

정답 1 정답없음 2 ④

03 연습운전면허의 취소 사유로 맞는 것은?
① 전문학원의 강사 또는 기능검정원의 지시에 따라 운전하던 중 교통사고를 일으킨 경우
② 도로가 아닌 곳에서 교통사고를 일으킨 경우
③ 교통사고를 일으켰으나 물적피해만 발생한 경우
④ 교통사고를 일으켜 인적피해가 발생하였으나 합의한 경우

04 다음 중 자동차 운전자의 운전면허가 취소되지 않는 것은?
① 혈중알코올농도 0.073% 상태로 운전 중에 보행자를 충돌하여 보행자가 부상을 입게 되는 사고가 발생한 경우
② 술에 취한 상태에서 운전하거나 술에 취한 상태에서 운전 하였다고 인정할 만한 상당한 이유가 있음에도 불구하고 경찰공무원의 측정 요구에 불응한 때
③ 혈중알코올농도 0.093% 상태로 운전 중에 주차된 차량과 충돌로 차량만 파손된 경우
④ 혈중알코올농도 0.123% 상태로 운전 중에 단속된 경우

해설 0.03% 이상에서 부상자 발생 또는 0.08% 이상의 경우 면허 취소이다.
※ 혈중알코올농도 관련 법령 개정으로 정답 없음

05 차마의 운전자는 도로의 중앙(중앙선) 우측 부분을 통행하여야 한다. 다만, 예외적으로 도로의 중앙이나 좌측으로 통행할 수 있는 경우가 아닌 것은?
① 도로가 일방통행인 경우
② 도로 우측부분의 폭이 6m가 되지 않고, 좌측부분을 확인할 수 없는 곳에서 다른 차를 앞지르려는 경우
③ 도로의 파손, 도로공사나 그 밖의 장애 등으로 도로의 우측부분을 통행할 수 없는 경우
④ 도로 우측부분의 폭이 차마의 통행에 충분하지 아니한 경우

정답 3 ④　4 정답없음　5 ②

06 도로교통법상 다음 교통안전표지 중 규제표지에 해당하는 것은 모두 몇 개인가?

ⓐ 진입금지 표지
ⓑ 일방통행 표지
ⓒ 차간거리확보 표지
ⓓ 양보 표지
ⓔ 주차금지 표지
ⓕ 차높이 제한 표지

① 6개
② 3개
③ 4개
④ 5개

해설 ⓑ 일방통행 표지 : 지시표지
안전표지(시행규칙 제8조)
- 주의표지
  도로상태가 위험하거나 도로 또는 그 부근에 위험물이 있는 경우에 필요한 안전조치를 할 수 있도록 이를 도로사용자에게 알리는 표지
- 규제표지
  도로교통의 안전을 위하여 각종 제한·금지 등의 규제를 하는 경우에 이를 도로사용자에게 알리는 표지
- 지시표지
  도로의 통행방법·통행구분 등 도로교통의 안전을 위하여 필요한 지시를 하는 경우에 도로사용자가 이에 따르도록 알리는 표지
- 보조표지
  주의표지·규제표지 또는 지시표지의 주기능을 보충하여 도로사용자에게 알리는 표지
- 노면표시
  도로교통의 안전을 위하여 각종 주의·규제·지시 등의 내용을 노면에 기호·문자 또는 선으로 도로사용자에게 알리는 표지

07 도로교통법상 어린이통학버스로 사용할 수 있는 자동차는 승차정원 ☐(어린이 ☐을 승차정원 1인으로 본다) 이상의 자동차로 한다. 여기서 어린이는 ☐ 미만을 말한다. ☐에 알맞은 것은?(단, 튜닝된 어린이통학버스 제외)

① 9인승, 1.5인, 12세
② 12인승, 1.5인, 12세
③ 9인승, 1인, 13세
④ 12인승, 1인, 13세

08 도로교통법상 운전면허의 범위를 구분할 때 제1종 특수면허에 해당하지 않는 것은?

① 구난차면허
② 긴급자동차면허
③ 소형견인차면허
④ 대형견인차면허

09 도로교통법상 운전자가 밤에 도로에서 차를 운행할 때 켜야 하는 등화의 종류로 바르지 못한 것은?

① 승합자동차 : 전조등, 차폭등, 미등, 실내조명등, 번호등
② 원동기장치자전거 : 전조등, 미등
③ 견인되는 차 : 전조등, 차폭등, 미등
④ 여객자동차운송사업용 승용자동차 : 전조등, 차폭등, 미등, 실내조명등, 번호등

해설 밤에 도로에서 차를 운행하는 경우 등의 등화(도로교통법 시행령 제19조)
③ 견인되는 차 : 차폭등, 미등, 번호등
① 승합자동차 : 전조등, 차폭등, 미등, 실내조명등, 번호등
④ 승용자동차 : 전조등, 차폭등, 미등, 번호등, 실내조명등(여객자동차운송사업용 승용자동차만 해당)

10 '갑'운전자는 보행자 '을'에 대하여 안전운전 의무위반으로 교통사고를 일으켰다('갑'운전자 과실 100%). 사고 후 의식불명으로 병원에 있던 '을'은 위 교통사고가 원인이 되어 10일 후 사망하였다. '갑'은 피해자 유족과 합의를 하였다. '갑'에 대한 교통사고처리와 관련한 설명으로 맞는 것은?

① 사고발생시로부터 72시간 이후에 사망하였으므로 교통사고처리특례법상 사망사고로 처리하지 않는다.
② 합의가 되었으므로 공소를 제기할 수 없다.
③ 법규위반으로 교통사고를 야기한 경우이므로 위반행위 벌점 10점, 사고결과에 따른 벌점 15점이다.
④ 특정범죄 가중처벌 등에 관한 법률상 위험운전치사죄로 처리한다.

해설 ① 교통사고가 원인이므로 사망사고이다.
② 합의가 되어도 참작사유만 될 뿐 공소제기 대상이다.
④ 음주 또는 약물에 의한 피해자 사망의 경우가 '위험운전치사죄'에 해당된다(특정범죄 가중처벌 등에 관한 법률 제5조11).

11 도로교통법상 정차와 주차를 모두 금지하는 장소가 아닌 것은?

① 안전지대가 설치된 도로에서는 그 안전지대의 사방으로부터 각각 10m 이내인 곳
② 교차로의 가장자리나 도로의 모퉁이로부터 5m 이내인 곳
③ 건널목의 가장자리 또는 횡단보도로부터 10m 이내인 곳
④ 화재경보기로부터 3m 이내인 곳

해설 ④ 주차금지장소로 정차 금지에는 해당되지 않는다(법 제33조).
※ 2018. 8. 10. 도로교통법 제32조, 제33조 개정으로 ④의 화재경보기로부터 5m 이내인 곳 또한 정차 및 주차의 금지 장소로 봄에 따라 정답 없음

12 도로교통법상 화물자동차의 운행상의 안전기준에 대한 설명으로 틀린 것은?

① 길이 : 자동차 길이에 그 길이의 1/10을 더한 길이
② 너비 : 자동차의 후사경으로 뒤쪽을 확인할 수 있는 범위의 너비
③ 승차인원 : 승차정원의 110% 이내
④ 적재중량 : 구조 및 성능에 따르는 적재중량의 110% 이내

해설 ③ 승차인원 : 승차정원 이내일 것(시행령 제22조)

13 다음 중 교통사고처리특례법 제3조 제2항 단서에서 규정한 11개 항목의 사고에 해당하지 않는 것은?(단, 피해자 상해 발생)

① 고속도로에서 횡단 중 사고
② 고속도로에서 갓길통행 중 사고
③ 고속도로에서 유턴 중 사고
④ 고속도로에서 후진 중 사고

해설 ※ 문제의 11개 항목은 2017. 12. 3.부터 화물의 적재조치 위반 사항 추가로 12개항이 되었다(교통사고처리특례법 제3조 제2항 단서).

교통사고처리 특례 12개 항목
- 신호 및 지시위반
- 중앙선침범, 고속도로에서 횡단·유턴·후진
- 제한속도 20km/h 초과
- 앞지르기 방법·시기·장소 위반 및 끼어들기 금지 위반, 고속도로 앞지르기 위반
- 건널목 통과방법 위반
- 횡단보도에서 보행자 보호위반
- 무면허 운전
- 주취 및 약물복용 운전
- 보도침범 및 보도통행방법 위반
- 승객추락방지 의무 위반
- 어린이보호구역 안전 운전 의무 위반으로 어린이 신체에 상해(傷害)
- 자동차의 화물이 떨어지지 아니하도록 필요한 조치를 하지 아니하고 운전

14 도로교통법상 자동차 등의 운전자가 둘 이상의 '행위'를 연달아 하거나 하나의 '행위'를 지속 또는 반복하여 다른 사람에게 위협 또는 위해를 가하거나 교통상의 위험을 발생하게 하는 것을 난폭운전이라 한다. 위 '행위'에 해당 되지 않는 것은?

① 신호 또는 지시위반
② 횡단, 유턴, 후진 금지위반
③ 앞지르기 방법 위반
④ 끼어들기의 금지위반

15 도로교통법상 용어의 정의로 틀린 것은?

① 차로 : 차마가 한줄로 도로의 정하여진 부분을 통행하도록 차선으로 구분한 차도의 부분을 말한다.
② 안전지대 : 도로를 횡단하는 보행자나 통행하는 차마의 안전을 위하여 안전표지나 이와 비슷한 인공구조물로 표시한 도로의 부분을 말한다.
③ 서행 : 운전자가 차 또는 노면전차를 즉시 정지시킬 수 있는 정도의 느린 속도로 진행하는 것을 말한다.
④ 고속도로 : 자동차만 다닐 수 있도록 설치된 도로를 말한다.

해설 **고속도로** : 자동차의 고속운행에만 사용하기 위하여 지정된 도로

정답 13 ② 14 ④ 15 ④

16 범칙금 통고처분 불이행자의 처리에 관한 설명이다. 틀린 것은?

① 범칙금 납부통고서를 받고 1차 납부기일 내에 범칙금을 내지 아니한 사람은 납부기간이 끝나는 날의 다음날부터 20일 이내에 통고받은 범칙금에 100분의 20을 더한 금액을 내야 한다.
② 경찰서장은 범칙금을 2차 납부기간 내에 납부하지 아니한 통고처분 불이행자에 대하여는 지체없이 즉결심판을 청구하여야 한다.
③ 즉결심판이 청구되기 전까지 통고받은 범칙금액에 그 100분의 50을 더한 금액을 납부한 사람에 대하여 법원은 궐석재판을 실시한다.
④ 출석기간 또는 범칙금 납부기간 만료일로부터 60일이 경과될 때까지 즉결심판을 받지 아니한 때는 운전면허의 효력을 정지시킬 수 있다.

17 특정범죄 가중처벌 등에 관한 법률 제5조의 3(도주차량 운전자의 가중처벌)에 해당되지 않는 것은?

① 이륜자동차
② 덤프트럭
③ 트럭적재식 천공기
④ 굴삭기

18 자동차 등의 운행속도를 최고속도의 100분의 20을 줄인 속도로 운행하여야 하는 경우는?

① 눈이 20mm 미만 쌓인 경우
② 안개로 가시거리가 100m 이내인 경우
③ 노면이 얼어붙은 경우
④ 폭우・폭설로 가시거리가 100m 이내인 경우

19 도로교통법상 특별한 교통안전교육(특별교통안전교육)의 구분이 아닌 것은?

① 교통법규교육
② 교통소양교육
③ 교통사고교육
④ 교통참여교육

> **해설** 특별교통안전교육(영 제38조 제1항)
> ※ 해당 내용 법 개정으로 삭제

20 자동차 운전 중에는 휴대용 전화 사용이 원칙적으로 금지되어 있다. 예외적으로 휴대용 전화 사용이 가능한 경우가 아닌 것은?

① 안전운전에 장애를 주지 아니하는 장치를 이용하는 경우
② 긴급한 상황으로 출동 중인 긴급자동차를 운전하는 경우
③ 각종 범죄 및 재해신고 등 긴급한 필요가 있는 경우
④ 자동차가 서행하고 있는 경우

21 교통사고처리특례법 시행령 제4조에서 손해배상금의 우선 지급절차중 손해배상금 우선 지급의 청구를 받은 보험사업자 또는 공제사업자는 그 청구를 받은 날부터 며칠 내에 이를 지급하여야 하는가?
① 5일 ② 7일
③ 10일 ④ 14일

22 자동차를 운전하거나 탑승 중 고속도로 등을 제외한 도로에서 운전자 또는 동승자에 대하여 좌석안전띠 착용의무가 있는 경우는?
① 긴급자동차가 그 본래의 긴급한 용도로 운행되고 있는 때
② 자동차를 후진시키기 위하여 운전하는 때
③ 부상・질병・장애 또는 임신 등으로 인하여 좌석안전띠의 착용이 적당하지 아니하다고 인정되는 때
④ 승용자동차 운전자 옆좌석 외의 좌석에 영유아가 승차하는 때(유아보호용 장구를 장착한 후의 좌석 안전띠)

23 중앙선침범 교통사고로 인하여 가해차량(승용자동차) 운전자 피해 중상 3주, 가해차량 동승자 경상 2주 1명, 피해차량 운전자 중상 4주인 경우 가해차량 운전자에 대한 위반행위 및 사고결과에 따른 합산벌점은 몇점인가?
① 70점 ② 65점
③ 55점 ④ 50점

해설 중앙선 침범 30점 + 가해차량 동승자 경상 5점 + 피해차량 운전자 중상 15점
(가해차량 운전자 피해는 벌점 계산에 해당 없음, 도로교통법 시행규칙 별표 28)

24 도로교통법상 자전거의 통행방법과 자전거 운전자의 준수사항에 대한 설명으로 틀린 것은?
① 자전거의 운전자는 안전표지로 통행이 허용된 경우를 제외하고는 2대 이상이 나란히 차도를 통행하여서는 아니 된다.
② 자전거의 운전자는 횡단보도를 이용하여 도로를 횡단할 때에는 자전거에서 내려서 자전거를 끌고 보행하여야 한다.
③ 자전거의 운전자는 밤에 도로를 통행하는 때에는 전조등과 미등을 켜거나 야광띠 등 발광장치를 착용하여야 한다.
④ 자전거의 운전자는 술에 취한 상태로 정상적으로 운전하지 못할 우려가 있는 상태에서 자전거를 운전하여서는 안 되며, 이를 위반한 경우 30만원 이하의 벌금으로 처벌된다.

해설 ④ 30만원 이하의 벌금 사유에 해당되지 않는다(도로교통법 제154조).

25 승용자동차 운전자가 평일 오전 10~11시 사이 어린이보호구역에서 위반에 따른 범칙금과 벌점으로 틀린 것은?
① 신호위반 - 12만원 - 벌점 30점
② 속도위반(60km/h 초과) - 20만원 - 벌점 60점
③ 속도위반(20km/h 초과 40km/h 이하) - 9만원 - 벌점 30점
④ 주・정차금지위반 - 8만원 - 벌점 0점

해설 ② 속도위반(60km/h 초과) - 15만원 - 벌점 120점
④ 정차・주차 금지 위반(어린이보호구역) - 12만원 - 벌점 0점

21 ② 22 ④ 23 ④ 24 ④ 25 ②, ④

제2과목 교통사고조사론

26 충돌로 인한 액체흔적이 아닌 것은?

① 튀김(Spatter)
② 방울짐(Dribble)
③ 스크래치(Scratch)
④ 고임(Puddle)

해설
③ 스크래치(Scratch) : 표면을 가로질러 예리한 물질이 스쳐 지나가는 경우, 예리한 모서리 부분이 물질 표면에 닿아서 좁고 얕은 긁힌 자국을 말함
① 튀김 또는 뿌려짐(Spatter) : 충돌 시 용기파손 등에 의해 액체들이 분출됨
② 방울짐(Dribble) : 충돌 시 파손된 용기에서 액체가 흘러내리는 것
④ 고임(Puddle) : 차량이 멈춰 서자마자 방울방울 떨어지던 액체가 새는 부분에 고임

27 제동 시에 바퀴를 연속적으로 로크(Lock)시키지 않음으로써 조향능력이 상실되지 않도록 한 안전장치는?

① 주차 브레이크
② ABS 브레이크
③ 핸드 브레이크
④ EDR 브레이크

28 보행자와 차량 간 충돌사고 시 보행자의 상해 심각도(Injury Severity)에 영향을 미치는 요인 중 가장 거리가 먼 것은?

① 차량범퍼의 높이
② 보행자 연령
③ 충돌속도
④ 운전자의 고속도로 운전경험

29 도로를 횡단하던 신장 170cm의 보행자가 60km/h로 주행 중이던 승용차의 전면범퍼에 충격 이후 와이퍼와 재차 충돌하여 안면부에 부상을 입었다면 어떤 손상인가?

① 범퍼손상
② 제2차 충격손상
③ 전도손상
④ 역과손상

해설
- 1차 충격손상 : 범퍼(Bumper)와 충격으로 인한 손상으로서 차 대 보행자 사고에서 가장 많이 발생되는 충격부위이다. 성인의 경우 대퇴부, 하퇴부, 하지 등과 주로 충격되며, 어린이의 경우 상반신, 경부, 두부 등과 충격된다. 대부분 좌상, 표피박탈, 좌열창, 박피손상, 심부근육내출혈, 골절 등의 상해로 나타난다.
- 2차 충격손상 : 차량의 충돌속도에 따라 차이가 있으나 보통 40~50km/h 정도의 속도에서 1차 범퍼에 충격된 보행자는 보닛(Bonnet) 위로 떠올려져 보닛의 위나 유리창 등에 2차 충격된다. 어깨, 두부, 안면부 등에 손상을 입으며, 표피박탈은 국소적 또는 광범위하게 나타난다.
- 전도손상 : 3차 손상이라고도 한다. 2차 충격 후 떨어지면서 지면이나 구조물 등에 의해 두부나 분부에 골절상을 입게 된다.
- 역과손상 : 3차 충격으로 전도된 보행자를 해당 차량 또는 다른 차량이 깔고 지나가면서 골절 또는 장기의 손상, 박피손상, 이개(耳介)부의 열창, 신전손상 등이 나타나며, 사망에 이른 경우도 있다.

30 차량이 65km/h로 경사가 없는 도로를 주행하다 급정지하여 25m의 미끄럼흔적을 남겼을 때, 이 도로 노면의 마찰계수는?

① 약 0.45
② 약 0.56
③ 약 0.67
④ 약 0.78

해설
$$v_1^2 - v_0^2 = 2\mu gd$$
$$\mu = \frac{v_1^2 - v_0^2}{2gd} = \frac{0 - (65/3.6)^2}{2 \times (-9.8) \times 25} = 0.67$$

정답 26 ③ 27 ② 28 ④ 29 ② 30 ③

31 요마크(Yaw Mark)의 설명 중 가장 옳은 것은?

① 원심력이 타이어와 노면 간 마찰력보다 작을 때 발생한다.
② 바퀴가 순간적으로 플랫(Flat)되면서 나타난다.
③ 요마크(Yaw Mark) 흔적으로 감속상태인지 가속상태인지 판단하는 것은 불가능하다.
④ 시작점에서 외측전륜궤적은 외측후륜궤적보다 안쪽에서 발생한다.

> 해설 요마크란 조향핸들의 급격한 조작에 의해 타이어가 회전하면서 차량이 옆으로 미끄러질 때 생기는 타이어 자국을 말한다.

33 노면에 나타나는 다음의 흔적 중 핸들의 조작과 연관성이 가장 높은 것은?

① 크룩(Crook)
② 가속 스커프(Acceleration Scuff)
③ 플랫 타이어 마크(Flat Tire Mark)
④ 요마크(Yaw Mark)

> 해설 요마크란 조향핸들의 급격한 조작에 의해 타이어가 회전하면서 차량이 옆으로 미끄러질 때 생기는 타이어 자국을 말한다.
> • 크룩(Crook) : 외부의 힘에 의해 차량 운동방향의 급격한 변화에 따라 발생한다. 충돌스크럽처럼 충돌 시 타이어의 위치를 나타내어 실제 최초의 충돌이 일어난 지점을 알아내는데 중요한 자료가 된다.
> • 가속(Acceleration) 스커프 : 차량이 급가속, 급출발할 때 나타나는 타이어 흔적이다.
> • 플랫 타이어 마크(Flat Tire Mark) : 공기압이 적거나 심한 하중에 눌러 찌그러지면서 노면에 생성된다. 가장자리는 진한 형태로, 중심부는 희미하게 나타난다.

32 할로겐 분자(Br_2)의 색으로 전구내부에 할로겐가스가 너무 많을 경우 분리되어 유리벽에 증착할 때 일어나는 현상은?

① 황화현상
② 백화현상
③ 흑화현상
④ 청화현상

34 다음 인체골격 중 흉부에 해당되지 않는 것은?

① 관골(Zygomatic Bone)
② 복장뼈(Sternum)
③ 흉골(Breast Bone)
④ 늑골(Rib)

정답 31 ④ 32 ① 33 ④ 34 ①

35 승용차가 급제동하며 타이어 흔적을 발생시킬 때 통상적으로 전륜 타이어 흔적이 쉽게 발생되는 이유로 적절한 것은?

① 무게중심이 앞쪽으로 이동하는 노즈다운(Nose-down)현상 때문
② 승용차의 무게중심은 차체길이의 중간에 위치하기 때문
③ 승용차의 제동장치는 유압식이 아닌 에어식이기 때문
④ 타이어 트레드 무늬가 대형트럭과 상이하기 때문

해설 노즈다이브(Nose Dive) 현상 : 운행 중인 차량을 급제동하면 관성력에 의해 무게중심이 앞쪽으로 쏠리면서 전륜의 서스펜션이 수축되면서 전면부가 지면을 향해 내려가는 현상이다.

36 승용차량에서 한쪽 타이어 접지면 중심으로부터 동일축 반대쪽 타이어 접지면 중심까지의 거리를 나타내는 차량 용어는?

① 전 폭   ② 윤 거
③ 축 거   ④ 전 고

해설
- 축거 : 앞, 뒤차축 간의 거리(Wheel Base)
- 윤거 : 왼쪽바퀴와 오른쪽바퀴 사이의 거리(Tread)

37 차 대 보행자 사고에서 설명 내용이 틀린 것은?

① 보행자는 차체의 외부구조에 1차적으로 충격을 받는다.
② 처음 충격 후 보행자의 신체가 차의 외부구조에 다시 부딪히는 것을 2차 충격이라 한다.
③ 차량충격 후 지면에 부딪히면 전도손상이 발생한다.
④ 차량에 역과되면 전복손상이라 한다.

38 교통사고 발생 시 사고현장에서 발견되는 흔적들에 대한 설명이다. 적절한 설명이 아닌 것은?

① 자동차의 하체잔존물만으로도 정확한 충돌지점의 추정이 가능하다.
② 충격에 의한 심한 진동으로 하체부의 진흙 또는 흙먼지가 떨어질 수 있다.
③ 사고차량의 잔존물이 외력이 발생하지 않는 한 그 잔존물은 사고 차량이 움직이는 방향으로 움직이게 된다.
④ 사고 후 시간이 경과하면 없어지는 하체 잔존물도 있다.

39 대형차량의 스키드마크(Skid Mark)가 다음과 같이 도로상에 현출되었을 때 속도계산에 적용할 길이 측정 부분으로 가장 적절한 것은?(단, 1, 2축은 단륜, 3, 4축은 복륜)

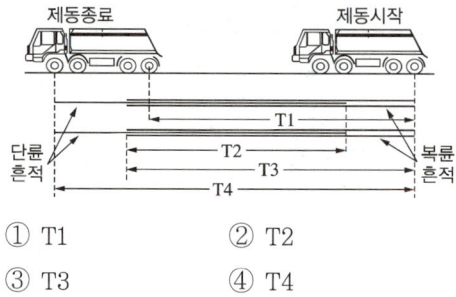

① T1
② T2
③ T3
④ T4

해설 스키드마크를 이용하여 주행속도를 예측할 때, 속도계산에 적용할 길이는 바퀴에서 동일바퀴까지의 거리로 측정한다.

40 사고차량의 타이어 사이드 월(옆면)에 DOT 표기가 다음과 같았다. 마지막 아라비아 숫자 네 개를 통한 제작년월은?

DOT A181 357B 1106

① 2011년 3월
② 2011년 6월
③ 2006년 3월
④ 2006년 11월

해설 타이어 사이드월 표시
1106 : 2006년 11번째 주에 생산된 것

41 면도칼, 칼, 도자기나 유리 파편과 같은 예리한 물체에 의해 피부조직의 연결이 끊어진 손상은?

① 열창(Lacerated Wound)
② 골절(Fracture)
③ 좌창(Contused Wound)
④ 절창(Cut Wound)

해설
- 찰과상(Abrasion) : 피부의 표재층만 벗겨지는 상해
- 절창(Cut Wound) : 칼, 면도날, 유리 파편 등의 예리한 물건에 의한 상해
- 열창(Lacerated Wound) : 둔한 날을 가진 기물에 의한 상해
- 좌창(Contused Wound) : 둔기(鈍器)의 둔력에 의한 상해
- 결손창(Avulsion) : 외부 및 연부조직의 일부가 떨어져 나간 상해
- 자창(Stab Wound) : 칼, 바늘, 못 등의 예리한 것으로 찔린 상해
- 역과창(Crushed Wound) : 자동차 등이 신체의 일부를 역과(轢過)하여 발생된 상해
- 타박상(Contusion) : 강타, 압박 등에 의하여 피하조직이 손상된 상해
- 염좌(Sprain) : 골 부착부 근처의 섬유조직이 파열된 상해
  - 일부 섬유조직의 파열 : 불완전 염좌
  - 모든 섬유조직의 파열 : 완전 염좌
  - 인대가 골편을 박리시키는 경우 : 염좌골절(Sprain Fracture)
- 탈구(Dislocation) : 관절의 완전한 파열이나 붕괴
- 아탈구(Subluxation) : 관절의 불완전한 붕괴

42 사고 당시 운전자 규명을 위해 조사해야 할 항목으로 관련이 적은 것은?

① 차량의 충돌 전·후 회전 및 진행방향
② 전조등의 손상상태
③ 탑승자들의 신체 상해부위
④ 차량 내부의 손상상태

43 교통사고조사와 관련된 도로부문 사항이 아닌 것은?

① 도로 소성변형
② 도로 시설물파손
③ 도로 노면상태
④ 도로 통행료 영수증

44 다음 중 차 대 보행자 충돌사고에서 보행자의 역과손상에 대한 설명으로 맞는 것은?

① 보행중인 보행자를 차체 전면부로 최초 충격되어 생긴 손상을 말한다.
② 신체가 차체의 외부구조에 다시 부딪혀 생긴 손상을 말한다.
③ 지상에 전도된 후 바퀴나 차량의 하부구조에 의해서 생긴 손상을 말한다.
④ 자동차에 충격된 후 지면이나 지상 구조물에 의해서 생긴 손상을 말한다.

45 다음 중 교통사고 현장의 도로를 측정한 결과 그림과 같은 결과를 얻었다. 이 도로의 곡선반경은?

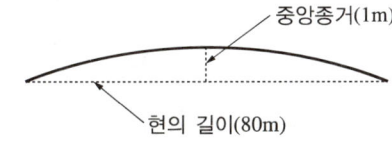

① 약 201m
② 약 396m
③ 약 801m
④ 약 996m

해설 $R = \dfrac{C^2}{8M} + \dfrac{M}{2} = \dfrac{80^2}{8 \times 1} + \dfrac{1}{2} = 801\text{m}$

46 차량 타이어 트레드면의 형태가 아닌 것은?

① 코인형(Coin Type)
② 블록형(Block Type)
③ 리브형(Rib Type)
④ 러그형(Lug Type)

해설

기본 패턴의 예	주용도
	리브형(Rib Type) • 포장도로, 고속용 • 승용차용 및 버스용으로 많이 사용되고 있고, 최근에는 일부 소형 트럭용으로도 사용되고 있다.
	러그형(Lug Type) • 일반도로, 비포장도로 • 트럭용, 버스용, 소형트럭용 타이어에 많이 사용되고 있다. 대부분의 건설차량용 및 산업차량용 타이어는 러그형이다.
	리브러그형(Rib Lug Type) • 포장도로, 비포장도로 • 트럭용, 버스용에 많이 사용되고 있다.
	블록형(Block Type) 스노 및 샌드서비스 타이어 등에 사용되고 있다.
	비대칭 패턴(Asymetirical Pattern) • 승용차용 타이어(고속) • 일부 트럭용 타이어

정답 43 ④ 44 ③ 45 ③ 46 ①

47 우리나라에서는 자동차 사고로 인한 상해 정도를 구분하기 위해 AIS-Code를 사용하고 있는데, '상해도 9'는 무엇을 의미하나?

① 상해가 가볍고 그 상해를 위한 특별한 대책이 필요 없을 때
② 생명의 위험은 적지만 상해 자체가 충분한 치료를 필요로 할 때
③ 의학적 치료의 범위를 넘어서 구명의 가능성이 불확실할 때
④ 원인 및 증상을 자세히 알 수가 없어 분류가 불가능할 때

해설 AIS(Abbreviated Injury Scale)-Code
1969년 미국자동차의학협회(AAAM), 미국의학협회(AMA) 및 미국자동차협회(SAE)가 공동으로 제작한 상해분류법이다. 현재는 1998년에 개정된 AIS90이 사용되고 있다.
- 상해도 1 : 상해가 가볍고 그 상해를 위한 특별한 대책이 필요 없는 것으로 생명의 위험도가 1~10%인 것(경미)
- 상해도 2 : 생명에 지장은 없으나 어느정도 충분한 치료를 필요로 하는 것으로 생명의 위험도가 11~30%인 것(경도)
- 상해도 3 : 생명의 위험은 적지만 상해 자체가 충분한 치료를 필요로 하는 것으로 생명의 위험도가 31~70%인 것(중증도)
- 상해도 4 : 상해에 의한 생명의 위험은 있으나 현재 의학적으로 적절한 치료가 이루어지면 구명의 가능성이 있는 것으로 생명의 위험도가 71~90%인 것(고도)
- 상해도 5 : 의학적 치료의 범위를 넘어서 구명의 가능성이 불확실한 것으로 생명의 위험도가 91~100%인 것(극도)
- 상해도 9 : 원인 및 증상을 자세히 알 수가 없어서 분류가 불가능한 것(불명)

48 다음과 같은 사고잦은지역에서 사고감소를 위해 도로구조상 우선 고려대상으로 가장 알맞은 것은?

> 좌로 굽은도로에서 안전하게 선회하지 못하고 차량들이 도로를 이탈하여 우측의 가로수를 충돌하는 사고가 잦은 지역

① 종단경사 설치
② 중앙분리대 설치
③ 편경사 설치
④ 차광막 설치

49 오토 캐드(Auto CAD)를 이용하여 현장상황도를 작성하려 한다. 교차로에서 연석선을 표현하기 위해 직선을 긋고 가각부를 표시하기 위해 일정한 곡선반경을 갖는 호를 그리기 위한 명령어는?

① FILLET
② CHAMFER
③ TRIM
④ OFFSET

해설 Auto CAD 명령어
- CHAMFER : 직각부분 모따기
- OFFSET : 간격 띄우기
- TRIM : 객체 잘라내기
- FILLET : 모서리를 둥글게

50 다음 중 용어 정의가 적절하지 않은 것은?

① 브레이크 페이드(Brake Fade) : 브레이크 장치 유압회로 내에 생기는 것으로 브레이크를 연속적으로 사용할 경우 사용 액체가 증발되어 정상제동이 되지 않는 현상
② 잭 나이프(Jack Knife) : 트랙터-트레일러 차량이 제동 시 안정성을 잃고 트랙터와 트레일러가 접혀지는 현상
③ 하이드로플레이닝(Hydroplaning) : 노면과 타이어 사이에 수막이 형성되어 차량이 마치 수상스키를 타듯이 물 위를 활주하는 현상
④ 뱅킹(Banking) : 오토바이 운전자가 커브길을 돌 때 직선 도로와 달리 차체를 안쪽으로 기울이면서 주행하는 현상

해설 페이드(Fade)현상
내리막길을 내려갈 때 풋브레이크를 지나치게 사용하면 브레이크가 흡수하는 마찰에너지가 매우 커진다. 이 에너지가 모두 열이 되어 브레이크 라이닝과 드럼 또는 디스크의 온도가 상승한다. 이렇게 되면 마찰계수가 극히 작아져서 자동차가 미끄러지고 브레이크가 작동되지 않게 되는 현상을 말한다.

제3과목 교통사고재현론

51 차량이 커브도로에서 정상 선회하지 못하고 횡방향으로 미끄러지며 도로를 이탈하였다. 이때 차량이 횡방향으로 미끄러지기 직전의 임계속도를 구하는 올바른 식은?(m : 차량의 중량, v : 차량의 속도, r : 곡선반경, μ : 마찰계수, g : 중력가속도)

① $\dfrac{v}{r} = \mu g$

② $\dfrac{v^2}{r} = \mu mg$

③ $m\dfrac{v^2}{r} = \mu mg$

④ $m\dfrac{v^2}{r} = \mu m$

52 스키드마크를 활용한 속도 추정 방법으로 틀린 것은?

① 곡선 형태로 발생된 스키드마크는 무게 중심 이동거리를 적용한다.
② 직선으로 곧게 발생된 스키드마크는 후륜에서 시작하여 전륜에서 끝난 지점까지의 거리를 적용한다.
③ 스킵 스키드마크(Skip Skid Mark)는 흔적 시작 지점에서부터 끝 지점까지의 전체 길이를 적용한다.
④ 갭 스키드마크(Gap Skid Mark)는 발생된 총 길이 중 끊어진 부분을 제외한 길이만 적용한다.

53 1초당 20개의 균일한 프레임으로 구성된 사고영상에서 A-B구간 평균속도가 27.6km/h, 이동거리가 23.0m일 때, A-B구간 프레임 수는?

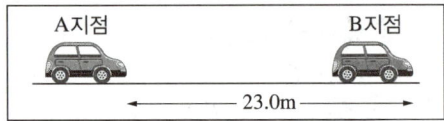

① 30프레임 ② 60프레임
③ 153프레임 ④ 176프레임

해설
$\frac{1}{20} = 0.05$초/frame

시간 = $\frac{거리}{속도} = \frac{23m}{(27.6/3.6)m/s} = 3$초

따라서 $\frac{3}{0.05} = 60$frame

54 보행자 사고에서 충돌후 보행자가 지면에 낙하하여 활주할 때 활주거리에 영향을 미치는 요소이다. 다음 중 거리가 먼 것은?

① 활주 시점 속도
② 인체 노면 간 마찰계수
③ 중력가속도
④ 보행자의 상해부위

55 다음은 충돌 시 탑승자의 운동특성을 설명한 것이다. ( ) 안에 들어갈 알맞은 말은?

> 충돌하면 차량은 급격히 운동이 변화되나, 탑승자는 (A)에 의하여 운동하던 방향으로 계속 운동하려고 한다.
> 탑승자의 운동방향은 차량이 심한 회전을 일으키지 않는 한, 차량에 가해진 충격력 방향과 (B)방향이다.

① (A) : 작용반작용 (B) : 반대
② (A) : 작용반작용 (B) : 같은
③ (A) : 관성 (B) : 반대
④ (A) : 관성 (B) : 같은

해설 관성의 법칙 : 물체에 어떤 힘이 작용할 때, 정지한 물체는 계속 정지하려고 하고, 운동하고 있는 물체는 현재의 속도를 유지한 채 일정한 속도로 운동을 하려는 현상이다.

56 사고 현장에 발생한 노면 스크래치(Scratch)에 대한 설명으로 거리가 가장 먼 것은?

① 일반적으로 폭이 좁고 얕게 나타난다.
② 차량의 충돌 후 진행방향을 파악하는 데 유용하다.
③ 흔적의 생성지점을 최대 충돌 지점으로 추정해야 한다.
④ 큰 압력없이 금속물체가 도로상을 가볍게 긁으며 이동한 흔적이다.

57 보행자 사고유형 5가지 중 넓은 의미의 Wrap Trajectory 유형으로서 차량의 속도가 빠르거나 보행자의 무게중심이 높은 경우에 발생되며 충돌 후 보행자는 공중회전(공중제비)되는 형태의 사고 유형은?

① Overdeflected
② Forward Projection
③ Fender Vault
④ Somersault

해설
- Fender Vault : 성인과 승용차의 충돌 시 일어나는 현상으로 펜더에 감긴다(약 40km/h).
- Roof Vault : 차량이 보행자의 무게중심보다 낮은 부분에 충돌하였고, 제동을 하지 않은 경우 보행자가 공중으로 떠서 차량 지붕에 떨어지는 현상이다(약 56km/h).
- Somersault : 자동차 대 보행자 사고 중 가장 드문 경우로 자동차의 충돌속도가 빠르거나 보행자의 충격위치가 낮은 경우에도 일어난다(약 56km/h).
- Forward Projection : 어린이가 승용차에 충돌, 성인이 승합차 또는 버스에 충돌 시 발생하는 형태로 보행자는 충돌 전 차량 진행과 같은 방향으로 내던져진다.
- Wrap Trajectory : 보행자의 무게중심이 아래일 때, 충돌 후 차량이 감속된 경우로 가장 일반적인 차 대 보행자 사고 형태이다(약 30km/h).

58 충돌발생 시 탑승자의 거동을 설명한 내용 중 적절하지 않은 것은?

① 정면 정(正)충돌 경우에 탑승자는 앞으로 이동한다.
② 후면 정(正)추돌 경우에 피추돌차량 탑승자는 추돌차량 쪽으로 이동한다.
③ 직각 충돌되었을 때 피충격차량 탑승자는 충격차량 쪽으로 이동하고 충격차량 탑승자는 후방으로 이동한다.
④ 충돌하는 동안 충격력은 사고차량 사이에 일직선으로 작용하므로 각 차량에 작용된 힘의 방향을 알고 있다면 각 차량의 충돌각도를 결정할 수 있다.

해설 직각 충돌 시 충격차량 탑승자는 전방으로 이동한다.

59 중량이 2,500kg인 A자동차가 동쪽방향에서 서쪽방향인 180°로 주행 중 남서방향에서 북동방향 50°로 주행 중인 중량 3,500kg인 B차량과 충돌하였다. 충돌 후 A차량은 북서 100°로 10m/s의 속도로 이동하여 최종정지하였고, B차량은 북서 120°로 10m/s의 속도로 이동한 후 최종정지하였다. 충돌 전 B차량의 속도는 얼마인가?

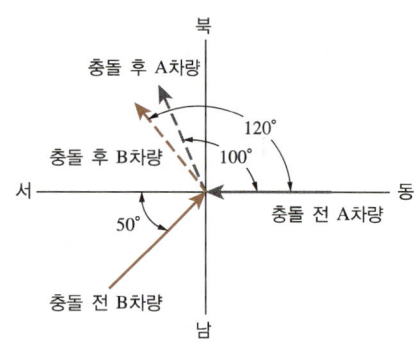

① B차량 : 약 10.5m/s
② B차량 : 약 15.7m/s
③ B차량 : 약 20.5m/s
④ B차량 : 약 32.8m/s

해설 충돌 전 속도 : v_1, v_2
충돌 후 속도 : v_1', v_2'
$m_1v_1 + m_2v_2 = m_1v_1' + m_2v_2'$
x성분 : $2,500 \times (-v_1) + 3,500 \times v_2\cos 50°$
$= 2,500 \times 10\sin 10° + 3,500 \times 10\sin 30°$
y성분 : $2,500 \times 0 + 3,500 \times v_2\sin 50°$
$= 2,500 \times 10\cos 10° + 3,500 \times 10\cos 30°$
$26.81v_2 = 246.2 + 303.1$ ∴ $v_2 = 20.49\text{m/s}$
v_2를 x성분식에 대입하면 $v_1 = 9.7\text{m/s}$

60 에어백이 장착된 차량과 장착되지 않은 동종의 차량이 같은 상황에서 충돌했다면 운전자에게 미치는 영향에 있어서 에어백 장착 차량의 차이점을 설명한 것 중 잘못된 것은?
① 운전자와 차체간 충돌시간을 길게 함
② 운동량의 변화는 동일함
③ 충격량은 동일함
④ 충격력은 동일함

61 사고기록장치(EDR)데이터의 필수 운행정보 항목에 해당하지 않는 것은?
① 자동차 속도
② 제동페달 작동 여부
③ 운전석 좌석안전띠 착용 여부
④ 이산화탄소 배출량

62 차 대 차 사고에서 차량 속도 분석 방법과 관련이 없는 것은?
① 운동량 보존의 법칙
② 에너지 보존의 법칙
③ 라플라스(Laplace)의 법칙
④ 충격량

63 추돌사고의 일반적인 특징으로 옳지 않은 것은?

① 추돌 차량의 운동량 전이로 앞 차량은 가속된다.
② 추돌 차량이 급제동하면서 추돌하는 일이 많아 노즈다운(Nose Down) 현상의 충돌이 되기 쉽다.
③ 추돌 차량 운전자의 신체는 후방으로 이동한다.
④ 피추돌 차량 운전자는 추돌 직전 상황을 인지하지 못하는 경우가 있다.

64 다음 중 잘못된 설명은?

① 요마크(Yaw Mark)는 횡방향으로 미끄러지면서 타이어가 구를 때 만들어지는 스커프마크(Scuff Mark)의 일종이다.
② 요마크(Yaw Mark)를 임펜딩 스키드(Impending Skid)라고도 한다.
③ 스키드마크(Skid Mark)의 최대폭은 타이어 접지면의 폭이고 요마크(Yaw Mark)의 최대폭은 타이어가 옆으로 미끄러질 때 타이어 접지면의 길이이다.
④ 요마크(Yaw Mark)가 발생하면 주행 중인 차량의 속도와 핸들조향각을 비교하였을때 핸들조향이 진행속도에서 미끄러지지 않고 선회할 수 있는 조향각을 훨씬 초과한 상태임을 알 수 있다.

65 고정장벽 충돌에 의해 파손된 차량의 소성변형량에 대해 올바르게 설명한 것은?

① 소성변형량은 유효충돌속도에 비례한다.
② 소성변형량은 충돌속도에 반비례한다.
③ 소성변형량은 탄성변형량과 같다.
④ 소성변형량은 간접손상의 정도이다.

66 사고차량이 3초 동안 감속하면서 60m를 주행하였다면 처음속도는?(단, 견인계수는 0.6)

① 11.18m/s
② 18.83m/s
③ 15.64m/s
④ 28.82m/s

해설 $d = V_0 t + \frac{1}{2} a t^2$ 에서

$60\text{m} = V_0 \times 3 + \frac{1}{2} \times (-0.6 \times 9.8) \times 3^2$

∴ $V_0 = 28.82\text{m/s}$

67 다음 중 차량 주행저항의 종류가 아닌 것은?

① 구름저항
② 등판저항(기울기저항)
③ 소음저항
④ 공기저항

정답 63 ③ 64 ② 65 ① 66 ④ 67 ③

68 차 대 보행자 사고에 대한 다음 설명 중 옳지 않은 것은?

① 정면으로 충돌 당한 보행자의 운동은 충돌차량 전면범퍼 높이에 영향을 받지 않는다.
② 보행자가 착용한 신발이 노면과 마찰되어 마찰흔적이 발생되는 경우가 있는데 이 마찰흔적으로 충돌지점을 판단할 수 있다.
③ 정면으로 충돌 당한 보행자는 대부분 곧바로 충돌한 차의 충돌속도까지 가속된다.
④ 전도손상은 차량에 충격된 후 노면에 전도된 보행자에서 나타나게 된다.

69 충돌 후 사고차량을 조사하는 목적과 가장 거리가 먼 것은?

① 차량의 거동파악
② 탑승자의 움직임조사
③ 차량의 손상부위파악
④ 탑승자의 연령파악

70 차량이 처음에 100km/h의 속도로 달리다가 견인계수 0.7로 감속하여 속도가 50km/h가 되었다면 그동안 걸린 시간은 얼마인가?(단, 중력가속도 9.8m/s²)

① 약 0.53sec   ② 약 1.03sec
③ 약 1.53sec   ④ 약 2.02sec

해설 $V_1 = V_0 + at$ 에서
$t = \dfrac{V_1 - V_0}{a} = \dfrac{(50/3.6) - (100/3.6)}{(-0.7 \times 9.8)} \cong 2.02\text{sec}$

71 충격량과 충돌지속시간을 설명한 것 중에서 틀린 것은?

① 운동량의 변화량이 충격량이다.
② 충격량의 단위는 N·s이다.
③ 일반적인 차량간의 충돌시간은 약 0.1~0.2초이다.
④ 콘크리트벽과 같은 강도가 높은 것에 충돌하면 충돌시간이 길어진다.

해설 운동량(P)는 질량(m)과 속도(v)의 곱이다. 즉 $P = mv$
충격량은 힘(F)과 시간변화량(Δt)의 곱이다.
즉 충격량 $= F\Delta t$
$F = ma$에서 $F = \dfrac{\Delta(mv)}{\Delta t} = \dfrac{\Delta P}{\Delta t}$
콘크리트벽과 같이 강도가 높은 것에 충돌하면 충돌시간이 짧아진다.

72 차량의 충돌과정에서 금속성 물체가 노면과 접촉하면서 발생되는 파인 흔적 혹은 긁힌 흔적의 종류가 아닌 것은?

① Scrape
② Towing Scratch
③ Groove
④ Chops

73 충돌 전 요마크만을 발생시킨 차량과 스키드마크만을 발생시킨 차량간에 충돌이 발생하였다. 노면에 발생된 타이어 흔적만으로 충돌 전 속도를 알 수 있는 차량은?

① 충돌 전 스키드마크를 발생시킨 차량
② 충돌 전 요마크를 발생시킨 차량
③ 양 차량 모두 가능
④ 양 차량 모두 불가

해설
- 요마크 발생차량의 충돌직전속도는 $v = \sqrt{\mu g R}$
- 스키드마크 발생차량의 충돌직전속도는 $v_1^2 - v_0^2 = 2\mu g d$로 충돌 후의 속도를 알아야 충돌 직전의 속도를 알 수 있다.

74 구동바퀴가 노면에서 헛돌며 마찰되는 경우에 발생되는 타이어 흔적은?

① 요마크(Yaw Mark)
② 가속 스커프마크(Acceleration Scuff Mark)
③ 구른 흔적(Imprint)
④ 스키드마크(Skid Mark)

75 역과와 같은 거대한 외력이 작용하면 외력이 작용한 부위에서 떨어진 피부가 피부할선을 따라 찢어지는 손상을 무엇이라 하는가?

① 압좌손상
② 편타손상
③ 전도손상
④ 신전손상

제4과목 차량운동학

76 다음 중 운동량에 대한 설명 중 틀린 것은?

① 운동량은 크기와 방향을 가지는 벡터이다.
② 질량이 m_1, $m_2 (m_1 > m_2)$인 두 자동차가 동일한 속도로 주행할 때 m_1인 자동차의 운동량이 더 크다.
③ 어떤 물체가 받은 충격량은 운동량의 변화량과 같다.
④ 운동량은 일정시간 동안 물체에 주어진 힘의 총량이다.

해설 운동량 = 무게 × 속도

77 차량의 무게중심을 지나는 세로방향의 축을 중심으로 차량이 좌우로 기울어지는 현상으로 차량의 전도 혹은 전복과 관련이 있는 회전운동은 무엇인가?

① Pitching ② Surging
③ Rolling   ④ Yawing

해설
- 바운싱(Bouncing) : 차체의 전체가 z축을 따라 상하 직진하는 진동
- 러칭(Lurching) : 차체의 전체가 y축을 따라 좌우 직진하는 운동
- 서징(Surging) : 차체의 전체가 x축을 따라 전후 직진하는 진동
- 피칭(Pitching) : 차체가 y축을 중심으로 전후 회전하는 진동
- 롤링(Rolling) : 차체가 x축을 중심으로 좌우 회전하는 진동
- 요잉(Yawing) : 차체가 z축을 중심으로 좌우 회전하는 진동
- 시밍(Shimming) : 너클 핀을 중심으로 앞바퀴가 좌우 회전하는 진동
- 트램핑(Tramping) : 판스프링에 의해 현가된 일체식 차축이 x축에 나란히 회전축을 중심으로 좌우 회전하는 운동

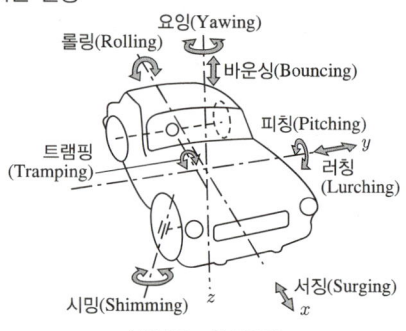

[차량의 기본운동]

78 50km/h로 수직암벽을 충돌한 차량이 2km/h로 튕겨 나왔다. 반발계수를 구하시오.

① 0.5   ② 0.4
③ 0.04 ④ 0.02

해설 반발계수 = $\dfrac{\text{충돌 후 상대속도}}{\text{충돌 전 상대속도}}$

$= \dfrac{v_2' - v_1'}{v_1 - v_2} = \dfrac{2}{50} = 0.04$

79 어떤 차량이 1.5m 높이에서 이탈각도 없이 떨어져 수평으로 14.3m를 이동하여 착지하는 사고가 발생하였다. 이 차량의 추락 직전 속도는?

① 약 73km/h
② 약 83km/h
③ 약 93km/h
④ 약 103km/h

해설 $v = d\sqrt{\dfrac{g}{2h}} = 14.3\sqrt{\dfrac{9.8}{2 \times 1.5}} = 25.85\text{m/s}$

$= 93.06\text{km/h}$

80 자동차 타이어가 로크(Lock)되지 않은 상태에서 타이어가 구르면서 발생되는 저항마찰계수는?

① 최대감속계수
② 구름저항계수
③ 활주마찰계수
④ 급제동계수

해설 구름저항계수란 타이어의 구름저항값을 타이어에 가해진 하중으로 나눈 값을 말한다. 타이어의 구름저항은 하중에 비례하여 증가한다.

81 다음 내용 중 옳은 설명은?
① 속력은 벡터이다.
② 속도는 스칼라이다.
③ 속력은 물체의 순간빠르기와 운동방향을 함께 나타낸 물리량이다.
④ 속도는 물체의 빠르기뿐만 아니라 운동방향을 함께 나타낸 물리량이다.

해설 속도는 크기와 방향을 가지는 벡터이며, 속력은 크기만 있는 스칼라이다.

82 완전탄성충돌에 관한 설명으로 옳은 것은?
① 반발계수가 1인 경우를 말하며 에너지손실이 없다.
② 반발계수가 0인 경우에 운동에너지가 보존된다.
③ 반발계수의 값이 2일 때를 말한다.
④ 반발계수의 값이 0일 때를 말한다.

해설 완전탄성충돌은 반발계수가 1이며, 당구공 충돌 등이 그 예이다.

83 노즈다이브(Nose Dive) 현상에 대한 설명 중 틀린 것은?
① 노즈다이브에 의한 전단부 하향 정도(지상고 변화)는 제동력의 세기와는 무관하다.
② 노즈다이브에 의한 전단부 하향 정도(지상고 변화)는 현가장치 강성이 커질수록 줄어든다.
③ 노즈다이브에 의한 전단부 하향 정도(지상고 변화)는 차량의 무게중심 높이가 높을수록 증가한다.
④ 노즈다이브에 의한 관성력과 제동력의 방향은 동일하지 않다.

해설 **노즈다이브(Nose Dive) 현상** : 운행 중인 차량을 급제동하면 관성력에 의해 무게중심이 앞쪽으로 쏠리면서 전륜의 서스펜션이 수축되면서 전면부가 지면을 향해 내려가는 현상

84 등가속도 직선운동에 관한 설명으로 옳은 것은?
① 속도가 일정한 운동이다.
② 속도가 불규칙하게 가속하는 것으로 증가만 한다.
③ 가속도의 방향과 크기가 일정한 운동이다.
④ 가속도의 크기가 높아지거나 낮아지는 운동이다.

해설 등가속도 직선운동이란 가속도의 크기가 일정한 상태에서 직선으로 운동하는 것을 말한다.

정답 81 ④ 82 ① 83 ① 84 ③

85 등속으로 달리던 차량을 감속도 6.86m/s^2로 2.7초 동안 감속했더니 정지되었다. 이 차량의 감속 직전 속도는?

① 약 54.45km/h
② 약 66.68km/h
③ 약 72.45km/h
④ 약 90.68km/h

해설
$V_1 = V_0 + at$
$V_0 = V_1 - at = 0 - (-6.86) \times 2.7 = 18.52\text{m/s}$
$= 66.68\text{km/h}$

86 질량 1,500kg인 자동차가 10m/s로 운동하고 있을 때 운동방향으로 일을 해주었더니 자동차의 속도가 2배로 빨라졌다. 이때 해준 일의 크기는 얼마인가?

① 15,000J
② 150,000J
③ 225,000J
④ 350,000J

해설
$E_1 = \frac{1}{2}mv^2 = \frac{1}{2} \times 1,500 \times 10^2 = 75,000\text{J}$
$E_2 = \frac{1}{2}mv^2 = \frac{1}{2} \times 1,500 \times 20^2 = 300,000\text{J}$
추가로 가해준 에너지
= 전체 에너지(E_2) − 현재 운동에너지(E_1)
= 300,000 − 75,000 = 225,000J

87 수평면 위에 물체를 놓고 점차 경사지게 하였다. 접촉면의 마찰계수가 0.3이라면 경사도가 얼마를 초과할 경우 미끄러지기 시작하는가?

① 약 12.5°
② 약 15.4°
③ 약 16.7°
④ 약 18.6°

해설 마찰계수는 두 물체가 접촉하고 있을 때 접촉면에 생기는 마찰력과 양면 간의 수직압력과의 비율로서, 마찰계수 0.3이란 $\tan\theta$의 경사값이 0.3을 넘어서면 미끄러진다는 의미이다. 따라서 $\tan\theta = 0.3$, $\theta = 16.7°$이다.

88 A와 B의 중간지점에 C가 있다. A에서 C지점까지의 속도는 5m/s이고, C에서 B까지의 속도는 20m/s이다. A에서 B까지의 평균속도는?

① 8m/s
② 12.5m/s
③ 5m/s
④ 6.5m/s

해설

```
     x         x
A─────────C─────────B
```

A와 C까지의 거리를 x라 두면, B와 C까지의 거리도 x이다.
A에서 B까지 걸린 시간은
시간 $= \frac{거리}{속도} = \frac{x}{5\text{m/s}} + \frac{x}{20\text{m/s}} = \frac{5x}{20} = 0.25x$
따라서 평균속도는
속도 $= \frac{거리}{시간} = \frac{2x}{0.25x} = 8\text{m/s}$

정답 85 ② 86 ③ 87 ③ 88 ①

89 질량 1,000kg의 자동차가 25m/s에서 30m/s로 속도가 변할 때 충격량은?

① 5,000N·s
② 55,000N·s
③ 2,500N·s
④ 30,000N·s

해설 $P = m(v_2 - v_1) = 1,000(30 - 25)$
$= 5,000 \text{kg} \cdot \text{m/s}(\text{N} \cdot \text{s})$

90 평탄한 길을 달리던 버스가 포장도로에서 40m를 미끄러지고, 이어서 잔디밭에서 30m를 미끄러진 후 4m 낭떠러지 아래로 추락하였다. 조사결과 추락직전 속도는 13.28m/s로 확인되었고 포장도로의 견인계수는 0.8, 잔디밭의 견인계수는 0.45였다. 버스가 포장도로에서 미끄러지는 데 소요된 시간은?

① 약 0.9sec   ② 약 1.49sec
③ 약 1.75sec   ④ 약 2.1sec

해설 추락속도 $V_2 = 13.28 \text{m/s}$
견인계수 0.8 구간에서의 거리(d_1) = 40m
견인계수 0.8 구간에서의 가속도(a_1)
$= 0.8 \times (-9.8) = (-7.84 \text{m/s}^2)$
견인계수 0.45 구간에서의 거리(d_2) = 30m
견인계수 0.45 구간에서의 가속도(a_2)
$= 0.45 \times (-9.8) = (-4.41 \text{m/s}^2)$
$V_2^2 - V_1^2 = 2a_2 d_2$
$V_1 = \sqrt{V_2^2 - 2a_2 d_2}$
$= \sqrt{13.28^2 - 2 \times (-4.41) \times 30} = 21 \text{m/s}$
처음속도(V_0)를 구하면
$V_1^2 - V_0^2 = 2a_1 d_1$
$V_0 = \sqrt{21^2 - 2 \times (-7.84) \times 40} = 32.68 \text{m/s}$
$V_1 - V_0 = at$에서
$t = \dfrac{V_1 - V_0}{a} = \dfrac{21 - 32.68}{-7.84} \cong 1.49$초

91 보행자가 최단거리로 도로를 횡단하고자 한다. 도로의 폭이 7.3m이고 보행속도가 1.4m/s라면 필요한 시간은?

① 약 5.2sec
② 약 5.7sec
③ 약 6.7sec
④ 약 7.7sec

해설 시간 = 거리/속도 = 7.3/1.4 = 5.2초

92 80km/h의 속도로 직진 주행 중인 자동차가 3초 후에 100km/h가 되었다면 3초 동안 자동차가 주행한 거리는 얼마인가?(단, 가속도 값은 소수점 셋째 자리에서 반올림)

① 약 45.8m
② 약 59.4m
③ 약 67.5m
④ 약 75.1m

해설 $a = \dfrac{V_1 - V_0}{t} = \dfrac{(100/3.6) - (80/3.6)}{3} = 1.85 \text{m/s}^2$
$d = V_0 t + \dfrac{1}{2} a t^2$
$= (80/3.6) \times 3 + \dfrac{1}{2} \times 1.85 \times 3^2 \cong 75.1 \text{m}$

정답 89 ① 90 ② 91 ① 92 ④

93 어떤 차량이 내리막경사가 5%인 도로를 72km/h로 주행하다가 갑자기 제동한 결과 40m 전방에 정지하였다. 이때 노면과 타이어 사이의 마찰계수는?

① 약 0.35 ② 약 0.48
③ 약 0.56 ④ 약 0.67

해설 $72km/h = 20m/s$
$v_1^2 - v_0^2 = 2(\mu - 0.05)gd$
$\mu = \dfrac{v_1^2 - v_0^2}{2gd} + 0.05 = \dfrac{0 - 20^2}{2 \times (-9.8) \times 40} + 0.05 = 0.56$

94 직각교차로에서 A차량은 45km/h의 속도로 동쪽에서 서쪽으로, B차량은 67.5km/h의 속도로 남쪽에서 북쪽으로 각각 등속으로 주행하다가 직각으로 충돌했다. 충돌지점은 정지선으로부터 A차량은 25m, B차량은 30m를 교차로 내로 진입한 지점이다. 어느 차량이 정지선을 몇 초 먼저 통과하였는가?

① A차량이 0.2초 먼저 통과했다.
② B차량이 0.2초 먼저 통과했다.
③ A차량이 0.4초 먼저 통과했다.
④ B차량이 0.4초 먼저 통과했다.

해설 A차량 $45km/h = 12.5m/s$
25m 주행시 걸린 시간 $= \dfrac{25}{12.5} = 2$초
B차량 $67.5km/h = 18.75m/s$
30m 주행시 걸린 시간 $= \dfrac{30}{18.75} = 1.6$초
따라서 A차량이 2초 전에 정지선을 통과했고, B차량은 1.6초 전에 정지선을 통과했으므로 A차량이 0.4초 먼저 통과했다.

95 슬립비에 관한 설명으로 가장 옳은 것은?

① 슬립비와 마찰계수는 상호 관련이 없다.
② 타이어가 노면에 미끄러지지 않고 회전하는 상태에서의 슬립비는 "0(영)"이다.
③ 제동하지 않은 상태에서의 차량속도와 타이어의 원주 속도는 항상 다르다.
④ 차량의 제동과 슬립비는 상호 관련이 없다.

해설 슬립비란 타이어에 동력이나 제동력이 걸려 있는 상태로서, 타이어와 노면 사이에 생기는 미끄럼 정도를 나타낸다.

96 지상 5m 되는 곳에서 질량 1,000kg인 자동차가 자유 낙하되어 튕겨남이 없이 지면에 떨어졌을 때 중력에 의하여 물체가 받는 충격량은?(단, 중력가속도는 10m/s²임)

① 5,000N·s
② 10,000N·s
③ 15,000N·s
④ 20,000N·s

해설 $v = \sqrt{2gh} = \sqrt{2 \times 10 \times 5} = 10m/s$
충격량 $= mv = 1,000kg \times 10m/s$
$= 10,000 kg \cdot m/s (= kg \cdot m/s^2 \cdot s = N \cdot s)$

정답 93 ③ 94 ③ 95 ② 96 ②

97 2% 내리막 도로를 주행하던 차량이 급제동하여 20m의 스키드마크(Skid Mark)를 발생시키고 정지하였다. 흔적발생 구간에서 견인계수 값이 0.7일 때 급제동 직전 차량의 진행 속도는?

① 약 47.8km/h
② 약 59.6km/h
③ 약 67.6km/h
④ 약 73.7km/h

해설 $v_1^2 - v_0^2 = 2\mu g d$
$v_1 = 0$
따라서 $v_0 = \sqrt{2\mu g d} = \sqrt{2(0.7-0.02)9.8 \times 20}$
$= 16.33\text{m/s} = 58.8\text{km/h}$

98 트레드 홈이 없는 경주용 타이어의 마찰계수에 관한 설명 중 옳은 것은?

① 건조한 상태에서 일반 타이어에 비해 높은 마찰계수를 나타내나 젖은 노면 상태에서는 오히려 마찰계수가 낮아진다.
② 건조한 상태에서 일반 타이어에 비해 낮은 마찰계수를 나타내나 젖은 노면 상태에서는 오히려 마찰계수가 높아진다.
③ 건조한 상태 및 젖은 노면 상태에서 일반 타이어에 비해 낮은 마찰계수를 나타낸다.
④ 건조한 상태 및 젖은 노면 상태에서 일반 타이어에 비해 높은 마찰계수를 나타낸다.

해설 트레드 홈이 없으면 건조한 노면에서의 마찰계수는 접지면이 넓어 커지나, 젖은 노면 상태에서는 배수가 되지 않기 때문에 마찰계수는 작아진다.

99 35m/s의 속도로 달리던 질량 2,000kg인 차량에 반대방향으로 1,000N의 힘을 8초간 준 후의 속도는 얼마인가?

① 31m/s ② 24m/s
③ 21m/s ④ 14m/s

해설 운동량 $mv = F \cdot t$
차량에 가해지는 운동량 $= mv - F \times t$
$= 2,000\text{kg} \times 35\text{m/s} - 1,000\text{kg} \cdot \text{m/s} \times 8\text{s}$
$= 62,000\text{kg} \cdot \text{m/s}$
$mv = 62,000\text{kg} \cdot \text{m/s}$
$v = \dfrac{62,000\text{kg} \cdot \text{m/s}}{2,000\text{kg}} = 31\text{m/s}$

100 어떤 운전자가 고속도로를 120km/h로 주행하던 중 과속 단속장비를 보고 10m/s²으로 등감속하여 90km/h의 속도로 과속 단속장비를 통과하였을 때, 감속된 구간에서의 차량 진행거리는 얼마인가?

① 약 315m
② 약 31.5m
③ 약 24.3m
④ 약 12.1m

해설 $V_2^2 - V_1^2 = 2ad$
$d = \dfrac{(90/3.6)^2 - (120/3.6)^2}{2 \times (-10)} = 24.3\text{m}$

정답 97 ② 98 ① 99 ① 100 ③

2018년 9월 16일 시행

04 과년도 기출문제

제1과목 교통관련법규

01 자동차 운전면허의 취소 사유에 해당되는 항목으로 옳은 것은?

ⓐ 자동차 등을 이용하여 형법상 특수상해 (보복운전)로 구속된 때
ⓑ 공동위험행위로 형사입건된 때
ⓒ 난폭운전으로 형사입건된 때
ⓓ 운전면허 정지기간 중 운전한 때
ⓔ 자동차 등을 강도·강간·강제추행에 이용한 때
ⓕ 운전자가 단속하는 경찰공무원 및 시·군·구 공무원을 폭행하여 형사입건된 때

① ⓐ, ⓑ, ⓒ, ⓓ
② ⓐ, ⓒ, ⓓ, ⓔ
③ ⓐ, ⓓ, ⓔ, ⓕ
④ ⓑ, ⓒ, ⓓ, ⓔ

해설 ⓑ, ⓒ : 형사입건 시 면허정지 40일, 구속 시 면허취소

02 도로교통법상 운전면허증을 대신할 수 있는 것이 아닌 것은?

① 범칙금 납부통고서
② 임시운전증명서
③ 운전면허 합격통지서
④ 출석고지서

해설 도로교통법 제92조 제1항 제2호 참조

03 특정범죄 가중처벌 등에 관한 법률 제5조의 3에 따른 각 유형별 가중처벌을 설명한 것이다. 옳은 것은 몇 개인가?

ⓐ 사고운전자가 도주 후에 피해자가 사망한 경우에는 무기 또는 3년 이상의 징역에 처한다.
ⓑ 사고운전자가 구호조치를 하지 않고 피해자를 상해에 이르게 한 경우에는 1년 이상의 유기징역 또는 500만원 이상 3천만원 이하의 벌금에 처한다.
ⓒ 사고운전자가 피해자를 사고 장소로부터 옮겨 유기한 후 피해자를 사망에 이르게 하고 도주한 경우에는 사형, 무기 또는 5년 이상의 징역에 처한다.
ⓓ 사고운전자가 피해자를 상해에 이르게 한 후 사고 장소로부터 옮겨 유기하고 도주한 경우에는 5년 이상의 유기징역에 처한다.

① 4개 ② 3개
③ 2개 ④ 1개

해설
ⓐ : 3년 이상 → 5년 이상
ⓓ : 5년 이상 → 3년 이상

04 도로교통법상 도로교통에 관하여 문자·기호 또는 등화로써 진행·정지·방향전환·주의 등의 신호를 표시하기 위하여 사람이나 전기의 힘에 의하여 조작되는 장치는?

① 안전표지 ② 신호기
③ 노면표시 ④ 도로안내표지

정답 1 ③ 2 ③ 3 ③ 4 ②

05 도로교통법상 차마의 통행방법에 대한 설명 중 가장 옳지 않은 것은?

① 도로가 일방통행인 경우에는 차마는 도로의 중앙이나 좌측 부분을 통행할 수 있다.
② 차마의 운전자는 길가의 건물이나 주차장 등에서 도로에 들어갈 때에는 일단 정지한 후에 안전한지 확인하면서 서행하여야 한다.
③ 차마의 운전자는 차도와 보도가 구분된 도로에서 보도를 횡단하고자 할 때에는 서행하여 보행자의 통행을 방해하지 않도록 하여야 한다.
④ 차마는 중앙선이 설치되어 있는 경우는 중앙선으로부터 우측 부분으로, 중앙선이 설치되어 있지 아니한 경우에도 도로의 중앙으로부터 우측으로 통행하여야 한다.

해설 도로교통법 제13조 제1항, 제2항(차마의 통행)
차도와 보도가 구분된 도로에서 보도를 횡단하고자 할 경우, 차마의 운전자는 보도를 횡단하기 직전에 일시정지하여 좌측과 우측 부분 등을 살핀 후 보행자의 통행을 방해하지 아니하도록 횡단하여야 한다.

06 평일 오전 09시 30분경 어린이보호구역에서 60km/h로 주행하다 어린이 1명에게 2주 진단의 경상을 입힌 사고에 대해 차량 운전자는 어떻게 처리되는가?

① 보험에 가입되어 있으면 처벌받지 않는다.
② 피해자의 의사에 따라 처리된다.
③ 피해자의 처벌의사에 관계 없이 형사 입건된다.
④ 피해자와 합의하면 통고처분을 받는다.

해설 스쿨 존 사고는 피해자의 처벌의사와 관계 없이 형사 입건 대상이다(교통사고처리 특례법 제3조 제2항 제11호).

07 도로교통법상 차량 승차정원의 110%까지 탑승할 수 있는 경우는?

① 일반도로에서의 화물자동차
② 일반도로에서의 고속버스
③ 일반도로에서의 비사업용 버스
④ 고속도로에서의 고속버스

08 보기의 교통사고를 낸 운전자 "A"와 운전자 "B"의 운전면허 행정처분 벌점은?

┌보기┐
A. 원인 : 신호위반
   결과 : 가해자 본인 6주 진단
          피해자 2명은 각각 4주 진단
          다른 피해자 2명은 각각 1주 진단
B. 원인 : 안전운전의무위반
   결과 : 피해자 1명은 5일 후 사망

① A : 55점, B : 25점
② A : 70점, B : 100점
③ A : 55점, B : 100점
④ A : 70점, B : 25점

해설 [A]
• 원인 : 신호위반(15점)
• 결과 : 가해자 본인 6주 진단(해당 없음 0점)
  피해자 2명은 각각 4주 진단(3주 이상 15점×2인 = 30점)
  다른 피해자 2명은 각각 1주 진단(3주 미만 5일 이상 5점×2인 = 10점)
• 합산 : 55점
[B]
• 원인 : 안전운전의무위반(10점)
• 결과 : 피해자 1명은 5일 후 사망(15점)
  ※ 피해자가 72시간(3일) 이내 사망 시 벌점 90점이나, 상기 사고는 5일 후 사망건으로 중상(3주 이상 진단)으로 15점에 해당
• 합산 : 25점

정답 5 ③ 6 ③ 7 ③ 8 ①

09 차의 운전자가 업무상 필요한 주의를 게을리하거나 중대한 과실로 다른 사람의 건조물이나 그 밖의 재물을 손괴한 때 도로교통법상 형사처벌의 규정은?

① 2년 이하의 금고나 500만원 이하의 벌금형
② 2년 이하의 금고나 1천만원 이하의 벌금형
③ 1년 이하의 금고나 500만원 이하의 벌금형
④ 1년 이하의 금고나 1천만원 이하의 벌금형

해설 도로교통법 제151조 벌칙 참조

10 긴급자동차가 신호등 없는 횡단보도에서 보행 중이던 보행자를 충격하여 보행자가 다쳤다. 긴급자동차 운전자의 처벌에 대한 설명 중 가장 맞는 것은?

① 피해자와 합의 및 보험 가입된 경우에 한하여 공소를 제기할 수 없다.
② 보행자 보호의무 위반에 해당하므로 공소를 제기해야 한다.
③ 도로교통법상 긴급자동차는 우선권 및 특례를 규정하고 있으므로 공소를 제기할 수 없다.
④ 피해자와 합의하면 과태료 처분을 받는다.

해설 도로교통법 제29조 긴급자동차의 우선 통행을 확인해 보면 다른 차량에 우선하는 특례는 부여하나, 보행인의 경우에는 보행자의 보호(제27조)에 따라 일반자동차와 같이 처분을 받게 된다.

11 도로교통법상 앞지르기가 금지된 곳이 아닌 것은?

① 터널 안
② 편도 2차로 도로
③ 교차로
④ 다리 위

12 도로교통법상 중앙선에 대한 설명이다. 틀린 것은?

① 차마의 통행 방향을 구분하기 위하여 도로에 표시한 황색 점선은 중앙선이다.
② 가변차로가 설치된 경우에는 신호기가 지시하는 진행 방향의 제일 왼쪽 황색 실선이 중앙선이다.
③ 도로 중앙에 울타리가 설치되어 있으면 이 울타리는 중앙선이다.
④ 고속도로, 자동차전용도로에서의 중앙분리대는 중앙선이다.

13 교통사고처리특례법상 교통사고로 볼 수 없는 것은?

① 운행 중인 화물차에 적재되어 있던 화물이 떨어져 뒤차 운전자가 다친 사고
② ATV(All Terrain Vehicle)의 일종인 LT-160을 운행하던 중 일어난 인피사고
③ 경운기를 운전해서 가다가 신호위반으로 사람을 다치게 한 사고
④ 신체장애인용 수동휠체어를 타고 가다가 보도에서 걷던 보행자를 다치게 한 사고

14 운전자 "A"는 경찰서에서 무위반·무사고 서약을 하고 2년간 실천하여 특혜점수를 부여받았다. 그 후 난폭운전으로 형사입건 되었는데 이때 "A"의 행정처분은 어떻게 되는가?

① 면허취소
② 벌점 80점
③ 벌점 40점
④ 벌점 20점

해설 무위반·무사고 서약 후 1년이 경과하면 마일리지 10점 부여, 2년이 경과하였으므로 20점 부여. 난폭운전 형사입건 시 40점 벌점. 따라서 행정처분은 40점 − 20점 = 20점(도로교통법 시행규칙 별표 28)

15 운전자가 자동차를 운전 중 골목길에 주차된 차량의 운전석 문을 충격하여 움푹 들어갔다. 이런 상황에서 피해자에게 가해자의 성명, 전화번호, 주소 등을 알려 주지 않았다면 사고 자동차의 운전자는 도로교통법상 어떤 처벌을 받는가?

① 민사적 문제이기 때문에 형사처벌은 없음
② 범칙금 7만원의 통고처분
③ 20만원 이하의 벌금이나 구류 또는 과료
④ 30만원 이하의 과태료

해설 도로교통법 제156조(벌칙)
다음의 어느 하나에 해당하는 사람은 20만원 이하의 벌금이나 구류 또는 과료에 처한다.
• 주·정차된 차만 손괴한 것이 분명한 경우에 제54조제1항제2호에 따라 피해자에게 인적 사항을 제공하지 아니한 사람(제10호)

16 다음 중 도로교통의 안전을 위한 각종 제한·금지 등의 규제를 하는 경우에 이를 도로사용자에게 알리는 표지는 무엇인가?

①
②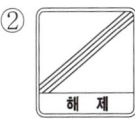
③
④

17 음주운전자가 단순 음주운전 중 적발되었는데, 경찰공무원의 정당한 음주 측정 요구에 대해 응하지 않으면 받게 되는 도로교통법상 형사처벌과 행정처분은?

① 6개월 이상 1년 이하의 징역이나 300만원 이상 500만원 이하의 벌금, 면허결격 1년
② 6개월 이상 1년 이하의 징역이나 300만원 이상 500만원 이하의 벌금, 면허결격 2년
③ 1년 이상 3년 이하의 징역이나 500만원 이상 1천만원 이하의 벌금, 면허결격 1년
④ 1년 이상 3년 이하의 징역이나 500만원 이상 1천만원 이하의 벌금, 면허결격 2년

해설 도로교통법 제148조의2 제2항(벌칙)
술에 취한 상태에 있다고 인정할 만한 상당한 이유가 있는 사람으로서 제44조제2항에 따른 경찰공무원의 측정에 응하지 아니하는 사람(자동차 등 또는 노면전차를 운전하는 사람으로 한정한다)은 1년 이상 5년 이하의 징역이나 500만원 이상 2천만원 이하의 벌금에 처한다.
※ 관련 법령 개정으로 정답 없음

정답 14 ④ 15 ③ 16 ④ 17 정답없음

18 도로교통법상 승용자동차의 운행 속도에 대한 설명 중 틀린 것은?

① 편도 3차로 일반도로는 매시 80km 이내
② 편도 2차로 자동차전용도로의 최고 속도는 매시 90km, 최저 속도는 매시 30km
③ 편도 1차로 고속도로에서의 최고 속도는 매시 80km, 최저 속도는 매시 40km
④ 편도 4차로 고속도로에서의 최고 속도는 매시 100km, 최저 속도는 매시 50km

해설 ③ 편도 1차로 고속도로 최고 속도는 매시 80km, 최저 속도는 매시 50km이다(도로교통법 시행규칙 제19조 제1항 제3호 가목 참조).

19 도로교통법 규정에 자동차가 진로변경을 하고자 할 때에는 진로변경을 하려는 지점으로부터 일반도로에서는 (가) 이상, 고속도로에서는 (나) 이상의 지점에 이르렀을 때 신호를 한다고 되어 있다. '가'와 '나'에 들어갈 것은?

① 가 : 10m, 나 : 50m
② 가 : 30m, 나 : 100m
③ 가 : 10m, 나 : 100m
④ 가 : 30m, 나 : 50m

해설 도로교통법 시행령 [별표 2]

20 도로교통법상 제1종 보통운전면허로 운전할 수 있는 차량이 아닌 것은?

① 승차정원 12명의 긴급자동차
② 승차정원 15명의 승합자동차
③ 적재중량 10톤의 화물자동차
④ 총중량 10톤의 견인차

해설 ※ 2018. 4. 25. 도로교통법 시행규칙 별표 18 개정으로 ①, ④ 복수정답임

21 도로교통법상 반드시 일시정지해야 하는 장소는?

① 신호 없는 교차로
② 도로가 구부러진 부근
③ 교통정리가 행하여지고 있지 아니하고 교통이 빈번한 교차로
④ 비탈길의 고갯마루 부근

22 도로교통법 제54조 제1항의 규정에 의한 교통사고 발생 시 조치를 하지 않은 사람에 대한 처벌 규정은?

① 5년 이하의 징역이나 1천500만원 이하의 벌금에 처한다.
② 3년 이하의 징역이나 1천만원 이하의 벌금에 처한다.
③ 2년 이하의 금고나 500만원 이하의 벌금에 처한다.
④ 1년 이하의 금고나 300만원 이하의 벌금에 처한다.

해설 도로교통법 제148조(벌칙) 참조

23 비보호 좌회전이 허용되는 곳에서의 운행방법이다. 틀린 것은?

① 전방 차량신호등이 녹색일 경우 좌회전 할 수 있다.
② 전방 차량신호등이 녹색일 때 좌회전 중 맞은편 정상 진행차와 충돌될 경우 좌회전 차량 운전자는 신호위반의 사고 책임을 진다.
③ 전방의 차량신호등이 적색일 경우 좌회전은 신호위반에 해당한다.
④ 비보호 좌회전은 비보호 좌회전 표지가 설치되어 있는 곳에서만 가능하다.

해설 전방 신호등이 녹색일 때 비보호 좌회전의 경우 신호위반은 아니다(도로교통법 시행규칙 별표 2).

24 도로교통법상 버스전용차로에 대한 설명으로 틀린 것은?

① 일반도로 버스전용차로에 24인승의 노선버스는 통행할 수 있다.
② 고속도로 버스전용차로는 긴급자동차를 제외한 다른 승용자동차가 통행할 수 없다.
③ 고속도로에 버스전용차로가 설치되어 운용되는 경우는 그 전용차로를 제외하고 차로를 계산한다.
④ 고속도로 버스전용차로에 15인승 승합자동차는 승차 인원과 상관없이 통행할 수 있다.

25 편도 1차로를 진행하는 승용차량이 신호등이 없는 횡단보도에 이르러 피해자를 충격, 경상을 입게 하였다. 가해차량 운전자가 피해자와 합의해도 형사처벌을 받는 사고는?

① 횡단보도를 이용하여 이륜차를 끌고 가는 사람을 충격한 사고
② 횡단보도를 이용하여 자전거를 타고 가는 사람을 충격한 사고
③ 횡단보도에서 3m 벗어난 지점을 건너던 사람을 충격한 사고
④ 술에 취해 횡단보도와 보도에 걸쳐 누워 있는 사람을 충격한 사고

해설 ①의 경우 횡단보도를 이용하여 이륜차를 끌고 가고 있는 상황으로 보행자이다(도로교통법 제27조 제1항).

정답 22 ① 23 ② 24 ② 25 ①

제2과목 교통사고조사론

26 사고기록장치(Event Data Recorder)의 저장기록과 가장 관련이 없는 차량 부품은?

① 방향지시등
② 속도계
③ 에어백
④ 시트벨트

해설 사고기록장치(Event Data Recorder)는 자동차가 충돌 전 5초에서 0초 동안의 데이터, 즉 차량속도, 엔진 회전수, 스로틀개도, 가속페달 위치, 브레이크 스위치 On/Off, 조향핸들 각도, 에어백 경고등, 안전벨트 착용상태 등 정보를 기록하며, 충돌 혹은 충돌 후 0.25~0.3초 동안 길이 및 측면 방향 충돌가속도, 속도 변화, 전복각도 등을 별도로 기록하도록 되어 있다.

27 "두 물체 사이에서 작용과 반작용의 크기는 같고 방향이 반대이며, 직선상의 서로 다른 힘이 동시에 작용한다." 이것은 어느 법칙에 대한 설명인가?

① 관성의 법칙
② 작용 반작용의 법칙
③ 운동량 보존의 법칙
④ 에너지 보존의 법칙

해설 ① 관성의 법칙(뉴턴 제1법칙) : 관성은 물체가 정지 혹은 일정한 속력의 직선운동 상태를 유지하려는 자연적인 경향으로, 힘을 더 주지 않아도 계속되는 운동법칙
③ 운동량 보존의 법칙 : 두 물체 사이에 힘이 작용하면 속도가 변해 운동량은 달라질 수 있지만 다른 외력이 작용하지 않는다면 두 물체 사이에 힘이 작용하기 전후 운동량의 총합은 항상 일정하게 보존된다는 법칙
④ 에너지 보존의 법칙 : 에너지가 다른 에너지로 전환될 때, 전환 전후의 에너지 총합은 항상 일정하게 보존된다는 법칙

28 수직축을 따라 차체가 전체적으로 상하 운동하는 진동 현상은?

① 롤링(Rolling)
② 피칭(Pitching)
③ 요잉(Yawing)
④ 바운싱(Bouncing)

해설
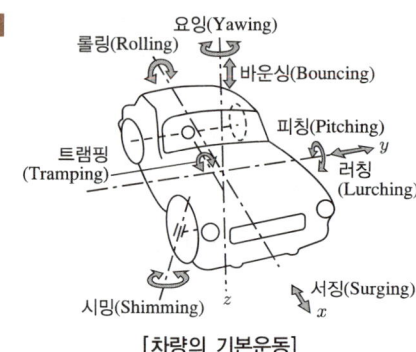

[차량의 기본운동]

29 사고차량을 사진촬영하는 방법으로 옳지 않은 것은?

① 차량 손상이 한 부분에만 나타나더라도 차량의 전후좌우를 모두 촬영하는 것이 좋다.
② 높은 지점에서 수직으로 촬영하면 차량의 변형이나 충격 방향을 확인하는 데 도움이 된다.
③ 플래시를 이용하여 차량 외부를 촬영하면 빛이 반사되므로 주의해야 한다.
④ 차량 내부는 사진촬영할 필요가 없다.

해설 필요시 차량 내부도 사진촬영을 할 필요가 있다.

30. 도로의 구조·시설 기준에 관한 규칙상 보도에 대한 설명으로 가장 거리가 먼 것은?

① 보행자의 안전과 자동차 등의 원활한 통행을 위하여 필요하다고 인정되는 경우에는 도로에 보도를 설치하여야 한다.
② 보도는 연석이나 방호울타리 등의 시설물을 이용하여 차도와 분리하여야 한다.
③ 필요하다고 인정되는 지역에는 "교통안전법"에 따른 이동편의시설을 설치하여야 한다.
④ 지방지역의 도로에서 불가피하다고 인정되는 경우에는 보도의 유효 폭은 1.5m 이상으로 할 수 있다.

해설 도로의 구조·시설기준에 관한 규칙 제16조(보도)
① 보행자의 안전과 자동차 등의 원활한 통행을 위하여 필요하다고 인정되는 경우에는 도로에 보도를 설치하여야 한다. 이 경우 보도는 연석(緣石)이나 방호울타리 등의 시설물을 이용하여 차도와 물리적으로 분리하여야 하고, 필요하다고 인정되는 지역에는 이동편의시설을 설치하여야 한다.
② ①에 따라 차도와 보도를 구분하는 경우에는 다음 각 호의 기준에 따른다.
 1. 차도에 접하여 연석을 설치하는 경우 그 높이는 25cm 이하로 할 것
 2. 횡단보도에 접한 구간으로서 필요하다고 인정되는 지역에는 이동편의시설을 설치하여야 하며, 자전거도로에 접한 구간은 자전거의 통행에 불편이 없도록 할 것
③ 보도의 유효 폭은 보행자의 통행량과 주변 토지이용 상황을 고려하여 결정하되, 최소 2m 이상으로 하여야 한다. 다만, 지방지역의 도로와 도시지역의 국지도로는 지형상 불가능하거나 기존 도로의 증설·개설 시 불가피하다고 인정되는 경우에는 1.5m 이상으로 할 수 있다.
④ 보도는 보행자의 통행 경로를 따라 연속성과 일관성이 유지되도록 설치하며, 보도에 가로수 등 노상시설을 설치하는 경우 노상시설 설치에 필요한 폭을 추가로 확보하여야 한다.

31. 다음 중 공기압 과다 또는 과하중인 상태로 운전하다가 장애물과 충돌하여 트레드가 X·Y·L의 형태로 찢겨지는 타이어 손상은?

① 코드(Cord) 절단
② 비드와이어(Bead Wire) 절단
③ 비드 파열(Bead Burst)
④ 파열(Rupture)

해설
• 코드(Cord) 절단 : 외부 충격이나 외상에 의해 숄드부나 사이드 월의 코드가 부분적으로 끊어져 부풀어 오르는 현상
• 비드 손상(Bead Damage) : 장착이나 탈착 중의 비드 손상은 숙련되지 않은 장·탈착공구, 기계불량, 부적절한 윤활제 사용이 주요 원인

32. 타이어 트레드의 가운데보다 가장자리의 압력이 더 크거나 과적 또는 공기가 적게 주입된 타이어 상태는?

① 오버스티어(Over Steer)
② 언더스티어(Under Steer)
③ 오버디플렉티드(Over Deflected)
④ 로드홀딩(Road Holding)

해설
• 오버디플렉티드(Over Deflected) : 트레드의 가운데보다 가장자리의 압력이 더 클 때의 타이어 상태이거나 과적 또는 공기가 적게 주입된 타이어 상태를 말한다.
• 오버스티어링(Over Steering) : 코너링 시에 자신이 그리고자 하는 원주보다 차량이 원주 안쪽으로 지나치게 쏠려서 핸들을 되돌리지 않으면 안 될 때를 말한다.
• 언더스티어링(Under Steering) : 코너링 시에 자신이 그리고자 하는 원주보다 차량이 원주 바깥쪽으로 지나치게 쏠려서 핸들을 더 꺾지 않으면 안 될 때를 말한다.
• 로드홀딩(Road Holding) : 타이어와 노면의 밀착 안정성을 말하며, 차가 주행 중에 타이어와 노면은 항상 접하고 있으므로 서스펜션의 메커니즘과 타이어에 의하여 노면에 어느 정도 밀착하고 있는가를 표현할 때 로드홀딩이 좋다든가 나쁘다는 표현을 사용한다.

33 승용차 제동흔적의 특성을 설명한 것이다. 가장 거리가 먼 것은?

① 대부분은 전륜에 의해서 발생한다.
② 대부분은 직선 형태지만, 드물게 곡선 형태로 나타난다.
③ 전륜제동 흔적보다 후륜제동 흔적이 대체로 더 선명하다.
④ 제동흔적의 폭은 타이어 접지면의 폭과 대체로 비슷하다.

해설 승용차 제동 시 차량의 무게 중심이 앞쪽으로 쏠리기 때문에 일반적으로 전륜제동 흔적이 후륜제동 흔적보다 더 선명하게 나타난다.

34 곡선부 측정방법과 가장 거리가 먼 것은?

① 삼각함수를 이용하는 방법
② 호도법
③ 광파측량기에 의한 실측방법
④ 좌표법

해설 중심이 O, 반지름이 r인 원 위에 길이가 r인 호 AB를 잡을 때, 이 호에 대한 중심각 ∠AOB의 크기는 반지름의 길이에 관계없이 일정하다. 이때 이 중심각의 크기를 나타낼 때, 그 단위를 라디안(Radian)으로 표현하는 방식을 호도법이라 한다.

35 사고현장 도면 작성 시 위치측정을 위한 비고정 기준점은?

① 교차로 모서리의 가상 교차점
② 건물의 모서리
③ 각종 표지판의 지주
④ 신호등의 지주

해설 비고정 기준점은 교차로의 모서리와 같이 2개의 차도 가장자리선을 연장하여 서로 교차하는 점을 선택하여 도로상에 스프레이 페인트, 금속판, 분필 등으로 표시하여 사용한다.

36 교통사고 발생 과정에서 자동차의 차체 하부 구조물이 노면에 닿아 넓게 발생하는 굵힌 흔적 중 여러 개의 줄무늬로 나타나는 자국은?

① 칩(Chip)
② 찹(Chop)
③ 스크레이프(Scrape)
④ 그루브(Groove)

해설
- 긁힌 자국(Scratches) : 차량 차체의 금속 재질이 노면에 끌리거나, 밀고 지나간 경우에 노면에 남는 흔적
- 파인 자국(Gouge) : 차량 차체의 금속 부위가 노면과의 마찰로 생성된 흔적
- 칩(Chip) : 노면에 좁고 깊게 파인 자국(곡괭이로 긁은 것 같은 자국). 주로 아스팔트 도로에 생성
- 찹(Chop) : 칩에 비해 흔적이 넓고 얕게 파인 상태로 차체 프레임이나 타이어 림에 의해 생성
- 그루브(Groove) : 흔적이 좁고 깊게 파인 상태로서 모양은 곧거나 굽어 있는 형태로, 차체에서 돌출된 볼트나 추진축이 차체에서 이탈되면서 노면에 끌린 경우에 생성

33 ③ 34 ② 35 ① 36 ③

37 도로의 구분에 따른 설계기준 자동차이다. 틀린 것은?

① 고속도로 및 주간선도로 - 세미트레일러
② 국지도로 - 세미트레일러
③ 보조간선도로 - 세미트레일러 또는 대형자동차
④ 집산도로 - 세미트레일러 또는 대형자동차

해설 도로의 구조·시설 기준에 관한 규칙 제5조 제1항

도로의 구분	설계기준 자동차
주간선도로	세미트레일러
보조 간선도로 및 집산도로	세미트레일러 또는 대형자동차
국지도로	대형자동차 또는 승용자동차

※ "고속도로 및 주간선도로"에서 "주간선도로"로 변경

38 자동차 4개 바퀴에 개별적으로 회전제동력(Braking Torque)을 발생시켜 자동차의 자세를 유지시켜 주는 장치는?

① 자동차안전성제어장치
② 타이어공기압경고장치
③ 비상자동제동장치
④ 차로이탈경고장치

해설
② 타이어공기압경보장치, TPMS(Tire Pressure Monitoring System)는 타이어의 내부 압력이 떨어질 경우 타이어 공기압 센서가 그 위치를 클러스터를 통해 알려 주는 장치
③ 비상자동제동장치, AEB(Autonomous Emergency Brake)는 전방 차량과 보행자를 인식하여 전방 추돌 상황에서 능동적인 브레이크 작동을 통해 피해를 경감시키는 안전 시스템으로 전방 카메라와 레이더 센서를 통해 전방을 분석하여 추돌위험 상황을 판단
④ 차로이탈경고장치, LDWS(Line Departure Warning System)는 주행 중 차선을 넘어가려고 할 때 자동차에 장착된 카메라가 차선을 인식하여 경고음을 보내줘서 운전자가 안전하게 운행할 수 있게 하는 장치

39 노면흔적 측정 시 3점 이상의 측점을 필요로 하는 대상이 아닌 것은?

① 곡선으로 나타난 타이어 흔적
② 노면상의 파인 흔적
③ 직선으로 길게 발생하다가 마지막 부분에 휘어지거나 변형이 있는 타이어 흔적
④ 직선으로 발생한 갭 스키드 마크

해설 1m 이하의 노면상에 파인 자국, 긁힌 자국은 1점의 측점을 필요로 한다.
곡선으로 나타난 타이어 자국, 직선으로 길게 나타나다가 마지막 부분에 휘어지거나 변형이 있는 타이어자국은 3점의 측점을 필요로 한다.

40 도로의 구조·시설 기준에 관한 규칙에 의하면 앞지르기 시거는 2차로 도로에서 저속 자동차를 안전하게 앞지를 수 있는 거리로서 차로 중심선 위의 (가) 높이에서 반대쪽 차로의 중심선에 있는 높이 (나)의 반대쪽 자동차를 인지하고 앞차를 안전하게 앞지를 수 있는 거리를 말한다. '가'와 '나'에 들어갈 것은?

① 가 : 1.0m, 나 : 1.2m
② 가 : 1.2m, 나 : 1.0m
③ 가 : 1.2m, 나 : 1.25m
④ 가 : 1.25m, 나 : 1.2m

해설 앞지르기 시거는 차선의 중심선상 1.0m 높이에서 반대쪽 차로의 중심선상에 있는 높이 1.2m의 자동차를 인지하고 안전하게 앞지를 수 있는 거리를 말한다.

정답 37 ② 38 ① 39 ② 40 ①

41 차로 폭에 대한 설명으로 틀린 것은?
① 차로 폭은 차선의 중심선에서 인접한 차선의 중심선까지이다.
② 지방지역 일반도로의 설계속도는 80km/h 이상일 때 차로의 최소 폭이 3.0m이다.
③ 회전차로 폭은 필요한 경우에는 2.75m 이상으로 할 수 있다.
④ 도시지역 고속도로의 최소 폭은 3.5m이다.

해설 차로(도로의 구조·시설시준에 관한 규칙 제10조)
① 도로의 차로 수는 도로의 종류, 도로의 기능별 구분, 설계시간교통량, 도로의 계획목표연도의 설계서비스수준, 지형 상황, 나누어지거나 합하여지는 도로의 차로 수 등을 고려하여 정하여야 한다.
② 도로의 차로 수는 교통흐름의 형태, 교통량의 시간별·방향별 분포, 그 밖의 교통 특성 및 지역 여건에 따라 홀수 차로로 할 수 있다.
③ 차로의 폭은 차선의 중심선에서 인접한 차선의 중심선까지로 하며, 설계속도 및 지역에 따라 다음 표의 폭 이상으로 한다. 다만, 다음 각 호의 어느 하나에 해당하는 경우에는 각 호의 구분에 따른 차로폭 이상으로 하여야 한다.
 1. 설계기준자동차 및 경제성을 고려하여 필요한 경우 : 3m
 2. 접경지역 지원 특별법 제2조 제1호에 따른 접경지역에서 전차, 장갑차 등 군용차량의 통행에 따른 교통사고의 위험성을 고려하여 필요한 경우 : 3.5m

설계속도 (km/h)	차로의 최소 폭(m)		
	지방지역	도시지역	소형차도로
100 이상	3.50	3.50	3.25
80 이상	3.50	3.25	3.25
70 이상	3.25	3.25	3.00
60 이상	3.25	3.00	3.00
60 미만	3.00	3.00	3.00

④ ③에도 불구하고 통행하는 자동차의 종류·교통량, 그 밖의 교통 특성과 지역 여건 등을 고려하여 불가피한 경우에는 회전차로의 폭과 설계속도가 시속 40km 이하인 도시지역 차로의 폭은 2.75m 이상으로 할 수 있다.
⑤ 도로에는 도로교통법 제15조에 따라 자동차의 종류 등에 따른 전용차로를 설치할 수 있다. 이 경우 간선급행버스체계 전용차로의 차로 폭은 3.25m 이상으로 하되, 정류장의 추월차로 등 부득이한 경우에는 3m 이상으로 할 수 있다.

42 사고차량 운전자를 인터뷰 조사할 때 바람직하지 않은 질문방법은?
① 객관적으로 질문한다.
② 추상적으로 질문한다.
③ 구체적으로 질문한다.
④ 사고 전후 상황에 대한 질문을 한다.

해설 인적 인터뷰 시 객관적이고 구체적으로 사고 전후 상황에 대해 질문하여야 한다.

43 윤활유의 주된 기능이 아닌 것은?
① 방청작용
② 흡수작용
③ 청정작용
④ 완충작용

44 곡선형태의 스키드 마크(Swerve)에 대한 설명 중 맞지 않는 것은?
① 운전자가 핸들을 조작하면서 제동을 했을 때 나타날 수 있다.
② 횡단경사 또는 편경사에 의해 나타날 수 있다.
③ 순간적으로 제동을 풀었다가 다시 제동을 했을 때 나타날 수 있다.
④ 양쪽 바퀴에 작용하는 마찰력이 다를 때 발생할 수 있다.

해설 순간적으로 제동을 풀었다가 다시 제동을 했을 때 나타나는 것을 갭 스키드 마크라 한다.

45 페이드(Fade) 현상을 방지하는 방법으로 가장 옳은 것은?

① 마찰력이 작은 라이닝을 사용할 것
② 엔진브레이크를 가급적 사용하지 않을 것
③ 브레이크 드럼의 방열성을 높일 것
④ 열팽창에 의한 변형이 큰 라이닝을 사용할 것

해설 페이드(Fade) 현상 : 계속적인 브레이크 사용으로 드럼과 슈 또는 디스크와 패드에 마찰열이 축적되어 드럼이나 라이닝이 경화됨에 따라 마찰계수 감소로, 제동력이 저하되는 현상으로 대부분 풋브레이크의 지나친 사용에 기인하는 것이다. 페이드 현상을 방지하기 위해 드럼과 디스크는 열팽창에 의한 변형이 작고, 방열성을 높이는 재질과 형상을 사용하고, 온도 상승에 의한 마찰계수의 변화가 작은 라이닝과 패드를 사용한다. 그리고 긴 내리막길에서는 가능한 엔진브레이크를 사용하도록 한다.

46 다음 인체골격 중 하지골에 해당되지 않는 것은?

① 흉골
② 비골
③ 대퇴골
④ 경골

해설 흉골은 갈비뼈를 말한다.

47 가속 스커프(Acceleration Scuff)에 대한 설명 중 맞는 것은?

① 차량이 정지된 상태에서 급가속·급출발 시 타이어가 노면에 대해 슬립(Slip)하면서 헛바퀴 돌 때 나타난다.
② 자갈 위 또는 진흙, 눈 위에서는 잘 발생되지 않는다.
③ 차량이 가속되면 무게중심이 앞으로 이동하여 타이어 가장자리 흔적을 남긴다.
④ 보통의 차들은 저속에서 엔진이 천천히 돌아가고 있는 동안 순간적으로 감속할 때 나타난다.

해설 가속(Acceleration) 스커프 마크는 차량이 급가속, 급출발할 때 나타나는 타이어의 흔적이다.

48 도로의 직선부와 곡선부 사이 또는 곡선부의 큰 곡선부분에서 작은 곡선부분 사이에 설치하여 자동차가 안전하게 주행하기 위해 설치하는 것은?

① 종단경사
② 측 대
③ 완화구간
④ 가속구간

해설
- 편경사 : 자동차가 원심력에 저항할 수 있는 경사를 둔다(6~8%).
- 완화곡선 : 직선부와 곡선부 사이에 설치하는 곡선으로 곡선반경이 변한다.
- 종단경사 : 도로의 진행방향 중심선 길이에 대한 높이의 변화 비율(오르막)
- 측대 : 운전자의 시선을 유도하고 옆 부분의 여유를 확보하기 위하여 중앙분리대 또는 길 어깨에 차도와 동일한 횡단경사와 구조로 차도를 접속하여 설치하는 부분

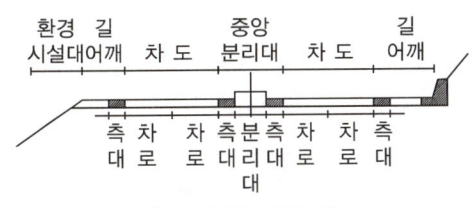

[도로의 횡단 구성도]

49 보행자가 자동차에 충격된 후 지면에 떨어져서 나타나는 손상은?

① 박피손상 ② 신전손상
③ 전도손상 ④ 역과손상

해설
- 전도손상 : 3차 손상으로, 2차 충격 후 떨어지면서 지면이나 구조물 등에 의해 두부나 둔부에 골절상을 입게 된다.
- 역과손상 : 3차 충격으로 전도된 보행자를 해당 차량 또는 다른 차량이 깔고 지나가면서 골절 또는 장기의 손상, 박피손상, 이개(耳介)부의 열창, 신전손상 등이 나타나며, 사망에 이르는 경우도 있다.
- 박피손상 : 외부에서 비스듬히 작용하거나 회전하는 힘으로 피부와 피부밑 조직이 근막과 떨어지는 손상을 말한다.
- 신전손상 : 자동차 사고와 같은 고도의 에너지가 작용한 경우 직접 외력이 작용한 부위보다 떨어진 피부가 고도로 신전되어 피부 표면에 다수의 특이한 균열군이 형성되거나 또는 커다란 열창이 형성된다. 주로 사타구니부, 전경부, 하복부, 유와 상완의 이행부, 슬와부에 국한해서 형성되며, 피부 할선방향과 일치해서 평행하게 형성된다.

50 차량의 속도를 계산할 때 마찰계수가 적용되지 않는 것은?

① 차량이 전도된 상태로 노면을 미끄러졌을 때
② 차량이 추락하였을 때
③ 요 마크(Yaw Mark) 흔적이 발생하였을 때
④ 차량이 측면 방향(횡 방향)으로 운동하였을 때

해설
- 추락 시 공식 $V = \sqrt{\dfrac{g}{2h}}$
- 요 마크의 한계선회속도 $V = \sqrt{\mu g R}$

제3과목 교통사고재현론

51 자동차의 앞바퀴 2개를 마치 안짱다리처럼 앞쪽을 약간 안으로 향하게 하여 주행할 때 직진성을 유지하고 핸들 조작을 용이하게 하는 것은 무엇인가?

① 캠버(Camber)
② 캐스터(Caster)
③ 토인(Toe In)
④ 킹핀 경사각(Kingpin Inclination)

해설

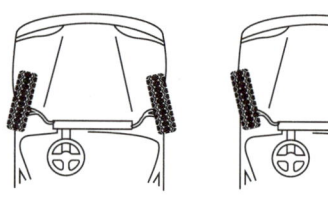

[Toe In]   [Toe Out]

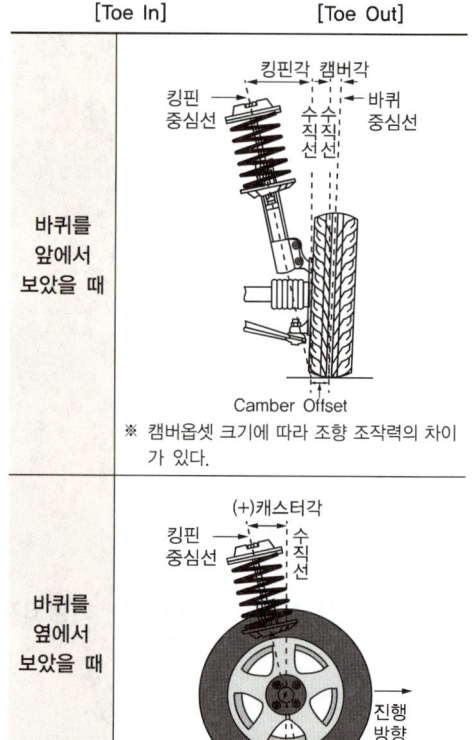

52 노면에 발생한 흔적에 대한 설명 중 가장 옳은 내용은?

① 플랫 타이어 마크는 타이어가 평행하게 미끄러지며 구를 때 발생한다.
② 갭 스키드 마크는 대형화물차량에 화물을 적재하지 않고 주행하다가 급제동하면 발생한다.
③ 스킵 스키드 마크는 속도계산 시 흔적의 떨어진 구간도 미끄러진 거리에 포함시킨다.
④ 요 마크는 흔적의 발생 길이를 근거로 속도를 계산한다.

해설 스키드 마크 길이 계산

갭 스키드 마크 $= D_1 + D_2$	─── D_1 ─── ─── D_2 ───
스킵 스키드 마크 $= D$	─── D ─── ─ ─ ─ ─ ─

53 다음과 같은 조건에서 전륜축으로부터 차량 무게중심까지의 수평거리는?(W : 차량총중량, W_1 : 전륜축 하중, W_2 : 후륜축 하중, L : 축간거리)

① $\dfrac{W_1 \times W}{L}$ ② $\dfrac{W_2 \times W}{L}$

③ $\dfrac{W_1 \times L}{W}$ ④ $\dfrac{W_2 \times L}{W}$

해설 전륜축(W_1)에서 차량 무게중심까지의 거리 : a라 하면

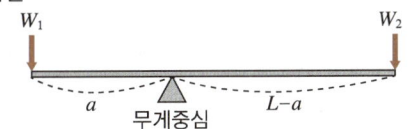

$(L-a)W_2 = W_1 a$
$LW_2 - W_2 a = W_1 a$
$LW_2 = a(W_2 + W_1)$
$\therefore a = \dfrac{LW_2}{W_2 + W_1} = \dfrac{LW_2}{W}$

54 노면에 현의 길이가 30m이고, 중앙종거가 0.65m인 요 마크(Yaw Mark)가 발생되었다. 요 마크 발생시점에서의 속도는?(단, 횡미끄럼 마찰계수 0.8, 중력가속도 9.8m/s²)

① 약 118km/h
② 약 123km/h
③ 약 128km/h
④ 약 133km/h

해설 $R = \dfrac{C^2}{8M} + \dfrac{M}{2} = \dfrac{30^2}{8 \times 0.65} + \dfrac{0.65}{2} = 173.4\text{m}$
$V = \sqrt{\mu g R} = \sqrt{0.8 \times 9.8 \times 173.4}$
$\quad = 36.87\text{m/s}\,(132.7\text{km/h})$

정답 52 ③ 53 ④ 54 ④

55. 120km/h 속도로 좌커브 도로를 주행하던 차량이 핸들의 과대 조작으로 인해 차체가 좌측으로 회전되며 발생시킨 타이어 흔적의 형태와 줄무늬 모양에 대한 설명으로 옳은 것은?

① 제동페달이나 가속페달을 밟지 않은 경우 줄무늬 모양은 차량의 차축과 거의 직각으로 발생된다.
② 가·감속 상태에 관계없이 줄무늬 모양은 차축과 평행하게 발생한다.
③ 가속하면서 미끄러지는 경우 줄무늬 모양은 좌측 하향 형태가 된다.
④ 감속하면서 미끄러지는 경우 줄무늬 모양은 우측 상향 형태가 된다.

해설

정속상태	[요 마크 형태 및 줄모양] • 차량이 자연스럽게 회전하면서 미끄러지는 상태의 차륜 흔적 • 줄무늬 모양은 대부분 진행차량의 차축과 거의 평행 • 차량의 브레이크나 가속페달을 밟지 않은 경우
감속상태	[요 마크 형태 및 줄모양] • 차량이 감속되면서 미끄러지는 상태의 차륜 흔적(브레이크 조작) • 줄무늬 모양은 차축과 평행하지 않고 상당한 예각을 이루며 – 좌커브 경우 : 우측 상향 형태 – 우커브 경우 : 좌측 상향 형태
가속상태	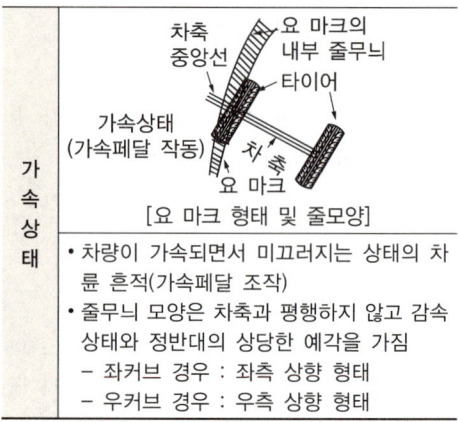 [요 마크 형태 및 줄모양] • 차량이 가속되면서 미끄러지는 상태의 차륜 흔적(가속페달 조작) • 줄무늬 모양은 차축과 평행하지 않고 감속상태와 정반대의 상당한 예각을 가짐 – 좌커브 경우 : 좌측 상향 형태 – 우커브 경우 : 우측 상향 형태

56. 다중 추돌사고의 충돌 순서를 규명함에 있어 유용하지 않은 것은?
① 탑승자의 안전벨트 착용 유무
② 노즈 다운(Nose Down)의 발생 유무
③ 충돌차량 간 손상의 크기와 충돌 횟수
④ 사고차량 최종 정지위치

해설 안전벨트 착용 유무는 차량 추돌사고의 충돌 순서 규명과 상관없다.

57. 중량 5,000kgf인 차량이 1,000kgf의 화물을 싣고 주행하고 있다. 차량이 받는 구름저항은?(단, 구름저항계수 0.013)
① 50kgf   ② 68kgf
③ 78kgf   ④ 80kgf

해설 구름저항 = 마찰력이므로
$F = \mu N = \mu mg = 0.013 \times (5,000\text{kgf} + 1,000\text{kgf})$
$= 78\text{kgf}$

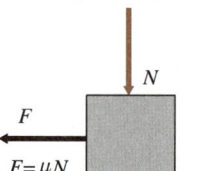

정답 55 ④ 56 ① 57 ③

58 주행차량의 추락속도를 계산하기 위해 필요한 항목이 아닌 것은?

① 추락 시 이동한 수평거리
② 추락 시 낙하한 수직거리
③ 추락 전 이동한 주행거리
④ 추락 전 이탈각도

해설 추락 속도 계산식 $V = d\sqrt{\dfrac{g}{2(d \cdot \tan\theta - h)}}$

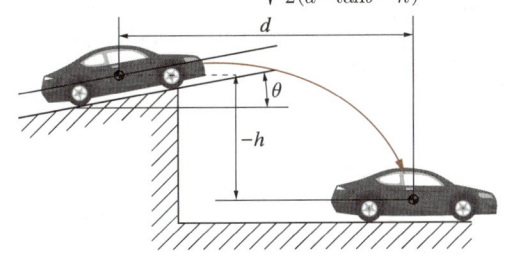

[경사로에서 차량의 추락]

여기서, d : 수평 이동 거리(m)
θ : 기울기(°)
h : 수직 높이(m)
v : 추락 전 속도(m/s)

59 보행자 사고와 관련하여 충돌 후 보행자의 운동 특성을 바르게 설명한 것은?

① 충격력 작용점이 보행자의 무게중심과 일치할 때 보행자는 크게 회전된다.
② 충격력 작용점이 보행자의 무게중심보다 아래에 있으면 보행자는 회전되지 않고 밀려 넘어진다.
③ 충격력 작용점이 보행자의 무게중심 아래에 있으면 보행자는 회전된다.
④ 충격력 작용점과 보행자 무게중심은 보행자의 회전과 관계없다.

해설 차량이 보행자 무게중심보다 낮은 부분을 충돌하고, 제동을 하지 않은 경우 보행자는 공중으로 떠서 차량 지붕에 떨어지게 된다.

60 차량이 100km/h 속도로 주행하다 급제동하여 정지하였다. 차량의 제동 거리는?(단, 견인계수 0.6, 중력가속도 9.8m/s²)

① 약 65.6m   ② 약 70.6m
③ 약 76.3m   ④ 약 82.3m

해설 $v_1^2 - v_0^2 = 2\mu g d$

$d = \dfrac{v_1^2 - v_0^2}{2\mu g} = \dfrac{0 - (100/3.6)^2}{2 \times 0.6 \times (-9.8)} \cong 65.6\text{m}$

61 스키드 마크(Skid Mark)가 먼저 발생되고 연이어 요 마크(Yaw Mark)가 발생된 경우 합성속도 산출식은?(단, v_s : 스키드 마크에 의한 속도, v_y : 요 마크에 의한 속도)

① $v = \sqrt{v_s + v_y}$
② $v^2 = \sqrt{v_s^2 + v_y^2}$
③ $v^2 = \sqrt{v_s + v_y}$
④ $v = \sqrt{v_s^2 + v_y^2}$

62 평탄한 도로를 72km/h로 등속 주행하던 차량을 급제동시켰다. 노면 마찰계수가 0.7이라면 차량이 정지하기까지의 제동 시간은? (단, 중력가속도 9.8m/s²)

① 약 2.4초   ② 약 2.9초
③ 약 3.4초   ④ 약 3.9초

해설 $v = v_0 + at$

$t = \dfrac{v - v_0}{\mu g} = \dfrac{0 - (72/3.6)}{0.7 \times (-9.8)} \cong 2.9$초

63 충돌과정을 3가지로 분류할 때 이에 속하지 않는 것은?

① 최초 접촉(First Contact)
② 최대 맞물림(Maximum Engagement)
③ 복원(Restitution)
④ 분리(Separation)

해설 충돌의 단계
- 최초 접촉(First Contact) : 충돌이 시작되는 단계이다.
- 최대 맞물림(Maximum Engagement) : 충격력이 최대 상태가 되며, 이때 차량의 움직임을 순간적으로 정지시키고 차량의 최종 접촉(충돌물체와 접촉한 후 분리되기 직전의 상태)까지 충돌방향과 반대방향으로의 움직임을 증가시킨다.
- 분리(Separation) : 교통사고에서 차량의 최대 맞물림에 의한 변형은 대부분 손상된 상태로 남게 된다.

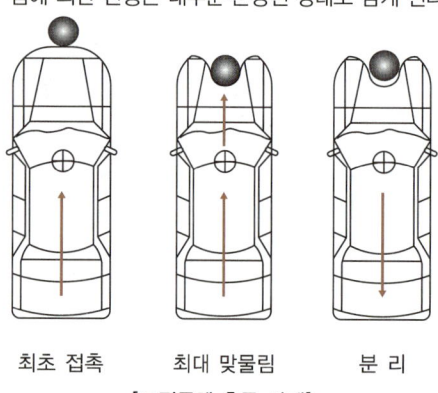

[고정물체 충돌 단계]

64 평탄한 도로를 80km/h 속도로 주행하던 차량이 급제동하여 40m 이동하고 정지하였다. 차량의 견인계수는?(단, 중력가속도 9.8m/s²)

① 약 0.52 ② 약 0.55
③ 약 0.58 ④ 약 0.63

해설 $v_1^2 - v_0^2 = 2\mu gd$

$\mu = \dfrac{v_1^2 - v_0^2}{2gd} = \dfrac{0 - (80/3.6)^2}{2 \times (-9.8) \times 40} \approx 0.63$

65 수막현상을 예방하기 위한 주의사항이 아닌 것은?

① 저속운전을 한다.
② 마모된 타이어를 사용하지 않는다.
③ 타이어의 공기압을 낮게 한다.
④ 배수효과가 좋은 리브형 타이어를 사용한다.

해설 수막현상(Hydroplanning)
빗길에서 고속 주행 시 노면과 타이어 사이에 수막이 생겨 미끄러지는 현상

66 교통사고 분석을 위한 컴퓨터 시뮬레이션 작업순서로 맞는 것은?

① 프로그램 구동 → 기초자료 입력 → 변동자료 입력 → 결과 출력
② 프로그램 구동 → 변동자료 입력 → 기초자료 입력 → 결과 출력
③ 기초자료 입력 → 프로그램 구동 → 변동자료 입력 → 결과 출력
④ 변동자료 입력 → 기초자료 입력 → 프로그램 구동 → 결과 출력

67 주행하던 차량이 고정물체를 충격한 경우 고정물체가 받는 힘의 방향은?

① 차량 진행 반대방향
② 차량 진행 반대방향에서 진행방향으로 이동
③ 차량 진행방향
④ 차량 진행방향에서 반대방향으로 이동

해설 주행하던 차량이 고정물체를 충격한 경우 고정물체는 차량의 진행방향으로 힘을 받는다.

68 보행자의 충돌지점을 나타내는 가장 직접적인 현장증거는?

① 보행자의 최종 전도지점
② 보행자의 신발이 떨어진 위치
③ 제동흔적의 변형지점이나 보행자의 신발 끌린 흔적
④ 사고현장에 발생한 타이어 마크의 길이

해설 보행자의 최종 전도지점이나 신발이 떨어진 위치 그리고 사건현장의 타이어 마크의 길이는 사고 후의 최종 상태를 나타내는 흔적들이다.

69 트랙터 트레일러의 감속과정에서 발생될 수 있는 현상이라고 볼 수 없는 것은?

① 트랙터의 앞바퀴만 제동되었을 경우 트랙터 트레일러는 직선으로 미끄러지지만 조향에 의한 방향전환은 할 수 없다.
② 트랙터의 뒷바퀴만 제동되었을 경우 트랙터가 트레일러 쪽으로 접히는 현상이 발생된다.
③ 트레일러의 바퀴만 제동되었을 경우 트레일러 커플링을 중심으로 스핀을 하게 되는데 이것이 계속 진행되면 잭나이프(Jack Knife) 현상으로 발전할 수 있다.
④ 트랙터와 트레일러는 커플링에 의해 트레일러의 회전이 억압되어 잭나이프(Jack Knife) 현상이 발생되지 않는다.

해설 잭나이프(Jack Knife) 현상이란 트랙터와 트레일러의 연결 차량에 있어서 커브에서 급브레이크를 밟았을 때 트레일러가 관성력에 의해 트랙터에 대하여 잭나이프처럼 구부러지는 것을 말한다.

70 자동차 사고의 표준 간이 상해도 분류 중 생명에는 지장이 없으나 어느 정도 충분한 치료를 필요로 하는 단계로 생명의 위험도가 11~30%인 것은?

① 상해도 1   ② 상해도 2
③ 상해도 3   ④ 상해도 4

해설
• 상해도 1 : 상해가 가볍고 그 상해를 위한 특별한 대책이 필요가 없는 것으로 생명의 위험도가 1~10%인 것(경미)
• 상해도 2 : 생명에 지장은 없으나 어느 정도 충분한 치료를 필요로 하는 것으로 생명의 위험도가 11~30%인 것(경도)
• 상해도 3 : 생명의 위험은 적지만 상해 자체가 충분한 치료를 필요로 하는 것으로 생명의 위험도가 31~70%인 것(중증도)
• 상해도 4 : 상해에 의한 생명의 위험은 있으나 현재 의학적으로 적절한 치료가 이루어지면 구명의 가능성이 있는 것으로 생명의 위험도가 71~90%인 것(고도)
• 상해도 5 : 의학적 치료의 범위를 넘어서 구명의 가능성이 불확실한 것으로 생명의 위험도가 91~100%인 것(극도)
• 상해도 9 : 원인 및 증상을 자세히 알 수가 없어서 분류가 불가능한 것(불명)

71 108km/h 속도로 움직이던 중량 980kgf인 자동차가 브레이크에 의해 10초 동안 감속하여 72km/h로 줄어 들었다. 브레이크에 의해 자동차에 작용하는 힘의 크기는?(단, 브레이크에 의한 힘을 제외한 다른 힘은 없다고 가정, 중력가속도 9.8m/s²)

① 50N   ② 100N
③ 150N   ④ 200N

해설
$v = v_0 + at$
$a = \dfrac{v - v_0}{t} = \dfrac{(72/3.6) - (108/3.6)}{10} = -1 \text{m/s}^2$
$F = ma = (980/9.8) \times (1) = 100 \text{kg} \cdot \text{m/s}^2 = 100\text{N}$

72 차량 탑승자가 접촉한 차체 부위는 충돌로 인하여 탑승자가 어떻게 움직였는지 알 수 있는 단서를 제공한다. 탑승자의 움직임에 관한 유용한 자료가 될 수 있는 부위끼리 짝 지어진 것은?

① 운전대, 변속레버, 필러
② 좌석등받이, 사이드미러, 계기판
③ 문짝 내부, 전면 유리, 후드(보닛)
④ 룸미러, 차내 천장, 문짝 외부

해설 탑승자의 움직임에 대해 영향을 미친 부위이므로 실내에 있는 부위만으로 짝지어진 것을 말한다. 사이드미러, 후드, 문짝 외부 등은 모두 실외에 존재한다.

73 오토바이의 경우 뒤에 사람을 승차시키면 무게중심이 뒤쪽으로 이동하여 커브를 따라 제대로 꺾지 못하고 중앙선을 넘는 경우가 있다. 이러한 원인과 관련하여 전륜의 조향각에 의한 선회반경보다 실제 선회반경이 작아지는 조향특성은?

① 역조향
② 뱅크각
③ 오버 스티어링
④ 코너링 포스

해설
- 오버 스티어링(Over Steering) : 코너링 시에 자신이 그리고자 하는 원주보다 차량이 원주 안쪽으로 지나치게 쏠려서 핸들을 되돌리지 않으면 안 될 때를 말한다.
- 뱅크각 : 오토바이는 커브지점을 돌 때 직선도로와 같이 똑바른 상태로 주행하지 못하고 운전자가 차체를 안쪽으로 기울이면서 선회하게 되는데, 선회시 발생되는 원심력과 균형을 맞추기 위해서 반드시 필요한 것으로 이를 뱅킹이라고 하고 이때 기울어진 각도를 뱅크각이라 한다.
- 코너링 포스(Cornering Force) : 차량이 선회 시에 원심력이 작용하고 이로 인하여 차는 바깥쪽으로 밀려나는 힘이 발생되는데, 코너링 중 선회반경이 넓어지지 않도록 상호 균형을 이루는 힘, 즉 변형된 타이어가 복원하려는 힘(원상태로 되돌아가려는 힘)을 말한다.

74 주행하던 차량이 급제동하게 되면 탑승자들은 차량 진행 방향으로 쏠리는 현상이 발생한다. 이러한 현상을 설명해 줄 수 있는 운동법칙은?

① 관성의 법칙
② 훅의 법칙
③ 가속도의 법칙
④ 작용 반작용의 법칙

해설
- 관성의 법칙(뉴턴 제1법칙) : 관성은 물체가 정지 혹은 일정한 속력의 직선운동 상태를 유지하려는 자연적인 경향으로, 힘을 더 주지 않아도 계속되는 운동법칙이다.
- 가속도의 법칙(뉴턴 제2법칙) : 힘 F가 질량 m인 물체에 작용할 때, 가속도 a는 힘에 비례하고 크기는 질량에 반비례한다. 가속도의 방향은 힘의 방향과 같다($F=ma$).
- 작용 반작용의 법칙(뉴턴 제3법칙) : 물체 A가 다른 물체 B에 힘을 가하면(작용), 물체 B 역시 물체 A에 똑같은 크기의 힘을 가한다(반작용)는 법칙이다.
- 훅의 법칙 : 물체에 하중을 가하면 하중이 어떤 한도에 이르기까지는 하중과 변형이 정비례 관계에 있다고 하는 법칙, 즉 탄성한계 내에서 변형률은 응력에 비례한다는 법칙이다.

75 버스의 발진가속도가 0.03g~0.12g 범위에 있다고 할 때 정지상태에서 출발하여 30m를 진행한 버스의 속도 범위는?(단, 중력가속도 9.8m/s²)

① 약 10~26km/h
② 약 15~31km/h
③ 약 20~36km/h
④ 약 30~41km/h

해설
$v = \sqrt{2\mu gd} = \sqrt{2 \times 0.03 \times 9.8 \times 30}$
$= 4.2\text{m/s}(15.1\text{km/h})$
$v = \sqrt{2\mu gd} = \sqrt{2 \times 0.12 \times 9.8 \times 30}$
$= 8.4\text{m/s}(30.2\text{km/h})$

정답 72 ① 73 ③ 74 ① 75 ②

제4과목 차량운동학

76 속도에 대한 설명이다. 알맞은 것을 고르시오.
① 단위시간 동안 물체의 빠르기 변화를 나타내는 스칼라량이다.
② 단위시간 동안 물체의 이동거리를 나타내는 스칼라량이다.
③ 질량과 가속도의 곱으로 표현되는 벡터량이다.
④ 물체의 빠르기와 운동 방향을 함께 나타내는 벡터량이다.

해설 속도(Velocity)는 빠르기와 방향을 나타내는 벡터량이고, 속력(Speed)은 빠르기만 나타내는 스칼라량이다.

77 승용차가 정지 후 출발하여 42km/h에 도달하는 데 5.5초가 걸렸다. 틀린 것은?
① 평균 가속도는 약 $2.1m/s^2$이다.
② 평균 가속도를 적용하였을 때 5.5초 동안 이동거리는 약 32m이다.
③ 평균 가속도를 적용하였을 때 출발한 지 3초 후 속도는 약 32.5km/h이다.
④ 평균 가속도를 적용하였을 때 출발 3초 후 진행한 거리는 약 9.5m이다.

해설 $v_1 = v_0 + at$ 에서
$a = \dfrac{v_1 - v_0}{t} = \dfrac{(42/3.6) - 0}{5.5} \cong 2.12 m/s^2$
$d = v_0 t + \dfrac{1}{2} at^2 = 0 \times 5.5 + \dfrac{1}{2} \times 2.12 \times 5.5^2 \cong 32.1m$
$t = 3$초 후 속도는
$v_1 = v_0 + at = 0 + 2.12 \times 3 = 6.26 m/s (22.54 km/h)$
$t = 3$초 후 이동 거리는
$d = v_0 t + \dfrac{1}{2} at^2 = 0 + \dfrac{1}{2} \times 2.12 \times 3^2 \cong 9.54m$

78 다음 설명 중 틀린 것은?
① 운동에너지는 완전탄성충돌인 경우에 보존된다.
② 운동에너지는 비탄성충돌인 경우에 보존되지 않는다.
③ 두 물체의 충돌 전후 운동량의 합은 완전탄성충돌인 경우에도 보존된다.
④ 두 물체의 충돌 전후 운동량의 합은 비탄성충돌인 경우에 보존되지 않는다.

해설 계에 작용하는 외력이 없다면 충돌 전의 전체 운동량과 충돌 후의 전체 운동량은 보존된다.
탄성충돌(Elastic Collision) : 충돌 시 운동에너지가 보존된다.

79 질량 200kg인 차량이 30m/s 속도로 운동하다가 정지해 있는 질량 400kg인 차량을 정면으로 추돌한 후 한 덩어리가 되어 운동하였다. 충돌로 인해 손실된 운동에너지는?
① 20,000J
② 30,000J
③ 50,000J
④ 60,000J

해설 $m_1 v_1 + m_2 v_2 = (m_1 + m_2) V$
$200 \times 30 + 400 \times 0 = (200 + 400) V$
$\therefore V = 10 m/s$
손실에너지
$E = \left(\dfrac{1}{2} m_1 v_1^2 + \dfrac{1}{2} m_2 v_2^2 \right) - \dfrac{1}{2} (m_1 + m_2) V^2$
$= \left(\dfrac{1}{2} \times 200 \times 30^2 + 0 \right) - \dfrac{1}{2} \times (200 + 400) \times 10^2$
$= 60,000 J (kg \cdot m^2/s^2 = N \cdot m = J)$

정답 76 ④　77 ③　78 ④　79 ④

80 자동차의 선회는 원심력과 깊은 관련이 있다. 다음 중 원심력과 관련이 먼 것은?

① 선회곡선반경
② 타이어 반경
③ 자동차의 질량
④ 주행속도

해설 원심력 = $m\dfrac{v^2}{R}$
(m : 질량, v : 차량속도, R : 도로의 곡선반경)

81 운동량과 단위가 같은 물리량은?

① 운동에너지
② 위치에너지
③ 충격량
④ 일

해설
- 운동량 : $P = mv (\text{kg} \cdot \text{m/s})$
- 운동에너지
  $E_k = \dfrac{1}{2}mv^2 (\text{kg} \cdot \text{m}^2/\text{s}^2 = \text{N} \cdot \text{m} = \text{J})$
- 위치에너지
  $E_p = mgh (\text{kg} \cdot \text{m/s}^2 \cdot \text{m} = \text{N} \cdot \text{m} = \text{J})$
- 충격량
  $F \cdot t = P \left(\because F = ma = m\dfrac{v}{t} = \dfrac{P}{t}\right)(\text{kg} \cdot \text{m/s})$
- 일 = 힘 × 거리 $(\text{kg} \cdot \text{m})$

82 자동차 속도를 25km/h에서 55km/h로 일정하게 가속하는 데 30초가 걸렸고, 자전거 속도를 정지 상태에서 30km/h까지 일정하게 가속하는 데 30초가 걸렸다. 다음 중 옳은 것은?

① 약 0.28m/s^2으로 자동차와 자전거의 가속도가 같았다.
② 약 0.83m/s^2으로 자동차와 자전거의 가속도가 같았다.
③ 자동차의 가속도는 약 2.67m/s^2, 자전거의 가속도는 약 0.83m/s^2이다.
④ 자동차의 가속도는 약 3.32m/s^2, 자전거의 가속도는 약 2.67m/s^2이다.

해설 자동차의 가속도는 $v_1 = v_0 + at$ 에서
$a = \dfrac{v_1 - v_0}{t} = \dfrac{(55/3.6) - (25/3.6)}{30} \simeq 0.28\text{m/s}^2$
자전거의 가속도는 $v_1 = v_0 + at$ 에서
$a = \dfrac{v_1 - v_0}{t} = \dfrac{(30/3.6) - 0}{30} \simeq 0.28\text{m/s}^2$

83 평탄한 일직선 노면 위를 달리던 차량이 4.9m 낭떠러지 아래로 추락하였다. 차량이 추락하는 데 걸린 시간은?(단, 중력가속도 9.8m/s^2, 공기저항 무시)

① 1.0초
② 2.0초
③ 2.8초
④ 3.2초

해설 $t = \sqrt{\dfrac{2h}{g}} = \sqrt{\dfrac{2 \times 4.9}{9.8}} = 1$초

정답 80 ② 81 ③ 82 ① 83 ①

84 다음과 같은 상황에서 A차량의 제동 직전 속도는 얼마인가?

- A차량이 주행 중 급정지하여 스키드 마크가 30m 발생
- 같은 장소에서 A차량과 같은 종류인 B차량으로 50km/h 속도에서 급정지한 결과 스키드 마크가 20m 발생
- A차량과 B차량은 견인계수 또는 감속도가 같음
- 중력가속도 9.8m/s²

① 약 57.4km/h
② 약 61.2km/h
③ 약 68.2km/h
④ 약 76.4km/h

해설 B차량
$v_1^2 - v_0^2 = 2ad$
$a = \dfrac{v_1^2 - v_0^2}{2d} = \dfrac{0-(50/3.6)^2}{2\times 20} \cong -4.823 \text{m/s}^2$
A차량의 $v_1 = 0$이므로
$v_0 = \sqrt{2ad} = \sqrt{2\times 4.823 \times 30} = 17.01 \text{m/s}$
$= 61.24 \text{km/h}$

85 벡터의 3요소가 아닌 것은?
① 질량 ② 작용점
③ 크기 ④ 방향

해설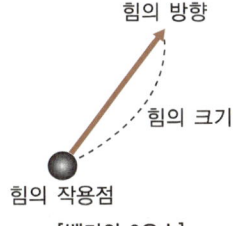
[벡터의 3요소]

86 중량 1,600kgf인 차량이 78,700J의 운동에너지를 갖고 있다. 이 운동에너지를 갖기 위한 차량의 속도는 얼마인가?(단 중력가속도 9.8m/s²)

① 약 111.8km/h
② 약 144.3km/h
③ 약 130.7km/h
④ 약 124.5km/h

해설 운동에너지 $E_k = \dfrac{1}{2}mv^2$
$78,700 \text{J} = \dfrac{1}{2} \times \dfrac{1,600}{9.8} \times v^2$
$v = 31.05 \text{m/s} = 111.8 \text{km/h}$

87 정지하고 있던 차량이 1.5m/s² 등가속도로 출발하여 80km/h 속도에 도달했을 때 주행한 거리는?

① 약 45.9m   ② 약 55.2m
③ 약 80.0m   ④ 약 164.6m

해설 $v_1^2 - v_0^2 = 2ad$
$d = \dfrac{v_1^2 - v_0^2}{2a} = \dfrac{(80/3.6)^2 - 0}{2\times 1.5} = 164.6 \text{m}$

88 중량 980kgf인 자동차가 36km/h로 벽에 정면 충돌한 후 반대 방향으로 18km/h로 튀어나온 경우 자동차의 충격량은?

① 500Ns   ② 1,500Ns
③ 1,800Ns ④ 3,000Ns

해설 $P = m(v_2 - v_1) = \dfrac{980}{9.8}\left\{\left(\dfrac{36}{3.6}\right) - \left(-\dfrac{18}{3.6}\right)\right\}$
$= 1,500 \text{kg} \cdot \text{m/s}(\text{N} \cdot \text{s})$

정답 84 ② 85 ① 86 ① 87 ④ 88 ②

89 질량이 300kg인 차량이 15m/s에서 35m/s로 가속하는 데 5초가 걸렸을 때 차량에 작용한 힘은?

① 1,000N ② 800N
③ 1,500N ④ 1,200N

해설
$v = v_0 + at$, $a = \dfrac{v-v_0}{t} = \dfrac{35-15}{5} = 4$초
$F = ma = 300 \times 4 = 1,200 \text{kg} \cdot \text{m/s}^2(\text{N})$

90 두 차량이 충돌한 상황에 대한 설명으로 옳은 것은?

① 정면으로 충돌했을 때에만 운동량은 보존된다.
② 반발계수가 0인 경우 운동량 및 운동에너지는 보존된다.
③ 반발계수가 1인 경우 운동량 및 운동에너지는 보존된다.
④ 정면으로 충돌하여 반발계수가 0.15일 경우, 운동에너지와 운동량은 보존된다.

해설 반발계수(e) = 1인 완전탄성충돌을 할 때는 충돌 전후에 운동량과 운동에너지가 보존되지만, e = 0인 완전비탄성충돌인 경우 운동량만 보존되고 운동에너지는 열이나 소리에너지 등으로 전환된다. 두 물체가 같은 속도로 움직이게 되는 완전비탄성충돌의 경우에 운동에너지의 손실이 가장 크다.

91 차량의 제동거리에 운전자의 인지반응시간 동안 차량이 주행한 거리인 공주거리를 합해서 산출한 거리를 무엇이라고 하는가?

① 인지반응거리
② 앞지르기거리
③ 정지거리
④ 가속거리

해설 정지거리 = 공주거리 + 제동거리
- 공주거리 : 운전자가 위험상황을 인지하고 제동을 개시하여 제동이 걸리기까지 진행된 거리(d_1)
- 제동거리 : 제동에 의해 타이어가 로크(Lock)된 상태로 미끄러지며 정지한 거리(d_2)

$d_1 = \dfrac{v^2}{2a}$, $d_2 = v \cdot t$

92 모든 바퀴가 정상적으로 제동되는 중량 1,500kgf인 차량이 평탄하고 젖은 노면에서 25m 미끄러지면서 18,750J의 운동에너지를 소비하고 정지했다면 마찰계수가 얼마인가?

① 0.5 ② 0.6
③ 0.7 ④ 0.8

해설
$v^2 - v_1^2 = 2ad$, $a = \mu g$
$\mu = \dfrac{v^2 - v_1^2}{2gd} = \dfrac{0 - (15.65)^2}{2 \times 9.8 \times 25} = 0.5$
운동에너지 $E = \dfrac{1}{2}mv^2$, $18,750 = \dfrac{1}{2} \times \dfrac{1,500}{9.8} v^2$
$v = \sqrt{\dfrac{2 \times 9.8 \times 18,750}{1,500}} = 15.65 \text{m/s}$

정답 89 ④ 90 ③ 91 ③ 92 ①

93 정지하고 있던 차량이 출발하여 12m를 4초 만에 진행하였다. 차량의 평균가속도는?

① 1.0m/s² ② 1.5m/s²
③ 2.0m/s² ④ 2.5m/s²

해설 $d = V_0 t + \frac{1}{2}at^2$ 에서
$12 = V_0 \times 4 + \frac{1}{2} \times a \times 4^2$
∴ $a = 1.5\text{m/s}^2$

94 차량의 중량이 5,500kgf이고, 견인력이 3,840N일 때 견인계수는?(단, 중력가속도 9.8m/s²)

① 약 0.7 ② 약 0.8
③ 약 0.9 ④ 약 1.0

해설 $F = \mu mg$
$\mu = \frac{F}{mg} = \frac{3,840}{5,500} = 0.69$

95 A차량의 브레이크 밟기 전 속도는?

- A차량 타이어와 도로 사이의 견인계수는 0.9
- A차량 운전자가 장애물을 발견하고 급브레이크를 밟아 제동 상태로 2m 진행하고 정지
- 단, 중력가속도 9.8m/s²
- A차량의 모든 바퀴는 정상적으로 제동

① 약 1.8m/s ② 약 5.9m/s
③ 약 16.4m/s ④ 약 21.3m/s

해설 $v_2^2 - v_1^2 = 2ad$, $a = \mu g$
$v_1 = \sqrt{v_2^2 + 2\mu gd} = \sqrt{0 + 2 \times 0.9 \times 9.8 \times 2}$
$= 5.94\text{m/s}$

96 물리량과 단위가 맞는 것은?

① 운동량 : kgf
② 일 : J
③ 힘 : N·m
④ 에너지 : kg·m/s

해설
- 운동량 $P = mv(\text{kg} \cdot \text{m/s})$
- 일 = 힘 × 거리(kg·m = N·m = J)
- 힘(N, kg)
- 운동에너지
  $E_k = \frac{1}{2}mv^2(\text{kg} \cdot \text{m}^2/\text{s}^2 = \text{N} \cdot \text{m} = \text{J})$
- 위치에너지
  $E_p = mgh(\text{kg} \cdot \text{m/s}^2 \cdot \text{m} = \text{N} \cdot \text{m} = \text{J})$

97 차량이 90km/h로 주행하다가 전방에 교통 경찰이 있는 것을 보고 등감속하여 72km/h로 줄였다. 속도를 줄이는 데 걸린 시간은 얼마인가?(단, 가속도 −4.9m/s²)

① 약 0.56초
② 약 1.02초
③ 약 1.45초
④ 약 1.83초

해설 $v_1 = v_0 + at$ 에서
$t = \frac{v_1 - v_0}{a} = \frac{(72/3.6) - (90/3.6)}{-4.9} \cong 1.02\text{초}$

정답 93 ② 94 ① 95 ② 96 ② 97 ②

98 중량 1,000kgf인 차량이 72km/h로 주행하고 있다. 차량의 운동에너지는?(단, 중력가속도 9.8m/s²)

① 약 2,041J
② 약 20,408J
③ 약 40,816J
④ 약 144,000J

해설 운동에너지

$$E_k = \frac{1}{2}mv^2$$
$$= \frac{1}{2} \times \frac{1,000}{9.8} \times \left(\frac{72}{3.6}\right)^2$$
$$= 20,408 \text{J} \, (\text{kg} \cdot \text{m}^2/\text{s}^2 = \text{N} \cdot \text{m} = \text{J})$$

99 모든 바퀴가 정상적으로 제동되는 자동차가 오르막 경사가 3%인 도로에서 스키드 마크를 18m 발생시키고 정지하였다. 경사를 고려할 때 자동차의 제동 직전 속도는?(단, 마찰계수 0.8, 중력가속도 9.8m/s²)

① 약 54.8km/h
② 약 61.6km/h
③ 약 70.3km/h
④ 약 84.6km/h

해설

$$v_2^2 - v_1^2 = 2ad, \quad a = \mu g$$
$$v_1 = \sqrt{v_2^2 + 2(\mu + G)gd}$$
$$= \sqrt{0 + 2 \times (0.8 + 0.03) \times 9.8 \times 18}$$
$$= 17.11 \text{m/s} \, (61.6 \text{km/h})$$

100 다음 중 알맞지 않은 것은?

① 운동에너지는 질량에 비례하므로 동일한 속도에서 대형차량의 운동에너지는 소형차량에 비해 크다.
② 대형차량은 급제동 시 과대 중량으로 인한 관성력 증가로 인해 같은 속도에서 제동 시 승용차에 비해 제동거리가 길어질 수 있다.
③ 대형차량의 마찰계수는 건조한 아스팔트 노면인 경우 승용차 마찰계수값의 125~135%를 적용하는 것이 타당하다.
④ 차륜 제동흔적을 이용하여 차량의 제동 전 속도를 추정하는 방법은 에너지보존의 법칙을 이용하여 유도할 수 있다.

해설 마찰계수값은 노면에 의해 결정되므로 차량의 종류와는 상관없다.
• 에너지보존의 법칙 : 에너지가 다른 에너지로 전환될 때, 전환 전후의 에너지 총합은 항상 일정하게 보존된다는 법칙

총에너지 = 운동에너지 + 위치에너지
$$= \frac{1}{2}mv^2 + mgh$$

2019년 9월 22일 시행

05 과년도 기출문제

제1과목 | 교통관련법규

01 도로교통법상 자동차를 이용하는 사람 또는 기관 등의 신청에 의하여 지방경찰청장이 지정한 긴급자동차(본래의 긴급한 용도로 사용될 때)로 분류되는 자동차는?
① 국내외 요인에 대한 경호업무 수행에 공무로 사용되는 자동차
② 수사기관의 자동차 중 범죄수사를 위하여 사용되는 자동차
③ 보호관찰소에서 보호관찰 대상자의 호송·경비를 위하여 사용되는 자동차
④ 전신·전화의 수리공사 등 응급작업에 사용되는 자동차

해설 도로교통법 제2조(정의) 제22호에 긴급자동차가 정의, 동법 시행령 제2조(긴급자동차의 종류) 단서 참고
①, ②, ③은 신청에 의하여 시·도경찰청장이 지정하지 않아도 시행령 제2조상 긴급자동차에 해당한다.
④의 경우 이를 사용하는 사람이나 기관에 신청에 의해 시·도경찰청장이 지정하는 경우 해당한다.
※ 2021. 1. 1.부터 문제의 "지방경찰청장"은 "시·도경찰청장"으로 개정됨

02 제1종 보통연습면허를 소지한 운전자가 운전할 수 없는 것은?
① 승용자동차
② 원동기장치자전거
③ 승차정원 15명 이하의 승합자동차
④ 적재중량 12톤 미만의 화물자동차

해설 도로교통법 시행규칙 별표 18
원동기장치자전거는 원동기장치자전거 면허가 있어야 한다. ①, ③, ④는 제1종 보통연습면허로 운전이 가능하다.

03 도로교통법상 인명보호장구(승차용 안전모)의 기준에 해당되지 않는 것은?
① 좌우, 상하로 충분한 시야를 가질 것
② 청력에 현저하게 장애를 주지 아니할 것
③ 무게는 4kg 이하일 것
④ 인체에 상처를 주지 아니하는 구조일 것

해설 도로교통법 시행규칙 제32조
③ 무게는 2kg 이하여야 한다.

정답 1 ④ 2 ② 3 ③

04 승용자동차 운전자가 면허정지 기간 내 도로 외의 장소에서 운전하던 중 부주의로 경상(피해자)의 인적피해 교통사고를 일으켰고, 운전자는 피해자와 합의하였다. 이에 대한 설명으로 맞는 것은?

① 도로교통법상 무면허운전이 적용되고, 교통사고처리특례법상 무면허운전사고로 공소가 제기된다.
② 도로교통법상 무면허운전이 적용되고, 교통사고처리특례법상 공소권 없음으로 처리된다.
③ 도로교통법상 무면허운전이 적용되지 않으며, 교통사고처리특례법상 무면허운전사고로 공소가 제기된다.
④ 도로교통법상 무면허운전이 적용되지 않으며, 교통사고처리특례법상 공소권 없음으로 처리된다.

해설 도로 외에 장소이므로 도로교통법상 무면허운전에 해당하지 않으므로 교통사고처리특례법에 의해 공소권이 없다.

05 운전자 "갑"은 신호등이 없는 횡단보도를 보행하던 "을"을 충격하여 8주 진단의 상해를 입혔다. 운전자 "갑"의 처벌에 대한 설명으로 맞는 것은?

① 보행자 "을"이 처벌을 원해야만 공소를 제기할 수 있다.
② 보행자 "을"이 처벌을 원치 않으면 공소를 제기할 수 없다.
③ 보행자 "을"의 처벌불원의사와 관계없이 공소를 제기할 수 없다.
④ 보행자 "을"의 처벌불원의사와 관계없이 공소를 제기할 수 있다.

해설 횡단보도 사고는 12대 중과실로 교통사고처리특례법상 피해자의 처벌 의사와 상관없이 공소권을 제기할 수 있다(교통사고처리 특례법 제3조 제2항 제6호).

06 〈보기〉의 교통사고를 낸 제1종 보통면허를 가진 자전거 운전자에 대한 운전면허행정처분 벌점으로 맞는 것은?

|보기|
- 사고유형 : 자전거와 보행자 충돌사고
- 사고원인 : 보도 내 자전거 운전자의 부주의로 인한 사고
- 사고결과 : 자전거 운전자 상해 3주 진단, 자전거 동승자 1명 상해 2주 진단, 보행자 1명 상해 3주 진단

① 벌점 없음   ② 15점
③ 20점   ④ 30점

해설 자전거는 도로교통법상 '자동차 등'에 해당되지 않는다. '자동차 등'이란 자동차와 원동기장치자전거를 말한다. 벌점은 자동차 등 운전 시 부과한다. 사고 차가 자동차였다면 다음과 같은 벌점이 부과된다.
10점(운전부주의) + 5점(자전거 동승자 1명 상해 2주) + 15점(보행자 1명 상해 3주) = 벌점 30점

07 교통규칙을 자발적으로 준수하는 운전자는 다른 사람도 교통규칙을 준수할 것이라고 신뢰하는 것으로, 다른 사람이 비이성적인 행동을 하거나 규칙을 위반하여 행동하는 것을 미리 예견하여 조치할 의무는 없다는 것과 관련된 것은?

① 신뢰의 원칙
② 의무의 충돌
③ 합리성의 원칙
④ 상당성의 원칙

해설 신뢰의 원칙에 대한 설명

08 교통사고처리특례법상 우선 지급할 치료비에 관한 통상 비용의 범위가 아닌 것은?

① 위자료 전액
② 진찰료
③ 처치, 투약, 수술 등 치료에 필요한 모든 비용
④ 통원에 필요한 비용

해설 교통사고처리특례법 시행령 제2조(우선 지급할 치료비에 관한 통상 비용의 범위)
위자료 전액은 우선 지급할 치료비에 관한 통상 비용의 범위에 속하지 않는다.

09 교통사고처리특례법 제3조 제2항 단서 12개 항이 아닌 것은?

① 승객추락방지의무위반 인적피해 발생 교통사고
② 보도침범 인적피해 발생 교통사고
③ 철길건널목 통과방법위반 인적피해 발생 교통사고
④ 교차로 통행방법 위반 인적피해 발생 교통사고

해설 교통사고처리특례법 제3조 제2항 단서 12개항(중과실) 참고
①, ②, ③은 12대 중과실에 속한다.

10 자동차 운전 시 위반사실이 영상기록매체에 의하여 입증이 되는 등 도로교통법상 고용주 등에게 과태료를 부과할 수 있는 조건을 충족할 때 고용주 등에게 과태료를 부과할 수 있는 법규위반은 〈보기〉 중 몇 개인가?

|보기|
가. 지정차로통행위반(법 제14조제2항)
나. 교차로통행방법위반(법 제25조제1항·제2항·제5항)
다. 적재물 추락방지위반(법 제39조제4항)
라. 운전 중 휴대용전화사용(법 제49조제1항제10호)
마. 보행자보호불이행(법 제27조제1항)
바. 앞지르기 금지 시기·장소 위반(법 제22조)

① 5개   ② 4개
③ 3개   ④ 2개

해설 도로교통법 제160조 참고
라, 바를 제외하고 나머지는 과태료 부과 대상이다.
※ 2022. 7. 12. 도로교통법 제160조 개정으로 라, 바도 과태료 부과 대상이 됨에 따라 정답 없음(6개)

11 보험회사, 공제조합 또는 공제조합의 사무를 처리하는 사람이 보험 또는 공제에 가입된 사실을 거짓으로 작성한 경우 벌칙은?

① 2년 이하의 징역 또는 1천만원 이하의 벌금
② 2년 이하의 징역 또는 2천만원 이하의 벌금
③ 3년 이하의 징역 또는 1천만원 이하의 벌금
④ 3년 이하의 징역 또는 3천만원 이하의 벌금

해설 교통사고처리특례법 제5조

12 도로교통법령상 "모범운전자"란 무사고운전자 또는 유공운전자의 표시장을 받거나 ( ) 이상 사업용 자동차 운전에 종사하면서 교통사고를 일으킨 전력이 없는 사람으로서 경찰청장이 정하는 바에 따라 선발되어 교통안전 봉사활동에 종사하는 사람을 말한다. ( )에 맞는 것은?

① 6개월 ② 1년
③ 1년 6개월 ④ 2년

해설 도로교통법 제2조(정의)
모범운전자란 무사고운전자 혹은 사업용 자동차 운전에 2년 이상 종사하며 교통사고 전력이 없는 사람이다.

13 최초의 운전면허증 갱신기간 설명 중 틀린 것은?

① 운전면허시험에 합격한 날부터 기산하여 10년이 되는 날이 속하는 해의 1월 1일부터 12월 31일까지
② 운전면허시험 합격일에 65세 이상 75세 미만인 사람은 5년이 되는 날이 속하는 해의 1월 1일부터 12월 31일까지
③ 운전면허시험 합격일에 75세 이상인 사람은 3년이 되는 날이 속하는 해의 1월 1일부터 12월 31일까지
④ 운전면허시험 합격일에 한쪽 눈만 보지 못하는 사람으로서 제1종 운전면허 중 보통면허를 취득한 사람은 2년이 되는 날이 속하는 해의 1월 1일부터 12월 31일까지

해설 도로교통법 제87조
한쪽 눈만 보지 못하는 사람으로서 제1종 보통면허를 취득한 사람은 3년이 되는 날이 속하는 해의 1월 1일부터 12월 31일까지이다.

14 약물(마약, 대마 등)의 영향으로 정상적인 운전이 곤란한 상태에서 자동차를 운전하다 인적피해 교통사고(피해자 경상 1명)를 야기하였다. 이 사고 운전자의 처벌에 대한 설명으로 맞는 것은?

① 안전운전불이행으로 범칙금 통고처분만 받으면 된다.
② 피해자와 합의하면 무죄이다.
③ 종합보험에 가입되어 있다고 하더라도 형사처벌 대상이 된다.
④ 운전자 의무불이행으로 과태료처분을 받는다.

해설 교통사고처리특례법 제3조 제2항 단서 12대 중과실에 해당하여 종합보험에 가입되어 있다고 하더라도 형사처벌 대상이 된다.

15 도로교통법상 밤에 도로에서 차를 운행하는 경우 "실내 조명등"을 켜지 않아도 되는 것은?

① 비사업용 승용자동차
② 승합자동차
③ 노면전차
④ 여객자동차운송사업용 승용자동차

해설 도로교통법 제37조, 동법 시행령 19조
비사업용 승용자동차는 실내 조명등을 켜지 않아도 된다.

16 도로교통법상 음주운전으로 단속할 수 없는 것은?

① 노면전차 ② 굴삭기
③ 자전거 ④ 경운기

해설 도로교통법 제44조
경운기는 농기계로 분류되어 음주운전 대상이 아니다.

12 ④ 13 ④ 14 ③ 15 ① 16 ④

17 도로교통법상 자동차 등의 음주운전 처벌 규정(벌칙)에 대한 설명으로 틀린 것은?

① 측정거부의 경우 1년 이상 5년 이하의 징역 또는 500만원 이상 2천만원 이하의 벌금
② 혈중알코올농도 0.2% 이상의 경우 2년 이상 5년 이하의 징역 또는 1천만원 이상 2천만원 이하의 벌금
③ 혈중알코올농도 0.08% 이상 0.2% 미만의 경우 1년 이상 2년 이하의 징역 또는 500만원 이상 1천만원 이하의 벌금
④ 혈중알코올농도 0.03% 이상 0.08% 미만의 경우 1년 이하의 징역 또는 300만원 이하의 벌금

해설 도로교통법 148조의2
혈중알코올농도 0.03% 이상 0.08% 미만의 경우 벌금은 300만원이 아닌 500만원 이하이다.

18 벌점 누산점수가 0점인 제2종 보통면허를 소지한 승용자동차 운전자가 신호위반 교통사고를 야기하였다. 교통사고를 야기한 운전자는 3주 상해를, 상대방 운전자는 사고발생 시부터 72시간 이내 사망하였다. 이 사고로 교통사고 야기 운전자에 대한 운전면허 행정처분으로 맞는 것은?

① 운전면허 90일 정지
② 운전면허 105일 정지
③ 운전면허 120일 정지
④ 운전면허 취소

해설 도로교통법 시행규칙 별표 28 참고
운전자 본인에 피해에 대하여는 벌점을 산정하지 않는다.
15점(신호위반) + 90점(상대방 운전자 사고발생 시부터 72시간 이내 사망) = 벌점 105점

19 도로교통법상 특별교통안전 의무교육 중 음주운전교육에 대한 설명으로 틀린 것은?

① 최근 5년 동안 처음으로 음주운전을 한 사람은 6시간의 교육을 받아야 한다.
② 최근 5년 동안 2번 음주운전을 한 사람은 10시간의 교육을 받아야 한다.
③ 최근 5년 동안 3번 이상 음주운전을 한 사람은 16시간의 교육을 받아야 한다.
④ "최근 5년"은 해당 처분의 원인이 된 음주운전을 한 날을 기준으로 기산한다.

해설 도로교통법 시행규칙 별표 16
① : 12시간의 교육을 받아야 한다.
② : 16시간의 교육을 받아야 한다.
③ : 48시간의 교육을 받아야 한다.
※ 법령 개정으로 인하여 정답 ②→①·②·③

20 음주운전으로 운전면허 취소처분을 받은 경우에 운전이 가족의 생계를 유지할 중요한 수단이 되는 때에는 이의신청 절차를 통하여 처분의 감경을 받을 수도 있다. 다음 중 감경사유(이의신청)의 대상이 되는 경우는?

① 혈중알코올농도 0.12%로 운전한 경우
② 과거 5년 이내에 2회 인적피해 교통사고의 전력이 있는 경우
③ 음주운전 중 인적피해 교통사고를 일으킨 경우
④ 과거 5년 이내에 음주운전의 전력이 있는 경우

해설 도로교통법 시행규칙 별표 28
과거 5년 이내에 3회 인적피해 교통사고의 전력이 있는 경우 감경사유의 대상이 될 수 없다. 2회 전력은 감경사유가 된다.

정답 17 ④ 18 ② 19 ①, ②, ③ 20 ②

21 도로교통법상 운전면허 취소사유가 아닌 것은?

① 승용자동차를 운전하던 중 교통사고로 사람을 죽게 하거나 다치게 하고, 구호조치를 하지 아니한 때
② 승용자동차를 혈중알코올농도 0.08% 이상의 상태에서 운전한 때
③ 단속하는 경찰공무원 등 및 시·군·구 공무원을 폭행하여 형사 입건된 때
④ 승용자동차를 운전하던 중 공동위험 행위로 형사 입건된 때

해설 도로교통법 제93조 참고
④의 경우는 운전면허 정지사유이다.

22 도로교통법상 노인보호구역을 지정하고 관리하여야 하는 주체는?

① 경찰서장
② 시장 등
③ 지방경찰청장
④ 교육감

해설 도로교통법 제12조의2 참고
※ 2021. 1. 1.부터 "지방경찰청장"을 "시·도경찰청장"으로 개정

23 도로교통법상 승용자동차 운전자의 위반행위에 대한 벌점으로 틀린 것은?

① 고속도로·자동차전용도로 갓길 통행 : 30점
② 제한속도 60km/h 초과 속도위반 : 60점
③ 난폭운전으로 형사 입건된 때 : 50점
④ 앞지르기 금지시기·장소위반 : 15점

해설 도로교통법 시행규칙 별표 28 참고
난폭운전 벌점 40점

24 도로교통법상 주차 및 정차 금지구역에 대한 설명으로 맞는 것은?

① 교차로의 가장자리나 도로의 모퉁이로부터 10m 이내인 곳
② 안전지대가 설치된 도로에서는 그 안전지대의 사방으로부터 각각 5m 이내인 곳
③ 소방기본법에 따른 소방용수시설 또는 비상소화장치가 설치된 곳으로부터 5m 이내인 곳
④ 건널목의 가장자리 또는 횡단보도로부터 5m 이내인 곳

해설 도로교통법 제32조 참고
• 교차로의 가장자리나 도로의 모퉁이로부터 5m 이내인 곳
• 안전지대가 설치된 도로에서는 그 안전지대의 사방으로부터 각각 10m 이내인 곳
• 건널목의 가장자리 또는 횡단보도로부터 10m 이내인 곳

25 도로교통법상 차로에 따른 통행차의 기준과 관련하여 다음 용어에 대한 설명 중 틀린 것은?

① "왼쪽 차로"란 고속도로 외의 도로의 경우 차로를 반으로 나누어 1차로에 가까운 부분의 차로. 다만, 차로수가 홀수인 경우 가운데 차로는 제외한다.
② "오른쪽 차로"란 고속도로의 경우 1차로를 제외한 나머지 차로
③ "오른쪽 차로"란 고속도로 외의 도로의 경우 왼쪽 차로를 제외한 나머지 차로
④ "왼쪽 차로"란 고속도로의 경우 1차로를 제외한 차로를 반으로 나누어 그 중 1차로에 가까운 부분의 차로. 다만, 1차로를 제외한 차로의 수가 홀수인 경우 그 중 가운데 차로를 제외한다.

해설 '오른쪽 차로'란 고속도로의 경우 1차로와 왼쪽 차로를 제외한 나머지 차로를 말하고, '왼쪽 차로'란 고속도로의 경우 1차로를 제외한 차로를 반으로 나누어 그 중 1차로에 가까운 부분의 차로를 말한다. 다만, 1차로를 제외한 차로의 수가 홀수인 경우 그중 가운데 차로를 제외한다(도로교통법 시행규칙 별표 9).

제2과목 교통사고조사론

26 도로측정을 위한 기준점의 설명으로 틀린 것은?

① 고정 기준점이라 함은 기존의 표지물로서 손쉽게 접근할 수 있으며, 주로 삼각측정법에서 기준점으로 많이 활용한다.
② 비고정 기준점 활용대상은 가로등, 전신주, 안내표지판, 신호등의 지주, 소화전 등이다.
③ 고정 기준점은 이동 불가능한 고정도로 시설로서 도로 가장자리가 불규칙하거나 진흙이나 눈 등으로 덮여 길가장자리구역선이 불분명할 때 사용된다.
④ 비고정 기준점은 대부분 교차로의 모서리에서와 같이 2개의 길가장자리구역선을 연장하여 서로 교차하는 점을 선택하여 도로상에 표시한다.

해설 가로수, 전신주, 안내표지판, 신호등의 지주, 소화전 등은 고정 기준점이다.

27 다음 중 크기와 방향의 성질을 모두 갖는 물리량이 아닌 것은?

① 속력
② 운동량
③ 속도
④ 가속도

해설 크기와 방향의 성질을 모두 갖는 물리량을 벡터라 하며, 속력은 크기만 갖는 스칼라이다.

28 자동차가 주행할 때 노면에서 받는 진동이나 충격을 흡수하기 위해 설치된 장치는?

① 동력전달장치
② 조향장치
③ 현가장치
④ 제동장치

해설 동력전달장치로는 클러치, 변속기, 추진축, 차동 및 종감속기어, 타이어가 있다.

29 노면에서 관찰되는 차량 액체 흔적에 대한 설명으로 틀린 것은?

① 냉각수 흔적은 오랫동안 남게 되므로 시일이 경과하여도 확인이 가능하다.
② 차량 액체 흔적은 차량 최종 위치를 확인하는 데 유용한 자료가 되기도 한다.
③ 충돌 시 파손된 라디에이터에서 나온 액체는 큰 압력으로 분출되어 쏟아지므로 충돌 지점을 나타내는 자료가 될 수 있다.
④ 냉각수, 각종 오일, 배터리 액 등이 노면에 쏟아지거나 흘러내린 흔적을 말한다.

해설 냉각수 흔적은 증발이 빨라 시일이 경과하면 확인이 불가능하다.

30 사고조사 시 사진촬영 방법으로 틀린 것은?

① 사고현장의 특성이 잘 나타나도록 촬영하는 것이 효과적이다.
② 흔적 및 물체에 대해 사진을 찍을 때는 가까이와 멀리서 모두 촬영한다.
③ 사고차량 촬영 시 손상이 발생한 한쪽 부분만 촬영한다.
④ 사고현장이나 물체 등은 일방향이 아닌 여러 방향에서 촬영하여야 유용하다.

해설 사고차량 촬영 시 손상이 발생한 한쪽부분만 촬영하면 안 되고, 전체 사진 및 도로상의 차량 위치 또한 상대차량이 있을 경우 상대차량과의 위치 등 전반적인 사고 상황을 잘 알 수 있도록 가까이와 멀리서도 촬영하여야 한다.

31 사고차량 타이어의 사이드월(Sidewall)에 표기된 DOT는 아래와 같다. 타이어의 제작년월은?

DOT E330 872B **0703**

① 2007년 1월
② 2007년 3월
③ 2003년 7월
④ 2003년 2월

해설
- DOT : 미국운수성
- E330 : 제조공장
- 872B : 타이어규격 정보
- 0703 : 07(생산된 주), 03(생산년도)

정답 28 ③ 29 ① 30 ③ 31 ④

32 다음 중 타이어의 구조에서 틀린 것은?

① 숄더(Shoulder) : 트레드와 사이드월 사이에 위치하고 구조상 고무의 두께가 가장 두껍기 때문에 주행 중 내부에서 발생하는 열을 쉽게 발산할 수 있도록 설계되어 있다.
② 사이드월(Sidewall) : 일부 승용차용 레이디얼 타이어의 벨트에 위치한 특수 코드지로 주행 시 벨트의 움직임을 최소화한다.
③ 비드(Bead) : 스틸 와이어에 고무를 피복한 사각 또는 육각형태의 와이어 번들로 타이어를 림에 안착하고 고정시키는 역할을 한다.
④ 이너 라이너(Inner Liner) : 튜브 대신 타이어의 안쪽에 위치하고 있는 것으로 공기의 누출을 방지한다.

해설
- 사이드월(Sidewall) : '카카스(Carcass)'라는 부위를 보호하고 승차감을 유지하는 데 도움을 주며, 타이어 전체의 움직임을 지탱해 주는 역할과 타이어의 제원을 알려 준다.
- 카카스 : 트레드를 받치고 있는 내부구조로 얇은 고무층으로 구성되어 있으며, 차량의 하중지지 및 외부 충격을 흡수하는 역할을 한다.

33 다음 중 튜브리스 타이어(Tubeless Tire)의 장점이 아닌 것은?

① 공기압의 유지가 좋다.
② 못 등에 찔려도 급속한 공기누출이 없다.
③ 타이어 내부의 공기가 직접 림에 접촉되고 있기 때문에 주행 중의 열발산이 좋다.
④ 타이어의 내측과 비드부의 흠이 생기면 분리현상이 일어난다.

해설 튜브리스 타이어의 장단점
- 장 점
  - 공기압의 유지가 좋다.
  - 못 등에 찔려도 급속한 공기 누출이 적다.
  - 타이어 내부의 공기가 직접 림에 접촉되어 있어 주행 중의 열 발산이 좋다.
  - 고속 주행 시 온도상승이 적다.
  - 튜브 조립이 없으므로 작업성이 향상된다(펑크 수리 간단).
- 단 점
  - 타이어와 림의 조립이 불안전하거나, 림 플랜지 부위에 변형이 있으면 공기 누출이 일어날 수 있다.

정답 32 ② 33 ④

34 차량이 유압브레이크를 과도하게 사용하며 긴 내리막길을 주행하던 중 브레이크장치 유압회로 내에 브레이크액이 온도 상승으로 인해 기화되어 압력 전달이 원활하게 이루어지지 않아 제동기능이 저하되는 현상은?

① 페이드(Fade)
② 스탠딩 웨이브(Standing Wave)
③ 베이퍼 록(Vapor Lock)
④ 파열(Burst)

해설 ③ 베이퍼 록(Vapor Lock) : 유압이나 연료라인에 외부의 열에 의해 증기가 발생(기화)하여 증기의 압축성 때문에 오일이나 연료공급이 원활히 되지 않는 현상
① 페이드(Fade) : 긴 언덕길을 내려가는 경우 등과 같이 장시간 빈번하게 제동하면 제동에 의하여 축적된 마찰열에 의해 라이닝과 드럼의 마찰계수가 온도의 상승에 따라 급격히 감소하여 마찰력이 저하되고 또한 드럼의 열팽창에 의해 슈 클리어런스(라이닝과 드럼 사이의 틈새)도 증가하여 제동 시 제동 효과가 떨어지는 현상
② 스탠딩 웨이브(Standing Wave) : 타이어 접지면의 변형이 내부 압력에 의해 원래의 형태로 되돌아오는 속도보다 타이어의 회전속도가 빠르면 타이어의 변형이 원래의 상태로 복원되지 않고 물결모양의 웨이브가 남게 되는 현상

35 다음 중 설명이 틀린 것은?

① 요 마크(Yaw Mark) : 차축과 직각으로 미끄러지면서 타이어가 구를 때 만들어지는 스커프 마크
② 가속 스커프(Acceleration Scuff) : 충분한 동력이 바퀴에 전달되어 바퀴가 급격히 도로표면에서 회전할 때 만들어지는 흔적
③ 플랫 타이어 마크(Flat Tire Mark) : 타이어의 현저히 적은 공기압에 의해 타이어가 과편향되어 만들어진 스커프 마크
④ 임프린트(Imprint) : 도로 혹은 노면에 타이어가 미끄러짐이 없이 구름 또는 회전하면서 밟고 지나간 흔적으로서 접지면의 타이어의 트레드 형상이 그대로 찍혀 나타나는 흔적

해설 요 마크(Yaw Mark) : 자동차가 급격히 코너링을 할 때, 타이어가 회전하면서 차량이 옆으로 미끄러지면서 바깥쪽 바퀴가 원심력에 의해 노면과의 마찰로 생기는 타이어 자국

36 도로설계 시 기초가 되는 설계기준 자동차의 최소 회전 반지름으로 맞는 것은?

① 승용자동차 : 5.0m
② 소형자동차 : 7.0m
③ 대형자동차 : 11.0m
④ 세미트레일러 : 13.0m

해설 승용자동차 6.0m, 소형자동차 7.0m, 대형자동차 12.0m, 세미트레일러 12.0m

37 승용차의 스키드마크에 관한 일반적인 사항 중 가장 맞는 것은?

① 브레이크가 작동하자마자 노면에 나타난다.
② 스키드마크는 끝부분보다 시작부분이 더 진하게 나타난다.
③ 앞바퀴보다 뒷바퀴에 의한 자국이 더 선명하다.
④ 스키드마크의 폭은 타이어의 트레드 폭과 같다.

해설
- 마찰력은 정지 직전에 가장 크게 작용하므로 시작부분보다 끝부분의 스키드마크가 더 선명하게 나타난다.
- 정지 시 차량의 무게중심이 앞쪽으로 쏠리기 때문에 앞바퀴에 의한 자국이 뒷바퀴보다 선명하다.
- 스키드마크는 타이어가 구르지 않고 미끄러지기 때문에 스키드마크 흔적의 폭은 타이어 트레드 폭과 동일하다.

38 갈고리 모양으로 구부러진 타이어 흔적을 말하며, 일반적으로 충돌 전 타이어 흔적을 발생시키다 충돌로 방향이 크게 변할 때 발생되는 타이어 흔적은?

① 그루브(Groove)
② 브로드사이드 마크(Broadside Mark)
③ 크룩(Crook)
④ 충돌 스크럽(Collision Scrub)

해설
- 그루브(Groove) : 흔적이 좁고 깊게 파인 상태로서 모양은 곧거나 굽어 있는 형태로, 차체에서 튀어나온 볼트나 추진축이 차체에서 이탈되면서 노면에 끌린 경우에 생성된다.
- 브로드 스키드마크 : 횡방향으로 미끄러지면서 넓게 발생한 흔적으로 주로 흔적 말미에 차량이 회전하면서 발생된다.
- 크룩(Crook) : 외부의 힘에 의해 차량의 일정한 운동 방향의 급격한 변화에 따라 발생하며, 갈고리모양의 구부러진 타이어 흔적을 나타낸다. 충돌로 방향이 크게 변할 때 발생하며 실제 최초의 충돌이 일어난 지점을 알아내는 데 중요한 자료가 된다.
- 충돌 스크럽 : 차량이 심하게 충돌하게 되면 차량의 손괴된 부품이 타이어를 꽉 눌러 그 회전을 방해하고 동시에 충돌에 의해 지면을 향한 큰 힘이 작용된다. 이때 타이어와 노면 사이에 순간적으로 강한 마찰력이 발생되면서 나타나는 현상이다.
- ※ 충돌 스크럽은 정지된 차량이 추돌당하면서 발생한 힘이 정지차량의 앞바퀴를 눌러 발생한 흔적이며, 크룩은 충돌 이전에 미끄럼으로 스키드마크가 발생 중에 외력이 작용한 지점에서 갑자기 꺾임으로서 타이어의 흔적이 발생된다. 크룩이 발생된 지점의 흔적은 넓은 의미로 충돌 스크럽의 한 형태이다.

39 위치 측정법 중 좌표법에 대한 설명으로 가장 틀린 것은?

① 삼각법에 비해 소요 시간이 적게 든다.
② 삼각법에 비해 교통의 소통장애를 줄일 수 있다.
③ 기준선으로부터 직각 거리를 측정하는 방법이다.
④ 로터리형 교차로와 같이 교차로의 기하구조가 불규칙한 경우에 편리하다.

해설 로터리형 교차로와 같이 기하구조가 불규칙하여 직각선을 긋기 어려운 경우 또는 비포장도로이거나 도로가 눈에 덮여 도로 끝선이 불분명할 때에는 삼각법을 사용한다.

40 다음 중 자동차의 제원에 대한 설명으로 틀린 것은?

① 전장 : 자동차의 최대 길이
② 전폭 : 자동차의 최대 높이
③ 축거 : 앞 차축의 중심에서 뒷 차축의 중심까지의 수평거리
④ 윤거 : 좌우 타이어 접촉면의 중심에서 중심까지 거리

해설 자동차의 최대 높이는 전고이다.

41 차량의 주행특성에 관한 설명 중 틀린 것은?

① 언더 스티어링(Under Steering)은 전륜의 조향각에 의한 선회반경보다 실제 선회반경이 커지는 현상을 말하고 이 경우는 전륜의 횡활각이 후륜의 횡활각보다 크다.
② 언더 스티어링(Under Steering)은 후륜에서 발생한 선회력이 큰 경우이다.
③ 오버 스티어링(Over Steering)은 전륜의 조향각에 의한 선회반경보다 실제 선회반경이 커지는 경우를 말하고 이 경우는 후륜의 횡활각이 전륜의 횡활각보다 크다.
④ 오버 스티어링(Over Steering)은 전륜에서 발생하는 선회력이 큰 경우이다.

해설 오버 스티어링(Over Steering) : 코너링 시에 자신이 그리고자 하는 원주보다 차량이 원주 안쪽으로 지나치게 쏠려서 실제 선회반경이 작아지는 경우로 후륜의 횡활각이 전륜 횡활각보다 크다.

42 내륜차와 관련된 설명 중 맞는 것은?

① 선회 내측 앞바퀴와 뒷바퀴의 궤적이 같게 나타나는 특성이 있다.
② 대형 트럭의 전륜과 후륜 간 측면 보호대를 부착하는 것과 관련이 있다.
③ 선회 시 뒷바퀴의 선회반경이 앞바퀴의 선회반경보다 크기 때문에 나타난다.
④ 축거가 긴 대형 차량일수록 내륜차는 작다.

해설 내륜차(內輪差)란 커브를 돌 때 안쪽의 뒷바퀴는 같은 쪽의 앞바퀴보다도 안쪽을 통과하는데 이를 내륜차라 한다. 즉 선회 시 뒷바퀴의 선회반경이 앞바퀴의 선회반경보다 작게 나타나며, 대형차일수록 그 차이가 크게 난다.

43 차륜 제동 흔적이 직선(실선)으로 연결되지 않고 흔적의 간격이 띄엄띄엄 일정하게 서로 번갈아가며 진한 부분과 연한 부분이 주기적으로 나타나는 흔적은?

① 스킵 스키드마크(Skip Skid Mark)
② 임펜딩 스키드마크(Impending Skid Mark)
③ 갭 스키드마크(Gap Skid Mark)
④ 스워브 스키드마크(Swerve Skid Mark)

해설
- 스워브 스키드마크(Swerve Skid Mark) : 급제동 시 운전자의 핸들조작, 노면경사도, 편제동 등에 의해 약간 구부러져 발생된 흔적
- 임펜딩 스키드마크(Impending Skid Mark) : 제동력이 완전 전달되기 전 과도시간에 발생되는 짧은 흔적

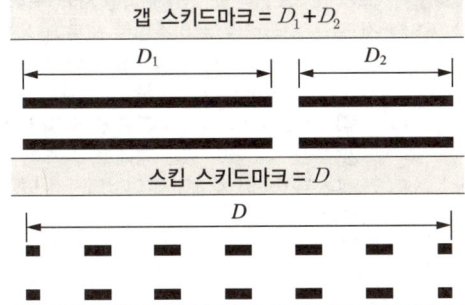

44 급제동 시 차량의 앞부분이 지면방향으로 숙여지는 현상인 노즈 다이브(Nose Dive)와 관계가 없는 것은?

① 자동차의 현가장치
② 자동차의 무게중심
③ 요 마크(Yaw Mark)
④ 관성력

해설 요 마크(Yaw Mark) : 자동차가 급격히 코너링을 할 때, 타이어가 회전하면서 차량이 옆으로 미끄러지면서 바깥쪽 바퀴가 원심력에 의해 노면과의 마찰로 생기는 타이어 자국

45 사고발생 전 승용차량은 3° 내리막 도로를 진행하다가 21m의 스키드마크를 발생시킨 후 도로변 하천으로 추락하였다. 마찰계수가 0.8인 도로에서 사고차량의 제동 전 속도를 산출하기 위해 적용해야 할 견인계수는?

① 약 0.83
② 약 0.85
③ 약 0.75
④ 약 0.77

해설
- 오르막 : 견인계수 = 마찰계수 + (구배)
- 내리막 : 견인계수 = 마찰계수 − (구배)
  = $0.8 - \tan 3° = 0.8 - 0.0524 = 0.7476$

46 슬립률은 제동 시 차량의 속도와 타이어 회전속도와의 관계를 나타내는 것으로 타이어와 노면 사이의 마찰력은 슬립률에 따라 변한다. 슬립률 계산식은?

① $\dfrac{\text{휠속}(rw) - \text{차속}(v)}{\text{차속}(v)} \times 100$

② $\dfrac{\text{차속}(v) - \text{휠속}(rw)}{\text{차속}(v)} \times 100$

③ $\dfrac{\text{차속}(v) - \text{슬립각}(\alpha)}{\text{휠속}(rw)} \times 100$

④ $\dfrac{\text{차속}(v) - \text{휠속}(rw)}{\text{슬립각}(\alpha)} \times 100$

해설 슬립률 = $\dfrac{\text{차속}(v) - \text{휠속}(rw)}{\text{차속}(v)} \times 100$

47 차량의 손상 부위 조사로는 파악할 수 없는 것은?

① 충격력의 작용방향
② 충돌지점
③ 충돌자세
④ 충돌 후 차량의 회전방향

해설 차량의 손상 부위로 충돌 시의 상황을 유추할 수 있으나, 충돌지점은 알 수 없다.

48 전구의 흑화현상에 대한 설명 중 틀린 것은?

① 전구 내부에 수분이 존재할 때 흑화가 자주 발생
② 할로겐가스의 양이 필라멘트 발열량에 비하여 적을 때 온도가 높은 쪽에서 국부적으로 흑화가 발생
③ 제조공정에서 점등전압이 너무 높은 경우에 얇고 넓은 부위에 걸쳐 흑화가 발생
④ 필라멘트가 오염되었을 경우 흑화가 발생

해설 전구 내부에 미량의 수분이 유입되었을 경우에 발생하는 것을 청화현상이라 한다.

49 금속물체에 의해 생성된 노면 흔적에 대한 설명으로 가장 맞는 것은?

① 스크래치(Scratch)는 대부분 큰 중량의 금속성분이 도로상에 이동하면서 나타낸 흔적이다.
② 스크래치(Scratch)는 폭이 좁게 형성되고 충돌 후 차량의 회전이나 이동경로를 판단하는 데 유용하다.
③ 칩(Chips)은 길고 폭이 넓은 상태로 생성된다.
④ 찹(Chops)은 스크레이프(Scrape)보다 폭이 좁다.

해설
- 칩(Chip) : 노면에 좁고 깊게 파인 자국(곡괭이로 긁은 것 같은 자국). 주로 아스팔트 도로에 생성된다.
- 찹(Chop) : 칩에 비해 흔적이 넓고 얕게 파인 상태로 차체 프레임이나 타이어 림에 의해 생성된다.
- 그루브(Groove) : 흔적이 좁고 깊게 파인 상태로서 모양은 곧거나 굽어 있는 형태로, 차체에 튀어나온 볼트나 추진축이 차체에서 이탈되면서 노면에 끌린 경우에 생성된다.
- 긁힌 자국(Scratches) : 차량 차체의 금속 재질이 노면에 끌리거나, 밀고 지나간 경우에 노면에 남는 흔적이다.

50 교통사고 현장에 흩뿌려진 잔존물이라고 볼 수 없는 것은?

① 자동차의 파손부품
② 보행자의 소지품
③ 오일, 냉각수 등 액체 흔적
④ 타이어 흔적 및 노면의 파인 흔적

해설
- 타이어 흔적 : 스키드마크, 요마크, 스크럽마크
- 긁힌 자국 : 스크래치
- 파인 자국 : 가우지마크

정답 47 ② 48 ① 49 ② 50 ④

제3과목 교통사고재현론

51 균일한 프레임 간격을 가진 블랙박스 영상에서 A지점으로부터 B지점까지 50개의 프레임이 경과하였고, A-B구간 평균속도가 36km/h, 이동거리가 20m라면, 이 영상의 프레임 레이트(Frame Rate)는 얼마인가?

① 15fps
② 20fps
③ 25fps
④ 30fps

해설 36km/h = 10m/s, $d = 20m$
$t = \dfrac{d}{v} = \dfrac{20}{10} = 2$초,
2초 동안 50프레임이므로 50/2 = 25fps

52 차량 운전자가 전방의 위험을 인지한 후 제동하여 정지한 결과, 제동 흔적이 20m 발생했다. 정지거리는 얼마인가?(단, 인지반응시간 1초, 제동 시 견인계수 0.7)

① 약 37m
② 약 50m
③ 약 60m
④ 약 80m

해설 정지거리 = 공주거리 + 제동거리
= 16.56m + 20m = 36.56m ≒ 37m
여기서, 제동직전속도
$v_1^2 - v_0^2 = 2\mu g d$
$0 - v_0^2 = 2\mu g d$
$v_0 = \sqrt{-2\mu g d} = \sqrt{-2 \times 0.7 \times (-9.8) \times 20}$
= 16.56m/s
인지반응시간 1초 동안 이동한 거리(공주거리)는
16.56m/s × 1s = 16.56m

53 요 마크(Yaw Mark)로 속도를 산출할 때 가장 필요하지 않은 자료는?

① 요 마크의 전체길이
② 요 마크의 곡선반경
③ 노면과 타이어 간의 횡방향 마찰계수
④ 중력가속도

해설 요 마크로 속도 산출하는 공식
$V = \sqrt{\mu g R}$

54 차량이 처음에 100km/h의 속도로 달리다가 견인계수 0.7로 감속하여 속도가 50km/h가 되었다면 그동안 걸린 시간은 얼마인가?

① 약 0.53s
② 약 1.03s
③ 약 1.53s
④ 약 2.02s

해설 $v = v_0 + at$
$t = \dfrac{v - v_0}{\mu g} = \dfrac{(50/3.6) - (100/3.6)}{0.7 \times (-9.8)} = 2.0246$
≒ 2.02초

정답 51 ③ 52 ① 53 ① 54 ④

55 다음 중 PDOF(Principal Direction Of Force)를 이용한 사고재현 시 기본 원칙에 해당되지 않는 것은?

① 충돌 시 양 차량 간에 작용하는 충격력의 크기는 서로 같다.
② 양 차량 간의 충격력 작용지점은 동일한 1개의 지점이다.
③ 사고차량들의 파손 부위와 형태, 파손량 등을 통하여 판단한다.
④ 충돌 시 양 차량 간에 작용하는 충격력의 방향은 서로 같은 방향이다.

해설 충돌 시 양 차량 간에 작용하는 충격력의 방향은 서로 반대방향이다.

56 충돌 시 차량 회전에 가장 크게 영향을 주는 3가지 요인은 무엇인가?

① 충격력 작용시간, 충격력 작용지점, 충격력 작용방향
② 충격력 작용시간, 충격력 작용지점, 차체형태
③ 충격력 크기, 충격력 작용방향, 충격력 작용지점
④ 충격력 크기, 충격력 작용방향, 차체형태

해설 충돌 시 차량 회전에 가장 크게 영향을 주는 3가지 요인은 충격력 크기, 충격력 작용방향, 충격력 작용지점이다.

57 운동량과 충격량의 관계를 맞게 설명한 것은?

① 운동량의 변화는 곧 충격량이다.
② 운동량에 충격량을 더하면 충돌속도가 된다.
③ 운동량은 충격량의 제곱이다.
④ 충격량은 운동량보다 항상 크다.

해설 힘 $F = ma = m\dfrac{v}{t}$
$\Delta(mv) = F \cdot \Delta t$
∴ 운동량의 변화 $\Delta(mv)$ = 충격량 $(F \cdot \Delta t)$

58 보행자 충돌 시 차량이 감속되면서 보행자가 차량의 전면에 충격된 후 후드 부분을 감싼 형태로 올려져 전방으로 낙하하는 충돌 유형은?

① Wrap Trajectory
② Front Vault
③ Fender Vault
④ Forward Projection

해설
- Fender Vault : 성인과 승용차의 충돌 시 일어나는 현상으로 펜더에 감김(약 40km/h)
- Roof Vault : 차량이 보행자 무게중심보다 낮은 부분을 충돌하였고, 제동을 하지 않은 경우 보행자는 공중으로 떠서 차량 지붕에 떨어지는 현상(약 56km/h)
- Somersault : 자동차 대 보행자 사고 중 가장 드문 경우로 자동차의 충돌속도가 빠르던지 보행자의 충격 위치가 낮은 경우에도 일어나는 형태(약 56km/h)
- Forward Projection : 어린이가 승용차에 충돌, 성인이 승합차 또는 버스에 충돌 시 발생하는 형태로 보행자는 충돌 전 차량과 같은 방향으로 내던져짐
- Wrap Trajectory : 보행자의 무게중심이 아래일 때, 충돌 후 차량이 감속된 경우로 가장 일반적인 차 대 보행자 사고 형태(약 30km/h)

59 다음은 속도를 산출하기 위한 유도식이다. ( ) 안에 들어가야 할 것으로 맞는 것은?

$$\frac{1}{2}mv^2 = mf(\ )d$$

① g(중력가속도)
② a(가속도)
③ μ(마찰계수)
④ w(중량)

해설 일(W) = 힘(F) × 거리(d) = mad
$v_1^2 - v_0^2 = 2ad$
$ad = \frac{1}{2}(v_1^2 - v_0^2) = \frac{1}{2}mv^2 = \mu gd$

60 인접한 신호 연동 교차로에서 어떤 기준 시점으로부터 녹색신호가 개시할 때까지의 시간차를 초(s) 또는 백분율(%)로 나타낸 값은?

① 주기(Cycle)
② 옵셋(Offset)
③ 시간분할(Time Split)
④ 차두시간(Headway)

해설
- 어떤 기준값에서 녹색등화가 켜질 때까지의 시간차를 초 또는 %로 나타낸 값으로 연동 신호 교차로 간의 녹색등화가 켜지기까지의 시차를 옵셋(Offset)이라고 한다.
- 차두시간(Headway) : 한 지점을 통과하는 연속된 차량의 통과시간 간격. 즉 앞차의 앞부분(또는 뒷부분)과 뒷차의 앞부분(또는 뒷부분)까지의 시간간격

61 자동차가 좌로 굽은 도로를 주행할 때, 원심력에 의해 오른쪽 갓길 바깥 방향으로 이탈하는 것을 방지하기 위해 도로 바깥 부분을 높여 주는 도로의 선형구조를 무엇이라고 하는가?

① 종단경사
② 편경사
③ 횡단경사
④ 완화경사

해설
② 편경사 : 자동차가 원심력에 저항할 수 있는 경사를 둠(6~8%)
① 종단경사 : 도로의 진행방향 중심선 길이에 대한 높이의 변화비율(오르막)
③ 횡단경사 : 도로의 진행방향 중심선 길이에 대해 직각방향의 높이의 변화를 나타낸 것으로 도로면의 배수를 위해 설치(1.5~2%)
④ 완화곡선 : 직선부와 곡선부 사이에 설치하는 곡선으로 곡선반경이 변함

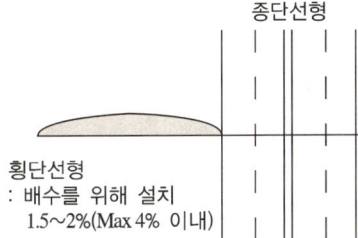

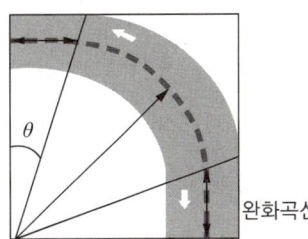

62 질량이 1,500kg인 차량이 10m/s에서 15m/s로 가속하는 데 2초가 소요되었을 때 이 차량에 작용한 힘은?

① 2,720N ② 3,250N
③ 3,750N ④ 4,250N

해설 힘 $F = ma = 1{,}500\text{kg} \times 2.5\text{m/s}^2$
$= 3{,}750\text{kg} \cdot \text{m/s}^2 = 3{,}750\text{N}$
$a = \dfrac{15 - 10\text{m/s}}{2\text{s}} = 2.5\text{m/s}^2$

63 대형차량의 제동특성에 대한 설명 중 틀린 것은?

① 대형차량의 경우 급제동 시 타이어와 노면 사이에 작용하는 마찰계수는 대형차량이 갖는 하중의 분포 및 그에 따른 브레이크 시스템상의 특성, 타이어 특성 등의 복합적인 원인으로 승용차에 비해 작다.
② 대형차량의 타이어와 노면 간 마찰계수 값을 결정하는 방법에는 사고차량 혹은 동종의 차량을 사고현장에서 직접 제동 실험하여 결정하는 것이 가장 이상적인 방법이다.
③ 대형차량의 마찰계수는 건조한 아스팔트 노면일 경우 일반적으로 승용차 마찰계수값의 75~85%를 적용하는 것이 타당하다.
④ 대형차량의 스키드마크는 동일 속도의 승용차 스키드마크보다 길이가 더 짧게 나타나는 경향이 있다.

해설 대형차량의 스키드마크는 대형차량이 갖는 하중의 분포 및 그에 따른 브레이크 시스템상의 특성, 타이어의 특성 등의 복합적인 요인으로 마찰계수가 상대적으로 작아서 동일속도의 승용차 스키드마크보다 길이가 더 길게 나타나는 경향이 있다.

64 평탄한 도로를 60km/h로 주행하던 차량이 급제동하여 30m 이동하고 정지하였다. 차량의 견인계수는?

① 약 0.75 ② 약 0.68
③ 약 0.65 ④ 약 0.47

해설 $v_1^2 - v_0^2 = 2ad$
$a = \dfrac{(v_1^2 - v_0^2)}{2d} = \dfrac{0 - (60/3.6)^2}{2 \times 30} \cong -4.63\text{m/s}^2$
$\mu = \dfrac{a}{g} = \dfrac{-4.63}{-9.8} \cong 0.47$

65 질량이 2,500kg인 A차량의 속도가 30km/h이고, 질량이 1,500kg인 B차량의 속도가 50km/h일 때 양 차량의 운동량은?

① A > B ② A < B
③ A = B ④ 비교할 수 없다.

해설 운동량 $P = mv$
A차량 : $2{,}500\text{kg} \times 30\text{km/h} = 75{,}000\text{kg} \cdot \text{km/h}$
B차량 : $1{,}500\text{kg} \times 50\text{km/h} = 75{,}000\text{kg} \cdot \text{km/h}$

66 차량이 내리막 경사 8°인 도로를 주행하다 스키드마크를 발생하였을 때, 아래 식의 Δ에 들어갈 값은?

$$V = \sqrt{254 \times (\mu - \Delta) \times d} \text{ (km/h)}$$

① 0.08 ② 0.14
③ 0.8   ④ 1.4

해설 $V = \sqrt{254 \times (\mu - G) \times d}$ (km/h)
G는 구배로 내리막은 $(\mu - G)$, 오르막은 $(\mu + G)$
$\tan 8° = 0.14$

67 차량이 길이 15m의 스키드마크를 발생시키고 정지하였다. 제동구간에서 평균 감속도가 6.86m/s²로 측정되었고, 차량 진행방향으로 3% 오르막 경사가 있었다. 이에 대한 설명으로 틀린 것은?

① 제동구간에서 타이어와 노면 간 견인계수 값은 0.7이다.
② 경사도 3%를 각도로 환산하면 약 1.72°이다.
③ 스키드마크 발생 직전 속도는 61.6km/h 정도이다.
④ 감속도는 (견인계수) × (중력가속도)로 표현된다.

해설 조건 $d = 15m$, $a = -6.86 m/s^2$,
기울기 $G = +3\%$(오르막 경사 = 0.03)
• 제동구간 견인계수
$\mu = \dfrac{a}{g} = \dfrac{-6.86}{-9.8} = 0.7$
• 경사도 3%
$\tan^{-1}(0.03) = 1.72$
• 스키드마크 발생직전 속도
$v_1^2 - v_0^2 = 2ad$에서 $v_1 = 0$이므로
$v_0 = \sqrt{-2ad} = \sqrt{(-2) \times (-6.86) \times 15}$
   $= 14.35 m/s$
   $= 51.6 km/h$

68 차량에 충돌된 보행자가 그림과 같은 형태로 운동하였다. 차량의 보행자 충돌속도를 물리적으로 계산하기 위한 공식은?(단, h = 충돌 시 보행자의 무게중심 높이, $x = X_1 + X_2$, g = 중력가속도, μ = 보행자의 노면마찰계수)

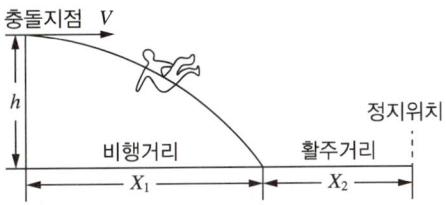

① $V = \sqrt{2g} \times \mu \times \left(\sqrt{h + \dfrac{x}{y}} - \sqrt{h} \right)$

② $V = \sqrt{2g} \times x \times \left(\sqrt{h + \dfrac{x}{\mu}} - \sqrt{h} \right)$

③ $V = \sqrt{2g} \times \mu \times \left(\sqrt{h + \dfrac{\mu}{x}} - \sqrt{h} \right)$

④ $V = \sqrt{2g} \times h \times \left(\sqrt{h + \dfrac{x}{\mu}} - \sqrt{x} \right)$

해설 수평으로 던져진 물체의 운동방정식에 의한 속도
$x_1 = vt$, $h = \dfrac{1}{2}gt^2$에서 $x_1 = v\sqrt{\dfrac{2h}{g}}$
전도된 물체와 노면 마찰에 의한 속도 추정
$\dfrac{1}{2}mv^2 = m\mu g x_2$에서 $x_2 = \dfrac{v^2}{2\mu g}$
전도된 물체의 전체 이동거리
$x = x_1 + x_2 = v\sqrt{\dfrac{2h}{g}} + \dfrac{v^2}{2\mu g}$
전도 전 물체의 속도는
$v = \sqrt{2g} \times \mu \times \left(\sqrt{h + \dfrac{x}{\mu}} - \sqrt{h} \right)$

정답 67 ③ 68 ①

69 A차량이 평탄한 노면을 진행 중 수평으로 30m, 수직으로 9m 지점 아래로 추락하였다. 이때 추락속도는?

① 약 73.7km/h ② 약 75.7km/h
③ 약 77.7km/h ④ 약 79.7km/h

해설 $d = vt$, $h = \dfrac{1}{2}gt^2$에서

$v = d\sqrt{\dfrac{g}{2h}} = 30\sqrt{\dfrac{9.8}{2 \times 9}} = 22.14\text{m/s}(79.7\text{km/h})$

70 장착기준에서 분류하고 있는 사고기록장치(EDR)의 필수운행정보 항목에 해당하는 것은?

① 엔진회전수
② ABS 작동 여부
③ 조향핸들각도
④ 운전석 좌석안전띠 착용 여부

해설 사고기록장치(EDR)의 필수 운행정보
• 국내 EDR 필수 운행정보 목록

순 번	기록항목	기록·시간
1	진행방향 속도변화 누계	0~250m/s
2	진행방향 최대 속도변화값	0~300m/s
3	최대 속도변화값 시간	0~300m/s
4	자동차 속도	-5.0~0s
5	스로틀밸브/가속페달 변위	-5.0~0s
6	제동페달 작동 여부	-5.0~0s
7	시동장치의 원동기 작동위치 누적횟수	-1.0s
8	정보추출 시 시동장치의 원동기 작동 누적횟수	At Time
9	운전석 좌석안전띠 착용 여부	-1.0s
10	정면 에어백 경고등 점등 여부	-1.0s
11	운전석 정면 에어백 전개시간	Event
12	조수석 정면 에어백 전개시간	Event
13	다중사고 횟수	Event
14	다중사고 간격	Event
15	각 항목의 정상 기록완료 여부	Yes, No

• 국내 EDR 선택적 추가 운행정보 목록

순 번	기록항목	기록·시간
1	측면방향 속도변화 누계	0~250m/s
2	측면방향속도 최대변화값	0~300m/s
3	측면방향속도 최대변화값 시간	0~300m/s
4	합성속도 최대변화값 시간	0~300m/s
5	자동차 전복경사각도	-1.0~1.0s
6	엔진 회전수(RPM)	-5.0~0.0s
7	제동장치(ABS) 작동 여부	-5.0~0.0s
8	안정성제어장치(ESC) 작동 여부	-5.0~0.0s
9	조향핸들 각도	-5.0~0.0s
10	조수석 좌석안전띠 착용 여부	-1.0s
11	조수석 정면에어백 작동상태	-1.0s
12	운전석 다단 에어백의 2단계부터 단계별 전개시간	Event
13	조수석 다단 에어백의 2단계부터 단계별 전개시간	Event
14	운전석 다단 에어백의 2단계부터 단계별 추진체 강제처리 여부	Event
15	조수석 다단 에어백의 2단계부터 단계별 추진체 강제처리 여부	Event
16	운전석 측면 에어백 전개 시간	Event
17	조수석 측면 에어백 전개 시간	Event
18	운전석 커튼 에어백 전개 시간	Event
19	조수석 커튼 에어백 전개 시간	Event
20	운전석 좌석안전띠 프리로딩장치 전개 시간	Event
21	조수석 좌석안전띠 프리로딩장치 전개 시간	Event
22	운전석좌석 최전방 위치이동 스위치 작동 여부	-1.0s
23	조수석좌석 최전방 위치이동 스위치 작동 여부	-1.0s
24	운전석 승객 크기 유형	-1.0s
25	조수석 승객 크기 유형	-1.0s
26	운전자 정위치 착석 여부	-1.0s
27	조수석 정위치 착석 여부	-1.0s
28	측면방향 가속도	0~250m/s
29	진행방향 가속도	0~250m/s
30	수직방향 가속도	0~250m/s

71 평탄한 노면의 견인계수가 0.7일 때 급제동하여 40m의 거리를 미끄러지고 정지하였다. 제동 시 속도는 얼마인가?

① 약 84km/h ② 약 94km/h
③ 약 104km/h ④ 약 114km/h

해설 $v_1^2 - v_0^2 = 2ad$에서 $v_1 = 0$이므로
$v_0 = \sqrt{-2ad} = \sqrt{-2\mu gd}$
$= \sqrt{(-2) \times (0.7) \times (-9.8) \times 40}$
$≒ 23.43\text{m/s}(= 84.3\text{km/h})$

72 오토바이의 무게중심이 지면으로부터 40cm 높이에 있다가 외력의 작용 없이 기울어지기 시작하여 노면에 넘어지기까지 소요된 시간은?

① 약 0.29s ② 약 0.36s
③ 약 0.45s ④ 약 0.56s

해설 $d = v_0 t + \frac{1}{2}at^2$에서 $v_0 = 0$이므로
$0.4 = 0 + \frac{1}{2} \times 9.8 \times t^2$에서 $t = 0.29$초

73 아래 조건에서 차량의 나중속도는?(처음속도 25m/s, 감속도 5m/s², 감속하여 이동한 거리 20m)

① 약 20.6m/s ② 약 25.7m/s
③ 약 30.5m/s ④ 약 36.6m/s

해설 $v_1^2 - v_0^2 = 2ad$에서
$v_1 = \sqrt{v_0^2 + 2ad} = \sqrt{(25)^2 + 2 \times (-5) \times 20}$
$≒ 20.6\text{m/s}$

74 교차로에서 우회전하던 트럭이 차도 가장자리에 서 있던 보행자의 발을 우측 뒷바퀴로 역과하였다. 이것을 잘 설명해 주는 것은 무엇인가?

① 언더 스티어링(Under Steering)
② 롤링(Rolling)
③ 내륜차
④ 노즈 다이브(Nose Dive)

해설
- 내륜차(內輪差) : 커브를 돌 때 안쪽의 뒷바퀴는 같은 쪽의 앞바퀴보다도 안쪽을 통과하는데 이때 안쪽 앞, 뒤 바퀴가 통과한 궤적의 폭을 말한다. 즉 선회 시 뒷바퀴의 선회반경이 앞바퀴의 선회반경보다 작게 나타나며, 대형차일수록 그 차이가 크게 난다.
- 롤링(Rolling) : 차체가 x축(진행방향)을 중심으로 좌우로 회전하는 진동
- 언더 스티어링(Under Steering) : 코너링 시에 자신이 그리고자 하는 원주보다 차량이 회전되지 않아 원주바깥쪽으로 주행선을 그려 이것을 막고자 좀 더 핸들을 깊숙이 꺾어야 할 경우를 말한다.
- 노즈 다이브(Nose Dive) 현상 : 운행 중인 차량을 급제동하면 관성력에 의해 무게 중심이 앞쪽으로 쏠리면서 전륜의 서스펜션이 수축되면서 전면부가 지면을 향해 내려가는 현상

75 차량의 견인계수가 0.75일 때 3.0초 동안 감속하면서 45m의 거리를 이동하였다면 처음속도는 얼마인가?

① 약 26.03m/s
② 약 28.09m/s
③ 약 30.06m/s
④ 약 34.09m/s

해설 $d = v_0 t + \frac{1}{2}at^2$에서 $a = \mu g$이므로
$45 = v_0 \times 3 + \frac{1}{2} \times (-9.8 \times 0.75) \times (3)^2$
$\therefore v_0 ≒ 26.03\text{m/s}$

정답 71 ① 72 ① 73 ① 74 ③ 75 ①

제4과목 | 차량운동학

76 어떤 물체에 300N의 힘을 가하여 힘의 방향과 동일 직선상으로 25m를 이동시켰다. 이때 한 일의 양은 얼마인가?

① 300N·m
② 3,750N·m
③ 7,500N·m
④ 15,000N·m

해설 일(W) = 힘(F) × 거리(d) = 300N × 25m
= 7,500N·m

77 어떤 운전자가 고속도로를 120km/h로 주행하던 중 과속단속장비를 보고 10m/s²으로 등감속하여 90km/h의 속도로 과속단속장비를 통과하였을 때, 감속된 구간에서의 차량 진행거리는 얼마인가?

① 약 315m   ② 약 31.5m
③ 약 24.3m ④ 약 12.1m

해설 $v_1^2 - v_0^2 = 2ad$

$d = \dfrac{(v_1^2 - v_0^2)}{2a} = \dfrac{(90/3.6)^2 - (120/3.6)^2}{2 \times (-10)} ≒ 24.3\text{m}$

78 에너지에 대한 설명으로 맞는 것은?

① 운동에너지는 속도의 제곱에 비례한다.
② 운동에너지는 무게에 반비례하는 운동이다.
③ 위치에너지는 높이의 제곱에 비례하는 운동이다.
④ 운동에너지는 일정한 힘이 얼마나 오랫동안 작용했는가를 나타내는 것이다.

해설
- 위치에너지 = mgh
- 운동에너지 = $\dfrac{1}{2}mv^2$

79 반지름이 4m인 원둘레 위를 10m/s로 등속운동하는 질량 5kg의 물체가 있다. 이 물체에 작용하는 구심력은 몇 N인가?

① 125N   ② 100N
③ 150N   ④ 200N

해설 구심력(F) = $\dfrac{mv^2}{R} = \dfrac{5\text{kg} \times (10)^2 \text{m}^2/\text{s}^2}{4\text{m}}$
= 125kg·m/s²(N)

80 다음 내용 중 맞는 것은?

① 중량은 장소에 따라 변하지 않는다.
② 질량은 장소에 따라 변하지 않는다.
③ 중량은 질량을 중력가속도 값으로 나눈 값과 같다.
④ 질량은 중량을 중력가속도 값으로 곱한 값과 같다.

해설 질량 = $\dfrac{\text{중량}}{\text{중력가속도}}$

질량은 장소에 따라 변하지 않는 물리량으로 단위는 kg, 중량은 중력가속도에 따라 변화하며 단위는 kgf이다.

정답 76 ③ 77 ③ 78 ① 79 ① 80 ②

81 질량 800kg인 자동차의 속도가 20m/s일 때 자동차의 운동량은?

① 8,000kg·m/s
② 16,000kg·m/s
③ 24,000kg·m/s
④ 36,000kg·m/s

해설 운동량$(P) = mv = 800kg \times 20m/s$
$= 16,000kg \cdot m/s$

82 A와 B의 중간지점에 C가 있다. A에서 C까지의 속력은 5m/s이고, C에서 B까지의 속력은 20m/s이다. A에서 B까지의 평균속력은?

① 8m/s   ② 12.5m/s
③ 5m/s   ④ 6.5m/s

해설

```
      dm        dm
  A─────────C─────────B
   V₁=5m/s    V₂=20m/s
```

(A–C) $t = \dfrac{d}{v_1} = \dfrac{d}{5}$ 초

(B–C) $t = \dfrac{d}{v_2} = \dfrac{d}{20}$ 초

A–B까지 걸린 시간은 $t = \dfrac{d}{20} + \dfrac{d}{5} = \dfrac{5d}{20} = \dfrac{d}{4}$

A–B까지 거리는 $2d\,m$

따라서 평균속도$(v) = \dfrac{d}{t} = \dfrac{2d}{d/4} = 8m/s$

83 차량이 경사가 없는 구간을 100km/h의 속도로 진행하다가 견인계수 0.5로 감속하여 정지하였다. 완전히 정지하는 데 필요한 거리는?

① 약 65.4m   ② 약 78.7m
③ 약 89.6m   ④ 약 95.4m

해설 $v_1^2 - v_0^2 = 2ad, \ a = \mu g$

$d = \dfrac{(0 - v_0^2)}{2a} = \dfrac{0 - (100/3.6)^2}{2 \times 0.5 \times (-9.8)} \fallingdotseq 78.7m$

84 다음 중 오토바이의 뱅크각을 구하는 수식은?

θ = 뱅크각(°), R = 선회반경(m),
g = 중력가속도(m/s²), V = 속도(m/s)

① $\tan\theta = \dfrac{V^2}{Rg}$

② $\tan\theta = \dfrac{V}{Rg}$

③ $\cos\theta = \dfrac{V^2}{Rg}$

④ $\cos\theta = \dfrac{V}{Rg}$

해설 선회 시 원심력 $= mv^2/R$
하중력 $= mg$

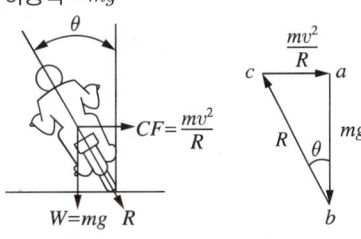

$\tan\theta = \dfrac{ca}{ab} = \dfrac{mv^2}{R} \times \dfrac{1}{mg} = \dfrac{v^2}{gR}$

정답 81 ② 82 ① 83 ② 84 ①

85 반발계수의 값으로 맞는 것은?

- v_1 : #1차량 충돌 전 속도
- v_1' : #1차량 충돌 후 속도
- v_2 : #2차량 충돌 전 속도
- v_2' : #2차량 충돌 후 속도

① $e = \dfrac{v_2 - v_1}{v_1 - v_2}$

② $e = \dfrac{v_2 - v_1}{v_1' - v_2'}$

③ $e = \dfrac{v_2 - v_1}{v_1 + v_2}$

④ $e = \dfrac{v_2' - v_1'}{v_1 - v_2}$

해설

충돌 전	충돌 순간	충돌 후
A가 B에 접근하고 있다($v_1 - v_2 > 0$).		A가 B로부터 멀어지고 있다($v_2' - v_1' > 0$).

반발계수(e) = $\dfrac{충돌\ 후\ 상대속도}{충돌\ 전\ 상대속도}$

$= \dfrac{v_2' - v_1'}{v_1 - v_2} (0 \leq e \leq 1)$

86 용수철의 한쪽 끝에 붙어 있는 물체를 5N의 힘으로 10mm를 당겼을 경우 용수철의 탄성계수는 얼마인가?

① 500 ② 550
③ 600 ④ 650

해설 용수철의 탄성계수 k, 힘(F)은 훅의 법칙으로부터
$F = kx$에서 $5N = k(0.01m)$
∴ $k = 500N/m$

87 지상 5m에서 질량 1,000kg인 자동차가 자유 낙하되어 튕겨남이 없이 지면에 떨어졌을 때 중력에 의하여 물체가 받는 충격량은?(단, 중력가속도 10m/s²)

① 5,000N·s
② 10,000N·s
③ 15,000N·s
④ 20,000N·s

해설 충격량(I)은 운동량의 변화량(ΔP)과 같고, 힘에 작용시간을 곱한 값과 같다.
$I = F \cdot \Delta t = \Delta P = mv_1 - mv_0$
충격량의 단위는 운동량의 단위와 같으며, N·s 또는 kg·m/s이다.
- 운동량의 변화량으로 풀이
$P = mv$, 여기서 물체가 땅에 떨어질 때의 속도
$v = \sqrt{2gh} = \sqrt{2 \times 10 \times 5}$ = 10m/s
물체가 받는 충격량
$F = m(v_1 - v_2) = 1,000 \times (10 - 0)$
$= 10,000$kg·m/s $= 10,000$N·s
- 충격량식으로 풀이
$I = F \cdot \Delta t = ma\Delta t = 1,000$kg $\times 10$m/s² $\times 1$s
$= 10,000$N·s

88 90km/h로 주행하던 차량이 1.5m 높이에서 이탈각도 없이 추락하는 사고가 발생하였다. 이 차량이 수평으로 이동한 거리는?

① 약 9.83m
② 약 11.83m
③ 약 13.83m
④ 약 15.83m

해설 $d = v\sqrt{\dfrac{2h}{g}} = \left(\dfrac{90}{3.6}\right)\sqrt{\dfrac{2 \times 1.5}{9.8}} = 13.83$m

89 뉴턴의 운동법칙 중 1, 2, 3 법칙이 아닌 것은?

① 가속도의 법칙
② 관성의 법칙
③ 작용·반작용의 법칙
④ 구심력의 법칙

해설
- 관성의 법칙(뉴턴 제1법칙) : 관성은 물체가 정지 혹은 일정한 속력의 직선운동 상태를 유지하려는 자연적인 경향으로, 힘을 더 주지 않아도 계속되는 운동
- 가속도의 법칙(뉴턴 제2법칙) : 힘 F가 질량 m인 물체에 작용할 때, 가속도 a는 힘에 비례하고 크기는 질량에 반비례한다. 가속도의 방향은 힘의 방향과 같다($F = ma$).
- 작용 반작용의 법칙(뉴턴 제3법칙) : 물체 A가 다른 물체 B에 힘을 가하면(작용), 물체 B 역시 물체 A에게 똑같은 크기의 힘을 가한다(반작용)는 법칙이다.
- 구심력(求心力, Centripetal Force) : 원운동을 하는 물체에서 회전하는 물체가 원의 중심으로 나아가려는 힘을 말한다($F = mv^2/R$).

90 다음 내용 중 맞는 것은?

① 속력은 벡터량이다.
② 속도는 스칼라량이다.
③ 속력은 물체의 빠르기와 운동방향을 함께 나타낸 물리량이다.
④ 속도는 물체의 빠르기뿐만 아니라 운동방향을 함께 나타낸 물리량이다.

해설 스칼라는 힘의 크기만 가지지만, 벡터는 힘의 크기와 방향을 가진다. 속도는 물체의 빠르기뿐만 아니라 운동방향을 함께 나타내는 벡터량이다.

91 평탄한 일직선의 도로에서 주행하던 택시가 보행자를 피하려고 급조향(핸들조정)하여 낭떠러지로 추락하였다. 사고조사 결과 추락하기 전에 요 마크(Yaw Mark)가 나타났는데, 택시의 중심궤적(호)을 측정하였더니 현의 길이가 40m, 현의 중앙에서 호까지의 수직거리가 2m였다. 택시의 중심궤적 반경은?

① 40m   ② 80m
③ 94m   ④ 101m

해설 곡선반경$(R) = \dfrac{C^2}{8M} + \dfrac{M}{2} = \dfrac{(40)^2}{8 \times 2} + \dfrac{2}{2} = 101\text{m}$

92 차량의 무게중심을 지나는 세로(길이)방향의 축을 중심으로 차량이 좌우로 기울어지는 현상으로 차량의 전도 혹은 전복과 관련이 있는 회전운동은 무엇인가?

① 바운싱(Bouncing)
② 서징(Surging)
③ 롤링(Rolling)
④ 시밍(Shimming)

해설
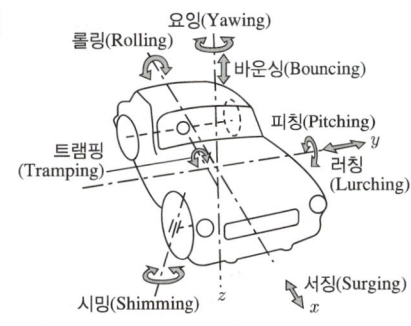

93 어떤 차량이 내리막 경사가 5%인 도로를 72km/h로 주행하다가 갑자기 제동한 결과 40m 전방에 정지하였다. 이때 노면과 타이어 사이의 마찰계수는?

① 약 0.35   ② 약 0.48
③ 약 0.56   ④ 약 0.67

해설 $v^2 - v_1^2 = 2ad$, $a = fg$

견인계수$(f) = \dfrac{v^2 - v_1^2}{2gd} = \dfrac{0 - (72/3.6)^2}{2 \times (-9.8) \times 40} = 0.51$

마찰계수$(\mu) = f + G = 0.51 + 0.05 = 0.56$

94 등가속도 직선운동에 관한 설명으로 맞는 것은?

① 속도가 일정한 운동이다.
② 가속도의 방향과 크기가 일정한 운동이다.
③ 속도와 가속도가 일정한 운동이다.
④ 가속도의 크기가 높아졌다 낮아졌다 하는 운동이다.

해설
- 등속운동 : 속도가 일정한 운동
- 등가속도운동 : 가속도가 일정한 운동

95 5N의 힘을 질량 m_1에 작용시켰더니 8m/s²의 가속도가 생기고, 질량 m_2에 같은 힘을 작용시켰더니 24m/s²의 가속도가 생겼다. 두 물체를 같이 묶었을 때, 이 힘에 의한 가속도는 얼마나 되겠는가?

① 5m/s²   ② 6m/s²
③ 7m/s²   ④ 8m/s²

해설 $F = m_1 a$, $m_1 = \dfrac{F}{a} = \dfrac{5}{8} = 0.625$

$F = m_2 a$, $m_2 = \dfrac{F}{a} = \dfrac{5}{24} = 0.208$

$F = (m_1 + m_2)a$, $a = \dfrac{F}{m_1 + m_2} = \dfrac{5}{0.625 + 0.208}$
$= 6\text{m/s}^2$

96 차량이 주행하다 제동을 걸지 않고 클러치가 끊겨 있는 상태에서의 마찰계수는?

① 최대감속계수
② 구름저항계수
③ 활주마찰계수
④ 급제동계수

해설 **구름저항계수** : 자동차의 바퀴가 구를 때 나타나는 마찰계수

97 차량이 원운동 시 받는 원심력과 관련한 내용 중 맞는 것은?

① 선회반경에 비례한다.
② 속도의 제곱에 비례하여 증가한다.
③ 질량이 클수록 원심력은 감소한다.
④ 속도가 증가할수록 원심력은 감소한다.

해설 원심력$(F) = mv^2/R$
(m : 질량, v : 속도, R : 선회반경)

정답 93 ③   94 ②   95 ②   96 ②   97 ②

98 견인계수와 견인력 및 중량의 관계를 맞게 나타낸 것은?(단, f : 견인계수, F : 견인력, w : 중량)

① $F = Fw$

② $F = \dfrac{f}{w}$

③ $F = \dfrac{f}{2} + w$

④ $2F = f + w$

해설 견인력 = 견인계수 × 중량

99 5% 내리막 도로를 주행하던 차량이 급제동하여 20m의 스키드마크(Skid Mark)를 발생시키고 정지하였다. 흔적발생 구간에서 견인계수 값이 0.7일 때 급제동 직전 차량 진행 속도는?

① 약 57.6km/h

② 약 59.6km/h

③ 약 61.6km/h

④ 약 63.6km/h

해설 $v_1^2 - v_0^2 = 2ad$에서 $v_1 = 0$이므로
$v_0 = \sqrt{2ad} = \sqrt{2fgd} = \sqrt{2 \times 0.7 \times 9.8 \times 20}$
$\cong 16.565 \text{m/s}(59.63\text{km/h})$
(견인계수 $(f) = \mu + G$로 5% 내리막 경사값을 고려할 필요 없음)

100 운동에너지(KE)의 수식으로 맞는 것은? (m : 질량(kg), v : 속도(m/s))

① $KE = \dfrac{1}{2}m$

② $KE = \dfrac{1}{2}v$

③ $KE = \dfrac{1}{2}mv$

④ $KE = \dfrac{1}{2}mv^2$

해설 운동에너지
$E_k = \dfrac{1}{2}mv^2 (\text{kg} \cdot \text{m}^2/\text{s}^2 = \text{N} \cdot \text{m} = \text{J})$

정답 98 ① 99 ② 100 ④

06 과년도 기출문제

2020년 9월 20일 시행

제1과목 교통관련법규

01 다음 도로교통법령과 관련된 위법행위 중 특정범죄 가중처벌 등에 관한 법률에 규정되어 있지 않은 것은?

① 인피야기 도주차량 운전자의 가중처벌
② 술에 취한 상태에서 교통사고를 야기한 운전자의 가중처벌
③ 어린이보호구역에서의 어린이 치사상의 가중처벌
④ 보복운전 치사상의 가중처벌

해설 ④ 보복운전 치사상의 가중처벌은 형법에 의해 적용되는 법률이다(도로교통법 제93조 제1항 제10호의2).
① 특정범죄가중처벌 등에 관한 법률 제5조의3(도주차량 운전자의 가중처벌)
② 특정범죄가중처벌 등에 관한 법률 제5조의11(위험운전 등 치사상)
③ 특정범죄가중처벌 등에 관한 법률 제5조의13(어린이보호구역에서 어린이 치사상의 가중처벌)

02 운전이 가족의 생계를 유지할 중요한 수단이 되는 사람이 음주운전으로 면허 정지처분을 받은 경우, 도로교통법상 다음에 해당하지 않아야 처분을 감경받을 수 있다. 다음의 내용 중 빈칸에 들어갈 것으로 맞는 것은?

> ㉠ 혈중알코올농도가 (ⓐ)%를 초과하여 운전한 경우
> ㉡ 음주운전 중 인적피해 교통사고를 일으킨 경우
> ㉢ 경찰관의 음주측정 요구에 불응하거나 도주한 때 또는 단속경찰관을 폭행한 경우
> ㉣ 과거 (ⓑ)년 이내에 (ⓒ)회 이상의 인적피해 교통사고의 전력이 있는 경우
> ㉤ 과거 (ⓓ)년 이내에 음주운전 전력이 있는 경우

① ⓐ : 0.08, ⓑ : 3, ⓒ : 2, ⓓ : 3
② ⓐ : 0.1, ⓑ : 5, ⓒ : 3, ⓓ : 5
③ ⓐ : 0.12, ⓑ : 5, ⓒ : 3, ⓓ : 5
④ ⓐ : 0.15, ⓑ : 3, ⓒ : 2, ⓓ : 3

해설 도로교통법 시행규칙 별표 28. 운전면허 취소·정지처분 참조

03 도로교통법이 규정하고 있는 용어의 정의 또는 설명으로 맞는 것은 몇 개인가?

> ㉠ 가변차로의 모든 황색점선은 중앙선이다.
> ㉡ 차마란 자동차와 우마를 말한다.
> ㉢ 보행자전용도로란 보행자만 다닐 수 있도록 안전표지나 그와 비슷한 인공구조물로 표시한 도로를 말한다.
> ㉣ 안전표지란 교통안전에 필요한 주의·규제·지시 등을 표시하는 표지판이나 도로의 바닥에 표시하는 기호·문자 또는 선 등을 말한다.
> ㉤ 도로교통법상 유아는 만 5세 미만인 자이다.
> ㉥ 차선이란 차로와 차로를 구분하기 위하여 그 경계지점을 안전표지로 표시한 선을 말한다.
> ㉦ 고속도로, 유료도로, 특별시도로도 도로에 속한다.

① 2개
② 3개
③ 4개
④ 5개

해설 ㉢, ㉣, ㉥, ㉦ 맞는 내용
㉠ 중앙선의 정의 단서, 가변차로가 설치된 경우에는 신호기가 지시하는 진행방향의 가장 왼쪽에 있는 황색 점선을 말한다(법 제2조 제5호, 제14조 제1항 참조).
㉡ 차마란 차와 우마를 말한다(법 제2조 제17호).
㉤ 유아교육법상(제2조, 정의) 유아란 만 3세부터 초등학교 취학 전까지의 어린이를 말한다. 도로교통법상 영유아는 6세 미만인 사람을 말한다(법 제11조 제1항).

04 다음 설명 중 맞는 것은?(판례 입장을 따름)

① 차량이 교차로에 진입하기 전 황색등화로 바뀐 경우 물리적으로 정지선 전에 정지할 수 없는 상황이라면 운전자는 정지할 것인지 진행할 것인지 여부에 대해 선택할 수 있다.
② 전방 교차로 차량 신호등은 적색이고, 교차로 전 횡단보도 보행등이 녹색인 상태에서 우회전을 하려고 주행하다가 횡단보도를 조금 벗어난 곳을 건너는 자전거 운전자를 충격하였다면 사고 차량 운전자는 신호위반의 책임을 진다.
③ 긴급한 상황에서 긴급자동차가 사이렌을 울리고 경광등을 켠 상태로 적색점멸 신호의 교차로를 서행으로 주행하다가 교차로에서 상대 차와 충격하였을 때 신호위반의 책임을 물을 수는 없다.
④ 차량이 정지선이나 횡단보도가 없는 신호교차로를 주행하는 상황에서 교차로에 진입하기 전에 교차로 신호가 황색등화로 바뀐 경우, 차량이 교차로 직전에 정지하지 않았다고 하여 신호위반의 책임을 물을 수는 없다.

해설 ①, ④ 도로교통법 시행규칙 [별표 2]
황색등화 : 차마는 정지선이 있거나 횡단보도가 있을 때는 그 직전이나 교차로의 직전에 정지하여야 하며, 이미 교차로에 차마의 일부라도 진입한 경우에는 신속히 교차로 밖으로 진행해야 한다. 판례도 도로교통법과 같은 입장이나 다만, 차량의 운전자가 교차로 직전에 정지할 것인지 진행할 것인지에 대하여 선택할 수 있는 것이 아니라고 판결하였다. 또한, 교차로 진입 전에 황색등화로 바뀐 경우 정지하지 않았다면 해당 차량은 신호를 위반하였다고 보는 것이 타당하다고 판결함(대법원 2006.7.27. 선고 2006도3657, 2018도14262 판결 참조)
도로교통법 제29조 제2항에서 긴급자동차는 긴급하거나 부득이한 경우에는 정지하지 않고 진행할 수 있다. 하지만 제3항에서 이런 경우에 교통안전에 특히 주의하면서 통행하여야 한다. 법 시행 이전에는 긴급자동차도 일반자동차와 같이 신호위반으로 인한 사고

발생 시 신호위반 책임이 발생할 수도 있었으나, 소방차, 구급차 등 국민생명과 직접적으로 관련된 이들 긴급자동차의 활동을 제약할 수 있다고 판단되어 2021년 1월 12일부터 긴급자동차의 특례 9가지(법 제30조 제4호부터 제12호)를 적용하여 시행하도록 하였다. 따라서 위 개정에 따라 ②, ③ 복수정답이다.

05 A는 승용차를 골목길에서 주행 중 실수로 주차되어 있는 차량의 운전석 문을 충격하여 파손시켰다. A는 이 교통사고에 대해 인식했지만 현장에서 연락처를 제공하거나 신고를 하는 등의 조치를 하지 않고 도주했다. 피해자의 신고에 의해 다음날 경찰관이 주변 CCTV를 분석하여 A를 검거하였을 때 A에게 최종적으로 부과하는 벌점은?

① 15점 ② 25점
③ 10점 ④ 20점

해설 ② 25점 : 안전운전의무위반 (10점) + 교통사고 야기 후 물적피해 발생하였으나 도주(15점)

06 "대형사고"란 ⓐ명 이상이 사망(교통사고 발생일부터 ⓑ일 이내에 사망한 것을 말한다)하거나 ⓒ명 이상의 사상자가 발생한 사고를 말한다. ⓐ, ⓑ, ⓒ에 각각 맞는 것은?

① ⓐ : 5, ⓑ : 30, ⓒ : 30
② ⓐ : 5, ⓑ : 20, ⓒ : 30
③ ⓐ : 3, ⓑ : 30, ⓒ : 20
④ ⓐ : 3, ⓑ : 20, ⓒ : 20

해설 교통사고조사규칙 제2조 제1항 제3호(용어의 정의) "대형사고"란 교통사고로 3명 이상 사망(교통사고 발생일부터 30일 이내에 사망)하거나, 20명 이상의 사상자가 발생한 사고를 말한다.

07 도로교통법에서 규정하고 있는 "길가장자리구역"의 뜻은?

① 보도와 차도가 구분되지 아니한 도로에서 보행자의 안전을 확보하기 위하여 안전표지 등으로 경계를 표시한 도로의 가장자리 부분
② 보행자가 도로를 횡단할 수 있도록 안전표지로 표시한 도로의 부분
③ 도로를 횡단하는 보행자나 통행하는 차마의 안전을 위하여 안전표지나 이와 비슷한 인공구조물로 표시한 도로의 부분
④ 도로를 보호하고 비상시에 이용하기 위하여 차도에 접속하여 설치하는 도로의 부분

08 도로교통법상 좌석안전띠를 매야 하는 경우는?

① 승객을 태우고 운전 중인 택시운전자
② 경찰용 차량에 호위되거나 유도되고 있는 자동차의 운전자
③ 긴급자동차가 그 본래의 용도로 운행될 때
④ 자동차를 후진시켜 주차한 때

해설 도로교통법 시행규칙 제31조 참조

09 교통사고처리 특례법상 피해자의 처벌불원 의사표시가 있거나 종합보험에 가입되어 있어도 처벌받는 사람은?

① 제한속도를 매시 15km 초과하여 주행 중 앞차를 추돌하여 앞차 운전자에게 부상을 입힌 승용차 운전자
② 약물의 영향으로 인해 정상적으로 운전하지 못할 우려가 있는 상태에서 운전 중 옆 차로에 주행 중인 승용차 운전자에게 경상을 입힌 화물차 운전자
③ 보·차도 구분이 없는 곳에서 길가장자리구역을 침범하여 보행자에게 경상을 입힌 승합차 운전자
④ 곡선 도로에서 운전 부주의로 미끄러져 승객 3명에게 부상을 입힌 버스 운전자

해설 ① 제한속도를 시속 20km 초과하여 운전한 경우에 해당
③, ④ 경상에 해당하는 사고로 자동차종합보험에 가입되어 있는 경우 특례 예외 사고

10 교통사고처리 특례법상 우선 지급할 치료비 외의 손해배상금의 범위에 대한 설명으로 틀린 것은?

① 부상의 경우 보험약관 또는 공제약관에서 정한 지급기준에 의하여 산출한 위자료 전액과 휴업손해액의 100분의 50에 해당하는 금액
② 후유장애의 경우 보험약관 또는 공제약관에서 정한 지급 기준에 의하여 산출한 위자료 전액과 상실수익액의 100분의 50에 해당하는 금액
③ 사망의 경우 보험약관 또는 공제약관에서 정한 지급 기준에 의하여 산출한 위자료 및 상실수익액의 전액
④ 대물손해의 경우 보험약관 또는 공제약관에서 정한 지급기준에 의하여 산출한 대물배상액의 100분의 50에 해당하는 금액

해설 ①, ②, ④ 교통사고처리 특례법 시행령 제3조 참조

11 교통사고처리 특례법에 대한 설명 중 틀린 것은?
① 형사처벌의 특례를 정함으로써 교통사고로 인한 피해의 신속한 회복을 촉진하기 위해 제정되었다.
② 교통사고란 차의 교통으로 인하여 사람을 사상하거나 물건을 손괴한 것을 말한다.
③ 교통사고 발생 시 업무상과실치사상죄를 범한 차의 운전자에 대하여 피해자의 명시적인 의사에 반하여 공소를 제기할 수 없다.
④ 신호위반으로 교통사고가 발생하였는데 피해자에게 중상해의 결과가 발생하였다면 사고를 낸 차의 운전자는 신호위반의 책임을 진다.

해설 ③ 과실치사(사망)의 경우에는 해당할 수 있으나 과실치상(부상-중상이 아닌 경상)의 경우에는 해당이 안 될 수도 있음
① 교통사고처리 특례법 제1조(목적) 참조
② 교통사고처리 특례법 제2조(정의) 참조
④ 교통사고처리 특례법 제3조 제2항 제1호의 도로교통법 제5조에 따른 신호기 또는 지시위반

12 교통사고처리 특례법 제3조 제2항 단서 중 12개 중과실 행위에 포함되지 않는 것은? (인적피해 있다고 가정)
① 보도를 침범하여 교통사고를 발생시킨 경우
② 혈중알코올농도 0.035%의 상태로 운전 중 교통사고를 발생시킨 경우
③ 일반도로에서 횡단, 유턴, 후진 중 교통사고를 발생시킨 경우
④ 화물차가 주행 중 적재함에서 화물이 떨어져 교통사고를 발생시킨 경우

해설 ③ 일반도로가 아닌 고속도로, 자동차전용도로(법 제153조 제2항 제1호 횡단, 유턴, 후진 등 위반)
① 교통사고처리 특례법 제3조 제2항 제9호, 도로교통법 제13조 보도침범
② 교통사고처리 특례법 제3조 제2항 제8호, 도로교통법 제44조 음주운전
④ 교통사고처리 특례법 제3조 제2항 제12호, 도로교통법 제39조 제4항 화물고정조치 위반

13 특별한 교통안전교육을 의무적으로 받아야 할 사람이 아닌 것은?

① 한 건의 교통사고로 인하여 50점의 행정처분을 받은 사람
② 혈중알코올농도가 0.03% 이상의 상태에서 운전하다가 단속된 사람
③ 면허를 취득한 지 2년이 경과하지 않은 상태에서 신호위반과 중앙선 침범 위반으로 인하여 면허가 정지된 사람
④ 사고 및 법규위반으로 인한 벌점이 40점 미만인 사람

해설 법 제73조(교통안전교육) 제2항, 운전면허효력정지 처분을 받게 되거나 받은 사람으로서 그 정지기간이 끝나지 아니한 사람은 의무교육을 받아야 한다.
④ 운전면허 정치저분은 1회의 위반·사고로 인한 벌점 또는 처분벌점이 40점 이상이 된 때부터 결정하여 집행한다.
① 벌점 50점의 행정 처분 면허정지
② 혈중알코올농도 0.03% 이상 0.08% 미만 벌점 100점으로 면허정지
③ 신호위반 벌점 15점, 중앙선 침범 벌점 30점으로 총 45점, 면허정지

14 도로교통법상 규제표지에 해당하는 것은 모두 몇 개인가?

┌─────────────────────┐
│ ㉠ 진입금지표지   │
│ ㉡ 일방통행표지   │
│ ㉢ 차간거리확보표지   │
│ ㉣ 양보표지   │
│ ㉤ 주차금지표지   │
│ ㉥ 차높이제한표지   │
└─────────────────────┘

① 5개   ② 4개
③ 3개   ④ 2개

해설 ㉡ 일방통행표지(도로교통법 시행규칙 별표 28, 일련번호 326~8) : 지시표지

15 도로교통법상 신호의 뜻에 관한 설명 중 틀린 것은?

① 녹색의 등화 : 비보호 좌회전 표지가 있는 곳에서는 다른 교통에 방해되지 않도록 좌회전할 수 있다. 다만 다른 교통에 방해가 된 때에는 신호위반으로 처리된다.
② 황색의 등화 : 이미 교차로에 차마의 일부라도 진입한 경우에는 신속히 교차로 밖으로 진행하여야 한다.
③ 적색등화의 점멸 : 차마는 정지선이나 횡단보도가 있을 때에는 그 직전이나 교차로의 직전에 일시정지한 후 다른 교통에 주의하면서 진행할 수 있다.
④ 황색등화의 점멸 : 차마는 다른 교통에 주의하면서 진행할 수 있다.

해설 ① 법제처 '비보호 좌회전 차에 대하여 법령 개정 공포'
• 개정 전 : 2010년 8월 24일 이전
비보호 좌회전 표시가 있는 곳에서는 신호에 따르는 다른 교통에 방해가 되지 않을 때에는 좌회전할 수 있다. 다른 교통에 방해가 된 때에는 신호위반 책임을 진다.
• 개정 후 : 2010년 8월 24일 이후
비보호 좌회전 표시가 있는 곳에서는 좌회전할 수 있다. 다만, 마주 오는 차량과 사고가 발생하였을 경우에는 신호위반 책임이 아닌 안전운전불이행으로 인한 책임을 진다. 직진 우선 원칙은 변함이 없으므로 비보호 좌회전 운전자는 종전과 다름없이 주의해서 운전하여야 하고, 적색등화 시의 비보호 좌회전 차 사고는 여전히 신호위반이다.

정답 13 ④ 14 ① 15 ①

16 도로교통법상 자동차운전면허를 취소시키는 경우에 해당하지 않는 경우는?

① 혈중알코올농도 0.03% 이상으로 운전하다가 사람이 다치는 교통사고를 발생시켰을 때
② 혈중알코올농도 0.08% 이상인 상태에서 운전하다가 음주단속에 적발되었을 때
③ 도로에서 교통사고로 사람을 다치게 한 후 구호조치를 하지 않고 현장을 이탈한 때
④ 제한속도가 매시 60km인 도로에서 매시 110km로 주행 중 전방 주시 태만으로 보행자 1명이 사망하는 교통사고를 발생시켰을 때

해설 ④ 120점으로 면허정지(1년간 벌점 121점 이상 시 면허 취소)

17 도로교통법 제54조에 규정된 교통사고 신고의무와 관련된 내용 중 맞는 것은?

① 사고 운전자의 신속한 처벌과 피해 보상을 위한 규정이다.
② 물적피해 교통사고로 위험방지와 원활한 소통을 위한 조치를 하였다면 신고하지 않아도 된다.
③ 교통사고의 피해 운전자에게는 신고의무가 없다.
④ 운전자만 해당하며, 조수나 안내원 등 그 밖의 승무원은 포함되지 않는다.

18 교통사고처리특례법 제3조 제2항 단서 제6호의 횡단보도 보행자보호의무 위반사고에서 "보행자"에 해당하는 사람은?

① 교통정리를 하고 있는 사람
② 자전거를 타고 있는 사람
③ 술에 취해 도로에 누워 있는 사람
④ 손수레를 끌고 가는 사람

19 도로교통법상 제1종 보통운전면허로 운전할 수 있는 차량이 아닌 것은?

① 총중량 10톤의 견인차
② 적재중량 10톤의 화물자동차
③ 승차정원 12명의 긴급자동차
④ 승차정원 15명의 승합자동차

해설 ① 총중량 10톤의 견인차(제1종 특수면허 필요)
※ 2018. 4. 25. 도로교통법 시행규칙 별표 18 개정으로 ①, ③ 복수정답임

20 일방통행도로를 역주행하던 차량이 걸어가던 보행자를 충격하여 다치게 하는 교통사고를 낸 경우, 운전자 처벌에 대한 설명으로 맞는 것은?

① 진입금지를 위반하였기 때문에 신호위반의 책임을 진다.
② 피해자의 명시적인 의사에 반하여 공소를 제기할 수 없다.
③ 역주행을 하였기 때문에 중앙선침범을 적용하여 처벌한다.
④ 자동차종합보험에 가입되어 있으면 통고처분 대상이다.

해설 ① 일방주행 역방향 주행은 신호위반

21 도로교통법상 "안전지대"의 정의에 대한 설명으로 맞는 것은?

① 교통약자의 휴식공간을 위하여 설치한 도로의 일부분을 말한다.
② 도로를 횡단하는 보행자나 통행하는 차마의 안전을 위하여 안전표지나 이와 비슷한 인공구조물로 표시한 도로의 부분을 말한다.
③ 차량충돌을 방지하기 위해 설치한 도로의 일부분을 말한다.
④ 고장차량의 안전 등을 위하여 설치한 도로의 일부분을 말한다.

22 도로교통법상 운전면허 결격기간에 대한 설명 중 맞는 것은?

① 원동기장치자전거를 이용하여 도로교통법 제46조의 공동위험행위를 한 경우 6개월
② 자동차를 무면허 상태에서 운전하다가 5번째 적발된 경우 3년
③ 술에 취한 상태에서 사람을 다치게 하는 교통사고를 야기한 후 아무런 조치를 하지 아니하고 도주한 경우 4년
④ 술에 취한 상태에서 사람을 사망케 하는 교통사고를 발생시킨 경우 5년

해설
① 도로교통법 제82조 제2항 제1호 : 제43조 또는 제96조 제3항을 위반하여 자동차 등을 운전한 경우에는 그 위반한 날(운전면허효력 정지기간에 운전하여 취소된 경우에는 그 취소된 날을 말하며, 이하 이 조에서 같다)부터 1년(원동기장치자전거면허를 받으려는 경우에는 6개월로 하되, 제46조(공동 위험행위의 금지)를 위반한 경우에는 그 위반한 날부터 1년). 다만, 사람을 사상한 후 제54조 제1항에 따른 필요한 조치 및 제2항에 따른 신고를 하지 아니한 경우에는 그 위반한 날부터 5년으로 한다.
② 도로교통법 제82조 제2항 제2호 : 제43조(무면허 운전 등의 금지) 또는 제96조 제3항을 3회 이상 위반하여 자동차 등을 운전한 경우에는 그 위반한 날부터 2년
③ 도로교통법 제82조 제2항 제3호 가목 : 제44조(술에 취한 상태에서의 운전 금지), 제45조 또는 제46조를 위반(제43조 또는 제96조 제3항을 함께 위반한 경우도 포함한다)하여 운전을 하다가 사람을 사상한 후 제54조 제1항 및 제2항(사고발생 시의 조치)에 따른 필요한 조치 및 신고를 하지 아니한 경우에는 운전면허가 취소된 날(제43조 또는 제96조 제3항을 함께 위반한 경우에는 그 위반한 날을 말한다)부터 5년
④ 도로교통법 제82조 제2항 제3호 나목

23 특정범죄 가중처벌 등에 관한 법률 제5조의13(어린이보호구역에서 어린이 치사상의 가중처벌)에 대한 설명으로 틀린 것은?

① 행위 주체는 자동차운전자이다.
② 어린이의 안전에 유의하면서 운전하여야 할 의무를 위반하여 어린이를 다치게 한 교통사고 발생 시 처벌한다.
③ 어린이가 사망하는 교통사고 발생 시 운전자는 무기 또는 3년 이상의 징역에 처한다.
④ 어린이에게 상해가 발생한 교통사고를 낸 운전자는 1년 이상 15년 이하의 징역 또는 500만원 이상 3천만원 이하의 벌금에 처한다.

해설 어린이보호구역에서 어린이 치사상의 가중처벌(특정범죄 가중처벌 등에 관한 법률 제5조의13)
자동차(원동기장치자전거를 포함한다)의 운전자가 「도로교통법」 제12조 제3항에 따른 어린이보호구역에서 같은 조 제1항에 따른 조치를 준수하고 어린이의 안전에 유의하면서 운전하여야 할 의무를 위반하여 어린이(13세 미만인 사람을 말한다. 이하 같다)에게 「교통사고처리 특례법」 제3조 제1항의 죄를 범한 경우에는 다음의 구분에 따라 가중처벌한다.
1. 어린이를 사망에 이르게 한 경우에는 무기 또는 3년 이상의 징역에 처한다.
2. 어린이를 상해에 이르게 한 경우에는 1년 이상 15년 이하의 징역 또는 500만원 이상 3천만원 이하의 벌금에 처한다.

24 제1종 보통 운전면허를 소지한 운전자가 운전면허 정지기간 중 원동기장치자전거를 운전하다가 단속되었을 때 벌칙은?

① 30만원 이하의 벌금이나 구류
② 6개월 이하의 징역이나 200만원 이하의 벌금
③ 1년 이하의 징역이나 300만원 이하의 벌금
④ 2년 이하의 징역이나 500만원 이하의 벌금

해설 30만원 이하의 벌금이나 구류(도로교통법 제154조 제2호)
제43조를 위반하여 제80조에 따른 원동기장치자전거를 운전할 수 있는 운전면허를 받지 아니하거나(원동기장치자전거를 운전할 수 있는 운전면허의 효력이 정지된 경우를 포함한다) 국제운전면허증 중 원동기장치자전거를 운전할 수 있는 것으로 기재된 국제운전면허증을 발급받지 아니하고(운전이 금지된 경우와 유효기간이 지난 경우를 포함한다) 원동기장치자전거를 운전한 사람(다만, 개인형 이동장치를 운전하는 경우는 제외한다)

25 도로교통법상 "앞지르기"의 정의를 바르게 설명한 것은?

① 차와 차가 차로를 달리하여 나란히 주행하는 것
② 차가 앞서가는 차의 후미를 일정한 거리를 두고 따라가는 것
③ 차가 앞서가는 다른 차를 보면서 운행하는 것
④ 차의 운전자가 앞서가는 다른 차의 옆을 지나서 그 차의 앞으로 나가는 것

해설 앞지르기의 정의(도로교통법 제2조 제29호)
차의 운전자가 앞서가는 다른 차의 옆을 지나서 그 차의 앞으로 나가는 것을 말한다.

제2과목 | **교통사고조사론**

26 차량속도와 타이어 회전속도 간의 관계를 나타내는 것은?

① 슬립률(Slip Ratio)
② 토크(Torque)
③ 횡방향 마찰계수
④ 최대출력

해설 슬립률이란 타이어와 노면 사이에 생기는 미끄럼 정도를 나타내는 것이다.

$$슬립률 = \frac{차량속도 - 바퀴속도}{차량속도} \times 100$$

27 자동차의 추락속도를 분석하기 위해 필요한 조사 자료가 아닌 것은?

① 추락 후 착지까지 수직높이
② 추락 후 착지까지 수평이동거리
③ 자동차 질량
④ 도로이탈지점 기울기

해설 추락속도 계산식 $V = d\sqrt{\dfrac{g}{2(d \cdot \tan\theta - h)}}$

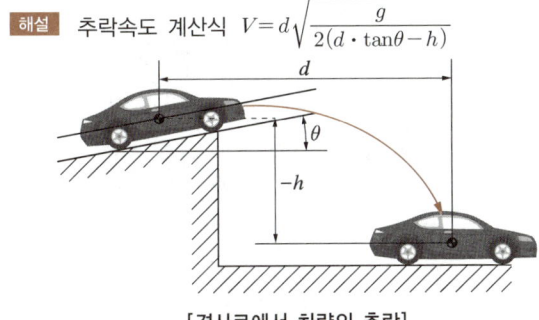

[경사로에서 차량의 추락]

여기서, d : 수평 이동 거리(m)
θ : 기울기(°)
h : 수직 높이(m)
v : 추락 전 속도(m/s)

28 다음 설명 중 틀린 것은?

① 충돌 시 운동에너지가 보존되는 충돌을 탄성충돌이라 한다.
② 비탄성충돌의 경우 운동에너지는 차체 변형 등과 같이 다른 형태의 에너지로 전환되나 운동량은 보존된다.
③ 반발계수는 0과 1 사이의 값을 갖는다.
④ 두 물체가 충돌하여 반발되는 것은 물체의 질량에 의한다.

해설
- 반발계수(e) = 1인 완전탄성충돌을 할 때는 충돌 전후에 운동량과 운동에너지가 보존된다.
- e = 0인 완전비탄성충돌인 경우 운동량만 보존되고 운동에너지는 열이나 소리에너지 등으로 전환된다.
- 0 < e < 1인 경우, 운동량보존법칙은 성립하나 역학적 에너지보존은 성립하지 않는다.
- 두 물체가 같은 속도로 움직이게 되는 완전비탄성충돌의 경우에 운동에너지의 손실이 가장 크다.
- 반발계수 e는 0과 1 사이의 값을 갖는다. 충돌 전 운동에너지는 충돌 시 탄성에너지와 열에너지, 소리에너지 등으로 변하지만 두 물체가 반발할 때 탄성에너지는 다시 운동에너지로 변하게 된다.

29 위치 측정법 중 주로 코드법(Code)으로 측정하는 경우는?

① 도로연석선 및 도로끝선이 명확하지 않은 경우
② 비정규 차륜흔적에 대한 조사가 필요한 경우
③ 측점이 기준선 혹은 도로끝선으로부터 10m 이상 벗어난 경우
④ 측점이 늪지나 숲속에 위치한 경우

해설 위치측정법에는 좌표법(Coodinate Method)과 삼각법(Triangulation)이 있다.

정답 26 ① 27 ③ 28 ④ 29 ②

30 다음 중 차량의 속도를 계산하기 위해 마찰계수를 조사하지 않아도 되는 경우는?

① 차량이 전도된 상태로 노면을 미끄러졌을 때
② 차량이 추락하였을 때
③ 요 마크(Yaw Mark) 흔적이 발생하였을 때
④ 차량이 측면방향(횡방향)으로 미끄러졌을 때

해설 미끄러질 때, $V = \sqrt{2\mu g d}$
요 마크 발생 시, $V = \sqrt{\mu g R}$
추락 시, $V = d\sqrt{\dfrac{g}{2h}}$

31 동일차량에서 스키드 마크(Skid Mark) 발생 시 다음 설명 중 틀린 것은?

① 차가운 타이어고무와 역청재질은 뜨거울 때보다 미끄러지기 쉽다. 이때 진한 흔적이 발생된다.
② 무거운 하중이 작용된 타이어는 그렇지 않은 타이어보다 지면을 많이 누른다. 따라서 무거운 하중이 작용된 타이어는 진한 흔적을 만든다.
③ 부드러운 타이어 재질은 그렇지 못한 타이어보다 미끄러질 때 스키드 마크를 쉽게 발생시킨다.
④ 같은 노면과 공기압에서 좁은 홈의 타이어는 넓은 홈의 타이어보다 노면과 많은 면이 접지된다.

해설 재질이 타이어고무일 경우 차가운 상태가 뜨거운 상태보다 미끄러지기 어렵다.

32 좌로 굽은 도로에서 차량들이 안전하게 선회하지 못하고 도로를 이탈하여 우측의 가로수와 충돌이 계속 발생되는 사고 현장을 조사 시 다음 중 가장 중요한 조사 항목은?

① 편경사
② 중앙분리대 설치 여부
③ 종단경사
④ 차로 폭

해설
- 편경사 : 자동차가 원심력에 저항할 수 있는 경사를 둠(6~8°)
- 종단경사 : 도로의 진행방향 중심선 길이에 대한 높이의 변화 비율(오르막)

33 타이어의 특성에 관한 설명 중 틀린 것은?

① 타이어를 평판 위에 놓고 수직하중을 걸면 노면에 일정한 접지 형상을 얻을 수 있고, 이때 가로방향의 길이를 접지 길이(Contact Length)라 한다.
② 접지면의 면적을 접지면적 또는 총접지면적(Gross Contact Area)이라 하며, 실제 접지부분의 면적, 즉 접지면적에서 그루브(Groove) 부분을 뺀 것을 실접지면적 또는 유효접지면적(Actual Contact Area)이라 한다.
③ 접지부의 단위면적당 걸리는 하중을 접지압이라 하고, 그중에서 접지압을 단위면적으로 나눈 값을 일반 접지압이라 한다.
④ 보통 수직하중을 세로축에, 접지 길이 혹은 접지 폭을 가로축으로 잡아 공기압을 변화시키면 접지 폭은 어느 시점에서 더 이상 증가하지 않고 멈추게 되며, 접지 길이만 증가하는 경향을 나타낸다.

해설

Narrow Tire

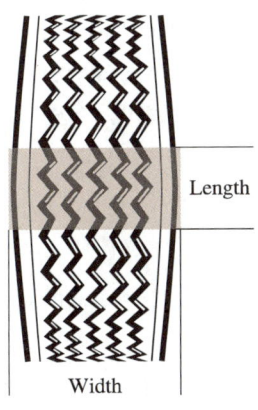
Wide Tire

34 기준점과 기준선에 대한 다음 설명 중 틀린 것은?

① 기준선과 기준점은 차후 사고현장에 갔을 때 누구나 확인할 수 있는 것이어야 한다.
② 고정기준점은 삼각측정법에 적합하다.
③ 기준선은 보통 도로연석선으로 한다.
④ 신호등지주, 소화전, 교량과 고가도로 등은 비고정기준점이다.

해설 신호등지주, 소화전, 교량과 고가도로 등은 고정기준점이다.

35 교통사고 현장에서 실시하는 조사 작업이 아닌 것은?

① 현장스케치를 바탕으로 한 사고현장 도면의 컴퓨터 CAD 작업
② 차량의 최종 정지위치 파악
③ 노면흔적 조사
④ 낙하물 촬영

해설 현장에서는 간단히 스케치만 하고, 실제 도면작업은 추후에 이루어진다.

36 사고차량의 조사 항목이 아닌 것은?

① 차량제원
② 차량파손상태
③ 차량가격
④ 화물적재량

해설 **사고차량의 조사항목**
• 차량의 상태 : 제동기능, 조종성, 타이어 불량, 등화장치, 장식이나 차양필름에 의한 시계불량 등
• 탑승자 수 : 탑승자 수 및 차내에서의 2차 손상 유무
• 적재량(상용차) : 화물을 어느 정도 적재하였는지

정답 33 ③ 34 ④ 35 ① 36 ③

37 다음 중 보행자 사고 조사로 틀린 것은?
① 자동차의 전면유리 파손부위를 조사한다.
② 보행자의 최종 정지위치는 조사할 필요가 없다.
③ 보행자와 자동차의 충돌부위를 조사한다.
④ 차체에 묻어 있는 보행자의 흔적을 조사한다.

해설 보행자의 최종 정지위치는 사고조사에서 중요한 증거자료이다.

38 다음 중 타이어 트레드(Tread) 마모 설명 중 틀린 것은?
① 공기압이 높을 때보다 낮을 때 타이어 트레드 마모가 크다.
② 차량속도가 높을 때보다 낮을 때 타이어 트레드 마모가 크다.
③ 타이어에 걸리는 하중이 적을 때보다 높을 때 타이어 트레드 마모가 크다.
④ 겨울철에 비해 여름철의 타이어 트레드 마모가 크다.

해설 차량속도가 빠를수록, 속도가 느릴 때보다 상대적으로 타이어 트레드의 마모가 크다.

39 도로면 마찰의 기본특성을 설명한 것 중 틀린 것은?
① 동일 물체의 경우 수평도로면에서의 마찰력은 중량에 비례한다.
② 동적마찰력은 정적(정지)마찰력보다 크기가 작다.
③ 마찰력은 물체와 노면의 접촉면 크기에 비례한다.
④ 마찰력은 차량속도에 영향을 받지 않는다.

해설
- 마찰력의 크기는 접촉표면에 직각으로 작용하는 힘(수직항력)의 크기에 의존한다.
- 동적마찰계수의 값은 정지마찰계수보다 조금 작다.
- 동적마찰계수는 속력에 따라 증가한다.

40 넓은 구역에 걸쳐 나타난 줄무늬가 있는 스크래치 흔적으로 폭이 다소 넓고 최대접촉지점을 파악하는 데 도움을 주는 이 흔적을 무엇이라 하는가?
① 칩(Chip)
② 스크레이프(Scrape)
③ 견인 시 긁힌 흔적(Towing Scratch)
④ 그루브(Groove)

해설
- 칩(Chip) : 노면에 좁고 깊게 파인 자국(곡괭이로 긁은 것 같은 자국)으로 주로 아스팔트 도로에 생성됨
- 챱(Chop) : 칩에 비해 흔적이 넓고 얇게 파인 상태로 차체 프레임이나 타이어 림에 의해 생성됨
- 그루브(Groove) : 흔적이 좁고 깊게 파인 상태로서 모양은 곧거나 굽어 있는 형태로, 차체에 튀어나온 볼트나 추진축이 차체에서 이탈되면서 노면에 끌린 경우에 생성됨
- 긁힌 자국(Scratches) : 차량 차체의 금속 재질이 노면에 끌리거나, 밀고 지나간 경우에 노면에 남는 흔적

41 타이어 흔적의 설명 중 틀린 것은?

① 스키드 마크(Skid Mark)는 타이어가 구르며 진행될 때 발생된다.
② 요 마크(Yaw Mark)는 주로 핸들조향에 의해 발생된다.
③ 가속 스커프(Acceleration Scuff)는 타이어가 회전하면서 미끄러져 발생하는 것으로 오직 구동바퀴에서 발생된다.
④ 임프린트(Imprint)는 타이어가 구르는 상태에서 노면에 새겨지면서 발생된다.

해설 스키드 마크는 보통 노면 위에서 타이어가 잠겨 미끄러질 때 나타난다.

42 자동차 전구의 균열로 인하여 산소가 내부로 들어갔거나 전구 내부의 오염에 의하여 내부 가스 성분의 연소로 발생되는 현상은?

① 흑화현상　　② 백화현상
③ 청화현상　　④ 황화현상

해설
- 흑화현상 : 코일의 텅스텐이 증발하여 유리 내벽에 증착할 때 일어나는 현상
  ※ 할로겐가스 양이 필라멘트 발열량보다 적어 온도가 높은 쪽에 국부적으로 흑화가 발생. 또한 제조공정 시 점등전압이 너무 높은 경우와 필라멘트가 오염되었을 경우에도 발생
- 백화현상 : 전구의 리크(Leak)나 균열로 인해 산소가 내부로 들어갔거나 내부 가스성분의 연소로 발생. 청화현상이 시간이 지남에 따라 연소에 의해 백화로 진전될 수 있음
- 청화현상 : 전구 내에 미량의 수분이 유입되었을 경우에 발생
- 황화현상 : 내부에 할로겐가스가 너무 많을 경우 분리되어 유리막에 증착할 때 생김

43 사고차량 정밀조사 사항 중 틀린 것은?

① 상대 차의 범퍼, 번호판, 전조등 등의 형상이 임프린트(Imprint) 되었나를 확인한다.
② 타이어의 접지면(Tread)이나 옆벽(Sidewall)에 나타난 흔적이 있는가를 확인한다.
③ 차량 내부의 의자, 안전벨트 변형상태와 차량기기 조작 여부를 확인한다.
④ 직접손상 부위와 간접손상 부위는 구분하지 않는다.

해설
- 직접손상 : 차량이 물체와 직접적인 충돌에 의해서 입은 일부분의 손상으로, 페인트가 벗겨지고 타이어가 떨어져 나가는 것을 말한다. 도로상의 물체, 나무의 껍질, 보행인의 옷이나 신체 조직의 일부분, 헤드라이트 케이스, 바퀴의 테, 범퍼, 도어 손잡이 등이 떨어져 나간 모양이나 긁히고 찌그러진 형태로 나타난다.
- 간접손상 : 차량이 충돌 시 그 충격으로 인하여 동일 차량에 나타나는 현상으로 종감속 장치, 추진축 등 같은 곳의 손상은 다른 차량과의 접촉으로 파손되지 않기 때문에 대부분 간접손상이다.

44 주행 중인 대형 화물차의 바퀴가 회전을 멈춘 상태에서 비어 있는 화물적재함 등이 상하운동을 할 때 나타나는 타이어 흔적은?

① 충돌 스크럽(Collision Scrub)
② 크룩(Crook)
③ 갭 스키드 마크(Gap Skid Mark)
④ 스킵 스키드 마크(Skip Skid Mark)

해설
- 충돌 스크럽(Collision Scrub) : 차량이 심하게 충돌하게 되면 차량의 손괴된 부품이 타이어를 꽉 눌러 그 회전을 방해하고 동시에 충돌에 의해 지면을 향한 큰 힘이 작용된다. 이때 타이어와 노면 사이에 순간적으로 강한 마찰력이 발생되면서 나타나는 현상으로서, 최초 접촉지점을 나타내 주는 최고의 증거가 될 수 있다.
- 크룩(Crook) : 스키드 마크 발생 중 외부의 충격 등으로 변형이 생기는 것으로 갈고리처럼 휘어지는 형태로 발생. 충돌 스크럽처럼 충돌 시 타이어의 위치를 나타내어 실제 최초의 충돌이 일어난 지점을 알아내는 데 중요한 자료가 된다.
- 갭 스키드 마크 : 중간이 끊긴 스키드 마크는 스키드 마크의 중간부분(통상 3M 내외)이 끊어지면서 나타나는 스키드 마크의 종류 중 하나이다. 운전자가 전방의 위급상황을 발견하고 브레이크를 작동하여 자동차의 바퀴가 회전을 멈춘 상태로 노면에 미끄러지는 과정에서 브레이크를 중간에 풀었다가 다시 제동할 때 발생하는 타이어 자국, 주로 주행하던 차량이 보행자 혹은 자전거와 충돌할 경우 흔히 발생한다.
- 스킵 스키드 마크 : 차륜제동흔적이 직선(실선)으로 연결되지 않고 흔적의 중간중간이 규칙적으로 끊어져 점선과 같이 보이는 흔적이다. 스킵 스키드 마크는 연속적인 제동흔적으로 파악하여 스키드 마크와 같이 흔적 전 길이를 손도산출에 적용하며, 크게 3가지 요인(제동 중 바운싱, 노면상의 융기물 또는 구멍, 충돌)에 의해 만들어진다.

45 자동차의 제원을 나타내는 정의 중 틀린 것은?

① 윤거 : 좌우 타이어 접촉면의 중심에서 중심까지의 거리로 복륜은 복륜 간격의 중심 간 거리
② 최소회전반경 : 자동차가 최대 조향각으로 저속회전할 때 가장 바깥쪽 바퀴의 접지면 중심이 그리는 원의 반지름
③ 램프각(Ramp Angle) : 축거의 중심점을 포함한 차체 중심면과 수직면의 가장 낮은 점에서 앞바퀴와 뒷바퀴 타이어의 바깥둘레를 그은 선이 이루는 각도
④ 조향각 : 자동차가 방향을 바꿀 때 조향바퀴의 스핀들이 선회 이동하는 각도로 보통 최솟값으로 나타냄

해설 조향각 : 자동차가 방향을 바꿀 때 조향바퀴의 스핀들이 선회 이동하는 각도로서, 보통 선회하는 안쪽 바퀴의 최댓값으로 나타낸다.

46 상해에 대한 설명 중 틀린 것은?

① 탈구란 관절의 완전한 파열이나 붕괴가 일어나 관절연골면의 접촉이 완전히 소실된 상태
② 역과창이란 자동차 등이 신체의 일부를 역과하여 발생하는데 경할 때는 피하출혈만 발생하나 중할 때는 심한 좌창 또는 사지나 두부의 절단, 골절 등을 일으키는 경우도 있다.
③ 결손창이란 외부 및 연부조직의 일부가 떨어져 나간 상태
④ 좌창이란 둔한 날을 가진 기물에 의해 생기며 그 작용이 피부의 탄력이 정도를 넘었을 때 생긴다.

해설 좌창 : 둔기의 둔력에 의한 상해

47 선회하는 자동차의 운동특성에 대한 설명 중 옳은 것은?

① 원심력은 속도와 관련 없다.
② 한계선회속도를 구하기 위한 마찰계수는 횡미끄럼마찰계수를 적용한다.
③ 안전하게 선회주행하기 위해서는 횡방향 마찰력이 원심력보다 작아야 한다.
④ 차량의 한계선회속도는 곡선반경이 클수록 낮아진다.

해설
- 원심력 $F_c = m\dfrac{v^2}{R}$
- 횡미끄럼마찰력 $F_f = m\mu g$
- $F_c \geq F_f$ 일 때 요 마크 발생, $F_c = F_f$ 일 때 한계선회주행이 가능

48 차량이 미끄러지면서 S_1 길이만큼 활주흔을 남기다 D_1 거리만큼 끊어진 후 다시 S_2 길이만큼 활주한 갭 스키드 마크(Gap Skid Mark)를 발생시키고 정지했다면 속도 분석을 위해 측정할 거리는?

① $S_1 + D_1 + S_2$ ② $D_1 + S_2$
③ $S_1 + S_2$ ④ $S_1 + S_2 - D_1$

해설 스키드 마크 길이 계산

갭 스키드 마크 = $D_1 + D_2$	
스킵 스키드 마크 = D	

49 오르막 도로의 정밀 도면을 보니 수평거리 1,000m에 수직높이가 70m였다. 이때 종단경사는?

① 1%   ② 3%
③ 5%   ④ 7%

해설 $\dfrac{70}{1,000} \times 100 = 7\%$

50 다음 중 사고차량 사진촬영 방법으로 틀린 것은?

① 사진 한 장에 차량 전면이 나오도록 촬영한다.
② 사진촬영 시 직접충돌 부분만 강조하여 촬영한다.
③ 차량 전체 파손모습을 촬영한다.
④ 대상이 렌즈의 초점거리 이내에서 명확히 촬영되지 않을 경우는 접사렌즈나 접사필터를 사용한다.

해설 **사고차량 촬영방법**
사진촬영 시 직접충돌부분만 강조하여 촬영한 것이 아니라 최소한 4면(전후좌우)에서 사진을 촬영하여야 하고 사진 한 장에 차량 전면이 나오도록 촬영하여 차량 전체 파손 모습을 먼저 촬영하고 점차 줌인하며 찍고자 하는 대상을 촬영하고 대상이 렌즈의 초점거리 이내에서 명확히 촬영되지 아니할 경우는 접사튜브나 접사필터를 사용한다. 사고차량들의 손상변형량(폭, 너비, 깊이, 높이 및 Offset량)과 차량 내부의 손상 정도에 따라 차량의 회전방향, 이동거리, 최종 위치까지의 이동 가능성, 개략 충돌속도 추정, 탑승자의 손상 정도 및 이동방향, 이탈가능성 등을 규명할 수 있으므로 이에 관한 사항도 초기에 정확하게 촬영 및 기록하여 두어야 한다. 또한 직간접 손상부위 구분촬영과 아울러 차량의 최종 정지위치 및 충돌 후 노면흔적에 크게 영향을 미치는 전륜의 조향각에 대한 촬영을 놓쳐서는 안 된다.

약간 높은 곳 또는 지붕 위에서 촬영한 차량 간의 사진은 사고차량 간의 충돌부위 및 충격힘의 방향, 충돌자세 등을 파악하는 데 큰 도움이 되며, 이를 통하여 차량 파손부위의 단면을 확인할 수 있다. 사고차량의 전면 혹은 후면 모서리를 촬영하고자 할 때 파손된 모서리를 45° 각도로 비스듬히 촬영할 때는 파손부위가 좌측, 전후방으로 얼마나 밀려 들어갔는지 판단하기가 매우 어려우므로 4면을 고려한 최소 8장의 사진을 촬영하여야 하고, 사고 차량의 파손면만을 집중으로 촬영할 때는 파손면 전체가 나오도록 2장을 촬영하고, 카메라를 파손면 가까이 다가가 직각을 향하여 2장의 사진을 찍어야 한다. 그리고 파손이 심한 면을 기준으로 직각으로 촬영할 경우 파손량 및 상태를 정확히 가늠하기 어려우므로 파손이 상대적으로 적은 면을 기준으로 카메라를 고정하여 촬영하고자 하는 주요 파손면을 찍어야 한다.

정답 47 ② 48 ③ 49 ④ 50 ②

제3과목 교통사고재현론

51 충돌 시 탑승자 거동분석을 위한 차량조사 항목이 아닌 것은?
① 핸들
② 필라 및 유리창
③ 계기판 및 대시보드
④ 견인고리

해설 견인고리는 충돌 시 탑승자 거동분석을 위한 차량조사 항목이 아니다.

52 견인계수 0.8의 평탄한 노면에서 보행자를 충돌하기 직전 차량의 스키드 마크(Skid Mark) 길이는 20m이고, 보행자를 충돌하고 15m를 활주한 후 정지하였다. 보행자 충돌 시 사고차량의 속도는?(보행자 충돌로 인한 감속은 무시함)
① 12.53m/s
② 15.34m/s
③ 18.42m/s
④ 21.35m/s

해설 $v_1^2 - v_0^2 = 2ad$에서 $v_1 = 0$이므로
$v_0 = \sqrt{2ad} = \sqrt{2\mu g d} = \sqrt{2 \times 0.8 \times 9.8 \times 15}$
$\cong 15.34\text{m/s}$

53 승용차 운전자가 50km/h 속도로 주행 중 전방의 보행자를 인지하고 제동하여 사고를 회피하기 위한 최소 정지거리는?(단, 인지반응시간 1초, 마찰계수 0.8, 중력가속도 9.8m/s²)
① 약 19.0m
② 약 26.2m
③ 약 34.4m
④ 약 43.6m

해설 $v_0 = \sqrt{2\mu g d}$ 에서
$d = \dfrac{v^2}{2\mu g} = \dfrac{(50/3.6)^2}{2 \times 0.8 \times 9.8} = 12.3\text{m}$
인지시간 1초 동안 이동거리는 13.89m
∴ 12.3 + 13.89 = 26.19m

54 차량충돌의 과정이 맞게 나열된 것은?
① 최초접촉 - 최대접촉 - 정지 - 분리
② 최초접촉 - 정지 - 최대접촉 - 분리
③ 최초접촉 - 분리 - 최대접촉 - 정지
④ 최초접촉 - 최대접촉 - 분리 - 정지

해설 차량충돌 단계
- 최초접촉(First Contact) : 충돌이 시작되는 단계
- 최대 맞물림(Maximum Engagement) : 충격력이 최대 상태가 되며, 이때 차량의 움직임을 순간적으로 정지시키고 차량의 최종접촉(충돌물체와 접촉한 후 분리되기 직전의 상태)까지 충돌방향과 반대방향으로의 움직임을 증가시킨다. 최대손상은 최대 접촉력에 의해 좌우되며 차량무게와 속도변화와 관계
- 분리(Separation) 및 정지 : 교통사고에서 차량의 최대 맞물림에 의한 변형은 대부분 손상된 상태로 남아 있게 된다.

55 승용차가 좌선회 중 요 마크(Yaw Mark) 흔적을 발생하였다. 요 마크(Yaw Mark) 흔적 발생 당시 주행속도는?(현의 길이 30m, 중앙종거 3.5m, 중력가속도 9.8m/s², 횡방향 견인계수 0.84를 적용)

① 약 50km/h
② 약 60km/h
③ 약 70km/h
④ 약 80km/h

해설 곡선반경 $R = \dfrac{C^2}{8M} + \dfrac{M}{2} = \dfrac{(30)^2}{8 \times 3.5} + \dfrac{3.5}{2} = 33.89\text{m}$
$v = \sqrt{\mu g R} = \sqrt{0.84 \times 9.8 \times 33.89}$
$\quad = 16.7\text{m/s} (60.13\text{km/h})$

56 승용차와 보행자가 충돌 시 1차 충격에서 보이는 인체 상해의 특징이 아닌 것은?

① 성인은 대퇴부나 하퇴부 등 하지에서 주로 발생한다.
② 상해 정도는 범퍼 모양에 따라 다르다.
③ 차량 하부에 의한 역과손상이 주로 발생한다.
④ 상해 정도는 차량속도에 따라 다르다.

해설 차량 하부의 역과손상은 1차 충격에 의해 보행자가 넘어진 상태에서 차량이 사람을 타고 넘어간 것을 말한다.

57 충돌 후 보행자(성인)의 거동 특성에 대한 설명으로 틀린 것은?

① 보닛형(Bonnet Type) 차량에 충돌되는 경우, 다리는 범퍼에 충돌하고 허리가 보닛의 선단에 충돌하며 머리는 전면유리에 충돌하는 경향이 있다.
② 캡오버형(Cab Over Type) 차량에 충돌되는 경우, 대퇴부와 골반이 함께 차량 전면부에 충돌하여 허리가 급격하게 움직임을 멈추면서 골반에 큰 힘이 가해지는 경향이 있다.
③ 보닛형(Bonnet Type) 차량 전면부와 충돌할 때, Roof Vault 혹은 Somersault 의 유형으로 거동하고 차량의 전면유리가 파손되는 경향이 있다.
④ 보닛형(Bonnet Type) 차량에 충돌되는 경우 Forward Projection 사고유형으로 거동하고, 캡오버형(Cab Over Type) 차량에 충돌되는 경우 Wrap Trajectory 유형으로 거동하는 경향이 있다.

해설
• Roof Vault : 자동차 후드높이에 비해 무게중심 높이가 높고 충돌속도가 60km/h 이상인 경우 충돌 후 보행자는 전면 유리와 지붕 위로 넘어가 지면에 낙하하는 선회특성을 의미한다.
• Somersault : 공중제비의 의미로 자동차 대 보행자 사고 중 가장 드문 경우로 자동차의 충돌속도가 빠르던지 보행자의 충격위치가 낮은 경우에도 일어난다. (약 56km/h)
• Forward Projection : 어린이가 승용차에 충돌, 성인이 승합차 또는 버스에 충돌 시 발생하는 형태로 보행자는 충돌 전 차량과 같은 방향으로 내던져짐
• Wrap Trajectory : 보행자의 무게중심이 아래일 때, 충돌 후 차량이 감속된 경우로 가장 일반적인 차 대 보행자 사고 형태(약 30km/h)

정답 55 ② 56 ③ 57 ④

58 차량의 충돌 전후 운동 상황을 재현할 때 주요 고려사항이 아닌 것은?

① 차량 최종 위치
② 구난차 도착 위치
③ 노면 파인 흔적 발생 위치
④ 스키드 마크(Skid Mark) 발생 위치

해설 구난차의 도착 위치와 차량의 전후 운동 상황과는 관련 없음

59 직진으로 도로를 주행하던 자동차가 제동에 의한 스키드 마크(Skid Mark)를 생성하고 다시 좌로 굽은 형태의 요 마크(Yaw Mark)를 생성한 것으로 확인되었다. 스키드 마크에 의한 속도가 35km/h, 요 마크에 의한 속도가 55km/h로 추정된 경우, 자동차가 스키드 마크를 생성하기 직전의 속도는?

① 약 90km/h
② 약 80km/h
③ 약 75km/h
④ 약 65km/h

해설 $v = \sqrt{v_{skid}^2 + v_{yaw}^2} = \sqrt{(35)^2 + (55)^2} = 65.19 km/h$

60 잭나이프(Jack Knife) 현상에 대한 설명으로 맞는 것은?

① 차량이 급선회하여 롤링각이 증가될 경우 횡방향 가속값이 증가하여 측면으로 전도되는 현상을 말한다.
② 트랙터·트레일러가 미끄러운 노면에서 급제동을 할 경우 연결 부위가 접히게 되는 현상을 말한다.
③ 진행 중인 차량이 우측으로 급선회 조작을 하여 차체 좌측이 지면으로 눌려지고 선회 내측인 우측은 차체가 들려지는 현상을 말한다.
④ 무리하게 급회전을 할 경우 타이어와 노면 사이의 마찰력보다 차량의 원심력이 더 커 타이어가 옆 방향으로 미끄러지고 뒷바퀴가 앞바퀴의 앞쪽을 지나가는 현상을 말한다.

해설 **잭나이프(Jack Knife) 현상** : 트랙터와 트레일러의 연결 차량에 있어서 커브에서 급브레이크를 밟았을 때 트레일러가 관성력에 의해 트랙터에 대하여 잭나이프처럼 구부러지는 현상을 말한다.

61 교통사고재현 컴퓨터 프로그램을 이용한 사고분석의 목적을 맞게 설명한 것은?

① 장소적·경제적·시간적 제약으로 인해 실제 사고 상황과 유사한 상황을 재현하여 교통사고 원인을 규명하고자 함이다.
② 교통사고 상황을 단순히 동영상으로 구현하기 위한 것이다.
③ 사고차량의 성능, 강도, 연비 등 차량의 특성만을 분석하기 위한 것이다.
④ 실제 사고 상황을 쉽게 재현하여 당해 교통사고 가해자를 조속히 처벌하기 위함이다.

해설 교통사고 재현 컴퓨터 프로그램은 경제적, 시간적 절약을 위해 시뮬레이션을 통해 실제 사고 상황을 재현하여 교통사고의 원인을 규명함을 그 목적으로 하고 있다.

62 충격력의 작용방향(PDOF)을 나타내는 방법 2가지는?

① 각도법, 삼각측정법
② 각도법, 시계눈금법
③ 시계눈금법, 벡터법
④ 시계눈금법, 삼각측정법

해설 충격력의 작용방향을 나타내는 방법으로 각도법과 시계눈금법이 있다.

63 A 승용차가 후진하다가 주차된 B 승용차와 가벼운 충돌이 발생하였다. 이때 충돌 여부를 판단하기 위한 조사방법이 아닌 것은?

① 손상 부위에 대한 지상고 비교
② 손상 흔적의 방향성 비교
③ 상호 부착된 도료의 색상 및 성분 비교
④ A 승용차의 발진가속 실험

해설 A 자동차가 후진하다가 주차된 뒤차와 충돌한 사건이므로 발진가속 실험과는 상관없다.

64 차량의 최대 접합 시 노면에 나타나는 흔적으로 틀린 것은?

① 충돌 스크럽(Collision Scrub)
② 크룩(Crook)
③ 가우지 마크(Gouge Mark)
④ 견인 시 긁힌 흔적(Towing Scratch)

해설 견인 시 긁힌 자국과 차량 사고와는 관계없다.

65 자동차가 72km/h로 주행하다가 급제동하여 스키드 마크(Skid Mark)를 발생하고 스키드 마크 끝에서 36km/h로 보행자를 충돌하였다. 스키드 마크를 발생하며 미끄러진 시간은?(노면마찰계수 0.8, 중력가속도 $9.8m/s^2$)

① 1.18s
② 1.28s
③ 2.18s
④ 2.28s

해설 $v = v_0 + at$ 에서 $10 = 20 + (-0.8 \times 9.8)t$
$t = 1.28$초

66 객관적이고 과학적으로 사고원인을 분석하기 위해 차량에서 우선적으로 확인해야 할 사항이 아닌 것은?

① 사고영상기록장치(Black Box)
② 디지털운행기록계(Digital Tacho Graph)
③ 사고기록장치(Event Data Recorder)
④ 휴대용 전화

해설 차량사고 원인분석을 과학적으로 조사하기 위한 우선적 확인사항은 차량의 블랙박스와 EDR 그리고 영업용의 경우 디지털운행기록계를 살펴보아야 한다.

67 승용차의 전면유리에 보행자 머리가 직접 충격된 경우 일반적인 파손형태는?

① 가로방향으로만 파손된다.
② 날카롭고 불규칙한 조각으로 파손된다.
③ 거미줄 모양의 형태로 금이 간다.
④ 조각조각 나며 흩어진다.

해설 승용차 앞 유리창에 충격을 가할 시 유리는 거미줄 모양 형태로 금이 간다.

68 자동차가 15m/s 속도로 주행하다가 급제동하였을 때의 제동거리가 18m로 확인되었다. 인지반응시간이 0.7초일 때 자동차의 정지거리는?

① 18.5m   ② 23.5m
③ 28.5m   ④ 33.5m

해설 인지시간 0.7초 동안 이동거리 = 15m/s × 0.7s
                              = 10.5m
∴ 18m + 10.5m = 28.5m

69 고속버스 승객으로 탑승하였다가 충돌사고를 당하였다. 여러 부상 부위 중 좌석안전띠(2점식)에 의해 발생될 수 있는 신체 부위는?

① 흉부 손상
② 두부 손상
③ 하복부 손상
④ 하지 손상

해설 버스에서 좌석안전띠를 착용하고 있을 때 충돌사고의 충격으로 하복부 손상이 올 수 있다.

70 뒤차가 앞차를 추돌한 사고의 일반적인 특징으로 틀린 것은?

① 추돌 차량의 운동량 전이로 앞차는 가속된다.
② 추돌 차량이 급제동하면서 추돌하는 경우가 많아 노즈다운(Nose Down) 현상의 추돌이 되기 쉽다.
③ 추돌 차량 운전자의 신체는 후방으로 이동한다.
④ 피추돌 차량 운전자는 추돌 직전 상황을 인지하지 못하는 경우가 있다.

해설 추돌 사고 시 추돌차량 운전자의 신체는 관성의 법칙에 의해 전방으로 이동한다.

정답 66 ④ 67 ③ 68 ③ 69 ③ 70 ③

71 차량이 X축 방향으로 달릴 때 가로축(Y축)을 기준으로 차체가 회전하는 진동은?

① 바운싱(Bouncing)
② 피칭(Pitching)
③ 러칭(Lurching)
④ 요잉(Yawing)

해설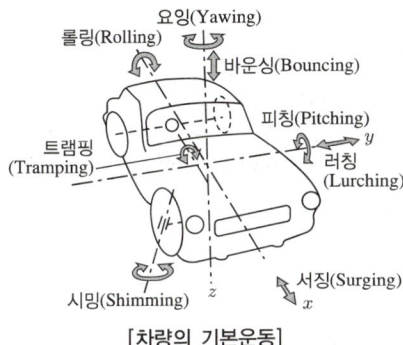
[차량의 기본운동]

72 차 대 보행자 사고에서 보행자의 반발계수 근삿값은?

① 0   ② 1
③ 2   ④ 3

해설 차 대 보행자사고에서 보행자의 신체는 유동성이므로 반발계수는 거의 0에 가깝다.

73 차량이 직선도로를 주행하다가 급제동하였다. 스키드 마크(Skid Mark)의 길이는 좌우 45m로 동일하고 기울기 10% 내리막길이다. 급제동 직전 속도는?(단, 모든 바퀴가 제동되었고 마찰계수는 0.8이다)

① 76.35km/h   ② 89.44km/h
③ 85.45km/h   ④ 92.76km/h

해설 내리막 경사 10%는 0.1
$$\therefore v = \sqrt{2(\mu - G)gd} = \sqrt{2 \times (0.8 - 0.1) \times 9.8 \times 45}$$
$$\cong 24.85 m/s\,(89.45 km/h)$$

74 정면충돌 시 자동차 운전자 상해에 대한 설명으로 틀린 것은?

① 전면유리에 충격되어 두피열창, 두개골 골절이 발생할 수 있다.
② 안전띠 착용 여부에 관계없이 상해 정도는 비슷하다.
③ 무릎에서 좌상, 표피박탈 같은 상해가 발생할 수 있다.
④ 운전대에 의한 흉부 및 복부 상해가 발생할 수 있다.

해설 정면충돌 시 운전자가 안전띠를 착용하지 않을 경우, 운전자는 앞으로 튕겨 나갈 확률이 높다.

75 승용차가 직진 주행 중 전신주를 운전석 앞부분으로 편심충돌하여 반시계방향으로 회전하며 정지하였다. 이때 운전자 머리 부분의 운동방향으로 맞는 것은?

① 운전자는 원래 있던 위치의 왼쪽 앞으로 이동한다.
② 운전자는 원래 있던 위치의 왼쪽 뒤로 이동한다.
③ 운전자는 원래 있던 위치의 오른쪽 앞으로 이동한다.
④ 운전자는 원래 있던 위치의 오른쪽 뒤로 이동한다.

해설 승용차가 전신주를 운전자 앞부분으로 편심충돌하면 차량은 반시계방향으로 회전하고, 운전자의 머리는 원래위치보다 왼쪽으로 이동한다.

정답 71 ② 72 ① 73 ② 74 ② 75 ①

제4과목 | 차량운동학

76 차량의 견인계수가 0.8일 때 100m 거리를 감속하여 정지하였다. 처음속도는?

① 약 125km/h
② 약 135km/h
③ 약 143km/h
④ 약 151km/h

해설 $v = \sqrt{2\mu g d} = \sqrt{2 \times 0.8 \times 9.8 \times 100}$
$\cong 39.6 \text{m/s} (142.6 \text{km/h})$

77 120km/h로 주행하던 차량이 등감속하여 5초 후의 속도가 24km/h였다. 이 차량의 감속도와 5초간 이동거리는?

① 약 5.33m/s^2, 약 100m
② 약 5.33m/s^2, 약 110m
③ 약 4.07m/s^2, 약 100m
④ 약 4.07m/s^2, 약 110m

해설 $a = \dfrac{\Delta v}{t} = \dfrac{(24/3.6)-(120/3.6)}{5} = -5.33\text{m/s}^2$
$v_2^2 - v_1^2 = 2ad$,
$d = \dfrac{v_2^2 - v_1^2}{2a} = \dfrac{(6.67)^2 - (33.3)^2}{2\times(-5.33)} = 99.85\text{m}$

78 자동차 주행 시 구름저항계수가 가장 낮은 노면상황은?

① 정비가 잘된 비포장도로
② 새로 자갈을 배포한 도로
③ 자갈이 있는 점토질의 도로
④ 평탄한 아스팔트포장도로

해설 도로 재질이 부드러우면 부드러울수록 구름저항계수가 커진다.

79 질량 1,000kg의 자동차가 30m/s의 속도로 벽에 수직으로 충돌한 후 10m/s의 속도로 수직으로 튀어나왔다. 벽이 자동차에 가한 충격량은?

① 20,000N·s
② 30,000N·s
③ 40,000N·s
④ 50,000N·s

해설 충격량 = 운동량 변화량
$= m(\Delta v) = 1,000[(30-(-10)]$
$= 40,000\text{kg}\cdot\text{m/s(N}\cdot\text{s)}$

80 처음속도가 20m/s, 나중속도가 30m/s이고, 소요시간이 5초일 때 가속도는?

① 0.5m/s^2
② 1m/s^2
③ 2m/s^2
④ 4m/s^2

해설 $a = \dfrac{\Delta v}{t} = \dfrac{30-20}{5} = 2\text{m/s}^2$

81 타이어와 노면의 마찰계수가 0.7일 때, 이 노면에서 4륜구동 자동차와 후륜구동 자동차의 이론적인 최대 가속도는?(하중은 앞바퀴에 60%, 뒷바퀴에 40%가 배분되고, 구름저항은 무시)

① 3.86m/s^2, 약 1.74m/s^2
② 4.86m/s^2, 약 2.14m/s^2
③ 5.86m/s^2, 약 2.44m/s^2
④ 6.86m/s^2, 약 2.74m/s^2

해설 $a = \mu g$
사륜구동 $a = \mu g = 0.7 \times 9.8 = 6.86\text{m/s}^2$
후륜구동 $a = \mu g = (0.4 \times 0.7) \times 9.8 = 2.74\text{m/s}^2$

정답: 76 ③ 77 ① 78 ④ 79 ③ 80 ③ 81 ④

82 자동차 A가 스키드 마크(Skid Mark)를 발생하며 자동차 B와 충돌하는 과정에 대한 설명이 아닌 것은?

① Newton의 제1법칙이 작용한다.
② Newton의 제2법칙이 작용한다.
③ Newton의 제3법칙이 작용한다.
④ 운동량 보존의 법칙만 작용한다.

해설 같은 방향으로 이동, 충돌이 일어날 경우, 운동량 보존 법칙과 운동에너지가 작용한다. 충돌 전후 운동량은 같으나, 운동에너지는 충돌 전이 충돌 후보다 크다.

83 운동하는 물체는 그 물체가 정지할 때까지 다른 물체에 일을 할 수 있는 에너지를 가지고 있는데 이 에너지를 무엇이라고 하는가?

① 전기에너지 ② 위치에너지
③ 화학에너지 ④ 운동에너지

해설 운동하는 물체는 속도를 가지므로 운동에너지를 가진다.
운동에너지 $= \dfrac{mv^2}{2}$

84 질량이 1kg인 물체의 운동에너지가 1J이라면 물체의 속도는?

① 약 0.31m/s ② 약 0.41m/s
③ 약 1.31m/s ④ 약 1.41m/s

해설 운동에너지 $E_k = \dfrac{1}{2}mv^2$에서
$1J = \dfrac{1}{2} \times 1kg \times v^2$
$\therefore v = \sqrt{2} = 1.41 m/s$

85 회전운동을 하고 있는 차량에 작용하는 원심력의 크기를 나타낸 식은?(F : 원심력, m : 질량(kg), v : 속도(m/s), r : 회전반경(m))

① $F = m \times \dfrac{v}{r}$ ② $F = m \times \dfrac{v^2}{r}$
③ $F = m \times \dfrac{v^2}{r^2}$ ④ $F = m \times \dfrac{v}{r^2}$

해설 원심력의 크기 $F = m\dfrac{v^2}{r}$

86 자동차 A는 서쪽방향으로 40km/h, 자동차 B는 동쪽방향으로 100km/h, 자동차 C는 동쪽방향으로 80km/h로 달리고 있다. 다음 설명 중 맞는 것은?(단, 동쪽방향을 (+), 서쪽방향을 (-)로 한다)

① A에서 보면 C의 속도는 -120km/h이다.
② C에서 보면 B의 속도는 -20km/h이다.
③ B에서 보면 A의 속도는 -140km/h이다.
④ C에서 보면 A와 B의 운동방향은 같다.

해설 상대속도 = 대상물체의 속도 - 관측자의 속도
① A에서 보면 C의 속도 = 80 - (-40) = +120km/h
② C에서 보면 B의 속도 = 100 - 80 = +20km/h
③ B에서 보면 A의 속도 = -40 - (100) = -140km/h
④ C에서 보면 A, B의 운동방향은 A는 - 방향, B는 +방향

87 자동차의 처음 속도가 15m/s이고, 가속도 1m/s²로 움직인다면, 10초 동안 이동거리는?

① 50m ② 150m
③ 155m ④ 200m

해설 $d = v_0 t + \dfrac{1}{2}at^2 = 15 \times 10 + \dfrac{1}{2} \times 1 \times (10)^2 = 200m$

정답 82 ④ 83 ④ 84 ④ 85 ② 86 ③ 87 ④

88 등속으로 달리던 차량이 감속도 6.86m/s² 로 2.7초 동안 감속했더니 정지되었다. 이 차량의 감속직전 속도는?

① 약 54.45km/h
② 약 66.68km/h
③ 약 72.45km/h
④ 약 90.68km/h

해설 $v = v_o + at$ 에서
$0 = v_o + (-6.86) \times 2.7$
$\therefore v_o = 18.52 m/s = 66.68 km/h$

89 자유낙하운동에 대한 설명으로 맞는 것은?

① 어떤 물체가 수직 상방향으로 내던져지는 운동을 자유낙하운동이라고 한다.
② 수평으로 내던져지는 물체의 운동 중 수평방향으로 이동하는 운동을 자유낙하운동이라고 한다.
③ 초기속도가 0인 상태에서 낙하하는 것을 말하며 등속운동이다.
④ 중력만을 받아서 낙하하는 것을 말하며 공기의 저항을 무시할 경우의 가속도를 중력가속도라고 말한다.

해설 자유낙하운동이란 정지되어 있던 물체가 중력을 받아 속력이 커지면서 지면을 향하여 떨어지는 운동이다. 공기저항을 무시할 때 중력가속도는 일정하다.

90 모든 바퀴가 정상적으로 제동되는 질량 1,500kg인 차량이 평탄하고 젖은 노면에서 25m 미끄러지면서 18,750J의 에너지를 소비하고 정지했다면 마찰계수는?

① 약 0.05   ② 약 0.06
③ 약 0.5   ④ 약 0.6

해설 일 = 힘 × 거리
$w = F \times d = mad = m\mu gd$
$18,750J = 1,500kg \times \mu \times 9.8 m/s^2 \times 25m$
$\therefore \mu = 0.05$

91 A 차량의 브레이크 밟기 전 속도는?

㉠ A 차량 운전자가 장애물을 발견하고 브레이크를 밟아 제동상태로 2m 진행하고 정지
㉡ A 차량의 모든 바퀴는 정상적으로 제동, 견인계수는 0.9

① 약 1.84m/s   ② 약 5.94m/s
③ 약 16.44m/s   ④ 약 21.34m/s

해설 $v = \sqrt{2\mu gd} = \sqrt{2 \times 0.9 \times 9.8 \times 2} \cong 5.94 m/s$

92 버스가 갑자기 출발하거나 급제동 시 승객이 넘어지는 현상과 관련된 법칙은?

① 관성의 법칙
② 상대속도 법칙
③ 질량불변의 법칙
④ 운동량 보존의 법칙

해설 관성의 법칙(뉴턴 제1법칙) : 관성은 물체가 정지 혹은 일정한 속력의 직선운동 상태를 유지하려는 자연적인 경향으로, 힘을 더 주지 않아도 계속되는 운동상태를 말한다.

93 물체의 빠르기만을 나타낼 때에는 ⓐ를(을) 사용하고, 빠르기와 운동방향을 나타낼 때에는 ⓑ를(을) 사용한다. ⓐ, ⓑ에 맞는 것은?

① ⓐ 힘, ⓑ 속도
② ⓐ 힘, ⓑ 속력
③ ⓐ 속력, ⓑ 속도
④ ⓐ 속도, ⓑ 속력

해설
- 속력(Speed) : 빠르기만 나타내는 스칼라
- 속도(Velocity) : 빠르기와 방향을 나타내는 벡터

94 35m/s의 속도로 달리던 질량 2,000kg 차량에 반대방향으로 1,000N의 힘을 8초간 준 후의 속도는?

① 31m/s
② 24m/s
③ 21m/s
④ 14m/s

해설 $m_1v_1 + m_2v_2 = (m_1 + m_2)v$ 에서
$2{,}000 \times 35 - 1{,}000 \times 8 = (2{,}000 + 0)v$
∴ $v = 31\text{m/s}$

95 질량 15kg의 돌을 지면으로부터 50m 높이에서 자유낙하시켰다. 그 돌이 낙하되어 지면과 충돌한 속도는?

① 약 10.1m/s
② 약 22.1m/s
③ 약 28.3m/s
④ 약 31.3m/s

해설 운동에너지 $\frac{1}{2}mv^2 = mgh$ 에서
$v = \sqrt{2gh} = \sqrt{2 \times 9.8 \times 50} = 31.3\text{m/s}$

96 50km/h로 수직암벽을 충돌한 차량이 2km/h로 튕겨 나왔다. 반발계수는?

① 0.5
② 0.4
③ 0.04
④ 0.02

해설 반발계수 = $\dfrac{충돌\ 후\ 상대속도}{충돌\ 전\ 상대속도} = \dfrac{2}{50} = 0.04$

97 5N의 힘을 A물체에 작용시켰더니 8m/s²의 가속도가 생기고, B물체에 같은 힘을 작용시켰더니 24m/s²의 가속도가 생겼다. 두 물체를 같이 묶었을 때, 이 힘에 의한 가속도는?

① 5m/s²
② 6m/s²
③ 7m/s²
④ 8m/s²

해설 $F = ma$ 에서
$5 = m \times 8,\ m = 5/8 = 15/24$
$5 = m \times 24,\ m = 5/24$
∴ $5 = (20/24) \times a,\ a = 6\text{m/s}^2$

98 교통사고감정에서 활용되는 마찰계수와 관련이 없는 것은?

① 노면과 타이어 간의 마찰계수
② 전도하여 미끄러질 때의 마찰계수
③ 차량과 차량 간의 마찰계수
④ 조향장치와 바퀴 간의 마찰계수

해설 교통사고감정에 사용되는 마찰계수는 차량과 노면 간의 마찰에 관한 계수이다. 조향장치와 바퀴 간의 마찰계수는 관련이 없다.

정답 93 ③ 94 ① 95 ④ 96 ③ 97 ② 98 ④

99 정지 중인 질량 40kg의 A물체를 질량 10kg인 B물체가 10m/s로 충돌하여 맞물린 상태로 이동했다. 충돌 직후 두 물체의 속도는? (단, 충돌 시에 두 물체 모두 손상이 일어나지 않았으며, 충돌 전후 일직선으로 이동한다)

① 2m/s ② 3m/s
③ 4m/s ④ 5m/s

해설 $m_1v_1 + m_2v_2 = (m_1+m_2)v$ 에서
$40 \times 0 + 10 \times 10 = (40+10)v$
∴ $v = 2$m/s

100 높이가 h(m)인 지점에서 자동차가 낙하하여 바닥에 도달할 때까지 걸리는 시간을 산출하는 공식으로 맞는 것은?

① $\sqrt{2gh}$ ② $\sqrt{\dfrac{2g}{h}}$
③ $\sqrt{\dfrac{h}{2g}}$ ④ $\sqrt{\dfrac{2h}{g}}$

해설 $d = v_0 t + \dfrac{1}{2}at^2$ 에서
$h = v_0 t + \dfrac{1}{2}gt^2$, $v_0 = 0$이므로
$h = \dfrac{1}{2}gt^2$ 에서 $t = \sqrt{\dfrac{2h}{g}}$

정답 99 ① 100 ④

2021년 9월 5일 시행

07 과년도 기출문제

제1과목 교통관련법규

01 도로교통법령상 승용자동차 기준 위반행위에 대한 벌점과 범칙금의 연결로 맞지 않는 것은?

① 앞지르기 방법 위반	10점	4만원
② 어린이 통학버스 특별보호 위반	30점	9만원
③ 운전 중 영상표시장치 조작	15점	6만원
④ 속도위반(60km/h 초과 80km/h 이하)	80점	16만원

해설 ④ 벌점 60점, 범칙금 12만원
범칙행위 및 범칙금액(운전자)(도로교통법 시행령 별표 8)
앞지르기 방법을 위반한 승용자동차의 경우 범칙금 6만원이 부과된다.
※ 저자 의견 : 한국도로교통공단에서 발표한 정답은 ④이나, 도로교통법 시행령 별표 8에 따르면 ①도 정답이 된다.

02 도로교통법령상 일시정지하여야 할 장소로 규정된 곳은?
① 가파른 비탈길의 내리막
② 도로가 구부러진 부근
③ 교통정리가 행하여지고 있지 아니하고 교통이 빈번한 교차로
④ 비탈길의 고갯마루 부근

해설 ①, ②, ④번은 서행
서행 또는 일시정지할 장소(도로교통법 제31조)
- 모든 차 또는 노면전차의 운전자는 다음의 어느 하나에 해당하는 곳에서는 서행하여야 한다.
  – 교통정리를 하고 있지 아니하는 교차로
  – 도로가 구부러진 부근
  – 비탈길의 고갯마루 부근
  – 가파른 비탈길의 내리막
  – 시·도경찰청장이 도로에서의 위험을 방지하고 교통의 안전과 원활한 소통을 확보하기 위하여 필요하다고 인정하여 안전표지로 지정한 곳
- 모든 차 또는 노면전차의 운전자는 다음의 어느 하나에 해당하는 곳에서는 일시정지하여야 한다.
  – 교통정리를 하고 있지 아니하고 좌우를 확인할 수 없거나 교통이 빈번한 교차로
  – 시·도경찰청장이 도로에서의 위험을 방지하고 교통의 안전과 원활한 소통을 확보하기 위하여 필요하다고 인정하여 안전표지로 지정한 곳

정답 1 ①, ④ 2 ③

03 도로교통법령상 정차는 허용하나 주차는 금지하는 장소는?

① 교차로
② 건널목
③ 다리 위
④ 횡단보도

해설 주차금지의 장소(도로교통법 제33조)
• 터널 안 및 다리 위
• 다음의 위치로부터 5m 이내인 곳
 - 도로공사를 하고 있는 경우에는 그 공사 구역의 양쪽 가장자리
 - 다중이용업소의 안전관리에 관한 특별법에 따른 다중이용업소의 영업장이 속한 건축물로 소방본부장의 요청에 의하여 시·도경찰청장이 지정한 곳
• 시·도경찰청장이 도로에서의 위험을 방지하고 교통의 안전과 원활한 소통을 확보하기 위하여 필요하다고 인정하여 지정한 곳

04 도로교통법령상 승용자동차를 최고 속도보다 시속 100km를 초과한 속도로 3회 이상 운전한 사람에 대한 처벌규정으로 맞는 것은?

① 1년 이하의 징역이나 500만원 이하의 벌금
② 100만원 이하의 벌금
③ 30만원 이하의 벌금이나 구류
④ 범칙금 16만원

해설 벌칙(도로교통법 제151조의2)
• 다음의 어느 하나에 해당하는 사람은 1년 이하의 징역이나 500만원 이하의 벌금에 처한다.
 - 자동차 등을 난폭운전한 사람
 - 자동차 등과 노면전차의 속도(도로교통법 제17조)를 위반하여 자동차 등의 속도를 최고속도보다 100km/h를 초과한 속도로 3회 이상 자동차 등을 운전한 사람

05 다음 중 교통사고처리 특례법상 신호 또는 지시위반 교통사고로 처리되지 않는 것은? (인적 피해 발생)

① 경찰공무원의 수신호를 위반하여 진행 중 발생한 교통사고
② 비보호좌회전 표지가 있는 곳에서 진행 방향 녹색신호에 좌회전 중 발생한 교통사고
③ 쌍방이 적색신호를 위반하여 발생한 교통사고
④ 진입금지 표지판이 있는 도로를 진입하여 진행 중 발생한 교통사고

해설 신호기가 표시하는 신호의 종류 및 신호의 뜻(도로교통법 시행규칙 별표 2)
비보호좌회전 표지가 있는 곳에서 녹색등화를 따라 좌회전하다가 마주 오던 직진 차량과 사고가 발생할 시 신호위반의 책임을 지지 않으나 안전운전 불이행에 의한 책임이 발생한다.

3 ③ 4 ① 5 ②

06 도로교통법령상 교통정리가 없는 교차로에서의 양보운전에 대한 설명으로 틀린 것은?

① 교통정리를 하고 있지 아니하는 교차로에 들어가려고 하는 차의 운전자는 이미 교차로에 들어가 있는 다른 차가 있을 때에는 그 차에 진로를 양보하여야 한다.
② 교통정리를 하고 있지 아니하는 교차로에 들어가려고 하는 차의 운전자는 그 차가 통행하고 있는 도로의 폭보다 교차하는 도로의 폭이 넓은 경우에는 서행하여야 하며, 폭이 넓은 도로로부터 교차로에 들어가려고 하는 다른 차가 있을 때에는 그 차에 진로를 양보하여야 한다.
③ 교통정리를 하고 있지 아니하는 교차로에서 우회전하려고 하는 차의 운전자는 그 교차로에서 직진하거나 좌회전하려는 다른 차가 있을 때에는 그 차에 진로를 양보하여야 한다.
④ 교통정리를 하고 있지 아니하는 교차로에 동시에 들어가려고 하는 차의 운전자는 우측 도로의 차에 진로를 양보하여야 한다.

해설 교통정리가 없는 교차로에서의 양보운전(도로교통법 제26조)
교통정리를 하고 있지 아니하는 교차로에서 좌회전하려고 하는 차의 운전자는 그 교차로에서 직진하거나 우회전하려는 다른 차가 있을 때에는 그 차에 진로를 양보하여야 한다.

07 다음의 교통안전표지 중 규제표지가 아닌 것은?

① 정차·주차금지 표지
② 차간거리확보 표지
③ 양보 표지
④ 자동차전용도로 표지

해설 ④ 교통안전표지 중 지시표지
안전표지의 종류(도로교통법 시행규칙 제8조)
교통안전표지는 5가지로 주의표지, 규제표지, 지시표지, 보조표지, 노면표시가 있다.
• 주의표지 : 도로 상태가 위험하거나 도로 또는 그 부근에 위험물이 있는 경우에 필요한 안전조치를 할 수 있도록 도로 사용자에게 알리는 표지
• 규제표지 : 도로교통의 안전을 위하여 각종 제한·금지 등의 규제를 하는 경우에 이를 도로사용자에게 알리는 표지
• 지시표지 : 도로의 통행방법·통행 구분 등 도로교통의 안전을 위하여 필요한 지시를 하는 경우에 도로사용자가 이에 따르도록 알리는 표지
• 보조표지 : 주의, 규제, 지시표지의 주기능을 보충하여 도로 사용자에게 알리는 표지
• 노면표시 : 도로교통의 안전을 위하여 각종 주의·규제·지시 등의 내용을 노면에 기호·문자 또는 선으로 도로 사용자에게 알리는 표지

08 '특정범죄 가중처벌 등에 관한 법률 제5조의 3에 의하면 사고 운전자가 피해자를 사고 장소로부터 옮겨 유기하고 도주하여 상해에 이르게 한 경우에는 (　) 이상의 유기징역에 처한다.' (　)에 알맞은 것은?

① 1년　　　　② 2년
③ 3년　　　　④ 5년

해설 교통사고가 발생하였으나 피해자를 사고 장소로부터 유기하고 도주하여 상해에 이르게 한 경우에는 가중처벌에 따라 3년 이상의 유기징역에 처한다.

09 다음 교통사고를 발생시킨 제1종 보통면허를 가진 자전거 운전자에 대한 벌점으로 맞는 것은?

> 사고유형 : 자전거와 보행자 충돌사고
> 사고원인 : 보도 내 자전거 운전자의 부주의로 인한 사고
> 사고결과 : 가) 자전거 운전자 상해 3주 진단
> 　　　　　 나) 자전거 동승자 1명 상해 2주 진단
> 　　　　　 다) 보행자 1명 상해 3주 진단

① 벌점 없음　　② 20점
③ 30점　　　　④ 45점

해설 자전거는 도로교통법상 '자동차 등'에 해당되지 않는다. '자동차 등'이란 자동차와 원동기장치자전거를 말한다. 벌점은 자동차 등을 운전하였을 경우에 부과한다. 자전거가 아닌 자동차였다면 '10점(운전 부주의) + 5점(자전거 동승자 1명 상해 2주) + 15점(보행자 1명 상해 3주)'으로 벌점 30점이 부여된다.

10 도로교통법령상 "개인형 이동장치"에 대한 설명으로 틀린 것은?

① 도로교통법령상 개인형 이동장치에 속하는 전기자전거와 자전거 이용 활성화에 관한 법령상 전기자전거는 그 의미가 다르다.
② 운전면허가 필요하므로 도로 여부를 묻지 않고 어린이는 개인형 이동장치를 운전하면 아니 된다.
③ 시속 25km 이상으로 운행할 경우 전동기가 작동하지 않아야 한다.
④ 자체 중량이 30kg 미만이어야 한다.

해설 도로 이외의 장소에서 어린이가 개인형 이동장치를 운전하는 경우는 무면허에 해당되지 않는다.

11 '교통사고처리 특례법 시행령 제4조에서 손해배상금의 우선 지급절차 중 손해배상금 우선 지급의 청구를 받은 보험사업자 또는 공제사업자는 그 청구를 받은 날부터 (　) 이내에 이를 지급하여야 한다.' (　)에 맞는 것은?

① 7일　　② 5일
③ 10일　④ 15일

해설 **손해배상금의 우선지급절차(교통사고처리 특례법 시행령 제4조 제2항)**
제1항의 규정에 의하여 손해배상금우선 지급의 청구를 받은 보험사업자 또는 공제사업자는 그 청구를 받은 날로부터 7일 이내에 이를 지급하여야 한다.
상법 제4편 보험편 제658조 보험금액의 지급 10일 이내 자동차보험약관 규정 : 민법의 특별법인 상법과 형법의 특별법인 교통사고처리 특례법의 내용이 상이하므로 7일로 명기

12 다음 중 교통사고처리 특례법 제3조 제2항 단서 각 호에 규정된 것에 해당하지 않는 것은?

① 중앙선 침범 운전
② 난폭운전 및 보복운전
③ 혈중알코올농도 0.04% 운전
④ 속도위반 운전(30km/h 초과)

해설 **난폭운전** : 도로교통법 제46조의3에 따른 9가지 유형
보복운전 : 위협운전으로 형법상 특수상해, 특수폭행 등으로 가중처벌될 수 있는 운전 유형

정답 9 ①　10 ②　11 ①　12 ②

13 다음 중 도로교통법령상 무면허 운전에 해당되지 않는 경우는?

① 제1종 보통면허로 125cc 이하의 원동기장치자전거를 운전한 때
② 제2종 보통면허로 구난차를 운전한 때
③ 제1종 특수면허로 덤프트럭을 운전한 때
④ 제2종 소형면허로 승용자동차를 운전한 때

해설 ① 제1종 보통면허로 운전할 수 있는 원동기장치자전거는 배기량 125cc 이하의 이륜자동차와 125cc 이하의 원동기를 단 차이다.
② 구난차는 1종 특수면허
③ 덤프트럭은 1종 대형면허
④ 승용자동차는 1종 또는 2종 보통면허

14 특정범죄 가중처벌 등에 관한 법률 제5조의 11(위험운전 등 치사상)에 관한 설명으로 맞지 않는 것은?

① 음주 또는 약물의 영향으로 정상적인 운전이 곤란한 상태에서 운전한 경우 적용한다.
② 이에 해당하는 교통사고가 발생하여 사람을 사망에 이르게 한 사람은 무기 또는 3년 이상의 징역에 처한다.
③ 일명 "윤창호법"으로 불리우며 음주운전에 대한 경각심을 높이고 국민 법감정에 부합하도록 최초 제정 당시보다 법정형이 상향 되었다.
④ 자동차 등(원동기장치자전거 포함)이 그 범위로 규정되어 있으므로 개인형 이동장치는 해당되지 않는다.

해설 개인형 이동장치(도로교통법 제2조 제19호의2)
도로교통법이 개정되어 개인형 이동장치도 원동기장치자전거에 포함된다.

15 교통안전표지 중 노면표시이다. 이 노면표시의 뜻은?

① 보행자가 안전하게 통행할 수 있는 안전지대 표시
② 도로상에 장애물이 있음을 나타내는 표시
③ 어린이보호구역 내에 설치된 횡단보도 예고표시
④ 광장이나 교차로 중앙지점 등에 설치된 구획 부분에 차가 들어가 정차하는 것을 금지하는 표시

해설 안전표지의 종류, 만드는 방식 및 설치·관리기준(도로교통법 시행규칙 별표 6)
일련번호 524 : 정차금지지대 표시

16 교통사고처리 특례법상 고속도로에서 운전 중 인적 피해(3중 상해) 교통사고 야기 시 종합보험에 가입되었으면 형사처벌할 수 없는 것은?

① 횡 단
② 유 턴
③ 진로 변경
④ 후 진

해설 난폭운전 금지(도로교통법 제46조의3 제9호)
고속도로 등에서 횡단, 유턴, 후진 금지 위반
횡단 등의 금지(도로교통법 제62조)
고속도로 등에서 횡단, 유턴, 후진 금지

정답 13 ① 14 ④ 15 ④ 16 ③

17 평일 오전 09시 30분경 제한속도 매시 30km인 어린이보호구역에서 매시 60km로 주행하다 도로를 횡단하는 어린이에게 2주 진단의 경상을 입힌 승용자동차 운전자에 대한 처리로 맞는 것은?(사고원인은 운전자 부주의 및 과속운전)

① 종합보험에 가입되어 있으면 처벌받지 않는다.
② 피해자의 처벌의사에 따라 처리된다.
③ 피해자의 처벌의사 또는 합의 여부에 관계없이 형사입건된다.
④ 피해자와 합의하면 통고처분을 받는다.

해설 처벌의 특례(교통사고처리 특례법 제3조 제2항 제11호)
어린이보호구역(스쿨 존)에서의 사고 중과실에 해당하여 합의 여부와 관계없이 기소처리된다.

18 도로교통법령상 승용자동차 운전자의 위반행위에 대한 벌점으로 틀린 것은?

① 고속도로·자동차전용도로 갓길통행 : 30점
② 속도위반(100km/h 초과) : 100점
③ 공동위험행위로 형사입건된 때 : 50점
④ 앞지르기 금지시기·장소위반 : 15점

해설 공동위험행위로 형사입건된 때 벌점 40점이 부과된다.

19 도로교통법령상 다음 각 행위에 대한 범칙금으로 틀린 것은?

① 개인형 이동장치 무면허 운전 – 범칙금 20만원
② 약물의 영향으로 정상적으로 운전하지 못할 우려가 있는 상태에서 자전거 등 운전 – 범칙금 10만원
③ 승차정원을 초과하여 동승자를 태우고 개인형 이동장치 운전 – 범칙금 4만원
④ 술에 취한 상태에서 자전거 운전 – 범칙금 3만원

해설 벌칙(도로교통법 제156조 제13호)
개인형 이동장치 무면허운전의 경우에는 20만원 이하의 벌금이나 구류 또는 과료에 처한다.

20 도로교통법령상 특별교통안전 의무교육 중 음주운전 교육에 대한 설명으로 틀린 것은?

① 최근 5년 동안 처음으로 음주운전을 한 사람은 6시간의 교육을 받아야 한다.
② 최근 5년 동안 2번 음주운전을 한 사람은 10시간의 교육을 받아야 한다.
③ 최근 5년 동안 3번 이상 음주운전을 한 사람은 16시간의 교육을 받아야 한다.
④ "최근 5년"은 해당 처분의 원인이 된 음주운전을 한 날을 기준으로 기산한다.

해설 ※ 법령 개정(21.12.31 개정)으로 인하여 정답 ②→ ①·②·③
교통안전교육의 과목·내용·방법 및 시간(도로교통법 시행규칙 별표 16)
① 최근 5년 동안 처음으로 음주운전을 한 사람은 12시간(3회, 회당 4시간)의 교육을 받아야 한다.
② 최근 5년 동안 2번 음주운전을 한 사람은 16시간(4회, 회당 4시간)의 교육을 받아야 한다.
③ 최근 5년 동안 3번 이상 음주운전을 한 사람은 48시간(12회, 회당 4시간)의 교육을 받아야 한다.

21. 도로교통법령상 긴급자동차에 대한 특례사항 중 모든 긴급자동차에 대해 적용하는 것은?

① 신호위반   ② 중앙선 침범
③ 앞지르기 금지   ④ 보도 침범

해설 긴급자동차에 대한 특례(도로교통법 제30조)
긴급자동차에 대하여는 다음의 사항을 적용하지 아니한다. 다만, ㉣~㉺까지의 사항은 긴급자동차 중 소방차, 구급차, 혈액 공급차량과 대통령령으로 정하는 경찰용 자동차에 대해서만 적용하지 아니한다. 모든 긴급자동차에 대하여 적용되는 사항은 ㉠~㉢이다.
㉠ 자동차 등의 속도 제한(단, 긴급자동차에 대하여 속도를 제한한 경우에는 도로교통법 제17조 규정을 적용)
㉡ 앞지르기의 금지
㉢ 끼어들기의 금지
㉣ 신호위반
㉤ 보도 침범
㉥ 중앙선 침범
㉦ 횡단 등의 금지
㉧ 안전거리 확보 등
㉨ 앞지르기 방법 등
㉩ 정차 및 주차의 금지
㉪ 주차금지
㉫ 고장 등의 조치

22. 무위반·무사고 서약에 의한 벌점 공제에 대한 설명으로 틀린 것은?

① 무위반·무사고 서약을 하고 1년간 이를 실천하여야 한다.
② 매년 10점의 특혜점수를 부여한다.
③ 취소처분을 받게 될 경우 누산점수에서 특혜점수를 공제한다.
④ 사망사고·난폭운전·음주운전의 경우는 특혜점수를 이용하여 공제하지 아니한다.

해설 ③ 취소처분 → 정지처분

23. 운전자는 보행자보호의무위반으로 교통사고(보행자 무과실)를 발생시켰고 보행자는 본 교통사고를 원인으로 치료 중 10일 후 사망하였으며 그 후 운전자는 유족과 합의하였다. 이에 대한 설명으로 맞는 것은?

① 사고 발생 시로부터 72시간 이후에 사망하였으므로 교통사고처리 특례법상 사망사고로 처리하지 않는다.
② 합의가 되었으므로 공소를 제기할 수 없다.
③ 법규위반으로 교통사고를 야기한 경우이므로 위반행위 벌점 10점, 사고결과에 따른 벌점 15점이다.
④ 특정범죄 가중처벌 등에 관한 법률상 위험운전치사죄로 처리한다.

해설 ③ 보행자보호의무위반(벌점 10점), 교통사고 후 72시간 이후 사망(벌점 15점, 중상해와 벌점이 동일)
① 72시간 이후에 사망하였어도 교통사고가 원인이 되었으므로, 교통사고처리특례법상 사망사고로 처리한다.
② 차량의 교통사고로 인하여 사망, 뺑소니, 12대 중과실에 관하여는 피해자와 합의를 하여도 명시적 의사에 반하여 공소를 제기할 수 있다.
④ 특정범죄 가중처벌 등에 관한 법률상 위험운전치사죄는 음주나 약물의 영향으로 정상적인 운전이 곤란한 상태에서 사고가 난 경우이므로 해당되지 않는다.

정답 21 ③   22 ③   23 ③

24 운전면허를 받은 사람이 자동차 등을 이용하여 범죄행위를 한 때 운전면허를 취소할 수 있는 범죄가 아닌 것은?

① 약취·유인 또는 감금
② 살인·사체유기 또는 방화
③ 강도·강간 또는 강제추행
④ 업무상 횡령·배임

해설 ④ 횡령이나 배임은 타인의 재물을 보관하는 자가 불법적으로 차지한 경우 혹은 이를 맡아서 가지고 있던 측에서 정당한 사유 없이 이에 대한 반환을 거부하는 것으로 운전과는 관련이 없다. 업무상 횡령·배임은 형법 제356조에 따르면 10년 이하의 징역 또는 3,000만원 이하의 벌금형에 처한다.

25 어린이보호구역에서 평일 오전 10시경 승용자동차 운전 중 다음 위반사항에서 범칙금이 가중되는 것으로 맞는 것은 몇 개인가?

```
가. 신호위반
나. 중앙선 침범
다. 횡단보도 보행자 횡단 방해
라. 속도위반(20km/h 이하)
마. 주·정차 위반
바. 앞지르기 방법 위반
```

① 1개   ② 2개
③ 3개   ④ 4개

해설 범칙행위의 범위와 범칙금액(도로교통법 시행령 별표 10)
중앙선 침범, 앞지르기 방법 위반의 경우에는 가중규정이 없다.

제2과목 교통사고조사론

26 차량이 3° 오르막 도로를 진행하다 제동하여 18m의 스키드 마크를 발생시킨 후 정지하였다. 마찰계수가 0.7인 도로에서 차량의 제동 전 속도를 산출하기 위해 적용해야 할 감속도는?(중력가속도 : 9.8m/s²)

① 약 $6.6m/s^2$ ② 약 $7.2m/s^2$
③ 약 $7.4m/s^2$ ④ 약 $6.4m/s^2$

해설 라디안(Radian)이란 반지름 길이의 크기와 같은 원호가 차지하는 각도이다.

$$1rad = \frac{반지름}{원주} \times 360° = \frac{r}{2\pi r} \times 360° = \frac{180}{\pi}$$
$$\approx 57.3°$$
$$1° = \frac{1}{57.3} rad, \quad 3° = 3/57.3 = 0.052$$
∴ 총구배(μ) = 0.7 + 0.052 = 0.752
감속도 = μg = 0.752 × 9.8 = 7.37 ≅ 7.4m/s²

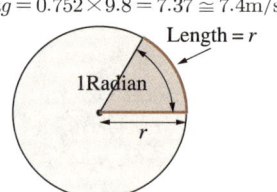

27 승용차가 급제동하며 타이어 흔적을 발생시킬 때 통상적으로 전륜 타이어 흔적이 쉽게 발생되는 이유로 가장 적절한 것은?

① 승용차의 제동장치는 유압식이 아닌 에어식이기 때문
② 승용차의 무게중심은 차체 길이의 중간에 위치하기 때문
③ 무게중심이 앞쪽으로 이동하는 노즈다운 현상 때문
④ 타이어 트레드 무늬가 대형트럭과 상이하기 때문

28 자동차의 기본구조를 가장 바르게 설명한 것은?

① 자동차는 크게 나누어 엔진과 자동차 실내로 분류할 수 있다.
② 자동차는 크게 나누어 차체와 섀시로 분류할 수 있다.
③ 자동차는 크게 나누어 제동장치와 현가장치로 분류할 수 있다.
④ 자동차는 크게 나누어 타이어와 섀시로 분류할 수 있다.

29 다음 중 요 마크 반경 측정과 관련된 내용 중 잘못된 것은?

① 현의 길이 측정구간에서 차량 앞뒤 바퀴에 의해 발생된 흔적의 간격(Offset)은 윤거의 반을 넘어야 한다.
② 요 마크 시작점부터 곡선반경(R)이 일정한 구간에서 요 마크 궤적 현의 길이(C)와 중앙종거(M)를 정확히 측정한다.
③ 요 마크 측정지점들의 위치를 기준점으로부터 삼각법으로 정확히 측정한다.
④ 요 마크가 2줄 이상 발생 시 요 마크 간의 간격과 교차점 등을 측정한다.

해설 요 마크를 처음부터 끝지점까지 측정하면 실제 요 마크의 반경과 차이가 많이 발생하는 경우가 많다. 이는 자동차가 진행하면서 운동에너지가 작아져 선회반경이 끝으로 갈수록 작아지는 곡선을 나타내기 때문이다. 따라서 요 마크 시작지점 부근에서 측정하여야 하며, 차량 앞뒤 바퀴의 간격(Offset)은 현의 길이구간에서 윤거의 반을 넘어서는 안 된다.

30 면도칼, 칼, 유리 파편과 같은 예리한 물체에 의해 피부조직의 연결이 끊어진 손상은?

① 열창(Lacerated Wound)
② 절창(Cut Wound)
③ 좌창(Contused Wound)
④ 골절(Abrasion)

해설
- 절창(切創, 벤상처, Cut Wound) : 칼의 날 또는 날처럼 예리한 부분이 있는 물체에 베어 피부의 연속성이 끊어진 상처
- 열창(裂創, 찢긴 상처, Lacerated Wound) : 둔체에 의한 외력이 하방의 골격에 직접 전달되지 않으면서 피부의 탄력한계를 넘어설 정도로 강해 피부가 찢어지는 상처
- 좌창(挫創, 찢은 상처, Contused Wound) : 피부 하방의 연조직층 두께가 비교적 얇고 그 직하방에 단단한 골격이 있는 부위에 면을 가진 둔기가 직각 또는 이와 거의 같은 방향으로 가격되어 발생하는 상처
- 자창(刺創, Stab Wound, 찔린 상처) : 칼이나 송곳처럼 날카로운 것에 찔린 상처
- 염좌(捻挫, Distortion, 삠) : 염좌는 관절을 지지해 주는 인대 또는 외부 충격 등에 의해서 늘어나거나 일부 찢어지는 손상이다. 인대의 경우 Sprain이라고 하고, 근육의 경우 Strain이라고도 구분한다.
- 골절(骨折, Fracture) : 외력에 의해 뼈가 부러지는 손상으로, 뼈의 연속성이 완전 혹은 불완전하게 끊어지는 상태이다.

31 편제동에 의해 차량 타이어 흔적 길이가 아래와 같을 때 이 차량의 속도 산출에 필요한 거리는?

| 좌측륜 : 5.1m | 우측륜 : 5.7m |

① 5.1m
② 5.3m
③ 5.4m
④ 5.7m

해설 편제동

$$\frac{전체 \ 제동 \ 길이}{2} = \frac{5.1+5.7}{2} = 5.4m$$

32 다음 일반적인 인터뷰 조사방법 중 가장 잘못된 것은?

① 알맞은 용어를 사용하고, 의미가 같더라도 부드럽고 점잖은 느낌이 가도록 조사한다.
② 진술자의 기억능력과 관계없이 조사관의 확신에 따라 다발적으로 조사한다.
③ 조사관이 중요하게 조사하고자 하는 점을 상대방에게 감지되지 않도록 한다.
④ 여러 가지를 반복 진술케 하여 불합리한 점 또는 모순된 점을 포착한다.

해설 인터뷰 조사방법
- 질문항목에 대한 요점을 미리 정리하여 순서를 정한다.
- 사고 발생 경위는 사고 당시를 기준으로 전후 등으로 구분하여 순차적으로 질문한다.
- 진술내용을 경청하며 진술자의 인격을 존중한다.
- 진술의 맥이 끊어지지 않도록 진술 중에는 가급적 질문을 삼가고, 끝난 후 다시 질문하는 문답식 질문이 좋다.
- 사고와 직접적으로 관련이 없는 진술내용도 놓치지 않는다.
- 진술의 청취는 긍정적이고 편견 없는 중립적인 자세를 지킨다.
- 불분명한 내용은 재질문으로 확인한다.
- 난해한 전문용어의 사용보다는 쉬운 용어로 질문하며, 답변에 대한 논쟁은 가급적 자제한다.
- 현장 및 차량 등에 대한 조사를 먼저 실시한 후 질문을 시작한다. 분명하지 않은 부분은 현장 등을 재확인한 후 다시 질문하는 식으로 반복하며, 반문은 확인된 증거에 의한다.
- 중요한 부분은 반복 확인하며, 답변을 가용하지 말고 임의성을 존중한다.
- 사고 발생 경위에 대해 질문할 시 정적인 개념에 빠지기 쉬우므로 항상 동적인 상황임을 명심한다. 즉, 충돌지점에서 해답을 찾으려 하지 말고, 전후의 상황을 충분히 고려하여야 하므로 단계별 조사방법을 활용한다.

33 역과와 같은 거대한 외력이 작용하면 외력이 작용한 부위에서 떨어진 피부가 피부할선을 따라 찢어지는 손상을 무엇이라 하는가?

① 박피손상(剝皮損傷)
② 편타손상(鞭打損傷)
③ 전도손상(轉到損傷)
④ 신전손상(伸展損傷)

해설
- 역과손상(轢過損傷, 차 깔림 손상, Runover Injury) : 차량의 바퀴가 인체 위를 깔고 넘어가면서 발생한 손상으로, 바퀴의 회전력과 중량에 의한 압력에 의해 생긴다.
- 박피손상(剝皮損傷) : 외부에서 비스듬히 작용하거나 회전하는 둔력에 의하여 피부와 피하조직이 하방의 근막과 박리되는 손상이다.
- 편타손상(鞭打損傷, Whiplash Injury, 채찍질 손상) : 가죽 채찍으로 때릴 때 흔들리는 것과 같이 갑작스런 움직임으로 머리가 앞뒤로 흔들려 목에 영향을 주는 손상이다.
- 전도손상(轉到損傷) : 자동차에 충격된 후 지상에 쓰러지거나 떨어져 지면이나 지상구조물에 의하여 형성되는 손상이다.
- 신전손상(伸展損傷) : 대개 얇고 짧으며 서로 평행한 표피열창이 무리를 이루어 나타나고, 차가 둔부 쪽을 강하게 충격하면 반대편의 피부가 과신전되어 하복부 또는 사타구니에 생기는 경우가 많다. 속도가 빠르면 열창이 생긴다.

34 다음 중 스키드 마크 길이를 통해 제동 직전의 속도를 추정할 수 있는 공식으로 맞는 것은?

f : 견인계수
g : 중력가속도
v : 제동 직전 속도
d : 스키드 마크 길이

① $v = \sqrt{2fgd}$ ② $v = \sqrt{0.5fgd}$
③ $v = \sqrt{2fd}$ ④ $v = \sqrt{0.5fd}$

해설 미끄러짐
$v = \sqrt{2fgd}$

35 뉴턴의 운동법칙에서 작용과 반작용에 관한 내용 중 가장 옳지 않은 것은?

① 작용과 반작용은 물체가 정지하고 있거나 운동하고 있는 경우에도 성립한다.
② 작용과 반작용은 모든 힘에 대하여 성립하며 언제나 한 쌍으로 존재한다.
③ 작용과 반작용 관계에 있는 두 힘의 방향은 반대 방향이다.
④ 작용과 반작용에 의해 생기는 가속도나 움직인 거리는 질량에 비례한다.

해설 뉴턴 제3법칙(작용·반작용의 법칙) : 물체 A가 다른 물체 B에 힘을 가하면, 물체 B는 물체 A에 크기는 같고 방향은 반대인 힘을 동시에 가한다.

36 노면에 나타나는 아래의 흔적 중 핸들의 조작과 가장 관련이 있는 것은?

① 요 마크(Yaw Mark)
② 가속 스커프(Acceleration Scuff)
③ 플랫 타이어 마크(Flat Tire Mark)
④ 크룩(Crook)

해설 ① 요 마크(Yaw Mark) : 타이어가 회전하면서 옆으로 미끄러질 때 나타나는 타이어 자국이다. 이 타이어 자국은 자동차가 충돌을 피하려고 급핸들 조작할 때나 급커브에 대비하지 못한 상태에서 갑자기 나타난 급커브 때문에 핸들을 무리하게 조작할 때 생긴다.
② 가속 스커프(Acceleration Scuff) : 차량이 급가속, 급출발 때 나타나는 타이어 자국이며 구동바퀴에 강한 힘이 작용하여 노면에서 헛돌면서 발생한 흔적이다. 시점에는 진한 형태로 나타나고 종점에서는 희미하게 나타난다.
③ 플랫 타이어 자국(Flat Tire Mark) : 타이어의 공기압이 작거나 심한 하중에 눌려 타이어가 찌그러지면서 만들어지는 스커프형 타이어 자국이다. 주로 가장자리는 진한 형태이고 중앙부는 희미한 형태로 나타난다.
④ 크룩(Crook) : 밴드(Band) 혹은 오프셋(Offset)이라고도 일컫는데 제동 중에 발생하는 것으로, 충돌 후 갑자기 나타나는 충돌 스크럽과 충돌 전 차륜 흔적의 발생 여부로 구분된다.

37 간략화 상해기준(Abbreviated Injury Scale)에 대한 설명으로 틀린 것은?

① AIS는 교통사고로 인해 상태가 발생한 각 신체 부위에 대한 생명의 위험도를 분류하여 상해도로 표시한 것이다.
② AIS는 1~6 및 9의 숫자로 표시되며, 생존 불능의 경우를 AIS 1로 표현한다.
③ AIS 9는 원인 및 증상을 자세히 알 수가 없어서 분류가 불가능한 경우를 의미한다.
④ AIS는 인체를 외피, 두부, 경부, 흉부, 복부, 척추, 사지의 7가지 부위로 나누어 적용한다.

해설 상해의 정도는 AIS 코드로 표현하는데 생명의 위험도에 따라 1~6 및 9의 숫자로 구분한다. AIS 1은 상해가 가볍고 그 상해를 위한 특별한 대책이 필요 없는 것으로 생명의 위험도가 1~10%(경미)인 것을 의미한다.

38 사고분석 시 충격력의 주된 작용 방향(PDOF)에 대한 설명으로 틀린 것은?

① 충돌 시 양 차량 간에 작용하는 충격력의 방향은 동일 방향으로 작용한다.
② 양 차량 간의 충격력 작용지점은 동일한 1개의 지점이다.
③ 충돌 시 양 차량 간에 작용하는 충격력의 크기는 서로 같다.
④ PDOF는 사고차량들의 파손형태와 모습, 파손량 등을 통하여 판단된다.

해설 충돌 시 양 차량 간에 작용하는 충격력의 방향은 서로 반대 방향이다.

정답 35 ④ 36 ① 37 ② 38 ①

39 다음 중 용어 정의가 적절하지 않은 것은?

① 브레이크 페이드(Brake Fade) : 브레이크 장치 유압회로 내에 생기는 것으로 브레이크를 연속적으로 사용할 경우 사용 액체가 증발되어 정상제동이 되지 않는 현상
② 잭 나이프(Jack Knife) : 제동 시 안정성을 잃고 트랙터와 트레일러가 접혀지는 현상
③ 하이드로플레이닝(Hydroplaning) : 노면과 타이어 사이에 수막이 형성되어 차량이 마치 수상스키를 타듯이 물 위를 활주하는 현상
④ 뱅킹(Banking) : 오토바이 운전자가 커브길을 돌 때 직선도로와 달리 차체를 안쪽으로 기울이면서 주행하는 현상

> 해설 브레이크 페이드(Brake Fade) 현상은 브레이크를 자주 밟아 생긴 마찰열 때문에 라이닝이 변질되어 마찰계수가 떨어져서 브레이크가 밀리거나 작동하지 않는 현상이다.

40 보행자가 자동차에 충격된 후 지면에 떨어져서 나타나는 손상은?

① 편타손상(鞭打損傷)
② 신전손상(伸展損傷)
③ 전도손상(轉到損傷)
④ 역과손상(轢過損傷)

> 해설 **전도손상(轉到損傷)** : 자동차에 충격된 후 지상에 쓰러지거나 떨어져 지면이나 지상구조물에 의하여 형성되는 손상

41 보행자와 차량 간 충돌사고 시 보행자의 상해 심각도(Injury Severity)에 영향을 미치는 요인 중 가장 거리가 먼 것은?

① 차량 전면부의 형태
② 보행자 신체조건
③ 충돌속도
④ 안전띠 착용 여부

> 해설 안전띠는 운전자의 필수항목이므로 보행자와는 연관 없다.

42 사고기록장치(Event Data Recorder)의 저장기록과 가장 관련이 없는 차량 부품은?

① 방향지시등
② 조향핸들
③ 에어백
④ 안전띠

> 해설 사고기록장치(EDR)는 차량이 충돌하는 등의 이벤트가 발생하면 이벤트가 발생하는 시점을 기준으로 충돌 이전 5초 동안의 데이터가 0.5초 간격으로, 충돌 후 약 0.3초까지 차량의 상태가 저장된다. 충돌 전 5초 동안의 저장 데이터는 차량속도, 가속페달 상태, 브레이크 작동 여부, 에어백 작동 여부, 엔진 회전수, 조향핸들 각도 및 시트벨트 착용 여부 등이 기록되며, 충돌 후에는 속도 및 가속도 변화량이 기록된다.

43 차량 전면에서 앞바퀴를 보았을 때 휠의 중심선과 노면에 대한 수직선이 이루는 각도를 무엇이라고 하는가?

① 캠버(Camber)
② 캐스터(Caster)
③ 토인(Toe-in)
④ 킹핀 경사각(Kingpin Inclination)

해설

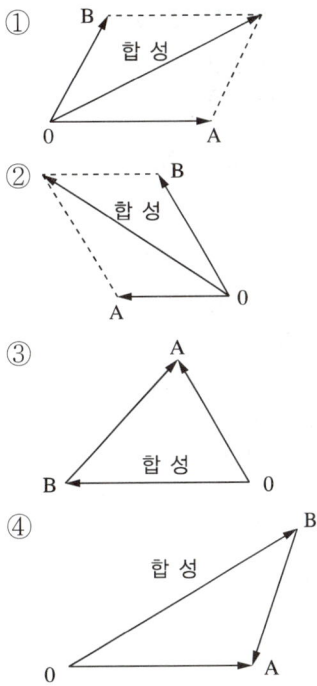

44 차량 내·외부의 손상형태 및 손상 정도를 통해 규명하기 어려운 것은?

① 신호위반
② 탑승자의 손상 정도 및 이동 방향
③ 개략적인 충돌속도
④ 차량의 회전 방향 및 이동거리

해설 신호위반만으로는 교통사고가 발생했는지 아닌지 판단하기 어려우며, 발생했더라도 내·외부 손상 정도를 정확히 규명하기 어렵다.

45 다음 그림에서 벡터(Vector) 합성에 대해 잘못 표현된 그림은?

①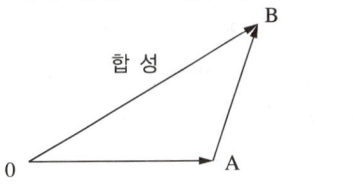
②
③
④

해설 A에서 B방향으로 화살표가 표시되어야 한다.

46 도로의 곡선부 측정방법과 가장 거리가 먼 것은?

① 삼각법   ② 호도법
③ 혼합법   ④ 좌표법

해설 ② 호도법 : 호의 길이로 각도를 나타내는 방법으로, 원의 둘레는 반지름의 2π배로 일정하며 부채꼴에서 호의 길이는 중심각에 비례한다는 기본 원리를 이용해서 정의한 물리량이다.
비정규 곡선구간 측정 : 요 마크에 의한 비정규곡선이나 매우 복잡한 비정규 곡선도로는 좌표법이나 삼각법에 의하여 측정할 수 있다.

정답 43 ① 44 ① 45 ④ 46 ②

47 교통사고 조사과정은 일반적으로 5단계로 구분된다. 2단계인 현장조사단계에 대한 설명과 가장 거리가 먼 것은?

① 승차자 보호장구 조사
② 차량과 사람의 최종 위치 확인 및 측정
③ 타이어 흔적, 추락, 비행 등으로부터 속도 분석
④ 목격자 발견 및 확인

해설 ③ 타이어 흔적, 추락, 비행 등으로부터의 속도분석은 제4단계인 사고 재현이다.
교통사고 조사과정
• 1단계 : 사고 발생 보고단계
• 2단계 : 현장조사단계
• 3단계 : 기술적 조사
• 4단계 : 사고 재현
• 5단계 : 원인분석

48 교통사고 현장조사에서 전신주, 소화전, 가로등, 신호등, 안내표지판 등과 같은 대상을 기준으로 측정할 때 이 기준점의 명칭은?

① 비고정 기준점
② 고정 기준점
③ 반(준)고정 기준점
④ 기준점의 종류와 관계없음

해설 ② 고정 기준점 : 이동 불가능한 고정도로 시설로서 도로 가장자리가 불규칙하게 설치되어 있거나 진흙이나 눈 등으로 덮여 판별할 수 없을 때 사용하며, 주로 삼각 측정법에서 기준점으로 많이 활용한다.
① 비고정 기준점 : 이 점은 대부분 교차로 모서리와 같이 2개의 차도 가장자리 선을 연장하여 서로 교차하는 점을 선택하여 도로상에 스프레이 페인트, 금속핀, 분필 등으로 표시하여 사용한다.
③ 반고정 기준점 : 도로 가장자리나 연석 또는 보도 위에 표시하거나 측구, 통풍구 등 기존의 영구시설과 관련하여 설정한다. 이 지점에 스프레이 페인트, 금속핀, 크레용, 분필 등으로 표시하며, 주로 포장도로의 교차로와 교차로 사이의 링크구간에 설정된다.

49 다음 그림과 같은 가각부에서 곡선반경(R)의 값은?

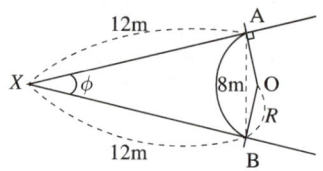

① 5.12m ② 4.94m
③ 4.24m ④ 4.00m

해설 피타고라스 정리에 의해 $x^2 + 4^2 = 12^2$
따라서 $x = \sqrt{144-16} = 11.31\,\text{m}$
닮음꼴 삼각형의 원리에 따라 $12 : R = 11.31 : 4$
∴ $R = 4.24\,\text{m}$

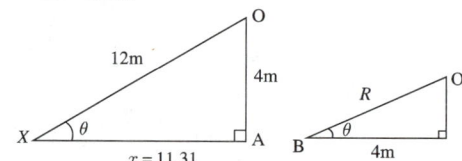

50 다음 내용에 대한 설명으로 가장 알맞은 것은?

> 자동차가 코너링할 때 목표보다 바깥쪽으로 향하려는 현상

① 오버 스티어링(Over Steering)
② 언더 스티어링(Under Steering)
③ 뉴트럴 스티어링(Neutral Steering)
④ 리버스 스티어링(Reverse Steering)

해설
• 언더 스티어링(Under Steering) : 차량이 주행하면서 급격히 조향하는 경우 최소 회전반경보다 크게 회전하는 현상
• 오버 스티어링(Over Steering) : 최소 회전반경보다 더 좁은 영역에서 회전하는 현상

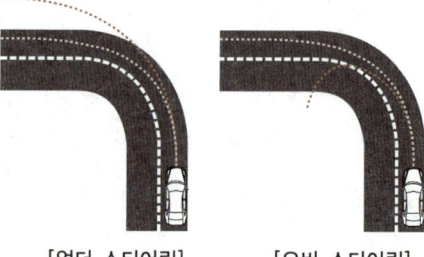

[언더 스티어링]   [오버 스티어링]

| 제3과목 | 교통사고재현론 |

51 요 마크 줄무늬 모양이 차축과 평행하지 않고 상당한 예각을 이루며, 우커브의 경우 좌측 상향 형태를, 좌커브의 경우 우측 상향 형태를 이루는 요 마크 발생 시 차량의 운동 상태는?

① 등속 상태
② 감속 상태
③ 가속 상태
④ 알 수 없음

해설
- 차량이 감속되면서 미끄러지는 상태의 차륜 흔적(브레이크 조작)
- 줄무늬 모양은 차축과 평행하지 않고 상당한 예각을 이룬다.
  - 좌커브의 경우 : 우측 상향 형태
  - 우커브의 경우 : 좌측 상향 형태

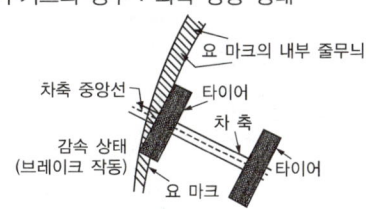

52 승용차가 앞으로 진행할 때, 전방의 보행자를 충격한 경우 일반적으로 가장 먼저 발생하는 보행자의 부상은?

① 전면 범퍼에 의한 부상
② 앞 유리창에 의한 부상
③ 전도상해
④ 역과손상

해설 전면 범퍼에 의한 부상

53 차량 운동 상태와 탑승자 거동분석에 관한 다음의 내용 중 적절치 않은 것은?

① 최초 충돌 후 차량이 어떻게 움직였는가 하는 점은 충돌 전 속도와 방향 그리고 충돌과정에 가해지는 충격력에 좌우된다.
② 머리받침대는 탑승자와의 충돌로 손상될 수 없으며, 의복에 의해 가려진 탑승자의 부상이나 충돌 부위의 혈흔 등을 반드시 살펴보아야 한다.
③ 차량에 작용하는 충격력이 중심에서 편심되면 차량은 회전하게 되며, 탑승자는 차체의 회전과는 무관하게 충돌 전 진행 방향으로 관성에 의해 이동한다.
④ 충돌로 인한 차량의 회전으로 운전자나 탑승자가 이동되면서 변속레버를 충격할 수 있다.

해설 차량 충돌 시 다음 그림과 같이 탑승자의 고개가 뒤로 넘어갈 때 머리받침대는 탑승자의 머리와 충돌하여 손상될 수 있다.

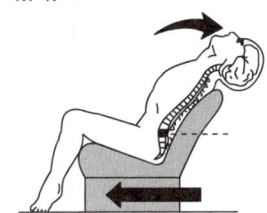

정답 51 ② 52 ① 53 ②

54 A차량 운전자가 전방에 사고로 정지하고 있는 B차량을 발견하고 제동하여 B차량과 충돌하지 않았다. A차량 운전자는 B차량을 최소 몇 m 전에 발견하였는가?

> A차량 속도 : 108km/h
> 중력가속도 : 9.8m/s²
> 견인계수 : 0.8
> 인지반응시간 : 1초
> 차량의 길이는 고려하지 않음

① 68.3m ② 75.9m
③ 87.4m ④ 106.5m

해설 정지거리 = 공주거리(인지반응 시간 동안 이동한 거리) + 제동거리

공주거리는 $\frac{108}{3.6} = 30m$

$v_0 = \sqrt{2\mu g d}$ 에서

제동거리 $d = \frac{v^2}{2\mu g} = \frac{(108/3.6)^2}{2 \times 0.8 \times 9.8} = 57.4m$

∴ 30 + 57.4 = 87.4m

55 차량이 72km/h 속도에서 4초 동안 감속하여 정지하였다. 이때 차량이 이동한 거리는?

① 40m ② 45m
③ 50m ④ 55m

해설 가속도 $a = \frac{v_2 - v_1}{t} = \frac{0 - (72/3.6)}{4} = 5m/s^2$

$v_2^2 - v_1^2 = 2ad$ 에서

거리 $d = \frac{v_2^2 - v_1^2}{2a} = \frac{0 - (72/3.6)^2}{2 \times 5} = 40m$

56 차량 충돌 시 탑승자가 차내에서 방출된 여부를 판정하기 위해 필요한 조사항목과 가장 거리가 먼 것은?

① 안전띠 착용 여부
② 타이어 파손 여부
③ 유리창 파손 여부
④ 선루프 파손 여부

해설 타이어 파손은 차 외부의 조사항목이다.

57 교통사고분석을 위한 컴퓨터 시뮬레이션 작업 순서로 맞는 것은?

① 프로그램 구동 → 기초자료 입력 → 변동자료 입력 → 결과 출력
② 프로그램 구동 → 변동자료 입력 → 기초자료 입력 → 결과 출력
③ 기초자료 입력 → 프로그램 구동 → 변동자료 입력 → 결과 출력
④ 변동자료 입력 → 기초자료 입력 → 프로그램 구동 → 결과 출력

해설 교통사고분석을 위한 컴퓨터 시뮬레이션 작업 순서는 프로그램 구동 → 기초자료 입력 → 변동자료 입력 → 결과 출력 순이다.

58 보행자가 충돌차량의 충돌속도까지 가속되는 경우로 보기 가장 어려운 것은?

① 보행자가 차량의 앞쪽 모서리 부분에 충격된 경우
② 보행자가 승용차의 앞쪽 중심에 충격된 경우
③ 승용차에 충격된 보행자가 보닛 위에 올려져 차량을 감싸며 전방으로 낙하한 경우
④ 전면이 편평한 차량 전면부에 충격된 보행자 신체가 접혀진 형태를 취하면서 전방으로 날아간 경우

해설
- Roof Vault : 보행자보다 무게중심이 낮은 자동차가 60km/h 이상의 속도로 보행자와 충돌한 경우 발생하는 충돌사고 유형이며, 보행자는 자동차의 전면유리를 타고 지붕 위로 넘어가 지면에 낙하하게 된다.
- Forward Projection : 어린이가 승용차에 충돌하거나 성인이 승합차 또는 버스에 충돌하는 경우에 발생하는 형태로 보행자는 충돌 전 차량과 같은 방향으로 내던져진다.

59 보행자가 자동차에 충돌하여 포물선 운동을 하며 노면에 낙하하여 미끄러지다 최종 정지하였다. 이때 보행자의 전체 이동거리를 산출하는 공식은?

v : 자동차의 충돌속도
h : 포물선 운동 시작 높이
f : 보행자의 노면 견인계수
g : 중력가속도

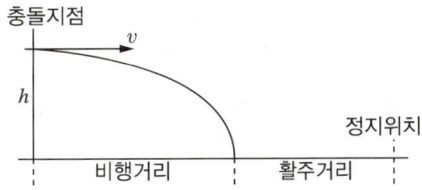

① $v \times \sqrt{\dfrac{2h}{g}} + \dfrac{v}{2gf}$

② $v \times \sqrt{\dfrac{2h}{g}} + \dfrac{v^2}{2gf}$

③ $v \times \sqrt{\dfrac{h}{g}} + \dfrac{v^2}{2gf}$

④ $v \times \sqrt{\dfrac{2h}{g}} + \dfrac{f \times v^2}{2g}$

해설 비행거리 + 활주거리
$v\sqrt{\dfrac{2h}{g}} + \dfrac{v^2}{2gf}$

60 차량이 5초 동안 $1.2m/s^2$으로 가속하여 12m/s가 되었다면 가속 전 속도는 몇 km/h 인가?

① 18.9km/h
② 20.4km/h
③ 21.6km/h
④ 25.5km/h

해설 $v_2 = v_1 + at$ 에서 $12 = v_1 + 1.2 \times 5$
∴ $v_1 = 12 - 6 = 6m/s = 21.6km/h$

61 섀도 스키드 마크(Shadow Skid Mark)에 대한 설명 중 가장 적절하지 않은 것은?

① 거의 직선으로 발생하고 시작점 부근에서 희미하게 발생한다.
② 대형버스나 대형트럭은 타이어 임프린트(Imprint)가 발생하는 경우가 많다.
③ 섀도 스키드 마크는 차량이 급제동 시 차량의 제동률에 영향을 받는다.
④ 옅게 나타난 타이어 흔적은 모두 섀도 스키드 마크다.

해설 차량이 급제동을 시작하여 타이어가 완전히 잠기는 순간까지 도로상에 제동에 의한 스키드 마크는 발생하지 않는다. 이 구간을 섀도(Shadow) 구간이라 한다.

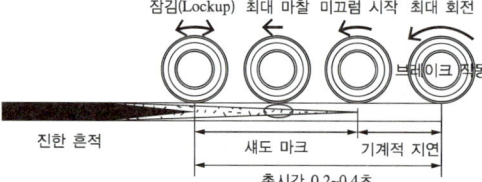

62 차량 A-필라가 구부러지면서 간접충격에 의해 전면유리도 함께 손상되었다. 전면유리에서 볼 수 있는 가장 전형적인 파손형태는?

① 일정한 형태를 띠지 않음
② 나선상 균열
③ 거미줄 모양의 방사상 균열
④ 평행 또는 바둑판 모양의 사선상 균열

해설 자동차에 사용되는 창유리는 안전유리(Safety Glass)를 사용하는데, 안전유리는 크게 비산방지 특성을 지닌 합성유리와 파손 시 잘게 조각나는 특성을 지닌 강화유리로 구분된다. 자동차의 전면유리는 운전자를 보호하기 위해 주로 합성유리를 장착하고, 측면유리 및 뒷유리는 탈출을 용이하게 하기 위해 열처리된 강화유리를 사용한다.
자동차의 전면유리는 일반적으로 접합유리(Laminated Glass)라고도 하며, 유리와 필름의 적층재로 되어 있다. 접합유리는 3mm 두께의 유리 2장 사이에 유기접착(PVB ; Poly Vinyl Butyrate) 필름을 삽입한 것으로, 직접손상으로 파손될 시 PVB에 의해 파편이 비산되어 떨어지지 않고 충격점에서 균열은 방사형태로 진행되는 특성을 가진다.
A-필라가 구부러지는 것과 같이 차체의 뒤틀림으로 전면유리가 간접손상되면 전면유리는 평행한 모양이나 바둑판 모양으로 갈라진다.

63 차량이 제동하지 않은 상태에서 보행자와 충돌하였다. 충격점이 보행자의 무게중심보다 높고 속도가 빠르지 않을 경우 보행자의 충돌 후 이동 위치는?

① 차량 하부
② 후 드
③ 전면범퍼
④ 전면유리

해설 충격점이 보행자 무게중심보다 높으면 보행자는 차량 하부로 이동된다.

64 차체의 회전 및 이동 방향, 충돌 전후 충돌 각도 등을 분석하는 데 영향이 가장 큰 항목은?

① 충돌 시 반발력
② 충돌 시 차량의 속도
③ 충돌 시 운동에너지
④ 충격력의 방향과 크기

65 곡선반경이 102m인 커브길을 윤거 1.6m, 무게중심 0.5m인 차량이 선회하려 한다. 휠 리프트가 발생할 수 있는 최저 속도는?(견인계수 : 0.8, 중력가속도 : 9.8m/s²)

① 약 134km/h
② 약 144km/h
③ 약 154km/h
④ 약 164km/h

해설 휠 리프트 발생속도
$$v = \sqrt{\frac{gT_R R}{2h}} = \sqrt{\frac{9.8 \times 1.6 \times 102}{2 \times 0.5}} = 40\text{m/s}$$
$$= 144\text{km/h}$$

66 고정장벽 충돌에 의해 파손된 차량의 소성 변형량에 대해 바르게 설명한 것은?

① 소성변형량은 유효충돌속도에 비례한다.
② 소성변형량은 충돌속도에 반비례한다.
③ 소성변형량은 탄성변형량과 같다.
④ 소성변형량은 간접손상의 정도이다.

해설 유효충돌속도는 고정장벽 충돌속도로 치환 가능하며, 유효충돌속도가 클수록 차량의 변형량도 증가한다.

67 디지털운행기록계(Digital Tacho Graph)에 대한 설명 중 틀린 것은?

① 차량의 고장코드(Diagnostic Trouble Code)가 기록된다.
② 6개월 이상 1초 단위 데이터를 기록·저장할 수 있는 기억장치이다.
③ 버스, 택시, 화물 등 사업용 차량에 표준화된 디지털운행기록계 장착이 의무화되었다.
④ 운행기록장치 내부 데이터가 인위적으로 변경되거나 삭제되지 않도록 되어 있다.

해설 디지털운행기록계의 기능으로는 차량속도 검출, 엔진 회전수, 브레이크 신호 감지, GPS를 통한 위치 추적, 입력신호 데이터 저장, 가속도 센서를 이용한 충격 감지 등이 있다. 차량의 고장코드는 기록되지 않는다.

68 차량이 경사 없는 도로를 진행 중 수직으로 4m 수평으로 12m 지점 아래로 추락하였다. 추락 직전 속도는 얼마인가?

① 33.2km/h
② 47.8km/h
③ 53.6km/h
④ 73.4km/h

해설 추락 직전 속도
$$v = d\sqrt{\frac{g}{2h}} = 12\sqrt{\frac{9.8}{2 \times 4}}$$
$$= 12.28\text{m/s} = 47.8\text{km/h}$$

정답 64 ④ 65 ② 66 ① 67 ① 68 ②

69 차량 속도 추정에 필요한 자료에 해당되지 않는 것은?

① 제동거리
② 신체 손상 부위
③ 차량 손상 깊이
④ 차량 무게중심의 이동경로

해설 신체손상 부위와 차량속도 추정은 직접적인 연관이 없다.

70 주행 중인 A차량(질량 2,000kg)이 정지해 있던 B차량(질량 1,500kg)을 완전비탄성충돌하였다. 이후 두 차량은 붙어서 10m를 미끄러져 정지하였다. A차량의 충돌 시 속도는?(충돌 후 견인계수 : 0.4, 중력가속도 : 9.8m/s²)

① 약 24km/h   ② 약 32km/h
③ 약 40km/h   ④ 약 56km/h

해설 충돌 후 두 차량의 속도
$v = \sqrt{2\mu g d} = \sqrt{2 \times 0.4 \times 9.8 \times 10} = 8.85\text{m/s}$
$m_1 v_1 + m_2 v_2 = (m_1 + m_2)v$에서
$2,000 \times v_1 + 1,500 \times 0 = (2,000 + 1,500) \times 8.85$
∴ $v_1 = 15.5\text{m/s} = 55.78\text{km/h}$

71 차량 운동특성 중 내륜차에 대한 설명으로 옳지 않은 것은?

① 교차로 안쪽 모서리 부분에 서 있던 보행자가 회전하는 대형차의 측면에 충돌하여 뒷바퀴에 역과되는 사고가 좋은 예이다.
② 차량이 회전 시 안쪽 앞바퀴와 뒷바퀴 선회궤적의 간격을 말한다.
③ 축간거리가 클수록 내륜차도 커진다.
④ 조향핸들을 많이 돌릴수록 내륜차는 작아진다.

해설 조향핸들과 내륜차는 연관이 없다.
내륜차(內輪差)
- 커브지역에서 차량이 앞으로 전진할 때 생기는 현상으로 차량이 우측으로 방향을 전환하면서 전진하고자 할 때 해당 차량의 안쪽 앞바퀴와 안쪽 뒷바퀴가 움직이는 궤적(흔적)이 다르게 나타난다. 이때 해당 차량의 안쪽 바퀴의 앞바퀴와 뒷바퀴가 지나가는 궤적이 서로 달라서 발생하는 궤적의 폭을 내륜차라 한다.
- 내륜차는 차량의 휠 베이스, 즉 앞바퀴와 뒷바퀴의 거리(축거)에 약 1/3 정도의 거리로 발생하기 때문에 트럭이나 버스, 트레일러와 같은 차량은 더 많은 내륜차가 발생한다.

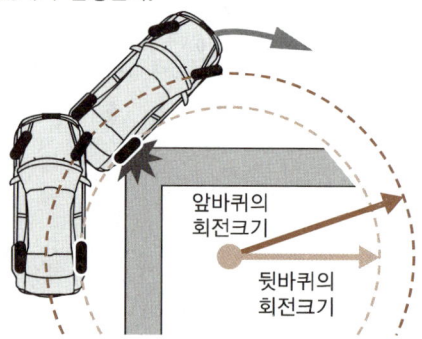

[내륜차 사고가 생기는 이유]

72 다음 중 차량이 충돌한 후 최종 정지할 때까지 차량의 궤적을 추적하는 데 가장 유용한 자료는?

① 차량 내부 파손 상태
② 충돌 후 탑승자의 이동상황
③ 냉각수를 흘린 흔적
④ 탑승자의 부상 정도

해설 차량이 충돌에 의해 냉각수가 새어 나와 차량이 정지할 때까지 흘러내린 냉각수의 흔적이 차량의 궤적을 추적하는 데 유용한 자료가 된다. 그러나 시간이 지날수록 냉각수가 증발되어 그 흔적이 없어질 수 있으므로, 빠른 시간 내에 조사가 이루어져야 한다.

73 트랙터-트레일러의 감속과정에서 발생될 수 있는 현상이라고 볼 수 없는 것은?

① 트랙터의 앞바퀴만 제동되었을 경우 트랙터와 트레일러는 일반적으로 직선 방향으로 미끄러진다.
② 트랙터의 뒷바퀴만 제동되었을 경우 트랙터가 트레일러 쪽으로 접혀지는 현상이 발생된다.
③ 트레일러의 바퀴만 제동되었을 경우 트레일러 커플링을 중심으로 스핀을 하게 되는데 이것이 계속 진행되면 잭 나이프(Jack Knife) 현상으로 발전할 수 있다.
④ 트랙터와 트레일러는 커플링에 의해 트레일러의 회전이 억압되어 잭 나이프(Jack Knife) 현상이 발생되지 않는다.

해설 잭 나이프 현상 : 트랙터와 트레일러의 연결 차량에 있어서 커브에서 급브레이크를 밟았을 때 트레일러가 관성력에 의해 트랙터에 대하여 잭 나이프처럼 구부러지는 현상이다.

74 전륜 축으로부터 차량 무게중심까지 수평거리를 구하는 공식은?

W : 차량 총중량 W_1 : 전륜축 하중
W_2 : 후륜축 하중 L : 축간거리

① $\dfrac{W_1 \times W}{L}$ ② $\dfrac{W_2 \times W}{L}$

③ $\dfrac{W_1 \times L}{W}$ ④ $\dfrac{W_2 \times L}{W}$

해설

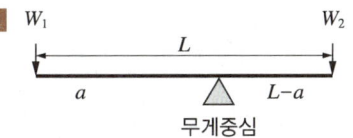

무게중심

$W_1 + W_2 = W$ - ①
$(L-a)W_2 = W_1 a$ - ②
$LW_2 - W_2 a = W_1 a$
$LW_2 = a(W_1 + W_2)$
$\therefore a = \dfrac{LW_2}{W_1 + W_2} = \dfrac{LW_2}{W}$

75 차량이 15km/h로 정지 상태의 보행자를 충돌한 A 경우와 보행자가 15km/h로 정차 상태의 차량을 충돌한 B 경우, 보행자의 운동량 변화량에 대해 바르게 설명한 것은?

차량 질량 : 2,000kg
보행자 질량 : 100kg
보행자와 차량의 충돌은 완전비탄성충돌

① A 경우가 1.5배 높다.
② A 경우가 2배 높다.
③ B 경우가 2배 높다.
④ A, B 경우가 같다.

해설

구 분	탄성충돌	비탄성충돌	완전비탄성충돌
반발계수	$e=1$	$0 < e < 1$	$e=0$
충돌 전후의 운동량	보 존	보 존	보 존
충돌 전후의 운동에너지	보 존	$E_{전} > E_{후}$	$E_{전} > E_{후}$

정답 72 ③ 73 ④ 74 ④ 75 ④

제4과목 차량운동학

76 질량 10kg의 물체를 30°의 경사면을 따라 10m 끌어 올렸을 때 이 물체의 위치에너지 증가량은 얼마인가?(중력가속도 : 9.8m/s²)

① 100J ② 981J
③ 490J ④ 500J

해설
- 높이 $h = 10\sin 30° = 5m$
- 위치에너지 $mgh = 10 \times 9.8 \times 5$
  $= 490 kg \cdot m/s^2 \cdot m = 490 N \cdot m$
  $= 490 J$

77 중량이 1,800N인 차량이 두 노면에서 연속하여 미끄러진 후에 정지하였다. 견인계수가 0.8인 첫 번째 노면에서 25m를 미끄러졌고, 견인계수가 0.45인 두 번째 노면에서는 18m를 미끄러졌다. 이 차량이 첫 번째 노면에서 처음 미끄러지기 시작할 때 가지고 있던 에너지량은?

① 18,000J ② 32,400J
③ 45,000J ④ 50,580J

해설
$v = \sqrt{2\mu gd} = \sqrt{2 \times 0.45 \times 9.8 \times 18} = 12.6 m/s$
$v^2 - v_0^2 = 2ad$
$v_0 = \sqrt{v^2 - 2\mu gd}$
$= \sqrt{12.6^2 - 2 \times 0.8 \times (-9.8) \times 25} = 23.47 m/s$
에너지량 $\frac{1}{2}mv_0^2 = \frac{1}{2} \times \frac{1,800}{9.8} \times 23.47^2$
$= 50,587 kg \cdot m^2/s^2$
$= 50,587 N \cdot m$
$= 50,587 J$

78 중량이 1,500N인 차량의 견인력이 99.5N일 때 감속도는?(중력가속도 : 9.8m/s²)

① 0.65m/s² ② 1.25m/s²
③ 2.41m/s² ④ 4.41m/s²

해설 $F = ma$에서 $99.5 = \frac{1,500}{9.8} \times a$
∴ $a = 0.65 m/s^2$

79 5m/s의 속도로 달리던 차량이 2m/s²의 가속도로 t초 동안 가속하였더니 15m/s의 속도가 되었다. 이 차량이 가속하는 동안 주행한 거리는?

① 20m ② 30m
③ 40m ④ 50m

해설 $v^2 - v_0^2 = 2ad$
$d = \frac{v^2 - v_0^2}{2a} = \frac{15^2 - 5^2}{2 \times 2} = 50 m$

80 다음 중 스칼라량은?

① 속 도 ② 가속도
③ 힘   ④ 질 량

해설 크기만 있고 방향이 없는 것이 스칼라이다.

81 이륜차 충돌 시 운전자는 충격으로 이륜차에서 이탈한 경우 충돌 전 이륜차 진행 방향으로 운동하게 된다. 적용되는 원리는?

① 운동량 보존의 법칙
② 관성의 법칙
③ 작용·반작용의 법칙
④ 가속도의 법칙

해설 관성은 물체가 정지 또는 일정한 속력의 직선운동 상태를 유지하려는 자연적인 경향이다. 즉, 힘을 더 주지 않으면 관성에 의해 원래의 운동 상태를 유지한다.

82 무게중심의 위치가 앞축으로부터 뒤로 1.3m, 지상으로부터 위로 0.6m 지점에 있고, 축간거리가 2.6m이며, 전륜의 견인계수가 0.8, 후륜의 견인계수가 0.01일 때, 차량 전체의 견인계수는?

① 0.40
② 0.49
③ 0.79
④ 0.80

해설 $f_R = \dfrac{f_f - x(f_f - f_r)}{1 - z(f_f - f_r)}$ 에서 $x = \dfrac{L_f}{L} = \dfrac{1.3}{2.6} = 0.5$

$z = \dfrac{L_z}{L} = \dfrac{0.6}{2.6} = 0.23$

$f_R = \dfrac{0.8 - 0.5 \times (0.8 - 0.01)}{1 - 0.23 \times (0.8 - 0.01)} = \dfrac{0.405}{0.818} ≒ 0.495$

여기서, f_R : 합성견인계수
f_f : 전륜의 견인계수(0.8)
f_r : 후륜의 견인계수(0.01)
L : 축간거리
L_z : 지면에서 무게중심까지 높이(0.6m)
L_f : 앞차축부터 무게중심까지 거리(1.3m)

83 질량이 15kg인 돌을 2초 동안 자유낙하시켰을 때 낙하거리는?(중력가속도 : 9.8m/s²)

① 9.8m
② 19.6m
③ 29.4m
④ 39.2m

해설 $h = \dfrac{1}{2}gt^2 = \dfrac{1}{2} \times 9.8 \times 2^2 = 19.6m$

84 108km/h의 속도로 주행하는 차량이 있다. -2m/s²의 가속도로 5초 동안 이동한 거리는?

① 50m
② 100m
③ 125m
④ 150m

해설 $d = v_0 t + \dfrac{1}{2}at^2 = \dfrac{108}{3.6} \times 5 + \dfrac{1}{2} \times (-2) \times 5^2 = 125m$

85 차량의 중량이 55,000N, 제동 직전 속도가 78km/h, 견인력이 38,400N일 때 정지거리는?(중력가속도 : 9.8m/s²)

① 21.7m
② 29.9m
③ 34.3m
④ 66.9m

해설 마찰계수 $\mu = \dfrac{견인력}{차량 총중량} = \dfrac{38,400}{55,000} = 0.7$

$v^2 - v_0^2 = 2ad$

$d = \dfrac{v^2 - v_0^2}{2a} = \dfrac{0^2 - (78/3.6)^2}{2 \times 0.7 \times (-9.8)}$ ($\because a = \mu g$)

$= 34.22m$

86 차량이 정지 후 출발하여 100m를 일정한 가속도로 6초 만에 달린다고 한다. 다음 중 사실과 다른 것은?

① 평균 가속도의 크기는 약 $5.56m/s^2$이다.
② 100m 지점의 속력은 약 33.4m/s이다.
③ 출발 3초 후 속력은 약 16.7m/s이다.
④ 출발 3초 후에는 50m와 100m 사이의 지점에 위치한다.

해설 ① $d = v_0 t + \frac{1}{2}at^2$에서 $100 = 0 + \frac{1}{2}a \times 6^2$
$a = 5.56m/s^2$
② $v = v_0 + at$에서 $v = 0 + 5.56 \times 6 = 33.4m/s$
③ $v = v_0 + at$에서 $v = 0 + 5.56 \times 3 = 16.7m/s$
④ $d = v_0 t + \frac{1}{2}at^2$에서 $d = 0 + \frac{1}{2} \times 5.56 \times 3^2 = 25m$

87 차량이 2초 동안 $7.84m/s^2$로 감속하여 정지하였다. 이 차량의 감속 직전 속도는?

① 약 45.45km/h
② 약 56.45km/h
③ 약 65.45km/h
④ 약 76.45km/h

해설 $v = v_0 + at$에서
$0 = v_0 + (-7.84) \times 2$
$v_0 = 7.84 \times 2 = 15.68m/s$
$= 56.45km/h$

88 차량이 $0.2g$의 가속도로 5초 동안 등가속한 결과 15m/s가 되었다. 가속하기 전 차량의 속도는?(중력가속도 : $9.8m/s^2$)

① 3.2m/s
② 4.3m/s
③ 5.2m/s
④ 5.7m/s

해설 $v = v_0 + at$에서 $15 = v_0 + (0.2 \times 9.8) \times 5$
∴ $v_0 = 5.2m/s$

89 정지 중인 질량 30kg의 A물체를 질량 10kg인 B물체가 20m/s로 충돌하여 맞물린 상태로 이동했다. 충돌 직후 두 물체의 속도는? (일차원상의 완전비탄성충돌로 간주)

① 5m/s
② 6m/s
③ 7m/s
④ 8m/s

해설 $m_1 v_1 + m_2 v_2 = (m_1 + m_2)v$에서
$30 \times 0 + 10 \times 20 = (10 + 30)v$
∴ $v = 5m/s$

90 중량이 1,500N인 승용차가 견인계수 0.7인 첫 번째 노면에서 23m를 미끄러지고, 견인계수가 0.4인 두 번째 노면에서 32m를 연속하여 미끄러진 후 교량 난간을 36km/h의 속도로 충돌하고 정지하였다. 첫 번째 노면에서 미끄러지기 시작할 때 가지고 있던 에너지량은?(중력가속도 : $9.8m/s^2$)

① 18,000J
② 24,150J
③ 41,619J
④ 51,003J

해설 에너지(= 일) = 힘 × 거리
$W_1 = F_1 \times d_1 = ma_1 d_1 = m\mu_1 g d_1$
$= \frac{1,500}{9.8} \times 0.7 \times 9.8 \times 23 = 24,150J$
$W_2 = F_2 \times d_2 = ma_2 d_2 = m\mu_2 g d_2$
$= \frac{1,500}{9.8} \times 0.4 \times 9.8 \times 32 = 19,200J$
충돌 시 에너지량 $E = \frac{1}{2}mv_0^2 = \frac{1}{2} \times \frac{1,500}{9.8} \times 10^2$
$= 7,653 kg \cdot m^2/s^2 = 7,653J$
∴ $W_1 + W_2 + E = 24,150 + 19,200 + 7,653$
$= 51,003J$

91 차량의 정면 충돌사고에서 고속으로 충돌할수록 가까워지는 충돌유형은?

① 완전탄성충돌
② 탄성변형충돌
③ 완전비탄성충돌
④ 탄성변형에 가까운 충돌

해설 차량의 속도가 빠를수록 운동에너지가 증가되어 정면 충돌 시에는 양 차량의 손상이 커져서 완전비탄성충돌처럼 된다.

92 충격량과 같은 물리량은?

① 힘
② 운동량의 변화량
③ 일률
④ 운동에너지

해설 충격량($F \cdot \Delta t$)은 충격력에 의해 생긴 운동량의 변화량이다.
$F \cdot \Delta t = ma\Delta t = m(v/t)\Delta t = mv$

93 질량 30kg의 정지된 물체에 크기와 방향이 일정한 힘을 3초 동안 작용시켰더니 물체의 속도가 10m/s가 되었다. 이 힘의 크기는?

① 30N   ② 40N
③ 80N   ④ 100N

해설
- 가속도 $a = \dfrac{속도}{시간} = \dfrac{10}{3} = 3.33 \text{m/s}^2$
- 힘 $F = ma = 30 \times 3.33 = 99.9 \text{kg} \cdot \text{m/s}^2 = 99.9\text{N}$

94 질량 1,200kg의 A차량이 주차 중인 질량 1,500kg의 B차량과 충돌하여 두 차량이 함께 20m 미끄러져 정지하였다. 미끄러질 때의 견인계수를 0.5라 할 때 A차량의 충돌 전 속도는?(완전비탄성충돌로 간주)

① 70.5km/h
② 92.7km/h
③ 113.4km/h
④ 131.5km/h

해설
$v = \sqrt{2\mu gd} = \sqrt{2 \times 0.5 \times 9.8 \times 20} = 14\text{m/s}$
$m_1v_1 + m_2v_2 = (m_1 + m_2)v$
$1,200 \times v_1 + 1,500 \times 0 = (1,200 + 1,500) \times 14$
∴ $v_1 = 31.5\text{m/s} = 113.4\text{km/h}$

95 질량이 2kg인 물체를 밀어서 10m/s²의 가속도가 발생하였다. 질량 5kg인 물체에 같은 힘을 작용하면 발생하는 가속도는?

① 2m/s²   ② 3m/s²
③ 4m/s²   ④ 5m/s²

해설 힘
$F = ma = 2 \times 10 = 5 \times a$
∴ $a = 4\text{m/s}^2$

정답 91 ③ 92 ② 93 ④ 94 ③ 95 ③

96 질량 2,000kg의 차량이 20m/s로 진행하던 중 1,600N의 제동력이 5초 동안 작용하였을 때 속도는?

① 16m/s ② 17m/s
③ 18m/s ④ 19m/s

해설 운동량 $P = mv = 2,000\text{kg} \times 20\text{m/s}$
$= 40,000\text{kg} \cdot \text{m/s}$
5초 간 작동한 충격량 $= 1,600\text{kg} \cdot \text{m/s}^2 \times 5\text{s}$
$= 8,000\text{kg} \cdot \text{m/s}$
운동량 - 충격량 $= 40,000 - 8,000$
$= 32,000\text{kg} \cdot \text{m/s}$
제동 후의 속도 $v = \dfrac{32,000\text{kg} \cdot \text{m/s}}{2,000\text{kg}} = 16\text{m/s}$

97 질량 1,500kg의 차량이 15m/s의 속도로 고정벽에 충돌한 후 반대 방향으로 3m/s의 속도로 튀어나왔다. 차량의 충격량은?

① 10,000N·s ② 22,000N·s
③ 27,000N·s ④ 50,000N·s

해설 충격량은 운동량의 변화량과 같다.
$F\Delta t = \Delta(mv) = 1,500\text{kg} \times (15 - (-3))\text{m/s}$
$= 1,500 \times 18$
$= 27,000\text{kg} \cdot \text{m/s}$
$27,000\text{kg} \cdot \text{m/s} = 27,000\text{kg} \cdot \text{m/s}^2 \times \text{s}$
$= 27,000\text{N} \cdot \text{s}$

98 중량이 1,500N인 차량이 30m/s의 속도로 주행하고 있다. 이 차량의 운동에너지는?

① 675,000J ② 54,326J
③ 784,890J ④ 68,878J

해설 질량(= 중량/중력가속도)
$E = \dfrac{1}{2}mv^2 = \dfrac{1}{2} \times \dfrac{1,500}{9.8} \times 30^2 = 68,878\text{J}$

99 질량이 5,000kg인 A차량과 질량이 2,500kg인 B차량이 평탄한 수평 노면에서 서로 정반대 방향으로 주행하다 정면 충돌한 후 한 덩어리로 이동해 정지하였다. 충돌속도는 A차량과 B차량이 각각 20m/s이었다. 충돌 직후 두 차량은 어느 방향으로 얼마의 속도로 이동하는가?(일차원상의 완전비탄성충돌로 간주)

① A차량의 진행 방향으로 24km/h
② B차량의 진행 방향으로 24km/h
③ A차량의 진행 방향으로 10km/h
④ B차량의 진행 방향으로 10km/h

해설 $m_1 v_1 + m_2 v_2 = (m_1 + m_2)v$에서
$5,000 \times 20 + 2,500 \times (-20) = (5,000 + 2,500) \times v$
$\therefore v = 6.67\text{m/s} = 24\text{km/h}$

100 80km/h로 등속운동하는 차량이 76m를 이동하는 데 걸리는 시간은?

① 3.42초
② 5.56초
③ 11.11초
④ 22.22초

해설 시간 $= \dfrac{\text{거리}}{\text{속도}} = \dfrac{76}{80/3.6} = 3.42$초

2022년 8월 28일 시행

08 과년도 기출문제

제1과목 교통관련법규

01 교통사고처리특례법상 처벌에 대한 설명이다. ( ) 안에 들어갈 내용으로 맞는 것은?

> 보험회사, 공제조합 또는 공제사업자의 사무를 처리하는 사람이 제4조 제3항의 서면을 거짓으로 작성한 경우에는 (가) 이하의 징역 또는 (나) 이하의 벌금에 처한다.

① 가 : 6개월   나 : 5백만원
② 가 : 1년   나 : 5백만원
③ 가 : 2년   나 : 1천만원
④ 가 : 3년   나 : 1천만원

해설 벌칙(교통사고처리특례법 제5조)
① 보험회사, 보험공제조합 또는 공제사업자의 사무를 처리하는 사람이 제4조 제3항의 서면을 거짓으로 작성한 경우에는 3년 이하의 징역 또는 1천만원 이하의 벌금에 처한다.
② 위 항이 거짓으로 작성된 문서를 그 정황을 알고 행사한 사람도 제1항의 형과 같은 형에 처한다.
③ 보험회사, 공제조합, 또는 공제사업자가 정당한 사유 없이 제4제 제3항을 서면을 발급하지 아니한 경우에는 1년 이하의 징역 또는 300만원 이하의 벌금에 처한다.

02 도로교통법상 밤에 도로에서 고장 난 자동차를 견인할 때 견인되는 자동차에 켜야 하는 등화의 종류로 맞는 것은?

① 등화를 켜야 할 필요 없음
② 전조등, 실내조명등
③ 미등, 차폭등 및 번호등
④ 차폭등, 번호등 및 실내조명등

해설 밤에 도로에서 차를 운행하는 경우 등의 등화(도로교통법 시행령 제19조)
① 차 또는 노면전차의 운전자가 법 제37조 제1항 각 호에 따라 도로에서 차 또는 노면전차를 운행할 때 켜야 하는 등화의 종류는 다음 각 호의 구분에 따른다.
  1. 자동차 : 자동차안전기준에서 정하는 전조등, 차폭등, 미등, 번호등과 실내조명등
  2. 원동기장치자전거 : 전조등 및 미등
  3. 견인되는 차 : 미등, 차폭등 및 번호등
  4. 노면전차 : 전조등, 차폭등, 미등 및 실내조명등
  5. 제1호부터 제4호까지의 규정 외 차 : 시·도경찰청장이 정하여 고시하는 등화
② 차 또는 노면전차의 운전자가 법 제37조 제1항 각 호에 따라 도로에서 정차하거나 주차할 때 켜야 하는 등화의 종류는 다음 각 호의 구분에 따른다.
  1. 자동차(이륜자동차는 제외한다) : 자동차안전기준에서 정하는 미등 및 차폭등
  2. 이륜자동차 및 원동기장치자전거 : 미등(후부반사기를 포함한다)
  3. 노면전차 : 차폭등 및 미등
  4. 제1호부터 제3호까지의 규정 외 차 : 시·도경찰청장이 정하여 고시하는 등화

정답 1 ④ 2 ③

03 도로교통법상 자동차의 운전자가 일단 정지한 후에 안전한지 확인하면서 서행하여야 하는 경우는?

① 가파른 비탈길의 내리막을 통행할 때
② 도로가 구부러진 부근을 통행할 때
③ 비탈길의 고갯마루 부근을 통행할 때
④ 길가의 건물이나 주차장에서 도로에 들어갈 때

해설 횡단 등의 금지(도로교통법 제18조)
① 차마의 운전자는 보행자나 다른 차마의 정상적인 통행을 방해할 우려가 있는 경우에는 차마를 운전하여 도로를 횡단하거나 유턴 또는 후진하여서는 아니 된다.
② 시·도경찰청장은 도로에서의 위험을 방지하고 교통의 안전과 원활한 소통을 확보하기 위하여 특히 필요하다고 인정하는 경우에는 도로의 구간을 지정하여 차마의 횡단이나 유턴 또는 후진을 금지할 수 있다.
③ 차마의 운전자는 길가의 건물이나 주차장 등에서 도로에 들어갈 때에는 일단 정지한 후에 확인하면서 서행해야 한다.

서행 또는 일시정지할 장소(도로교통법 제31조)
① 모든 차 또는 노면전차의 운전자는 다음 각 호의 어느 하나에 해당하는 곳에서는 서행하여야 한다.
 1. 교통정리를 하고 있지 아니하는 교차로
 2. 도로가 구부러진 부근
 3. 비탈길의 고갯마루 구분
 4. 가파른 비탈길의 내리막
 5. 시·도경찰청장이 도로에서의 위험을 방지하고 교통의 안전과 원활한 소통을 확보하기 위하여 필요하다고 인정하여 안전표지로 지정한 곳
② 모든 차 또는 노면전차의 운전자는 다음 각 호의 어느 하나에 해당하는 곳에서는 일시정지해야 한다.
 1. 교통정리를 하고 있지 아니하고 좌우를 확인할 수 없거나 교통이 빈번한 교차로
 2. 시·도경찰청장이 도로에서의 위험을 방지하고 교통의 안전과 원활한 소통을 확보하기 위하여 필요하다고 이전하여 안전표지로 지정한 곳

04 도로교통법령상 자동차 운전 시 위반사실이 영상기록매체에 의하여 입증이 되는 등 고용주 등에게 과태료를 부과할 수 있는 조건을 충족할 때 고용주 등에게 과태료를 부과할 수 있는 법규위반에 해당되는 것은 몇 개인가?

> 가. 지정차로 통행방법 위반(법 제14조 제2항)
> 나. 앞지르기 금지 시기 및 장소 위반(법 제22조)
> 다. 교차로 통행방법 위반(법 제25조 제1항, 제2항, 제5항)
> 라. 보행자 보호의무 불이행(법 제27조 제1항)
> 마. 적재물 추락방지 위반(법 제39조 제4항)
> 바. 운전자의 고속도로 등에서 준수사항 위반(법 제67조 제2항)

① 6개 ② 5개
③ 4개 ④ 3개

해설 가~마를 위반한 사실이 사진, 비디오테이프나 그 밖의 영상기록매체에 의하여 입증되고 다음 각 호의 어느 하나에 해당하는 경우에는 제56조 1항에 따른 고용주 등에게 20만원 이하의 과태료를 부과한다.
※ 바는 해당되지 않음

05 도로교통법상 시장 등은 교통을 원활하게 하기 위하여 노면전차 전용도로 또는 전용차로를 설치하려는 경우에는 도시철도법 제7조 제1항에 따른 도시철도사업계획의 승인 전에 시·도경찰청과 협의하여야 한다. 다음 중 협의사항에 해당하지 않는 것은?

① 노면전차의 설치 방법 및 구간
② 노면전차 전용로 내 교통안전시설의 설치
③ 노면전차 전용로의 관리에 관한 사항
④ 노면전차 주차부지의 선정에 대한 사항

해설 ④는 해당사항 없음
노면전차 전용로의 설치 등(도로교통법 제16조 제1항) 노면전차의 설치 방법 및 구간, 노면전차 전용로 내 교통안전시설의 설치, 그 밖에 노면전차 전용로의 관리에 관한 사항을 협의

06 승용차운전자가 보행자 보호의무를 위반하여 중상 1명, 경상 2명, 부상신고 1명의 교통사고를 일으킨 경우 운전자의 벌점으로 맞는 것은?

① 벌점 47점 ② 벌점 37점
③ 벌점 27점 ④ 벌점 25점

해설 보행자 보호의무-10점, 중상 1명-15점, 경상 2명-10점(1명당 5점), 부상 1명-2점

07 고속도로 외의 도로에 좌회전 차로의 수가 3개인 교차로에서 왼쪽 차로로 좌회전할 수 없는 차는?

① 9인승 승용자동차
② 4톤 화물자동차
③ 12인승 승합자동차
④ 25인승 승합자동차

해설 좌회전 가능한 차량 : 승용자동차 및 경형, 소형, 중형 승합자동차

08 운전자 A는 교통사고를 일으켜 운전면허가 취소되었다. A가 운전면허 취소처분에 대한 이의신청을 하려고 할 때 이의신청을 할 수 있는 기간으로 맞는 것은?

① 사고일로부터 90일 이내
② 취소처분을 받은 날로부터 90일 이내
③ 사고일로부터 60일 이내
④ 취소처분을 받은 날로부터 60일 이내

해설 운전면허의 취소처분 또는 정지처분에 대하여 이의가 있는 사람은 그 처분을 받은 날로부터 60일 이내에 시·도 경찰청장에게 이의를 신청할 수 있다.

09 시·도경찰청장의 지정에 따라 고속도로 외의 도로에서 버스전용차로를 이용할 수 있는 차에 해당하지 않는 것은?

① 전세버스운송사업자가 운행하는 외국인 관광객 15명을 태운 25인승 외국인 관광객 수송용 승합자동차
② △△아파트단지에서 △△고등학교까지 운행하는 15인승 통학용 승합자동차
③ 국제행사 참가인원 수송 등 특히 필요하다고 인정되는 36인승 승합자동차
④ 노선을 지정하여 ○○사원 아파트에서 ○○회사까지 운행하는 25인승 통근용 승합자동차

해설 고속도로 외의 도로에서 버스전용차로를 이용할 수 있는 차(도로교통법 시행령 별표 1)
① 관광진흥법 제3조 제1항 제2호에 따른 관광숙박업자 또는 여객 자동차 운수사업법 시행령 제3조 제2호가목에 따른 전세버스 운송사업자가 운행하는 25인승 이상의 외국인 관광객 수송용 승합자동차(외국인 관광객이 승차한 경우만 해당한다)
③ 국제행사 참가인원 수송 등 특히 필요하다고 인정되는 승합자동차
④ 노선을 지정하여 운행하는 통학 통근용 승합자동차 중 16인승 이상 승합자동차

정답 5 ④ 6 ② 7 ② 8 ④ 9 ②

10 특정범죄가중처벌 등에 관한 법률상의 처벌 규정과 관련이 없는 것은?

① 운행 중인 자동차의 운전자를 폭행하거나 협박한 사람에 대한 처벌
② 음주의 영향으로 정상적인 운전이 곤란한 상태에서 자동차를 운전 중 보행자에게 상해를 입힌 운전자에 대한 처벌
③ 어린이보호구역에서 자동차를 운전 중 교통사고를 일으켜 어린이를 사상한 운전자에 대한 처벌
④ 난폭운전으로 횡단보도에서 보행자를 충격하여 상해를 입힌 운전자에 대한 처벌

해설 특정범죄가중처벌 등에 관한 법률은 형법, 관세법, 조세범처벌법, 지방세기본법, 산림자원의 조성 및 관리에 관한 법률 및 마약류관리에 관한 법률에 규정된 특정범죄에 대한 가중처벌 등을 규정함으로써 건전한 사회질서의 유지와 국민경제의 발전에 이바지함을 목적으로 한다.
도주차량운전자의 가중처벌(법 제5조의3)
도로교통법 제2조에 규정된 자동차, 원동기장치자전거의 교통으로 인하여 업무상과실 중과실치사상(형법 제268조)의 죄를 범한 해당 차량의 운전자가 피해자를 구호하는 등의 조치를 하지 아니하고 도주한 경우에 가중처벌을 한다.
운행 중인 자동차운전자에 대한 폭행 등의 가중처벌(법 제5조의10)
운행 중인 자동차의 운전자를 폭행하거나 협박하여 사람을 상해에 이르게 한 경우 3년 이상의 유기징역에 처하고 사망에 이르게 한 경우에는 무기 또는 5년 이상의 징역에 처한다.
위험운전치사상(법 제5조의11 제1항)
음주 또는 약물의 영향으로 정상적인 운전이 곤란한 상태에서 자동차를 운전하여 사람을 상해에 이르게 한 사람은 1년 이상 15년 이하의 징역 또는 1천만원 이상 3천만원 이하의 벌금에 처하고 사망에 이르게 한 사람은 무기 또는 3년 이상의 징역에 처한다.
어린이 보호구역에서 어린이 치사상의 가중처벌(법 제5조의13)
어린이 보호구역에서 법에 따른 조치를 준수하고 어린이의 안전에 유의하면서 운전하여야 할 의무를 위반하여 어린이를 사망에 이르게 한 경우에는 무기 또는 3년 이상의 징역에, 상해에 이르게 한 경우에는 1년 이상 15년 이하의 징역 또는 500만원 이상 3천만원 이하의 벌금에 처한다.

11 도로교통법령상 긴급자동차 중에서 사용하는 사람 또는 기관의 신청에 의하여 시·도경찰청장이 지정한 경우에 긴급자동차로 인정되는 자동차는?

① 경찰용 자동차 중 교통단속에 사용되는 자동차
② 수사기관의 자동차 중 범죄수사에 사용되는 자동차
③ 교도소에서 수용자의 호송·경비를 위하여 사용되는 자동차
④ 전신·전화의 수리공사 등 응급작업에 사용되는 자동차

해설 **긴급자동차(도로교통법 시행령 제2조)**
긴급자동차로 인정되는 자동차로는 소방차, 구급차, 혈액공급차량과 그 밖에 대통령령으로 정하는 자동차와 경찰용 자동차 중 범죄수사, 교통단속 그 밖에 긴급한 경찰업무수행에 사용되는 자동차와 국군 및 주한 국제연합군용 자동차 중 군 내부의 질서유지나 부대의 질서 있는 이동을 유도하는 데 사용되는 자동차와 전기사업, 가스사업 등 공익사업을 하는 기관에서 위험방지를 위한 응급작업에 사용되는 자동차

12 도로교통법상 자동차 운전 중에 휴대용 전화를 사용할 수 없는 경우는?

① 안전운전에 장애를 주지 아니하는 장치를 이용하는 경우
② 긴급자동차를 운전하는 경우
③ 각종 범죄 및 재해신고 등 긴급을 요청하는 경우
④ 자동차를 서행으로 운전하고 있는 경우

해설 모든 운전자의 준수사항 등(법 제49조 제1항 제10호)
운전자는 자동차 등 또는 노면전차의 운전 중에는 휴대용 전화(자동차용 전화를 포함한다)를 사용하지 아니할 것. 다만, 다음의 어느 하나에 해당하는 경우에는 그러하지 아니하다.
가. 자동차 등 또는 노면전차가 정지하고 있는 경우
나. 긴급자동차를 운전하는 경우
다. 각종 범죄 및 재해 신고 등 긴급한 필요가 있는 경우
라. 안전운전에 장애를 주지 아니하는 장치로서 대통령령으로 정하는 장치를 이용하는 경우

13 도로교통법령상 안전표지에 대한 설명 중 틀린 것은?

① 규제표지 : 도로의 통행방법·통행구분 등 도로교통의 안전을 위하여 필요한 지시를 하는 경우에 도로사용자가 이를 따르도록 알리는 표지
② 주의표지 : 도로상태가 위험하거나 도로 또는 그 부근에 위험물이 있는 경우에 필요한 안전조치를 할 수 있도록 이를 도로사용자에게 알리는 표지
③ 보조표지 : 주의표지·규제표지 또는 지시표지의 주기능을 보충하여 도로 사용자에게 알리는 표지
④ 노면표시 : 도로교통의 안전을 위하여 각종 주의·규제·지시 등의 내용을 노면에 기호·문자 또는 선으로 도로사용자에게 알리는 표지

해설 안전표지(도로교통법 시행규칙 제8조)
- 주의표지 : 도로상태가 위험하거나 도로 또는 그 부근에 위험물이 있는 경우에 필요한 안전조치를 할 수 있도록 이를 도로사용자에게 알리는 표지
- 규제표지 : 도로교통의 안전을 위하여 각종 제한·금지 등의 규제를 하는 경우에 이를 도로사용자에게 알리는 표지
- 지시표지 : 도로의 통행방법·통행구분 등 도로교통의 안전을 위하여 필요한 지시를 하는 경우에 도로사용자가 이에 따르도록 알리는 표지
- 보조표지 : 주의표지·규제표지 또는 지시표지의 주기능을 보충하여 도로사용자에게 알리는 표지
- 노면표시 : 도로교통의 안전을 위하여 각종 주의·규제·지시 등의 내용을 노면에 기호·문자 또는 선으로 도로사용자에게 알리는 표지

14 도로교통법상 안전표지 중 그림과 같은 주의표지(일련번호 128)의 뜻은?

① 중앙분리대 시작을 알리는 것
② 터널이 있음을 알리는 것
③ 노면이 고르지 못함을 알리는 것
④ 과속방지턱이 있음을 알리는 것

해설 노면이 고르지 못함

15 특정범죄가중처벌 등에 관한 법률 제5조의3에 따른 유형별 처벌에 대한 설명 중 옳은 것은 몇 개인가?

> 가. 사고운전자가 도주 후에 피해자가 사망한 경우에는 무기 또는 3년 이상의 징역에 처한다.
> 나. 사고운전자가 피해자를 상해에 이르게 하고 구호조치를 하지 않고 도주한 경우에는 1년 이상의 유기징역 또는 500만원 이상 3천만원 이하의 벌금에 처한다.
> 다. 사고운전자가 피해자를 사고 장소로부터 옮겨 유기하고 도주 후에 피해자가 사망한 경우에는 사형, 무기 또는 5년 이상의 징역에 처한다.
> 라. 사고운전자가 피해자를 상해에 이르게 한 후 사고 장소로부터 옮겨 유기하고 도주한 경우에는 5년 이상의 유기징역에 처한다.

① 4개   ② 3개
③ 2개   ④ 1개

해설
가. 사고운전자가 도주 후에 피해자가 사망한 경우에는 무기 또는 5년 이상의 징역에 처한다.
라. 사고운전자가 피해자를 상해에 이르게 한 후 사고 장소로부터 옮겨 유기하고 도주한 경우에는 3년 이상의 유기징역에 처한다.

16 도로교통법령상 제1종 특수면허에 해당하지 않는 것은?

① 구난차면허
② 긴급자동차면허
③ 소형견인차면허
④ 대형견인차면허

해설 운전면허(도로교통법 제80조 제2항 제1호)
제1종 특수면허 : 대형견인차, 소형견인차, 구난차

17 도로교통법령상 경찰공무원이 교통사고 조사 시 사람이 죽거나 다치지 않은 교통사고로서 교통사고처리특례법에 따라 공소를 제기할 수 없는 경우에 조사를 생략할 수 있는 것은?

① 교통사고 발생 일시 및 장소
② 교통사고 피해상황
③ 운전자의 과실 유무
④ 교통사고 관련자, 차량등록 및 보험가입 여부

해설 사람이 죽거나 다치지 아니한 교통사고로서 교통사고 처리 특례법(제3조 제2항 또는 제4조 제1항)에 따라 공소를 제기할 수 없는 경우 아래 사항에 대한 조사를 생략할 수 있다.
1) 운전자의 과실 유무
2) 교통사고 현장상황
3) 그 밖에 차량 또는 교통안전시설의 결함 등 교통사고 유발요인 및 증거수집 등과 관련하여 필요한 사항 등

정답 14 ③ 15 ③ 16 ② 17 ③

18 교통사고처리특례법령상 우선 지급해야 할 치료비에 관한 통상비용의 범위로 맞는 것을 모두 고르시오.

> 가. 진찰료
> 나. 다른 보호시설로의 이동에 필요한 비용
> 다. 수술 등 치료에 필요한 모든 비용
> 라. 안경·보청기·보철구 등의 비용
> 마. 보험약관에서 정한 환자의 식대·간병료

① 가, 다
② 가, 다, 마
③ 가, 나, 다, 마
④ 가, 나, 다, 라, 마

해설 교통사고처리특례법 시행령 제2조 제1항에 따르면 우선 지급해야 할 치료비에 관한 통상 비용의 범위는 다음과 같다.
1) 진찰료
2) 일반병실의 입원료. 다만, 진료상 필요로 일반병실보다 입원료가 비싼 병실에 입원한 경우에는 그 병실의 입원료
3) 처치, 투약, 수술 등 치료에 필요한 모든 비용
4) 인공팔다리, 의치, 안경, 보청기, 보철구 및 그 밖에 치료에 부수하여 필요한 기구 등의 비용
5) 호송, 다른 보호시설로의 이동, 퇴원 및 통원에 필요한 비용
6) 보험약관 또는 공제약관에서 정하는 환자식대, 간병료 및 기타 비용

19 운전자 A는 경찰청장이 정하여 고시하는 바에 따라 무위반·무사고 서약을 하고 2년간 실천하여 특혜점수를 부여받았다. 그 후 난폭운전으로 형사입건되었다. 이 경우 A의 운전면허에 대한 처분으로 맞는 것은?

① 면허취소 ② 벌점 20점
③ 벌점 30점 ④ 벌점 40점

해설 무위반, 무사고 서약을 하여 특혜점수를 보유하고 있더라도 사망사고, 난폭운전, 음주운전의 경우는 특혜점수를 이용하여 공제하지 아니한다.
시행규칙 [별표 28]에 따라 공동위험행위, 난폭운전으로 형사입건된 때는 벌점 40점을 부여한다.

20 인적피해 교통사고를 일으킨 운전자에 대한 처벌규정이 교통사고처리특례법 제3조 제2항 단서에 해당되지 않는 것은?

① 승객추락방지의무를 위반한 경우
② 음주측정 요구에 따르지 아니한 경우
③ 끼어들기 금지를 위반한 경우
④ 교차도로 통행방법을 위반한 경우

해설 승객추락방지의무, 음주측정 요구불응, 끼어들기 금지위반의 교통사고처리특례법 제3조 제2항 단서에 해당하며 교차로통행방법 위반의 경우는 해당되지 않는다.

처벌의 특례(교통사고처리특례법 제3조 제2항 단서)
1. 도로교통법 제5조에 따른 신호기가 표시하는 신호 또는 교통정리를 하는 경찰공무원등의 신호를 위반하거나 통행금지 또는 일시정지를 내용으로 하는 안전표지가 표시하는 지시를 위반하여 운전한 경우
2. 도로교통법 제13조 제3항을 위반하여 중앙선을 침범하거나 같은 법 제62조를 위반하여 횡단, 유턴 또는 후진한 경우
3. 도로교통법 제17조 제1항 또는 제2항에 따른 제한속도를 시속 20km를 초과하여 운전한 경우
4. 도로교통법 제21조 제1항, 제22조, 제23조에 따른 앞지르기의 방법·금지시기·금지장소 또는 끼어들기의 금지를 위반하거나 같은 법 제60조 제2항에 따른 고속도로에서의 앞지르기 방법을 위반하여 운전한 경우
5. 도로교통법 제24조에 따른 철길건널목 통과방법을 위반하여 운전한 경우
6. 도로교통법 제27조 제1항에 따른 횡단보도에서의 보행자 보호의무를 위반하여 운전한 경우
7. 도로교통법 제43조, 건설기계관리법 제26조 또는 도로교통법 제96조를 위반하여 운전면허 또는 건설기계조종사면허를 받지 아니하거나 국제운전면허증을 소지하지 아니하고 운전한 경우. 이 경우 운전면허 또는 건설기계조종사면허의 효력이 정지 중이거나 운전의 금지 중인 때에는 운전면허 또는 건설기계조종사면허를 받지 아니하거나 국제운전면허증을 소지하지 아니한 것으로 본다.
8. 도로교통법 제44조 제1항을 위반하여 술에 취한 상태에서 운전을 하거나 같은 법 제45조를 위반하여 약물의 영향으로 정상적으로 운전하지 못할 우려가 있는 상태에서 운전한 경우
9. 도로교통법 제13조 제1항을 위반하여 보도(步道)가 설치된 도로의 보도를 침범하거나 같은 법 제13조 제2항에 따른 보도 횡단방법을 위반하여 운전한 경우

10. 도로교통법 제39조 제3항에 따른 승객의 추락 방지의무를 위반하여 운전한 경우
11. 도로교통법 제12조 제3항에 따른 어린이 보호구역에서 같은 조 제1항에 따른 조치를 준수하고 어린이의 안전에 유의하면서 운전하여야 할 의무를 위반하여 어린이의 신체를 상해(傷害)에 이르게 한 경우
12. 도로교통법 제39조 제4항을 위반하여 자동차의 화물이 떨어지지 아니하도록 필요한 조치를 하지 아니하고 운전한 경우

21 도로교통법령상 이륜자동차의 운전자가 착용하여야 할 승차용 안전모의 기준으로 잘못된 것은?

① 좌우, 상하로 충분한 시야를 가질 것
② 청력에 현저한 장애를 주지 않을 것
③ 안전모의 뒷부분에는 야간 운행에 대비하여 반사체가 부착되어 있을 것
④ 무게가 3kg 이하일 것

해설 도로교통법 시행규칙 제32조에 따라 인명보호장구의 기준으로 무게는 2kg 이하이어야 한다.

인명보호장구(도로교통법 시행규칙 제32조)
법 제50조 제3항에서 "행정안전부령이 정하는 인명보호장구"라 함은 다음의 기준에 적합한 승차용 안전모를 말한다.
1. 좌우, 상하로 충분한 시야를 가질 것
2. 풍압에 의하여 차광용 앞창이 시야를 방해하지 아니할 것
3. 청력에 현저하게 장애를 주지 아니할 것
4. 충격 흡수성이 있고, 내관통성이 있을 것
5. 충격으로 쉽게 벗어지지 아니하도록 고정시킬 수 있을 것
6. 무게는 2kg 이하일 것
7. 인체에 상처를 주지 아니하는 구조일 것
8. 안전모의 뒷부분에는 야간운행에 대비하여 반사체가 부착되어 있을 것

22 도로교통법상 자전거의 통행방법에 대한 설명으로 바르지 못한 것은?

① 자전거도로가 따로 있는 곳에서는 그 자전거도로로 통행해야 한다.
② 교차로에서 좌회전하는 경우에는 미리 도로의 우측 가장자리로 붙어 서행하면서 교차로의 가장자리 부분을 이용하여 좌회전하여야 한다.
③ 횡단보도를 이용하여 도로를 횡단할 때에는 자전거에서 내려 자전거를 끌거나 들고 가야 한다.
④ 보도를 통행할 때에는 보도의 중앙으로부터 차도와 멀리 있는 쪽으로 통행해야 한다.

해설 ④ 차도의 우측 가장자리로 통행해야 한다.

23 ( ) 안에 들어갈 내용으로 맞는 것은?

> 도로교통법상 경찰공무원이 차의 정비 상태가 매우 불량하여 위험발생의 우려가 있는 경우에는 그 차의 자동차등록증을 보관하고 운전을 일시정지할 것을 명할 수 있다. 이 경우 필요하면 ( )의 범위 내에서 정비기간을 정하여 그 차의 사용을 정지시킬 수 있다.

① 10일 ② 20일
③ 30일 ④ 60일

해설 정비불량차의 점검(도로교통법 제41조)
① 경찰공무원은 정비불량차에 해당한다고 인정하는 차가 운행되고 있는 경우에는 우선 그 차를 정지시킨 후, 운전자에게 그 차의 자동차등록증 또는 자동차 운전면허증을 제시하도록 요구하고 그 차의 장치를 점검할 수 있다.
② 경찰공무원은 제1항에 따라 점검한 결과 정비불량 사항이 발견된 경우에는 그 정비불량 상태의 정도에 따라 그 차의 운전자로 하여금 응급조치를 하게 한 후에 운전을 하도록 하거나 도로 또는 교통 상황을 고려하여 통행구간, 통행로와 위험방지를 위한 필요한 조건을 정한 후 그에 따라 운전을 계속하게 할 수 있다.
③ 시·도경찰청장은 제2항에도 불구하고 정비 상태가 매우 불량하여 위험발생의 우려가 있는 경우에는 그 차의 자동차등록증을 보관하고 운전의 일시정지를 명할 수 있다. 이 경우 필요하면 10일의 범위에서 정비기간을 정하여 그 차의 사용을 정지시킬 수 있다.

24 도로교통법령상 보행자의 범칙행위 중 범칙금이 다른 것은?

① 통행금지 또는 제한의 위반
② 육교 바로 및 또는 지하도 바로 위로의 횡단
③ 술에 취하여 도로에서 갈팡질팡하는 행위
④ 도로에서 교통에 방해되는 방법으로 눕거나 앉거나 서 있는 행위

해설 도로교통법 시행령 범칙행위 및 범칙금액(보행자)(제93조 제1항 관련)

범칙 행위	근거 법조문 (도로교통법)	범칙 금액
1. 돌, 유리병, 쇳조각, 그 밖에도 도로에 있는 사람이나 차마를 손상시킬 우려가 있는 물건을 던지거나 발사하는 행위	제68조 제3항 제4호	5만원
2. 신호 또는 지시 위반	제5조	3만원
3. 차도 통행	제8조 제1항 본문	
4. 실외 이동로봇의 운용자가 차, 노면전차 또는 다른 사람에게 위험과 장해를 주는 방법으로 운용	제8조의2 제2항	
5. 육교 바로 밑 및 또는 지하도 바로 위로의 횡단	제10조 제2항 본문	
6. 횡단이 금지되어 있는 도로부분의 횡단	제10조 제5항	
7. 술에 취하여 도로에서 갈팡질팡하는 행위	제68조 제3항 제1호	
8. 도로에서 교통에 방해되는 방법으로 눕거나 앉거나 서 있는 행위	제68조 제3항 제2호	
9. 교통이 빈번한 도로에서 공놀이 또는 썰매타기 등의 놀이를 하는 행위	제68조 제3항 제3호	
10. 도로를 통행하고 있는 차마에 뛰어오르거나 매달리거나 차마에서 뛰어내리는 행위	제68조 제3항 제6호	

범칙 행위	근거 법조문 (도로교통법)	범칙 금액
11. 통행 금지 또는 제한의 위반	제6조	
12. 도로 횡단시설이 아닌 곳으로의 횡단(제4호의 행위는 제외한다)	제10조 제2항 본문	2만원
13. 차의 바로 앞이나 뒤로의 횡단	제10조 제4항	
14. 교통 혼잡을 완화시키기 위한 조치 위반	제7조	1만원
15. 행령 등의 차도 우측통행 의무 위반(지휘자를 포함한다)	제9조 제1항 후단	

②,③,④ 번은 3만원이고, ①번은 2만원이기 때문에 정답은 ①번이다.

25 특별교통안전교육을 의무적으로 받아야 할 대상자가 아닌 사람은?

① 보복운전으로 형사입건된 운전자
② 혈중알코올농도 0.03% 이상의 주취상태에서 자동차를 운전하다가 단속된 사람
③ 신호위반과 중앙선 침범 위반으로 인하여 면허가 정지된 초보운전자
④ 자동차를 운전 중 신호위반으로 물적피해 교통사고를 일으키고 조치를 하지 않은 운전자

해설 한국도로교통공단에 따르면 교통법규 위반 및 사고를 일으킨 자, 음주운전자, 음주운전 이외 정지·취소자(교통사고나 법규위반으로 면허정지·취소된 경우, 보복운전으로 단속, 면허가 정지·취소된 경우)는 특별교통안전교육을 받아야 한다고 한다.

제2과목 교통사고조사론

26 차 대 보행자 충돌사고에서 차량에 의한 인체 손상 중 보행자 손상에 해당되지 않는 것은?

① 편타손상
② 역과손상
③ 전도손상
④ 제1차 충격손상

해설
- 편타손상 : 갑작스러운 움직임이나, 머리가 척주와 상대적으로 뒤로 또는 앞으로 가속될 때 발병하는 손상. 교통사고 따위로 머리가 앞뒤로 크게 움직이면서 목에 영향을 주어 생기는 것
- 역과손상 : 3차 충격으로 전도된 보행자를 자동차 바퀴가 사람이나 물체를 깔고 지나감에 의한 손상
- 전도손상 : 2차 충격 후 떨어지면서 지면이나 구조물 등에 의해 두부나 둔부에 골절상을 입게 되는 손상
- 제1차 충격손상 : 범퍼 등에 의한 충격으로 차 대 보행자 사고에서 가장 많이 발생하는 충격 손상

27 짐을 싣지 않은 세미트레일러가 제동 중 바운싱에 의해 차륜제동흔적이 직선(실선)으로 연결되지 않고 흔적의 중간 중간이 규칙적으로 끊어져 점선형태의 흔적을 발생시켰다. 이 타이어 흔적은?

① 요마크(Yaw Mark)
② 갭 스키드마크(Gap Skid Mark)
③ 스커프(Scuff Mark)
④ 스킵 스키드마크(Skip Skid Mark)

28 최소회전반경에 대하여 맞게 설명한 것은?
① 자동차가 최대 조향각으로 저속회전할 때 안쪽 바퀴의 접지면 중심이 그리는 원의 반지름
② 자동차가 최대 조향각으로 저속회전할 때 차량 무게중심이 그리는 원의 반지름
③ 자동차가 최대 조향각으로 저속회전할 때 차량 전폭중심이 그리는 원의 반지름
④ 자동차가 최대 조향각으로 저속회전할 때 바깥쪽 바퀴의 접지면 중심이 그리는 원의 반지름

해설 **최소회전반경** : 핸들을 최대조향각로 회전할 때 차량의 바깥쪽 앞바퀴 궤적 반경을 의미하며, 이때의 최소회전반경은 12m 이내여야 한다.

29 내륜차와 관련된 설명 중 맞는 것은?
① 선회 내측 앞바퀴와 뒷바퀴의 궤적이 같게 나타나는 특성이 있다.
② 대형 트럭의 전륜과 후륜 간 측면 보호대를 부착하는 것과 관련이 있다.
③ 선회 시 뒷바퀴의 선회반경이 앞바퀴의 선회반경보다 크기 때문에 나타난다.
④ 대형 차량과 같이 축거가 길수록 내륜차도 작다.

해설
1) 커브 시 후륜은 전륜의 안쪽을 통과하는데 이때 안쪽 앞뒤 바퀴가 통과한 궤적의 폭을 내륜차라 함
2) 커브 지역에서 차량을 앞으로 전진할 때 생기는 현상으로 차량이 우측으로 방향을 전환하면서 전진하고자 할 때 A 지점을 기준으로 당해 차량의 안쪽 앞바퀴(가선)와 뒷바퀴(나선)가 움직이는 궤적(흔적)이 다르게 나타난다. 이때 당해 차량의 안쪽바퀴의 앞바퀴와 뒷바퀴가 지나가는 궤적이 서로 달라서 발생하는 거리 차이를 내륜차(內輪差)라 함
3) 내륜차는 차량의 휠베이스, 즉 앞바퀴와 뒷바퀴의 거리(축거)에 약 1/3 정도의 거리로 발생하는데, 트럭이나 버스, 트레일러 같은 차량은 더 많은 내륜차가 발생함

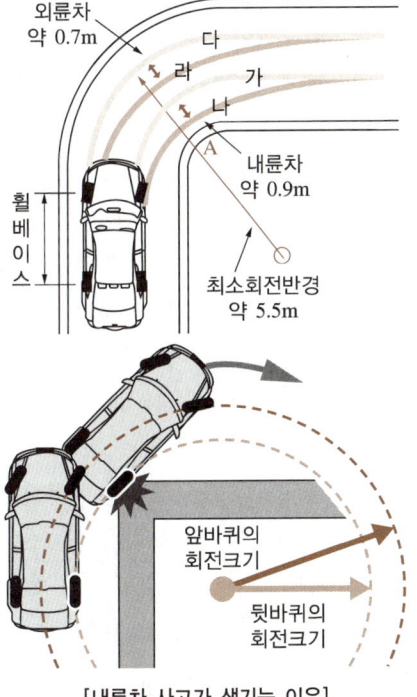

[내륜차 사고가 생기는 이유]

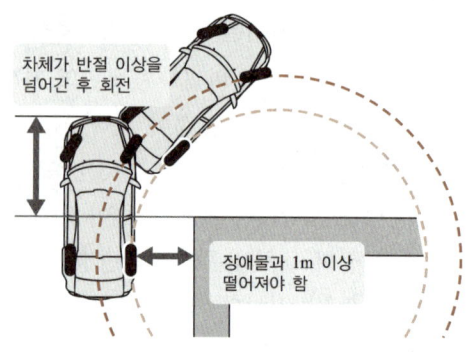

[내륜차 사고를 방지하려면]

30 교통사고 현장조사 및 재현 장비에 대한 설명 중 틀린 것은?

① 마찰계수 측정기는 사고현장 마찰계수를 측정하는 장비이며, 제동시점에서 최종정지위치까지의 속도, 거리, 시간 측정에 활용된다.
② 사진측량시스템은 사고현장을 입체적으로 구현하는 장비이며, 신속하고 정확한 현장조사 및 도면작성이 가능하다.
③ 레이저거리측정기는 줄자나 굴림자를 대신하여 간편하게 사고현장 거리를 레이저 광선을 이용하여 자동으로 측정하는 장비이며, 야간 및 고속도로에서 용이하게 사용된다.
④ 사고재현 프로그램은 컴퓨터를 이용하여 입체적 사고를 재현하는 장비이며, 차량의 노면흔적이 파악되지 않더라도 충돌 후 진행궤적을 명확히 재현할 수 있다.

해설 사고재현 프로그램은 차량의 최종위치와 노면흔적이 파악되어야만 사고과정을 재현할 수 있다.

31 A차량이 주행하던 중 전방에 마주오던 B차량 전면 중앙부를 A차량 전면 중앙부로 정면 충돌하였을 경우, A차량 뒷좌석 탑승자의 이동상황은?

① 뒤로 이동한다.
② 좌로 이동한다.
③ 앞으로 이동한다.
④ 우로 이동한다.

해설 관성의 법칙에 의해 앞쪽으로 이동한다.

32 급제동 시 차량의 앞부분이 숙여지는 현상인 노즈 다이브(Nose Dive)와 관계가 없는 것은?

① 자동차의 현가장치
② 자동차의 무게중심
③ 요마크(Yaw Mark)
④ 관성력

해설 요마크는 차량이 회전할 때 미끄러지면서 생기는 타이어 흔적으로 노즈 다이브와 상관없다.

33 교통사고의 주요 요인이 아닌 것은?

① 경제적 요인
② 차량적 요인
③ 도로 환경적 요인
④ 인적 요인

해설 교통사고의 3대 요인 : 인적 요인, 차량적 요인, 환경적 요인

34 차 대 보행자 충돌사고에서 보행자의 역과 손상에 대한 설명으로 맞는 것은?

① 보행중인 보행자를 차체 전면부로 최초 충격되어 생긴 손상을 말한다.
② 신체가 차체의 상부구조에 다시 부딪혀 생긴 손상을 말한다.
③ 지상에 전도된 후 바퀴나 차량의 하부구조에 의해서 생긴 손상을 말한다.
④ 자동차에 충격된 후 지면이나 지상 구조물에 의해서 생긴 손상을 말한다.

해설 역과손상(轢過損傷, 차깔림 손상, Runover Injury) : 차량의 바퀴가 인체 위를 깔고 넘어감으로써 발생한 손상을 말하는데 바퀴의 회전력과 중량에 의한 압력에 의해 생긴 손상

35 정상적으로 주행하던 오토바이는 외부로 부터 충격을 받거나 스스로 중심을 잃을 때 전도 된다. 오토바이가 전도되는데 걸린 시간 및 전도되는 동안 이동거리를 구하려고 할 때 적용하는 수식은?(단, h: 무게중심의 높이, g : 중력가속도, v : 주행속도)

① 시간 $t = \sqrt{\dfrac{2h}{g}}$, 거리 $L = v\sqrt{\dfrac{2h}{g}}$

② 시간 $t = \sqrt{\dfrac{2h}{g}}$, 거리 $L = v\sqrt{\dfrac{2g}{h}}$

③ 시간 $t = \sqrt{\dfrac{h}{2g}}$, 거리 $L = v\sqrt{\dfrac{2h}{g}}$

④ 시간 $t = \sqrt{\dfrac{h}{2g}}$, 거리 $L = \sqrt{\dfrac{2v}{hg}}$

해설 $d = v_0 t + \dfrac{1}{2}at^2$ 에서 $h = v_0 t + \dfrac{1}{2}gt^2$, $v_0 = 0$ 이므로
$h = \dfrac{1}{2}gt^2$ 에서 $t = \sqrt{\dfrac{2h}{g}}$
$\dfrac{L}{v} = \sqrt{\dfrac{2h}{g}}$ 에서 $L = v\sqrt{\dfrac{2h}{g}}$

36 노면흔적 중 핸들 조작과 연관성이 가장 높은 것은?

① 크룩(Crook)
② 가속 스커프(Acceleration Scuff)
③ 스키드마크(Skid Mark)
④ 요마크(Yaw Mark)

해설
- 요마크(Yaw Mark) : 타이어가 회전하면서 옆으로 미끄러질 때 나타나는 타이어 자국이다. 이 타이어 자국은 자동차가 충돌을 피하려고 급핸들 조작할 때나 급커브에 대비하지 못한 상태에서 갑자기 나타난 급한 커브 때문에 무리한 핸들조작을 할 때 생긴다.
- 가속 스커프(Acceleration Scuff) : 차량이 급가속, 급출발 할 때 나타나는 흔적이며 구동바퀴에 강한 힘이 작용하여 노면에서 헛돌면서 발생한 흔적이다. 시점에는 진한 형태로 나타나고 종점에서는 희미하게 나타난다.
- 크룩(Crook) : 일명 밴드(Band) 혹은 오프셋(Offset)이라고도 일컫는데 제동 중에 발생하는 것으로 충돌 후 갑자기 나타나는 충돌스크럽과는 충돌 전 차륜흔적의 발생 여부로 구분된다.

37 다음 중 타이어 흔적에 해당하지 않는 것은?

① 스키드마크(Skid Mark)
② 스카프마크(Scuff Mark)
③ 요마크(Yaw Mark)
④ 가우지마크(Gouge Mark)

해설 가우지(Gouge)마크는 파인 자국을 의미하며, 차량 차체의 금속부위가 노면과의 마찰로 생성된 흔적으로 칩, 찹, 그루브가 있다.
- 칩(Chip) : 노면에 좁고 깊게 파인 자국(곡괭이로 긁은 것 같은 자국). 주로 아스팔트 도로에 생성됨
- 찹(Chop) : 칩에 비해 흔적이 넓고 얕게 파인 상태로 차체 프레임이나 타이어 림에 의해 생성됨
- 그루브(Groove) : 흔적이 좁고 깊게 파인 상태로서 모양은 곧거나 굽어 있는 형태로, 차체에 튀어나온 볼트나 추진축이 차체에서 이탈되면서 노면에 끌린 경우에 생성됨

정답 34 ③ 35 ① 36 ④ 37 ④

38 차량이 굽은 도로에서 정상 선회하지 못하고 횡방향으로 미끄러지며 도로를 이탈하였다. 이때 차량이 횡방향으로 미끄러지기 직전의 임계속도를 구하는 식은?(단, m : 질량, v : 속도, r : 곡선반경, μ : 마찰계수, g : 중력가속도)

① $m\dfrac{v^2}{r} = \mu g$ ② $\dfrac{v^2}{r} = \mu mg$

③ $m\dfrac{v^2}{r} = \mu mg$ ④ $m\dfrac{v^2}{r} = \mu m$

해설

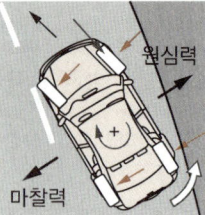

원심력 $= m\dfrac{v^2}{r}$, 마찰력 $= \mu mg$에서 $m\dfrac{v^2}{r} = \mu mg$

39 다음 관계식에서 운동거리를 계산하는 식과 거리가 먼 것은?(단, a : 가속도, V_i : 최초속도, V_e : 최종속도, t : 시간)

① $V_i \cdot t + \dfrac{at^2}{2}$ ② $\dfrac{V_e^2 - V_i^2}{2a}$

③ $t \cdot \dfrac{V_e + V_i}{2}$ ④ $\dfrac{V_e - V_i}{a}$

해설
$d = v_i t + \dfrac{1}{2}at^2$,

$v_e^2 - v_i^2 = 2ad$에서 $d = \dfrac{v_e^2 - v_i^2}{2a}$

$d = vt = \dfrac{(v_e + v_i)}{2} \times t$

$v_e - v_i = at$

40 가속 스커프(Acceleration Scuff)에 대한 설명 중 맞는 것은?

① 충분한 동력이 바퀴에 전달되어 바퀴가 도로표면에서 헛바퀴 돌며 회전할 때 만들어지는 흔적이다.

② 자갈 위 또는 진흙, 눈 위에서는 발생되지 않는다.

③ 차량이 가속되면 무게중심이 앞으로 이동하여 빗살무늬 형태의 흔적을 남긴다.

④ 보통의 차들은 저속에서 엔진이 천천히 돌아가고 있는 동안 순간적으로 감속할 때 나타난다.

해설 가속 스커프(Acceleration Scuff)
차량이 급가속, 급출발할 때 나타나는 타이어 자국이며 구동바퀴에 강한 힘이 작용하여 노면에서 헛돌면서 발생한 흔적이다. 시점에는 진한 형태로 나타나고 종점에서는 희미하게 나타난다.

41 오르막경사 10%를 각도로 나타내면?

① 약 3.2°
② 약 5.7°
③ 약 7.7°
④ 약 10.2°

해설 $\tan\theta = 10\% = 0.1$, $\theta = \tan^{-1}(0.1)$ $\therefore \theta = 5.71°$

42 타이어 트레드 패턴에 대한 설명 중 틀린 것은?

① 러그형(Lug Type)은 타이어 회전방향을 따라 여러 개의 홈을 파 놓은 것으로 조종성 및 안정성이 우수하다.
② 리브형(Rib Type)은 옆으로 잘 미끄러지 않고 조종성, 안정성이 우수하며 고속주행에 적합하다.
③ 블록형(Block Type)은 구동력, 제동력이 크고 진흙길, 눈길에서 조종성 및 안정성이 좋다.
④ 리브러그형(Rib Lug Type)은 리브형과 러그형을 조합시킨 것으로서 포장도로와 비포장도로를 주행하는 차량에 적합하다.

[해설]

기본 패턴의 예	주용도
	리브형(Rib Type) • 포장도로, 고속용 • 승용차용 및 버스용으로 많이 사용되고 있고, 최근에는 일부 소형 트럭용으로도 사용되고 있다.
	러그형(Lug Type) • 일반도로, 비포장도로 • 트럭용, 버스용, 소형트럭용 타이어에 많이 사용되고 있다. 대부분의 건설차량용 및 산업차량용 타이어는 러그형이다.
	리브러그형(Rib Lug Type) • 포장도로, 비포장도로 • 트럭용, 버스용에 많이 사용되고 있다.
	블록형(Block Type) 스노 및 샌드서비스 타이어 등에 사용되고 있다.

43 사고차량 정밀조사 사항 중 틀린 것은?

① 상대차의 범퍼, 번호판, 전조등 등의 형상이 임프린트(Inprint) 되었나를 확인한다.
② 타이어의 접지면(Tread)이나 옆벽(Sidewall)에 나타난 흔적이 있는가를 확인한다.
③ 차량내부의 의자, 좌석안전띠 변형상태와 차량기기 조작 여부를 확인한다.
④ 직접손상 부위와 간접손상 부위는 구분하지 않는다.

[해설] 사고차량 조사 시에 직접손상 부위와 간접손상 부위를 구분해야 한다.
1) 직접손상 : 직접적인 충돌에 의해서 자동차의 일부분이 입은 손상. 페인트의 벗겨짐, 타이어 떨어져 나감, 보행자의 옷이나 신체조직 손상
2) 간접손상 : 차가 충돌 시 그 충격으로 인하여 동일 차량에 나타나는 손상. 정면 충돌 시 그릴손상을 입으나, 그 충격으로 엔진과 변속기가 밀리면서 추진축이나 종감속장치에 손상 발생

44 노면에서 관찰되는 차량 액체 흔적에 대한 설명으로 틀린 것은?

① 바퀴가 굴러가면서 고임(Puddle), 흘러내림(Run-off), 튀김(Spatter) 등이 있는 곳을 차량이 통과할 때 유체가 묻은 타이어가 계속 굴러감으로써 노면상에 남는 자국을 방울짐(Dribble)이라 한다.
② 차량 액체 흔적 중 고임(Puddle)은 차량 최종 위치를 확인하는 데 유용한 자료가 되기도 한다.
③ 충돌 시 파손된 라디에이터에서 나온 액체는 큰 압력으로 분출되어 쏟아지므로 충돌 지점을 나타내는 자료가 될 수 있으며, 이 흔적을 튀김(Spatter)이라 한다.
④ 차량 액체 흔적은 냉각수, 각종 오일, 배터리 액 등이 노면에 쏟아지거나 흘러내린 흔적을 말한다.

해설 밟고 지나간 자국(Tracking) : 차량들이 액체가 고인 곳이나 흘러내린 곳, 튀긴 곳을 밟고 지나가면서 남긴 자국

45 길고 좁은 홈자국으로 직선이나 곡선 형태로 나타날 수 있으며, 구동축이나 다른 부품의 돌출한 너트나 못 등이 노면 위를 끌릴 때 생기는데, 최대 접촉지점을 벗어난 곳까지도 계속 발생될 수 있는 노면의 파인 흔적은?

① 스크래치(Scratch)
② 그루브(Groove)
③ 고임(Puddle)
④ 스크레이프(Scrape)

해설 그루브(Groove) : 흔적이 좁고 깊게 파인 상태로서 모양은 곧거나 굽어 있는 형태로, 차체에 튀어나온 볼트나 추진축이 차체에서 이탈되면서 노면에 끌린 경우에 생성됨

46 타이어 흔적의 설명 중 틀린 것은?

① 요마크(Yaw Mark)는 타이어가 구름 없이 잠긴 상태(Lock)로 미끄러질 때 만들어진다.
② 스커프마크(Scuff Mark)는 끌린 흔적으로서 도로 위를 타이어가 구르면서 끌리거나 미끄러질 때 만들어진다.
③ 가속 스커프(Acceleration Scuff)는 타이어가 회전하면서 미끄러져 발생하는 것으로 오직 구동바퀴에서 발생된다.
④ 임프린트(Imprint)는 타이어가 구르는 상태에서 노면에 새겨지면서 발생된다.

해설 요마크(Yaw Mark) : 타이어가 회전하면서 옆으로 미끄러질 때 나타나는 타이어 자국이다. 이 타이어 자국은 자동차가 충돌을 피하려고 급핸들조작을 할 때나 급커브에 대비하지 못한 상태에서 갑자기 나타난 급한 커브 때문에 무리한 핸들조작을 할 때 생긴다.

47 중량 2,000N의 차량이 노면 마찰계수 0.6, 오르막경사 5%의 도로에서 제동하였을 때의 제동력은?(단, 중력가속도는 9.8m/s^2)

① 약 900N
② 약 1,300N
③ 약 1,700N
④ 약 2,100N

해설
$$F = ma = m\mu g = \frac{2,000 \times (0.6 + 0.05) \times 9.8}{9.8} = 1,300N$$

48 다음 중 요마크(Yaw Mark)의 발생 원리와 가장 관계가 깊은 것은?

① 원심력과 구심력
② 장 력
③ 편심력
④ 제동력

해설) 원심력 $= m\dfrac{v^2}{r}$, 마찰력 $= \mu mg$ 에서 $m\dfrac{v^2}{r} = \mu mg$, 요마크 발생 최대속도 $v = \sqrt{\mu gR}$

49 사고영상이 1초당 10프레임으로 구성되었다면 1프레임의 시간 간격은?

① 0.01초   ② 0.05초
③ 0.1초   ④ 0.5초

해설) 1초 : 10프레임 $= x$초 : 1프레임, $10x = 1$, $x = \dfrac{1}{10} = 0.1$초

50 24km/h의 속도로 주행하던 차량 운전자가 위험인지를 하고 급제동을 하여 타이어 흔적을 발생시켰다. 이때 공주거리는?(단, 위험인지 반응시간은 1.5s)

① 10m   ② 36m
③ 12m   ④ 24m

해설) 공주거리 $d = vt = \dfrac{24}{3.6} \times 1.5 = 10m$

제3과목 교통사고재현론

51 차량이 진행하다가 앞범퍼 중앙부분으로 전신주를 충돌한 경우 차량에 작용한 충격력의 방향을 시계 눈금법으로 바르게 표시한 것은?

① 9시   ② 12시
③ 6시   ④ 3시

해설)

52 차량 파편물이 충돌지점에서 전방으로 튕겨 날아가 낙하되었다. 충돌속도를 추정하고자 할 때 반드시 알아야 할 사항은?

① 파편물의 중량
② 파편물의 부착위치 및 중량
③ 파편물의 중량 및 튕겨 날아간 거리
④ 파편물의 부착위치 및 튕겨 날아간 거리

해설) 충돌속도 $v = d\sqrt{\dfrac{2h}{g}}$
(d : 날아간 거리, g : 중력가속도, h : 높이)

정답 48 ① 49 ③ 50 ① 51 ② 52 ④

53 보행자 사고에서 충돌 후 보행자가 지면에 낙하하여 활주할 때, 활주거리 산출식에 필요한 요소가 아닌 것은?

① 활주 시점 속도
② 인체 노면 간 마찰계수
③ 중력가속도
④ 보행자 낙하자세

해설 보행자의 낙하자세는 활주거리 산출과 연관이 없다.

54 차량이 일직선상에서 등가속도로 운동할 때 처음속도가 18km/h, 10초 후의 속도가 72km/h일 때, 10초 동안 이 차량이 진행한 거리는?

① 125m
② 115m
③ 105m
④ 95m

해설 $v_e = v_i + at$ 에서 $\frac{72}{3.6} = \frac{18}{3.6} + 10a$, $a = 1.5 \text{m/s}^2$

$d = v_i t + \frac{1}{2}at^2 = \left(\frac{18}{3.6}\right) \times 10 + \frac{1}{2} \times 1.5 \times 10^2$
$= 125\text{m}$

55 PDOF(Principal Direction of Force)를 이용한 사고재현 시 기본 원칙에 해당되지 않는 것은?

① 충돌 시 양 차량 간에 작용하는 충격력의 크기는 서로 같다.
② 양 차량 간의 충격력 작용지점은 동일한 1개의 지점이다.
③ 사고차량들의 파손 부위와 형태, 파손량 등을 통하여 판단한다.
④ 충돌 시 양 차량 간에 작용하는 충격력의 방향은 서로 같은 방향이다.

해설 충돌 시 양 차량 간에 작용하는 충격력의 방향은 서로 반대방향이다.

56 공주거리에 대한 설명으로 틀린 것은?

① 속도가 2배로 증가하면 공주거리도 2배로 증가한다.
② 심신피로가 심해질수록 공주거리가 길어질 수 있다.
③ 과도한 음주운전 상태는 정상운전 상태보다 공주거리가 길어진다.
④ 브레이크를 밟은 이후에 운전자가 위험물을 최종 확인하는 동안에 진행한 거리이다.

해설 공주거리는 주행 중 운전자가 전방의 위험 상황을 발견하고 브레이크를 밟아 실제 제동이 걸리기 시작할 때까지 자동차가 진행한 거리로, 차의 속력과 공주시간의 곱으로 나타난다.

57 차량 탑승자들이 충격으로 차체 외부로 방출되었을 경우 운전자를 규명하기 위한 분석과정에 대한 설명으로 틀린 것은?

① 충돌 시 탑승자들의 좌석안전띠 착용여부는 필요하지 않다.
② 차량의 충돌형태를 분석한 후 충격력의 작용방향을 파악한다.
③ 차량내부의 파손부위와 운전자 상해부위를 비교한다.
④ 탑승자들이 차체로부터 튕겨 나올 만한 출구를 파악한다.

해설 충돌 시 탑승자들의 좌석 안전띠 착용여부는 탑승자가 차체 외부로 방출되었을 경우를 규명하는 단서이다.

58 차 대 보행자 사고에서 일반적으로 나타나는 유형별 특성을 틀리게 나열한 것은?

① Wrap Trajectory – 보행자가 차량을 감싸며 떨어지는 형태
② Fender Vault – 보행자가 차량펜더 좌우로 넘어가는 형태
③ Forward Projection – 보행자가 차량 전방으로 떨어지는 형태
④ Roof Vault – 보행자가 차량 위에서 공중 회전하는 형태

해설
④ Roof Vault : 자동차 후드높이에 비해 보행자의 무게중심 높이가 높아 충돌 후 전면 유리와 지붕 위로 넘어가 지면에 낙하하는 형태
① Wrap Trajectory : 보행자의 무게중심이 낮을 때, 충돌 후 차량이 감속된 상태에서 차량을 감싸며 떨어지는 형태
② Fender Vault : 보행자가 차량펜더 좌우로 넘어가는 형태
③ Forward Projection : 어린이가 승용차에 충돌, 성인이 승합차 또는 버스에 충돌 시 발생하는 형태로 보행자는 충돌 전 차량과 같은 방향으로 떨어지는 형태

59 차 대 보행자 사고에서 차량의 보행자 충돌속도를 추정하는 공식이 아닌 것은?

① Barzeley 공식
② Appel 공식
③ Collins 공식
④ Ackerman-Jeantaud 공식

해설 애커먼잔토(Ackerman-Jeantaud)식은 차량의 조향장치에서 최소회전반경에 관한 식이다.
측정된 보행자의 전도거리를 이용하여 Roof Vault 충돌 유형에 적용 가능한 식은
(1) Appel 공식, (2) Barzeley 공식 그리고 (3) Limpert 공식을 이용하여 각각 보행자 충돌 속도를 계산할 수 있다.
1) Appel식 : $v = \sqrt{121.34 \times d}$
2) Barzeley식 : $v = \sqrt{150 + (204 \times d)} - 12.2$
3) Limpert식 : $v = 10.62\sqrt{8.4\mu^4 + 3.3\mu d} - 32.2\mu^2$
여기서, d : 날아간 거리(m)
v : 차량속도(km/h)
μ : 마찰계수(0.8)

60 요마크에 대한 설명으로 잘못된 것은?

① 요마크는 주로 과속으로 주행하다 위험을 회피하기 위해 급핸들을 조작하거나 급커브 구간에서 과대한 핸들조작에 의해 발생된다.
② 같은 도로표면에서 요마크는 뒷바퀴보다 앞바퀴에 의해 더 많은 횡미끄럼이 발생된다.
③ 요마크 형태로 정상 회전상태, 감속상태 혹은 가속상태에서 생성되었는지 파악할 수 있다.
④ 요마크 흔적 중 차량의 무게중심의 이동 궤적을 추적하여 곡선반경을 측정하여야 한다.

해설 요마크는 차량이 커브길을 주행 중에 횡미끄럼에 의해 발생하는 것으로 앞바퀴보다 뒷바퀴 쪽에 더 많은 횡미끄럼이 발생한다.

정답 57 ① 58 ④ 59 ④ 60 ②

61 사고기록장치(EDR)에 기록되어야 하는 운행정보에 해당하지 않는 것은?

① 제동페달 작동 여부
② 운전석 좌석안전띠 착용 여부
③ 자동차 속도
④ 실내등 점등 여부

해설 EDR에는 실내등 점등 관련 항목이 없다.

62 차량의 처음속도가 10m/s이고, 나중속도가 30m/s인 경우, 소요된 시간이 5초일 때 가속도는?

① $1m/s^2$ ② $2m/s^2$
③ $3m/s^2$ ④ $4m/s^2$

해설 $v_e = v_i + at$에서 $a = \dfrac{v_e - v_i}{t} = \dfrac{30-10}{5} = 4m/s^2$

63 40m/s로 진행하던 차량이 4초 동안 제동하여 속도가 20m/s로 감속되었다. 제동구간에서 차량이 이동한 거리는?

① 80m ② 100m
③ 120m ④ 140m

해설 $v_e = v_i + at$에서 $20 = 40 + 4a$, $a = -5m/s^2$
$d = v_i t + \dfrac{1}{2}at^2 = 40 \times 4 + \dfrac{1}{2} \times (-5) \times 4^2 = 120m$

64 ( ) 안에 들어갈 알맞은 단어는?

> 오토바이 운전자는 급커브를 돌 때에 차체를 안쪽으로 기울인다. 이것은 선회운동으로 인하여 발생하는 원심력과의 균형을 조절하기 위한 행동으로서 ( )이라 한다.

① 내륜차
② 뱅킹(Banking)
③ 하이드로플레이닝(Hydroplaning)
④ 한계 선회속도

해설 ① 내륜차(內輪差) : 커브를 돌 때 안쪽의 뒷바퀴는 같은 쪽의 앞바퀴보다도 안쪽을 통과하는데 이를 내륜차라 한다. 즉, 선회 시 뒷바퀴의 선회반경이 앞바퀴의 선회반경보다 작게 나타나며, 대형차일수록 그 차이가 크게 난다.
③ 하이드로플레이닝(수막현상) : 빗길에서 고속 주행 시 노면과 타이어 사이에 수막이 생겨 미끄러지는 현상

65 정면충돌 시 중앙선 침범 차량의 판단근거로 맞지 않는 것은?

① 노면의 파인 흔적
② 노면의 타이어 흔적
③ 사고차량의 배기량
④ 사고차량의 최종위치

해설 배기량과 자동차사고와의 인과 관계는 없다.

66 평탄한 노면을 진행하던 자동차가 운전자 부주의로 도로 옆 낭떠러지로 추락하였다. 추락지점을 조사해보니 수평 이동거리가 12m, 수직높이가 8m였다. 자동차가 추락하기 직전의 속도는?(단, 중력가속도 $9.8m/s^2$)

① 약 33.8km/h
② 약 38.8km/h
③ 약 43.8km/h
④ 약 48.8km/h

해설 추락직전 속도 $v = d\sqrt{\dfrac{g}{2h}} = 12\sqrt{\dfrac{9.8}{2 \times 8}}$
$= 9.39m/s = 33.81km/h$

67 보행자가 1.5m/s의 속도로 계속해서 15m의 거리를 보행하였다면 보행하는 데 걸린 시간은?

① 8초   ② 9초
③ 10초 ④ 12초

해설 $t = \dfrac{d}{v} = \dfrac{15}{1.5} = 10$초

68 균일한 프레임 간격을 가진 블랙박스 영상에서 A지점으로부터 B지점까지 40개의 프레임이 경과하였고, A-B구간 평균 속도가 36km/h, 이동거리가 20m였다면 이 영상의 프레임 레이트(Frame Rate)는?

① 10fps   ② 15fps
③ 20fps   ④ 25fps

해설 40frame 경과 시 걸린시간 $t = \dfrac{d}{v} = \dfrac{20}{(36/3.6)} = 2$초
40frame : 2s = (x)frame : 1s
$x = \dfrac{40}{2} = 20$frame/s

69 충돌 전·후 속도를 산출하는 데 조사자의 육안으로 확인 가능한 자료가 아닌 것은?

① 요마크(Yaw Mark)
② 스키드마크(Skid Mark)
③ 견인계수(Drag Factor)
④ 갭 스키드마크(Gap Skid Mark)

해설 견인계수는 도로의 재질과 상태에 따라 달라지며, 육안으로 판단할 수 없다.

70 충돌 시 사고 차량의 차체 회전에 가장 크게 영향을 주는 3가지 요인은?

① 충격력 작용시간, 충격력 작용지점, 충격력 작용방향
② 충격력 작용시간, 충격력 작용지점, 차체형태
③ 충격력 크기, 충격력 작용방향, 충격력 작용지점
④ 충격력 크기, 충격력 작용방향, 차체형태

해설 힘의 3요소는 힘의 크기, 힘의 방향, 힘의 작용점이다.

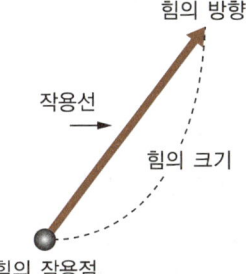

71 교통사고재현 컴퓨터 프로그램을 이용한 사고분석의 목적을 가장 맞게 설명한 것은?

① 실제 사고 상황과 유사한 상황을 재현하여 교통사고 원인을 규명하고자 함이다.
② 교통사고 상황을 단순히 동영상으로 구현하기 위한 것이다.
③ 사고차량의 성능, 강도, 연비 등 차량의 특성만을 분석하기 위한 것이다.
④ 실제 사고 상황을 쉽게 재현하여 당해 교통사고 목격자를 조속히 찾아내기 위함이다.

해설 교통사고재현 컴퓨터 프로그램은 실제 상황에서 얻은 데이터와 차량의 제원 등을 프로그램에 입력하여 실제 사고상황과 유사한 상황을 재현하여 교통사고의 원인을 규명하기 위한 목적으로 개발된 것으로, EDVAP(Engineering Dynamics Vehicle Analysis Package)와 PC-CRASH 등이 있다.

72 추돌 사고의 일반적인 특징으로 틀린 것은?

① 추돌한 차량의 운동량 전이로 피추돌 차량은 가속된다.
② 추돌한 차량이 급제동하면서 추돌하는 경우가 많아 노즈다운(Nose Down) 현상의 추돌이 되기 쉽다.
③ 추돌한 차량 운전자의 신체는 후방으로 이동한다.
④ 피추돌 차량 운전자는 추돌 직전 상황을 인지하지 못하는 경우가 있다.

해설 추돌차량의 운전자는 추돌하면서 운전자의 신체가 관성의 법칙에 의해 전방으로 이동된다.

73 승용차 운전자가 72km/h 속도로 주행 중 전방의 보행자를 인지하고 제동하여 사고를 회피하기 위한 최소 정지거리는?(단, 인지반응시간 1초, 마찰계수 0.8, 중력가속도 9.8m/s²)

① 약 35.5m   ② 약 45.5m
③ 약 47.5m   ④ 약 52.3m

해설 공주거리 $d_1 = vt$, 제동거리 $d_2 = \dfrac{v^2}{2\mu g}$
실제 정지거리
$d = d_1 + d_2 = vt + \dfrac{v^2}{2\mu g} = \left(\dfrac{72}{3.6}\right) \times 1 + \dfrac{(72/3.6)^2}{2 \times 0.8 \times 9.8}$
$= 20 + 25.51 = 45.51\text{m}$

74 차량이 처음에 20m/s의 속도로 달리다가 5m/s²의 감속도로 제동하면서 40m의 거리를 이동하였다면 최종속도는?

① 0m/s   ② 5m/s
③ 10m/s   ④ 15m/s

해설 $v_2^2 - v_1^2 = 2ad$에서 $v_2^2 - 20^2 = 2 \times (-5) \times 40$
나중속도 $v_2 = \sqrt{20^2 - (2 \times 5 \times 40)} = 0\text{m/s}$

75 승용차의 발진가속도가 0.98~1.96m/s² 범위에 있다고 할 때, 승용차가 정지 상태에서 출발하여 30m 진행한 지점의 속도는?

① 약 22~34km/h
② 약 28~39km/h
③ 약 33~45km/h
④ 약 39~50km/h

해설 $v_2^2 - v_1^2 = 2ad$에서 정지상태에서 출발하므로 처음속도 $v_1 = 0$
$\therefore v_2 = \sqrt{2ad}$, $v = \sqrt{2 \times 0.98 \times 30}$
$= 7.668(\text{m/s}) = 27.6\text{km/h}$
$v = \sqrt{2 \times 1.96 \times 30} = 10.844(\text{m/s}) = 39.04\text{km/h}$

정답 71 ① 72 ③ 73 ② 74 ① 75 ②

제4과목 차량운동학

76 중량 5,500N, 속도 78km/h, 견인력 3,840N일 때 차량이 정지하는 데 소요되는 시간은?(단, 중력가속도는 9.8m/s²)

① 약 1.47초   ② 약 2.83초
③ 약 3.17초   ④ 약 4.90초

해설 $F=ma$에서 $3,840 = \frac{5,500}{9.8} \times a$ ∴ $a = 6.84 \text{m/s}^2$

$v = v_0 + at$에서 $t = \frac{v-v_0}{a} = \frac{0-(78/3.6)}{6.84} = 3.167$초

77 72km/h로 주행하던 차량이 2.5m 높이에서 이탈각도 없이 추락하는 사고가 발생하였다. 이 차량이 수평으로 이동한 거리는?(단, 중력가속도는 9.8m/s²)

① 약 10.28m   ② 약 12.28m
③ 약 14.28m   ④ 약 16.28m

해설 추락직전 속도 $v = d\sqrt{\frac{g}{2h}}$에서

$d = v\sqrt{\frac{2h}{g}} = \left(\frac{72}{3.6}\right)\sqrt{\frac{2 \times 2.5}{9.8}} \cong 14.28\text{m}$

78 중량 1,000N인 차량이 72km/h로 주행하고 있다. 이 차량의 운동에너지는?(단, 중력가속도는 9.8m/s²)

① 약 2,040J   ② 약 20,400J
③ 약 40,800J   ④ 약 14,400J

해설 $E = \frac{1}{2}mv^2 = \frac{1}{2} \times \frac{1,000}{9.8} \times \left(\frac{72}{3.6}\right)^2 \cong 20,408\text{J}$

79 어떤 차량이 오르막경사가 5%인 도로를 72km/h로 주행하다가 갑자기 제동한 결과 40m 진행 후 정지하였다. 이때 노면과 타이어 사이의 마찰계수는?(단, 중력가속도는 9.8m/s²)

① 약 0.25   ② 약 0.35
③ 약 0.46   ④ 약 0.51

해설 $v_2^2 - v_1^2 = 2ad$에서 $0 - \left(\frac{72}{3.6}\right)^2 = 2 \times a \times 40$,
$a = 5\text{m/s}^2$
$a = fg = (\mu + 0.05) \times 9.8 = 5$
∴ $\mu = 0.46$

80 평탄한 길을 주행하던 버스가 포장도로에서 30m를 미끄러지고, 이어서 잔디밭에서 40m를 미끄러진 후에 4m 낭떠러지 아래로 추락하였다. 조사결과 추락 직전 속도는 13.28m/s로 확인되고 포장도로의 견인계수는 0.8, 잔디밭의 견인계수는 0.45이다. 이 버스가 포장도로에서 미끄러지는 데 소요된 시간은?(단, 중력가속도는 9.8m/s²)

① 약 0.9초   ② 약 1.1초
③ 약 1.49초   ④ 약 1.79초

해설 $v_2^2 - v_1^2 = 2ad$에서
$13.28^2 - v_1^2 = 2(0.45 \times (-9.8) \times 40)$
$v_1 = \sqrt{13.28^2 + (2 \times 0.45 \times 9.8 \times 40)} = 23\text{m/s}$
$v_1^2 - v_0^2 = 2ad$에서 $23^2 - v_0^2 = 2(0.8 \times (-9.8) \times 30)$
$v_0 = \sqrt{23^2 + (2 \times 0.8 \times 9.8 \times 30)} = 31.61\text{m/s}$
$v_1 = v_0 + at$에서
$t = \frac{v_1 - v_0}{a} = \frac{23 - 31.61}{0.8 \times (-9.8)} = 1.098$초

정답 76 ③ 77 ③ 78 ② 79 ③ 80 ②

81 정지하고 있던 차량이 출발하여 15m를 7초 만에 진행하였다. 차량의 평균가속도는?

① 약 0.3m/s^2 ② 약 0.6m/s^2
③ 약 0.9m/s^2 ④ 약 1.2m/s^2

해설 $d = v_i t + \frac{1}{2}at^2 = 0 \times 7 + \frac{1}{2} \times a \times 7^2 = 15(\text{m})$

$\therefore a = \frac{15 \times 2}{7^2} = 0.612\text{m/s}^2$

82 질량 1,000kg의 자동차가 25m/s에서 30 m/s로 속도가 변할 때 충격량은?

① 5,000N·s ② 55,000N·s
③ 2,500N·s ④ 30,000N·s

해설 $F = ma = m\left(\frac{\Delta v}{\Delta t}\right)$
$= 1,000\text{kg} \times (30-25)\text{m/s} = 5,000\text{kg} \cdot \text{m/s}(\text{N} \cdot \text{s})$

83 다음 중 스칼라에 속하는 것은?

① 속도 ② 가속도
③ 힘 ④ 질량

해설 벡터는 힘의 크기와 방향을 가지며, 스칼라는 방향이 없고 힘의 크기만 있는 것임. 따라서 질량은 무게만 있고 방향이 없으므로 스칼라이다.

84 수평면 위에 물체를 놓고 점차 경사지게 하였다. 접촉면의 마찰계수가 0.2라면 경사도 가 얼마일 때 미끄러지기 시작하는가?

① 약 3.0° ② 약 3.5°
③ 약 11.3° ④ 약 18.6°

해설 $\mu = 0.2$는 $\tan\theta = 0.2$의 의미이므로
$\theta = \tan^{-1}(0.2) = 11.3°$

85 자동차가 고속도로를 120km/h로 주행하던 중 과속단속지점 30m 이전 지점에서부터 5m/s^2으로 등감속하였을 때 과속단속지점 통과 시 속도는?

① 약 24.3km/h
② 약 80.8km/h
③ 약 102.4km/h
④ 약 124.3km/h

해설 $v_2^2 - v_1^2 = 2ad$에서 $v_2^2 - \left(\frac{120}{3.6}\right)^2 = 2 \times (-5) \times 30$

나중속도 $v_2 = \sqrt{\left(\frac{120}{3.6}\right)^2 - (2 \times 5 \times 30)}$
$= 28.44\text{m/s} = 102.4\text{km/h}$

86 5N의 힘을 질량 m_1에 작용시켰더니 9m/s^2 의 가속도가 생기고, 질량 m_2에 같은 힘을 작용시켰더니 36m/s^2의 가속도가 생겼다. 이 두 물체를 같이 묶고 같은 힘을 작용시키면 얼마의 가속도가 생기는가?

① 약 7.2m/s^2
② 약 6.5m/s^2
③ 약 6.0m/s^2
④ 약 5.3m/s^2

해설 $F = m_1 a_1 = m_1 \times 9 = 5$, $m_1 = 0.566\text{kg}$
$F = m_2 a_2 = m_2 \times 36 = 5$, $m_2 = 0.139\text{kg}$
$F = (m_1 + m_2)a = (0.566 + 0.139) \times a = 5$
$\therefore a = \frac{5}{(0.566 + 0.139)} = 7.19\text{m/s}^2$

정답 81 ② 82 ① 83 ④ 84 ③ 85 ③ 86 ①

87 다음 설명 중 틀린 것은?

① 충돌 시 운동에너지가 보존되는 충돌은 완전탄성충돌이다.
② 운동에너지는 비탄성충돌인 경우에 보존되지 않는다.
③ 운동량으로 차량의 속도를 계산 시 고려할 대상은 차량의 반발계수이다.
④ 충돌 후 두 물체가 같이 움직이는 충돌은 완전탄성충돌이다.

해설 충돌 전후의 운동에너지가 보존되는 경우는 완전탄성충돌이며, 두 물체가 같이 움직이는 것은 완전비탄성충돌로 충돌 전의 운동에너지가 충돌 후보다 크다.

88 모든 바퀴가 정상적으로 제동되는 질량 1,250kg인 차량이 평탄하고 젖은 노면에서 25m 미끄러지면서 18,750J의 에너지를 소비하고 정지하였다면 마찰계수는?(단, 중력가속도는 9.8m/s²)

① 약 0.06   ② 약 0.07
③ 약 0.6   ④ 약 0.7

해설 일(W) = 힘(F)×거리(d)
$W = Fd = mad = m\mu dg$
$= 1,250\text{kg} \times \mu \times 9.8\text{m/s}^2 \times 25\text{m} = 18,750\text{J}(\text{N}\cdot\text{m})$
$\therefore \mu = \dfrac{18,750}{(1,250 \times 9.8 \times 25)} = 0.061$

89 폭 8.4m인 도로를 보행자가 1.4m/s 속도로 횡단하다가 도로 중앙에서부터 5m/s 속도로 횡단을 하였다면 보행자가 최단거리로 도로를 완전히 건너가는 데 걸리는 시간은?

① 3.25초   ② 3.84초
③ 6.25초   ④ 6.84초

해설 $t_1 = \dfrac{d}{v_1} = \dfrac{4.2}{1.4} = 3$초, $t_2 = \dfrac{d}{v_2} = \dfrac{4.2}{5} = 0.84$초
$t = t_1 + t_2 = 3 + 0.84 = 3.84$초

90 원심력과 속도의 관계를 맞게 설명한 것은?

① 속도와 무관하다.
② 속도에 정비례한다.
③ 속도에 반비례한다.
④ 속도의 제곱에 비례한다.

해설 원심력 = $\dfrac{mv^2}{R}$

91 오토바이가 교차로 진입 전 정지선에서 신호대기하다 가속하여 30m를 이동하였다. 평균가속도가 2.94m/s²일 때, 30m 이동시점에서 오토바이 속도는?

① 약 67.8km/h
② 약 57.8km/h
③ 약 47.8km/h
④ 약 37.8km/h

해설 $v_2^2 - v_1^2 = 2ad$에서 $v_2^2 - 0 = 2 \times 2.94 \times 30$
나중속도 $v_2 = \sqrt{2 \times 2.94 \times 30}$
$= 13.28\text{m/s} = 47.81\text{km/h}$

정답 87 ④ 88 ① 89 ② 90 ④ 91 ③

92 평탄한 도로 위에서 질량이 각각 5,000kg인 A차량과 B차량이 충돌한 후 한 덩어리가 되어 충돌 전 A차량의 진행방향으로 14m/s의 속도로 이동 후 정지하였다. 충돌 시 B차량이 정지하고 있었다면 A차량의 속도는? (단, 1차원상의 충돌임)

① 14m/s ② 20m/s
③ 25m/s ④ 28m/s

해설 $m_1v_1 + m_2v_2 = (m_1 + m_2)v$ 에서
$5,000 \times v_1 + 5,000 \times 0 = (5,000 + 5,000) \times 14$
∴ $v_1 = \dfrac{140,000}{5,000} = 28\text{m/s}$

93 자동차는 25km/h에서 65km/h로 일정하게 가속하는 데 30초가 걸렸다. 자전거는 정지상태에서 30km/h까지 일정하게 가속하는 데 30초가 걸렸다. 다음 중 맞는 것은?

① 자동차 가속도는 약 0.37m/s^2, 자전거 가속도는 약 0.28m/s^2이다.
② 자동차 가속도는 약 2.67m/s^2, 자전거 가속도는 약 0.83m/s^2이다.
③ 약 0.28m/s^2으로 자동차와 자전거의 가속도는 같다.
④ 약 2.67m/s^2으로 자동차와 자전거의 가속도는 같다.

해설 $v = v_0 + at$ 에서
$a_{자동차} = \dfrac{v - v_0}{t} = \dfrac{(65/3.6) - (25/3.6)}{30} = 0.37\text{m/s}^2$
$a_{자전거} = \dfrac{v - v_0}{t} = \dfrac{0 - (30/3.6)}{30} = 0.28\text{m/s}^2$

94 자동차의 처음속도가 15m/s이고, 가속도는 -1m/s^2로 움직인다면, 10초 동안 이동한 거리는?

① 25m ② 50m
③ 100m ④ 145m

해설 $d = v_i t + \dfrac{1}{2} at^2$
$= 15 \times 10 + \dfrac{1}{2} \times (-1) \times 10^2 = 100\text{m}$

95 40km/h인 자동차가 3초 후 60km/h가 되었다. 이 시간 동안의 평균가속도는?

① 약 3.9m/s^2 ② 약 2.5m/s^2
③ 약 1.9m/s^2 ④ 약 1.5m/s^2

해설 $a = \dfrac{\Delta v}{t} = \dfrac{v - v_0}{t}$
$= \dfrac{(60/3.6) - (40/3.6)}{3} = 1.85\text{m/s}^2$

96 질량 10kg인 물체가 높이 20m 되는 곳에서 정지해 있다가 땅으로 떨어졌다. 땅에 도달했을 때 속도는?(단, 중력가속도는 10m/s^2)

① 2m/s ② 20m/s
③ 200m/s ④ 2,000m/s

해설 위치에너지 $= mgh$, 운동에너지 $= \dfrac{1}{2}mv^2$
위치에너지가 운동에너지로 바뀌었으므로
$mgh = \dfrac{1}{2}mv^2$
∴ $v = \sqrt{2gh} = \sqrt{2 \times 10 \times 20} = 20\text{m/s}$

정답 92 ④ 93 ① 94 ③ 95 ③ 96 ②

97 질량이 800kg인 차량이 15m/s에서 35m/s로 가속하는 데 5초가 걸렸을 때 차량에 작용한 힘은?

① 1,000N
② 1,200N
③ 1,500N
④ 3,200N

해설 $F = ma = m \times \dfrac{\Delta v}{t}$
$= 800 \times \dfrac{35-15}{5} = 3,200\text{N}$

98 두 물체 사이에서 작용과 반작용의 크기는 같고 방향이 반대이며 직선상의 서로 다른 힘이 동시에 작용한다는 운동법칙은?

① 에너지보존의 법칙
② 뉴턴의 운동 제3법칙
③ 뉴턴의 운동 제2법칙
④ 뉴턴의 운동 제1법칙

해설 뉴턴의 제3법칙 : 작용반작용의 법칙

99 승용차가 정지 후 출발하여 일정한 가속도로 100m를 이동하는 데 6초가 걸렸다. 다음 중 틀린 것은?

① 평균 가속도는 약 5.5m/s^2이다.
② 100m 지점의 속도는 약 33m/s이다.
③ 출발 3초 후의 속도는 약 16.7m/s이다.
④ 출발 3초 후에는 50m와 100m 사이의 지점에 위치한다.

해설 ① $d = v_i t + \dfrac{1}{2} a t^2$에서
$100 = 0 \times 6 + \dfrac{1}{2} \times a \times 6^2, a = 5.55 \text{m/s}^2$
② $v_2^2 - v_1^2 = 2ad$에서 $v_1 = 0$이므로
$v_2 = \sqrt{0 + 2 \times 5.55 \times 100} = 33.3 \text{m/s}$
③ $v = v_0 + at = 0 + 5.55 \times 3 = 16.65 \text{m/s}$
④ $d = v_i t + \dfrac{1}{2} a t^2 = 0 \times 3 + \dfrac{1}{2} \times 5.55 \times 3^2 \cong 25\text{m}$

100 견인계수(f)를 정의하면?(단, m : 질량, v : 속도, a : 가속도, g : 중력가속도)

① $F = m \cdot a$
② $F = m \cdot v$
③ $F = \dfrac{a}{g}$
④ $F = \dfrac{g}{a}$

해설 $a = fg, \ f = \dfrac{a}{g}$

정답 97 ④ 98 ② 99 ④ 100 ③

09 과년도 기출문제

2023년 8월 27일 시행

제1과목 교통관련법규

01 도로교통법령상 일정구간을 어린이보호구역으로 지정하여 자동차 등의 통행속도를 제한할 수 있는 사람은?
① 관할 경찰서장
② 관할 시·도경찰청장
③ 시장 등
④ 교육부장관

해설 시장 등은 교통사고의 위험으로부터 어린이를 보호하기 위하여 필요하다고 인정하는 경우에는 해당 시설이나 장소의 주변도로 가운데 일정구간을 어린이보호구역으로 지정하여 자동차 등과 노면전차의 통행속도를 시속 30km 이내로 제한할 수 있다(도로교통법 제12조).

02 도로교통법령상 다음 교통안전표지 중 규제표지에 해당하는 것은 모두 몇 개인가?

가. 진입금지 표지
나. 일방통행 표지
다. 차간거리확보 표지
라. 양보표지
마. 주차금지 표지
바. 차높이 제한 표지

① 2개
② 3개
③ 4개
④ 5개

해설 일방통행 표지는 지시표지에 해당한다(도로교통법 시행규칙 제8조 별표 6).

03 도로교통법령상 교통안전시설이 표시하는 신호 또는 지시와 교통정리를 하는 경찰공무원의 신호 또는 지시가 다른 경우 운전자의 올바른 운전방법은?
① 경찰공무원의 신호 또는 지시에 따라야 한다.
② 교통안전시설의 표시에 따라야 한다.
③ 신호 또는 지시가 없는 것으로 간주하고 운전한다.
④ 운전자가 상황을 판단하여 최적의 방법을 선택하여야 한다.

해설 신호기와 경찰공무원의 수신호가 다른 경우에는 수신호가 우선한다. 경찰공무원 외에 수신호가 가능한 경찰보조자는 대통령령으로 모범운전자, 군사경찰, 소방공무원이 있다.

04 도로교통법령상 자동차 등을 이용한 범죄행위 중 운전면허 취소처분 사유에 해당하지 않는 것은?
① 살인, 사체 유기, 방화에 이용된 때
② 강도, 강간, 강제추행에 이용된 때
③ 약취, 유인, 감금에 이용된 때
④ 횡령, 사기에 이용된 때

해설 운전면허 취소·정지(도로교통법 제93조 제1항 제11호 나목)
자동차 등을 범죄의 도구나 장소로 이용하여 다음의 어느 하나의 죄를 범한 경우
• 살인·사체 유기 또는 방화
• 강도, 강간 또는 강제추행
• 약취·유인 또는 감금
• 상습절도(절취한 물건 운반)
• 교통 방해(단체 또는 다중의 위력으로써 위반한 경우)

정답 1 ③ 2 ④ 3 ① 4 ④

05 교통사고처리특례법상 고속도로에서 운전 중 인적피해 교통사고를 야기 시 종합보험(공제)에 가입되었으면 형사처벌할 수 없는 것은?

① 횡 단 ② 유 턴
③ 갓길 통행 ④ 후 진

해설 교통사고처리특례법상 고속도로에서 횡단하거나 유턴 또는 후진한 경우 처벌한다.

06 도로교통법령상 음주운전으로 벌금 이상의 형을 선고받고 그 형이 확정된 날부터 10년 내 다시 혈중알코올농도 0.2% 이상인 상태에서 음주운전한 사람에 대한 벌칙규정은?

① 1년 이상 6년 이하 징역이나 500만원 이상 3천만원 이하 벌금
② 1년 이상 5년 이하 징역이나 500만원 이상 2천만원 이하 벌금
③ 2년 이상 6년 이하 징역이나 1천만원 이상 3천만원 이하 벌금
④ 2년 이상 5년 이하 징역이나 1천만원 이상 2천만원 이하 벌금

해설 술에 취한 상태에서의 운전 금지 조항을 위반한 사람 중 혈중알코올농도가 0.2% 이상인 사람은 2년 이상 6년 이하의 징역이나 1천만원 이상 3천만원 이하의 벌금에 처한다.

07 특정범죄 가중처벌 등에 관한 법률에 규정되어 있지 않은 것은?

① 도주차량 운전자의 가중처벌
② 운행 중인 자동차 운전자에 대한 폭행 등의 가중처벌
③ 어린이보호구역에서의 어린이 치사상의 가중처벌
④ 난폭운전 치사상의 가중처벌

해설 난폭운전이 아닌 위험운전 치사상의 경우에 가중처벌 대상이 된다.

08 도로교통법령상 제1종 특수운전면허(소형견인차)로 운전할 수 있는 차량이 아닌 것은?

① 총중량 4톤 이하의 견인형 특수자동차
② 승용자동차
③ 적재중량 4톤 이하의 화물자동차
④ 승차정원 10명 이하의 승합자동차

해설 제1종 특수면허(소형견인차)
• 총중량 3.5톤 이하의 견인형 특수자동차
• 제2종 보통면허로 운전할 수 있는 차량
  – 승용자동차
  – 승차정원 10인 이하의 승합자동차
  – 적재중량 4톤 이하 화물자동차
  – 총중량 3.5톤 이하의 특수자동차
  – 원동기장치자전거

09 승용자동차 운전 시 교통사고처리특례법 제3조 제2항 단서 각호에서 규정한 사고에 해당하지 않는 것은?(인적피해는 진단 3주의 상해)

① 중앙선 침범 운전
② 난폭운전 및 보복운전
③ 혈중알코올농도 0.05% 운전
④ 속도위반(제한속도를 시속 30km 초과) 운전

해설 난폭운전 및 보복운전은 교통사고처리특례법상 중과실에 해당하지 않는다.

정답 5 ③ 6 ③ 7 ④ 8 ① 9 ②

10 특정범죄 가중처벌 등에 관한 법률 제5조의 3에 의하면 사고운전자가 피해자를 사고 장소로부터 옮겨 유기하고 도주하여, 피해자가 상해에 이르게 한 경우에는 ( ) 이상의 징역에 처한다. ( )에 알맞은 것은?

① 1년 ② 2년
③ 3년 ④ 5년

해설 특정범죄가중법상 상해에 이르게 한 경우 3년 이상의 유기징역, 사망에 이르게 한 경우에는 사형, 무기 또는 5년 이상의 징역에 처한다.

11 도로교통법령상 특별교통안전교육 중 의무교육과정에 대한 설명으로 맞지 않은 것은?

① 최근 5년 동안 처음으로 음주운전을 하여 운전면허가 취소되어 재취득하려는 사람은 12시간의 교육을 이수하여야 한다.
② 최근 5년 동안 2번 음주운전을 하여 운전면허가 취소되어 재취득하려는 사람은 16시간의 교육을 이수하여야 한다.
③ 최근 5년 동안 3번 이상 음주운전을 하여 운전면허가 취소되어 재취득하려는 사람은 24시간의 교육을 이수하여야 한다.
④ 보복운전이 원인으로 운전면허가 취소되어 재취득하려는 사람은 6시간의 교육을 이수하여야 한다.

해설 최근 5년 동안 3번 이상 음주운전한 경우 48시간의 교육을 이수하여야 한다(도로교통법 시행규칙 제46조 별표 16).

12 도로교통법령상 자동차운전면허를 취소시키는 경우에 해당하지 않는 경우는?(누산벌점 없음, 개인형 이동장치 제외)

① 혈중알코올농도 0.03% 이상으로 운전하다가 사람이 다치는 교통사고를 발생시켰을 때
② 면허증 소지자가 다른 사람에게 면허증을 대여하여 운전하게 한 때
③ 단속하는 경찰공무원 등 및 시·군·구 공무원을 폭행하여 형사입건된 때
④ 자동차 등을 이용하여 형법상 특수상해 등(보복운전)을 하여 형사입건된 때

해설 자동차 등을 이용하여 형법상 특수상해 등을 행하여 (보복운전) 구속된 경우 취소사유에 해당한다.

13 도로교통법령상 승용자동차 운전자의 위반 행위에 대한 벌점으로 틀린 것은?(어린이·노인·장애인보호구역 제외)

① 고속도로 갓길 통행 : 30점
② 속도위반(60km/h 초과 80km/h 이하) : 60점
③ 난폭운전으로 형사입건된 때 : 50점
④ 앞지르기 금지시기 및 장소위반 : 15점

해설 난폭운전으로 형사입건(도로교통법 시행규칙 별표 28) 벌점 40점

14 도로교통법령상 용어의 정의로 옳지 않은 것은?
   ① 차로 : 차마가 한 줄로 도로의 정하여진 부분을 통행하도록 차선으로 구분한 차도의 부분을 말한다.
   ② 안전지대 : 도로를 횡단하는 보행자나 통행하는 차마의 안전을 위하여 안전표지나 이와 비슷한 인공구조물로 표시한 도로의 부분을 말한다.
   ③ 서행 : 운전자가 차를 즉시 정지시킬 수 있는 정도의 느린 속도로 진행하는 것을 말한다.
   ④ 고속도로 : 자동차만 다닐 수 있도록 설치된 도로를 말한다.

해설 고속도로 : 자동차의 고속 운행에만 사용하기 위하여 지정된 도로를 말한다.

15 도로교통법령상 "자전거 등"은?
   ① 개인형 이동장치와 자전거
   ② 원동기장치자전거와 자전거
   ③ 이륜자동차와 자전거
   ④ 이륜자동차와 원동기장치자전거

해설
• 자동차 등(도로교통법 제2조 제21호) : 자동차와 원동기장치자전거
• 자전거 등(도로교통법 제2조 제21호의2) : 자전거와 개인형 이동장치

16 종합보험에 가입된 상태로 인적피해(피해는 진단 3주의 상해) 교통사고가 발생한 경우 교통사고처리 특례법상 처벌의 특례를 적용받는 유형이 아닌 것은?
   ① 자동차 전용도로에서 후진 사고
   ② 교차로 통행방법위반 사고
   ③ 안전운전의무위반 사고
   ④ 진로변경방법위반 사고

해설 고속도로에서의 후진은 교통사고처리특례법 제3조 제2항 단서 12대 중과실에 해당하여 종합보험에 가입되어 있다고 하더라도 형사처벌 대상이 된다.

17 도로교통법령상 교차로 통행방법 등에 대한 설명 중 옳지 않은 것은?
   ① 교차로에서 우회전을 하고자 하는 때에는 미리 도로의 우측 가장자리를 서행하면서 우회전하여야 한다.
   ② 교통정리가 행하여지고 있지 아니하는 교차로에 들어가고자 하는 차의 운전자는 이미 교차로에 들어가 있는 다른 차가 있을 때에는 그 차에 진로를 양보하여야 한다.
   ③ 회전교차로에서는 시계방향으로 운행하여야 한다.
   ④ 교통정리가 행하여지고 있지 아니하는 교차로에서 좌회전하고자 하는 차의 운전자는 그 교차로에서 직진하거나 우회전하려는 다른 차가 있을 때에는 그 차에 진로를 양보하여야 한다.

해설 회전교차로에서는 반시계방향으로 통행한다.

정답 14 ④ 15 ① 16 ① 17 ③

18 도로교통법령상 승용자동차 운전 시 운전면허 결격기간에 대한 설명 중 맞는 것은?

① 공동위험행위의 금지를 2회 이상 위반한 경우 3년
② 자동차를 무면허 상태에서 운전하다가 다섯번째 적발된 경우 3년
③ 술에 취한 상태에서 사람을 다치게 하는 교통사고를 야기한 후 아무런 조치를 하지 아니하고 도주한 경우 4년
④ 술에 취한 상태에서 사람을 사망케 하는 교통사고를 발생시킨 경우 5년

해설 ① · ② 2년
③ 5년

19 도로교통법령상 밤에 도로에서 차를 운행하는 경우 "실내조명등"을 켜지 않아도 되는 것은?

① 비사업용 승용자동차
② 승합자동차
③ 노면전차
④ 여객자동차운송사업용 승용자동차

해설 실내조명등은 승합자동차와 여객자동차운송사업용 승용자동차만 해당한다(도로교통법 시행령 제19조).

20 운전자 A씨는 ○마트에서 물건을 구입하기 위하여 주·정차금지 노면표시(연석)가 적색으로 되어 있는 소방용수시설 앞에 본인의 승용자동차를 2시간 30분 동안 주차해 두었다. 운전자 A씨에게 부과되는 과태료는 얼마인가?

① 10만원　② 9만원
③ 6만원　④ 5만원

해설 안전표지가 설치된 곳에 승용자동차를 정차 또는 주차한 경우 8만원, 같은 장소에서 2시간 이상 정차 또는 주차위반한 경우 9만원의 과태료가 부과된다(도로교통법 시행령 별표 6).

21 도로교통법령상 승용자동차를 운전 중 다음 위반행위 시 일반도로에 비하여 어린이보호구역에서 범칙금이 가중되는 것은 모두 몇 개인가?

　가. 신호·지시위반
　나. 중앙선 침범
　다. 횡단보도 보행자 횡단 방해
　라. 속도위반
　마. 주·정차위반
　바. 앞지르기 방법 위반
　사. 통행금지·제한위반
　아. 보행자 보호 불이행

① 3개　② 4개
③ 5개　④ 6개

해설 어린이보호구역에서 범칙금이 가중되는 행위
• 신호·지시위반
• 횡단보도 보행자 횡단 방해
• 속도위반
• 주·정차위반
• 통행금지·제한위반
• 보행자 보호 불이행

22 도로교통법령상 차마의 운전자가 일단 정지한 후에 안전한지 확인하면서 서행해야 하는 경우로 맞는 것은?

① 교통정리를 하고 있지 아니하는 교차로에 들어갈 때
② 길가의 건물이나 주차장에서 도로에 들어갈 때
③ 도로가 구부러진 부근에 들어갈 때
④ 비탈길의 고갯마루 부근에 들어갈 때

해설 ② 일시정지 후 서행(도로교통법 제18조 제3항)
①, ③, ④ 서행

정답 18 ④　19 ①　20 ②　21 ④　22 ②

23 도로교통법령상 제1종 보통운전면허를 소지한 운전자가 운전면허 정지기간 중 원동기장치자전거를 운전하다가 단속되었을 때 벌칙규정은?

① 30만원 이하의 벌금이나 구류
② 6개월 이하의 징역이나 200만원 이하의 벌금
③ 1년 이하의 징역이나 300만원 이하의 벌금
④ 2년 이하의 징역이나 500만원 이하의 벌금

해설 운전면허 정지기간 중 원동기장치 자전거 운전 - 30만원 이하의 벌금이나 구류

24 도로교통법령상 어린이통학버스에 관한 설명으로 틀린 것은?

① 어린이통학버스가 어린이 또는 유아를 태우고 있다는 표시를 하고 도로를 통행하는 때에는 모든 차는 어린이통학버스를 앞지르지 못한다.
② 어린이통학버스가 도로에 정차하여 어린이나 유아가 타고 내리는 중임을 표시하는 점멸등 장치를 가동 중인 때에는 그 차로의 바로 옆 차로로 통행하는 차의 운전자는 어린이통학버스에 이르기 전에 안전을 확인한 후 서행하여야 한다.
③ 편도 1차로인 도로에서 어린이통학버스가 도로에 정차하여 어린이나 유아가 타고 내리는 중임을 표시하는 점멸등 장치를 가동 중인 때에는 반대방향에서 진행하는 차의 운전자는 어린이통학버스에 이르기 전에 일시정지하여 안전을 확인한 후 서행하여야 한다.
④ 어린이통학버스를 운행하고자 하는 자는 미리 관할 경찰서장에게 신고하고 신고필증을 교부받아 이를 어린이통학버스 안에 비치하여야 한다.

해설 일시정지하여 안전을 확인한 후 서행한다.

25 운전자 A씨는 2018년 10월 31일에 경찰서에서 무사고·무위반 서약을 하고 2023년 5월 31일에 혈중알코올농도 0.05% 상태로 본인의 승용차를 운전하다가 음주 단속에 적발되어 형사입건되었는데, A의 운전면허 행정처분은 어떻게 되는가?(단, 2018년 10월 31일~2023년 5월 31일 음주단속 전까지 무사고·무위반일 때)

① 벌점 100점
② 벌점 60점
③ 벌점 40점
④ 면허취소

해설 술에 취한 상태에서 운전한 경우 벌점은 100점이다. 무위반·무사고 서약을 하고 1년간 이를 실천한 운전자에게 10점의 특혜점수를 부여하며, 정지처분을 받게 되는 경우 누산점수에서 이를 공제한다. 단, 음주운전의 경우 공제할 수 없다.

제2과목 교통사고조사론

26 교통사고 관련자에게 인터뷰하는 요령으로 바르지 않은 것은?

① 대상자가 기억을 더듬기 좋게 단계적으로 내용을 알려준다.
② 하고자 하는 말 중 사고 관련자에게 유리한 사항만 인터뷰한다.
③ 중요한 요점을 명확하게 짚어 인터뷰한다.
④ 사실의 자백을 강요하기보다는 반드시 입증할 증거에 의하여 반문하여야 한다.

해설 사고 상황의 선입견 또는 편견 없이 객관적으로 질문해야 한다.

27 자동차의 무게중심을 원점으로 수직축을 z축, 세로축을 x축, 가로축을 y축으로 할 때, 차체진동에 대한 설명이 바르지 않은 것은?

① 서징(Surging)은 수직축(z축)을 따라 차체가 전체적으로 균일하게 상하 직진하는 진동
② 피칭(Pitching)은 가로축(y축)을 중심으로 차체가 전후로 회전하는 진동
③ 롤링(Rolling)은 세로축(x축)을 중심으로 차체가 좌우로 회전하는 진동
④ 요잉(Yawing)은 수직축(z축)을 중심으로 차체가 좌우로 회전하는 진동

해설 서징(Surging) : 수직축(x축)을 따라 차체 전후로 진동하는 운동현상이다.

28 사고현장의 흔적 측정방법에 대해 바르지 않은 것은?

① 희미한 마찰흔적은 교통이나 다른 이유로 지워지기 쉽기 때문에 페인트(락카)로 표시하는 것이 좋다.
② 스킵 스키드마크(Skip Skid Mark) 길이를 측정함에 있어서 스킵(Skip) 구간을 포함하여 측정한다.
③ 스키드마크(Skid Mark) 조사에 있어서 마찰의 명확한 시작과 끝을 찾아내야 한다.
④ 요마크(Yaw Mark)는 사고차량 윤거의 폭보다 큰 지점 이상에서 현의 길이를 측정한다.

해설 요마크 흔적을 활용하여 차량의 무게중심이 지나가는 가상의 궤적 현과, 중앙종거를 측정하여 곡선반경을 산출한다.

요마크	갭 스키드마크

스커프	스킵 스키드마크

29 노면흔적들 중 사고차량이 정지된 위치를 나타내는 것은?

① 크룩(Crook)
② 퍼들(Puddle)
③ 스패터(Spatter)
④ 가우지마크(Gouge Mark)

해설
② 퍼들(Puddle) : 액체의 고임 흔적으로, 액체를 뿌리면서 진행 중이던 차량이 정지했을 때, 액체가 방울방울 떨어져 고였을 때 발생하는 현상으로, 충돌 후 최종 정지위치 파악이 가능하다.
① 크룩(Crook) : 일명 밴드(Band) 혹은 오프셋(Off-set)이라고도 일컫는데 제동 중에 발생하는 것으로 충돌 후 갑자기 나타나는 충돌스크럽과는 충돌 전 차륜흔적의 발생 여부로 구분된다.
③ 스패터(Spatter, 튀김 또는 뿌려짐) : 충돌 시 용기가 터지거나 그 안에 있던 액체들이 분출되면서 도로 주변과 자동차의 부품에 묻어 발생한다. 액체의 잔존물은 자동차가 멀리 움직여 나가기 전에 이미 노면에 튀기 때문에 충돌이 어느 지점에서 발생했는지 추측할 수 있는 중요한 근거가 된다.
④ 가우지(Gouge)마크 : 파인 자국을 의미하며, 차량 차체의 금속 부위가 노면과의 마찰로 생성된 흔적으로 칩, 찹, 그루브가 있다.

30 평탄한 도로를 75km/h 속도로 주행하다 급정지하여 35m의 제동흔적을 발생시켰을 때 노면 마찰계수는?(중력가속도 $9.8m/s^2$)

① 0.59
② 0.63
③ 0.67
④ 0.71

해설
$v = \sqrt{2\mu gd}$ 에서 $\mu = \dfrac{v^2}{2gd} = \dfrac{(75/3.6)^2}{2 \times 9.8 \times 35} = 0.63$

31 상해에 대한 설명 중 바르지 않은 것은?

① 탈구란 관절의 완전한 파열이나 붕괴가 일어나 관절 연골면의 접촉이 완전히 소실된 상태를 말한다.
② 역과창이란 자동차 등이 신체의 일부를 역과하여 발생하는데, 경할 때는 피하출혈만 발생하나 중할 때는 심한 좌창 또는 사지나 두부의 절단, 골절 등을 일으키는 경우도 있다.
③ 결손창이란 외부 및 연부조직의 일부가 떨어져 나간 상태를 말한다.
④ 좌창이란 둔한 날을 가진 물체에 의해 생기며 그 작용이 피부 탄력의 정도를 넘었을 때 생긴다.

해설
인체의 손상 및 상해
- 찰과상(Abrasion) : 피부의 표재층만 벗겨지는 상해
- 절창(Cut Wound) : 칼, 면도날, 유리 파편 등의 예리한 물건에 의한 상해
- 열창(Lacerated Wound) : 둔한 날을 가진 기물에 의한 상해
- 좌창(Contused Wound) : 둔기(鈍器)의 둔력에 의한 상해
- 결손창(Avulsion) : 외부 및 연부조직의 일부가 떨어져 나간 상해
- 자창(Stab Wound) : 칼, 바늘, 못 등의 예리한 것으로 찔린 상해
- 역과창(Crushed Wound) : 자동차 등이 신체의 일부를 역과(轢過)하여 발생된 상해
- 타박상(Contusion) : 강타, 압박 등에 의하여 피하조직이 손상된 상해
- 염좌(Sprain) : 골 부착부 근처의 섬유조직이 파열된 상해
  - 일부 섬유조직의 파열 : 불완전 염좌
  - 모든 섬유조직의 파열 : 완전 염좌
  - 인대가 골편을 박리시키는 경우 : 염좌골절(Sprain Fracture)
- 탈구(Dislocation) : 관절의 완전한 파열이나 붕괴
- 아탈구(Subluxation) : 관절의 불완전한 붕괴

정답 29 ② 30 ② 31 ④

32 운동량보존법칙을 적용하여 충돌 이전의 속도를 계산하고자 할 때, 바르지 않은 것은?

① 재현된 충돌자세 및 사고지점 도로상황을 고려하여 충돌 전후 진행각도를 정확히 설정하여야 한다.
② 차량의 소성변형으로 인한 속도감소가 있으므로, 실제 충돌 시 속도는 운동량보존법칙을 사용하여 계산한 결과보다는 빨랐을 것이다.
③ 충돌로 인하여 파손되는 전조등이나 테일램프 등 무게가 작은 부품의 이탈은 무시할 수 있다.
④ 충돌 후 차체의 회전이 많이 발생되는 형태의 충돌일 경우, 운전자의 제동조작 여부는 크게 고려하지 않아도 된다.

해설 운동량 $P=mv$로 질량과 속도는 비례한다. 소성변형은 질량이 변하는 것이 아니므로 실제 충돌 시 속도는 운동량보존의 법칙으로 산출한 속도와 유사하다.

33 차량의 손상 부위 조사로 파악할 수 없는 것은?

① 충격력의 작용 방향
② 충돌 지점
③ 충돌 자세
④ 충돌 후 차량의 회전 방향

해설 차량의 손상 부위 조사로는 충돌 지점을 파악할 수 없다.

34 전구 내부에 할로겐가스가 너무 많을 경우 할로겐 분자(Br_2)의 색으로 유리벽에 증착할 때 일어나는 현상은?

① 청화현상
② 백화현상
③ 흑화현상
④ 황화현상

해설 ① 청화현상 : 전구 내부에 수분이 존재할 때 발생하는 현상이다.
② 백화현상 : 전구의 미세한 균열 등으로 산소가 유입되거나 오염으로 내부 가스성분이 연소하여 전구 표면에 흰색으로 변하는 현상이다.
③ 흑화현상 : 필라멘트 코일의 텅스텐이 증발하여 유리 내벽에 증착할 때 일어나는 현상이다.

35 스키드마크(Skid Mark)의 발생 길이에 직접적인 영향을 주지 않는 것은?

① 인지·반응시간
② 제동 직전 속도
③ 타이어 종류
④ 포장재료

해설 운전자가 위험을 인지하고 제동장치를 조작하여 제동장치가 실제로 작동하기 직전까지 이동한 거리를 공주거리라 하며, 공주거리 동안 소요되는 시간을 인지·반응시간이라고 한다. 인지·반응시간은 실제 제동 시 발생되는 스키드마크 발생 길이에는 영향을 주지 않는다.

36 위치 측정법 중 좌표법에 대한 설명으로 가장 맞지 않은 것은?

① 삼각법에 비해 소요시간이 적게 든다.
② 삼각법에 비해 교통의 소통장애를 줄일 수 있다.
③ 기준선으로부터 직각거리를 측정하는 방법이다.
④ 로터리형 교차로와 같이 교차로의 기하구조가 불규칙한 경우에 편리하다.

해설 로터리형 교차로와 같이 교차로의 기하구조가 불규칙하여 직각선을 긋기 어려운 경우에는 삼각법을 이용한다.

37 차량속도와 타이어 회전속도 간의 관계를 나타내는 것은?

① 슬립률(Slip Ratio)
② 토크(Torque)
③ 횡방향 마찰계수
④ 최대출력

해설 슬립률 = $\dfrac{\text{차속}(v) - \text{휠속도}(rw)}{\text{차속}(v)} \times 100(\%)$

38 일(Work)에 관한 정의 중 바르지 않은 것은?

① 물체가 F의 힘을 받으면서 그 힘의 방향으로 거리 d만큼 이동했을 때 일 W는 힘과 거리의 합으로 나타낼 수 있다.
② 물체가 받는 힘의 방향과 이동하는 방향이 정반대의 경우에 힘은 (−)의 일을 한다.
③ 힘과 변위의 방향이 각 θ를 이루는 경우 물체의 이동방향과 수직한 분력 $F \cdot \sin\theta$는 일을 하지 않고 물체가 이동하는 방향의 분력 $F \cdot \cos\theta$만이 일을 하므로 힘 F가 한 일은 분력 $F \cdot \cos\theta$가 한 일과 같다.
④ 일은 스칼라량이며 단위로는 줄(J)로 나타낸다.

해설 일(W) = 힘(F) × 거리(d)

39 좌우측륜에서 발생한 스키드마크(Skid Mark) 길이가 다르게 발생되는 원인이 아닌 것은?

① 차량의 페이드(Fade) 현상
② 적재하중의 좌우측 편중에 의한 롤링(Rolling)
③ 브레이크 오일 누설에 의한 라이닝(Lining)의 마찰계수 감소
④ 회생제동(Regenerative Braking)

해설 **회생제동** : 운동에너지를 전기에너지로 변환시키는데, 주행 중 가속페달에서 발을 떼거나 제동 시 바퀴의 관성으로 인해 전기모터가 작동되어 전기에너지를 만들어 내는 것으로, 전기모터가 가속 시에는 구동원 역할을 하고 감속 시에는 발전기 역할을 한다.

40 자동차가 고속으로 주행하여 타이어의 회전속도가 빨라지면 접지부에서 받은 타이어의 변형이 다음 접지 시점까지도 복원되지 않고 접지의 뒤쪽에 진동의 물결이 되어 남는다. 이러한 현상을 무엇이라고 하는가?

① 베이퍼록(Vapor Lock)
② 블랙아이스(Black Ice)
③ 하이드로플레이닝(Hydroplaning)
④ 스탠딩 웨이브(Standing Wave)

해설
① 베이퍼록(Vaper Lock) : 주위의 열이나 내부 열에 의해 오일이 가열되어 오일에 함유되어 있던 공기가 기화되면서 공기층이 생겨 오일의 압송을 방해하는 현상이다.
② 블랙 아이스(Black Ice) : 도로 표면에 코팅한 것처럼 얇은 얼음막이 생기는 현상이다.
③ 하이드로플레이닝(Hydroplaning) : 수막현상으로 물이 고인 노면을 고속 주행할 경우 타이어의 트레드가 물을 완전히 배출시키지 못해 타이어가 수면 위로 떠서 주행하는 현상이다.

41 사고차량의 램프를 조사하던 중 램프가 점등되지 않았다고 판단할 수 있는 것은?

① 코일의 끊어진 면이 날카롭다.
② 코일이 늘어져 있다.
③ 코일 간격이 불규칙적이다.
④ 유리조각이 코일에 녹아 붙어 있다.

해설 핫 쇼크(Hot Shock)
램프가 점등(열을 받은)된 상태에서 충격을 받았지만, 전구는 깨지지 않은 상태로 필라멘트 한곳이 잘려졌거나 전체적으로 엉키거나 휘어진 상태

42 구름저항 계수 0.01, 내리막 경사 5%인 지점을 진행하는 차량이 가속페달을 전혀 밟지 않은 상태에서 등속운동 상태를 유지하고 있다. 이 상황에서 엔진 브레이크의 견인계수는 얼마인가?

① 0.03 ② 0.04
③ 0.05 ④ 0.06

해설 견인계수(f) = $\mu + G$
         = 0.01 + (-0.05) = -0.04

43 제동이 주원인이 아닌, 충돌 시 편심된 충격력으로 차량의 회전에 따라 발생하는 타이어 횡방향 미끌림에 의해 발생하는 스키드마크(Skid Mark)는 무엇이라고 하는가?

① 스커프마크(Scuff Mark)
② 브로드사이드 마크(Broadside Mark)
③ 플랫타이어 마크(Flat Tire Mark)
④ 곡선형 스키드 마크(Swerve Skid Mark)

해설
② 브로드사이드 마크(Broadside Mark) : 차량이 옆으로 미끄러질 때 발생하는 스키드마크
① 스커프마크(Scuff Mark) : 타이어가 구르면서 발생된 타이어 흔적
③ 플랫타이어 마크(Flat Tire Mark) : 타이어의 공기압이 낮을 때 또는 화물차 등 과적에 의해 타이어가 평평해지면서 넓어져 노면과의 마찰이 커지면서 생기는 넓은 타이어 흔적
④ 곡선형 스키드마크(Swerve Skid Mark) : 스키드마크 발생 진행 중 옆으로 이동하여 곡선 형태를 한 스키드마크

44 보행자와 차량 간 충돌사고 시 보행자의 상해 심각도(Injury Severity)에 영향을 미치는 요인 중 가장 거리가 먼 것은?

① 차량범퍼의 높이
② 보행자 연령
③ 충돌속도
④ 운전자의 고속도로 운전 경험

해설 운전자의 고속도로 운전 경험은 보행자 상해 심각도에 영향을 미치는 요인이 아니다.

45 차량 타이어 트레드면의 형태가 아닌 것은?

① 코드형(Code Type)
② 블록형(Block Type)
③ 리브형(Rib Type)
④ 러그형(Lug Type)

해설

기본 패턴의 예	주용도
	리브형(Rib Type) • 포장도로, 고속용 • 승용차용 및 버스용으로 많이 사용되고 있고, 최근에는 일부 소형트럭용으로도 사용되고 있다.
	러그형(Lug Type) • 일반도로, 비포장도로 • 트럭, 버스용, 소형트럭용 타이어에 많이 사용되고 있다. • 대부분의 건설차량용 및 산업차량용 타이어는 러그형이다.
	리브러그형(Rib Lug Type) • 포장도로, 비포장도로 • 트럭용, 버스용에 많이 사용된다.
	블록형(Block Type) 스노 및 샌드서비스 타이어 등에 사용되고 있다.

46 노면 파인 흔적 중 특히 짧고 깊게 파인 흔적인 칩(Chip)은 차량의 날카로운 금속 부분이 강하게 노면에 충격되면서 발생하게 되는데, 이 흔적은 대부분 충격의 어느 시점에서 발생하게 되는가?

① 최초 접촉시점   ② 최대 접합시점
③ 분리 직후   ④ 충돌 직전

해설 칩은 최대 충돌 접촉지점 부근에서 주로 발생한다.

47 다음 중 타이어의 구조에 대한 설명으로 바르지 않은 것은?

① 숄더(Shoulder) : 트레드와 사이드월 사이에 위치하고 구조상 고무의 두께가 가장 두껍기 때문에 주행 중 내부에서 발생하는 열을 쉽게 발산할 수 있도록 설계되어 있다.
② 사이드월(Side Wall) : 타이어에 있어 골격이 되는 중요한 부분으로 타이어 코드지로 된 포층 전체를 말하며, 타이어 내부의 공기압 하중 및 충격에 견디는 역할을 한다.
③ 비드(Bead) : 스틸 와이어에 고무를 피복한 사각 또는 육각 형태의 와이어 번들로 타이어를 림에 안착하고 고정시키는 역할을 한다.
④ 이너 라이너(Inner Liner) : 튜브 대신 타이어의 안쪽에 위치하고 있는 것으로 공기의 누출을 방지한다.

해설 ②는 카카스에 대한 설명이다.
사이드월 : 타이어의 측면부로 카카스를 보호하고 유연한 운동을 함으로써 승차감을 좋게 한다. 이 부분에 타이어의 종류, 규격, 구조, 패턴, 제조회사, 상표명 등 여러 가지 문자가 표시되어 있다.

정답 45 ① 46 ② 47 ②

48 차량의 충돌에 대한 설명 중 바르지 않은 것은?

① 충돌과정은 최초 접촉 → 최대 접합 → 분리로 구분할 수 있다.
② 충격량은 단위시간당 운동량의 변화량이다.
③ 차량 간의 충돌은 항상 완전비탄성에 가까운 충돌이다.
④ 측면만 접촉되는 엇갈린 형태의 대향방향 충돌에서는 공통속도가 존재하지 않는다.

해설 차량 간의 충돌은 일반적으로 비탄성에 가까운 충돌이다. 완전비탄성충돌은 충돌 후 함께 붙어서 이동하는 경우를 말한다.

49 보행자와 충돌한 차량의 손상상태이다. 충돌 후 보행자는 어떤 형태로 운동하였던 것으로 볼 수 있는가?

① Fender Vault
② Somersault
③ Forward Projection
④ Roof Vault

해설 보행자가 차량의 전면 양측 모서리 부분에 충돌하는 경우는 펜더 볼트 형태로 나타난다.
① Fender Vault : 보행자가 차량펜더 좌우로 넘어가는 형태이다.
② Somersault : 자동차 대 보행자 사고 중 가장 드문 경우로 자동차의 충돌속도가 빠르거나 보행자의 충격 위치가 낮은 경우에 일어나는 형태이다.
③ Forward Projection : 어린이가 승용차에 충돌, 성인이 승합차 또는 버스에 충돌 시 발생하는 형태로 보행자는 충돌 전 차량과 같은 방향으로 떨어지는 형태이다.
④ Roof Vault : 자동차 후드높이에 비해 보행자의 무게중심 높이가 높아 충돌 후 전면 유리와 지붕 위로 넘어가 지면에 낙하하는 형태이다.

50 다음 중 사고차량들의 무게 및 속도가 동일할 때, 충돌 후 가장 크게 회전이 발생하는 충돌 형태는?

① 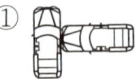 ②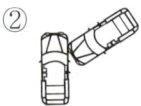
③ ④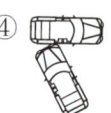

해설 충격력의 방향이 차량의 무게중심에서 멀어질수록 충돌 후 차량은 크게 회전한다.

제3과목 교통사고재현론

51 오토바이의 무게중심이 지면으로부터 40cm 높이에 있다가 외력의 작용 없이 기울어지기 시작하여 노면에 넘어지기까지 소요된 시간은?(중력가속도 $9.8m/s^2$)

① 약 $0.29s$ ② 약 $0.36s$
③ 약 $0.45s$ ④ 약 $0.56s$

해설 $d = v_0 t + \frac{1}{2}at^2$ 에서 $h = v_0 t + \frac{1}{2}gt^2$, $v_0 = 0$이므로
$h = \frac{1}{2}gt^2$ 에서 $t = \sqrt{\frac{2h}{g}} = \sqrt{\frac{2 \times 0.4}{9.8}} \cong 0.29s$

52 요마크(Yaw Mark)에 의한 속도 산출 시 고려하지 않아도 되는 것은?

① 요마크의 전체길이
② 요마크의 곡선반경
③ 노면과 타이어 간의 횡방향 마찰계수
④ 중력가속도

해설 $v = \sqrt{\mu g R}$ 에서 $R = \frac{C^2}{8M} + \frac{M}{2}$
여기서, C : 차량중심 이동곡선의 현
M : 중앙종거

53 저속 주행하는 자동차의 충돌 시, 탑승자의 머리와 목 부위의 운동으로 발생하는 목 연부조직의 경도 손상을 말하며, 특히 정차 중인 자동차에 후방으로부터 충격이 가해지는 추돌사고에서 많이 발생하는 손상은?

① 역과손상(Runover Injury)
② 편타손상(Whiplash Injury)
③ 찰과손상(Excoriation Injury)
④ 전도손상(Overturning Injury)

해설
② 편타손상 : 편타는 가죽채찍을 때릴 때 채찍이 흔들리는 모습으로 차량의 충돌 또는 추돌로 인한 경부(목주변)가 흔들려서 생기는 손상
① 역과손상(轢過損傷, 차깔림 손상, Runover Injury) : 차량의 바퀴가 인체 위를 깔고 넘어감으로써 발생한 손상을 말하는데 바퀴의 회전력과 중량에 의한 압력에 의해 생긴 손상
③ 찰과손상 : 표피박탈로 피부의 바깥층인 표피만 벗겨져 나가 진피가 노출되는 손상
④ 전도손상 : 차량과 충돌 후 지면이나 지상 구조물에 신체가 부딪혀 생기는 손상

54 차체 금속 부위가 큰 압력없이 미끄러지면서 노면과 접촉하여 발생하는 불규칙하고 좁은 흔적은?

① 칩(Chip)
② 찹(Chop)
③ 그루브(Groove)
④ 스크래치(Scratch)

해설
① 칩(Chip) : 노면에 좁고 깊게 파인 자국(곡괭이로 찍은 것 같은 자국). 주로 아스팔트 도로에 생성된다.
② 찹(Chap) : 칩에 비해 흔적이 넓고 얕게 파인 상태로 차체 프레임이나 타이어 림에 의해 생성된다.
③ 그루브(Groove) : 흔적이 좁고 깊게 파인 상태로서 모양은 곧거나 굽어 있는 형태로, 차체에 튀어나온 볼트나 추진축이 차체에서 이탈되면서 노면에 끌린 경우에 생성된다.

55 좌커브 도로를 고속 주행하던 차량이 핸들 과대 조작으로 차체가 좌측으로 회전되며 발생시킨 타이어 흔적의 형태와 줄무늬 모양에 대한 설명으로 맞는 것은?

① 제동페달이나 가속페달을 밟지 않은 경우 줄무늬 모양은 차량의 차축과 거의 직각으로 발생된다.
② 가·감속 상태에 관계없이 줄무늬 모양은 차축과 평행하게 발생한다.
③ 가속하면서 미끄러지는 경우 줄무늬 모양은 좌측 하향 형태가 된다.
④ 감속하면서 미끄러지는 경우 줄무늬 모양은 우측 상향 형태가 된다.

해설
• 등속 요마크 : 무늬의 방향이 진행하는 차축과 거의 수평이 된다.
• 가속 요마크 : 무늬의 방향이 차축보다 뒤쪽으로 사선으로 좌커브 시 우측 하향 형태가 된다.
• 감속 요마크 : 무늬의 방향이 좌커브 시 우측 상향 형태가 된다.

56 승용차가 평지를 정상 주행하다 현의 길이 12m, 중앙종거 1.5m의 요마크(Yaw Mark)를 생성시키며 정지하였다. 요마크 발생 직전 속도는?(종방향 및 횡방향 마찰계수 0.8, 중력가속도 $9.8m/s^2$)

① 약 18km/h
② 약 25km/h
③ 약 36km/h
④ 약 55km/h

해설
$v = \sqrt{\mu g R} = \sqrt{0.8 \times 9.8 \times 12.75}$
$\cong 10m/s \cong 36km/h$
$R = \dfrac{C^2}{8M} + \dfrac{M}{2} = \dfrac{12^2}{8 \times 1.5} + \dfrac{1.5}{2} = 12.75m$

정답 53 ② 54 ④ 55 ④ 56 ③

57 충격력의 작용방향과 부위를 통하여 추정할 수 있는 내용이 아닌 것은?

① 충돌 직후 사고차량들의 이동경로
② 차량의 충돌 형태
③ 충돌 전 제동 여부
④ 충돌 직후 차량 내 탑승자들의 움직임

해설 충돌 전 제동 여부는 충돌과 관계가 없다.

58 후드(Hood)형 차량과 성인 보행자 충돌 시 보행자의 접촉 순서는?

① 범퍼 → 후드 → 앞유리 → 지붕
② 범퍼 → 앞유리 → 후드 → 지붕
③ 범퍼 → 앞유리 → 지붕 → 후드
④ 후드 → 범퍼 → 앞유리 → 지붕

해설 성인 보행자의 무게중심은 후드형 차량의 범퍼보다 높다. 그러므로 무게중심보다 낮은 부분(범퍼)에 1차 충돌하고, 후드부에 접촉 후 앞유리에 충돌한 뒤 지붕으로 떨어지게 된다.

59 자동차의 운동특성에 대한 설명으로 바르지 않은 것은?

① 자동변속기 부착 차량에서 엔진을 아이들링(Idling) 상태로 하여 변속기의 변속레버(Shift Lever)를 드라이브(Drive) 위치에 넣어 두면 천천히 전방으로 나아가게 되는 현상을 크리프(Creep) 현상이라 한다.
② 급브레이크를 밟을 시 차량의 앞부분이 일시적으로 내려앉는 것을 노즈 다이브(Nose Dive) 현상이라 한다.
③ 무리하게 높은 속도로 선회하려 한다면 내측의 차륜이 떠오르게 되는데 이를 잭나이프(Jack Knife) 현상이라 한다.
④ 차량이 선회할 때 전후 내륜 궤적의 간격을 내륜차라 한다.

해설 ③은 휠 리프트(Wheel Lift) 현상에 대한 설명이다.
잭나이프 현상 : 트랙터와 트레일러의 연결 차량에 있어서 커브에서 급브레이크를 밟았을 때 트레일러가 관성력에 의해 트랙터에 대하여 잭나이프처럼 구부러지는 것을 말한다.

60 주행차량의 추락속도를 계산하기 위해 필요한 항목이 아닌 것은?

① 추락 시 이동한 수평거리
② 추락 시 낙하한 수직거리
③ 추락 전 이동한 주행거리
④ 추락 전 이탈각도

해설 추락속도 $v = d\sqrt{\dfrac{g}{2\cos\theta(d\sin\theta - h\cos\theta)}}$
여기서, d : 날아간 거리, g : 중력가속도
h : 높이, θ : 이탈각도

61 자동차 72km/h로 주행하다가 급제동하여 스키드마크(Skid Mark)를 발생하고 스키드마크 끝에서 24km/h로 보행자를 충돌하였다. 스키드마크를 발생하며 미끄러진 시간은? (노면 마찰계수 0.8, 중력가속도 9.8m/s²)

① 약 1.18s ② 약 1.28s
③ 약 1.70s ④ 약 2.28s

해설 $v_e = v_i + at$ 에서
$$t = \frac{v_e - v_i}{-\mu g} = \frac{(24/3.6) - (72/3.6)}{-0.8 \times 9.8} \simeq 1.70s$$

62 무게 차이가 거의 없는 A와 B차가 동일 속도로 진행하다 아래 그림과 같이 엇갈림 정면 충돌하는 사고가 발생되었다. A차 운전자의 충돌 직후 운동방향은?

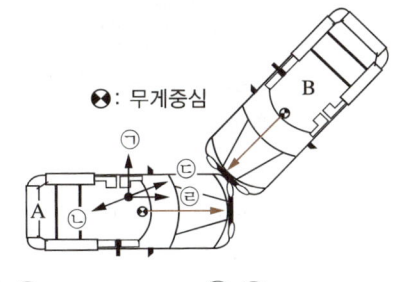

① ㉠ ② ㉡
③ ㉢ ④ ㉣

해설 두 차량의 충돌 시 운전자는 관성에 의해 충격력의 반대방향으로 움직인다. 두 차량의 질량과 속도가 같을 때 A차량의 충격력의 방향은 B차량의 충돌 전 움직이는 방향으로, A차량의 운전자는 그 반대방향인 ㉢ 방향으로 움직인다.

63 차 대 보행자 사고에서 충돌 시 보행자의 운동에 대한 설명으로 맞지 않는 것은?

① 차량에 충돌되는 보행자는 차량접촉, 충격, 사고차량과의 1·2차 충돌, 낙하운동, 노면활주운동 등의 단계를 거친다.
② 차량의 범퍼가 보행자의 정강이에 충돌한 후 두부가 앞유리에 충돌하기까지 시간은 약 0.2초 정도이다.
③ 무게중심이 낮은 어린이는 충돌 후 회전하지 않고 노면에 전도된다.
④ 보행자가 차량의 후드(Hood) 위에 올려지는 것은 차량의 속도, 차량 디자인 등의 요소에 관계없이 충돌의 형태가 동일하다.

해설 차량과 충돌 시 보행자의 운동 거동은 차종, 보행자, 충돌 속도, 충돌 부위에 따라 달라진다.

64 탑승자의 7가지 상해기준(AIS)에서 인체 부위와 세부 부위가 잘못 연결된 것은?

① 두부 - 안면
② 사지 - 골반골
③ 경부 - 인두후
④ 흉부 - 척추

해설 흉부는 가슴쪽 부위이며, 척추는 복부(배쪽 부위)이다.

65 등속원운동을 하고 있는 물체의 속도가 2배, 질량이 3배가 되면 원심력의 크기는 몇 배인가?

① 6배 ② 12배
③ 18배 ④ 24배

해설 원심력 $F = m\dfrac{v^2}{r}$
$= 3 \times 2^2 = 12배$

정답 61 ③ 62 ③ 63 ④ 64 ④ 65 ②

66 차 대 보행자 사고에 대한 설명 중 맞지 않는 것은?

① 차량 전면과 보행자의 충돌 시 보행자의 운동은 차량 전면 범퍼 높이에 영향을 받지 않는다.
② 보행자가 착용한 신발이 노면과 마찰되어 마찰흔적이 발생되는 경우가 있는데 이 마찰흔적으로 충돌지점을 판단할 수 있다.
③ 차량 전면과 보행자 충돌 시 보행자는 대부분 곧바로 충돌한 차의 충돌속도까지 가속된다.
④ 전도손상은 차량에 충격된 후 노면에 전도된 보행자에서 나타나게 된다.

해설 승용차와 보행자의 충돌 시, 일반적으로 보행자의 무게중심이 차량 전면 범퍼보다 낮으면 Wrap Trajectory, 같거나 높으면 앞으로 던져지는 Forward Projection 형태로 나타난다.

67 충돌특성에 대한 설명으로 맞지 않는 것은?

① 충돌은 운동량을 서로 교환하는 현상이다.
② 무게중심에서 벗어난 편심충돌은 운동량 교환과 함께 운동량이 직선운동량으로 변한다.
③ 충돌은 반발현상을 수반한다.
④ 충돌 시 작용하는 힘은 충격힘과 마찰력의 합력이다.

해설 무게중심에서 벗어난 편심충돌 시 차량은 회전한다.

68 자동차 및 자동차부품의 성능과 기준에 관한 규칙에서 정하는 사고기록장치(EDR)의 필수 운행정보 항목에 해당하는 것은?

① 엔진 회전수
② ABS 작동 여부
③ 조향핸들 각도
④ 운전석 좌석안전띠 착용 여부

해설 운전석 안전벨트 착용 여부는 선택사항이다.

69 갭 스키드마크(Gap Skid Mark)에 대한 설명으로 맞지 않는 것은?

① 가벼운 짐 혹은 화물을 적재하지 않은 세미트레일러의 급제동 시 많이 발생한다.
② 브레이크가 중간에 풀렸다가 다시 제동되면서 흔적 중간이 끊겨 있다.
③ 브레이크에서 발을 완전히 떼지 않은 갭 스키드마크인 경우, 속도계산 시 스키드마크 발생구간과 갭 구간의 마찰계수는 달리 적용한다.
④ 브레이크에서 발을 완전히 뗀 갭 스키드마크인 경우, 속도계산 시 갭 구간을 제외한 실제 흔적 발생 길이를 적용한다.

해설 갭 스키드마크(Gap Skid Mark) : 운전자가 제동을 지속하지 못해 스키드마크 중간이 끊겼다가 다시 발생하는 스키드마크로, 급제동 후 일시적으로 제동을 풀었다가 다시 제동하거나, 더블 브레이크 조작 등으로 나타날 수 있다. 속도계산 시 스키드마크가 끊긴 구간을 제외한 실제로 흔적이 발생된 길이만 적용한다.

70 차량의 견인계수가 0.75일 때 3.0초 동안 감속하면서 45m의 거리를 이동하였다면 처음속도는?(중력가속도 9.8m/s²)

① 약 26.03m/s
② 약 28.09m/s
③ 약 30.06m/s
④ 약 34.09m/s

해설
$$d = v_i t + \frac{1}{2}at^2, \quad v_i = \frac{d - \frac{1}{2}at^2}{t} = \frac{2d - at^2}{2t}$$
$$v_i = \frac{2 \times 45 - (-0.75 \times 9.8) \times 3^2}{2 \times 3}$$
$$\cong 26.03 \text{m/s}$$

71 "시간에 따른 속도의 변화율"을 무엇이라 하는가?

① 평균속도 ② 등속도
③ 가속도   ④ 상대속도

해설 가속도 $a = \frac{\Delta v}{t}$

72 탑승자의 거동분석에 유용한 자료가 될 수 있는 것으로 짝지어진 것은?

① 운전대, 변속레버, 필러
② 좌석등받이, 사이드미러, 계기판
③ 문짝 내부, 전면유리, 후드(보닛)
④ 룸미러, 차내 천정, 문짝 외부

해설 탑승자의 거동분석은 차량 내부 시설의 손상 여부로 알 수 있다.

73 교차로 한쪽 모서리에 서 있던 보행자가 우회전하는 대형차의 우측면에 충돌하여 넘어지는 사고가 발생하였다. 이와 관련된 자동차의 운동특성은?

① 내륜차
② 휠 리프트(Wheel Lift) 현상
③ 크리프(Creep) 현상
④ 노즈 다이브(Nose Dive) 현상

해설 커브지역에서 차량을 앞으로 전진할 때 생기는 현상으로 차량이 우측으로 방향을 전환하면서 전진하고자 할 때 A지점을 기준으로 당해 차량의 안쪽 앞바퀴('가'선)와 뒷바퀴('나'선)가 움직이는 궤적(흔적)이 다르게 나타난다. 이때 당해 차량의 안쪽 바퀴의 앞바퀴와 뒷바퀴가 지나가는 궤적이 서로 달라서 발생하는 거리 차이를 내륜차(內輪差)라 한다.

74 자동차가 제동에 의해 스키드마크(Skid Mark)를 6m 생성하고 다시 요마크(Yaw Mark)를 생성한 것으로 확인되었다. 요마크 발생 직전 속도가 66km/h일 경우 자동차가 스키드마크를 생성하기 직전 속도는?(노면 마찰계수 0.8, 중력가속도 9.8m/s²)

① 약 90km/h ② 약 80km/h
③ 약 75km/h ④ 약 66km/h

해설
$v_2^2 - v_1^2 = 2ad$ 에서
$$v_1 = \sqrt{(v_2^2 - 2\mu g d)}$$
$$= \sqrt{(66/3.6)^2 - 2 \times (-0.8 \times 9.8) \times 6}$$
$$\cong 20.74 \text{m/s} \cong 74.67 \text{km/h}$$

75 인접한 신호 연동 교차로에서 어떤 기준 시점으로부터 녹색신호가 점등될 때까지의 시간 차를 초(s) 또는 백분율(%)로 나타낸 값은?

① 주기(Cycle)
② 옵셋(Offset)
③ 시간분할(Time Split)
④ 차두시간(Headway)

> **해설** ① 주기 : 신호등의 등화가 완전히 한 바퀴 도는 것 또는 시간
> ④ 차두시간 : 한 지점을 통과하는 연속된 차량의 통과 시간 간격, 즉 앞차의 앞부분(또는 뒷부분)과 뒷차의 앞부분(또는 뒷부분)까지의 시간 간격

제4과목 차량운동학

76 질량이 2,000kg인 자동차가 곡선반경이 300m인 도로를 54km/h로 주행할 때 자동차에 작용하는 원심력의 크기는?

① 100N
② 750N
③ 1,250N
④ 1,500N

> **해설** 원심력 $F = m\dfrac{v^2}{r} = 2,000 \times \dfrac{(54/3.6)^2}{300}$
> $= 1,500 \text{kg} \cdot \text{m/s}^2$
> $= 1,500\text{N}$

77 다음 상황에서 차량의 브레이크 밟기 전 속도는?

> ㉠ 차량의 운전자가 장애물을 발견하고 브레이크를 밟아 제동상태로 2m를 진행하고 정지
> ㉡ 차량의 모든 바퀴는 정상적으로 제동, 견인계수는 0.9
> ㉢ 중력가속도는 9.8m/s²

① 약 1.84m/s
② 약 5.94m/s
③ 약 16.44m/s
④ 약 21.34m/s

> **해설** $v = \sqrt{2\mu g d} = \sqrt{2 \times 0.9 \times 9.8 \times 2} \cong 5.94\text{m/s}$

78 뉴턴의 제3법칙에 관한 설명이 아닌 것은?

① 첫 번째 물체가 두 번째 물체에 힘을 가하면 두 번째 물체도 첫 번째 물체에 힘을 가하게 되는 것을 말한다.
② 작용하는 두 힘의 크기는 서로 같다.
③ 작용하는 두 힘의 방향은 반대 방향이다.
④ 물체에 작용하는 힘이 0이 아니라면 물체는 힘의 방향으로 가속된다.

> **해설** 뉴턴 제3법칙(작용반작용의 법칙) : 두 물체 사이에서 상호작용하는 힘에 대해 크기가 같고 방향이 반대인 반작용이 존재한다.

79 도로 위에 서 있는 질량이 2,000kg인 자동차를 견인차가 1,000N의 힘으로 20m를 이동시켰다. 도로면의 마찰계수는 0.2이고 중력가속도를 10m/s²라 할 때 견인차가 한 일은?

① 20,000J
② 40,000J
③ 60,000J
④ 80,000J

> **해설** 일(W) = 힘(F) × 거리(d)
> $= 1,000 \times 20 = 20,000\text{J}(\text{N} \cdot \text{m})$

80 정지하고 있던 차량이 3.42초 동안에 12.17m의 거리를 갔을 때 가속도는?

① 약 2.1m/s^2 ② 약 3.4m/s^2
③ 약 4.2m/s^2 ④ 약 12.1m/s^2

해설
$d = v_i t + \frac{1}{2}at^2 = 0 \times 3.42 + \frac{1}{2} \times a \times 3.42^2$
$= 12.17$
$\therefore a = \frac{12.17 \times 2}{3.42^2} \cong 2.1\text{m/s}^2$

81 처음속도가 20m/s, 나중속도가 30m/s이고, 소요시간이 5초일 때 가속도는?

① 0.5m/s^2 ② 1m/s^2
③ 2m/s^2 ④ 4m/s^2

해설 $v_e = v_i + at$에서
$a = \frac{v_e - v_i}{t} = \frac{30 - 20}{5} = 2\text{m/s}^2$

82 완전탄성충돌에 관한 설명으로 옳은 것은?

① 반발계수가 1인 경우를 말하며 에너지손실이 없다.
② 반발계수가 0인 경우를 말하며 운동에너지가 보존된다.
③ 반발계수의 값이 2일 때를 말한다.
④ 반발계수의 값이 0일 때를 말한다.

해설

구 분	탄성충돌	비탄성충돌	완전비탄성충돌
반발계수	$e=1$	$0<e<1$	$e=0$
충돌 전후의 운동량	보 존	보 존	보 존
충돌 전후의 운동에너지	보 존	$E_전 > E_후$	$E_전 > E_후$

83 A와 B의 중간지점에 C가 있다. A에서 C까지의 속력은 5m/s이고, C에서 B까지의 속력은 20m/s이다. A에서 B까지의 평균속력은?

① 8.0m/s ② 12.5m/s
③ 5.0m/s ④ 6.5m/s

해설 평균속도 = $\frac{총\ 이동거리}{총\ 이동시간(t_1+t_2)}$에서

- $A-C$ 구간, $t_1 = \frac{d}{v_1} = \frac{d}{5}$
- $C-B$ 구간, $t_2 = \frac{d}{v_2} = \frac{d}{20}$

$\therefore$ 평균속도 $= \frac{d+d}{t_1+t_2} = \frac{2d}{\frac{d}{5}+\frac{d}{20}} = \frac{2d \times 20}{5d} = \frac{40}{5}$
$= 8\text{m/s}$

84 타이어와 노면의 마찰계수는 0.7이고, 자동차의 하중이 앞바퀴에 60%, 뒷바퀴에 40%가 배분되어 있을 때, 이 노면에서 4륜구동 자동차와 후륜구동 자동차의 이론적인 최대 가속도는?(중력가속도 9.8m/s^2)

① 약 2.06m/s^2, 약 1.37m/s^2
② 약 3.43m/s^2, 약 1.37m/s^2
③ 약 4.12m/s^2, 약 2.74m/s^2
④ 약 6.86m/s^2, 약 2.74m/s^2

해설 $\mu = 0.7$, 앞바퀴 하중비 60%($m_f = 0.6$), 뒷바퀴 하중비 40%($m_f = 0.4$)일 때

- 앞바퀴 견인계수 $f_f = \mu \times m_f = 0.7 \times 0.6 = 0.42$
- 뒷바퀴 견인계수 $f_r = \mu \times m_r = 0.7 \times 0.4 = 0.28$

$\therefore$ 4륜구동 자동차 가속도 $a = (f_f + f_r)g$
$= (0.42 + 0.28) \times 9.8$
$\cong 6.86\text{m/s}^2$

$\therefore$ 후륜구동 자동차 가속도 $a = f_r g = 0.28 \times 9.8$
$\cong 2.74\text{m/s}^2$

85 자동차 타이어가 로크(Lock)되지 않은 상태에서 타이어가 구르면서 발생되는 저항마찰계수는?

① 최대감속계수
② 구름저항계수
③ 활주마찰계수
④ 급제동계수

해설 타이어가 굴러가면서 발생되는 마찰력을 구름마찰 또는 구름저항이라 한다.

86 두 개의 점 P, Q의 공간좌표가 $P(2, 1, 3)$, $Q(5, -3, 3)$일 때, 벡터 $\overrightarrow{PQ}$의 크기는?

① 5
② 6
③ 7
④ 8

해설 $\overrightarrow{PQ} = \sqrt{(5-2)^2 + (-3-1)^2 + (3-3)^2}$
$= \sqrt{3^2 + 4^2} = 5$

87 질량이 1,600kg인 차량이 78,700J의 운동에너지를 갖고 있다. 이 운동에너지를 갖기 위한 차량의 속도는?(중력가속도 9.8m/s²)

① 약 9.9km/h
② 약 22.1km/h
③ 약 35.7km/h
④ 약 45.6km/h

해설 운동에너지 $E = \frac{1}{2}mv^2$ 에서
$v = \sqrt{\frac{2E}{m}} = \sqrt{\frac{2 \times 78,700}{1,600}}$
$\cong 9.92\text{m/s} \cong 35.71\text{km/h}$

88 A지점에서 정지하고 있던 차량이 25m 떨어진 B지점까지 등가속으로 5초 만에 통과하였다. 이 차량이 정지상태에서 출발하여 6초 동안 동일한 가속도로 진행할 때 갈 수 있는 거리는?

① 27m
② 31m
③ 36m
④ 41m

해설
• 5초 이동 가속도 $d = v_i t + \frac{1}{2}at^2$
$= 0 \times 5 + \frac{1}{2} \times a \times 5^2$
$= 25$
$\therefore a = \frac{25 \times 2}{5^2} = 2\text{m/s}^2$

• 6초 이동한 거리 $d = v_i t + \frac{1}{2}at^2$
$= 0 \times 6 + \frac{1}{2} \times 2 \times 6^2$
$= 36\text{m}$

85 ② 86 ① 87 ③ 88 ③

89 평탄한 도로를 주행하고 있던 질량 1,200kg의 A차량이 주차 상태인 질량 1,500kg의 B차량과 충돌하여 두 차량이 함께 20m를 미끄러져 정지하였다. 미끄러질 때의 마찰계수를 0.5라고 가정할 때 A차량의 초기속도는?(중력가속도 9.8m/s²)

① 약 31.5km/h
② 약 70.5km/h
③ 약 113.4km/h
④ 약 131.5km/h

해설 충돌 후 속도 $v = \sqrt{2\mu g d} = \sqrt{2 \times 0.5 \times 9.8 \times 20}$
$= 14\text{m/s}$
$m_1 v_1 + m_2 v_2 = (m_1 + m_2)v$ 에서
$1,200 \times v_1 + 1,500 \times 0 = (1,200 + 1,500) \times 14$
$\therefore v_1 = \frac{37,800}{1,200} = 31.5\text{m/s} = 113.4\text{km/h}$

90 질량이 1,600kg인 자동차가 평탄한 교량 위에서 추락하는 사고가 발생하였다. 수직 높이가 15m이고, 수평 이동거리가 10m인 경우 추락할 때의 속도는?(중력가속도 10m/s²)

① 약 7.1km/h
② 약 14.3km/h
③ 약 20.8km/h
④ 약 23.7km/h

해설 $v = d\sqrt{\frac{g}{2h}} = 10 \times \sqrt{\frac{10}{2 \times 15}}$
$\cong 5.77\text{m/s} \cong 20.78\text{km/h}$

91 벡터량에 해당하는 것은?

① 속력
② 속도
③ 에너지
④ 질량

해설 속력, 에너지, 질량은 스칼라량이다.

92 포물선 운동을 이용한 공식은?

① 스키드(Skid Mark)에 의한 속도
② 요마크(Yaw Mark)에 의한 속도
③ 추락에 의한 속도
④ 운동량 보존법칙에 의한 속도

해설 물체는 추락 시 포물선 운동을 한다.

정답 89 ③ 90 ③ 91 ② 92 ③

93 1Joule의 의미는?

① 1N의 힘으로 물체에 1m/s의 속력을 가할 때

② 1N의 힘으로 물체에 1m/s^{2}의 가속도를 가할 때

③ 1kg의 물체에 1m/s^{2}의 가속도를 가할 때

④ 1m의 거리를 이동하는 동안 1N의 힘이 작용할 때

해설 1J은 1N의 힘을 물체에 작용해 물체가 1m 거리를 움직였을 때 하는 일(열)량이다.

94 견인계수와 견인력 및 중량의 관계를 맞게 나타낸 것은?(여기서, F : 견인력, w : 중량, f : 견인계수)

① $F = fw$

② $F = \dfrac{f}{w}$

③ $F = \dfrac{f}{2} + w$

④ $2F = f + w$

해설 $F = ma = mfg = fw$
$(a = fg,\ w = mg)$

95 교통사고감정에서 활용되는 마찰계수와 관련 없는 것은?

① 노면과 타이어 간의 마찰계수

② 오토바이가 전도되며 미끄러질 때의 마찰계수

③ 인체의 미끄럼 마찰계수

④ 조향장치와 바퀴 간의 마찰계수

해설 조향장치와 바퀴 간의 마찰계수는 교통사고감정에 활용되지 않는다.

96 뉴턴의 제1법칙과 관련 없는 현상은?

① 차량이 추돌되었을 때 승객의 머리가 뒤로 꺾여 목을 다치는 경우

② 차량의 정면충돌 시 운전자가 앞 유리나 대시보드에 부딪히는 경우

③ 이륜차가 정면충돌 시 이륜차 운전자가 앞으로 날아가는 경우

④ 고속주행하던 승용차가 급제동하여 차체가 요잉(Yawing)된 경우

해설 뉴턴 제1법칙(관성의 법칙) : 물체에 외부로부터 힘이 작용하지 않은 한, 정지하고 있던 물체는 계속 정지하고 있고, 운동하고 있던 물체는 계속 등속직선운동을 한다. 즉, 주행 중의 버스가 급정거하면 승객의 몸이 앞으로 쏠리는 현상이 그 예이다.

※ 요잉(Yawing) : 차체의 회전으로 자동차의 진행 방향이 왼쪽 또는 오른쪽으로 변경되는 현상이다. Z축(수직축)을 중심으로 회전운동하는 것으로 요 마크 발생의 원인이 된다.

97 다음 중 사실과 거리 먼 것은?
① 속도가 2배 증가하는 경우, 제동거리는 4배 증가한다.
② 속도가 2배 증가하는 경우, 원심력은 4배 증가한다.
③ 속도가 2배 증가하는 경우, 운동량은 4배 증가한다.
④ 속도가 2배 증가하는 경우, 운동에너지는 4배 증가한다.

해설
- $v = \sqrt{2\mu g d},\ d = \dfrac{v^2}{2\mu g}$
- 원심력 $= m\dfrac{v^2}{r}$
- 운동량 $P = mv$
- 운동에너지 $E = \dfrac{1}{2}mv^2$

98 지상 5m에서 질량이 1,000kg인 자동차가 자유낙하되어 지면에 떨어질 때까지 걸리는 시간은?(중력가속도 $10m/s^2$)
① 0.5s   ② 1s
③ 2s   ④ 4s

해설 추락시간 $t = \sqrt{\dfrac{2h}{g}} = \sqrt{\dfrac{2\times 5}{9.8}} \cong 1s$

99 알짜힘이 0인 운동과 관련 있는 운동은?
① 등가속도운동
② 등속도운동
③ 자유낙하운동
④ 감속도운동

해설 관성의 법칙에 의해 알짜힘이 0이면 등속도운동이다.

100 질량이 1,500kg인 차량이 견인계수가 0.55인 상태에서 35m를 미끄러진 후 정지하였다. 차량이 미끄러지기 시작한 순간의 속도는?(중력가속도 $9.8m/s^2$)
① 약 19.4m/s
② 약 56.7m/s
③ 약 39.8m/s
④ 약 47.5m/s

해설 미끄러지기 시작한 속도 $v = \sqrt{2\mu g d}$
$= \sqrt{2\times 0.55 \times 9.8 \times 35}$
$\cong 19.42 m/s$

정답 97 ③ 98 ② 99 ② 100 ①

10 최근 기출문제

2024년 9월 8일 시행

제1과목 교통관련법규

01 특정범죄가중처벌 등에 관한 법률 제5조의 13(어린이보호구역에서 어린이 치사상의 가중처벌)에서 어린이를 상해에 이르게 한 경우의 처벌 기준은?

① 1년 이상의 유기징역
② 무기 또는 3년 이상의 징역
③ 1년 이상 15년 이하의 징역 또는 500만원 이상 3천만원 이하의 벌금
④ 1년 이상 10년 이하의 징역 또는 1천만원 이상 3천만원 이하의 벌금

해설 어린이 보호구역에서 어린이 치사상의 가중처벌(특정범죄가중처벌 등에 관한 법률 제5조의13)
자동차 등의 운전자가 도로교통법 제12조 제3항에 따른 어린이 보호구역에서 같은 조 제1항에 따른 조치를 준수하고 어린이의 안전에 유의하면서 운전하여야 할 의무를 위반하여 어린이(13세 미만인 사람을 말한다. 이하 같다)에게 교통사고처리 특례법 제3조 제1항의 죄를 범한 경우에는 다음의 구분에 따라 가중처벌한다.
• 어린이를 사망에 이르게 한 경우에는 무기 또는 3년 이상의 징역에 처한다.
• 어린이를 상해에 이르게 한 경우에는 1년 이상 15년 이하의 징역 또는 500만원 이상 3천만원 이하의 벌금에 처한다.

02 도로교통법령상 제1종 보통면허로 운전할 수 없는 차량은?

① 총중량 2.5톤의 견인형 특수자동차
② 적재중량 10톤의 화물자동차
③ 승차정원 12명의 긴급자동차
④ 승차정원 15명의 승합자동차

해설 제1종 보통면허로 운전할 수 있는 차량
• 승용자동차
• 승차정원 15명 이하의 승합자동차
• 적재중량 12톤 미만의 화물자동차
• 건설기계(도로를 운행하는 3톤 미만의 지게차로 한정한다)
• 총중량 10톤 미만의 특수자동차(구난차 등은 제외한다)
• 원동기장치자전거

03 도로교통법상 범칙금 납부통고서를 받은 사람이 1차 납부기간에 범칙금을 내지 아니하면 납부기간이 끝나는 날의 다음 날부터 ( )일 이내에 통고받은 범칙금에 100분의 20을 더한 금액을 내야 한다. ( ) 안에 알맞은 것은?

① 7   ② 10
③ 20   ④ 30

해설 범칙금의 납부(도로교통법 제164조)
납부기간에 범칙금을 내지 아니한 사람은 납부기간이 끝나는 날의 다음 날부터 20일 이내에 통고받은 범칙금에 100분의 20을 더한 금액을 내야 한다.

1 ③ 2 ① 3 ③ **정답**

04 도로교통법상 도로교통에서 문자·기호 또는 등화(燈火)를 사용하여 진행·정지·방향전환·주의 등의 신호를 표시하기 위하여 사람이나 전기의 힘으로 조작하는 장치는?

① 안전표지 ② 신호기
③ 노면표시 ④ 도로안내표지

해설 ① 안전표지 : 교통안전에 필요한 주의·규제·지시 등을 표시하는 표지판이나 도로의 바닥에 표시하는 기호·문자 또는 선 등을 말한다.
③ 노면표시 : 도로교통의 안전을 위하여 각종 주의·규제·지시 등의 내용을 노면에 기호·문자 또는 선으로 도로사용자에게 알리는 표지

05 도로교통법상 도로상태가 위험하거나 도로 또는 그 부근에 위험물이 있는 경우에 필요한 안전조치를 할 수 있도록 이를 도로사용자에게 알리는 안전표지는?

① 규제표지 ② 지시표지
③ 보조표지 ④ 주의표지

해설 ① 규제표지 : 도로교통의 안전을 위하여 각종 제한·금지 등의 규제를 하는 경우에 이를 도로사용자에게 알리는 표지
② 지시표지 : 도로의 통행방법·통행구분 등 도로교통의 안전을 위하여 필요한 지시를 하는 경우에 도로사용자가 이에 따르도록 알리는 표지
③ 보조표지 : 주의표지·규제표지 또는 지시표지의 주기능을 보충하여 도로사용자에게 알리는 표지

06 도로교통법상 연습운전면허는 그 면허를 받은 날부터 (　) 동안 효력을 가진다. 다만, 연습운전면허를 받은 날부터 (　) 이전이라도 연습운전면허를 받은 사람이 제1종 보통면허 또는 제2종 보통면허를 받은 경우 연습운전면허는 그 효력을 잃는다. (　) 안에 공통적으로 들어갈 알맞은 것은?

① 6월 ② 1년
③ 1년 6월 ④ 2년

해설 연습운전면허의 효력(도로교통법 제81조)
연습운전면허는 그 면허를 받은 날부터 1년 동안 효력을 가진다. 다만, 연습운전면허를 받은 날부터 1년 이전이라도 연습운전면허를 받은 사람이 제1종 보통면허 또는 제2종 보통면허를 받은 경우 연습운전면허는 그 효력을 잃는다.

07 도로교통법상 교통사고 발생 시 신고해야 할 사항으로 규정된 것이 아닌 것은?

① 교통사고 발생원인
② 손괴한 물건 및 손괴 정도
③ 사고가 일어난 곳
④ 사상자 수 및 부상 정도

해설 사고발생 시의 조치(도로교통법 제54조)
그 차 또는 노면전차의 운전자 등은 경찰공무원이 현장에 있을 때에는 그 경찰공무원에게, 경찰공무원이 현장에 없을 때에는 가장 가까운 국가경찰관서(지구대, 파출소 및 출장소를 포함한다)에 다음의 사항을 지체 없이 신고하여야 한다. 다만, 차 또는 노면전차만 손괴된 것이 분명하고 도로에서의 위험방지와 원활한 소통을 위하여 필요한 조치를 한 경우에는 그러하지 아니하다.
• 사고가 일어난 곳
• 사상자 수 및 부상 정도
• 손괴한 물건 및 손괴 정도
• 그 밖의 조치사항 등

정답 4 ② 5 ④ 6 ② 7 ①

08 도로교통법령상 자동차 등의 도로 통행 속도에 대한 설명으로 옳지 않은 것은?

① 국토의 계획 및 이용에 관한 법률에 따른 주거지역·상업지역 및 공업지역을 제외한 편도 1차로인 일반도로에서는 매시 60km 이내
② 국토의 계획 및 이용에 관한 법률에 따른 주거지역·상업지역 및 공업지역을 제외한 편도 2차로 이상인 일반도로에서는 매시 80km 이내
③ 자동차전용도로에서 최고속도는 매시 100km, 최저속도는 매시 30km
④ 편도 1차로 고속도로에서의 최고속도는 매시 80km, 최저속도는 매시 50km

해설 자동차전용도로에서의 최고속도는 매시 90km, 최저속도는 매시 30km

09 교통사고처리특례법에서 규정하고 있는 내용 중 ( )에 들어갈 내용으로 옳은 것은?

> 차의 교통으로 업무상과실치상죄 또는 중과실치상죄와 도로교통법 제151조의 죄를 범한 운전자에 대하여는 피해자의 명시적인 의사에 반하여 ( ) 제기할 수 없다.

① 처벌을
② 기소를
③ 소송을
④ 공소를

해설 처벌의 특례(교통사고처리특례법 제3조)
㉠ 차의 운전자가 교통사고로 인하여 형법 제268조의 죄를 범한 경우에는 5년 이하의 금고 또는 2천만원 이하의 벌금에 처한다.
㉡ 차의 교통으로 ㉠의 죄 중 업무상과실치상죄 또는 중과실치상죄와 도로교통법 제151조의 죄를 범한 운전자에 대하여는 피해자의 명시적인 의사에 반하여 공소(公訴)를 제기할 수 없다.

10 특정범죄가중처벌 등에 관한 법률 제5조의3에 따라 도주차량 운전자를 가중 처벌할 수 있는 경우는?

① 기중기
② 원동기장치자전거
③ 자전거
④ 경운기

해설 도주차량 운전자의 가중처벌(특정범죄가중처벌 등에 관한 법률 제5조의3)
- 도로교통법 제2조의 자동차, 원동기장치자전거 또는 건설기계관리법 제26조 제1항 단서에 따른 건설기계 외의 건설기계(이하 "자동차 등"이라 한다)의 교통으로 인하여 형법 제268조의 죄를 범한 해당 자동차 등의 운전자(이하 "사고운전자"라 한다)가 피해자를 구호하는 등 도로교통법 제54조 제1항에 따른 조치를 하지 아니하고 도주한 경우에는 다음의 구분에 따라 가중처벌한다.
  - 피해자를 사망에 이르게 하고 도주하거나, 도주 후에 피해자가 사망한 경우에는 무기 또는 5년 이상의 징역에 처한다.
  - 피해자를 상해에 이르게 한 경우에는 1년 이상의 유기징역 또는 500만원 이상 3천만원 이하의 벌금에 처한다.
- 사고운전자가 피해자를 사고 장소로부터 옮겨 유기하고 도주한 경우에는 다음의 구분에 따라 가중처벌한다.
  - 피해자를 사망에 이르게 하고 도주하거나, 도주 후에 피해자가 사망한 경우에는 사형, 무기 또는 5년 이상의 징역에 처한다.
  - 피해자를 상해에 이르게 한 경우에는 3년 이상의 유기징역에 처한다.

11 교통사고처리특례법에서 규정하고 있는 중과실 12개항 사고 중 제1호(신호 또는 지시위반)에 해당하지 않는 것은?(인적피해는 모두 경상)

① 교차로 또는 횡단보도 등 차의 진로변경을 금지하는 도로구간에 설치된 백색실선에서 진로 변경 중 발생한 교통사고
② 교통정리를 하는 경찰공무원의 수신호를 따르지 않고 주행하던 중 발생한 교통사고
③ 일방통행 도로의 진입금지 표지가 있는 곳으로 진입하던 중 그 도로에서 나오는 차와 부딪힌 교통사고
④ 교차로 진입 전에 전방 차량 신호가 적색으로 바뀌는 것을 보았지만, 정지선 전에 정지하지 못하고 계속 주행하다가 정상 신호에 주행하던 차와 부딪힌 교통사고

해설 처벌의 특례(교통사고처리특례법 제3조 제2항)
다만, 차의 운전자가 제1항의 죄 중 업무상과실치상죄 또는 중과실치상죄를 범하고도 피해자를 구호하는 등 도로교통법 제54조 제1항에 따른 조치를 하지 아니하고 도주하거나 피해자를 사고 장소로부터 옮겨 유기하고 도주한 경우, 같은 죄를 범하고 도로교통법 제44조 제2항을 위반하여 음주측정 요구에 따르지 아니하거나(운전자가 채혈 측정을 요청하거나 동의한 경우는 제외한다), 도로교통법 제44조 제5항을 위반하여 음주측정방해행위를 한 경우와 다음의 어느 하나에 해당하는 행위로 인하여 같은 죄를 범한 경우에는 그러하지 아니하다.

- 도로교통법 제5조에 따른 신호기가 표시하는 신호 또는 교통정리를 하는 경찰공무원 등의 신호를 위반하거나 통행금지 또는 일시정지를 내용으로 하는 안전표지가 표시하는 지시를 위반하여 운전한 경우
- 도로교통법 제13조 제3항을 위반하여 중앙선을 침범하거나 같은 법 제62조를 위반하여 횡단, 유턴 또는 후진한 경우
- 도로교통법 제17조 제1항 또는 제2항에 따른 제한속도를 시속 20km 초과하여 운전한 경우
- 도로교통법 제21조 제1항, 제22조, 제23조에 따른 앞지르기의 방법·금지시기·금지장소 또는 끼어들기의 금지를 위반하거나 같은 법 제60조 제2항에 따른 고속도로에서의 앞지르기 방법을 위반하여 운전한 경우
- 도로교통법 제24조에 따른 철길건널목 통과방법을 위반하여 운전한 경우
- 도로교통법 제27조 제1항에 따른 횡단보도에서의 보행자 보호의무를 위반하여 운전한 경우
- 도로교통법 제43조, 건설기계관리법 제26조 또는 도로교통법 제96조를 위반하여 운전면허 또는 건설기계조종사면허를 받지 아니하거나 국제운전면허증을 소지하지 아니하고 운전한 경우. 이 경우 운전면허 또는 건설기계조종사면허의 효력이 정지 중이거나 운전의 금지 중인 때에는 운전면허 또는 건설기계조종사면허를 받지 아니하거나 국제운전면허증을 소지하지 아니한 것으로 본다.
- 도로교통법 제44조 제1항을 위반하여 술에 취한 상태에서 운전을 하거나 같은 법 제45조를 위반하여 약물의 영향으로 정상적으로 운전하지 못할 우려가 있는 상태에서 운전한 경우
- 도로교통법 제13조 제1항을 위반하여 보도가 설치된 도로의 보도를 침범하거나 같은 법 제13조 제2항에 따른 보도 횡단방법을 위반하여 운전한 경우
- 도로교통법 제39조 제3항에 따른 승객의 추락 방지 의무를 위반하여 운전한 경우
- 도로교통법 제12조 제3항에 따른 어린이 보호구역에서 같은 조 제1항에 따른 조치를 준수하고 어린이의 안전에 유의하면서 운전하여야 할 의무를 위반하여 어린이의 신체를 상해에 이르게 한 경우
- 도로교통법 제39조 제4항을 위반하여 자동차의 화물이 떨어지지 아니하도록 필요한 조치를 하지 아니하고 운전한 경우

정답 11 ①

12 도로교통법상 도로의 횡단에 관한 내용으로 옳지 않은 것은?

① 보행자는 횡단보도, 지하도, 육교나 그 밖의 도로 횡단시설이 설치되어 있는 도로에서는 그곳으로 횡단하여야 한다.
② 보행자는 횡단보도가 설치되어 있지 아니한 도로에서는 대각선 방향으로 횡단하여야 한다.
③ 지하도나 육교 등의 도로횡단시설을 이용할 수 없는 지체장애인의 경우에는 다른 교통에 방해가 되지 않는 방법으로 도로횡단시설을 이용하지 아니하고 도로를 횡단할 수 있다.
④ 시·도경찰청장은 도로를 횡단하는 보행자의 안전을 위하여 행정안전부령으로 정하는 기준에 따라 횡단보도를 설치할 수 있다.

해설 보행자는 횡단보도가 설치되어 있지 아니한 도로에서는 가장 짧은 거리로 횡단하여야 한다.

13 도로교통법상 고속도로에서 주차나 정차를 할 수 없는 경우는?

① 정류장에서 정차 또는 주차하는 경우
② 갓길에 경찰차 및 긴급자동차가 휴식 또는 식사를 위해 정차 또는 주차하는 경우
③ 고장이나 부득이한 사유로 길가장자리에 정차하는 경우
④ 통행료를 내기 위하여 통행료를 받는 곳에서 정차하는 경우

해설 고속도로 등에서의 정차 및 주차의 금지(도로교통법 제64조)
자동차의 운전자는 고속도로 등에서 차를 정차하거나 주차시켜서는 아니 된다. 다만, 다음의 어느 하나에 해당하는 경우에는 그러하지 아니하다.
- 법령의 규정 또는 경찰공무원(자치경찰공무원은 제외한다)의 지시에 따르거나 위험을 방지하기 위하여 일시 정차 또는 주차시키는 경우
- 정차 또는 주차할 수 있도록 안전표지를 설치한 곳이나 정류장에서 정차 또는 주차시키는 경우
- 고장이나 그 밖의 부득이한 사유로 길가장자리구역(갓길을 포함한다)에 정차 또는 주차시키는 경우
- 통행료를 내기 위하여 통행료를 받는 곳에서 정차하는 경우
- 도로의 관리자가 고속도로 등을 보수·유지 또는 순회하기 위하여 정차 또는 주차시키는 경우
- 경찰용 긴급자동차가 고속도로 등에서 범죄수사, 교통단속이나 그 밖의 경찰임무를 수행하기 위하여 정차 또는 주차시키는 경우
- 소방차가 고속도로 등에서 화재진압 및 인명 구조·구급 등 소방활동, 소방지원활동 및 생활안전활동을 수행하기 위하여 정차 또는 주차시키는 경우
- 경찰용 긴급자동차 및 소방차를 제외한 긴급자동차가 사용 목적을 달성하기 위하여 정차 또는 주차시키는 경우
- 교통이 밀리거나 그 밖의 부득이한 사유로 움직일 수 없을 때에 고속도로 등의 차로에 일시 정차 또는 주차시키는 경우

14 도로교통법상 운전면허의 취소처분 또는 정지처분에 대하여 이의가 있는 사람은 그 처분을 받은 날부터 (　)일 이내에 행정안전부령으로 정하는 바에 따라 시·도경찰청장에게 이의를 신청할 수 있다. (　)에 알맞은 것은?

① 30　　② 45
③ 60　　④ 90

해설 운전면허의 취소처분 또는 정지처분이나 같은 연습운전면허 취소처분에 대하여 이의가 있는 사람은 그 처분을 받은 날부터 60일 이내에 행정안전부령으로 정하는 바에 따라 시·도경찰청장에게 이의를 신청할 수 있다.

15 교통사고처리특례법에 따라 차의 운전자가 교통사고로 인하여 형법 제268조의 죄를 범한 경우 처벌 기준은?

① 3년 이하의 금고 또는 1천500만원 이하의 벌금
② 3년 이하의 징역 또는 1천500만원 이하의 벌금
③ 5년 이하의 금고 또는 2천만원 이하의 벌금
④ 5년 이하의 징역 또는 2천만원 이하의 벌금

해설 차의 운전자가 교통사고로 인하여 형법 제268조의 죄를 범한 경우에는 5년 이하의 금고 또는 2천만원 이하의 벌금에 처한다.

16 도로교통법령상 운전면허 취소처분 또는 정지처분 시 법규위반 또는 교통사고로 인한 벌점은 행정처분기준을 적용하고자 하는 당해 위반 또는 사고가 있었던 날을 기준으로 하여 과거 (　) 간의 모든 벌점을 누산하여 관리한다. (　) 안에 알맞은 것은?

① 100일　　② 1년
③ 2년　　④ 3년

해설 운전면허 취소·정지처분 기준(시행규칙 별표 28 누산점수의 관리)
법규위반 또는 교통사고로 인한 벌점은 행정처분기준을 적용하고자 하는 당해 위반 또는 사고가 있었던 날을 기준으로 하여 과거 3년간의 모든 벌점을 누산하여 관리한다.

정답 14 ③　15 ③　16 ④

17 약물(마약, 대마 등)의 영향으로 정상적인 운전이 곤란한 상태에서 자동차를 운전하다 안전운전의무위반으로 인적피해 교통사고(피해자 경상 1명)를 야기한 사고운전자의 처벌 또는 처분에 대한 설명으로 옳은 것은?

① 안전운전의무위반으로 범칙금 통고처분만 하면 된다.
② 피해자와 합의하면 무죄이다.
③ 종합보험에 가입되어 있다고 하더라도 형사처벌 대상이 된다.
④ 사고차량 운전자에 대한 운전면허 행정처분은 벌점 15점이 부과된다.

> **해설** 보험 등에 가입된 경우의 특례(교통사고처리특례법 제4조)
> 교통사고를 일으킨 차가 보험업법 제4조, 제126조, 제127조 및 제128조, 여객자동차 운수사업법 제60조, 제61조 또는 화물자동차 운수사업법 제51조에 따른 보험 또는 공제에 가입된 경우에는 제3조 제2항 본문에 규정된 죄를 범한 차의 운전자에 대하여 공소를 제기할 수 없다. 다만, 다음의 어느 하나에 해당하는 경우에는 그러하지 아니하다.
> - 제3조 제2항 단서에 해당하는 경우
> - 피해자가 신체의 상해로 인하여 생명에 대한 위험이 발생하거나 불구가 되거나 불치 또는 난치의 질병이 생긴 경우
> - 보험계약 또는 공제계약이 무효로 되거나 해지되거나 계약상의 면책 규정 등으로 인하여 보험회사, 공제조합 또는 공제사업자의 보험금 또는 공제금 지급의무가 없어진 경우

18 도로교통법령상 제1종 보통연습면허를 소지한 운전자가 운전할 수 없는 차는?

① 승용자동차
② 원동기장치자전거
③ 승차정원 15명 이하의 승합자동차
④ 적재중량 12톤 미만의 화물자동차

> **해설** 제1종 보통연습면허를 소지한 운전자가 운전할 수 있는 차
> - 승용자동차
> - 승차정원 15명 이하의 승합자동차
> - 적재중량 12톤 미만의 화물자동차

19 도로교통법령상 신호의 뜻에 관한 설명 중 옳지 않은 것은?

① 녹색의 등화 : 비보호좌회전 표지가 있는 곳에서는 다른 교통에 방해되지 않도록 좌회전할 수 있다. 다만 다른 교통에 방해가 된 때에는 신호위반으로 처리된다.
② 황색의 등화 : 이미 교차로에 차마의 일부라도 진입한 경우에는 신속히 교차로 밖으로 진행하여야 한다.
③ 적색의 등화 : 차마는 우회전하려는 경우 정지선, 횡단보도 및 교차로의 직전에서 정지한 후 신호에 따라 진행하는 다른 차마의 교통을 방해하지 않고 우회전할 수 있다.
④ 황색등화의 점멸 : 차마는 다른 교통 또는 안전표지의 표시에 주의하면서 진행할 수 있다.

> **해설** 녹색의 등화
> - 차마는 직진 또는 우회전할 수 있다.
> - 비보호좌회전표지 또는 비보호좌회전표시가 있는 곳에서는 좌회전할 수 있다.

정답 17 ③ 18 ② 19 ①

20 도로교통법상 통행하는 도로의 최고속도보다 빠르게 운전한 운전자에 대한 처벌 기준으로 옳지 않은 것은?

① 최고속도보다 시속 100km를 초과한 속도로 3회 이상 자동차 등을 운전한 사람 : 1년 이하의 징역이나 500만원 이하의 벌금
② 최고속도보다 시속 100km를 초과한 속도로 자동차 등을 운전한 사람 : 6개월 이하의 징역이나 100만원 이하의 벌금
③ 최고속도보다 시속 80km를 초과한 속도로 자동차 등을 운전한 사람(최고속도보다 시속 100km를 초과한 속도로 자동차 등을 운전한 사람은 제외) : 30만원 이하의 벌금이나 구류
④ 최고속도보다 시속 60km를 초과한 속도로 자동차 등을 운전한 사람(최고속도보다 시속 80km를 초과한 속도로 자동차 등을 운전한 사람은 제외) : 20만원 이하의 벌금이나 구류 또는 과료

> **해설** 최고속도보다 시속 100km를 초과한 속도로 자동차 등을 운전한 사람 : 100만원 이하의 벌금 또는 구류에 처한다.

21 교통사고처리특례법령상 우선 지급하여야 할 치료비 외의 손해배상금의 범위에 대한 설명이다. ( ) 안에 알맞은 것은?

> 부상의 경우 : 보험약관 또는 공제약관에서 정한 지급 기준에 의하여 산출한 위자료의 전액과 휴업손해액의 100분의 ( )에 해당하는 금액

① 20 ② 50
③ 70 ④ 100

> **해설** 우선지급할 치료비 외의 손해배상금의 범위(교통사고처리특례법 시행령 제3조)
> - 부상의 경우 : 보험약관 또는 공제약관에서 정한 지급기준에 의하여 산출한 위자료의 전액과 휴업손해액의 100분의 50에 해당하는 금액
> - 후유장애의 경우 : 보험약관 또는 공제약관에서 정한 지급기준에 의하여 산출한 위자료 전액과 상실수익액의 100분의 50에 해당하는 금액
> - 대물손해의 경우 : 보험약관 또는 공제약관에서 정한 지급기준에 의하여 산출한 대물배상액의 100분의 50에 해당하는 금액
> - 부상 및 후유장애의 규정에 의한 위자료가 중복되는 경우에는 보험약관 또는 공제약관이 정하는 바에 의하여 지급한다.

22 도로교통법상 운전면허 결격기간에 대한 설명으로 옳은 것은?

① 원동기장치자전거를 이용하여 도로교통법 제46조의 공동위험행위를 한 경우 6개월
② 자동차를 무면허 상태에서 운전하다가 5번째 적발된 경우 3년
③ 술에 취한 상태에서 사람을 다치게 하는 교통사고를 야기한 후 아무런 조치를 하지 아니하고 도주한 경우 4년
④ 술에 취한 상태에서 사람을 사망케 하는 교통사고를 발생시킨 경우 5년

해설
① 원동기장치자전거를 이용하여 도로교통법 제46조의 공동위험행위를 한 경우 1년
② 자동차를 무면허 상태에서 운전하다가 5번째 적발된 경우 2년
③ 술에 취한 상태에서 사람을 다치게 하는 교통사고를 야기한 후 아무런 조치를 하지 아니하고 도주한 경우 5년

23 도로교통법령상 보행자에 해당하지 않는 것은?

① 보행보조용 의자차를 타고 가는 자
② 손수레를 끌고 횡단보도를 횡단하는 자
③ 개인형 이동장치를 타고 가는 자
④ 원동기장치자전거를 타지 않고 끌고 가는 자

해설 보행자 : 유모차, 보행보조용 의자차, 노약자용 보행기 등 행정안전부령으로 정하는 기구·장치를 이용하여 통행하는 사람 및 실외이동로봇을 포함한다.
행정안전부령으로 정하는 기구·장치
- 유모차
- 보행보조용 의자차(의료기기법 제19조에 따라 식품의약품안전처장이 정하는 의료기기의 기준규격에 따른 수동휠체어, 전동휠체어 및 의료용 스쿠터를 말한다)
- 노약자용 보행기
- 놀이기구(어린이가 이용하는 것에 한정한다)
- 동력이 없는 손수레
- 이륜자동차, 원동기장치자전거 또는 자전거로서 운전자가 내려서 끌거나 들고 통행하는 것
- 도로의 보수·유지, 도로상의 공사 등 작업에 사용되는 기구·장치(사람이 타거나 화물을 운송하지 않는 것에 한정한다)
※ 개인형 이동장치란 제19호나목의 원동기장치자전거 중 시속 25km 이상으로 운행할 경우 전동기가 작동하지 아니하고 차체 중량이 30kg 미만인 것으로서 행정안전부령으로 정하는 것을 말한다.

24 도로교통법상 일시정지에 대한 설명으로 옳은 것은?

① 차 또는 노면전차의 바퀴를 일시적으로 완전히 정지시키는 것
② 차 또는 노면전차의 순간 속도가 0인 상태로 1분 이상 정지하는 것
③ 운행 중인 자동차가 일단 정지하는 것
④ 차가 즉시 정지할 수 있는 느린 속도로 진행하는 것

해설 일시정지란 차 또는 노면전차의 운전자가 그 차 또는 노면전차의 바퀴를 일시적으로 완전히 정지시키는 것을 말한다.

25 도로교통법령상 자동차 운전면허의 취소 사유에 해당되는 항목은 모두 몇 개인가?

가. 자동차 등을 이용하여 형법상 특수상해(보복운전)를 행하여 구속된 때
나. 공동위험행위로 형사입건된 때
다. 난폭운전으로 형사입건된 때
라. 운전면허 정지 기간 중 운전한 때
마. 수시적성검사에 불합격하거나 수시적성검사 기간을 초과한 때
바. 단속하는 경찰공무원 등 및 시·군·구 공무원을 폭행하여 형사입건된 때

① 2개　　② 3개
③ 4개　　④ 5개

해설 취소처분 개별기준(도로교통법 시행규칙 별표 28)

위반사항	적용법조 (도로교통법)	내용
교통사고를 일으키고 구호조치를 하지 아니한 때	제93조	교통사고로 사람을 죽게 하거나 다치게 하고, 구호조치를 하지 아니한 때
술에 취한 상태에서 운전한 때	제93조	• 술에 취한 상태의 기준(혈중알코올농도 0.03% 이상)을 넘어서 운전을 하다가 교통사고로 사람을 죽게 하거나 다치게 한 때 • 혈중알코올농도 0.08% 이상의 상태에서 운전한 때 • 술에 취한 상태의 기준을 넘어 운전하거나 술에 취한 상태의 측정에 불응한 사람이 다시 술에 취한 상태(혈중알코올농도 0.03% 이상)에서 운전한 때
술에 취한 상태의 측정에 불응한 때	제93조	술에 취한 상태에서 운전하거나 술에 취한 상태에서 운전하였다고 인정할 만한 상당한 이유가 있음에도 불구하고 경찰공무원의 측정 요구에 불응한 때
운전면허증을 부정하게 사용할 목적으로 다른 사람에게 운전면허증을 대여한 경우	제93조	• 면허증 소지자가 부정하게 사용할 목적으로 다른 사람에게 면허증을 빌려준 경우 • 면허 취득자가 부정하게 사용할 목적으로 다른 사람의 면허증을 빌려서 사용한 경우
결격사유에 해당	제93조	• 교통상의 위험과 장해를 일으킬 수 있는 정신질환자 또는 뇌전증환자로서 영 제42조 제1항에 해당하는 사람 • 앞을 보지 못하는 사람(한쪽 눈만 보지 못하는 사람의 경우에는 제1종 운전면허 중 대형면허·특수면허로 한정한다) • 듣지 못하는 사람(제1종 운전면허 중·대형면허 중·특수면허로 한정한다) • 양팔의 팔꿈치 관절 이상을 잃은 사람 또는 양팔을 전혀 쓸 수 없는 사람. 다만, 본인의 신체장애 정도에 적합하게 제작된 자동차를 이용하여 정상적으로 운전할 수 있는 경우는 제외한다. • 다리, 머리, 척추 그 밖의 신체장애로 인하여 앉아 있을 수 없는 사람 • 위험과 장해를 일으킬 수 있는 마약, 대마, 항정신성 의약품 또는 알코올 중독자로서 영 제42조 제3항에 해당하는 사람

정답 24 ① 25 ③

위반사항	적용법조 (도로교통법)	내 용
약물을 사용한 상태에서 자동차 등을 운전한 때	제93조	약물(마약・대마・향정신성 의약품 및 화학물질관리법 시행령 제11조에 따른 환각물질)의 투약・흡연・섭취・주사 등으로 정상적인 운전을 하지 못할 염려가 있는 상태에서 자동차 등을 운전한 때
공동위험행위	제93조	법 제46조 제1항을 위반하여 공동위험행위로 구속된 때
난폭운전	제93조	법 제46조의3을 위반하여 난폭운전으로 구속된 때
속도위반	제93조	법 제17조 제3항을 위반하여 최고속도보다 100km/h를 초과한 속도로 3회 이상 운전한 때
정기적성검사 불합격 또는 정기적성검사 기간 1년 경과	제93조	정기적성검사에 불합격하거나 적성검사기간 만료일 다음날부터 적성검사를 받지 아니하고 1년을 초과한 때
수시적성검사 불합격 또는 수시적성검사 기간 경과	제93조	수시적성검사에 불합격하거나 수시적성검사 기간을 초과한 때
운전면허 행정처분 기간 중 운전행위	제93조	운전면허 행정처분 기간 중에 운전한 때
허위 또는 부정한 수단으로 운전면허를 받은 경우	제93조	• 허위・부정한 수단으로 운전면허를 받은 때 • 법 제82조에 따른 결격사유에 해당하여 운전면허를 받을 자격이 없는 사람이 운전면허를 받은 때 • 운전면허 효력의 정지기간 중에 면허증 또는 운전면허증에 갈음하는 증명서를 교부받은 사실이 드러난 때
등록 또는 임시운행 허가를 받지 아니한 자동차를 운전한 때	제93조	자동차관리법에 따라 등록되지 아니하거나 임시운행 허가를 받지 아니한 자동차(이륜자동차를 제외한다)를 운전한 때
자동차 등을 이용하여 형법상 특수상해 등을 행한 때(보복운전)	제93조	자동차 등을 이용하여 형법상 특수상해, 특수폭행, 특수협박, 특수손괴를 행하여 구속된 때
다른 사람을 위하여 운전면허시험에 응시한 때	제93조	운전면허를 가진 사람이 다른 사람을 부정하게 합격시키기 위하여 운전면허 시험에 응시한 때
운전자가 단속 경찰공무원 등에 대한 폭행	제93조	단속하는 경찰공무원 등 및 시・군・구 공무원을 폭행하여 형사 입건된 때
연습면허 취소사유가 있었던 경우	제93조	제1종 보통 및 제2종 보통면허를 받기 이전에 연습면허의 취소사유가 있었던 때(연습면허에 대한 취소절차 진행 중 제1종 보통 및 제2종 보통면허를 받은 경우를 포함한다)
음주운전 방지장치 부착 조건부 운전면허를 받은 운전자 등이 준수사항을 위반한 경우		• 법 제50조의3 제1항을 위반하여 음주운전 방지장치가 설치된 자동차 등을 시・도경찰청에 등록하지 않고 운전한 경우 • 제50조의3 제3항을 위반하여 음주운전 방지장치가 설치되지 않거나 설치기준에 부합하지 않은 음주운전 방지장치가 설치된 자동차 등을 운전한 경우 • 법 제50조의3 제4항을 위반하여 음주운전 방지장치가 해체・조작 또는 그 밖의 방법으로 효용이 떨어진 것을 알면서 해당 자동차 등을 운전한 경우

제2과목 교통사고조사론

26 차량의 바운싱(Bouncing)으로 제동 흔적이 직선(실선)으로 연결되지 않고 일정하게 서로 번갈아가며 진한 부분과 연한 부분이 주기적으로 나타나는 흔적은?

① 스킵 스키드마크(Skip Skid Mark)
② 임펜딩 스키드마크(Impending Skid Mark)
③ 갭 스키드마크(Gap Skid Mark)
④ 스워브 스키드마크(Swerve Skid Mark)

해설 스킵 스키드마크 : 차륜 제동 흔적이 직선(실선)으로 연결되지 않고 흔적의 중간중간이 규칙적으로 끊어져 점선과 같이 보이는 흔적이다. 스킵 스키드마크는 연속적인 제동 흔적으로 파악하여 스키드마크와 같이 흔적 전 길이를 속도 산출에 적용하며, 이 타이어 흔적은 크게 3가지 요인, 즉 제동 중 바운싱, 노면상의 융기물 또는 구멍, 충돌에 의해 만들어진다.

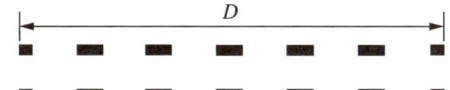
스키드마크 길이 : D

③ 갭 스키드마크 : 중간이 끊긴 스키드마크는 스키드마크의 중간부분(통상 3m 내외)이 끊어지면서 나타나는 스키드마크의 종류 중 하나이다. 운전자가 전방의 위급상황을 발견하고 브레이크를 작동하여 자동차의 바퀴가 회전을 멈춘 상태로 노면에 미끄러지는 과정에서 브레이크를 중간에 풀었다가 다시 제동할 때 발생하는 타이어 자국, 주로 주행하던 차량이 보행자 혹은 자전거와 충돌할 경우 흔히 발생한다.

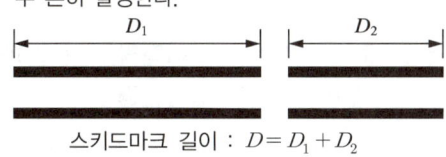
스키드마크 길이 : $D = D_1 + D_2$

※ 일반적인 스키드 마크

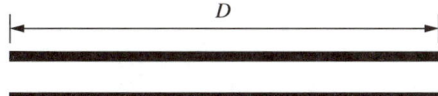
스키드마크 길이 : D

27 전구의 균열로 인해 내부에 산소가 들어갔거나 오염되어 내부가스 성분의 연소로 발생되는 현상은?

① 흑화현상 ② 백화현상
③ 청화현상 ④ 황화현상

해설 백화현상 : 전구의 미세한 균열 등으로 산소가 유입되거나 오염으로 내부 가스 성분이 연소하여 전구 표면에 흰색으로 변하는 현상
① 흑화현상 : 필라멘트 코일의 텅스텐이 증발하여 유리 내벽에 증착할 때 일어나는 현상
③ 청화현상 : 전구 내부에 수분이 존재할 때 발생하는 현상
④ 황화현상 : 충돌, 충격 등의 영향으로 가열된 전구에 미세한 손상이 발생하면 할로겐가스가 이온화되어 유리 벽면에 황색으로 증착되는 현상

28 사고기록장치(EDR ; Event Data Recorder)의 저장기록과 가장 관련 없는 차량 부품은?

① 전조등 ② 속도계
③ 에어백 ④ 안전띠

해설 EDR은 사고 발생 시 자동차의 속도, 가속페달 또는 스로틀 밸브 작동 상태, 제동스위치 On/Off, 충돌 시 속도 변화, 조향 핸들 각도, 시트벨트 착용 여부, 에어백 작동 여부 등을 기록, 저장한다.

29 교통사고조사 장비 중 계측기기라고 볼 수 없는 것은?

① 굴림자(Walking Measure)
② 경사계(Clinometer)
③ 스톱워치(Stopwatch)
④ 안전고깔(Rubber Cone)

해설 ④ 안전고깔은 계측기가 아니다.

30 차 대 차 교통사고에서 차량 손상을 조사할 때 유의할 사항으로 옳지 않은 것은?
① 충격력이 작용된 방향은 파악할 필요가 없다.
② 상대차량의 어느 부위와 충돌되었는지 대조한다.
③ 타이어, 페인트와 같은 재질이 묻었나를 관찰한다.
④ 직접 손상부위와 간접 손상부위를 구분한다.

해설 충격력의 작용 방향으로 충돌의 형태를 파악할 수 있다.

31 타이어의 측면에 아래와 같이 표기되어 있을 때, 타이어의 제작년월은?

DOT E330 872B 0703

① 2007년 3월
② 2007년 1월
③ 2003년 7월
④ 2003년 2월

해설
- 07 : 타이어가 당해 연도 몇 번째 주에 생산되었나를 표시(그 해 7번째 주에 생산)
- 03 : 타이어 생산년도로 2003년을 나타냄

32 경사를 측정할 때 각도(°)가 θ로 측정되었다. 경사도(%)는?
① 경사도 $= \tan^{-1}\theta \times 100$
② 경사도 $= \cos\theta \times 100$
③ 경사도 $= \tan\theta \times 100$
④ 경사도 $= \arctan\theta \times 100$

해설
- 각도(°) $= \tan\theta = \dfrac{높이}{밑변}$, 경사도(%) $= \dfrac{높이}{밑변} \times 100$
- 경사도(%) $= \dfrac{높이}{밑변} \times 100 = \tan\theta \times 100$

33 도로를 측정하여 아래와 같은 결과를 얻었다. 이 도로의 곡선반경은?

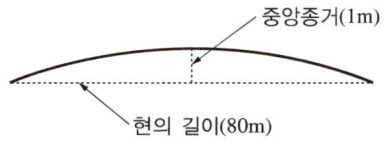

① 약 201m ② 약 396m
③ 약 696m ④ 약 801m

해설 $R = \dfrac{C^2}{8M} + \dfrac{높이}{2} = \dfrac{80^2}{8 \times 1} + \dfrac{1}{2} = 800.5\text{m}$

34
사고현장에 대한 위치측정을 하고자 할 때 도로 연석선이나 도로 끝선이 명확하지 않은 대신 가로등과 표지판 지주가 인근에 있을 때 가장 적합한 위치측정법은?

① 좌표법(Coordinate Method)
② 삼각법(Triangulation)
③ 코드법(Cord Method)
④ 폴라법(Polar Method)

해설 삼각법 : 기준선이 필요 없고, 2개의 고정 기준점과 각 측점이 삼각형을 형성하도록 하고 그 거리를 측정하는 것으로 좌표법보다 제약조건이 적어 어떤 사고현장에서나 사용할 수 있다. 기준점으로는 경계석, 도로 끝점, 신호등, 소화전, 전신주, 가로등, 기둥, 수목, 모서리 등을 사용한다.

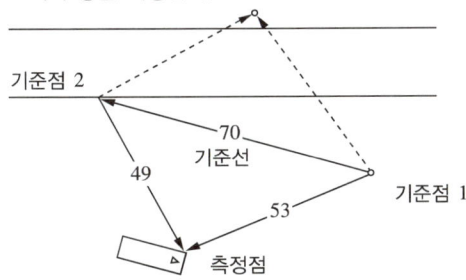

35
휠리프트(Wheel Lift) 한계선회속도를 구하는 식은?[g : 중력가속도(m/s^2), T_r : 타이어 윤거(m), h : 무게중심의 높이(m), R : 선회곡선반경(m), V : 한계선회속도(m/s)]

① $V = \sqrt{\dfrac{T_r R h}{2g}}$

② $V = \sqrt{\dfrac{g T_r h}{2R}}$

③ $V = \sqrt{\dfrac{g R h}{2 T_r}}$

④ $V = \sqrt{\dfrac{g T_r R}{2h}}$

해설 휠리프트(Wheel Lift) : 무리한 속도로 선회할 때 차체가 회전 바깥 방향으로 기울어지는 롤링을 일으킨 후, 이보다 속도가 더 높으면 바깥쪽 바퀴가 지면에서 떠오르게 되는 현상이다. 전복(Roll Over)이라고도 한다.

- 바깥쪽으로 넘어지는 힘 $T_c = m\dfrac{v^2}{R}h$(원심력)
- 차체가 안쪽으로 되돌리려는 힘 $T_g = \dfrac{1}{2}mgT_r$(중력)
- 차체가 넘어지는 최소속도는 $T_c \geq T_g$ 이므로

$$m\dfrac{v^2}{R}h = \dfrac{1}{2}mgT_r \quad \therefore \quad v = \sqrt{\dfrac{gT_rR}{2h}}$$

36
사고현장 도면을 작성할 때 위치측정을 위한 비고정 기준점은?

① 교차로 모서리의 가상 교차점
② 건물의 모서리
③ 각종 표지판의 지주
④ 신호등의 지주

해설 좌표법에서 가상 기준선을 연장하여 2개의 기준선이 교차하는 지점(가상 교차점)을 비고정 기준점으로 사용한다.

정답 34 ② 35 ④ 36 ①

37 노면에서 관찰되는 차량 액체 흔적에 대한 설명으로 옳지 않은 것은?

① 차량 액체 흔적은 오랫동안 남게 되므로 시일이 경과하여도 확인이 가능하다.
② 차량 액체 흔적은 차량 최종 위치를 확인하는 데 유용한 자료가 되기도 한다.
③ 충돌 시 파손된 라디에이터에서 나온 액체는 큰 압력으로 분출되어 쏟아지므로 충돌 지점을 나타내는 자료가 될 수 있다.
④ 냉각수, 각종 오일, 배터리액 등이 노면에 쏟아지거나 흘러내린 흔적을 말한다.

> **해설** ① 차량 액체 흔적은 마르거나 땅속으로 흡수, 흘러내려서 흔적이 빨리 사라질 수 있다.
> ②는 고임(Puddle), ③은 튀김(Spatter), ④는 흘러내림(Run-off)에 대한 설명이다.

38 도로의 최소곡선반경(R)을 구하는 식은? [e : 편구배, f : 횡방향마찰계수, g : 중력가속도(9.8m/s^2), V : 한계선회속도(km/h)]

① $R = \dfrac{V^2}{127(e+f)}$

② $R = \dfrac{V}{127(e+f)}$

③ $R = \dfrac{127(e+f)}{V^2}$

④ $R = \dfrac{127(e+f)}{V}$

> **해설** 한계선회속도 공식 : 차량이 곡선구간을 선회 시 도로를 이탈하지 않고 안전하게 선회할 수 있는 최고 속도로 요마크 발생 시 속도와 동일한 공식이다.
> $V = \sqrt{fgR} = \sqrt{9.8 \times 3.6^2 \times fR}$ (m/s를 km/h로 바꾸기 위해 ×3.6을 함)
> $= \sqrt{127fR}$ 에서
> $R = \dfrac{V^2}{127f} = \dfrac{V^2}{127(e+f)}$ [견인계수 = 마찰계수(f) + 구배(e)]

39 다음 중 타이어 마모에 관한 설명으로 옳지 않은 것은?

① 브레이크를 밟는 횟수가 적을 때보다 많을 때 타이어 마모가 크다.
② 차량 속도가 높을 때보다 낮을 때 타이어 마모가 크다.
③ 타이어에 걸리는 하중이 적을 때보다 높을 때 타이어 마모가 크다.
④ 겨울철에 비해 여름철의 타이어 마모가 크다.

> **해설** 차량의 속도가 높을수록 타이어의 마찰과 열전달이 더 많아져 타이어 마모가 크다.

40 주충격력의 방향(Principal Direction Of Force) 결정에 고려되어야 할 사항으로 옳지 않은 것은?

① 최초 충돌 형태와 차량의 손상 부위를 고려해야 한다.
② 양 차량의 속도 및 무게를 고려해야 한다.
③ EDR(Event Data Recorder) 기록정보를 고려할 필요는 없다.
④ 차체의 회전 및 이동 방향을 파악하여 고려해야 한다.

> **해설** EDR의 충돌 후 데이터에는 진행 방향 속도변화 누계와 가속도는 물론 측면 방향 속도변화 누계와 가속도, 각 방향 최대속도 변화 및 시간, 자동차 전복 경사도를 기록·저장하며, 기록되는 충돌사고 유형은 전방충돌, 후방충돌, 측면충돌, 전복사고 등을 기록·저장한다.

41 사고 영상이 5fps로 구성되었다면 프레임 간 시간은?

① 0.02s ② 0.03s
③ 0.20s ④ 0.30s

해설 사고영상 5fps(Frame per Second)는 1초에 5Frame 이 기록되므로 프레임 간 시간은 $1 \div 5 = 0.2s$

42 다음 중 차량의 제원에 대한 설명으로 옳지 않은 것은?

① 전장 : 차량의 최대 길이
② 전폭 : 차량의 최대 높이
③ 축거 : 앞차축의 중심에서 뒤차축의 중심 까지의 수평거리
④ 윤거 : 좌·우 타이어 접촉면의 중심에서 중심까지 거리

해설 ② 전폭 : 차량의 최대 너비(백미러는 미포함)
전고 : 접지면(땅)에서부터 최고부까지의 높이(최대 공기압 상태)

43 차량이 주행할 때 노면에서 받는 진동이나 충격을 흡수하기 위해 설치된 장치는?

① 동력전달장치
② 조향장치
③ 현가장치
④ 제동장치

해설 현가장치(Suspension System) : 차체와 바퀴를 연결 하는 장치로 노면의 충격을 완화시켜 승차감을 향상시 키고 차체 각부를 보호할 목적으로 설치된 충격흡수 장치

44 다음 인체골격 중 하지골에 해당되지 않는 것은?

① 흉골 ② 비골
③ 대퇴골 ④ 경골

해설 ① 흉부는 가슴 부분이다.
대퇴골은 허벅지, 비골과 경골은 종아리 부분의 골격 이다.

45 상해의 정의로 옳지 않은 것은?

① 절창(Cut Wound)은 칼, 면도날, 유리편 등의 예리한 물건에 의하여 발생한다.
② 열창(Lacerated Wound)은 둔한 날을 가진 물건에 의하여 생긴다.
③ 결손창(Avulsion)은 외부 및 연부 조직 의 일부가 떨어져 나간 것이다.
④ 역과창(Crushed Wound)은 골 부착부 근처의 섬유조직이 파열된 것을 말한다.

해설 ④ 역과창 : 차량이 인체를 타고 넘어가면서 발생한 상해
※ 골 부착부 근처의 섬유조직이 파열된 것을 염좌라 하며, 인대나 근육이 사고나 외상 등에 의해 손상된 것을 의미한다. 흔히 '삐었다'라고 말한다.

46 교통사고 조사 및 분석을 할 때 사고현장에 서 확인해야 할 사항으로 가장 관련이 없는 것은?

① 도로의 차로 수, 차로폭 등 기하구조 확인
② 사고 관련 차량의 최종위치 확인
③ 도로상의 타이어 흔적 및 자국, 파편 등 확인
④ 보행자 통행량 확인

해설 보행자 통행량은 사고와 연관이 없다.

정답 41 ③ 42 ② 43 ③ 44 ① 45 ④ 46 ④

47 제동거리를 구하는 식은?[d : 제동거리(m), V : 속도(m/s), f : 견인계수, g : 중력가속도(m/s^2)]

① $d = \dfrac{2fg}{V^2}$ ② $d = \dfrac{V^2 g}{2f}$

③ $d = \dfrac{V^2 f}{2g}$ ④ $d = \dfrac{V^2}{2fg}$

해설 $V_e^2 - V^2 = 2ad$
차량이 정지하면 $V_e^2 = 0$이 되므로 $V^2 = -2ad$
감속이므로 $a = f(-g)$
∴ $V = \sqrt{2fgd}$ 에서 $d = \dfrac{V^2}{2fg}$

48 충돌 이후 차량의 최종 정지위치에서 주로 발견되는 것으로 액체가 바닥에 떨어져 고이지 않고 흐를 때 주로 나타나는 현상은?

① 튀김(Spatter)
② 방울짐(Dribble)
③ 흘러내림(Run-off)
④ 고임(Puddle)

해설 ③ 흘러내림 : 액체가 바닥에 떨어져 고이지 않고 흐르는 현상
① 튀김 : 차량의 충돌로 인해 액체 용기가 파손되면서 액체가 뿌려지듯 급격히 쏟아지면서 도로를 적시는 현상으로 충돌지점 파악 시 활용된다.
② 방울짐 : 액체가 뿌려지지 않고 똑똑 떨어져 내린 것으로 충돌 후 차량이 이동하면서 최대 손상지점에서 최종위치까지 발생되기도 하여, 충돌 후 차량의 이동 경로를 알 수도 있다
④ 고임 : 액체를 뿌리면서 진행 중이던 차량이 정지했을 때, 흘러나오는 부위 아래쪽에 액체가 방울방울 떨어져 고였을 때 발생하는 현상으로 충돌 후 최종 정지위치 파악이 가능하다.

49 다음 설명 중 옳지 않은 것은?

① 예각이란 90°보다 작은 각을 말한다.
② 둔각이란 90°보다 크고 180°보다 작은 각을 말한다.
③ 수평각이란 180°를 이루는 각을 말한다.
④ 반사각이란 90°보다 크고 180°보다 작은 각을 말한다.

해설 **반사각** : 어떤 평면으로 들어오는 파동이 경계면에서 반사될 때, 반사되는 파동의 방향과 평면의 법선이 이루는 각도를 반사각이라 한다(입사각과 반사각은 같음).

50 보행자가 차량에 충격되어 나타나는 손상에 대한 설명으로 옳지 않은 것은?

① 차체의 외부구조에 처음으로 충격되어 생긴 손상을 1차 충격손상이라 한다.
② 1차 충격 후 신체가 차의 외부구조에 다시 부딪혀 생기는 손상을 2차 충격손상이라 한다.
③ 충격 후 공중에 떴다가 떨어지면서 지면에 부딪혀 생기는 손상을 편타손상이라 한다.
④ 차량에 역과되어 생기는 손상을 역과손상이라 한다.

해설 ③은 전도손상에 대한 설명이다.
편타손상 : 편타란 가죽 채찍을 때릴 때 채찍이 흔들리는 모습을 말하며, 차량의 충돌 또는 추돌로 인해 경부(목 주변)가 흔들려 생기는 손상을 말한다.

제3과목 교통사고재현론

51 차량이 10% 오르막길에서 제동하여 40m의 거리를 미끄러지고 정지하였다. 제동 직전 속도는?(견인계수는 0.7, 중력가속도는 9.8 m/s²)

① 약 84km/h ② 약 90km/h
③ 약 100km/h ④ 약 114km/h

해설
$v = \sqrt{2fgd} = \sqrt{2 \times 0.7 \times 9.8 \times 40} \approx 23.43 \text{m/s}$
$= 84.34 \text{km/h}$

52 디지털 운행기록계(Digital Tachograph)에 대한 설명으로 옳지 않은 것은?

① 에어백 또는 좌석안전띠 프리로딩 장치 등이 전개되는 경우에만 기록된다.
② 1초 단위로 데이터를 기록 및 저장하는 장치이다.
③ 버스, 택시 등 사업용 차량 및 어린이통학버스에 장착하여야 한다.
④ 데이터는 사용자 및 제3자가 임의로 위·변조할 수 없도록 암호화되어 있다.

해설 기록주기 : 전 운행구간 1초 단위로 기록, 이벤트 발생 시(0.01초/전·후 10초/10회)
디지털 운행기록계의 기능 : 차량속도의 검출, 분당 엔진회전수(RPM) 감지, 브레이크 신호 감지, GPS를 통한 위치 추적, 입력신호 데이터 저장, 가속도 센서를 이용한 충격 감지, 기기 및 통신 상태의 오류 등

53 사고원인을 분석하기 위해 차량에서 확인해야 할 것으로 옳지 않은 것은?

① 차량용 영상기록장치
② 디지털 운행기록계
③ 사고기록장치
④ 음주측정기

해설 음주측정기는 사고원인 분석과 관계없다.

54 Eubank & Rusty Height가 분류한 보행자 사고유형에 해당하지 않는 것은?

① Wrap Trajectory
② Forward Projection
③ Fender Vault
④ Injury Severity

해설 ④ Injury Severity : 부상의 심각 정도
보행자 충돌 거동
• Wrap Trajectory(랩 경로)
• Forward Projection(앞으로 던져지는 경로)
• Fender Vault(펜더 볼트)
• Roof Vault(지붕 넘기)
• Somersault(공중 돌기)

55 다음은 차 대 보행자 사고에서 충돌지점과 보행자 최종 정지위치를 이용한 차량의 충돌속도 계산식이다. 아래 설명 중 옳지 않은 것은?

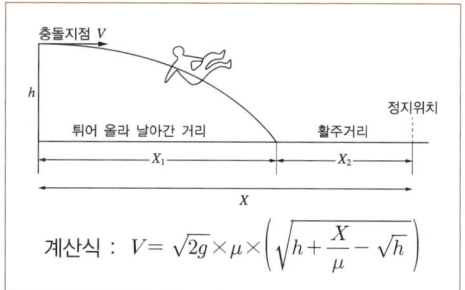

계산식 : $V = \sqrt{2g} \times \mu \times \left(\sqrt{h + \dfrac{X}{\mu}} - \sqrt{h}\right)$

① 보행자는 차량과 충돌 후 노면에 낙하하기까지 포물선 운동을 하며, 노면에서 활주 후 정지한다는 가정을 적용한다.
② 보행자 무게는 차량보다 가벼우므로 정면충돌 시 보행자는 차량의 충돌속도까지 순간가속된다.
③ 계산식에서 충돌 시 보행자가 올려진 높이를 h라 한다.
④ 보행자가 충돌 후 포물선 형태로 날아가는 동안 수평방향 운동은 등가속도 운동이다.

해설 보행자가 충돌 후 포물선 형태로 날아가는 동안 수평방향 운동은 등속도운동이다.

56 평탄한 도로를 60km/h로 주행하던 차량이 제동하여 30m 이동하고 정지하였다. 차량의 견인계수는?(중력가속도는 9.8m/s²)

① 약 0.75   ② 약 0.67
③ 약 0.55   ④ 약 0.47

해설 $v = \sqrt{2fgd}$ 에서 $f = \dfrac{v^2}{2gd} = \dfrac{(60/3.6)^2}{2 \times 9.8 \times 30} = 0.47$

57 다음 중 잭나이프(Jack Knife) 현상에 해당하는 내용은?

① 급조향으로 인해 횡방향 가속도 값이 증가하여 측면으로 전도되는 현상
② 세미 트레일러가 급제동할 경우 연결 부위가 접히게 되는 현상
③ 차량 운전자가 우측으로 급조향하여 차체 좌측이 지면으로 눌려지고 우측은 차체가 들려지는 현상
④ 차량이 측면 방향으로 미끄러져 연석에 충돌할 때 차체가 공중으로 튕겨 오르는 현상

해설 **잭나이프 현상** : 트랙터와 트레일러의 연결 차량에 있어서 커브에서 급브레이크를 밟았을 때 트레일러가 관성력에 의해 트랙터에 대하여 잭나이프처럼 구부러지는 현상을 말한다.

① 전도, 전복
③ 휠리프트(Wheel Lift)
④ 플립(Flip)

58 사고차량의 손상 종류 중 러브오프(Rub-off)에 대한 설명으로 옳지 않은 것은?

① 측면 접촉사고에서 발생되는 전형적인 모습으로 서로 스치면서 문질러진 자국이다.
② 두 접촉 부위가 순간적으로 정지상태에 이르렀음을 나타내는 것으로 완전충돌에 해당된다.
③ 일반적으로 손상 모양은 물방울 형태(끝 부분이 시작부분보다 큰 흔적)로 발생한다.
④ 양 차량이 동일방향으로 진행한 경우 상대적으로 속도가 빠른 차량을 알 수 있다.

해설 러브오프(Rub-off) : 두 대의 자동차가 스치면서 문지르며 발생된 흔적(페인트 흔적, 긁힌 흔적 등)으로 부분충돌(Partial Impact)의 일종이다.
※ 완전충돌(Full Impact) : 충돌하는 동안 충돌하는 표면의 일정 부분이 맞물리면서 같은 속도에 도달할 때 서로 운동에너지를 교환하면서 충분한 충돌이 이루어진다. 완전충돌 시 두 물체 간의 속도가 동일해지는 시점에서의 접촉부분 간 운동은 순간적으로 멈추게 된다.

59 차량이 400m를 진행하는 데 10초가 소요되었다. 차량의 속도는?

① 124km/h
② 134km/h
③ 144km/h
④ 154km/h

해설 $v = \dfrac{d}{t} = \dfrac{400}{10} = 40\text{m/s} = 144\text{km/h}$

60 오토바이가 스스로 균형을 잃고 옆으로 전도된 사고가 발생하였다. 오토바이의 전도시간은?(무게중심 높이는 0.7m, 중력가속도는 9.8m/s²)

① 약 0.6초
② 약 0.1초
③ 약 0.8초
④ 약 0.4초

해설 $h = \dfrac{1}{2}gt^2$에서 $t = \sqrt{\dfrac{2h}{g}} = \sqrt{\dfrac{2 \times 0.7}{9.8}} = 0.38\text{s}$

61 72km/h로 등속 주행하던 차량이 제동하였다. 차량이 정지하기까지의 제동시간은?(견인계수는 0.7, 중력가속도는 9.8m/s²)

① 약 2.4초
② 약 2.9초
③ 약 3.4초
④ 약 3.9초

해설 $v_e = v_i + at$에서
$t = \dfrac{v_e - v_i}{a} = \dfrac{0 - (72/3.6)}{0.7 \times (-9.8)} = 2.92\text{s}$
여기서, $a = -fg$

정답 58 ② 59 ③ 60 ④ 61 ②

62 차량이 급제동하는 경우 차체의 앞부분이 내려앉는 현상은?

① 요잉(Yawing) 현상
② 노즈다이브(Nose Dive) 현상
③ 페이드(Fade) 현상
④ 크리프(Creep) 현상

해설 ② 노즈다이브 : 차량이 급제동 시 무게중심이 앞으로 이동하면서 피칭현상에 의해 차량의 앞쪽이 밑으로 내려가는 현상으로 노즈다운(Nose Down)이라고도 한다.
① 요잉 : 차체의 회전으로 자동차의 진행방향이 왼쪽 또는 오른쪽으로 변하는 현상으로 Z축(수직축)을 중심으로 회전운동을 하여 요마크 발생 원인이 된다.
③ 페이드 : 긴 언덕길을 내려가는 경우 등과 같이 장시간 빈번하게 제동하면 제동에 의해 축적된 마찰열에 의해 라이닝과 드럼의 마찰계수가 온도의 상승에 따라 급격히 감소하여 마찰력이 저하되고 또한 드럼의 열팽창에 의해 슈 클리어런스(라이닝과 드럼 사이의 틈새)도 증가하여 제동 시 제동효과가 떨어지는 현상이다.
④ 크리프 : 자동변속기 차량이 아이들 상태의 D 또는 R단의 시프트레버 작동 시 엑셀러레이터 페달을 밟지 않더라도 자동차가 서서히 전·후로 움직이는 현상을 말한다.

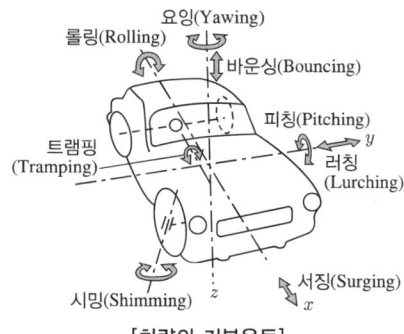

[차량의 기본운동]

63 에어백이 작동하는 경우와 작동하지 않는 경우에 대한 설명으로 옳지 않은 것은?

① 에어백이 작동할 경우 운전자와 차체 간 충돌시간을 길게 한다.
② 에어백 작동 유무와 상관없이 운전자의 운동량 변화는 동일하다.
③ 에어백 작동 유무와 상관없이 운전자의 충격량은 동일하다.
④ 에어백 작동 유무와 상관없이 운전자의 충격력은 동일하다.

해설 에어백이 작동되면 운전자와 차체 간의 충돌시간을 늘려주어 충격량은 동일하지만, 충격력을 감소시켜 운전자를 보호해 준다.
• 충격량 $I = F \times t$에서 $F = \dfrac{I}{t}$로 충돌시간이 늘어나면 충격력(F)이 감소한다.

64 충돌지점을 추정할 수 있는 노면 흔적으로 옳지 않은 것은?

① 충돌 스크럽(Collision Scrub)
② 튀김(Spatter)
③ 크룩(Crook)
④ 임프린트(Imprint)

해설 ④ 임프린트(Imprint) : 충돌과는 관련이 없는 타이어 흔적으로, 비포장도로의 진흙 길이나 눈길, 잔디 등으로 덮인 노면에 타이어 모양(트레드)이 찍힌 타이어 자국으로 타이어 프린트(Tire Print)라고도 한다.

65 운전자가 전방의 장애물을 발견하고 제동하여 27m의 제동 흔적을 남기고 정지하였다. 이 차량의 정지거리는?(인지 반응시간은 1초, 제동 시 견인계수는 0.8, 중력가속도는 9.8m/s²)

① 약 27.4m ② 약 41.4m
③ 약 47.6m ④ 약 58.6m

해설
- 차량의 제동 전 속도
$v = \sqrt{2fgd} = \sqrt{2 \times 0.8 \times 9.8 \times 27} = 20.58 \text{m/s}$
- 정지거리 = 공주거리 + 제동거리
공주거리 $d_1 = vt = 20.58 \times 1 = 20.58 \text{m}$
제동거리는 $v = \sqrt{2fgd_2}$ 에서
$d_2 = \dfrac{v^2}{2fg} = \dfrac{20.58^2}{2 \times 0.8 \times 9.8} = 27.01 \text{m}$
- 실제 정지거리
$d = d_1 + d_2 = 20.58 + 27.01 = 47.59 \text{m}$

66 유효충돌속도와 고정장벽 충돌속도 간의 상관관계에 대한 설명으로 옳지 않은 것은?

① 유효충돌속도는 고정장벽 충돌속도로 치환할 수 있다.
② 고정장벽 충돌현상은 질량과 속도가 동일한 두 차량이 정면충돌하는 현상과 동일하다.
③ 고정장벽 충돌실험으로 차체의 소성변형량과 유효충돌속도를 추정할 수 있다.
④ 질량과 속도가 동일한 A, B차량이 정면충돌했을 때 두 차량 속도의 합이 유효충돌속도이다.

해설 ①, ② 유효충돌속도는 고정장벽 충돌속도로 치환할 수 있으며, 고정장벽 충돌현상은 질량과 속도가 동일한 두 차량이 정면충돌하는 현상과 동일하다.
③ 고정장벽 충돌 시나 질량과 속도가 동일한 두 차량이 정면충돌하게 되면 운동에너지를 모두 차체가 변형되는 일로 소모한 후, 충돌지점에서 일지 정지하므로 공통속도가 정지속도가 되고, 반발계수에 따라 그대로 멈추거나 튕겨 나간다. 따라서 충돌 시 속도가 유효충돌속도가 된다.
유효충돌속도 : 반발현상을 고려하지 않았을 때 충돌 물체에 생기는 실질적인 속도의 변화로 충돌 직전의 속도에서 충돌 후 공통속도에 도달할 때까지의 속도 변화를 유효충돌속도라 한다.

67 다음은 어떤 노면 흔적에 대한 설명인가?

> 마치 호미로 노면을 판 것과 같이 짧고 깊게 파인 흔적으로 차량 충돌 시 충돌되는 힘에 의해서 금속 부분이 노면과 부딪힐 때 발생하므로 차량 간의 최대 접촉 시에 만들어진다.

① 찹(Chop)
② 칩(Chip)
③ 그루브(Groove)
④ 스크래치(Scratch)

해설
② 칩(Chip) : 노면에 좁고 깊게 파인 자국(곡괭이로 긁은 것 같은 자국)으로 주로 아스팔트 도로에 생성된다.
① 찹(Chap) : 칩에 비해 흔적이 넓고 얕게 파인 상태로 차체 프레임이나 타이어 림에 의해 생성된다.
③ 그루브(Groove) : 흔적이 좁고 깊게 파인 상태이고 모양은 곧거나 굽은 형태를 보인다. 차체에 튀어나온 볼트나 추진축이 차체에서 이탈되면서 노면에 끌린 경우에 생성된다.
④ 스크래치(Scratch) : 비교적 폭이 좁고 얕게 생긴 금속 접촉으로, 차량의 이동 경로를 파악할 수 있다.

68 충격력에 대한 설명으로 옳지 않은 것은?

① 최대충격력의 작용점은 최대충돌 부위로 볼 수 있다.
② 차량의 손상이나 변형 등을 통해 충격력 방향을 추정할 수 있다.
③ 충돌하는 동안 충격력은 사고차량 간의 동일한 방향으로 작용한다.
④ 사고차량 간에 작용한 힘의 크기가 같다.

해설 충돌하는 동안 충격력은 사고차량 간의 반대 방향으로 작용한다.

69 차량이 주행 중 제동하여 16m의 스키드마크를 생성한 후 3m 높이에서 이탈각도 없이 추락하였다. 추락하는 동안 수평방향 이동거리는 10m이다. 차량의 제동 직전 주행속도는?(견인계수는 0.8, 중력가속도는 9.8 m/s²)

① 약 46km/h   ② 약 57km/h
③ 약 73km/h   ④ 약 103km/h

해설
• 추락 시 속도(제동 후 속도)
$v_2 = d_2 \sqrt{\dfrac{g}{2h}} = 10 \times \sqrt{\dfrac{9.8}{2 \times 3}} = 12.78 \text{m/s}$
$v_2^2 - v_1^2 = 2ad$에서
$12.78^2 - v_1^2 = 2 \times 0.8 \times (-9.8) \times 16$
• 제동 직전 속도
$v_1 = \sqrt{12.78^2 + (2 \times 0.8 \times 9.8 \times 16)} = 20.35 \text{m/s}$
$= 73.27 \text{km/h}$

70 요마크에 대한 설명으로 옳지 않은 것은?

① 요마크 속도 산출식은 충돌 후 발생한 흔적을 적용할 수 없다.
② 요마크는 차량이 선회 가능한 한계속도를 초과하였을 때 발생한다.
③ 요마크 반경 측정의 기본원칙은 요마크 시점보다는 종점을 측정하여야 한다.
④ 차량이 도로를 급선회할 때 원심력이 마찰력보다 크게 되면 요마크가 생성되면서 도로 이탈, 전도, 전복 등의 사고 가능성이 높다.

해설 요마크 시작점과 끝점을 직선으로 연장하여 일정 간격(2~10m)으로 세분한 후 단위 간격마다 수직 이등분선을 그어 요마크 궤적까지의 거리를 측정하며, 차량의 가감속 상태로 인하여 요마크가 단일 원곡선을 나타내지 않고 나선형 곡선을 발생시켰을 때는 곡선 반경값이 다른 경계점을 파악하여 그 점을 경계로 해서 각 호의 현(C) 값과 중앙종거(M) 값들을 측정한다.

71 상처는 작아도 깊은 경우가 많으며 칼, 바늘, 못 등의 예리한 것에 찔려서 발생하는 상해는?

① 타박상 　　② 염좌
③ 자창 　　　④ 열창

해설
③ 자창(刺創, Stab Wound, 찔린 상처) : 칼이나 송곳 등의 끝이 뾰족하고 예리한 가늘고 긴 흉기로 찔렸을 때 생기는 손상을 말한다.
① 타박상 : 둔기로 표피에 외력을 작용했을 경우 피부는 파열되지 않고 피부밑의 모세혈관이 파열되어 주위 조직 내에 출혈하여 응고되는 상태로 멍, 피하출혈, 좌상이라고도 한다.
② 염좌(捻挫, Distortion, 삠) : 염좌는 관절을 지지해 주는 인대 또는 외부 충격 등에 의해서 늘어나거나 일부 찢어지는 경우를 말한다.
④ 열창(裂創, 찢어진 상처, Lacerated Wound) : 둔체에 의한 외력이 골격에 직접 전달되지 않지만, 피부의 탄력한계를 넘어설 정도로 강하면 피부가 찢어지는 상처를 말한다.

72 차량이 10% 내리막길을 주행하다가 급제동하여 스키드마크가 좌·우 45m로 동일하게 발생한 후 정지하였다. 급제동 직전의 속도는?(모든 바퀴가 제동, 마찰계수는 0.8, 중력가속도는 9.8m/s²)

① 약 76km/h 　　② 약 89km/h
③ 약 96km/h 　　④ 약 101km/h

해설
• 견인계수 $f = \mu + G = 0.8 + (-0.1) = 0.7$
여기서, 구배 $G = \dfrac{\%}{100} = \dfrac{-10}{100} = -0.1$
급제동 직전 속도
$v = \sqrt{2fgd} = \sqrt{2 \times 0.7 \times 9.8 \times 45} = 24.85\text{m/s}$
$= 89.46\text{km/h}$

73 가속 스카프(Acceleration Scuff)에 대한 설명으로 옳지 않은 것은?

① 타이어가 도로 표면에서 잠긴 상태가 아닌 회전하며 만들어지는 흔적이다.
② 차량이 정지된 상태에서 급출발 시 발생할 수 있는 흔적이다.
③ 주로 시작부에서 희미한 형태로 나타나다가 끝 지점에서 진한 형태로 형성된 흔적이다.
④ 타이어가 슬립(Slip)하면서 헛바퀴 돌 때 나타나는 타이어 흔적이다.

해설
가속 스커프(Acceleration Scuff) : 차량이 급가속 또는 급출발할 때 나타나는 흔적이며, 구동바퀴에 강한 힘이 작용하여 노면에서 헛돌면서 발생한 흔적이다. 시작점에는 진한 형태로 나타나고 종점에서는 희미하게 나타난다.

74 차량의 조향특성에 대한 설명으로 옳지 않은 것은?

① 차량이 정상적인 궤적을 따라 회전하는 특성을 뉴트럴스티어(Neutral Steer)라 한다.
② 전륜의 조향각에 의한 선회반경보다 실제 선회반경이 커지는 현상을 오버스티어(Oversteer)라 한다.
③ 언더스티어(Understeer)는 후륜에서 발생하는 선회력이 큰 경우이다.
④ 언더스티어(Understeer)는 주로 후륜구동 차량보다는 전륜구동 차량에서 많이 나타나는 현상이다.

해설 ②는 언더스티어에 대한 설명임
• 오버스티어 : 차량이 코너를 돌 때 스티어링휠을 돌린 각도보다 더 크게 움직여 회전 반지름이 작아지는 현상
• 언더스티어 : 차량이 코너를 돌 때 스티어링휠을 돌린 각도보다 작게 움직여 회전 반지름이 커지는 현상
• 뉴트럴스티어 : 오버도 아니고 언더도 아닌, 스티어링휠을 꺾는 대로 돌아가는 특성

정답 71 ③　72 ②　73 ③　74 ②

75 차량이 회전된 후 옆으로 넘어져 구르는 운동은?

① 추락(Fall)
② 볼트(Vault)
③ 전복(Roll over)
④ 휠리프트(Wheel Lift)

해설 ③ 전복 : 선회 시 내측 타이어가 들리는 휠리프트 현상의 단계를 넘어 옆으로 넘어져 구르는 운동
① 추락 : 차량이 전방을 향하여 운동량에 의해 그 자신을 지탱하던 지면을 벗어난 후 중력의 영향을 받아 공중에서 전진·하락하는 운동
② 볼트 : 앞으로 진행하던 차량이 무게중심 아랫부분에 연석 등 고정장애물을 충격할 때 전륜이 이를 타고 넘지 못하고 더 이상 진행이 억제되면 관성으로 차체의 뒷부분이 공중으로 솟구쳐 올라 공중에서 종방향으로 회전되어 착지하는 현상
④ 휠리프트 : 무리한 속도로 선회할 때 차체가 회전 바깥 방향으로 기울어지는 롤링을 일으킨 후, 이보다 속도가 더 높으면 바깥쪽 바퀴가 지면에서 떠오르게 되는 현상

77 등가속도 직선운동에 관한 설명으로 옳은 것은?

① 속도가 일정한 운동이다.
② 속도가 불규칙하게 가속하는 것으로 증가만 한다.
③ 가속도의 방향과 크기가 일정한 운동이다.
④ 가속도의 크기가 커지거나 작아지는 운동이다.

해설 등가속도 직선운동 : 가속도가 일정하고 직선상에서 움직이는 운동으로 속도의 증가 또는 감소가 일정한 비율로 유지되는 운동이다(가속도의 방향과 크기가 일정한 운동).
※ 속도가 일정한 운동을 등속운동이라 한다.

제4과목 차량운동학

76 차량이 0.5m/s²의 가속도로 10초 동안 등가속한 결과 차량의 속도는 20m/s가 되었다. 가속하기 전 차량의 속도는?

① 9m/s
② 12m/s
③ 15m/s
④ 18m/s

해설 $v_e = v_i + at$ 에서 $20 = v_i + 0.5 \times 10$
$v_i = 20 - 0.5 \times 10 = 15\text{m/s}$

78 대형화물차가 고속으로 소형차를 충돌하여 최종 정지위치까지 두 차량이 하나가 되어 움직였다면 다음 중 가장 가까운 유형의 충돌은?

① 완전탄성충돌
② 탄성변형충돌
③ 완전비탄성충돌
④ 탄성변형에 가까운 충돌

해설 ③ 완전비탄성충돌 : 반발계수 값이 0인 경우로, 충돌 후 두 물체는 하나가 되어 운동한다. 진흙을 벽을 향해 던졌을 때 진흙이 벽면에 완전히 붙는 경우를 말한다.
※ 완전탄성충돌 : 반발계수가 1인 경우로, 두 물체의 질량이 같으면 두 물체의 속도는 교환된다.

79 평탄한 곳에서 질량 1kg의 물체를 3N의 힘으로 당길 때 마찰계수는?(중력가속도는 10m/s²)

① 0.3 ② 0.5
③ 0.7 ④ 0.9

해설 $F = ma = m\mu g$
$\mu = \dfrac{F}{mg} = \dfrac{3}{1 \times 10} = 0.3$

80 평탄한 곳에서 질량 6kg의 물체를 90N의 힘으로 3m 밀어 이동시킬 때 한 일의 양은?

① 18J ② 45J
③ 180J ④ 270J

해설 • 일 = 힘 × 거리
$W = F \cdot d = 90N \times 3m = 270N \cdot m = 270J$

81 반발계수(e)를 구하는 식은?

V_1, V_1' : 1차량의 충돌 전·후 속도
V_2, V_2' : 2차량의 충돌 전·후 속도
V_c : 충돌 후 공통속도

① $e = \dfrac{V_2' - V_1'}{V_1 - V_2}$

② $e = \dfrac{V_1' - V_2'}{V_1 - V_2}$

③ $e = V_c \times \dfrac{V_2' - V_1'}{V_1 - V_2}$

④ $e = \dfrac{V_c - V_1}{V_1 - V_2}$

해설 **반발계수** : 두 물체가 충돌한 후 반발할 때, 두 물체의 충돌 전 상대속도와 충돌 후 상대속도와의 비를 말한다.

반발계수 $e = \dfrac{\text{두 차량의 나중속도의 차(큰 쪽 - 작은 쪽)}}{\text{두 차량의 처음속도의 차(큰 쪽 - 작은 쪽)}}$

충돌 전 충돌 순간 충돌 후
$\xrightarrow{v_1}$ $\xrightarrow{v_2}$ 　　　　$\xrightarrow{v_1'}$ $\xrightarrow{v_2'}$

A가 B에 접근하고　　A가 B로부터 멀어지고
있다($v_1 - v_2 > 0$).　　있다($v_2' - v_1' > 0$).

반발계수(e) = $\dfrac{\text{충돌 후 상대속도}}{\text{충돌 전 상대속도}}$
$= \dfrac{v_2' - v_1'}{v_1 - v_2} \ (0 \leq e \leq 1)$

82 다음 중 물리량과 단위의 조합이 옳은 것은?

① 운동량 : kgf
② 일 : J
③ 힘 : N·m
④ 에너지 : kg·m/s

해설 • 운동량 $P = mv(\text{kg} \cdot \text{m/s})$
• 일 $W = F \cdot d = mad(\text{kg} \cdot \text{m/s}^2 \cdot \text{m} = \text{N} \cdot \text{m} = \text{J})$
• 힘 $F = ma(\text{kg} \cdot \text{m/s}^2 = \text{N})$
• 에너지 : 일을 할 수 있는 능력(예) 위치에너지 $= mgh(\text{kg} \cdot \text{m/s}^2 \cdot \text{m} = \text{N} \cdot \text{m} = \text{J}))$
※ kgf : 무게의 단위(f는 중력가속도를 의미)

정답 79 ①　80 ④　81 ①　82 ②

83 동쪽으로 35m/s의 속도로 달리던 질량 2,000kg 차량에 서쪽으로 1,000N의 힘을 8초간 주었다면 그 후의 속도는?

① 31m/s ② 24m/s
③ 21m/s ④ 14m/s

해설 충격량$(I=Ft)$ = 운동량의 변화량$(mv_e - mv_i)$
$I = Ft = -1,000\text{kg} \times 8\text{s} = -8,000\text{N}$
$I = mv_e - mv_i$ 에서 $-8,000 = 2,000v_e - 2,000 \times 35$
$\therefore v_e = \dfrac{-8,000 + 2,000 \times 35}{2,000} = 31\text{m/s}$

84 차량이 평탄한 길을 동쪽으로 30km를 진행한 다음, 좌로 90° 틀어서 북쪽으로 40km를 진행하고 정지하였다. 이 차량의 합성변위의 크기는?

① 30km ② 40km
③ 50km ④ 70km

해설 $d = \sqrt{d_1^2 - d_2^2} = \sqrt{30^2 + 40^2} = 50\text{km}$

85 질량 10kg인 물체를 20N의 힘으로 수평면과 30°인 경사면을 2m 끌었을 때 한 일의 양은?(중력가속도는 9.8m/s²)

① 98J ② 40J
③ 20J ④ 10J

해설 20N의 힘에는 경사진 면의 조건이 포함되어 있으므로
• 일 $W = F \cdot d = 20\text{N} \times 2\text{m} = 40\text{N} \cdot \text{m} = 40\text{J}$

86 차량이 120km/h로 주행하다가 10m/s²으로 등감속하여 90km/h의 속도가 되었다면, 감속하는 동안 이동한 거리는?

① 약 24.3m ② 약 31.5m
③ 약 243m ④ 약 315m

해설 $v^2 - v_0^2 = 2ad$
$d = \dfrac{v^2 - v_0^2}{2a} = \dfrac{(90/3.6)^2 - (120/3.6)^2}{2 \times (-10)} = 24.31\text{m}$

87 질량 m_1에 힘 5N을 작용시켰더니 8m/s²의 가속도가 생기고, 질량 m_2에 같은 힘을 작용시켰더니 24m/s²의 가속도가 생겼다. 이 두 물체를 묶은 후 같은 힘을 작용시킬 때의 가속도는?

① 6m/s² ② 8m/s²
③ 24m/s² ④ 32 m/s²

해설 두 물체를 묶은 후의 가속도 식 : $F = (m_1 + m_2)a$
질량 m_1 : $F = m_1 a_1$에서 $m_1 = \dfrac{F}{a_1} = \dfrac{5}{8} = 0.625\text{kg}$
질량 m_2 : $F = m_2 a_2$에서 $m_2 = \dfrac{F}{a_2} = \dfrac{5}{24} = 0.208\text{kg}$
$F = (m_1 + m_2)a$, $5 = (0.625 + 0.208) \times a$
$\therefore a = \dfrac{5}{(0.625 + 0.208)} = 6\text{m/s}^2$

88 질량 5kg의 돌을 자유낙하시켰다. 낙하 시작 3초 후 속도는?(중력가속도는 9.8m/s²)

① 5.88km/h
② 29.4km/h
③ 105.84km/h
④ 147km/h

해설 $v = gt = 9.8 \times 3 = 29.4\text{m/s} = 105.84\text{km/h}$

정답 83 ① 84 ③ 85 ② 86 ① 87 ① 88 ③

89 질량이 1,200kg인 차량이 제동하여 정지하였다. 제동 직전 속도가 72km/h, 견인력이 9,600N일 때 제동거리는?(중력가속도는 $10m/s^2$)

① 15m   ② 20m
③ 25m   ④ 30m

해설 제동거리 $v^2 - v_0^2 = 2ad$

$$d = \frac{v^2 - v_0^2}{2a} = \frac{0 - (72/3.6)^2}{2 \times (-8)} = 25m$$

90 이동거리 x에 대해 차량을 미는 힘은 $F(x) = 2x + 4$이다. 이 힘으로 $x = 2$부터 $x = 4$까지 차량을 밀었을 때 한 일은?(힘 $F(x)$의 단위는 N, 이동거리 x의 단위는 m)

① 5J   ② 10J
③ 15J   ④ 20J

해설 $x = 2$일 때 힘 $F_2 = 2x + 4 = 2 \times 2 + 4 = 8N$
$x = 4$일 때 힘 $F_4 = 2x + 4 = 2 \times 4 + 4 = 12N$

따라서, 평균힘 $F = \frac{8 + 12}{2} = 10N$

$x = 2$에서 $x = 4$까지 이동거리 $d = 4 - 2 = 2m$ 이므로
일 $W = F \cdot d = 10 \times 2 = 20N \cdot m = 20J$

91 운동량에 대한 설명 중 옳지 않은 것은?

① 운동량은 크기와 방향을 가지는 벡터이다.
② 질량이 m_1, $m_2(m_1 > m_2)$인 두 차량이 동일한 속도로 주행할 때 질량이 m_1인 차량의 운동량이 더 크다.
③ 어떤 물체가 받은 충격량은 운동량의 변화량과 같다.
④ 운동량은 일정 시간 동안 물체에 주어진 힘의 총량이다.

해설
• 운동량은 질량×속도($P = mv$)로 크기와 방향을 가지는 벡터이다.
• 충격량($I = Ft$)은 일정 시간 동안 물체에 주어진 힘의 총량이며, 운동량의 변화량과 같다.

92 자유낙하운동에 대한 설명으로 옳은 것은?

① 중력만을 받아서 낙하하는 것을 말한다.
② 어떤 물체가 수직 상방향으로 올라가는 운동을 자유낙하운동이라 한다.
③ 수평으로 던져진 물체의 운동 중 수평방향으로 이동하는 운동을 자유낙하운동이라 한다.
④ 초기 속도가 0인 상태에서 낙하하는 것을 말하며 등속운동이다.

해설 **자유낙하운동** : 일정한 높이에서 정지하고 있는 물체가 중력의 영향에 의해 지면으로 낙하하는 운동으로 수직방향 등가속도운동을 한다.
②는 연직상향운동, ③은 수평방향 등속운동, ④는 등가속도운동

정답 89 ③ 90 ④ 91 ④ 92 ①

93 질량 0.6kg의 물체에 3N의 힘이 작용할 때 가속도는?

① 5m/s^2 ② 6m/s^2
③ 7m/s^2 ④ 8m/s^2

해설
- 힘 $F = ma$
- 가속도 $a = \dfrac{F}{m} = \dfrac{3\text{kg} \cdot \text{m/s}^2}{0.6\text{kg}} = 5\text{m/s}^2$

94 차량이 정지 후 출발하여 42km/h에 도달하는 데 5.5초 걸렸다. 다음 설명 중 옳지 않은 것은?

① 평균가속도는 약 2.1m/s^2이다.
② 평균가속도를 적용하였을 때 5.5초 동안 차량이 진행한 거리는 약 32m이다.
③ 평균가속도를 적용하였을 때 차량이 출발한 지 3초 후 속도는 약 32.5km/h이다.
④ 평균가속도를 적용하였을 때 차량이 출발 후 3초 동안 진행한 거리는 약 9.5m이다.

해설 $v_e = v_i + at$에서,

가속도 $a = \dfrac{v_e - v_i}{t} = \dfrac{(42/3.6) - 0}{5.5} = 2.12\text{m/s}^2$

이동거리
$d = v_i t + \dfrac{1}{2}at^2 = 0 \times 5.5 + \dfrac{1}{2} \times 2.12 \times 5.5^2 = 32.07\text{m}$

3초 후 속도
$v_e = v_i + at = 0 + 2.12 \times 3 = 6.36\text{m/s} = 22.9\text{km/h}$

3초 동안 이동한 거리
$d = v_i t + \dfrac{1}{2}at^2 = 0 \times 3 + \dfrac{1}{2} \times 2.12 \times 3^2 = 9.54\text{m}$

95 운동하고 있는 물체는 계속해서 운동하려 하고 정지한 물체는 계속 정지하려 하는 것과 관련된 운동 법칙은?

① 뉴턴의 운동 제1법칙
② 뉴턴의 운동 제2법칙
③ 뉴턴의 운동 제3법칙
④ 뉴턴의 운동 제4법칙

해설 뉴턴의 운동 제1법칙인 관성의 법칙이다.

96 A화물차는 60개의 박스를 싣고 72km/h의 속도로 진행하였고, B화물차는 40개의 박스를 싣고 36km/h의 속도로 진행하였다. B화물차의 운동량은 A화물차 운동량의 몇 배인가?(각 화물차의 질량은 3,000kg, 박스 1개의 질량은 10kg)

① $\dfrac{5}{12}$ 배 ② $\dfrac{17}{36}$ 배
③ $\dfrac{1}{2}$ 배 ④ $\dfrac{2}{3}$ 배

해설 A화물차의 운동량
$P_a = (m + m_a \times 60)v_a = (3{,}000 + 10 \times 60) \times \left(\dfrac{72}{3.6}\right)$
$= 72{,}000\text{kg} \cdot \text{m/s}$

B화물차의 운동량
$P_b = (m + m_b \times 40)v_b = (3{,}000 + 10 \times 40) \times \left(\dfrac{36}{3.6}\right)$
$= 34{,}000\text{kg} \cdot \text{m/s}$

B차량과 A차량의 운동량비 $= \dfrac{P_b}{P_a} = \dfrac{34{,}000}{72{,}000} = \dfrac{17}{36}$

정답 93 ① 94 ③ 95 ① 96 ②

97 다음 중 옳지 않은 것은?

① 운동에너지는 완전탄성충돌인 경우에 보존된다.
② 운동에너지는 비탄성충돌인 경우에 보존되지 않는다.
③ 두 물체의 충돌 전·후 운동량의 합은 완전탄성충돌인 경우에도 보존된다.
④ 두 물체의 충돌 전·후 운동량의 합은 비탄성충돌인 경우에 보존되지 않는다.

해설 운동에너지는 완전탄성충돌인 경우에만 보존되고, 운동량의 합은 항상 보존된다.

구 분	탄성충돌	비탄성충돌	완전비탄성충돌
반발계수	$e=1$	$0<e<1$	$e=0$
충돌 전후의 운동량	보존	보존	보존
충돌 전후의 운동에너지	보존	$E_전 > E_후$	$E_전 > E_후$

98 자전거와 남자의 합계 질량은 80kg이다. 이 남자가 5% 오르막길을 20km/h의 일정한 속도로 올라가기 위해 필요한 출력은?(구름저항과 공기저항은 무시, 중력가속도는 9.8 m/s^2)

① 152.5W ② 178.5W
③ 209.5W ④ 217.5W

해설 출력(= 일률) $P = \dfrac{W}{t} = \dfrac{F \cdot d}{t} = \dfrac{mad}{t}$
$= mav \left[\text{kg}\left(\dfrac{\text{m}}{\text{s}^2}\right)\left(\dfrac{\text{m}}{\text{s}}\right) = \text{kg} \cdot \text{m}^2/\text{s}^3 \right]$

단위를 살펴보면,
Watt $= \text{J/s} = \text{N} \cdot \text{m/s} = \dfrac{(\text{kg} \cdot \text{m/s}^2) \cdot \text{m}}{\text{s}}$
$= \text{kg} \cdot \text{m}^2/\text{s}^3$

경사면에서의 힘 $F = mg\sin\theta$ 이고 $F = ma$ 이므로 $ma = mg\sin\theta$
∴ $a = g\sin\theta = 9.8 \times \sin(2.86) = 0.49\text{m/s}^2$
여기서, $G = 5/100 = 0.05 = \tan\theta$,
$\theta = \tan^{-1}(0.05) = 2.86°$
출력 $= mav = 80 \times 0.49 \times (20/3.6) = 217.78\text{W}$

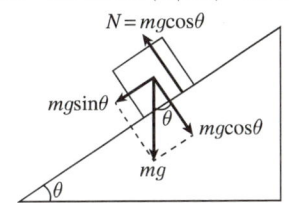

[경사면에서의 수직항력]

99 지상 5m에서 질량 1,000kg인 차량이 자유낙하되어 튕겨짐 없이 지면에 떨어졌을 때 중력에 의하여 차량이 받는 충격량은?(중력가속도는 10m/s²)

① 5,000N·s
② 10,000N·s
③ 15,000N·s
④ 20,000N·s

해설 충격량$(I = F \cdot t)$ = 운동량의 변화량$(mv_e - mv_i)$
지면 충돌 시의 속도
$v_e = \sqrt{2gh} = \sqrt{2 \times 10 \times 5} = 10\text{m/s}$
$I = mv_e - mv_i$ 에서
$I = 1{,}000 \times 10 - 1{,}000 \times 0$
$= 10{,}000(\text{kg} \cdot \text{m/s} = \text{kg} \cdot \text{m/s}^2 \times \text{s} = \text{N} \cdot \text{s})$
충격량으로 계산하면
$I = F \cdot t = mat = mgt = 1{,}000 \times 10 \times 1 = 10{,}000\text{N} \cdot \text{s}$
여기서, 지면에 도달하는 시간
$t = \sqrt{\dfrac{2h}{g}} = \sqrt{\dfrac{2 \times 5}{10}} = 1\text{s}$

100 A기차와 B기차를 직선 철길 위에 1m 간격으로 세워놓고 A기차를 10m/s의 속도로 밀어서 두 기차를 결합시켰다. 결합된 두 기차의 속도는?(각 기차의 질량은 1,000kg, 결합 시 손상은 없음, 중력가속도는 9.8m/s²)

① 5m/s   ② 15m/s
③ 20m/s   ④ 25m/s

해설 $m_a v_a + m_b v_b = m_a v'_a + m_b v'_b$ 에서
$m_a = m_b = m$, $v'_a = v'_b = v$ 로 표시하면
$mv_a + mv_b = mv + mv$
$mv_a + 0 = 2mv$
$v = \dfrac{mv_a}{2m} = \dfrac{v_a}{2} = \dfrac{10}{2} = 5\text{m/s}$

부록 III

2차 시험 기출문제

2차	적중예상문제
2차	운동량보존 적중예상문제
1~3회 2차	과년도 기출복원문제
4~12회 2차	과년도 기출문제
13회 2차	최근 기출문제

합격의 공식 **시대에듀** www.sdedu.co.kr

01 적중예상문제(1)

문제 1 배점 : 50점

사고개요

어떤 차량이 양재대로를 서쪽으로 주행하고 있었다. 이 차량은 급박한 상황에서 제동하여 46m를 미끄러지고 정지하였다. 차량이 미끄러진 거리 중 23m는 견인계수가 0.8이고, 나머지는 0.65이다. 보행자는 1.4m/s의 속도로 북쪽으로 향하다가 차로 안으로 11m 들어왔을 때, 차량은 제동시점으로부터 30m 미끄러진 지점에서 보행자를 충격하였다. 다음 물음에 답하시오.

01 차량이 첫 번째 노면의 끝을 통과할 때의 속도는? (5점)

해설
$v_2^2 - v_1^2 = 2ad = 2fgd$
$f = 0.65,\ v_2 = 0\text{m/s},\ d = 23\text{m},\ v_1 = ?$
$0 - v_1^2 = 2fgd = 2 \times (-0.65) \times 9.8 \text{m/s}^2 \times 23\text{m}$
$v_1 = \sqrt{-2 \times (-0.65) \times 9.8 \text{m/s}^2 \times 23\text{m}} = 17.12 \text{m/s}$

02 사고차량이 처음 제동하기 시작할 때의 속도는? (5점)

해설
$v_1^2 - v_0^2 = 2ad = 2fgd,\ v_0 = \sqrt{v_1^2 - 2fgd}$
$f = 0.8,\ v_1 = 17.12\text{m/s},\ d = 23\text{m},\ v_0 = ?$
$v_0 = \sqrt{(17.12\text{m/s})^2 - 2 \times (-0.8) \times 9.8\text{m/s}^2 \times 23\text{m}} = 25.6\text{m/s}$

03 차량이 보행자를 충격한 순간 차량의 속도는? (5점)

> **보기**
> 차량이 보행자를 충격한 순간 차량이 진행한 거리는, 제동시점으로부터 30m를 진행한 후였다. 따라서, 차량은 첫 번째 노면 23m를 지나서 두 번째 노면을 7m 더 진행한 후에 보행자를 충격하였다.

해설
$v_2^2 - v_1^2 = 2ad = 2fgd$
$f = 0.65,\ v_1 = 17.12 \text{m/s},\ d = 7\text{m},\ v_2 = ?$
$v_2 = \sqrt{2fgd + v_1^2}$
$v_2 = \sqrt{-2 \times (-0.65) \times 9.8 \times 7 + (17.12\text{m/s})^2}$
$\quad = \sqrt{(-89.18) + 293.09} = 14.28 \text{m/s}$

04 보행자가 충격지점(11m)까지 걸어가는 데 걸린 시간은? (5점)

해설
$v = \dfrac{d}{v}$
$t = \dfrac{t}{v} = \dfrac{11\text{m}}{1.4\text{m/s}} = 7.86\text{s}$

05 사고차량이 46m 미끄러지는 데 걸린 시간은? (5점)

해설
$a = \dfrac{v_1 - v_0}{t}$ 식에서 $t = \dfrac{v_1 - v_0}{a}$ 식으로 변형한 뒤 적용

$t_1 = \dfrac{v_1 - v_0}{a_1} = \dfrac{v_1 - v_0}{f_1 g} = \dfrac{17.12\text{m/s} - 25.6\text{m/s}}{-0.8 \times 9.8\text{m/s}^2} = 1.08\text{s}$

$t_2 = \dfrac{v_3 - v_1}{a_1} = \dfrac{v_3 - v_1}{f_2 g} = \dfrac{0 - 17.12\text{m/s}}{-0.65 \times 9.8\text{m/s}^2} = 2.69\text{s}$

$t = t_1 + t_2 = 3.77\text{s}$

06 사고 차량이 제동 시작 후, 보행자를 충격할 때까지 미끄러진 시간은? (10점)

해설 보행자를 충격한 속도 v_2는 위의 문제에서 $v_2 = 14.28 \text{m/s}$였다. 또한 보행자를 충격한 위치는 두 번째 노면을 진입한 후이기 때문에 보행자를 충격한 시간은 첫 번째 노면을 지나는 데 걸린 시간 $t_1 = 1.08 \text{s}$에 두 번째 노면 7m를 지나는 데 걸린 시간을 더해야 한다.

두 번째 노면 7m를 지나는 데 걸린 시간 t_2는,

$$t_2' = \frac{v_2 - v_1}{a_2} = \frac{v_2 - v_1}{f_2 g} = \frac{14.28 \text{m/s} - 17.12 \text{m/s}}{-0.65 \times 9.8 \text{m/s}^2} = 0.45 \text{s}$$

$$t = t_1 + t_2' = 1.08 \text{s} + 0.45 \text{s} = 1.53 \text{s}$$

07 보행자가 차로 안으로 발을 내딛었을 때, 차량은 사고지점으로부터 얼마나 떨어져 있었는가? (10점)

해설 보행자가 충격지점까지 11m 걷는 데 걸린 시간은 7.86s였다.
또한 차량이 충격지점까지 30m 미끄러지는 데 걸린 시간은 1.53s였다.
따라서 차량이 제동을 시작하기(7.86s − 1.53s) 전에 보행자가 도로를 건너기 시작했다고 알 수 있다.
차량은 제동하기 전까지 25.6m/s의 속도로 진행해 왔으므로
$v = d/t$의 식에서
$d = vt = 25.6 \text{m/s} \times (7.86 \text{s} - 1.53 \text{s}) = 162.05 \text{m}$이며,
제동 시작 후 30m 진행하였으므로 $162.05 \text{m} + 30 \text{m} = 192.05 \text{m}$이다.

08 사고차량이 두 번째 노면에 진입하였을 때, 보행자는 차로 안으로 얼마나 들어와 있었는가? (5점)

해설 보행자가 차로에 진입하는 순간 자동차의 위치에서 첫 번째 노면까지 걸린 시간은 6.33초 그리고 연속하여 두 번째 노면에 도달하는 시간은 1.08초이다. 따라서 자동차는 보행자가 차로에 진입하는 순간부터 두 번째 노면에 도달하기까지의 시간은 총 7.41초가 된다.

7.41초 동안 보행자가 이동한 거리는 $v = \dfrac{d}{t}$의 식에서 $d = vt = 1.4 \text{m/s} \times 7.41 \text{s} = 10.37 \text{m}$이다.

문제 2 배점 : 50점

사고개요

A차량은 정지신호에 멈춰 서 있다가 교차로 안으로 1.38m/s^2의 가속도로 11m 진행한 후, B차량에게 오른쪽 부분을 충격 받았다. B번 차량이 A번 차량과 충돌한 순간의 속도는 7.6m/s이다. B번 차량은 충돌 전 37m 지점부터 미끄러져 왔으며, 견인계수는 0.8이다.

01 A차량의 충돌 시 속도는 얼마인가? (5점)

> **해설** $v_{A1} = 0\text{m/s}$, $a_A = 1.38\text{m/s}^2$, $d_A = 11\text{m}$
> $v_2^2 - v_1^2 = 2ad$의 식을 적용
> $v_{A2}^2 = \sqrt{v_{A1}^2 + 2a_A d_A} = \sqrt{(0)^2 + 2 \times 1.38\text{m/s}^2 \times 11\text{m}} = 5.5\text{m/s}$

02 B차량이 제동하여 미끄러지기 시작한 순간의 속도는 얼마인가? (5점)

> **해설** $v_{B2} = 7.6\text{m/s}$, $a_B = f_1 g = -0.8 \times 9.8\text{m/s}^2 = -7.84\text{m/s}^2$, $d_B = 37\text{m}$
> $v_2^2 - v_1^2 = 2ad$의 식을 적용
> $v_{B1} = \sqrt{v_{B2}^2 - 2a_B d_B} = \sqrt{(7.6\text{m/s})^2 - 2 \times (-7.84\text{m/s}^2) \times 37\text{m}} = 25.26\text{m/s}$

03 A차량이 정지 상태에서 출발하여 충돌 지점까지 가속한 시간은 얼마인가? (5점)

> **해설** $v_{A2} = 5.5\text{m/s}$, $v_{A1} = 0$, $a_A = 1.4\text{m/s}^2$
> $t_A = \dfrac{v_{A2} - v_{A1}}{a_A} = \dfrac{5.5\text{m/s} - 0}{1.4\text{m/s}^2} = 3.93\text{s}$

04 B차량이 제동으로부터 충돌까지 37m를 미끄러지는 데 걸린 시간은 얼마인가? (5점)

> **해설** $v_{B2} = 7.6\text{m/s}$, $v_{B1} = 25.26\text{m/s}$, $a_B = 0.8 \times 9.8\text{m/s}^2$
> $$t_B = \frac{v_{B2} - v_{B1}}{a_B} = \frac{7.6\text{m/s} - 25.26\text{m/s}}{(-0.8) \times 9.8\text{m/s}^2} = 2.25\text{s}$$

05 A차량이 정지 상태에서 출발하기 시작했을 때의 B차량의 위치는 충돌 전 몇 m 지점이었는가? (10점)

> **해설** A차량이 정지 상태에서 충돌까지 걸린 시간은 3.96s였고, B차량이 제동 후 미끄러져서 충돌까지 걸린 시간은 2.25s였다. 따라서 B차량이 제동하기 3.96s − 2.25s = 1.71s 전에 A차량이 출발하였다.
> $d = vt = 25.26\text{m/s} \times 1.71\text{s} = 43.2\text{m}$
> B차량은 제동 후 충돌 전까지 37m 미끄러졌으므로
> $43.2\text{m} + 37\text{m} = 80.2\text{m}$

06 A차량이 가속하여 4초 동안 매 1초에 이동한 거리는 얼마인가? (10점)

> **해설** $d = v_0 t + \frac{1}{2}at^2$ 의 식을 사용, $v_0 = 0\text{m/s}$
>
> 1초 : $d_1 = \frac{1}{2}at_1^2 = \frac{1}{2} \times 1.4\text{m/s}^2 \times 1^2 = 0.7\text{m}$
>
> 2초 : $d_2 = \frac{1}{2}at_2^2 = \frac{1}{2} \times 1.4\text{m/s}^2 \times 2^2 = 2.8\text{m}$
> → $2.8\text{m} - 0.7\text{m} = 2.1\text{m}$
>
> 3초 : $d_3 = \frac{1}{2}at_3^2 = \frac{1}{2} \times 1.4\text{m/s}^2 \times 3^2 = 6.3\text{m}$
> → $6.3\text{m} - 2.8\text{m} = 3.5\text{m}$
>
> 4초 : $d_4 = \frac{1}{2}at_4^2 = \frac{1}{2} \times 1.4\text{m/s}^2 \times 4^2 = 11.2\text{m}$
> → $11.2\text{m} - 6.3\text{m} = 4.9\text{m}$

07 A차량이 4초 동안 가속할 때 매 초의 B차량의 위치를 구하시오. (10점)

해설 A차량이 출발하기 시작하였을 때 B차량의 속도는 25.26m/s로 계산되었다.
따라서 $v_{B0} = 25.26\text{m/s}$ 이다.

또한, B차량은 1.71s 동안 등속운동을 하고, 그 뒤에는 감속하였다.

등속운동 시에는 $d_B = v_{B0}t$의 식을 적용하고,

감속 시에는 $d_B = v_{B0} + \dfrac{1}{2}a_B t^2$의 식을 적용한다.

또한 $a_B = f_B \times g = (-0.8) \times 9.8\text{m/s}^2 = -7.84\text{m/s}^2$ 이다.

- 1초 : $d_{B1} = v_{B0}t = 25.26\text{m/s} \times (1\text{s}) = 25.26\text{m}$
- 2초 : 1.71s 동안은 등속운동을 하였고, 2s − 1.71s = 0.29s 동안은 감속운동을 하였다.
  따라서

  $d_{B(1.71)} = v_{B0}t + \dfrac{1}{2}a_B t^2 = 25.26\text{m/s} \times (1.71\text{s}) = 43.19\text{m}$

  $d_{B(2-1.71)} = v_{B0}t + \dfrac{1}{2}a_B t^2 = 25.26\text{m/s} \times (0.29\text{s}) + \dfrac{1}{2} \times (-7.84\text{m/s}^2) \times (0.29\text{s})^2$
  $= 7.325\text{m} - 0.33\text{m} = 7\text{m}$

  $d_{B2} = 43.19\text{m} + 7\text{m} = 50.19\text{m}$

- 3초 : 1.71s 동안은 등속운동을 하였고, 3s − 1.71s = 1.29s 동안은 감속운동을 하였다.
  따라서 $d_{B(1.71)} = v_{B0}t = 25.26\text{m/s} \times (1.71\text{s}) = 43.19\text{m}$ 이다.

  $d_{B(4-1.71)} = v_{B0} + \dfrac{1}{2}a_B t^2 = 25.26\text{m/s} \times (1.29\text{s}) + \dfrac{1}{2} \times (-7.84\text{m/s}^2) \times (1.29\text{s})^2$
  $= 32.59\text{m} - 6.52\text{m} = 26.07\text{m}$

  $d_{B3} = 43.19\text{m} + 26.07\text{m} = 69.26\text{m}$

- 4초 : 1.71s 동안은 등속운동을 하였고, 4s − 1.71s = 2.29s 동안은 감속운동을 하였다.
  따라서 $d_{B(1.71)} = v_{B0}t = 25.26\text{m/s} \times (1.71\text{s}) = 43.19\text{m}$ 이다.

  $d_{B(4-1.71)} = v_{B0} + \dfrac{1}{2}a_B t^2 = 25.26\text{m/s} \times (2.29\text{s}) + \dfrac{1}{2} \times (-7.84\text{m/s}^2) \times (2.29\text{s})^2$
  $= 57.85\text{m} - 20.56\text{m} = 37.29\text{m}$

  $d_{B4} = 43.19\text{m} + 37.29\text{m} = 80.48\text{m}$

02 적중예상문제(2)

문제 1

사고개요

차량이 동쪽으로 주행하였다. 이 차량은 30.5m를 미끄러진 후 정지하였다. 차량의 견인계수는 0.7이다. 차량은 15m를 미끄러진 지점에서 보행자를 치었다.

01 차량이 브레이크를 밟은 순간, 차량의 속도는 얼마인가?

해설
$$v_e^2 - v_i^2 = 2ad$$
$$v_i = \sqrt{v_e^2 - 2ad} = \sqrt{0^2 - 2 \times (-0.7) \times 9.8 \times 30.5} = 20.46 \text{m/s}$$

02 사고차량이 보행자를 치었을 때 속도는 얼마인가?

해설
$$v_e^2 - v_i^2 = 2ad$$
$$v_e = \sqrt{v_i^2 + 2ad} = \sqrt{20.46^2 + 2 \times (-0.7) \times 9.8 \times 15} = 14.59 \text{m/s}$$

03 차량이 브레이크를 밟은 후 보행자를 치기 전까지의 시간은 얼마인가?

해설
$$a = \frac{v_2 - v_1}{t}$$
$$t = \frac{v_2 - v_1}{a} = \frac{20.46 - 14.59}{0.7 \times 9.8} = 0.86 \text{s}$$

문제 2

사고개요

차량이 4% 경사의 언덕길에서 60m를 미끄러진 후 정지하였다. 테스트 차량이 4% 경사의 내리막길에서 18m/s의 속도로 달리다가 정지했을 때 미끄러진 거리는 22m였다. 이때, 4% 내리막 경사에서 테스트 차량의 초기속도(18m/s)와 종속도(0m/s) 및 정지거리를 알기 때문에 4% 내리막 경사에서의 가속도는

$v_e^2 - v_i^2 = 2ad$ 에서 $a = \dfrac{v_e^2 - v_i^2}{2d} = \dfrac{0 - 18^2}{2 \times 22} = -7.36 \text{m/s}^2$ 이다.

01 첫 번째 차량이 브레이크를 밟았을 때의 속도는 얼마인가?

해설 $v_e^2 - v_i^2 = 2ad$
$v_i = \sqrt{v_e^2 - 2ad} = \sqrt{0 - 2 \times (-7.36) \times 60} = 29.71 \text{m/s}$

02 이 차량이 미끄러진 총시간은 얼마인가?

해설 $a = \dfrac{v_e - v_i}{t}$
$t = \dfrac{v_e - v_i}{a} = \dfrac{0 - 29.71}{-7.36} = 4.04\text{s}$

03 이 차량이 브레이크를 밟은 후 미끄러지기 시작하여 0.75초가 지났을 때의 속도는 얼마인가?

해설 $a = \dfrac{v_e - v_i}{t}$
$v_i = 29.71 \text{m/s}$
$-7.36 \text{m/s}^2 = \dfrac{v_e - 29.71 \text{m/s}}{0.75\text{s}}$
$v_e = (-7.36) \times 0.75 + 29.71 = 24.19 \text{m/s}$

문제 3

사고개요

보행자를 친 사고운전자는 사고지점으로부터 60m 떨어진 지점에서부터 보통 정도로 가속하고 있었으며 사고가 발생하기 직전까지 가속 중이었다고 진술하였다. 사고차량과 비슷한 몇 대의 차량으로 60m 거리에서 실험하여 시간을 측정하였는데 그 결과는 다음과 같다.

테스트	1	2	3	4	5
시간	9.9초	8.3초	9.1초	9.7초	8.5초

01 실험차량들의 평균가속도는 얼마인가?

해설 60m를 이동하는 데 걸린 시간의 평균은

$$t\text{평균} = \frac{t_1+t_2+t_3+t_4+t_5}{5} = \frac{9.9+8.3+9.1+9.7+8.5}{5} = 9.1s$$

$v_i = 0\text{m/s}, \ d = 60\text{m}$

$$d = v_i t + \frac{1}{2}at^2$$

$$a = \frac{2d-2v_i t}{t^2} = \frac{2\times 60 - 2\times 0 \times 9.1}{9.1^2} = 1.45\text{m/s}^2$$

02 만일 사고운전자의 진술이 사실이라면 운전자는 제한속도 55km/h를 초과하였는가?

해설 $v_e^2 - v_i^2 = 2ad$

$v_e = \sqrt{v_i^2 + 2ad} = \sqrt{0^2 + 2\times(1.45)\times 60} = 13.2\text{m/s} = 47.49\text{km/h}$

운전자는 47.49km/h의 속도로 주행 중이었으므로 제한속도를 초과하지 않았다.

※ 운전자가 차량을 정지 상태에서 27m 거리를 일정한 가속도로 가속하였다. 차량이 27m를 주행하는 데 걸린 시간은 5.5초이다. 이때의 가속도는?

$$d = v_i t + \frac{1}{2}at^2$$

$v_i = 0\text{m/s}, \ t = 5.5\text{s}, \ d = 27\text{m}$

$$a = \frac{2d-2v_i t}{t^2} = \frac{2\times 27 - 2\times 0 \times 5.5}{5.5^2} = 1.79\text{m/s}^2$$

03 차량이 위의 가속도로 8초간 주행했을 경우 차량이 주행한 거리는 얼마인가?

해설 $d = v_i t + \frac{1}{2}at^2$

$v_i = 0\text{m/s}, \ t = 8\text{s}, \ a = 1.79\text{m/s}^2$

$$d = \frac{1}{2}\times 1.79 \times 8^2 = 57.28\text{m}$$

04 차량이 출발하여 4초 후의 속도는 얼마인가?

> **해설**
> $a = \dfrac{v_e - v_i}{t}$
> $v_e = v_i + at = 0 + (1.79) \times 4 = 7.16 \text{m/s}$

05 차량이 3초부터 4초 사이에 이동한 거리는 얼마인가?

> **해설** 차량이 출발하여 3초 후의 속도는
> $a = \dfrac{v_e - v_i}{t}$
> $v_e = v_i + at = 0 + 1.79 \times 3 = 5.37 \text{m/s}$
> 3초에서 4초 사이의 평균 속도는
> $v_{3-4} = \dfrac{5.37 + 7.16}{2} = 6.265 \text{m/s}$
> 즉, 3초에서 4초 사이의 1초간 평균 속도는 6.265m/s 이다.
> $v = \dfrac{d}{t}$ 에서 $d = vt = 6.265 \times 1 = 6.265 \text{m}$ 이다.
> ※ 다른 풀이 : 4초 동안 이동한 거리에서 3초 동안 이동한 거리를 빼는 방법
> $d = v_i t + \dfrac{1}{2} a t^2$, $v_i = 0 \text{m/s}$, $t = 3\text{s}$, $a = 1.79 \text{m/s}^2$
> $d_3 = \dfrac{1}{2} \times 1.79 \times 3^2 = 8.055 \text{m}$
> $d = v_i t + \dfrac{1}{2} a t^2$, $v_i = 0 \text{m/s}$, $t = 4\text{s}$, $a = 1.79 \text{m/s}^2$
> $d_4 = \dfrac{1}{2} \times 1.79 \times 4^2 = 14.32 \text{m}$
> $d_{3-4} = 14.32 - 8.055 = 6.265 \text{m}$

06 차량이 위의 일정한 가속도로 정지상태에서 27m를 주행한 후 14m를 더 주행했을 경우 이 차량의 속도는 얼마인가?

> **해설** $v_e^2 - v_i^2 = 2ad$
> $d = 27 + 14 = 41 \text{m}$, $a = 1.79 \text{m/s}^2$, $v_i = 0$
> $v_e = \sqrt{v_i^2 + 2ad} = \sqrt{0^2 + 2 \times (1.79) \times 41} = 12.11 \text{m/s} = 43.62 \text{km/h}$

문제 4

사고개요

쏘나타 차량이 견인계수 0.75인 노면 위를 70m 미끄러진 후 주차되어 있던 QM5 차량과 15m/s의 속도로 충돌하였다. 두 차량은 충돌 후 그대로 접촉되어 있다.

01 쏘나타 차량이 미끄러지기 시작한 순간의 속도는 얼마인가?

해설
$v_e^2 - v_i^2 = 2ad$
$d = 70\text{m}, \ f = 0.75, \ v_e = 15\text{m/s}, \ a = fg$
$v_i = \sqrt{v_e^2 - 2ad} = \sqrt{15^2 - 2 \times (-0.75) \times 9.8 \times 70} = 35.41\text{m/s} = 127.48\text{km/h}$

02 반응시간을 2.0초로 가정할 경우 쏘나타 차량 운전자가 QM5 차량에 대해 반응한 순간 이 차량은 QM5 차량으로부터 얼마나 떨어져 있었는가?

해설 구하는 거리(d)는 쏘나타 차량이 미끄러진 거리($d_1 = 70\text{m}$)와 운전자가 반응시간 동안 주행한 거리(d_2)를 더하면 된다. 운전자의 반응시간 동안 주행한 거리는 v_i와 반응시간 t에 의해서 구해진다.
$d_2 = v_i t = 35.41 \times 2 = 70.82\text{m}$
$d = d_1 + d_2 = 70 + 70.82 = 140.82\text{m}$

03 만일 차량이 충돌한 후 9.3m를 더 미끄러지고 나서 정지했다면 충돌 순간부터 정지시점까지의 가속도는 얼마인가?

해설 $d = 9.3\text{m}, \ v_i = 15\text{m/s}, \ v_e = 0$
$v_e^2 - v_i^2 = 2ad \ \rightarrow \ a = \dfrac{v_e^2 - v_i^2}{2d} = \dfrac{0 - 15^2}{2 \times 9.3} = -12.10\text{m/s}^2$

04 차량이 미끄러지기 시작하여 0.75초 동안 이동한 거리는 얼마인가?

해설 $a = fg = -0.75 \times (9.8) = -7.35\text{m/s}^2$
$d = v_i t + \dfrac{1}{2}at^2 = 35.41 \times 0.75 + \dfrac{1}{2} \times (-7.35) \times 0.75^2 = 24.49\text{m}$

문제 5

사고개요

보행자는 남북대로 서쪽에서 동쪽으로 건너고 있는 도중, 도로 서쪽 연석으로부터 12m 떨어진 지점에서 차에 치었다. 보행자는 평균 1.2m/s의 속도로 걷고 있었다. 사고 차량은 4바퀴 모두 제동이 걸린 상태에서 사고지점으로부터 70m 떨어진 곳부터 미끄러져 왔으며 충돌 후 10m를 더 미끄러진 다음에 정지하였다. 미끄럼 테스트를 통해 얻어진 차량의 견인계수는 0.8이다(단, 도로의 전체 폭은 20m임).

01 차량이 미끄러지기 시작한 순간의 차량속도는 얼마인가?

해설
$d = 70 + 10 = 80\text{m}$
$f = 0.8$, $a = 0.8 \times (-9.8) = -7.84\text{m/s}^2$, $v_e = 0$
$v_i = \sqrt{v_e^2 - 2ad} = \sqrt{0 - 2(-7.84)(80)} = 35.42\text{m/s}$

02 차량이 보행자를 친 충돌속도는 얼마인가?

해설
$d = 70\text{m}$, $f = 0.8$, $a = 0.8 \times (-9.8) = -7.84\text{m/s}^2$, $v_i = 35.42\text{m/s}$
$v_e = \sqrt{v_i^2 + 2ad} = \sqrt{(35.42)^2 + 2(-7.84)(70)} = 12.53\text{m/s}$

03 차량이 처음 70m를 미끄러져서 보행자를 충격할 때까지 걸린 시간은 얼마인가?

해설
$a = \dfrac{v_e - v_i}{t} \rightarrow t = \dfrac{v_e - v_i}{a}$
$a = -7.84\text{m/s}^2$, $v_e = 12.53\text{m/s}$, $v_i = 35.42\text{m/s}$
$t = \dfrac{v_e - v_i}{a} = \dfrac{12.53 - 35.42}{-7.84} = 2.92\text{s}$

04 보행자가 대로 서쪽 끝선에서 사고지점까지 12m를 걸어오는 데 걸린 시간은 얼마인가?

해설
$d = 12\text{m}$, $v = 1.2\text{m/s}$
$v = \dfrac{d}{t} \rightarrow t = \dfrac{d}{v} = \dfrac{12}{1.2} = 10\text{s}$

05 차량이 미끄러지기 시작한 순간의 보행자의 위치는?

해설 차량이 미끄러져서 충돌할 때까지 걸린 시간 $t = 2.92\text{s}$
보행자의 속도 $v = 1.2\text{m/s}$
$d = vt = 1.2 \times 2.92 = 3.5\text{m}$
즉, 충돌 전 3.5m 전방이다.

06 차량운전자가 보행자와의 충돌위험을 감지한 순간의 보행자와 차량의 위치를 말하시오(단, 운전자의 반응시간은 0.5초로 가정한다).

해설 **보행자의 위치**
$t = 2.92 + 0.5 = 3.42\text{s}$, $v = 1.2\text{m/s}$
$d = vt = 1.2 \times 3.42 = 4.1\text{m}$
즉, 충돌 전 4.1m 지점
차량의 위치
$t = 0.5\text{s}$, $v = 35.42\text{m/s}$
$d = vt = 0.5 \times 35.42 = 17.71\text{m}$
즉, 미끄러지기 시작한 곳으로부터 17.71m 이전 또는 충돌 전 87.71m 이전 지점

07 보행자가 도로 중앙에 도달했을 때 차량의 위치는 어디인가?

해설 도로 중앙 지점(10m)은 충돌 지점 후방 2m 지점이다.
$t = \dfrac{2\text{m}}{1.2\text{m/s}} = 1.67\text{s}$
차량이 미끄러져서 보행자와 충돌할 때까지의 시간은 2.92초이다.
따라서 보행자가 도로 중앙에 도달했을 때의 차량은 미끄러지기 시작하여 $2.92 - 1.67 = 1.25$초 이후의 위치가 된다.
$d = v_i t + \dfrac{1}{2}at^2 = 35.42 \times 1.25 + \dfrac{1}{2} \times (-7.84) \times 1.25^2 = 38.15\text{m}$

03 운동량보존 적중예상문제

문제 1

사고개요

1번 차량이 주차되어 있던 2번 차량의 후미부분을 들이받았다. 1번 차량의 앞바퀴와 2번 차량의 뒷바퀴가 사고충격으로 잠긴 채 두 차량은 차체가 서로 붙은 상태에서 18m를 밀려 나갔다. 미끄럼 테스트를 통해 측정된 도로의 마찰계수는 0.7이며, 1번 차량과 2번 차량의 중량은 각각 900kg과 1,350kg이다. 1번 차량은 충돌 전 21m 지점부터 미끄러져 왔다.

01 충돌 후 두 차량이 밀려 나가는 동안의 견인계수는 얼마인가?

해설 $\mu = 0.70$, 1번 차량의 앞바퀴 잠김, 2번 차량의 뒷바퀴 잠김

$$f' = \mu \times \frac{\text{잠긴 바퀴의 수}}{\text{바퀴의 총 수}} = 0.70 \times \frac{4}{8} = 0.35$$

02 두 차량의 충돌 후 속도는 얼마인가?

해설 $v_e^2 - v_i^2 = 2ad$, $v_e = 0$, $a = f'g = 0.35 \times (-9.8) = -3.4 \text{m/s}^2$

$v_i = \sqrt{v_e^2 - 2ad} = \sqrt{(0)^2 - 2 \times (-3.4) \times 18} = 11 \text{m/s}$

03 1번 차량의 충돌속도는 얼마인가?

해설 $v_i = 11\text{m/s}$, 주차되어 있던 2번 차량의 속도 $v_2 = 0$, $w_1 = 900\text{kg}$, $w_2 = 1,350\text{kg}$

$v_1 w_1 + v_2 w_2 = v_{i1} w_1 + v_{i2} w_2 = v_i (w_1 + w_2)$

$v_1 (900) + (0)(1,350) = (11)(900 + 1,350)$

$v_1 = \dfrac{(11)(900+1,350)}{900} = 27.5\text{m/s}$

04 1번 차량에 제동이 걸린 순간의 차량속도는 얼마인가?

해설 $v_1 = 27.5\text{m/s}$, $f_1 = 0.70$, $a = (-0.70)(9.8) = -6.86\text{m/s}^2$, $d = 21\text{m}$

$v_{i1} = \sqrt{v_1^2 - 2ad} = \sqrt{(27.5)^2 - (2)(-6.86)(21)} = 32.3\text{m/s}$

문제 2

사고개요

1번 차량이 같은 방향으로 8m/s의 속도로 주행 중이던 2번 차량의 후미부분과 추돌하였다. 충돌로 인해 1번 차량은 4바퀴 모두, 2번 차량은 뒷바퀴가 잠긴 채 두 차량은 차체가 서로 붙은 상태에서 14m 미끄러졌다. 1번 차량은 충돌 전 24m 지점부터 미끄러져 왔다. 미끄럼 테스트를 통하여 측정된 도로의 마찰계수는 0.80이며 1번 차량과 2번 차량의 중량은 각각 2,000kg과 1,600kg이다.

01 두 차량의 충돌 후 속도는 얼마인가?

해설 $f' = \frac{6}{8} \times 0.8 = 0.6$, $a = (-0.6)(9.8) = -5.9 \text{m/s}^2$, $d' = 14\text{m}$, $v_e = 0$

$v' = \sqrt{v_e'^2 - 2ad} = \sqrt{(0)^2 - (2)(-5.9)(14)} = 12.9 \text{m/s}$

02 충돌 후 두 차량이 미끄러지는 동안의 견인계수는 얼마인가?

해설 $f' = \frac{6}{8} \times 0.8 = 0.6$

03 1번 차량의 충돌속도는 얼마인가?

해설 $v_2 = 8\text{m/s}$, $v' = 12.9\text{m/s}$, $w_1 = 2,000\text{kg}$, $w_2 = 1,600\text{kg}$

$v_1 w_1 + v_2 w_2 = v'_1 w_1 + v'_2 w_2 = v'(w_1 + w_2)$

$v_1(2,000) + (8)(1,600) = (12.9)(2,000 + 1,600)$

$v_1 = \dfrac{(12.9)(2,000+1,600) - (8)(1,600)}{2,000} = 16.8 \text{m/s}$

04 1번 차량에 제동이 걸린 순간의 차량속도는 얼마인가?

해설 $v_1 = 16.8\text{m/s}$, $d = 24\text{m}$, $a = (-0.8)(9.8) = -7.84\text{m/s}^2$

$v_{i1} = \sqrt{v_1^2 - 2ad} = \sqrt{(16.8)^2 - (2)(-7.84)(24)} = 25.7 \text{m/s}$

문제 3

사고개요

1번 차량은 정지 상태에서 출발하여 1.38m/s^2의 가속도로 주행하였다. 30m를 주행한 지점에서 1번 차량은 2번 차량과 정면충돌하였다. 충돌로 인해 두 차량의 앞바퀴가 모두 잠긴 채 두 차량은 차체가 서로 붙은 상태에서 2번 차량의 진행방향으로 15m 밀려 나갔다. 1번 차량과 2번 차량의 중량은 각각 1,350kg과 2,200kg이며 도로의 마찰계수는 0.84이다.

01 1번 차량의 충돌속도는 얼마인가?

해설 $v_{i1} = 0,\ a_1 = 1.38\text{m/s}^2,\ d_1 = 30\text{m}$

$v_e = \sqrt{v_{i1}^2 + 2a_1 d_1} = \sqrt{(0)^2 + (2)(1.38)(30)} = 9.1\text{m/s}$

02 두 차량의 속도는 얼마인가?

해설 $\mu = 0.84,\ f' = 0.84 \times \dfrac{4}{8} = 0.42,\ a = (-0.42)(9.8) = -4.1\text{m/s}^2,\ d' = 15\text{m},\ v'_e = 0$

$v_i = \sqrt{v'^2_e - 2ad} = \sqrt{(0)^2 - (2)(-4.1)(15)} = 11.1\text{m/s}$

03 2번 차량의 충돌속도는 얼마인가?

해설 $v' = 11.1\text{m/s},\ w_1 = 1,350\text{kg},\ w_2 = 2,200\text{kg},\ v_1 = 9.1\text{m/s}$

2번 차량의 주행 방향을 (+)방향으로 하면,

$v_1 w_1 + v_2 w_2 = v'_1 w'_1 + v'_2 w_2 = v'(w_1 + w_2)$

$(-9.1)(1,350) + v_2(2,200) = (11.1)(1,350 + 2,200)$

$v_2 = \dfrac{(11.1)(1,350 + 2,200) - (-9.1)(1,350)}{2,200} = 23.5\text{m/s}$

문제 4

사고개요

1번 차량은 주차되어 있던 2번 차량의 후미와 추돌하였다. 충돌 후 두 차량은 차체가 서로 붙은 상태로 15m를 밀려 나갔으며 사고충격으로 1번 차량의 앞바퀴와 2번 차량의 뒷바퀴는 잠겨졌다. 미끄럼 테스트를 통해 측정된 도로의 마찰계수는 0.70이고, 1번 차량과 2번 차량의 중량은 각각 1,100kg, 1,450kg이다. 1번 차량은 충돌 전 23m 지점부터 미끄러져 왔다.

01 두 차량의 충돌 후 속도는 얼마인가?

해설
$\mu = 0.7$, $f' = \mu \times \dfrac{\text{잠긴 바퀴의 수}}{\text{바퀴의 총 수}} = 0.70 \times \dfrac{4}{8} = 0.35$, $a = -fg = -(0.35)(9.8) = -3.4 \text{m/s}^2$

$v'_e = 0$, $a' = -3.4 \text{m/s}^2$, $d' = 15\text{m}$

$v' = \sqrt{v'^2_e - 2a'd'} = \sqrt{(0)^2 - (2)(-3.4)(15)} = 10 \text{m/s}$

02 1번 차량의 충돌속도는 얼마인가?

해설
$w_1 = 1,100\text{kg}$, $w_2 = 1,450\text{kg}$, $v' = 10\text{m/s}$, $v_2 = 0$

$v_1 w_1 + v_2 w_2 = v'(w_1 + w_2)$

$v_1(1,100) + (0)(1,450) = (10)(1,100 + 1,450)$

$v_1 = \dfrac{(10)(1,100 + 1,450) - (0)(1,450)}{1,100} = 23.2 \text{m/s}$

03 1번 차량에 제동이 걸린 순간의 차량속도는 얼마인가?

해설
$v_e = 23.2 \text{m/s}$, $f = 0.70$, $d = 23\text{m}$, $a = -fg = -(0.7)(9.8) = -6.86 \text{m/s}^2$

$v_i = \sqrt{v_e^2 - 2ad} = \sqrt{(23.2)^2 - (2)(-6.86)(23)} = 29.2 \text{m/s}$

문제 5

사고개요

북쪽으로 주행 중이던 1번 차량이 동쪽으로 주행 중이던 2번 차량과 교차로에서 충돌하였다. 충돌 후 두 차량은 차체가 서로 붙은 상태에서 동북 35° 방향으로 18m 밀려 나갔으며 이때의 견인계수는 0.5이다. 1번 차량은 충돌 전 30m 지점부터, 2번 차량은 충돌 전 15m 지점부터 미끄러져 왔다. 두 도로의 마찰계수는 모두 0.80이고, 1번 차량과 2번 차량의 중량은 각각 1,800kg, 1,350kg이다.

01 두 차량의 충돌 후 속도는 얼마인가?

해설 $f' = 0.50$, $a' = -fg = -4.9\text{m/s}^2$, $v'_e = 0$, $d' = 18\text{m}$
$$v' = \sqrt{v'^2_e - 2a'd'} = \sqrt{(0)^2 - (2)(-4.9)(18)} = 13.3\text{m/s}$$

02 1번 차량과 2번 차량의 충돌속도는 각각 얼마인가?

해설 $w_1 = 1,800\text{kg}$, $w_2 = 1,350\text{kg}$, $v' = 13.3\text{m/s}$, $\theta = \text{NW}35°$
$p' = v'(w_1 + w_2) = (13.3)(1,800 + 1,350) = 41,895\text{kg} \cdot \text{m}$
$P = V'(w_1 + w_2) = 41,895\text{kg} \cdot \text{m}$

$\sin 35° = \dfrac{P_1}{P} = \dfrac{P_1}{41,895\text{kg} \cdot \text{m}} = 0.574$,
$P_1 = (0.574)(41,895) = 24,047.7\text{kg} \cdot \text{m}$, $P_1 = v_1 w_1 = v_1(1,800) = 24,047.7\text{kg} \cdot \text{m}$
$v_1 = 13.4\text{m/s}$

$\cos 35° = \dfrac{P_2}{P} = \dfrac{P_2}{41,895\text{kg} \cdot \text{m}} = 0.819$
$P_2 = (0.819)(41,895) = 34,312\text{kg} \cdot \text{m}$, $P_2 = v_2 w_2 = v_2(1,350) = 34,312\text{kg} \cdot \text{m}$
$v_2 = 25.4\text{m/s}$

03 1번 차량에 제동이 걸린 순간의 차량속도는 얼마인가?

해설 $v_{e1} = 13.4\text{m/s}$, $f = 0.8$, $a = -fg = -(0.8)(9.8) = -7.84\text{m/s}^2$, $d_1 = 30\text{m}$

$$v_{i1} = \sqrt{v_{e1}^2 - 2ad_1} = \sqrt{(13.4)^2 - (2)(-7.84)(30)} = 25.5\text{m/s}$$

04 2번 차량에 제동이 걸린 순간의 차량속도는 얼마인가?

해설 $v_e^2 = 25.4\text{m/s}$, $a = -7.84\text{m/s}^2$, $d_2 = 15\text{m}$

$$v_{i2} = \sqrt{v_e^2 - 2ad_2} = \sqrt{(25.4)^2 - (2)(-7.84)(15)} = 29.7\text{m/s}$$

제1회 과년도 기출복원문제(1)

문제 1   배점 : 50점

사고개요

승용차는 서울시청 방면에서 남산터널 방향으로 편도 2차로 중 1차로를 진행하다 신호등이 설치된 횡단보도에서 신호대기 중이던 화물차를 발견하고 제동상태에서 화물차의 후미부위를 승용차의 전면부위로 충돌하여 화물차를 밀어붙여 23m를 진행하여 최종 정지한 사고이다. 이 사고의 충격으로 승용차량의 양쪽 전륜이 파손되어 차체와 결착되었으며, 사고현장의 노면마찰계수 값은 0.8, 승용차의 중량은 1,500kg, 화물차의 중량은 1,850kg, 승용차에 의해 발생된 스키드마크는 충돌지점으로부터 15m 전방에서 시작되었다.

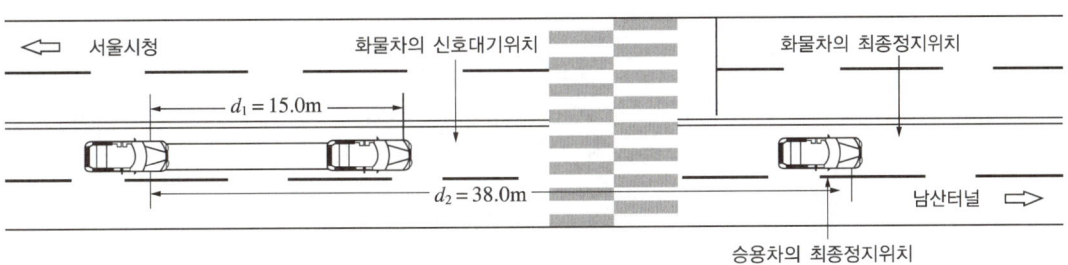

조 건

- 중력가속도(g) : 9.8m/s^2
- 승용차의 제동마찰계수 : 0.8
- 승용차의 중량 : 1,500kg
- 화물차의 중량 : 1,850kg
- 승용차의 양쪽 전륜 파손으로 인해 차체와 결착됨
- 적용식 : $v = \sqrt{2 \times f \times g \times d}$ $v_e = \sqrt{v_i^2 + 2ad}$ $v_1 w_1 + v_2 w_2 = v_1' w_1 + v_2' w_2$

질문

01 승용차의 충돌직후 속도는 얼마인가? (10점)

> **해설** $f = 0.8 \times \dfrac{2}{8} = 0.2$(견인계수)
> $v' = \sqrt{2 \times f \times g \times d} = \sqrt{2 \times 0.2 \times 9.8 \times 23} = 9.5\text{m/s} = 34.2\text{km/h}$

02 승용차의 충돌직전 속도는 얼마인가? (10점)

> **해설** $v_1 w_1 + v_2 w_2 = v_1' w_1 + v_2' w_2 = v'(w_1 + w_2)$
> $v_1 \times 1{,}500 + 0 \times 1{,}850 = 9.5 \times (1{,}500 + 1{,}850)$
> $v_1 = \dfrac{9.5 \times (1{,}500 + 1{,}850)}{1{,}500} = 21.2\text{m/s} = 76.4\text{km/h}$

03 승용차의 제동직전 속도는 얼마인가? (10점)

> **해설** $v_i = \sqrt{v_e^2 - 2ad}$
> $= \sqrt{21.2^2 - (-2 \times 0.8 \times 9.8 \times 15)} = 26.17\text{m/s} = 94.2\text{km/h}$

04 이 사고의 경우 승용차량 운전자는 충돌직후 충격의 여파로 제동하지 못한 것으로 조사되었고, 화물차 운전자는 주차브레이크를 잠그지 않은 채 정지상태였다고 주장하고 있으나, 만일 화물차가 정지상태가 아니라 진행(서행)상태였을 경우 사고 이후 승용차와 화물차의 정지상태는 어떠하였을 것인지에 대해 구체적으로 기술하시오. (20점)

> **해설** 충돌과정에서 운동량의 교환으로 인해 승용차가 갖는 운동량이 화물차에 전달되어 화물차의 충돌직후 속도는 현저하게 증가하는 반면 승용차의 충돌직후 속도는 현저하게 감소되어 화물차는 승용차의 최종정지위치보다 앞쪽에 떨어져 최종정지하게 된다.

문제 2 | 배점 : 50점

사고개요

사고차량은 서울시청 방면에서 남산터널 방향으로 편도 2차로 중 1차로를 진행하다 신호등 없는 횡단신호 부근에 이르러 좌측방향에서 우측방향으로 도로를 횡단하는 보행자의 우측부위를 사고차량의 전면부위로 충돌한 사고이다(단, 사고차량의 손상부위에 의하면 보행자는 사고차량의 지붕 위로 올라타지 않고 보닛(Bonnet)에서 전방으로 튕겨 나간 상황임).

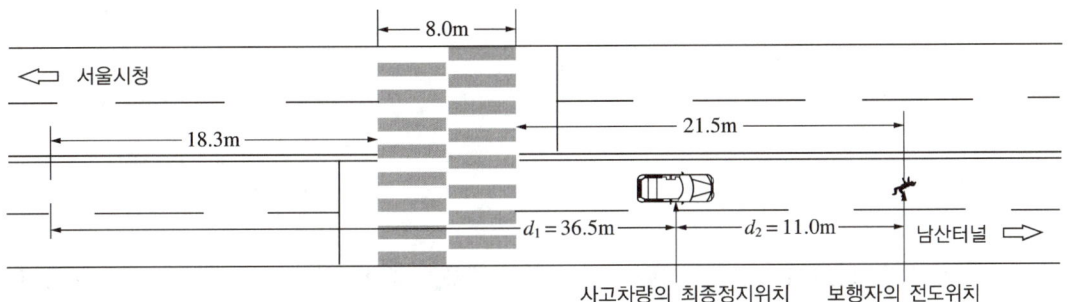

조 건

- 중력가속도(g) : 9.8m/s²
- 사고차량의 제동마찰계수 : 0.8
- 보행자의 전도마찰계수 : 0.5
- 감(가)속도 : $a = \mu \times g$
- 보행자가 사고차량의 보닛(Bonnet)에 올라탄 후 이탈높이 : 1.0m
- 적용식 : $v = \sqrt{2 \times \mu \times g \times d}$ $v_i = \sqrt{v_e^2 - 2ad}$ $v = \sqrt{2g} \times \mu \times \left(\sqrt{h + \dfrac{x}{\mu}} - \sqrt{h}\right)$

질 문

01 사고차량의 제동직전 속도는 얼마인가? (10점)

해설 $v = \sqrt{2 \times \mu \times g \times d} = \sqrt{2 \times 0.8 \times 9.8 \times 36.5} = 23.9 \text{m/s} = 86.1 \text{km/h}$

02 사고차량이 횡단보도 내에 위치할 때의 속도는 얼마인가? (10점)

해설
$$v_e = \sqrt{v_i^2 + 2ad} = \sqrt{23.9^2 + (-2 \times 0.8 \times 9.8 \times (18.3 \sim 26.3))}$$
$$= 12.6 \sim 16.9 \text{m/s} = 45.4 \sim 60.7 \text{km/h}$$

03 만일 사고차량이 스키드마크를 발생시키지 않고 보행자를 횡단보도 내에서 충돌한 경우 사고차량의 보행자 충돌속도는 얼마인가? (10점)

해설
$$v = \sqrt{2g} \times \mu \times \left(\sqrt{h + \frac{x}{\mu}} - \sqrt{h}\right)$$
$$= \sqrt{2 \times 9.8} \times 0.5 \times \left(\sqrt{1.0 + \frac{(21.5 \sim 29.5)}{0.5}} - \sqrt{1.0}\right)$$
$$= 12.5 \sim 14.9 \text{m/s} = 45 \sim 53.7 \text{km/h}$$

04 이 사고의 경우 사고차량 운전자는 충돌지점에 대해 정확히 알 수 없다고 진술한 반면 보행자는 횡단보도를 건너다 충돌되었다고 주장하는 상황으로, 사고차량과 보행자의 대략적인 충돌지점을 추정할 수 있는 방법에 대해 기술하시오. (20점)

해설 사고차량과 보행자의 충돌지점을 임의로 설정하고 사고차량의 제동구간에 따른 감속된 속도성분과 보행자 전도거리에 의한 사고차량의 충돌속도를 산출한 후 반복적으로 비교 검토하여 일치된 구간을 대략적인 충돌지점으로 추정할 수 있다.

문제 3 25점짜리 선택

문제

■ 다음 용어에 대하여 약술하시오. (7문항 중 5문항 선택)

01 충돌스크럽(Collision Scrub)

해설 차량이 심하게 충돌하고 있을 때, 파괴된 부분이 굴러가던 바퀴를 순간적으로 꽉 눌러 그 회전을 방해하게 된다. 동시에 충돌에 의해 노면에 대해 아래로 향하는 힘이 발생하게 되고, 이때 차량이 움직이고 있으면 타이어와 노면 사이에 순간적으로 심하게 문지르는 작용이 발생하여 노면에 생성된 불규칙한 형상의 타이어 흔적을 말한다.

02 요마크(Yaw Mark)

해설 요마크는 차량이 과속하다가 제동하지 않고, 급핸들 조작을 하게 되면, 차륜은 회전을 계속하면서도 다소 차축과 평행하게 옆으로 미끄러지며 발생한 타이어 흔적으로 타이어 발생방향과 타이어 마크상의 줄무늬가 빗살무늬 형태로 발생한다.

03 공주거리

해설 운전자가 위험을 인지하고, 브레이크를 밟아, 자동차가 실제 제동력이 발생할 때까지 차량이 주행하는 거리를 말한다.

04 노즈 다이브(Nose Dive or Nose Down)

해설 차량의 속도가 급감할 정도의 강한 제동이 차량에 작용하면, 차량의 무게중심이 차체 전방으로 이동되어, 전면은 지면 방향으로 쏠리게 되고, 상대적으로 후미 부분은 하늘 방향으로 올라가는 현상을 말한다.

05 차량의 축거(軸距)와 윤거(輪距)

해설 차량의 앞뒤 차축의 중심과 중심까지의 수평거리를 축거라고 말하며, 좌우 타이어의 접지면 중심에서 중심까지의 거리를 윤거라고 말한다. 복륜인 경우는 복륜 간격의 중심에서 중심까지의 거리이다.

06 교통사고처리특례법 12개 항목 중 5개 항목 기술

해설
① 신호 및 지시위반
② 중앙선침범, 고속도로에서 횡단·유턴·후진
③ 제한속도 20km/h 초과
④ 앞지르기 방법·시기·장소 위반 및 끼어들기 금지위반, 고속도로 앞지르기 위반
⑤ 건널목 통과방법 위반
⑥ 횡단보도에서 보행자 보호위반
⑦ 무면허 운전
⑧ 주취 및 약물복용 운전
⑨ 보도침범 및 보도통행방법 위반
⑩ 승객추락방지 의무 위반
⑪ 어린이보호구역에서 어린이의 안전에 유의하면서 운전하여야 할 의무를 위반하여 어린이의 신체를 상해(傷害)
⑫ 자동차의 화물이 떨어지지 아니하도록 필요한 조치를 하지 아니하고 운전한 경우

07 롤링(Rolling)과 피칭(Pitching)

해설 롤링 : 차체가 좌우로 흔들리는 것으로, 도로의 굴곡에 의해 발생하며, 좌우 차륜 흔적의 길이차가 발생할 가능성이 있다.
피칭 : 차체의 앞부분이 상하로 운동하는 것으로, 급제동을 할 때 생기는데 계속되지 않고 곧 없어진다.

| 문제 4 | 배점 : 50점 |

사고개요

퇴근하려고 사내 주차장에서 승용차를 출발하기 위해 브레이크 페달을 밟은 상태로 변속기어를 주차위치(P)에서 주행위치(D)로 변속하자마자 차량이 "윙" 하는 굉음을 내며 튕겨 나가 전방 약 10m에 위치한 콘크리트 옹벽을 충돌하였다고 운전자 이몽룡은 사고 상황에 대해 주장했다.

질문

01 이 사고의 쟁점사항은 차량결함에 의한 급(急)발진 여부에 있는데 이와 같은 사고유형의 조사방법에 대해 기술하시오.

해설 위 운전자의 주장처럼 운전자가 브레이크 페달을 밟은 상태에서 차량이 급가속하여 출발하게 되면 노면에 가속 스커프(Acceration Scurf)가 발생할 가능성이 높아 사고현장의 타이어 흔적을 유심히 살펴보아야 한다. 일반적인 승용차의 발진가속도(통상 $0.1g$)를 고려하여 출발지점에서 콘크리트 옹벽을 충돌할 때까지의 속도를 산출하여 실험자료에 근거한 차량 파손량에 따른 충돌속도와 비교해 보아야 하며, 사고차량의 엔진검사를 통해 엔진의 이상 유무를 조사하여야 한다.

문제 5 | 배점 : 50점

사고개요

승용차는 서울시청 방면에서 남산터널 방향으로 편도 2차로 중 1차로를 50km/h의 속도로 진행하다 신호등이 설치된 사고지점 교차로를 진입하던 중 좌측방향에서 우측방향으로 1차로 정지선에서 신호대기 후 출발하여 진행하던 이륜차의 우측면부위를 승용차의 전면부위로 충돌한 사고이다(단, 승용차 진행방향 직진신호가 꺼지고 나서 황색신호가 3초 동안 현시된 후 이륜차 진행방향 직진신호가 켜지는 신호체계임).

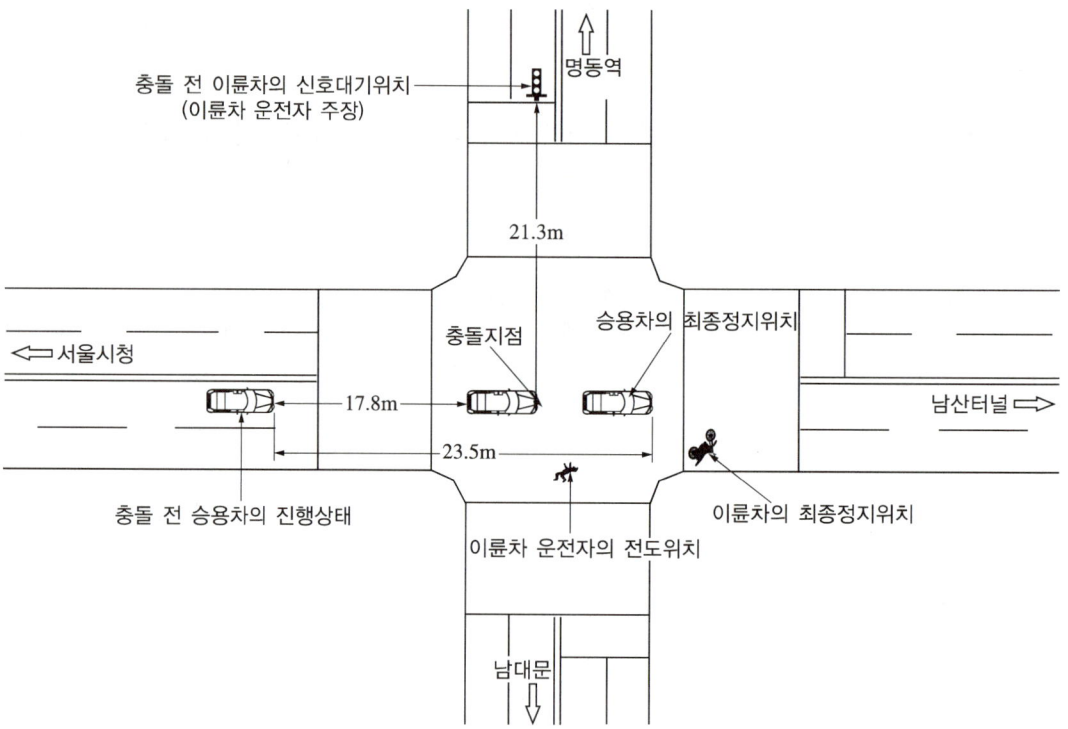

조건

- 충돌 전 사고차량은 등속으로 주행 가정
- 마찰계수(μ) : 0.8
- 중력가속도(g) : 9.8m/s²
- 감(가)속도 : $a = \mu \times g$
- 이륜차의 발진가속성능은 $0.2g$로 가정
- 적용식 : $d = v \times t$ $v_i = \sqrt{v_e^2 - 2ad}$

질 문

01 이륜차의 충돌지점 도달 시 속도는 얼마인가? (10점)

> 해설 $v_e = \sqrt{v_i^2 + 2ad} = \sqrt{0^2 + 2 \times 0.2 \times 9.8 \times 21.3} = 9.1\text{m/s} = 32.9\text{km/h}$

02 승용차의 교차로 진입시점(정지선 기준)부터 충돌지점 도달 시 소요시간은 얼마인가? (10점)

> 해설 $t = \dfrac{d}{v} = \dfrac{17.8}{13.9} = 1.28\text{s}$

03 이륜차의 교차로 진입시점(정지선 기준)부터 충돌지점 도달 시 소요시간은 얼마인가? (10점)

> 해설 $t = \dfrac{v_e - v_i}{a} = \dfrac{9.1 - 0}{0.2 \times 9.8} = 4.6\text{s}$

04 승용차 운전자는 직진신호가 켜져 있는 것을 보고 교차로에 진입하였다고 진술하고, 이륜차 운전자는 신호대기 후 직진신호에 출발하였다고 진술하고 있다. 반면 목격자는 없는 상황이다. 이와 같은 경우 신호위반 차량을 규명하는 방법에 대해 기술하시오. (20점)

> 해설 일반적으로 신호위반 사고의 경우 목격자가 없고 사고당사자들의 진술내용이 엇갈리는 상황에서 각 차량 운전자의 진술내용에 대한 신빙성을 검증하기 위해서는 각 차량들의 교차로 진입소요시간에 따른 교차로 진입상황을 비교 분석하여 사고장소의 신호체계(연동체계 포함)와 사고시간대의 교통여건 등을 근거로 신호위반 차량을 규명할 수 있다.

| 문제 6 | 배점 : 50점 |

사고개요

승용차는 곡선반경 $R = 30m$ 의 우로 굽은 편도 1차로의 도로를 불상의 속도로 진행하다 중앙선을 넘어가 좌측으로 전도되어 맞은편에서 진행하던 화물차와 충돌한 사고이다.

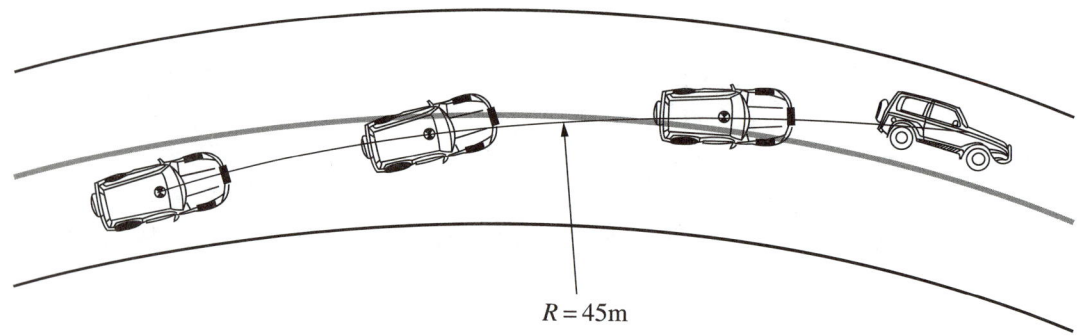

$R = 45m$

조건

- 중력가속도(g) : 9.8m/s²
- 승용차의 중량 : 1,600kg
- 승용차의 윤거 : 1.5m
- 승용차의 무게중심 높이 : 0.5m
- 승용차의 무게중심 선회궤적 : 45m
- 적용식 : $v = \sqrt{\dfrac{gTR}{2h}}$

질문

01 사고차량이 전도되는 시점의 속도는 얼마인가? (25점)

해설　$v = \sqrt{\dfrac{gTR}{2h}} = \sqrt{\dfrac{9.8 \times 1.5 \times 45}{2 \times 0.5}} = 25.7\mathrm{m/s} = 92.6\mathrm{km/h}$

02 사고차량이 곡선구간을 선회하는 과정에서 전도되는 원인에 대해 구체적으로 기술하시오. (25점)

해설　차량이 무리하게 높은 속도로 선회하려 하면 차체는 선회반경 외측으로 작용하는 원심력이 작용하게 되고 노면에 접지된 차륜에 의해 차체를 안쪽으로 되돌리려는 힘이 작용하게 된다. 속도가 높을수록 또는 선회반경이 작을수록 원심력이 크게 작용하여 차체를 되돌리려는 힘보다 커지게 되면 내측 차륜이 들리면서 옆으로 넘어지는 전도과정에 이른다.

문제 7 배점 : 25점

사고개요

택시가 전방에 도로를 횡단 중인 보행자를 발견하고 약 20m 스키드마크를 생성시킨 후, 핸들을 좌측으로 급격하게 조작하여 요마크를 생성시키고 나서 최종 정지하였다.

조건

$$R = \frac{C^2}{8M} + \frac{M}{2}$$

$$V_1 = \sqrt{127Rf}$$

  R : 무게중심 궤적에 따른 곡선반경(약 35m)
  f : 횡미끄럼 마찰계수(0.8을 적용)

$$V_2 = \sqrt{254fd}$$

  f : 마찰계수 0.8
  d : 제동흔적 길이 20m

$$V_{합성속도} = \sqrt{V_1^2 + V_2^2}$$

질문

01 무게중심의 궤적에 의한 요마크의 현(C)은 35m, 중앙종거(M)가 3.6m인 경우 곡선반경은? (5점)

해설
$$R = \frac{C^2}{8M} + \frac{M}{2}$$
$$= \frac{35^2}{8 \times 3.6} + \frac{3.6}{2}$$
$$= 44.33\text{m}$$

02 위 곡선반경(R)을 근거로, 요마크 발생 직전의 승용차의 속도는? (5점)

해설
$$V_1 = \sqrt{127Rf}$$
$$= \sqrt{127 \times 0.8 \times 44.33}$$
$$= 67.1\text{km/h}$$

  R : 무게중심 궤적에 따른 곡선반경(약 44.33m)
  f : 횡미끄럼 마찰계수(0.8)

03 스키드마크에 근거한 승용차의 속도는? (5점)

해설
$$V_2 = \sqrt{254fd}$$
$$= \sqrt{254 \times 0.8 \times 20}$$
$$= 63.75 \text{km/h}$$

f : 마찰계수 0.8
d : 제동흔적 길이 20m

04 요마크와 스키드마크를 합성한 제동직전 승용차의 속도는? (10점)

해설 속도 합성 공식
$$V_{합성속도} = \sqrt{V_1^2 + V_2^2}$$
$$= \sqrt{67.11^2 + 63.75^2}$$
$$= 92.56 \text{km/h}$$

문제 8 배점 : 25점

질문

01 이륜차(오토바이) 사고에서 운전자를 규명할 수 있는 방법에 대하여 서술하시오. (25점)

해설 ① 운전자에 비해 뒷좌석 탑승자는 관성력에 의해 던져지듯이 전방으로 날아간다.
② 운전자는 무릎, 손, 흉부 등에 손상이 나타날 가능성이 높고 동승자는 전방으로 날아가는 거리가 보통 길어진다.
③ 운전자는 허리 밑 부위가 오토바이 핸들 등에 걸려 앞으로 운동하는 데 방해를 받게 되고 순간 핸들을 지지하려는 힘 때문에 오토바이로부터 쉽게 이탈되지 않는 경향이 있다.

문제 9 배점 : 25점

질문

■ 다음 용어에 대하여 약술하시오. (각 5점)

01 운동의 법칙 중 제3법칙(작용반작용의 법칙)

해설 물체에 힘을 가하면 작용한 힘과 크기가 같고 반대 방향인 반작용의 힘이 작용한 물체에 미치게 되는 것을 말한다.

02 스크래치(Scratch)

해설 미끄러진 금속 물체에 의해 단단한 포장 노면에 가볍게 불규칙적으로 좁게 나타나는 긁힌 자국

03 요마크(Yaw Mark) 발생원리

해설 차량이 과속하다가 제동하지 않고, 핸들을 급격하게 조작하게 되면, 차륜은 회전을 계속하면서도 다소 차축과 평행하게 옆으로 미끄러지며 발생한 타이어(Tire) 흔적으로, 타이어 발생방향과 타이어 마크상의 줄무늬가 빗살무늬 형태로 발생한다.

04 자동차 전구의 백화현상

해설 전구의 리크나 균열로 인하여 산소가 내부로 들어갔거나, 전구 내부의 오염에 의하여 내부가스 성분의 연소로 발생한다.

05 가우지(Gouge)

해설 차량의 프레임, 트랜스미션 하우징, 컨트롤암 등과 같이 노면과 가까운 하체의 강한 금속부분에 의해 노면이 파인 자국으로, 형태에 따라 칩, 찹, 그루브 등으로 나뉜다.

문제 10 배점 : 25점

사고개요

차량이 제방에서 이탈하여 수평거리 25m, 높이 6m 아래인 지점으로 추락하였다.
(단, 차량이 이탈한 곳의 노면의 경사는 평탄하다고 가정함)

질 문

01 자동차가 이탈하여 비행하기 시작했을 때의 속도는 얼마인가? (15점)

해설

$$V_{추락속도} = D\sqrt{\frac{g}{2h}}$$
$$= 25\sqrt{\frac{9.8}{2\times 6}}$$
$$= 22.59 \text{m/s} = 81.3 \text{km/h}$$

D : 25m
g : 중력가속도(9.8m/s^2)
h : 6m

02 차량이 제방에서 이탈하여 지면에 도달하기까지의 시간(공중을 비행한 시간)은 얼마인가? (10점)

해설

$$t = \frac{d}{v} = \frac{25}{22.59} = 1.10\text{s}$$

문제 11 배점 : 25점

질 문

01 교통사고의 구성요건에 대해 서술하시오.

해설
① 도로 등에서 발생한 사고
② 차량에 의한 사고
③ 차의 교통으로 인하여 발생한 사고
④ 피해의 결과가 있는 경우

문제 12 배점 : 25점

질 문

01 운동량 보존의 법칙에 대하여 서술하시오.

해설
① 뉴턴은 물체의 질량에 속도를 곱한 것이 그 물체가 소유한 운동량이라 하였다(운동량 $p=mv$, m : 질량, v : 속도).
② 물체들 사이에 서로 힘이 작용하여 속도가 변하더라도 외력이 작용하지 않는 한 전체의 운동량은 일정하게 보존된다.

| 문제 13 | 배점 : 25점 |

사고개요

동일방향으로 앞서가던 A차량이 갑자기 중앙선을 넘어 불법으로 좌회전하는 것을 70km/h 속도로 뒤따라 가던 B차량이 급제동하면서 중앙선을 넘어 추돌했다.

질 문

01 B차량이 정상적인 스키드마크(Skid Mark)를 남겼다면 그 길이는 몇 m일까? (10점)

(참고 : $V=\sqrt{254\times(f \mp 경사값)\times d}$, V = 속도, f = 마찰계수 0.8 적용, 경사값 = 0, 추돌에 의한 감속에너지는 무시할 것)

> **해설** $d=\dfrac{70^2}{254\times 0.8}=24.1\text{m}$

02 A, B차량의 과실 및 사고원인 행위에 대하여 기술하시오. (15점)

> **해설** A차량은 유턴이 금지된 중앙선에서 회전하였기 때문에 도로교통법 제13조 제3항 중앙선 침범 행위에 해당된다. 그리고 B차량은 앞서가는 차량이 갑자기 정지하더라도 추돌하지 않을 안전한 거리를 유지하여야 함에도 이를 위반한 과실이 있다.

문제 14 | 배점 : 25점

사고개요

사고 차량에 의해 발생된 스키드마크(Skid Mark)가 평탄한 도로상에서 직선으로 좌측 30m, 우측 24m가 발생되었다.
(참조 : $f = 0.8$, d = 스키드마크 길이)

질 문

01 편제동(偏制動)에 의한 경우라 가정하고, 스키드마크에 의한 속도를 산출하시오. (10점)

해설 | 좌, 우측 스키드마크의 길이를 합산하여 둘로 나누어 평균값을 적용한다.
$v = \sqrt{254 \times 0.8 \times 27} = 74.07 \text{km/h}$

02 편심(偏心) 및 롤링에 의한 경우라고 가정하고, 스키드마크에 의한 속도를 산출하시오. (15점)

해설 | 스키드마크의 길이 중 가장 긴 것을 적용하여 계산한다.
$v = \sqrt{254 \times 0.8 \times 30} = 78.07 \text{km/h}$

문제 15 | 배점 : 25점

질 문

01 소성변형량으로부터 이륜차(오토바이)의 속도 추정은?

해설 | 이륜차의 승용차 옆면에 대한 돌진 옆면 충돌(장벽충돌)사고에서는 우선 승용차의 차체에 이륜차의 앞바퀴가 충돌하여 앞 호크가 뒤로 굽어지게 된다.
이때 충돌속도가 크면 후퇴한 앞바퀴가 엔진에 닿게 되는데, 엔진은 강성이므로, 앞바퀴가 변형되기 시작하여 앞뒤 방향에서 압축되어 타원형으로 찌그러들게 되므로 이때 이륜차가 흡수한 운동에너지의 값을 실험을 통해 산출된 계산식을 이용한다.

제 2 회 과년도 기출복원문제(2)

문제 1   배점 : 50점

사고개요

2004년 10월 3일 17시 30분경 서울 영맨 배드민턴 동호회 소속 회원 40명이 45인승 관광버스를 타고 설악산으로 단풍구경을 다녀오던 중 강원도 소재 커브 길에서 운전자의 부주의로 다음 그림과 같이 스키드마크를 생성하면서 낭떠러지로 추락하여 7명 사망, 34명의 부상자가 발생하는 대형교통사고가 발생하였다.

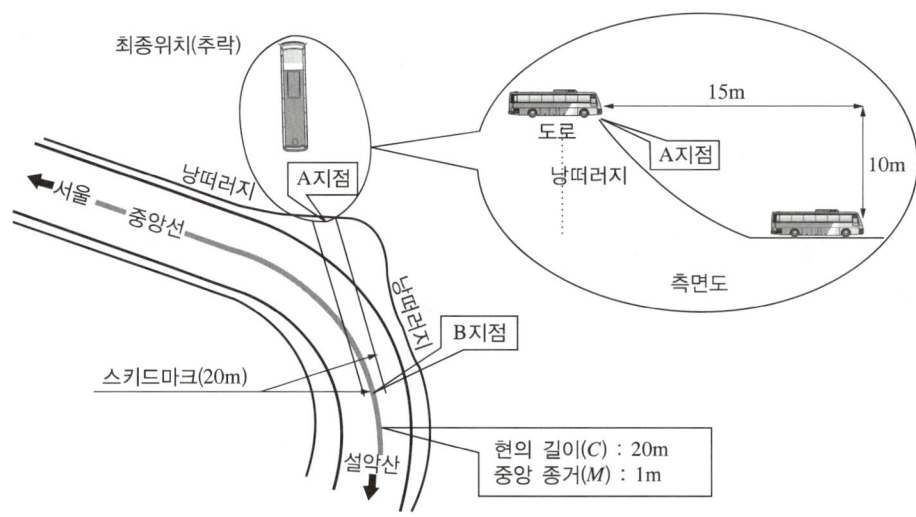

조건

- 견인계수 : 0.6(본선 도로와 길 어깨 부분의 포장은 같은 조건이며 경사도는 없음)
- 스키드마크의 길이 : 20m
- 중력가속도(g) : 9.8m/s²
- 추락 시 수평이동거리(D) : 15m
- 추락 시 수직이동거리(h) : 10m
- 추락속도 산출공식 : $V_{추락속도} = D\sqrt{\dfrac{g}{2h}}$
- 합성속도 공식 : $V_{합성속도} = \sqrt{V_1^2 + V_2^2}$

질문

01 추락시점에서의 속도를 구하는 계산식을 유도하시오. (10점)

해설 추락시점의 속도식

$D = V \cdot t$ 와 $h = \dfrac{1}{2}gt^2$ 에서

$t = D/V$를 대입하면 $h = \dfrac{1}{2}g\left(\dfrac{D}{V}\right)^2$

따라서, $V_{추락속도} = D\sqrt{\dfrac{g}{2h}}$

02 사고차량의 추락 시(A지점) 속도는 얼마인가? (10점)

해설 추락속도 산출 공식

$V_{추락속도} = D\sqrt{\dfrac{g}{2h}}$

D : 15m
g : 중력가속도(9.8m/s²)
h : 10m

$\therefore V_{추락속도} = 15\sqrt{\dfrac{9.8}{2 \times 10}}$
$\qquad\qquad = 10.5\text{m/s} = 37.8\text{km/h}$

03 사고차량이 추락하는 데 걸린 시간은 얼마인가? (10점)

해설 $t = \sqrt{\dfrac{2h}{g}} = \sqrt{\dfrac{2 \times 10}{9.8}} = 1.43$초

04 사고차량의 제동직전 속도는 얼마인가? (10점)

해설 스키드마크 산출 공식

$$V_{스키드마크} = \sqrt{2 \times \mu \times g \times d}$$
$$= \sqrt{2 \times 0.6 \times 9.8 \times 20}$$
$$= 15.3 \text{m/s} = 55.1 \text{km/h}$$

합성속도 공식

$$V_{합성속도} = \sqrt{V^2_{추락속도} + V^2_{스키드마크}}$$
$$= \sqrt{37.8^2 + 55.1^2}$$
$$= 66.8 \text{km/h} = 18.56 \text{m/s}$$

05 사고구간 중앙선의 곡선반경은 얼마인가? (10점)

해설 곡선반경 산출 공식

$$R = \frac{C^2}{8 \times M} + \frac{M}{2} = \frac{20^2}{8 \times 1} + \frac{1}{2}$$
$$= 50 + 0.5 = 50.5 \text{m}$$

(C : 현의 길이, M : 중앙종거)

문제 2 배점 : 25점

사고개요

차량이 커브 길을 달리던 중 과속으로 인해 옆으로 미끄러진다고 할 때

조 건

- 견인계수 : 0.7
- 중력가속도(g) : 9.8m/s^2
- 중앙종거 : 2.5m
- 현의 길이 : 40m
- 요마크 발생시점의 중앙종거 : 0.5m
- 요마크 발생시점의 현의 길이 : 30m

질 문

01 요마크로부터 곡선 반경 구하는 공식을 유도하시오. (10점)

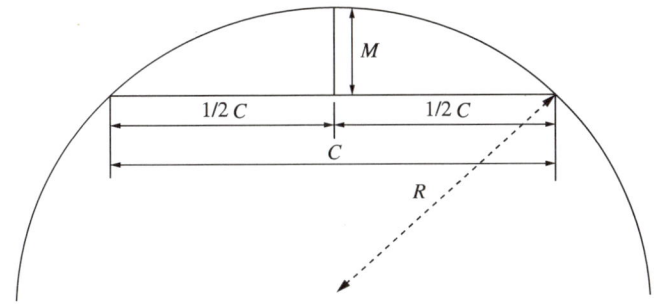

해설 C : 현의 길이, M : 중앙종거라 할 때
피타고라스의 정리를 이용하여

$R^2 = \left(\dfrac{C}{2}\right)^2 + (R-M)^2$ 이 되고

이를 풀이하면

$R^2 = \dfrac{C^2}{4} + R^2 - 2MR + M^2$

$2MR = \dfrac{C^2}{4} + M^2$

따라서 $R = \dfrac{C^2}{8M} + \dfrac{M}{2}$

02 요마크 발생시점에서의 선회속도를 구하시오. (10점)

> **해설**
> $R = \dfrac{C^2}{8 \times M} + \dfrac{M}{2} = \dfrac{30^2}{8 \times 0.5} + \dfrac{0.5}{2} = 225.3\text{m}$
> $V = \sqrt{\mu \times g \times R} = \sqrt{0.7 \times 9.8 \times 225.3} = 39.3\text{m/s} = 141.5\text{km/h}$

03 한계 선회속도를 구하시오. (5점)

> **해설**
> $R = \dfrac{C^2}{8 \times M} + \dfrac{M}{2} = \dfrac{40^2}{8 \times 2.5} + \dfrac{2.5}{2} = 81.25\text{m}$
> $V = \sqrt{\mu \times g \times R} = \sqrt{0.7 \times 9.8 \times 81.25} = 23.61\text{m/s} = 85\text{km/h}$

문제 3 배점 : 50점

사고개요

신호가 정상적으로 작동되는 교차로 횡단보도에서 쏘나타 승용차가 보행자를 충격하였다. 쏘나타 승용차는 정지선에서 신호대기 후 녹색신호를 받고 출발하였다고 주장하고 있는 사고이다.

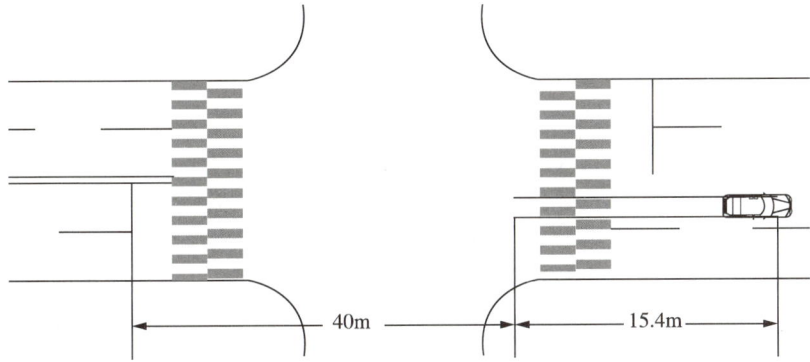

조 건

- 차량은 정지선에서 40.0m 진행한 후, 스키드마크 15.4m를 생성함
- 차량의 최대 발진성능은 $0.17g$로 가정
- 사고차량의 마찰계수 : 0.8(도로경사 없음)
- 정지선에서 출발 시 가속소요시간 산출 공식 : $t = \sqrt{\dfrac{2d}{a}}$

질 문

01 사고차량의 제동직전 속도는 얼마인가? (15점)

해설
$$\begin{aligned} V &= \sqrt{2 \times g \times f \times d} \\ &= \sqrt{2 \times 9.8 \times 0.8 \times 15.4} \\ &= 15.54 \text{m/s} \\ &= 55.9 \text{km/h} \end{aligned}$$

02 사고차량이 정지선에서 출발하여 제동흔적 발생시점까지 약 40.0m를 차량의 최대 가속성능인 0.17g로 가속 진행할 경우 소요시간은? (15점)

해설
$$t = \sqrt{\frac{2d}{a}}$$
$$= \sqrt{\frac{2 \times 40}{0.17 \times 9.8}}$$
$$= 6.93초$$

03 쏘나타 운전자 주장처럼 정지선에서 출발하여 40.0m를 진행했을 때의 속도를 구하고, 쏘나타 운전자 주장의 타당성 여부를 판단하고 근거를 기술하시오. (20점)

해설
$V_{도달속도} = at$
$= 0.17 \times 9.8 \times 6.93$
$= 11.55\text{m/s} = 41.6\text{km/h}$

운전자 진술은 타당성이 없음
근거 : 사고 차량이 정지선에서 출발하였을 경우의 스키드 마크 시작 지점의 도달속도(41.6km/h)보다 제동흔적 발생 직전의 진행속도(55.9km/h)가 훨씬 빠르므로, 사고 차량이 교차로 진입 전 신호대기 후 출발하였을 가능성보다는 정지하지 않고 그대로 진행하였을 가능성이 크다.

문제 4 배점 : 25점

01 Newton 법칙에 대해 서술하시오. (10점)

> **해설** ① 뉴턴 제1법칙(관성의 법칙)
> 　　모든 물체는 무언가 힘이 작용하지 않으면, 정지 상태의 물체는 계속 정지 상태에 있을 것이며 운동 중인 물체는 속력이나 방향의 변화 없이 계속 운동할 것이다. 이 법칙은 운동과 힘의 인과 관계를 언급하고 있으며 힘은 운동의 상태를 변화시킨다. 예를 들면 움직이고 있는 버스 안에 서 있을 때 갑자기 버스가 멈추면 사람은 앞으로 튀어나가게 된다. 이는 사람은 버스와 같이 계속 움직이려는 성질을 가지고 있는데 버스가 갑자기 멈춤으로 인해 관성에 의해 몸이 앞으로 나아가게 된다.
> ② 뉴턴 제2법칙(가속도의 법칙 혹은 운동량의 법칙)
> 　　운동의 변화는 가해진 힘에 비례하고 힘이 가해지는 방향을 따라 일어난다. 어느 물체에 힘을 가하면 그 힘이 작용하는 방향으로 가속도가 생기고 이때 가속도의 크기는 작용하는 힘에 비례하고 물체의 질량에는 반비례한다. 즉 이를 식으로 나타내면 $a = F/m$으로 표현할 수 있다. 뉴턴은 운동이 의미하는 바가 속도와 질량의 곱임을 밝히고 있다. 질량 m과 속도 v의 곱을 운동량이라 부른다.
> ③ 뉴턴 제3법칙(작용반작용의 법칙)
> 　　모든 작용(힘)에 대해 반작용이 있고 작용과 반작용의 힘은 같은 크기이며 반대 방향이고, 서로 다른 물체에 작용한다. "다른 물체를 당기거나 누르는 모든 것은 똑같은 크기로 다른 것에 의해 당겨지거나 눌려진다." 손가락으로 돌을 누르면 손가락 역시 돌에 의해 눌려진다. 예를 들면 로켓이나 제트기가 발사될 때 그 추진력을 뒤쪽으로 분사함으로써 앞으로 나아가는 이치이다.

02 베이퍼 록(Vapor Lock) 현상에 대해 서술하시오. (5점)

> **해설** 연료공급 파이프 등에서 주위의 온도가 높아지면 연료온도도 상승되어 연료 내에 녹아있던 증기가 기화되어 기포를 형성하게 되면 이 기포의 압축성에 의해 연료의 이동이 원활하게 이루어지지 않는 현상이다.

03 페이드(Fade) 현상에 대해 서술하시오. (5점)

> **해설** 자동차가 내리막길을 장시간 주행할 때 계속 브레이크를 밟고 있으면 드럼과 슈의 마찰에 의해 열이 발생하게 되고 이 열에 의해 마찰면의 마찰력이 저하되어 제동이 잘되지 않는 현상을 말한다. 따라서 내리막길에서는 엔진 브레이크를 사용하여 풋 브레이크로 인한 열이 발생하는 것을 막아줄 필요성이 있다.

04 크리프(Creep) 현상에 대해 서술하시오. (5점)

> **해설** 자동변속기에서 레버를 중립으로 놓았을 때 자동차가 완전히 정지하지 않고 조금씩 움직이는 현상을 말한다.

제 3 회 과년도 기출복원문제(3)

문제 1 배점 : 50점

사고개요 및 현장상황도

신호등이 설치되어 있는 평탄한 직각 교차로에서 A차량은 북 → 남 방향으로 직진하고 B차량은 동 → 서 방향으로 직진하던 중 교차로 내에서 직각 충돌하는 사고가 발생했고, 뒤이어 서 → 동 방향으로 직진하던 C차량이 교차로 내에서 A차량과 충돌했다.

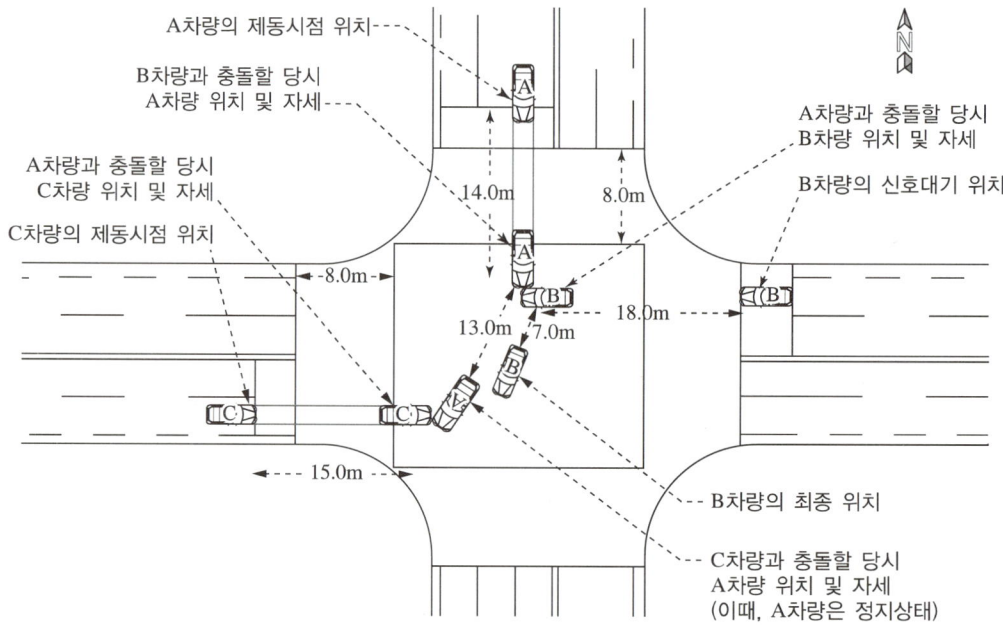

현장자료

※ 현장상황도 참고
- A차량 제동에 의한 스키드마크는 좌우 동일하게 14.0m로 B차량 충돌지점까지 발생했음
- C차량 제동에 의한 스키드마크는 좌우 동일하게 15.0m로 A차량 충돌지점까지 발생했음
- A차량과 B차량이 충돌한 후, A차량은 충돌 전 A차량 진행방향을 기준으로 우측 전방 20° 각도로 13.0m 이동한 지점에 정지해있던 중 C차량과 충돌했고, B차량은 충돌 전 B차량 진행방향을 기준으로 좌측 전방 80° 각도로 7m 이동한 지점에 최종 정지했음
- B차량은 위 그림과 같이 신호대기 위치에서 신호대기하였다가 출발하였음

조건

- 현장상황도는 Non Scale로 비례척이 아니므로, 현장상황도를 근거로 거리 또는 각도를 측정하지 말 것
- A차량과 B차량 간 충돌은 1회만 발생했고, A차량 질량은 1,200kg이고 B차량 질량은 900kg
- A차량과 C차량의 제동구간 견인계수는 0.8로 동일하며, A차량과 C차량 모두 제동 전까지는 등속으로 진행
- A차량과 B차량 간 충돌이 발생한 후 양 차량이 이동한 구간의 견인계수는 0.6으로 동일
- B차량이 신호대기 후 출발하여 A차량과 충돌하기까지 등가속한 구간은 18.0m
- A차량과 충돌할 당시 C차량 속도는 25km/h
- C차량 운전자는 A차량과 B차량이 충돌하는 순간 위험을 인지하고 제동행위를 취했으며, C차량 운전자의 인지반응시간은 1.5초
- 중력가속도는 9.8m/s²
- 질문에 대해 풀이과정과 단위(속도 단위는 m/s)를 기술하고, 소수점 셋째 자리에서 반올림할 것

질문

01 C차량이 제동을 시작할 당시 속도를 구하시오. (10점)

해설
$$\left(\frac{25}{3.6}\right)^2 - v_c^2 = 2 \times 0.8 \times (-9.8) \times 15$$
$$\therefore v_c = 16.84 \text{m/s}$$

02 A차량과 B차량 간 충돌에서 A차량과 B차량의 충돌 후 속도를 각각 구하시오. (10점)

해설
$$v = \sqrt{2\mu gd}$$
$$v_A = \sqrt{2 \times 0.6 \times 9.8 \times 13} = 12.36 \text{m/s}$$
$$v_B = \sqrt{2 \times 0.6 \times 9.8 \times 7} = 9.07 \text{m/s}$$

03 B차량과 충돌한 A차량이 정지하고 몇 초 후에 C차량이 A차량과 충돌했는지 구하시오. (10점)

해설 1) C 차량제동-충돌까지 시간 : t_1
$v = v_0 + at$
$6.94 \text{m/s} = 16.84 \text{m/s} + (-9.8) \times 0.8 \times t$
$t_1 = 1.26$초 → 공주시간 : 1.5초
총 시간 = 1.26 + 1.5 = 2.76초

2) A, B충돌-C충돌시간 : t_2
$v = v_0 + at$
$0 = 12.36 + (-0.6) \times 9.8 \times t_2 \quad t_2 = 2.1$초
∴ 2.76 - 2.1 = 0.66초

04 A차량과 B차량 간 충돌에서 A차량과 B차량의 충돌속도를 각각 구하시오. (10점)

해설 $m_A v_A + m_B v_B = m_A v'_A + m_B v'_B$
x성분 : $0 + 900 v_B = 1{,}200 \times 12.36 \sin 20° + 900 \times 9.07 \sin 10°$
∴ $v_B = 7.21 \text{m/s}$
y성분 : $1{,}200 v_A + 0 = 1{,}200 \times 12.36 \cos 20° + 900 \times 9.07 \cos 10°$
∴ $v_A = 18.31 \text{m/s}$

05 B차량이 신호대기 후 출발하여 A차량과 충돌하기까지 소요시간을 구하시오. (10점)

해설 $v_2^2 - v_1^2 = 2ad$
$7.21^2 - 0 = 2 \times a \times 18 \qquad a = 1.44 \text{m/s}^2$
$v = v_0 + at$
$7.21 = 0 + 1.44 t$
∴ $t = 5.01$초

문제 2 배점 : 50점

사고개요

- 다음 도면과 같이 A교차로에서 신호 대기하던 승용차가 진행방향 신호(1현시)가 점등됨과 동시에 출발하여 진행하다, B교차로에서 우회전하던 오토바이와 충돌한 사고임
- 승용차 진행방향으로 A와 B교차로의 정지선 간 거리는 241m이며 A와 B교차로 신호현시 관계를 도면에 함께 나타냄

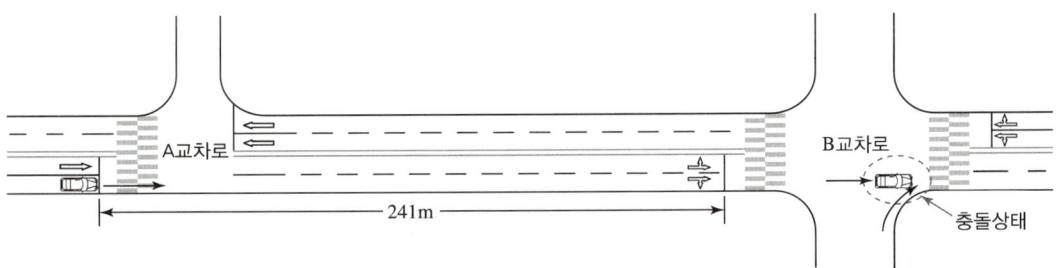

A교차로			
약 도		1현시(주현시)	2현시
		→ ←	↓↲
	Split (시간분할)	70초(황색 3초 포함)	30초(황색 3초 포함)
	Cycle (주기)	100초	
	Offset (옵셋)	30초	

B교차로					
약 도		1현시(주현시)	2현시	3현시	4현시
		↙→	←↲	↓↑	↓↑
	Split (시간분할)	30초(황색 3초 포함)	30초(황색 3초 포함)	20초(황색 3초 포함)	20초(황색 3초 포함)
	Cycle (주기)	100초			
	Offset (옵셋)	15초			

승용차 운전자의 진술

- A교차로에서 진행방향 신호(1현시)가 점등됨과 동시에 출발하여 B교차로에 진입 전 자신의 진행방향 신호기에 녹색등화를 보았고, 교차로에 진입한 후에도 계속된 녹색등화였다고 함
- 정지상태에서 60km/h까지 연속적으로 가속하여 이후 60km/h로 등속주행하였다고 함

조건

- 승용차 운전자로 하여금 사고차량을 이용, 정지상태에서 60km/h까지 연속적인 가속테스트를 실시하였으며, 그 결과는 다음 표와 같음

속 도	가속도
0 → 30km/h	$0.3G$
30 → 60km/h	$0.15G$

- 승용차는 60km/h 도달 후 충돌 시까지 등속주행함
- 계산식의 경우, 관계식 및 풀이과정을 단위와 함께 기술하시오.
- 각 질문마다 소수점 둘째 자리에서 반올림함

질 문

01 가속테스트값을 근거로, 사고 승용차가 A교차로 정지선에서 출발하여 60km/h까지 가속하는 데 소요된 시간과 거리를 각각 구하시오. (10점)

해설
1) 0~30km/h 구간
$v = v_0 + at$
$\frac{30}{3.6} = 0 + 0.3 \times 9.8t$ ∴ $t = 2.8$초
$d = v_0 t + \frac{1}{2} \times a \times t^2 = 0 + \frac{1}{2} \times 0.3 \times 9.8 \times 2.8^2 = 11.5$m

2) 30~60km/h 구간
$v = v_0 + at$
$\frac{60}{3.6} = \frac{30}{3.6} + 0.15 \times 9.8t$ ∴ $t = 5.7$초
$v_2^2 - v_1^2 = 2ad$
$16.7^2 - 8.3^2 = 2 \times 0.15 \times 9.8 \times d$
∴ $d = 71.4$m

02 가속테스트값을 근거로, 승용차가 A교차로 정지선에서 출발하여 B교차로 정지선까지 241m을 진행하는 데 소요되는 시간을 구하시오. (10점)

해설
1) 0~60km/h 소요거리 $= 11.5 + 71.4 = 82.9$m
60km/h 정속주행거리 $= 241 - 82.9 = 158.1$m
시간 $t = \frac{거리}{속도} = \frac{158.1}{60/3.6} = 9.5$초

2) 0~60km/h 걸린 시간
0에서 60km/h까지 걸린 시간은 $2.8 + 5.7 = 8.5$초
60km/h 정속 시 걸린 시간은 9.5초
∴ $8.5 + 9.5 = 18$초

03 다음에서 설명한 신호관련 용어를 쓰시오. (5점)

> **보기**
> 어떤 기준값으로부터 녹색등화가 켜질 때까지의 시간차를 초 또는 %로 나타낸 값으로 연동 신호 교차로 간의 녹색등화가 켜지기까지의 시차

해설 옵셋(Offset)

04 A교차로와 B교차로의 사고 승용차 진행방향 녹색등화가 점등되는 순서와 시간차를 구하고 그 이유에 대해서 설명하시오. (10점)

해설

	0~20초	40	60	80	100초
A신호		1현시		2현시	
	옵셋 (15초)				
B신호	4현시	1현시		2현시	3현시
승용차		주행(A-B 교차로 간 18초 소요)			

A신호가 녹색 시 승용차가 출발하여 B신호까지 241m 주행하는 데 소요된 시간은 18초이고 A, B교차로의 신호 Offset이 15초이므로 승용차가 B교차로에 도달하기 3초 전에 이미 B신호등이 녹색으로 바뀌었음

05 [질문1~4] 내용을 종합하여, 사고 승용차가 B교차로 정지선에 도달할 당시 신호관계를 규명하여 승용차 운전자 진술의 타당성을 검증하시오. (15점)

해설 승용차가 B교차로에 도달하기 3초 전에 이미 B신호등이 녹색 직진신호로 바뀌었기 때문에 B교차로에 진입하여 통과할 때까지 녹색신호이므로 운전자의 진술에 타당성이 있다.

| 문제 3 | 배점 : 25점 |

사고개요

다음 그림과 같이 20°경사면에 주차되어 있던 질량 1,800kg인 A차량이 브레이크가 풀리면서 경사면 아래로 진행하여 콘크리트 옹벽을 정면으로 충돌하는 사고가 발생하였다.

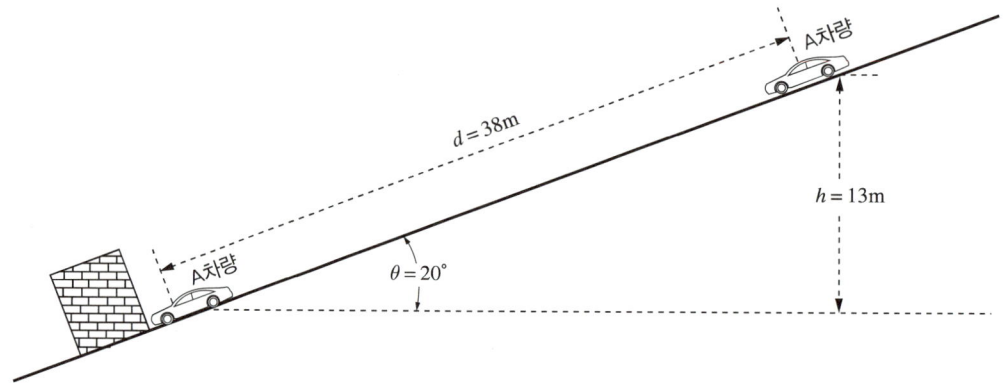

조 건

- A차량이 내려가는 동안 노면 마찰력(저항력)과 공기저항은 없는 것으로 전제함
- 계산식의 경우, 관계식 및 풀이과정을 단위와 함께 기술하시오.
- 각 질문마다 소수점 둘째 자리에서 반올림함

질 문

01 13m 높이에 있던 A차량의 위치에너지를 구하시오. (5점)

해설 $E_p = mgh$
$= 1,800 \times 9.8 \times 13$
$= 229,320 \text{kg} \cdot \text{m/s}^2 \cdot \text{m}$
$= 229,320 \text{N} \cdot \text{m} (= \text{J})$

02 A차량이 d거리를 내려가는 동안 한 일(Work)의 양을 구하시오. (5점)

해설
$w = F \times d$
$= mg \times \sin 20° \times d$
$= 1,800 \text{kg} \times 9.8 \text{m/s}^2 \times \sin 20° \times 38 \text{m}$
$≒ 229,263 \text{N} \cdot \text{m}$

03 충돌 당시 A차량의 속도를 구하시오. (10점)

해설
$mgh = \frac{1}{2}mv^2$
$v = \sqrt{2gh} = \sqrt{2 \times 9.8 \times 13}$
$= 16 \text{m/s}$

04 A차량이 충격한 콘크리트 옹벽을 질량 무한대인 고정 장벽으로 볼 경우, A차량 전면 손상부위에 작용된 유효충돌속도를 구하시오. (5점)

해설 $16 - 0 = 16 \text{m/s}$

문제 4   배점 : 25점

현장상황

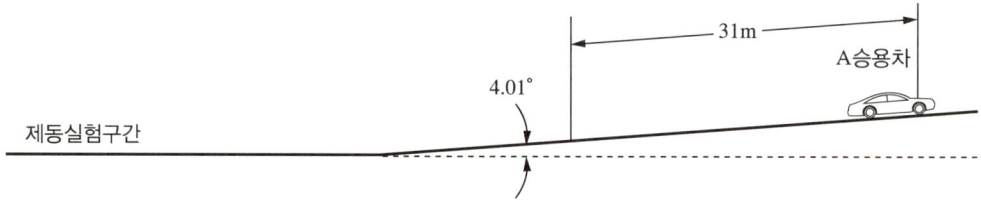

- 오르막(4.01°)도로를 진행하던 A승용차가 급제동하며 보행자를 충돌하는 사고가 발생하였다.
- 급제동 구간의 노면 마찰계수 값을 알아보기 위해 A승용차를 이용하여 제동실험을 2회 실시하였는데, 실험은 사고가 있었던 오르막 구간 이전의 평탄한 구간에서 하였으며 그 결과는 다음과 같음
- 현장상황 그림은 Non Scale로 비례척이 아님

	제동 시 속도	급제동 구간의 거리	마찰계수
1회	80km/h	30.0m	
2회	75km/h	27.0m	

질 문

01   위 제동실험의 결과로부터 제동실험 구간의 평균마찰계수를 구하시오. (5점)

해설 $v = \sqrt{2\mu g d}$

$\left(\dfrac{80}{3.6}\right)^2 = 2 \times \mu_1 \times 9.8 \times 30 \rightarrow \mu_1 = 0.84$

$\left(\dfrac{75}{3.6}\right)^2 = 2 \times \mu_2 \times 9.8 \times 27 \rightarrow \mu_2 = 0.82$

∴ 평균마찰계수 $= \dfrac{0.84 + 0.82}{2} = 0.83$

02   사고지점인 오르막(4.01°)구간의 견인계수를 구하시오. (5점)

해설 $f = \mu \pm G$ (+ : 오르막, − : 내리막)
$= 0.83 + \tan(4.01°) = 0.83 + 0.07 = 0.9$

03 사고 당시 A승용차는 오르막(4.01°)구간에서 31.0m 급제동 후 정지하였다. A승용차의 급제동 전 진행속도를 구하시오. (5점)

> **조건**
> - 계산된 속도 값은 소수점 둘째 자리에서 반올림함
> - 제동실험 구간과 오르막 구간의 노면상태는 동일함
> - 단, 노면 마찰계수는 2회 제동실험을 통해 산출된 값(소수점 셋째 자리에서 반올림)을 평균 적용하며, 보행자 충돌에 따른 감속은 배제함
> - 풀이과정 전체를 관계식 및 단위와 함께 기술하시오.

해설 $v = \sqrt{2\mu g d} = \sqrt{2 \times 0.83 \times 9.8 \text{m/s}^2 \times 31\text{m}} = 22.5 \text{m/s}$

04 아래 차량의 P225/55R17이 각각 의미하는 바를 서술하시오. (5점)

해설 P225/55R17
- P : Passenger(승용차)
- 225 : 타이어 폭
- 55 : 편평비
- 17 : 림 직경(인치)

05 아래 차량의 타이어가 한 바퀴 구르는 동안 진행한 거리를 구하시오(1인치 = 25.4mm, π = 3.14). (5점)

[타이어 규격표시]

해설

$55 = \dfrac{\text{타이어 높이}(H)}{\text{타이어 단면폭}(W)} \times 100$

$H = 0.55 \times 225 = 123.75$

$D = 2H + \text{림 직경} = 2 \times 123.75 + 17 \times 25.4 = 679.3 \text{mm}$

$\therefore \pi D = 3.14 \times 679.3 = 2,133 \text{mm}$

문제 5   배점 : 25점

질 문

다음 7개 문항 중 반드시 5개 문항만을 선택하여 답하시오. (각 5점)
※ 선택한 문항의 번호를 쓰고 답을 기술하시오.

01 크룩(Crook)에 대해 간략히 기술하시오.

해설   크룩(Crook)
크룩(Crook)은 충돌 Scrub처럼 충돌 시 타이어의 위치를 나타내 주는데, 실제 최초접촉지점 또는 충돌지점이다. Crook은 최초접촉이 어디에서 일어났는지를 알아내는 데 중요한 자료로 스키드마크와 동시에 발생한다.

02 이륜차량 선회주행 시 특성과 관련하여 뱅크각(Bank Angle)에 대해 간략히 기술하시오.

해설   뱅크각
오토바이가 안정된 자세로 선회주행하기 위해서는 오토바이 차체와 함께 운전자도 원심력이 작용하는 반대방향으로 신체를 기울여 주행(Bank)해야 한다. 이 각도를 뱅크각이라고 하며, 뱅크각은 주행속도와 선회반경에 따라서 달라진다.

03 편타손상(Whiplash Injury)에 대해 간략히 기술하시오.

해설   편타손상
교통사고 시 충돌이나 추돌에 의해 회초리/채찍처럼 머리가 충격에 의해 앞뒤로 심하게 흔들리면서 충격을 받는 손상이다.

04 위치 측정방법 중 삼각법에 대해 간략히 기술하시오.

해설 삼각법
삼각법은 2개의 기준점과 각 측점이 삼각형을 형성하도록 하고 거리를 측정하는 것으로 정확한 측정을 위해서는 각도가 작은 삼각형이 생기지 않도록 기준점의 위치를 잡아야 하며, 이를 위해서는 최소각도가 30° 이상을 유지하도록 한다.

05 액체흔적 중 튀김(Spatter)에 대해 간략히 기술하시오.

해설 튀김(Spatter)
충돌 시 용기가 터지거나 그 안에 있던 액체들이 분출되면서 도로 주변과 자동차의 부품에 묻어 발생한다. 충돌 시 라디에이터 안에서 있던 액체가 엄청난 압력에 의해 밖으로 튕겨져 나오는 것이 그 예다. 액체가 튀긴 노면은 검은색의 젖은 얼룩들이 생기며 반점 같은 형태로 이루어져 있다. 액체의 잔존물은 자동차가 멀리 움직여 나가기 전에 이미 노면에 튀기 때문에 충돌이 어느 지점에서 발생했는지 추측할 수 있는 중요한 근거가 된다.

06 페이드(Fade)에 대해 간략히 기술하시오.

해설 페이드 현상
내리막길을 내려갈 때 풋 브레이크를 지나치게 사용하면 브레이크가 흡수하는 마찰에너지는 매우 크다. 이 에너지가 모두 열이 되어 브레이크라이닝과 드럼 또는 디스크의 온도가 상승한다. 이렇게 되면 마찰계수가 극히 작아져서 자동차가 미끄러지고 브레이크가 작동되지 않게 되는 현상을 말한다.

07 트랙터-트레일러의 운동특성 중 잭나이프(Jack Knife)에 대해 간략히 기술하시오.

해설 잭나이프 현상
트랙터와 트레일러의 연결 차량에 있어서 커브에서 급브레이크를 밟았을 때 트레일러가 관성력에 의해 트랙터에 대하여 잭나이프처럼 구부러지는 현상을 말한다.

제4회 과년도 기출문제

2010년 8월 29일 시행

문제 1 50점짜리 선택사항

사고개요

신호등이 있는 사거리 교차로를 사고 차량이 남쪽에서 북쪽으로 진행 중 서쪽에서 동쪽으로 횡단보도를 횡단하는 보행자를 발견하고 급제동하였으나 사고 차량의 전면으로 보행자를 충돌하였다.

사고 차량이 보행자를 충돌할 당시 전방(진행 방향) 신호기에 직좌신호(2현시)가 점등되어 있었고 충돌 후 25초 뒤에 직좌신호(2현시)가 종료, 황색 주의 신호가 개시된 것으로 조사되었다.

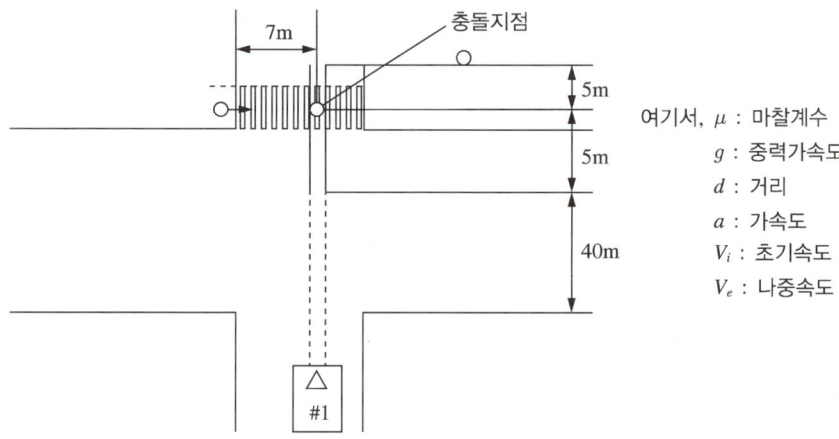

여기서, μ : 마찰계수
g : 중력가속도
d : 거리
a : 가속도
V_i : 초기속도
V_e : 나중속도

> **조 건**
> - 사고 차량 스키드마크 : 10m
> - 스키드 시작에서 보행자 충돌위치까지 거리 : 5m
> - 충돌 후 정지 시까지 거리 : 5m
> - 정지선에서 스키드 시작점까지 거리 : 40m
> - 차량 발진가속도 : 0.2g
> - 중력가속도 : 9.8m/s^2
> - 보행자 속도 : 1m/s
> - 보행자 진입거리 : 7m
> - 충격 시 운동량 손실은 무시, 인지반응시간 무시
> - 마찰계수 : 0.8
> - 소수점 둘째 자리에서 반올림

질문

01 차량 제동 시 속도(km/h)는? 보행자 충돌 시 속도(km/h)는?

해설
- 차량 제동 시 속도
  $V_i = \sqrt{2\mu gd} = \sqrt{2 \times 0.8 \times 9.8 \times 10} = 12.52\text{m/s} = 45.1\text{km/h}$
- 보행자 충돌 시 속도
  우선 보행자 충돌 시 거리는 제동시작점에서 5m 전방이므로
  처음속도 $V_i = 12.52\text{m/s}$, 거리 $d = 5\text{m}$, 가속도 $a = 0.8 \times 9.8$
  보행자 충돌속도(나중속도) $V_e = \sqrt{V_i^2 + 2ad}$
  $V_e = \sqrt{12.52^2 + (2 \times -7.84 \times 5)} = 8.85\text{m/s}$
  $= 31.9\text{km/h}$

02 보행자가 횡단보도에 진입, 사고 차량과 충돌하기까지 횡단하는 데 소요된 시간은?

해설 $V = \dfrac{d}{t}$, $t = \dfrac{d}{V}$, $t = \dfrac{7\text{m}}{1\text{m/s}} = 7$초
보행자 속도 1m/s, 1초에 1m를 도보했으니 7m는 7초임

03 운전자가 정지선에 정차하였다는 주장을 토대로 사고 차량이 정지선에서 충돌 시까지 소요되는 시간은?

해설 처음속도 $V_i = 0$m/s, 거리 $d = 45$m, 발진가속도 $a = 0.2g$, 시간 t

$$t = \sqrt{\frac{2d}{a}} = \sqrt{\frac{2 \times 45}{0.2 \times 9.8}} = 6.78\text{초}$$

원칙은 (총시간 = 40m 거리의 시간 + 제동 5m 거리의 시간)으로 구해야 하나 여기서 수치가 미미하기 때문에 45m 시간으로 계산하였다.

04 사고차량 운전자가 정지선에서 신호대기 후 출발을 주장할 경우 주어진 발진가속도를 적용하여 제동 시작점의 도달 속도는? 역학적 타당성을 논하시오.

해설 45.1km/h가 나오므로 스키드마크로 구한 제동 시 속도와 거의 일치한다. 따라서 정지선에서 정지했다가 출발한 것으로 보인다.

05 보행자의 횡단보도 진입시점에서의 신호상황, 사고차량의 교차로 진입시점에서의 신호 상황에 대해 각각 논하라.

|보기|
예) 보행자는 0현시 00신호 종료 00초 전에 횡단보도에 진입

해설 보행자는 1현시 보행신호 종료 2초 전에 횡단보도에 진입하였다.
이유는 충돌 시까지 7초가 걸렸는데, 충돌이 2현시 시작 2초 후에 일어났고 2현시 시작 전 3초는 황색신호인데 (이때 횡단보도는 빨강신호) 차량은 6.78초 전에 충돌 45m 전의 정지선에서 출발한 것이 되므로 2현시가 시작된 2초를 빼더라도 4.78초, 거기에 1현시 종료 전 황색신호 3초를 또 빼더라도 1.78초는 남으므로 적색 불일 때 출발한 것이고 결국 차량운전자는 신호위반을 한 것이다.
※ 2현시는 황색신호를 포함하여 30초이며, 현시당 녹색신호 후 황색신호 3초로 되어 있다(아래 그림 참고).

| 문제 2 | 50점짜리 선택사항 |

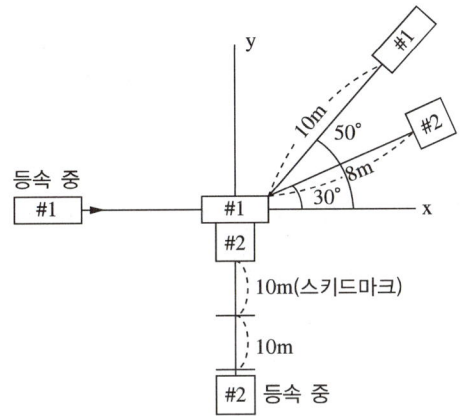

A = 1,200kgf, B = 1,500kgf이고, 견인계수 충돌전후 모두 0.8임
#1차량은 등속으로 충돌했고, #2차량은 등속 후 제동 중 충돌사고이다.

질 문

01 두 차량의 충돌 후 속도(km/h)는?

> **해설** 두 차량 충돌 후 속도
> (μ : 마찰계수, g : 중력가속도, d : 거리)
> $V_1 = \sqrt{2\mu g d} = \sqrt{2 \times 0.8 \times 9.8 \times 10} = 12.52\text{m/s}$
> $V_2 = \sqrt{2\mu g d} = \sqrt{2 \times 0.8 \times 9.8 \times 8} = 11.2\text{m/s}$

02 두 차량의 충돌 전 속도(km/h)는? 운동량보존법칙으로 푸시오.

해설 두 차량 충돌 전 속도

〈다음과 같이 주어짐〉

$m_1 = 1,200 \text{kgf}$(중량), $V'_1 = 12.52 \text{m/s}$(충돌 후 속도), $\theta_1 = 0°$(충돌 전 각도), $\theta'_1 = 50°$(충돌 후 각도)

$m_2 = 1,500 \text{kgf}$(중량), $V'_2 = 11.2 \text{m/s}$(충돌 후 속도), $\theta_2 = 90°$(충돌 전 각도), $\theta'_2 = 30°$(충돌 후 각도)

우선

$$V_2 = \frac{m_1 V'_1 \sin\theta'_1 + m_2 V'_2 \sin\theta'_2 - m_1 V_1 \sin\theta_1}{m_2 \sin\theta_2}$$

$$= \frac{1,200 \times 12.52 \times \sin 50° + 1,500 \times 11.2 \times \sin 30° - 1,200 \times V_1 \times \sin 0°}{1,500 \times \sin 90°}$$

$$= \frac{11,509.05 + 8,400 - 0}{1,500}$$

$$= 13.27 \text{m/s}$$

$$= 47.77 \text{km/h}$$

$$V_1 = \frac{m_1 V'_1 \cos\theta'_1 + m_2 V'_2 \cos\theta'_2 - m_2 V_2 \cos\theta_2}{m_1 \cos\theta_1}$$

$$= \frac{1,200 \times 12.52 \times \cos 50° + 1,500 \times 11.2 \times \cos 30° - 1,200 \times V_2 \times \cos 90°}{1,200 \times \cos 0°}$$

$$= \frac{9,657.24 + 14,549.22 - 0}{1,200}$$

$$= 20.17 \text{m/s}$$

$$= 72.61 \text{km/h}$$

03 #2차량의 제동 전 속도는?

해설 #2차량 제동 전 속도(V_i)

$V_i = \sqrt{V_e^2 - 2ad}$ (여기서, V_e는 #2차량의 충돌 전 속도 13.27m/s 이다)

$V_e = 13.27 \text{m/s}, d$(제동거리) $= 10\text{m}, -a$(감속도) $= 0.8 \times -9.8 \text{m/s}^2 = -7.84 \text{m/s}^2$

V_i(제동 전 처음 속도) $= \sqrt{13.26^2 - (2 \times (-7.84)) \times 10} = 18.23 \text{ m/s}, \therefore 65.66 \text{km/h}$

04 #2차량의 정지선에서 충돌 전 지점까지의 주행시간은?

해설 #2차량의 정지선지점에서 충돌 전 지점까지 주행시간(정지선을 등속으로 진행했다는 것)

$T = T_1$(제동구간 걸린 시간) $+ T_2$(등속주행구간 걸린 시간)

$T_1 = \dfrac{V_e - V_i}{a} = \dfrac{13.26 - 18.23}{-7.84} = 0.63$초

$T_2 = \dfrac{d}{V} = \dfrac{10}{18.23} = 0.55$초

총시간 $T = 0.63 + 0.55 = 1.18$초

05 #2차량의 제동을 시작할 때 #1차량의 위치는?

해설 #2차량이 제동을 시작할 때 #1차량의 위치
우선 #2차량의 제동 시부터 충돌 시까지 시간은 0.63초이므로, #1차량의 충돌 시 0.63초 이전 위치를 확인해야 한다. #1차량의 등속 충돌속도가 20.17m/s이므로 20.17m/s × 0.63초 = 12.70m이다. 즉, #1차량 위치는 충돌위치로부터 후방(뒤로)으로 12.7m 지점에 있었다.

문제 3 | 25점짜리 선택사항

선택 1. 다음을 구하시오.

차량이 주행하다가(편경사 5%) 요마크를 발생하고 추락하였다. 요마크는 현의 길이가 72m, 중앙종거 5.7m이고, 수평거리는 27m, 높이는 5m에서 추락하였다(마찰계수는 0.8, 중력가속도 9.8m/s²).

01 곡선반경을 구하시오.

해설 곡선반경(R)

$$R = \frac{C^2}{8M} + \frac{M}{2}, \ C = 72, \ M = 5.7, \ \frac{72^2}{8 \times 5.7} + \frac{5.7}{2} = 116.5\text{m}$$

02 요마크 생성 시의 속도를 구하시오(km/h).

해설 요마크 생성 시 속도

Yaw(요마크) = $\sqrt{\mu gr}$ (μ : 마찰계수, g : 중력가속도, r : 곡선반경)
편경사 Yaw = $\sqrt{\mu(\pm G)gr}$
여기서, 편경사 5%이므로 백분율 5% = +0.05, $\mu = 0.05 + 0.8 = 0.85$
Yaw = $\sqrt{0.85 \times 9.8 \times 116.5}$ = 31.15m/s
       = 112.15km/h

03 추락 시 속도를 구하시오(km/h).

해설 추락 시 속도

$V = d\sqrt{\dfrac{g}{2h}}$ (d : 거리, g : 중력가속도, h : 높이)

$= 27\sqrt{\dfrac{9.8}{2 \times 5}} = 26.73\text{m/s}$

$= 96.23\text{km/h}$

문제 4 │ 25점짜리 선택사항

선택 2. 다음을 서술하시오.

01 마찰력과 원심력을 통한 요마크 공식을 유도하고 임계속도에 대하여 기술하라.

> **해설** 요마크 공식유도, 임계속도
> 힘 $F = ma$ (m : 중량, a : 가속도)
> 여기서(r : 곡선반경)
> 가속도회전체 $a = \dfrac{V^2}{r}$
> 원심력회전체 $F = \dfrac{mV^2}{r}$
>
> 차량원심력 F는 차량바퀴와 도로와의 마찰력(μgm)과 평행을 이루므로 $F = \dfrac{mV^2}{r} = \mu mg$에서 m을 제거하고 V로 정리하면, $V = \sqrt{\mu gr}$
>
> ※ 임계속도
> 차량이 선회 시 뒤틀림 없이 안정적으로 주행할 수 있는 최고선회속도를 말하며 횡방향마찰력과 원심력이 같아지는 속도이다. 원심력이 횡방향마찰력을 능가하면 차량이 요현상을 보이게 되며 요마크를 이용한 추정속도 또한 요현상을 발생시키게 되는 최소속도로서 임계속도를 말한다.

02 가속도에 관해 기술하고 단위를 쓰라.

> **해설** 가속도와 단위
> 가속도란 단위시간당 속도의 변화량을 말하고, 단위는 m/s²이다.

03 벡터와 스칼라에 관해 기술하라.

> **해설** 벡터와 스칼라
> • 벡터는 방향과 크기를 가진 성분을 말하며 속도, 가속도, 힘 등이 있다.
> • 스칼라는 크기만을 가진 성분을 말하며 질량, 온도, 에너지 등이 있다.

04 Over Steering과 Under Steering에 관하여 기술하라.

> **해설** Over Steering 과 Under Steering
> • Over Steering이란 차량이 선회 시 앞축의 구심력이 강하게 되어 선회반경 안쪽으로 선회함으로써 차량이 과소선회하는 현상이다.
> • Under Steering이란 차량이 선회 시 뒤축의 구심력이 강하게 되어 선회반경 바깥쪽으로 선회함으로써 차량이 과대선회하는 현상이다. Under Steering이 안정적인 선회방법으로 차량설계 시 Under Steering하도록 설계되어 진다.

제5회 과년도 기출문제

2016년 10월 23일 시행

문제 1 배점 : 50점

사고개요

다음 그림은 2대의 차량이 정면충돌하는 3가지 상황을 나타낸 것이다.

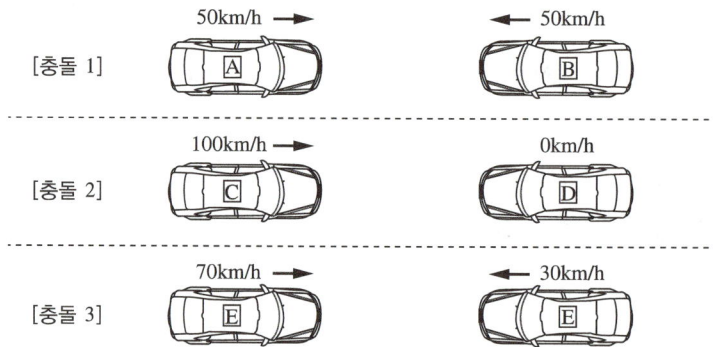

조건

- 차량 6대는 질량이 모두 1,800kg인 동종(同種)의 차량임
- 충돌의 반발계수는 0이며, 충돌차량은 접촉 손상부위가 맞물려 정지함
- 계산식의 경우 관계식 및 풀이과정을 단위와 함께 기술하시오.
- 각 질문마다 소수점 셋째 자리에서 반올림하시오.

질 문

01 다음에서 설명하는 물리법칙은 무엇인가? (5점)

> **보기**
>
> 충돌하는 두 물체 사이에서 크기는 같고 방향이 반대이며, 직선상에서 동시에 작용하는 서로 다른 힘을 F_1, F_2라 할 때, $F_1 = -F_2$의 수식이 성립한다.

해설 뉴턴 운동의 제3법칙인 작용과 반작용의 법칙

02 충돌1에서 관계식을 이용하여 A차량의 유효충돌속도를 구하시오. (15점)

해설 A차량의 속도 $v_1 = 50\text{km/h}$, B차량의 속도 $v_2 = -50\text{km/h}$
두 차량의 질량 동일($m_1 = m_2 = m$), 반발계수 $= 0$(완전비탄성충돌)
두 차량의 충돌 후 속도를 V라 하면
$mv_1 + mv_2 = mv_1' + mv_2' (v_1' = v_2' = V)$
$v_1 + v_2 = 2V$
$V = \dfrac{v_1 + v_2}{2} = \dfrac{50\text{km/h} + (-50\text{km/h})}{2} = 0\text{km/h}$
유효충돌속도 = 충돌직전속도 - 충돌 후 공통속도
따라서 A차량의 유효충돌속도 $= v_1 - V = 50\text{km/h} - 0\text{km/h} = 50\text{km/h}$

03 충돌2에서 C차량과 D차량의 충돌부위 손상정도를 비교하여 기술하시오. (5점)

해설 C차량의 속도 $v_1 = 100\text{km/h}$, D차량의 속도 $v_2 = 0\text{km/h}$
두 차량의 충돌부위 손상정도는 유효충돌속도로 환산이 가능
두 차량의 충돌 후 속도를 V라 하면
$mv_1 + mv_2 = mV + mV$
$V = \dfrac{v_1 + v_2}{2} = \dfrac{100\text{km/h} + 0\text{km/h}}{2} = 50\text{km/h}$
C차량의 유효충돌속도 $= 100\text{km/h} - 50\text{km/h} = 50\text{km/h}$
D차량의 유효충돌속도 $= 0\text{km/h} - 50\text{km/h} = -50\text{km/h}$
따라서 두 차량의 유효충돌속도는 동일한 50km/h로, 두 차량의 손상정도는 같다.

04 충돌3에서 E차량과 F차량의 충돌 후 공통속도를 구하시오. (10점)

해설 E차량의 속도 $v_1 = 70\text{km/h}$, F차량의 속도 $v_2 = -30\text{km/h}$
두 차량의 질량 동일($m_1 = m_2 = m$), 반발계수 = 0(완전비탄성충돌)
두 차량의 충돌 후 속도를 V라 하면
$mv_1 + mv_2 = mv_1' + mv_2'(v_1' = v_2' = V)$
$v_1 + v_2 = 2V$
$V = \dfrac{v_1 + v_2}{2} = \dfrac{70\text{km/h} + (-30\text{km/h})}{2} = 20\text{km/h}$
따라서 두 차량의 충돌 후 공통속도는 20km/h

05 충돌3에서 E차량과 F차량의 충돌과정 중 소실된 에너지량을 구하시오. (15점)

해설 1) 두 차량의 충돌 직전 에너지
E차량의 충돌 직전 에너지
$E_1 = \dfrac{1}{2}mv_1^2 = \dfrac{1}{2} \times 1{,}800 \times \left(\dfrac{70}{3.6}\right)^2$
$= 340{,}277.78\text{kg} \cdot (\text{m/s})^2 = 340{,}277.78\text{N} \cdot \text{m} = 340{,}277.78\text{J}$
F차량의 충돌 직전 에너지
$E_2 = \dfrac{1}{2}mv_2^2 = \dfrac{1}{2} \times 1{,}800 \times \left(\dfrac{30}{3.6}\right)^2 = 62{,}500\text{kg} \cdot (\text{m/s})^2 = 62{,}500\text{J}$

2) 두 차량의 충돌 직후 에너지
$E = \dfrac{1}{2}mV^2 = \dfrac{1}{2} \times 3{,}600 \times \left(\dfrac{20}{3.6}\right)^2 = 55{,}555.56\text{kg} \cdot (\text{m/s})^2 = 55{,}555.56\text{J}$
따라서 두 차량의 충돌과정 중 소실된 에너지량은
$E_t = E_1 + E_2 - E = 340{,}277.78\text{J} + 62{,}500\text{J} - 55{,}555.56\text{J} = 347{,}222.22\text{J}$

문제 2   배점 : 50점

사고개요

승용차가 5% 내리막 경사의 아스팔트 포장 도로를 주행하다 급제동하여 30m의 스키드마크를 발생시킨 뒤, 도로를 이탈하여 수평으로 10m, 수직으로 3m 지점의 언덕 아래로 떨어져 정지하였다.

조건

- 스키드마크 발생 구간의 노면 마찰계수 : 0.85
- 중력가속도 : 9.8m/s²
- 계산식의 경우 관계식 및 풀이과정을 단위와 함께 기술하시오.
- 각 질문마다 소수점 셋째 자리에서 반올림하시오.

질문

01 승용차가 도로를 이탈하기 직전 속도를 구하시오. (15점)

[해설]

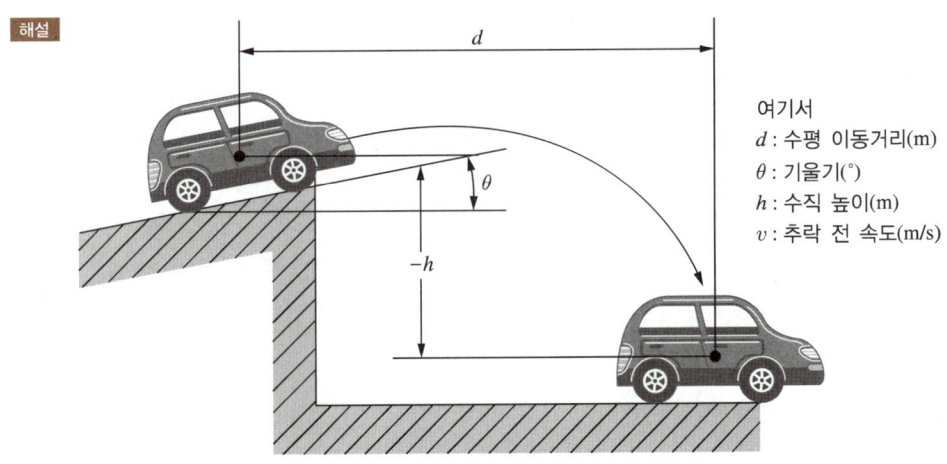

여기서
d : 수평 이동거리(m)
θ : 기울기(°)
h : 수직 높이(m)
v : 추락 전 속도(m/s)

경사로에서 차량의 추락

$d = 10\text{m}, \ h = 3\text{m}, \ g = 9.8\text{m/s}^2, \ \theta = \tan^{-1}\left(-\dfrac{5}{100}\right) = -2.86°$

이탈 직전 속도 추정식은 $v = d\sqrt{\dfrac{g}{2\cos\theta(d\sin\theta - h\cos\theta)}}$ 이나 대부분의 사고의 경우 이탈각이 10° 내외로 크지 않고 $\cos\theta$값은 1에 가깝고 $\sin\theta$값은 기울기($\tan\theta$)와 유사하므로 다음과 같이 근사적으로 구하는 식을 사용할 수 있다.

$v = d\sqrt{\dfrac{g}{2(d\cdot\tan\theta - h)}} = 10\sqrt{\dfrac{9.8}{2(10\times\tan(-2.86°) - (-3))}} = 14\text{m/s}\,(50.4\text{km/h})$

02 승용차가 아스팔트 노면에서 미끄러지기 직전 속도를 구하시오. (5점)

해설 스키드마크 길이 $d_1 = 30\text{m}$, 마찰계수 $\mu = 0.85$, 중력가속도 $g = 9.8\text{m/s}^2$
나중속도(추락 시 속도) $V_1 = 14\text{m/s}$, 내리막경사 5%
견인계수 $f = \mu + G = 0.85 + (-0.05) = 0.8$
미끄러지기 직전 속도 V_1은
$V_2^2 - V_1^2 = 2ad$에서
$V_1 = \sqrt{V_2^2 - 2\mu gd} = \sqrt{14^2 - 2 \times (-0.8 \times 9.8) \times 30} = 25.81\text{m/s}\,(92.93\text{km/h})$

03 승용차가 아스팔트 노면에서 30m를 미끄러지는 데 소요된 시간을 구하시오. (5점)

해설 처음속도 $V_1 = 25.81\text{m/s}$, 나중속도 $V_2 = 14\text{m/s}$
견인계수 $f = 0.8$, 중력가속도 $g = 9.8\text{m/s}^2$
30m 미끄러지는 데 소요된 시간 t
$t = \dfrac{V_2 - V_1}{a} = \dfrac{(14 - 25.81)\text{m/s}}{-(0.8 \times 9.8)\text{m/s}^2} \fallingdotseq 1.51\text{s}$

04 승용차가 아스팔트 노면에서 미끄러지기 시작한 후 20m 지점에서의 속도를 구하시오. (5점)

해설 처음속도 $v_i = 25.81\text{m/s}$, 미끄러진 거리 $d = 20\text{m}$
견인계수 $f = 0.8$, 중력가속도 $g = 9.8\text{m/s}^2$
미끄러진 후 20m 지점에서의 속도 V_2는
$V_2 = \sqrt{V_1^2 + 2ad} = \sqrt{25.81^2 + 2 \times (-0.8 \times 9.8) \times 20} \fallingdotseq 18.78\text{m/s}\,(67.6\text{km/h})$

05 승용차가 아스팔트 노면에서 미끄러지기 시작한 후 1초 동안 이동한 거리를 구하시오. (5점)

해설 처음속도 $v_i = 25.81\text{m/s}$, 소요시간 $t = 1\text{s}$
견인계수 $f = 0.8$, 중력가속도 $g = 9.8\text{m/s}^2$
1초 동안 이동한 거리 d
$$d = V_1 t + \frac{1}{2}at^2 = 25.81 \times 1 + \frac{1}{2} \times (-0.8 \times 9.8) \times 1^2 = 21.89\text{m}$$
승용차가 아스팔트 노면에서 미끄러지기 시작한 후 1초 동안 이동한 거리는 21.89m

06 만약, 위 상황과 달리 승용차가 평탄한 도로를 이탈하여 수평으로 10m, 수직으로 3m 지점의 언덕 아래로 떨어져 정지하였다면, 이때 승용차가 도로를 이탈하기 직전 속도를 구하시오. (15점)

해설 $v = d\sqrt{\dfrac{g}{2h}} = 10 \times \sqrt{\dfrac{9.8}{2 \times 3}} = 12.78\text{m/s}\,(46.01\text{km/h})$

문제 3 | 배점 : 25점

사고개요

편도 1차로 도로를 진행하던 사고차량이 스키드마크 42m를 발생시키면서 좌측으로 이탈하여, 도로변의 가로수를 충격하는 사고가 발생되었다. 조사 결과 사고차량의 가로수 충돌속도는 30km/h였다. 브레이크 계통의 이상으로 인해 사고 시 브레이크는 전혀 작동되지 않았으나, 운전자에 의해 주차브레이크가 작동되었던 것으로 확인되었다. 즉, 사고차량의 스키드마크는 좌·우측 뒷바퀴에 의해 발생된 것이다.

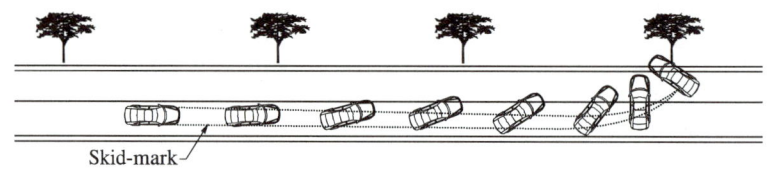

조건

- 사고차량은 질량이 1,900kg으로, 앞차축에는 1,100kg(좌우 각각 550kg), 뒤차축에는 800kg(좌우 각각 400kg)의 하중이 실렸음
- 스키드마크 발생 과정에서 사고차량의 각 바퀴가 진행한 거리는 42m로 같음
- 흔적 발생 구간에서 사고차량 뒷바퀴는 주차브레이크에 의한 마찰계수 0.75, 앞바퀴는 엔진브레이크에 의한 구름저항계수 0.1을 각각 적용함
- 계산식의 경우 관계식 및 풀이과정을 단위와 함께 기술하시오.
- 각 질문마다 소수점 셋째 자리에서 반올림하시오.

질문

01 빈칸에 공통으로 들어갈 알맞은 용어를 쓰시오. (5점)

> [보기]
> 일을 할 수 있는 능력(일의 양)을 (　　)(이)라 하고, 모든 (　　)은(는) 일과 같다.
> 즉, 일과 (　　)은(는) 그 크기가 같고 단위는 kg·m²/s²이다.

해설 에너지

02 사고차량이 스키드마크를 발생시킨 구간에서 각 차륜의 하중분포를 고려한 견인계수와 가속도값을 구하시오. (10점)

> **해설** 차량의 질량 $m = 1,900\text{kg}$, 앞차축하중 $m_f = 1,100\text{kg}$, 뒤차축하중 $m_r = 800\text{kg}$
> 뒷바퀴 마찰계수 $\mu_r = 0.75$, 앞바퀴 구름마찰계수 $\mu_f = 0.1$, 중력가속도 $g = 9.8\text{m/s}^2$
> 하중분포를 고려한 견인계수 f는
> $$f = \frac{m_f \times \mu_f + m_r \times \mu_r}{m} = \frac{1,100\text{kg} \times 0.1 + 800\text{kg} \times 0.75}{1,900\text{kg}} \fallingdotseq 0.37$$
> 가속도 a는
> $a = -(fg) = -(0.37 \times 9.8\text{m/s}^2) = -3.63\text{m/s}^2$

03 사고차량이 스키드마크를 발생하기 시작할 때의 속도를 구하시오. (10점)

> **해설** 스키드마크 길이 $d = 42\text{m}$, 나중속도(충돌 시 속도) $V_2 = 30\text{km/h} = 8.33\text{m/s}$
> 가속도 $a = -3.63\text{m/s}^2$, 중력가속도 $g = 9.8\text{m/s}^2$
> 스키드마크 발생시점 속도 V_1은
> $V_1 = \sqrt{V_2^2 - 2ad} = \sqrt{(8.33)^2 - 2 \times (-3.63) \times 42}$
> $\quad = 19.35\text{m/s}\,(69.65\text{km/h})$

문제 4 배점 : 25점

사고개요

다음 그림은 차량에 충돌된 보행자의 운동 상황을 나타낸 것이다. 차량에 충격된 보행자는 차량의 충돌속도로 수평방향으로 튕겨져 날아가 노면에 낙하한 후 활주하다 정지하였다.

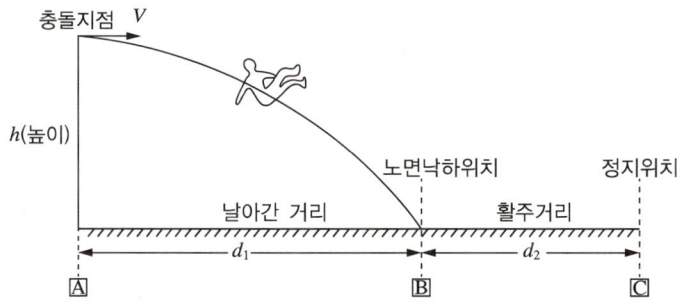

조건

- d_1 : 보행자가 충돌차량 진행방향으로 튕겨져 날아간 거리
- d_2 : 보행자가 노면에 낙하되어 활주한 거리 22.4m
- h : 보행자가 날아가기 시작할 때 지면에서의 높이 1.5m
- 보행자 활주구간(d_2)에서 인체와 노면 사이의 마찰계수 0.5
- 충돌 후 보행자 운동구간에서 공기저항은 무시
- 계산식의 경우 관계식 및 풀이과정을 단위와 함께 기술하시오.
- 각 질문마다 소수점 셋째 자리에서 반올림하시오.

질문

01 다음은 보행자의 운동과 관련된 내용이다. 빈칸에 알맞은 말을 쓰시오. (5점)

> **보기**
> 차량에 충돌된 보행자는 충돌지점으로부터 노면에 낙하할 때까지 포물선 운동을 하며, 수평방향으로는 (①)운동, 수직방향으로는 (②)운동을 한다.

해설 ① 등속
② 자유낙하

02 차량이 A지점에서 보행자를 충돌할 때 속도를 구하시오. (5점)

> **해설** 보행자 활주거리 $d_2 = 22.4\text{m}$, 마찰계수 $\mu = 0.5$, 중력가속도 $g = 9.8\text{m/s}^2$, 보행자를 충돌할 때 속도 V
> 포물선 운동 시 수평방향은 등속운동으로 보행자 충돌 시 속도(A지점)와 보행자 활주 시작점(B지점) 속도는 같음
> 따라서 차량이 A지점에서 보행자를 충돌할 때 속도 V는
> $V = \sqrt{2\mu g d} = \sqrt{2 \times 0.5 \times 9.8 \times 22.4} = 14.82\text{m/s}\,(53.34\text{km/h})$

03 질문 01의 (①)과 (②)를 이용하여, 보행자가 A~B 구간에서 튕겨 날아간 거리(d_1)를 계산할 수 있는 관계식을 유도하시오. (10점)

> **해설** 1) 수평방향 : 차량이 추락 전 진행하던 속도로 추락거리 d만큼 이동하는 데 걸린 시간
>
> 등속운동식에서 $t_1 = \dfrac{d_1}{v}$
>
> 2) 수직방향 : 차량이 도로를 이탈하여 추락지점에 착지하기까지 걸린 시간
>
> 자유낙하운동식 $h = \dfrac{1}{2}g{t_2}^2$에서 $t_2 = \sqrt{\dfrac{2h}{g}}$
>
> 차량이 수평방향으로 d만큼 이동한 시간과 추락한 시간이 같으므로 $t_1 = t_2$
>
> $\dfrac{d_1}{v} = \sqrt{\dfrac{2h}{g}}$ ∴ $d_1 = v\sqrt{\dfrac{2h}{g}}$

04 질문 03에서 유도된 관계식을 이용하여 보행자가 튕겨 날아간 거리(d_1)를 구하시오. (5점)

> **해설** 보행자 충돌 시 속도 $v = 14.82\text{m/s}$, 높이 $h = 1.5\text{m}$, 중력가속도 $g = 9.8\text{m/s}^2$
> 보행자가 튕겨 날아간 거리 d_1은
> $d_1 = v\sqrt{\dfrac{2h}{g}} = 14.82 \times \sqrt{\dfrac{2 \times 1.5}{9.8}} \fallingdotseq 8.2\text{m}$

문제 5 배점 : 25점

다음의 문항에 대해 기술하시오.

01 휠리프트(Wheel Lift)에 대해 기술하시오. (5점)

해설 무리한 속도로 선회할 때 차체가 회전 바깥방향으로 기울어지는 롤링을 일으킨 후 이보다 속도가 더 높으면 바깥쪽 바퀴가 지면에서 떠오르게 되는데 이를 휠리프트라 한다.

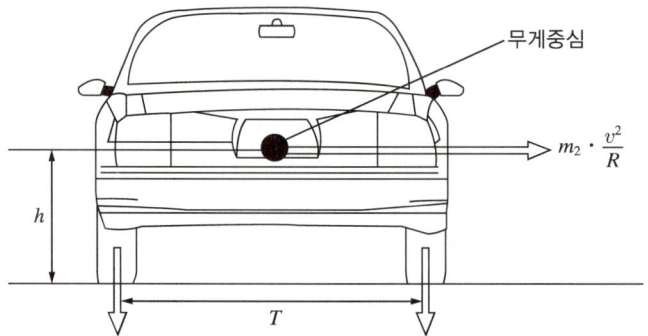

- 바깥쪽으로 넘어가게 하는 힘(원심력작용/회전) $T_c = m\dfrac{v^2}{R} \times h$
- 차체를 안쪽으로 되돌리려는 힘(중력작용/복원) $T_g = \dfrac{T}{2} \times mg$

  (여기서 T는 윤거)
- 휠리프트의 최소조건은 $T_c \geq T_g$

$$m\dfrac{v^2}{R}h \geq \dfrac{T}{2}mg$$

$$v^2 = \dfrac{mgTR}{2mh} = \dfrac{gRT}{2h}$$

$$\therefore\ v = \sqrt{\dfrac{gRT}{2h}}\ (\text{m/s})$$

02 갭 스키드마크(Gap Skid Mark)와 스킵 스키드마크(Skip Skid Mark)에 대하여 기술하시오. (5점)

해설
- 갭 스키드마크 : 급제동 후 순간적으로 제동을 풀었다가 다시 제동하는 경우 발생한다. 더블브레이크 조작 등 속도계산 시 갭에 의한 끊긴 구간은 제외하고 길이를 계산한다.
- 스킵 스키드마크 : 노면이 불규칙할 때, 화물을 적재하지 않은 가벼운 상태의 세미트레일러의 급제동이나 승용차의 급제동 시 비정상적인 튀김현상 및 차량의 바운싱 등으로 발생한다. 속도계산 시 스키드마크 전체 길이를 적용한다.

03 공주거리, 제동거리, 정지거리에 대하여 기술하시오. (5점)

해설
- 공주거리 : 운전자가 위험을 느끼고 브레이크를 밟아 브레이크가 실제 듣기 시작하기까지의 사이에 자동차가 주행한 거리를 말하며, 이러한 공주거리는 운전자가 음주 또는 과로운전 등 운전자의 심신상태가 비정상일 때 길어진다.
- 제동거리 : 자동차가 감속을 시작하면서 완전히 정지할 때까지 주행한 거리로 공주 후에 브레이크가 실제로 작동하여 자동차의 차륜을 정지시켜 노면에 스키드마크를 남기는 거리
- 정지거리 : 공주거리와 실제동에 의한 정지거리(제동거리)를 합한 거리이다.

04 벡터와 스칼라에 대하여 기술하시오. (5점)

해설
- 벡터는 크기와 방향 모두를 가지고 있는 물리량으로 속도, 가속도, 힘 등이 있다.
- 스칼라는 크기만 있는 물리량을 말하며 길이, 질량, 넓이, 에너지, 일, 온도 등이 있다.

05 마찰계수와 견인계수에 대하여 기술하시오. (5점)

해설
- 마찰계수 : 두 물체의 접촉으로 발생되는 마찰저항 정도를 나타내는 계수이며, 진행방향에 수평한 마찰력의 크기와 그 면의 수직항력과의 비로 나타낸다.

$$\text{마찰계수}(\mu) = \frac{\text{마찰력}(F)}{\text{수직항력}(N)}$$

- 견인계수 : 견인계수는 중량에 의한 가속이나 감속을 나타내는 계수이며, 동일방향으로 가속이나 감속시키는 데 필요한 수평력과 그 힘이 가해지는 물체의 무게와의 비이다. 견인계수는 마찰계수를 포함한 포괄적인 의미를 가지며, 마찰계수에 구배에 따른 가속이나 감속을 고려한 값이다.

$$\text{견인계수}(f) = \frac{\text{수평력}(F_f)}{\text{무게}(w)}$$

$$f = \mu \pm G(\text{구배})$$

제6회 과년도 기출문제

2017년 9월 24일 시행

문제 1 배점 : 50점

사고개요

승용차가 편도 1차로 도로를 진행하던 중, 도로 우측에 주차된 차량 앞에서 횡단하는 보행자를 발견하고 급제동하였으나, 보행자를 충돌하고 스키드마크 끝지점에 정지하였다. 사고당시 주차차량1의 영상기록장치(블랙박스)에 사고장면은 촬영되지 않았으나, 영상기록장치(블랙박스) 음성 자료를 통해 승용차의 급제동에 따른 제동음 발생시간이 2.0초로 분석되었고, 승용차의 앞유리 파손 상태 등으로 보아 보행자 충돌속도가 40km/h 이상일 것으로 분석되었다.

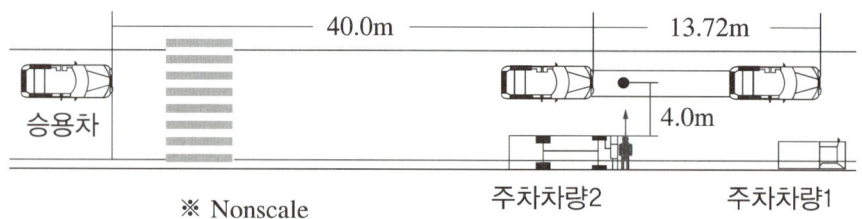

조건

- 승용차의 스키드마크 길이 13.72m, 발진가속도 0.2g
- 제동음 발생 및 종료시점은 스키드마크 발생 및 종료 시점과 동일함
- 보행자가 주차차량2로부터 벗어나 승용차에 충돌되기까지 직각 횡단한 거리 4.0m
- 보행자의 횡단속도 1.8m/s, 승용차 운전자의 인지반응시간 1.0초, 중력가속도 9.8m/s^2
- 보행자 충돌로 인한 속도변화는 없음
- 계산식의 경우 관계식 및 풀이과정을 단위와 함께 기술하고, 소수점 셋째 자리에서 반올림하시오.

> 질 문

01 승용차의 급제동 시 견인계수를 구하시오. (20점)

> 해설 스키드마크의 길이로부터
> ① $d = v_1 t + \dfrac{1}{2}at^2$
> $13.72 = v_1 \times 2 - \dfrac{1}{2} a \times 2^2$
> $2a = 2v_1 - 13.72$
> $\therefore \ a = v_1 - 6.86$
> ② $v_2^2 - v_1^2 = 2ad$
> $-v_1^2 = 2ad = 2 \times (-13.72)(v_1 - 6.86)$
> $v_1^2 - 2 \times 13.72 v_1 + 13.72^2 = 0$
> $(v_1 - 13.72)^2 = 0 \quad \therefore \ v_1 = 13.72 \text{m/s}$
>
> $d = v_1 t + \dfrac{1}{2}at^2$
> $13.72 = 13.72 \times 2 + \dfrac{1}{2}(-a) \times 2^2$
> $a = 6.86 \text{m/s}^2 = \mu g \quad \therefore \ \mu = \dfrac{6.86}{9.8} = 0.7$

02 승용차의 제동직전 속도를 구하시오. (5점)

> 해설 질문 01 해설에서 승용차 제동직전 속도 $v_1 = 13.72 \text{m/s}$

03 승용차 운전자의 사고인지 지점을 스키드마크 시작점 기준으로 구하시오. (5점)

해설 보행자가 사고지점까지 걸린 시간 = $\frac{4}{1.8}$ 초

$$13.72 \text{m/s} \times \frac{4}{1.8}\text{s} = 30.49\text{m}$$

인지반응시간 1초 → $13.72\text{m/s} \times 1\text{s} = 13.72\text{m}$
∴ 사고인지지점 = $30.49 + 13.72 = 44.21\text{m}$
즉, 스키드마크 전 44.21m에서 사고인지(보행자 발견)

04 승용차 운전자는 보행자가 주차차량2를 벗어나는 순간 보행자를 발견하고 지체없이 급제동하였으나 충돌하게 되었다고 주장한다. 보행자 충돌속도가 40km/h 이상인 점을 이용하여 이 주장의 타당성을 논하고, 그 근거를 기술하시오. (10점)

해설 보행자 발견 후 급제동하여 보행자와 충돌한 속도는 13.72m/s로 이는 시속 49.39km/h이다. 따라서 49.39km/h의 속도로 달려오다가 보행자 발견 후, 급제동을 하였으나 질문 03의 답처럼 44.21m를 미끄러져 왔으므로 보행자와 충돌 할 수밖에 없다.

05 승용차 운전자는 제동 시작점 40m 후방의 정지선에서 신호대기한 뒤 출발하여 등가속하다가 위험을 인지하였다고 주장하고 있다. 이 주장의 타당성을 논하고, 그 근거를 기술하시오. (10점)

해설 $d = v_0 t + \frac{1}{2}at^2$ 에서 $40 = 0 + \frac{1}{2}(0.2 \times 9.8)t^2$

∴ $t = \sqrt{\frac{80}{9.8 \times 0.2}} = 6.39$

즉, 40m를 도달하는 데 6.39초가 걸리므로 정지선에서 출발했다는 것은 타당성이 없다.

| 문제 2 | 배점 : 50점 |

사고개요

#1차량이 평탄한 편도 2차로의 2차로를 따라 일정한 속도로 직진하다 전방에 차량고장으로 5m/s의 등속도로 서행 중인 #2차량을 발견하고 급제동하여 스키드마크 15m 발생시킨 후 #2차량과 정추돌하여 붙은 상태로 함께 이동하여 정지하였다. #1차량과 #2차량에는 영상기록장치(블랙박스)가 설치되어 있지 않았고, 사고현장 주변을 살펴보니 횡단보도 이전 건물에 도로쪽을 비추는 CCTV가 설치되어 있어 확인하여 보니 충돌장면은 녹화되어 있지 않았으나, #1차량이 40m를 주행하는 장면 및 Ⓐ 정지선으로 진입하는 모습은 확인할 수 있었다.

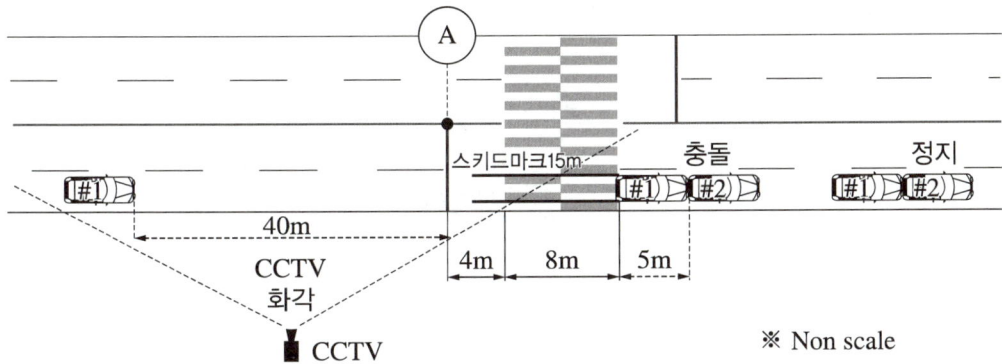

※ Non scale

조건

- #1차량의 질량 2,000kg, #2차량의 질량 1,500kg
- #1차량의 스키드마크 길이 15m
- CCTV는 1초당 정지영상 25개의 균일한 프레임(Frame)으로 구성되어 있음
- #1차량이 Ⓐ 정지선으로부터 40m 이전 위치에서 Ⓐ 정지선에 도달할 때까지 CCTV 정지영상 개수는 40개 (Frame)
- #1차량의 스키드마크 발생 시 견인계수 0.7, 충돌 후 함께 이동 시 각도 없이 수평이동하고, 동 구간 견인계수는 0.4
- #1차량은 제동전 등속도 운동
- #1차량 운전자의 인지반응시간 1.0초, 중력가속도 9.8m/s²
- 계산식의 경우 관계식 및 풀이과정을 단위와 함께 기술하고, 소수점 셋째 자리에서 반올림하시오.

질 문

01 #1차량이 스키드마크를 발생하기 전 주행속도를 구하시오. (10점)

> **해설** CCTV의 정지영상이 25frame/s이므로 40frame일 경우 1.6초이다.
> 정지영상 구간의 이동거리가 40m이므로 스키드마크 발생 전 주행속도는
> $\frac{40m}{1.6s} = 25m/s$

02 #1차량이 #2차량을 충돌할 당시 속도를 구하시오. (10점)

> **해설**
> $v_1^2 - v_0^2 = 2ad$
> $v_1^2 - 25^2 = 2(-0.7 \times 9.8) \times 15$
> $v_1 = \sqrt{25^2 - 30(0.7 \times 9.8)} = 20.47 m/s$

03 #1차량이 #2차량을 충돌한 후 함께 이동하기 시작할 때의 속도와 정지하기까지 함께 이동한 거리를 구하시오. (10점)

> **해설** (1) #1, #2차량이 충돌 후 함께 이동 시작 시 속도
> $m_1 v_1 + m_2 v_2 = (m_1 + m_2)v$
> $2,000 \times 20.47 + 1,500 \times 5 = (2,000 + 1,500)v$
> $\therefore v = \frac{48,440}{3,500} = 13.84 m/s$
>
> (2) 정지하기까지 함께 이동한 거리
> $v_2^2 - v_1^2 = 2ad$에서 정지이므로 $v_2 = 0$, $a = \mu g$
> $-v_1^2 = 2\mu g d$
> $d = \frac{-v_1^2}{2\mu g} = \frac{-13.84^2}{2 \times (-0.4) \times 9.8} = 24.43 m$

04 #1차량 운전자가 위험을 인지한 지점부터 충돌위치까지 거리를 구하시오. (10점)

> **해설** 총제동거리 = 공주거리+제동거리 = 25m/s×1s+15m = 40m

05 #1차량 운전자가 위험을 인지하였을 때 #2차량의 진행위치를 충돌지점 기준으로 구하시오. (10점)

> **해설** $v = v_0 + at$ 에서 $20.47 = 25 + (-0.7 \times 9.8)t$
> ∴ $t = 0.66$초
> 운전자 인지반응시간이 1초이므로 $0.66 + 1 = 1.66$초
> 즉, #1차량 운전자가 인지 후 충돌까지의 시간은 1.66초이다.
> #2차량의 속도가 5m/s이고 1.66초 후에 충돌되므로
> $d = 5 \times 1.66 = 8.3$m
> 운전자가 #2차량을 인지한 것은 충돌 전 8.3m 앞이다.

문제 3 | 배점 : 25점

사고개요

아래 그림에서 #1차량은 1차로를 진행하면서 P_2지점까지 54km/h의 속도로 직진하다가 P_2지점에 이르러 $0.4g$로 감속하여 P_3지점에 이르렀을 때 교통사고가 발생하였다. #2차량은 정차하였다가 $0.15g$의 가속도로 출발하여 10m를 진행한 후 사고지점에 도착하였다. P_2에서 P_3까지 곡선 이동한 거리는 10m이다.

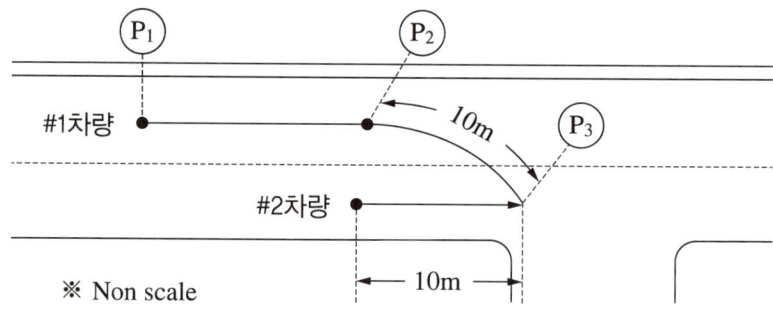

※ Non scale

조건

- 중력가속도 9.8m/s²
- #1차량은 P_1에서 P_2까지 등속운동
- 계산식의 경우 관계식 및 풀이과정을 단위와 함께 기술하고, 소수점 셋째 자리에서 반올림하시오.

질문

01 #2차량이 정지한 상태에서 $0.15g$의 가속도로 출발하여 10m를 진행하였을 때 속도를 구하시오. (5점)

> **해설** $v^2 - v_0^2 = 2ad$에서 처음 정지상태이므로 $v_0 = 0$, $a = 0.15g$
> $v = \sqrt{2 \times (0.15 \times 9.8) \times 10} = 5.42 \text{m/s}$

02 #2차량이 10m를 진행하는 데 소요된 시간을 구하시오. (5점)

> **해설** $v = v_0 + at$
> $t = \dfrac{v - v_0}{t} = \dfrac{5.42}{0.15 \times 9.8} = 3.69$초

03 #1차량의 충돌속도를 구하시오. (5점)

해설 $v_2^2 - v_1^2 = 2ad$ 에서
$v_2^2 = v_1^2 + 2ad = 15^2 + 2(-0.4 \times 9.8) \times 10$, $v_2 = \sqrt{v_1^2 + 2ad}$ 이므로
∴ $v_2 = 12.11 \text{m/s}$

04 #1차량이 충돌지점 후방 10m 구간을 0.4g의 감속도로 진행하는 데 소요되는 시간을 구하시오. (5점)

해설 $v_2 = v_1 + at$ 에서 $a = -0.4g$
$t = \dfrac{v_2 - v_1}{a} = \dfrac{12.11 - 15}{-(0.4 \times 9.8)} = 0.74 초$

05 #2차량이 정지하였다가 출발하여 사고지점에 이르는 시간 동안 #1차량이 이동한 거리를 구하시오. (5점)

해설 ① #2차량이 사고지점까지 걸린 시간 : 3.69초
② #1차량이 제동시작점(P_2)에서 사고까지 걸린 시간 : 0.74초
따라서 3.69 - 0.74 = 2.95초
54km/h(15m/s) 정속으로 2.95초 달린 거리는
$15 \times 2.95 = 44.25 \text{m}$
따라서, 총 이동거리는 44.25 + 10 = 54.25m

문제 4 배점 : 25점

사고개요

무게가 980kg인 자동차가 모든 바퀴가 잠긴 상태로 건조한 콘크리트 도로에서 35m를 미끄러지고 기름이 쏟아져 있는 도로를 40m 미끄러진 후 15m/s의 속도로 콘크리트 벽을 충격하고 그 자리에 멈추었다.

조 건

- 건조한 콘크리트 도로의 견인계수는 0.85, 기름이 쏟아진 도로의 견인계수는 0.3
- 중력가속도 9.8m/s^2
- 계산식의 경우 관계식 및 풀이과정을 단위와 함께 기술하고, 소수점 셋째 자리에서 반올림하시오.

질 문

01 사고자동차가 콘크리트 벽을 충격할 때 갖고 있던 에너지를 구하시오. (5점)

해설

$$E_1 = \frac{1}{2}mv_2^2 = \frac{1}{2} \times 980 \times 15^2 = 110,250 \text{kg} \cdot (\text{m/s})^2 = 110,250 \text{N} \cdot \text{m(J)}$$

02 기름이 쏟아져 있는 도로에서 사고자동차가 미끄러지는 동안 소모된 에너지를 구하시오. (5점)

해설 기름에 미끄러지기 직전 속도 v_1

$$v_2^2 - v_1^2 = 2ad$$
$$v_1^2 = 15^2 - 2(-0.3 \times 9.8) \times 40$$
$$\therefore v_1 = 21.45 \text{m/s}$$
$$E_2 = \frac{1}{2}m(v_1^2 - v_2^2) = \frac{1}{2} \times 980(21.45^2 - 15^2) \equiv 115,200.23 \text{N} \cdot \text{m(J)}$$

※ 마찰일로 계산
$$W = F \times d = \mu mg \times d = 0.3 \times 980 \times 9.8 \times 40 = 115,248 \text{N} \cdot \text{m(J)}$$

03 건조한 콘크리트 도로에서 사고자동차가 미끄러지는 동안 소모된 에너지를 구하시오. (5점)

해설 미끄러지기 직전 속도 v_0
$$v_1^2 - v_0^2 = 2ad$$
$$v_0^2 = 21.45^2 - 2(-0.85 \times 9.8) \times 35$$
$$\therefore \ v_0 = 32.30 \text{m/s}$$
$$E_3 = \frac{1}{2}m(v_0^2 - v_1^2) = \frac{1}{2} \times 980(32.30^2 - 21.45^2) = 285,761.88 \text{N} \cdot \text{m(J)}$$

※ 마찰일로 계산
$$W = F \times d = \mu mg \times d = 0.85 \times 980 \times 9.8 \times 35 = 285,719 \text{N} \cdot \text{m(J)}$$

04 사고자동차가 처음 미끄러지기 시작할 때 가지고 있던 전체 에너지를 구하시오. (5점)

해설 $E = \frac{1}{2}mv_0^2 = \frac{1}{2} \times 980 \times (32.30)^2 = 511,212.1 \text{N} \cdot \text{m(J)}$

또는
$E = E_1 + E_2 + E_3 = 110,250 + 115,200.23 + 285,761.88 = 511,212.11 \text{J}$

05 사고자동차가 처음 미끄러지기 시작할 때 속도를 구하시오. (5점)

해설 질문3 해설에서 $v_0 = 32.30 \text{m/s}$

문제 5   배점 : 25점

사고개요

승용차량이 주행 중 전방의 우로 굽은 도로선형을 발견하고 급제동하여 스키드마크를 발생시키다가 도로 이탈을 우려하여 브레이크 페달에서 발을 떼고 급한 핸들 조향으로 요마크가 발생하다가 도로 가장자리에 설치되어 있는 가로수를 충돌한 사고가 발생했다.

현장자료

- 승용차량의 제동에 의한 스키드마크는 좌우 동일하게 15.0m로 측정됨
- 승용차량의 핸들조향에 의한 요마크 흔적을 통해 승용차량 무게중심 이동궤적을 측정한 결과 일정한 곡선반경을 가진 호를 이루고 있었으며, 현의 길이 50.0m, 중앙종거 4.0m로 측정됨
- 승용차량의 소성변형 정도를 분석한 결과, 가로수 충돌속도는 36km/h로 분석됨

조건

- 스키드마크가 끝난 지점과 요마크 시작 지점 사이 구간에서 속도변화는 없음
- 스키드마크 구간의 종방향 견인계수는 0.8, 요마크 구간의 횡방향 견인계수는 0.7, 중력가속도는 $9.8m/s^2$을 적용함
- 계산식의 경우 관계식 및 풀이과정을 단위와 함께 기술하고, 소수점 셋째 자리에서 반올림하시오.

질문

01 현의 길이와 중앙종거를 바탕으로 곡선반경 산출을 위한 그림과 함께 관계식을 유도하고, 승용차량 무게중심 이동 궤적에 대한 곡선반경을 구하시오. (10점)

해설

$$\left(\frac{1}{2}C\right)^2 + (R-M)^2 = R^2$$

$$\therefore R = \frac{C^2}{8M} + \frac{M}{2} = \frac{50^2}{8 \times 4} + \frac{4}{2} = 80.13\text{m}$$

02 요마크에 근거한 속도산출 관계식을 유도하고, 요마크 발생시점의 승용차량 속도를 구하시오. (10점)

해설 원심력 = 마찰력, $\frac{mv^2}{R} = \mu g \cdot m$에서 $v = \sqrt{\mu g R}$

$$V = \sqrt{\mu g R} = \sqrt{0.7 \times 9.8 \times 80.13} = 23.45\text{m/s} = 84.42\text{km/h}$$

03 스키드마크 발생시점의 승용차량 속도를 구하시오. (5점)

해설 직선거리 $V_2^2 - V_1^2 = 2ad$

$$V_1 = \sqrt{V_2^2 - 2\mu g d} = \sqrt{23.45^2 - 2 \times (-0.8) \times 9.8 \times 15} = 28.02\text{m/s} = 100.87\text{km/h}$$

제7회 과년도 기출문제

2018년 9월 26일 시행

문제 1 배점 : 50점

사고개요

다음 그림과 같이 신호등 없는 교차로에서 승용차와 오토바이가 충돌하였다. 오토바이는 정지 상태에서 출발하여 충돌지점까지 가속상태로 15.0m를 진행하였고, 승용차는 등속으로 진행하였으며, 교차로 정지선으로부터 오토바이는 5.0m, 승용차는 6.3m 지점에서 충돌한 것으로 조사되었다.

승용차 블랙박스 영상은 1초당 30프레임(프레임/초)으로 저장되어 있고, 영상의 시간은 표출되지 않았다. 블랙박스 영상에는 오토바이와 충돌하는 모습은 확인되지만 오토바이가 출발하는 모습은 확인되지 않았다. 블랙박스 영상을 분석한 결과 영상의 56번째 프레임에서 승용차와 오토바이가 충돌하였으며, 영상의 11번째 프레임부터 56번째 프레임까지 승용차가 이동한 거리는 21.0m로 측정되었다. 한편, 블랙박스 영상에서 오토바이와 충돌한 시점(56번째 프레임)으로부터 7.4초 후(222프레임 경과)에 주변 상가건물의 유리창에 승용차 비상등이 켜지기 시작하는 모습이 비춰졌다.

또한, 사고현장 주변에 설치된 회전형 CCTV 영상에는 오토바이가 승용차와 충돌한 상황은 확인되지 않지만, CCTV 영상 시간 기준 1분 10.9초에 오토바이가 충돌지점으로부터 15.0m 후방(Ⓐ지점)에 정지해 있다가 출발하는 모습이 확인되었고, 이후 CCTV 카메라가 회전하여 승용차가 정지한 사고현장을 촬영한 영상에는 CCTV 영상시간 기준 1분 21.8초에 승용차 비상등이 켜지기 시작하는 모습이 확인되었다.

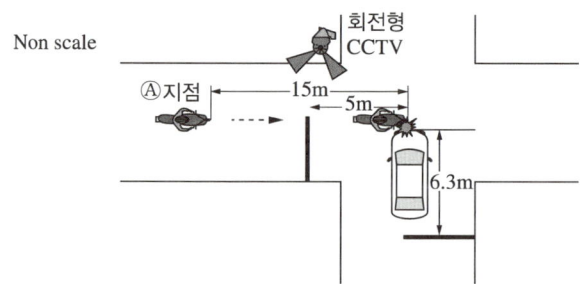

조건

- 승용차 운전자 인지반응시간 1.0초, 승용차 견인계수 0.8, 중력가속도 9.8m/s²을 적용한다.
- 양 차량 운전자 입장에서 사고 장소 주변의 시야장애는 없는 것으로 간주한다.
- 계산식의 경우 관계식 및 풀이과정을 단위와 함께 기술하고, 소수점 셋째 자리에서 반올림하시오.

> 질 문

01 블랙박스 영상의 11번째 프레임에서 56번째 프레임 구간까지의 시간을 계산한 후 승용차가 진행한 구간의 평균 속도를 구하시오. (5점)

> 해설 11번째~56번째 frame의 경과시간
> 30frame : 1초 = 45frame : x초
> $x = 45 / 30 \times 1$초 $= 1.5$초

02 승용차가 정지선에서 충돌지점까지 이동하는 데 걸린 시간을 구하시오. (5점)

> 해설 11번째~56번째 frame까지 이동한 거리 : 21m
> 이동한 시간 : 1.5초
> 이동속도 = 21m/1.5초 = 14m/s
> 따라서, 정지선~충돌지점까지 걸린 시간은 $t = \dfrac{d}{v} = \dfrac{6.3\text{m}}{14\text{m/s}} = 0.45$초

03 오토바이가 Ⓐ지점에서 출발하여 충돌지점에 도달한 때의 속도를 구하시오. (20점)

> 해설 $d = 81.8$초 $- 70.9$초 $= 10.9$초
> 10.9초 $- 7.4$초 $= 3.5$초
> $d = v_0 t + \dfrac{1}{2} at^2$
> $15 = 0 + \dfrac{1}{2} a \times 3.5^2$
> $a = \dfrac{2 \times 15}{3.5^2} = 2.45 \text{m/s}^2$
> ∴ $v = v_0 + at = 0 + 2.45 \times 3.5 = 8.575 \cong 8.58 \text{m/s}$

오토바이 출발		충 돌		비상등
70.9초		81.8 − 7.4 − 70.9 = 3.5초	+7.4초	81.8초
	3.5초			

04 오토바이가 정지선에서 충돌지점까지 이동하는 데 걸린 시간을 구하시오. (10점)

해설 정지선에서 충돌지점까지 이동하는 데 걸린 시간
$v_2^2 - v_1^2 = 2ad$
$v_1 = \sqrt{8.58^2 - 2 \times 2.45 \times 5} = 7\text{m/s}$
$v_2 = v_1 + at$에서 $t = \dfrac{v_2 - v_1}{a} = \dfrac{8.58 - 7}{2.45} = 0.64\text{s}$

05 승용차와 오토바이 중에 어느 차량이 선진입하였는지 기술하시오. (5점)

해설 $t = \dfrac{d}{v} = \dfrac{6.3\text{m}}{14\text{m/s}} = 0.45$초
따라서, $0.64 - 0.45 = 0.19$초
즉, 오토바이가 승용차보다 0.19초 먼저 진입하였다.

06 만일 승용차가 오토바이와 충돌을 회피하기 위해서는 승용차 운전자가 충돌지점 후방 어느 지점에서 오토바이를 발견하고 급제동하여야 하는지 기술하시오. (5점)

해설 $v_2^2 - v_1^2 = 2ad$
$v_1^2 = 2\mu g d$, $14^2 = 2 \times 0.8 \times 9.8 \times d$
∴ $d = 12.5\text{m}$
인지반응시간 1초 동안 이동한 거리는 $14\text{m/s} \times 1$초 $= 14\text{m}$
따라서, 제동 후 미끄러진 거리는 $12.5\text{m} + 14\text{m} = 26.5\text{m}$이므로 충돌지점에서 최소 26.5m 이전 후방지점에서 급제동하여야 한다.

| 문제 2 | 배점 : 50점 |

사고개요

세종 방면에서 대전 방향으로 진행하던 승용차가 보행자와 충돌한 사고이다. 사고현장에는 다음 그림과 같이 스키드마크(Skid Mark)가 발생되어 있었고, 승용차는 교차로 내에 최종 위치하였으며, 보행자는 승용차 전방에 최종 위치하였다. 승용차 운전자는 전방의 위험을 최초 인지(보행자 발견)하고 급제동하여 스키드마크 ⓐ를 8m 발생시킨 후 제동을 일시 해제하였다가 재차 급제동하여 스키드마크 ⓑ를 11m 발생시키며 보행자를 충격하였고, 이후 완만한 제동상태로 진행하여 최종 정지한 것으로 조사되었다.

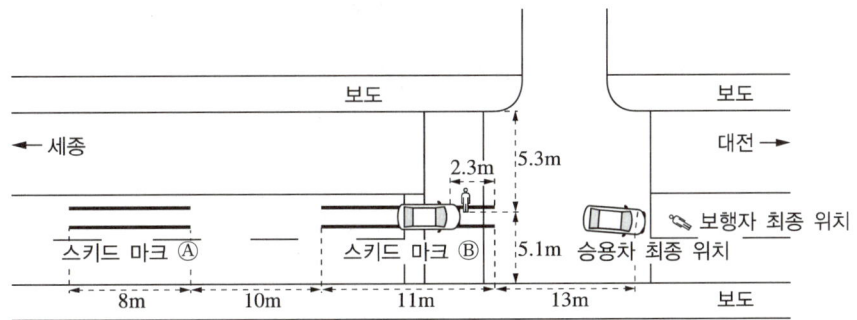

- 승용차 운전자 주장

  세종 방면에서 대전 방향으로 진행하다 진행방향 우측 보도에 있던 보행자가 갑자기 차도로 들어오는 것을 보고 급제동하였다고 주장하고 있다.

- 보행자 상해 부위(병원 진료기록에 의함)

  - 우측 다리 경골 및 비골의 골절
  - 우측 대퇴골두 골절
  - 안면 우측 부위 열상
  - 신체 좌측 부위 찰과상

조건

- 사고 도로의 견인계수 : 0.8
- 중력가속도 : 9.8m/s²
- 보행자 보행속도 : 1.0m/s
- 승용차 운전자 인지반응시간 : 1.0초
- 승용차 앞오버행 : 1.0m
- 보행자 충격으로 인한 승용차의 속도 감속은 없었던 것으로 가정한다.
- 스키드마크 Ⓐ와 스키드마크 Ⓑ 사이에서는 속도 감속이 없었던 것으로 가정한다.
- 승용차가 스키드마크 Ⓑ를 발생시킨 후 최종 위치까지 이동하는 동안 견인계수는 0.2로 조사되었다.
- 승용차는 스키드마크 Ⓑ의 끝지점에서 2.3m 이전 지점에 전륜이 위치한 상태로 보행자와 충돌한 것으로 조사되었다.
- 계산식의 경우 관계식 및 풀이과정을 단위와 함께 기술하고, 소수점 셋째 자리에서 반올림하시오.

질문

01 승용차가 보행자를 충격할 당시의 속도를 구하시오. (5점)

해설 보행자 충격 시 속도

$v_3^2 - v_2^2 = 2ad$

$v_2 = \sqrt{2\mu gd} = \sqrt{2 \times 0.2 \times 9.8 \times 13} = 7.138 \cong 7.14 \text{m/s}$

$v_2^2 - v^2 = 2\mu gd$

$7.14^2 - v^2 = 2 \times (-9.8 \times 0.8) \times 2.3$

$v = 9.329 \cong 9.33 \text{m/s}$

02 승용차가 보행자를 최초 발견하고 급제동하여 발생시킨 스키드마크 Ⓐ의 시점에서의 속도를 구하시오. (5점)

해설 먼저, 스키드마크 Ⓑ시작지점의 속도 V_1은

$v_2^2 - v_1^2 = 2ad$

$7.14^2 - v_1^2 = 2 \times (-9.8 \times 0.8) \times 11$

∴ $v_1 = 14.95 \text{m/s}$

Ⓐ지점에서의 속도 v_0는

$v_1^2 - v_0^2 = 2ad$

$14.95^2 - v_0^2 = 2 \times (-9.8 \times 0.8) \times 8$

∴ $v_0 = 18.68 \text{m/s}$

03 승용차가 보행자를 최초 발견한 시점(인지반응시간 포함)부터 보행자와 충돌한 지점까지 진행하는 동안 경과된 시간을 구하시오. (10점)

해설 보행자 최초 발견시점부터 보행자와 충돌한 시점까지의 시간

$v_0 \to v_1$ 영역, $v_1 = v_0 + at$ 에서 $t = \dfrac{v_1 - v_0}{\mu g} = \dfrac{14.95 - 18.68}{-9.8 \times 0.8} = 0.48$초

정속영역, $t = \dfrac{d}{v} = \dfrac{10}{14.95} = 0.67$초

$v_1 \to V$(보행자 충돌 시 속도), $V = v_1 + at$ 에서 $t = \dfrac{V - v_1}{\mu g} = \dfrac{9.33 - 14.95}{-9.8 \times 0.8} = 0.72$초

총제동시간 = 인지시간 + 제동시간 = 1 + (0.48 + 0.67 + 0.72) = 2.87초

04 만일 승용차 운전자가 보행자를 최초 발견하고 급제동한 후 스키드마크 Ⓐ를 발생시키며 제동을 해제하지 않고 계속 급제동상태를 유지하였다면 보행자와 충돌을 회피할 수 있었는지 논하시오. (10점)

해설 제동이 풀린 거리를 계속하여 제동했다고 하면, 제동거리는 다음과 같다.

$V^2 - v_1^2 = 2ad$

$0 - v_1^2 = 2\mu g d$, $d = \dfrac{v_1^2}{2\mu g} = \dfrac{18.68^2}{2 \times 0.8 \times 9.8} = 22.25$m

실제 보행자와 충돌할 때까지의 거리는 8 + 10 + 8.7 = 26.7m이다. 제동이 풀린 거리를 계속하여 제동했다고 하면 보행자와 충돌 전 4.45m 앞에서 승용차가 멈출 수 있으므로 충돌을 피할 수 있다.

05 승용차 운전자는 우측 보도에 있던 보행자가 갑자기 승용차 진행방향 기준 우측에서 좌측으로 도로를 횡단하였다고 주장하고 있다. 승용차 운전자의 주장이 타당한지 논하시오. (10점)

해설 ① 보행자가 차도로 진입해서 충돌까지 걸린 시간은 $t = \dfrac{v}{d} = \dfrac{5.1}{1} = 5.1$초

② 승용차가 보행자를 발견하고 급정거한 시간이 질문 03에서는 2.87초이다.
따라서, 운전자가 보행자를 발견할 때에 보행자는 이미 5.1 − 2.87 = 2.23(초) 전에 차도 안으로 들어온 상태이다.
즉, 이미 2.23m 들어왔을 때 운전자는 보행자를 발견하였으므로 운전자의 주장은 타당하지 못하다.

06 사고현장에서 발생된 스키드마크, 보행자 상해 부위, 승용차 최종 위치 등을 근거로 사고 당시 보행자가 도로를 횡단하는 구체적 상황을 추정하여 기술하시오. (10점)

해설 보행자 상해 부위로 보아 보행자는 승용차 진행방향 좌측에서 우측으로 도로를 횡단한 것으로 보인다.
즉, 차량에 우측 다리가 부딪치고 후 보닛 위로 떨어지는 Wrap Trajection 형태로, 머리가 보닛에 부딪친 후 차가 정지되면서 앞으로 퉁겨져 나간 것으로 보인다.

문제 3 | 배점 : 25점

사고개요

신호등 없는 4지 교차로에서 트랙스와 싼타페가 직각 충돌한 후 트랙스는 진행방향 기준 좌측으로 30° 틀어져 6m를 이동하여 최종 정지하였고, 싼타페는 진행방향 기준 우측으로 35° 틀어져 9m를 이동하여 최종 정지하였다.

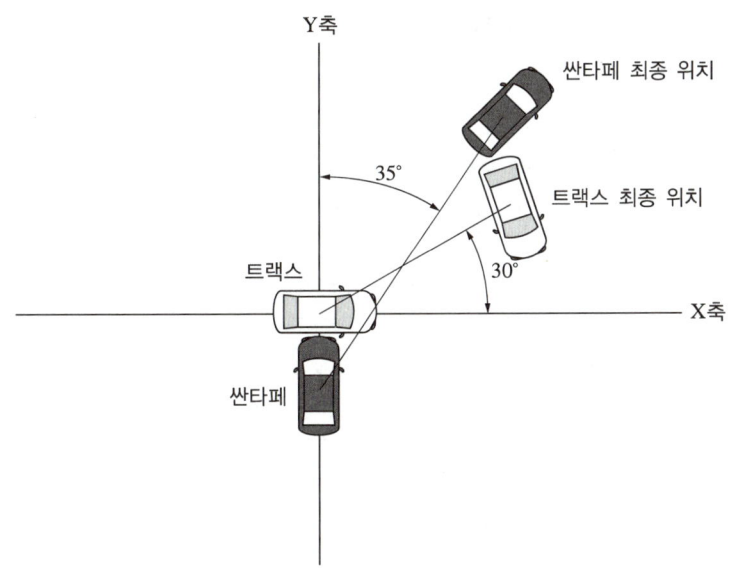

사고 후 트랙스와 싼타페에서 추출한 EDR 데이터(Event Data Recorder)는 다음과 같다.

• 트랙스 EDR 데이터

Pre-Crash Data -5.0 to -0.5 sec(Event Record 1)

Times (sec)	Accelerator Pedal, %Full (Accelerator Pedal Position)	Service Brake (Brake Switch Circuit State)	Engine RPM (Engine Speed)	Engine Throttle, %Full (Throttle Position)	Speed, Vehicle Indicated (Vehicle Speed) (MPH[km/h])
-5.0	21	Off	1108	23	44[70]
-4.5	18	Off	1152	23	44[70]
-4.0	18	Off	1158	21	43[68]
-3.5	17	Off	1200	21	42[67]
-3.0	17	Off	1160	20	42[66]
-2.5	16	Off	1162	19	41[65]
-2.0	15	Off	1153	19	39[62]
-1.5	14	Off	1152	18	39[62]
-1.0	13	Off	1152	17	39[61]
-0.5	13	Off	1152	17	38[60]

• 싼타페 EDR 데이터

[이벤트 1] 사고시점의 EDR 정보

다중사고 횟수(1 or 2)	1개 이벤트
다중사고 간격 1 to 2 [msec]	0
정상기록 완료 여부(Yes or No)	No
충돌기록 시 시동 스위치 작동 누적 횟수[cycle]	11,655
정보추출 시 시동 스위치 작동 누적 횟수[cycle]	11,654

조건

- 트랙스 중량 1,480kgf, 싼타페 중량 2,070kgf
- 충돌 후 트랙스 이동구간의 견인계수 0.8
- 충돌 후 싼타페 이동구간의 견인계수 0.6
- 중력가속도 9.8m/s^2
- 계산식의 경우 관계식 및 풀이과정을 단위와 함께 기술하고, 소수점 셋째 자리에서 반올림하시오.

질문

01 EDR(Event Data Recorder)에 대해 설명하시오. (5점)

> **해설** 대부분의 EDR은 에어백에 내장되어 있고, 이 에어백 모듈에는 ACU(Airbag Control Unit) 또는 ACM(Airbag Control Module)이라는 두뇌장치가 내장되어 있으므로, 각 센서로부터 추돌 및 충돌 신호·정보를 수신(감지)하여 에어백이나 안전벨트 프리텐셔너(구속장치)의 전개 여부를 결정한다.
> 즉, 자동차의 충돌 전 5초에서 0초 동안의 데이터(차량속도, 엔진회전수, 스로틀 개도, 가속페달 위치, 브레이크 스위치 On/Off, 조향핸들 각도, 에어백 경고등, 안전벨트 착용상태 등의 정보)를 기록하며, 충돌 혹은 충돌 후 0.25~0.3초 동안의 길이 및 측면 방향 충돌가속도, 속도변화, 전복각도 등을 별도로 기록하도록 되어 있다.

02 트랙스 EDR 데이터는 신뢰할 수 있으나, 싼타페 EDR 데이터는 신뢰할 수 없는 것으로 조사되었다. 싼타페 EDR 데이터를 신뢰할 수 없는 이유 2가지를 서술하시오. (5점)

> **해설** ① 정상기록 완료 여부 No, 다중사고 간격 0ms가 있을 수 없다.
> ② 충돌기록 11,655Cycle이 먼저이고, 정보추출기록 11,654Cycle이 나중이어야 되는데 바뀌었다.

03 각 차량의 충돌 직후 속도를 구하시오. (5점)

해설 트랙스, $v_1 = \sqrt{2\mu g d} = \sqrt{2 \times 0.8 \times 9.8 \times 6} \cong 9.7 \text{m/s} (34.9 \text{km/h})$

싼타페, $v_2 = \sqrt{2\mu g d} = \sqrt{2 \times 0.6 \times 9.8 \times 9} \cong 10.29 \text{m/s} (37.0 \text{km/h})$

04 운동량 보존의 법칙을 이용한 싼타페의 충돌 직전 속도를 구하시오. (5점)

해설 1 : 트랙스, 2 : 싼타페
$m_1 v_1 + m_2 v_2 = m_1 v_1{'} + m_2 v_2{'}$
y성분값
$1{,}480\text{kg} \times 0 + 2{,}070\text{kg} \times v_2 = 1{,}480\text{kg} \times 9.7\sin 30° + 2{,}070\text{kg} \times 10.29\cos 35°$
∴ $v_2 = 11.90 \text{m/s} (42.8 \text{km/h})$

05 운동량 보존의 법칙을 이용한 트랙스의 충돌 직전 속도를 구하고, 그 값이 트랙스 EDR 데이터에 부합하는지 여부를 기술하시오. (5점)

해설 1 : 트랙스, 2 : 싼타페
$m_1 v_1 + m_2 v_2 = m_1 v_1{'} + m_2 v_2{'}$
x성분값
$1{,}480\text{kg} \times v_1 + 2{,}070\text{kg} \times 0 = 1{,}480\text{kg} \times 9.7\cos 30° + 2{,}070\text{kg} \times 10.29\sin 35°$
∴ $v_1 = 16.66 \text{m/s} (60 \text{km/h})$

트랙스 EDR Data상 충돌 직전 속도는 60km/h이고, 운동량 계산에 의해 구한 속도도 60km/h이므로, EDR 데이터와 같은 속도를 나타내고 있다.

문제 4 배점 : 25점

사고개요

무더운 날씨에 대형트럭이 2km 구간의 가파른 내리막길에서 브레이크를 밟으며 내려오다가 정상적으로 제동되지 않은 채 평탄한 좌로 굽은 커브길에 이르러 요 마크(Yaw Mark)를 발생시키며 장애물과 충돌 없이 54km/h 속도로 우측 4m 낭떠러지로 추락하였다.

조 건

- 대형트럭의 횡미끄럼 마찰계수 0.8
- 중력가속도 9.8m/s^2
- 계산식의 경우 관계식 및 풀이과정을 단위와 함께 기술하고, 소수점 셋째 자리에서 반올림하시오.

질 문

01 이처럼 긴 내리막길에서 자동차가 과도한 브레이크 사용으로 인해 정상적으로 제동되지 않는 현상 2가지를 서술하시오. (5점)

> **해설** ① 페이드(Fade) 현상 : 계속적인 브레이크 사용으로 드럼과 슈 또는 디스크와 패드에 마찰열이 축적되어 드럼이나 라이닝이 경화됨에 따라 마찰계수가 감소하여 제동력이 저하되는 현상이다. 대부분 풋브레이크의 지나친 사용에 기인한다. 페이드 현상을 방지하기 위해 드럼과 디스크는 열팽창에 의한 변형이 작고 방열성을 높이는 재질과 형상을 사용하고, 온도 상승에 의한 마찰계수의 변화가 작은 라이닝과 패드를 사용한다.
> ② 베이퍼록(Vapor Lock) 현상 : 긴 내리막길에서 브레이크를 지나치게 사용하면 차륜 부분의 마찰열 때문에 휠 실린더나 브레이크 파이프 속의 오일이 기화되고, 브레이크 회로 내에 공기가 유입된 것처럼 기포가 발생한다. 이 때문에 액체의 흐름이나 운동력 전달이 되지 않아, 브레이크를 밟아도 스펀지를 밟듯이 푹푹 꺼지며, 브레이크가 작동되지 않는 현상을 말한다.

02 대형트럭이 낭떠러지를 추락하는 데 걸린 시간은 몇 초인가? (5점)

> **해설**
> $$d = v_0 t + \frac{1}{2}at^2$$
> $$\therefore t = \sqrt{\frac{2h}{g}} = \sqrt{\frac{2 \times 4}{9.8}} = 0.9초$$

03 대형트럭이 낭떠러지를 추락하는 동안 수평으로 이동한 거리는? (10점)

해설 $d = vt = 15 \times 0.9 = 13.5 \mathrm{m}$

04 대형트럭이 요 마크(Yaw Mark)를 발생시키며 좌로 굽은 커브길을 주행하는 동안 대형트럭의 무게중심 회전반경은? (5점)

해설 트럭의 원심력 $= \dfrac{mv^2 h}{R}$

복원력 $= \dfrac{1}{2} mgT$

$\dfrac{mv^2 h}{R} = \dfrac{1}{2} mgT$ ∴ $R = \dfrac{2hv^2}{gT}$

여기서, R : 회전반경
m : 무게
v : 차량속도
h : 차량 무게중심의 높이
T : 윤거

문제 5 | 배점 : 25점

질 문

01 도로교통법 제2조 제17호 및 제18호에 차마의 개념에 대해 규정하고 있고, 이 규정을 도표화하면 다음과 같다. 도표 안의 빈칸을 다음 중에서 골라 채우시오(순서 틀리면 불인정). (5점)

| 조건 |
| 트럭지게차, 견인차, 노면파쇄기, 건설기계, 콘크리트믹서트레일러, 도로보수트럭, 콘크리트믹서트럭, 노면측정장비, 덤프트럭, 우마, 수목이식기, 아스팔트콘크리트재생기, 구난차, 이륜자동차, 터널용 고소작업차

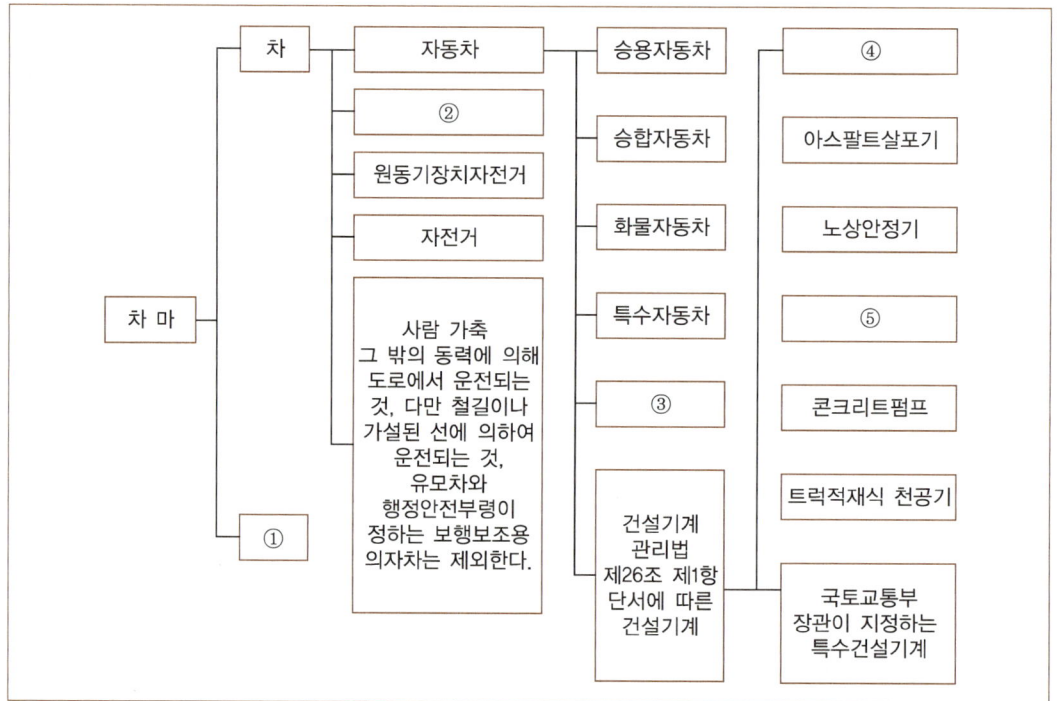

해설
① 우 마
② 건설기계
③ 이륜자동차
④ 덤프트럭
⑤ 콘크리트믹서트럭

02 자동차에 설치된 ADAS(Advanced Driver Assist System) 장치는 사고의 위험을 줄여 주는 역할을 한다. 이들 ADAS 장치 중에서 LDWS(Lane Departure Warning System)와 LKAS(Lane Keeping Assist System)에 대해 설명하시오. (5점)

> **해설** ① LDWS(Lane Departure Warning System)는 차선변경경고장치로서 주행 중 차선을 넘어가려고 할 때 자동차에 장착된 카메라가 차선을 인식하여 경고음을 보내주어 운전자가 안전하게 운행할 수 있게 하는 장치
> ② LKAS(Lane Keeping Assist System)는 차선 이탈 자동 복귀 시스템으로 운전자가 졸음운전을 하거나 부주의로 차선을 벗어날 경우에 핸들의 진동이나 경고음으로 운전자에게 알리는 것에 그치지 않고 핸들을 조향하여 차선을 유지하게 하는 시스템

03 타이어 측면에는 타이어 규격이 표기되어 있다. 다음의 사진에 표기되어 있는 225/45 R 17(유러피안 메트릭 표기법)의 각 항목이 의미하는 것을 구체적으로 기술하시오. (5점)

> **해설**
>
> | 225 | / | 45 | R | 17 |
> |---|---|---|---|---|
> | 단면폭 | | 편평비 | 레이디얼 | 림외경 |
> | 225mm | | 45% | 구 조 | 17인치 |

04 다음의 설명을 참고하여 운동에너지 방정식을 유도하시오. (5점)

> **조건**
> 물체에 힘(Force)이 작용하여 물체가 힘의 방향으로 어떤 거리만큼 이동한 경우에 힘은 물체에 일(Work)을 한다고 말한다. 한 물체에서 다른 물체로 옮겨진 에너지의 양은 일과 동일하다고 볼 수 있으며, 일을 할 수 있는 능력을 에너지와 같다고 표현할 수 있다.

> **해설** 일 = 힘 × 거리
>
> $$W = F(\text{N}) \times d(\text{m}) = ma(\text{kg} \cdot \text{m/s}^2) \times d(\text{m}) = m\frac{v}{t}d = mv^2(\text{kg} \cdot \text{m}^2/\text{s}^2)$$
>
> 운동에너지 $= \frac{1}{2}mv^2(\text{kg} \cdot \text{m}^2/\text{s}^2)$
> 따라서, 일 = 운동에너지
> 여기서, v : 속도
> t : 시간
> a : 가속도
> m : 질량

05 최근 과학기술의 발달로 도로교통 분야에도 많은 변화가 나타났다. 그중에 대표적인 것이 바로 자율주행자동차이다. 자율주행자동차가 등장하여 사람들의 삶이 크게 달라질 것으로 예상된다. 이러한 변화는 긍정적인 부분도 많겠지만 새로운 고민거리를 던져 주기도 한다. 이와 관련하여 자율주행자동차로 인해 새롭게 등장할 수 있는, 아직 해결하지 못한 법적·윤리적 문제 등 문제점에 대해 5가지를 기술하시오(해결책 제시는 점수와 상관없으며, 5가지 문제점에 대해 간단한 부연 설명과 함께 기술, 예시문은 정답에서 제외). (5점)

> **예시문**
> 운전과 관련된 직업을 가진 사람들은 자율주행자동차가 등장하여 직업을 잃을 수 있는데 이러한 사회적 문제는 어떻게 해결할 것인가?

해설
① 안전성의 문제(해킹) : 자율주행자동차는 인터넷을 기반으로 운행되기 때문에 인터넷 보안상의 문제가 생긴다면 엄청난 혼란을 유발할 수 있다. 만약 제3자가 악의적인 목적으로 해킹을 통해 자율주행자동차의 시스템을 마비시킨다면, 이는 원격으로 살인을 가능하게 하는 것과 같다. 굳이 해킹 등의 악의적인 목적이 아니어도 자율주행자동차상의 내부 결함 또는 주위 환경으로 인해 문제가 발생할 수 있다.
② 사고 시 책임 소재 : 사고 발생의 책임을 누구에게 물어야 하는가? 이 문제는 현재 관련 법안이 전혀 마련되지 않은 상태이다. 아직까지도 의견이 엇갈리는 부분이 많다. 자율주행자동차의 이용자를 운전자로 보느냐, 탑승자로 보느냐에 따라 책임을 지는 것이 달라진다. 만약 운전자로 보게 된다면 운전자 본인이 책임져야 한다. 그러나 탑승자로 본다면 자율주행자동차 제조사에 책임을 물을 수 있다.
③ 돌발상황 발생 시 시스템의 대처 : 비정상적인 돌발상황 발생 시 대처가 우려된다. 악천후나 건물붕괴, 화산폭발, 지진 등으로 인한 노면 파괴, 전방 공중에서 낙하하는 비행 물체 등등, 사람이 인지할 수 있는 위험요소들을 자율주행자동차의 시스템은 인지하지 못할 수 있다.
④ 사고처리 관련 직업이 사라질 수 있다 : 완벽한 자율주행시스템이 정착되면 사고처리 관련 직업은 필요 없게 된다.
⑤ 사무실의 공간적 개념이 없어진다 : 이동 중에 모든 업무를 자동차 안에서 해결할 수 있으므로 사무실이라는 공간적인 개념이 무의미해진다.
⑥ 장치의 오류에 의한 통신 장애 : 자율주행자동차는 각종 통신망과 연결되어 정보교환이 이루어지는데, 주행 중 자동차 부품(특히 카메라, 센서류)의 오작동으로 도로의 상황 판단에 문제가 생길 수 있다.

제 8 회 과년도 기출문제

2019년 9월 22일 시행

문제 1 | 배점 : 50점

사고개요

고속버스가 2차로 도로를 진행하던 중 진행방향 우에서 좌로 횡단하는 보행자를 발견하고 제동하였으나, 스킵 스키드마크를 발생시키면서 고속버스 전면 중앙부분으로 보행자를 완전 충돌(Full Impact) 후 진행방향 좌측으로 피양하다가 정지하였다. 보행자는 고속버스와의 충격으로 일정구간을 날아가다 떨어져 미끄러진 후에 최종 정지하였다.

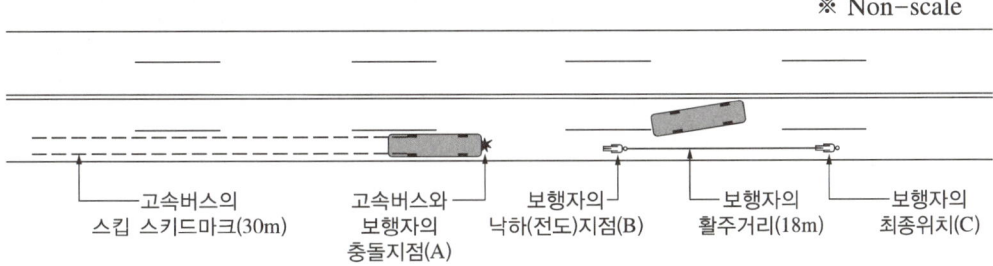

※ Non-scale

- 고속버스의 스킵 스키드마크(30m)
- 고속버스와 보행자의 충돌지점(A)
- 보행자의 낙하(전도)지점(B)
- 보행자의 활주거리(18m)
- 보행자의 최종위치(C)

조건

- 고속버스의 스킵 스키드마크 발생구간의 견인계수는 0.65
- 보행자와 노면 간 견인계수는 0.6
- 보행자의 무게중심 높이는 1m
- 중력가속도 값은 $9.8m/s^2$ 적용
- 보행자의 비행구간 동안 공기저항 무시
- 계산식의 경우 관계식 및 풀이과정을 단위와 함께 기술하고, 소수점 셋째 자리에서 반올림

> 질문

01 차 대 보행자 사고에서 충돌 후의 보행자 운동 유형 5가지를 나열하고, 위 교통사고 시 해당하는 보행자 운동 유형에 대해 상세히 설명하시오. (10점)

해설 ① 차 대 보행자 충돌 후 보행자 운동 유형 5가지
㉠ Fender Vault : 성인과 승용차의 충돌 시 일어나는 현상으로 펜더에 감김(약 40km/h)
㉡ Roof Vault : 차량이 보행자 무게중심보다 낮은 부분을 충돌하였고, 제동을 하지 않은 경우 보행자는 공중으로 떠서 차량 지붕에 떨어지는 현상(약 56km/h)
㉢ Somersault : 공중돌기로, 자동차 대 보행자 사고 중 가장 드문 경우로 자동차의 충돌속도가 빠르던지 보행자의 충격위치가 낮은 경우에도 일어난다(약 56km/h).
㉣ Forward Projection : 어린이가 승용차에 충돌, 성인이 승합차 또는 버스에 충돌 시 발생하는 형태로 보행자는 충돌 전 차량과 같은 방향으로 내던져지는 경로
㉤ Wrap Trajectory : 보행자의 무게중심이 아래일 때, 충돌 후 보닛에 접촉 후 앞으로 떨어지는 경로로 가장 일반적인 차 대 보행자 사고 형태(약 30km/h)
② 위 교통사고 시 해당하는 보행자 운동 유형
㉠ Forward Projection(앞으로 던져지는 경로) : 어린이가 승용차에 충돌하거나, 성인이 승합차 또는 버스에 충돌 시 발생하는 형태로 충돌 지점이 인체의 중심보다 높은 충돌로 보행자는 차의 전방 앞부분에 바로 떨어져 전도되는 경우로, 차량이 충분히 감속되지 않으면 역과되는 경우도 발생한다.

02 보행자의 낙하(전도)지점(B)에서의 보행자 속도를 구하시오. (10점)

해설 $v = \sqrt{2fgd} = \sqrt{2 \times 0.6 \times 9.8 \times 18} = 14.55 \text{m/s}$

03 충돌지점(A)에서 고속버스의 속도를 구하시오. (10점)

해설 보행자는 버스와 충돌 후 비행하는 동안, 수평방향은 등속운동을 하므로 충돌 시의 속도와 낙하지점(B)의 속도는 같다. 또한 보행자와 차량의 충돌 시 차량의 속도는 보행자가 충돌 후 튕겨나가는 속도와 같다. 따라서 충돌지점(A)에서의 고속버스 속도는 보행자의 낙하지점(B)의 속도와 같으므로 14.55m/s이다.

04 보행자가 충돌지점(A)에서 낙하(전도)지점(B)까지 날아간 거리를 구하시오. (10점)

해설
$$\frac{d}{v} = \sqrt{\frac{2h}{g}}$$
$$d = v\sqrt{\frac{2h}{g}} = 14.55\sqrt{\frac{2 \times 1}{9.8}} = 6.57\text{m}$$

05 보행자가 낙하(전도)지점(B)부터 최종위치(C)까지 이동하는 동안 걸린 시간을 구하시오. (10점)

해설 $v_e = v_i + at$, $t = \dfrac{v_e - v_i}{a} = \dfrac{v_e - v_i}{\mu g} = \dfrac{0 - 14.55}{0.6 \times (-9.8)} = 2.47$초

문제 2 배점 : 50점

사고개요

A차량이 서쪽에서 동쪽으로 편도 1차로 도로를 진행하다 신호등 없는 십자형 교차로에 이르러 북쪽에서 남쪽으로 편도 1차로 도로를 진행하던 B차량과 충돌하였다. 충돌 전 A차량은 정지선에서 충돌지점까지 10m를 진행하였고, B차량은 13m를 진행하였다. 충돌 이후 A차량은 앞으로 5m를 더 진행하여 최종 정지하였고, B차량은 좌측 전방으로 7m를 튕겨져 나가 좌측으로 전도된 채 최종 정지하였다.

사고지점 교차로 주변 건물에 설치된 CCTV 영상에 의하면 A차량이 정지선을 통과하는 모습은 확인되지 않고 B차량과 충돌하기 직전에서야 확인되며, B차량이 정지선에 도달하기 전부터 A차량과 충돌할 때까지 모습이 확인된다. CCTV 영상은 1초당 30프레임(30fps)으로 저장되어 있고, CCTV 영상을 분석한 결과 B차량의 전면이 정지선에 도달한 후 A차량과 충돌한 시점까지 39개 프레임이 경과되었다.

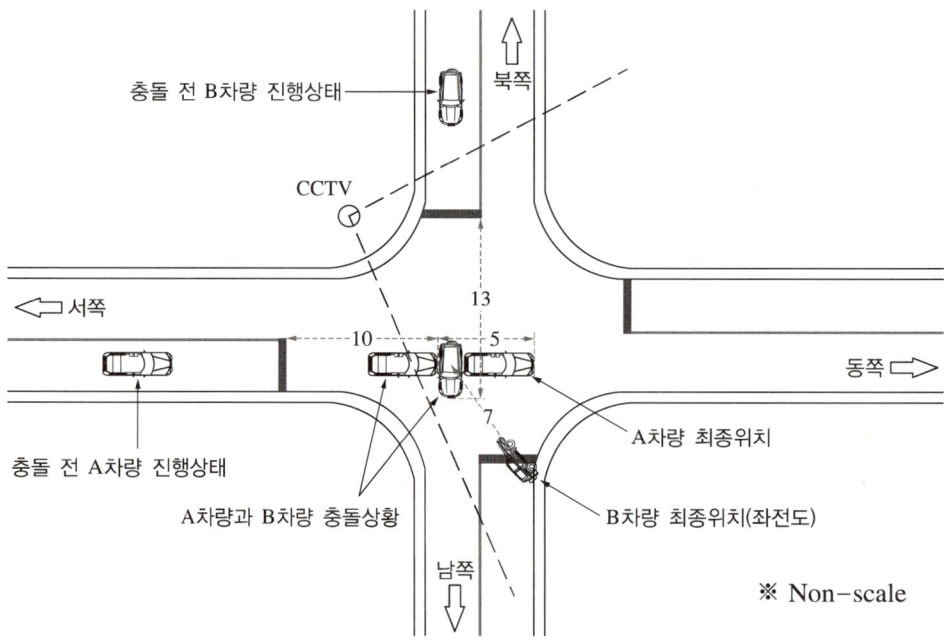

조건

- 충돌 전 A차량과 B차량 모두 일시정지하지 않고 교차로를 진입
- 운전자 인지반응시간은 1.0초, 중력가속도는 $9.8m/s^2$을 적용
- 사고 후 A차량에서 추출한 EDR(Event Data Recorder) 자료는 〈표 1〉과 같음
- EDR 자료의 속도 데이터는 0.5초 간격의 순간 속도이고, 충돌 전 1.5~1.0초 구간은 등속운동한 것으로 간주
- EDR 자료에서 충돌 전 1.0초부터 제동되고, 제동페달은 운전자의 인지반응시간 이후 곧바로 작동된 것으로 간주
- 계산식의 경우 관계식 및 풀이과정을 단위와 함께 기술하고, 계산과정에서 소수점 셋째 자리에서 반올림

〈표 1〉 A차량의 EDR 데이터 정보

시간 (sec)	자동차 속도 (kph)	엔진 회전수 (rpm)	엔진 스로틀 밸브 열림량 (%)	가속 페달 변위량 (%)	제동 페달 작동 여부 (on/off)	바퀴잠김방지식 제동장치 (ABS) 작동여부 (on/off)	자동차 안정성 제어장치 (ESC) 작동여부 (on/off/engaged)	조향핸들 각도 (degree)
-5.0	58	1,400	39	39	OFF	OFF	ESC 미작동 (ESC 스위치 on)	0
-4.5	57	1,400	44	44	OFF	OFF	ESC 미작동 (ESC 스위치 on)	0
-4.0	59	1,500	32	32	OFF	OFF	ESC 미작동 (ESC 스위치 on)	0
-3.5	60	1,600	35	35	OFF	OFF	ESC 미작동 (ESC 스위치 on)	0
-3.0	55	1,600	31	31	OFF	OFF	ESC 미작동 (ESC 스위치 on)	0
-2.5	50	1,700	31	30	OFF	OFF	ESC 미작동 (ESC 스위치 on)	0
-2.0	50	1,700	0	0	OFF	OFF	ESC 미작동 (ESC 스위치 on)	0
-1.5	40	1,700	0	0	OFF	OFF	ESC 미작동 (ESC 스위치 on)	0
-1.0	40	1,700	0	0	ON	OFF	ESC 미작동 (ESC 스위치 on)	0
-0.5	38	1,600	0	0	ON	OFF	ESC 미작동 (ESC 스위치 on)	0
0.0	10	900	0	0	ON	ON	ESC 미작동 (ESC 스위치 on)	-30

질문

01 B차량이 정지선을 통과하여 A차량과 충돌하기까지 진행한 구간의 평균속도를 구하시오. (5점)

해설 이동시간(t) = $\dfrac{\text{이동프레임 수}}{\text{초당프레임 수}}$ = $\dfrac{39}{30}$ = 1.3s

따라서, 평균속도(v)는 $v = \dfrac{d}{t} = \dfrac{13}{1.3}$ = 10m/s

02 A차량과 B차량 중 어느 차량이 먼저 정지선을 통과하였는지 계산을 통해 기술하시오. (15점)

해설 질문 02의 경우 질문 03을 구하여야 기술할 수 있으므로, 먼저 질문 03을 구하여야 한다.
A차량이 정지선을 통과한 시간은 충돌시점 기준 1.11초 전이고, B차량은 1.3초 전이므로, 1.3 − 1.11 = 0.19초 먼저 B차량이 정지선을 통과하였다.

03 A차량이 정지선을 통과한 시간이 충돌시점 기준으로 몇 초 전인지 구하시오. (15점)

해설 A차량이 정지선에서 충돌까지 거리 $d = 10m$
중력가속도 $(g) = 9.8 m/s^2$
충돌 전 1.5~1.0초 구간은 등속운동 $v_{1.5} = 40 km/h$
제동 후 속도: −1.0 속도 40km/h, −0.5 속도 38km/h, 충돌(0.0)속도 10km/h

① 충돌 −0.5초에서 충돌까지 이동거리 (d_1)
$$d_1 = t_1 \times \frac{v_i + v_e}{2} = 0.5 \times \frac{(38/3.6) + (10/3.6)}{2} = 3.33m$$

② 충돌 −1.0초에서 −0.5초까지 이동거리 (d_2)
$$d_2 = t_2 \times \frac{v_i + v_e}{2} = 0.5 \times \frac{(40/3.6) + (38/3.6)}{2} = 5.42m$$

③ 정지선에서 제동까지 진행한 거리(등속운동, d)
d = (정지선에서 충돌까지 거리) − d_1(−0.5~충돌) − d_2(−1.0/−0.5)
   = 10 − 3.33 − 5.42 = 1.25m

④ 정지선에서 등속운동으로 진행한 시간 (t_3)
$$t_3 = \frac{d_3}{v_{1.5}} = \frac{1.25}{(40/3.6)} = 0.11s$$

⑤ 정지선에서 충돌까지 진행한 시간 (t)
$t = t_1 + t_2 + t_3 = 0.5 + 0.5 + 0.11 = 1.11s$

따라서, A차량이 정지선을 통과한 시간은 충돌시점 기준 1.11초 전이다.

04 A차량 운전자가 B차량을 최초 발견한 지점이 충돌지점 기준으로 몇 m 후방에 위치하는지 구하시오. (15점)

해설 ① −1.5~1.0초 구간 이동거리 (d_3)
$d_3 = v_{1.5} \times 0.5 = (40/3.6) \times 0.5 = 5.56m$

② −2.0~−1.5초 구간 이동거리 (d_4)
$$d_4 = t \times \frac{v_i + v_e}{2} = 0.5 \times \frac{(50/3.6) + (40/3.6)}{2} = 6.25m$$

따라서, A차량 운전자가 B차량을 최초 발견한 지점은 충돌지점 기준으로
$d_t = d_1 + d_2 + d_3 + d_4 = 3.33 + 5.42 + 5.56 + 6.25 = 20.56m$ 후방에서 B차량을 최초 발견

문제 3 배점 : 25점

사고개요

질량 1,500kg인 승용차가 오르막 경사도 10°인 도로에서 불상의 속도로 진행하다 높이 3m 아래 지면에 추락하였다. 승용차가 이륙한 후 지면에 착지한 지점까지 수평거리는 15m로 측정되었다.

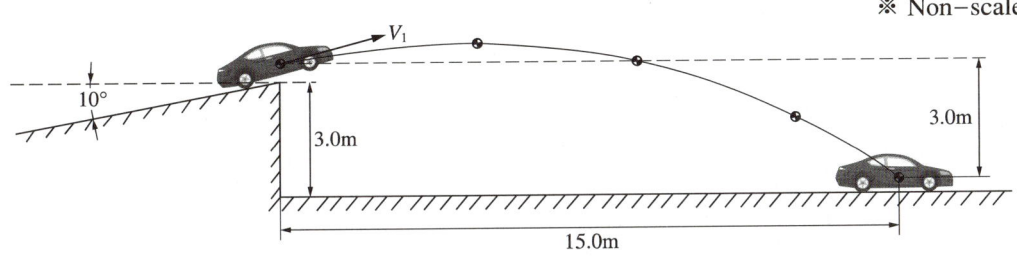

※ Non-scale

조건

- 승용차는 도로이탈 전까지 등속주행
- 중력가속도 값은 9.8m/s² 적용
- 공기저항 무시
- 계산식의 경우 관계식 및 풀이과정을 단위와 함께 기술하고, 소수점 셋째 자리에서 반올림

질문

01 승용차의 도로이탈 속도(V_i)는 얼마인가? (10점)

해설

$$v = d\sqrt{\frac{g}{2(d\tan\theta - h)}} = 15\sqrt{\frac{9.8}{2\times(15\tan10° - (-3))}} = 13.98\text{m}$$

※ 착륙지점이 이륙지점보다 낮기 때문에 $-h$ 적용

02 승용차가 도로를 이탈하여 착지한 시점까지 걸린 시간은 얼마인가? (5점)

해설 수평방향(x축 성분)은 등속운동

$$t = \frac{d}{v_x} (\text{속도를 } x\text{축 성분으로 분해})$$

$$t = \frac{d}{v_x \cos\theta} = \frac{15}{13.98 \times \cos 10°} = 1.09\text{s}$$

03 승용차의 무게중심이 최고점에 도달하였을 때의 높이는 도로이탈 시 무게중심으로부터 얼마인가? (10점)

해설 ① 승용차가 무게중심 최고점에 도달할 때까지의 소요시간(t)

$v = v_0 + at$ (v_0를 y축으로 분해, $a = -g$ (올라갈 때))

$v = v_0 \sin\theta + (-g)t$ (t 기준 이항정리)

$t = \dfrac{v - v_0 \sin\theta}{-g}$ ($v = 0$m/s 적용)

$t = \dfrac{v_0 \sin\theta}{g} = \dfrac{13.98 \times \sin 10°}{9.8} \cong 0.25$s

② 승용차가 무게중심 최고점에 도달했을 때 높이(h)
수직방향(y축 성분)은 등가속도운동(자유낙하)

$h = v_0 t + \dfrac{1}{2} gt^2$ (속도를 y축 성분으로 분해, 올라갈 때는 $-g$)

$h = v_0 t + \dfrac{1}{2} gt^2$

$\quad = v_0 \sin\theta \times t + \dfrac{1}{2}(-g)t^2$

$\quad = 13.98 \times \sin 10° \times 0.25 - \left(\dfrac{1}{2} \times 9.8\right) \times (0.25)^2 = 0.3$m

문제 4 | 배점 : 25점

사고개요

사고차량이 급격한 선회로 인해 요 마크(Yaw Mark)를 발생시켰다. 사고현장에서 조사한 결과 차량 무게 중심 경로의 곡선반경(R), 현의 길이(C), 중앙종거(M)는 아래의 그림과 같다.

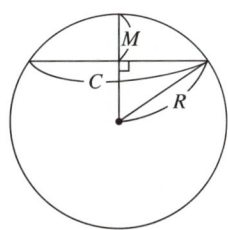

조건

- R : 차량 무게중심 경로의 곡선반경, C : 현의 길이, M : 중앙종거
- 계산식의 경우 관계식 및 풀이과정을 단위와 함께 기술하고, 소수점 셋째 자리에서 반올림

질문

01 피타고라스정리를 이용하여 곡선반경(R)을 구하는 공식을 유도하시오. (10점)

[해설]

$$R^2 = (R-M)^2 + \left(\frac{C}{2}\right)^2$$

$$= R^2 - 2RM + M^2 + \frac{C^2}{4}$$

$$R = \frac{C^2}{4 \times 2M} + \frac{M^2}{2M}$$

$$= \frac{C^2}{8M} + \frac{M}{2}$$

02 원심력을 이용하여 요 마크 발생시점의 속도를 구하는 공식을 유도하시오. (10점)

해설
- 원심력 $F_c = m\dfrac{v^2}{R}$
- 횡 마찰력 $F_f = m\mu g$
- $F_c \geq F_f$일 때 요 마크 발생, 요 마크 발생 최저속도의 조건은 $F_c = F_f$

$$m\dfrac{v^2}{R} = m\mu g$$
$$v = \sqrt{\mu g R}$$

03 현의 길이(C)가 50m, 중앙종거(M)가 2m, 요 마크 발생구간의 횡 미끄럼 견인계수가 0.8일 때 차량의 요 마크 발생시점 속도(km/h)를 구하시오. (5점)

해설
$$R = \dfrac{C^2}{8M} + \dfrac{M}{2} = \dfrac{(50)^2}{8\times 2} + \dfrac{2}{2} = 157.25\text{m}$$
$$v = \sqrt{fgR} = \sqrt{0.8\times 9.8\times 157.25} = 35.11\text{m/s} = 126.4\text{km/h}$$

문제 5   배점 : 25점

질문

01 추돌사고 시 차량 탑승자에게 대표적으로 발생되는 편타손상(Whiplash Injury)에 대해 설명하시오. (5점)

> **해설**   **편타손상** : 갑작스러운 움직임이나, 머리가 척주와 상대적으로 뒤로 또는 앞으로 가속될 때 발병하는 손상을 말하며, 교통사고 등으로 인해 머리가 앞뒤로 크게 움직이면서 목에 과도한 힘의 영향을 주어 이로 인해 발생하는 경추의 손상을 말한다.

02 질량 1,000kg인 A차량과 질량 1,500kg인 B차량이 동일방향으로 진행하다 A차량이 B차량의 후미를 추돌하였고, 사고 후 A차량의 EDR 자료를 추출한 결과 속도변화(ΔV_A)는 −20km/h로 확인되었다. A차량의 속도변화(ΔV_A)를 이용하여 B차량의 속도변화(ΔV_B)를 구하시오. (10점)

> **해설**
> $m_a v_a + m_b v_b = m_a v_a{'} + m_b v_b{'}$
> $m_a v_a - m_a v_a{'} = m_b v_b{'} - m_b v_b$
> $m_a(v_a - v_a{'}) = m_b(v_b{'} - v_b)$ [나중속도 − 처음속도 = 속도변화(Δv)]
> $m_a(-\Delta v_a) = m_b(\Delta v_b)$
> $\Delta v_b = \dfrac{m_a(-\Delta v_a)}{m_b} = \dfrac{1,000 \times (-(-20))}{1,500} = 13.33$km/h
>
> B차량의 속도변화는 13.33km/h

03 충돌속도와 유효충돌속도가 같다고 볼 수 있는 상황에 대하여 예를 들고, 그 이유를 설명하시오. (5점)

> **해설** 고정 장벽에 부딪친 후 차량이 멈췄을 경우
> 고정 장벽에 충돌 시, 차량이 가지고 있던 운동에너지는 모두 차체의 변형일로 소모된 후 충돌지점에 정지하게 된다. 즉 고정 장벽에 부딪친 후 차량이 멈추면 충돌 후 공통속도는 0m/s이므로 충돌 중의 속도 변화량인 유효충돌속도는 바로 충돌속도이다.
> 유효충돌속도(충돌 중의 속도 변화량) = 충돌속도 − 충돌 후 공통속도

04 차량의 운동형태 6가지(①~⑥) 중 명칭 5개를 선택해 쓰시오. (5점)

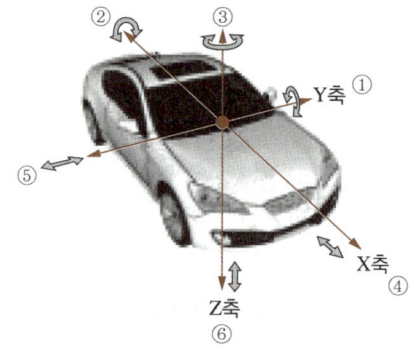

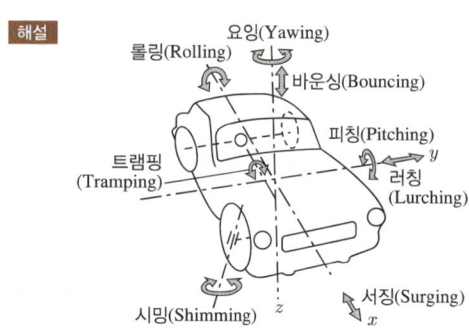

제 9 회 과년도 기출문제

2020년 9월 20일 시행

문제 1   배점 : 50점

사고개요

A차량이 횡단보도를 횡단하던 보행자를 발견하고 좌측으로 조향하여 요 마크(Yaw Mark)를 발생시키며 이동하다 요 마크의 끝 지점에서 보행자와 충돌하였다.

A차량은 보행자와 충돌한 후 20m를 더 이동하여 주차된 B차량과 정면으로 충돌하고, 두 차량이 맞물린 상태로 12m를 더 이동하고 정지하였다.

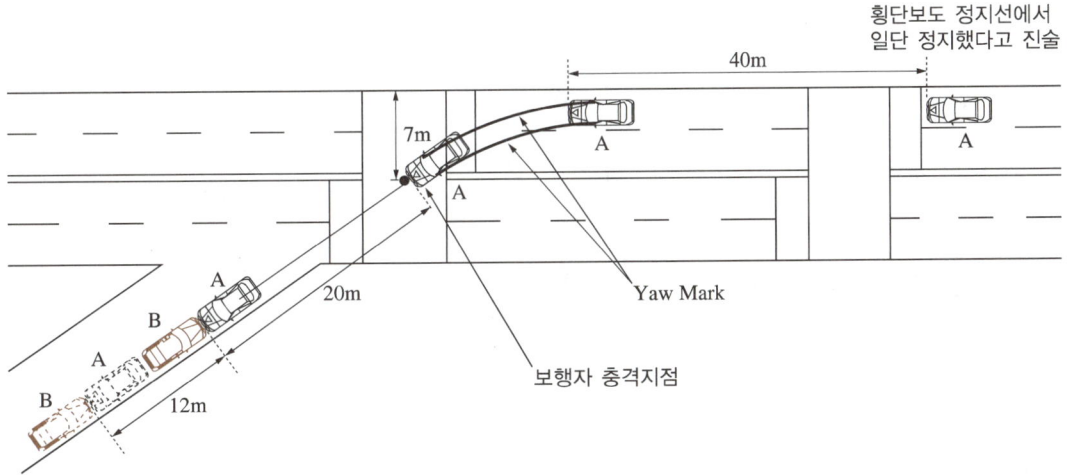

> **조 건**
>
> - 중력가속도는 9.8m/s²
> - 요 마크 구간에서 횡방향 견인계수는 0.80이고, 종방향으로는 등속운동
> - A차량 운전자의 인지반응시간은 1.2초이며, 이 시간 동안은 등속운동을 한 것으로 본다.
> - A차량의 요 마크 발생 시 무게중심 이동궤적을 측정하였을 때, 현의 길이(C)는 12.5m, 중앙종거(M)는 0.2m로 측정되었다.
> - A차량의 보행자 충돌로 인한 속도변화는 없는 것으로 본다.
> - A차량이 보행자 충돌 후 B차량과 충돌 시까지 운동상태는 등감속 혹은 등가속운동
> - A차량과 B차량은 맞물린 상태로 이동하였으며, 이때 견인계수는 0.75
> - A차량 질량은 1,500kg, B차량 질량은 1,200kg
> - 보행자는 연석 위에 서 있다가 가속도 0.47m/s²로 충돌위치까지 7m를 뛰어갔다.
> - A차량은 0~110km/h까지 범위에서 최대발진가속도 3.47m/s²를 가진 차량이다.
> - 풀이과정 및 단위를 기술하고, 각 질문마다 소수점 셋째 자리에서 반올림할 것

질 문

01 요 마크 발생구간에서 A차량의 속도를 구하시오. (10점)

<U>해설</U> A차량 속도

곡선반경 $R = \dfrac{C^2}{8M} + \dfrac{M}{2} = \dfrac{(12.5)^2}{8 \times 0.2} + \dfrac{0.2}{2} = 97.76\text{m}$

$v = \sqrt{\mu g R} = \sqrt{0.8 \times 9.8 \times 97.76} = 27.68\text{m}(99.66\text{km/h})$

02 A차량과 B차량의 충돌로 인한 차체의 변형량을 장벽충돌 환산속도로 평가한 결과 A차량은 9m/s, B차량은 10m/s였다고 하면 A차량이 B차량과 충돌할 때 가지고 있던 에너지량을 구하시오. (15점)

해설 운동에너지 $E_k = \frac{1}{2}mv^2$ 에서

A차량의 손상에너지 $E_A = \frac{1}{2} \times 1,500 \times (9)^2 = 60,750J$

B차량의 손상에너지 $E_B = \frac{1}{2} \times 1,200 \times (10)^2 = 60,000J$

A, B차량이 미끄러지면서 소모한 에너지
$E_{AB} = (m_1 + m_2)\mu gd = (1,500 + 1,200) \times 0.75 \times 9.8 \times 12 = 238,140J$

A차량 충돌 시 에너지 = 두 차량 손상에너지 + 미끄러지면서 소모한 에너지
= 60,750 + 60,000 + 238,140 = 358,890J

다른 풀이 운동량보존의 법칙으로 풀이

운동에너지 $E_k = \frac{1}{2}mv^2$ 에서

$E = \frac{1}{2} \times 1,500 \times (23.9)^2 = 428,407.5J$

03 앞에서 구한 에너지량을 사용하여 A차량이 B차량을 충돌할 때 속도를 구하시오. (10점)

해설 두 차량의 충돌 시 속도(에너지량 사용)

두 차량의 에너지 합 358,890J

$358,890 = \frac{1}{2} \times 1,500 \times v_A^2$

$\therefore v_A = \sqrt{\frac{358,890 \times 2}{1,500}} = 21.88m/s$

다른 풀이 운동량보존의 법칙으로 풀이

• 두 차량의 충돌 시 속도
  충돌 후 공통속도
  $v = \sqrt{2\mu gd} = \sqrt{2 \times 0.75 \times 9.8 \times 12} = 13.28m/s$
• A차량의 충돌 직전 속도
  $m_1v_1 + m_2v_2 = (m_1 + m_2)v$ 에서
  $1,500 \times v_1 + 1,200 \times 0 = (1,500 + 1,200) \times 13.28$
  $\therefore v_1 = 23.9m/s$

04 A차량이 보행자 충돌지점에서 B차량 충돌지점까지 이동하는 동안의 가속도와 소요된 시간을 계산하시오. (10점)

해설
① $v_1^2 - v_0^2 = 2ad$ 에서
$(21.88)^2 - (27.68)^2 = 2 \times (a) \times 20$
∴ $a \cong -7.19 \text{m/s}^2$

② $v = v_0 + at$ 에서
$21.88 = 27.68 + (-7.19)t$
∴ $t = 0.81$초

다른 풀이 운동량보존의 법칙으로 풀이
① $v_1^2 - v_0^2 = 2ad$ 에서
$(23.9)^2 - (27.68)^2 = 2 \times (a) \times 20$
∴ $a \cong -4.87 \text{m/s}^2$

② $v = v_0 + at$ 에서
$23.9 = 27.68 + (-4.87)t$
∴ $t = 0.78$초

05 A차량 운전자는 사고 장소 이전 횡단보도 정지선에서 일단정지 후 출발하였다고 주장하는데, 이에 대한 타당성을 논하시오. (5점)

해설 속도 측면에서 살펴보면
① 운전자의 인지반응 지점은
$d = vt = 27.68\text{m/s} \times 1.2초 = 33.22\text{m}$
② 정지선을 기준으로 운전자가 인지한 지점은
$40 - 33.22\text{m} = 6.78\text{m}$
③ 인지반응 지점에서의 속도는
$v_1^2 - v_0^2 = 2ad$ 에서
$v_1^2 - (0)^2 = 2 \times 3.47 \times 6.78$
∴ $v_1 = 6.86\text{m/s}$
④ 정지선에서의 실제속도는
$v_2^2 - v_1^2 = 2ad$ 에서
$(27.68)^2 - v_1^2 = 2 \times 3.47 \times 6.78$
∴ $v_1 = 26.82\text{m/s}$

결론 : 정지선 위치에서의 속도는 일단정지 후 출발하면 6.86m/s이고, 실제 정지선 통과속도는 26.82m/s이므로 정지선에서 출발했다는 운전자의 주장은 타당하지 않다.

문제 2 | 배점 : 50점

사고개요

신호등이 설치된 삼거리 교차로에서 A차량은 직진 주행을 하다가 횡단보도를 건너는 보행자를 발견하고 급제동을 하여 15m의 스키드마크를 발생시키고 최종 정지하였다.

스키드마크는 차량전면이 정지선에서 18m 떨어진 지점부터 전륜에 의해 최종위치까지 2줄이 생성되어 있었으며, A차량은 5m 동안 제동이 이루어진 이후 보행자를 충돌하였다.

사고 장소에 설치되어 있는 CCTV 영상에 보행자 횡단보도 신호등과 충돌장면이 녹화되어 있었으며, CCTV 영상은 1초당 25프레임으로 저장되어 있고, 분석한 결과 보행자 진행방향 횡단보도 신호등에 녹색등이 점등된 후 A차량과 보행자가 충돌한 시점까지 50개 프레임이 경과되었다.

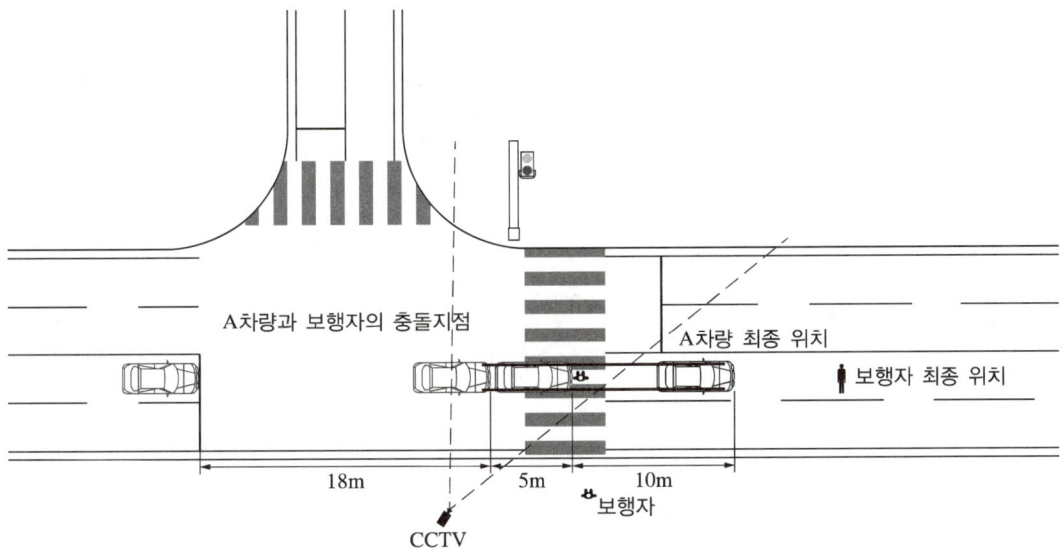

조 건

- A차량이 급제동하는 구간에서 노면경사 오르막 3%, 마찰계수는 0.8, 중력가속도는 $9.8m/s^2$
- A차량 진행방향 차량 신호등의 적색등이 점등됨과 동시에 사고발생 횡단보도의 보행자 신호등은 녹색등이 점등된다.
- 보행자 충돌로 인해 A차량의 속도 감속은 없는 것으로 간주
- 제동 전 인지반응시간은 없는 것으로 간주(등가속으로 진행하다 스키드마크 바로 발생)
- A차량 진행방향 차량 신호등의 황색등 점등시간은 3초
- 스키드마크 시작지점까지 등가속운동, 등가속운동 구간에서 가속견인계수는 0.25
- 모든 계산은 A차량 전면 중앙을 기준으로 한다.
- 풀이과정 및 단위를 기술하고, 각 질문마다 소수점 셋째 자리에서 반올림할 것

질 문

01 A차량의 보행자 충돌 순간 속도를 구하시오. (10점)

> **해설** 보행자 충돌 순간 속도(v_a)
> $$v_a = \sqrt{2\mu gd} = \sqrt{2 \times (0.8+0.03) \times 9.8 \times 10} \cong 12.75 \text{m/s}(45.92\text{km/h})$$

02 A차량의 스키드마크 발생 시점 속도를 구하시오. (10점)

> **해설** 스키드마크 발생시점의 속도(v_b)
> $$v_b = \sqrt{2\mu gd} = \sqrt{2 \times (0.8+0.03) \times 9.8 \times 15} \cong 15.62 \text{m/s}(56.24\text{km/h})$$

03 A차량이 정지선을 통과하는 시점의 속도를 구하시오. (10점)

> **해설** 정지선을 통과하는 시점의 속도(v_c)
> $v_b^2 - v_c^2 = 2ad$ 에서
> $(15.62)^2 - v_c^2 = 2 \times (0.25g) \times 18$
> $\therefore v_c = \sqrt{15.62^2 - 2 \times (0.25 \times 9.8) \times 18} = 12.48 \text{m/s}(44.93\text{km/h})$

04 A차량이 정지선을 통과하는 순간부터 보행자를 충돌하는 순간까지 이동시간을 구하시오. (10점)

해설 $(a-b$ 구간$)$ $v = v_0 + at$에서 $12.75 = 15.62 + (0.8 + 0.03) \times 9.8 t_1$
∴ $t_1 = 0.35$초
$(b-c$ 구간$)$ $v = v_0 + at$에서 $15.62 = 12.48 + (0.25 \times 9.8) t_2$
∴ $t_2 = 1.28$초
∴ $t = t_1 + t_2 = 0.35 + 1.28 = 1.63$초

05 A차량이 정지선을 통과하는 순간 A차량 진행방향 차량 신호등에 점등된 등화는 무엇인가? (10점)

해설 보행자가 보행자 녹색등 점등 후 사고 위치까지 도달하는 시간은 2초(25frame/초)이므로 차량 신호등 2초 전에는 적색등이다.
정지선 통과부터 보행자 충돌까지의 시간이 1.63초이므로 차량이 진행신호 적색등 점등 0.37초 후에 정지선을 통과하였다. 즉 차량은 적색 등화에서 정지선 통과로 신호위반이다.

문제 3 | 배점 : 25점

사고개요

제한속도 70km/h의 도로에서 승용차가 앞서 진행하는 트럭과 같은 속도인 55km/h로 트럭의 10.5m 뒤에서 따라가고 있다. 이후 승용차가 트럭을 앞지르기하여 10.5m 간격을 유지한 채 진입하였다.

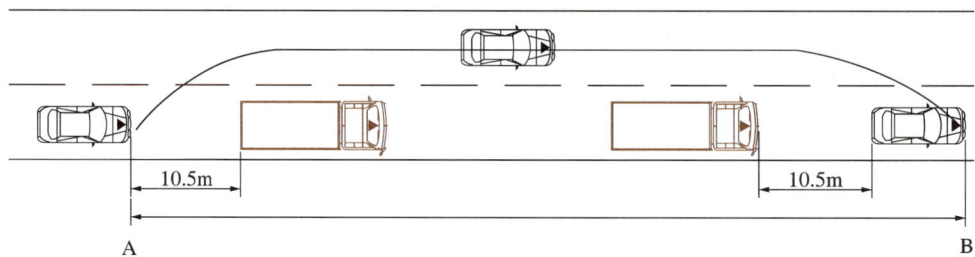

조건

- 도로는 경사가 없는 평탄한 노면
- 트럭은 전 과정에서 등속운동
- 승용차는 70km/h까지 등가속운동, 70km/h 도달 이후는 등속운동
- 승용차는 앞지르기할 때 도로의 제한속도를 초과하지 않는다.
- 승용차 등가속운동 시 가속도는 $1.3 m/s^2$ 적용
- 승용차의 길이는 4.6m이고 트럭의 길이는 12m이다.
- 풀이과정 및 단위를 기술하고, 각 질문마다 소수점 셋째 자리에서 반올림할 것

질문

01 승용차가 등가속하여 70km/h에 도달하기까지 소요되는 시간을 구하시오. (5점)

해설 $v = v_0 + at$에서 $(70/3.6) = (55/3.6) + 1.3t$
∴ $t = 3.21$초

02 승용차가 A에서 B까지 이동하는 데 걸린 시간(10점)과 거리(10점)를 구하시오(단, 차로변경으로 인한 횡방향 이동에 걸린 시간 및 거리는 무시하고 종방향 운동성분만 고려함). (20점)

해설 A에서 B까지 이동 시 걸린 시간
① 승용차가 트럭보다 초과하여 이동한 거리(d_0)는
　$d_0 = 10.5 + 10.5 + 12 + 4.6 = 37.6$m
② 승용차가 55km/h(15.28m/s)에서 70km/h(19.44m/s)로 등가속하는 동안 이동한 거리(d_1)
　$v_2^2 - v_1^2 = 2ad_1$에서 $(19.44)^2 - (15.28)^2 = 2 \times 1.3 \times d_1$
　∴ $d_1 = 55.64$m
③ 승용차가 등가속할 동안 트럭의 이동거리 $d_t = 15.28t = 15.28 \times 3.21 = 49.05$m
④ 승용차가 70km/h(19.44m/s)로 등속할 동안 트럭보다 초과 주행한 거리(d)는
　$d = d_0 - (d_1 - d_t) = 37.6 - (55.64 - 49.05) = 31.01$m
⑤ 승용차가 70km/h(19.44m/s)로 등속할 동안 걸린 시간을 t_2라 하면
　• 트럭의 주행거리 $d_T = 15.28t_2$
　• 승용차의 등속주행거리 $d_C = d_T + 30.86 = 15.28t_2 + 31.01 = 19.44t_2$
여기서 $15.28t_2 + 31.01 = 19.44t_2$
∴ $t_2 = 7.42$초
∴ 승용차가 추월 완료한 시간은 3.21초 + 7.45초 = 10.66초
A에서 B까지 이동거리
승용차가 등속할 동안 이동거리
$d = 19.44t = 19.44 \times 7.42 = 144.24$m
A에서 B까지 이동거리는
$55.64 + 144.24 = 199.88$m

문제 4 배점 : 25점

질문

01 에너지보존의 법칙을 이용하여 스키드 마크 발생시점에서 차량속도를 구하는 공식을 유도하시오. (5점)

> **해설** 운동에너지 $= \frac{1}{2}mv^2$, 마찰력이 하는 일(마찰에너지) $= \mu mgd$
> 운동에너지 = 마찰에너지
> $\frac{1}{2}mv^2 = \mu mgd$
> $\therefore v = \sqrt{2\mu gd}$

02 원심력과 마찰력의 관계를 이용하여 요 마크 발생 시점의 차량속도를 구하는 공식을 유도하시오. (5점)

> **해설** 원심력과 마찰력의 관계에서 차량 속도를 구하는 공식 유도
> - 원심력 $F_c = m\frac{v^2}{R}$
> - 횡 마찰력 $F_f = m\mu g$
> - $F_c \geq F_f$일 때 요 마크 발생, 요 마크 발생 최저속도의 조건은 $F_c = F_f$
> $m\frac{v^2}{R} = m\mu g$
> $v = \sqrt{\mu gR}$

03 자유낙하 운동을 이용하여 차량 추락 시점의 속도 산출 공식을 유도하시오(이탈각은 고려하지 않음). (5점)

> **해설** ① 차량이 도로를 이탈하여 추락지점에 착지하기까지 걸린 시간은
> 자유낙하 운동식 $d = v_0 t + \frac{1}{2}at^2$에서 초기속도 $v_0 = 0$이고, $d = h$, $a = g$로 놓으면
> $h = \frac{1}{2}gt^2$에서, 추락 시 걸린 시간 $t_y = \sqrt{\frac{2h}{g}}$
> ② 차량이 추락 전 진행하던 속도로 추락거리 d만큼 이동하는 데 걸린 시간 $t_x = \frac{d}{v}$
> ①과 ②의 시간이 같으므로($t_x = t_y$)
> $\frac{v}{d} = \sqrt{\frac{2h}{g}}$
> $\therefore v = d\sqrt{\frac{g}{2h}}$

04 내륜차의 정의와 내륜차로 인하여 발생되는 사고형태 1가지를 서술하시오. (5점)

> **해설** 정의 : 내륜차(內輪差)란 자동차 회전 시 안쪽 앞바퀴와 뒷바퀴가 그리는 원호의 반경(궤적) 차이를 말함
> 사고형태 : 대형트럭이나 버스가 보도에 가깝게 우회전할 때, 트럭 우측을 통행하고 있는 보행자나 자전거가 우측 뒤쪽바퀴에 의해 부딪치는 사고가 발생한다.

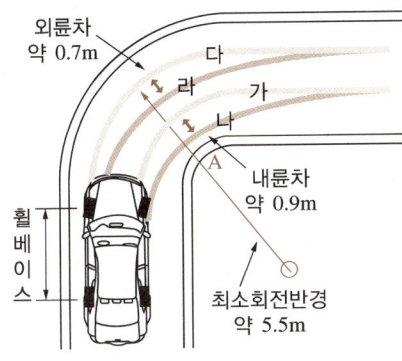

05 아래는 일반적인 승용차의 최소회전반경에 대한 내용이다. ㉠, ㉡에 알맞은 내용을 쓰시오. (5점)

| 보기 |

- 최소회전반경이란 최대 조향각으로 저속회전할 때 (㉠)의 중심선이 그리는 궤적의 반경이다.
- 최소회전반경을 구하는 공식은 $r = \dfrac{L}{\sin\alpha} + d$ 이다.

  여기서, α : 외측 차륜의 최대 조향각, d : 킹핀과 타이어 중심 간의 거리, L : (㉡)

> **해설** 최소회전반경이란 자동차가 최대 조향각으로 저속회전할 때 바깥쪽 바퀴의 접지면 중심이 그리는 원의 반지름을 말한다.

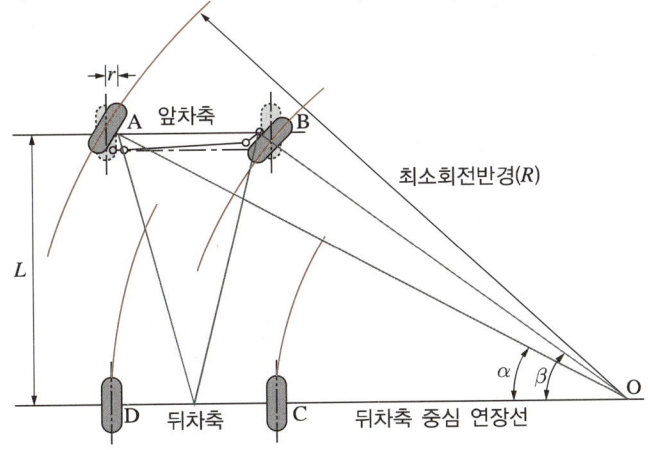

α = 바깥 바퀴의 조향각
β = 안쪽 바퀴의 조향각

$R = \dfrac{L}{\sin\alpha} + r$

L : 축거
r : 바퀴 접지면 중심과 킹핀과의 거리

문제 5 배점 : 25점

사고개요

오토바이가 충돌 후 노면에 전도된 상태로 8m를 미끄러진 후 정지하였다. 전도된 상태로 미끄러지는 오토바이의 견인계수를 알아보기 위해, 사고현장에서 그림과 같이 매달림 저울(장력저울)로 오토바이를 잡아당기는 실험을 실시하였다.

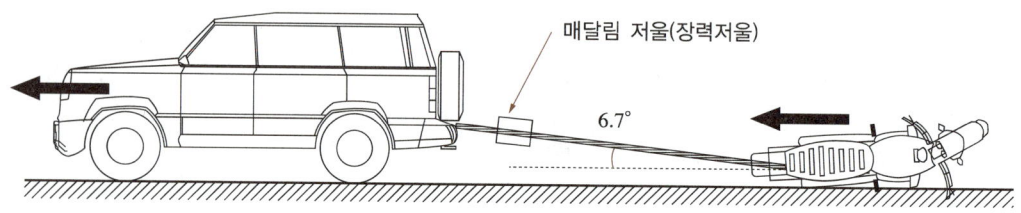

조 건

- 노면은 평면이고, 견인줄은 수평노면과 6.7°의 각도로 측정되었다.
- 오토바이의 질량은 145kg, 매달림 저울의 측정치는 1,078N으로 측정되었다.
- 수직상태에서 오토바이의 무게중심 높이는 0.5m이고, 중력가속도는 9.8m/s²이다.
- 오토바이 측면이 노면에 접촉하기 이전의 상황은 등속운동
- 오토바이는 충돌 후 곧바로 넘어지고, 소요된 시간은 물체가 오토바이 무게중심 높이에서 자유낙하하여 노면에 도달하는 것과 동일한 것으로 간주
- 풀이과정 및 단위를 기술하고, 각 질문마다 소수점 셋째 자리에서 반올림할 것

질 문

01 일과 운동에너지 관계식을 이용하여 견인계수를 구하는 공식을 유도하시오. (10점)

해설 운동에너지 $E = \dfrac{1}{2}mv^2$

일 = 힘 × 거리
$W = F \times d = mad = m\mu gd = E$
$F \times d = \mu mgd$
$\therefore \mu = \dfrac{F}{mg}$

02 유도된 공식을 이용하여 오토바이의 견인계수를 구하시오. (5점)

해설 경사면에서의 견인력 $F = 1,078\cos(6.7°) = 1,070.64\text{kg}$
견인력 = 마찰력
$F = \mu mg$
$\mu = \dfrac{F}{mg} = \dfrac{1,070.84}{145 \times 9.8}$
$\therefore \mu = 0.75$

03 오토바이가 충돌 후 노면에 전도되기까지 소요 시간을 구하시오. (5점)

해설 $h = \dfrac{1}{2}gt^2$ 에서, 전도까지 걸린 시간 $t = \sqrt{\dfrac{2h}{g}} = \sqrt{\dfrac{2 \times 0.5}{9.8}} = 0.32$초

04 충돌로 인해 오토바이 차체가 기울어져 전도될 때까지 이동한 거리를 구하시오. (5점)

해설 오토바이 전도 시 속도 $v = \sqrt{2\mu gd} = \sqrt{2 \times 0.75 \times 9.8 \times 8} = 10.84\text{m/s}$
① 전도 시 이동거리 $d_1 = vt = 10.84 \times 0.32 = 3.46\text{m}$
② or $d = v\sqrt{\dfrac{2h}{g}} = 10.84\sqrt{\dfrac{2 \times 0.5}{9.8}} = 3.46\text{m}$

제 10 회 과년도 기출문제

2021년 9월 5일 시행

문제 1   배점 : 50점

사고개요

A차량은 동쪽에서 서쪽으로 진행하다 북쪽에서 남쪽으로 진행하던 B차량과 1차 충돌하였고, 이후 A차량은 서쪽에서 동쪽으로 진행하던 C차량과 2차 충돌하였다.

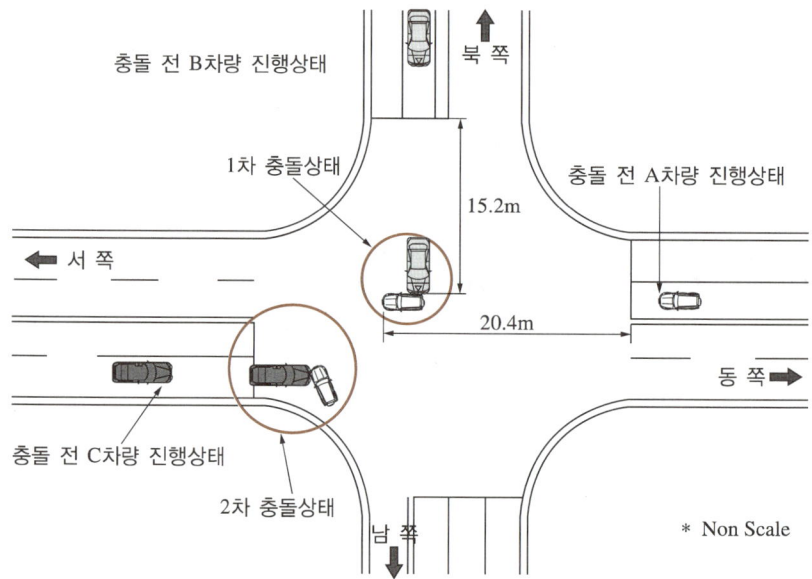

조건

- 사고차량들에서 추출한 EDR(Event Data Recorder) 자료는 〈표 1~4〉와 같음
- EDR 자료의 속도 데이터는 0.5초 간격의 순간속도임
- 각 차량 EDR 정보의 기록 기준시점(0.0초)을 충돌시점으로 간주
- 운전자 인지반응시간은 0.7초, 중력가속도는 $9.8 m/s^2$
- C차량 급제동 시 견인계수는 0.7
- 계산식의 경우 관계식 및 풀이과정을 단위와 함께 기술하고, 소수점 셋째 자리에서 반올림

• ⟨표 1⟩ A차량의 EDR 정보(이벤트 1. 일부분 발췌)

[이벤트 1] 사고시점의 EDR 정보

다중사고 횟수(1 or 2)	1개 이벤트
다중사고 간격 1 to 2[msec]	0
정상 기록 완료 여부(Yes or No)	YES
충돌 기록 시 시동 스위치 작동 누적 횟수[cycle]	9,119
정보 추출 시 시동 스위치 작동 누적 횟수[cycle]	9,123

사고 이전 차량 정보(-5~0sec)

시간 [sec]	자동차 속도[kph]	엔진 회전수[rpm]	엔진 스로틀밸브 열림량[%]	가속페달 변위량[%]	제동페달 작동 여부(On/Off)	조향핸들 각도[degree]
-5.0	49	1,600	6	0	Off	0
-4.5	49	1,600	6	0	Off	0
-4.0	49	1,600	6	0	Off	0
-3.5	49	1,600	6	0	Off	0
-3.0	50	1,700	7	2	Off	0
-2.5	50	1,700	7	0	Off	0
-2.0	50	1,700	7	0	Off	0
-1.5	49	1,600	6	0	Off	0
-1.0	49	1,600	6	0	Off	0
-0.5	49	1,600	6	0	Off	0
0.0	49	1,600	6	0	Off	0

• ⟨표 2⟩ A차량의 EDR 정보(이벤트 2. 일부분 발췌)

[이벤트 2] 사고시점의 EDR 정보

다중사고 횟수(1 or 2)	2개 이벤트
다중사고 간격 1 to 2[msec]	2,000
정상기록 완료여부(Yes or No)	YES
충돌 기록시 시동 스위치 작동 누적 횟수[cycle]	9,119
정보 추출시 시동 스위치 작동 누적 횟수[cycle]	9,123

사고 이전 차량 정보(-5~0sec)

시간 [sec]	자동차 속도[kph]	엔진 회전수[rpm]	엔진 스로틀밸브 열림량[%]	가속페달 변위량[%]	제동페달 작동 여부(On/Off)	조향핸들 각도[degree]
-5.0	50	1,700	7	2	Off	0
-4.5	50	1,700	7	0	Off	0
-4.0	50	1,700	7	0	Off	0
-3.5	49	1,600	6	0	Off	0
-3.0	49	1,600	6	0	Off	0
-2.5	49	1,600	6	0	Off	0
-2.0	49	1,600	6	0	Off	0
-1.5	42	1,200	5	0	On	0
-1.0	35	1,100	4	0	On	0
-0.5	28	1,000	4	0	On	0
0.0	21	1,000	4	0	On	0

- 〈표 3〉 B차량의 EDR 정보(이벤트 1. 일부분 발췌)

[이벤트 1] 사고시점의 EDR 정보

다중사고 횟수(1 or 2)	1개 이벤트
다중사고 간격 1 to 2[msec]	0
정상 기록 완료 여부(Yes or No)	YES
충돌 기록 시 시동 스위치 작동 누적 횟수[cycle]	13,124
정보 추출 시 시동 스위치 작동 누적 횟수[cycle]	13,150

사고 이전 차량 정보(-5~0sec)

시간 [sec]	자동차 속도[kph]	엔진 회전수[rpm]	엔진 스로틀밸브 열림량[%]	가속페달 변위량[%]	제동페달 작동 여부(On/Off)	조향핸들 각도[degree]
-5.0	64	1,600	10	0	Off	0
-4.5	64	1,600	10	0	Off	0
-4.0	64	1,600	10	0	Off	0
-3.5	64	1,600	12	0	Off	0
-3.0	65	1,700	13	2	Off	0
-2.5	66	1,700	13	0	Off	0
-2.0	66	1,700	13	0	Off	0
-1.5	68	1,800	15	2	Off	0
-1.0	68	1,800	15	5	Off	0
-0.5	68	1,800	16	7	Off	0
0.0	72	1,900	18	15	Off	0

• 〈표 4〉 C차량의 EDR 정보(이벤트 1. 일부분 발췌)

[이벤트 1] 사고시점의 EDR 정보

다중사고 횟수(1 or 2)	1개 이벤트
다중사고 간격 1 to 2[msec]	0
정상기록 완료 여부(Yes or No)	YES
충돌 기록 시 시동 스위치 작동 누적 횟수[cycle]	15,126
정보 추출 시 시동 스위치 작동 누적 횟수[cycle]	15,154

사고 이전 차량 정보(-5~0sec)

시간 [sec]	자동차 속도[kph]	엔진 회전수[rpm]	엔진 스로틀밸브 열림량[%]	가속페달 변위량[%]	제동페달 작동 여부(On/Off)	조향핸들 각도[degree]
-5.0	36	1,400	6	0	Off	0
-4.5	36	1,400	6	0	Off	0
-4.0	36	1,400	6	0	Off	0
-3.5	36	1,400	6	0	Off	0
-3.0	36	1,400	6	0	Off	0
-2.5	36	1,500	7	0	Off	0
-2.0	37	1,500	7	2	Off	0
-1.5	37	1,600	8	2	Off	0
-1.0	40	1,700	8	1	Off	0
-0.5	40	1,700	8	3	Off	0
0.0	40	1,700	10	0	Off	0

질 문

주어진 EDR 자료를 참고하여 질문에 답하시오.

01 A차량의 전면이 정지선을 지날 때는 1차 충돌하기 몇 초 전인가? (5점)

해설 A차량의 충돌부터 정지선 통과까지의 시간

충돌 전 1.5초 동안 등속이므로 $t = \dfrac{d}{v} = \dfrac{20.4}{(49/3.6)} = 1.5\text{s}$

02 A차량의 전면이 정지선을 지날 때 B차량의 위치를 1차 충돌지점 기준으로 구하시오. (15점)

해설 A차량이 정지선 통과 시 B차량의 위치

- 충돌 전 0.5초~충돌 : 이동한 거리 $d_1 = vt = (\dfrac{v_0+v_1}{2})t = \dfrac{(72/3.6)+(68/3.6)}{2} \times 0.5 = 9.72\text{m}$
- 충돌 전 1.5초~충돌 전 0.5초 : 등속이므로, 이동한 거리 $d_2 = vt = (68/3.6) \times 1.0 = 18.89\text{m}$
  따라서 충돌 1.5초 전 B차량의 위치
  $d = d_1 + d_2 = 9.72 + 18.89 = 28.61\text{m}(북쪽)$

03 A차량의 전면이 정지선을 지날 때 C차량의 위치를 2차 충돌지점 기준으로 구하시오. (15점)

해설 A차량이 정지선 통과 시 C차량의 위치
정지선에서 B차량과 충돌할 때까지 걸린 시간은 1.5초
B차량과 충돌 후 C차량과 충돌할 때까지 걸린 시간은 2,000ms = 2초
따라서 A차량이 정지선 통과 후 C차량과 충돌할 때까지 걸린 시간은 1.5 + 2 = 3.5초이므로

- 충돌 전 1.0초~충돌 : 등속이므로, 이동한 거리 $d_1 = vt = (40/3.6) \times 1.0 = 11.11\text{m}$
- 충돌 전 1.5초~충돌 전 1.0초 :
  이동한 거리 $d_2 = vt = \left(\dfrac{v_1+v_2}{2}\right)t = \dfrac{(37/3.6)+(40/3.6)}{2} \times 0.5 = 5.35\text{m}$
- 충돌 전 2.0초~충돌 전 1.5초 : 등속이므로, 이동한 거리 $d_3 = vt = (37/3.6) \times 0.5 = 5.14\text{m}$
- 충돌 전 2.5초~충돌 전 2.0초 : 이동한 거리 $d_4 = vt = \left(\dfrac{v_1+v_2}{2}\right)t$
  $= \dfrac{(36/3.6)+(37/3.6)}{2} \times 0.5 = 5.07\text{m}$
- 충돌 전 3.5초~충돌 전 2.5초 : 등속이므로, 이동한 거리 $d_5 = vt = (36/3.6) \times 1.0 = 10\text{m}$
  따라서 충돌 3.5초 전 C차량의 위치 $d = d_1 + d_2 + d_3 + d_4 + d_5$
  $= 11.11 + 5.35 + 5.14 + 5.07 + 10 = 36.67\text{m}(서쪽)$

04 C차량 운전자가 A차량과 B차량 충돌 시 위험을 인지하고 급제동하여 정지하였을 경우 C차량의 정지 위치를 2차 충돌지점 기준으로 구하고, A차량과의 충돌 여부를 기술하시오. (15점)

해설
- C차량이 A, B차량의 충돌 시 위험을 감지하고 급제동하여 정지할 경우 정지거리는
  인지반응시간 동안 이동한 거리$(d = vt)$ + 실제 제동거리$(v_2^2 - v_1^2 = 2\mu g d)$
  $= [(37/3.6) \times 0.7] + \left[\dfrac{(37/3.6)^2}{2 \times 0.7 \times 9.8}\right] = 7.19 + 7.7 = 14.89\text{m}$
- C차량 운전자가 위험을 인지한 시점부터 충돌까지의 실제 시간은 2초이므로 그 사이에 이동한 거리는
  질문 03에서의 $d_1 + d_2 + d_3 = 21.6\text{m}$가 된다.
  따라서 21.6 − 14.89 = 6.71m
- ∴ C차량 운전자가 A차량과 B차량의 충돌 시 위험을 인지하고 급제동하여 정지할 경우, C차량은 2차 충돌지점 기준으로 6.71m 이전에 정지하므로 C차량과의 충돌을 피할 수 있다.

문제 2 배점 : 50점

사고개요

질량 2,000kg인 A차량이 서쪽에서 동쪽으로 직진하고, 질량 1,800kg인 B차량이 남쪽에서 북쪽으로 직진하다 A차량의 우측면을 B차량의 전면으로 충돌하였다. A차량은 B차량과 충돌한 후 좌측 전방으로 이동하여 맞은편에 정지해 있던 질량 1,500kg인 C차량과 2차 충돌하였다.

A차량의 블랙박스 영상에서 사고상황이 확인되고, 영상은 1초당 30프레임(30fps)으로 저장되어 있으며, 영상을 분석한 결과 A차량이 교차로 정지선을 통과한 시점부터 B차량과 충돌한 시점까지 75프레임이 경과되었다.

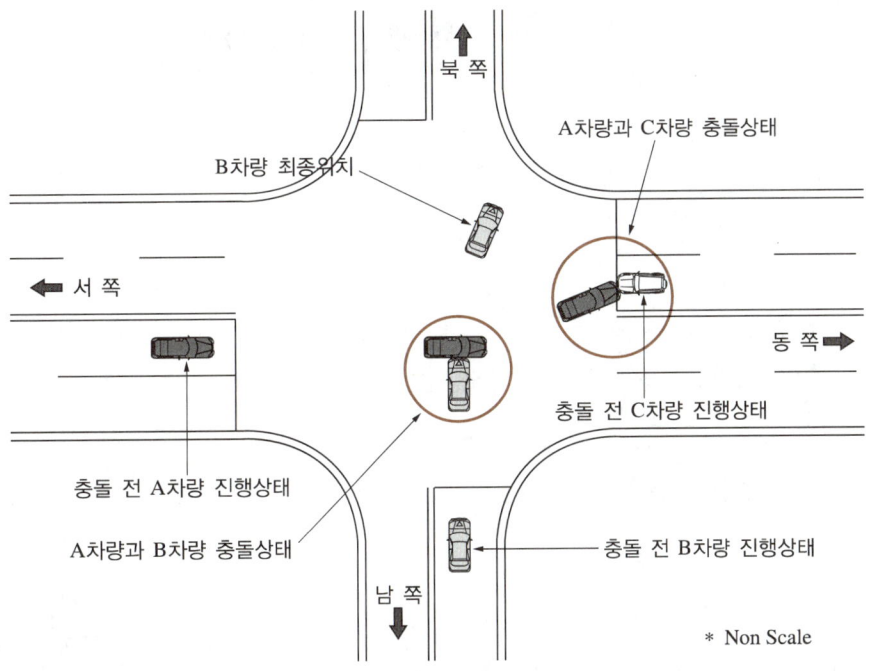

조건

- A차량에서 추출한 EDR(Event Data Recorder) 데이터의 이벤트 1(표 2, 3, 4, 5)은 A차량이 B차량과 충돌할 때 저장된 것으로 간주
- A차량에서 추출한 EDR(Event Data Recorder) 데이터의 이벤트 2(표 6, 7, 8 ,9)는 A차량이 C차량과 충돌할 때 저장된 것으로 간주
- 각 차량 EDR 정보의 기록 기준시점(0.0초)을 충돌 시점으로 간주
- EDR 자료의 속도 데이터는 0.5초 간격의 순간속도임
- 계산식의 경우 관계식 및 풀이과정을 단위와 함께 기술하고, 계산과정에서 소수점 셋째 자리에서 반올림

• 〈표 1〉 A차량의 EDR 기록정보 방향

기록항목	+ 방향	비 고
진행 방향 가속도	진행 방향	그림 1에서 $+X$
진행 방향 속도 변화 누계	진행 방향	그림 1에서 $+X$
측면 방향 가속도	좌측에서 우측 방향	그림 1에서 $+Y$
측면 방향 속도 변화 누계	좌측에서 우측 방향	그림 1에서 $+Y$
수직 방향 가속도	상측에서 하측 방향	그림 1에서 $+Z$
조향핸들 각도	반시계 방향	–

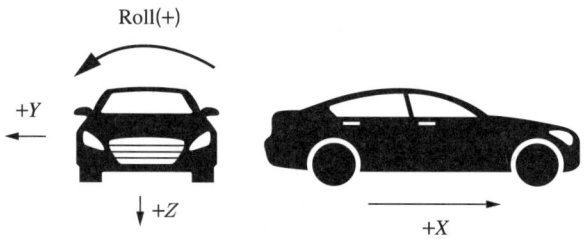

〈그림 1〉 A차량의 EDR 기록정보 방향

• 〈표 2〉 A차량의 EDR 데이터

[이벤트 1] 사고시점의 EDR 정보

다중사고 횟수(1 or 2)	1개 이벤트
다중사고 간격 1 to 2[msec]	0
정상기록 완료 여부(Yes or No)	YES
충돌 기록 시 시동 스위치 작동 누적 횟수[cycle]	6,510
정보 추출 시 시동 스위치 작동 누적 횟수[cycle]	6,512

• 〈표 3〉 A차량의 EDR 데이터

[이벤트 1] 사고 이전 차량 정보

시간[sec]	속도[km/h]	엔진 회전수[rpm]	가속페달 변위량[%]	제동페달 작동 여부(On/Off)	조향핸들 각도[degree]
−5.0	62	1,800	16	Off	0
−4.5	62	1,800	17	Off	0
−4.0	60	1,700	16	Off	0
−3.5	60	1,700	16	Off	0
−3.0	60	1,700	16	Off	0
−2.5	59	1,600	15	Off	0
−2.0	58	1,600	15	Off	0
−1.5	58	1,600	16	Off	0
−1.0	58	1,600	16	Off	0
−0.5	58	1,500	15	Off	0
0	56	1,500	15	Off	0

- ⟨표 4⟩ A차량의 EDR 데이터

  [이벤트 1] 사고 시점의 구속장치의 전개명령 정보

운전석 정면 에어백 전개시간[msec]	에어백 전개되지 않음
조수석 정면 에어백 전개시간[msec]	에어백 전개되지 않음
운전석 측면 에어백 전개시간[msec]	에어백 전개되지 않음
조수석 측면 에어백 전개시간[msec]	48
운전석 커튼 에어백 전개시간[msec]	에어백 전개되지 않음
조수석 커튼 에어백 전개시간[msec]	48
운전석 안전띠 프리로딩 장치 전개시간[msec]	48
조수석 안전띠 프리로딩 장치 전개시간[msec]	48

- ⟨표 5⟩ A차량의 EDR 데이터

  [이벤트 1] 사고 데이터 속도 변화 누계[km/h]

진행 방향 최대 속도 변화량[km/h]	-2
진행 방향 최대 속도 변화값 시간[msec]	250.0
측면 방향 최대 속도 변화량[km/h]	-12
측면 방향 최대 속도 변화값 시간[msec]	250.0

- ⟨표 6⟩ A차량의 EDR 데이터

  [이벤트 2] 사고시점의 EDR 정보

다중사고 횟수(1 or 2)	2개 이벤트
다중사고 간격 1 to 2[msec]	2,000
정상 기록 완료 여부(Yes or No)	YES
충돌 기록 시 시동 스위치 작동 누적 횟수[cycle]	6,510
정보 추출 시 시동 스위치 작동 누적 횟수[cycle]	6,512

- ⟨표 7⟩ A차량의 EDR 데이터

  [이벤트 2] 사고 이전 차량 정보

시간[sec]	속도[km/h]	엔진 회전수[rpm]	가속페달 변위량[%]	제동페달 작동여부(On/Off)	조향핸들 각도[degree]
-5.0	60	1,700	16	Off	0
-4.5	59	1,600	15	Off	0
-4.0	58	1,600	15	Off	0
-3.5	58	1,600	16	Off	0
-3.0	58	1,600	16	Off	0
-2.5	58	1,500	15	Off	0
-2.0	56	1,500	15	Off	0
-1.5	51	1,300	0	Off	0
-1.0	45	1,200	0	Off	0
-0.5	42	1,000	0	Off	0
0	38	800	0	Off	0

• ⟨표 8⟩ A차량의 EDR 데이터

[이벤트 2] 사고시점의 구속장치의 전개명령 정보

운전석 정면 에어백 전개시간[msec]	54
조수석 정면 에어백 전개시간[msec]	54
운전석 측면 에어백 전개시간[msec]	-
조수석 측면 에어백 전개시간[msec]	-
운전석 커튼 에어백 전개시간[msec]	-
조수석 커튼 에어백 전개시간[msec]	-
운전석 안전띠 프리로딩 장치 전개시간[msec]	-
조수석 안전띠 프리로딩 장치 전개시간[msec]	-

• ⟨표 9⟩ A차량의 EDR 데이터

[이벤트 2] 사고 데이터 속도 변화 누계[km/h]

진행 방향 최대 속도 변화량[km/h]	-16
진행 방향 최대 속도 변화값 시간[msec]	200.0
측면 방향 최대 속도 변화량[km/h]	0
측면 방향 최대 속도 변화값 시간[msec]	0

질 문

주어진 EDR 자료를 참고하여 질문에 답하시오.

01 EDR 데이터의 이벤트 1 기록을 근거로 -5.0초부터 0초까지 A차량의 평균가속도를 구하시오. (5점)

해설 A차량의 평균가속도

$v = v_0 + at$ 에서

$$a = \frac{v - v_0}{t} = \frac{(56-62)/3.6}{-5} \cong 0.33 \text{m/s}^2$$

02 EDR 데이터의 이벤트 1 기록을 근거로 A차량의 정면을 기준(0°, 12시)으로 주충격력 작용 방향 (Principle Direction of Force) 각도를 구하시오. (15점)

해설 주충격력 작용 방향(PDOF)

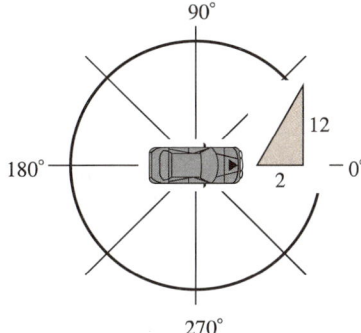

$$\tan\theta = \frac{\text{측면 방향 속도 변화량}(Y축)}{\text{진행 방향 속도 변화량}(X축)} = \frac{-12}{-2}$$

$$\theta = \tan^{-1}\left(\frac{-12}{-2}\right) = 80.54°$$

03 EDR 데이터의 이벤트 1이 A차량과 B차량의 충돌과정에서 저장되었다고 볼 수 있는 근거 3가지를 제시하시오. (10점)

해설 B차량에 저장된 EDR 데이터
- 표 2에서 다중사고의 횟수 : 1개 이벤트
- 표 4에서 조수측의 에어백이 전개되었다 : 조수측에 충격이 있었다는 증거
- 표 5에서 계산된 충격력의 방향이 80.54°로 조수측에 충격이 있었다는 증거, 즉 측면 방향의 최대 속도 변화량이 진행 방향의 최대 속도 변화량보다 크게 작용했다는 것

04 A차량이 교차로 정지선을 통과하는 시점일 때 A차량의 속도를 구하시오. (5점)

해설 A차량의 정지선 통과 시점의 속도
A차량의 정지선 통과부터 충돌 시까지의 시간 $t = (75\text{frame}/30\text{frame}) = 2.5$초
따라서 표 3에서 충돌 전 2.5초 전의 속도를 찾으면 59km/h이다.

05 EDR 데이터의 이벤트 2를 근거로 정지해 있던 C차량이 A차량에 충돌된 직후 속도를 구하시오. (15점)

해설 A차량에 의해 충돌된 C차량의 충돌 후 속도
A차량의 충돌 후 속도(v_a') = 충돌 시 속도(v_a) + 속도 변화량(Δv) = 38 + (-16) = 22km/h
C차량의 충돌 후 속도는
$m_a v_a + m_c v_c = m_a v_a' + m_c v_c'$에서 $v_c = 0$이므로
$2{,}000 \times v_a + 1{,}500 \times 0 = 2{,}000 v_a' + 1{,}500 v_c'$
$v_c' = \dfrac{2{,}000(v_a - v_a')}{1{,}500} = \dfrac{2{,}000 \times (38-22)}{1{,}500} = 21.33$km/h

| 문제 3 | 배점 : 25점 |

사고개요

A차량은 북쪽에서 남쪽으로 진행하다 서쪽에서 동쪽으로 진행하던 B차량과 직각으로 충돌하고 교차로 내에 최종 정지하였다. 주변에 설치된 CCTV 영상에서 두 차량 충돌 모습은 보이지 않으나, 충돌 이전 B차량의 진행상황이 일부 확인되었다. 영상을 프레임 분석한 결과 사고 시간대에는 30fps로 균일하였으며, B차량의 ㉮위치(차체 후미가 정지선에 위치)는 121번째 프레임으로 확인되고, ㉯위치(차체 전면이 정지선에 위치)는 188번째 프레임으로 확인되며, B차량 진행 방향의 사고 이전 교차로 정지선에서 사고 교차로의 정지선까지 거리는 26.8m로 확인되었다.

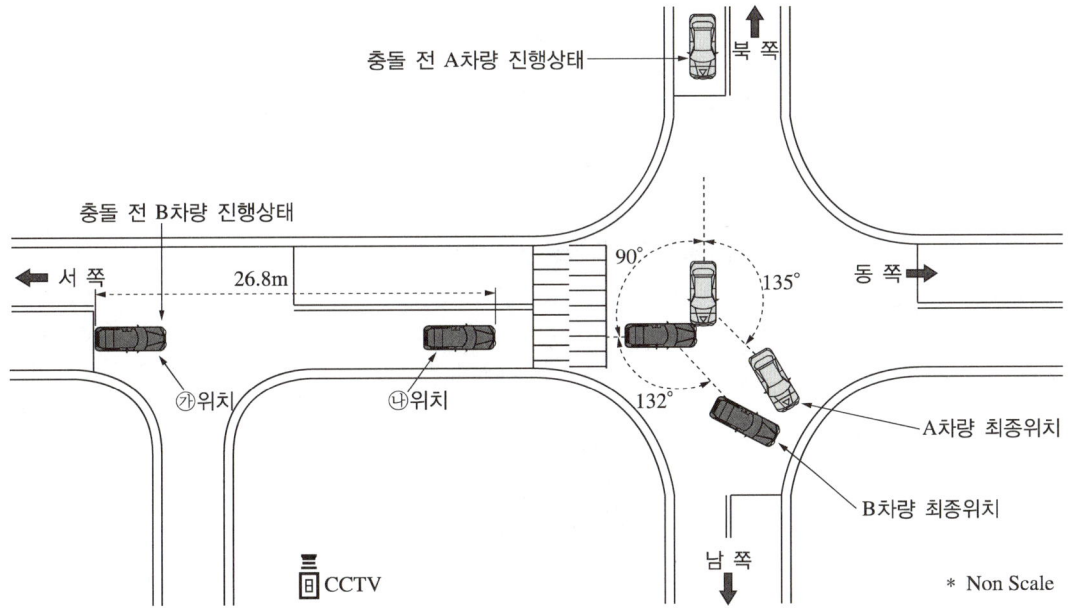

조건

- A차량과 B차량의 충돌 전후 진행 방향 각도는 그림과 같음
- 두 차량이 충돌 후 최종 위치까지 이동하는 동안 견인계수는 0.4
- A차량 질량은 1,500kg, B차량 질량은 1,800kg
- 충돌 후 A차량이 최종 위치까지 이동한 거리는 7.7m, 충돌 후 B차량이 최종 위치까지 이동한 거리는 8.2m
- B차량 제원 : 전장 × 전폭 × 전고 = 5,120 × 1,740 × 1,965(단위는 mm)
- 운전자 인지반응시간은 0.7초, 중력가속도는 9.8m/s^2
- 계산식의 경우 관계식 및 풀이과정을 단위와 함께 기술하고, 소수점 셋째 자리에서 반올림

> 질문

01 B차량이 ㉮위치에서 ㉯위치까지 이동하는 동안 소요시간과 평균속도(km/h)를 구하시오. (5점)

해설 B차량의 이동 평균 소요시간 및 평균속도

B차량의 실제 이동거리 $d = 26.8m - 5.12m(차량\ 전장) = 21.68m$

CCTV상 차량이 이동한 시간 $t = \dfrac{67}{30} = 2.23초$

$\therefore$ 평균속도 $v = \dfrac{d}{t} = \dfrac{21.68m}{2.23s} = 9.72m/s = 34.99km/h$

02 A차량과 B차량의 충돌 직후 속도(km/h)를 구하시오. (5점)

해설 A, B차량의 충돌 직후 속도

A차량의 속도 $v = \sqrt{2\mu gd} = \sqrt{2 \times 0.4 \times 9.8 \times 7.7} = 7.77m/s = 27.97km/h$

B차량의 속도 $v = \sqrt{2\mu gd} = \sqrt{2 \times 0.4 \times 9.8 \times 8.2} = 8.02m/s = 28.87km/h$

03 운동량 보존의 법칙을 이용하여 A차량과 B차량의 충돌 직전 속도(km/h)를 구하시오. (15점)

해설 A, B차량의 충돌 직전 속도

$m_A v_A + m_B v_B = m_A v'_A + m_B v'_B$ 에서

- x방향만 고려하면, $v_A = 0$이므로

    $1,500 \times 0 + 1,800 \times v_B = 1,500 \times 27.97\cos45° + 1,800 \times 28.87\sin42°$

    $1,800 v_B = 29,666.67 + 34,772.04$

    $\therefore v_B = 35.8 km/h$

- y방향만 고려하면, $v_B = 0$이므로

    $1,500 \times v_A + 1,800 \times 0 = 1,500 \times 27.97\sin45° + 1,800 \times 28.87\cos42°$

    $1,500 v_A = 29,666.67 + 38,618.26$

    $\therefore v_A = 45.52 km/h$

문제 4 | 배점 : 25점

사고개요

사고차량이 경사도로를 주행하던 중 불상의 이유로 급제동하여 정지하게 되었다. 현장을 측량한 결과 사고차량의 제동시점(Ⓐ지점) 좌표값은 $X = 30.132$, $Y = 1.980$, $Z = -1.984$이며, 제동종점(Ⓑ지점) 좌표값은 $X = 10.975$, $Y = 3.249$, $Z = -1.164$으로 확인되었다. 사고차량을 평탄한 노면(사고현장과 동일한 포장조건)에서 급제동 실험한 결과 100km/h에서 제동거리가 41.4m로 측정되었다.

조 건

- 측량 좌표값은 m 단위임
- 계산식의 경우 관계식 및 풀이과정을 단위와 함께 기술하고, 소수점 셋째 자리에서 반올림

질 문

01 사고차량의 급제동 실험에 의한 마찰계수는 얼마인가? (5점)

> **해설** 마찰계수
> $$v = \sqrt{2\mu g d}$$
> $$\mu = \frac{v^2}{2gd} = \frac{(100/3.6)^2}{2 \times 9.8 \times 41.4} = 0.95$$

02 사고차량의 제동시점과 종점 간(Ⓐ~Ⓑ구간) 수평거리(m)는 얼마인가? (5점)

> **해설** 수평거리
> - X축 거리 $d_X = |X_A - X_B| = 30.132 - 10.975 = 19.157\text{m}$
> - Y축 거리 $d_Y = |Y_A - Y_B| = |1.980 - 3.249| = 1.269\text{m}$
> - ∴ 수평거리 $d = \sqrt{d_X^2 + d_Y^2} = \sqrt{19.157^2 + 1.269^2} = 19.2\text{m}$

03 사고차량의 제동시점과 종점 간(Ⓐ~Ⓑ구간) 경사면 거리(m)는 얼마인가? (5점)

해설 경사면 거리
- Z축 거리 $d_Z = |X_B - X_A| = |-1.984-(-1.164)| = 0.82$m
- 수평거리 $d = 19.2$m이므로
- ∴ 경사면 거리 $D = \sqrt{d_Z^2 + d^2} = \sqrt{0.82^2 + 19.2^2} = 19.22$m

04 사고차량의 제동구간(Ⓐ → Ⓑ방향) 경사(%)는 얼마인가? (5점)

해설 수평거리 19.2m, 경사면거리 19.22m, 높이(Z축) 차이 0.82m

경사도(%) = $\dfrac{높이(z축)}{수평거리} = \dfrac{0.82}{19.2} \times 100 = 4.27\%$

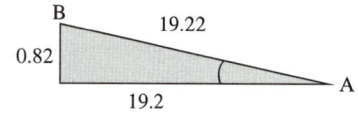

05 사고차량의 제동시점(Ⓐ지점) 속도(km/h)는 얼마인가? (5점)

해설 사고차량의 제동지점에서의 속도
경사면의 구배는 오르막이므로,
견인계수 $f = \mu + G = 0.95 + 0.0427 = 0.9927$
제동 시의 속도 $v = \sqrt{2fgd} = \sqrt{2 \times 0.99 \times 9.8 \times 19.22}$
$= 19.31$m/s $= 69.52$km/h

문제 5 | 배점 : 25점

조건
아래 질문에서 계산식의 경우 관계식 및 풀이과정을 단위와 함께 기술하고, 소수점 셋째 자리에서 반올림

질문

01 질량 m_1, 속도 V_{10}인 A차량과 질량 m_2, 속도 V_{20}인 B차량이 충돌하여 A차량의 속도가 V_1, B차량의 속도가 V_2가 되었다. 운동량 보존의 법칙에 대해 설명하고 운동량 보존의 법칙 공식을 기술하시오. (5점)

해설 **운동량 보존의 법칙**
어떤 계에 작용하는 외력이 없다면, 충돌 전의 전체 운동량과 충돌 후의 전체 운동량은 동일하다.
$m_1 V_{10} + m_2 V_{20} = m_1 V_1 + m_2 V_2$

02 반발계수에 대해 설명하고, 반발계수의 공식을 기술하시오. (5점)

해설 **반발계수**
반발계수는 물체의 충돌 전후 속도의 비율을 나타내는 계수이다. 반발계수가 1인 물체는 탄성충돌을 하며, 반발계수가 1보다 작은 물체는 비탄성충돌을 한다. 반발계수가 0이면 완전비탄성충돌을 하며, 충돌한 물체와 붙어서 반발되지 않는다.

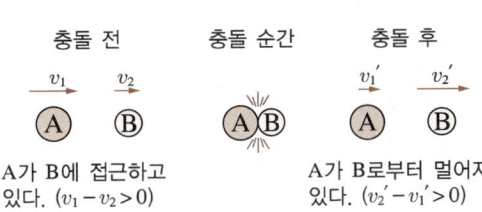

$e = \dfrac{\text{충돌 후 상대속도}}{\text{충돌 전 상대속도}} = \dfrac{v_2' - v_1'}{v_1 - v_2}$ ($0 \leq e \leq 1$)

03 질량 m_1인 A차량이 V_{10}의 속도로 진행하다 전방에 정지해 있는 질량 m_2인 B차량의 후미를 추돌하였을 때 추돌 후 A차량의 속도(V_1)와 B차량의 속도(V_2)를 구하는 공식을 유도하시오(단, A차량이 B차량의 후미 추돌 시 반발계수(e)를 적용한다). (10점)

해설 B차량은 정지($V_{20}=0$)이므로 반발계수 $e = \dfrac{V_2 - V_1}{V_{10} - V_{20}}$ 에서 $V_{20} = e \times V_{10} + V_1$

A차량의 추돌속도(V_1)는
$m_1 V_{10} + m_2 V_{20} = m_1 V_1 + m_2 V_2$ 에서 $V_{20} = 0$, $V_2 = e \times V_{10} + V_1$ 이므로
$m_1 V_{10} + 0 = m_1 V_1 + m_2(e V_{10} + V_1)$
$m_1 V_{10} = m_1 V_1 + m_2 e V_{10} + m_2 V_1$
$\qquad = V_1(m_1 + m_2) + m_2 e V_{10}$
$V_1 = \dfrac{m_1 V_{10} - m_2 e V_{10}}{m_1 + m_2}$

04 질량 1,000kg인 A차량이 50km/h 속도로 진행하다 전방에 정지해 있는 질량 1,600kg인 B차량의 후미를 추돌하였다. B차량의 속도 변화를 구하시오(A차량이 B차량의 후미 추돌 시 반발계수는 0.3). (5점)

해설 B차량의 속도 변화
B차량은 정지 상태이므로 $V_{20} = 0$,
반발계수 $e = \dfrac{V_2 - V_1}{V_{10} - V_{20}} = \dfrac{V_2 - V_1}{50 - 0} = 0.3$ 에서 $V_2 - V_1 = 15$, $V_2 = 15 + V_1$
$m_1 V_{10} + m_2 V_{20} = m_1 V_1 + m_2 V_2$ 에서
$1,000 \times 50 + 0 = 1,000 V_1 + 1,600 V_2$
$50,000 = 1,000 V_1 + 1,600(15 + V_1)$
$50,000 = 1,000 V_1 + 24,000 + 1,600 V_1$
$V_1 = \dfrac{26,000}{2,600} = 10$km/h
$V_2 = 15 + V_1 = 15 + 10 = 25$km/h
B차량의 속도 변화 $\Delta V = V_2 - V_{20} = 25 - 0 = 25$km/h

제 11 회 과년도 기출문제

2022년 8월 28일 시행

문제 1 배점 : 50점

사고개요

평탄한 직선구간 편도 2차로 도로의 1차로를 진행하던 A차량이 앞쪽 2차로에서 1차로로 차로변경 진행하는 B차량을 보고 급제동하면서, A차량 앞부분과 B차량 뒷부분이 충돌하였다.

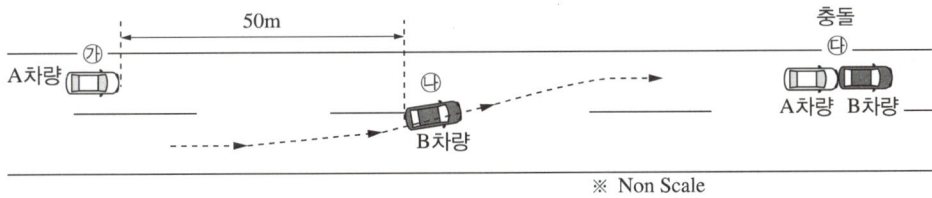

※ Non Scale

조건

- ㉮ : A차량 운전자 위험인지 시점이며, A차량 운전자의 위험인지반응시간은 1초. A차량 속도는 33m/s
- ㉯ : A차량 운전자 위험인지 시 B차량 위치, B차량은 A차량 위치 (㉮) 기준 수평방향으로 직선 차간거리 50m 전방에 위치
- ㉰ : A차량과 B차량의 충돌시점
- B차량은 전체 구간에서 10m/s로 등속주행
- A차량 브레이크 작동구간에서 견인계수 0.8, 중력가속도 9.8m/s²
- 차로변경으로 인한 횡방향 이동에 소요되는 시간 및 거리는 무시하고 종방향 운동성분만 고려
- 주어진 조건 외에 다른 변수는 고려하지 않음
- 계산식은 관계식과 풀이과정을 단위와 함께 기술하고, 소수점 셋째 자리에서 반올림

질 문

01 위험인지반응시간 1초 후 A차량과 B차량의 차간 거리를 구하시오. (5점)

> **해설** A~B차량의 차간 거리
> A차량의 위험인지반응시간(1초) 동안 이동한 거리
> B차량의 위험인지반응시간(1초) 동안 이동한 거리
> ∴ A~B차량의 차간 거리 = 50 − 33 + 10 = 27m

02 위험인지시점(㉮)에서 충돌발생시점(㉰)까지의 소요시간을 구하시오(단, 5초를 초과하지 않음). (15점)

> **해설** ㉮~㉰까지의 소요시간
> 위험인지반응시간 이후 충돌까지
> A차량 이동거리 $d_A = v_0 t + \frac{1}{2}at^2 = 33t + \frac{1}{2} \times 0.8 \times (-9.8)t^2 = 33t - 3.92t^2$
> B차량 이동거리 $d_B = 10t + 27$
> $d_A = d_B$ 이므로 $33t - 3.92t^2 = 10t + 27$
> $3.92t^2 - 23t + 27 = 0$
> 근의 공식 $\left(t = \frac{-b \pm \sqrt{b^2 - 4ac}}{2a}\right)$을 이용하여 풀이하면
> $t = \frac{-(-23) \pm \sqrt{(-23)^2 - 4 \times 3.92 \times 27}}{2 \times 3.92} = 1.62$초 또는 4.24초
> 가~다까지의 소요시간 = 위험인지시간 + 위험인지 후 충돌까지의 시간
> = 1 + 1.62 = 2.62초
> 또는
> 1 + 4.24 = 5.24초인데 5초를 초과하지 않는다는 조건에서 소요시간은 2.62초임

03 충돌 당시(㉰) A차량의 속도를 구하시오. (10점)

> **해설** 충돌 시 A차량의 속도
> $v = v_0 + at = 33 + (-9.8 \times 0.8) \times 1.62 = 20.30\text{m/s}$

04 ㉮ ⇒ ㉰까지 A차량의 진행거리를 구하시오. (5점)

해설 ㉮~㉰까지 A차량의 진행거리

$v^2 - v_0^2 = 2ad, \quad d = \dfrac{v^2 - v_0^2}{2a} = \dfrac{20.3^2 - 33^2}{2 \times 0.8 \times (-9.8)} = 43.17\text{m}$

위험인지반응 1초간 이동한 거리 $= 33\text{m}$

∴ $43.17 + 33 = 76.17\text{m}$

또는

$d = v_0 t + \dfrac{1}{2}at^2 = 33 \times 1.62 + \dfrac{1}{2}(-9.8 \times 0.8) \times 1.62^2 = 43.17\text{m}$

위험인지반응 1초간 이동한 거리 $= 33\text{m}$

∴ $43.17 + 33 = 76.17\text{m}$

05 ㉯ ⇒ ㉰까지 B차량의 진행거리를 구하시오. (5점)

해설 ㉯~㉰까지 B차량의 진행거리

$76.17 - 50 = 26.17\text{m}$

06 충돌 당시 B차량에 대한 A차량의 상대속도를 구하시오. (10점)

해설 A차량의 상대속도

상대속도 = 상대차속도 - 관찰차속도
$= v_A - v_B = 20.3 - 10 = 10.3\text{m/s}$

문제 2 배점 : 50점

사고개요

편도 2차로 도로의 1차로를 A차량, B차량, C차량 순으로 진행하던 중 A차량을 B차량이 추돌 (1차 사고)하였고, 이후 C차량이 B차량을 추돌(2차 사고)하는 사고가 발생하였다. B, C차량에 설치된 디지털 운행기록계(DTG)의 자료(Excel 변환자료) 일부는 [표 1], [표 2]와 같다.

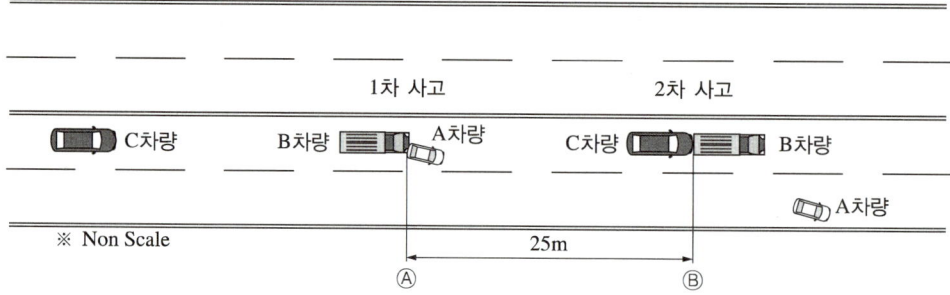

[표 1] B차량 DGT 자료

순 번	정보발생시간		속 도	rpm	Brake
7933	2021-09-08	15:13:21	89	1268	Off
7934	2021-09-08	15:13:22	89	1270	Off
7935	2021-09-08	15:13:23	89	1269	Off
7936	2021-09-08	15:13:24	89	1261	Off
7937	2021-09-08	15:13:25	89	1265	Off
7938	2021-09-08	15:13:26	89	1279	Off
7939	2021-09-08	15:13:27	88	1253	Off
7940	2021-09-08	15:13:28	88	1247	Off
7941	2021-09-08	15:13:29	87	1240	Off
7942	2021-09-08	15:13:30	87	1234	Off
7943	2021-09-08	15:13:31	86	1227	Off
7944	2021-09-08	15:13:32	86	1138	On
7945	2021-09-08	15:13:33	69	947	On
7946	2021-09-08	15:13:34	69	0	On
7947	2021-09-08	15:13:35	69	0	On
7948	2021-09-08	15:13:36	69	0	On
7949	2021-09-08	15:13:37	69	0	On
7950	2021-09-08	15:13:38	69	0	On
7951	2021-09-08	15:13:39	69	0	On
7952	2021-09-08	15:13:40	69	0	On
7953	2021-09-08	15:13:41	69	0	On
7954	2021-09-08	15:13:42	69	0	On
7955	2021-09-08	15:13:43	69	0	On
7956	2021-09-08	15:13:44	69	0	On
7957	2021-09-08	15:13:45	69	0	On
7958	2021-09-08	15:13:46	69	0	On
7959	2021-09-08	15:13:47	69	0	On
7960	2021-09-08	15:13:48	69	0	On
7961	2021-09-08	15:13:49	69	0	On

[표 2] C차량 DGT 자료

순 번	정보발생시간		속 도	rpm	Brake	Gx	Gy
7710	2021-09-08	15:13:21	88	1738	Off	-0.7	1.4
7711	2021-09-08	15:13:22	87	1731	Off	-1.4	1.4
7712	2021-09-08	15:13:23	87	1724	Off	-2.1	0.7
7713	2021-09-08	15:13:24	87	1710	Off	-1.4	1.4
7714	2021-09-08	15:13:25	86	1710	Off	-0.7	1.4
7715	2021-09-08	15:13:26	85	1699	Off	-0.7	0.7
7716	2021-09-08	15:13:27	85	1687	Off	-0.7	0.7
7717	2021-09-08	15:13:28	85	1681	Off	-1.4	0.7
7718	2021-09-08	15:13:29	84	1671	Off	-2.1	1.4
7719	2021-09-08	15:13:30	84	1655	On	-0.7	0.7
7720	2021-09-08	15:13:31	83	1657	On	-1.4	1.4
7721	2021-09-08	15:13:32	82	1634	On	-1.4	0.7
7722	2021-09-08	15:13:33	81	1491	On	-2.1	4.9
7723	2021-09-08	15:13:34	67	1171	On	-1.4	5.6
7724	2021-09-08	15:13:35	52	936	On	0	5.6
7725	2021-09-08	15:13:36	39	602	On	0	4.9
7726	2021-09-08	15:13:37	29	607	On	-20.4	5.6
7727	2021-09-08	15:13:38	13	610	On	-0.7	7.7
7728	2021-09-08	15:13:39	0	640	On	-2.1	0.7
7729	2021-09-08	15:13:40	0	647	On	-0.7	1.4
7730	2021-09-08	15:13:41	0	649	On	-1.4	0.7
7731	2021-09-08	15:13:42	0	637	On	-1.4	0.7
7732	2021-09-08	15:13:43	0	649	On	-0.7	1.4
7733	2021-09-08	15:13:44	0	651	On	-2.1	0.7
7734	2021-09-08	15:13:45	0	650	On	-1.4	1.4
7735	2021-09-08	15:13:46	0	650	On	-1.4	1.4
7736	2021-09-08	15:13:47	0	650	On	-1.4	1.4
7737	2021-09-08	15:13:48	0	650	On	-1.4	1.4
7738	2021-09-08	15:13:49	0	649	On	-1.4	1.4

조 건

- DTG 자료의 데이터는 1.0초 간격의 순간 기록임
- 충돌·제동시점은 해당 이벤트의 정보발생시간과 동일한 것으로 간주
- 속도단위 km/h, 제동(Brake) 작동 시 On·미작동 시 Off, Gx : 진행방향 가속도, Gy : 측면방향 가속도
- DTG 자료에서 정보발생시간은 표준시간대와 일치하는 것으로 간주
- 정보 발생시간대별 속도변화 구간에서는 등가감속한 것으로 간주
- B차량 DTG는 A차량 추돌까지 정상작동하였고 이후 오작동한 것으로 간주
- 주어진 조건 외에 다른 변수는 고려하지 않음
- 풀이과정 및 단위를 기술하고, 각 질문마다 소수점 셋째 자리에서 반올림

질 문

01 1차 사고에서의 B차량, 2차 사고에서의 C차량의 추돌속도를 각각 구하고, 그 근거에 대해 기술하시오. (15점)

> **해설** B, C차량의 추돌속도
> 1) B차량은 A차량 추돌 전까지는 정상작동하였으나 추돌 이후 오작동함 : 순번 7946 시에 엔진 회전수는 0rpm이나, 속도는 60km/h이므로 DTG가 오작동함
> 2) C차량의 추돌속도는 29km/h : C차량의 진행방향 가속도(Gx)가 -20.4로 가장 큰 변화를 나타냄

02 B차량 DTG가 1차 사고 이후 오작동하였다고 판단할 수 있는 근거에 대해 기술하시오. (5점)

> **해설** B차량의 DTG 오작동 근거
> 순번 7946부터 엔진 회전수는 0rpm이고, 브레이크도 On이지만, 속도는 60km/h로 변화가 없음

03 C차량 제동시점에서 추돌(2차 사고) 시까지 제동거리를 구하시오(단, 정보발생시간 기준 초간 평균 가속도를 적용할 것). (10점)

> **해설** C차량 제동시점에서 추돌(2차 사고) 시까지 제동거리
>
> | 순 번 | 속도(km/h) | 속도차 | 구간거리(m) |
> |---|---|---|---|
> | 7719 | 84 | | |
> | 7720 | 83 | 1 | $d_1 = vt = \dfrac{(84+81)/3.6}{2} \times 3 = 68.75$ |
> | 7721 | 82 | 1 | |
> | 7722 | 81 | 1 | |
> | 7723 | 67 | 14 | $d_2 = vt = \dfrac{(81+67)/3.6}{2} \times 1 = 20.56$ |
> | 7724 | 52 | 15 | $d_3 = vt = \dfrac{(67+52)/3.6}{2} \times 1 = 16.53$ |
> | 7725 | 39 | 13 | $d_3 = vt = \dfrac{(52+39)/3.6}{2} \times 1 = 12.64$ |
> | 7726 | 29 | 10 | $d_4 = vt = \dfrac{(39+29)/3.6}{2} \times 1 = 9.44$ |
>
> $\therefore \ d = d_1 + d_2 + d_3 + d_4$
> $= 68.75 + 20.56 + 16.53 + 12.64 + 9.44 = 127.92\text{m}$

04 1차 사고와 2차 사고 간의 시간 차이를 구하시오. (5점)

해설 1차 사고와 2차 사고의 시간 차이
- 1차 사고시간(B차량 DGT 순번 7945) : 15:13:33
- 2차 사고시간(B차량 DGT 순번 7726) : 15:13:37
- ∴ t = 2차 사고시간 − 1차 사고시간
  = 15 : 13 : 37 − 15 : 13 : 33 = 4초

05 1차 사고 발생 시 C차량 위치를 1차 사고지점(Ⓐ) 기준으로 구하시오(단, 정보발생시간 기준 초간 평균가속도를 적용할 것). (15점)

해설 1차 사고 발생 시 C차량의 위치(A지점 기준)
- 1차 충돌 후 4초간 C차량의 DTG 정보

시 간	순 번	속도(km/h)	속도차	구 간	이동거리
15:13:33	7722	81			
15:13:34	7723	67	14	등가속	d_2 = 20.56m
15:13:35	7724	52	15	등가속	d_3 = 16.53m
15:13:36	7725	39	13	등가속	d_4 = 12.64m
15:13:37	7726	29	10	등가속	d_5 = 9.44m

- 1차 충돌과 2차 충돌 간 시간차 : 4초
- 1차 충돌과 2차 충돌지점 간 거리차 : d_B = 25m
- 1차 충돌 후 4초간 C차량의 이동거리 : $d_A = d_2 + d_3 + d_4 + d_5$ = 20.56 + 16.53 + 12.64 + 9.44 = 59.17m
- ∴ 1차 사고 기준 C차량의 위치 = $d_A - d_B$ = 59.17 − 25 = 34.17m 이전이다.

| 문제 3 | 배점 : 25점 |

사고개요

A차량은 도로를 진행하다 앞쪽 진행차로 내에 떨어져 있던 낙하물을 충격하고, 접촉부위가 맞물린 상태로 20m를 더 이동하고 정지하였다.

㉮ : A차량 운전자 위험인지시점 ㉯ : 충돌시점 ㉰ : 정지시점

조 건

- A차량 운전자 위험인지시점에서 낙하물은 수평방향으로 직선거리 42m에 위치
- A차량 운전자 위험인지반응시간은 1초
- A차량 급제동 시 견인계수는 0.65, 중력가속도 9.8m/s²
- 충돌 후 이동구간에서 A차량 노면견인계수는 0.65, 낙하물 노면견인계수는 0.75
- A차량 질량은 18,000kg, 낙하물 질량은 2,300kg
- 주어진 조건 외에 다른 변수는 고려하지 않음
- 계산식은 관계식과 풀이과정을 단위와 함께 기술하고, 소수점 셋째 자리에서 반올림

질 문

01 충돌 후 함께 이동한 구간에서의 공통견인계수를 구하시오. (5점)

해설 공통견인계수

$$m_1 f_1 + m_2 f_2 = f(m_1 + m_2)$$

$$f = \frac{m_1 f_1 + m_2 f_2}{m_1 + m_2} = \frac{18,000 \times 0.65 + 2,300 \times 0.75}{18,000 + 2,300} = 0.66$$

02 충돌 직후 속도를 구하시오. (5점)

해설 충돌 직후 속도(공통속도)
차량과 낙하물이 함께 움직인 속도이므로
$$v = \sqrt{2fgd} = \sqrt{2 \times 0.66 \times 9.8 \times 20} = 16.08 \text{m/s}$$

03 A차량의 충돌 시 (㉯) 속도를 구하시오. (5점)

해설 A차량의 충돌 시 속도
$$m_1 v_1 + m_2 v_2 = (m_1 + m_2)v$$
$$18,000 \times v_1 + 2,300 \times 0 = (18,000 + 2,300) \times 16.08$$
$$v_1 = \frac{(18,000 + 2,300) \times 16.08}{18,000} = 18.13 \text{m/s}$$

04 42m 거리에서 A차량이 핸들조향 없이 제동으로 낙하물 충격 회피가 가능한 최고 진행속도를 구하시오. (10점)

해설 낙하물 충격회피가 가능한 최고속도

공주거리 $d_1 = vt$, 제동거리 $d_2 = \dfrac{v^2}{2fg}$

실제 정지거리 $d = d_1 + d_2 = vt + \dfrac{v^2}{2fg}$ 에서

$$v^2 + 2fgtv - 2fgd = 0$$

근의 공식을 이용하여 v를 구하면,

$$v = \frac{-2fgt \pm \sqrt{(2fgt)^2 - 4(-2fgd)}}{2 \times 1}$$
$$= \frac{-2 \times 0.65 \times 9.8 \times 1 \pm \sqrt{(2 \times 0.65 \times 9.8 \times 1)^2 - 4(-2 \times 0.65 \times 9.8 \times 42)}}{2}$$
$$= 17.63 \text{m/s}$$

| 문제 4 | 배점 : 25점 |

사고개요

경사 없는 도로를 진행하던 오토바이가 브레이크를 잡아 차체 균형을 잃고 노면에 전도되어 일정 거리를 미끄러져 정지하였다. 사고현장 주변 건물 CCTV에 오토바이 진행상황의 일부가 녹화되었다.

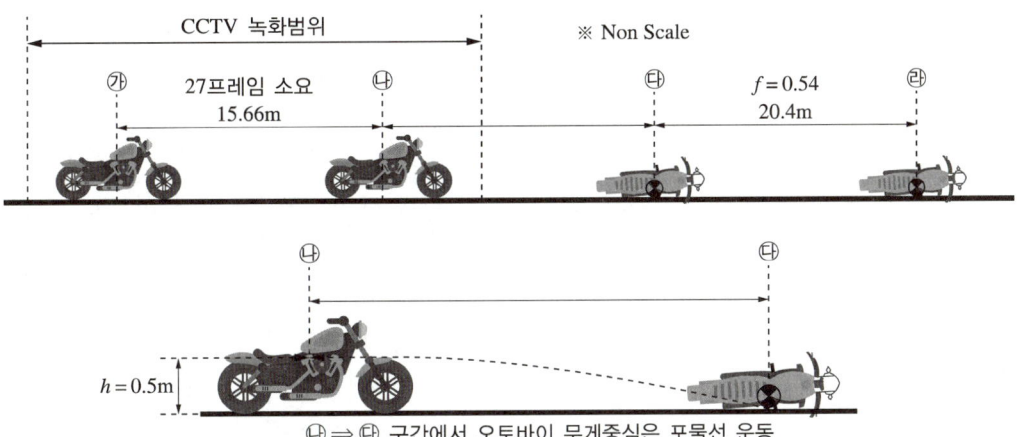

㉯ ⇒ ㉰ 구간에서 오토바이 무게중심은 포물선 운동

조 건

- ㉮ : 오토바이 브레이크등 점등시점
- ㉯ : 오토바이가 균형을 잃고 옆으로 쓰러지는 시점
- 오토바이 브레이크는 ㉮ ⇒ ㉯ 구간에서만 작동함
- ㉰ : 오토바이 노면 착지시점
- ㉱ : 오토바이 최종위치
- ㉯ ⇒ ㉰ 구간에서의 모든 저항은 무시
- ㉰지점에서 오토바이 무게중심 위치가 지면에 최초 닿은 것으로 간주함
- CCTV 영상은 1초당 30프레임(frame)으로 저장되어 있고, ㉮에서 ㉯까지 27개의 프레임이 경과됨
- 오토바이 무게중심 높이 0.5m, 중력가속도 $9.8 m/s^2$
- ㉰ ⇒ ㉱ 오토바이가 미끄러져 이동한 거리 20.4m, 이때 견인계수 0.54
- 주어진 조건 외에 다른 변수는 고려하지 않음
- 계산식은 관계식과 풀이과정을 단위와 함께 기술하고, 소수점 셋째 자리에서 반올림

질 문

01 오토바이가 균형을 잃은 시점 (㉯)에서의 속도를 구하시오. (5점)

> **해설** 균형을 잃은 시점의 속도(㉯)는 전도되어 노면에 닿았을 때의 속도와 동일하므로(단순추락 개념)
> $$v = \sqrt{2\mu g d} = \sqrt{2 \times 0.54 \times 9.8 \times 20.40} = 14.69 \text{m/s}$$

02 ㉯ ⇒ ㉰의 오토바이가 균형을 잃고 노면에 착지하기까지 진행한 거리를 구하시오. (5점)

> **해설** 단순추락이므로
> $$d = v\sqrt{\frac{2h}{g}} = 14.69\sqrt{\frac{2 \times 0.5}{9.8}} = 4.69 \text{m}$$

03 ㉮ ⇒ ㉯ 구간의 감속도를 구하시오(단, ㉮ ⇒ ㉯ 구간에서 오토바이는 등감속 주행). (10점)

> **해설** 감속도
> 1초 : 30frame = t초 : 27frame ∴ $t = 0.9$초
> $d = v_0 t + \dfrac{1}{2}at^2$ 에서
> $$a = \frac{-2(d - v_0 t)}{t^2} = \frac{-2(15.66 - 14.69 \times 0.9)}{0.9^2} = -6.02 \text{m/s}^2$$

04 (㉮) 시점에서의 속도를 구하시오. (5점)

> **해설** $v = v_0 - at$ 에서 $v_0 = v - at = 14.69 - (-6.02 \times 0.9) = 20.11 \text{m/s}$
> 또는
> $v_2^2 - v_1^2 = 2ad$, $v_1 = \sqrt{v_2^2 - 2ad} = \sqrt{14.69^2 - (2 \times (-6.02) \times 15.66)} = 20.11 \text{m/s}$

| 문제 5 | 배점 : 25점 |

사고개요

승용차가 횡단하는 보행자와 충돌 후 스키드마크 끝점에 정지하였다. 사고 당시 승용차의 영상기록장치 (Black Box)에는 음성자료만이 기록되었고, 승용차의 제동음 발생시간은 2.5초로 확인되었다.

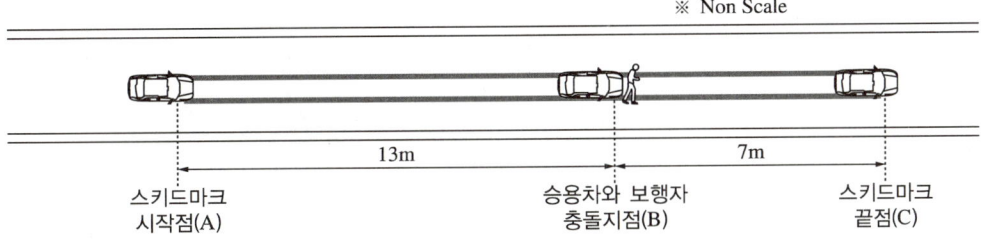

조건

- 승용차의 스키드마크 길이는 20m
- 제동음 발생 및 종료시점은 스키드마크 발생 및 종료시점과 동일
- 보행자와 충돌로 인한 승용차 속도변화는 없음
- 중력가속도는 $9.8m/s^2$
- 주어진 조건 외에 다른 변수는 고려하지 않음
- 계산식의 경우 관계식과 풀이과정을 단위와 함께 기술하고, 소수점 셋째 자리에서 반올림

질문

01 승용차 제동 시 견인계수를 구하시오. (10점)

해설　견인계수(f)
최종속도에서 감속도를 고려하면 제동거리가 나오므로
$d = v_e t - \frac{1}{2} at^2$ 에서
$20 = 0 \times 2.5 - \frac{1}{2} \times f \times (-9.8) \times 2.5^2$
∴ $f = \dfrac{2 \times 20}{9.8 \times 2.5^2} = 0.65$

02 승용차가 제동하여 발생시킨 스키드마크의 시작점(A)에서의 속도를 구하시오. (10점)

해설 A지점에서의 속도
$$v = \sqrt{2fgd} = \sqrt{2 \times 0.65 \times 9.8 \times 20} = 15.96 \text{m/s}$$

03 보행자 충돌지점(B)에서의 승용차 속도를 구하시오. (5점)

해설 B지점에서의 속도
$$v = \sqrt{2fgd} = \sqrt{2 \times 0.65 \times 9.8 \times 7} = 9.44 \text{m/s}$$

제12회 과년도 기출문제

2023년 8월 27일 시행

문제 1 | 배점 : 50점

사고개요

A차량이 신호대기 중이고 후속하던 B차량, C차량 순서로 동일차로상을 주행하던 중 다중추돌사고가 발생하였다. B차량에서 확보된 EDR 데이터를 추출한 결과를 근거로 다음의 질문에 답하시오.

[이벤트 1]

• 사고지점의 EDR 정보

다중사고 횟수(1 or 2)	1개 이벤트
다중사고 간격 1 to 2[msec]	0
정상기록 완료 여부(Yes or No)	Yes
충돌기록 시 시동 스위치 작동 누적 횟수[cycle]	11,293
정보추출 시 시동 스위치 작동 누적 횟수[cycle]	11,296

• 진행방향 사고 데이터 – 속도변화 누계(kph, 0~250msec)

진행방향 최대 속도 변화량[kph]	−29
최대 속도 변화값 시간[msec]	127.5

[이벤트 2]

• 사고시점의 EDR 정보

다중사고 횟수(1 or 2)	2개 이벤트
다중사고 간격 1 to 2[msec]	1,500
정상기록 완료 여부(Yes or No)	Yes
충돌기록 시 시동 스위치 작동 누적 횟수[cycle]	11,293
정보추출 시 시동 스위치 작동 누적 횟수[cycle]	11,296

• 진행방향 사고 데이터 – 속도변화 누계(kph, 0~250msec)

진행방향 최대 속도 변화량[kph]	6
최대 속도 변화값 시간[msec]	92.5

• 사고 이전 차량 정보(-5~0sec)

시간(sec)	자동차 속도 (kph)	엔진 회전수 (rpm)	제동페달 작동 여부 (On/Off)	조향핸들 각도 (dgree)
-5.0	59	1,700	Off	-5
-4.5	58	1,800	Off	-5
-4.0	58	1,700	Off	0
-3.5	58	1,600	Off	0
-3.0	58	1,700	On	0
-2.5	57	1,600	On	0
-2.0	57	1,600	On	0
-1.5	56	1,600	On	-5
-1.0	41	1,100	On	-90
-0.5	28	900	Off	-85
0.0	23	800	Off	-75

조건

계산식은 관계식과 풀이과정을 단위와 함께 기술하고, 소수점 셋째 자리에서 반올림하시오.

질문

01 B차량의 1차 충돌과 2차 충돌 시 각각의 속도를 구하시오. (5점)

> **해설**
> • B차량의 사고 이전 차량 정보상 충돌 시점인 0.0sec이므로 이때의 속도는 23km/h이다.
> • B차량 다중사고 간격이 1,500msec(1.5sec)이므로 2차 충돌 1.5초 전의 속도인 56km/h이다.
> ∴ B차량의 1차 충돌속도는 56km/h, 2차 충돌속도는 23km/h가 된다.

02 B차량과 1차 충돌한 차량과 2차 충돌한 차량을 순서대로 기술하고, 1차 충돌 후 몇 초(sec) 후에 2차 충돌이 발생하는지 기술하시오. (10점)

> **해설**
> • B차량의 이벤트 1에서 진행방향 최대 속도 변화량이 -29km/h로 1차 충돌 시 속도가 감소함 : B차가 A차를 추돌한 상황이다.
> • B차량의 이벤트 2에서 진행방향 최대 속도 변화량이 6km/h로 2차 충돌 시 속도가 증가함 : C차가 B차를 추돌한 상황이다.
> ∴ B차량이 A차량과 1차 충돌 후 C차량에 의해 2차 추돌당하였으며, 시간 간격은 1.5초이다.

03 B차량이 충돌 전후 과정에서 어느 방향으로 최대 몇 도(°)까지 조향핸들을 조작하였는지 시계방향과 반시계방향으로 기술하시오. (10점)

> **해설** 조향핸들 조작방향 과정
> - 1차 충돌 전(-2.0sec) : 시계방향 0°
> - 1차 충돌 시(-1.5sec) : 시계방향 5°(EDR상 -5°)
> - 1차 충돌 0.5초 후(-1.0sec) : 1차 충돌기준으로 시계방향 85°(EDR상 -90°) : 최대 핸들 조작시점
> - 1차 충돌 1.0초 후(-0.5sec) : 1차 충돌 0.5초 후 기준으로 반시계방향 5°(EDR상 -85°)
> - 2차 충돌 시점(0.0sec) : 1차 충돌 1.0초 후 기준으로 반시계방향 10°(EDR상 -75°)
> ∴ B차량이 충돌 전후과정 조향핸들을 최대로 조작한 방향은 시계방향으로 90°가 된다.

04 만일 A차량의 질량이 1,000kg, B차량의 질량이 800kg이라고 할 때, B차량과 추돌로 인한 A차량의 속도 변화량(Δv)를 구하시오. (10점)

> **해설**
> $m_a v_a + m_b v_b = m_a v_a{'} + m_b v_b{'}$
> $m_a(v_a - v_a{'}) = m_b(v_b - v_b{'})$
> $m_a \Delta v_a = m_b(-\Delta v_b)$
> $1,000 \Delta v_a = 800(-(-29))$
> $\Delta v_a = \dfrac{800 \times 29}{1,000} = 23.2 \text{km/h}$
> ∴ B차량과 추돌에 의한 A차량의 속도 변화량은 23.2km/h

05 만일 충돌과정에서 반발계수 $e = 0.2$인 경우 질문 04의 A차량 속도 변화량(Δv)을 토대로 A, B 두 차량의 접근속도를 구하시오. (15점)

> **해설** 접근속도는 상대속도로, 충돌 직전 A차량의 속도가 0km/h이므로
> 반발계수 $e = \dfrac{v_a{'} - v_b{'}}{v_b - v_a} = \dfrac{23.2 - v_b{'}}{v_b - 0} = 0.2$
> $23.2 - v_b{'} = 0.2 v_b$
> $v_b{'} = 23.2 - 0.2 v_b$
> $m_a v_a + m_b v_b = m_a v_a{'} + m_b v_b{'}$ (여기서, $v_a = 0$이므로)
> $0 + m_b v_b = m_a v_a{'} + m_b(23.2 - 0.2 v_b)$
> $m_b v_b = m_a v_a{'} + 23.2 m_b - 0.2 m_b v_b$
> $m_b v_b + 0.2 m_b v_b = m_a v_a{'} + 23.2 m_b$
> $1.2 m_b v_b = m_a v_a{'} + 23.2 m_b$
> $1.2 \times 800 v_b = 1,000 \times 23.2 + 23.2 \times 800$
> $v_b = \dfrac{1,000 \times 23.2 + 23.2 \times 800}{1.2 \times 800} = 43.5 \text{km/h}$

문제 2 배점 : 50점

사고개요

A차량이 평탄한 직선도로를 직진하던 중 우합류구간에서 합류하여 등속주행하던 B차량을 직후방 추돌 후 일체되어 정지한 사고로서, A차량에서 추출된 EDR 데이터는 다음과 같다(단, B차량의 우합류 과정에서 발생되는 횡방향 이동거리는 무시).

Time (sec)	Speed, Vehicle Indicated (MPH [km/h])	Accelerator Pedal(%)	Engine Throttle Position (Combustion Engine) (%)	Engine rpm (Combustion Engine) (rpm)	Engine rpm (Electric Engine 1) (rpm)	Steering Input (deg)	Turn Signal Switch Status	Service Brake Activation
−5.0	75[120]	0	0	0	10,299	0	Off, Neurtal	Off
−4.5	73[118]	0	0	0	10,087	0	Off, Neurtal	Off
−4.0	72[116]	0	0	0	9,904	0	Off, Neurtal	Off
−3.5	71[114]	0	0	0	9,763	0	Off, Neurtal	Off
−3.0	70[112]	0	0	0	9,626	0	Off, Neurtal	Off
−2.5	69[111]	0	0	0	9,494	0	Off, Neurtal	Off
−2.0	68[109]	0	0	0	9,386	0	Off, Neurtal	Off
−1.5	67[108]	0	0	0	9,283	0	Off, Neurtal	Off
−1.0	66[106]	0	0	0	9,148	0	Off, Neurtal	On
−0.5	57[91]	0	0	0	7,668	−2	Off, Neurtal	On
0.0	47[75]	0	0	0	6,540	0	Off, Neurtal	On

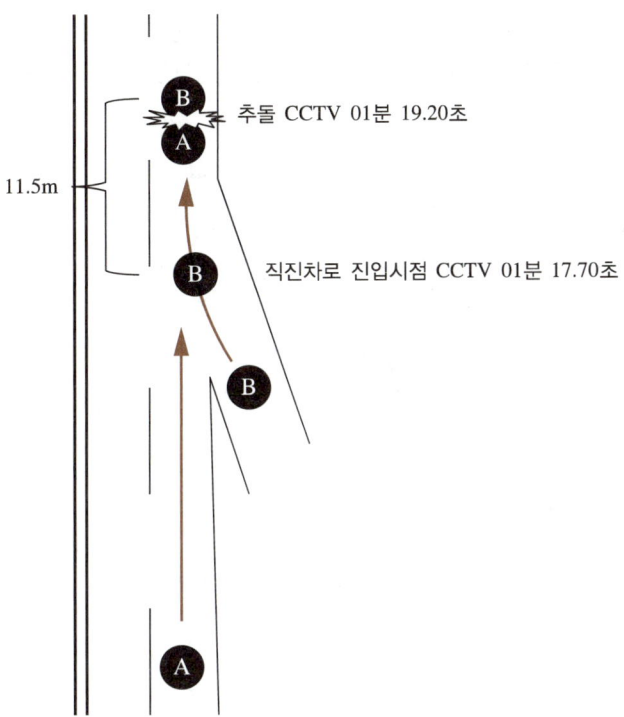

조건

- 기록된 0.5초 간격으로 계산
- 위험인지반응시간은 1초
- 제동 시 노면 마찰계수(μ)는 0.8
- 중력가속도(g)는 9.8m/s²
- A차량 질량 1,700kg, B차량 질량 900kg
- 계산식은 관계식과 풀이과정을 단위와 함께 기술하고, 소수점 셋째 자리에서 반올림할 것

질문

01 A차량의 제동 직전 속도와 추돌 당시 속도를 구하시오. (10점)

해설
- 제동 직전 속도 : 브레이크가 작동된 시점인 충돌 1.0초 전 속도인 106km/h
- 추돌 당시 속도 : 0.0초 시 속도인 75km/h

02 CCTV 영상에서 B차량의 직진차로 진입시점은 재생기간 기준 01분 17.70초이며, 약 11.5m 이동 후 피추돌은 01분 19.20초로 확인되었다. B차량의 직진차로 진입 시 A차량과의 이격거리를 구하시오. (10점)

해설
① B차량 직진차로 진입부터 충돌까지 거리 : 11.5m
② B차량 직진차로 진입부터 충돌까지 시간 : 1분 19.20초 − 1분 17.70초 = 1.5초
③ 충돌 전 1.5초간 A차량의 이동거리
  • −0.5초에서 0.0초간 이동거리
  $$d = vt \text{에서 } d_1 = t \times \frac{v_i + v_e}{2} = 0.5 \times \frac{(91+75)/3.6}{2} = 11.53\text{m}$$
  • −1.0초부터 −0.5초간 이동거리
  $$d = vt \text{에서 } d_2 = t \times \frac{v_i + v_e}{2} = 0.5 \times \frac{(106+91)/3.6}{2} = 13.68\text{m}$$
  • −1.5초부터 −1.0초간 이동거리
  $$d = vt \text{에서 } d_3 = t \times \frac{v_i + v_e}{2} = 0.5 \times \frac{(108+106)/3.6}{2} = 14.86\text{m}$$
  그러므로 이동거리 $d = d_1 + d_2 + d_3 = 11.53 + 13.68 + 14.86 = 40.07\text{m}$
∴ 충돌 전 A차량이 이동한 거리는 B차량의 직진차로 이동거리가 11.5m이므로
  $40.07 − 11.5 = 28.5\text{m}$

03 만일 A차량이 B차량을 발견하고 사고의 위험을 인지하여 제동하였다면 A차량의 위험인지지점은 추돌지점으로부터 몇 m 후방인지 구하시오. (10점)

해설
① A차량의 위험인지부터 충돌까지 시간 : 2초(위험인지시간 + A차량의 브레이크 작동시간)
② • 충돌 −2.0초부터 −1.5초간 이동거리
  $$d_{1.5-2.0} = vt \text{에서 } d = t \times \frac{v_i + v_e}{2} = 0.5 \times \frac{(109+108)/3.6}{2} = 15.07\text{m}$$
  • 인지위험부터 추돌까지 이동한 거리
  $d = d_{0.0-1.5} + d_{1.5-2.0} = 40.07 + 15.07 = 55.14\text{m}$
∴ A차량 운전자가 위험인지부터 추돌하기까지 이동한 거리는 55.14m이다.

04 질문 03의 A차량이 위험을 인지한 시점에서 필요한 정지거리를 구하시오. (10점)

해설
- 위험인지 속도는 109km/h(충돌 −2.0초)
- 공주거리 $d_1 = vt = (109/3.6) \times 1 = 30.28\text{m}$
- 제동거리 $v = \sqrt{2\mu g d_2}$ 에서 $d_2 = \dfrac{v^2}{2\mu g} = \dfrac{(109/3.6)^2}{2 \times 0.8 \times 9.8} = 58.47\text{m}$
- ∴ 정지거리 $d = d_1 + d_2 = 30.28 + 58.47 = 88.75\text{m}$

05 B차량이 A차량에 의해 추돌된 직후 B차량 속도를 구하시오. (10점)

해설
- A차량의 추돌 직전 속도 $v_a = 75\text{km/h}$
- B차량의 추돌 직전 속도 $v_b = \dfrac{d}{t} = \dfrac{11.5}{1.5} = 7.67\text{m/s} = 27.61\text{km/h}$

$m_a v_a + m_b v_b = m_a v_a{'} + m_b v_b{'}$ 에서 추돌 후, 두 차량이 일체로 이동하므로
$m_a v_a + m_b v_b = (m_a + m_b)v$
$1{,}700 \times 75 + 900 \times 27.61 = (1{,}700 + 900)v$
∴ $v = \dfrac{1{,}700 \times 75 + 900 \times 27.61}{1{,}700 + 900} = 58.60\text{km/h}$

문제 3 | 배점 : 25점

사고개요

승용차가 좌커브 내리막(5%)의 1차로를 차로 중앙으로 등속주행하였다. 승용차의 블랙박스 영상에서 A지점은 1,218프레임, B지점은 1,254프레임에서 통과한 것으로 확인되었으며, 승용차량의 실제 이동거리를 측정하기 위해 현장으로 이동하였으나 통행차량들로 인해 1차로로 들어가지 못하고 길가장자리 구역선에서 굴림자를 이용하여 거리를 실측한 결과는 24m였다.

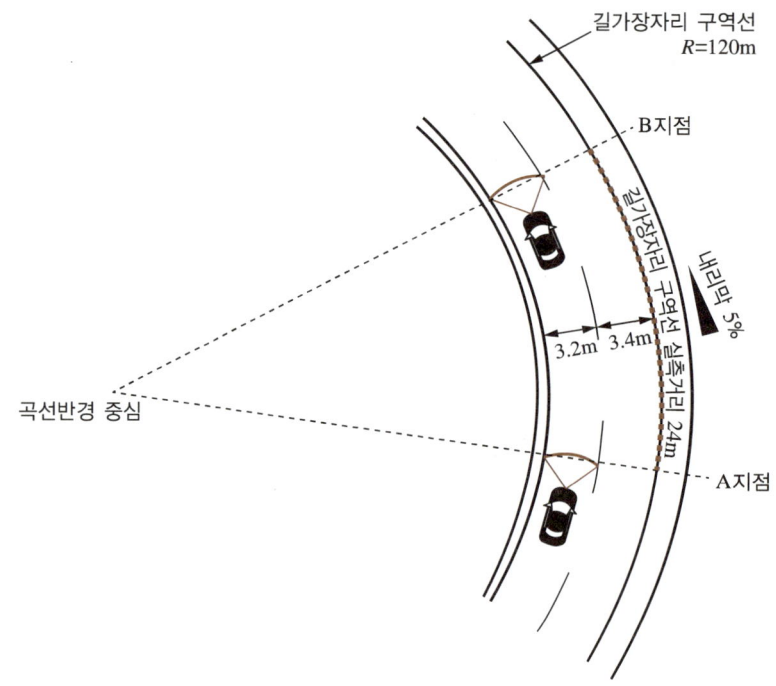

조건

- 승용차의 진행궤적은 차폭을 고려하지 않고 차체 중심으로 함
- 길가장자리 구역선의 곡선반경 $R = 120m$
- 블랙박스 영상의 프레임레이트는 30fps
- 위험인지 반응시간은 1초, 중력가속도(g)는 9.8m/s^2
- 계산식은 관계식과 풀이과정을 단위와 함께 기술하고, 소수점 셋째 자리에서 반올림할 것

질문

01 승용차의 A-B구간 실제 이동거리를 구하시오. (10점)

해설 승용차의 실제곡선반경(R)

$$R = R_0 - \left(\frac{d_1}{2} + d_2\right) = 120 - \left(\frac{3.2}{2} + 3.4\right) = 115\text{m}$$

여기서, 이동거리에 대한 원주율 $\pi = \dfrac{\text{원의 둘레}}{\text{원의 지름}} = \dfrac{d_0}{2R_0} = \dfrac{24}{2 \times 120} = 0.1$이므로

∴ A-B구간에서 실제이동한 거리 d는
$$d = 2\pi R = 2 \times 0.1 \times 115 = 23\text{m}$$

02 승용차량의 속도(m/s)를 구하시오. (5점)

해설 이동시간은 1,254 − 1,218 = 36프레임
1초당 30프레임이므로 1 : 30 = t : 36

$$t = \frac{36}{30} = 1.2\text{초}$$

∴ 승용자동차 속도 $v = \dfrac{d}{t} = \dfrac{23}{1.2} = 19.17\text{m/s}$

03 위 도로에서 승용차량의 정지거리가 48m였을 때 제동 시 노면 마찰계수(μ)를 구하시오. (10점)

해설 제동거리(d) = 정지거리(d_1) − 공주거리(d_2)
여기서, 공주거리 $d_2 = vt = 19.17 \times 1 = 19.17\text{m}$ 이므로
$d = d_1 - d_2 = 48 - 19.17 = 28.83\text{m}$

$v = \sqrt{2\mu gd}$ 에서 $\mu = \dfrac{v^2}{2gd}$

내리막 구배 $G = 5\%$를 고려하면 $\mu - G = \dfrac{v^2}{2gd}$

∴ 노면 마찰계수 $\mu = \dfrac{v^2}{2gd} + G = \dfrac{19.17^2}{2 \times 9.8 \times 28.83} + 0.05 = 0.7$

문제 4 배점 : 25점

사고개요

신호등이 설치된 교차로에서 북쪽에서 남쪽으로 진행하던 A차량과 서쪽에서 동쪽으로 진행하던 B차량이 충돌하였다. 주변에 설치된 CCTV 동영상을 프레임 분할한 바 사고 시간대에는 30fps로 균일하게 나타났고, 영상 분석결과 동쪽에서 서쪽 방향의 차량 신호등이 확인되며, 동쪽에서 서쪽 방향의 신호등이 황색에서 적색으로 변경될 때 11번째 프레임, A차량의 ㉮위치는 581번째 프레임, B차량의 ㉯위치는 605번째 프레임, 충돌시점은 641번째 프레임으로 확인되었다.

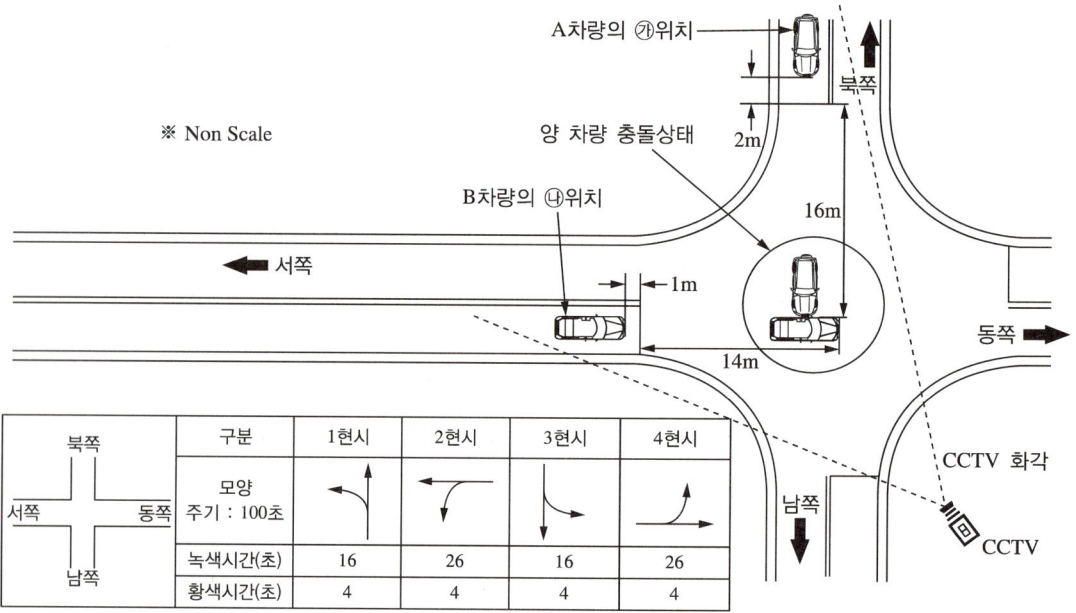

조건

- 충돌 전 양 차량은 등속운동
- 계산식의 경우 관계식 및 풀이과정을 단위와 함께 기술하고, 소수점 셋째 자리에서 반올림할 것

질문

01 양 차량의 충돌 시 속도를 각각 구하시오. (5점)

해설
- A차량
  이동시간은 641 − 581 = 60프레임
  1초당 30프레임이므로 1 : 30 = t : 60, 충돌시간 $t = \frac{60}{30} = 2$초
  ∴ 승용차 속도 $v = \frac{d}{t} = \frac{18}{2} = 9\text{m/s}$

- B차량
  이동시간은 641 − 605 = 36프레임
  1초당 30프레임이므로 1 : 30 = t : 36, 충돌시간 $t = \frac{36}{30} = 1.2$초
  ∴ 승용차 속도 $v = \frac{d}{t} = \frac{15}{1.2} = 12.5\text{m/s}$

02 양 차량의 충돌 시 신호현시를 구하고, 해당 현시의 개시시점을 기준으로 신호시간을 구하시오. (5점)

해설 3현시 시작에서 충돌까지 소요시간 t는 충돌 시 프레임−3현시 시작 프레임 = 641 − 11 = 630프레임이다.

1초당 30프레임이므로 1 : 30 = t : 630, 충돌시간 $t = \frac{630}{30} = 21$초

① 충돌 시 신호현시
  - 3현시 유지시간은 녹색 16초, 황색 4초로 총 20초
  - 3현시 시작에서 충돌까지 소요시간이 21초로 충돌 시 4현시
② 충돌 시 해당 현시 개시시점 기준 신호시간
  - 21 − 20 = 1초
  - 4현시 개시로부터 1초 후
∴ 차량 충돌 시 4현시이며, 4현시 개시로부터 1초 후가 된다.

03 양 차량의 전면이 정지선을 지날 때 신호현시를 구하고, 해당 현시의 개시시점을 기준으로 신호시간을 구하시오. (15점)

해설 두 차량의 이동시간 $t_a = \frac{d_a}{v_a} = \frac{16}{9} = 1.78$초, $t_b = \frac{d_b}{v_b} = \frac{14}{12.5} = 1.12$초

① A차량의 전면이 정지선을 지날 때
  - 신호현시 : 정지선에서 충돌까지 이동시간이 1.78초로, 4현시 개시 0.78초 전이므로 3현시이다.
  - 신호시간 : 4현시 개시 1초 전은 3현시 종료 0.78초 전이므로 3현시 개시 19.22초 후이다.
② B차량의 전면이 정지선을 지날 때
  - 신호현시 : 정지선에서 충돌까지 이동시간이 1.12초로, 4현시 개시 0.12초 전이므로 3현시이다.
  - 신호시간 : 3현시 종료 0.12초 전이므로 3현시 개시 19.88초 후이다.

문제 5 | 배점 : 25점

사고개요

A차량이 정지신호에 따라 정지선에 선두로 정지해 있다가 신호를 받고 출발하여 가속하던 중 교차로 유출부의 횡단보도 내에서 차량 진행방향 좌측에서 우측으로 건너던 보행자를 충돌하였다. A차량 진행방향 정지선에서 충돌지점까지의 거리(d_1)는 30m로 확인되었으며, 보행자가 횡단한 방향의 횡단시작위치(㉮)에서 충돌지점까지의 거리(d_2)는 12m로 확인되었다.

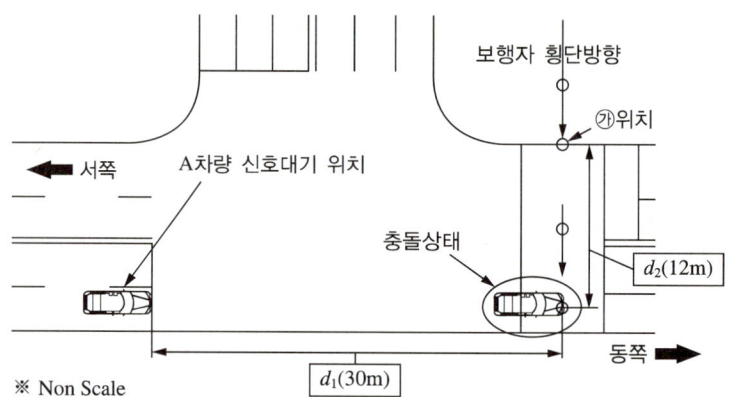

조건

- A차량이 출발하여 충돌하기까지 등가속도 운동, A차량의 가속도는 $1.96 m/s^2$
- 보행자는 충돌하기까지 3m/s로 등속운동
- 중력가속도 $9.8 m/s^2$
- 제동 시 노면 마찰계수 0.8
- 인지반응시간 1초, 인지반응시간 동안 등속주행함
- 계산식의 경우 관계식 및 풀이과정을 단위와 함께 기술하고, 소수점 셋째 자리에서 반올림

질문

01 A차량이 보행자를 충돌할 때의 속도를 구하시오. (5점)

> **해설** $v_2^2 - v_1^2 = 2ad$ 에서
> $v = \sqrt{v_1^2 + 2ad} = \sqrt{0^2 + 2 \times 1.96 \times 30} = 10.84 \text{m/s}$

02 A차량이 출발하여 보행자를 충돌하기까지 소요된 시간을 구하시오. (5점)

> **해설** $v = v_0 + at$ 에서
> $t = \dfrac{v - v_0}{a} = \dfrac{10.84 - 0}{1.96} = 5.53$초

03 보행자가 횡단시작위치(㉮위치)에서 충돌지점까지 이동하는 동안 소요된 시간을 구하고, 보행자가 횡단 시작위치(㉮위치)에 들어설 때 A차량의 위치를 정지선 기준으로 구하시오. (5점)

> **해설** ① 보행자가 차량과 충돌까지 걸린 시간
> $t = \dfrac{d}{v} = \dfrac{12}{3} = 4$초
> ② 보행자가 횡단 시작할 때의 차량의 위치
> • 차량이 정지선에서 보행자가 횡단위치에 들어설 때까지 주행한 시간
> t = 차량이 정지선에서 충돌할 때까지 걸린 시간 − 보행자 소요시간 = 5.53 − 4 = 1.53초
> • 차량이 정지선에서 보행자가 횡단위치에 들어설 때까지 주행한 거리
> $d = v_0 t + \dfrac{1}{2}at^2 = 0 \times 1.53 + \dfrac{1}{2} \times 1.96 \times 1.53^2 = 2.29\text{m}$

04 만일 보행자가 횡단 시작한 후 2.5초 후에 A차량 운전자가 보행자를 발견하고 사고의 위험을 인지하여 급제동하였다면 A차량이 충돌지점 이전에 정지할 수 있었는지 기술하시오. (10점)

해설 ① 보행자가 보행시작 2.5초 후 차량의 이동거리
$$d = v_0 t + \frac{1}{2}at^2 = 0 \times 4.03 + \frac{1}{2} \times 1.96 \times 4.03^2 = 15.92 \text{m}$$
∵ 차량 출발 후 1.53초 후에 보행자가 출발하므로, 보행자 출발 2.5초 후에 차량은 정지선 출발 후 4.03초가 된다. 즉, 1.53 + 2.5 = 4.03초

② 보행 시작 2.5초 후부터 차량의 정지거리(차량 출발 4.03초 후)
정지거리 = 공주거리 + 제동거리
- 공주거리 $d_i = vt = 7.9 \times 1 = 7.9(\text{m})$, ∵ $v = v_0 + at = 0 + 1.96 \times 4.03 = 7.9 \text{m/s}$
- 제동거리 $v_2^2 - v_1^2 = 2ad_b$ 에서 $v_2 = \sqrt{v_1^2 + 2ad_b} = \sqrt{0 + 2\mu g d_b}$
$$d_b = \frac{v^2}{2\mu g} = \frac{7.9^2}{2 \times 0.8 \times 9.8} = 3.98 \text{m}$$
∴ 정지거리 $d_s = d_i + d_b = 7.9 + 3.98 = 11.88 \text{m}$

③ 차량이 정지선 출발부터 정지까지 총이동거리
$$d_T = d + d_s = 15.92 + 11.88 = 27.8 \text{m}$$

④ 충돌지점과 차량의 최종 정지지점 간의 거리
30 − 27.8 = 2.2m

결론 : 보행자가 횡단시작 2.5초 후 A차량의 운전자가 위험을 인지하였을 때 A차량은 정지선에서 15.92m 위치에 있었고, 위험인지 후 최종 정지까지 11.88m 이동하므로, 정지선에서 27.8m 이동한 위치에서 최종 정지하게 된다. 따라서 A차량은 충돌 지점 2.2m 전에 정지할 수 있다.

제 13 회 최근 기출문제

2024년 9월 8일 시행

문제 1 　 배점 : 50점

사고개요

차량이 편도 2차로의 5% 내리막 도로에서 2차로로 주행하던 중 도로에 서 있던 보행자를 발견하고 제동하였으나 정지하지 못하고 차량 앞 범퍼 부분으로 보행자를 충돌하였다. CCTV 영상에서 차량의 전면이 A지점에 위치한 시간은 12.300초, B지점에 위치한 시간은 13.500초로 확인되었다. 또한 차량의 전면이 C지점에 위치할 때 제동등이 점등되며 동시에 노즈다이브 현상이 확인되었다.

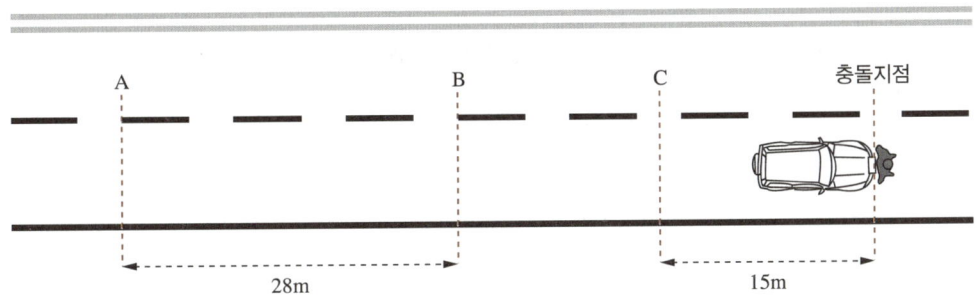

조 건

- 제동 시 견인계수(f) : 0.8
- A지점에서 B지점까지 거리 : 28m
- C지점에서 충돌지점까지 거리 : 15m
- 차량은 제동 전까지 등속운동하고, 제동 시작부터 정지하기까지 등감속운동함
- 충돌 이전 보행자는 차로 중앙에 정지 상태임
- 보행자와 충돌로 인한 차량의 속도변화는 없음
- 사고차량 운전자의 위험회피수단은 제동임
- 중력가속도(g) : 9.8m/s², 위험인지반응시간 : 0.7초
- 계산식과 풀이과정을 단위와 함께 기술하고, 소수점 셋째 자리에서 반올림

질문

01 A-B구간에서 차량의 평균속도(m/s)는? (5점)

해설 $t =$ B지점 시간$(t_b) -$ A지점 시간$(t_a) = 13.5 - 12.3 = 1.2$s

평균속도 $v = \dfrac{d}{v} = \dfrac{28}{1.2} = 23.33$m/s

02 노즈다이브 현상에 대하여 설명하시오. (5점)

해설 노즈다이브 현상 : 차량이 급제동 시 무게중심이 앞으로 이동하면서 피칭현상에 의해 차량의 앞쪽이 밑으로 내려가는 현상으로 노즈다운(Nose Down)이라고도 한다.

03 차량 운전자가 도로에 서 있는 보행자를 발견한 지점(위험인지시점)은 충돌지점으로부터 몇 m 전인가? (10점)

해설 인지시점에서 충돌까지 거리
$d =$ 공주거리$(d_0 = vt) +$ 제동거리(d_2)
$d = d_0 + d_2 = (23.33 \times 0.7) + 15 = 16.33 + 15 = 31.33$m

04 차량이 보행자와 충돌할 때의 속도(m/s)는? (10점)

해설 $v_e^2 - v_i^2 = 2ad$ 에서
$v_e^2 - 23.33^2 = 2 \times 0.8 \times (-9.8) \times 15$
$v_e = \sqrt{23.33^2 + 2 \times (-0.8 \times 9.8) \times 15} = 17.58$m/s

05 차량의 정지거리는 몇 m인가? (10점)

해설 $v^2 - v_0^2 = 2ad$ 에서
$v = 0$이므로 $v_0 = \sqrt{2fgd}$

제동거리 $d_1 = \dfrac{v_0^2}{2fg} = \dfrac{23.33^2}{2 \times 0.8 \times 9.8} = 34.71$m

∴ 정지거리 $d =$ 공주거리$(d_0) +$ 제동거리(d_1)
$d = d_0 + d_1 = 16.33 + 34.71 = 51.04$m

06 본 사고와 동일하게 C지점에서 제동하였을 경우 보행자와 충돌 없이 정지할 수 있는 차량의 최대속도(m/s)는? (10점)

해설 $v^2 - v_0^2 = 2ad$ 에서
$v = 0$ 이고 감속도 $a = f(-g)$ 이므로
$v_0 = \sqrt{2fgd} = \sqrt{2 \times 0.8 \times 9.8 \times 15} = 15.34 \text{m/s}$

문제 2 | 배점 : 50점

사고개요

A차량이 좌로 굽은 도로를 진행하다 도로 좌측 구조물을 차량의 전면으로 충돌하고 정지하였다. 사고 후 A차량을 확인한 결과 차량의 엔진룸이 파손되었고, 운전석 정면 에어백이 전개되었다. CCTV 영상에서 사고 상황이 확인되고 영상을 분석한 결과 A차량의 전면이 ①지점에 위치한 시점에서 구조물 충돌시점까지 62프레임, A차량 전면이 ②지점에 위치한 시점에서 구조물 충돌시점까지 34프레임이 소요되는 것으로 확인되었다.

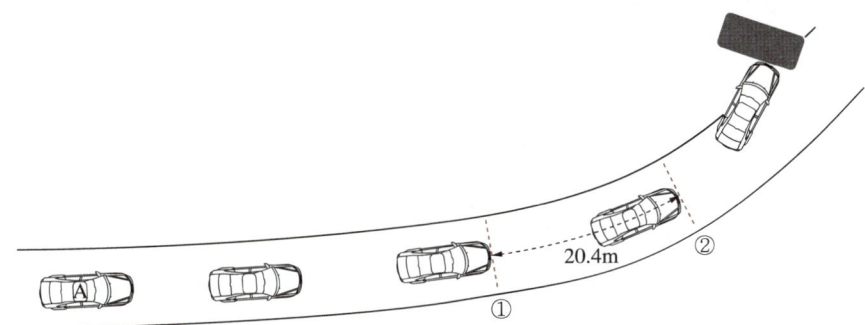

조건

- CCTV 영상은 1초당 30프레임(30fps)으로 저장되어 있음
- ①지점에서 ②지점까지 A차량이 진행한 거리는 20.4m임
- A차량에서 추출한 EDR(Event Data Recorder) 자료는 다음과 같으며, 0.5초 단위의 순간기록 자료임
- EDR 자료 기록시점은 구조물 충돌시점과 동일하며, 차량의 속도변화는 등가·감속운동으로 간주함
- 중력가속도(g) : 9.8m/s^2
- 계산식과 풀이과정을 단위와 함께 기술하고, 소수점 셋째 자리에서 반올림

A차량의 EDR 데이터

〈표 1〉 A차량의 EDR 기록정보 방향

기록항목	+ 방향	비고
진행방향 가속도	진행방향	〈그림 1〉에서 +X
진행방향 속도변화 누계	진행방향	〈그림 1〉에서 +X
측면방향 가속도	좌측에서 우측방향	〈그림 1〉에서 +Y
측면방향 속도변화 누계	좌측에서 우측방향	〈그림 1〉에서 +Y
수직방향 가속도	상측에서 하측방향	〈그림 1〉에서 +Z
조향핸들 각도	반시계방향	–

〈그림 1〉 A차량의 EDR 기록정보 방향

〈표 2〉 사고시점의 EDR 정보

다중사고 횟수	1개 이벤트
다중사고 간격 1 to 2[ms]	0
정상기록 완료 여부(Yes or No)	Yes
충돌기록 시 시동 스위치 작동 누적 횟수[cycle]	683
정보추출 시 시동 스위치 작동 누적 횟수[cycle]	686

⟨표 3⟩ 사고 이전 차량 정보(-5~0sec)

시간 (sec)	속도 (km/h)	엔진회전수 (rpm)	엔진 스로틀밸브 열림량(%)	가속페달 변위량(%)	제동페달 작동 여부(ON/OFF)	조향핸들 각도 (degree)
-5.0	43	4,100	유효하지 않는 데이터 또는 지원하지 않음	99	OFF	30
-4.5	48	4,200	유효하지 않는 데이터 또는 지원하지 않음	99	OFF	30
-4.0	53	4,500	유효하지 않는 데이터 또는 지원하지 않음	99	OFF	-10
-3.5	59	5,000	유효하지 않는 데이터 또는 지원하지 않음	99	OFF	10
-3.0	63	5,300	유효하지 않는 데이터 또는 지원하지 않음	99	OFF	15
-2.5	68	5,800	유효하지 않는 데이터 또는 지원하지 않음	99	OFF	0
-2.0	74	6,400	유효하지 않는 데이터 또는 지원하지 않음	99	OFF	60
-1.5	82	7,800	유효하지 않는 데이터 또는 지원하지 않음	99	OFF	105
-1.0	78	7,300	유효하지 않는 데이터 또는 지원하지 않음	99	OFF	110
-0.5	69	6,100	유효하지 않는 데이터 또는 지원하지 않음	99	OFF	90
0	66	5,700	유효하지 않는 데이터 또는 지원하지 않음	99	OFF	60

⟨표 4⟩ 사고 시점의 구속장치의 전개명령 정보

운전석 정면 에어백 전개시간[msec]	39
조수석 정면 에어백 전개시간[msec]	에어백 전개되지 않음
운전석 측면 에어백 전개시간[msec]	에어백 전개되지 않음
조수석 측면 에어백 전개시간[msec]	에어백 전개되지 않음
운전석 커튼 에어백 전개시간[msec]	에어백 전개되지 않음
조수석 커튼 에어백 전개시간[msec]	에어백 전개되지 않음
운전석 안전띠 프리로딩 장치 전개시간[msec]	39
조수석 안전띠 프리로딩 장치 전개시간[msec]	39

⟨표 5⟩ 사고 데이터 - 속도변화 누계(kph, 0~250msec)

진행방향 최대 속도 변화량[km/h]	-63
진행방향 최대 속도 변화값 시간[msec]	157.5
측면방향 최대 속도 변화량[km/h]	-3
측면방향 최대 속도 변화값 시간[msec]	157.5

질문

01 구조물과 충돌하기 몇 초 전에 A차량 전면이 ①지점과 ②지점을 통과하는지 각각 구하시오(CCTV 영상 자료 활용). (5점)

> **해설** ①지점에서 충돌까지 이동한 시간 $t_1 = \dfrac{62}{30} = 2.07\text{s}$
>
> ②지점에서 충돌까지 이동한 시간 $t_2 = \dfrac{34}{30} = 1.13\text{s}$

02 ①지점에서 ②지점까지 주행하는 동안 A차량의 평균속도(km/h)를 구하시오(CCTV 영상 자료 활용). (5점)

> **해설** ①지점에서 ②지점까지의 프레임 수 $= 62 - 34 = 28\,\text{fpt}$
>
> ①~②지점 이동시간 $t = \dfrac{28}{30} = 0.93\text{s}$
>
> 평균속도 $v = \dfrac{d}{t} = \dfrac{20.4}{0.93} = 21.94\text{m/s} = 78.97\text{km/h}$

03 A차량의 EDR 데이터에서 A차량의 정면을 기준(0°, 12시)으로 주충격력 작용방향(PDOF)을 구하시오[단위 : 도(°)]. (15점)

> **해설** A차량의 주충격력 작용방향
>
> $\tan\theta = \dfrac{Y축\ 최대속도\ 변화량}{X축\ 최대속도\ 변화량} = \dfrac{-3}{-63}$
>
> $\theta = \tan^{-1}\left(\dfrac{-3}{-63}\right) = 2.73°$
>
> ∴ A차량 정면 기준으로 주충격력 작용방향은 2.73°

04 A차량의 EDR 데이터에서 속도가 감속되는 구간의 각 구간별(0.5초 간격) 가속도(m/s^2)와 이동거리(m)를 구하시오. (20점)

해설
- 1.5~1.0초 사이
  $v = v_0 + at$ 에서
  가속도 $a = \dfrac{v - v_0}{t} = \dfrac{(78/3.6) - (82/3.6)}{0.5} = -2.22 m/s^2$
  이동거리 (1) $d = vt = \left(\dfrac{v_0 + v}{2}\right)t = \dfrac{(82/3.6) + (78/3.6)}{2} \times 0.5 = 11.11 m$
  또는 (2) $d = v_0 t + \dfrac{1}{2}at^2 = (82/3.6) \times 0.5 + \dfrac{1}{2} \times (-2.22) \times 0.5^2 = 11.11 m$

- 1.0~0.5초 사이
  $v = v_0 + at$ 에서
  가속도 $a = \dfrac{v - v_0}{t} = \dfrac{(69/3.6) - (78/3.6)}{0.5} = -5 m/s^2$
  이동거리 (1) $d = vt = \left(\dfrac{v_0 + v}{2}\right)t = \dfrac{(78/3.6) + (69/3.6)}{2} \times 0.5 = 10.21 m$
  또는 (2) $d = v_0 t + \dfrac{1}{2}at^2 = (78/3.6) \times 0.5 + \dfrac{1}{2} \times (-5) \times 0.5^2 = 10.21 m$

- 0.5~0.0초 사이
  $v = v_0 + at$ 에서
  가속도 $a = \dfrac{v - v_0}{t} = \dfrac{(66/3.6) - (69/3.6)}{0.5} = -1.67 m/s^2$
  이동거리 (1) $d = vt = \left(\dfrac{v_0 + v}{2}\right)t = \dfrac{(69/3.6) + (66/3.6)}{2} \times 0.5 = 9.38 m$
  또는 (2) $d = v_0 t + \dfrac{1}{2}at^2 = (69/3.6) \times 0.5 + \dfrac{1}{2} \times (-1.67) \times 0.5^2 = 9.37 m$

05 A차량의 EDR 데이터에서 조수석 에어백과 조수석 안전띠 프리로딩 장치 작동 여부에 대해 기술하시오. (5점)

해설 전개시간이 기록된 것은 작동된 것이고, 전개시간이 기록되지 않은 것은 작동되지 않은 것으로 판단된다.
- 작동된 항목 : 운전석 정면 에어백, 운전석 안전띠 프리로딩 장치, 조수석 안전띠 프리로딩 장치는 전개시간이 39msec로 작동
- 미작동 항목 : 조수석 정면 에어백, 운전석 측면 에어백, 조수석 측면 에어백, 운전석 커튼 에어백, 조수석 커튼 에어백

문제 3 | 배점 : 25점

사고개요

A차량이 직진하여 교차로를 통과하던 중 전방에 정지한 B차량의 후미를 추돌하는 사고가 발생하였다. A차량은 18m의 스키드마크를 발생시키며 급제동하였으나 B차량을 추돌하였고 두 차량이 맞물린 상태로 10m를 더 이동하고 최종 정지하였다.

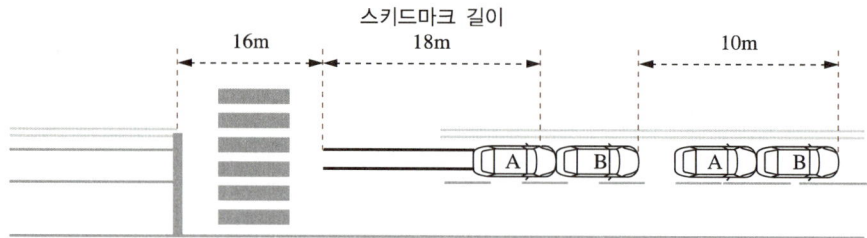

조건

- 스키드마크 발생구간 및 맞물려 이동한 구간의 견인계수(f) : 0.8
- A차량의 질량은 1,800kg, B차량의 질량은 1,400kg
- A차량 진행방향 정지선에서 스키드마크 시작점까지 거리는 16m
- A차량은 스키드마크 시작점 이전에는 등속운동, 감속구간은 등감속운동함
- 스키드마크는 A차량의 전륜에 의해서 생성됨
- 중력가속도(g) : 9.8m/s²
- 계산식과 풀이과정을 단위와 함께 기술하고, 소수점 셋째 자리에서 반올림

질문

01 운동량보존의 법칙을 설명하고, 운동량보존의 법칙을 이용하여 A차량이 B차량을 추돌할 때 A차량의 속도(km/h)를 구하시오. (10점)

> **해설** 운동량보존의 법칙 : 외부에서 힘이 작용하지 않는 상태에서 물체가 충돌할 때, 충돌 전후 운동량의 총합은 일정하게 보존된다. 즉 충돌 전 두 물체의 운동량 합과 충돌 후 두 물체의 운동량 합은 같다.
>
> **추돌 후 두 차량의 속도**
> $v = \sqrt{2fgd} = \sqrt{2 \times 0.8 \times 9.8 \times 10} = 12.52 \text{m/s}$
> $m_1 v_1 + m_2 v_2 = (m_1 + m_2)v$에서
> $1,800 \times v_1 + 1,400 \times 0 = (1,800 + 1,400) \times 12.52$
> $\therefore v_1 = 22.26 \text{m/s} = 80.14 \text{km/h}$

02 A차량의 급제동 전 속도(km/h)를 구하시오. (5점)

해설
$v_2^2 - v_1^2 = 2ad$ 에서
$v_2^2 - 2ad = v_1^2$ 이므로
$v_1 = \sqrt{v_2^2 - 2(-fg)d} = \sqrt{(80.13/3.6)^2 - 2\times(-0.8\times 9.8)\times 18}$
$\quad = 27.89 \text{m/s} = 100.4 \text{km/h}$

03 A차량 전륜이 정지선을 통과하는 시점부터 B차량을 추돌하기까지 걸린 시간(초)을 구하시오. (10점)

해설
- 정지선에서 제동지점까지 이동한 시간(t_1)
$$t_1 = \frac{d_1}{v} = \frac{16}{100.39/3.6} = 0.57\text{s}$$
- 제동 시작부터 추돌까지의 시간(t_2)
$v_e = v_i + at_2$ 에서
$$t_2 = \frac{v_e - v_i}{a} = \frac{(80.13/3.6) - (100.39/3.6)}{0.8\times(-9.8)} = 0.72\text{s}$$
- 정지선에서 추돌까지의 시간(t)
$t = t_1 + t_2 = 0.57 + 0.72 = 1.29\text{s}$

문제 4 | 배점 : 25점

사고개요
차량이 직진하던 중 좌로 굽은 커브길을 보고 급제동하여 20m의 스키드마크를 남겼고, 제동페달 작동을 멈추고 커브길에서 급조향하여 요마크 발생 후 도로 우측의 구조물을 40km/h 속도로 충돌하였다.

조건
- 스키드마크 끝지점과 요마크 시작지점 사이 구간에서 속도변화 없음
- 요마크 곡선반경 : 50m, 차량의 종방향 견인계수(f_1) : 0.8, 차량의 횡방향 견인계수(f_2) : 0.7
- 차량은 스키드마크 발생 구간에서 등감속운동함
- 요마크 곡선반경은 차량 무게중심의 이동궤적임
- 중력가속도(g) : 9.8m/s²
- 계산식과 풀이과정을 단위와 함께 기술하고, 소수점 셋째 자리에서 반올림

질문

01 에너지보존의 법칙을 이용하여 제동 전 차량의 속도(v_0) 산출 관계식을 유도하시오[m : 차량의 질량(kg), v_0 : 제동 전 속도(m/s), v : 제동 후 속도(m/s), d : 스키드마크의 길이(m), f_1 : 차량의 종방향 견인계수]. (5점)

해설 에너지보존의 법칙을 이용하여 제동 전 차량의 속도 산출식 유도

차량이 제동할 때 제동 직전의 운동에너지($E_i = \frac{1}{2}mv_0^2$)는 제동 후의 운동에너지($E_e = \frac{1}{2}mv^2$)와 제동 중 발생하는 마찰일($W = F \times d$)로 변환된다.
즉 $E_i = E_e + Fd$가 된다. 이를 식으로 나타내면,

$\frac{1}{2}mv_0^2 = \frac{1}{2}mv^2 + Fd$

$\frac{1}{2}mv^2 - \frac{1}{2}mv_0^2 = -Fd = -m(-a)d = mad$ (여기서 $-a$는 감속 상태)

$\frac{1}{2}(v^2 - v_0^2) = ad$, $v^2 - v_0^2 = 2ad$

$v_0 = \sqrt{v^2 - 2ad}$ (여기서 $a < 0$일 때 $a = -f_2 g$ 적용)

만일, 제동 시 스키드마크 발생 후 정지한다고 하면 $v = 0$이 되므로
$v_0 = \sqrt{2f_2 gd}$ 가 된다.

02 원심력과 마찰력의 관계를 이용하여 요마크 구간의 속도(v) 산출 관계식을 유도하시오[m : 차량의 질량(kg), r : 요마크 곡선반경(m), f_2 : 차량의 종방향 견인계수]. (5점)

해설 요마크 산출 관계식 유도
- 원심력 $F_c = m\dfrac{v^2}{r}$
- 횡마찰력 $F_f = ma = mf_2g$
- $F_c \geq F_f$일 때 요마크가 발생하므로 요마크 발생 최저속도의 조건은 $F_c = F_f$

$$m\dfrac{v^2}{r} = mf_2g$$
$$\therefore\ v = \sqrt{f_2gr}$$

03 요마크 시작지점에서 차량속도(km/h)를 구하시오. (5점)

해설 요마크 시작지점에서의 차량속도
$$v = \sqrt{f_2gr} = \sqrt{0.7 \times 9.8 \times 50} = 18.52 \mathrm{m/s} = 66.67 \mathrm{km/h}$$

04 스키드마크 발생 전 차량의 속도(km/h)를 구하시오. (10점)

해설 스키드마크 발생 전 차량의 속도(v_0)
$$v^2 - v_0^2 = 2ad$$
$$v_0 = \sqrt{v^2 - 2ad}$$
$$v_0 = \sqrt{v^2 - 2f_2gd} = \sqrt{(66.67/3.6)^2 - 2(-0.8 \times 9.8) \times 20} = 25.62 \mathrm{m/s} = 92.23 \mathrm{km/h}$$

문제 5 배점 : 25점

질문

01 공주거리와 제동거리에 대하여 설명하시오. (5점)

> **해설** **공주거리** : 운전자가 위험을 인지하고 제동장치를 조작하여 제동장치가 실제로 작동하기 직전까지 이동한 거리. 공주거리 동안 소요시간을 인지반응시간이라고 하며, 일반적으로 공주거리에서는 차량이 등속주행을 한다 ($d = v \times t$).
> **제동거리** : 제동장치를 조작하여 제동장치가 실제로 작동하여 정지할 때까지 이동한 거리. 제동거리를 d_2, 제동시작점 속도를 v_i, 제동 끝지점의 속도를 V_e, 견인계수를 f, 중력가속도를 g라고 하면, 제동거리는 $v = \sqrt{2fgd_2}$ 에서 $d_2 = \dfrac{v^2}{2fg}$ 으로 나타낼 수 있다.

02 페이드(Fade) 현상과 베이퍼록(Vapor Lock) 현상에 대하여 설명하시오. (5점)

> **해설** **페이드(Fade)** : 긴 언덕길을 내려가는 경우 등과 같이 장시간 빈번하게 제동하면 제동에 의해 축적된 마찰열로 인해 라이닝과 드럼의 마찰계수가 온도의 상승에 따라 급격히 감소하여 마찰력이 저하되고 또한 드럼의 열팽창에 의해 슈 클리어런스(라이닝과 드럼 사이의 틈새)도 증가하여 제동 시 제동 효과가 떨어지는 현상
> **베이퍼록(Vapor Lock)** : 유압이나 연료라인에 외부의 열에 의해 증기가 발생(기화)하여 증기의 압축성 때문에 오일이나 연료공급이 원활히 되지 않는 현상

03 일반타이어와 런플랫(Run-flat)타이어의 차이점에 대하여 설명하시오. (5점)

> **해설** 일반타이어와 런플랫타이어의 차이
> 런플랫타이어는 강화된 측벽으로 설계되어 자동차의 하중을 지지하고 공기압이 손실된 상태에서도 계속해서 주행이 가능하도록 한 타이어로, 펑크로 인해 타이어 안의 공기가 누출되어 공기압이 감소하여도 타이어의 형상을 유지하여 일정한 속도(보통 80km)로 100km 전후 거리를 주행할 수 있는 타이어를 말한다. 일반타이어는 타이어 안에 공기가 없으면 주행할 수 없다.

04 차량의 크리프(Creep) 현상에 대하여 설명하시오. (5점)

> **해설** 크리프(Creep) 현상 : 자동 변속기 차량이 아이들 상태의 D 또는 R단의 시프트 레버 작동 시 가속페달을 밟지 않더라도 자동차가 서서히 전·후로 움직이는 현상을 말한다.

05 도로 살얼음(Black Ice, 블랙아이스)과 도로 파임(Port Hole, 포트홀)에 대하여 설명하시오. (5점)

> **해설** 블랙아이스(Black Ice) : 도로 표면에 코팅한 것처럼 얇은 얼음막이 생기는 현상을 말한다. 얼음 자체의 색이 검은색은 아니지만, 검은 아스팔트색이 얇은 얼음에 투과돼 보여서 블랙아이스라는 이름이 붙은 것이다(도로 살얼음).
> 포트홀(Port Hole) : 도로에 난 구멍으로, 비가 온 후 도로의 침식, 대형 차량 운행 등으로 인한 도로의 균열로 도로가 파인 현상을 말한다.

얼마나 많은 사람들이 책 한권을 읽음으로써
인생에 새로운 전기를 맞이했던가.

– 헨리 데이비드 소로 –

참 / 고 / 문 / 헌

- 교통계획개론, 형설출판사, 김대웅, 2006
- 교통공학개론, 시대고시기획, 정현석, 2004
- 교통관계법규, 시대고시기획, 조규석, 2007
- 교통기사 한권으로 끝내기, 시대고시기획, 이문성, 2006
- 교통사고 재현 매뉴얼, 한국도로교통공단, 2008
- 교통사고 조사 매뉴얼, 한국도로교통공단, 2008
- 교통산업기사, 시대고시기획, 이문성, 2007
- 교통안전관리자 기출예상문제집, 교통안전관리자, 범론사, 2006
- 교통안전학, 동화기술교역, 진장원, 2007
- 교통운영, 시대고시기획, 이문성, 2004
- 도로교통법 및 자동차구조원리, 시대고시기획, 고형종, 2004
- 도로교통법 해설, 한국법제연구원, 방극봉, 2010
- 도로교통법규론, 배문사, 정광정, 2009
- 도로와 교통, 예문사, 하만복, 2007
- 전기철도차량공학, 태영문화사, 김덕헌 외, 2006
- 차량 동역학, 문운당, 허승진 외, 2005
- 차량기술사 과년도 문제해설, 예문사, 전봉준, 2007
- 차량약어사전, 골든벨, 이상호, 2009
- Albert T. Baxter, "Motorcycle Accident Investigation", Institute of Police Technology and Management, 1997
- Dr. Steffan Datertechnik, "A Simulation Program for Vehicle Accident Operating Manual", 1997
- Institute of Traffic Studies, Boise State Univ. "Pedestrian Walking and Running Velocity Study", Accident Reconstruction Journal, 1988
- Jerry G. Pigman and Kenneth R. Agent, "Skid Testing of 'Overloaded' Heavy Trucks", Accident Investigation Quarterly, Issue18, 1988
- Luis Martinez, "Pedestrian Accident Reconstruction Review and Update", Accident Investigation Quarterly, Issue18, 2000
- R.J. Grogan, " The Investigator's Guide to Tire Failures institute Of Police Technology And Management", Tom C. Thompson, "Heavy Truck Skid Test", Accident Reconstruction Journal, 1988. 11

참 / 고 / 사 / 이 / 트

- 교통사고감정공학연구소(http://www.accident.co.kr)
- 국토교통부(https://www.molit.go.kr)
- 대한교통사고감정원(http://www.carsago119.co.kr)
- 대한교통학회(http://korst.or.kr)
- ts한국교통안전공단(https://www.kotsa.or.kr)
- 한국건설기술연구원(https://www.kict.re.kr)
- 한국교통연구원(https://www.koti.re.kr)
- 한국도로공사(https://www.ex.co.kr)
- 한국도로교통공단(https://www.koroad.or.kr)
- 한국도로교통사고감정사협회(https://cafe.naver.com/trafficat)
- 한국자동차산업협회(http://www.kama.or.kr)

도로교통사고감정사 한권으로 끝내기

개정18판1쇄 발행	2025년 05월 15일 (인쇄 2025년 03월 17일)
초 판 발 행	2007년 09월 05일 (인쇄 2007년 07월 04일)
발 행 인	박영일
책 임 편 집	이해욱
편 저	권순익·김남덕·오재건
편 집 진 행	윤진영·김혜숙
표지디자인	권은경·길전홍선
편집디자인	정경일·조준영
발 행 처	(주)시대고시기획
출 판 등 록	제10-1521호
주 소	서울시 마포구 큰우물로 75 [도화동 538 성지 B/D] 9F
전 화	1600-3600
팩 스	02-701-8823
홈 페 이 지	www.sdedu.co.kr
I S B N	979-11-383-9020-0 (13320)
정 가	37,000원

※ 저자와의 협의에 의해 인지를 생략합니다.
※ 이 책은 저작권법의 보호를 받는 저작물이므로 동영상 제작 및 무단전재와 배포를 금합니다.
※ 잘못된 책은 구입하신 서점에서 바꾸어 드립니다.

자동차 관련 업체로 취업 시 꼭 취득해야 할 필수 자격증!

자동차 관련 시리즈
R/O/A/D/M/A/P

Win-Q 자동차정비 기능사 필기
- 한눈에 보는 핵심이론 + 빈출문제
- 최근 기출복원문제 및 해설 수록
- 시험장에서 보는 빨간키 수록
- 별판 / 628p / 23,000원

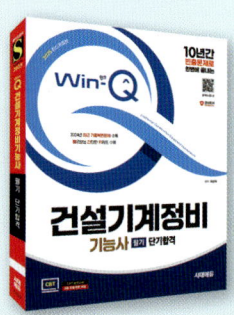

Win-Q 건설기계정비 기능사 필기
- 한눈에 보는 핵심이론 + 빈출문제
- 최근 기출복원문제 및 해설 수록
- 시험장에서 보는 빨간키 수록
- 별판 / 624p / 26,000원

도로교통사고감정사 한권으로 끝내기
- 학점은행제 10학점, 경찰공무원 가산점 인정
- 1·2차 최근 기출문제 수록
- 시험장에서 보는 빨간키 수록
- 4×6배판 / 1,068p / 37,000원

그린전동자동차기사 필기 한권으로 끝내기
- 최신 출제경향에 맞춘 핵심이론 정리
- 과목별 적중예상문제 수록
- 최근 기출복원문제 및 해설 수록
- 4×6배판 / 1,168p / 38,000원

더 이상의 자동차 관련 취업 **수험서는 없다!**

교통 / 건설기계 / 운전자격 시리즈

건설기계운전기능사

지게차운전기능사 필기 가장 빠른 합격	별판	14,000원
유튜브 무료 특강이 있는 Win-Q 지게차운전기능사 필기	별판	14,000원
답만 외우는 지게차운전기능사 필기 CBT기출문제+모의고사 14회	4×6배판	14,000원
답만 외우는 굴착기운전기능사 필기 CBT기출문제+모의고사 14회	4×6배판	14,000원
답만 외우는 기중기운전기능사 필기 CBT기출문제+모의고사 14회	4×6배판	14,000원
답만 외우는 로더운전기능사 필기 CBT기출문제+모의고사 14회	4×6배판	14,000원
답만 외우는 롤러운전기능사 필기 CBT기출문제+모의고사 14회	4×6배판	14,000원
답만 외우는 천공기운전기능사 필기 CBT기출문제+모의고사 14회	4×6배판	15,000원

도로자격 / 교통안전관리자

Final 총정리 기능강사·기능검정원 기출예상문제	8절	21,000원
버스운전자격시험 문제지	8절	13,000원
5일 완성 화물운송종사자격	8절	13,000원
도로교통사고감정사 한권으로 끝내기	4×6배판	35,000원
도로교통안전관리자 한권으로 끝내기	4×6배판	36,000원
철도교통안전관리자 한권으로 끝내기	4×6배판	35,000원

운전면허

답만 외우면 무조건 합격 운전면허 3일 합격! 1종·2종 공통(8절)	8절	12,000원
답만 외우면 무조건 합격 운전면허 3일 합격! 1종·2종 공통	별판	12,000원

※ 도서의 이미지와 가격은 변경될 수 있습니다.

합격의 공식 **시대에듀**
www.sdedu.co.kr

시대에듀가 준비한 　합격 콘텐츠

도로교통사고감정사

동영상 강의 　유료

베테랑 교수진과 빈틈없는
커리큘럼으로 한번에 합격!

수강회원을 위한 **특별한 혜택**

물리 기초특강 & 교안 제공
입문자를 위한 속성 강의와
교안 제공

과년도 + 최근 기출해설 제공
기출해설로 출제경향과
문제유형 파악

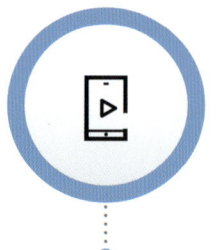
모바일 강의 제공
이동 중 수강 가능!
스마트폰 스트리밍 서비스

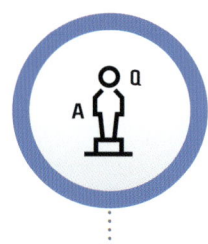
1:1 맞춤 학습 Q&A 제공
온라인 피드백 서비스로
빠른 답변 제공

※ 강의 커리큘럼 및 혜택은 변동될 수 있습니다.